Welt und Logik

Welt und Logik

Jens Lemanski

© Individual author and College Publications 2021. All rights reserved.

Gedruckt mit finanzieller Unterstützung der FernUniversität in Hagen und der Schopenhauer Gesellschaft e.V.

ISBN 978-1-84890-383-8

College Publications
Scientific Director: Dov Gabbay
Managing Director: Jane Spurr

http://www.collegepublications.co.uk

Cover produced by Laraine Welch

All rights reserved. No part of this publication may be reproduced, stored in a retrieval system or transmitted in any form, or by any means, electronic, mechanical, photocopying, recording or otherwise without prior permission, in writing, from the publisher.

Inhalt

Vorrede 1
1 Die Welt und ihre repräsentationalistische Interpretation 5
   1.1 Interpretationsansätze 7
      1.1.1 Einheit: Ein Gedanke, eine Welt 7
      1.1.2 Vielheit: Das organische System 12
      1.1.3 Interpretationen: Der deskriptive Ansatz 16
      1.1.4 Aporien: Scheinbare Widersprüche 22
   1.2 Das System der WWV 28
      1.2.1 Forschungsliteratur zur Systemfrage 30
      1.2.2 Die Vorrede 34
      1.2.3 Buch I: Erkenntnislehre (Vorstellung) 36
      1.2.4 Buch II: Metaphysik (Wille) 52
      1.2.5 Buch III: Ästhetik (Vorstellung) 59
      1.2.6 Buch IV: Ethik (Wille) 64
      1.2.7 Auswertung 74
   1.3 Der Status der Logik im System WWV und WWV2 80
      1.3.1 Die kleine Logik der WWV 83
      1.3.2 Das System WWV2 96
      1.3.3 Die große Logik der WWV2 104
2 Die Logik und ihre geometrische Interpretation 115
   2.1 Semantik – Kontextprinzip, Gebrauchstheorie und Repräsentationalismus
.... 116
      2.1.1 Die Kant/Frege-These 121
      2.1.2 Das Kontextprinzip im Neuaristotelismus des 19. Jahrhunderts 128
      2.1.3 Das Kontextprinzip in der frühen analytischen Philosophie 136
      2.1.4 Die Schopenhauer/Wittgenstein-Thesen 145
      2.1.5 Schopenhauers Gebrauchstheorie der Bedeutung und das Kontextprinzip 153
      2.1.6 Repräsentationalismus und Kontextualismus 162
   2.2 Analytizität – Analytische Urteile, Umfangsmetaphern und Logikdiagramme
.... 171
      2.2.1 Der Forschungsstand zur Entwicklungsgeschichte analytischer Diagramme 182
      2.2.2 Logikdiagramme von der Antike bis zur frühen Neuzeit 189
      2.2.3 Analytische Diagramme der geometrischen Logik 204
      2.2.4 Kants »Notion of Containment« 226

2.2.5 Schopenhauers geometrische Urteilslehre..........236
2.2.6 Extensionalitäts- und Kontextprinzip..........249

2.3 Beweis – Elementargeometrie, Syllogistik und anschauliche Beweistheorie 257

2.3.1 Geometria more syllogismorum? Der Streit der Leibnizianer und Kantianer..........268
2.3.2 Taschenspielerstreiche, Mausefallen und stelzenbeinige Beweise....284
2.3.3 Rezeption und Bewertung der schopenhauerschen Philosophie der Geometrie..........298
2.3.4 Bewertungen der geometrischen Logik von Reimers bis Maaß..........317
2.3.5 Logica more geometrico versus geometria more syllogismorum..........334
2.3.6 Eine ganz genaue Analogie zum Umfang der Begriffe..........347

3 Logik und Welt..........354

3.1 Inferentialismen..........357

3.1.1 Basisinferentialismus..........359
3.1.2 Materialinferentialismus..........368
3.1.3 Formalinferentialismus..........377

3.2 Rationaler Repräsentationalismus..........392

3.2.1 Abstraktion und Sein..........396
3.2.2 Anschauung und Begriff..........420
3.2.3 Übersetzung und Übertragung..........442

Anhang..........453

Literaturverzeichnis..........453
Siglenverzeichnis..........489
Abkürzungsverzeichnis..........491

Vorrede

Welt und Logik ist Ausdruck eines philosophischen Revisionismus. Ich werde in dieser Schrift versuchen zu zeigen, wie es möglich ist, die These zu vertreten, dass der Raum der Gründe größer sein muss als der Raum der Begriffe, ohne dabei in einen kausalen und naiven Repräsentationalismus zu verfallen. Anders gesagt ist diese These der Ausdruck eines nichtnaiven oder rationalen Repräsentationalismus. Man könnte sie so verstehen, dass unsere Logik schon immer grundständige Übertragungen weltlicher Formen aufweist und daher ein Komplement des rationalistischen Bildes ist, dem zufolge die Welt immer schon logisch verfasst sei, wenn nicht beide Bilder zu starke Vereinfachungen unserer viel zu komplexen Begriffe von der Welt und der Logik wären.

Revisionsbedürftig erscheint mir in diesem Zusammenhang vor allem das zweigeteilte Bild zu sein, das von dem gegenwärtigen Rationalismus systematisch vertreten und auf die Geschichte der Philosophie und Wissenschaft projiziert wird: Zum einen werden von ihm grundsätzlich diejenigen Forschungsprogramme naiv bezeichnet, die zum Ausdruck bringen, dass man die Welt mit Hilfe der Logik und Sprache abbilden könne, ohne dabei zu behaupten, dass die Welt schon vollständig durch die Logik erschlossen sein muss; und zum anderen behauptet der gegenwärtige Rationalismus, dass diese Charakterisierung auf alle repräsentationalistischen Ansätze vor dem Beginn des sprachphilosophisch-logizistischen Paradigmas zutreffe und sich noch heute in verschiedenen Ansätzen zeige. Der hier angesprochene Rationalismus zerfällt dabei in zwei Bereiche: Zum einen in den Inferentialismus, der behauptet, dass alles das, was in unserer Welt Bedeutung besitzt, diese durch die praktische Rolle in unserer immer schon inferentiell gegliederten Sprache erhalten hat; zum anderen in den Neologizismus, der davon ausgeht, dass die Objekte, Aussagen und Strukturen, mit der wir unsere Welt begreifen, auf die Logik zurückgeführt werden können. Die Welt des Inferentialismus ist die durch unsere Alltagssprache beschaffene Welt, die des Neologizismus ist die quantitativ erfasste.

Der Kampfplatz des aktuellen Rationalismus gegen den naiven Repräsentationalismus sind die Testamente der sogenannten ›mächtigen Toten‹ wie etwa Aristoteles, Leibniz, Kant, Frege oder auch Wittgenstein. Diese ›Helden‹ werden von unterschiedlichen inferentialistischen und neologizistischen Programmen als Vorläufer und Ideengeber herangezogen. Da ich glaube, dass ich schlecht beraten wäre, wollte ich meine revisionistische These interpretatorisch auf diesem unüberschaubaren Kampfplatz austragen, so habe ich mich dazu entschieden, vor allem die Schriften vieler vergessener Antihelden zu Rate zu ziehen, die eine erkennbare Nähe zu dem hier vertretenen rationalen Repräsentationalismus aufweisen. Neben Antihelden wie Bacon, Reimers, Weigel, Grosser, Euler oder McCulloch stehen im Vordergrund besonders die bislang vergessenen Logikvorlesungen Arthur Schopenhauers, die zum einen das

Fundament seines repräsentationalistischen Systems darstellen und die zum anderen mit einer geometrischen Logik viele semantische Grundlagen der heutigen neologizistisch-inferentialistischen Philosophien kritisch vorwegnehmen. Insofern bieten diese Vorlesungen den historischen Ansatzpunkt für ein Programm, das sowohl repräsentationalistisch als auch rational ist und auf dem eine moderne Philosophie mit denselben Ansprüchen und Charakteristika aufbauen kann.

Wie das einleitende Kap. 1 darstellen wird, sind im Unterschied zur herrschenden Forschungsmeinung (1.1) die Logikvorlesungen Schopenhauers (1.3) ein wesentlicher Teil eines Repräsentationalismus (1.2). In Kap. 2 wird die Ansicht begründet, dass dieser Repräsentationalismus nicht als naiv angesehen werden muss, da er das zweigeteilte Bild des modernen Rationalismus durchschneidet: Schopenhauer vertritt als Ausgangspunkt seines Systems gerade diejenigen semantischen Prinzipien (2.1.4–2.1.6), auf denen das moderne inferentialistisch-neologizistische Paradigma aufgebaut ist, insbesondere das Kontextprinzip und die Gebrauchstheorie der Bedeutung (2.1.1–2.1.3). Diese Semantik ist zudem der Ausgangspunkt einer Erklärung der in der modernen Logik und Sprachphilosophie problematisierten Begriffe des Enthaltenseins und des Begriffsumfangs: Ich vertrete die Auffassung, dass die etablierten Umfangsmetaphern, die eine zentrale Rolle bei der Unterscheidung von analytischen und synthetischen Urteilen spielen, in der Transzendentalphilosophie aus der Semantik der geometrischen Logik hervorgehen (Kap. 2.2.4–2.2.6) und dass die geometrische Logik aus einer Entwicklungsgeschichte resultiert, deren Anfänge bis in die antik-mittelalterliche Philosophie zurückreichen (2.2.1–2.2.3). Schließlich soll aufgezeigt werden, in welche Probleme Beweistheorien in der Geometrie (2.3.1–2.3.3) und Logik (2.3.4–2.3.6) geraten, wenn sie ein streng logizistisches Programm verfolgen. Als hilfreicher Ausweg aus dem Begründungsproblem des Logizismus und Neologizismus bieten sich eine die Anschauung repräsentierende Beweistheorie an, die an der Elementargeometrie und an einem Fragment der Prädikatenlogik erster Stufe diskutiert wird. Dieser hilfreiche Ausweg der geometrischen Logik beruht auf der zentralen Erkenntnis von Kapitel 2, dass die Logik nur auf Anschauungsformen zurückgreifen muss, wenn sie selbst in Begründungszwänge gerät.

Die Kap. 1 und 2 mögen den Eindruck erwecken, als wollte ich den gewöhnlich als Antihelden wahrgenommenen Schopenhauer zum Helden dieses Buchs machen. Dies ist allerdings nicht der Fall. So sehr in Kap. 1 und 2 dafür argumentiert wird, mit seinen Logikvorlesungen das zweigeteilte Bild der modernen rationalistischen Geschichtsschreibung und der damit verbundenen Systematik zu revidieren, so entschieden bin ich aus den in Kap. 1 genannten Gründen der Meinung, dass viele seiner Systemteile nicht mehr den systematischen Anforderungen des gegenwärtigen Zeitalters genügen können. (Dass wir darüber hinaus in den Testamenten der Alten auch auf Ansichten stoßen, die nicht unseren moralischen, sittlichen oder politischen Prinzipien entsprechen, halte ich für selbstverständlich.) Die in Kap. 2 herausgearbeiteten Argumente haben mich vielmehr davon überzeugt, dass wir eine modernisierte

Fassung der Semantik und Grundlegung der Logik aus dem Geist des rationalen Repräsentationalismus benötigen.

Aber aus dem Wissen, wie ein rationaler oder nichtnaiver Repräsentationalismus historisch ausgesehen hat, der ein vielversprechendes Bild von der Beziehung zwischen der Welt und Logik vermittelt, wird in Kap. 3 versucht zu erklären, warum der Ausdruck ›Raum der Begriffe‹ nicht deckungsgleich und überdeckend sein kann mit der Sphäre des Begriffs ›Raum der Gründe‹. Im Anschluss an diejenigen Antihelden dieses Buches, die als geometrische Logiker bezeichnet werden können, kann meine Antwort wohl als aristotelisch bezeichnet werden: Nämlich weil sich schon im Raum der Begriffe uneigentliche Übertragungen aus der anschaulichen Welt befinden, die eine wesentliche Rolle im Geben und Verlangen von Gründen spielen. Nichtnaiv oder rational kann somit ein Repräsentationalismus genannt werden, der nicht über die Sphäre hinausgehen muss, die den Raum der Begriffe figuriert, um innerhalb seiner Grenzen die These vertreten zu können, dass die Sphäre des Raums der Gründe die größere von beiden sein muss. Oder anders gesagt: Rational ist dieser Repräsentationalismus, weil er, ohne den Raum der Begriffe zu verlassen, erklären kann, warum in diesem Repräsentationen notwendig zum Ausdruck kommen, die nicht in ihm selbst begründet sind.

Diese zentrale These wird durch eine Reihe von Argumenten gestützt, die zum einen in dem historischen Material von Kap. 2 angedacht werden, aber bislang nicht in der Form betont, ausgearbeitet und selbstverständlich aktualisiert vorliegen, wie sie schließlich in Kap. 3 zur Geltung kommen sollen. Dennoch ist Kap. 3 nicht das vollständige Programm eines Repräsentationalismus selbst, sondern es stellt nur die semantischen Bedingungen der Möglichkeit vor, einen Repräsentationalismus zu vertreten, der nicht im Widerstreit mit den Anforderungen des modernen Rationalismus steht. Bereits am Ende von Kap. 2.3 wird dafür argumentiert, dass der Logiszismus bzw. Neologizismus schwerwiegenden philosophischen Begründungsproblemen unterliegt. Aufbauend auf einer Kritik des modernen Inferentialismus in Kap. 3.1 wird Kap. 3.2.1 aber ein Kernelement des Neologizismus, nämlich die Abstraktionstheorie, wieder aufnehmen und in einer eigenständigen Weise vorstellen. Hier wird für eine neue Perspektive auf die Abstraktionstheorie der Bedeutung argumentiert, durch die die strenge Unterscheidung zwischen singulären und generellen Termini logisch und vor allem ontologisch entbehrlich werden soll. Eine derartige Theorie des Begriffs erklärt die unterschiedliche Rolle begrifflicher Inhalte im Urteil allein durch den Abstraktionsgrad, der wiederum durch die geometrische Logik dargestellt werden kann. Das Kap. 3.2.2 wird dies an einer beispielhaften geometrischen Logik zeigen. Hier soll die diagrammatische Logik zwischen der anschaulichen und der begrifflichen Welt vermitteln. In Kap. 3.3 wird schließlich die zentrale These dieser Schrift dargelegt, die eine Erklärung bietet, warum es auf der einen Seite so viele der in Kap. 2 vorgestellten Formen der geometrischen Logik in der Geschichte der Philosophie und Mathematik gibt und warum es auf der anderen Seite für den Rationalismus sinnvoll sein kann, die repräsentationalistische These anzuerkennen, dass der Raum der Gründe größer ist als der Raum der Begriffe.

Ich habe vier Gruppen von Lesern im Sinn, die Gewinn aus der Lektüre der vorliegenden Schrift ziehen könnten: Diejenige Gruppe, die vor allem eine systematische Antwort auf die Frage erwartet, warum der Raum der Gründe größer sein muss als der Raum der Begriffe, wird in Kap. 3 zu lesen beginnen und die Kap. 2 und zuletzt das Kap. 1 als Erklärungen und Anmerkungen wahrnehmen. Diejenige Gruppe, die ahnt, dass die Basis für die Beantwortung dieser Frage bereits in der Geschichte ihres Problems beheimatet ist, wird in Kap. 2 beginnen und das Kap. 1 als Rechtfertigung verschiedener historischer Ansichten ansehen. Die dritte Gruppe ist diejenige, die mit Kap. 1 beginnt, da sie zum einen davon ausgeht, mit dem Erhalt einer längeren Schrift auch den Erhalt der Zeit erlangt zu haben, um sie zu lesen, und weil sie sich zum anderen nicht vor einem Antihelden wie Schopenhauer fürchtet. Die vierte Gruppe ist diejenige, die sich weder für eine historisch noch systematisch aufgebaute Verteidigung der Hauptthese, sondern nur für Einzelthemen interessiert, wie bspw. das Kontextprinzip und die Gebrauchstheorie der Bedeutung (Kap. 2.1.4ff.) und deren Geschichte (2.1.1ff.), für die geometrische Logik (2.2.1ff., 2.3.4), für analytische und synthetische Urteile (Kap. 2.2.4ff.), für Beweistheorien und Begründungen in der Elementargeometrie (2.3.1ff.) und in der Logik (2.3.4ff.), für eine nicht-individuelle Abstraktionstheorie der Bedeutung und eine Kritik der singulären Termini (3.2.1) oder auch für den Versuch, mit Hilfe einer geometrische Logik die Abstraktionsschritte von der anschaulichen Welt zu den abstraktesten Begriffen darzustellen (3.2.2).

Viele der Darstellungen in der vorliegenden Schrift wurden durch Vorträge oder veröffentlichte Studien begleitet. Für die hier vorliegende Druckfassung wurden die Themen und Thesen zum Teil stark überarbeitet, zum Teil von Grund auf neu verfasst, zum Teil aber auch verkürzt wiedergegeben. Dort, wo Aufsätze ähnliche Inhalte in anderer Form bieten, wurde darauf hingewiesen.

Die Tatsache, dass ich meine Themen, Thesen und Argumente zur geometrischen Logik, zur Sprachphilosophie und Metaphysik in den letzten 10 Jahren auf vielen Seminaren, Workshops, Tagungen und Kongressen auf vier Kontinenten vorstellen durfte, hat wesentlich zu der Schrift beigetragen, die ich hier vorlegen kann. Ich danke allen Teilnehmern dieser Veranstaltungen, allen Kollegen und Freunden, die mich zu vielen Thesen ermutigt haben, die sich in dieser Schrift finden, und die mich auch davor bewahrt haben, einige problematische Thesen überzeugter zu vertreten, als ich es einst meinte tun zu müssen. Mein Dank gilt Dieter Birnbacher, Hubertus Busche und Eberhard Knobloch, die einen ersten Entwurf dieser Schrift gelesen und kommentiert haben. Zu besonderem Dank bin ich zum einen Judith Werntgen-Schmidt und Theo Berwe verpflichtet, die die deutsche Fassung, und zum anderen Sean Murphy, der die englische Fassung des Manuskripts korrekturgelesen haben. Alle verbleibenden Fehler sind selbstverständlich meine eigenen.

1 Die Welt und ihre repräsentationalistische Interpretation

Wie lässt sich die Welt sprachlich darstellen? Wie sieht eine sprachlich adäquate Beschreibung aller Bestandteile der Welt aus? Diese Fragen haben zahlreiche Philosophen, Schulen und Forschungsbereiche bis zur Gegenwart durch unterschiedliche systematische Darstellungen zu beantworten gesucht. Schaut man nur auf die Neuzeit so kann man derart repräsentationalistische Ansätze in ganz unterschiedlichen Programmen erkennen, bspw. in Nicolaus Reimers *Metamorphosis Logicae* im 16. Jahrhundert, in Francis Bacons *Advancement of Learning* im 17. Jahrhundert, in den Weltweisheitsschriften und Enzyklopädien des 18. Jahrhunderts, in Rudolf Carnaps *Logischem Aufbau der Welt* im 20. Jahrhundert oder auch in dem Forschungszweig der Wissensrepräsentation in der Gegenwart. Man könnte somit an zahlreichen Schriften oder Forschungsprogrammen zeigen, dass der Begriff des Repräsentationalismus zu eng gefasst ist, wenn er nur auf eine ganz bestimmte Intentionalitäts- oder Bewusstseinstheorie reduziert wird.[1] Ich werde in diesem Kapitel 1 an den Schriften eines klassischen Autors aus dem 19. Jahrhundert exemplarisch zeigen, wie ein systematischer Ansatz eines repräsentationalistischen Programms aussieht, nämlich zunächst an Arthur Schopenhauers Hauptwerk *Die Welt als Wille und Vorstellung* (= WWV).

Auch wenn Schopenhauer meistens nicht mit in den Kanon der Systemphilosophen der klassischen deutschen Philosophie bzw. des deutschen Idealismus aufgenommen wird, so spricht er doch in seinem Hauptwerk wie viele seiner Zeitgenossen explizit davon, dass er ein System der Philosophie habe bzw. seine Philosophie ein System sei.[2] Das System der WWV hat den Anspruch, eine vollständige Repräsentation der Welt in wenigen abstrakten Begriffen zu liefern. Auch wenn sich im Laufe der vorliegenden Untersuchung die Verortung des schopenhauerschen Systems in seinen Schriften als problematisch erweisen wird, so gebietet sowohl Schopenhauers explizite Rede als auch die Rezeptionsgeschichte, dieses System Schopenhauers zunächst in seinem Hauptwerk, WWV, zu suchen. Erst in Kap. 1.3 und Kap. 2 wird dafür argumentiert, dass es gute Gründe gibt, anstelle der WWV die Berliner Vorlesungen als verbindliches System zu Rate zu ziehen.

Aber schon eine Interpretation des schopenhauerschen Systems in seinem Hauptwerk erweist sich als schwierig: Bereits Ernst Bloch hatte darauf hingewiesen, dass

---

[1] Welche Verbindung die hier genannten Schriften oder Forschungsprogramme zum Repräsentationalismus besitzen und was der hier im weiten Sinne verwendete Begriff des Repräsentationalismus genau umfasst, wird sich im Laufe von Kap. 1 und 2 zeigen.
[2] Siehe unten, Kap. 1.2.2.

die Interpretation der WWV ein »Musterbeispiel einer ›terrible simplification‹« geworden sei,[3] denn die Struktur und der Inhalt dieses Werks sei weitaus komplexer, als es die breite bildungsbürgerliche Rezeptionsgeschichte und die bis heute durch diese beeinflusste Philosophiegeschichtsschreibung vermittle. Ich bin der Meinung, dass die Dominanz der vorurteilsbehafteten Philosophiegeschichtsschreibung auch revisionistische Ansätze vieler Interpreten untergräbt, da sie den Leser darin beeinflusst, nur altbekannte Motive wie den ›subjektiven Idealismus‹, den ›metaphysischen Irrationalismus‹, den ›weltanschaulichen Pessimismus‹ oder den ›nihilistischen Mystizismus‹ im Werk Schopenhauers zu suchen.[4]

Denjenigen Lesern, die mit dem schopenhauerschen System nicht bekannt sind, empfehle ich, in Kap. 1.2.2 einzusteigen, sofern sie sich vor allem für den Repräsentationalismus interessieren, oder in Kap. 1.3.1, wenn das Interesse vor allem im Bereich der Logik liegt. Beide Leserkreise dürften die vorangegangenen Kapitel nach der Lektüre von Kap. 1.3 als Zusatzinformationen ansehen. Leser, die sich aber gar nicht vorstellen können, dass 200 Jahre alte Texte eines Autors wie Schopenhauer irgendetwas sinnvolles zu heutigen Debatten beitragen können, empfehle ich den direkten Sprung in Kap. 2 und vermute, dass sie doch irgendwann zu Kap. 1 zurückfinden werden. Alle weiteren Leser, die sich in keiner der bisher genannten Gruppen wiederfinden, sollten für die sukzessive Lektüre der folgenden Kapitel bestens gewappnet sein.

In dem nun folgenden Kap. 1 wird versucht zu zeigen, wie unterschiedlich Schopenhauers Gesamtwerk, ausgehend von dem System der WWV, in der Forschung gelesen wird. Zunächst werden die unterschiedlichen Interpretationsansätze des schopenhauerschen Systems an einschlägigen Textstellen dargestellt (Kap. 1.1). Daraufhin wird anhand der WWV ein Überblick gegeben, wie Schopenhauers System strukturiert ist und welche Bestandteile es umfasst (Kap. 1.2). Zuletzt wird die Rolle der sogenannten ›kleinen Logik‹ in dem System der WWV aufgezeigt und die Unterschiede zur ›großen Logik‹ der Berliner Vorlesungen herausgearbeitet (Kap. 1.3), die dann in Kap. 2 genauer untersucht wird. In allen drei genannten Unterkapiteln wird die These vertreten, dass Schopenhauers System der Ausdruck eines Repräsentationalismus ist, der sich zum Ziel gesetzt hat, die Welt mit Hilfe der Logik zu beschreiben.

---

[3] Ernst Bloch: Leipziger Vorlesungen zur Geschichte der Philosophie (1950–1956). Bd. 4. Frankfurt a.M. 1985, S. 368.
[4] Vgl. Otto Friedrich Gruppe: Gegenwart und Zukunft der Philosophie in Deutschland. Berlin 1855, S. 151: »Schopenhauer […], dessen philosophische Lehre subjectiver Idealismus ist«; Otto Jenson: Die Ursache der Widersprüche im Schopenhauerschen System. Rostock 1906, S. 34: »eine Verneinungs=Philosophie, wie die Schopenhauersche«.

1.1 Interpretationsansätze

Schopenhauers System der WWV beginnt mit zwei traditionell besetzten Reizwörtern, `Gedanke` und `System`, die bis heute in der Forschung intensiv diskutiert werden. Umstritten ist, was Schopenhauer genau meint, wenn er zu Beginn seines Hauptwerks behauptet, sein Werk beinhalte nur einen einzigen Gedanken und seine Philosophie sei nicht architektonisch, sondern organisch. Da sich meiner Meinung nach beide Fragen erst aus dem Systemkontext beantworten lassen, der erst in den folgenden Kapiteln erschlossen wird, stelle ich zunächst nur die Forschungsmeinungen zum ›einen einzigen Gedanken‹ (Kap. 1.1.1) und zum ›organischen System‹ dar (Kap. 1.1.2) und nehme dabei meine erst in Kap. 1.2 begründete Meinung dogmatisch vorweg.

Beide Reizwörter haben in der Forschung der letzten Jahre dazu geführt, zwei entgegengesetzte Lesarten des schopenhauerschen Systems zu verdeutlichen, die durch eine scheinbar dritte Position vermittelt wird (Kap. 1.1.3). Die unterschiedlichen Lesarten führen wiederum zu einer entweder inhaltlich-philosophischen oder einer formal-philologischen Bewertung der in Schopenhauers System befindlichen Widersprüche und Aporien (Kap. 1.1.4). In jedem Kapitel erlaube ich mir, zu den jeweiligen Streitpunkten bereits meinen eigenen Interpretationsstandpunkt zu benennen und zu vertreten, auch wenn dieser erst in Kap. 1.2 genauer begründet werden kann.

1.1.1 Einheit: Ein Gedanke, eine Welt

Die Vorrede zur 1. Auflage der WWV beginnt mit den folgenden beiden Sätzen:

> Wie dieses Buch zu lesen sei, um möglicherweise verstanden werden zu können, habe ich hier anzugeben mir vorgesetzt. – Was durch dasselbe mitgetheilt werden soll, ist ein einziger Gedanke.[1]

1) Weit verbreitet ist die Lesart, die den Fokus auf den zweiten Satz des Zitats legt. Vertreter dieser Lesart behaupten, dass mit diesem zweiten Satz erklärt werde, was die Intention des Autors und damit der Inhalt des ganzen Buchs (WWV) sei. Da nach herrschender Meinung ein Gedanke – wenn nicht in Schlüssen oder Theorien, so doch zumindest – in Form von Urteilen ausgedrückt werden müsse, gibt es Vertreter dieser Lesart, die einzelne Propositionen der WWV *heuristisch* dahingehend untersuchen, ob diese eine abstrakte Zusammenfassung des gesamten Systems sein könnten. 2) Vertreter einer ähnlichen Lesart, die zwar ebenfalls den Fokus auf den zweiten Satz des angegeben Zitats legen, allerdings nicht der Meinung sind, dass ein derartiger Gedanke, wie Schopenhauer ihn beschreibt, mindestens in Form einer Proposition

---
[1] WWV I (1819), S. V.

1 Die Welt und ihre repräsentationalistische Interpretation

dargestellt werden könne, sehen diesen Gedanken in mehr als nur einem Urteil. Dieser *hermeneutische* Ansatz versucht, über den propositionalen Gehalt eines Urteils hinauszugehen. 3) Ich bin hingegen der Meinung, dass nicht der zweite, sondern der erste Satz das zentrale Thema der Vorrede darstellt. Die Intention und Motivation Schopenhauers zur Abfassung der WWV wird meiner Meinung nach erst in § 15 der WWV dargestellt. Aus dem Inhalt des § 15 resultiert dann erst die *holistische* Lesart des einen einzigen Gedankens.

1) *Heuristische Lesart*: Schopenhauer selbst benennt an keiner Stelle seines Gesamtwerks explizit, was der eine einzige Gedanke ist.[2] Dies hat die Forschung zu unterschiedlichen Spekulationen darüber motiviert, in welchem Urteil innerhalb der WWV oder des Gesamtwerks der eine einzige Gedanke zu finden sei: Zwar weist bspw. Rudolf Malter darauf hin, dass zwischen Sätzen und Gedanken zu unterscheiden sei und der eine Gedanke »obzwar selber kein Satz, nur in Sätzen, bestehend aus abstrakten Vorstellungen, präsent ist [...]«;[3] dennoch sieht Malter den einen Gedanken schließlich in dem Satz: »[D]ie Welt ist die Selbsterkenntnis des Willens.«[4] Dieses Urteil geht über die WWV hinaus, da sie auf ein Manuskript Schopenhauers aus dem Jahr 1817 zurückgeht, in dem es heißt: »Meine ganze Ph[ilosophie] läßt sich zusammenfassen in dem einen Ausdruck: die Welt ist die Selbsterkenntniß des Willens.«[5] Jochem Hennigfeld benennt hingegen ein anderes Urteil als Kandidaten für den einen Gedanken, da dieses einen axiomatischen Charakter habe:[6] »Der Wille als das Ding an sich macht das innere, wahre und unzerstörbare Wesen des Menschen aus.«[7]

Diese Heuristik des einzigen Gedankens in den Urteilen des schopenhauerschen Gesamtwerks findet aber auch innerhalb dieser Interpretationsrichtung Kritiker: Schopenhauers Hauptwerk ist in vier Bücher (= B) unterteilt, die gewöhnlich jeweils in die Schlagwörter (B I) ›idealistische Erkenntnislehre‹, (B II) ›voluntaristische Metaphysik‹, (B V) ›kontemplative Ästhetik‹ und (B IV) ›willensverneinende Ethik‹ zusammengefasst werden.[8] John Atwell erklärt nun, dass die oben genannten Urteile zwar eine Zusammenfassung der ersten beiden Bücher der WWV seien, dass diese

---

[2] Vgl. John Atwell: Schopenhauer on the Character of the World. The Metaphysics of Will. Berkeley 1995, S. 18; Christopher Janaway: Introduction. In: The Cambridge Companion to Schopenhauer. Hrsg. v. Christopher Janaway. Cambridge 1999, S. 1–18, hier: S. 4.
[3] Rudolf Malter: Arthur Schopenhauer. Transzendentalphilosophie und Metaphysik des Willens. Stuttgart-Bad Cannstatt 1991, S. 47.
[4] WWV I (1819), S. 587; vgl. Rudolf Malter: Der eine Gedanke. Hinführung zur Philosophie Arthur Schopenhauers. Darmstadt 2010, S. 32; vgl. Peter Welsen: Schopenhauers Theorie des Subjekts: ihre transzendentalphilosophischen, anthropologischen und naturmetaphysischen Grundlagen. Würzburg 1995, S. 156.
[5] HN I, S. 462.
[6] Jochem Hennigfeld: Metaphysik und Anthropologie des Willens. Methodische Anmerkungen zur Freiheitsschrift und zur *Welt als Wille und Vorstellung*. In: Die Ethik Arthur Schopenhauers im Ausgang vom Deutschen Idealismus (Fichte/Schelling). Hrsg. v. Lore Hühn. Würzburg 2006, S. 459–473, hier: S. 465.
[7] WWV II (1844), S. 203 (= Kap. 19).
[8] Siehe unten, Kap. 1.1.3.

1.1 Interpretationsansätze

aber die entscheidenden Erkenntnisse des dritten und vierten Buchs nicht berücksichtigen würden.[9] Nachdem er einige Anwärter für den einzigen Gedanken und deren Konsequenzen diskutiert hat, benennt er schließlich folgendes Urteil als verbesserten Kandidaten aus den Reihen der heuristischen Lesart:

> Die doppelseitige Welt ist das Streben des Willens, sich seiner selbst voll bewusst zu werden, so dass er vor Entsetzen vor seiner inneren, selbstzerrissenen Natur zurückschreckt, und sich somit selbst und damit seine Selbstbejahung aufhebt und schließlich zur Erlösung gelangt.[10]

Dieses Urteil soll eine Zusammenfassung aller vier Bücher bieten, wie sich bereits an den Schlagwörtern ablesen lässt: (B I) › sich seiner selbst voll bewusst zu werden‹ referiert auf die idealistische Erkenntnislehre; (B II) ›das Streben des Willens‹ bezieht sich auf die voluntaristische Metaphysik; und (B III) sowie (B IV) ›vor Entsetzen vor seiner inneren…‹ werden mit den kontemplativen und willensverneinenden Zügen der Ästhetik und Ethik in Verbindung gebracht.

Meiner Meinung nach ist Atwells Ansatz in mehrfacher Hinsicht lehrreich, denn er zeigt zum einen die Schwächen der zuvor genannten heuristischen Versuche auf und demonstriert zum anderen unfreiwillig die grundlegende Problematik der heuristischen Lesart an einem selbstgemachten Beispiel: Atwells Kritik an den oben genannten heuristischen Lesarten ist gerechtfertigt, denn bspw. Malter oder Hennigfeld können mit ihren jeweiligen Urteilen nicht erklären, warum Schopenhauers WWV mehr als nur zwei Bücher umfasst. Atwell selbst versucht aber daraufhin die Quadratur des Kreises: Er versucht, vier Bücher mit vielen unterschiedlichen Themen in einem Urteil zusammenzufassen; er kann dabei aber nicht rechtfertigen, warum er einerseits einige in der WWV getrennt aufgeführte Aspekte (bspw. B III und B IV) in einer einzigen Konsequenz (»so dass«) zusammenfasst, aber andere Aspekte (B I und B II) explizit als zwei Seiten eines Vordersatzes trennt und warum er andererseits zentrale Aspekte des Werks gar nicht benennt (bspw. Unterschied von Verstand und Vernunft, Stufenfolge des Willens, Stufenfolge der Kunst).

2) *Hermeneutische Lesart*: Insgesamt bleibt es auch fraglich, wie die heuristische Lesart Stellen im Werk Schopenhauers integrieren kann, die betonen, dass zwischen den mitgeteilten Gedanken als Teile des einen einzigen Gedankens und dem einen Gedanken selbst zu unterscheiden sei.[11] Diese Textstellen legen für manche Forscher die Vermutung nahe, dass der eine Gedanke nicht als Abstraktion der einzelnen Werkteile zu verstehen sei, sondern dass dem Werk ein performativer Zug eigen sei, der vielmehr den einen Gedanken nur im Sinne eines eigenständigen und lebendigen Mit-

---

[9] Vgl. John Atwell: Schopenhauer on the Character of the World, S. 30; Christopher Janaway: Introduction, S. 5.
[10] John Atwell: Schopenhauer on the Character of the World, S. 31. – Übers. J.L.
[11] Vgl. HN I, S. 387.

oder Nachdenkens zulässt. Zu fragen wäre also, ob die Annahmen der oben erwähnten Autoren der heuristischen Lesart zutreffen, nämlich dass erstens der eine Gedanke abstrakt und direkt mitteilbar ist und dass er zweitens die Zusammenfassung der einzelnen Werkteile ist.[12] Ein häufig verwendetes Zitat, das in diese Richtung geht, stammt von Matthias Koßler und besagt, dass der eine Gedanke »im Mittelpunkt der sich kreuzenden, jedoch nicht ineinanderlaufenden Richtungen zu suchen ist«.[13] Man kann dieses Zitat Koßlers wohl so verstehen, dass er sich gegen eine vereinseitigte Lesart zur Wehr setzen möchte, die immer nur einzelne Aspekte der schopenhauerschen Philosophie betont, andere aber ignoriert. Performativ sei es hingegen, die Übergänge zwischen den einzelnen Systembestandteilen (bzw. »Richtungen«) mitzudenken und -zuverfolgen.[14]

Von einer explizit performativen Deutung des einen Gedankens spricht auch Daniel Schubbe. Demzufolge verbürgt der eine Gedanke nicht einen Inhalt, sondern die Einheit des Werkes selbst. D. h. seiner Meinung nach stelle die WWV verschiedene Perspektiven auf die Mensch-Welt-Bezogenheit vor, deren Einheit durch die Vorgabe des einen Gedankens formuliert sei: Die Einheit, die durch den einen Gedanken geforderte werde, soll nach Schubbe »als Gemeinsamkeit der verschiedenen Perspektiven oder Wirklichkeitsbereiche verstanden werden«.[15]

Meiner Meinung nach zielen diese hermeneutischen Lesarten in die richtige Richtung, da sie sich von den heuristischen Lesarten abgrenzen, die eine zu starke Vereinseitigung einzelner Aspekte und Themen aus dem Gesamtwerk erkennen lassen. Problematisch sind meiner Meinung aber die Metaphern und Übertragungen der einzelnen hermeneutischen Interpretationsansätze, die insofern zur Lasten der Eindeutigkeit gehen, da sie weder eine hilfreiche Anschaulichkeit evozieren, noch eine bestimmte begriffs- bzw. metapherngeschichtliche Tradition erkennen lassen, und sich zuletzt auch nur selten an Aussagen Schopenhauers orientieren: Welche Eigenschaften haben sogenannte ›Richtungen‹, die sich kreuzen, jedoch nicht ineinanderlaufen, und wo liegt der Unterschied zwischen dem Kreuzen und dem Ineinanderlaufen? Was genau ist die Gemeinsamkeit der verschiedenen Perspektiven und Wirklichkeitsbereiche, und welchen Verständnis- oder Anwendungsvorteil bietet die vielbesprochene Performanz, die Forscher der hermeneutischen Lesart betonen?

3) *Holistische Lesart*: Die in den folgenden Kapiteln weiter zu begründende Lesart, die ich favorisiere, lokalisiert dagegen die Zielsetzung der WWV aus Schopenhauers Selbstaussagen nicht primär in der Vorrede, sondern erst am Ende von § 15. Die Vorrede stellt mit dem »einen Gedanken« nur ein Traditionsargument dar,

---

[12] Vgl. Daniel Schubbe: Philosophie des Zwischen. Hermeneutik und Aporetik bei Schopenhauer. Würzburg 2010, S. 51f.
[13] Matthias Koßler: Schopenhauer als Philosoph des Übergangs. In: Nietzsche und Schopenhauer. Rezeptionsphänomene der Wendezeiten. Hrsg. v. Marta Kopij, Wojciech Kunicki. Leipzig 2006, S. 375.
[14] Vgl. auch David G. Carus: Die Gründung des Willensbegriffs. Die Klärung des Willens als rationales Strebevermögen in einer Kritik an Schopenhauer und die Ergründung des Willens in einer Auseinandersetzung mit Aristoteles. Wiesbaden 2016, S. 61.
[15] Daniel Schubbe: Philosophie des Zwischen, S. 195.

1.1 Interpretationsansätze

das (1) im historischen Kontext interpretiert werden muss und des Weiteren (2) auch nur für die Beantwortung der Frage, wie das Buch zu lesen ist und welchen formalen Gehalt es mitzuteilen vermag, instrumentalisiert wird.

(1) Die Rede von ›einem einzigen Gedanken‹ im Zusammenhang mit einem ›Organismus‹ ist keine untraditionelle Eigenart des schopenhauerschen Systems, wie Rudolf Malter behauptet hat.[16] Bereits Fichte hatte derartige Lemmata an prominenter Stelle, im ersten Absatz seiner *Grundzüge des gegenwärtigen Zeitalters*, im selben Sinne verwendet wie Schopenhauer am Anfang der WWV I:

> Wir heben hiermit an eine Reihe von Betrachtungen, welche jedoch im Grunde *nur einen einzigen*, durch sich selbst *eine organische Einheit* ausmachenden *Gedanken* ausdrücken. Könnte ich diesen *Einen Gedanken* in derselben Klarheit, mit der er mir beiwohnen mußte, ehe ich an das Unternehmen ging, und mit welcher er mich leiten muß bei jedem einzelnen Worte, das ich sagen werde, auch Ihnen sogleich *mittheilen*; so würde von dem ersten Schritte an das vollkommenste Licht sich verbreiten über den ganzen Weg, den wir mit einander zu machen haben. Aber, ich bin genöthigt, diesen *Einen Gedanken* vor Ihren Augen erst allmählig *aus allen seinen Theilen aufzubauen*, und aus allen seinen bedingenden Ingredienzien herauszuläutern: dies ist die *nothwendige Beschränkung, welche jedwede Mittheilung drückt*; und durch dieses ihr Grundgesetz allein, wird zu einer *Reihe von Gedanken und Betrachtungen ausgedehnt und zerspalten, was an sich nur ein einziger Gedanke gewesen wäre*.[17]

Die im Zitat von mir hervorgehobenen Absatz- bzw. Satzkookkurrenzen belegen die hohe Wahrscheinlichkeit, mit der Schopenhauer den Anfang seines Werks von Fichte übernommen hat: Schopenhauer verwendet in den ersten drei Absätzen der Vorrede zur ersten Auflage der WWV die Lexeme »ein einziger Gedanke«, »mitzutheilen«, »zum Behuf seiner Mittheilung, sich in Theile zerlegen«, »Zusammenhang dieser Theile ein organischer«.[18]

Auch die synonyme Verwendung des einzigen Gedankens mit der Redewendung »eine einzige Anschauung« eröffnet eine Metaphern- und Ideengeschichte, die bis tief in die frühe Neuzeit zurückreicht:[19] Der Autor erschafft ein einheitliches philosophisches Werk *sub specie unitatis*, das er dem Rezipienten nur *sub specie diversitatis*

---

[16] Vgl. Rudolf Malter: Arthur Schopenhauer, S. 44f.
[17] Johann Gottlieb Fichte: Die Grundzüge des gegenwärtigen Zeitalters in Vorlesungen, gehalten zu Berlin, im Jahre 1804–5. Berlin 1806. (Hervorhebungen von mir – J.L.)
[18] Siehe unten, Kap. 1.1.2.
[19] Jens Lemanski: Christentum im Atheismus. Spuren der mystischen Imitatio Christi-Lehre in der Ethik Schopenhauers. Bd. 2. London 2011, S. 316; Matthias Koßler: Die eine Anschauung – der eine Gedanke.

mitteilen kann. Die Redewendung von einem einzigen Gedankens erfüllt im romantischen Kontext die zentrale Funktion, auf eine Autor-Schöpfer-Analogie hinzuweisen: So wie die Welt vor der Schöpfung in Gott einheitlich war, so war auch der *liber mundi* vor der Abfassung einheitlich im Geiste des Autors.[20] Die Sprechakte sollen zwar inhaltlich dasselbe ausdrücken wie der Denkakt, aber beide sind von der Form verschieden.

(2) Die Metapher des einen einzigen Gedankens hat weiterhin die Funktion, darauf hinzuweisen, welche Form der Mitteilung durch die Schriftlichkeit bedingt werde und wie daher das Buch zu lesen sei: Es muss zunächst *sub specie diversitatis* rezipiert werden, damit der Rezipient es anschließend *sub specie unitatis* als einen einzigen Gedanken begreifen kann. Die Vielheit soll die Einheit eines Gedankes mitteilen. Die Dialektik von Einheit und Vielheit wird noch einmal an dem Verhältnis ›Autor – Rezipient‹ deutlich: Der Leser rezipiert das Buch *sub specie diversitatis*, damit er anschließend die Idee des Autors *sub specie unitatis* begreift. Die Metapher des einen einzigen Gedankens hat somit vor allem die Funktion, den einheitlichen, aber auch holistischen Charakter des Werks anzukündigen und gleichzeitig durch die religiöse Autor-Schöpfer-Analogie die Erwartungen des Publikums zu vergrößern und die Geduld bei einem mutmaßlich überforderten Leser einzufordern.[21]

1.1.2 Vielheit: Das organische System

Ebenfalls in der ersten Vorrede zur WWV, wenige Sätze nach der Formulierung des ›einen einzigen Gedankens‹, spricht Schopenhauer über das Verhältnis von Einheit und Vielheit des bzw. der in einem Werk entwickelten Gedanken. Auch hinsichtlich der Interpretation der Metaphern der Vielheit, nämlich ›architektonisch‹, ›systematisch‹ und ›organisch‹, ist ein Forschungsstreit entbrannt. Die kontroverse Textstelle lautet:

> Ein *System von Gedanken* muß allemal einen architektonischen Zusammenhang haben, d.h. einen solchen, in welchem immer ein Theil den andern trägt, nicht aber dieser auch jenen, der Grundstein endlich alle, ohne von ihnen getragen zu werden, der Gipfel getragen wird, ohne zu tragen. Hingegen *ein einziger Gedanke* muß, so umfassend er auch seyn mag, die vollkommenste Einheit bewahren.

Zur Systemfrage bei Fichte und Schopenhauer. In: Die Ethik Arthur Schopenhauers im Ausgang vom Deutschen Idealismus (Fichte/Schelling). Hrsg. v. Lore Hühn. Würzburg 2006, S. 349–364; Friedrich Schleiermacher: Kurze Darstellung des theologischen Studiums zum Behuf einleitender Vorlesungen. Berlin 1811, S. 45 (= II.2): »als Eine einzige Anschauung«.
[20] Vgl. Hans Blumenberg: Die Lesbarkeit der Welt. Frankfurt a. M. 1986.
[21] Die Überforderung wird besonders im Vergleich der unterschiedlichen Logikentwürfe deutlich, siehe Kap. 1.3.

1.1 Interpretationsansätze

Läßt er dennoch, zum Behuf seiner Mittheilung, sich in Theile zerlegen; so muß doch wieder der Zusammenhang dieser Theile ein organischer, d.h. ein solcher seyn, wo jeder Theil ebenso sehr das Ganze erhält, als er vom Ganzen gehalten wird [...].[22]

Strittig ist, (1) ob Schopenhauer ›System‹ synonym zu ›architektonisch‹ und als Kontradiktion zu ›organisch‹ oder (2) ob er ›System‹ als Oberbegriff für die beiden konträren Teilbegriffe ›architektonisch‹ oder ›organisch‹ verwendet.

Für (1) spricht, dass Schopenhauer den Systembegriff nur einmal in diesem Zitat gebraucht, nämlich am Anfang des ersten Satzes (»Ein System von Gedanken«). Der zweite Satz zeigt eine deutliche Abgrenzung zum Inhalt des ersten Satzes an (»*Hingegen* ein einziger Gedanke...«); zudem wird in ihm der Systembegriff nicht explizit wiederholt. Im ersten Satz spricht Schopenhauer von einem »architektonischen Zusammenhang«, im davon abgegrenzten Kontext sagt er aber, dass der »Zusammenhang dieser Theile ein organischer« ist.

Lässt man sich von dem Wörtchen »wieder« im letzten Satz nicht irritieren, und betont stattdessen die adversative Konjunktion »*Hingegen*«, so wird man der herrschenden Meinung nach ›architektonisch‹ und ›organisch‹ als Kontradiktionen auslegen können: Wenn etwas nicht architektonisch ist, dann muss es organisch sein, vice versa. Strittig bleibt allerdings, ob der Systembegriff allein dem Architektonischen vorbehalten bleibt. Beispielsweise legt Daniel Schubbe das angeführte Zitat so aus, dass Schopenhauer sich bemühe, »die Rede von einem Organismus scharf von der Vorstellung eines Systems zu unterscheiden«.[23] Für Schubbe sind somit ›System‹ und ›architektonisch‹ Synonyme, ›System‹ und ›organisch‹ hingegen Antonyme.

(2) Nach der Lesart von Christian Strub stellt Schopenhauer hingegen »das ›organische‹ Systemkonzept einem architektonischen gegenüber«.[24] Für Strubs Begriffsschema, dem zufolge ›System‹ der Oberbegriff ist und ›architektonisch‹ und ›organisch‹ die zwei Unterbegriffe bilden, sprechen meiner Meinung nach mehrere Argumente: Zum einen benutzt Schopenhauer in der WWV oder in anderen Werken durchaus ungezwungen Ausdrücke wie ›mein System‹[25] und zum anderen spricht die Etymologie und die Begriffsgeschichte dafür, in diesem Zitat ›System‹ und ›Zusammenhang‹ als Synonyme zu verstehen.[26] Auch eine Substitutionsprobe zeigt, dass ›System‹ und ›Zusammenhang‹ salva significatione et veritate ersetzt werden können: ›Läßt der einzige Gedanke sich in Teile zerlegen; so muß doch wieder [das System]

---

[22] WWV I (1819), S. VI.
[23] Daniel Schubbe: Philosophie des Zwischen, S. 50.
[24] Christian Strub: Weltzusammenhänge. Kettenkonzepte in der europäischen Philosophie. Würzburg 2011, S. 106; Ernst Bloch: Leipziger Vorlesungen zur Geschichte der Philosophie, S. 369.
[25] Bspw. WWV I (1844), S. XXI: »Denn, als ich die Kraft hatte, den Grundgedanken meines Systems ursprünglich zu erfassen, ihn sofort in seine vier Verzweigungen zu verfolgen, von ihnen auf die Einheit ihres Stammes zurückzugehen und dann das Ganze deutlich darzustellen«; PP I (1851), S. 121: »Man könnte mein System bezeichnen als immanenten Dogmatismus«.
[26] Vgl. Otto Ritschl: System und systematische Methode in der Geschichte des wissenschaftlichen Sprachgebrauchs und der philosophischen Methodologie. Bonn 1906.

1 Die Welt und ihre repräsentationalistische Interpretation

dieser Theile ein organisches sein.‹ Somit lässt sich generell sagen: Schopenhauer trennt explizit das Architektonische und das Organische, und es spricht vieles dafür, das ›Architektonische‹ und das ›Organische‹ als Unterbegriffe des Systembegriffs zu fassen.

Obwohl die Metaphorik von Schopenhauers Textabschnitt (›tragen/getragen werden‹, ›erhalten/gehalten werden‹, ›Grundstein‹, ›Gipfel‹ u.a.) sich aufgrund der fehlenden Kontextualisierungsmöglichkeiten nie eindeutig semantisch bestimmen lassen wird, deuten Interpretationsversuche darauf hin, dass der Unterschied zwischen beiden zunächst in der Zuordnung und in dem Begründungsverhältnis liegen könnte: Das architektonische System wird dem »System von Gedanken« (Plural!) zugeordnet, das organische System dem »einen einzigen Gedanken« (Singular!). Das architektonische System besteht aus mindestens einem Element, das nur ›trägt‹ (der Grundstein), und mindestens einem Element, das ausschließlich ›getragen wird‹ (der Gipfel). Das organische System steht hingegen für die wechselseitigen Implikationen seiner Teile, indem jedes Teil alle anderen Teile (das Ganze) erhält und die anderen Teile (das Ganze) jedes einzelne Teil erhalten.

Das organische System scheint mit seinen wechselseitigen Implikationen (›erhalten/gehalten werden‹) den argumentativen und inferentiellen Begründungsvorteil zu besitzen, einzelne Teile und Sätze als entbehrlich bzw. nicht streng wahrheitskonservativ zu erachten, da es keine weiteren Systemteile gibt, die allein von diesem einen Teil oder Satz abhängen. Die wechselseitigen Implikationen des organischen Systems haben aber den Erklärungsnachteil, nicht sukzessiv bzw. ›linear‹ erfassbar zu sein. Das architektonische System hat hingegen den Erklärungsvorteil, stringent, linear und aufeinander aufbauend vom Rezipienten erfasst werden zu können. Allerdings hat es den argumentativen und inferentiellen Begründungsnachteil, dass jeder einzelne Teil und jeder Satz unentbehrlich ist, da jeder Satz bzw. jedes Teil unmittelbar nur von einem anderen begründet wird. In Hinblick auf vermittelte Systemteile schwindet dieser Begründungsnachteil allerdings bottom-up: Während der ›Grundstein‹ noch alles unmittelbar oder mittelbar begründet und von keinem begründet wird, wird der ›Gipfel‹ vollkommen begründet, begründet selbst aber nichts mehr.

Das architektonische System weist hinsichtlich dieser Begründungsfunktion eine Analogie zu dem Reziprozitätsgesetz der traditionellen Begriffslogik auf:[27] So wie im architektonischen System aufsteigend die Elemente immer weniger begründen, aber immer mehr begründet werden, so enthält in der traditionellen Begriffslogik ein Begriff je weniger in sich, desto mehr er unter sich enthält. Eine weitere Anspielung auf die sog. Metaphern des Enthaltenseins[28] der traditionellen Begriffs- und Urteilslogik findet sich auch in dem Einleitungssatz zum organischen System: »ein einziger Gedanke, so *umfassend* er auch seyn mag«. Schopenhauer spielt damit schon auf seinen

---

[27] Siehe unten, Kap. 1.3.1.
[28] Siehe unten, Kap. 2.2.

1.1 Interpretationsansätze

quantitativen Weltbegriff an, der weiter unten genauer erklärt wird.[29] Die Widersprüchlichkeit dieser in der Einheit des Gedankens umfassten Vielheit löst sich mit Verweis auf die analoge Begriffslogik auf: So wie ein einziger Gedanke eine Vielheit umfassen kann, so enthält bspw. ein einziger abstrakter Gattungsbegriff viele konkrete Artbegriffe in sich. So kann beispielweise ein einziger Gattungsbegriff wie ›System‹ die Vielheit von Artbegriffen wie ›architektonisches‹, ›organisches System‹ u.a. umfassen.

Die herrschende Meinung zu diesem Zitat ist, dass Schopenhauer das architektonische System ablehnt und das organische System befürwortet. Die Argumentation dafür ist meist ähnlich der folgenden: Wenn die WWV nur einen einzigen Gedanken mitteilt (siehe Kap. 1.1.1), und wenn der Zusammenhang des einen einzigen Gedankens (in seiner Vielheit nur zum Zweck der Mitteilung zerlegt) ein organischer ist, dann ist die WWV auch organisch verfasst. Diese Argumentation impliziert weiterhin: Wenn der Begriff des ›Organischen‹ den Begriff des ›Architektonischen‹ ausschließt (wie zum einen die Zuordnungen ›organisch‹ = ›Gedanke, singulär‹, ›architektonisch‹ = ›Gedanken, plural‹ und zum anderen das »Hingegen« belegen), und wenn die WWV organisch verfasst ist, dann kann die WWV nicht architektonisch verfasst sein.

Wie in Kap. 1.1.1 gezeigt, ist aber bereits die erste Prämisse des ersten Arguments angreifbar: Mag es auch das Ziel der WWV sein, einen einzigen Gedanken, so umfassend er auch sein mag, mitzuteilen, so gelingt dies nur mittels der Vielheit von Gedanken. Diese Vielheit kündigt auch das Antezedens des anankastischen Konditionals im letzten Satz des Zitats an: »Läßt er dennoch, zum Behuf seiner Mittheilung, sich in Theile zerlegen; so muß [...]«.[30] An dem Antezedens zeigt sich zum einen, dass das Thema der Vorrede auch weiterhin (also wie im ersten Absatz) die Mitteilung ist und dass zum anderen diese Mitteilung nur durch eine Vielheit von Teilen gelingt, in die die umfassende Einheit (des einzigen Gedankens) ›zerteilt‹ wird. Das Konsequens des Konditionals ist allerdings in mehrfacher Hinsicht problematisch: »...so muß doch wieder der Zusammenhang dieser Teile ein organischer sein«. Unverständlich bleibt allerdings, warum dieser Zusammenhang *wieder* organisch sei und warum er so wieder sein *müsse*. Meiner Meinung nach ergibt sich weder aus dem Zitat noch aus dem Kontext eine Erklärung für die Wiederholung (»wieder«) oder eine Erklärung für die Notwendigkeit (»so muss«).

Eine Erklärung für die Wiederholung und für die Notwendigkeit könnte aber vielleicht eine Abbildtheorie leisten, für die aber im Kontext oder im Zitat keine Belege auffindbar sind: Wenn die in der Einheit des Gedankens umfasste Vielheit sich nur durch die Vielheit mitteilen lässt (durch Zerlegung der Einheit in Teile), dann muss die Vielheit weitestgehend die Wiederholung bzw. Abbildung der Einheit in der Vielheit sein. Anders gesagt: Die in der Einheit umfasste Vielheit muss wieder durch eine Einheit in der mitgeteilten Vielheit abgebildet werden. Das organische System, in dem

---

[29] Siehe unten, Kap. 1.2.3.
[30] Zu anankastischen Konditionalen siehe unten, Kap. 1.2.6.

alles unmittelbar und nichts mittelbar in einem Begründungsverhältnis steht, kann diese Einheit in der Vielheit eventuell besser abbilden als das größtenteils nur aus mittelbaren Verhältnissen bestehende architektonische System. – Diese ganze Argumentation ist aber reine Spekulation und entbehrt jeglicher Textgrundlage.

Sicher ist hingegen, dass das übergreifende Thema der bislang vorgebrachten Zitate aus der 1. Vorrede die Mitteilung ist. So argumentativ verschnörkelt und metaphorisch überladen die Vorrede auch ist, so führen letztlich alle besprochenen Textabschnitte zu einer an den Rezipienten adressierten Leseempfehlung, die WWV zweimal zu lesen. Die Zergliederung des Werks in vier Teile liegt nach Schopenhauer somit nicht in der Sache, sondern in der Mitteilung. Eine ähnliche Grundaussage findet man schließlich auch in dem in Kap. 1.1.1 angegebenen Fichte-Zitat. Da ein Buch eben eine erste und letzte Zeile haben müsse (so wie eine Mitteilung einen Anfang und ein Ende habe) und daher einem architektonischen System ähnle, bleibe kein anderer Weg, als das Buch sukzessiv und linear zu lesen. Dies dürfe aber nicht mit dem Gegenstand, mit dem einen einzigen Gedanken selbst verwechselt werden, den das Buch der Form nach durch seine Vielheit mitzuteilen gedenkt. Aus dem Kontext der beiden besprochenen Zitate und besonders anhand der Metaphern ›architektonisch‹ und ›organisch‹ entwickeln sich die grundlegenden Interpretationsarten und Methoden im Umgang mit den im Werk prominenten Widersprüchen bzw. Aporien.

1.1.3 Interpretationen: Der deskriptive Ansatz

In der heutigen Forschung finden sich zwei entgegengesetzte Interpretationsansätze der Philosophie Schopenhauers: (1) der bis heute dominante Interpretationsansatz der sog. ›normativen Lesart‹ steht der vermittelnden Linearität des architektonischen Systems nahe, wohingegen (2) die in den letzten Jahrzehnten aufgekommene Lesart den ›deskriptiven Ansatz‹ Schopenhauers betont und der unmittelbaren Pluralität des organischen Systems nahe steht.

(1) In der Rezeptionsgeschichte Schopenhauers findet man bereits früh eine Interpretationsrichtung, die sich insofern einer Architekturmetapher annähert, als sie die Position bestimmter Themen innerhalb des Werkes festsetzt: So behaupten einige Interpreten, dass der Anfang der WWV mit der Erkenntnislehre nicht ohne Weiteres beliebig sei, da »[j]eder transzendente Dogmatismus [...] vermieden werden«[31] soll, beziehungsweise weil sie »das Teilstück der Darstellung des prozessualen Geschehens [ist], wodurch dieses Geschehen eröffnet wird«.[32] Vertreter dieser Lesart berufen sich gelegentlich auf die Aussage Schopenhauers, dass »jede Philosophie anzuheben

---

[31] Volker Spierling: Arthur Schopenhauer. Philosophie als Kunst und Erkenntnis. Frankfurt a.M. 1994, S. 49.
[32] Rudolf Malter: Arthur Schopenhauer. Transzendentalphilosophie und Metaphysik des Willens. Stuttgart-Bad Cannstatt 1991, S. 53.

1.1 Interpretationsansätze

(hat) mit Untersuchung des Erkenntnißvermögens, seiner Formen und Gesetze, wie auch der Gültigkeit und der Schranken derselben«.[33]

Ebenso festgesetzt scheint für viele Interpreten der Schluss der WWV zu sein. Besonders einschlägig für diese Position war Franz Rosenzweigs Rede von der schopenhauerschen Innovation eines »systemerzeugten Heiligen des Schlußteils«, der »den Systembogen schloß, wirklich als Schlußstein schloß, nicht etwa als ethisches Schmuckstück oder Anhängsel ergänzte.«[34] Eduard von Hartmann spricht ebenfalls von einer Hervorhebung des Nichts, die von Schopenhauer »wiederholentlich und mit Nachdruck als der Gipfel nicht nur seiner Ethik, sondern auch seines ganzen philosophischen Systems bezeichnet worden« sei.[35] Die Religionsphilosophie und insbesondere der Heilige und das Nichts, die Schopenhauer am Ende des vierten Buchs der WWV bespricht, werden laut Hans Zint somit zum »leuchtenden Schlußpunkt seiner [sc. Schopenhauers] ganzen Philosophie«.[36] Wie Rudolf Neidert meint, entsprechen Schopenhauers Ethikprinzipien, Bejahung und Verneinung des Willens zum Leben, der christlichen Sünden- und der Erlösungslehre und somit sei die »tatfeindliche Erlösungslehre« Schopenhauers der »quietistische Fluchtpunkt, auf den alle Linien seiner Ethik letzten Endes zulaufen«.[37] Ähnlich weist auch Klamp darauf hin, dass das dritte Buch nur eine »Vorschule« für die »eindrucksvolle[n] Schlusspartien« des vierten Buchs sein könne.[38]

Schon im frühen 19. Jahrhundert regte das architektonische Themenarrangement, das von der idealistisch-subjektiven Erkenntnistheorie ausgeht und zum mystischen Nihilismus führt, die meisten Forscher zu einer linear-normativen Interpretation an: Wenn Schopenhauer am Ende seines Hauptwerks den Asketen und dessen Flucht ins Nichts beschreibt, so war es für viele Interpreten naheliegend, dass der Autor seinem Leser »zumuthe<n>, den Willen zum Leben [...] zu verneinen«.[39] Diese Lesart wurde besonders im frühen Hegelianismus und den daraus hervorgegangenen Schulen vertreten. Johann Carl Friedrich Rosenkranz erklärte bspw., Schopenhauer würde seinen Leser zuletzt in »Todesorgien indischer Passivität einlullen« und eine »Sehnsucht nach dem Nichtsein« verbreiten. Sein Fazit lautete daher: »Laßt uns statt an diese Philosophie des Todes, an Kant's Philosophie des Lebens halten [...].«[40] Für Karl

---

[33] PP II (1851), S. 17 (= § 21).
[34] Franz Rosenzweig: Stern der Erlösung. Frankfurt a.M. 1921, S. 8f.
[35] Eduard von Hartmann: Phänomenologie des sittlichen Bewusstseins. Prolegomena zu jeder künftigen Ethik. Berlin 1879, S. 41.
[36] Hans Zint: Das Religiöse bei Schopenhauer. In: 17. Schopenhauer-Jahrbuch (1930), S. 63.
[37] Rudolf Neidert: Die Rechtsphilosophie Schopenhauers und ihr Schweigen zum Widerstandsrecht. Tübingen 1966, S. 184.
[38] Gerhard Klamp: Die Architektonik im Gesamtwerk Schopenhauers. In: Schopenhauer-Jahrbuch 41 (1960), 82–98, hier: S. 83.
[39] Georg Weigelt: Zur Geschichte der neueren Philosophie. Populäre Vorträge. Hamburg 1855, S. 156.
[40] Johann Carl Friedrich Rosenkranz: Zur Charakteristik Schopenhauer's. In: Deutsche Wochenschrift von Karl Goedeke 22 (1854), S. 684.

1 Die Welt und ihre repräsentationalistische Interpretation

Kautsky mündet Schopenhauers »neue Heilslehre« in ein »verknöcherte[s] Chinesentum« oder – nach dem Wortlaut der Münchener Philister – in eine Philosophie des »I will mei Ruh hab'n!«.[41]

Im späten 19. Jahrhundert wurde diese Interpretation besonders von Kritikern der Neukantianer im Pessismusstreit vertreten[42] und schließlich zur herrschenden Meinung sowohl in der breiten Öffentlichkeit als auch in der frühen Schopenhauerforschung. Obwohl bereits die Schopenhauerforschung des frühen 20. Jahrhunderts um die Einseitigkeit derartiger Argumente wußte, übernahm sie zum Teil unhinterfragt diese Lesart. Diese paradoxe Lesart, der zufolge Schopenhauer zwar etwas explizit behaupte, es aber wohl nicht so meinen könne, wird an einem Zitat Paul Deussens, dem Gründer der Schopenhauer-Gesellschaft, besonders deutlich:

> Schopenhauer bekämpft die imperative Form der kantischen Ethik, ohne zu sehen, dass auch seine, wie jede Ethik, eine imperativische Form hat. Sie liegt für ihn darin, dass er die Verneinung des Willens zum Leben der Bejahung durchweg als das Höhere, Bessere gegenüberstellt, wie er denn sie sogar in seinen Erstlingsmanuskripten mit einem komparativen Ausdrucke bezeichnet als ›das bessere Bewusstsein‹.[43]

Jan Garewicz verstärkt Deussens Meinung noch dadurch, dass er Schopenhauer einen ungewollten Sein-Sollen-Fehlschluss vorwirft. Zwar wolle Schopenhauer nur über das Sein sprechen, aber das humesche Gesetz entgleite ihm derart, dass er letztendlich doch immer nur das Sollen fokussieren kann. Der vermeintliche Representationalismus wird somit zur unbewussten Erlösungslehre oder Soteriologie, die bereits in der Erkenntnistheorie des ersten Buchs der WWV angelegt sei:

> Schopenhauer verstößt hier gegen seine eigene Regel, stets nur über das Sein und nie über das Sollen Aussagen zu machen. Meines Erachtens ist das kein Zufall: das ganze System ist von Anfang an auf die Begründung des Ideals der Heiligkeit angelegt.[44]

Ähnlich erläutert die von Rudolf Malter verfolgte soteriologische Lesart das Hauptwerk als einen vom Autor gelenkten Prozess der Befreiung: »Die formelhafte

---

[41] Karl Kautsky: Arthur Schopenhauer (Schluß). In: Die neue Zeit. Revue des geistigen und öffentlichen Lebens 6:3 (1888), S. 97–109.
[42] Cf. Frederick C. Beiser: Weltschmerz. Pessimism in German Philosophy, 1860–1900. Oxford 2016.
[43] Paul Deussen: Allgemeine Geschichte der Philosophie mit besonderer Berücksichtigung der Religionen. Bd. II/3: Die neuere Philosophie von Descartes bis Schopenhauer. Leipzig 1917, S. 555.
[44] Jan Garewicz: Erkennen und Erleben. Ein Beitrag zu Schopenhauers Erlösungslehre. In: 70. Schopenhauer-Jahrbuch (1989), S. 75–83, hier: S. 76.

1.1 Interpretationsansätze

Nennung des einen Gedankens indiziert einen Prozeß: den Prozeß, in welchem die Befreiung des Subjekts von seiner negativen Befindlichkeit stattfindet.«[45] Der Fortgang erfolgt nach Malter über verschiedene Krisen bis zur Erlösung:

> Die Philosophie Schopenhauers kann sich nur deswegen als Soteriologie [...] artikulieren, weil das befreiend-erlösende Moment schon ursprünglich im Subjekt angelegt ist. Nachzuzeichnen, wie es zu seiner Aktivierung kommt und wie der Wille – trotz seiner ihm eigenen Substantialität – das Subjekt nicht mehr bestimmt, ist das Ziel, auf das hin sich das Schopenhauersche System dank des Transzendentalismus, der es leitet, bewegt.[46]

An diesem Zitat sieht man, dass der architektonische Zusammenhang zwischen ›Transzendentalismus‹ (ursprünglicher Leitgedanke) und ›Erlösungslehre‹ (Ziel) zu einer linearen Interpretation des Werks führt: Das Ende der WWV (»das befreiend-erlösende Moment«) sei schon im ersten Buch vorgezeichnet (»schon ursprünglich im Subjekt angelegt ist«). Die linear-sukzessive Bewegung vom ersten zum letzten Buch sei teleologisch bestimmt (»Ziel, auf das hin sich das System bewegt«), werde aber beständig von der anfänglichen Architektur reguliert (»dank des Transzendentalismus, der es leitet«).

Ähnlich verbinden sich architektonischer Zusammenhang und lineare Methode, wenn Alfred Schmidt schreibt: »Resignation ist die schwer beschreibbare Grundstimmung, in die Schopenhauers Denken einmündet.«[47] Auch Martin Booms verbindet die Linearität und die Architektonik, denn es erscheine »mitnichten als zufällig, daß Schopenhauers Philosophie dem Sachverhalt nach [...] auf eine Leidens- und Erlösungsthematik hinausläuft«.[48] Die Linearität und Normativität kann somit durch Stilanalysen, durch Interpretation der Schlusspasssagen des Hauptwerkes und aus späteren Selbstaussagen Schopenhauers behauptet und herausgelesen werden.

2) An die Leseempfehlung und die Vereinnahmung der Organismusmetapher für sein Werk halten sich sowohl a) Schopenhauer selbst an vielen Textstellen als auch b) in jüngerer Zeit eine immer größer werdende Anzahl von Forschern. a) Betrachtet man, so Schopenhauer, den einen einzigen Gedanken »von verschiedenen Seiten [...], [so] zeigt er sich als das was man Metaphysik, das was man Ethik und das was man Aesthetik genannt hat«[49]. Aus diesem Grund meint Robert Jan Berg, es gebe »prinzipiell beliebige Zugangswege«[50] in den Organismus. Auch Schopenhauers berühmte

---

[45] Rudolf Malter: Arthur Schopenhauer, S. 52.
[46] Ebd., S. 55.
[47] Alfred Schmidt: Die Wahrheit im Gewande der Lüge. Schopenhauers Religionsphilosophie. München 1986, S. 75.
[48] Martin Booms: Aporie und Subjekt. Die erkenntnistheoretische Entfaltungslogik der Philosophie Schopenhauers. Würzburg 2003, S. 312.
[49] WWV I (1819), S. V (= Vorr.).
[50] Robert J. Berg: Objektiver Idealismus und Voluntarismus in der Metaphysik Schellings und Schopenhauers. Würzburg 2003, S. 99.

Thebenmetapher in der Vorrede zu *Ueber den Willen in der Natur* (= N) von 1836 besagt, dass der Einstieg in das Werk beliebig sei, da man von überall zum Kern kommen könne. Insofern stützt die Thebenmetapher diese Lesart:

> Wenn einmal die Zeit gekommen seyn wird, wo man mich liest, wird man finden, daß meine Philosophie ist wie Theben mit hundert Thoren: von allen Seiten kann man hinein und durch jedes auf geradem Wege bis zum Mittelpunkt gelangen.[51]

Obwohl Schopenhauer im ersten Buch der WWV die ›Welt als Wille‹ faktisch aus der ›Welt als Vorstellung‹ entwickelt,[52] kann ein Leser doch ebenso gut mit dem zweiten Buch beginnen, da Schopenhauer dort anders herum auch die Welt als Vorstellung aus der Welt als Wille genetisch erklärt.

Carnap-Kenner dürfte diese Pluralität des Einstiegs oder des Zugangs zum Systems an die berühmte Wahl der Basis des Konstitutionssystems im *Logischen Aufbau der Welt* (insbes. §§ 59ff.) erinnern. Vor der Aufstellung des eigentlichen Konstitutionssystems diskutiert Carnap, womit das System eigentlich beginnen soll, mit dem Physischen oder dem Psychischem. Carnap entscheidet sich bei seiner Wahl für das Eigenpsychische als Basis, betont aber, dass auch ein Konstitutionssystem denkbar ist, bei dem das Physische als Basis fungiert. Während Carnap die Wahl für sein beispielhaft aufgestelltes System selbst trifft, scheint Schopenhauer mit der Theben-Metapher diese Wahl seinem Leser überlassen zu wollen, obwohl er als Verfasser eines Buchs sich faktisch ebenso entscheiden muss wie Carnap, womit das System anfängt. In carnapscher Terminologie entscheidet Schopenhauer sich auch zunächst für das Eigenpsychiche und entwickelt erst später das Physische (bzw. sogar Metaphysische). Doch im Unterschied zu Carnap soll damit keine Wahl des Reduktionsverhältnisses getroffen sein: Für Schopenhauer lässt sich das Eigenpsychische (die Welt als Vorstellung) ebenso auf das (Meta-)Physische (die Welt als Wille) reduzieren, wie auch umgekehrt.[53]

b) Ich habe diese Denkfigur einmal andernorts mit dem Ausdruck »wechselseitigen Epiphänomenalismus« umschrieben:[54] Im ersten Buch scheint die faktisch vorhandene, objektive Welt als Wille das Produkt der subjektiven Erkenntnis der Welt als Vorstellung zu sein, während im zweiten Buch die Ontogenese (Welt als Vorstellung) nur ein Produkt der faktisch sich erzeugenden Phylogenese (Welt als Wille) zu sein scheint.[55] Jede der beiden Welten ist ein nur kontingentes Beiprodukt aus der

---

[51] N (1836), S. VI.
[52] Wie die Rede von diesen scheinbar zwei Welten zu verstehen ist, werde ich in Kap. 1.2.2 diskutieren.
[53] Zu Schopenhauer und Carnap siehe auch unten, Kap. 2.3.3.
[54] Jens Lemanski: Schopenhauers hagioethischer Konsequentialismus im System der Welt als Wille und Vorstellung. In: 93. Schopenhauer-Jahrbuch (2012), S. 485–503.
[55] Ob die Begriffe ›Ontogenese‹ und ›Phylogenese‹ für den hier beschriebenen Sachverhalt zutreffend oder nur metaphorisch zu verstehen sind, möchte ich hier nicht diskutieren. Eine intensive Diskussion findet man in Jens Lemanski: Die ›Evolutionstheorien‹ Goethes und Schopenhauers. Eine kritische Aufarbeitung

1.1 Interpretationsansätze

Perspektive der jeweils anderen Welt. Nur Schnittstellen, wie etwa der subjektiv und objektiv erfahrbare Leib,[56] gehen über diesen Eindruck zufälliger Nebenerscheinungen hinaus.

Inwieweit der Ausdruck »wechselseitiger Epiphänomenalismus« für das in den ersten beiden Büchern der WWV dargestellte Verhältnis zwischen der Welt als Vorstellung und der Welt als Wille in Anbetracht solcher Schnittstellen zutreffend ist, mag diskussionswürdig sein. Dennoch gibt dieser Ausdruck der Denkfigur einen Namen, die zum einen auch gegenwärtig Philosophen mit Bezug auf die klassische deutsche Philosophie und frühe sprachanalytische Philosophie immer wieder hervorheben,[57] und die zum anderen ein Indiz für die thebenartige Pluralität der Zugangswege ins System Schopenhauers darstellt. Es spielt schließlich keine Rolle, ob die Welt als Vorstellung zuerst die Welt als Wille oder umgekehrt begründet, wenn beide wechselseitigen Begründungsweisen nur zum Zweck der Mitteilung getrennt wurden.

Die nahezu beliebige Stellung der einzelnen Bücher und der darin versammelten Themen wird besonders im Vergleich zwischen der WWV und der Neufassung der WWV für die Berliner Vorlesungen der 1820er Jahre deutlich: Während die lineare Interpretation es für einschlägig erachtet, dass Schopenhauer sein Hauptwerk mit dem Satz »Die Welt ist meine Vorstellung« beginnen und mit dem Begriff »Nichts« enden lässt, zeigen die Berliner Vorlesungen die Beliebigkeit dieser scheinbaren Sonderstellungen. Denn die Neufassung der WWV zu Vorlesungszwecken beinhaltet zwar die beiden einschlägigen Phrasen; allerdings bilden beide nicht Anfangs- oder Endpunkt des Systems, sondern sind jeweils metaphilosophischen Reflexionen nach- oder vorgelagert.[58] Die Linearität, die Interpreten wie Rosenzweig, Hartmann, Zint, Klamp, Malter u.v.a. durch die Sonderstellung der Bücher, Themen, Sätze und Begriffe in der WWV rechtfertigen, verliert in der Neufassung der WWV ihre Basis. Innerhalb der organischen Lesart wäre somit auch eine alternative Fassung der WWV denkbar, die nicht mit der Welt als Vorstellung im ersten Buch, sondern mit der Welt als Wille im zweiten beginnen oder auch mit der Bejahung und nicht mit der Verneinung des Willens im vierten Buch endet.

---

des wissenschaftsgeschichtlichen Forschungsstandes. In: Schopenhauer und Goethe. Biographische und philosophische Perspektiven. Hrsg. v. Daniel Schubbe und Søren R. Fauth. Hamburg 2016, S. 247–295.

[56] Vgl. dazu den Sammelband Philosophie des Leibes. Die Anfänge bei Schopenhauer und Feuerbach. Hrsg. v. Matthias Koßler, Michael Jeske. Würzburg 2012.

[57] Siehe unten, Kap. 2.1.4 und Kap. 3.1.

[58] Wie normative Interpreten ihren Vorurteilen erliegen, zeigt der Artikel von Thomas Regehly: Die Berliner Vorlesungen: Schopenhauer als Dozent. In: Schopenhauer-Handbuch. Leben – Werk – Wirkung. Hrsg. v. Daniel Schubbe, Matthias Koßler. Weimar 2014, S. 171–180. Regehly zeigt bes. auf S. 171 (und ferner S. 179), dass er Malter in der architektonisch-normativen Lesart folgt und erklärt dann auf S. 175, die »Vorlesung beginnt wie das Hauptwerk mit dem Satz ›Die Welt ist meine Vorstellung‹ […].« Ein schneller Blick in Cap. 1 der Vorlesungsschriften reicht, um diese Aussage zu falsifizieren: Die Vorlesung beginnt *nicht* wie das Hauptwerk mit dem Satz ›Die Welt ist meine Vorstellung‹. Regehly unterschlägt in seiner Darstellung auf S. 179 auch, dass Schopenhauer das Ende der Vorlesungen anders konzipiert hat als das Hauptwerk. Der ansonsten sehr verdienstvolle Überblicksartikel von Regehly zeigt somit, wie Befürworter der normativen Lesart ihren eigenen Vorurteilen und Erwartungen an einen Text auf den Leim gehen.

1 Die Welt und ihre repräsentationalistische Interpretation

Vertreter dieser pluralen Deskriptivität, für die auch ich hier Position beziehe, berufen sich dagegen vor allem auf die Anfangspassagen des vierten Buchs der WWV, in denen Schopenhauer erklärt, dass auch seine Ethik nur theoretisch-betrachtend bleibe und nichts vorzuschreiben empfehle.[59] Für Matthias Koßler ist dies der Grund, von einer »empirischen Ethik« zu sprechen und mehrfach zu betonen, dass Schopenhauer auch »Ethik nicht praeskriptiv, sondern ›deskriptiv‹ versteht«.[60] Auch die so genannte ›morphologische Interpretation‹ knüpft an diesen Aspekt der Deskriptivität an und weist jegliche Linearität und Normativität zurück.[61] Vielmehr betont diese Lesart diejenigen Äußerungen Schopenhauers, in denen er sein Werk als repräsentationale Beschreibung der einen Welt auffasst. Die vier Bücher folgen gemäß dieser Auffassung nicht linear aufeinander, sondern stehen parallel nebeneinander und erklären die Welt bzw. den einen Gedanken, schreiben aber nicht vor, wie man sich in dieser oder zu demselben zu verhalten habe.

1.1.4 Aporien: Scheinbare Widersprüche

Sehr früh – nämlich bereits 1819 von einem anonymen Rezensenten – wurde in der Schopenhauer-Rezeption auf Aporien oder Widersprüche in seinem Werk aufmerksam gemacht.[62] Schopenhauer selbst hat sich gegen die Vorwürfe gewehrt und mehrfach betont, dass sein System widerspruchsfrei und einheitlich sei oder die Aporien nur auf Missverständnissen der Interpreten beruhen.[63] Fast ein Jahrhundert nach dem ersten Aporievorwurf, im Jahr 1906, hat Otto Jenson zu dem Thema eine Dissertation verfasst, in der er einen tabellarischen Überblick über die vierzehn fundamentalen Widersprüche bietet, die er in den Werken von knapp 25 einschlägigen Schopenhauer-Kommentatoren gefunden habe. Ein vollständiger Literaturüberblick offenbare sogar eine Summe von 52 »Inkonsequenzen, Denkunmöglichkeiten«, und auch damit sei diese Liste keineswegs erschöpft.[64] Wie die Überblicksdarstellungen und Abhandlungen zu den Aporien im Laufe des 20. und zu Beginn des 21. Jahrhunderts zeigen, haben sich die Diskussionthemen zwar partiell verschoben, aber nicht an

---

[59] WWV I (1819), S. 387ff.
[60] Matthias Koßler: Empirische Ethik und christliche Moral. Zur Differenz einer areligiösen und einer religiösen Grundlegung der Ethik am Beispiel der Gegenüberstellung Schopenhauers mit Augustinus, der Scholastik und Luther. Würzburg 1999, S. 434.
[61] Vgl. Daniel Schubbe: Formen der (Er-)kenntnis. Ein morphologischer Blick auf Schopenhauer. In: Der Besen, mit dem die Hexe fliegt. Wissenschaft und Therapeutik des Unbewussten. Bd. 1: Psychologie als Wissenschaft der Komplementarität. Hrsg. v. Günter Gödde, Michael B. Buchholz. Gießen 2012, S. 359–385.
[62] Vgl. Anonymer Rezensent: Arthur Schopenhauers Die Welt als Wille und Vorstellung. In: Literarisches Wochenblatt 4:30 (Weimar 1819) (WA in 6. Schopenhauer-Jahrbuch (1917), S. 81–85).
[63] Eine Zusammenstellung dieser Aussagen Schopenhauers findet sich bei Otto Jenson: Die Ursache der Widersprüche im Schopenhauerschen System, S. 8.
[64] Otto Jenson: Die Ursache der Widersprüche im Schopenhauerschen System, S. 23, ferner S. 29.

1.1 Interpretationsansätze

Brisanz verloren:[65] Während (1) einige Interpreten die »Widersprüche« oder »Paradoxien« im schopenhauerschen Werk als inhärent beklagen, (2) versucht die Gegenseite, diese Bewertungen als Missverständnisse der Ankläger zu entlarven. (1) Die erste Interpretationsrichtung steht dabei entweder freiwillig oder unfreiwillig der linearen, architektonischen und normativen Lesart näher, (2) während die zweite einen entweder singulären oder pluralen Aspekt der organischen Deskriptivität für sich in Anspruch nimmt. Beide Lesarten, (1) und (2), zerfallen wiederum in jeweils eine affirmative (aL) und eine negative Lesart (nL):

(1) Innerhalb der erste Interpretationsrichtung bewertet man die diskutierten Widersprüche entweder, im Sinne der (nL), als Ausdruck einer misslungenen Theorie oder, im Sinne der (aL), als konstitutiven, positiven Bestandteil des Denkens Schopenhauers.[66] Zu der negativen Interpretationsrichtung lassen sich neben den Kritikern Schopenhauers vor allem Autoren zurechnen, die in dem System gerade »kein ausgewogenes, glattes, nach allen Seiten hin abgesichertes Denkgebäude« sehen.[67] Aufgrund der systeminhärenten Widersprüche, könne man – so schreibt einer der frühesten Interpreten des Systems – einen »widerspruchsvolleren Philosophen [...] kaum finden«.[68] Dies beruhe, so Vittorio Hösle, darauf, dass Schopenhauer »nicht über die begründungstheoretische Intelligenz« verfügt habe, wie etwa die großen Philosophen, angefangen bei Platon bis zu Hegel.[69] Deutlich milder urteilt Booms, der in der Zirkularität und Widersprüchlichkeit des Systems eine Brüchigkeit sieht, die aber auch nur interpretatorisch zu kitten sei.[70]

Die bereits oben angesprochene Studie von Jenson bildet den Übergang von der (nL) zur (aL) innerhalb derjenigen Intepretationsrichtung, die Widersprüchlichkeiten in Schopenhauers System sieht. Jenson ist der Meinung, dass das organische System Schopenhauers nicht den einheitlichen Gesamteindruck vermitteln könne, den es ankündige. Schopenhauers Forderung, die WWV mehrfach zu lesen, sei sogar ein Bärendienst am eigenen System gewesen, da sich bei jeder erneuten Lektüre mehr und mehr Widersprüche zeigen würden.[71] Dennoch, und damit vollzieht sich die Wende zur (aL), machen diese Aporien den »mystischen Reiz« des schopenhauerschen Systems aus.[72] Um den Wert des schopenhauerschen Systems trotz dieser Antinomien zu

---

[65] Zu einer Zusammenstellung von Autoren, die sich zu dem Thema geäußert haben, vgl. Rudolf Malter: Arthur Schopenhauer, S. 48, Anm. 25; zur folgenden Systematisierung vgl. Martin Booms: Aporie und Subjekt, S. 25f.
[66] Vgl. z. B. Volker Spierling: Arthur Schopenhauer. Philosophie als Kunst und Erkenntnis, S. 223–240; Daniel Schubbe: Philosophie des Zwischen, Kap. 1.
[67] Gisela Sauter-Ackermann: Erlösung durch Erkenntnis? Studien zu einem Grundproblem der Philosophie Schopenhauers. Cuxhaven 1994, S. 131.
[68] Rudolf Seydel: Schopenhauers philosophisches System. Leipzig 1857, S. 7.
[69] Vittorio Hösle: Zum Verhältnis von Metaphysik des Lebendigen und allgemeiner Metaphysik. Betrachtungen in kritischem Anschluss an Schopenhauer. In: Metaphysik. Herausforderungen und Möglichkeiten. Hrsg. v. Vittorio Hösle. Stuttgart-Bad Cannstatt 2002, S. 59–97, hier: S. 61f.
[70] Bspw. Martin Booms: Aporie und Subjekt, bspw. S. 153ff.
[71] Vgl. Otto Jenson: Die Ursache der Widersprüche im Schopenhauerschen System, S. 12ff.
[72] Ebd., S. 33.

erkennen, sei es entscheidend, Schopenhauer mehr als Künstler und weniger als Wissenschaftler zu lesen.[73]

Restbestände einer (nL) sieht man auch in Volker Spierlings Ansatz, der Schopenhauer mehrfach ein »Selbstmißverständnis« attestiert, dieses aber versucht, durch sogenannte »kopernikanische Drehwenden« zu kurieren.[74] Die anhand der Drehwenden aufgezeigten Paradoxien im Werk Schopenhauers seien laut Spierling aber letzten Endes ein Vorteil des Systems, da sie einem dogmatisch-absoluten Standpunkt entgegentreten, den es aus Sicht des Philosophen gerade zu vermeiden gelte. Man erkenne somit in Schopenhauer einen Philosophen, »der besonnen reflektiert, der der Differenz von Begriff und Sache methodisch eingedenk bleibt, der dem apriorisch-idealistischen Identitätsdenken Einhalt gebietet«.[75]

In Anknüpfung an Spierling hat auch Daniel Schubbe in seiner hermeneutisch-phänomenologischen Lesart die Aporien nicht als Mangel, sondern als »Schlüssel zum Werk Schopenhauers« begriffen.[76] Entscheidend sei nicht die Fokussierung auf die jeweiligen antinomischen Pole der Aporien, Paradoxien und Widersprüche, sondern die Konzentration auf das »Zwischen«, das die jeweiligen Pole verbinde. Diese Konzentration auf das Zwischen betone das seltene Moment, in dem sich das Gewohnte neu zeige und die begrifflichen Aporien auf das Nichtbegriffliche hinweisen.[77] Allen Autoren dieser (aL) ist eine Strategie gemein, die darin besteht, mittels einer überwiegend extern an das System herangetragenen Interpretationsweise den Nachteil der Widersprüche zu einem Vorteil umzudeuten.

(2) Innerhalb der zweiten Lesart wird größtenteils einhellig die Diskussion um die Widersprüche im Werk verworfen, da man entweder im Sinne der (aL) der Meinung ist, dass die Widersprüche auf einer schlechten oder falschen Interpretation von Seiten der Ankläger beruhen oder man im Sinne der (nL) der Meinung ist, dass die Widersprüche zum Teil nur durch formal-philologische Ungenauigkeiten entstehen oder generell kein entscheidendes Bewertungskriterium im Umgang mit historischen Philosophen seien. Die affirmative Interpretationsrichtung ist vollständig reaktionär, da sie allein die Angriffe auf Schopenhauers System von Seiten der Interpreten verteidigt, die unter (1) und (nL) subsumiert wurden. Die hartnäckigste Verteidigung Schopenhauers findet man wohl bei Wilhelm Gwinner, Paul Deussen und Arthur Hübscher: Gwinner versucht bspw. an der Kritik Herbarts zu belegen, dass viele Kritiker Schopenhauer oftmals falsch verstanden hätten.[78] Paul Deussen geht sogar noch weiter. Er spricht von einer »Vollendung der kritischen Philosophie durch Schopenhauer« und setzt sich zum Ziel, »überall das Verfahren Schopenhauers als ein streng

---

[73] Vgl. ebd., S. 55ff.
[74] Volker Spierling: Arthur Schopenhauer: Philosophie als Kunst und Erkenntnis.
[75] Ebd., S. 240.
[76] Daniel Schubbe: Philosophie des Zwischen, bes. S. 21ff.
[77] Vgl. ebd., S. 60, S. 142.
[78] Wilhelm Gewinner: Schopenhauer's Leben. Arthur Schopenhauer aus persönlichem Umgange dargestellt. 2. Aufl. Leipzig 1878, S. 267ff.

methodisches und wissenschaftliches nachzuweisen und die Behauptungen derjenigen zu entkräften, welche sich darin gefallen, in Schopenhauers System allerlei Widersprüche zu entdecken«.[79] Auch Hübscher zeigt zunächst auf, wie Schopenhauer zu Lebzeiten in seiner schriftlichen Korrespondenz mit Kritikern Vorwürfe bezüglich Widersprüche in seinem System entkräftet hat. Nach Schopenhauers Tod »machte man sich die Suche nach Widersprüchen manchmal erstaunlich leicht«, und daher kommt Hübscher zu dem Ergebnis: »Genug: Die Suche nach Unstimmigkeiten und Widersprüchen, die einen großen Teil der Literatur über Schopenhauer füllt, erreicht keineswegs das Ganze seines Lehrgebäudes, dem man noch in der zweiten Hälfte des [sc. 19.] Jahrhunderts in merkwürdiger Hilflosigkeit begegnete.«[80]

Vertreter der (aL) werden dabei durch Schopenhauers eigene Widerlegungsversuche motiviert, die er gegen seine Kritiker vorgebracht hat. Allen Vertretern der (aL) ist gemein, dass sie von der Einheitlichkeit, Unfehlbarkeit und Widerspruchslosigkeit Schopenhauers überzeugt sind, die sie gegen sämtliche Angriffe verteidigen.

Die Vertreter der (nL) innerhalb dieser Interpretationsrichtung, zu der ich mich selbst zähle, beklagen, dass alle zuvor genannten Interpretationsrichtungen die inhaltlich postulierte Einheitlichkeit des schopenhauerschen Systems über ihre eigene wissenschaftliche Arbeit stellen. Diese beginne, so haben Robert Schlüter und vor allem Arthur Lovejoy demonstriert, besonders in der philologisch exakten Aufarbeitung der Texte innerhalb der unterschiedlichen Schaffensphasen. Bereits Kuno Fischer hatte darauf hingewiesen, dass Schopenhauers Philosophie im Laufe der Jahrzehnte »ihre Züge verändert« habe.[81] Robert Schlüter kommt durch die Untersuchung der philosophisch relevanten Briefe Schopenhauers zu dem Ergebnis, dass sich allgemein, aber besonders im Detail durchaus veränderte oder zumindest stark modifizierte Systementwürfe Schopenhauers zeigen.[82] Damit greife er das »Märchen von dem Fehlen jeder Entwickelung in Schopenhauers Lehren« an.[83] Schlüter sieht besonders Schopenhauers briefliche Auseinandersetzungen mit seinen Freunden als einen Prozess, den Schopenhauer immer wieder zu neuen Konstatierungen, Modifikationen und Erweiterungen geführt habe.

Während mit Schlüter und Fischer, flankiert von Autoren wie Jacob Mühlethaler, Oscar Janzens oder Harald Høffding, die Hauptvertreter einer veränderten Lehre Schopenhauers im Paradigma des Neukantianismus benannt sind,[84] verlor die Fragestellung der Systementwicklung durch die dogmatische Behauptung eines

---

[79] Paul Deussen: Allgemeine Geschichte der Philosophie, Bd. II/3, S. 430.
[80] Arthur Hübscher: Denker gegen den Strom. Schopenhauer. Gestern – Heute – Morgen. Bonn 1973, S. 256–259.
[81] Kuno Fischer: Schopenhauers Leben, Werke und Lehre. (Geschichte der neuern Philosophie IX) 3. Aufl. Heidelberg 1908, S. 530 (= 21.3.5), ferner: S. 273 (= 8.1.3).
[82] Vgl. Robert Schlüter: Schopenhauers Philosophie in seinen Briefen. Leipzig 1900, S. 37ff., S. 43, S. 72.
[83] Ebd., S. 5.
[84] Vgl. Jacob Mühlethaler: Die Mystik bei Schopenhauer. Berlin 1910, S. 147f.; Harald Høffding: Geschichte der neueren Philosophie. Eine Darstellung der Geschichte der Philosophie von dem Ende der Renaissance bis zum Schlusse des 19. Jahrhunderts. Bd. II. Leipzig 1896, bes. S. 247ff. Zu Oscar Jansens These einer veränderten geometrischen Lehre Schopenhauers siehe unten, Kap. 2.3.5.

1 Die Welt und ihre repräsentationalistische Interpretation

einheitlichen Systems und einer Verherrlichung von Editionen letzter Hand der schopenhauerschen Schriften in der deutschen Nachkriegsphilosophie an Bedeutung. Zwar finden sich heute verschiedene gelungene Ansätze, die Entwicklungen in Schopenhauers Werk besonders an diversem Nachlassmaterial zu rekonstruieren, doch unterliegen meiner Meinung nach viele systematische Abhandlungen der Schwierigkeit, dass sie kontextfrei Aussagen aus dem Gesamtwerk zusammenraffen, deren Einheitlichkeit zum Teil nur durch den Autornamen ›Schopenhauer‹ verbürgt ist.

Gegen eine derartige Methode ist besonders Arthur Lovejoys Ansatz zur schopenhauerschen Naturphilosophie hervorzuheben, da dieser überzeugend dargestellt hat, dass sich vermeintliche Widersprüche im Werk Schopenhauers dadurch auflösen lassen, dass man These und Antithese zunächst gesondert im Rahmen ihres jeweiligen Kontextes interpretiert und nicht von der These eines einheitlichen Systems ausgeht, bei der kein Satz Schopenhauers – gleich aus welchem werkgeschichtlichen Kontext er gerissen wird – in Widerspruch mit einem anderen stehen dürfe.[85] Lovejoy hat dadurch zu belegen versucht, dass viele der vermeintlichen Widersprüche in der Naturphilosophie darauf begründet seien, dass sie aus unterschiedlichen Werkphasen entstammen und diese in Phasen unterschiedlicher naturwissenschaftlicher Paradigmen verfasst wurden. Man kann somit sagen, dass Schopenhauer seinem Werk keinen Gefallen getan hat, das System in späteren Jahren nur zu ergänzen und nicht grundlegend zu revidieren.

Ich stimme besonders Lovejoys Forderung einer separaten Analyse einzelner Schriften und Aussagen zu, da eine derartige Methode der Einheitsidee des organischen Systemgedankens nicht notwendig entgegenstehen muss: Wenn bspw. ein separiert analysierter Text aus den 1810er Jahren sich inhaltlich mit einem ebenso untersuchten Text aus den 1850er Jahren deckt, dann widerspricht dies nicht der von Schopenhauer postulierten Systemeinheit. Zeigen derartige Texte aber Widersprüche auf, so sollte zunächst geklärt werden, inwiefern eine geforderte Widerspruchsfreiheit und Einheitlichkeit dieser Texte gerechtfertigt ist und ferner, ob jeweils These und Antithese evtl. von textexternen und -internen Faktoren abhängen.[86]

Unabhängig von der philologischen Vorarbeit, die meines Erachtens einen erheblichen Einfluss auf den Umgang mit vielen der scheinbaren Aporien und Widersprüche hat, stellt sich mir insgesamt doch die Frage nach dem tieferen philosophischen Sinn der intensiven Aporiendiskussion in der Schopenhauer-Literatur. Ich kann diese Frage wohl nur vom eigenen Standpunkt aus angehen: Die hier von mir vorgeschlagene Lesart ist insofern mit der (aL) von (1) verwandt, als dass sie sich weniger um die Gültigkeit des historischen schopenhauerschen Systems sorgt als vielmehr um den eigenen Standpunkt, der in Auseinandersetzung mit diesem System gewonnen wird. Im Unterschied zur affirmativen Interpretation von (1) wird das Neue

---

[85] Vgl. Arthur O. Lovejoy: Schopenhauer as an Evolutionist. In: The Monist 21:2 (1911), S. 195–222.
[86] Vgl. die detailliertere Beschreibung dieser Methode am Ende von Jens Lemanski: Die ›Evolutionstheorien‹ Goethes und Schopenhauers.

1.1 Interpretationsansätze

aber nicht durch die Formulierung eines extern herangetragenen Interpretationsschemas gewonnen, sondern an der Herausarbeitung einzelner Teile des systemgenerierenden Begriffsschemas Schopenhauers. Während die (nL) von (1) und die (nL) von (2) über die Gültigkeit des schopenhauerschen Systems streiten, scheint es für die beiden übrigen Positionen höchstens darum zu gehen, dass es rein faktisch Widersprüche gibt; erst daran anschließend geht es ihnen um die Frage, wie diese bestimmt werden können. Die (aL) von (1) ist aber meines Erachtens vielmehr an der Rechtfertigung ihrer eigenen Metatheorie interessiert, die am Beispiel der Philosophie Schopenhauers entwickelt wird. Mit der (aL) von (1) teile ich allerdings mehr oder weniger die Ansicht, dass sie nicht Schopenhauers System ernsthaft angreifen oder verteidigen und über dessen Gültigkeit oder Ungültigkeit streiten, sondern ein historisches System und dessen Begriffsschema im Paradigma sach- und argumentorientierter Philosophiegeschichte und -systematik lesbar machen.

Die hier vorliegende Schrift vereint drei unterschiedliche Umgangsweisen mit der Philosophie Schopenhauers: Kap. 1 ist zunächst an einer historisch möglichst exakten Klassifikation der Logik (Kap. 1.3) im schopenhauerschen System (Kap. 1.2) interessiert. Dabei wird sich zeigen, dass Schopenhauer zwar kaum seine Systemstruktur, dafür aber die darin befindliche Logik mehrmals umgearbeitet hat und dass sie in dem Werk am ausführlichsten vorliegt, von dem ich mit guten Gründen behaupte, dass es von Philosophen als eigentliches Hauptwerk angesehen werden sollte – nämlich die Berliner Vorlesungen. Erst Kap. 2 wird für die Aktualität einzelner systematischer Themen dieses eigentlichen Hauptwerks argumentieren. In Kap. 3 erlaube ich mir, einen eigenen Standpunkt zu formulieren, der zwar auf den in Kap. 1 und 2 entwickelten Resultaten aufbaut, aber diese in einen modernen theoretischen Kontext setzt, den Schopenhauer selbstverständlich aufgrund seiner geschichtlichen Stellung nicht hätte einbeziehen können.

1.2 Das System der WWV

Kap. 1.1 hat zu vier Themenbereichen der WWV unterschiedliche Interpretationsansätze vorgestellt, die in der Forschung vertreten werden. Dabei wurde bereits die Position bezogen und erklärt, dass es gute Gründe dafür gibt, den Begriff der Welt ins Zentrum von Schopenhauers Repräsentationalismus zu stellen und sein organisches System als Ausdruck einer pluralen Deskriptivität aufzufassen. Deskriptiv ist dieses System, da es selbst in der Ethik keinen normativen Anspruch erhebt, sondern nur Handlungen beschreibt und ihnen Begriffe zuordnet. Obwohl die Welt als organische Einheit durch die WWV vermittelt werden soll, kann doch der Zugang zu dem Buch als ›plural‹ bezeichnet werden, da es vollkommen egal zu sein scheint, mit welchem Thema man einen Zugang zu der WWV und der darin abgebildeten Welt findet. Kap. 1.1 enthielt zuletzt ein Plädoyer dafür, die in der Forschung intensiv diskutierten Aporien in Schopenhauers Werk mit bestimmten philologischen Maximen anzugehen und, sofern diese Therapie fehlschlägt, sie eben als Defizit eines philosophischen Systems anzuerkennen, aber nicht überzubewerten (schließlich gibt es wohl kein wissenschaftliches System, das sich davon freisprechen kann).

Ziel des Kap. 1.2 ist es, einen Überblick über das System Schopenhauers zu geben, um später den Status der Logik innerhalb des schopenhauerschen Werks besser benennen zu können (Kap. 1.3). In Kap. 1.2.1 wird sich zeigen, dass es nur wenige Vorarbeiten zur schopenhauerschen Systemstruktur gibt und dass die wichtigste Arbeit zu diesem Thema unreflektiert Interpretationsprämissen einführt, die ich aus den bereits in Kap. 1.1 angegebenen Bemerkungen nicht billigen kann. Ich teile aber zunächst die Einschätzung mit den wenigen Vorarbeiten, dass es vorteilhaft ist, die Systemstruktur an der WWV herauszuarbeiten. Erst ab Kap. 1.3 werden mehrere Gründe angeführt, die dafür sprechen, Schopenhauers zentrales System nicht in der WWV, sondern in den Berliner Vorlesungen zu verorten.

Ich habe mir vorgenommen, in sieben Schritten vorzugehen: Zunächst wird die Forschungsliteratur vorgestellt, die sich mit dem Systembegriff beschäftigt hat (1.2.1), um deren Thesen in den darauf folgenden Kapiteln heranziehen und sie kritisch untersuchen zu können. Die daran anschließenden Kapitel orientieren sich an der Einteilung des ersten Bandes der WWV (= WWV I): In Kap. 1.2.2 werden die Vorrede zur WWV I untersucht und in Kap. 1.2.3 bis 1.2.6 jeweils eines der vier Bücher der WWV I vorgestellt. Abschließend werde ich diese Darstellung in Kap. 1.2.7 auswerten wollen und mir dabei vor allem ein Urteil über Thesen der Forschung erlauben. Obwohl Schopenhauer die Logik bereits in Buch I (= B I) darstellt, möchte ich mich dennoch nicht allein auf die Untersuchung von B I beschränken, da erst die Gesamtkonzeption der WWV, d.h. Schopenhauers Verortung und Bewertung der Logik im System, deren Status vollständig transparent macht.

Mein Anspruch an eine präzise Interpretation des Systems, die besonders durch meine in Kap. 1.1.4 dargestellte Kritik der philologischen Unschärfe in der bisherigen

1.2 Das System der WWV

Forschung motiviert wurde, hat mich zu einigen methodischen *Einschränkungen* und *Kompromissen* genötigt. Da sich in Kap. 1.3 zeigen wird, dass die Logik eine besondere Rolle in der schopenhauerschen Werkphase um 1820 einnimmt und man ab 1844 von einer veränderten Lehre sprechen muss, werde ich als Textgrundlage des schopenhauerschen Systems die erste Auflage der WWV aus den Jahren 1819 heranziehen und mich fast ausschließlich auf diese beschränken. Folglich werde ich im Unterschied zu vielen anderen Schopenhauerstudien – und ich selbst kann einige meiner frühen Abhandlungen zu Schopenhauer davon nicht ausnehmen – nicht alle Werke Schopenhauers heranziehen und in ihnen nach Zitaten suchen, die meinem Interpretationsgefühl gerade entgegenkommen.

Aus der Beschränkung auf die frühen Schriften Schopenhauers ergeben sich aber auch Probleme, die mich zu den bereits angekündigten Kompromissen genötigt haben: Obwohl seit einigen Jahren die erste Auflage der WWV frei und unproblematisch als Digitalisat verfügbar ist, wird von Forschern nicht diese gelesen und verwendet, sondern fast ausschließlich die dritte Auflage oder sogar die zu Schopenhauers Lebzeiten nicht mehr erschienene Ausgabe letzter Hand. Es mögen zwar Forscher einwenden, dass Schopenhauer nicht viele Änderungen in der zweiten und dritten Auflage vorgenommen hat; aber da ich aus den in Kap. 1.1.4 dargestellten philologischen Gründen dennoch für eine systemgenetische Untersuchung plädiere, besteht ein Teil des Kompromisses darin, allein die erste Auflage der WWV heranzuziehen.

Schopenhauer hatte in der Vorrede zur zweiten Auflage erklärt, dass er zur besseren Benennung »die in der ersten Auflage durch bloße Trennungslinien bezeichneten Abschnitte in der zweiten mit Paragraphenzahlen versehen habe«.[1] Dieser Hinweis stellt den anderen Teil des Kompromisses dar, welcher denjenigen Rezipienten zugutekommen soll, die nicht mit der Auflage von 1819, sondern mit späteren Auflagen vertraut sind. Denn da es in meinen Augen keine Relevanz besitzt, ob man die 70 Trennungslinien durchnummeriert oder die spätere Zählung der 71 Paragraphen übernimmt, so liegt die Entscheidung nahe, zwar die erste Auflage als Textgrundlage heranzuziehen, aber die 71 durch Trennungslinien markierten Abschnitte als Paragraphen zu zitieren: Dies ermöglicht mir auf der einen Seite eine präzise und unkomplizierte Benennung der Abschnitte der WWV im Haupttext, und auf der anderen Seite gestattet es dem Rezipienten dieser Schrift, der nur die späteren Auflagen zur Hand hat, zugleich meine Abschnittsbenennungen besser nachvollziehen zu können.

Eine weitere methodische Beschränkung führt darüber hinaus dazu, dass die folgende Analyse des systematischen Aufbaus der WWV nicht unbedingt dem entspricht, was man üblicherweise von einer Darstellung der WWV erwartet. Ich werde an mehreren Stellen von einem argumentativen Verlauf oder einer inhaltlich-thematischen Ausführung etc. sprechen und diese mit reflexiven, system- oder strukturbezogenen Textpassagen kontrastieren. Während gewöhnlich Darstellungen der

---
[1] WWV I (1844), S. XXIII.

1 Die Welt und ihre repräsentationalistische Interpretation

WWV und Einleitungen zu dieser Schrift versuchen, inhaltlich-thematische Bezüge – bspw. zwischen Begriffen wie ›Wille‹, ›Ding an sich‹, ›Ideen‹ etc. und deren Semantik – zu erklären, beschränkt sich die vorliegende Abhandlung vor allem auf Textpassagen, in denen Schopenhauer erklärt, was er getan hat, was er tut und was er zu tun gedenkt. Textstellen, die thematische Brüche, Exkurse, Anfänge und Abschlüsse von Abhandlungen oder auch Bewertungen von Systeminhalten besprechen, sind mir wichtiger als die Inhalte und Themen dieser Abhandlungen und Systemteile. Diese Vorgehensweise wird dadurch motiviert, dass ich mir von einer vorhergehenden Interpretation der Systemform eine zuverlässigere Analyse der einzelnen Inhalte und Argumente in der WWV – hier bes. der Logik – erhoffe als bei Interpretation, die Inhalte und Argumente in der WWV darstellen, ohne sich zuvor über die Systemform, den Aufbau des Buches und die Struktur der Argumentation Gedanken gemacht zu haben.

1.2.1 Forschungsliteratur zur Systemfrage

Bereits ein kurzer Blick in die Bibliographien zur Schopenhauer-Forschung zeigt, dass das Thema ›System‹ bislang nur wenig berücksichtigt wurde. In der chronologischen Reihenfolge der Veröffentlichung kündigt zwar schon 1857 der Titel von Rudolf Seydels Monographie *Schopenhauers philosophisches System* eben jenes an, diskutiert inhaltlich aber fast ausschließlich Widersprüche und Unstimmigkeiten im Gesamtwerk und inwiefern diese den systematischen Charakter gefährden.[2] William Caldwell veröffentlichte 1896 eine Studie mit dem Titel *Schopenhauer's System in its Philosophical Significance*, die aber vielmehr eine eigenständige Interpretation der Hauptthemen der WWV in Bezug auf Hegel und von Hartmann vorlegte. Auch Otto Jensons Buch *Die Ursache der Widersprüche im Schopenhauerschen System* knüpft mehr an die zu dieser Zeit bereits stark entfachte Aporiendiskussion in Schopenhauers Werk an, als dass in ihm der systematische Charakter der Texte herausgearbeitet wird.[3] Da Jensons Untersuchung auf die These hinausläuft, Schopenhauer sei mehr Künstler als wissenschaftlich interessierter Philosoph, wird die Systemfrage für den Autor zuletzt vollständig obsolet.

Bis ins Jahr 1960 scheint dann die Phrase ›Schopenhauers System‹ in der Literatur keine signifikante Rolle mehr in Buchtiteln, Artikeln oder auch Buchkapiteln zu spielen. Der Ausdruck ›Schopenhauers System‹ wird in dieser Zeit nur noch als Synonym zu ›Schopenhauers Philosophie‹, ›Schopenhauers Werke‹ o.ä. verwendet. Erst Gerhard Klamm hat 1960 wieder auf den Systembegriff in einem Aufsatz aufmerksam

---

[2] Vgl. Rudolf Seydel: Schopenhauers philosophisches System, S. VIff.
[3] Vgl. Otto Jenson: Die Ursache der Widersprüche im Schopenhauerschen System.

1.2 Das System der WWV

gemacht, der von seinem Anspruch her bis heute ein Einzelfall der Forschung geblieben ist.[4] In Anbetracht der herrschenden Meinung, dass Schopenhauer in Hinsicht auf den Systembegriff die Bezeichnung ›architektonisch‹ ablehne, ›organisch‹ aber favorisiere,[5] erscheint Klamps Aufsatztitel *Die Architektonik im Gesamtwerk Schopenhauers* problematisch. Entgegen der herrschenden Meinung bedient Klamp sich offensiv der Architekturmetapher und verstärkt diese sogar durch die Rede von ›Gewölbebogen‹, die 1) zwischen den vier Büchern von WWV I, 2) zwischen WWV I und WWV II, 3) zwischen WWV I/II und den vier Monographien Schopenhauers[6] sowie 4) zwischen den zuvor genannten Werken und PP I sowie PP II.[7]

Klamps Pionierarbeit hat vor allem den Wert, den systematischen Charakter der schopenhauerschen Philosophie erstmals betont zu haben. Ein flüchtiger Blick auf die vier genannten Gewölbebogen zeigt, dass Klamp sich besonders mit dem »äußeren Aufbau«, weniger aber mit dem »inneren Ausbau« des Systems beschäftigt hat.[8] Zudem zeigt der äußere Aufbau, dass die WWV eine Zentralstellung im Gesamtwerk erhält, die Klamp eingangs mit folgenden Worten umschreibt:

> Was aufs Ganze gesehn sogleich ins Auge fällt, ist die eigentümliche symmetrische Entsprechung der Teilganzen einer nach Breite wie Höhe umfassenden Baufront, die sich zu einem einheitlichen Ganzen harmonisch zusammenfügen. Es ist im letzten Grunde ein einziger Gedanke, der in immer wieder abgewandelter Form gleichsam in einem mehrstöckigen Riesenbauwerke Gestalt gewonnen hat, und von dem das »Gesamt« bis ins einzelne kündet. Schopenhauer selbst hat in der Vorrede zur 1. Auflage seines Hauptwerkes ausdrücklich darauf hingewiesen. Der Titel schon: »Welt als Wille und Vorstellung«, gibt in nicht mißzuverstehender Weise diesen Grundgedanken stichwortartig wieder. Er wird in vier (!) »Büchern«, und zwar in je zwei (!) umfangreichen Bänden, [...] in übersichtlich gegliederter Form Stück für Stück vor unserm inneren Auge ausgebreitet [...].[9]

Das Zitat zeigt, dass für Klamp die Architekturmetapher als Beschreibungsinstrument des Systems nicht im Widerspruch zu der ersten Vorrede der WWV I zu stehen scheint. Die dort durch den ›einen einzigen Gedanken‹ angedeutete Einheitlichkeit verdeutliche sich auch im harmonischen und symmetrischen »Riesenbauwerk« des

---

[4] Der Aufsatz von Hans Margolius: System und Aphorismus. In: 41. Schopenhauer-Jahrbuch (1960), S. 117–124, liefert leider keine neuen Erkenntnis zum Systemgedanken bei Schopenhauer.
[5] Siehe oben, Kap. 1.1.2.
[6] Gemeint sind die vier Monographien *Ueber das Sehn und die Farben*, *Ueber die vierfache Wurzel des Satzes vom zureichenden Grunde*, *Ueber den Willen in der Natur* und *Die beiden Grundprobleme der Ethik*.
[7] Gerhard Klamp: Die Architektonik im Gesamtwerk Schopenhauers, S. 82–98.
[8] Ebd., S. 82.
[9] Ebd., S. 82f.

Gesamtsystems. Die in dieser Architektur angesprochene Symmetrie, so Klamp in einem anderen Aufsatz, erkläre sich durch die immer wieder aufgefundene Geradzahligkeit von Schopenhauers Denkweise, die sich besonders in zwei- oder vierteiligen Konstruktionen zeige.[10] Nicht nur in den oben aufgelisteten Gewölbebogen, sondern auch in dem Zitat wird Klamps proklamierte Dominanz der WWV sichtbar: Der Titel des Hauptwerkes und die Aufteilung des einen einzigen Gedankens in zwei Bände zeige die Zweiteilung, die Einteilung der beiden Bände der WWV die jeweilige Vierteilung an.

Obwohl Klamps Aufsatz selten zitiert und m.W. gar nicht kritisch aufgearbeitet oder fortgeführt wurde, hat er dennoch – besonders durch die Aufnahme von Klamps Thesen bei Malter – bis heute in der Forschung das Bild geprägt, dem zufolge Schopenhauers System sich um die WWV zentriere.[11] Eine explizite Untersuchung zum »inneren Ausbau« hat weder Klamp noch einer seiner Nachfolger vorlegen können.

Problematisch an Klamps Untersuchungen sind besonders seine Voreingenommenheit hinsichtlich der normativen Lesart[12] sowie seine – in der Schopenhauerforschung durchaus übliche – philologische Befangenheit, das Werk Schopenhauers nicht chronologisch anhand der Systemgenese, sondern anhand einer dogmatisch als vollständig, vollendet und einheitlich geltenden Ausgabe letzter Hand zu erschließen. So interpretiert Klamp bspw. die Beziehung der vier Bücher (= B) der WWV I und WWV II u.a. so, dass das B III die »Vorschule«[13] für die »eindrucksvolle Schlusspartien«[14] von B IV liefere. Die philologische Befangenheit wird zudem nicht nur an Klamps vorausgesetzter Aufteilung der WWV »in je zwei (!) umfangreiche<n> Bände<n>« ersichtlich, sondern auch an den übrigen Gewölbebogen, die zwischen der WWV I *und* II sowie den übrigen Werken bestehe, die erst in Schopenhauers später Schaffenszeit geschrieben wurden. Kurz gesagt: Klamp interpretiert Schopenhauers System nicht anhand seiner Entstehungsgeschichte, sondern aus dem ungeschichtlichen Blick des fertigen Werks letzter Hand. Dies ist besonders insofern unbefriedigend, als Klamp sich intensiv mit der Genese der ersten Systementwürfe Schopenhauers (bes. *Das Systemchen*) beschäftigt hat und daher der entwicklungsgeschichtlichen Forschung nahestand.[15]

Bezüglich der WWV-internen Gewölbebogen hat Klamp sechs paarweise Gruppierungen zwischen den vier Büchern des Werks herausgearbeitet, die in Abb. 1 nummeriert sind.

---

[10] Vgl. Gerhard Klamp: Das Streitgespräch zwischen Becker und Schopenhauer. In: 39. Schopenhauer-Jahrbuch (1958), S. 71; Vgl. auch Margit Ruffing: Die 1, 2, 3/4-Konstellation bei Schopenhauer. In: Die Macht des Vierten. Über eine Ordnung der europäischen Kultur. Hrsg. v. Reinhard Brandt. Hamburg 2014, S. 329–349.
[11] Vgl. Rudolf Malter: Arthur Schopenhauer, bes. S. 44ff.
[12] Siehe oben, Kap. 1.1.3.
[13] Rudolf Malter: Arthur Schopenhauer, S. 83.
[14] Ebd., S. 85.
[15] Gerhard Klamp: Zur Zeit- und Wirkungsgeschichte Schopenhauers. In: 40. Schopenhauer-Jahrbuch (1959), S. 1–23.

1.2 Das System der WWV

Die sechs Bogen des Schemas lassen sich laut Klamp wie folgt interpretieren:

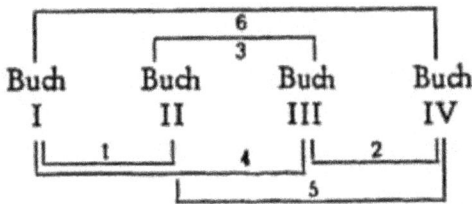

Abb. 1
Gerhard Klamp: Die Architektonik im Gesamtwerk Schopenhauers. In: Schopenhauer-Jahrbuch 41 (1960), 82–98, hier: S. 85.

(1) B I und B II verbindet der Begriff der Welt, einmal als Vorstellung (I), das andermal als Wille (II).
(2) B III und B IV verbindet der Begriff der Willensverneinung, der einmal ästhetisch vorgedacht (III), das andermal konsequent zu Ende gedacht werde (IV).
(3) B II und B III verbinde der Begriff der Idee, der einmal im Allgemeinen (II), das andermal im Konkreten dargestellt werde (IV).
(4) B I und B III verbinde der Begriff der Vorstellung, der einmal dem Satz vom Grunde unterworfen (I), das andermal unabhängig von diesem sei (III).
(5) B II und B IV verbinde der Begriff des Willens, der einmal als Objektivation und einmal als Selbsterkenntnis dargestellt werde.
(6) B I und B IV stellen die »Zwei-Einheit« des ganzen Systems dar, das mit der Weltsetzung des Subjekts beginne und mit dessen Willensverneinung wieder ins Nichts verschwinde.

Auch wenn es bislang keine direkte Auseinandersetzung mit Klamps Schema in der Forschung gegeben hat, so sind mehrere dieser sechs Bogen indirekt mehrfach kritisiert worden: (1) ist indirekt von vielen Interpreten, die die einzelnen Titel der vier Bücher der WWV genauer und vor allem vollständig wiedergegeben haben, in Frage gestellt worden. Denn der Begriff ›Welt‹ ist der verbindende Titel aller vier Bücher. B I und B III lauten: »Die Welt als Vorstellung«; B II und B IV lauten: »Die Welt als Wille«. Somit impliziert der vollständige Verweis auf den Weltbegriff in (1) eigentlich schon die Bogen von (4) und (5). (2) und (6) sind Ausdruck einer bei Klamp stillschweigend als gültig vorausgesetzten normativen Lesart, die besonders von Vertretern der deskriptiven Lesart in Frage gestellt wird.

Indirekt ist Klamps Zweiheitsprinzip in (1)–(6) in den letzten Jahren besonders von Margit Ruffing kritisiert worden, die Daniel Schubbes organische und deskriptive Interpretation als Ausgangspunkt verwendet hat, um eine neue Form der linearen Lesart mit einem neuen Gegensatzpaar (1,2,3/4) zu formulieren – nämlich so, dass »die drei ersten Bücher als Weltverständnis der Bejahung, das vierte als Selbstverständnis aus der Verneinung« vorgestellt werden.[16] Die Aporetik der ersten drei Bücher würde, so Ruffing, durch das vierte Buch aufgelöst. Wie Ruffing zu verstehen gibt, hätte Schopenhauer diese 1,2,3/4-Struktur »sicher [...] nicht für sinnvoll erachtet«.[17] Dadurch wird deutlich, dass Ruffings Ansatz insofern tatsächlich Schubbe folgt, als beide (»Zwischen«, »1,2,3/4-Struktur«) über den schopenhauerschen Text hinaus, aber unter Zuhilfenahme desselben einen eigenen philosophischen Ansatz entwickelt haben.[18]

In den nächsten Kapiteln folge ich zunächst Klamp sowie der herrschenden Meinung der Schopenhauerforschung, indem Schopenhauers Hauptwerk als das zentrale System seiner Philosophie angesehen wird. Im Unterschied zu Klamp nähere ich mich dem System aber nicht durch eine Analyse des »äußeren Aufbaus«, der den »inneren Ausbau« ausspart, sondern versuche, aus dem inneren Ausbau heraus den äußeren Aufbau des Systems zu erschließen. Die zentrale Aufgabe wird aber nicht darin gesehen, eine vollständige Systemgenese zu entwickeln, sondern die philosophische Motivation des Systems herauszustellen und den Ort der Logik zu bestimmen. Zu diesem Zweck und als Einstieg in die Systemgenese stelle ich den inneren Ausbau der WWV I nach der ersten Auflage 1819 dar, um diese in Kap. 1.3 mit Schopenhauers zeitnaher Umformulierung des Systems in den Berliner Vorlesungen vergleichen zu können.

1.2.2 Die Vorrede

Die Behauptung ist trivial: Fachbücher entstehen nicht aus dem Nichts; sie werden von einem Autor geschrieben, und im besten Fall erklärt der Text seinem Rezipienten die Motivation und Intention des Autors oder das Ziel der vorgelegten Untersuchung. Philosophische Fachbücher unterliegen meistens einer eigenen Dynamik, da ihre Fragen, Argumente, Antworten häufig nur im Kontext der jeweiligen Vorläufer, der zeitgenössischen Debatte oder allgemeiner dem Zeitgeist nach verstanden werden können. So ist es beispielsweise über zweihundert Jahre nach Erscheinen der *Kritik der reinen Vernunft* immer noch ein Forschungsstreit, welche Absichten, Ziele und Zwecke sich in diesem Werk selbst ausdrücken.[19] So trivial es dem Philosophen oder dem Gelehrten erscheinen mag, so wichtig kann es aber sein, sich darüber im Klaren

---

[16] Margit Ruffing: Die 1,2,3/4-Konstellation bei Schopenhauer, S. 331.
[17] Ebd.
[18] Siehe oben, Kap. 1.1.3.
[19] Vgl. Jens Lemanski: Die Königin der Revolution. Zur Rettung und Erhaltung der Kopernikanischen Wende. In: Kant-Studien 103:4 (2012), S. 448–471; ders.: Galilei, Torricelli, Stahl. Zur Wissenschaftsgeschichte der Physik in der B-Vorrede zu Kants *Kritik der reinen Vernunft*. In: Kant-Studien 107:3 (2016), S. 451–484.

zu sein, dass viele philosophische Texte ein Ziel besitzen, welches über die Überzeugung des Rezipienten hinausgeht; denn schließlich kann sich je nach Bestimmung der Zielsetzung auch die Interpretation eines Werks verschieben.

Schopenhauers System scheint eine derartige Intention seines Autors direkt im ersten Satz der Vorrede der WWV I anzukündigen: »Was durch dasselbe [sc. das Buch: WWVI] mitgeteilt werden soll, ist ein einziger Gedanke. Dennoch konnte ich, aller Bemühungen ungeachtet, keinen kürzern Weg ihn mitzutheilen finden, als dieses ganze Buch.«[20] Der Inhalt des Buchs ist in Form eines ›organischen Systems‹ aufgebaut, in dem »jeder Theil ebenso sehr das Ganze erhält, als er vom Ganzen gehalten wird, keiner der erste und keiner der letzte ist, der ganze Gedanke durch jeden Theil an Deutlichkeit gewinnt und auch der kleinste Theil nicht völlig verstanden werden kann, ohne daß schon das Ganze vorher verstanden sei.«[21] Die Form des Buchs ähnele hingegen mehr einem ›architektonischen System‹, in dem »immer ein Theil den andern trägt, nicht aber dieser auch jenen, der Grundstein endlich alle, ohne von ihnen getragen zu werden, der Gipfel getragen wird, ohne zu tragen«.[22] Denn da ein Buch – analog zur Metapher des ›Grundsteins‹ und des ›Gipfels‹ – eine »erste und eine letzte Zeile« haben müsse, bleibe es »einem Organismus allemal sehr unähnlich«.[23] Aufgrund des inhaltlichen »organische[n], nicht kettenartige[n] Bau[s] des Ganzen« sei es zum einen für den Leser unumgänglich, das Buch zweimal zu lesen, und zum anderen für den Autor unmöglich, eine »sonst sehr schätzbare Eintheilung in Kapitel und Paragraphen« vorzunehmen – wie sich zeigen wird, ist diese Anmerkung nur teilweise nachvollziehbar.[24]

Schopenhauer deutet zunächst an, der Adressat des Buchs sei selbst Philosoph. Dies klingt in der Phrase »dem Philosophen, eben weil der Leser selbst einer ist« an, und besonders auf den letzten Seiten des Werkes wird verständlich, dass dies keine reine Höflichkeitsfloskel ist, da Schopenhauer sich und den Leser von der Erkenntnis des Asketen, Heiligen und Mystikers abgrenzt: »*Wir* aber, die wir ganz und gar auf dem Standpunkt der Philosophie stehen bleiben [...]«[25]. Schopenhauer empfiehlt dem Leser in der Vorrede allerdings, sich weitere philosophische Grundkenntnisse durch die Lektüren der Schriften *Ueber die vierfache Wurzel des Satzes vom zureichenden Grunde* und *Ueber das Sehn und die Farben* anzueignen und sich mit Kant, Platon und ferner den Veden vertraut zu machen.

Die Hinweise auf die Ergänzungen und auf die gewünschten Vorkenntnisse des Lesers sind nicht unbedeutend. Denn dass Schopenhauer WWV I als das zentrale System ansah, wird an seinen expliziten Angaben hinsichtlich dessen deutlichen, welches Werk eine Vorarbeit und welches eine Ergänzung zum Hauptwerk sei: Schopenhauer benennt *Ueber die vierfache Wurzel des Satzes vom zureichenden Grunde* von 1813

---

[20] WWV I (1819), S. V.
[21] WWV I (1819), S. VI. Siehe auch oben, Kap. 1.1.2.
[22] WWV I (1819), S. VI.
[23] Ebd.
[24] WWV I (1819), S. VIII. Siehe unten, Kap. 1.2.3.
[25] WWV I (1819), S. 587 (§ 71), ferner S. 546 (§ 68).

als Einleitung und *Ueber das Sehn und die Farben* von 1816 als Ergänzung zum System der WWV I. Auch die Vorreden zur zweiten und zur dritten Auflage der WWV I verdeutlichen die Verbindungen zwischen der WWV und den später geschriebenen Werken. In der zweiten Vorrede erklärt Schopenhauer die WWV II als Ergänzungsband zu WWV I, in der dritten Auflage werden PP I und PP II als »Zusätze<n> zur systematischen Darstellung meiner Philosophie« proklamiert.[26]

Mag der Leser der ersten Auflage aber bereits von diesen Leseforderungen abgeschreckt sein, so gebe es, wie Schopenhauer ausdrücklich betont, auch andere Möglichkeiten das Buch zu verwenden. Schopenhauer erlaubt sich mit der Auflistung der Möglichkeiten, was man mit seinem Buch tun könne, anstatt es zu lesen, explizit einen »Scherz«,[27] der aber insofern nicht uninteressant ist, als er den Adressatenkreis genauer bestimmt. Man könne das Buch ja, so Schopenhauer, wenn man es nicht selbst lesen mag, »seiner gelehrten Freundin auf die Toilette, oder den Theetisch legen«.[28] Was hier noch ausdrücklich als Scherz gemeint ist, bestätigt sich aber besonders in den Ausführungen zur Logik in WWV I als ernst gemeinter Hinweis:[29] Das Buch richtet sich nicht allein an den Fachphilosophen, sondern an ein breiteres, bildungsbürgerliches Publikum.

Im Laufe des Werks wird deutlich, dass die Vereinnahmung des Rezipienten als Philosophen und der Hinweis auf das breitere Lesepublikum sich nicht notwendig ausschließen. Der in den folgenden Kapiteln aufzuzeigende enzyklopädische Charakter des Werks zielt darauf ab, den gebildeten Leser des Werks zu einem Universalgelehrten und Philosophen zu formen. Schopenhauers Hauptwerk macht den Leser mit den Erkenntnisweisen (B I), mit den Naturstufen (B II), mit den Kunstformen (B III) und mit den Handlungsweisen (B IV) vertraut. Dabei durchläuft die WWV alle Disziplinen der theoretischen und der praktischen Philosophie, so dass der gelehrte Leser zuletzt den sprach- und argumentationsimmanenten Standpunkt der Philosophie in Abgrenzung zu allen anderen transzendenten Standpunkten bestimmen können soll.

1.2.3 Buch I: Erkenntnislehre (Vorstellung)

B I der WWV trägt den Titel »Der Welt als Vorstellung / erste Betrachtung: / Die Vorstellung unterworfen dem Satze des Grundes: / das Objekt der Erfahrung und Wissenschaft«.[30] B I ist in sechzehn Teile unterteilt, die in der ersten Auflage durch einen Strich getrennt und ab der zweiten Auflage als Paragraphen nummeriert werden. Man hat somit gute Gründe zu behaupten, dass das Ordnungskonzept durch Paragraphen,

---

[26] WWV I (1844), S. XIf.
[27] WWV I (1819), S. XVI.
[28] Ebd.
[29] Siehe unten, Kap. 1.3.3.
[30] WWV I (1819), S. 1.

1.2 Das System der WWV

das ab der zweiten Auflage eingeführt wurde, indirekt bereits durch die Trennstriche in der ersten Auflage vorhanden war.

Eine besonders hilfreiche Forschungsleistung liegt der neuen englischen Edition der WWV I von Richard E. Aquila zugrunde, der zu jedem Paragraphen Stichworte in Klammern gesetzt hat, die den Inhalt des jeweiligen Abschnitts wiedergeben. Meines Wissens gibt es keine andere Edition und auch keine Forschungsarbeit, die dem Leser diese Lesehilfe bietet. Problematisch ist leider, dass Aquila versucht hat, nahezu jedes Thema anzuführen, das länger behandelt wird, ohne die Funktion des jeweiligen Themas (Leitthema, über-/untergeordnetes Thema, Anmerkung, Exkurs etc.) zu kennzeichnen. Damit bietet Aquila mit seiner Edition zwar eine thematische Lesehilfe, die besonders demjenigen Rezipienten zugutekommt, der noch nicht mit dem Text vertraut ist; eine Orientierungshilfe im System bietet die undifferenzierte Anordnung an Schlagworten allerdings nicht.

Ich werde hier, wie in den Kap. 1.2.4 bis 1.2.6, die Hauptthemen der jeweiligen Bücher zusammenstellen und diese Bestimmungen durch die Ordnungshinweise begründen, die Schopenhauer im Buch selbst gibt. Das in sechzehn Teile bzw. Paragraphen eingeteilte B I umfasst die folgenden Hauptthemen:

§§	Hauptthemen
1–2	Einleitung (Vorstellung, Subjekt – Objekt)
3	Zeit & Raum
4	Materie = Kausalität
5	Realität der Außenwelt
6	Stufen des Verstandes (Pflanzen, Tiere, Intuition)
7	Materialismus & Idealismus
8	Reflexion & Vernunft
9	Sprache (Logik & Dialektik)
11–13	Exkurs: Beziehung zwischen Verstand & Vernunft
10, 14–15	Wissenschaftslehre
16	Praktische Vernunft

Bevor ich diese Tafel genauer erkläre, möchte ich einige Anmerkungen zum grundlegenden Aufbau von B I machen. B I ist in zwei Hauptteile unterteilt: Der erste Teil reicht von § 3 bis zu § 7 und wird unter den Begriff ›Verstand‹ subsumiert, welcher synonym mit ›intuitive Vorstellungen/Erkenntnis‹ ist; Teil II umfasst die §§ 8 bis 16 und wird mit dem Ausdruck ›Vernunft‹ gekennzeichnet, der auch synonym mit ›abstrakten Vorstellungen/Erkenntnis‹ verwendet wird.[31] Am Anfang von § 3 schreibt Schopenhauer: »Wir werden weiterhin diese abstrakten Vorstellungen für sich betrachten, zuvörderst aber ausschließlich von der intuitiven Vorstellung reden.«[32] Der Ausdruck ›weiterhin‹ bezieht sich auf die Abschnitte bis zum Ende von § 7. Dort

---

[31] Vgl. WWV I (1819), S. 30f. (§ 6), S. 79 (§ 12).
[32] WWV I (1819), S. 8.

kündigt Schopenhauer den zweiten Teil von B I an: »Doch ist zuvor [sc. vor B II] noch diejenige Klasse von Vorstellungen zu betrachten, welche dem Menschen allein angehört, deren Stoff der Begriff und deren subjektives Korrelat die Vernunft ist, wie das der bisher betrachteten Vorstellungen Verstand und Sinnlichkeit war, welche auch jedem Thiere beizulegen sind.«[33]

Obwohl Schopenhauer in seinen späteren Werken (ab der zweiten Auflage von WWV I) die §§ 1–7, die sich allesamt auf den Verstand beziehen sollen, in die erste Hälfte von B I der WWV II integriert,[34] gibt es mehrere Argumente, die dafür sprechen, dass Schopenhauer in seiner jüngeren Werkphase (zur Zeit der ersten Aufl. der WWV I) nur die §§ 3–7 dem Verstandesteil zurechnet. Das erste Argument für diese Behauptung wird durch den oben bereits teilweise angegebenen Anfang von § 3 gestützt, da erst dort das erste Mal im Werk die Trennung zwischen Verstand und Vernunft erfolgt:

> Der Hauptunterschied zwischen allen unsern Vorstellungen ist der des Intuitiven und Abstrakten. Letzteres macht nur eine Klasse von Vorstellungen aus, die Begriffe: und diese sind auf der Erde allein das Eigenthum des Menschen, dessen ihn von allen Thieren unterscheidende Fähigkeit zu denselben von jeher Vernunft genannt worden ist.[35]

Erst hier, am Anfang von § 3, weist Schopenhauer auf den »Hauptunterschied« zwischen Verstand und Vernunft hin, der zugleich den Unterschied zwischen Tier und Mensch bezeichnet. Dass diese Unterscheidung zu Beginn von B I noch nicht getroffen wurde, belegen die ersten Sätze des § 1 von WWV I, die zugleich ein zweites Argument gegen die Zuordnung des späten Schopenhauer sind:

> »Die Welt ist meine Vorstellung:« – dies ist eine Wahrheit, welche in Beziehung auf jedes lebende und erkennende Wesen gilt; wiewohl der Mensch allein sie in das reflektirte abstrakte Bewußtseyn bringen kann:[36]

Wie im ersten Satz nach dem Gedankenstrich behauptet wird, trifft die Aussage des vorangestellten Quasi-Zitats sowohl auf reine Verstandes- als auch auf Vernunftwesen zu, sie gilt für Tiere und Menschen. Der Satz nach dem Semikolon schließt

---

[33] WWV I (1819), S. 51.
[34] Vgl. WWV I (1844), S. 39, Anm. (§ 7): »Zu diesen ersten 7 §§. [sc. von WWV I] gehören die 4 ersten Kapitel des ersten Buches der Ergänzungen [sc. WWV II].« Vgl. WWV II (1844), S. 3: »Zum Ersten Buch. Erste Hälfte. Die Lehre von der anschaulichen Vorstellung. (Zu §§. 1–7 des ersten Bandes, oder SS. 1–51 der ersten Aufl. [sc. von WWV I]).«
[35] WWV I (1819), S. 8.
[36] WWV I (1819), S. 3.

1.2 Das System der WWV

hingegen reine Verstandeswesen (Tiere) aus und bezieht sich nur auf Vernunftwesen, die ein reflektierendes, abstraktes Bewusstsein besitzen (Menschen). Auch im weiteren Verlauf des ersten Paragraphen von WWV I spricht Schopenhauer im Sinne einer inkludierenden Disjunktion von »abstrakt oder intuitiv« und trifft Behauptungen, die sowohl für reine Verstandes- als auch für Vernunftwesen gültig sind.[37] Diese Zitatnachweise dienen m.E. als Argumente für die Behauptung, dass die §§ 1 und 2 eine Einleitung zu B I darstellen und die Trennung in die zwei Hauptteile von B I erst ab § 3 erfolgt.

Ein weiteres Argument kann man sogar noch zu Beginn von § 7 herauslesen, in dem Schopenhauer nochmals die Struktur von B I reflektiert:

> In Hinsicht auf unsere ganze bisherige Betrachtung ist noch Folgendes wohl zu bemerken. Wir sind in ihr weder vom Objekt noch vom Subjekt ausgegangen; sondern von der Vorstellung, welche jene beiden schon enthält und voraussetzt; da das Zerfallen in Objekt und Subjekt ihre erste, allgemeinste und wesentlichste Form ist. Diese Form als solche haben wir daher zuerst betrachtet, sodann (wiewohl hier der Hauptsache nach auf die einleitende Abhandlung verweisend) die andern ihr untergeordneten Formen, Zeit, Raum und Kausalität, welche allein dem Objekt zukommen;[38]

Nicht eindeutig ist der Ausdruck »einleitende Abhandlung«, der in der Parenthese des Zitats vorkommt; er kann entweder auf die Monographie *Ueber die vierfache Wurzel des Satzes vom zureichenden Grunde* oder auf die §§ 1, 2 der WWV I oder sogar sowohl auf die Monographie als auch auf die Paragraphen verweisen. Selbst wenn es aber Argumente dafür geben würde, dass mit dem Ausdruck nur die eigenständige Monographie gemeint sein kann, so verweist zumindest das »zuerst« im dritten Satz auf den Anfang von B I, also auf die §§ 1 und 2 von WWV I. In diesen Paragraphen ist Schopenhauer von der Vorstellung ausgegangen. Erst in einem weiteren Schritt erfolgt die Trennung von Subjekt und Objekt, aus denen dann Zeit, Raum (§ 3) und Kausalität (§ 4) abgeleitet werden. Da Zeit, Raum und Kausalität erst ab § 3 genau thematisiert und unter den Begriff ›Verstand‹ subsumiert werden, beginnt der erste Hauptteil von B I, der den Verstand behandelt, ebenfalls erst ab § 3.

So wichtig die letzten drei Paragraphen des Verstandesteils (§§ 5–7) für das Verständnis der schopenhauerschen Philosophie sein mögen, so besitzen sie dennoch keine systembezogene Relevanz. Sie behandeln rein inhaltlich Themen wie die Realität der Außenwelt, Traum und Wirklichkeit (§ 5), Stufen der Seelenvermögen (§ 6) und einseitige Zugangsweisen zur Philosophie wie etwa Materialismus oder Idealismus (§ 7). Sie sind Zusätze des Verstandesteils, da sie keine konstitutive Rolle im System zur Begründung anderer Systemteile spielen.

---

[37] WWV I (1819), S. 41.
[38] WWV I (1819), S. 37. Vgl. auch S. 50f.

1 Die Welt und ihre repräsentationalistische Interpretation

Der in § 1 dargestellte reine Vorstellungsbegriff zerfällt laut dem oben angeführten Zitat aus § 7 wiederum in ›Objekt‹ und ›Subjekt‹. Bereits in § 2 kündigt Schopenhauer an, dass Zeit, Raum und Kausalität, also die Verstandesvermögen, die »allgemeinen Formen alles Objekts« seien.[39] Damit greift er zwar einerseits dem Inhalt von § 3 vor, macht aber andererseits an dieser Stelle nur darauf aufmerksam, dass die Verstandesvermögen objektkonstitutiv sind; interessanter ist in § 2 der angeführte Begriff der Form, der zunächst schwierig zu interpretieren erscheint, aber durch sein Korrelat eine genauere Systemstruktur erkennen lässt. Schopenhauer erklärt zu Beginn von § 4 und am Ende von § 7 den Ausdruck der Form genauer: Die Verstandesbegriffe ›Zeit‹, ›Raum‹ und ›Kausalität‹ stehen als Formen in Korrelation mit den Objektzuschreibungen ›Sukkzession‹, ›Lage‹ und ›Materie‹.[40] Dadurch wird die allgemeine Struktur des ersten Teils von B I in WWV I deutlicher: § 1 handelt von der ungetrennten Vorstellung, § 2 von dem Zerfall in Objekt und Subjekt, der in den §§ 3–7 als Objekterkenntnis mittels des subjektiven Verstandes erklärt wird.

Der zweite Teil von B I beginnt mit § 8. Dieser Abschnitt besitzt nur eine einleitende Funktion und referiert, dass bislang nur die intuitive Vorstellung besprochen wurde. Auffallend ist an einer den Inhalt der §§ 2–7 zusammenfassenden Textstelle aus § 8, dass Schopenhauer die objekt- und subjektbezogenen Begriffe des Verstandesteils nicht immer deutlich differenziert:

> Außer den bis hieher betrachteten Vorstellungen nämlich, welche, ihrer Zusammensetzung nach, sich zurückführen ließen auf Zeit und Raum und Materie, wenn wir aufs Objekt, oder reine Sinnlichkeit und Verstand (d.i. Erkenntniß der Kausalität), wenn wir aufs Subjekt sehen, ist im Menschen allein, unter allen Bewohnern der Erde, noch eine andere Erkenntnißkraft eingetreten, ein ganz neues Bewußtseyn aufgegangen, welches sehr treffend und mit ahndungsvoller Richtigkeit die *Reflexion* genannt ist.[41]

Nach dem bislang herausgearbeiteten Begriffsschema wäre es wohl eindeutiger gewesen, hätte Schopenhauer in dem angeführten Zitat die folgende Ausdrucksweise gewählt: »Sukkzession und Lage und Materie, wenn wir aufs Objekt, oder Zeit, Raum und Kausalität, wenn wir aufs Subjekt sehen«. Problematisch ist in dem Zitat aber vor allem der Begriff ›Sinnlichkeit‹, der bereits einschlägig im letzten Satz von § 7 als Synonym für ›Zeit und Raum‹ eingeführt und dem ›Verstand‹ (Synonym zu ›Kausalität‹) beigestellt wurde. Dieser Sinnlichkeitsbegriff ist insofern problematisch, als er die ansonsten strikte Zweigliederung von Verstand (Teil 1) und Vernunft (Teil 2) innerhalb von B I der WWV aufweicht. Nimmt man den Sinnlichkeitsbegriff ernst, so

---
[39] WWV I (1819), S. 7.
[40] WWV I (1819), S. 10f., S. 50f.
[41] WWV I (1819), S. 53.

würde das B I, abgesehen von der Einleitung (§§ 1, 2), aus einer Dreiteilung bestehen: ›Sinnlichkeit‹ (§ 3), Verstand (§ 4), Vernunft (§§ 8ff.).

Schopenhauer hatte aber bereits in § 4 darauf hingewiesen, dass der Sinnlichkeitsbegriff ein von Kant übernommener Fremdkörper sei. Der Ausdruck ›Sinnlichkeit‹ werde, »weil Kant hier die Bahn brach, beibehalten [...]; obgleich er nicht recht paßt, da Sinnlichkeit schon Materie voraussetzt«.[42] Wenn Materie bzw. Kausalität nun die reine Verstandesfunktion sei, und wenn Zeit und Raum als Sinnlichkeit im Grunde schon Materie bzw. Kausalität voraussetze, dann lassen sich Zeit und Raum als Sinnlichkeit eigentlich unter den Verstandesbegriff subsumieren. Die Dreiteilung, die bes. ab § 7 verwirrend erscheint, ist also letztlich nur Kant geschuldet, während Schopenhauers Hauptaugenmerk auf der Zweiteilung von Verstand und Vernunft ruht. Trotz der verwirrenden Beiordnung der Sinnlichkeit zum Verstand zeigt das oben angeführte Zitat aus § 8 dennoch eine Zweiteilung an: Diese Zweigliederung wird durch die Unterscheidung zwischen dem Menschen, mit der ihm zukommenden Reflexion, und den anderen »Bewohnern der Erde« aufrechterhalten. Diese Unterscheidung wurde schon mehrfach besprochen.

Das Zitat aus § 8 kündigt zudem an, dass der Rest vom B I von der abstrakten bzw. reflektierenden Vernunft handelt. Die Vernunft habe nur »*eine* Funktion: Bildung des Begriffs«.[43] Aufgrund dieser Funktion handelt der zweite Teil von B I zunächst von der Sprache, und diese Abhandlung (§ 9) ist wiederum zweigeteilt: zuerst Logik, dann Dialektik.[44] Erst zu Beginn von § 10 macht Schopenhauer seinen Leser indirekt darauf aufmerksam, dass der Vernunftteil von B I dreigeteilt ist:

> Durch dieses Alles tritt uns immer mehr die Frage nah, wie denn *Gewißheit* zu erlangen, wie *Urtheile* zu begründen seien, worin das Wissen und die Wissenschaft bestehe, welche wir, neben der Sprache und dem besonnenen Handeln, als den dritten großen durch die Vernunft gegebenen Vorzug rühmen.[45]

Dass in diesem Zitat das Ordnungsschema des zweiten Teils von B I der WWV dargestellt wurde, wird eigentlich erst durch drei Parallelstellen zu Beginn von § 9, § 14 und von § 16 deutlich.[46] Nur die aufmerksame Lektüre dieser vier Textstellen zeigt dem Rezipienten an, dass damit auch eine Dreiteilung des Vernunftteils angedeutet wird: 1. Sprache (§ 9), 2. Wissenschaft (§§ 10, 14, 15), 3. Praktische Vernunft (§ 16). Dies seien die drei »Vorzüge« des Menschen gegenüber den Tieren.

---

[42] WWV I (1819), S. 15.
[43] WWV I (1819), S. 67.
[44] WWV I (1819), S. 57–69 (Logik); S. 69–74 (Dialektik).
[45] WWV I (1819), S. 74.
[46] WWV I (1819), S. 68, S. 92, S. 125.

1 Die Welt und ihre repräsentationalistische Interpretation

Dass die §§ 11–13 Exkurse sind, die von den Beziehungen zwischen Verstand und Vernunft handeln, wird zum einen daran deutlich, dass sie in keinen der drei Vernunftteile passen; zum anderen zeigt dies auch die erste, am Anfang von § 10 befindliche Paralleltextstelle an, die sich mit der Dreiteilung beschäftigt. Und ähnlich betont Schopenhauer dies auch zu Beginn von § 14:

> Von allen diesen mannigfaltigen Betrachtungen, durch welche hoffentlich der Unterschied und das Verhältniß zwischen der Erkenntnißweise der Vernunft, dem Wissen, dem Begriff einerseits, und der unmittelbaren Erkenntniß in der reinsinnlichen, mathematischen Anschauung und der Auffassung durch den Verstand andererseits, zu völliger Deutlichkeit gebracht ist, ferner auch von den episodischen Erörterungen über Gefühl und Lachen, auf welche wir durch die Betrachtung jenes merkwürdigen Verhältnisses unserer Erkenntnißweisen fast unumgänglich geleitet wurden, – kehre ich nunmehr zurück zur fernern Erörterung der Wissenschaft, als des, neben Sprache und besonnenem Handeln, dritten Vorzugs, den die Vernunft dem Menschen giebt. Die allgemeine Betrachtung der Wissenschaft, die uns hier obliegt, wird theils ihre Form, theils die Begründung ihrer Urtheile, endlich auch ihren Gehalt betreffen.[47]

Dieses Zitat aus dem Anfang von § 14 ist in mehrfacher Hinsicht erhellend für den Systembau des Vernunftteils in Band I: Schopenhauer sagt, *er kehre zurück* von den »mannigfaltigen Betrachtungen« und ferner von den »episodischen Erörterungen«. Die mannigfaltigen Betrachtungen beziehen sich auf »das Verhältniß zwischen der Erkenntnißweise der Vernunft [...] einerseits, und der unmittelbaren Erkenntniß [...] durch den Verstand andererseits«. Das deutet an, dass diese »mannigfaltigen Betrachtungen«, die sich in den §§ 11–12 finden, kein wesentlicher Bestandteil des Vernunftteils von B I sind, sondern Exkurse. Auch die »episodischen Erörterungen über Gefühl und Lachen« in § 13 behandeln nur die »merkwürdigen Verhältnisse<s> unserer Erkenntnißweisen« – im Sinne Kants sind sie daher nur Bestandteil der psychologischen, metaphysischen und anthropologischen Supplemente zur Logik, die sich bei »einige[n] Neuere[n]« in diese eingeschlichen haben.[48]

Bereits in dem sehr kurzen § 10, der die Struktur des Vernunftteils zuerst explizierte, hatte Schopenhauer einen Übergang von der Logik zur Wissenschaftslehre

---

[47] WWV I (1819), S. 92.
[48] Immanuel Kant: Kritik der reinen Vernunft, in: Ders.: Gesammelte Schriften (Akademie-Ausgabe [= AA]), hrsg. v. Preußische/Deutsche/Göttinger/Berlin-Brandenburgische Akademie der Wissenschaften. Berlin 1900ff., hier: AA III, S. 7 (KrV B VIII).

1.2 Das System der WWV

angedeutet.[49] Schopenhauer muss davon ausgegangen sein, dass dieser Übergang innerhalb von § 10 vollzogen wurde und dass das Ende dieses kurzen Paragraphen bereits der Wissenschaftslehre zuzuordnen sei. Diese Überzeugung spricht sich in dem oben angeführten Zitat von § 14 aus, in dem Schopenhauer explizit behauptet, er kehre »nunmehr zurück zur fernern Erörterung der Wissenschaft«. Da diese Erörterung der Wissenschaft »als des, neben Sprache und besonnenem Handeln, dritten Vorzugs, den die Vernunft dem Menschen giebt« bezeichnet wird, ist die Dreiteilung des Vernunftteils wieder in § 14 eingeholt worden. Somit ergibt sich für B I eine dihairetische – größtenteils dichotomische, teilweise aber auch polytomische – Struktur nach folgendem anschaulichem Schema:[50]

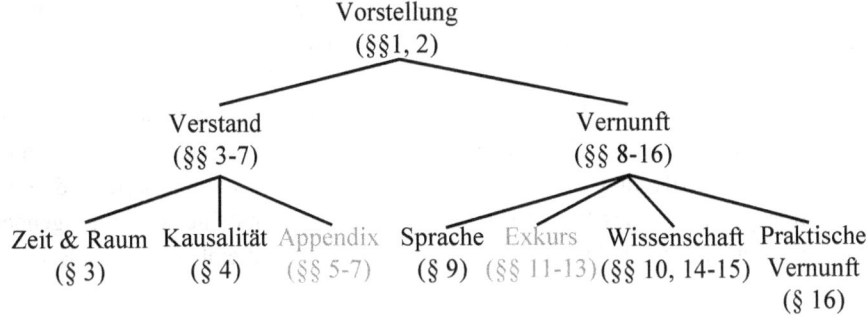

In diesem Baumdiagramm sind die Appendizes (§§ 5–7) und der Exkurs (§§ 11–13) grau gesetzt, da beide keinen systemrelevanten Charakter besitzen: Die Appendizes beschäftigen sich mit Inhalten, die zwar im argumentativen Zusammenhang mit den zuvor entwickelten Paragraphen stehen, aber keine konstitutiven Bestandteile des Verstandes darstellen. Der Exkurs ist ausgenommen, da dieser sich, wie bereits dargestellt, nicht allein dem dreigegliederten Vernunftteil zuordnen lässt.

Die Äste des Baumdiagramms – der Mathematiker würde hier wahrscheinlich eher von Knoten sprechen – sind in dem Schema nicht vollständig angegeben. So ließe sich bspw., wie bereits angesprochen, der § 9 in noch mindestens zwei weitere Bestandteile unterteilen: Logik und Dialektik. Wie sich noch genauer zeigen wird, sind auch die Logik und die Dialektik noch viel genauer unterteilt.[51] Ein weiteres gutes Beispiel für die Möglichkeit einer genaueren Unterteilung liefert auch die Wissenschaftslehre in § 14: Nach dichotomischer Methode gewinnt Schopenhauer zunächst das Prinzipienpaar ›Subordination und Koordination‹, wovon die Subordination weiter in ›Induktion und Deduktion‹ unterteilt ist. Aus dieser formalen Methodenlehre leitet er eine materiale Wissenschaftslehre ab, in der fast alle Wissenschaftszweige der Natur-

---

[49] Der spätere Schopenhauer verwendet explizit den Ausdruck ›Wissenschaftslehre‹ als Bezeichnung dieses Systemteils, vgl. WWV II (1844), S. 119ff. (Kap. 12).
[50] Zur Interpretation dieser Baumdiagramme siehe unten, Kap. 2.2.2.
[51] Siehe unten, Kap. 1.3.

(Zoologie, Botanik, Physik, Chemie, Astronomie etc.) und Geisteslehre (Geschichte, Mathematik, Philosophie) klassifiziert und bewertet werden.

In § 15 werden dann Arithmetik, Geometrie und Philosophie genauer untersucht, da ihnen – ähnlich wie die Geschichte als reine Koordinationswissenschaft – eine Sonderstellung zukommt. Schopenhauer erklärt hier, dass zwar Mathematik und Philosophie eine Verwandtschaft aufweisen können, wenn sie subordiniert dargestellt werden (wie bspw. bei Euklid oder Spinoza),[52] aber dass sie nicht notwendig subordinierte Wissenschaften sein müssen, die deduktiv oder induktiv vorgehen oder Axiome aufstellen und daraus Theoreme ableiten.

Da Schopenhauer diese Behauptung am Ende von § 15 demonstriert und dabei seine eigene Philosophie vorstellt, ist dies der wichtigste Textabschnitt zum Verständnis der WWV. Die Reflexion über Ziel und Zweck der gesamten WWV beginnt mit den Worten: »Die gegenwärtige [sc. Philosophie] wenigstens sucht [...].«[53] Von dieser einleitenden Phrase bis zum Ende des § 15 erfährt der Rezipient erstmals den Sinn des gesamten Systems der WWV bzw. die Zielsetzung von Schopenhauers Buch. Erst hier findet man eine Antwort auf die triviale Frage, was das Ziel der WWV überhaupt ist. Obwohl die Bedeutung des gesamten Abschnitts bislang kaum ausreichend in der Rezeptionsgeschichte des Werks wahrgenommen wurde, möchte ich im Folgenden nur sechs Zitate herausnehmen, die aber eine deutliche und einheitliche Zielsetzung erkennen lassen:

(1) »Die gegenwärtige [sc. Philosophie] wenigstens sucht [...] bloß, was die Welt ist.«

(2) »Allein jene Erkenntniß [sc. was die Welt ist] ist eine anschauliche, ist in concreto: dieselbe in abstracto wiederzugeben, [...] zu einem bleibenden Wissen zu erheben, ist die Aufgabe der Philosophie.«

(3) »Sie [sc. die Philosophie] muß demnach eine Aussage in abstracto vom Wesen der gesammten Welt seyn [...].«

(4) Die Philosophie muss »sich der Abstraktion bedienen [...], um alles Mannigfaltige der Welt überhaupt, seinem Wesen nach, in wenige abstrakte Begriffe zusammengefaßt, dem Wissen zu überliefern«.

(5) »sie [sc. die Philosophie] wird seyn eine vollständige Wiederholung, gleichsam Abspiegelung der Welt in abstrakten Begriffen [...]«.

(6) »Diese Aufgabe setzte schon Bako von Verulam der Philosophie.«[54]

Alle sechs Zitate finden sich im Text – wenn auch mit mehreren gedanklichen Einschüben – in der angegebenen Reihenfolge und bauen inhaltlich aufeinander auf. (1) benennt die Grundaufgabe der Philosophie; (2) erklärt, wie diese Aufgabe zu bewältigen ist: Jeder Mensch, so Schopenhauer, kenne das, »was die Welt ist«, anschaulich und in concreto; aber nur die Philosophie stelle dieses abstrakt in Begriffen dar. Diese

---

[52] Siehe dazu auch Kap. 2.2.2 u. 2.2.3.
[53] WWV I (1819), S. 122.
[54] Alle Zitate (ohne Hervorhebungen): WWV I (1819), S. 122–124.

1.2 Das System der WWV

Abstraktionsleistung wird nicht nur in (2), sondern auch in (3)–(5) aufgegriffen: Schopenhauer benennt die Abstraktion nicht nur als Resultat der Philosophie oder des Philosophierens (»Aussage in abstracto«, »abstrakte Begriffe«), sondern auch als deren notwendige Methode (»muß demnach eine Aussage in abstracto...seyn«; »muß sich der Abstraktion bedienen, um...«). Per Abstraktion kann die Welt »dem Wissen überliefert werden«. Mit dieser Methode bietet (4) eine Antwort auf die sich bei (2) aufdrängende Frage, wie denn die Philosophie die ansonsten nur anschauliche Welt »zu einem bleibenden Wissen erheben« könne. Der abstrakte Begriff, so ergänzt Schopenhauer im Kontext von (4), fixiere das Wesen der Welt. Die Unbeständigkeit und Vergänglichkeit der anschaulichen Erkenntnis wird in einer beständigen und dauerhaften Form konserviert. Die anschauliche und konkrete Welt wird mittels Abstraktion zur abstrakten und begrifflichen Form erhoben und gerade dadurch kommunizierbar. Der Repräsentationalismus, der das Konkrete im Abstrakten abbildet, spricht sich explizit in den Metaphern von (2), (4) und besonders (5) aus: ›Wiedergabe‹, ›Überlieferung‹, ›Wiederholung‹, ›Abspiegelung‹.

(6) nimmt eine Sonderstellung ein. Der Hinweis auf Francis Bacon hat mehrere Funktionen: Zum einen ist er wesentlicher Bestandteil einer auf der Philosophiegeschichte aufbauenden *lingua franca*, um die Kommunikation zwischen Philosophen (hier: Autor – Rezipient) zu vereinfachen,[55] und zum anderen kann er als Hinweis auf die Schulzugehörigkeit aufgefasst werden.[56] Obwohl Schopenhauer dem Leser in der Vorrede empfohlen hatte, sich mit Kant vertraut zu machen, so sieht der aufmerksame Rezipient nach der Lektüre von § 15, dass diese Empfehlung wohl vor allem auf die Vertrautheit mit dem Begriffsschema bezogen war, weniger aber zunächst mit der Art und Weise der philosophischen Zielsetzung Kants. Mögen Kant, Platon u.a. zwar Ideen- und Begriffsgeber für Schopenhauer sein, so sieht man in (1)–(6) von § 15 deutlich, dass das Ziel und die Methode der WWV empiristisch und repräsentationalistisch anmuten. Bacon steht in (6) als Chiffre für den Empirismus und den Repräsentationalismus.

Aber der Name ›Francis Bacon‹ hat noch eine weitere Funktion: Er zeigt nicht nur die Schulzugehörigkeit an, die ebenfalls mit den Schlagworten ›Empirismus‹ und ›Repräsentationalismus‹ in Zusammenhang steht, sondern er erinnert auch an drei mit Bacon eng in Verbindung stehenden Metaphern: 1) die Spiegelmetapher, 2) die Lesbarkeitsmetapher und 3) die Enzyklopädiemetapher, die unter Rekurs auf Bacon jeweils von Richard Rorty, Meyer Howard Abrams, Hans Blumenberg und Ulrich Gottfried Leinsle herausgearbeitet wurden.

1) Die Spiegelmetapher wurde bereits oben in Schopenhauers Zitat (5) angesprochen. Sie verweist auf die Funktion zwischen der konkreten Welt in der alltäglichen

---

[55] Vgl. Wilfrid Sellars: Sensibility and Understanding. In: Ders.: Science and Metaphysics. Variation on Kantian Themes. London 1968, S. 1–31.
[56] Vgl. zu diesen Funktionen Jens Lemanski, Konstantin Alogas: The Function of Decadence and Ascendance in Analytic Philosophy. In: Decadence in Literature and Intellectual Debate since 1945. Hrsg. v. Diemo Landgraf. New York 2014, S. 49–65.

Anschauung und der abstrakten Welt in der philosophischen Sprache. Das Buch über die Welt ist ein Abbild der anschaulichen Welt selbst und die Sprache das Medium der Reflexion. Noch heute betonen zahlreiche Forscher, dass die aufklärerische Spiegelmetapher zum Symbol des Impressivismus und Repräsentationalismus geworden sei und der romantischen Lampen- und Werkzeugmetapher entgegenstehe, die als Sinnbild expressivistischer Theorien fungiere: Während die Lampe Licht erzeuge, reflektiere der Spiegel das Licht. In sprachphilosophischer Hinsicht drücke sich in der Spiegelmetapher das selbstlose Abbild einer vorgefundenen Realität aus, während die Lampen- und Werkzeugmetapher Ausdruck der eigenen Kreativität und Expressivität sei.

2) Die Abbildfunktion der Spiegelmetapher hypostasiert sich letztendlich in der Lesbarkeitsmetaphorik, die in (3), (4) und (5) des Schopenhauer-Zitats anhand der Gegenüberstellung von Welt und Aussage bzw. Begriff anklingt. Das große Buch der Natur, wie es später in §§ 44 der WWV I heißt, verlange »eine Entzifferung der wahren *Signatura rerum*«.[57] Die Entzifferung erfolgt mittels der philosophischen Übertragung der Anschauung in den Begriff. Dabei zielt diese Übertragungsleistung auf Vollständigkeit: Denn ebenso wie Urteile Sachverhalte der Welt ausdrücken, so drücken Bücher die Gesamtheit der Welt aus. Die Welt bzw. ihr im Buch fixiertes Abbild wird dadurch lesbar. Auch eine emphatische Betonung der ersten beiden Wörter im Titel von Schopenhauers Hauptwerk macht dies deutlich.

3) Diese im Begriff der Welt vereinheitlichte Mannigfaltigkeit zeigt sich zuletzt in der Enzyklopädiemetapher, die für die Darstellung des gesamten Bildungskreises der gegenwärtigen Zeit in einem geordneten Panorama steht. Dieses geordnete Panorama aller Wissensbestände ist die WWV selbst. Dass zwischen zwei Buchdeckeln eine Komprimierung der ganzen Welt in einen einzigen Text erfolgen soll, drückt sich besonders in den quantitativen Aspekten von (3), (4) und (5) aus: Der Begriff ›Welt‹ kann zwar qualitativ im Sinne von ›Was der Welt‹ bzw. ›Wesen der Welt‹, aber auch quantitativ verstanden werden: denn Schopenhauer spricht schließlich explizit von ›gesamte Welt‹, ›alles Mannigfaltige‹, ›zusammengefasst‹, ›vollständig‹.

Alle drei Metaphern zeigen sich in dem von Schopenhauer wiedergegebenen Bacon-Zitat, das unmittelbar an (6) anschließt:

ea demum vera est philosophia, quae mundi ipsius voces fidelissime reddit, et veluti dictante mundo conscripta est, et nihil aliud est, quam ejusdem *simulacrum et reflectio*, neque addit quidquam de proprio, sed tantum iterat et resonat. (de augm. scient. L. 2, cap. 13)[58]	Nur diejenige Philosophie ist die wahre, die die Worte der Welt so getreu wie möglich wiedergibt, und ebenso nach dem Diktat der Welt niedergeschrieben ist, so dass sie nichts anderes ist als *ein Abbild und eine Abspiegelung*

---

[57] WWV I (1819), S. 317.
[58] WWV I (1819), S. 124.

> derselben, und nichts eigenes hinzufügt, sondern nur wiederholt und widerhallt. (de augm. scient. L. 2, cap. 13)

Die Lesbarkeit der Welt wird hier sogar durch die Welt selbst initiiert: Sie mache Aussagen, Worte (voces), und die Aufgabe der wahren Philosophie sei es, dieses Diktat der Welt so getreu wie möglich, eben ohne eigenes Hinzutun, niederzuschreiben. Das Bacon-Zitat, das aus *De augmentis scientiarum*, Bacons Enzyklopädie, entstammt, bestimmt die wahre Philosophie (vera philosophia) als Abbild, Abspiegelung, Wiederholung und Widerhall. Hans Blumenberg hat dieses Zitat wie folgt angekündigt: »Es ist die Grundidee des Empirismus, die Natur würde von sich aus ihre Geschichte erzählen, wenn man sie nur ließe [...].«[59]

Buch II, Kap. 13 von Bacons *De augmentis scientiarum*, in dem sich Schopenhauers Zitat findet, eröffnet aber noch einen weiteren Interpretationshorizont. Bacon handelt hier von der parabolischen Poesie und greift als Beispiel die Parabel von Pan auf: Pan steht, wie der griechische Name sagt, für das Universum oder für die Gesamtheit der Dinge (»Pan (ut & Nomen ipsum etiam sonat) Vniversum sive Vniversitatem Rerum repræsentat & proponit.«[60]). Sein Äußeres ist ein Sinnbild der Natur selbst; sein dichotomes Wesen reflektiert die Herrschaft des Humanen über das Animalische, das Vegetabilische und das Mineralische; seine Flöte steht für die Harmonie und Einheit der Natur; die Panik oder der panische Schrecken, die die Natur dem Menschen eingeflösst hat, bewahrt den Menschen zum einen vor Übermaß und beschränkt ihn zum anderen in seinen Bestrebungen; die Form der nach oben gerichteten Hörner symbolisieren die logische Ordnung der Welt (»Cornua autem mundo attribuuntur«) – eingeteilt in Individuen, Arten und Gattungen; Pans Beziehung zu Echo spiegelt endlich das abbildende Verhältnis von Welt und Logik wider und leitet das oben angegebene Zitat ein. Wie sich in den folgenden Kapiteln zeigen wird, werden all diese Aspekte Pans auch in Schopenhauers Hauptwerk an unterschiedlichen Stellen verarbeitet.

Der empiristische Aspekt in Schopenhauers Werk wurde erstmals intensiv von Matthias Koßler in dem Buch *Empirische Ethik und christliche Moral* betont, das als das paradigmatische Werk für eine deskriptive Lesart Schopenhauers dient.[61] Diese

---

[59] Hans Blumenberg: Die Lesbarkeit der Welt, S. 86.
[60] Francis Bacon: De dignitate et augmentis scientiarum. Argentoratum [Strassburg] 1654, S. 116 (= II 13). Die Pan-Parabel wurde von Bacon erstmals 1609 in *De Sapientia Veterum VI* veröffentlicht.
[61] Vgl. Matthias Koßler: Empirische Ethik und christliche Moral. Dieser Wandel in der Forschung zeigt sich beispielsweise daran, dass Rudolf Malter noch ein Dezennium zuvor in einem Kapitel zum Thema ›Wesen der Welt‹ die Behauptung aufgestellt hatte: »Empiriker (im Sinne des realistischen Ontologen) ist er [sc. Schopenhauer] insofern nicht, als er bei seiner Orientierung am Empirischen auf Weltdeutung aus ist [...].« (Schopenhauer und die Biologie. Metaphysik der Lebenskraft auf empirischer Grundlage. In: Berichte Zur Wissenschaftsgeschichte 6 (1983), S. 41–58, hier S. 43.) Da meinem Sprachgebrauch nach ›Weltdeutung‹ auf eine qualitative Wesensbestimmung abzielt und ›Weltbeschreibung‹ eine – in diesem Fall quantitative – vollständige Summe mannigfaltiger Data in den Blick nimmt, muss die WWV mehr als nur eine Deutung der Welt sein, da sie ansonsten wohl auf den Anfang von Buch II reduziert werden könnte.

1 Die Welt und ihre repräsentationalistische Interpretation

deskriptive Lesart hebt den empiristischen Ansatz Schopenhauers hervor und betont, dass die Wertungen und Widersprüche in Schopenhauers Werk kein Addendum des Autors sind, sondern dass sich in den Widersprüchen die Welt und die in der Welt befindlichen Urteile über die Welt selbst aussprechen und begrifflich wiederholen.[62]

Die Tatsache, dass ich in dem vorgestellten Kontext den Begriff des Repräsentationalismus häufig gegenüber Begriffen wie ›Empirismus‹ oder auch ›Realismus‹ vorziehe, liegt vor allem daran, dass er weniger problematische Konnotationen als die anderen beiden aufweist: Denn der neuzeitliche Begriff des Empirismus konnotiert u.a einen Experimentalismus, der nicht in (1)–(6) des Schopenhauer-Zitats zu finden ist; und der für den Realismus zentrale Ausdruck des Realen ist unbestimmt, da er sowohl internalistisch als auch externalistisch aufgefasst werden kann und Schopenhauer höchstens in (2) auf eine bestimmte Position des angeschauten Realen anspielt, häufig aber hart mit dem absolut Realen oder dem Realen an sich ins Gericht geht.[63]

Der Repräsentationalismus erklärt auch die auf der jeweiligen Stufe des polytomischen Systems auffindbare Gleichberechtigung der Systemteile. Aus begrifflicher und argumentativer Sicht mag der Aufbau der WWV in der vorliegenden Form sinnvoll sein; aus systembedingten Gründen gibt es aber keinen Vorrang des Verstandes- vor dem Vernunftteil in B I oder einen Vorrang von B I vor B II usw., da es keine Gründe für eine Begünstigung oder Ausnahmestellung eines Systemteils in der Welt selbst geben kann. Die Ordnung und Klassifikation ist eine vom Autor an die Welt herangetragene und dient allein der Abbildung der Welt in Begriffen. Nur die empiristische oder repräsentationalistische Methode der Abstraktion und Aussonderung, die sich vom Konkreten zum Abstrakten ›erhebt‹ (2), gibt einen Hinweis darauf, warum es für rationale Lebewesen verständlicher sein muss, bottom-up beim Verstand (oder bei der Sinnlichkeit) zu beginnen, als top-down alle Sätze einer Wissenschaft aus einer kleinen Menge Axiome zu deduzieren (wie es Euklid oder Spinoza versucht haben). Dieses Argument für den Repräsentationalismus kündigt bereits indirekt Schopenhauers Kritik an der Unnatürlichkeit des Logizismus an.[64]

(siehe unten, Kap. 1.2.4.) Dies zeigt sich auch an Schopenhauers – wenn auch nicht immer einheitlichem – Sprachgebrauch: ›Welt‹ besitzt, wie schon im Titel ›WWV‹, die quantitative Konnotation von Vollständigkeit und Einheit des Mannigfaltigen, während ›Wesen der Welt‹ an fast allen Textstellen der Erstauflage nur synonym mit ›Wille‹, ›Ding an sich‹ etc. gesetzt werden kann oder sogar explizit wird. (Siehe unten, Kap. 1.3.2) Schopenhauers Orientierung am Empirischen ist zwar auch Weltdeutung, aber dies ist nur eine Seite seiner Philosophie.

[62] Ansatzweise hat bereits Paul Deussen: Allgemeine Geschichte der Philosophie mit besonderer Berücksichtigung der Religionen, Bd. II/3, S. 430f. die Widersprüche durch die empiristische Abspiegelungstheorie zu erklären versucht. Im Detail zeigen sich aber viele Unterschiede zu dem neuen Forschungsansatz, vgl. Jens Lemanski: The Denial of the Will-to-Live in Schopenhauer's World and his Association of Buddhist and Christian Saints. In: Understanding Schopenhauer through the Prism of Indian Culture. Philosophy, Religion and Sanskrit Literature. Hrsg. v. Arati Barua, Michael Gerhard, Matthias Koßler. Berlin 2013, S. 149–187.

[63] Vgl. Valentin Pluder: »Skitze einer Geschichte der Lehre vom Idealen und Realen«. In: Schopenhauer-Handbuch. Leben – Werk – Wirkung. Hrsg. v. Daniel Schubbe, Matthias Koßler. Weimar 2014, S. 124–129.

[64] Siehe dazu auch Kap. 2.3.

1.2 Das System der WWV

Die Vereinseitigung der bisherigen Rezeptionsgeschichte Schopenhauers besteht in einer normativen Lesart, die selektiv Systemteile aufgrund ihrer architektonischen Struktur betont: So wurde der sogenannte ›transzendentale Idealismus‹ und ein irgendwie gearteter ›Nihilismus‹ hervorgehoben, weil B I mit dem Quasi-Zitat »Die Welt ist meine Vorstellung« beginnt und weil B IV mit dem Wort »Nichts« endet. Das aus dem rein beschreibenden Begriffsschema Schopenhauers herausgenommene Wort ›Pessimismus‹ wird bis heute auf seine Philosophie selbst angewandt, weil der Autor die angeblich grausamen Willenskräfte in B II und die scheinbar asketische Willensverneinung in Buch IV betone. Dass Schopenhauer aber ebenso die Schönheit der Künste hervorhebt und am Ende von § 15 darauf hinweist, dass die Einheit des »einen einzigen Gedankens« im System der WWV aus »der Harmonie und Einheit der anschaulichen Welt selbst« entspringe, das wurde oftmals in Interpretationen und Darstellungen übergangen.[65]

Vertreter der normativen Lesart betonen häufig den »einen einzigen Gedanken« aus der Vorrede, um zu erklären, was die Intention und Motivation der WWV sei. Auch dabei wird häufig übersehen, dass der rein formale Hinweis auf den »einen einzigen Gedanken« erst am Ende von § 15, im Anschluss an das Bacon-Zitat, inhaltlich erklärt wird. Dort spielt Schopenhauer auch auf fast alle Aspekte der Vorrede an: das organische System, in der »das eine aus dem andern gewissermaßen abgeleitet« wird, und zwar »immer wechselseitig«; die Unverständlichkeit der ersten Lektüre der WWV, da die Aufgabe des Systems »erst durch ihre Auflösung vollkommen deutlich« wird; und schließlich die »Einheit eines Gedankens«, die aus der »Uebereinstimmung« resultiert, »welche alle Seiten und Theile der Welt, eben weil sie zu einem Ganzen gehören, mit einander haben« und daher »auch in jenem abstrakten Abbilde der Welt sich wiederfinden«.[66] Der Gedanke, der sich in der WWV mitteilt, ist ein einziger, weil auch die anschauliche Welt eine einzige ist und eine Einheit bildet.[67] Der Inhalt des einen einzigen Gedankens ist somit die Welt, und ›Welt‹ ist der conceptus summus des systematischen Begriffsschemas Schopenhauers, der je nach Perspektive sich »als Wille« oder »als Vorstellung« zeigt.

Bevor im nächsten Kapitel die Welt aus der Perspektive des Willens thematisiert wird, soll abschließend noch § 16 und dessen Ausblick auf B IV besprochen werden. Auch Klamp hatte in seiner Gewölbebogen-Theorie eine Verbindung zwischen B I und B IV konstatiert.[68] Diese bestehe darin, dass B I die Weltsetzung des Subjekts beschreibe, die in B IV mit der Willensverneinung wieder ins Nichts verschwinde. Durch diesen Zusammenhang von B I und B IV ergebe sich eine Zwei-Einheit des ganzen Systems. Diese Interpretation ist aber vor allem der implizit normativen Lesart

---

[65] WWV I (1819), S. 124f.
[66] Ebd.
[67] Das wird auch an Schopenhauers Kritik am Einzigkeitsquantor deutlich, siehe unten, Kap. 2.2.5, 2.2.6, ferner Kap. 1.3.1.
[68] Siehe oben, Kap. 1.2.1.

Klamps geschuldet, die insofern problematisch ist, als sie den Begriffe Schopenhauers, wie den des Subjekts, nicht als universale Terme des beschreibenden Begriffsschemas versteht, sondern Begriffe wie ›Subjekt‹ oder auch ›Nichts‹ stets reifiziert. Klamp zufolge erzählt Schopenhauer eine Geschichte, die mit der Subjektwerdung beginnt und mit der Subjektvernichtung endet. Normative Interpreten in der Nachfolge Klamps glauben aus der Verbindung zwischen § 16 und B IV einen ›soteriologischen Vorbehalt‹ ableiten zu können, demzufolge B I schon den Wunsch der Erlösung ankündige, der dann in B IV erfüllt werde.

Ich stimme Klamp zu, dass es eine Verbindung zwischen B I und B IV gibt. Diese zeigt sich meiner Meinung nach aber weniger in einer linear-teleologischen Ontogenese (von der Subjektwerdung zur Subjektüberwindung), sondern systematisch in der Ausdifferenzierung des Systems, und eine entscheidende Rolle spielt dabei der stoische Weise in § 16. Generell kann man zunächst aber sagen, dass § 16 den dritten »Vorzug« des Vernunftvermögens, nämlich die praktische Vernunft behandelt. Schopenhauer erklärt zu Beginn des Paragraphen, dass die praktische Vernunft besonders im Kontrast zur kantischen Auffassung im Anhang der WWV diskutiert wurde, und daher habe er »hier nur noch Weniges über den wirklichen Einfluß der Vernunft, im wahren Sinne dieses Worts, auf das Handeln zu sagen«.[69] Des Weiteren habe er schon »am Eingang unserer Betrachtung der Vernunft« einiges zum praktischen Handeln des Menschen im Vergleich zum Tier gesagt. Auch hierdurch wird wieder auf die Zweiteilung von B I aufmerksam gemacht, da Schopenhauer an der angeführten Textstelle auf den Anfang von § 8 deutet.[70]

§ 16 lässt sich aufgrund vieler Rück- und Ausblicke nur schwer systematisch oder argumentativ ordnen. Zunächst greift Schopenhauer das Thema der rein deduktiv vorgehenden mathematischen und philosophischen Systeme wieder auf, die auch in § 15 behandelt wurden; darüber hinaus kontrastiert er den Unterschied zwischen der anschaulichen Welt in concreto, die den Menschen »ganz besitzt und heftig bewegt«, während er in der begrifflichen Welt in abstracto »bloßer Zuschauer und Beobachter« sein kann.[71] Dieser Kontrast, in welchem der »Unterschied [sc. des Menschen] vom Thiere sich am deutlichsten zeigt, ist als *Ideal* dargestellt im *Stoischen Weisen*«.[72]

Viele Vertreter der normativen Lesart haben den Ausdruck des Ideals so interpretiert, als sei er von Schopenhauer in diesem Paragraphen als Beispiel für richtiges Handeln herangezogen worden. Der angegebene Kontext zeigt aber, dass das in § 16 dargestellte Ideal nicht als Handlungsempfehlung angezeigt wurde, sondern als Erklärung des Unterschieds zwischen der reinen Verstandestätigkeit und dem Vernunftvermögen, zwischen Tier und Mensch.[73] Dies lässt sich auch mittels einer

---
[69] WWV I (1819), S. 125.
[70] WWV I (1819), S. 53f.
[71] WWV I (1819), S. 127f.
[72] WWV I (1819), S. 129.
[73] Ebd.

1.2 Das System der WWV

Substitutionsprobe verifizieren: Der Ausdruck ›Ideal‹ lässt sich salva congruitate durch ›Extrem‹, nicht aber mit ›Handlungsempfehlung‹ o.ä. ersetzen.

Schopenhauer erklärt diesen Punkt noch einmal genauer nach seiner Beschreibung des stoischen Weisen: Er musste die stoische Philosophie darstellen, um beispielhaft zu zeigen, »was die Vernunft ist und zu leisten vermag«.[74] Viele der in § 16 dargestellten Aspekte der praktischen Vernunft würden, so Schopenhauers Ankündigung, in B IV begründet und zusammenhängend dargestellt. Um den Leser bis zu der Lektüre von B IV zu motivieren, erklärt er am Ende von § 16 – der zugleich auch B I abschließt –, dass die stoische Philosophie und »ihr Ideal, der Stoische Weise«, nur »ein hölzerner, steifer Gliedermann« sei, da er das »Leben oder [die] innere poetische Wahrheit« der indischen und christlichen »Weltüberwinder« nie erreicht habe.[75]

Dieser Ausblick und die in § 16 angesprochenen Themen verdeutlichen die von Klamp bereits angesprochene Verbindung zwischen B I und B IV. Während Klamps lineare Interpretation aber allein aus dem Inhalt der Darstellung eine ontogenetische Verbindung von der Welterzeugung zur Weltüberwindung, von der Transzendentalphilosophie zur Soteriologie ableitet, liegt nach der hier vorgebrachten deskriptiv-systematischen Lesart die Verbindung zwischen B I und B IV in der Darstellung der praktischen Vernunft. B IV, so wird sich in Kap. 1.2.6 zeigen, ist eine im Detail ausdifferenzierte Darstellung von § 16, also eine Verdeutlichung der praktischen Vernunft, allerdings aus der Perspektive der Welt als Wille. In beiden Systemteilen, in § 16 und in B IV, geht es vor allem darum zu zeigen, dass die Vernunft ein Mittel ist, das zu ganz unterschiedlichen Zwecken instrumentalisiert werden kann, »daß Vernunft sich ebenso wohl mit großer Bosheit, als mit großer Güte im Verein findet« oder finden kann.[76]

Aufgrund der explizit von Schopenhauer genannten und der implizit durch die Themen sich aufdrängende Verbindung zwischen § 16 und B IV lässt sich einerseits gegen Klamps normativ-architektonische Lesart argumentieren, dass eine von der Subjektwerdung zur Subjektvernichtung gespannte ›Zwei-Einheit‹ in der WWV I nur das Produkt des Interpreten ist und dem organisch-systematischen Charakter des Werks widerspricht. Denn andererseits zeigt sich gerade dieser organisch-systematische Charakter in der Verbindung zwischen § 16 und B IV: Der Inhalt von B IV muss nicht notwendig das Werk WWV abschließen, sondern hätte mit guten Gründen bspw. in B I integriert oder als B II an den § 16 angehängt werden können. Dass der junge Schopenhauer selbst flexibel war beim Arrangement der einzelnen Systemteile, werde ich in Kap. 1.3 anhand des Vergleichs der WWV mit den Berliner Vorlesungen zeigen.

---

[74] WWV I (1819), S. 134.
[75] WWV I (1819), S. 136.
[76] WWV I (1819), S. 128. An diesem Zitat zeigt sich, warum Vertreter der kritischen Theorie und der Diskursethik ihre zentrale These in Schopenhauers Werk vorweggenommen sehen. Da viele von ihnen aber auch zu einer normativen Lesart tendieren (siehe oben, Kap. 1.1.3), zeigt sich in ihren Interpretationen häufig sowohl eine Nähe als auch eine seltsame Distanz zu Schopenhauer.

1.2.4 Buch II: Metaphysik (Wille)

B II trägt den Titel »Der Welt als Wille / erste Betrachtung: / Die Objektivation des Willens.« und ist in zwölf Paragraphen unterteilt. Ein erster Blick auf die Hauptthemen von B II zeigt zunächst keine Struktur an, die dem dihairetischen Aufbau von B I entsprechen könnte:

§§	Hauptthemen
17	Bedeutung der Vorstellung
18	Wille
19	Doppelte Erkenntnis
20	Charakterologie
21, 22	Wille als Ding an sich
23	Principium Individuationis
24	Philosophie and Ätiologie
25–27	Stufen der Objektivation des Willens
28	Teleologie
29	Zusammenfassung

§ 17 beginnt mit einer Einleitung, deren Stellenwert und auch Interpretation stark umstritten ist:

> Wir haben im ersten Buch die Vorstellung nur als solche, also nur der allgemeinen Form nach, betrachtet. Zwar, was die *abstrakte Vorstellung*, den Begriff, betrifft, so wurde diese uns auch ihrem Gehalt nach bekannt, sofern sie nämlich allen Gehalt und *Bedeutung* allein hat durch ihre *Beziehung auf die anschauliche Vorstellung*, ohne welche sie werth- und inhaltslos wäre. Gänzlich also auf die anschauliche Vorstellung hingewiesen, werden wir verlangen, auch ihren Inhalt, ihre näheren Bestimmungen und die Gestalten, welche sie uns vorführt, kennen zu lernen. Besonders wird uns daran gelegen seyn, *über ihre eigentliche Bedeutung einen Aufschluß zu erhalten*, über jene ihre sonst nur gefühlte Bedeutung, vermöge welcher diese Bilder nicht, wie es außerdem seyn müßte, völlig fremd und nichtssagend an uns vorüberziehen, sondern unmittelbar uns ansprechen, verstanden werden und ein Interesse erhalten, welches unser ganzes Wesen in Anspruch nimmt.[77]

---

[77] WWV I (1819), S. 139 (Hervorh. v. mir, J.L.).

1.2 Das System der WWV

Das Zitat beginnt mit einer Reflexion über den Inhalt von B I. Schopenhauer behauptet im ersten Satz, die Vorstellung bislang nur der Form nach abgehandelt zu haben, aber er macht im zweiten Satz sofort eine Einschränkung: Die abstrakte Vorstellung (Vernunft) habe bereits »Gehalt und Bedeutung« durch ihre Beziehung zur anschaulichen Vorstellung (Verstand) erhalten. Dies erinnert an die wohlbekannte kantische Formel, dass Bedeutung nur aus dem Zusammenspiel von Anschauung und Begriff hervorgehe.[78] Ging der zweite Satz von der Vernunft aus, so bezieht sich Schopenhauer ab dem dritten Satz allein auf den Verstand (»Gänzlich also auf die anschauliche Vorstellung hingewiesen, [...]«). Hier wie im folgenden Satz scheint Schopenhauer die Aufgabe von B II zu bestimmen, nämlich »über ihre [sc. Bestimmungen und Gestalten des Verstandes; Bilder] eigentliche Bedeutung einen Aufschluß zu erhalten«.

Am Ende des Zitats werden zwei Möglichkeiten unterschieden: 1) Würden wir über die Bedeutung der Bestimmungen und Gestalten des Verstandes bzw. Bilder keinen Aufschluss erhalten, würden diese völlig fremd und nichtssagend an uns vorüberziehen. 2) Da wir aber über diese Bestimmungen, Gestalten und Bilder Aufschluss erhalten werden, tritt der Fall ein, dass sie uns »unmittelbar ansprechen, verstanden werden und ein Interesse erhalten, welches unser ganzes Wesen in Anspruch nimmt«. Daniel Schubbe hat die Ausdrücke ›Ansprechen‹, ›Interesse erhalten‹, ›unser ganzes Wesen in Anspruch nehmen‹ als Zeichen einer sogenannten ›Daseinshermeneutik‹ verstanden und in Beziehung zu Autoren wie Karl Jaspers oder Hans-Georg Gadamer gesetzt.[79] Wenn ich Schubbe richtig verstehe, sind seiner Meinung nach alle drei Ausdrücke – ähnlich wie auch das vorangegangene ›Aufschluss erhalten‹ – austauschbare Wörter, somit Synonyme und wörtlich zu verstehen.

Schubbes Interpretation ist durchaus nachvollziehbar, und der Verweis auf moderne Daseinshermeneutiker erhellt diese wohl bestimmt nicht als eindeutig zu verstehende Textpassage Schopenhauers. Ich möchte aber diesbezüglich darauf hinweisen, dass die zur Diskussion stehenden Ausdrücke nicht nur wörtlich, sondern auch metaphorisch verstanden werden können und an die Ausdrucksweise anknüpfen, die man am Ende von § 15 und am Beginn von § 16 des B I findet. Fasst man besonders die Ausdrücke ›Ansprechen‹, ›in Anspruch nehmen‹, ›Interesse erhalten‹ (nicht ›Interesse erwecken‹!) metaphorisch auf, so zeigt sich eine Parallele zum baconschen Zitat aus § 15, in dem die Welt die wahre Philosophie *anspricht* (mundus ipsius voces), diese selbstlos für ein Diktat *in Anspruch nimmt* (dictante mundo conscripta est) und dieser ihr somit erst ein *Interesse gibt* (neque addit quidquam de proprio).[80] Zu Beginn von § 16 erklärt Schopenhauer, dass der Einfluss der abstrakten Begriffe auf unser ganzes Dasein derart »durchgreifend und bedeutend« sei, dass dieser Einfluss allein den Unterschied zwischen Tier und Mensch rechtfertige.[81] Beide

---

[78] Vgl. AA III, S. 75 (KrV A 51/B 75).
[79] Daniel Schubbe: »...welches unser ganzes Wesen in Anspruch nimmt« – Zur Neubesinnung philosophischen Denkens bei Jaspers und Schopenhauer. In: 89. Schopenhauer-Jahrbuch (2008), S. 19–40.
[80] Siehe oben, Kap. 1.2.3.
[81] WWV I (1819), S. 125.

1 Die Welt und ihre repräsentationalistische Interpretation

Interpretationen, die repräsentationalistische wie die daseinshermeneutische, stimmen darin überein, dass die drei Ausdrücke eine Reaktion des Philosophen auf die Welt andeuten: Während die wörtliche Interpretation die drei Ausdrücke aber als ›aktive Teilnahme an …‹ versteht, weist die metaphorische Auslegung hingegen auf eine ›passive Aufnahme von …‹ hin.

Schubbes Ansatz kommt der Verdienst zu, auf den Bedeutungsbegriff in B II hingewiesen und aufmerksam gemacht zu haben. Auch für die Analyse der Systemstruktur ist dieser Begriff gewinnbringend: In § 17 werden die Naturwissenschaften, die bereits in den §§ 14–15 dargestellt wurden, neu klassifiziert. Schopenhauer benutzt für diese Klassifizierung nicht mehr die Dichotomien ›Subordination/Koordination‹ und ›Induktion/Deduktion‹,[82] sondern das Begriffspaar ›Morphologie/Ätiologie‹. Morphologie ist die »Beschreibung der Gestalten«, Ätiologie dagegen die »Erklärung der Veränderung«.[83] Geologie, Mineralogie, Botanik und Zoologie werden nun unter die Morphologie klassifiziert, wohingegen Mechanik, Chemie, Physik und Physiologie der Ätiologie zugerechnet werden.

Beide naturwissenschaftlichen Methoden scheitern aber bei dem Versuch, über die »eigentliche Bedeutung« der Bestimmungen, Gestalten und Bilder »Aufschluß zu erhalten«: Sehe man sich die Resultate der Naturforschung an, so werde man bald gewahr, daß einem die Auskunft, welche man hauptsächlich suche, »von der Aetiologie so wenig, als von der Morphologie zu Theil« werde.[84] Von beiden naturwissenschaftlichen Methoden erhalte man »nicht den mindesten Aufschluß« über das, was nicht schon durch die Gestalten oder durch die Veränderung vorgestellt werde.[85] Sie bieten keinen über die Vorstellung »hinausführenden Aufschluß« und scheinen daher in ihren Begründungsstrategien in einen unendlichen Regress zu verlaufen.[86]

Nach dieser Erklärung, warum die naturwissenschaftlichen Vorgehensweisen bei der Erklärung von Bedeutungen scheitern, kommt Schopenhauer gegen Ende von § 17 nochmals auf die zentrale Frage von B II zu sprechen: »Wir wollen die Bedeutung jener Vorstellung wissen: wir fragen, ob diese Welt nichts weiter, als Vorstellung sei;«[87] Mit dieser Frage verbindet Schopenhauer wieder die beiden Metaphern des ›Aufschlusses‹ und der ›Bedeutung‹ in einen Kontext und führt diesen in § 18 fort. Aufschluss über die Bedeutung der Erscheinungen, so heißt es in § 18, erhalte der Philosoph nämlich nur mittels des Ausdrucks ›Wille‹:

---

[82] Siehe oben, Kap. 1.2.3.
[83] WWV I (1819), S. 141.
[84] WWV I (1819), S. 142.
[85] WWV I (1819), S. 143.
[86] WWV I (1819), S. 145.
[87] Ebd.

> Dieses [sc. das Wort ›Wille‹], und dieses allein, giebt ihm [sc. dem Subjekt des Erkennens] den Schlüssel zu seiner eigenen Erscheinung, offenbart ihm die Bedeutung, zeigt ihm das innere Getriebe seines Wesens, seines Thuns, seiner Bewegungen.[88]

Während der Ausdruck ›Aufschluss‹ zuvor im Sinne einer ›Erklärung‹ einer Frage oder ›Lösung‹ eines Rätsels verwendet wurde (wie *solutio aenigmatis*), zeigt Schopenhauer nun mit Verbindung von Aufschluss und Schlüssel die zweite Bedeutung des Ausdrucks im Sinne von ›Aufschließen‹ oder ›Öffnen‹ an (wie *ianua aperienda*).

§ 19 erklärt diesen Willen an der »doppelte[n] Erkenntniß, die wir vom eigenen Leib haben«[89]. Unser Leib kann nämlich als der »Schlüssel zum Wesen jeder Erscheinung in der Natur«[90] angesehen werden, da er sich einmal als direktes Objekt (Vorstellung) und einmal als indirektes Objekt (Wille) zeige. Dass auch ›Bedeutung‹ für Schopenhauer eine metaphorische Konnotation besitzt, wird erst in § 24 anhand eines hypothetisch-anankastischen Konditionals deutlich:

> Sollten nun aber die in diesen Formen erscheinenden Objekte nicht leere Phantome seyn; sondern eine Bedeutung haben: so müßten sie auf etwas deuten, der Ausdruck von etwas seyn, das nicht wieder wie sie selbst Objekt, Vorstellung, ein nur relativ, nämlich für ein Subjekt, Vorhandenes wäre;[91]

Man kann dieses Zitat als eine weitere Bestätigung der herrschenden Forschungsmeinung ansehen, dass Schopenhauer ein konsequenter Vertreter einer naivrepräsentationalistischen Semantik ist.[92] Denn es dürfte sowohl im Sinne von Schopenhauers Zitat als auch der genannten Sprachtheorien sein, dass man der Bedeutung von ›Bedeutung‹ keine über die Indexikalität und die Repräsentation des Begriffs hinausgehende Funktion zuspricht, sondern Bedeutung immer mit einem Deiktikon (»auf etwas deuten«) in Verbindung bringt. Allerdings geht der Bedeutungsbegriff bei Schopenhauer hier schon ein Stück weiter: im anankastischen Konsequens des im Zitat angeführten Konditionals spricht Schopenhauer von einer Bedingung, die erfüllt sein muss, damit es zu dem im hypothetischen Antezedens genannten bedeutungsvollen deiktischen Ausdruck kommt. Die Bedingung für Bedeutung ist, dass es etwas gibt, das über den infiniten Regress von Vorstellung hinausgeht, nämlich so, dass das Deiktikon zugleich eine Expression (»Ausdruck von etwas seyn«) ist: Bedeutung zeigt somit nicht nur etwas an, sondern ist gleichzeitig auch Ausdruck von etwas.

---

[88] WWV I (1819), S. 147.
[89] WWV I (1819), S. 152.
[90] WWV I (1819), S. 155.
[91] WWV I (1819), S. 175f.
[92] Siehe dazu unten, Kap. 2.1.4.

1 Die Welt und ihre repräsentationalistische Interpretation

Das Wort ›Bedeutung‹ wird dadurch zur Metapher, dass es mehr ist als eine sprachlich nebulöse Eigenschaft, die Begriffen oder Urteilen zukommt, die aufgrund dieser Eigenschaft eine Verweisungsfunktion erfüllen. Bedeutung schürt vielmehr die Erwartung einer Involvierung einer mentalen, einer psychischen oder allgemein einer sich ausdrückenden Instanz, die von Schopenhauer hier allerdings nur objektbezogen definiert wird. ›Bedeutung haben‹ besagt, das Sachen und Lebewesen mehr sind als eine Requisite (gleich ob man sich darunter Goldman-Scheunen, cartesianische Öfen, p-Zombies etc. vorstellt), und das wird wiederum durch das Anzeichen oder den Ausdruck des Willens versichert.

Die Worte ›Bedeutung‹, ›Aufschlüsselung‹, ›Ansprechen‹, ›Wille‹ zeigen einerseits als Metaphern die Fortsetzung des in B I erklärten repräsentationalistischen Ansatzes an, gehen aber andererseits auf begrifflicher Ebene darüber hinaus. Dabei steht die Metapher ›Wille‹ im Zentrum dieses Begriffsschemas: Schopenhauer überträgt den Ausdruck ›Wille‹ aus der Sphäre der menschlichen Erfahrung auf alle Wesen und Welterscheinungen, wodurch der Begriff ›Wille‹ »eine größere Ausdehnung erhält, als er bisher hatte«.[93] Aufgrund dieses weiten Begriffsumfangs nimmt er in B II die Systemstellung ein, die in B I der Begriff ›Vorstellung‹ besaß, der wiederum ›Subjekt‹ und ›Objekt‹, ›Verstand‹ und ›Vernunft‹ zu seinem Inhalt hatte.

Sucht man in B II nach einer ähnlichen Systemstruktur wie in B I, also nach dem Inhalt des Willensbegriffs, muss man zunächst resignieren. Das Ende von § 19 macht überhaupt erstmals eine argumentative Struktur von B II deutlich. Schopenhauer sagt, er wolle das »bis hieher vorläufig und allgemein Dargestellte ausführlicher und deutlicher nachweisen, begründen und in seinem ganzen Umfang entwickeln«.[94] Aufgrund dieses Zitats kann man sagen, dass § 17 die Frage nach der Bedeutung aufgeworfen hat, die in den §§ 18 und 19 aufgeschlüsselt und in den folgenden Paragraphen (§§ 20–29) vertieft wird. So informativ und interessant die §§ 20–24 sein mögen, so stellen sie unter systembezogener Sicht tatsächlich nur eine Vertiefung des bislang Erörterten dar.

Erst die §§ 25 bis 27 sind wieder systematisch relevant, da sie die vier Stufen der Objektivation/Objektität des Willens beschreiben, die den Inhalt des Willensbegriffs ausmachen: 1. das Humane (höchste Stufe), 2. das Animalische, 3. das Vegetabilische, 4. das Mineralische (unterste Stufe).[95] Obwohl der Wille nur ein einziger sei, vermannigfaltige er sich in der Erscheinung. Anders gesagt: Jede Erscheinung ist Ausdruck eines Willens oder jede Erscheinung gibt auf der jeweiligen Stufe der Objektivation eigenständige Anzeichen bedeutungsvoll zu sein bzw. einem Willen zu unterliegen. Jede dieser mannigfaltigen Gestalten lasse sich in je eine der vier Objektivationsstufen einordnen, auch wenn es typische Übergangsformen gebe, wie bspw. der Kristall, der

---

[93] WWV I (1819), S. 162f.
[94] WWV I (1819), S. 130.
[95] WWV I (1819), S. 191f., ferner S. 223f. Vgl. dazu Christian R. Steppi: Der Mensch im Denken Arthur Schopenhauers. Eine Anatomie der fundamentalen Aspekte philosophischer Anthropologie in des Denkers Konzeption als kritische und systematische Würdigung. Frankfurt a. M. u.a. 1987, S. 343–365.

sowohl Merkmale des »unorganische[n] Reichs« wie auch des Pflanzlichen aufweise.[96]

An den beiden oben angegebenen Textstellen, an denen die vier Stufen aufgelistet werden, legt Schopenhauer ein jeweils unterschiedliches Kriterium zugrunde, um die Zuordnung des Menschen zur höchsten und das Mineralische zur untersten Stufe zu rechtfertigen: In § 26 erklärt Schopenhauer die Stufenreihenfolge top-down anhand des bereits in § 23 (und ferner § 16) genannten Individualitätskriteriums. Dabei gilt die Regel: »Je weiter abwärts, desto mehr verliert sich jede Spur von Individualcharakter in den allgemeinen der Species [...]«.[97] Der Mensch besitze mit seinem Charakter den höchsten Anteil an Individualität, während im unorganischen Reich sämtliche Individualität verschwunden sei. In § 28 ist das Kriterium hingegen die Teilhabe an der platonischen Idee, die, ebenso wie der Ausdruck ›Ding an sich‹, meistens synonym mit ›Wille‹ verwendet und beschrieben wird: Der Mensch habe den höchsten Anteil an der Idee, die sich »von der Stufenfolge abwärts durch alle Gestaltungen« erstrecke, und erst alle zusammengenommenen Gestalten stellen die vollständige Objektivation des Willens dar.[98]

Da die §§ 26ff. durch viele Exkurse durchbrochen werden, die der Argumentation und der Rechtfertigung des Systems geschuldet sind, ist eine strenge Zuordnung dieser vier Stufen zu den einzelnen Textteilen schwierig. Dennoch wird eine grobe Struktur zu Beginn von § 26 mit den Worten »Als die niedrigste Stufe der Objektivation des Willens stellen sich die allgemeinsten Kräfte der Natur dar [...]«[99] angedeutet. Folgt man diesem Hinweis als einer bottom-up-Erklärung der vier Stufenfolgen, so kann man im Text der §§ 26ff. trotz aller Zuordnungsschwierigkeiten eine Struktur erkennen: § 26 beginnt mit dem ›unorganischen Reich‹ und stellt besonders Naturkräfte und -gesetze dar. § 27 greift zu Beginn die Kritik an der rein ätiologischen und morphologischen Naturphilosophie von § 17 auf. Der Absatz »Wenn von den Erscheinungen des Willens [...]«[100] beginnt mit einer Untersuchung allgemeiner Phänomene der Emergenz und des Saltationismus in der Phylogenese, die dann zu einer Untersuchung eines spezifischen, bereits auf ontogenetischer Ebene zu beobachtenden Dynamismus im Pflanzen- und Tierreich führt.[101] Der vorletzte Absatz von § 27 der ersten Edition der WWV (»Von Stufe zu Stufe [...]«) leitet dann zum Reich der Menschen über.[102]

Dieser vorletzte Absatz von § 27 macht darauf aufmerksam, dass das wesentliche Merkmal des Menschen in dieser Stufenfolge der Individualcharakter ist, der dann noch einmal am Ende von § 28 aufgegriffen wird, aber bereits zuvor intensiv in § 20

---

[96] WWV I (1819), S. 192, ferner S. 373.
[97] WWV I (1819), S. 190f.
[98] WWV I (1819), S. 223.
[99] WWV I (1819), S. 189.
[100] WWV I (1819), S. 210.
[101] Vgl. Jens Lemanski: Die ›Evolutionstheorien‹ Goethes und Schopenhauers.
[102] WWV I (1819), S. 217. In den späteren Auflagen wurde ein weiterer Absatz ergänzt.

1 Die Welt und ihre repräsentationalistische Interpretation

abgehandelt wurde. Dadurch lässt sich überblickend eine grobe Struktur von B II aufzeigen: Die Endabschnitte der §§ 27 und 28 bilden mit § 20 die höchste Objektivationsstufe; § 27 und die ätiologischen Ausführungen, besonders zur Geologie, Botanik und Zoologie in § 17, bilden die zweit- und dritthöchste Objektivationsstufe ab, während vor allem § 26 die unterste Stufe behandelt.

Diese Vierteilung zeigt die übergeordnete Systemstruktur von B II, die sich jeweils noch weiter differenzieren lässt: So können bspw. im unorganischen Reich Naturkräfte und Materieerscheinungen wie »Starrheit, Flüssigkeit, Elasticität, Elektricität, Magnetismus, chemische Eigenschaften« usw. nach dem Prinzipienpaar ›Repulsion/Attraktion‹ klassifiziert werden.[103] Da diese detaillierte Ausbuchstabierung des Systems hier aber nicht mein Anliegen ist, sondern mein Interesse der Darstellung der allgemeinen Struktur des Systems gilt, möchte ich zuletzt auf eine Textpassage aus § 26 hinweisen, die zuerst eine Reflexion auf den Inhalt von B I liefert und danach einen Gesamtüberblick beider Bücher skizziert:

> Dieses alles hier nur zur beiläufigen Erinnerung an Das, was im ersten Buche [sc. B I der WWV I] ausgeführt ist. Die Beachtung der innern Uebereinstimmung beider Bücher wird zu ihrem völligen Verständniß erfordert: da, was in der wirklichen Welt unzertrennlich vereint ist, als ihre zwei Seiten, Wille und Vorstellung, durch diese zwei Bücher aus einander gerissen worden, um jedes isolirt desto deutlicher zu erkennen.[104]

Aus der in diesem Zitat herausgelesenen Einheitlichkeit der Welt, der B I und B II sowie der zuvor beschriebenen Vierteilung von B II lässt sich eine übergeordnete Struktur antizipieren, die das Gesamtsystem der WWV in den Blick nimmt:

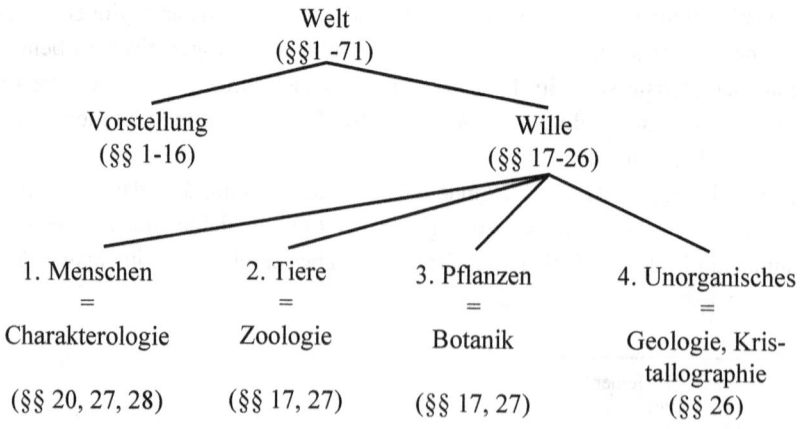

---
[103] WWV I (1819), S. 189, ferner S. 179, S. 214ff.
[104] WWV I (1819), S. 197, ferner S. 175.

Ich weise bereits an dieser Stelle darauf hin, dass diese schematische Darstellung im Folgenden noch weiter modifiziert und teilweise auch revidiert wird. Was hier jedoch schon deutlich wird, ist die begriffslogische Struktur,[105] der zufolge die ›Welt‹ als höchster Begriff (*conceptus summus*) alle anderen Strukturbegriffe von B I und B II als niedere Begriffe (*conceptus inferiores*) unter sich versammelt. Zu jeder der vier Objektivationsstufen des Willens wurde mindestens eine Wissenschaft hinzugesetzt, die Schopenhauer in B II exemplarisch anführt, obwohl diese – im Unterschied zu seinem metaphysischen Ansatz – besonders in den naturwissenschaftlichen Studien seiner Zeit morphologisch oder ätiologisch behandelt wurden. Als Beispiel: Das wesentliche Merkmal des Menschen ist sein Charakter, und die Wissenschaft, die sich mit diesem Wesen beschäftigt, ist die Charakterologie. Schopenhauer weist hier allerdings schon darauf hin, dass die Charakterologie hauptsächlich erst in B IV behandelt werden wird. Bevor diese Parallele zwischen B II und B IV von mir näher skizziert wird, soll zunächst die Struktur von B III untersucht werden.

1.2.5 Buch III: Ästhetik (Vorstellung)

B III trägt den Titel: »Der Welt als Vorstellung / zweite Betrachtung: / Die Vorstellung, unabhängig vom Satze des Grundes: / die Platonische Idee: das Objekt der Kunst.«[106] und ist in 22 Paragraphen unterteilt, die folgende Hauptthemen behandeln:

§§	Hauptthemen
30–32	Einleitung
33–38	Die Kontemplation und der Genius
39, 40	Das Erhabene und das Reizende
41, 42	Die Idee und das Schöne
43	Architektur und Wasserleitungskunst
44	Garten-, Landschaftskunst, Tierskulpturen
45–47	Skulpturen
48	Historienmalerei
49–51	Poetik
52	Musik

---

[105] Siehe oben, Kap. 1.2.3.
[106] WWV I (1819), S. 241.

1 Die Welt und ihre repräsentationalistische Interpretation

Klamp hatte bereits auf drei Verbindungen zwischen B III und den anderen Büchern der WWV hingewiesen:[107] B I und B III verbinde der Begriff der Vorstellung; B II und B III verbinde der Begriff der Idee; B III und B IV verbindet der Begriff der Willensverneinung. Die von Klamp konstatierte Verbindung zwischen B I und B III wird schon aus dem Titel der beiden Bücher ersichtlich und wird hier auch nicht weiter in Frage gestellt. Ob und inwiefern B III und B IV durch die Willensverneinung verbunden sind, soll erst im nächsten Kapitel (1.2.6) diskutiert werden. Ich möchte zunächst das Hauptaugenmerk auf Klamps Behauptung legen, B II und B III verbinde der Begriff der Idee. Klamp selbst erklärt diese Verbindung mit folgenden Worten:

> So spricht Buch II mehr im Allgemeinen, d.h. grundsätzlich, vom Willen und seiner Selbstdarstellung in den Phänomenen, spezifizierend sodann von den »Ideen« als den »festen, bestimmten Objektivationsstufen des Willens«. Unmittelbar an diese Ausführungen anknüpfend, entwickelt dann Buch III eine ganze philosophisch-metaphysische Theorie der Kunst, überhaupt des Schönen, einschließlich des Naturschönen, womit denn beide Bücher eine weitere Untereinheit konstituieren.[108]

Aus dem Zitat geht in meinen Augen nicht deutlich hervor, wie Klamp die hier behauptete Verbindung zwischen B II und III genau rechtfertigt. Der erste Satz des Zitats sagt aus, dass B II mehr im Allgemeinen spreche; man könnte nun meinen, dass B III dasselbe Thema behandelt, nur eben eher im Konkreten oder im Detail. Explizit lässt sich dies aber nicht aus dem zweiten Satz des Zitats ablesen, und besonders betonte Ausdrücke wie »ganze«, »überhaupt« weisen eher darauf hin, dass Klamp auch B III als eine allgemeine Betrachtung versteht. Die im zweiten Satz behauptete ›unmittelbare Anknüpfung‹ bleibt zudem ebenso unerklärt: Rein äußerlich dürfte es durchaus selbstverständlich sein, dass ein drittes Buch an ein zweites anknüpft. Platoniker mögen die einzige inhaltliche Beziehung, die man wohl überhaupt aus den zwei Sätzen Klamps herauslesen könnte, vielleicht in der Beziehung der Ausdrücke ›Idee‹ und ›des Schönen‹ sehen – aber ob dies wirklich Klamps Intention bei der Abfassung des Textabschnittes war, bleibt fraglich.

Klamp weist in einem anderen Aufsatz aber darauf hin, dass es die Vierzahl sei, die Schopenhauer mit Platon verbinde: Die Kardinaltugenden oder auch die Ordnung der Stände bei Platon entsprechen der Vorliebe zur Vierheit, die man auch bei Schopenhauer finden könne.[109] Tatsächlich habe ich im vorhergehenden Kapitel 1.2.5 ein

---

[107] Siehe auch oben, Kap. 1.2.1.
[108] Gerhard Klamp: Die Architektonik im Gesamtwerk Schopenhauers, S. 84.
[109] Gerhard Klamp: Das Streitgespräch zwischen Becker und Schopenhauer, S. 72: »Im übrigen besteht, auch in formaler Hinsicht, zwischen Schopenhauer und *Platon* weitgehende Geistesverwandtschaft. Ein beliebtes Denkschema bei Platon ist, genau wie bei dem ersteren, die *Zwei-* bzw. Viergliederung, z. B. die

1.2 Das System der WWV

vorläufiges Schema herausgearbeitet und aufgestellt, das dieser Vierheit entsprechen würde: 1. das Humane, 2. das Animalische, 3. das Vegetabilische und 4. das Mineralische. Denkt der Platonkenner nun an die Idee des Schönen, so wird er sich wahrscheinlich an eine ähnliche Ideenanzahl und -ordnung in den mittleren platonischen Dialogen erinnern, die zwar nicht direkt mit den Kardinaltugenden oder den Ständen, sondern mit der sogenannten ›Ideenlehre‹ in Verbindung steht.

Ich glaube, dass Klamp mit seinen beiden grundsätzlichen Behauptungen Recht hat, aber seine Begründung und die Details seiner Urteile unzureichend sind. Wie Klamp sehe ich auch eine sehr enge Verbindung zwischen B II und B III, die auf der Ideenlehre basiert. Tatsächlich gehe ich davon aus, dass Schopenhauer in beiden Büchern eine an die platonischen Dialoge angelehnte Struktur verfolgt, die ich aber nicht als Viergliederung, sondern – in Anlehnung an Margit Ruffing – eher als ›1,2,3,4/5-‹ oder ›4+1-Schema‹ bezeichnen würde.[110]

Bereits ein kurzer Blick auf die oben aufgestellte Tafel zu B III, insbes. die §§ 43ff., lässt eine Diskrepanz zwischen B III und der im vorausgegangenen Kapitel 1.2.4 herausgearbeiteten Viererkonstellation erkennen. Schopenhauer beschreibt in BIII mehrere Kunstformen, die die Ideen der in B II dargestellten Objektivationsstufen skizzieren: 1. Die Architektur zeige die Idee der unorganischen Materie, 2. die Garten- und Landschaftskunst die Idee des Pflanzenreiches, 3. Tierskulpturen und Tiermalerei die Idee des Tierreiches und 4. menschliche Skulpturen, Historienmalerei und Poetik die Idee des vernünftigen Menschen.[111] Dabei gebe es zudem Übergangsformen wie bspw. die Wasserleitungskunst, die zwar die unorganische Materie als Gehalt habe, aber die auch die erst den Pflanzen und Tieren zukommende Fortpflanzung und Bewegung symbolisiere. Ein Problem der Zuordnung in dieses bislang aufgezeigte Viererschema ergibt sich aber bei Berücksichtigung der Musik, wie Schopenhauer in § 52 bemerkt:

> Nachdem wir nun im Bisherigen alle schönen Künste, in derjenigen Allgemeinheit, die unserm Zweck angemessen ist, betrachtet haben, anfangend von der schönen Baukunst, deren Zweck als solcher die Verdeutlichung der Objektität des Willens auf der niedrigsten Stufe

---

dichotomische Aufspaltung der Begriffe und der Zahlideen nach der dialektischen Methode in den Spätdialogen, oder: die Vierzahl der platonischen, nachmals zum Kanon der antiken Ethik erhobenen Kardinaltugenden (Weisheit, Mannhaftigkeit, Besonnenheit, Gerechtigkeit). Hierher gehört auch Platons Unterscheidung des Idealstaates (der ›Politeia‹) und des zweitbesten Staates (der ›Gesetze‹), also seine Staatstheorie gleichsam in doppelter Ausfertigung, der gemäß er eine Vierzahl der Stände fordert: a) die große Masse der Bevölkerung bzw. der Bürger unterscheidet er b) von der Klasse oder Kaste der Krieger und von beiden wieder c) den Beamtenstand, über allen dreien aber steht d) die Elite der Herrschenden. (Zum Ganzen vgl. Hans Leisegang: Denkformen).«

[110] Siehe oben, Kap. 1.2.1.
[111] Eine detailierte Analyse der Kunstformen und der hierarchischen Stufenleiter findet man in Sandra Shapshay: Schopenhauer's Aesthetics (Art.). In: The Stanford Encyclopedia of Philosophy (Summer 2018 Edition). Hrsg. v. Edward N. Zalta, URL = https://plato.stanford.edu/archives/sum2018/entries/schopenhauer-aesthetics/.

1 Die Welt und ihre repräsentationalistische Interpretation

seiner Sichtbarkeit ist, wo er sich als dumpfes, erkenntnißloses, gesetzmäßiges Streben der Masse zeigt und doch schon Selbstentzweiung und Kampf offenbart, nämlich zwischen Schwere und Starrheit; – und unsre Betrachtung beschließend mit dem Trauerspiel, welches, auf der höchsten Stufe der Objektität des Willens, eben jenen seinen Zwiespalt mit sich selbst, in furchtbarer Größe und Deutlichkeit uns vor die Augen bringt; – so finden wir, daß dennoch eine schöne Kunst von unsrer Betrachtung ausgeschlossen geblieben ist und bleiben mußte, da im systematischen Zusammenhang unsrer Darstellung gar keine Stelle für sie passend war: es ist die Musik. Sie steht ganz abgesondert von allen andern. Wir erkennen in ihr nicht die Nachbildung, Wiederholung irgend einer Idee der Dinge in der Welt:[112]

Das Zitat verdeutlicht zunächst noch einmal die bislang gezogenen Analogien zwischen den vier in B II dargestellten Stufen und den ab § 43 dargestellten Künsten. Gleichzeitig betont es aber auch die Sonderstellung der Musik, da diese Kunstform kein Abbild einer der vier in der Welt befindlichen Stufen ist. Wie Schopenhauer im Folgenden ausführt, ist die Musik »eine so *unmittelbare* Objektität und Abbild des ganzen Willens, als die Welt selbst es ist«.[113] Dadurch ergibt sich das bereits angesprochene ›1,2,3,4/5-‹ oder ›4+1-Schema‹: Alle Künste korrespondieren mit einer der vier innerweltlichen Objektitätsstufen, mit Ausnahme der Musik, die mit dem gesamten Willen selbst korrespondiert:

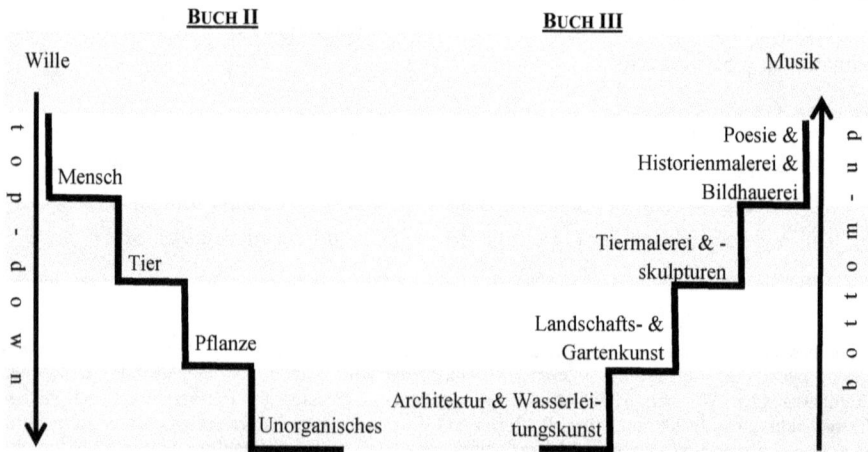

Meiner Meinung nach ist dies eine der interessantesten Systemstrukturen, die man in der WWV finden kann, da sich an ihr mehrere Beziehungen zwischen den einzelnen

---
[112] WWV I (1819), S. 367f.
[113] WWV I (1819), S. 371.

1.2 Das System der WWV

Büchern aufzeigen lassen: 1) Zunächst findet man eine offensichtliche Verbindung mehrerer einzelner Paragraphen von B II und B III: die unterste Stufe (§ 26 = § 43), die beiden mittleren Stufen (§§ 17, 27 = § 44), die oberste Stufe (§§ 45–51 = §§ 20, 27, 28). 2) Darüber hinaus findet sich mit dem ›ganzen Willen‹ bzw. ›der Musik‹ eine fünfte Stufe, die in B II nicht offensichtlich erkennbar war, aber sich retrospektiv deutlich zuordnen lässt (§ 52 = § 18). 3) Die bereits im vorhergehenden Kapitel angesprochene top-down-Struktur wird durch die Korrespondenz zwischen § 18 und § 52 verstärkt: Die top-down-Struktur von B II korrespondiert mit einer bottom-up-Struktur in B III (von der untersten Stufe in § 43 zur obersten § 51). Wer keinen Interpretationsaufwand scheut, kann in diesem Ablauf sogar das neuplatonische Schema ›Einheit (§ 18) – Ausgang (§§ 25–29) – Rückkehr (§§ 43–52)‹ festmachen.[114] 4) Ein ähnliches ›1,2,3,4/5-‹ oder ›4+1-Schema‹ findet man zudem an zentralen Textstellen in der mittleren Werkphase Platons, in der ebenfalls vier innerweltliche Stufen und eine fünfte transzendente Stufe, die Idee bzw. das Voraussetzungslose, skizziert werden.[115]

Vor allem aufgrund der ersten drei herausgearbeiteten Verbindungen ist Schopenhauers Darstellung der Künste die wichtigste Passage in B III. Dennoch gibt Schopenhauer an mindestens drei Textstellen in den §§ 38, 39 und 41 den Hinweis, dass B III zweigeteilt und dass jeder dieser zwei Teile wiederum zweigeteilt sei.[116] Ich führe im Folgenden nur die erste dieser drei Textpassagen an:

> Bevor wir uns aber zur näheren Betrachtung dieser [sc. Idee] und zu den Leistungen der Kunst in Beziehung auf dieselbe wenden, ist es zweckmäßiger, noch etwas bei der subjektiven Seite des ästhetischen Wohlgefallens zu verweilen, um die Betrachtung dieser durch die Erörterung des von ihr allein abhängigen und durch eine Modifikation derselben entstehenden Eindrucks des Erhabenen zu vollenden. Danach wird unsere Untersuchung des ästhetischen Wohlgefallens, durch die Betrachtung der objektiven Seite desselben ihre ganze Vollständigkeit erhalten.[117]

Vergleicht man alle drei Textstellen, die Hinweise auf die Struktur von B III geben, so wird man einer Dreiteilung gewahr, die am deutlichsten in dem oben angegebenen Zitat von § 38 genannt wurde. Die §§ 33–38 behandeln die Kontemplation und den Genius und gehören der ›subjektiven Seite des ästhetischen Wohlgefallens‹ an. Die §§ 39 und 40 behandeln das Erhabene und das Reizende, die aber laut dem angeführten Zitat sowie dem Anfang von § 41 »eben nur eine besondere Modifikation dieser

---

[114] Vgl. Jens Lemanski: Summa und System. Historie und Systematik vollendeter bottom-up- und top-down-Theorien. Münster 2013, S. 85–163.
[115] Vgl. ebd., S. 57–77.
[116] WWV I (1819), S. 287f., S. 289, S. 301. Vgl. auch Sandra Shapshay: Schopenhauer's Aesthetics, Kap. 3.
[117] WWV I (1819), S. 287f..

subjektiven Seite« sind.[118] Insofern ist der erste Teil von B III wiederum zweigeteilt: Ein Hauptteil und eine daran anschließende Modifikation. Die §§ 41 und 42 behandeln hingegen die objektive Seite der Ästhetik und thematisieren die Idee und das Schöne im Allgemeinen.

Am Ende von § 42 schreibt Schopenhauer: »Wir wollen nunmehr die Künste einzeln durchgehn, wodurch eben die aufgestellte Theorie des Schönen Vollständigkeit und Deutlichkeit erhalten wird.«[119] Man kann dieses Zitat als Hinweis darauf verstehen, dass auch der zweite Teil von B III zweigeteilt ist, da B III zunächst im Allgemeinen die Idee behandelt und diese dann in dem Teil konkretisiert, den ich in diesem Kapitel intensiv in Zusammenhang mit B II besprochen habe.

1.2.6 Buch IV: Ethik (Wille)

B IV trägt den Titel »Der Welt als Wille / zweite Betrachtung: / Bei erreichter Selbsterkenntniß Bejahung und Verneinung / des Willens zum Leben«[120] und ist in 18 Abschnitte unterteilt. Die Hauptthemen und zahlreichen Exkurse lassen sich wie folgt benennen:

§§	Hauptthemen
53	Einleitung
54	Bejahung & Verneinung des Willens zum Leben
55	Exkurs I: Notwendigkeit des Willens
56–59	Exkurs II: Leben
60	Bejahung des Willens zum Leben
61	Egoismus
62	Zeitliche Gerechtigkeit
63, 64	Ewige Gerechtigkeit
65, 66	Gut & Böse
67	Exkurs: Mitleid
68	Verneinung des Willens zum Leben
69	Exkurs: Selbstmord
70	Exkurs: Freiheit des Willens
71	Exkurs: Ontologie

---

[118] WWV I (1819), S. 301.
[119] WWV I (1819), S. 307.
[120] WWV I (1819), S. 385.

1.2 Das System der WWV

Bevor ich die angegebene Tafel und die Struktur von B IV genauer bespreche, möchte ich zunächst auf die These Klamps zu sprechen kommen, die im vorausgegangenen Kapitel ausgespart wurde.[121] Klamp hatte behauptet, dass B III nur »eine Art ›Vorschule‹ auf die im vierten Buche ausführlich dargelegte ernste Lehre von der ›Verneinung des Willens zum Leben‹« sei.[122] Im Unterschied zu Klamp verteidigt die hier von mir vertretene deskriptive Lesart die These, dass es keinen Vorrang der Lehre von der Verneinung des Willens zum Leben vor irgendeinem anderen Hauptthema in B IV oder im gesamten Werk gebe.

Klamp hat Recht, dass Schopenhauer direkt im ersten Satz von B IV die »ernsteste« Betrachtung der gesamten WWV ankündigt. Dass diese Ernsthaftigkeit sich aber nur auf die Verneinung des Willens beziehe, wie Klamp erklärt, sagt Schopenhauer nicht. Im Gegenteil, der einschlägige Satz lautet:

> Der letzte Theil unsrer Betrachtung [sc. B IV] kündigt sich als der ernsteste an, da er die Handlungen der Menschen betrifft, den Gegenstand[,] der Jeden unmittelbar angeht, Niemanden fremd oder gleichgültig seyn kann, ja auf welchen Alles andre zu beziehn, der Natur des Menschen so gemäß ist, daß er, bei jeder zusammenhängenden Untersuchung, den auf das Thun sich beziehenden Theil derselben immer als das Resultat ihres gesammten Inhalts, wenigstens sofern ihn derselbe interessirt, betrachten und daher diesem Theil, wenn auch sonst keinem andern, ernsthafte Aufmerksamkeit widmen wird.[123]

Das Zitat belegt, dass die Ernsthaftigkeit sich auf den ganzen Inhalt von B IV bezieht und nicht allein auf einen Teil desselben.[124] Schopenhauer knüpft bei seiner Erklärung dieser Ernsthaftigkeit im zweiten Teil des Zitats (bes. ›Niemanden fremd oder gleichgültig sein‹, ›interessiert‹) an diejenigen Stellen aus den §§ 16 und 17 an, die ich oben bereits in Kap. 1.2.4 besprochen habe.

Klamp hat im Anschluss an seine oben gegebene Behauptung erklärt, dass die Willensverneinung von B IV mit dem »Kunstschaffen und echte[n] Kunsterleben« in B III korrespondiere – abgesehen allerdings von der Tatsache, dass diese Erlebnisformen im Vergleich zur Willensverneinung »nur gelegentlich und zeitlich begrenzt« seien.[125] Da das Kunstschaffen und Kunsterleben im subjektiven, also im ersten Teil von B III beschrieben wurde, muss man sich also auf die Suche nach der Parallele zwischen dem ersten Teil von B III und der Verneinungslehre in B IV machen. Tatsächlich findet man im ersten Teil von B III mehrfach Textstellen, die auf eine

---
[121] Siehe oben, Kap. 1.2.5 und 1.2.1.
[122] Gerhard Klamp: Die Architektonik im Gesamtwerk Schopenhauers, S. 83.
[123] WWV I (1819), S. 387.
[124] Auch aus der Parallelstelle am Ende von B III, § 52 (WWV I (1819), S. 383f.) geht nicht hervor, dass Schopenhauer den Ernst nur auf die Verneinungslehre beschränkt.
[125] Gerhard Klamp: Die Architektonik im Gesamtwerk Schopenhauers, S. 83.

1 Die Welt und ihre repräsentationalistische Interpretation

Parallele zur Willensverneinung hinweisen, da Schopenhauer dort mehrfach von der Aufhebung der Individualität und von einer veränderten Erkenntnis spricht. Die Argumentation dieser Textstellen lautet etwa wie folgt:

> (1) Die Idee unterliegt nicht dem Satz vom Grund.
> (2) Das Subjekt oder die individuelle Erkenntnis unterliegt immer dem Satz vom Grund.
> (3) »Wenn daher die Idee Objekt der Erkenntniß werden soll; so wird dies nur unter Aufhebung der Individualität im erkennenden Subjekt geschehen können.«[126]

Wir können annehmen, dass Klamps These sich auf Urteile wie (3) stützt, die man in B III mehrfach findet. (3) hat die Form eines sogenannten ›anankastischen Konditionals‹,[127] das im Paradigma der kantischen Philosophie als logisches Ausdrucksmittel transzendentaler Argumente vielfach verwendet wurde.[128] Eindeutiger wird die anankastische Form des Konditionals durch die typische Form Soll..., so muss...:

> (3') Soll die Idee Objekt der Erkenntnis werden, so muss die Individualität im erkennenden Subjekt aufgehoben werden.

(3) und (3') sind insofern substituierbar, da die Modalität in dem Antezedens und in dem Konsequens gleich bleibt: Das Antezedens ist hypothetisch (möglich), das Konsequens anankastisch bzw. kategorisch (notwendig). Einer strengen Interpretation zufolge können Konditionale dann und nur dann als anankastisch klassifiziert werden, »wenn sie so verstanden werden, dass sie vermitteln, dass das Komplement des Modalbegriffes im Konsequens eine notwendige Voraussetzung dafür ist, dass das Komplement des Wunschprädikats im Antezedens verwirklicht werden kann«.[129] Eine solche Voraussetzung kommt in (3) und (3') zum Ausdruck: Die Aufhebung der Individualität ist die notwendige Voraussetzung dafür, dass die Idee Objekt der Erkenntnis werden kann (Wunschprädikat).

Während Klamp in derartigen Aussagen Schopenhauers bereits eine Normativität und Faktizität sieht, übersieht er meiner Meinung nach, dass anankastische oder besser gesagt hypothethisch-anankastische Konditionale (desire predicate + necessary precondition) nur eine Bedingung der Möglichkeit, aber keine Normativität ausdrücken. (3) und (3') sagen nichts darüber aus, ob die Idee überhaupt Objekt der

---

[126] WWV I (1819), S. 244.
[127] Vgl. Georg Henrik von Wright: Norm and Action. A Logical Enquiry. London 1963; Kjell Johan Sæbø: Notwendige Bedingungen im Deutschen. Zur Semantik modalisierter Sätze. Arbeitspapiere des Sonderforschungsbereiches 99, Nr. 108. Konstanz 1985.
[128] Vgl. Jens Lemanski: Summa und System, S. 211, S. 225, S. 235f.
[129] Cleo Condoravdi und Sven Lauer: Anankastic conditionals are just conditionals. In: Semantics & Pragmatics 9:8 (2016), S. 1–60, hier: S. 3.

Erkenntnis werden soll. In der Sprache der Transzendentalphilosophie besagen (3) und (3') nur: Die Aufhebung der Individualität ist die Bedingung der Möglichkeit, dass die Idee Objekt der Erkenntnis wird; aber damit ist (noch) nicht die Forderung ausgesprochen, dass die Idee auch wirklich Objekt der Erkenntnis werden soll. Da die Realisierung der Möglichkeit aber nicht Gegenstand dieser Aussage ist, beruhen Interpretationen wie die von Klamp auf einem modallogisch-deontischen Fehlschluss, der das hypothetische Sollen mit einem obligatorischen Handlungsverb verwechselt oder das hypothetisch-anankastische Konditional als bedingten Imperativ missversteht. Dies wird daran ersichtlich, dass bedingte Imperative oder Urteile mit einem obligatorischen Sollen wie das folgende (3") nicht mit (3) substituierbar sind:

> (3") Die Idee soll Objekt der Erkenntnis werden, daher muss die Individualität im erkennenden Subjekt aufgehoben werden.

Dass (3) nicht willkürlich von Schopenhauer in hypothetisch-anankastischer Form formuliert wurde, zeigen die Parallelstellen. Am Anfang von § 33 findet man dasselbe transzendentale Argument in der stark verschachtelten Form »[…] *so ist gewiß, daß wenn es möglich ist, daß wir uns von der Erkenntniß einzelner Dinge zu der der Idee erheben, solches nur geschehen kann dadurch, daß* im Subjekt eine Veränderung vorgeht […]«.[130] Und auch zu Beginn von § 34 weist Schopenhauer nochmals auf den hypothetischen Charakter des Antezedens von (3) hin: »Der, wie gesagt, *mögliche*, aber nur als Ausnahme zu betrachtende Uebergang von der gemeinen Erkenntniß einzelner Dinge zur Erkenntniß der Idee […]«.[131]

Auch der Beginn von B IV macht explizit deutlich, dass es Schopenhauer nicht um einen normativen, sondern um einen Ansatz geht, der weiterhin die deskriptiv-repräsentationalistische Zielsetzung der baconschen Philosophie von § 15 und ferner § 16 verfolgt. Da ich nicht den Inhalt des einleitenden § 53 ganz wiedergeben möchte, sollen nur einzelne Zielsetzungen benannt werden:

(4) »Meiner Meinung nach aber ist alle Philosophie immer theoretisch, indem es ihr wesentlich ist, sich, was auch immer der nächste Gegenstand der Untersuchung sei, stets rein betrachtend zu verhalten und zu forschen, nicht vorzuschreiben.«

(5) »Die Philosophie kann nirgends mehr thun, als das Vorhandene deuten und erklären, das Wesen der Welt, welches *in concreto*, d.h. als Gefühl, Jedem verständlich sich ausspricht, zur deutlichen, abstrakten Erkenntniß der Vernunft bringen, […]«

(6) »Ich werde dabei unsrer bisherigen Betrachtungsweise völlig getreu bleiben, […] und damit das Letzte thun, was ich vermag zu einer möglichst vollständigen Mittheilung desselben.«

---

[130] WWV I (1819), S. 253. Hervorhebung von mir – J.L.
[131] WWV I (1819), S. 256. Hervorhebung von mir – J.L.

1 Die Welt und ihre repräsentationalistische Interpretation

(7) »Der gegebene Gesichtspunkt und die angekündigte Behandlungsweise geben es schon an die Hand, daß man in diesem ethischen Buche keine Vorschriften, keine Pflichtenlehre zu erwarten hat;«

(8) »Unsere Philosophie wird dabei dieselbe *Immanenz* behaupten, wie in der ganzen bisherigen Betrachtung:«

(9) »Weil nun also die wirkliche, erkennbare Welt es auch unsern ethischen Betrachtungen, so wenig als den vorhergegangenen, nie an Stoff und Realität fehlen lassen wird; so werden wir nichts weniger nöthig haben, als zu inhaltsleeren, negativen Begriffen unsre Zuflucht zu nehmen [...].«[132]

Alle sechs Zielsetzungen stehen mit der repräsentationalistischen Auffassung von § 15 in Verbindung: Die Untersuchung ist rein betrachtend (4), ferner auch deutend (5); ihr Ausgangspunkt und ihre Basis ist die konkrete Empirie und nicht der semantisch möglichst weite Begriff in einer rein logischen Axiomatik (9); sie ist eine Wiederholung und Abspiegelung der konkreten Anschauung in abstrakten Begriffen (5); die Wiederholung des Konkreten im Abstrakten zielt auf Vollständigkeit ab, die mit der Betrachtung menschlicher Handlungen abgeschlossen sein wird (6);[133] die Ethik geht nicht über die Betrachtung, Beschreibung und Deutung der Empirie hinaus (8); sie macht daher keine Vorschriften, ist nicht normativ (4), (7).

Ich möchte nun genauer auf die Struktur von B IV zu sprechen kommen. Wie soeben angesprochen, stellt der § 53 eine Einleitung dar, die methodisch und thematisch an die §§ 15 und 16 (Repräsentationalismus und praktische Vernunft/Ethik) anknüpft. Der § 54 führt dann inhaltlich in das Thema von B IV ein. Zu Beginn von § 54 kündigt Schopenhauer an: »Aber wir wollen ja eben das Leben philosophisch, d.h. seinen Ideen nach betrachten [...].«[134] Im Laufe dieser Betrachtung zu dem Gegensatzpaar ›Leben und Tod‹ ergeben sich für Schopenhauer zwei zentrale Prinzipien: »der Standpunkt der gänzlichen Betrachtung des Willens zum Leben. [...] Das Gentheil hievon, die Verneinung des Willens zum Leben [...]«.[135] Prinzipiell könnte mit § 54 schon B IV abgeschlossen sein, wenn zum einen diese beiden Prinzipien nicht schwer verständliche Begriffe wären und wenn zum anderen sich um beide Begriffe nicht weitere Themen zentrieren ließen, die die Vollständigkeit des Systems weiter gewährleisten.

Der Rest von § 54 gibt weitere Aufschlüsse über die Konzeption von B IV und von der WWV im Allgemeinen. Schopenhauer reflektiert noch einmal seine repräsentationalistische Methode, gibt dann einige Hinweise auf die Struktur von B IV und greift zudem erneut den Inhalt der Vorrede auf. Der Methodenexkurs präzisiert in wenigen Sätzen den repräsentationalistischen Ansatz von § 53. Da sich beide Prinzipien,

---

[132] Alle Zitate (ohne Hervorhebungen): WWV I (1819), S. 387–390.
[133] Gegen Klamp sei hier noch vorgebracht, dass Schopenhauer auch in B III diese Zielsetzung, nämlich die »vollständige, und richtige Wiederholung und Aussprechung des Wesens der Welt, in sehr allgemeinen Begriffen« betont hat (WWV I (1819), S. 379).
[134] WWV I (1819), S. 393.
[135] WWV I (1819), S. 408.

1.2 Das System der WWV

Bejahung und Verneinung, »durch die That und Wandel allein« ausdrücken, sei es der Zweck der Untersuchung, diese »darzustellen und zur deutlichen Erkenntniß der Vernunft zu bringen«.[136] Taten und Handlungen von Menschen werden also beschrieben und den beiden allgemeinen Prinzipien zugeordnet. Dabei gehe es nicht darum, die »eine oder andere [sc. Bejahung oder Verneinung] vorzuschreiben oder anzuempfehlen«.[137]

Anschließend deutet Schopenhauer an, dass er noch zwei Exkurse einschiebe, nämlich ›allgemeine‹ und ›erleichternde‹ Abhandlungen über Freiheit und Notwendigkeit (§ 55) und über das Leben (§§ 56–59), bevor er zum eigentlich angekündigten Inhalt von B IV (Bejahung und Verneinung) gelange. Der letzte Abschnitt von § 54 rekapituliert noch einmal den Inhalt der Vorrede (ein einziger Gedanke, organisches System, Zerlegung in vier Bücher zum Zweck der Mitteilung, Leseanweisung) und macht vor allem darauf aufmerksam, dass die Darstellung eine lineare Lesart (»Fortschreitung in gerader Linie«) aufgrund der gegenseitigen Voraussetzung der Thesen nicht zulasse.[138]

Dass es sich bei den §§ 55–59 tatsächlich um Exkurse handelt, erschließt sich eigentlich erst dadurch, dass Schopenhauer in § 56 und zu Beginn von § 60 von »dazwischen getretenen Betrachtungen« und einem »Dazwischentreten« dieser Abhandlungen zwischen § 54 und § 60 spricht.[139] Man kann dafür argumentieren, dass diese Exkurse hinsichtlich der Argumentation, des Begriffsschemas oder der Vollständigkeit des Systems notwendig erscheinen; dennoch greifen sie nur – z.T. auch explizit gekennzeichnet –[140] Themen bes. von B II wieder auf, bspw. die Charakterologie (§§ 55, 58 = §§ 20, 28), Teleologie (§ 56 = § 29) oder den Dynamismus (§ 56 = § 27).

Erst mit § 60 beginnt der angekündigte erste Teil, der das Hauptthema der Bejahung des Willens zum Leben behandelt. Dieses Hauptprinzip wird zwischen § 60 und § 67 untersucht, wobei § 60 eine allgemeine Darstellung der Willensbejahung ist und die folgenden Paragraphen detailliertere Erscheinungen untersuchen, die demselben Hauptthema zugeordnet werden müssen. Der zweite Teil, der das zweite Hauptthema von B IV, nämlich die Verneinung des Willens zum Leben behandelt, beginnt bei dem ebenfalls eher allgemein gehaltenen § 68. Ähnlich dem B II fragt Schopenhauer jeweils zu Beginn der beiden Teile (§§ 60 und 68) nach der »Bedeutung« der Bejahung und Verneinung des Willens zum Leben.[141] ›Bedeutung‹ hat auch hier wieder eine

---

[136] WWV I (1819), S. 408f.
[137] Ebd.
[138] WWV I (1819), S. 410.
[139] WWV I (1819), S. 445, S. 469.
[140] Vgl. bspw. WWV I (1819), S. 445: »Zuvörderst wünsche ich, daß man hier sich diejenige Betrachtung zurückrufe, mit welcher wir das zweite Buch beschlossen, [...].«
[141] WWV I (1819), S. 470, S. 544.

1 Die Welt und ihre repräsentationalistische Interpretation

repräsentationalistische Konnotation, da sie einer bottom-up Handlungstheorie unterliegt, die von den Beobachtungen von Handlungen auf die beiden internalen Prinzipien attribuiert:[142]

> Nachdem wir nunmehr die beiden Auseinandersetzungen, deren Dazwischentreten nothwendig war, nämlich über die Freiheit des Willens ansich, zugleich mit der Nothwendigkeit seiner Erscheinung, sodann über sein Loos in der sein Wesen abspiegelnden Welt, auf deren Erkenntniß er sich zu bejahen oder zu verneinen hat, vollendet haben; können wir diese Bejahung und Verneinung selbst, die wir oben [sc. § 54] nur allgemein aussprachen und erklärten, jetzt zu größerer Deutlichkeit erheben, indem wir die Handlungsweisen, in welchen allein sie ihren Ausdruck finden, darstellen und ihrer innern Bedeutung nach betrachten.[143]

Schopenhauer reflektiert seine Handlungstheorie noch an anderen Textstellen (bspw. §§ 55, 62)[144] und verdeutlicht sie an einigen beispielhaften Auffassungen des Deliktrechts.[145] Obwohl die schopenhauersche Handlungstheorie bislang nur wenig berücksichtigt wurde, finden sich in der Forschung viele Studien zur sogenannten ›Mitleidsethik‹ Schopenhauers. Das ist insofern erstaunlich, als der § 67 einen eindeutigen Exkurs im System der WWV I darstellt. Dies verdeutlicht Schopenhauer im ersten Satz von § 68: »Nach dieser *Abschweifung* über die Identität der reinen Liebe mit dem Mitleid [...]«.[146]

Der letzte Teil, der die Verneinung des Willens zum Leben behandelt, besteht im engeren Sinn nur aus dem § 68 (und evtl. noch § 69), an den sich ebenfalls mehrere Exkurse anschließen. Schopenhauer versucht den Leser auch zu Beginn dieses Teils, an seine repräsentationalistische Vorgehensweise zu erinnern. Er sagt zu Beginn, er

> nehme [...] *den Faden* unsrer *Auslegung der ethischen Bedeutung des Handelns wieder auf*, um nunmehr zu zeigen, wie aus *derselben Quelle*, aus welcher alle Güte, Liebe, Tugend und Edelmuth entspringt, *zuletzt* auch dasjenige hervorgeht, was ich die Verneinung des Willens zum Leben nenne.[147]

---

[142] Vgl. zu derartigen Handlungstheorien bspw. Steven A. Sloman, Philip M. Fernbach, Scott Ewing: A Causal Model of Intentionality Judgment. In: Mind & Language 27:2 (2012), S. 154–180. Eine ausführliche Darstellung der Handlungstheorie findet sich auch in Matthias Koßler: Empirische Ethik und christliche Moral, S. 422–460.
[143] WWV I (1819), S. 469f.
[144] WWV I (1819), S. 435, S. 496.
[145] WWV I (1819), S. 496; vgl. dazu bes. Rudolf Neidert: Die Rechtsphilosophie Schopenhauers und ihr Schweigen zum Widerstandsrecht.
[146] WWV I (1819), S. 544. Hervorhebung von mir – J.L.
[147] WWV I (1819), S. 544. Hervorhebung von mir – J.L.

Zum einen ist mit dem Hinweis auf den »Faden« die Trennung zwischen den beiden Teilen von B IV explizit benannt worden, da dieser Faden als Zielsetzung (»Auslegung...«) in den §§ 53 und ferner 54 angedacht, in § 60 verfolgt wurde und nun mit § 68 wieder aufgenommen wird; zum anderen weist das »zuletzt« auch auf den Systemabschluss hin. Bereits zu Beginn von § 65 hatte Schopenhauer diesen zweiten Teil als »die letzte [...] Aufgabe [...] unsers Hauptgedankens« angekündigt.[148] Und auch am Ende von § 66 hatte Schopenhauer »das Letzte meiner Darstellung« angesprochen und darauf hingewiesen, dass der Exkurs zu Liebe und Mitleid in § 67 die Vollständigkeit des Systems gewährleiste.[149] Wie das oben angeführte Zitat aus § 68 darüber hinaus andeutet, hängen beide Teile, Bejahung und Verneinung, von »derselben Quelle«, nämlich der Vernunft, ab. Derart systembezogene Aussagen legen wiederum die mehrfach schon besprochene Verbindung zwischen § 16 und Buch IV nahe, ohne dass sich aber eine normativ-soteriologische Lesart bestätigt.[150]

Ich habe an anderer Stelle schon ausführlich den dreiteiligen Aufbau von § 68 besprochen.[151] Wenn ich im Folgenden genauer auf die Struktur des zweiten Teils von B IV eingehe als auf den ersten Teil, dann nicht, weil jener wichtiger wäre als dieser, sondern weil der zweite Teil meiner Meinung nach in der Forschung viel stärker und bislang ohne systembezogenen Kontext rezipiert wurde, was häufig zu einer normativen Lesart führte. Der erste Abschnitt von § 68 behandelt »die That und de[n] Wandel« von Asketen, Heiligen usw., so dass »abstrakt und rein von allem Mythischen, das innere Wesen der Heiligkeit, Selbstverleugnung, Ertödtung des Eigenwillens, Askesis« als Willensverneinung klassifiziert werden kann.[152] Auch in diesem Abschnitt gibt Schopenhauer einen deutlichen Hinweis auf seinen repräsentationalistischen Ansatz, der explizit an Bacons Empirismus aus § 15 erinnert:

> Das ganze Wesen der Welt abstrakt, allgemein und deutlich in Begriffen zu wiederholen, und es so als reflektirtes Abbild in bleibenden und stets bereit liegenden Begriffen der Vernunft niederzulegen: dieses und nichts anderes ist Philosophie. Ich erinnere an die im ersten Buche angeführte Stelle des Bako von Verulam.[153]

---

[148] WWV I (1819), S. 517.
[149] WWV I (1819), S. 539.
[150] Siehe oben, Kap. 1.2.3.
[151] Vgl. Jens Lemanski: Christentum und Mystik. In: Schopenhauer-Handbuch. Leben – Werk – Wirkung. Hrsg. v. Daniel Schubbe, Matthias Koßler. Weimar 2014, S. 201–208, hier: S. 206.
[152] WWV I (1819), S. 552.
[153] WWV I (1819), S. 551. Vgl. auch S. 550: »Zwischen beiden [sc. intuitiver und abstrakter Erkenntniß] ist eine weite Kluft, über welche, in Hinsicht auf die Erkenntniß des Wesens der Welt, allein die Philosophie führt. Intuitiv nämlich, oder in concreto, ist sich eigentlich jeder Mensch aller philosophischen Wahrheiten bewußt: sie aber in sein abstraktes Wissen, in die Reflexion zu bringen, ist das Geschäft des Philosophen, der weiter nichts soll, noch kann.«

1 Die Welt und ihre repräsentationalistische Interpretation

Schopenhauer benennt im Anschluss an dieses Zitat zwei Probleme seines repräsentationalistischen Ansatzes: Zum einen ist seine Darstellung der Willensverneinung »abstrakt und allgemein und daher kalt«[154], zum anderen kann man das Objekt seiner empirischen Untersuchung, nämlich den Heiligen und Asketen, nicht in der »täglichen Erfahrung antreffen«.[155] Aus diesem Grund fordert Schopenhauer in imperativischer Form seinen Leser auf, Hetero- und Autobiographien bzw. allgemein Bücher anstelle der unmittelbaren Welterfahrung zu rezipieren:[156] »Man lese die meistens schlecht geschriebenen Biographien derjenigen Personen, welche bald heilige Seelen, bald Pietisten, Quietisten, fromme Schwärmer u.s.w. genannt sind.«[157]

Die hier genannten Schriften von und über Heilige, Mystiker und Asketen haben somit eine systemrelevante Funktion: Sie dienen als konkreter Beleg der abstrakten Theorie der Willensverneinung. Der zweite Abschnitt von § 68 beginnt dann mit folgendem Absatz:

> Zur näheren und vollstängigen [sic!] Kenntniß dessen, was wir, in der Abstraktion und Allgemeinheit unserer Darstellungsweise, als Verneinung des Willens zum Leben ausdrücken, wird ferner sehr viel beitragen die Betrachtung der in diesem Sinn und von Menschen[,] die dieses Geistes voll waren[,] gegebenen ethischen Vorschriften, […].[158]

Schopenhauer untersucht nach dieser Zielsetzung des zweiten Teils von § 68 die Maximen und Dogmen der Heiligen und Asketen des Okzidents und Orients, die bspw. bei christlichen Mystikern von der Nächstenliebe (unterste Stufe) bis zur Imitatio Christi (höchste Stufe) führen.[159] Wie er selbst im Anschluss an das angegebene Zitat erklärt, ist zwar der Begriff »Willensverneinung« neu, aber der Inhalt desselben durch die Handlungen der Heiligen und Asketen altbekannt. Der neue Begriff ist nur zum Zweck einer Subsumtion aufgestellt worden, um viele konkrete Handlungsbeschreibungen mit einem abstrakten und weiten Begriff denotieren zu können.

Der dritte Abschnitt von § 68 beginnt mit den Worten »Ich habe nunmehr die Quellen angegeben […]« und liefert vermischte Anmerkungen zur »allgemeinen Bezeichnung« des Zustands und zur Eigenart der Willensverneiner: die Bekehrung zur

---

[154] WWV I (1819), S. 551.
[155] WWV I (1819), S. 552.
[156] Vgl. Georg Misch: Geschichte der Autobiographie. Bd. 4, 2. Hälfte: Von der Renaissance bis zu den autobiographischen Hauptwerken des 18. und 19. Jahrhunderts. Frankfurt a.M. 1969, S. 752. Ausführlicher ist Heinz G. Ingenkamp: Plutarch und das Leben der Heiligen. In: Valori letterari delle opere di Plutarco. Hrsg. v. Aurelio Pérez Jiménez, Frances Bonner Titchener. Málaga 2005, S. 225–242.
[157] WWV I (1819), S. 553.
[158] WWV I (1819), S. 554f.
[159] Vgl. Jens Lemanski: Christentum im Atheismus. Spuren der mystischen Imitatio Christi-Lehre in der Ethik Schopenhauers. Bd. 2. London 2011.

1.2 Das System der WWV

Willensverneinung, die Dauer derselben und wiederum die literarischen Quellen dazu.[160]

Es ist schwer auszumachen, ob der letzte Teil von B IV mit dem Anfang von § 69 oder § 70 endet. Am Anfang von § 69 spricht Schopenhauer von der »nunmehr [...] hinlänglich dargestellten Verneinung des Willens zum Leben«[161]. Das deutet auf eine erschöpfende Darstellung des zweiten Teils von B IV an, so dass die restlichen Paragraphen Addenda oder Additamenta zu dem bislang Gesagten wären. Aber am Anfang von § 70 schreibt Schopenhauer von »unsre[r] ganze[n] nunmehr beendigte[n] Darstellung Dessen, was ich die Verneinung des Willens nenne«.[162] Obwohl hierdurch zwei Textstellen das Ende der Hauptuntersuchung bestätigen, verwirrt das »nunmehr«, das sich sowohl am Anfang von § 69 als auch am Anfang von § 70 findet. Da § 69 aber über den Selbstmord handelt, der gerade kein Bestandteil der Willensverneinung sei, so kann man § 69 meiner Meinung nach durchaus als Exkurs klassifizieren.[163] Gewiss ist auf jeden Fall, dass die §§ 70 und 71 nur Supplemente zum System darstellen: § 70 behandelt, so sagt Schopenhauer zu Beginn und am Ende des Paragraphen, eine mögliche Unvereinbarkeit und einen »scheinbaren Widerspruch« des zweiten Teils mit dem Exkurs von § 55.[164] Auch § 71 behandelt einen möglichen »Vorwurf«, der darin bestehe, dass der zweite Teil möglicherweise als ein »Uebergang in das leere Nichts« erscheine.[165]

Dass normative Interpreten wie Klamp hier emphatische Klänge und lineare Ansätze heraufbeschwören, die auf § 71 zusteuern, erscheint somit bei genauerer Untersuchung der Systemstruktur überaus verwunderlich. Meiner Meinung nach konstruiert Schopenhauer in § 70 und § 71 einen scheinbaren Widerspruch und einen möglichen Vorwurf, um einerseits sein als vollständig ausgewiesenes System noch mit Dogmatik, Kirchengeschichte und Ontologie anzureichern – und andererseits scheint ein Buch, das mit »Die Welt ist meine Vorstellung« anfängt und mit »Nichts« endet, ein breiteres Publikum anzusprechen als ein rein akademisches Fachpublikum, das an eher trockene Kapitelüberschriften wie »Über Transzendentalphilosophie« oder »Über Ontologie« gewöhnt ist. Zuletzt sollte auch daran erinnert werden, dass es für die WWV eine berühmte Vorlage gibt, die ebenfalls um der »Vollständigkeit des Systems« willen mit einem Anhang über den Begriff des Nichts endet: Die Transzendentale Analytik der *Kritik der reinen Vernunft*.[166]

---

[160] WWV I (1819), S. 559.
[161] WWV I (1819), S. 572.
[162] WWV I (1819), S. 577.
[163] Vgl. Jean-Yves Béziau: O suicídio segundo Arthur Schopenhauer. In: Discurso 28 (1997), S. 127–143.
[164] WWV I (1819), S. 577, S. 584.
[165] WWV I (1819), S. 585.
[166] Vgl. AA III, S. 232f. (KrV A290, B346)

1.2.7 Auswertung

Die vorangegangenen Kapitel dürften gezeigt haben, dass Klamps generelle Einschätzung bezüglich einer Verbindung aller vier Bücher der WWV untereinander gerechtfertigt ist, seine Begründung aber an vielen Stellen lückenhaft ist oder auf Interpretationsprämissen basiert, die nicht alle Interpreten zu teilen verpflichtet sind. Sieht man sich die oben in Kap. 1.2.1 angeführten sechs »Gewölbebogen« an, die Klamp beschrieben hat, so lässt sich sagen, dass (1), (4) und (5) trivial sind, da sie bereits aus dem Titel der Bücher I–IV herausgelesen werden können. (2) und (6) sind dem Vorurteil der normativen Lesart geschuldet, die Klamp stillschweigend als Interpretationsprämisse voraussetzt. (3) ist meiner Meinung nach zwar begründet, aber nicht präzise genug, da in B III fast nur der zweite Teil mit den letzten Paragraphen von B II korrespondiert.

Auffallend ist auf allgemeiner Ebene die explizite Zweiteilung von B I, B III und B IV: In B I behandelt der erste Teil den Verstand (§§ 3–7), der zweite Teil die Vernunft (§§ 8–16); In B III unterscheidet Schopenhauer die objektive Seite (§§ 33–40) von einer subjektiven Seite (§§ 41–52); B IV behandelt zunächst die Bejahung (§§ 60–67) und zuletzt die Verneinung (§ 68). Allein B II bricht mit dieser Symmetrie, da nur am Ende von § 19 ein Hinweis zu finden ist, dass Schopenhauer die vorangegangenen Paragraphen von B II als »vorläufig und allgemein« wertet; die dann folgenden Paragraphen sollen aber das zuvor Dargestellte nur »ausführlicher und deutlicher nachweisen, begründen und in seinem ganzen Umfang entwickeln«.[167]

Meiner Meinung nach legitimiert das Zitat aus § 19 nicht, von einer durchgängigen Zweiteilung aller vier Bücher der WWV zu sprechen. Auch wenn eine derartig durchgängige Zweiteilung der vier Bücher das ästhetische Symmetriebedürfnis des Rezipienten befriedigt hätte und damit eine gelungene Strukturierung gewesen wäre, so hätte diese Zweiteilung letztendlich doch nicht für alle Bücher dieselbe Systemrelevanz beanspruchen können. Denn obzwar bspw. die Zweiteilung von B I in Verstand und Vernunft und von B IV in Bejahung und Verneinung auch die allgemeinsten Systembegriffe widerspiegeln – modern gesprochen die top-level-domain abbilden –, so hat die Unterscheidung der objektiven und der subjektiven Seite der Ästhetik in B III keine derartige Funktion: Verstand und Vernunft, Bejahung und Verneinung bilden Vermögen und Prinzipien innerhalb des Systems, während objektive und subjektive Seite thematische Klassifikationen sind, die im System aufgenommene Vermögen und Prinzipien zu einem Textabschnitt zusammenfassen.

Aber auch die Gleichsetzung der Prinzipien von B I und B IV erscheint problematisch, wenn man die Verbindung zwischen § 16 und B IV bedenkt: § 16 hatte die praktische Vernunft als das letzte der insgesamt drei in B I behandelten Vermögen der

---

[167] WWV I (1819), S. 155f.

1.2 Das System der WWV

Vernunft besprochen. In § 16 hatte Schopenhauer einen Ausblick auf B IV gegeben, der derart gedeutet werden kann, dass die Verneinung und Bejahung des Willens zum Leben als Prinzipien dem Vernunftvermögen untergeordnet sind. Wird diese Subsumtion der Verneinung und Bejahung des Willens zum Leben unter die praktische Vernunft anerkannt, so kann die Aufteilung von B I (Verstand/ Vernunft) und B IV (Bejahung/ Verneinung) keine gleichwertige Zweiteilung darstellen. Vielmehr wäre dann B IV eine detailliertere Beschreibung eines bereits mit § 16 systematisierten Vernunftvermögens.

Eine Bestimmung der sub-level-domain – oder klassisch gesprochen der conceptus inferiores – erweist sich insofern als schwierig, als es keine expliziten Hinweise Schopenhauers gibt, wie diese dem Text der WWV entnommen werden soll. Allein die äußerliche Hervorhebung dieser konkreten Begriffe sowie die Art ihrer kontextuellen Eingebundenheit scheinen mir ein Zeichen ihrer Bestimmung zu sein. Dies wird besonders in den Exkursen deutlich, da diese nicht immer konkrete Begriffe in die Argumentation mit einbeziehen. Zieht man als gutes Beispiel dafür den § 13, der über Humor handelt, heran, so findet man mehrere gesperrt gesetzte Begriffe, nämlich La-chen, Witz, Narrheit, Pedanterie, die die Rolle der untersten Begriffe im Begriffsschema einnehmen. Auffällig ist, dass Schopenhauer an den Stellen, an denen diese Begriffe präsent sind, diese in einen Kontext einbettet, der eine Definition mit einschließt, bspw.: »[…] diese Art des Lächerlichen heißt Witz«; »[…] diese Art des Lächerlichen heißt Narrheit« o.ä.[168]

Auch an derartigen Textstellen zeigt sich die konsequente Umsetzung des Repräsentationalismus: Die Aufgabe der WWV I ist es nicht, dem Rezipienten mit einer soteriologischen Konzeption einen Ausweg auf der Welt, sondern ein logisch aufgebautes Begriffsschema anzubieten, mit dem man sich in der Welt begrifflich orientieren kann. Der Repräsentationalismus der WWV I ist somit nicht allein eine empiristische Abbildtheorie, sondern ebenso ein semantisches Projekt bzw. ein mit Argumenten gerechtfertigtes Begriffsschema. Repräsentationalistisch (und damit gerade nicht rationalistisch) ist an diesem Projekt, dass es nicht vom Begriff Welt ausgeht und diesen top-down analysiert, sondern ihn kompositional und bottom-up aus den Einzelteilen so mit Hilfe untergeordneter Begriffe zusammenfügt, wie er bereits der Anschauung als unreflektierte Einheit gegeben ist.

Ich habe versucht, anhand der in Kap. 1.2.3 bis 1.2.6 untersuchten Textstellen ein Baumdiagramm zu entwerfen, wie man es zu Schopenhauers Zeiten noch bes. in Enzyklopädien gefunden hat und das auch heute besonders wieder im Bereich Knowledge Representation Konjunktur feiert.[169] Die Entwicklung eines solchen

---

[168] WWV I (1819), S. 69.
[169] Vgl. bspw. John F. Sowa: Knowledge Representation. Logical, Philosophical, and Computational Foundations. Pacific Grove, Calif. 1999. Ich vermeide, wo eben möglich, den Begriff ›Ontologie‹ im sprachphilosophisch-klassifizierenden Sinn und spreche lieber von ›Begriffsschema‹ etc., um einer möglichen Verwechslung mit der klassischen Ontologie (WWV I (1819), § 71) und der modernen Bezeichnung vorzubeugen.

1 Die Welt und ihre repräsentationalistische Interpretation

Baumdiagramms ist schwierig, und ich kann zwar behaupten, ein Diagramm vorzulegen, das plausibiliert werden kann, aber bestimmt nicht befriedigen dürfte. Ob dieser Mangel von Schopenhauers System oder von meiner Interpretation herrührt, kann letztendlich wohl nur der Leser entscheiden. Meiner Einschätzung nach wird er dadurch verursacht, dass Schopenhauers Projekt von seinem repräsentationalistisch-enzyklopädischen Anspruch her zu ›weitläufig‹ für eine einzige Person angelegt war, aber von der argumentativen Stringenz der Rechtfertigung nur schwer auf mehrere Mitarbeiter hätte verteilt werden können. Hinzu kommt meiner Meinung nach, dass Schopenhauer – dem Zeitgeist entsprechend – nach den 1830er Jahren mehr die spätidealistischen und pessimistischen Tendenzen in seinem Werk betont hat und erst in den letzten Lebensjahren sich ansatzweise wieder auf sein ursprüngliches Projekt zurückbesonnen hat.[170]

Warum ich hier trotz der bereits angekündigten Problematik dennoch ein derartiges Baumdiagramm darstelle, hat mehrere Gründe: Zum einen konkretisiert es die Umsetzung eines repräsentationalistischen Programms, das anscheinend, dem argumentativen Verlauf geschuldet, nicht so offensichtlich in dem Text der WWV I zu Tage tritt, wie man es erwarten könnte. Es verdeutlicht somit, was die deskriptive Lesart betont und worin sie sich von der normativen Lesart unterscheidet. Des Weiteren zeigt das Diagramm nicht nur eine mögliche Struktur des repräsentationalistischen Begriffsschemas, sondern auch seine Probleme und Schwächen. Und zuletzt zeigt es auch, warum man in einem repräsentationalistischen System sinnvoll sagen kann, dass zum einen Logik ein Bestandteil der Welt ist und zum anderen ›Welt‹ ein Begriff ist, der durch das Ordnungsinstrument der Logik erst in eine Relation zu anderen Begriffen gebracht werden kann.

---

[170] Vgl. Jens Lemanski: The Denial of the Will-to-Live in Schopenhauer's World.

1.2 Das System der WWV

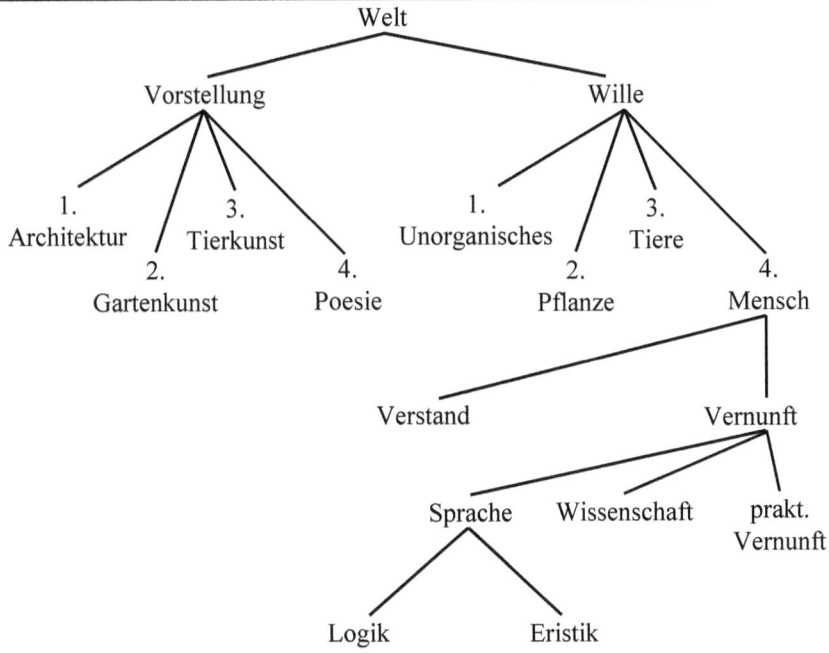

Auf den zuletzt genannten Punkt glaube ich genauer eingehen zu müssen: Das Diagramm zeigt, dass Logik einerseits einen festen Platz innerhalb des zweiten Teils (Vernunft) des ersten Buchs des schopenhauerschen Systems besitzt. Das ist insofern bemerkenswert, als Schopenhauer als Ziel des Systems die Abspiegelung der Welt in abstrakten Begriffen bestimmt. Logik wird somit einerseits eine semantische Teilmenge des Begriffs der Welt. Andererseits zeigte sich aber auch, dass das hier visualisierte Projekt einer Abspiegelung der Welt in abstrakten Begriffen bspw. auf begriffslogischen Ordnungsprinzipien oder inferentiell-argumentativen Begründungsstrukturen beruht. Logik wird somit vom System präsupponiert. Erst durch die Logik kann die anschauliche Welt überhaupt in abstrakte Begriffe abgespiegelt werden. Während der naive Repräsentationalismus zu unrecht nur die erste Rolle der Logik betont, sehe ich aber auch Programme als revisionsbedürftig an, die nur die zweite Rolle der Logik betonen.[171]

Ich komme aber nun wieder auf die Problematik eines solchen Diagramms zurück, die meiner Meinung nach in der Analyse und Bewertung des Status einzelner Begriffe liegt: Ich hatte in Kap. 1.2.3 behauptet, dass Welt der conceptus summus ist, der sich je nach Perspektive »als Wille« oder »als Vorstellung« zeigt. Es mag zunächst sinnvoll erscheinen, als zweithöchste Stufe eben die Begriffe Wille und Vorstellung anzusetzen, doch stellt sich damit sogleich die Frage, was diese beiden Begriffe für eine Systemfunktion haben: Sind sie Bestandteile des Sytems oder sind sie Perspektiven auf die Systembestandteile? Für beide Funktionen nenne ich jeweils nur ein

---

[171] Siehe unten, Kap. 3.2.

1 Die Welt und ihre repräsentationalistische Interpretation

Argument (von vielen möglichen): (1) `Wille` und `Vorstellung` sind nur Perspektiven, da sie je nach Ansicht die vier Systemstufen in B II und B III entweder als Objektitätsstufen der Natur (Wille) oder als Erscheinungsformen der Kunst (Vorstellung) auseinandersetzen. (2) `Wille` und `Vorstellung` sind Systembestandteile, da der ›ganze Wille‹ als ›fünfte Stufe‹ von B II in der Musik nach B III abgebildet wird; ebenso ist `Vorstellung` in B I die ganze Welt, die erst duch B II eine scheinbar zweite Welt entgegengesetzt bekommt.[172]

Für beide Funktionsweisen wurden bes. in Kap. 1.2.5 Argumente angegeben. Dass man die Funktionsweisen der beiden Begriffe so unterschiedlich interpretieren kann, führt nicht notwendig zu Aporien oder Widersprüchen, aber zu Problemen bei einer diagrammatischen Darstellung des Systems und somit bei der semantischen Einschätzung ihres Gebrauchs und ihrer Funktion. Ich habe mich in dem angegebenen Diagramm dafür entschieden, `Wille` und `Vorstellung` als Systembestandteile aufzufassen, die den höchsten Begriff `Welt` mit den vier Stufen von B II und B III vermitteln. Eine solche Entscheidung ermöglicht es aber nicht, in einem einzigen und zudem zweidimensionalen Baumdiagramm die Korrrespondenz der vier Stufen sinnvoll so zu visualisieren, wie ich es bspw. anhand des Stufendiagramms in Kap. 1.2.5 versucht habe.

Überdies dürfte sich noch folgende Frage stellen: Hängen die Begriffe `Verstand` und `Vernunft` aus B I nicht auch vom Begriff `Vorstellung` ab? Wie kann man das mit den ebenfalls aus der Vorstellung abgeleiteten vier Erscheinungsformen der Kunst verbinden? Meine Lösung dieser problematischen Frage zeigt eine gewisse Ambiguität der top-level-domain auf: Da `Verstand` und `Vernunft` dem Menschen zukommt, der die vierte Stufe der Objektität des Willens ist, kann man die beiden genannten Begriffe auch unter den Begriff ›Mensch‹ und nicht notwendig unter den Begriff `Vorstellung` bringen. Für die erste Möglichkeit habe ich mich in dem zuvor angegebenen Diagramm entschieden; aber ich kann mir gut vorstellen, dass man dies als einen Hang zum objektiven Idealismus auslegen könnte und dass andere Interpreten gute Gründe dafür finden werden, die vier Objektitätsstufen erst aus dem Begriff der Vorstellung abzuleiten oder sogar nur für jedes Buch ein Diagramm gelten zu lassen (so wie es größtenteils in Kap. 1.2.3 bis 1.2.6 gemacht wurde).

Im Folgenden wird sich zeigen, dass viele dieser Probleme und Entscheidungsfragen von Schopenhauers Auffassung von Logik abhängen, auch wenn Schopenhauers Logik diese Probleme und Entscheidungsfragen nicht vollständig lösen kann. Darüber hinaus ist es auch nicht das Ziel der vorliegenden Untersuchung, diese Probleme zu lösen; und ich glaube auch nicht, dass wir gut daran tun, diese Probleme am schopenhauerschen Text lösen zu wollen. Anstatt das schopenhauersche System solange interpretativ zu korrigieren, bis wir eine konsistente Grundlage dafür haben, wie man

---

[172] Ich verwende den Begriff ›Welt‹ an dieser Stelle offensichtlich metaphorisch und glaube im Unterschied zu Autoren wie Atwell, dass auch Schopenhauer in der WWV I diesen Ausdruck nicht sensu literalis verstanden wissen wollte.

die konkrete Welt in der ersten Hälfte des 19. Jahrhunderts widerspruchsfrei abspiegeln kann, sollten wir uns vielmehr darüber reflektieren, wie und warum man dieses philosophische Projekt aktuell umsetzen sollte. Damit ist Schopenhauers Repräsentationalismus nicht vollständig abgeschrieben; denn wie sich in Kap. 1.3 und besonders anhand von Kap. 2 zeigen wird, gibt es jeweils semantische, analytische und beweistheoretische Elemente in seiner Lehre, die bis heute einen wertvollen Beitrag zu Problemen der modernen Philosophie und Wissenschaft liefern können. Eine Kritik des historischen Repräsentationalismus ist somit kein Rettungsversuch desselben, sondern eine Entscheidung darüber, was aus gerechtfertigten Gründen immer noch Wahrheit beanspruchen kann und was nicht.

1.3 Der Status der Logik im System WWV und WWV2

Ich habe im vorangegangenen Kap. 1.2 behauptet, dass es gerechtfertigt ist, die WWV I zunächst als Hauptwerk und somit als Zentrum des schopenhauerschen Systems anzusehen. Tatsächlich hat sich dieser Eindruck dadurch bestätigt, dass Schopenhauer in den Vorreden, aber auch in den vier Büchern der WWV I immer wieder auf andere Werkteile verweist, die als Ergänzung, Modifikation oder Erklärung seiner kurzen, zum Teil sehr kryptischen Darstellung einzelner Systembestandteile angesehen werden können. Zudem habe ich in Kap. 1.1.4 mit Lovejoy behauptet, dass Schopenhauer seinem Werk keinen Gefallen getan hat, das ursprüngliche System der WWV I von 1819 in späteren Jahren immer nur zu kommentieren, zu ergänzen und zu modifizieren, ohne es grundlegend zu überarbeiten.

Der Grund, dieses Vorgehen als Ungefälligkeit zu deklarieren, liegt in der repräsentationalistischen Methode Schopenhauers, die besonders in Kap. 1.2.3 herausgestellt wurde: Die WWV I ist der Versuch einer vollständigen Abspiegelung der ganzen anschaulichen Welt in abstrakten Begriffen. Wie in Kap. 1.2.4 gezeigt wurde, wird das Buch *Die Welt (als Wille und Vorstellung)* somit zum Spiegel der Welt selbst, angeblich sogar ohne eigenes Zutun des Autors. Dabei fasst Schopenhauer, wie in Kapitel 1.2.6 gezeigt, auch die verschriftlichten Meinungen über die Welt als Bestandteil der anschaulichen Welt selbst auf. Das System ist nicht nur eine Abspiegelung der Welt, sondern auch eine Abspiegelung über die in der Welt befindlichen Meinungen, und damit sind auch Meinungen inbegriffen, die über die Welt selbst gefällt werden.

Wenn Schopenhauer nun mit Hilfe dieser repräsentationalistischen Abbildtheorie in verschiedenen Jahrzehnten versucht, die Grundzüge seines gegenwärtigen Zeitalters zu beschreiben, dann ergeben sich daraus Widersprüche und semantische Unstimmigkeiten, die besonders der Tatsache geschuldet sind, dass sich die Welt und die in ihr herrschenden Meinungen über die Welt verändert haben. Dies sieht man, wie bspw. Lovejoy gezeigt hat, besonders an vielen naturphilosophischen Exkursen. Vereinfacht gesagt: Die Welt des Jahres 1819 ist eine andere als die Welt des Jahres 1859; und aus diesem Grund hat Schopenhauer seinem System und seinem Rezipienten keinen Gefallen damit getan, seine Beobachtungen über die Welt und über die Meinungen über die Welt aus den unterschiedlichen Jahrzehnten seinem Leser als ein einziges abstraktes und einheitliches System auszugeben.

Schopenhauer hatte allerdings guten Grund dazu, sein System zu ergänzen und zu verändern. Seine berühmteren Zeitgenossen warfen sich gegenseitig die Unvollständigkeit ihrer Systeme vor.[1] Dabei bedienten sie sich vor allem einer klassischen

---

[1] Vgl. bspw. Friedrich H. Jacobi: Über die Lehre des Spinoza in Briefen an den Herrn Moses Mendelssohn. Hamburg 2000, S. 191f.; Wilhelm Traugott Krug: Briefe über den neuesten Idealismus. Eine Fortsetzung der Briefe über die Wissenschaftslehre. Leipzig 1801, S. 74f.; Friedrich Schleiermacher: Schriften aus der Berliner Zeit, 1800–1802. In: Kritische Gesamtausgabe. Hrsg. v. Hans-Joachim Birkner u. a. Berlin u. a.

1.3 Der Status der Logik im System WWV und WWV2

enumerativen Induktionslogik, der zufolge Vollständigkeitsansprüche bereits dann problematisch sind, wenn sich im Skopus des Allquantors nur eine Aussage findet, die als unbekannt, nicht genannt, widersprechend usw. gedeutet werden kann.[2] Schopenhauer ergänzte somit sein Vollständigkeit beanspruchendes System der WWV I von 1819 in den Folgejahren mit Aussagen, die von Zeitgenossen als Teilmenge oder Partition des Weltbegriffs hätten gedeutet werden können, sich aber im System nicht auffinden ließen.[3]

Wie sich im Kap. 1.3.1 zeigen wird, ist besonders der § 9 der WWV I, der die Logik und zudem noch die Dialektik in allen drei Auflagen des Werks auf jeweils weniger als 20 Seiten abhandelt, äußerst kryptisch, lückenhaft und daher angriffsgefährdet. Hier zeigt sich ein deutliches Defizit des Systems. Aber ich werde auch darlegen, dass die Ergänzungen zur Logik in Kap. 9 und 10 der WWV II, die Schopenhauer erstmals 1844 veröffentlichte, dieses Manko nicht ausräumen können. Im Gegenteil: Die als Ergänzungen angekündigten Kapitel aus WWV II deuten an, dass Schopenhauer sein ursprüngliches Projekt einer vor allem auf sogenannten ›analytischen Diagrammen‹ oder ›Euler-Diagrammen‹ beruhenden Logik in den Jahren nach 1830 aufgegeben hat und stattdessen in den späteren Jahren eine andere Form der Logik favorisiert, die er aber scheinbar nie ausgearbeitet hat. Die als Ergänzungen angekündigten Kapitel aus WWV II werden somit selbst zum Zeugnis eines Defizits, das in der Logik der WWV I in allen Auflagen zu finden ist. Schopenhauer hat die Logik von WWV I in der Zweit- und Drittauflage des Werks nur sehr marginal rhetorisch, aber nicht inhaltlich überarbeitet.

Darüber hinaus hat sich das Manko der schopenhauerschen Logik und Sprachphilosophie auch in der Rezeptionsgeschichte und in der Forschungsliteratur niedergeschlagen: Dem Titel seines Aufsatzes von 1979 gemäß urteilte der Tübinger Sprachwissenschaftler Eugenio Coseriu einschlägig nach einem fünfseitigen Referat, in dem er »im wesentlichen alles« aufgeführt hatte, »was Schopenhauer zur Sprache im allgemeinen zu sagen hat«: *Der Fall Schopenhauer – Ein dunkles Kapitel in der*

1988, Bd. 1/3, S. 320 [Nr. 149]; ders.: Rezension. In: Jenaische Allgemeine Literatur-Zeitung 1 (1804), Bd. 2, Nr. 96–97, Sp. 137–151, hier: Sp. 138 u. Sp. 147; Jakob Friedrich Fries: Brief an Jacobi 10.12.1807. In: Hegel in Berichten seiner Zeitgenossen. Hrsg. v. Günther Nicolin. Hamburg 1970, S. 87f.; ders.: Die Geschichte der Philosophie dargestellt nach den Fortschritten ihrer wissenschaftlichen Entwicklung. Bd. 1. Halle 1837, S. 672ff.; Friedrich Wilhelm Joseph von Schelling: Zur Geschichte der neueren Philosophie. (Aus dem handschriftlichen Nachlaß). In: Ders.. Sämmtliche Werke, Bd. 1/10. Hrsg. v. K. W. A. Schelling. Stuttgart 1861, S. 1–201, hier: S. 137–140.

[2] Vgl. Jens Lemanski: Summa und System; ders.: Vom Alles zum Nichts oder die Überwindung des dogmatischen Spinozismus in der Ethik Schopenhauers. In: 90. Schopenhauer-Jahrbuch (2009), S. 19–44.

[3] Wie stark diese Diskussion der Vollständigkeit über Schopenhauers Lebenszeit hinaus geführt wurde, sieht man bspw. sehr gut an Paul Deussens These der »Vollendung der kritischen Philosophie durch Schopenhauer« aus dem Jahr 1917 (Paul Deussen: Allgemeine Geschichte der Philosophie mit besonderer Berücksichtigung der Religionen. Bd. II/3, S. 376–443). Auch in den 1960er Jahren versuchte Rudolf Neidert noch, das in der schopenhauerschen Naturrechtslehre fehlende ius resistendi durch Nachlasstexte zum tyrannicidium zu vervollständigen (vgl. Rudolf Neidert: Die Rechtsphilosophie Schopenhauers).

deutschen Sprachphilosophie.[4] Wolfgang Weimer hat diesen Eindruck bei seinem Vergleich der schopenhauerschen und wittgensteinschen Sprachphilosophie bestätigt,[5] und auch die recht wohlwollende Dissertationsschrift *Schopenhauer als Logiker* von Adolf Kewe wirft im Ganzen nicht unbedingt ein besseres Bild auf Schopenhauer.[6]

Wie Kap. 2 zeigen wird, haben nur wenige seiner Zeitgenossen Schopenhauers Logik rezipiert, und auch heute ist die Meinung über Schopenhauers Logik zwiespältig: Während viele moderne Sprachphilosophen klassische Vorurteile über Schopenhauer wiederholen oder ihn vollständig ignorieren, haben erst Logiker der letzten Jahrzehnte Schopenhauers Wert für einzelne Bereiche der heutigen Geometrie und Logik wieder betont. Allen Auseinandersetzungen mit Schopenhauer ist aber gemein, dass sie nur eine begrenzte Textkenntnis von Schopenhauers Theorie der Sprache, Logik und Geometrie haben; fast ausschließlich berufen sie sich auf Paragraphen und Textabschnitte, die Schopenhauer später als überarbeitungsbedürftig angesehen hat, obwohl er seine Pläne, Korrekturen und Modifikationen nie in Veröffentlichungen ausgeführt und umgesetzt hat.

Bis heute wird Schopenhauer von Logikern, Sprachphilosophen und analytischen Philosophen belächelt: Bieten Kant oder Hegel mit ihren logischen und semantischen Beiträgen eine gute Grundlage zur Modernisierung oder ihren Einbezug in aktuelle Debatten, so gilt Schopenhauer nur als skurrile Randfigur. Der wahrscheinlich einzige Logiker, der vor der Mitte der 2010er Jahre jemals Schopenhauers vollständige Unterlagen zur Logik gesichtet hatte, war Albert Menne.[7] Allerdings hat Menne nur einen einzigen Satz zu Schopenhauers Logik geschrieben, der allerdings starke Hoffnung gibt, das Bild von Schopenhauer als Logiker und Sprachphilosophen revisionieren zu können: »Die Regeln der formalen Logik beherrscht Schopenhauer übrigens vorzüglich (viel besser als z.B. Kant).«[8]

Aber wie kommt Menne eigentlich zu diesem Urteil? Wie sich in Kap. 1.3.2 zeigen wird, war sich Schopenhauer bereits zur Zeit der Veröffentlichung der Erstauflage durchaus einer gewissen Mangelhaftigkeit einzelner Paragraphen der WWV I bewusst. Für seine Vorlesungen in Berlin hat Schopenhauer zwar auch die WWV I als Textgrundlage genommen, aufgrund der Unvollständigkeit einzelner Passagen und der Dunkelheit des Gesamtansatzes aber stark argumentativ, inhaltlich und systembezogen überarbeitet. Im Unterschied zur zweiten und dritten Auflage der WWV I, die

---

[4] Eugenio Coseriu: Der Fall Schopenhauer. Ein dunkles Kapitel in der deutschen Sprachphilosophie. In: Integrale Linguistik. Festschrift für Helmut Gipper. Hrsg. v. Edeltraut Bülow, Peter Schmitter. Amsterdam 1979, S. 13–19.
[5] Siehe unten, Kap. 2.1.4.
[6] Siehe unten, Kap. 1.3.1.
[7] Zur Rezeptionsgeschichte der schopenhauerschen Logik siehe unten, Kap. 2.2.5.
[8] Albert Menne: Arthur Schopenhauer. In: Klassiker des philosophischen Denkens. Bd. 2. Hrsg. v. Norbert Hoerster. 7. Aufl. München 2003, S. 194–230, hier: S. 201. Ich danke Andrea Reichenberger für den Hinweis auf das Schopenhauer-Manuskript von Heinrich Scholz und die Disseration von Edith Matzun. Diese Schopenhauer-Rezeption müsste anderswo genauer untersucht werden.

1.3 Der Status der Logik im System WWV und WWV2

nur wenige Ergänzungen im Vergleich zur Erstauflage bieten, sind diese Berliner Vorlesungen daher die einzige stark überarbeitete und erweiterte Fassung seines Hauptwerkes. Um sowohl die Textgrundlage als auch ihre Erweiterungen und Modifikationen mit einem Ausdruck zu kennzeichnen, habe ich mich entschlossen, dieses System der Berliner Vorlesungen ›WWV2‹ zu nennen.

Die Erweiterungen und Modifikationen betreffen vor allem zwei wesentliche Punkte: Zum einen relativieren die Vorlesungen den Eindruck eines linearen und normativen Systems, da Schopenhauer den empiristischen Aspekt der WWV noch weiter intensiviert und eine vermeintliche Erfordernis von scheinbar herausgehobenen Systemstellen noch weiter relativiert. Ich werde aufgrund der Systemmodifikation einerseits und der partiellen Relativierung einzelner Systemteile andererseits in Kap. 1.3.2 nur die wesentlichen Unterschiede benennen, die zwischen der WWV und dem System der WWV2 bestehen. Da es in den Kap. 1.3ff. besonders um die Logik Schopenhauers geht, werde ich mich bei diesem Vergleich größtenteils auf die Vernunftlehre und den Kontext derselben beschränken.

Wie Kap. 1.3.3 zeigen wird, erfährt die Logik des ursprünglichen Systems (der WWV I) in der WWV2 eine besondere Modifikation und Erweiterung. Dies ist auch der Grund für Mennes oben angeführtes Urteil. Schopenhauer arbeitet den weniger als zwanzig Druckseiten umfassenden § 9 der WWV I zu einer fast 200 Seiten starken Logik aus. Aus diesem Grund wird im Folgenden die Bezeichnung ›kleine Logik‹ für die Logik in der WWV (§ 9 von WWV I, Kap. 9 und 10 von WWV II) und der Ausdruck ›große Logik‹ für die ungefähr 200seitige Logik von WWV2 verwendet. Da die kleine Logik in WWV I nahezu ausschließlich eine Begriffslogik ist, ergänzt Schopenhauer in der WWV2 diese Begriffslogik um eine Urteils- und Schlusslogik, die von Ansätzen eingeleitet und abgeschlossen werden, die man der Sprachphilosophie oder der Philosophie der Logik zurechnen kann. Wie Kap. 2 zeigen wird, beinhalten die sprachphilosophischen und metalogischen Textpassagen der großen Logik auch heute noch diskussionswürdige, verwertbare und gewinnbringende Ansätze zur Semantik, zur Urteilslehre und auch zur Beweistheorie; und die gesamte große Logik durchzieht eine eigenständige Beschäftigung mit der geometrischen Logik, die Schopenhauer vor allem an die Schriften Lamberts, Ploucquets und Eulers anknüpft.[9]

1.3.1 Die kleine Logik der WWV

Mag man bei der von mir in die Schopenhauerliteratur eingeführten Bezeichnung ›große/ kleine Logik‹ zunächst an Hegel oder Nietzsche denken,[10] so geht diese Redeweise doch nicht auf das 19. Jahrhundert, sondern auf den scholastischen Unterricht

---

[9] Siehe unten, Kap. 2.2.5.
[10] Vgl. bspw. Carl F. Bachmann: Ueber Hegel's System und die Notwendigkeit einer nochmaligen Umgestaltung der Philosophie. Leipzig 1833, S. 103; Friedrich Nietzsche: Der Fall Wagner. In: Kritische

1 Die Welt und ihre repräsentationalistische Interpretation

zurück, in der Bakkalaren eine grundlegende kleine Logik (parva logicalia) und Magistranden eine auf Vollständigkeit zielende große Logik (logica magna) zu absolvieren hatten.[11] Dies schlug sich auch bald in der Bezeichnung der Lehrbücher nieder, die – neben den genannten Bezeichnungen – Titel wie ›Logica major‹ oder ›Summa logicae‹ aufwiesen und sich dadurch von der ›Logica minor/brevis/elementaris‹, ›Summulae‹ etc. unterschieden.[12] Dass beide Bezeichnungen noch im 18. und 19. Jahrhundert ihre quantitative Konnotation behalten haben, kann nicht erst am Wortlaut der frühen Hegelianer, sondern bereits an Gottscheds Synonymisierung von ›großer Logik‹ und ›weitläufiger Logik‹ abgelesen werden:

> Meines Erachtens ist eine grosse Logik ein eben so groß Uebel für einen Anfänger, als eine grosse Grammatik. Denn wie derjenige, der die ganze Grammatik auswendig kan, darum die Sprache doch noch nicht in seiner Gewalt hat: Also ist auch derjenige, der sich ein ganz Jahr eine weitläufige Logik hat erklären lassen, deswegen noch kein Meister der gesunden Vernunft.[13]

Meinem Empfinden nach kann auch die kleine Logik Schopenhauers aus einem Anfänger keinen Meister der gesunden Vernunft machen: Viel zu kurz und viel zu kryptisch hat Schopenhauer auf weniger als 20 Druckseiten in der ersten Auflage der WWV I einen Abriss einzelner Themen der Logik in dem ersten Teil von § 9 vorgelegt. Auch die Ergänzungen in Kap. 9 und 10 der WWV II helfen über diesen Missstand nicht hinaus. Das ausgehende 19. Jahrhundert hat versucht, dies positiv zu wenden: Nietzsches Diktum »Schopenhauer der Vereinfacher« haben Kuno Fischer und Adolf Kewe auf die Logik übertragen.[14] Man hat versucht, die Kürze und Gedrungenheit als Vorteil umzudeuten. Ich werde im Folgenden den Ort und die Bewertung der Logik in der WWV I und dann in der WWV II abbilden, die zusammen die »vereinfachte«, kleine Logik ausmachen. Im Laufe der Untersuchung werde ich gegen Kewe und Fischer die Missstände der kleinen Logik nicht als originelle Vereinfachung interpretieren, sondern dafür argumentieren, dass sie Schopenhauers Erwartungen an den Adressatenkreis der WWV I und ferner der WWV II selbst geschuldet sind.

Gesamtausgabe, Abt. 6/Bd. 3. Hrsg. v. Giorgio Colli, Mazzino Montinari. Berlin u.a. 1969, S. 1–48, hier: S. 31 (= Kap. 10).

[11] Arno Seifert: Logik zwischen Scholastik und Humanismus. Das Kommentarwerk Johann Ecks. München 1978, bes. S. 14ff., ferner S. 49ff.

[12] Vgl. Leonhard Rabus: Logik und Metaphysik. Bd. 1: Erkenntnisslehre, Geschichte der Logik, System der Logik, nebst einer chronologisch gehaltenen Uebersicht über die logische Literatur und einem alphabetischen Sachregister. Erlangen 1868, S. 196ff.

[13] Johann Christoph Gottsched: Erste Gründe der gesammten Weltweisheit: darinn alle philosophische Wissenschaften in ihrer natürlichen Verknüpfung abgehandelt werden, zum Gebrauche academischer Lectionen. 2. Aufl. Leipzig 1735, S. **3.

[14] Vgl. dazu die Textzusammenstellung bei Adolf Kewe: Schopenhauer als Logiker. Bonn 1907, S. 92.

1.3 Der Status der Logik im System WWV und WWV2

Die kleine Logik besteht im Wesentlichen aus dem § 9 der ersten Auflage der WWV I und dem Kap. 9 und 10 der ersten Auflage der WWV II, die beide in ihren jeweils späteren Auflagen größtenteils unverändert übernommen wurden. Der § 9 befindet sich in B I der WWV I. Wie in Kap. 1.2.3 beschrieben, ist dieses Buch zweigeteilt: Es behandelt zunächst den Verstand (§§ 3–7) mit seinen Erkenntnisvermögen Raum, Zeit und Kausalität und dann die Vernunft (§§ 8–16) mit den Vermögen bzw. »Vorzügen« Sprache, Wissen(schaft) und praktische Vernunft. Die Logik (Analytik) bildet zusammen mit der Eristik (Dialektik) die Themen von § 9 der WWV I, und beide Teile des Paragraphen fallen in den Vernunftbereich der Sprache. Der erste Teil von § 9, der die Logik behandelt, umfasst in der ersten Auflage der WWV I acht Seiten;[15] der zweite Teil von § 9, der die Dialektik behandelt, umfasst neun Seiten.[16]

Der Logikteil von § 9 besteht (1) aus einer sprachphilosophischen Einleitung auf zwei Seiten,[17] (2) exkursischen Bemerkungen zum Reflexionsbegriff, die sich über drei Seiten erstrecken,[18] und aus Abhandlungen (3) über Abstrakta und Konkreta (*abstracta* und *concreta*),[19] (4) über Begriffsextension/-intension, (5) über Verbindungsmöglichkeiten von zwei Begriffen[20] und (6) von drei Begriffen[21] sowie (7) über logische Regeln.[22]

Im Prinzip ist der erste Teil von § 9 eine reine Begriffslogik (3, 4, 5, 6) mit mehreren Zusätzen (1, 2, 7). Wer wohlwollend interpretiert, liest in (5) eine kompositionalistische Urteilslogik heraus und aus (6) eine ebensolche Schlusslehre. Meine Rechtfertigung, die kleine Logik von WWV I als zu kurz und viel zu kryptisch zu bezeichnen, nehme ich zunächst aus rein quantitativen Angaben: (5) besteht aus knapp drei Seiten, (6) besteht nur aus zwei Sätzen, (7) aus nur einem Satz. Wie gesagt, wer dies als eine zu Beginn des 19. Jahrhunderts verfasste, vollständige Logik ansieht, muss schon sehr wohlwollend interpretieren. Dass die Quantität sich in der Qualität niederschlägt, zeigen die folgenden kurzen Zusammenfassungen von (1) – (7):

(1) Sprachphilosophie: Schopenhauer beginnt in § 9 mit Überlegungen zur Funktionsweise des Begriffs und deutet an, dass dieser in den drei Vorzügen des Menschen (Sprache, Wissen, praktische Vernunft) sich äußere und dadurch erfahrbar werde.[23] Darüber hinaus greift Schopenhauer das Thema der Beziehung zwischen begrifflichem und unbegrifflichem Inhalt auf und argumentiert, dass eine simultane Übersetzung der Rede in rein anschauliche bzw. nicht-begriffliche Inhalte unüblich sei. Die Rede sei daher einem vollkommenen Telegraphen ähnlich, der »willkürliche

---

[15] WWV I (1819), S. 57–65.
[16] WWV I (1819), S. 65–74.
[17] WWV I (1819), S. 57–59.
[18] WWV I (1819), S. 59–62.
[19] WWV I (1819), S. 61.
[20] WWV I (1819), S. 62–65.
[21] WWV I (1819), S. 65.
[22] WWV I (1819), S. 71f.
[23] Vgl. WWV I (1819), S. 58.

Zeichen mit größter Schnelligkeit und feinster Nüancirung mittheilt«, die dann wiederum vom Rezipienten ebenso unmittelbar ausgelegt werden.[24]

(2) Reflexion: Die Reflexion wird definiert als eine »nothwendige Nachbildung, Wiederholung, der urbildlichen anschaulichen Welt«.[25] Diese Beziehung der Reflexion auf die anschauliche Welt geschieht aber nicht unmittelbar, sondern vermittelt durch (begriffliche) Zwischenstufen. Aus diesem Grund werden reflexive Begriffe von Schopenhauer auch »Vorstellungen von Vorstellungen« genannt.

(3) Abstrakta/Konkreta: Schopenhauer nutzt diesen Exkurs über Reflexion, um zum ersten Thema überzuleiten, das man wohl mehrheitlich als ein rein begriffslogisches Thema klassifizieren würde.[26] Er klassifiziert Begriffe nach ihrer Beziehung zur Anschauung: Begriffe, die sich unmittelbar auf die Anschauung beziehen, heißen Konkreta (bspw. ›Mensch‹, ›Stein‹, ›Pferd‹); Begriffe, die sich nur vermittelt durch einen oder mehrere konkretere Begriffe auf die Anschauung beziehen, heißen Abstrakta (bspw. ›Verhältnis‹, ›Tugend‹, ›Untersuchung‹). Im Grunde seien alle Begriffe Abstraktionen aus der Anschauung und allgemein. Auch wenn durch sie nur ein einziges reales Objekt gedacht werden könne, behalten in ihrer Verwendungsweise auch die Konkreta dieselbe Allgemeinheit wie Abstrakta – eine These, aufgrund derer Kuno Fischer Schopenhauer als ›ausgesprochensten Nominalist‹ in der Nachfolge Bacons, Lockes u.a. bezeichnet hat.[27] Die Unterscheidung zwischen Abstrakta und Konkreta dient vor allem dazu, die topologische Stellung der Begriffe (c. superior, inferior, infimus, supremus etc.) innerhalb eines vor allem vertikal organisierten Begriffsschemas zu beschreiben. Schopenhauer selbst verwendet das Bild eines Begriffsgebäudes, in dem die Abstrakta die oberen Stockwerke, die Konkreta das Erdgeschoss besetzen.[28]

(4) Subordination: Schopenhauer bespricht nun zwei Metaphern, deren Verwendung schon in der Zeit Kants teilweise problematisch erschien und in der heutigen Metaphysik und Logik explizit zum Forschungsthema geworden sind:[29] Subordination und Extension bzw. ›unter etwas fallen/subsumiert sein‹ und ›in einem Umfang enthalten sein/von einer Sphäre begriffen werden‹. Der Hinweis auf das vertikal angeordnete Begriffsschema in (3) dient Schopenhauer als Ausgangspunkt, um zunächst in (4) die erste Metapher zu besprechen. Daran anknüpfend erklärt er in (5) die Umfangsmetapher. Bezüglich der Subordination verdeutlicht Schopenhauer, dass jeder

---

[24] WWV I (1819), S. 58.
[25] WWV I (1819), S. 59f.
[26] Vgl. bspw. William Hamilton: Lectures on Metaphysics and Logic. 4 Bde. Hrsg. v. H. L. Mansel, J. Veitch. London 1860, Bd. IV, S. 239.
[27] Vgl. Kuno Fischer: Schopenhauers Leben, Werke und Lehre, S. 215 (= 5.2.1). Dieser Nominalismus wird vor allem unten in Kap. 2.2.6 ausführlicher besprochen und von mir in Kap. 3.2.1 weiter ausgeführt.
[28] Vgl. WWV I (1819), S. 62. Schopenhauer vermeidet die traditionelle Bezeichnung ›Individua‹ für das unterste Stockwerk des Begriffsschemas, da er Begriffen nur die Funktion zuschreibt, eine quantitative Besonderheit oder Allgemeinheit zu bezeichnen (siehe unten, Kap. 2.2.5).
[29] Zur Logik siehe unten, Kap. 2.2. Zur Metaphysik vgl. bspw. Peter van Inwagen, Meghan Sullivan: Metaphysics (Art.). In: *The Stanford Encyclopedia of Philosophy* (Spring 2016 Edition). Hrsg. v. Edward N. Zalta; URL = http://plato.stanford.edu/archives/spr2016/entries/metaphysics/, Kap. 2.2.

1.3 Der Status der Logik im System WWV und WWV2

Begriff »Vorstellung einer Vorstellung« sei, woraus sich als Bedingung der Möglichkeit (nicht als beständige Faktizität) ableite, dass mehreres oder vieles unter einen Begriff falle. Sieht man auf das schopenhauersche Systemgebäude der WWV I,[30] so kann man sagen, dass alles in diesem System unter den Begriff ›Welt‹ fällt, unter den Begriff ›Logik‹ aber nur die hier zu besprechenden Themen (1) – (7).

(5) Verbindungsmöglichkeiten von zwei Begriffen: Schopenhauer sieht als Folge der Subordinationsmetapher, die eine Vertikalität des Begriffsschemas impliziert, die Umfangsmetapher, die hingegen eine bestimmte semantische Interpretation einer Fläche impliziert:[31] Jeder Begriff besitzt einen Umfang oder eine Sphäre, die der Sprecherintention nach mindestens ein Objekt enthalten soll, auch wenn unabhängig von der Sprecherintention immer mehrere Objekte durch den entsprechenden Begriff bezeichnet werden. Der Vergleich von zwei Begriffssphären drückt das Verhältnis von Subjekt und Prädikat aus: »Dieses Verhältniß erkennen, heißt *Urtheilen*.«[32] Schopenhauer benennt nun fünf Möglichkeiten der Verbindung von zwei Begriffen und illustriert vier davon mit Kreisdiagrammen, sog. ›analytischen Diagrammen‹ oder – genauer gesagt – ›Euler-artigen Diagrammen‹[33]:

1) Die Sphären zweier Begriffe sind sich ganz gleich [...].
2) Die Sphäre eines Begriffs schließt die eines andern ganz ein:

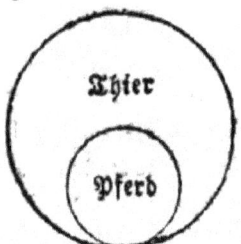

3) Eine Sphäre schließt zwei oder mehrere ein, die sich ausschließen und zugleich die Sphäre füllen:

---

[30] Siehe Baumdiagramm in Kap. 1.2.7.
[31] Zur Umfangsmetapher siehe unten, Kap. 2.2.
[32] WWV I (1819), S. 63.
[33] Zum historischen Kontext dieser Diagrammformen siehe unten, Kap. 2.2.2–2.2.4. Vgl. auch Amirouche Moktefi: Schopenhauer's Eulerian Diagrams. In: Language, Logic, and Mathematics in Schopenhauer. Hrsg. v. Jens Lemanski. Cham 2020, S. 111–129; Lorenz Demey: From Euler Diagrams in Schopenhauer to Aristotelian Diagrams in Logical Geometry. In: Language, Logic, and Mathematics in Schopenhauer. Hrsg. v. Jens Lemanski. Cham 2020, S. 181–205.

1 Die Welt und ihre repräsentationalistische Interpretation

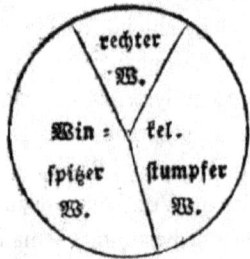

4) Zwei Sphären schließen jede einen Theil der andern ein:

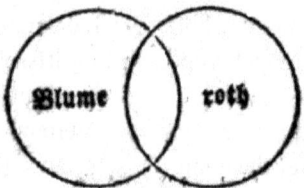

5) Zwei Sphären liegen in einer dritten, die sie jedoch nicht füllen:

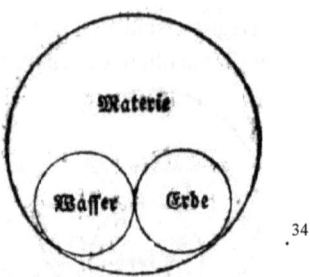

[34]

Schopenhauer erklärt im Anschluss an dieses Zitat: »Auf diese Fälle möchten alle Verbindungen von Begriffen zurückzuführen seyn, und die ganze Lehre von den Urtheilen [...] läßt sich daraus ableiten [...].«[35] Damit ist für Schopenhauer im Wesentlichen die Urteilslogik auf eine geometrische Begriffslogik zurückgeführt worden.

(6) Verbindungsmöglichkeiten von mehreren Begriffen: Diese in (5) dargestellten Verhältnisfiguren können »mannigfaltig verbunden werden«, so dass »lange Ketten von Schlüssen« (Sorites) entstehen; das zeige, dass man die geometrischen Verhältnisfiguren »der Lehre von den Urtheilen, wie auch der ganzen Syllogistik zum Grunde legen« kann.[36]

(7) Logische Regeln und Gesetze: Schopenhauer ergänzt, dass es nicht notwendig sei, logische Regeln zu lernen, da man sie aus dem in (5) angegebenen »Schematismus der Begriffe« »einsehen, ableiten und erklären« könne. Insofern findet sich nur ein

---

[34] WWV I (1819), S. 63f.
[35] WWV I (1819), S. 65.
[36] WWV I (1819), S. 65f.

1.3 Der Status der Logik im System WWV und WWV2

einziger Satz – nämlich im zweiten Teil von § 9 –, der innerhalb eines historischen Exkurses logische Denkgesetze aufzählt: Man fand

> allmälig mehr oder minder vollkommene Ausdrücke für logische Grundsätze, wie den Satz vom Widerspruch, vom zureichenden Grunde, vom ausgeschlossenen Dritten, das *dictum de omni et nullo*, sodann die specielleren Regeln der Syllogistik, wie z.B. *ex meris particularibus aut negativis nihil sequitur, a rationato ad rationem non valet consequentia* u.s.w.[37]

Diese kurz vorgestellten Punkte (1) – (7) beinhalten die zentralen Aussagen in der WWV I zur Begriffs-, Urteils- und Schlusslogik. Ich glaube, dass meine – wenn auch verkürzte – Darstellung des ersten Teils von § 9 in sieben Punkten dahingehend überzeugend sein dürfte, dass Schopenhauers kleine Logik viel zu kurz und derart kryptisch sowie erklärungsbedürftig ist, dass sie es nicht schaffen kann, aus einem Anfänger einen Meister der gesunden Vernunft zu machen. Wie soll besonders ein Anfänger in der Logik sich einen Reim daraus machen, was die logischen Regeln in (7) bedeuten oder wie diese aus (5) hergeleitet werden könnten?

Dennoch ist es erstaunlich, dass es besonders in jüngster Zeit Forschungsansätze zu einzelnen Punkten gab, die interessante und erkenntnisreiche Ergebnisse vorgetragen haben: Zum Beispiel ist Sascha Dümig in einer Studie zu dem Ergebnis gekommen, dass zum einen die in (1) befindliche Analogie zwischen der Rede und einem Telegraphen modernen kognitiven Verarbeitungsmodellen und einem Repräsentationalismus im Sinne Jerry Fodors entgegenkomme, und dass zum anderen Schopenhauer ein Organon-Modell vertrete, das sich aber signifikant von demjenigen Karl Bühlers unterscheide.[38] Michał Dobrzański hat besonders in (3) eine Vorwegnahme von Tadeusz Kotarbińskis' Reismus gesehen,[39] und Lorenz Demey hat in (5) eine Vorwegnahme der heutigen logischen Geomtrie entdeckt.[40]

Insbesondere die Interpretationen von Dümig und von Dobrzański kommen meiner Behauptung entgegen, dass der Aufbau von Schopenhauers kleiner Logik auf das Prinzip einer repräsentationalistischen Kompositionalität hindeutet: Repräsentationalismus steht dabei für den besonders in Kap. 1.2.3 besprochenen Ansatz, die empirisch-konkrete Welt mittels der Logik in abstrakten Begriffen abzubilden. Die

---

[37] WWV I (1819), S. 70f.
[38] Vgl. Sascha Dümig: Lebendiges Wort? Schopenhauers und Goethes Anschauungen von Sprache im Vergleich. In: Schopenhauer und Goethe. Biographische und philosophische Perspektiven. Hrsg. v. Daniel Schubbe, Søren R. Fauth. Hamburg 2016, S. 150–183; Sascha Dümig: The World as Will and I-Language. Schopenhauer's Philosophy as Precursor of Cognitive Sciences. In: Language, Logic, and Mathematics in Schopenhauer. Hrsg. v. Jens Lemanski. Basel 2020, S. 85–95.
[39] Vgl. Michał Dobrzański: Begriff und Methode bei Arthur Schopenhauer. Würzburg 2017, S. 292–295; Jens Lemanski & Michał Dobrzański: Reism, Concretism and Schopenhauer Diagrams. In: Studia Humana 9:3/4 (2020), S. 104–119 (WA in: Judgments and Truth. Essays in Honour of Jan Woleński. (Tributes, Bd. 43). Hrsg. v. Andrew Schumann. London 2020, S. 105–131).
[40] Vgl. Lorenz Demey: From Euler Diagrams in Schopenhauer to Aristotelian Diagrams in Logical Geometry.

1 Die Welt und ihre repräsentationalistische Interpretation

Anschauung der empirischen Welt bildet die wissenschaftliche Grundlage aller Vernunfterkenntnis. Die Kompositionalität zeigt sich vor allem an dem logischen Aufbau der Welt aus atomaren Teilen. Die kleinsten Einheiten bilden die Objekte oder Phänomene der Anschauung, die durch die Konkreta und Abstrakta abgebildet und geometrisch in analytischen bzw. Eulerschen Diagrammen dargestellt werden: Mehrere Begriffe bilden fünf Verhältnisfiguren, aus denen dann die ganze Urteilslogik und Schlusslogik aufgebaut werden soll. Die sich hier bei Schopenhauer abzeichnende Affinität zu Repräsentationalismus und Kompositionalismus lässt sich aus Kotarbińskis Reismus herauslesen und explizit bei Fodor finden.[41]

Die Vermutung einer Affinität zu Repräsentationalismus und Kompositionalismus bestätigt sich auch durch die am Anfang dieses Kapitels gegebene Interpretation von Fischer und Kewe, die Nietzsches Wort von »Schopenhauer als Vereinfacher« auf die Logik übertrugen und somit die schopenhauersche Logik als einen originellen Reduktionismus deuteten. Kompositionalismus und Reduktionismus drücken dasselbe aus, blicken aber von unterschiedlichen Perspektiven auf den Aufbau der Logik: Atomistisch gesehen ist die Logik bottom-up aufgebaut: Aus Anschauungen entstehen Begriffe, Begriffe bilden Urteile, Schlüsse sind zusammengesetzte Urteile und in Theorien sind Schlüsse enthalten. Holistisch gesehen ist die Logik top-down aufgebaut: Theorien bestehen aus Schlüssen, aus Schlüssen lassen sich Urteile ableiten, Begriffe sind reduzierte Urteile, und Anschauungen mögen Bestandteile von Begriffen sein. Was mit Dümigs und Dobrzańskis Untersuchungen als Kompositionalismus interpretiert wurde, das kann man mit Fischers und Kewes Studien als Reduktionismus deuten. Die kleine Logik von WWV I ist somit entweder ein auf die Begriffslogik reduzierter Ansatz oder ein auf der Begriffslogik basierender kompositionalistischer Ansatz. Auf jeden Fall zeigt sich bislang nicht, warum oder wie man Schopenhauers Repräsentationalismus, wenn man ihn so in die Nähe von Autoren wie Fodor oder Kotarbiński setzt, als rational oder nicht-naiv verstehen kann.

Gleich ob man den bislang vorgestellten Repräsentationalismus kausal oder nichtkausal interpretiert, die Vergleiche mit den beiden genannten Repräsentationalisten zeigen – und das ist zunächst weitaus schwerwiegender –, dass Schopenhauers kleine Logik der WWV I unvollständig ist: Sie erklärt entweder dasjenige nicht, was reduzierbar sein soll und wie genau es reduzierbar ist (Urteils-, Schlusslogik), sondern nur, worauf es reduziert werden kann (fünf Verhältnismöglichkeiten); oder aber sie erklärt nicht, wie genau Urteils- und besonders Schlusskompositionen aussehen, die aus den Begriffssphären und Verhältnisfiguren zusammengesetzt werden sollen. In beiden Fällen gilt, dass die Urteils- und besonders die Schlusslogik stark unvollständig sind und einem Vollständigkeit beanspruchenden System daher zum Verhängnis werden können.

Diese Unvollständigkeit wird sogar noch offensichtlicher, wenn man die grundlegenden Verhältnismöglichkeiten von Begriffen in Urteilen in Schopenhauers kleiner

---
[41] Vgl. bes. Jerry A. Fodor, Ernest LePore: The Compositionality Papers. Oxford 2002.

1.3 Der Status der Logik im System WWV und WWV2

Logik mit der bei Euler, Lambert oder anderen geometrischen Logikern des 18. und 19. Jahrhunderts vergleicht. Ein derartiger Vergleich muss hier gar nicht im Detail aufgestellt werden, denn legt man nur die vier in Kap. 2.2.3 (Abb. 10) reproduzierten grundlegenden Urteilsformen von Euler neben die fünf Verhältnismöglichkeiten von Begriffen in Urteilen bei Schopenhauer, so fällt auf, dass in § 9 der WWV I fast nur affirmative Urteile abgebildet werden sollen.[42] Mit Euler, Lambert und vielen anderen Logikern im 18. und 19. Jahrhundert lassen sich aber auch negative Urteile geometrisch darstellen. Wie Kap. 1.3.3 zeigen wird, hat Schopenhauer dieses Manko der WWV I erkannt, später in seinen Berliner Vorlesungen ausgeräumt, es dann aber in der zweiten und dritten Auflage der WWV I nicht vor dem öffentlichen Publikum korrigiert.

Zumindest mit dem Erscheinen der zweiten Auflage der WWV I und der ersten Auflage der WWV II (1844) scheint Schopenhauer einige andere Lücken in der Urteils- und Schlusslehre zu füllen versucht zu haben. WWV II kündigt in Kap. 9 eine Abhandlung »Zur Logik überhaupt« und in Kap. 10 eine Untersuchung »Zur Syllogistik« an. Bereits Kap. 5, »Vom vernunftlosen Intellekt«, enthielt eine einleitende Anmerkung, in der Schopenhauer erklärte: »Dieses Kapitel [sc. 5], mit sammt dem folgenden, steht in Beziehung zu §§. 8 und 9 des ersten Bandes [sc. WWV I] [...].«[43]

Ich werde im Folgenden darstellen, inwiefern die oben genannten sieben Bestandteile von § 9 der WWV I in WWV II wieder aufgegriffen und ergänzt werden. Dabei liegt das Hauptaugenmerk nicht auf einer vollständigen Zusammenfassung aller Themen, sondern auf den Modifikationen und Ergänzungen von WWV II im Vergleich zu WWV I.

(1) Sprachphilosophie: Wie in § 9 der WWV I thematisiert Schopenhauer in WWV II die Sprachfunktion aus anthropologischer Perspektive (Kap. 5), das Verhältnis von Anschauung und Begriff (Kap. 7) sowie die Abstraktion des Begriffs aus der Anschauung und dessen Verhältnis zum Bild und zum Wort. Dabei betont Schopenhauer vor allem seine Verbundenheit mit der aristotelisch-lockeschen Begriffslehre.[44]

(2) Reflexion: Der Begriff ›Reflexion‹ ist im zweiten Teil von B I der WWV II nicht derart präsent wie in § 9 der WWV I. Allein zu Beginn von Kap. 7 kontrastiert Schopenhauer Reflexion und Intuition.

(3) Abstrakta/Konkreta: Wie in (1) angeführt, betont Schopenhauer die Abstraktion der Begriffe aus der Anschauung. Die wichtigste Stelle zu diesem Gegensatzpaar findet sich am Anfang von Kap. 6, in dem Schopenhauer behauptet, dass die Begriffe

---

[42] Demey interpretiert die Diagramme nicht nach den fünf oben zitierten Aussagen Schopenhauers, sondern liest auch negative oder oppositionale Relationen heraus, die die Diagramme anzeigen. Das tut Schopenhauer erst in WWV2.
[43] WWV II (1844), S. 57.
[44] Vgl. WWV II (1844), S. 82ff. Schopenhauers Begriffslehre dürfte besonders durch seinen Lehrer Gottlob Ernst Schulze inspiriert worden sein, der die lockesche Tradition über Hume fortgeführt sieht und daran anschließt.

eine Stufenfolge, eine Hierarchie [bilden], vom speciellsten bis zum allgemeinsten, an deren unterm Ende der scholastische Realismus, am obern der Nominalismus beinahe Recht behält. Denn der speciellste Begriff ist schon beinahe das Individuum, also beinahe real: und der allgemeinste Begriff, z.B. das Seyn (d.i. der Infinitiv der Kopula), beinahe nichts als ein Wort.[45]

Diese empiristische Begriffslogik verwendet Schopenhauer an mehreren Stellen seines Spätwerks als Kriterium, um Philosophien zu kritisieren, die einen quantitativ starken Anteil an Abstrakta aufweisen und aus diesen Konkreta ableiten.[46]

(4) Extension/Intension: Die Tatsache, dass Schopenhauer in (3) wieder ein Begriffsschema einführt, das sich um Raummetaphern mit vertikaler Konnotation (»Stufenfolge«) organisiert, wird durch das begriffslogische Reziprozitätsgesetz begründet: »Weil Inhalt und Umfang der Begriffe in entgegengesetztem Verhältnisse stehen, also je mehr *unter* einem Begriff, desto weniger *in* ihm gedacht wird;«[47]

(5) Verbindungsmöglichkeiten von zwei Begriffen: Die als Urteilslogik zu interpretierenden Textstellen finden sich am Anfang von Kap. 9 und in der Mitte von Kap. 10:[48] Schopenhauer reflektiert in Kap. 9 zum einen die Funktion der Kopula ›ist‹, ›ist nicht‹ und zum anderen Junktoren (»Logische Partikel«). Er diskutiert anschließend die Unterschiede von Urteilsformen (allgemein, einzeln, besonders,…) anhand ihrer vermeintlichen Quantoren (alle, einige, …), führt aber alle quantitativen Urteilsformen auf das allgemeine Urteil zurück.[49] Damit zeigt auch WWV II einen ähnlich starken Nominalismus, wie ihn Fischer auch für WWV I attestiert hatte. In Kap. 10 thematisiert Schopenhauer vor allem die zentrale Rolle von Urteilen in Bezug auf Schlüsse und auf Begriffe. Im Unterschied zu WWV I wird dabei aber nicht die ›Verbindung‹, sondern der ›Vergleich‹ als zentraler Denkakt herausgestellt: Das Urteil ist ein Vergleich von Begriffen, der Schluss ein Vergleich von Urteilen.[50] Anschließend skizziert Schopenhauer, welche Rolle Subjekt und Prädikat im Urteil spielen.

(6) Verbindungsmöglichkeiten von drei Begriffen: Die mit dem Titel von Kap. 10 angekündigte Syllogistik wird nur durch den zuletzt in (5) besprochenen Exkurs zur

---

[45] WWV II (1844), S. 63.
[46] Vgl. bspw. WWV II (1844), S. 83, S. 84f. (Kap. 7). Wie Jacob Mühlethaler: Die Mystik bei Schopenhauer, S. 10, S. 38, S. 52f., S. 54 zu Recht feststellt, weicht im veröffentlichten Werk Schopenhauers die meist sachliche Kritik der Frühjahre erst ab etwa den 1840er Jahren den bekannten und leider in der Rezeptionsgeschichte allzu oft hervorgehobenen Despektionen und Pejorationen.
[47] WWV II (1844), S. 63. Siehe auch oben, Kap. 1.1.2. Schopenhauer knüpft hier an das Reziprozitätsgesetz an, das durch Kant bekannt (vgl. Jäsche-Logik, § 7 (AA IX, S. 95.31–33)) und später durch Bolzano und Frege tradiert wurde. Vgl. Rico Hauswald: Umfangslogik und analytisches Urteil bei Kant. In: Kant-Studien 101:3 (2010), S. 283–308; Peter McLaughlin, Oliver Schlaudt: Kant's Antinomies of Pure Reason and the ›Hexagon of Predicate Negation‹. In: Logica Universalis 14 (2020), S. 51–67; Stefania Centrone: Der Reziprozitätskanon in den Beyträgen und in der Wissenschaftslehre. In: Zeitschrift für philosophische Forschung 64:3 (2010), S. 310–330.
[48] Vgl. WWV II (1844), S. 103–105, S. 108–111.
[49] Siehe auch unten, Kap. 2.2.5.
[50] Vgl. WWV II (1844), S. 108.

1.3 Der Status der Logik im System WWV und WWV2

Urteilslehre unterbrochen.[51] Schopenhauer definiert zu Beginn einen Schluss und klassifiziert Schlüsse in erkenntniserweiternde, -bewahrende, explizite, implizite, latente, freie und gebundene. Nach dem Exkurs zur Urteilslogik relativiert er seinen auf Euler-Diagrammen beruhenden Ansatz aus WWV I: Schlüsse können zwar als aus drei Begriffen, sollten aber als aus drei Urteilen bestehend gedacht werden. Erst dadurch erkläre sich die Typizität der drei Schlussfiguren, die Schopenhauer auf mehreren Seiten erklärt. Er verwendet zwar zwei Euler-Diagramme zur Erklärung einer Kontraposition bei der dritten Figur, deutet aber an, es sei besser, Schlüsse durch Stäbe und Haken zu symbolisieren.

(7) Logische Regeln und Gesetze: Bevor Schopenhauer in Kap. 9 zur Urteilslogik übergeht, diskutiert er die Reduktion der logischen Regeln und Gesetze auf den Satz vom ausgeschlossenen Dritten und den Satz vom zureichenden Grund, die er zum einen anhand von Umfangsmetaphern erklärt (»Begriffssphären«) und aus denen er zum anderen einen Denkbarkeits- und einen Wahrheitsbegriff ableitet.[52] Einzelne Ableitungs- und Kontrapositionsregeln werden zudem im zweiten Syllogismusteil von Kap. 10 (6) besprochen.

Auch wenn dieser Überblick nur grob die Themen und nur wenige einzelne Thesen der kleinen Logik aus WWV II dargestellt hat, so kann man doch festhalten, dass vor allem die in (6) beschriebene Relativierung der Eulerschen Diagramme und Schopenhauers damit verbundene Andeutung, lieber Stäbe und Haken verwenden zu wollen, durchaus überraschend sind. Schließlich verwirft er ja in der Schlusslehre der WWV II durch die Verwendung von Stäben und Haken seine aus der Begriffslehre mit Hilfe von Eulerschen Diagrammen aufgebaute Logik von WWV I. Was Schopenhauer genau für Diagramme oder Notationen im Sinn gehabt hat, bleibt allerdings bis heute ein Rätsel, da diese in Kap. 10 der WWV II in nur wenigen Sätzen beschrieben, aber nicht abgebildet werden:

> Wie man, bei der Darstellung der Syllogistik mittelst *Begriffssphären*, diese sich unter dem Bilde von Kreisen denkt; so hat man, bei der Darstellung [sc. der Syllogistik] mittelst ganzer Urtheile, sich diese unter dem Bilde von Stäben zu denken, die, Behufs der Vergleichung bald mit dem einen, bald mit dem andern Ende an einandergehalten werden: die verschiedenen Weisen aber, nach denen dies geschehn kann, geben die drei Figuren. Da nun jede Prämisse ihr Subjekt und ihr Prädikat enthält; so sind diese zwei Begriffe als an den beiden Enden jedes Stabes befindlich vorzustellen. [...]
> Diesen [sc. terminus medius] können wir, wenn wir uns die Prämissen unter dem Bilde zweier Stäbe versinnlichen, als einen Haken

---

[51] Vgl. WWV II (1844), S. 106–108, S. 111–117.
[52] Vgl. WWV II (1844), S. 102ff.

denken, der sie mit einander verbindet: ja, man könnte, beim Vortrage, sich solcher Stäbe bedienen.[53]

Kewe hat versucht, die Stabanspielungen zu deuten, indem er diese mit Schopenhauers Gleichnis des Syllogismus als Voltasche Säule zu einem Diagramm kombiniert hat (siehe Abb. 2). Schopenhauer hatte dieses Gleichnis am Ende von Kap. 10 gegeben: Der »Indifferenzpunkt in der Mitte stellt den Mittelbegriff, die beiden Pole die disparaten Begriffe dar; dort springt durch Verbindung der Drähte der Funke, hier durch Kopula der Urteile die conclusio heraus«.[54]

Kewes Interpretation mag zwar etwas Licht ins Dunkle bringen, aber auch das Voltasche Säulen-Diagramm erscheint mir ungenügend: Zum einen greift es Schopenhauers Bild vom Haken nicht auf, zum anderen erfüllt Kewes Diagramm keine andere Funktion als die des klassischen pons asinorum, dessen alleinige Aufgabe es ist, den Mittelbegriff in einem Syllogismus herauszufinden.[55]

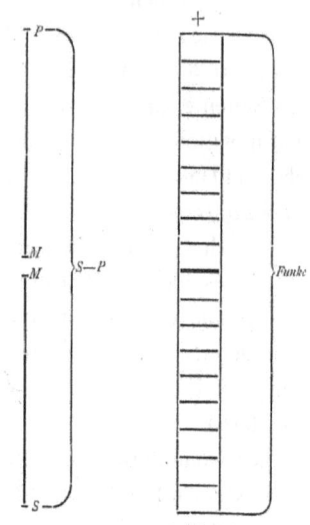

Abb. 2
Adolf Kewe: *Schopenhauer als Logiker*. Bonn 1907, S. 43.

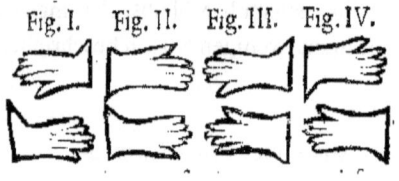

Abb. 3
Iohannes Christianus Langius: *Nvclevs Logicae Weisianae. Editus antehac Avctore Christiano Weisio.* Gissae-Hassorum 1712, S. 175.

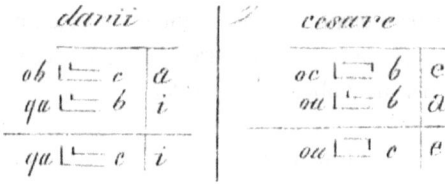

Abb. 4
Karl Christian Friedrich Krause: *Die Lehre vom Erkennen und von der Erkenntniss, als erste Einleitung in die Wissenschaft.* Hrsg. v. Hermann Karl von Leonhardi. Göttingen 1835, Anhang, Tafel V, 128f.

Schopenhauer, soviel lässt sich aus den wenigen Andeutungen herauslesen, geht es aber weniger um die Invention des terminus medius, sondern neben der ›Versinnlichung des terminus medius in den Prämissen‹ vor allem um die »Darstellung [sc. von

---

[53] Vgl. WWV II (1844), S. 110, S. 115f.
[54] Adolf Kewe: Schopenhauer als Logiker, S. 43.
[55] Siehe unten, Kap. 2.2.2.

1.3 Der Status der Logik im System WWV und WWV2

Inferenzen] mittelst ganzer Urtheile«. Ein Beispiel für eine sinnliche bzw. diagrammatische Darstellung der syllogistischen Figuren nach der Anordnung des terminus medius (das später sog. W-Schema oder syllogistic collar-model)[56] wären Langes »Chirotecas«[57] aus dem Jahr 1712 (Abb. 3). Was Schopenhauer aber im Sinn hat, scheint allerdings eher mit Krauses beeindruckendem Nachlass logischer Schriften konform zu gehen, in dem auch »Striche« und »Haken« zur Darstellung valider Inferenzen verwendet werden (Abb. 4).[58] Diese Notation Krauses wurde von zahlreichen Forschern auch in enge Verwandtschaft mit Freges Begriffsschrift gebracht.[59]

Obwohl bekannt ist, dass Krause und Schopenhauer sich in den 1810er Jahren persönlich gut kannten,[60] ist hier nicht der richtige Ort, um ein Urteil darüber fällen, inwiefern Krause auf Schopenhauers späte Logik Einfluss gehabt haben mag. Für ein Urteil über Schopenhauers späte Logik sind viele weitere Vorarbeiten und Studien notwendig. Dennoch erfüllen meiner Meinung nach schon auf den ersten Blick Krauses Diagramme eher die Funktion einer »Darstellung [sc. der Syllogistik] mittelst ganzer Urtheile« und beinhalten eher die Darstellungselemente mit Stäben, Strichen und Haken der schopenhauerschen Beschreibung als das Voltasche Säulen-Diagramm Kewes. Entscheidend ist aber gar nicht, ob Schopenhauers Beschreibungen nun eher auf Kewes oder auf Krauses Diagramme passen, sondern dass Schopenhauers Beschreibungen einerseits gar nicht mehr mit den Kreisdiagrammen von WWV I

---

[56] Vgl. bspw. Alfred Swinbourne: Picture Logic. Or, The Grave Made Gay; An Attempt to Popularise the Science of Reasoning by the Combination of Humorous Pictures with Examples of Reasoning Taken from Daily Life. 2. Aufl. London 1875, S. 118f.: »The four figures may be remembered by the front of a collar. [...] The figures are thus easily remembered; \Ⅲ/, these lines being taken from the position of the middle term [...].«

The Front of a Collar.
Abb. 5
Alfred Swinbourne: Picture Logic. Or, The Grave Made Gay. 2. Aufl. London 1875, S. 118.

[57] Iohannes Christianus Langius: Nvclevs Logicae Weisianae. [...] illustrates [...] per varias schematicas [...] ad ocularem evidentiam deducta [...]. Editus antehac Avctore Christiano Weisio. Gissae-Hassorum 1712, S. 175.
[58] Vgl. Karl Christian Friedrich Krause: Die Lehre vom Erkennen und von der Erkenntniss, als erste Einleitung in die Wissenschaft. Hrsg. v. Hermann Karl von Leonhardi. Göttingen 1835, S. 199ff.
[59] Vgl. Lothar Kreiser: Gottlob Frege. Leben – Werk – Zeit. Hamburg 2004, Kap. 3.2. Dem Urteil Kreisers folgen u.a. Claus Dierksmeier: Der absolute Grund des Rechts. Karl Christian Friedrich Krause in Auseinandersetzung mit Fichte und Schelling. Stuttgart-Bad Cannstatt 2003, S. 11; Danielle Macbeth: Frege's Logic. Cambridge 2009, S. 186, Fn. 3.
[60] Vgl. Benedikt Paul Göcke; Karl Christian Friedrich Krause Einfluss auf Arthur Schopenhauers »Die Welt als Wille und Vorstellung«. In: Archiv für Begriffsgeschichte 103:1 (2021), S. 148–168; Benedikt Paul Göcke: The Panentheism of Karl Christian Friedrich Krause (1781–1832). From Transcendental Philosophy to Metaphysics. Berlin 2018, Kap. 10. Wie man oben, an Kap. 1.2 sehen dürfte, teile ich zwar Göckes Schopenhauer-Interpretation in weiten Teilen nicht, glaube aber, dass es dennoch deutliche Parallelen zwischen beiden Philosophen gibt.

harmonieren und dass er andererseits sein neues Programm mit Stäben und Haken nach heutigem Kenntnisstand gar nicht umgesetzt hat.

Aufgrund dieser sich nicht ergänzenden Darstellungen der Logik in WWV I und WWV II kann man zu dem Fazit kommen, dass kein Anfänger durch diese beiden Logiken Meister der gesunden Vernunft werden kann. Die Logik in beiden Bänden der WWV bleibt rätselhaft und kryptisch. Das zeigt sich auch darin, dass Schopenhauers reduktionistische Ansätze von (5) und (7) mit dem Bild von Fischer und Kewe übereinstimmen, Schopenhauer sei ein Vereinfacher – allerdings bleiben seine Vereinfachungen erklärungsbedürftig. Zwar hat sich auch das kompositionalistische Bild, das ich aus Dümigs und Dobrzańskis Studien herausgelesen habe, in der WWV II bewahrheitet, aber warum Schopenhauer in Kap. 10 die konzeptualistische Basis von § 9 der WWV I durch einen Propositionalismus ersetzt oder anstelle der ›Verbindung‹ den ›Vergleich‹ betont, erscheint verwirrend. Wenn Schopenhauer zudem in (4), (6) und in (7) umfangslogische Metaphern verwendet, soll dies dann bedeuten, dass die Begriffs- und die darauf aufbauende Urteilslogik vor allem durch Euler-Diagramme, die Schlusslogik aber mit Stabdiagrammen aufgebaut werden soll?

Diese offenen Fragen suggerieren, dass die kleine Logik in WWV I und WWV II kein komplementäres Bild liefern. Vielmehr scheint es so, als hätte Schopenhauer seinen ursprünglichen Ansatz von WWV I revidieren wollen, ohne aber die Revision auch in der zweiten und dritten Auflage von WWV I umzusetzen, da der § 9 von WWV I in den späten Auflagen nur leichte Modifikationen enthält. Hatten Kuno Fischer, Robert Schlüter, Arthur Lovejoy u.a. bereits gegen das Märchen einer fehlenden Entwicklung Schopenhauers und für eine veränderte Lehre im Werk besonders anhand der Metaphysik und Naturphilosophie argumentiert, so lässt sich dies auch an der Logik belegen: Begriffssphären bzw. Euler-Diagramme, auf die in § 9 der WWV I die gesamte Logik reduziert wurde, würden – so betont Schopenhauer dann in Kap. 10 der WWV II – Syllogismen zwar »leich faßlich« machen, aber diese Fasslichkeit gehe »auf Kosten der Gründlichkeit«.[61] Wollte man sogar strenge Interpretationsmaßstäbe ansetzen, könnte man nicht nur von einer veränderten Lehre, sondern durchaus von einem inkohärenten Bild und damit von einer deutlichen Schwachstelle der schopenhauerschen Logik in seinen veröffentlichten Werken sprechen. Schopenhauer scheint nicht nur ein dunkles Kapitel in der deutschen Sprachphilosophie hinterlassen zu haben, wie Coseriu behauptet hatte, sondern dessen Schatten erstreckt sich bis in die Tiefen der Logik.

1.3.2 Das System WWV2

In Kap. 1.2.2 wurde die triviale These aufgestellt, dass Bücher wie WWV eine Absicht ausdrücken, dass sie ein Ziel benennen, dass sie nicht aus dem Nichts entstanden und

---

[61] WWV II (1844), S. 109.

1.3 Der Status der Logik im System WWV und WWV2

dass sie für einen bestimmten Adressatenkreis geschrieben sind. Ab Kap. 1.2.3 habe ich dafür argumentiert, dass die Zielsetzung der WWV sich nicht allein in der Mitteilung eines einzigen Gedankens erschöpft, sondern dass sie vielmehr die vollständige Abspiegelung der konkreten Welt in abstrakten Begriffen zum Gegenstand hat. Schopenhauer hat die ursprüngliche Systemkonzeption der WWV I nach 1819 noch zweimal zu Lebzeiten veröffentlicht, aber nur einmal tatsächlich stark überarbeitet. Die zweite und dritte Auflage der WWV I kündigen zwar eine »durchgängig verbesserte und sehr« (1844) bzw. »beträchtlich vermehrte Auflage« (1859) an, aber einen grundlegenden Eingriff in den Text der WWV I findet man allein in den erst posthum veröffentlichten Vorlesungen der 1820er Jahre. Sie alleine verdienen es, als modifizierter Systementwurf (WWV2) betrachtet zu werden.

Die Vorlesungen sind mehrfach ediert worden: Teile sind bereits im 19. Jahrhundert von Frauenstädt und Grisebach publiziert worden; Franz Mockrauer hat 1913 die erste vollständige Edition im Rahmen der von Paul Deussen herausgegebenen Werkedition vorgelegt, die von Volker Spierling in den 1970er Jahre im modernen Druckbild reproduziert wurde.[62] Abgesehen von wenigen Rezensionen hat keine dieser Auflagen bislang eine genauere Aufmerksamkeit von der Forschung erfahren. Das liegt zum Teil daran, dass die Modifikationen der WWV in den Berliner Vorlesungen bislang sehr ähnlich bewertet worden sind. Man hat diese Vorlesungen u.a. als uneinheitlich empfunden, da sie zum einen rein textliche Übernahmen des Systems der WWV I sind, zum anderen aber deutliche Modifikationen beinhalten, die nicht immer mit dem vertrauten System der WWV I übereinstimmen. Diesen heterogenen Eindruck der WWV2 hat Heinrich Hasse, einer der ersten Rezensenten der Berliner Vorlesungen, wie folgt in Worten eingefangen: Bei der WWV2 »stehen wir gewissermassen vor einem neuen Werk«, doch schließt sich die WWV2 der WWV I von 1819 »vielfach aufs Genaueste an, oft bis in die Einzelheiten des Wortlautes und der Satzfügung hinein«.[63] Der neue Werkcharakter zeige sich trotz ähnlicher Wortwahl und ähnlichem systematischen Aufbau vor allem darin, dass die WWV2 ein Dokument der veränderten Lehre Schopenhauers sei.

Hasse intensiviert damit die Positionen von Schlüter, Fischer u.a., die sich bereits gegen das Märchen einer fehlenden Entwicklung Schopenhauers ausgesprochen hatten. In Anlehnung an Rudolf Lehmann hatte auch Hasse schon in seinem Buch *Schopenhauers Erkenntnislehre als System* dafür argumentiert, dass viele aporetische Textstellen bereits in die WWV I von 1819 hineingelesen werden können, aber erst

---

[62] Zur Editionsgeschichte siehe WWV2 I, S. VI–XXXII [Vorbemerkung Mockrauers]; Volker Spierling: Zur Neuausgabe. In: Arthur Schopenhauer: Theorie des gesammten Vorstellens, Denkens und Erkennens. Philosophische Vorlesungen Teil I. Aus dem handschriftlichen Nachlaß. Hrsg. v. Volker Spierling. München u.a. 1986, S. 11–14.
[63] Heinrich Hasse: [Rezension zu:] Schopenhauer, Arthur. Handschriftlicher Nachlass: »Philosophische Vorlesungen.« Arthur Schopenhauers sämtliche Werke. Hrsg. v. Paul Deussen. München 1913. Bd. IX und X. In: Kant-Studien 19 (1914), S. 270–272.

1 Die Welt und ihre repräsentationalistische Interpretation

im Spätwerk deutlich zu Tage treten.[64] Hasses Rezension greift diese These wieder auf, indem sie sowohl Verbundenheiten als auch Modifikationen von WWV2 im Unterschied zur WWV I kenntlich macht. Dadurch ergeben sich zwei Schriftphasen: Eine frühere, die bes. die WWV I (1819) und die Vorlesungen einschließe, und eine zweite spätere Werkphase ab der zweiten Auflage der WWV I und dem Erscheinen der *Parerga und Paralipomena*.[65]

Die beiden Editoren der vollständigen Vorlesungseditionen, Deussen und Spierling, haben zwar ebenfalls den »hohen Wert«, den Hasse der WWV2 für die Entwicklungsgeschichte Schopenhauers bescheinigte, anerkannt, aber seinen Eindruck eines »neuen Werks« relativiert. Deussen erklärt, dass Schopenhauer im Winter 1819/20 die WWV zur WWV2 umgearbeitet und diese etwa ein Jahr später nochmals ergänzt habe. Auch aus diesem Grund könne man von WWV2 »nicht die Glätte und Abrundung der von Schopenhauer für den Druck ausgearbeiteten Werke erwarten«; vielmehr sei Schopenhauer mit der WWV2 bemüht gewesen, die WWV in »einer mehr populären, für die Fassungskraft der studierenden Jugend berechneten Form darzulegen«.[66] Mockrauer spricht in ähnlicher Weise wie Deussen davon, dass die WWV2 eine »für Anfänger umgearbeitete, oft wörtliche, im allgemeinen breiter angelegte Wiederholung längst bekannter Schopenhauerscher Sätze enthalten«.[67] Auch der letzte Editor, Volker Spierling, hat diesen Eindruck bestätigt: »Die Berliner Vorlesungen Schopenhauers stellen eine didaktische Fassung des ersten Bandes seines [sc. Schopenhauers] Hauptwerkes dar, der ›Welt als Wille und Vorstellung‹.«[68] Thomas Regehly hat jüngst diese Ansichten in einem Überblicksartikel bestätigt.[69]

Diesen Eindruck teile ich nicht. Im Gegenteil, man kann die Ausführungen in Kap. 1 und ferner Kap. 2 als ein Plädoyer dafür lesen, die WWV I als eine populäre, didaktisch aufgearbeitete Fassung eines philosophischen Systems anzusehen, das erst in den Vorlesungsausarbeitungen zu einer gewissen akademisch reifen Form herangewachsen ist. Diese zeigt sich in einer eindeutig erkennbaren deskriptiven Zielsetzung und in der Ausarbeitung fachphilosophisch bedeutender Themen, nämlich besonders der Vernunftlehre. Wie sich an Schopenhauers Ausarbeitung der Logik belegen lässt, kann die in Kap. 1.2.2 noch als Trivialität und als Scherz charakterisierte Andeutung, die WWV I sei für eine breite und bildungsbürgerliche Leserschaft geschrieben worden, mit der WWV2 zu einer ernsthaften Feststellung umgedeutet werden: In der WWV2 hat Schopenhauer den Adressatenkreis auf ein akademisches Publikum beschränkt. Die WWV2 zielt darauf ab – in Anlehnung an die Formulierung Gottscheds –, aus einem Studienanfänger einen Meister der gesunden Vernunft zu machen.

---

[64] Vgl. Heinrich Hasse: Schopenhauers Erkenntnislehre als System einer Gemeinschaft des Rationalen und Irrationalen. Ein historisch-kritischer Versuch. Leipzig 1913, S. 77ff.; Rudolf Lehmann: Schopenhauer. Ein Beitrag zur Psychologie der Metaphysik. Berlin 1894, S. 107, Anm.
[65] Vgl. Heinrich Hasse: [Rezension zu:] Schopenhauer, Arthur. Handschriftlicher Nachlass.
[66] WWV2 I, S. VI [Vorrede Deussens].
[67] WWV2 I, S. VII [Vorbemerkung Mockrauers].
[68] Volker Spierling: Zur Neuausgabe, S. 11.
[69] Vgl. Thomas Regehly: Die Berliner Vorlesungen.

1.3 Der Status der Logik im System WWV und WWV2

Bevor ich im weiteren Verlauf von Kap. 1.3.2 auf diesen fachphilosophischen Unterschied eingehen werde, der besonders die Ausarbeitung der in Kap. 1.2.3 und 1.3.1 besprochenen kleinen Logik zu einer großen betrifft, möchte ich hier kurz auf einige systembezogene Modifikationen eingehen, die die WWV2 im Unterschied zu den in Kap. 1.2 dargestellten Systemteilen bietet. Da ein detaillierter Vergleich zwischen WWV I (1819) und WWV2 die Logik zu weit aus dem Blick verlieren würde, sollen im Folgenden nur diejenigen Bezüge herausgestellt werden, die die in Kap. 1.1 besprochenen Forschungsfragen und den Kontext des Logikteils betreffen. Derjenige, der über diese beiden Punkte hinausgehend sich für die Beziehung zwischen WWV und WWV2 interessiert, sei zunächst auf den Überblicksartikel von Thomas Regehly verwiesen und des Weiteren auf die Dissertation von Salomon Levi.[70] Wie die folgenden Ausführungen vor allem anhand der Erkenntnislehre andeuten, verschiebt Schopenhauer in WWV2 einzelne Textteile von WWV I (1819) und ergänzt viele Themen; dennoch bleibt die Grundstruktur in groben Zügen erhalten und sie tritt zum Teil sogar deutlicher hervor als in dem veröffentlichten Hauptwerk.

Die Verbindung zwischen WWV I (1819) und WWV2 zeigt sich schon im Titel der Vorlesung »Vorlesung über die gesammte Philosophie d.i. Die Lehre vom Wesen der Welt und von dem menschlichen Geiste. In vier Theilen«. Wie der Weltbegriff im Titel von WWV suggeriert und wie er dort in § 15 expliziert wurde,[71] so führt auch hier, in WWV2, der Haupttitel eine quantitative Konnotation: Es geht um die *gesamte* Philosophie, und diese besteht – so der mit »d.i.« angekündigte Nebentitel – aus zwei Lehren, nämlich aus der Lehre über das Wesen der Welt (Wille) und aus der Lehre über den menschlichen Geist (Vorstellung). Die Parallelität zwischen den Titeln von WWV I und WWV2 verstärkt die in Kap. 1.2.3 besprochene blumenbergsche These der empiristisch-repräsentationalistischen Lesbarkeitsmetapher der Welt: Die gesamte Philosophie soll eine Wiederholung der Welt sein.

Wie WWV I so ist auch WWV2 laut Untertitel in vier Teile unterteilt, die – analog zu der Abkürzung ›B‹ (für ›Bücher‹) in WWV I und II – im Folgenden mit ›T‹ abgekürzt werden: T1) »Theorie des gesamten Vorstellens und Erkennens«, T2) »Metaphysik der Natur«, T3) »Metaphysik des Schönen« und T4) »Metaphysik der Sitten«. Bereits bei der Titelwahl lässt sich – wie an vielen anderen Stellen von WWV2 – eine stärker systembezogene Anlehnung an Kant als noch in der WWV I herauslesen: T1 tritt an die Stelle der kritischen Schriften, während T2 und T4 die von Kant 1787 abgeleiteten Systemstellen »Metaphysik der Natur sowohl als der Sitten« besetzen sollen,[72] und diese sollen zudem durch eine Metaphysik der Ästhetik in T3 ergänzt werden. Aus den Titeln geht weiterhin hervor, dass vier Teile von WWV2 thematisch mit den vier Büchern von WWV I korrespondieren.

---

[70] Vgl. ebd.; Salomon Levi: Das Verhältnis der ›Vorlesungen‹ Schopenhauers‹ (hrsg. von P. Deussen Bd IX u. X›) zu der ›Welt als Wille und Vorstellung‹. Gießen 1922. Wie Regehly allerdings richtig bemerkt, steht ein vollständiger Vergleich zwischen der WWV und der WWV2 noch aus.
[71] Siehe oben, Kap. 1.2.3.
[72] Vgl. AA III, S. 26, S. 549 (= KrV B XLIII, B 878).

1 Die Welt und ihre repräsentationalistische Interpretation

Schopenhauer hat diese Anknüpfung seiner Metaphysik an Kant sowie an Aristoteles selbst zu Beginn von T2 reflektiert.[73] Man kann herauslesen, dass T1 an die Stelle der KrV treten soll bzw. ein in der baconschen Tradition stehendes ›Neues Organon‹ darstellt, während T2–T4 den Systemkanon ausmachen.[74] Im kantischen Sinne fällt zwar auch Schopenhauers Metaphysik mit der Transzendentalphilosophie zusammen, zeigt aber, dass »wir allerdings data haben zur Erkenntniß des inneren Wesens der Welt«, nämlich die ›doppelte Erkenntnis‹.[75] Die damit verbundenen Fragen, inwieweit Schopenhauer nun die Grenze von Immanenz und Transzendenz im Vergleich zu Kant neu bestimmt bzw. wie er die kantische Frage »Was können wir wissen?« beantwortet, werde ich erst später, besonders in Kap. 2.3 wieder aufgreifen.

Eine wesentliche Änderung im Unterschied zur WWV betrifft den Anfang und das Ende von WWV2: Schopenhauer beginnt nicht mit dem Quasi-Zitat »Die Welt ist meine Vorstellung« in T1, und er endet auch nicht mit dem Begriff des ›Nichts‹ in T4.[76] Zwar werden die beiden einschlägigen Ausdrücke auch in der WWV2 verwendet, aber Schopenhauer setzt sie bezeichnenderweise nicht derart prominent an den Textanfang oder das Ende, wie er es in WWV I getan hat. Der erste Satz von Cap. 1 in T1 thematisiert vielmehr die »vollkommene Philosophische Besonnenheit«, die die Voraussetzung für eine adäquate »Erkenntniß vom Wesen der Welt« sei.[77] Das letzte Kapitel von T4 greift hingegen die abschließende Frage nach der Willensfreiheit auf und refektiert somit über die Wahl zwischen den beiden ethischen Grundprinzipien, Bejahung und Verneinung.

Die Neukonzeption des Anfangs und des Endes entzieht, wie ich meine, der streng normativen, linearen bzw. architektonischen Lesart den Boden.[78] Es scheint nicht gerechtfertigt zu sein, den Anfang der WWV2 als ein Indiz des Idealismus und das Ende als ein Anzeichen eines normativen Nihilismus oder dergleichen zu lesen. Vielmehr verdeutlichen die neu eingefügten oder arrangierten Sätze der WWV2 den metaphilosophischen und damit deskriptiven Standpunkt des Repräsentationalismus, der in der WWV I durch die prominente Besetzung von Textstellen verdeckt wurde.

Wie entscheidend diese Umsetzungen der Ausdrücke bzw. die Umbesetzungen von Anfang und Ende der WWV2 für die unterschiedlichen Lesarten sind, zeigt sich beispielsweise an den oben angegebenen Interpretationen der Editoren und Rezensenten. Deussen, der einerseits die Vollendung des kantischen Idealismus in der schopenhauerschen Philosophie proklamierte,[79] sieht andererseits in WWV2 nur eine »populäre, für die Fassungskraft der studierenden Jugend berechnete Form«. Wenn

---

[73] Vgl. WWV2 II, S. 15–20. Vgl. ferner WWV2 I, S. 70ff.
[74] Vgl. Ulrike Santozki: Die Bedeutung antiker Theorien für die Genese und Systematik von Kants Philosophie. Eine Analyse der drei Kritiken. Berlin 2006, S. 26, S. 64ff.; Sonia Carboncini, Reinhard Finster: Das Begriffspaar Kanon-Organon. In: Archiv für Begriffsgeschichte 26 (1982), S. 25–59, bes. S. 55ff.
[75] WWV2 II, S. 19.
[76] Siehe oben, Kap. 1.2.3 u. 1.2.6.
[77] WWV2 II, S. 113.
[78] Siehe dazu oben, Kap. 1.1.3.
[79] Siehe oben, Kap. 1.1.3 und 1.3 (Einleitung).

1.3 Der Status der Logik im System WWV und WWV2

Schopenhauer sich in der WWV2 doch einerseits vielfach aufs Genaueste an den Wortlaut und das Satzgefüge der WWV hält, wie kann er dann andererseits eine populäre Form derselben vorgelegt haben? Wie genau zeichnet sich die WWV2 als populäres Einsteigerwerk im Unterschied zur WWV aus?

Die Rezensenten und Editoren geben darauf keine zufriedenstellende Antwort. Hasse z.B. versucht, die These der Popularisierung zum Teil durch den Anwuchs an »Umfang und Ausführlichkeit« der erweiterten Systemteile zu begründen; als Hauptargument seines Eindrucks gibt er aber Schopenhauers Streben nach »grösstmöglicher Verständigung zwischen sich und seinen Hörern« an und beruft sich ferner auf den »Ton persönlicher Wärme«, den Schopenhauer gegenüber den Studenten vorbringe. Wie besonders in Kap. 1.3.3 und 2.3 am Beispiel der Logik verdeutlicht werden soll, sind aber vor allem die erweiterten Systemteile gerade nicht populären, sondern fachphilosophischen Themen gewidmet. Wie sich bspw. in Kap. 2.3 zeigen wird, geht die Komplexität der Beweistheorie selbst noch über die anspruchsvollen Logiken der ersten Hälfte des 19. Jahrhunderts wie bspw. Kant, Krause, Bolzano oder Drobisch hinaus. (Womit natürlich nicht gesagt ist, dass Schopenhauers Logik besser oder verständlicher sei.) Zuletzt scheint mir auch die von den Rezensenten und Editoren vorgebrachte These der durch begriffliche und argumentative Präzision errungenen Verständlichkeit gerade nicht populär, sondern heute wie damals gerade das – wenn auch nicht immer umgesetzte – Anliegen fachphilosophischer Schriften zu sein.

Aufgrund der unbefriedigenden Antworten der Editoren und Rezensenten auf die Frage nach ihrem Eindruck, ob es sich bei WWV2 um ein populäres Einsteigerwerk im Vergleich zur WWV I handele, glaube ich, dass sie die normative Lesart der WWV I durch eine didaktische Lesart der WWV2 eingetauscht haben. Dies mag daran liegen, dass Schopenhauer tatsächlich in den Anfangspassagen einige didaktische Bemerkungen über den Gang seiner Vorlesungen macht. Da nun – aus der Sicht der linearen Lesart der WWV2 – die Didaktik einem nicht mehr prominenten Idealismus vorgeschaltet wurde, hat man das Werk als ein allein für Einsteiger geeignetes und für angebliche Experten im Vorfeld nicht lesenswertes deklassiert. Allein Thomas Regehly hat versucht, sowohl die Didaktik-These als auch die normative Lesart in den Text der WWV2 hineinzulesen.

Tatsächlich stellen die bislang veröffentlichten Editionen der WWV2 an den Anfang ein »Exordium über meinen [sc. Schopenhauers] Vortrag und dessen Methode«, in dem zwar auch die Metaphern der Einheit und des Organischen – wie in der Vorrede zur WWV I –[80] auftauchen, aber in dem Schopenhauer viel ausführlicher als in der WWV I über den Aufbau der Vorlesung und deren wichtigste Passagen reflektiert.[81] In der daran anschließenden »Einleitung, über das Studium der Philosophie« erklärt Schopenhauer, er könne nicht davon ausgehen, »daß die Meisten von Ihnen

---

[80] Siehe oben, Kap. 1.2.2.
[81] Vgl. WWV2 I, S. 67–77.

1 Die Welt und ihre repräsentationalistische Interpretation

[sc. der anwesenden Hörer] sich schon sonderlich mit Philosophie beschäftigt« hätten.[82] Obzwar Philosophie nicht mit ihrer Geschichte verwechselt werden dürfe, diese aber eine gute Voraussetzung für jene sei, trägt Schopenhauer noch vor dem eigentlichen Anfang von T1 zunächst eine kurze Geschichte der Philosophie vor. Dieser inhaltlich voraussetzungslose Aufbau mag der Grund dafür gewesen sein, warum man WWV2 bislang als eine didaktische Variante von WWV deklariert hat.

T1 wird dann von Schopenhauer in fünf Kapitel unterteilt. Nach einem einleitenden Cap. 1, in dem Schopenhauer, wie besprochen, mit der Erklärung der philosophischen Besonnenheit beginnt, widmet sich Cap. 2 der »anschaulichen Vorstellung« (Raum, Zeit, Kausalität) und Cap. 3 der »abstrakten Vorstellung, oder dem Denken« (insbes. Logik). Cap. 4 bespricht den »Satz vom Grunde und seine vier Gestalten« und Cap. 5 die »Wissenschaft überhaupt«.

Augenscheinlich durchbricht die Fünfteilung von T1 in WWV2 die Dreiteilung des Textes in Einleitung (Vorstellung), Verstandes- und Vernunftteil von B I der WWV I, für die in Kap. 1.2.3 argumentiert wurde. Tatsächlich zeigt T1 aber eine nähere Verwandtschaft mit B I der WWV als die ebenfalls in Kap. 1.2.3 dargestellte simple Zweiteilung des späten Schopenhauers in WWV II. Die Trennung der Cap. 1, 2 und 3 in T1 entspricht der textlichen Dreiteilung in Einleitung, Verstandes- und Vernunftteil von WWV I: Cap. 1 definiert die übergeordneten Begriffe ›Vorstellung‹, ›Subjekt‹ und ›Objekt‹, Cap. 2 behandelt Raum,[83] Zeit[84] und Kausalität[85] als Verstandesvermögen und Cap. 3 befasst sich mit Sprache,[86] Wissen[87] und praktisches Handeln[88]. Schopenhauer reflektiert diese Struktur besonders an drei ausführlichen Textstellen.[89]

Mit dem Ende von Cap. 3 ist damit fast der gesamte Inhalt von B I der WWV I rekapituliert worden. So erklärt Schopenhauer auch direkt zu Beginn von Cap. 4, man habe nun eine »im allgemeinen vollständige Übersicht gewonnen von dem Wesen der Vernunft«.[90] Allein das Wissenskapitel entspricht im Großteil wörtlich dem § 10 und übergeht die §§ 14 und 15 der WWV I, die, nach dem obigen Kap. 1.2.3, zusammen die Wissenschaftslehre ausmachen. Schopenhauer erklärt in dem Wissenskapitel:

> Wir wollen nun zuerst das Wissen im Allgemeinen etwas erörtern: die Betrachtung des methodischen Wissens, d. h. der Wissenschaft würde sich zwar sodann sehr passend anschließen; doch setzt was

---

[82] WWV2 I, S. 79.
[83] Vgl. WWV2 I, S. 127ff.
[84] Vgl. WWV2 I, S. 136ff.
[85] Vgl. WWV2 I, S. 151ff.
[86] Vgl. WWV2 I, S. 242ff.
[87] Vgl. WWV2 I, S. 368ff.
[88] Vgl. WWV2 I, S. 399ff.
[89] Schopenhauer reflektiert diese Systemstruktur bes. bei WWV2 I, S. 240ff., S. 366ff., S. 498.
[90] WWV2 I, S. 421.

ich darüber zu sagen habe, noch vielerlei andre Betrachtungen voraus, die folglich dazwischen treten müssen, so daß ich von der Wissenschaft erst später das Nöthige werde beibringen können.[91]

Die hier angekündigte Einteilung der Wissenschaftslehre lässt sich auch aus den §§ 10, 14 und 15 der WWV I herauslesen: Zunächst wird Wissen im Allgemeinen definiert (§ 10, 1. Teil), dann folgt die Methodologie (§ 10, 2. Teil), die schließlich zur Klassifikation der konkreten Wissenschaften führt (§§ 14, 15). Ähnlich wie in der WWV I tritt hier auch in der WWV2 zwischen die beiden Teile der Wissenschaftslehre (1.) der Exkurs über die Beziehung zwischen Verstand und Vernunft, aber zusätzlich auch die (2.) Ausführungen zur praktischen Vernunft und (3.) das eben schon angesprochene Cap. 4.

Cap. 4 ist neben den Zusätzen in Cap. 1 und 2 eine der interessantesten Modifikationen der WWV2, da sie zwei systematische Antworten auf Fragen liefern, die mit der Vorrede der WWV I immer wieder in der Forschung aufgeworfen wurden: Was muss der Leser über Kant wissen, um die WWV zu verstehen, und welche Rolle spielen die Schriften Schopenhauers, die bis zum Jahr 1819 verfasst wurden, aber nicht Teil des Korpus der WWV I sind, für das Verständnis der WWV?

Zu Beginn von Cap. 2 wiederholt Schopenhauer besonders einschlägige Definitionen und Argumente aus der Einleitung und der Transzendentalen Ästhetik der *Kritik der reinen Vernunft*, insbes. zu den Begriffspaaren ›a priori/a posteriori‹ sowie ›analytische/synthetische Urteile‹. Dabei nimmt er mehrfach Kritikpunkte aus dem Anhang der WWV I (*Kritik der kantischen Philosophie*) auf, der Übernahmen und Differenzen zu Kant herausgestellt hatte. Auf diese Ausführungen werde ich in Kap. 2.2 genauer zu sprechen kommen. An die Ausführungen zur kantischen Philosophie schließt Schopenhauer aber auch in Cap. 2 ein Unterkapitel mit dem Titel »Theorie der sinnlichen und empirischen Anschauung« an, das die Optik behandelt und das weit über das erste Kapitel des 1816 erschienenen Buch *Ueber das Sehn und die Farben* hinausgeht.[92] Cap. 4 bietet schließlich eine Zusammenfassung der wichtigsten Textstellen von *Ueber die vierfache Wurzel des Satzes vom zureichenden Grunde*. Dieses Cap. 4 dient Schopenhauer auch als Überbau für T1, da jeder der vier Sätze des Satzes vom Grund mit einem oder mehreren der Verstandes- und Vernunftvermögen korrespondiert.

Die benannten Passagen aus Cap. 1, Cap. 2 und bes. Cap. 4 verlangen in ihrem Verhältnis zur WWV genauere Untersuchungen, die über meine hier nur gemachten Andeutungen hinausgehen. Man kann darüber streiten, ob es beispielsweise für die Systemkonzeption günstig war, die Teile der Wissenschaftslehre noch stärker zu trennen, als sie es bereits in der WWV waren. Für den deskriptiven Ansatz und unser

---

[91] WWV2 I, S. 368.
[92] Soweit ich dies sehe, geht dieses Kapitel auch weit über die späteren Auflagen von *Ueber den Satz vom zureichenden Grunde* (1847) und *Ueber das Sehn und die Farben* sowie über die 1830 erschienene Schrift *Commentatio exponens Theoriam Colorum Physiologicam eandemque Primariam* hinaus.

1 Die Welt und ihre repräsentationalistische Interpretation

Thema sind allerdings zwei Fakten in Bezug auf WWV2 entscheidend: *Die Logik behält ihren primären Standort im Vernunftteil, und die Vertauschung großer Teile von §§ 14 und 15 mit dem § 16 der WWV bedeutet eine nun prominente Besetzung und Hervorhebung des repräsentationalistischen und baconschen Ansatzes von § 15, nämlich an das Ende von T1.* Auch dies dient der Demontage normativer Voreingenommenheit.

Wie bereits angekündigt, möchte ich hier nicht genauer auf die Parallelen zwischen WWV I und WWV2 eingehen. Die dargestellten Ausführungen lassen sich auch auf T2–T4 übertragen: Schopenhauer verschiebt vereinzelte, zum Teil größere Textteile, erweitert bestimmte Themen der WWV I und macht Textabschnitte und damit auch Systemteile und -absichten insgesamt deutlicher. Trotz dieser Modifikationen scheint, wie man bereits an T1 sehen konnte, der Text näher an der Erstauflage von WWV I zu sein als manche Interpretationen seines Systems in den Jahren ab etwa 1840. Dies wird insbesondere an der großen Logik deutlich.

1.3.3 Die große Logik der WWV2

Ich habe mich in Kapitel 1.3.2 bei der formalen Bewertung der Berliner Vorlesungen den Editoren und Rezensenten der WWV2 insofern angeschlossen, als ich auch in WWV2 einen ähnlichen, wenn auch stark erweiterten und verdeutlichten Systementwurf der WWV I (1819) gesehen habe. Meiner Meinung nach bleibt somit – trotz einzelner Modifikationen und Erweiterungen – das in Kap. 1.2 beschriebene Grundgerüst des Systems der WWV I auch für die WWV2 bestehen. Die wesentlichen systemrelevanten Änderungen betreffen vor allem Schopenhauers Umgang mit den in der WWV I nur als Lektüre empfohlenen Schriften, insbes. seine Vorarbeiten (*Ueber die vierfache Wurzel des Satzes vom zureichenden Grunde, Ueber das Sehn und die Farben*) und der Anhang der WWV I. Beachtenswert ist für T1 von WWV2 aber allein das Neuarrangement der letzten Paragraphen von B I der WWV I, wodurch der repräsentationalistische Ansatz eine prominentere Stellung im Text erhält. Eine starke Ausarbeitung erfahren in der WWV2 besonders die logischen, naturphilosophischen (insbes. Optik, Biologie und Mechanik), objektiv-ästhetischen und rechtsphilosophischen Systemteile, die in der WWV z.T. nur unzureichend abgehandelt wurden.[93]

Auch aufgrund derartiger Erweiterungen habe ich mich in Kapitel 1.3.2 aber der inhaltlichen Bewertung der Editoren und Rezensenten der WWV2 nicht angeschlossen. Im Gegenteil, ich habe dafür argumentiert, dass die WWV2 für den akademischen Leserkreis gewinnbringender zu lesen ist als die WWV. Ich werde diese These in diesem Kapitel anhand der Logik stützen zunächst und an ihr zeigen, wie eine solche Ausarbeitung in der WWV2 im Unterschied zur WWV aussieht. Die Darstellung soll zeigen, dass es gerechtfertigt ist, den in Kap. 1.3.1 besprochenen § 9 der WWV als

---

[93] Siehe oben, Kap. 1.2.3 und 1.3 (Einleitung).

1.3 Der Status der Logik im System WWV und WWV2

›kleine Logik‹ zu bezeichnen und in Relation zu Cap. 3 der WWV2 zu setzen, der eine ›große Logik‹ enthält. Abschließend soll das mit Kap. 1.1 eingeleitete und ab Kap. 1.2.2 erstmals explizierte Argument zugespitzt und zu Ende geführt werden, nämlich dass die Rezeptionsgeschichte der schopenhauerschen Philosophie dem Missverständnis unterlegen ist, bislang den populären mit dem akademischen Systementwurf verwechselt zu haben.

In Kap. 1.3.2 wurden Belege dafür angeführt, dass auch in der WWV2 der primäre Standort der Logik im Vernunftteil liegt und diesen sogar fast ganz füllt. Während in der WWV I Schopenhauer nur eine ›kleine Logik‹ entworfen hat, die fast ausschließlich aus einer Begriffslogik besteht und nur unzureichende Stichpunkte zu einer geometrischen Urteils- und Schlusslehre angibt, zeigt bereits der Aufbau der Unterkapitel von Cap. 3 in der WWV2, dass Schopenhauer diesen Mangel auszubessern versucht hat: Schopenhauer behandelt in den Hauptkapiteln der WWV2 neben einer ein- und ausleitenden Philosophie der Logik[94] eine Begriffs-,[95] Urteils-[96] und Schlusslogik[97].

Mit der Ausarbeitung dieser drei Themen scheint Schopenhauer nicht nur den qualitativen Mangel der kleinen Logik von § 9 in WWV I und den Mangel der nicht komplementären Ergänzungen in WWV II ausräumen zu wollen; die oben angegebenen Seitenzahlen zu den vier Hauptthemen (Begriff, Urteil, Schluss und Philosophie der Logik) zeigen darüber hinaus, dass Schopenhauer seine kleine Logik der WWV I zusammen mit der WWV II quantitativ um weit mehr als hundert Seiten erweitert hat. Ähnlich wie in der Hegelforschung, so hat natürlich die Übernahme und Anwendung der alten Unterscheidung von ›kleine‹ und ›große Logik‹ auch hier nur noch den quantitativen, aber nicht mehr den didaktischen Sinn, der dieser Unterscheidung im spätscholastischen Lehrbetrieb zukam.[98] Dennoch dürfte die Erweiterung der Logik um das mehr als fünffache die Redewendung von einer ›großen Logik‹ rechtfertigen.

Bevor ich auf die Frage zu sprechen komme, warum Schopenhauer diese Erweiterung der Logik vorgenommen hat, werde ich im Folgenden einen allgemeinen Überblick über die einzelnen philosophischen, begriffs-, urteils- und schlusslogischen Themen der WWV2 geben. Diese Übersicht soll auch aufzeigen, welche der Themen (1) – (7), die in Kap. 1.3.1 dargestellt wurden, Schopenhauer verstärkt ausgearbeitet hat. Aufgrund der vielen Ergänzungen und der neuen Kapiteleinteilung in der WWV2 ist es nicht mehr sinnvoll, die Übersicht über die große Logik mit der Einteilung der Themenkomplexe (1) – (7) zu gliedern. Aus diesem Grund übernehme ich Schopenhauers Aufbau (Begriffs-, Urteils-, Schluss- und Philosophie der Logik) und reduziere die darin befindlichen Themen auf vierzig, also von (1') bis (40').

---

[94] Vgl. WWV2 I, S. 234–242, S. 340–363.
[95] Vgl. WWV2 I, S. 242–260.
[96] Vgl. WWV2 I, S. 260–293.
[97] Vgl. WWV2 I, S. 293–340.
[98] Siehe oben, Kap. 1.3 (Einleitung).

1 Die Welt und ihre repräsentationalistische Interpretation

Begriffslogik: Die Begriffslogik beginnt mit einer (1') Semantik,[99] die auch Skizzen zu einer (2') Semiotik umfasst.[100] Nach einem Exkurs (3') zur Reflexion[101] und zu der (4') Unterscheidungen von Abstrakta und Konkreta wird die Unterscheidung von einfachen und zusammengesetzten Begriffen eingeführt,[102] und diese Unterscheidungen werden (5') durch den Prozess einer Abstraktion von der Anschauung erklärt. Dieses Verfahren und diese Unterscheidungen führt Schopenhauer auf die (6') empiristische Tradition, insbes. Locke zurück[103] und (7') kritisiert die dogmatische Unterscheidung von klaren und verworrenen Begriffen, die im Rationalismus ausgeprägt wurde.[104] Im Anschluss daran führt Schopenhauer die Metaphern der (8') Subsumtion[105] und der (9') Extension[106] ein, (10') erklärt diese mit Euler-ähnlichen Diagrammen[107] und (11') verdeutlicht den Unterschied von Inhalt und Umfang anhand der Reziprozitätsregel,[108] mit der er wiederum (12') diejenige Philosophie kritisiert, die sehr weite und damit abstrakte Begriffe benutzt.[109]

Urteilslogik: Nach (13') einer Definition des Urteilens[110] behandelt Schopenhauer (14') das Verhältnis von Subjekt, Prädikat und Copula im Urteil.[111] Mit der anschließenden Bestimmung der zentralen Denkgesetze, nämlich (15') des Satzes der Identität,[112] (16') des Satzes vom Widerspruch,[113] (17') des Satzes vom ausgeschlossenen Dritten[114] und des (18') Satzes vom zureichenden Grund,[115] (19') führt Schopenhauer vier Wahrheitsbegriffe (logisch, empirisch, metaphysisch, metalogisch) ein.[116]

Diese Denkgesetze betreffen die Verhältnisse im Urteil (subsentential) und zwischen mehreren Urteilen (sentential). Die Verhältnisse beziehen sich nun (20') zum einen auf die Frage nach der Identität oder dem Unterschied von Subjekt und Prädikat und seien daher – hier knüpft Schopenhauer an den Anfang von Cap. 2 an – entweder

---

[99] Vgl. WWV2 I, S. 243–246. Siehe dazu unten, Kap. 2.1.
[100] Vgl. WWV2 I, S. 247ff.
[101] Vgl. WWV2 I, S. 249ff.
[102] Vgl. WWV2 I, S. 252ff.
[103] Vgl. WWV2 I, S. 252ff. Als einer der ersten hat Julian Young: Willing and Unwilling: A Study in the Philosophy of Arthur Schopenhauer. Dordrecht 1987, S. 22–25 den Einfluss der britischen Empiristen und bes. Lockes auf Schopenhauers Begriffslehre expliziert. Dem handschriftlichen Nachlass zufolge hat Schopenhauer zweimal mehrere Werke Lockes gelesen und kommentiert, einmal im Sommer 1812 und einmal im Januar 1816.
[104] Vgl. WWV2 I, S. 253ff.
[105] Vgl. WWV2 I, S. 255f.
[106] Vgl. WWV2 I, S. 257.
[107] Vgl. WWV2 I, S. 257f.
[108] Vgl. WWV2 I, S. 258. Siehe auch unten, Kap. 3.2.2.
[109] Vgl. WWV2 I, S. 258f. Vgl. dazu Michel-Antoine Xhignesse: Schopenhauer's Perceptive Invective. In: Language, Logic, and Mathematics in Schopenhauer. Hrsg. v. Jens Lemanski. Cham 2020, S. 95–107.
[110] Vgl. WWV2 I, S. 260f.
[111] Vgl. WWV2 I, S. 261.
[112] Vgl. WWV2 I, S. 262.
[113] Vgl. WWV2 I, S. 262f.
[114] Vgl. WWV2 I, S. 263.
[115] Vgl. WWV2 I, S. 263f.
[116] Vgl. WWV2 I, S. 264–269. Vgl. Jean-Yves Béziau: Metalogic, Schopenhauer and Universal Logic. In: Language, Logic, and Mathematics in Schopenhauer. Hrsg. v. Jens Lemanski. Cham 2020, S. 207–257.

1.3 Der Status der Logik im System WWV und WWV2

analytisch oder synthetisch.[117] Zum anderen (21') analysiert Schopenhauer mit Hilfe von Euler-Diagrammen, Gergonne-Relationen und Partitionsdiagrammen kritisch, ob die möglichen Eigenschaften dieser Verhältnisse entweder die Quantität, Qualität, Relation oder Modalität der Urteile betreffen.[118] Durch die Untersuchung der grundlegenden Diagramme kommt er zu (22') den Ergebnissen, dass die Quantität und Qualität wesentliche Verhältnisformen des Urteils ausdrücken, dass die kantischen Relationsurteile nur teilweise sinnvoll seien und dass die Modalität eine nicht vom Urteil, sondern vom Urteilenden abhängige Form sei.[119]

Schopenhauer geht im folgenden Kapitel weiter und (23') leitet aus den beiden wesentlichen Urteilseigenschaften, Quantität und Qualität, vier grundlegende Urteilsformen ab: 1) allgemein bejahende Sätze, 2) allgemein verneinende Sätze, 3) partikulär bejahende Sätze, 4) partikulär verneinende Sätze.[120] (24') Diese werden wiederum mit Euler-artigen Diagrammen illustriert und mit den scholastischen Konversionsregeln gegenseitig abgeleitet.[121]

Schlusslogik: Die Schlusslogik besteht aus der Untersuchung von Schlüssen, (I) die mit drei Begriffen gebildet werden,[122] (II) die mit mehr als drei Begriffen gebildet werden[123] und (III) die mit Urteilen gebildet werden.[124] (I) Der erste Teil der Schlusslogik besitzt zwar eine grobe Struktur, aber aufgrund der hohen Redundanz in diesem Kapitel erscheint es mir sinnvoller zu sein, die Argumente zu strukturieren:[125] Schopenhauer geht es hier weniger um die Korrektheit und Gültigkeit von Inferenzen, als vielmehr um die Kriterien ihrer Natürlichkeit.[126] Eine Hauptthese lautet, (25') dass Kants Reduktion aller vier syllogistischen Figuren auf die erste Figur zwar über »Umwege« möglich ist,[127] (26') die kantische Reduktion aber die natürliche Funktion des terminus medius untergräbt. (27') Der terminus medius zeige, dass die vierte Figur nur eine besondere Funktion der ersten Figur darstelle. Diese These (28') verdeutlicht Schopenhauer zum einen an Metaphern und zum anderen an Euler-Diagrammen, die

---

[117] Vgl. WWV2 I, S. 268f. Dazu S. 122ff., siehe auch oben, Kap. 1.3.2.
[118] Vgl. WWV2 I, S. 270–282. Vgl. dazu Jens Lemanski, Lorenz Demey: Schopenhauer's Partition Diagrams and Logical Geometry. In: Diagrammatic Representation and Inference. Proceedings of the 12th International Conference on the Theory and Application of Diagrams, September 28 – 30 2021. Cham 2021 (i.E.).
[119] Vgl. WWV2 I, S. 282ff. Dieses Ergebnis entspricht weitestgehend der Analyse der Kategorien- und Urteilstafel in der *Kritik der kantischen Philosophie*, d.i. WWV I (1819), S. 629–654, untermauert die These aber mit der Theorie analytischer Diagramme.
[120] Vgl. WWV2 I, S. 284ff.
[121] Vgl. WWV2 I, S. 289ff. Vgl. auch Amirouche Moktefi: Schopenhauer's Eulerian Diagrams.
[122] Vgl. WWV2 I, S. 293–331.
[123] Vgl. WWV2 I, S. 331–333.
[124] Vgl. WWV2 I, S. 333–356.
[125] Für eine Einteilung der Abschnitte in der Schlusslogik siehe unten, Kap. 2.3.5f.
[126] Das Thema der Natürlichkeit hätte im weiteren Verlauf dieser Arbeit ein eigenes Kapitel 2.4 verdient. Es wurde allerdings in Ansätzen bereits abgehandelt in Hubert Martin Schüler, Jens Lemanski: Arthur Schopenhauer on Naturalness in Logic. In: Language, Logic, and Mathematics in Schopenhauer. Hrsg. v. Jens Lemanski. Cham 2020, S. 145–165.
[127] Vgl. WWV2 I, S. 302ff., S. 318ff.

mit diesen korrespondieren: In der ersten und vierten Figur habe der medius die Funktion der »Entscheidung«,[128] in der zweiten die Funktion der »Unterscheidung«[129] und in der dritten die Funktion der »Ausscheidung«.[130] (29') Das Unterscheidungskriterium der drei Figuren sei somit weniger die gewohnte Subjekt- oder Prädikatstellung von major, minor und medius[131] oder (30') die damit verbundenen Regeln,[132] als vielmehr (31') die metaphorisch ausgedrückte Funktionsweise des medius, die sich in den »Schemata der Sphären« gezeigt habe: In der ersten Figur ist der medius die mittlere, in der zweiten die weiteste und in der dritten Figur die engste Sphäre. (II) Im zweiten Teil erklärt Schopenhauer (32') ebenfalls anhand eines Euler-Diagramms Pro- und Episyllogismen, wobei jene mit Senecaschen und diese mit Goclenianischen Sorites korrespondieren. Während in den ersten beiden Abschnitten, (I) und (II), natürliche Schlüsse aus der Begriffslogik hergeleitet wurden und dort Quantität und Qualität zugrunde lagen, behandelt Schopenhauer im letzten Abschnitt (III) eine auf der Urteilslogik von (I) und (II) aufbauende Schlusslogik. Hier werden zunächst (33') komplexe Schlüsse mit relationalen Junktoren erklärt[133] und (34') kurz die Regeln für die Modallogik abgehandelt.[134]

Philosophie der Logik: Der philosophische Teil umfasst eine Einleitung, in der Schopenhauer vor allem (35') aus anthropologischer Sicht Sprache und Logik als eine »Hauptäußerung der Vernunft« neben Wissen(schaft) und praktischer Vernunft darstellt.[135] Der philosophische Schlussteil besteht aus mehreren Teilen: Vor dem eigentlichen philosophischen Teil im Schlussteil thematisiert Schopenhauer noch (36') unterschiedliche Themen sowie Junktoren,[136] Enthymeme,[137] Paralogismen und (37') sehr ausführlich Sophismen.[138] Der philosophische Teil beinhaltet zunächst einen (38') kurzen Abriss zur Geschichte der Logik unter besonderer Berücksichtigung ihrer jeweiligen Zusätze,[139] (39') eine Abhandlung zur Unterscheidung von Analytik (Logik) und Dialektik (Eristik oder auch Topik)[140] und einige Bemerkungen über den

---

[128] Vgl. WWV2 I, S. 302ff., S. 318ff., S. 323, S. 326. Schopenhauer verwendet auch die Metaphern der Handhabe (1. Figur) und des Belegs (4. Figur).
[129] Vgl. WWV2 I, S. 302, S. 316, S. 326, S. 329. Schopenhauer verwendet hier auch die Metaphern der Scheidewand und des Isolierschemels.
[130] Vgl. WWV2 I, S. 316ff., S. 327. Schopenhauer verwendet hier auch die Metaphern der Ausnahme bzw. Sonderung und Vereinigung. Prima facie erinnern diese Funktionen an Lamberts dicta de diverso, de exemplo und de reciproco. Inwiefern diese Vermutung zutrifft, müsste aber in einer eigenen Studie diskutiert werden.
[131] Vgl. WWV2 I, S. 324, S. 327f.
[132] Vgl. WWV2 I, S. 324–327.
[133] Vgl. WWV2 I, S. 333–339.
[134] Vgl. WWV2 I, S. 339f.
[135] WWV2 I, S. 234–242.
[136] Vgl. WWV2 I, S. 340.
[137] Vgl. WWV2 I, S. 340–343.
[138] Vgl. WWV2 I, 344–356.
[139] Vgl. WWV2 I, S. 356ff. Vgl. Valentin Pluder: Schopenhauer's Logic in its Historical Context. In: Language, Logic, and Mathematics in Schopenhauer. Hrsg. v. Jens Lemanski. Basel 2020, S. 129–143.
[140] Vgl. WWV2 I, S. 358f.

1.3 Der Status der Logik im System WWV und WWV2

Wert der Logik.[141] Als letzten Teil dieses Abschnitts über Sprache und Logik kann man zuletzt noch Schopenhauers Ausführungen (40') über die Überredungskunst (Eristische Dialektik) ansehen, die einige Sophismen wieder aufgreifen und diese mit Hilfe von Euler-Diagrammen erläutern.[142]

Vergleicht man die Themen (1') bis (40') der großen mit den Themen (1) bis (7) der beiden kleinen Logiken – also WWV I von 1819 und WWV II von 1844 – so zeigt sich, dass die Behauptung, in Schopenhauers Werk fehle die Entwicklung, durchaus ein Märchen zu nennen ist. In der kleinen Logik der WWV I finden wir bereits die Themen (3'), (4'), (8'), (9'), (10'), (13'), (21'), (22'), (32'), (35'); aber besonders hervorzuheben ist dabei, dass viele Aspekte, bes. (22') und (32'), in WWV I nur skizziert wurden. Auch die Einteilung einer dort nur angedeuteten Schlusslogik in (I) und (II) ist aus WWV I bekannt und würde heute als nur kleines Fragment der Quantorenlogik identifiziert werden. In der keinen Logik der WWV II finden wir dann noch die Themen (4'), (5'), (11'), (12'), (13'), (14'), (17'), (18'), (25'), (27'), (35'), (36'). Auch der Ansatz der Schlusslogik mit Urteilen (III) erinnert an die kleine Logik aus WWV II und würde heute als sehr kleines Fragment der Aussagenlogik identifiziert werden.

Wie man aber bspw. an (19') sieht, sind viele Themen und Argumente im Spätwerk (WWV II) nur stark – zum Teil bis zur Unverständlichkeit – verkürzt wiedergegeben worden. Interessant ist zudem, dass man eigentlich nur die Themen (4'), (5') und (10') in allen drei Werken – also WWV I, WWV2 und WWV II – wiederfindet, wobei (4') und (10') in WWV I, nur (5') aber in WWV II beträchtlich erweitert vorliegen. Auffallend ist auch, dass Schopenhauer (37'), (39') und (40') in WWV2 in die Logik integriert hat, während sie in den kleinen Logiken eindeutig in die Dialektik ausgelagert worden sind. All dies weist darauf hin, dass die große Logik inhaltlich das Dokument eines Übergangs darstellt, aber gleichzeitig die ausgereifteste Form der Logik ist, die wir von Schopenhauer vorliegen haben.

Wollte man den Gesamtansatz der großen Logik bewerten, so wird man insgesamt wohl von einem tragischen Dokument sprechen müssen. Schopenhauer selbst dürfte mit der großen Logik nicht zufrieden gewesen sein. Schließlich hat er etwa bis 1830 Zusätze in dem Dokument vorgenommen, aber vierzehn Jahre später einen insgesamt stark veränderten Ansatz in WWV II publiziert, der dann nur noch teilweise mit der fast unveränderten Fassung der kleinen Logik in WWV I von 1844 harmoniert.[143] Warum Schopenhauer die kleine Logik von WWV I für unhaltbar hielt, lässt sich beispielsweise auch an dem Übergangsdokument bei dem Themen (21') bis (24') erklären: Hier erweitert Schopenhauer die ursprünglich nur fünf analytischen Diagramme zu sechs und modifiziert diese um verneinende Urteile, die er in WWV I

---

[141] Vgl. WWV2 I, S. 359ff.
[142] Vgl. WWV2 I, S. 363–366. Vgl. Jens Lemanski, Amirouche Moktefi: Making Sense of Schopenhauer's Diagram of Good and Evil. In: Diagrammatic Representation and Inference. 10th International Conference, Diagrams 2018, Edinburgh, UK, June 18-22, 2018, Proceedings. Hrsg. v. Francesco Bellucci, Peter Chapman, Gem Stapleton, Amirouche Moktefi, Sarah Perez-Kriz. Cham 2018, S. 721–724.
[143] Siehe oben, Kap. 1.3.2.

1 Die Welt und ihre repräsentationalistische Interpretation

ausspart.[144] Dass die große Logik von WWV2 insgesamt aber ein Dokument des frühen Schopenhauers ist, zeigt sich vor allem darin, dass in WWV2, ähnlich wie in WWV I, fast alles anhand von analytischen Diagrammen erklärt wird – ein Ansatz, den Schopenhauer ja in WWV II aufgegeben hat und durch eine angeblich bessere, aber nicht explizierte Notation mit Haken und Stäben ersetzen wollte.[145]

Obwohl der späte Schopenhauer wohl selbst seinen frühen Logiken (WWV I und WWV2) kritisch gegenüberstand, ist die große Logik ein beeindruckendes philosophiehistorisches Dokument, das mehrere Fragen, Themen und Antworten beinhaltet, die auch heute noch in einzelnen historischen wie systematischen Forschungsbereichen zur Logik, Sprachphilosophie, Philosophie der Mathematik, Metaphysik u.a. diskutiert werden. Diese These wird in Kap. 2 genauer behandelt. Insgesamt ergibt sich der Wert der großen Logik aber nahezu schon zwangsläufig dadurch, dass Schopenhauer explizit mehrere logische Paradigmen eigenständig miteinander verknüpft, die bis heute zum Teil immer noch getrennt voneinander behandelt werden: Damit meine ich zunächst nur Schopenhauers Untersuchung, Fortführung und Kritik der kantischen Logik mit Hilfe analytischer Diagramme oder anders gesagt: die eigenständige Verbindung derjenigen Logiken, die den Ausgangspunkt für die heutige algebraische und geometrische Logik bilden. Diese Verbindung wird in Kap. 2.2 genauer gezeigt werden. In Kap. 2.3 wird sich zudem zeigen, dass Schopenhauer diesen kantisch-eulerschen Ansatz noch mit aristotelischen und scholastischen Konzeptionen in der Beweistheorie konfrontiert. Das Ergebnis ist ein derart komplexer und voraussetzungsreicher Text, dass er nur schwer als didaktisches Einsteigerwerk bewertet werden kann.

Die angesprochene Tragik des Übergangsdokuments zeigt sich vor allem daran, dass Schopenhauers intensive verschriftlichte Auseinandersetzung mit der Logik etwa in dem Augenblick endet, in dem er mit seiner akademischen Karriere bricht. Alle späteren Andeutungen zur Logik, in der WWV II und in *Parerga und Paralipomena*, zeigen aufgrund ihrer Modifikationen ein Interesse an dem Thema, aber ein Desinteresse an der Ausarbeitung. Woran liegt das? Was ist der Grund, der Schopenhauer dazu bewegt haben muss, auch seine schon wenige Jahre nach der Veröffentlichung der WWV I stark erweiterten Ausführungen zu § 9, die wir in der großen Logik der WWV2 finden, nicht für die Publikation zu nutzen? Oder noch radikaler gefragt: Warum sollte man seiner Leserschaft besseres Wissen vorenthalten?

Ich glaube, die Antwort auf diese Frage, die sich besonders an der Logik zeigt, betrifft Schopenhauers Selbstverständnis, d.h. sein Selbstverständnis als Fachphilosoph, das in der Rezeptionsgeschichte seiner Werke kaum wahrgenommen wurde und

---

[144] Siehe oben, Kap. 1.3.1. Erst durch die WWV2 lässt sich ein eulersches System überhaupt aufbauen, da Schopenhauer in der kleinen Logik keine diagrammatischen Konstruktionsregeln für negative Urteile angibt.
[145] Siehe oben, Kap. 1.3.1.

1.3 Der Status der Logik im System WWV und WWV2

daher zu gravierenden Fehleinschätzungen geführt hat. Die These, die ich somit abschließend in Kap. 1 vertreten möchte, lautet: Allein die WWV2 ist das fachphilosophische Werk, das von Fachphilosophen beurteilt werden sollte, während die WWV nur eine didaktische und populäre Form derselben ist. Wollte man dies in einer umfangslogischen Metapher ausdrücken, könnte man wohl sagen, dass der thematische Inhalt der WWV kleiner ist als der der WWV2, und zwar, weil Schopenhauer intendiert hat, dass der Leserkreis der WWV größer sein sollte als der der WWV2.

Der Grund für die Einschränkung des thematischen Inhalts findet sich in der WWV I. Nachdem Schopenhauer in § 9 die vier Urteilsformen anhand von analytischen Diagrammen (»*Schematismus der Begriffe*«) aufgestellt hat, macht er darauf aufmerksam, dass die Logik an dieser Stelle nicht weiter abgehandelt werden muss. Als Begründung dafür finden wir zunächst zwei Argumente:

> Diesen *Schematismus der Begriffe*, der schon *in mehreren Lehrbüchern ziemlich gut ausgeführt ist*, sollte man der Lehre von den Urtheilen, wie auch der ganzen Syllogistik zum Grunde legen, wodurch der Vortrag beider sehr leicht und einfach werden würde. Denn alle Regeln derselben lassen sich daraus ihrem Ursprung nach einsehen, ableiten und erklären. Diese [sc. Regeln] aber *dem Gedächtniß aufzuladen, ist ganz überflüssig*, da die Logik nie von praktischem Nutzen, sondern nur von theoretischem Interesse für die Philosophie seyn kann.[146]

Ich lese aus diesem Zitat zwei recht unterschiedliche Argumente heraus:
(A1) Analytische Diagramme sind schon in mehreren Lehrbüchern ziemlich gut ausgeführt.
(A2) Logische Regeln dem Gedächtnis aufzuladen, ist nicht notwendig.

(A1) wird beiläufig erwähnt und scheint meiner Meinung nach nur ein äußerer Grund zu sein, um das zuvor in § 9 Gesagte zur Logik nicht näher erklären zu müssen. Vereinfacht gesagt: Wer nähere Erklärungen verlangt, soll eben in spezielle Lehrbücher sehen.[147] Wie in Kap. 1.2.6 im Zusammenhang mit den Lehren der Heiligen und Asketen angesprochen (das »Man lese...«), wird auch hier in der Logik wieder ein externer Text zur Ergänzung des unvollständigen Systems herangezogen. (A2) wird durch die hobbessche wie auch cartesianische Floskel gestützt, dass zum einen jeder Mensch sowieso intuitiv Logik verstehe[148] und dass zum anderen die Logik keinen

---

[146] WWV I (1819), S. 65f. – Hervorhebung von mir, J.L. Bezeichnend für die veränderte Lehre in der Logik ist im Übrigen, dass Schopenhauer in den späteren Auflagen der WWV I das »sollte« im ersten Satz durch ein »kann« ersetzt hat.
[147] Zu den Lehrbüchern, die Schopenhauer im Sinn gehabt haben mag, siehe unten, Kap. 2.2.6.
[148] Vgl. bspw. Thomas Hobbes: De Corpore I.1; René Descartes: Discours de la méthode I.1.

1 Die Welt und ihre repräsentationalistische Interpretation

praktischen Nutzen habe. Mir scheint dies aber nur eine Beschwichtigung für diejenigen Leser zu sein, die – wie in Kap. 1.3.1 argumentiert wurde – Schopenhauers kleine Logik für unvollständig oder dunkel und kryptisch erachten könnten. Beide Gründe sind aber meiner Meinung nach keine ausreichende Rechtfertigung, um die Logik derart unvollständig seinem Rezipienten vorzulegen – zumal Logik, wie in Kap. 1.2.7 besprochen, nicht nur Bestandteil des Systems, sondern auch das Ordnungsinstrument des Systems ist.

Im weiteren Verlauf wird aber ein weiteres, an (A2) anknüpfendes Argument eingefügt, das sich an einer der wenigen Textstellen von § 9 findet, die Schopenhauer in der letzten Fassung der WWV I stark überarbeitet hat:

WWV I (1819), S. 68	WWV I (1859), S. 86
Dießwegen aber auch muß sie [sc. die Logik] theils nicht mehr allein und als für sich bestehende Wissenschaft gelehrt werden, weil sie als solche zu gar nichts führet, [...].	Als abgeschlossene, für sich bestehende, in sich vollendete, abgerundete und vollkommen sichere Disciplin ist sie [sc. die Logik] berechtigt, für sich allein und unabhängig von allem Andern wissenschaftlich abgehandelt und ebenso auf Universitäten gelehrt zu werden [...].

Beide Zitate scheinen auch hier Beschwichtigungsargumente zu sein, um sich vor Vorwürfen einer unvollständigen Logik abzusichern: Logik ist nicht nur woanders bereits besser abgehandelt worden (A1) und ohnehin nicht von Nutzen für den Leser (A2), sondern auch keine für sich bestehende Wissenschaft.[149] Das Zitat der ersten Auflage scheint in Anbetracht der großen Logik, die Schopenhauer nur zwei Jahre später vortrug, widersprüchlich zu sein. Wenn Logik doch nicht allein und als für sich bestehend gelehrt werden braucht, warum hat Schopenhauer sie dann so stark für seine Vorlesungen erweitert? Man kann diese Frage sogar zuspitzen, wenn man bedenkt, dass die Logik die umfangreichste thematische Erweiterung in der WWV2 ist;[150] oder wenn man bedenkt, dass Schopenhauer in vielen seiner Vorlesungsankündigungen aus den 1820er Jahren ausdrücklich betont, dass er besonders Logik abhandeln werde.[151]

---

[149] Zu der Behauptung, dass Logik eine abgeschlossene und vollendete Disziplin sei, vgl. Valentin Pluder: Schopenhauer's Logic in its Historical Context. Die These ist uns heute noch vor allem durch Kant bekannt. Vor Kant findet man sie aber auch bei zahlreichen Leibnizianern und Wolffianern.
[150] Vgl. Heinrich Hasse: [Rezension zu:] Schopenhauer, Arthur. Handschriftlicher Nachlass, S. 270–272.
[151] Vgl. WWV2 I, S. XIIf. (Vorrede Mockrauer). Es muss dabei aber auch bedacht werden, dass die Logik noch im 19. Jahrhundert zum sogenannten ›Fuchskolleg‹, also zum obligatorischen Studium für alle Studenten gehörte.

1.3 Der Status der Logik im System WWV und WWV2

Das Zitat des späten Schopenhauers scheint auf diese Zuspitzungen mit zwei Einschränkungen einzugehen: Selbstverständlich kann Logik allein für sich und vollständig abgehandelt werden, und zwar »wissenschaftlich und ebenso auf Universitäten«, also in Forschung und Lehre. Kann man daraus nun den Umkehrschluss ziehen, dass § 9 der WWV I bzw. die Logik im System der WWV I nicht für die fachphilosophische Lehre und Forschung gedacht ist? Die Antwort habe ich am konkreten Beispiel in diesem Kapitel (1.3) gegeben: Schopenhauer hat die WWV I zwar als systematisches Grundgerüst für seine Berliner Vorlesungen verwendet, aber er hat gerade im Unterschied zur WWV I anspruchsvolle Themen wie Logik oder Rechtsphilosophie viel stärker erweitert.

Auf diese Ausarbeitung der Logik und Rechtsphilosophie macht Schopenhauer auch explizit am Anfang der WWV2, im »Exordium über meinen Vortrag«, aufmerksam: Er versuche, in einem Semester alle Themenbereiche der Philosophie zu streifen, auch wenn diese aus Zeitgründen nicht immer so detailliert und konkret sein können, wie man es sich vielleicht wünsche. Dennoch hebt er explizit zwei wichtige Themen hervor, von denen er zumindest »die Basis, das Wesen und die Hauptlehren« vortragen werde, nämlich Logik und Ethik.[152] Dem angehenden Fachphilosophen oder generell Akademiker wird somit in der WWV2 das vermittelt, was der Leser der WWV nur als kryptische Ausführungen zur Kenntnis nehmen kann. § 9 der WWV I scheint meiner Meinung nach daher nur eine Lückenbüßerfunktion eines auf Vollständigkeit abzielenden repräsentationalistischen Ansatzes zu haben – wobei ›Vollständigkeit‹ hier nur so etwas wie ›Nennung der Vollständigkeit halber‹ bedeutet, nicht aber die vollständige Erklärung impliziert.

Der Leser der WWV mag Fachphilosoph sein – Schopenhauer hat, soweit ich weiß, sich nie gegen die akademische Lektüre seines Hauptwerks zur Wehr gesetzt – , aber der weitaus größere Leserkreis der WWV soll im Vergleich zur WWV2 – wie der in Kap. 1.2.2 erwähnte Scherz betont – auch diejenigen Personen umfassen, die übermäßig anspruchsvolle Bücher ihrer »gelehrten Freundin auf die Toilette, oder den Theetisch legen«. Während der angehende Bildungsbürger beruhigt wird, den § 9 nicht genauer zur Kenntnis nehmen zu müssen, wird dem angehenden Fachphilosophen in WWV2 eine nach damaligen Gesichtspunkten nahezu vollständige Logik vorgetragen. Die mit der Verwechslung des populären mit dem akademischen System einhergehende Rezeptionsgeschichte hat zu der Tragik beigetragen, dass Schopenhauer bis heute kaum als Logiker wahrgenommen wurde. Diese Tragik hat allerdings Schopenhauer selbst verschuldet. Seine gescheiterte Vorlesungskarriere ist bekannt und allzu häufig ins Heroische umgedeutet worden. Ein wirklich heroisches und vor allem positiveres Schopenhauerbild hätten wir bestimmt heute vorliegen, hätte er seinen Synkretismus von aristotelischer, eulerscher und kantischer Logik weiter akademisch ausgearbeitet oder seine modifizierte Theorie der Stab- und Hakennotation detaillierter entworfen. So aber gereicht das Schopenhauerbild der gegenwärtigen

---

[152] WWV2 I, S. 72.

1 Die Welt und ihre repräsentationalistische Interpretation

Wahrnehmung höchstens zur Charakterisierung eines Antihelden. Im folgenden Kap. 2 werden trotzdem Argumente dafür vorgebracht, dass auch heutige Logiker, Philosophen, Linguisten und Mathematiker noch Interesse an Schopenhauers einzigem akademischen System finden können, auch wenn dieses in seiner Entwicklung nie vollendet wurde.

2 Die Logik und ihre geometrische Interpretation

Ich habe in Kap. 1.1 und 1.2 für eine deskriptive Interpretation des schopenhauerschen Systems argumentiert und aufgezeigt, dass es gute Gründe gibt, dieses als repräsentationalistisch zu klassifizieren: Das Ziel seines Systems war es, die gesamte Welt in möglichst wenigen abstrakten Begriffen abzuspiegeln und zu ordnen. Innerhalb dieses repräsentationalistischen Ansatzes spielt die Logik eine doppelte Rolle: Sie ist Bestandteil der Welt und muss daher in einem vollständigen begrifflichen System ebenso repräsentiert werden wie alle anderen Wissenschaften, Phänomene, Meinungen und Verhaltensweisen der Welt. Aufgrund des Ziels einer begrifflichen Strukturierung der Welt ist die Logik aber weit mehr als nur ein Systembestandteil, denn sie gibt die Bedingungen der Möglichkeiten der Abbildungstheorie selbst vor.

In Kap. 1.3 wurde aufgezeigt, dass Schopenhauer seine Logik um die 1820er Jahre mehrfach umgeändert, aber auch ausgearbeitet hat. Er hat die sogenannte kleine Logik der WWV I und ferner der WWV II nur ein einziges Mal für ein akademisches Publikum schriftlich erweitert. Schopenhauers Berliner Vorlesungen sind eine veränderte und vor allem stark erweiterte Fassung der WWV I, die es aufgrund sowohl der Anknüpfung als auch Ausarbeitung verdient hat, als ›WWV2‹ betitelt zu werden. In diesen Vorlesungen hat Schopenhauer die kleine Logik der WWV zu einer großen Logik ausgearbeitet, indem er allein quantitativ ihren Umfang verfünffacht hat.

Diese Logik ist bis heute der Forschung größtenteils unbekannt geblieben und nie intensiv untersucht worden. In ihr finden sich neben vielen philosophischen Bemerkungen eine einzigartige Begriffs-, Urteils- und Schlusslehre. Die Einzigartigkeit dieser großen Logik beruht vor allem darauf, dass Schopenhauer in ihr eine kritische und mit eigenen Überlegungen versetzte Synthese der Logiken Eulers und Kants bildet (Kap. 2.2), um damit sowohl eine kontextuelle und abstraktionstheoretische Semantik zu etablieren (Kap. 2.1) als auch eine Verbesserung der scholastischen und aristotelischen Beweistheorie zu bewirken (Kap. 2.3). Diese Synthese ist insofern heutzutage von Interesse, als dass Kants Logik ein Meilenstein zu dem Paradigma der fregeschen Semantik, ferner Eulers Logik einen Meilenstein zum Paradigma der Vennschen Logik und schließlich Aristoteles' Beweistheorie ein Beispiel eines Kalküls natürlicher Inferenzen bildet.

Ich werde in den drei folgenden Kapiteln aufzeigen, inwiefern Schopenhauers Begriffs- (2.1), Urteils- (2.2) und Schlusslogik (2.3) der großen Logik gewinnbringende Beiträge zu aktuellen Forschungsfragen und -themen aus den Bereichen Sprachphilosophie, Geometrische Logik und Beweistheorie liefern und inwiefern diese Beiträge unser Bild eines Repräsentationalismus schärfen können, der nicht naiv und kausal, sondern vielmehr vermittelt und rational zu Werke geht. Die historischen Grundlagen eines solchen Repräsentationalismus, die in Kap. 2 dargestellt werden, sollen schließlich als Komplement des modernen Rationalismus in Kap. 3 weiter ausgearbeitet werden (Kap. 3).

Zunächst wird aber Kap. 2.1 dafür argumentieren, dass Schopenhauer in seiner Begriffslogik eine eigenständige Semantik vorgebracht hat, die die seit Wittgenstein oftmals kombinierten Methoden der Gebrauchstheorie der Bedeutung und des Kontextprinzips vorwegnimmt und diese mit Hilfe von Euler-Diagrammen erklärt (2.1.4–2.1.6). Schopenhauers pragmatische Semantik wird damit zum Gegenbeweis der neologizistisch-inferentialistischen These einer Kontextvergessenheit, die in der Periode zwischen Kant und Frege vorherrschen soll (2.1.1–2.1.3). In Kap. 2.2 werde ich gegen Kritiker der Analytizitätsdefinition und des darin enthaltenen Umfangsausdrucks argumentieren, dass Kants und besonders Schopenhauers Theorie analytischer Urteile vor allem durch sogenannte ›analytische‹ oder ›eulersche Diagramme‹ gerechtfertigt werden und daher keiner Übersetzung und Reformulierung bedürfen (2.2.4–2.2.6). Vielmehr soll versucht werden zu zeigen, dass Kants und bes. Schopenhauers Theorie analytischer Urteile in einer langen Tradition analytischer Diagramme stehen, die sich in der frühen Neuzeit entwickelt hat, aber bis in die Antike zurückreicht (2.2.1–2.2.3). In Kap. 2.3 wird aufgezeigt, dass Schopenhauer einen einschlägigen Beitrag zu einer lebhaften Debatte geliefert hat, die über den Wert und Nutzen von anschaulichen Figuren in der geometrischen Beweistheorie geführt wurde und bis heute geführt wird (2.3.1–2.3.3). Darüber hinaus werde ich darlegen, dass Schopenhauer den Vorteil von Figuren und Diagrammen in der Geometrie und Logik auch durch das Argument rechtfertigt, dem zufolge eine rein logizistische Beweistheorie selbst begründungsbedürftig bleiben muss (2.3.4–2.3.6).

2.1 Semantik – Kontextprinzip, Gebrauchstheorie und Repräsentationalismus

Dass die Philosophie mit Frege beginnt, ist heutzutage in der akademischen Welt ein nahezu umgangssprachlicher Slogan, der das uneingeschränkte Bekenntnis zur sogenannten ›analytischen Philosophie‹ ausdrücken soll. Dass Frege diesem Slogan wahrscheinlich nur bedingt zugestimmt hätte, lässt sich bereits dadurch verdeutlichen, dass er in seiner *Begriffsschrift* (= BS) selbst darauf hingewiesen hatte, dass die Idee einer exakten Zeichensprache ursprünglich von Leibniz stammt.[1] Trotz Freges Hinweis auf eventuelle Vorgänger ist die herrschende Meinung, dass auf Frege das Kontextprinzip (KTP) und das Kompositionaliätsprinzip (KPP) als zwei grundlegende semantische Prinzipien zurückgehen, die zum einen im 20. Jahrhundert mit Hilfe wittgensteinscher Texte als Theorie ausgearbeitet wurden und die zum anderen

---
[1] Vgl. BS, S. XI.

2.1 Semantik – Kontextprinzip, Gebrauchstheorie und Repräsentationalismus

bis heute als Grundprinzipien konträrer philosophischer Schulen gedeutet werden können:

(KTP$_F$)   »Nur im Zusammenhang eines Satzes bedeuten die Wörter etwas.«[2]
(KPP$_F$)   »Die Möglichkeit für uns, Sätze zu verstehen, die wir noch nie gehört haben, beruht offenbar darauf, daß wir den Sinn des Satzes aufbauen aus Teilen, die den Wörtern entsprechen.«[3]

Die Situation ist paradox: Beide Prinzipien gelten gewöhnlich als unvereinbar, aber dennoch werden sie jeweils als ›Frege-Prinzip‹ bezeichnet. Differenzierte Studien wie die von Theo Janssen erklären die Zuschreibung beider Prinzipien dadurch, dass (KTP) von Frege erstmals 1884 in den *Grundlagen der Arithmetik* (= GlA) vertreten wurde, hingegen Formulierungen, die an (KPP) erinnern, nur um 1914 in Freges Brief an Jourdain auftauchen.[4]

Dass (KTP) und (KPP) Grundlagenprinzipien semantischer Theorien darstellen können, wird seltener mit Frege, dafür meistens mit Wittgenstein in Verbindung gebracht. Die Standardinterpretation der *Philosophischen Untersuchungen* (= PU) besagt,[5] dass Wittgenstein dem (KTP) als das Grundprinzip einer Gebrauchstheorie der Bedeutung (GdB) beipflichtet,[6] (KPP) hingegen ausschlägt, da es das Grundprinzip für eine Bild- oder Repräsentationstheorie der Bedeutung (RdS) sei:

(GdB$_W$)   »Die Bedeutung eines Wortes ist sein Gebrauch in der Sprache.«[7]
(KTP$_W$)   »Nur im Zusammenhang eines Satzes bedeuten die Wörter etwas.«[8]

(RdS$_W$)   »Die Wörter der Sprache benennen Gegenstände –
(KPP$_W$)   Sätze sind Verbindungen von solchen Benennungen.«[9]

---

[2] GlA, S. 73 (§ 62), ferner: S. X.
[3] Gottlob Frege: XXI/12 Frege an Jourdain (Januar 1914). In: Gottlob Freges Briefwechsel mit D. Hilbert, E. Husserl, B. Russell sowie ausgewählte Einzelbriefe Freges. Hrsg. v. Gottfried Gabriel, Friedrich Kambartel, Christian Thiel. Hamburg 1980, S. 110–112, hier: S. 111.
[4] Theo M. V. Janssen: Frege, Contextuality and Compositionality. In: Journal of Logic, Language, and Information 10 (2001), S. 115–136.
[5] Vgl. bspw. Eike von Savigny: Die Philosophie der normalen Sprache. Eine kritische Einführung in die »ordinary language philosophy«. 2. völlig neu bearb. Ausg. Frankfurt a.M. 1974, S. 13–74.
[6] Mir ist bewusst, dass sich besonders Rationalisten aus verschiedenen Gründen hier wie auch in anderen Kontexten an meiner Verwendung des Wortes ›Theorie‹ stören werden, insbes. im Zusammenhang mit Wittgenstein. Ich teile zwar die Aversion gegen dieses Wort nicht, insbesondere da ›Gebrauchstheorie der Bedeutung‹ zu einem feststehenden terminus technicus geworden ist. Alternativ kann man für (GdB) aber auch zum Beispiel ›Gebrauchsthese der Bedeutung‹ lesen oder für Wittgenstein den von Ingolf Max vorgeschlagenen Kodex-Begriff verwenden (vgl. Ingolf Max: Wittgensteins Philosophieren zwischen Kodex und Strategie. Logik, Schach und Farbausdrücke. In: Realism – Relativism – Constructivism. Proceedings of the 38th International Wittgenstein Symposium in Kirchberg. Hrsg. v. Christian Kanzian, Sebastian Kletzl, Josef Mitterer, Katharina Neges. Berlin, New York 2017, S. 409–424).
[7] PU I 43.
[8] PU I 49. Da Wittgenstein hier die fregesche Formulierung (GlA, S. 73 (§ 62), ferner: S. X) zitiert, ist (KTP$_W$) = (KTP$_F$).
[9] PU I 1.

2 Die Logik und ihre geometrische Interpretation

Welche Rolle (GdB) und (RdS) zukommt, sieht man anhand der gegenläufigen Bildung der philosophischen Schulen in der nachwittgensteinschen Philosophie. Die vom späten Wittgenstein ausgehende (GdB) hatte Einfluss auf spieltheoretische Semantiken (bspw. Hintikka), dialogische Logiken (bspw. Lorenzen) oder auch auf pragmatische Inferentialismen (bspw. Brandom).[10] Die vom frühen Wittgenstein ausgehende (RdS) ist hingegen – meist in Zusammenhang mit einer Wahrheitstheorie der Bedeutung – eher verwandt mit Kategorialgrammatiken (bspw. Ajdukiewicz), Mögliche Welten-Semantiken (bspw. Carnap) oder Montague Grammatiken.

Mit (GdB) und (RdS) sind zudem nicht nur Semantiken, sondern auch epistemologische, wissenschaftstheoretische, geisttheoretische und vielleicht sogar allgemein weltanschauliche Konnotationen verbunden: (GdB) ist holistisch, (RdS) ist atomistisch; (GdB) ist inferentiell oder propositional, (RdS) ist intensional oder konzeptuell; (GdB) ist top-down, (RdS) ist bottom-up; (GdB) ist expressiv, (RdS) ist impressiv; (GdB) ist syntaktisch rekursiv, (RdS) ist syntaktisch progressiv; (GdB) ist idealistisch, (RdS) ist realistisch, usw. Vereinfacht gesagt, (GdB) steht der Normalsprachenphilosophie und somit der sozialen Theorie der Interaktion nahe, während (RdS) mit der Idealsprachenphilosophie und mechanistischen Theorien der Argumentation verbunden wird.[11]

Mit der systematischen Ausarbeitung der beiden Sprachtheorien geht aber auch die historische Zuordnung und Auswertung von Argumenten aus der Philosophiegeschichte Hand in Hand, die besonders der Schärfung von Details dient.[12] Bereits die Standardinterpretation der PU besagt, dass Wittgenstein (KPP) und (RdS) mit Platon, Augustinus, Russell und mit seiner Frühphilosophie im *Tractatus logico-philosophicus* (= Tlp) identifiziere. Zusätzlich sehen sich Kompositionalisten wie bspw. Wilfrid Hodges selbst in der großen Tradition stehend, die mit dem Organon des Aristoteles beginnt, von den spätantiken und mittelalterlichen Aristotelikern sowie Leibniz fortgeführt und von dem späten Frege, dem frühen Wittgenstein sowie Russell zu Tarski und Davidson übermittelt wurde.[13]

Der aktuelle Forschungsstand zu (GdB) ist weitaus komplizierter: Einig ist man sich darüber, dass Wittgenstein (GdB) in den PU ausformuliert habe, was dann von Sprechakttheoretikern wie Austin und Searle weiterentwickelt wurde. Ob Quine aber auch die (GdB) in *Ontological Relativity* in ihrem vollständigen Sinn ausgelegt habe

---

[10] Vgl. Frédérick Tremblay: La rationalité d'un point de vue logique. Entre dialogique et inférentialisme, étude comparative de Lorenzen et Brandom. Nancy 2008.

[11] Vgl. bspw. Richard Rorty: Der Spiegel der Natur. Eine Kritik der Philosophie. Frankfurt a.M. 1987, bes. Kap. IV.

[12] Man denke hier bspw. daran, dass Robert Brandom seine Nähe zu Frege meistens durch die Ablehnung des ›Platte‹-Sprachspiels bei Wittgenstein definiert.

[13] Vgl. Wilfrid Hodges: Formalizing the Relationship between Meaning and Syntax. In: The Oxford Handbook of Compositionality. Hrsg. v. Markus Werning, Wolfram Hinzen, Edouard Machery. Oxford 2012, S. 245–261; einige Zusätze zur Ideen- und Begriffsgeschichte finden sich auch in Wilfrid Hodges: Remarks on Compositionality. In: Dependence Logic. Theory and Applications. Hrsg. v. Samson Abramsky, Juha Kontinen, Jouko Väänänen, Heribert Vollmer. Cham 2016, S. 99–107, hier: S. 104–106.

2.1 Semantik – Kontextprinzip, Gebrauchstheorie und Repräsentationalismus

(»zu wissen, wie das Wort zu gebrauchen ist«) und ob sie wiederum auf die behavioristische Theorie Deweys von 1925 zurückgehe (»Bedeutung [...] ist primär eine Eigenschaft des Verhaltens [behavior]«), die wiederum eine einzelne Vorwegnahme von Wittgensteins Theorie sei,[14] ist eine Frage, über die die heutige Forschung meines Wissens kaum hinausgekommen ist.[15] Meinem Kenntnisstand zufolge hat vor allem Michael Forster in den letzten Jahren dafür argumentiert, dass die (GdB) von mehreren hermeneutischen und »quasi-empiristischen« Ansätze im 18. Jahrhundert (Herder, Hamann, Ernesti, Wettstein) vorweggenommen wurde,[16] die wiederum von Spinozas Diktum »Verba ex solo usu certam habent significationem« abhängen.[17]

Besonders von Inferentialisten wird hingegen (KTP) weniger mit der Bibelhermeneutik als vielmehr mit der Transzendentalphilosophie in Verbindung gebracht. Die einschlägige These zum Ursprung des Kontextualismus ist von Hans Sluga aufgestellt, von Robert Brandom populär gestützt und von Theo Janssen untermauert worden: Alle drei sind der Meinung, dass der Kontextualismus implizit bei Kant schon angelegt worden sei, explizit sich aber erstmals bei (KTP$_F$) zeige.

Uneinigkeit besteht zwischen Brandom und Janssen allein in der Frage, welche Rolle der Philosophie zwischen Kant und Frege zukommt: Während Brandom behauptet, dass man Kants kontextualistischen Ansatz im 19. Jahrhundert vergessen habe und dieser erst von Frege wieder aufgegriffen worden sei, bringt Janssen mehrere Zitate aus dem 19. Jahrhundert vor, die als Varianten von (KTP) gedeutet werden können. Bei der jeweiligen historischen Zuordnung von Argumenten aus der Philosophiegeschichte zu (KTP)/(GdB) oder (KPP)/(RdS) spielen zwei weitere Prinzipien eine wichtige Rolle. Beide Prinzipien habe ich oben nur beiläufig in den Phrasen »(GdB) ist holistisch, (RdS) ist atomistisch«, »(GdB) ist inferentiell oder propositional, (RdS) ist intensional oder konzeptuell« und »(GdB) ist top-down, (RdS) ist bottom-up« erwähnt, da sie implizit schon mit (KTP$_W$) und (KPP$_W$) genannt wurden. Beide Prinzipien werden vereinfacht als ›Urteilspriorität‹ (UP) oder ›Begriffspriorität‹ (BP) bezeichnet. Geht man, wie in Kap. 1.3 besprochen, davon aus, dass eine vollständige Logik Begriffe, Urteile und Schlüsse untersuchen müsse, so hängt der Aufbau der Logik von der Wahl zwischen (KTP) und (KPP) ab:

---

[14] Vgl. Willard Van Orman Quine: Ontologische Relativität. In: Ders.: Ontologische Relativität und andere Schriften. Frankfurt a.M. 2003, S. 43–84, hier: S. 43, S. 44; ders.: Der Begriff des Gebrauchs und sein bedeutungstheoretischer Stellenwert. In: Ders.: Theorien und Dinge. Frankfurt a.M. 1991, S. 61–74, hier: S. 64.

[15] Vgl. John V. Canfield: Wittgenstein versus Quine. The Passage into Language. In: Wittgenstein and Quine. Hrsg. v. Hans-Johann Glock, Robert L. Arrington. London 1996, S. 116–144. Ich beziehe mich in Kap. 2.1 bei Vergleichen zwischen Wittgenstein und Quine terminologisch und inhaltlich auf die Beiträge dieses Sammelbandes.

[16] Vgl. Michael Forster: Herder's Doctrine of Meaning as Use. In: Linguistic Content. New Essays on the History of Philosophy of Language. Hrsg. v. Margaret Cameron, Robert J. Stainton. Oxford 2015, S. 201–222.

[17] Baruch de Spinoza: Tractatus Theologico-Politicus. Continens Dissertationes aliquot, Quibus ostenditur Libertatem Philosophandi non tantum salva Pietate, & Reipublicæ Pace posse concedi: sed eandem nisi cum Pace Reipublicæ, ipsaque Pietate tolli non posse. Hamburgi [i.e. Amsterdam] 1670, S. 146 (= XII).

	(UP)	Wenn (KTP) gilt, so muss eine logisch-semantische Untersuchung mit Urteilen beginnen, aus deren Zusammenhang sie erst Begriffe analysieren kann.
	(BP)	Wenn (KPP) gilt, so muss eine logisch-semantische Untersuchung mit Begriffen beginnen, mit deren Hilfe sie Urteile synthetisch zusammensetzen kann.

Nach vertikalem Schema lässt sich der Aufbau der Logik etwa wie folgt vorstellen:

Kompositionalität   *Kontextualismus*

Traditionelle Reihenfolge	Traditionelle Bezeichnung	Bestandteile	Moderne Bezeichnung	Moderne Reihenfolge
3	Syllogistik	Schlusslehre	Inferentialismus	1
2	Hermeneutik	Urteilslehre	Propositionalismus	2
1	Kategorien	Begriffslehre	Konzeptualismus	3

bottom-up   *top-down*

Die atomare Mannigfaltigkeit der Konzepte findet sich unten, die holistische Einheit der Inferenzen findet sich oben in dem Diagramm. Das Schema lässt sich aber durchaus noch erweitern: Begriffe können aus Zeichen, Ideen oder Objekten zusammengesetzt sein; Schlüsse können im Zusammenhang von Theorien, Begriffsschemata oder Sprachen eine Rolle spielen. (UP) und (BP) drücken somit nur eine Teilrelation aus; sie werden zwar zum einen dank Sluga und Brandom heute vor allem an Kants Kategorien- und an der sogenannten ›Urteilstafel‹ diskutiert, aber zum anderen nur als abgeleitete Prinzipien aus einem größeren Bild angesehen, das weitaus holistischere oder atomarere Varianten von (KPP) oder (KTP) umfasst.[18]

Schopenhauer spielt in diesem Bild eigentlich keine Rolle. Im Gegenteil, wenn er überhaupt im Kontext einer semantischen Theorie untersucht wird, dann wird er meistens als Vertreter einer Standardvariante von (RdS) klassifiziert, wie man sie fast ausschließlich im Paradigma vorfregeschen Philosophierens findet. Meine Ausführungen in Kap. 1.2 und 1.3, insbes. zum Thema ›Abstrakta/Konkreta‹, dürften diesen Eindruck wohl bestätigt haben. Einige Forscher gehen sogar so weit zu behaupten, dass Schopenhauer überhaupt keinen Sinn für Bedeutungstheorien gehabt habe, da er wie viele Autoren bis zum 20. Jahrhundert unreflektiert Sprache einfach nur verwendet habe.[19] Dieser Auffassung zufolge ist Schopenhauer ein naiver Repräsentationalist, der zwar die Welt in Begriffen abspiegeln will und auch der Logik einen Platz in seinem Weltsystem einräumt, aber nicht weiß, dass er bereits über

---

[18] Siehe unten, Kap. 2.1.5.
[19] Vgl. z.B. Gunnar Schumann: A Comment on Lemanski's ›Concept Diagrams and the Context Principle‹. In: Language, Logic, and Mathematics in Schopenhauer. Hrsg. v. Jens Lemanski. Basel 2020, S. 73–85, bes. S. 76, S. 80.

2.1 Semantik – Kontextprinzip, Gebrauchstheorie und Repräsentationalismus

ein semantisches und logisches Instrumentarium verfügen muss, um dieses Projekt umsetzen zu können.

Mit diesen Vorurteilen möchte ich in den folgenden Kapiteln aufräumen. Kap. 2.1 präsentiert die Hauptthese, derzufolge Schopenhauer in seiner großen Logik in WWV2 eine Variante von (GdB) vertreten hat, die er durch (KTP) stützt. Um diese Argumentation aufzubauen, werde ich mich im ersten Teil dieses Kapitels (Kap. 2.1.1–2.1.3) zunächst intensiver mit der faktischen Genese des Kontextprinzips beschäftigen und eine Kritik des heutigen Forschungsstands formulieren. In Kap. 2.1.1 soll zunächst die Fregeforschung und insbes. die ›Kant/Frege-These‹ von Sluga, Brandom und Janssen genauer vorstellt werden. In Kap. 2.1.2 werde ich ein Stück weit gegen Brandoms These einer Kontextvergessenheit im 19. Jahrhundert argumentieren und mich somit – ein anderes Stück weit – auf die Seite von Janssen schlagen und seine nur als Gegenbelege aufgeworfenen Zitate von Gruppe, Trendelenburg und Lotze in den historischen Kontext stellen.[20] In Kap. 2.1.3 wird sich zeigen, warum ich mich nicht vollständig auf die Seite von Janssen stellen kann. Dies liegt zum einen daran, dass ich die Rezeptionsgeschichte von (KTP) und (UP) bei Frege und bei Wittgenstein anders sehe als Janssen und zum anderen daran, dass ich die Kant/Frege-These für problematisch erachte.

Der zweite Teil dieses Kapitels (Kap. 2.1.4–2.1.6) wird sich intensiver mit einer möglichen Rezeptions- und Entwicklungsgeschichte von (KTP) und (GdB) beschäftigen und eine Kritik des heutigen Forschungsstands formulieren. Kap. 2.1.4 stellt zunächst die Wittgensteinforschung und insbes. die Thesen zu Schopenhauer und Wittgenstein vor. Das zentrale Kap. 2.1.5 wird dann anhand von Schopenhauers Kritik der lexikalischen Semantik seine Variante von (GdB) und (KTP) vorstellen. Als Fazit möchte ich in Kap. 2.1.6 diskutieren, ob Schopenhauers große Logik eine historische Alternative zu den von Sluga, Brandom und Janssen genannten Kontextualisten in spe darstellt – damit meine ich Kant, Trendelenburg etc. – und inwiefern Schopenhauers (RdS) und (KPP) aus Kap. 1 mit dem in Kap. 2.1 entwickelten (GdB) und (KTP) harmonieren.

2.1.1 Die Kant/Frege-These

Die historische Kontextualisierung Freges ist für die Fregeforschung bis heute mit Problemen behaftet: Man wird sich dabei wohl zunächst die Frage stellen, warum sich so viele Forscher überhaupt mit der historischen Kontextualisierung beschäftigen:

---

[20] Janssens Aufsatz (Theo M. V. Janssen: Compositionality. Its Historic Context. In: The Oxford Handbook of Compositionality. Hrsg. v. Markus Werning, Wolfram Hinzen, Edouard Machery. Oxford 2012, S. 19–46) erschien fast zeitgleich mit Jens Lemanski: Die neuaristotelischen Ursprünge des Kontextprinzips und die Fortführung in der fregeschen Begriffsschrift. In: Zeitschrift für philosophische Forschung 67:4 (2013), S. 566–587, die in mancher Hinsicht als Grundlage für die folgende Analyse dient. Obwohl wir unabhängig voneinander zu den gleichen historischen Ergebnissen gekommen sind, die Slugas und vor allem Brandoms Ansätze in gewisser Weise in Frage stellen, sind wir dennoch in einigen Detailfragen geteilter Meinung.

2 Die Logik und ihre geometrische Interpretation

Was haben wir von dem Wissen oder warum sollte man darüber streiten, ob Frege bestimmte Vorläufer gehabt hat oder nicht? Fast selbstverständlich kann man dafür argumentieren, dass Kenntnisse der historischen Stellung, inbes. eines Schulgründers, Einblicke in das Selbstverständnis eines bestimmten Faches geben können. Beispielsweise wäre es bei Frege ein Einblick in das Selbstverständnis der Disziplin, die sich analytische Philosophie nennt. Die Diskussion um die historische Kontextualisierung geht aber noch weiter: Der Ertrag dieser Diskussion sagt etwas darüber aus, welche Methoden und Forschungsergebnisse überhaupt wissenschaftlich relevant sind. Fängt die Philosophie erst mit Frege an, wie es zu Beginn von Kap. 2 hieß, so muss sich der moderne Philosoph bspw. mit dem Aristotelismus oder Kantianismus gar nicht mehr beschäftigen. Und was für den Philosophen gilt, gilt dann erst Recht für diejenigen Logiker, Linguisten, Mathematiker usw., die sich für die Methoden und Ergebnisse der Philosophie interessieren.

Bereits Christian Thiel hatte 1965 darauf hingewiesen, dass eine Erforschung der Anknüpfung Freges an frühere Denker bislang noch ausstehe und die Forschung den Eindruck zu vermitteln suche, als ob »Frege seine Logik eben ›aus dem Nichts‹ geschaffen habe«.[21] Wie wir zuvor in Kap. 1.2.2 gesehen haben, ist eine derartige Schöpfung eines wissenschaftlichen Werks aus dem Nichts aber reichlich unwahrscheinlich. Daher kann die Forschung zur historischen Kontextualisierung Freges immerhin einige Vorarbeiten verzeichnen: Obwohl bereits Willard Van Orman Quine oder John Wallace Varianten von (KTP) in der Philosophiegeschichte, bspw. bei Jeremy Bentham, gefunden haben wollten,[22] stellte erst Hans Sluga die historisch-rezeptionsgeschichtlichen Thesen auf, dass Leibniz' Idee einer Begriffsschrift über Trendelenburg zu Frege herangetragen wurde[23] und dass Kant das (KTP) begründet habe, das dann über Hermann Lotze von Frege rezipiert worden sei.[24] Vorläufer des heutigen Inferentialismus haben diesen Thesen größtenteils widersprochen: Michael Dummett hatte sich 1981 nicht nur gegen Slugas Interpretation, sondern auch grundsätzlich gegen die Historisierung der fregeschen Gedankenentwicklung ausgesprochen:[25] Frege sei der Begründer des (KTP) und in der vorhergehenden Philosophiegeschichte gebe es eine allgemeine Kontextamnesie.

---

[21] Christian Thiel: Sinn und Bedeutung in der Logik Gottlob Freges. Meisenheim a. G. 1965, S. 9.

[22] Willard Van Orman Quine: Naturalisierte Erkenntnistheorie. In: Ders.: Ontologische Relativität und andere Schriften. Frankfurt a.M. 2003, S. 85–106, hier: S. 88; ders.: Fünf Marksteine des Empirismus. In: Ders.: Theorien und Dinge, Frankfurt a.M. 1985, S. 89–95; John Wallace: Only in the Context of a Sentence do Words have any Meaning. In: Midwest Studies in Philosophy 2 (1977), S. 144–164, bes. S. 145. Ob Jeremy Bentham wirklich Varianten von (KTP) und (UP) behauptet, wie Quine und Wallace andeuten, darf bezweifelt werden. Während bspw. Peter Michael Stephan Hacker: The Rise of Twentieth Century Analytic Philosophy. In: Ratio 9:3 (1996), S. 259 dafür argumentiert, hat jüngst Silver Bronzo: Bentham's Contextualism and Its Relation to Analytic Philosophy. In: Journal for the History of Analytic Philosophy 2:8 (2014), S. 1–41 gute Gegenargumente vorgebracht.

[23] Hans D. Sluga: Gottlob Frege. The Arguments of the Philosopher. London 1980, S. 48–52.

[24] Ebd., S. 52–58, bes. S. 55.

[25] Vgl. bspw. Michael Dummett: The Interpretation of Frege's Philosophy. Cambridge/Mass 1980, S. XVff.

2.1 Semantik – Kontextprinzip, Gebrauchstheorie und Repräsentationalismus

Bis heute scheint die Fregeforschung in der Aporie zwischen Sluga und Dummett zu stehen: Während Forscher wie Gordon Baker oder Peter Hacker mit ihrer Fregekritik prinzipiell eher zu Slugas historischer Ansicht tendieren, sieht Tyler Burge in Kant zwar einen Vorläufer des (KTP),[26] bemüht sich aber eher um eine Modernisierung von Freges Sprachphilosophie. In der deutschsprachigen Forschung stellen einerseits Gottfried Gabriel und dessen Schüler Freges Formalismus in einen Zusammenhang mit der traditionellen Logik und Erkenntnistheorie der Neukantianer,[27] während andererseits Forscher wie Ulrike Kleemeier zumindest die Historisierung des (KTP) aufgrund einer mangelnden Quellenlage ablehnen[28] und nachzuweisen versuchen, dass das (KTP) systematisch nicht unbedingt etwas mit der (UP) zu tun haben muss.[29]

Alle genannten Autoren fordern als Kriterium für eine plausible Historisierung der fregeschen Gedanken nicht nur das Aufzeigen einer systematischen Parallele, sondern mindestens auch die Nennung des jeweiligen historischen Autors in den Schriften Freges, um eine systematische Parallele zu stützen.[30] Dieses Kriterium möchte ich im Folgenden als das ›Nennungskriterium‹ bezeichnen. Ein weiteres Kriterium, das auch unabhängig von dem ersten auftreten kann, nenne ich das ›Zitierkriterium‹, demzufolge sich eine Beeinflussung eines Autors Y auf einen Autor X entweder an der Übernahme ganzer Sätze oder an Satz- und Nachbarschaftskookkurrenzen (seltener lexikalischer Einheiten) festmachen lässt.[31] Obwohl zugegebenermaßen beide Kriterien stark von den philologischen Methoden von (RdS) abhängen,[32] werden sie allgemein in der Fregeforschung akzeptiert oder sogar als Beleg eingefordert.

Wenngleich heutige Inferentialisten wie Robert Brandom in dem Forschungsstreit kaum oder nur ungenau berücksichtigt wurden,[33] erheben sie doch den Anspruch, Frege aus dem historischen Kontext (Sluga) für die aktuelle Diskussion fruchtbar zu machen (Dummett). Brandom ist der Meinung, »dass das Ignorieren des historischen Kontextes, in dem Frege seine Theorien entwickelt hat, so dass man ihn sozusagen

---

[26] Vgl. Tyler Burge: Truth, Thought, Reason. Essays on Frege. Oxford 2005, bes. S. 14.
[27] Gottfried Gabriel: Windelband und die Diskussion um die Kantischen Urteilsformen. In: Kant im Neukantianismus. Fortschritt oder Rückschritt?. Hrsg. v. Marion Heinz, Christian Krijnen. Würzburg 2007, S. 91–109, bes. S. 93.
[28] Vgl. Ulrike Kleemeier: Gottlob Frege. Kontext-Prinzip und Ontologie. Freiburg i. Br. 1997, S. 22, S. 25, S. 47ff., S. 142; vgl. auch Christian Thiel: Das Verhältnis von Syntax und Semantik bei Frege. In: Philosophie und Logik. Frege-Kolloquien, Jena, 1989/1991. Hrsg. v. Werner Stelzner. Berlin 1993, S. 3–16.
[29] Vgl. Ulrike Kleemeier: Gottlob Frege. Kontext-Prinzip und Ontologie, S. 35f., S. 58.
[30] Vgl. bspw. ebd., S. 141ff. oder auch Wolfgang Kienzler: Begriff und Gegenstand. Eine historische und systematische Studie zur Entwicklung von Gottlob Freges Denken. Frankfurt a. M. 2009, S. 15.
[31] John Lyons: Semantik. München 1983, Bd. 1, S. 261ff.
[32] Vgl. Donald Davidson: Zitieren. In: Ders.: Wahrheit und Interpretation. Frankfurt am Main 1986, S. 123–140. Ferner Willard Van Orman Quine: Das Problem der Bedeutung in der Linguistik. In: Ders.: Von einem logischen Standpunkt. Neun logisch-philosophische Essays. Übers. v. Peter Bosch. Frankfurt a.M. u.a. 1979, S. 51–66, hier: S. 61.
[33] Delbert Reed: The Origins of Analytic Philosophy. Kant and Frege. London 2007 erwähnt ihn gar nicht; Wolfgang Kienzler: Begriff und Gegenstand, S. 22 zählt Brandom (bes. wegen Robert Brandom: Tales of the Mighty Dead. Historical Essays in the Metaphysics of Intentionality. Cambridge/Mass. 2002, S. 237) zu den ahistorischen Forschern der Dummett-Schule.

2 Die Logik und ihre geometrische Interpretation

nur als Zeitgenossen behandelt, zu einer substanziellen Fehlinterpretation dieser Theorien führt«.³⁴ In diesem Sinne hatte Brandom die Idee einer Verbindung von Kant und Frege bezüglich des (KTP) bzw. der (UP) schon früh von Sluga übernommen³⁵ und sie bis zur Abfassung seiner Hauptwerke immer weiter modifiziert.

In seinem Aufsatz *Frege's Technical Concepts* aus dem Jahr 1986 referiert Brandom acht von Slugas aufgestellten Punkten kritisch, die Frege mit Lotze gemeinsam hat, konkludiert aber dann: »Sluga's most important and sustained argument, however, concerns the influence of Kant on Frege.«³⁶ Daraufhin diskutiert Brandom fünf Argumente von Sluga, wovon das letzte sich auf (KTP) bezieht, das Frege von Kant übernommen haben könnte und welches Frege auch in seinen späteren Phasen vertreten haben soll.³⁷ Brandom zufolge hatte Sluga zwar darauf hingewiesen, dass auch der späte Frege (KTP) vertrete, allerdings habe er keine genauen Belege oder keine ausreichende Interpretation dafür angeführt. Der entscheidende Punkt bleibt aber für ihn, dass bei Frege das Nennungskriterium in Hinblick auf Kant angeblich erst in der späteren Phase erfüllt wird.

In Slugas Untersuchung, an die Brandom anzuknüpfen versucht, konnte somit ein Einfluss Kants auf Frege erst in den Spätschriften, nicht aber in den für das (KTP) so entscheidenden Frühschriften plausibel nachgewiesen werden. Michael Dummett hatte aber behauptet, dass für Freges Spätphase (KTP) aufgrund der Unterscheidung zwischen Sinn und Bedeutung überflüssig geworden sei.³⁸ Es sei zudem allgemein bekannt, dass der späte Frege eher (KPP) vertreten habe.

Hier erkennt man nun einen deutlichen Unterschied zwischen den beiden Inferentialisten im Umgang mit historischen Kontextualisierungen. Denn Brandoms Strategie sieht anders aus als Dummetts: Wenn er nun nachweisen kann, dass Frege auch in der Spätphase (KTP) vertreten hat und damit das entscheidende Kriterium für die Einheit von Früh- und Spätphase liefert, so könnte Brandom – dank der Erfüllung des Nennungskriteriums in den Spätschriften – für eine Einheit beider Werkphasen argumentieren. Es gebe somit keine veränderte, sondern *nur eine* Lehre, und diese hänge dann von Kant ab, obwohl Frege ihn halt erst spät erwähne.

Tatsächlich findet Brandom auch ein einschlägiges Zitat für (KTP) in Freges späten *Aufzeichnungen für Ludwig Darmstädter*,³⁹ auf das Sluga nur rhapsodisch

---

³⁴ Robert Brandom: Tales of the Mighty Dead, S. 237.
³⁵ Hans Dietrich Sluga: Gottlob Frege. The Arguments of the Philosopher, S. 60, S. 93; dies belegt zumindest Robert Brandom: Tales of the Mighty Dead, bes. S. 257f.
³⁶ Ebd., S. 255f.
³⁷ Ebd., S. 257f.
³⁸ Vgl. bspw. Michael Dummett: Frege. Philosophy of Mathematics, Cambridge/Mass. 1991, S. 2; vgl. dazu auch Ignacio Angelelli: Critical Remarks on Michael Dummett's *Frege and Other Philosophers*. In: Modern Logic 3 (1993), S. 387–400. Das Kontext-Prinzip wird auch noch heute von einigen Forschern auf den frühen Frege beschränkt, vgl. bspw. Wolfgang Künne: Die philosophische Logik Gottlob Freges. Ein Kommentar. Frankfurt a. M. 2010, S. 595. Zur Bewertung dieser Differenz zwischen Brandom und Dummett vgl. bspw. Ulrike Kleemeier, Christian Weidemann: Brandom and Frege. In: Robert Brandom. Analytic Pragmatist. Hrsg. v. Bernd Prien, David P. Schweikard. Heusenstamm 2008, S. 116f.
³⁹ Vgl. bspw. Robert Brandom: Expressive Vernunft. Begründung, Repräsentation und diskursive Festlegung. Übers. v. Eva Gilmer, Hermann Vetter. Frankfurt a. M. 2000, S. 140 mit Anm. 19.

2.1 Semantik – Kontextprinzip, Gebrauchstheorie und Repräsentationalismus

verwiesen haben soll.[40] Für Brandom ist dies ein Beleg sowohl für Slugas These von der Kontinuität im Werk Freges[41] als auch für Slugas Kant/Frege-These, die Brandom nun durch die Kant-Rezeption des späten Frege mit dem dort ebenfalls vorhandenen (KTP) verbinden kann.[42] Implizit wird Brandoms Interpretation zudem aktuell auch durch Argumente von Janssen gestützt und sogar radikalisiert. Janssen übernimmt nämlich zum einen recht unkritisch die Kant/Frege-These von Sluga[43] und argumentiert zum anderen sogar gegen Dummett, dass (KPP) in Freges Spätschriften zwar explizit formuliert, aber stattdessen weiterhin (KTP) angewandt wird.[44]

Wo findet sich aber nun laut Brandom (KTP) bei Kant? Ich bin mir sicher, dass eine ansatzweise zufriedenstellende Untersuchung zu den bislang genannten semantischen Themen, Theorien und Prinzipien bei Kant mindestens den Rest der vorliegenden Schrift füllen müsste – wenn es, was man auch bezweifeln kann, überhaupt möglich ist, eine zufriedenstellende Untersuchung zu diesem Thema vorzulegen. Ich will hier, wie in den folgenden Kapiteln, daher nur auf einige Interpretationsschwierigkeiten aufmerksam machen, die Sluga und andere Vertreter der Kant/Frege-These meiner Meinung nach bislang nicht kritisch genug betrachtet haben.

Brandom erklärt zunächst, dass es in der traditionellen Logik drei grundlegende Teile gibt, 1. Begriffslogik, 2. Urteilslogik und 3. Schlusslogik, die bottom-up aufeinander aufbauen – d.h. eine aufsteigende Zusammenführung von einfachen Begriffen zu komplexeren Sätzen und dann zu vollständigen Schlüssen mit mindestens zwei Urteilen.[45] Brandom spricht nun in *Making it Explicit* gleich dreimal und in *Articulating Reasons* zweimal davon, dass es Kants »Hauptneuerung«[46] (cardinal innovation) gewesen sei, die Urteilslogik an die Stelle der Begriffslogik zu stellen.

> Eine seiner [sc. Kants] tiefgreifendsten Neuerungen ist die Behauptung, daß der Grundgegenstand des Bewußtseins oder der Erkenntnis, das kleinste Begreifbare, das *Urteil* sei. »Wir können aber alle Handlungen des Verstandes auf Urteile zurückführen, so daß der Verstand überhaupt als ein Vermögen zu urteilen vorgestellt werden kann.« [Anm. 13: KrV, A69/B94] Etwas als Klassifiziertes

---

[40] Brandom bezieht sich dabei wohl auf Hans Dietrich Sluga: Frege and the Rise of the Analytic Philosophy. In: Inquiry 18 (1975), S. 478.
[41] Vgl. Robert Brandom: Tales of the Mighty Dead. Historical Essays in the Metaphysics of Intentionality, S. 261.
[42] Gleich ob Brandom nun Slugas Interpretation des späten Frege in Hinblick auf das Kontextprinzip verbessern konnte, so hat doch auch Ulrike Kleemeier: Gottlob Frege. Kontext-Prinzip und Ontologie, S. 53, S. 59, S. 106ff. das Kontextprinzip an einer weiteren Stelle der Spätschriften Freges nachvollziehbar hineininterpretieren können.
[43] Vgl. Theo M. V. Janssen: Compositionality. Its Historic Context, S. 21.
[44] Vgl. ebd., S. 14ff.
[45] Siehe oben, das Schema zu Beginn von Kap. 2.1. Zur Beantwortung der Frage, warum Schlüsse für Inferentialisten bereits mit zwei Urteilen als vollständig gelten können, siehe unten, Kap. 3.1.2.
[46] Vgl. Robert Brandom: Expressive Vernunft, S. 42, S. 139, S. 516; ders.: Brandom, Robert: Begründen und Begreifen. Eine Einführung in den Inferentialismus. Übers. v. Eva Gilmer. Frankfurt a.M. 2001, S. 164, S. 208.

oder Klassifizierendes aufzufassen ist für ihn nur als Bemerkung zu dessen Rolle im Urteil sinnvoll. Ein Begriff ist nichts anderes als ein Prädikat eines möglichen Urteils, [Anm. 14: Ebd.] und deshalb gilt: »Von diesen Begriffen kann nun der Verstand keinen anderen Gebrauch machen, als daß er dadurch urteilt.« [Anm. 15: Ebd., A68/B93] Für Kant muß also die Diskussion des Gehalts bei den Gehalten von Urteilen anfangen, denn alles andere hat nur insofern Gehalt, als es zu den Gehalten von Urteilen beiträgt. Deshalb kann seine transzendentale Logik die Voraussetzungen des Gehaltverfügens anhand der Kategorien untersuchen, d.h. der »Funktion[en] der Einheit in den Urteilen.« [Anm. 16: Ebd., A69/B94][47]

Ich möchte hier nicht entscheiden, ob wir in den angegebenen Zitaten Kants eine Vorwegnahme von (KTP$_F$) lesen können oder nicht. Ich finde in den einzelnen von Brandom angegeben Zitaten, bes. in ihrem jeweiligen Kontext, sowohl Argumente für als auch gegen eine Vorwegnahme von (KTP$_F$). Auch die Kantforschung ist bezüglich der Prioritätsfrage gespalten: Während (BP) bspw. von Tonelli, Reich und Natterer vertreten wird,[48] sehen andere Autoren wie Krüger, Brandt und Wolff eher eine (UP) bei Kant.[49] Alternative zu beiden Positionen umschiffen einige Forscher wie Longuenesse, Goy oder Pollok sogar die Prioritätsfrage und behaupten bspw., dass es nur eine Entsprechung zwischen der sog. ›Urteils-‹ und der Kategorientafel gebe.[50] Argumentativ sticht Brandoms oben angegebenes Zitat folglich in ein Wespennest.

Obwohl unentschieden bleiben muss, wie man die angeführten Kant-Zitate zu deuten hat, scheint Brandom dennoch gute Gründe für seine These vorzubringen, dass Kant (KTP) ›erfunden‹ habe, es dann in der nachkantischen Philosophie vergessen wurde und erst von Frege wieder gewinnbringend rezipiert worden sei: »Diese Einsicht in die grundlegende Bedeutung des Urteils und damit der urteilbaren Gehalte ging bei Kants Nachfolgern verloren […]. Der nächste, der sie aufgriff, war Frege.«[51]

---

[47] Robert Brandom: Expressive Vernunft, S. 139.
[48] Vgl. Giorgio Tonelli: Die Voraussetzungen zur Kantischen Urteilstafel der Logik des 18. Jahrhunderts. In: Kritik und Metaphysik. Studien. Heinz Heimsoeth zum achtzigsten Geburtstag. Hrsg. v. Friedrich Kaulbach, Joachim Ritter. Berlin 1966, S. 134–158, hier: S. 147; Klaus Reich: Die Vollständigkeit der Kantischen Urteilstafel. Berlin 1948, S. 48; Paul Natterer: Systematischer Kommentar zur *Kritik der reinen Vernunft*. Interdisziplinäre Bilanz der Kantforschung seit 1945. Berlin 2003, S. 53.
[49] Vgl. Lorenz Krüger: Wollte Kant die Vollständigkeit seiner Urteilstafel beweisen?. In: Kant-Studien 59:4 (1968), S. 333–356, hier: S. 337; Huaping Lu-Adler: Kant's Conception of Logical Extension and Its Implications. California 2012, S. 75; Reinhard Brandt: Die Urteilstafel. Kritik der reinen Vernunft A 67–76; B 92–101. Hamburg 1991, S. 8–43; Michael Wolff: Die Vollständigkeit der kantischen Urteilstafel. Mit einem Essay über Freges Begriffsschrift. Frankfurt a. M. 1995, S. 1–8.
[50] Vgl. bspw. Béatrice Longuenesse: Kant and the Capacity to Judge. Sensibility and Discursivity in the Transcendental Analytic of the *Critique of Pure Reason*. Princeton 2001, S. 76ff.; Ina Goy: Architektonik oder die Kunst der Systeme. Paderborn 2007, S. 55; Konstantin Pollok: Kant's Theory of Normativity. Exploring the Space of Reason. Cambridge 2017, S. 69, S. 86ff.
[51] Robert Brandom: Expressive Vernunft, S. 140.

2.1 Semantik – Kontextprinzip, Gebrauchstheorie und Repräsentationalismus

Damit ist Brandoms These der Kontextvergessenheit im 19. Jahrhundert – präziser: zwischen Kant und Frege – deutlich definiert worden.

Mittlerweile haben Fortschritte in der Fregeforschung aber implizit bzw. unbemerkt Brandoms These sowohl gestärkt als auch kritisiert: Wolfgang Kienzler weist darauf hin, dass Kant für den frühen Frege bereits als »*der* Gegner seiner [sc. Freges] philosophischen Bemühungen« angesehen werden kann,[52] wie bes. die §§ 4 und 23 der *BS* zeigen sollen. Vor allem der § 4 der *BS*, der sich laut Kienzler an der kantischen Urteilstafel der KrV orientiert, würde nun Brandoms Kant/Frege-These stärken, da Brandom ja (KTP$_K$) im Textbereich um die Urteilstafel der KrV (bspw. A68/B93) verortet, die der frühe Frege somit rezipiert zu haben scheint.

Allerdings übergeht Kienzler – wissentlich oder unwissentlich – die Tatsache, dass Kant in § 4 der *BS* nicht ausdrücklich genannt wird und somit das Nennungskriterium nicht eindeutig erfüllt ist. Das ist vor allem insofern problematisch, als die in § 4 genannte »Unterscheidung der Urtheile in kategorische, hypothetische und disjunctive«, die Kienzler anführt, sich nicht nur in der kantischen Philosophie findet, sondern ein Allgemeingut vieler Logiken bildet, die im Anschluss an Kant in der ersten und auch noch in der zweiten Hälfte des 19. Jahrhunderts kursierten.[53] (Wir werden dies z.B. in Schopenhauers großer Logik sehen.) Die indirekte Kritik an Brandom ergibt sich dagegen aus der Berücksichtigung, dass diese Logiken des 19. Jahrhunderts sich nicht auf die KrV stützen, sondern auf Kants sogenannte ›Jäsche-*Logik*‹, die eindeutig einem traditionellen Textaufbau folgt und die Begriffslogik vor der Urteilslogik positioniert. Und weder in einer weiteren Mitschrift einer Kant-Logik noch in der von Kant benutzten Logik von Georg Friedrich Meier[54] findet sich ein Hinweis auf den mit Brandoms These behaupteten Sachverhalt, dass Kant in der Logik die Urteilslogik bevorzugen würde. Dass Frege die Jäsche-*Logik* kannte, belegt übrigens ein von Kienzler nicht genannter Verweis in Freges *Grundlagen der Arithmetik* (= GlA), wodurch das Nennungskriterium erfüllt wird.[55]

Wollte man abschließend die momentane Erkenntnislage zum historischen Ursprung des Kontextprinzips und der Rezeption bei Frege zum Zweck der Deutlichkeit etwas überspitzt formulieren, so könnte man sagen: Obwohl die aktuelle Forschung Frege immer wieder Missverständnisse in Hinblick auf seine Kant-Lektüre attestiert,[56] soll er laut Brandom doch der erste Kantexeget gewesen sein, der die ›geheime und vergessene Lehre‹ von (KTP) und (UP) aus der KrV herausgelesen haben soll – und das, obwohl nicht eindeutig geklärt werden konnte, ob der frühe Frege (zur Zeit der GlA) tatsächlich die KrV oder nur die Jäsche-*Logik* kannte.

---

[52] Wolfgang Kienzler: Begriff und Gegenstand, S. 251.
[53] Siehe unten, Kap. 3.12; siehe auch oben, Kap. 1.3.3. Erst der § 23 der BS erfüllt das Nennungskriterium, obgleich Frege für die dort getroffenen Aussagen die KrV wohl nicht gelesen haben muss, da die kantischen Begriffe und Thesen, bes. die Lehre über synthetische Urteile, im Jahr 1879 in unzähligen Lehrbüchern zu finden waren.
[54] Vgl. Georg Friedrich Meier: Auszug aus der Vernunftlehre. Halle 1752, bes. S. 69–114 (§§ 249–414). Auch Meier vertritt in der Logik die Begriffspriorität.
[55] GlA, S. 19 (§ 12).
[56] Vgl. Joan Weiner: Frege in Perspective. Ithaca 2008, S. 31–80, bes. S. 35ff., S. 41.

Gegen die brandomsche These der Kontextvergessenheit sprechen die 2013 von Janssen zusammengestellten Zitate aus dem 19. Jahrhundert, die in chronologischer Reihenfolge (KTP) oder (UP) belegen und die er, wie er selbst angibt, zum Teil von Sluga und zum Teil von Oliver Scholz übernommen habe:[57] (1) Kant verwende in der KrV (UP), (2) Schleiermacher verwende ein holistisches (KTP), das er mit (KPP) zum hermeneutischen Zirkel ergänze, (3) Trendelenburg verwende 1840 in seinen *Logischen Untersuchungen* (KTP) und verweise auf einen Philosophen namens Gruppe, (4) Lotze spreche sich teilweise für (KTP) und teilweise für (KPP) aus, (5) Wundt knüpfe explizit an den hermeneutischen Zirkel Schleiermachers im Sinne von (KTP) und (KPP) an, (6) Frege würde schließlich 1884 in den GlA irgendwie (KTP) wieder aufgreifen. Das sind im Wesentlichen alle Informationen und Belege, die man bei Janssen findet.

2.1.2 Das Kontextprinzip im Neuaristotelismus des 19. Jahrhunderts

Der Forschungsüberblick von Kap. 2.1.1 lässt vor allem viele Fragen zur Herkunft, zur Rezeptions- und zur Entwicklungsgeschichte von (KTP) und (UP) offen. Obwohl nur ansatzweise die Haltbarkeit von Brandoms Kantinterpretation besprochen werden konnte, dürfte sich doch schon aufgrund der diffizilen Argumentation, mit der Brandom Slugas Kant/Frege-These zu stützen versucht, der Verdacht einstellen, dass eine von Kant zu Frege gehende Rezeptions- und damit Traditionsgeschichte des (KTP) ein interessantes, aber doch historisch unwahrscheinliches Faktum darstellt. Da allerdings auch die modernen Gegner der historischen Lesart Freges keine überzeugenden Gründe vorbringen, die eine Historisierung des (KTP) endgültig ausschließen, so liegt die Vermutung nahe, dass der Urheber des Kontextprinzips evtl. vor Lotze, aber nach Kant zu finden sei. Janssens Belege, die wohl als eine verbesserte Interpretation von Brandom und Sluga gelten können, lassen aber ebenso viele Fragen offen, die sich in einer bündeln lässt: Gibt es eine kontinuierliche Rezeptionsgeschichte von Kant zu Frege? Der einzige Hinweis zum Einfluss auf Frege, den Janssen gibt, betrifft die Tatsache, dass Trendelenburg in der Frühphase von Frege genannt wird (Nennungskriterium) und dass dort unübliche Metaphern Nachbarschaftskookkurrenzen bei (KTP$_T$) und (KTP$_F$) bilden (Zitierkriterium).[58]

Ich werde im Folgenden ein Stück weit mit Sluga und Janssen gegen Brandom argumentieren, dass es keine Kontextvergessenheit im 19. Jahrhundert gab. Ich werde mit Sluga und Janssen ebenfalls einen Schwerpunkt auf Trendelenburg legen, aber zeigen, dass das Kontextprinzip im Trendelenburgkreis vor 1840 virulent diskutiert wurde. Anhand der Grundüberzeugung des Trendelenburgkreises wird schnell deutlich werden, dass (KTP) und (UP) weit in eine Zeit zurückverlegt werden können, die

---

[57] Vgl. Theo M. V. Janssen: Compositionality. Its Historic Context, S. 22f.
[58] Ebd., S. 23.

2.1 Semantik – Kontextprinzip, Gebrauchstheorie und Repräsentationalismus

der herrschenden Meinung zufolge nicht die Grundmauern von (KTP), sondern von (KPP) im Abendland gebildet haben.

Tatsächlich findet man erste Indizien zur Frühgeschichte von (KTP) nicht in Trendelenburgs eigenen Ideen, sondern zunächst in seiner Neuinterpretation der traditionellen aristotelischen Logik. Fünf Jahre nach Hegels Tod legte Trendelenburg seine Schrift *Elementa logices Aristotelicae* (= ElA) vor, die als ein neuaristotelischer Gegenentwurf zu Kants Jäsche-*Logik* und Hegels *Wissenschaft der Logik* gedeutet werden kann. Laut Trendelenburg seien sowohl Kant als auch Hegel in ihren (BP)-Logiken dem traditionellen bottom-up-Aufbau – 1. Begriffslogik, 2. Urteilslogik, 3. Schlusslogik – gefolgt, der seit dem Hellenismus durch die korrespondierende Anordnung der im Organon enthaltenen aristotelischen Schriften, nämlich 1. *Categoriae*, 2. *De interpretatione*, 3. *Analytica Priora* verbürgt sein soll.[59] Trendelenburg bricht aber gleich in § 1 seiner ElA mit dieser traditionellen, d.h. aristotelisch-kantisch-hegelschen Anordnung, da er Aussagen aus dem Gesamtwerk Aristoteles' zusammenstellt, die auf eine Priorität des Urteils, also auf (UP) anstelle von (BP) hindeuten:

Ἐν οἷς καὶ τὸ ψεῦδος καὶ τὸ ἀληθές, σύνθεσίς τις ἤδη νοημάτων ὥσπερ ἓν ὄντων· (de an. III 6 [430a27f.]) περὶ γὰρ σύνθεσιν καὶ διαίρεσίν ἐστι τὸ ψεῦδός καὶ τὸ ἀληθές. τὰ οὖν ὀνόματα αὐτὰ καὶ τὰ ῥήματα ἔοικε τῷ ἄνευ συνθέσεως καὶ διαιρέσεως νοήματι, οἷον τὸ ἄνθρωπος ἢ λευκόν, ὅταν μὴ προστεθῇ τι· οὔτε γὰρ ψεῦδος οὔτε ἀληθές πω. (de interpr. 1 [16a12–16]) Ὥστε ἀληθεύει μὲν ὁ τὸ διῃρημένον οἰόμενος διῃρῆσθαι καὶ τὸ συγκείμενον συγκεῖσθαι, ἔψευσται δὲ ὁ ἐναντίως ἔχων ἢ τὰ πράγματα. (metaphys. (Θ) IX. 10. [1051b3–5])[60]

Wo sich das Wahre und das Falsche findet, da ist schon eine Zusammensetzung der Begriffe als solcher, welche eins seien. [de an. III 6, 430a27f.] Denn auf dem Gebiete der Zusammensetzung und Trennung hat das Falsche und das Wahre Statt. Die Namen (der Dinge) und die Wörter (der Thätigkeiten) gleichen daher für sich allein dem Begriffe ohne Zusammensetzung und Trennung, z.B. der Mensch oder weiß, wenn nichts hinzugesetzt wird; denn es ist weder Falsches noch Wahres irgendwie. [de interpr. 1, 16a12–16] Der also denkt wahr, der das Getrennte für getrennt und das Zusammengesetzte für zusammengesetzt hält; der aber falsch, dessen Gedanken sich entgegengesetzt verhalten, als die Dinge. [metaphys. IX 10, 1051b3–5][61]

---

[59] Siehe auch oben, Kap. 2.1 (Einleitung). Inwiefern dies Kant oder Hegel gerecht wird, lasse ich dahingestellt.
[60] Friedrich Adolf Trendelenburg: Elementa logices Aristotelicae. In usum scholarum. Ex Aristotele excerpsit convertit illustravit. Berlin 1836, S. 1 (§ 1).
[61] Friedrich Adolf Trendelenburg: Erläuterungen zu den Elementen der aristotelischen Logik. Zunächst für den Unterricht in Gymnasien. Berlin 1842, S. 1 (§§ 1.2).

2 Die Logik und ihre geometrische Interpretation

Die hier zitierte Zusammenstellung und Übersetzung zeigt deutlich, dass Trendelenburg in seiner Kompilation aristotelischer Lehrsätze nicht mit Aristoteles' *Kategorienschrift* anhebt, welche mit der logischen Begriffslehre korrespondiert. Vielmehr benutzt Trendelenburg eine Variante des (KTP) aus dem *De anima*-Zitat, das besagt, dass nicht Begriffe, sondern nur Begriffszusammensetzungen bzw. Urteile Wahres und Falsches ausdrücken können, um damit in Aristoteles' Schrift *De interpretatione* überzuleiten, die das Pendant zur logischen Urteilslehre darstellt.

Das aristotelische *Metaphysik*-Zitat verdeutlicht schließlich, warum man in Urteilen Wahres und Falsches finden kann: Ein Urteil sei wahr, wenn es eine Zusammensetzung (per Bejahung) oder Trennung (per Verneinung) von Begriffen (Subjekt und Prädikat) ausdrücke, die der Zusammensetzung oder Trennung der Dinge entspreche. Entspricht das Urteil nicht dem Sachverhalt der Dinge, so ist es falsch. Das ist das aristotelische *principium convenientiae*, das laut Trendelenburg bei Aristoteles gleichzeitig auch eine an (KPP) erinnernde Abbildtheorie und damit einen logischen Repräsentationalismus impliziert: »das Urtheil [ist] ein Gegenbild des Wirklichen«.[62]

Wichtiger als das *principium convenientiae* und die Abbildtheorie in Urteilen ist aber die gefundene Variante des (KTP), die für Trendelenburg der systematische Grund war, eine (UP) in Aristoteles' Schriften hineinzulesen, wie man aus seinem Kommentar zu den drei Aristoteles-Zitaten aus ElA § 1 herausliest: »Zunächst wird das Urtheil als der Anfangspunkt der Logik bezeichnet und das Gebiet des Urtheils begrenzt.«[63]

In § 2 der ElA konfrontiert Trendelenburg das Urteil, das von der Logik untersucht werden soll, mit dem Satz, der der Grammatik vorbehalten ist, und stützt sich dabei auf De int. 5, 17a8f., 6, 17a25f. und 9, 19a32f. Da Urteile Wahrheit oder Falschheit bzw. allgemeiner – mit Brandom gesprochen – ›Festlegungen‹ (in Bezug auf den Wahrheitsgehalt oder auf Existenz)[64] ausdrücken, sind sie der ursprünglichste Teil der Logik, während der wahrheitsneutrale Satz das Untersuchungsfeld der Grammatik darstellt:

> Da das Wahre der Gegenstand des Erkennens ist, so muß die Logik da anheben, wo zuerst der Anspruch auf Wahrheit auftritt. Dies geschieht im *Urtheil*, das darauf gerichtet ist, das Wirkliche geistig darzustellen. Durch diesen Bezug scheidet sich die logische von der grammatischen Betrachtung [...], die den Satz im weiteren Umfang zum Gegenstande hat.[65]

---

[62] F.A. Trendelenburg: Erläuterungen zu den Elementen der aristotelischen Logik, S. 2 (§§ 1.2).
[63] F.A. Trendelenburg: Erläuterungen zu den Elementen der aristotelischen Logik, S. 1 (§§ 1.2).
[64] Siehe unten, Kap. 3.1.2 und ferner 3.2.1.
[65] F.A. Trendelenburg: Erläuterungen zu den Elementen der aristotelischen Logik, S. 1f. (§§ 1.2).

2.1 Semantik – Kontextprinzip, Gebrauchstheorie und Repräsentationalismus

Erst in § 3 leitet Trendelenburg – ähnlich den frühen formalen Logikern des 20. Jahrhunderts wie bspw. Frege, Russell, Whitehead, Hilbert, Ackermann oder Quine –[66] dann die Begriffslogik aus der Urteilslogik ab und beruft sich dabei weiterhin auf die maßgeblichen Aussagen aus Aristoteles' *De interpretatione* (2, 16a29–32 mit dem abschließenden Zusatz 16b15 und de int. 10, 19b10–12).

Da bislang nur systematische Gründe für diese Revolution in der Logik gegeben worden sind, bleibt die Frage offen, wie Trendelenburg dazu kommt, die jahrhundertelange Autorität des Aristoteles anzuzweifeln, da ja das aristotelische *Organon* mit der Begriffslehre bzw. mit der *Kategorienschrift* beginnt. Die Antwort ist nicht nur systematischer, sondern auch philologischer Natur. Und dieser philologische Grund wird am besten von Trendelenburgs Schüler Carl Prantl erklärt, der darauf hinweist, dass die Zusammenstellung des aristotelischen Organons weder auf Aristoteles noch auf seine frühen Kompilatoren wie Hermippos von Smyrna und Andronikos von Rhodos zurückgehe, sondern sogar erst das Produkt der späteren Kommentatoren sei.[67] Im Sinne des durch Trendelenburg initiierten Neuaristotelismus schreibt Prantl dann:

> Dieser nun einmal Organon genannte Gesamt-Complex [sc. der aristotelischen Schriften] enthält bekanntlich die Bücher in folgender Anordnung: Κατηγορίαι, Περὶ Ἑρμηνείας, Ἀναλυτικὰ πρότερα zwei Bücher, Ἀναλυτικὰ ὕστερα zwei Bücher, Τοπικά acht Bücher, Σοφιστικοὶ Ἔλεγχοι. Natürlich ist keine Rede davon, dass diese Reihenfolge von Aristoteles selbst herrühre, sondern sie ist Product späterer Schul-Thätigkeit. Zumal was vor Allem die erste der genannten Schriften, die Kategorien, betrifft, werden wir später (bereits von den Stoikern an [...]) die Bodenlosigkeit und jämmerlich niedrige Stufe philosophischer Begabung hinreichend kennen lernen [...], von welcher aus stets die Nothwendigkeit einer Vorausstellung der Kategorien ausgesprochen und bis zum Ekel wiederholt wird; nur aus der trivialen Schul-Ansicht, dass vom Einfachsten allmälig zum Zusammengesetzten fortzuschreiten sei, floss es, dass man die Kategorien an die Spitze des Organons stellte.[68]

Was Prantl hier skizziert, ist die philologische These, die für den gesamten Neuaristotelismus des 19. Jahrhunderts maßgeblich ist: Die späte peripatetische und stoische Schule ist allein verantwortlich für die seit Jahrhunderten bestehende Misere einer

---

[66] Siehe unten, Kap. 2.1.3. Vgl. auch Bertrand Russell, Alfred N. Whitehead: Principia Mathematica I. 2. Aufl. Cambridge 1927, S. 190 (= 20); David Hilbert, Wilhelm Ackermann: Grundzüge der theoretischen Logik. 4. Aufl. Berlin u.a. 1959, S. 3–40 (= Kap. 1); Willard Van Orman Quine: Grundzüge der Logik. Übers. v. Dirk Siefkes. Frankfurt a.M. 1969, S. 98ff. (§§ 12ff.).
[67] Vgl. Carl Prantl: Geschichte der Logik im Abendlande. Bd. 1. Leipzig 1855, S. 89 mit den dort angegebenen Verweisen.
[68] C. Prantl: Geschichte der Logik im Abendlande. Bd. 1, S. 90.

2 Die Logik und ihre geometrische Interpretation

»Vorausstellung der Kategorien« bzw. für die (BP). Bereits Trendelenburg hatte diese Misere in seiner *Geschichte der Kategorienlehre* angedeutet und mit der systematischen These aus dem § 1 der ElA verbunden, dass bei Aristoteles eigentlich die Urteilslehre den »Anfangspunkt der Logik« darstellen müsse, weil – so die mereologische Variante des (KTP) – nicht in Teilen (Begriffe), sondern nur im Ganzen (Urteile) Wahrheit ausgedrückt werden könne:[69]

> Man hat sie [sc. die aristotelische *Kategorienschrift*] von Alters her vorangestellt, um, wie es scheint, nach dem Gesichtspunkt der Zusammensetzung von den einfachsten Elementen zu den ausgebildeten Formen, von den Begriffen zum Urtheil, vom Urtheil zum Schluss, vom Schluss zum Beweis und zur Wissenschaft in den auf einander folgenden Büchern fortzuschreiten. Indessen hat Aristoteles schwerlich die logische Betrachtung mit vereinzelten Begriffen wie mit zerschnittenen Theilen angehoben, da nach seinem bezeichnenden Ausdruck das Ganze früher als die Theile ist*. [Anm. *: »polit I, 2. p. 1253, a, 20.«] Wie er mit dem Ganzen beginnt, so gebietet er, das Zusammengesetzte in seine einfachsten Theile zu zerlegen**. [Anm. **: »polit I, 1. p. 1252, a, 18 [...].«] Es ist wahrscheinlich, dass Aristoteles von der Untersuchung des Satzes oder Urtheils als eines logischen Ganzen ausging, das zuerst auf Wahrheit Anspruch macht. So würde dem System nach die Schrift περὶ ἑρμηνείας vor den Kategorien stehen müssen;[70]

Hiermit ist von Trendelenburg, dem Hauptvertreter des Neuaristotelismus im 19. Jahrhundert, deutlich gesagt, dass das (KTP) bzw. die (UP) erstmals von Aristoteles vertreten, es aber durch seine Nachfolger untergraben und daher Jahrhunderte lang falsch dargestellt worden sei. Wenn Brandom somit meint, dass Kant der Urheber des (KTP) war, dies aber dann Jahrzehnte lang bis zu Frege vergessen worden sei, so hat Trendelenburg mit seiner Neuinterpretation der aristotelischen Logik definitiv ein starkes Gegenargument zu dieser These erbracht.

Man könnte nun aber vermuten, dass Trendelenburg seine Aristotelesinterpretation vielleicht durch Kant gewonnen haben könnte. Allerdings ließe sich diese

---

[69] Vgl. Friedrich Adolf Trendelenburg: Logische Untersuchungen. 2 Bde, 2. erg. Aufl. Leipzig 1862, Bd. II, S. 298f.
[70] Friedrich Adolf Trendelenburg: Geschichte der Kategorienlehre. Zwei Abhandlungen. Berlin 1846, S. 9.

2.1 Semantik – Kontextprinzip, Gebrauchstheorie und Repräsentationalismus

Vermutung m.W. textlich nicht stützen.[71] Vielmehr findet man in Trendelenburgs *Logischen Untersuchungen* sogar den Hinweis,[72] dass die Urteilspriorität zuerst 1834 von dem damals dreißig Jahre alten Philosophen und Philologen Otto Friedrich Gruppe eingeführt worden sei.[73] Gruppe hatte in seiner Schrift von 1834, *Wendepunkt der Philosophie*, welche Trendelenburg auch schon in seinen ElA zitiert,[74] Position gegen die Metaphysik und spekulative Philosophie seiner Zeit bezogen, d.h. diejenige Philosophie, »die glaubt aus bloßen Begriffen Erkenntnisse entwickeln zu können«.[75]

Im Unterschied zu den Metaphysikern besteht Gruppes Grundeinsicht in der bereits sprachphilosophischen Maxime, dass Denken und Sprache in einer nicht zu reduzierenden Wechselbeziehung stehen.[76] Dies veranlasst ihn, verschiedene Sätze der Naturphilosophie auf ihren Gehalt zu analysieren, und er kommt schließlich zu dem Ergebnis, dass »Begriffe gar nicht ohne die Urtheile zu verstehen sind«.[77] Man kann in diesem Diktum bereits eine semantische Variante von (KTP) herauslesen, wie sie sich später auch ähnlich bei Frege oder Wittgenstein findet. Deutlicher ist aber, dass Gruppe aus diesem Diktum die (UP) ableitet:

> Auch hier bin ich im schärfsten Widerspruch mit aller bisherigen Logik, die ich nicht umhinkann einer großen Verkehrtheit zu beschuldigen. Sie nämlich handelt erst von den Begriffen und dann von den Urtheilen, letztere hält sie für Verbindungen der Begriffe, die Begriffe sind ihr also etwas Fertiges vor den Urtheilen; ich dagegen behaupte, daß die Begriffe erst Resultate der Urtheile sind, daß sie sich mit den Urtheilen beständig erweitern und sich einzig aus diesen erklären;[78]

Selbst wenn man also die Sprache auf die »letzten Atome«, »*simplicia* und Wurzelworte« zurückführe, so bleibt für Gruppe unbestritten, dass dabei »immer Gedanke

---

[71] Zwar behauptet Trendelenburg (ebd., S. 275; ferner: ders.: Logische Untersuchungen, Bd. I, S. 360), dass die kantische Urteilstafel den Weg zu den Kategorien weisen würde, er stellt aber auch fest (ebd., S. 352f.; ders.: Geschichte der Kategorienlehre, S. 278f.), dass aus Kants ursprünglich-synthetischer Einheit der Apperzeption die Kategorien und dann die Urteile entspringen, wodurch er ein gutes Argument gegen Brandoms Kantinterpretation vorbringt.
[72] Ders.: Logische Untersuchungen II, S. 211: »Gruppe hat gezeigt, dass jedem Begriff ein Urtheil zum Grunde liege, und daher das Urtheil fälschlich nach dem Begriff und aus dem Begriff behandelt werde.«
[73] Vgl. allgemein zu Gruppes Sprachphilosophie bspw. Guido Vanheeswijck: Otto Friedrich Gruppe. The Linguistic Turn and the End of Metaphysics. In: 1830–1848. The End of Metaphysics as a Transformation of Culture. Hrsg. v. Herbert de Vriese, Geert Van Eekert, Guido Vanheeswijck, Koenraad Verrycken. Louvain 2003, S. 261–310.
[74] ElA, S. 85f., Anm. 2 (§ 35).
[75] Otto Friedrich Gruppe: Wendepunkt der Philosophie im neunzehnten Jahrhundert. Berlin 1834, S. 12.
[76] Vgl. O.F. Gruppe: Wendepunkt der Philosophie, S. 28: »Das Denken ist nicht ohne Sprache, wie die Sprache nicht ohne Denken; beide stehen in einer Wechselbeziehung. In seiner ganzen Bedeutung und mit allem was daraus folgt[,] ist das noch nie erwogen worden.« Vgl. auch S. 72.
[77] O.F. Gruppe: Wendepunkt der Philosophie, S. 43.
[78] Ebd.

2 Die Logik und ihre geometrische Interpretation

und Urtheil zum Grunde liegt«.[79] Gruppe tritt aber nicht nur als ein Mitbegründer der (UP) auf, sondern an seinen Aussagen lässt sich auch verdeutlichen, dass der Neuaristotelismus in Gestalt von Trendelenburg nur schwer an Kant hätte anschließen können. Der Grund dafür ist, dass Gruppe Kant vorwirft, »er [sc. Kant] ging von dem verdachtlos aus, was er eben hätte kritisieren sollen, z.B. von den Kategorien und der Logik des Aristoteles«, welche traditionell, also vor dem trendelenburgschen Neuaristotelismus (und in heutigen Deutungen wieder), ja als Basis die Begriffslehre annimmt und somit als grundlegendes Paradigma für (KPP) und (BP) gilt.[80]

Die Vermutung liegt nahe, dass Trendelenburg den akademisch viel zu provokativen Gruppe[81] dadurch salonfähig oder besser gesagt hörsaaltauglich machen wollte, dass er einerseits philologisch nachweist, dass die Begriffspriorität seit fast zwei Jahrtausenden auf einem falschen Aristotelismus beruht und dass andererseits der historische Aristoteles aus systematischen Gründen das Kontextprinzip und auch die Urteilspriorität propagiert haben muss.[82] Die These des falschen Aristotelismus ist wiederum keine Erfindung Trendelenburgs, sondern geht vielmehr schon auf Christian August Brandis zurück, der in seiner einschlägigen Abhandlung *Über die Reihenfolge des Aristotelischen Organons* gegen (BP) bei Aristoteles argumentiert hatte – allerdings in milderen Worten als später Trendelenburg, Prantl etc.:

> Auch die Abfolge, in der sie [sc. »Andronikus von Rhodos und die von ihm ausgehenden Peripatetiker, Aspasius, Adrastus u. a., oder frühere Alexandriner«] diese logischen Bücher [sc. des aristotelischen Organons] aneinander reihen, läßt sich durch mindestens sehr scheinbare Gründe rechtfertigen, sofern sie einen Fortschritt von den einfachen Elementen, Begriff und Wort, zu Urtheil und Satz, von diesen zum Schlusse und vermittelst desselben zur Form des Wissens in Bezug auf Wahrheit und Gewißheit einerseits, Wahrscheinlichkeit andererseits, darstellt. Daß aber Aristoteles sie in dieser Abfolge zusammengeordnet oder gar verfaßt, nahmen jene Ausleger schwerlich selber an. Auch ist es sehr viel glaublicher daß sie in umgekehrter Ordnung zu Stande gekommen.[83]

---

[79] O.F. Gruppe: Wendepunkt der Philosophie, S. 79, S. 80; zum Kontextprinzip und zur Urteilspriorität vgl. auch ebd., S. 49, S. 82.
[80] O.F. Gruppe: Wendepunkt der Philosophie, S. 22. Auch Trendelenburg scheint m.E. diese Ansicht zu teilen, vgl. Geschichte der Kategorienlehre, S. 268–297.
[81] Vgl. zur Reaktion auf Gruppe seine eigene Einschätzung bei Otto. F. Gruppe: Wendepunkt der Philosophie im neunzehnten Jahrhundert, S. 1–13.
[82] Dies ist eine These, die m.W. die Aristotelesforschung bis heute nicht widerlegt hat, obwohl das Ansehen der *Kategorienschrift* am Anfang des 20. Jahrhunderts z. T. wieder hergestellt werden konnte.
[83] Vgl. auch die grundlegende Schrift von Christian A. Brandis: Über die Reihenfolge der Bücher des Aristotelischen Organons und ihre Griechischen Ausleger, nebst Beiträgen zur Geschichte des Textes jener Bücher des Aristoteles und ihre Ausgaben. In: Abhandlungen der Königlichen Akademie der Wissenschaften zu Berlin. Aus dem Jahre 1833. Berlin 1835, S. 249–299, hier: S. 252. Die Abhandlung von Brandis macht Andeutungen, dass die im Zitat genannte Kritik bereits von Immanuel Bekker, Barthold Georg Niebuhr, Adolf Wilhelm Theodor Stahr u.a. vorbereitet wurde. Vor Trendelenburg schienen die meisten

2.1 Semantik – Kontextprinzip, Gebrauchstheorie und Repräsentationalismus

Das Zitat zeigt eine eindeutige Abwertung der mit dem aristotelischen Organon gewöhnlich verbundenen (BP). Sind Brandis Gründe für die hier angedeutete Verkehrung der Reihenfolge eher philologischer Natur, so hat Trendelenburg diese später mit der systematischen These Gruppes verbunden.

Da eine Gruppe/Frege-These, die behauptet, dass Frege nun (UP) oder auch (KTP) direkt von Gruppe ererbt habe und die somit die in Kap. 2.1.1 besprochene Kant/Frege-These ersetzen würde, am Nennungs- und Zitierkriterium scheitert, ist meiner Meinung nach ein Einfluss Trendelenburgs auf Frege wahrscheinlicher. Dafür sprechen neben den oben bereits von Janssen genannten Gründen noch weitere. Trendelenburgs ElA waren – wie der Untertitel besagt – *in usum scholarium* geschrieben worden,[84] und auch außerhalb des gymnasialen Logikunterrichts kann der Einfluss dieses Werkes im 19. Jahrhundert gar nicht hoch genug eingeschätzt werden. So schreibt bspw. Klaus Christian Köhnke:

> Allein zwischen dem SS 1868 [...] und dem SS 1879 finden sich in den Vorlesungsverzeichnissen der deutschsprachigen Universitäten 16 Veranstaltungen, die ankündigen, sich auf Trendelenburgs ›Elementa‹ zu stützen. Auch er selbst [sc. Trendelenburg] legte sie Übungen zugrunde (z.B. SS 1872).[85]

Sollte Frege nicht bereits durch seine reguläre Schul- oder Universitätsausbildung auf Trendelenburg gestoßen sein, so ist es immer noch hoch wahrscheinlich, dass er von der trendelenburgschen (UP) entweder durch die Schriften eines Trendelenburg-Schülers[86] oder auch -Kritikers wie Rudolf Eucken aufmerksam gemacht worden ist.[87] Kurz gesagt: Wer sich zu Freges Zeiten nur ansatzweise mit Logik beschäftigte,

---

›Neuaristoteliker‹ aber (BP) mehr aufgrund philologischer und weniger aufgrund systematischer Gründe abzulehnen.

[84] Vgl. ElA, S. V–XIV (Praef.).

[85] Klaus Christian Köhnke: Entstehung und Aufstieg des Neukantianismus. Die deutsche Universitätsphilosophie zwischen Idealismus und Positivismus. Frankfurt a. M. 1986, S. 447, Anm. 26, vgl. ferner: S. 23–58.

[86] Nach Gottfried Gabriel: Vorwort. In: Hermann Lotze: Logik III. Vom Erkennen (Methodologie). Hrsg. v. Gottfried Gabriel. Hamburg 1989, S. XIX vertritt auch Hermann Lotze (ebd., S. 48 (522 = § 321)) die Urteilspriorität, obwohl er auch »wider die bessere Einsicht seiner Zeitgenossen (A. Trendelenburg, C. Sigwart und W. Wundt) [...] an dem traditionellen Aufbau von Begriff – Urteil – Schluß« festhalte. Man muss aber bedenken, dass Trendelenburg in den *Logischen Untersuchungen II* ebenfalls die Urteilspriorität verteidigt, obwohl sein logischer Stufenbau beim Begriff anhebt. Inhalt (Urteilspriorität) und Form (Begriffspriorität) der damaligen Logiken scheinen sich also nicht unbedingt zu widersprechen. Eine vollkommene Entsprechung von Inhalt und Form bieten aber – wie gezeigt – Trendelenburgs ElA.

[87] Vgl. Lothar Kreiser: Gottlob Frege. Leben – Werk – Zeit, S. 293. Gerade weil Eucken wieder zum klassischen Aufbau der Logik zurückgekehrt ist (ebd., S. 289ff.), könnte dies für Frege ausschlaggebend gewesen sein, sich mit der Frage des logischen Aufbaus näher zu beschäftigen; vgl. auch Gottfried Gabriel: Vorwort. In: Hermann Lotze: Logik III, bes. S. 116f.

konnte unmöglich um die Themen (KTP) und (UP) herumkommen, da diese bes. mittels der ElA von den zahlreichen Neuaristotelikern im deutschsprachigen Raum diskutiert wurden.

Es ist folglich naheliegend, Slugas oder Brandoms unvermittelte Kant/Frege-These für die Geschichtsschreibung aufzugeben und sich stattdessen auf die hier skizzierte Rezeptionsgeschichte zu konzentrieren: Diese beginnt mit Gruppes (KTP), das Trendelenburg dann als eine neuaristotelische Variante umgedeutet und an seine Schüler weitergetragen hat, wodurch es schließlich zu Frege gekommen ist. Mit Trendelenburg und Frege als *missing links* lässt sich zusätzlich auch erklären, wie in der Forschung immer wieder Vergleiche zwischen Gruppe und bspw. Wittgenstein auftauchen konnten, die zwar systematisch plausibel, aber historisch bislang eher irritierend wirkten.[88]

2.1.3 Das Kontextprinzip in der frühen analytischen Philosophie

Die aufgezeigte historische Rezeptionsgeschichte wirft allerdings die Frage auf, inwiefern der Neuaristotelismus des 19. Jahrhunderts einen schulbildenden Einfluss auf die frühe analytische Philosophie genommen hat. Um das offensichtlich weite Feld dieser Aufgabenstellung etwas einzuschränken, möchte ich mich vor allem auf die Inhalte der ersten drei Paragraphen von Trendelenburgs ElA bzw. deren aristotelische Inhalte beschränken und somit nachprüfen, ob und – wenn ja – wie der frühe Frege und Wittgenstein darauf bezugnehmen, dass

> nach ElA § 1 die Logik aufgrund des (KTP) mit dem Urteil anhebt,
> nach ElA § 2 es einen Unterschied zwischen Urteilen und Sätzen gibt,
> nach ElA § 3 Begriffe als isolierte Elemente aus dem Urteil abgeleitet werden müssen.

Während die Fregeforschung bis heute annimmt, dass die Urteilspriorität und das Kontextprinzip erst 1884 in der GlA auftreten, glaube ich zeigen zu können, dass bereits 1879 am Anfang von Freges BS alle drei Paragraphen von Trendelenburgs ElA implizit mitschwingen. Dies, so kann ich bereits vorwegnehmen, kommt allerdings nicht dem modernen Rationalismus entgegen, der seine Ontologie aus einer Semantik aufbaut, die deutlich zwischen Subjekt und Prädikat (oder mehreren Prädikaten) unterscheiden und Eigennamen und definiten Kennzeichen eine besondere Rolle im Urteil zusprechen muss.[89]

---

[88] M.W. finden sich derartige Vergleiche erstmals in Hans Sluga: Gottlob Frege. The Arguments of the Philosopher, bes. S. 19f., S. 186.
[89] Siehe unten, Kap. 3.1.2 und 3.2.1.

2.1 Semantik – Kontextprinzip, Gebrauchstheorie und Repräsentationalismus

Nach der als Prolegomenon zu wertenden Regelkunde in BS § 1, in der Frege erklärt, dass er unbestimmte wie variable Buchstaben und bestimmte wie statische Zeichen aus der allgemeinen Größenlehre (Arithmetik) bzw. Mathematik übernehmen will, wendet sich Frege am Anfang von BS § 2 bereits der Urteilslehre zu, in der es heißt:

> Ein Urtheil werde immer mit Hilfe des Zeichens — ausgedrückt, welches links von dem Zeichen oder der Zeichenverbindung steht, die den Inhalt des Urtheils angiebt. Wenn man den kleinen senkrechten Strich am linken Ende des wagerechten *fortlässt*, so soll dies das Urtheil in eine *blosse Vorstellungsverbindung* verwandeln, von welcher der Schreibende nicht ausdrückt, ob er ihr Wahrheit zuerkenne oder nicht.[90]

Bereits aus diesem Anfangszitat der BS lassen sich die §§ 1 und 2 der ElA herauslesen: 1. beginnt Frege mit dem Urteil und nicht mit dem Begriff, wodurch sich zumindest schon eine praktisch umgesetzte (UP) belegen lässt. 2. unterscheidet Frege eindeutig zwischen Urteil und Satz im trendelenburg-aristotelischen Sinne, da nach Freges Meinung die »blosse Vorstellungsverbindung« keine intentionale ›Festlegung‹ des Schreibers auf einen Wahrheitswert ausdrückt. Damit ist gleichzeitig impliziert, dass vor der ›Verwandlung‹ das Urteil eine Festlegung auf Wahrheitswerte ausdrücken muss.

Im Anschluss an das angegebene Zitat macht Frege das Fortlassen des senkrechten Strichs durch ein Beispiel deutlich und erklärt, dass die damit ausgedrückte »Vorstellung« durch die Worte »›*der Satz, dass*‹« umschrieben werden kann. Somit hat Frege eindeutig die Differenz von Urteil und Satz im trendelenburg-aristotelischen Sinn integriert und führt darüber hinaus auch den Inhalt von *ElA* § 3 fort:

> Nicht jeder Inhalt kann durch das vor sein Zeichen gesetzte ⊢ ein Urtheil werden, z.B. nicht die Vorstellung ›Haus‹. Wir unterscheiden daher beurtheilbare und unbeurtheilbare Inhalte.[91]

Das Haus-Beispiel zeigt, dass Frege sowohl Begriffe als auch Sätze unter das subsumiert, was er ›Vorstellung‹ nennt. Während aber Vorstellungen wie ›Es gibt ein Haus‹

---

[90] BS, S. 1f. (§ 2).
[91] BS, S. 2 (§ 2).

etc. ein beurteilbarer Inhalt oder ein Gedanke[92] wären, wie Frege gleich zweimal anmerkt,[93] so kann der Begriff oder das Wort ›Haus‹ nicht isoliert zum Urteil werden bzw. beurteilt werden. Damit ist in der BS *in concreto* der Sinn des (KTP) dargestellt worden: Erst im Kontext von Urteilen können Begriffe auf ihren beurteilbaren Inhalt untersucht werden.

Obwohl sich die Fregeforschung bislang nur auf die expliziten Definitionen des Kontextprinzips konzentriert hat,[94] wird anhand des Vergleichs mit dem Neuaristotelismus deutlich, dass Frege – wie zuvor Trendelenburg in ElA § 1 – das (KTP) voraussetzen muss, um die in § 2 der BS praktizierte (UP) zu legitimieren. Dass darüber hinaus auch ElA § 3 bei Frege implizit vorausgesetzt werden muss, wird dadurch deutlich, dass von einem Urteil wie ›Es gibt ein Haus‹ »die Vorstellung ›Haus‹ nur ein Theil« ist.[95] Diese Aussage verweist auf die mereologische Variante des (KTP) im Neuaristotelismus, die vom Ganzen ausgeht, um daraus die Teile zu erschließen (polit. I 2, 1253a20).[96]

Auch § 3 der BS ist ein sicheres Indiz dafür, dass Frege die Begriffslogik höchstens als ein Derivat der Urteilslogik ansieht.[97] Dieser Paragraph richtet sich direkt an die Vertreter der aristotelischen Begriffslogik, für die die Unterscheidung zwischen Subjekt und Prädikat im kategorischen Urteil eine wichtige Rolle spielt. Während nämlich in der traditionellen Logik größtenteils die Begriffe für den Schluss entscheidend waren,[98] da erst der *terminus medius* die in den beiden Prämissen (*propositiones maior et minor*) separierten *termini maior* und *minor* vermittelt und so in ein einziges Urteil, der *conclusio*, zusammenführen konnte,[99] findet bei Frege sogar zunächst eine »Unterscheidung von *Subject* und *Prädicat* [...] *nicht statt*«.[100]

Für Frege hat diese Unterscheidung nur eine rhetorische Bedeutung,[101] weshalb er sich bei den Bestandteilen des Urteils nur auf das konzentriert, »was auf die *möglichen Folgerungen* Einfluss hat«.[102] Freges Fokussierung auf die Folgerungen wird häufig als der Ausgangspunkt für die inferentielle Semantik oder den modernen Inferentialismus angesehen: Die nicht-logischen Bestandteile von Urteilen erhalten ihre

---

[92] Vgl. Gottlob Frege: Nachgelassene Schriften und wissenschaftlicher Briefwechsel. Hrsg. v. Friedrich Kaulbach. 2 Bde, 2. rev. Aufl. Hamburg 1976ff., Bd. 1, S. 120 (an P. E. B. Jourdain 1910): »Statt ›beurtheilbarer Inhalt‹ kann man auch ›Gedanke‹ sagen.« Mit dieser Gleichsetzung rückt Frege sowohl in die Nähe von Gruppe als auch vom trendelenburgschen Aristoteles. Die Parallele wird dadurch deutlich, dass sowohl der Anfang der BS heute (bspw. Ulrike Kleemeier: Gottlob Frege. Kontext-Prinzip und Ontologie, S. 27ff.) als auch nach der Neuaristotelismus, dessen Urteilspriorität sich ja auf ein *De anima*-Zitat stützt, damals (bspw. von R. Eucken) als Psychologismus kritisiert wurden.
[93] BS, S. 2, Anm. ** (§ 2), S. 23 mit Anm. * (§ 12).
[94] Robert Brandom: Expressive Vernunft, S. 159ff. sieht in § 2 der *BS* bspw. nur die Urteilspriorität.
[95] BS, S. 2, Anm. ** (§ 2).
[96] Siehe oben, Kap. 2.1.2.
[97] Vgl. auch Volker Peckhaus: Logik, mathesis universalis und allgemeine Wissenschaft. Leibniz und die Wiederentdeckung der formalen Logik im 19. Jahrhundert. Berlin 1997, S. 288ff.
[98] Siehe oben, Kap. 1.3.1, 1.3.3 oder auch unten, Kap. 2.2.2, 2.2.3.
[99] Siehe oben, 1.3.3.
[100] BS, S. 2 (§ 3).
[101] BS, S. 3 (§ 3), S. 18 (§ 9), S. 51 (§ 22).
[102] BS, S. 3 (§ 3).

2.1 Semantik – Kontextprinzip, Gebrauchstheorie und Repräsentationalismus

Bedeutung durch das, was aus ihnen abgeleitet werden kann.[103] Anders gesagt: Der Kontext von Urteilen in einer Inferenz macht explizit, was in einem einzelnen Urteil als begrifflicher Inhalt nur implizit enthalten war. Dabei soll es keine Rolle spielen, an welcher Stelle im Satz der begriffliche Inhalt auftritt. Dieser Blick auf die Begriffslehre dürfte aristotelischen Logikern radikal erschienen sein.

In § 4 der BS kritisiert Frege auch die traditionelle Urteilslehre, dadurch dass er die seit Kants Jäsche-*Logik* für nahezu alle Logiken des 19. Jahrhunderts etablierten »Unterscheidungen, welche man in Bezug auf Urteile macht«, fast vollkommen nivelliert.[104] Mit diesen Unterscheidungen meint Frege die Tatsache, dass Kant und die ihm nachfolgenden Kantianer die Form der Urteile in vier Hauptmomente oder Titel mit jeweils drei Momenten unterteilt hatten.[105] Die Titel lauten: (T1) Quantität, (T2) Qualität, (T3) Relation und (T4) Modalität. Mit § 4 treibt Frege somit nicht nur die aristotelische, sondern auch die kantische Logik in die Enge: Die einst relevanten Unterscheidungen von Urteilen sollen nun keine Rolle mehr in der Logik spielen. Für Frege sind sie nur für die Grammatik oder Rhetorik von Belang.

Aus dem Hauptmoment der (T1) *Quantität* greift Frege zunächst allgemeine und besondere Urteile auf: Diese klassischen Momente oder Eigenschaften der Urteile »kommen nämlich dem Inhalte auch zu, wenn er *nicht* als Urtheil hingestellt wird, sondern als Satz«.[106] Die Disposition zwischen Satz und Urteil entspricht auch hier wieder § 2 der EIA, und es dürfte klar sein, warum Frege die Unterscheidung der Urteilsmomente ebenso aufhebt wie die Unterscheidung von Subjekt und Prädikat: Wie diese nur Relevanz in der Rhetorik aufweise,[107] so könne jene nur für die Grammatik bedeutsam sein.

Aus der (T2) *Qualität* greift Frege die Verneinung auf und versucht auch hier zu zeigen, dass die Unterscheidung nicht das Urteil, sondern den Inhalt betrifft. Dabei sei es gleichgültig, ob dieser im Satz oder im Urteil auftrete. Die von Kant unter den Titel (T3) der *Relation* subsumierten Urteile tut Frege mit demselben Argument ab: »Die Unterscheidung der Urtheile in kategorische, hypothetische und disjunctive scheint mir nur grammatische Bedeutung zu haben.«[108] Hinsichtlich des vierten Hauptmoments (T4) argumentiert Frege, dass die *Modalität* nicht das Urteil betrifft, sondern nur ein Ausdruck oder eine Einschätzung des Urteilenden ist.

Während das Argument gegen die Modalität eine typische Kritik im 19. Jahrhundert an der kantischen Urteilstafel ist, dürften die anderen Kritikpunkte einem Kantianer der damaligen Zeit hoch problematisch oder sogar unverständlich erschienen sein. Ich nenne nur ein paar Beispiele: (1) Die kantische Unterscheidung war

---

[103] Vgl. Jaroslav Peregrin: Inferentialism. Why Rules Matter. New York 2014, S. 3ff.; Rudolf Carnap: Logische Syntax der Sprache. Wien 1934, S. 128ff. (§ 49).
[104] BS, S. 4 (§ 4); man denke hier an die Logiken von W. T. Krug, J. F. Fries, A. D. Ch. Twesten, F. Ueberweg, G. A. Lindner u.v.a.
[105] Vgl. Jäsche-Logik, AA IX, S. 101–109 (§§ 19–31), ebenso AA III, S. 86f. (= KrV A70, B 95).
[106] BS, S. 4 (§ 4).
[107] Frege deutet dies in § 3 der BS an, wenn er die Unterscheidung von Subjekt und Prädikat allein auf die Beziehung zwischen Redner und Rezipient beschränkt.
[108] BS, S. 4 (§ 4).

relevant, um zu entscheiden, ob ein Urteil nach der stoischen oder aristotelischen Logik behandelt werden musste. Diese kann als ein Fragment der Prädikaten-, jene als ein Fragment der Aussagenlogik angesehen werden. (2) Die eigentlich nivellierten Unterscheidungen der kantischen Urteilstafel lassen sich auf Freges Definitionen selbst wieder anwenden: die hypothetischen Urteile findet man in § 5, die negativen und disjunktiven in § 7, die kategorischen in §§ 11 u. 12 der BS usw. (3) Vermieden Kantianer Modi wie bspw. Felapton aufgrund ihrer Unnatürlichkeit, so beharrte Freges artifizielle Logik sogar darauf, diese mit natürlichen Modi wie bspw. Fesapo gleichsetzen zu können.[109]

Freges Nivellierung der Urteilslogik in § 4 war zum einen ein Meilenstein auf dem Weg zum modernen Inferentialismus und zum anderen der Grund, warum (KTP) keine Rolle in der BS spielen konnte. Freges Ziel war die Schlusslehre, ihre Vereinheitlichung und ihre Berechenbarkeit: »Alles, was für eine richtige Schlussfolge nöthig ist, wird voll ausgedrückt; was aber nicht nöthig ist, wird meistens auch nicht angedeutet.«[110] Man sieht an diesem Zitat eine Priorisierung des inferentiellen Zusammenhangs. Urteile spielen somit nur im Kontext von Inferenzen und der begriffliche Gehalt nur im Kontext dieser Urteile eine Rolle.

Dass Frege das (KTP) erst explizit in den GlA erwähnt, dürfte sich eben aus diesen Zielsetzungen erklären: Während die BS die Begriffslehre in § 2 ganz einebnet und zudem auch große Teile der Urteilslehre bis zu § 5, um später die Schlusslehre zu fokussieren, kommt es in den GlA gerade auf ein spezifisches Element an, das sich im Laufe der Untersuchung als Bestandteil der Begriffslehre herausstellt: nämlich den Zahlbegriff Eins.[111] In der BS benutzt Frege implizit das Kontextprinzip, um die Urteilslehre voranzustellen, wodurch erst die neue Form der Schlusslehre eingeleitet werden kann. In den GlA stellt Frege zwar auch die Urteilslehre voran, benutzt aber das Kontextprinzip explizit, um daraus die Erschließung der Begriffslehre an einem Beispiel zu demonstrieren. Schwieriger zu erklären ist dagegen, warum Frege in den GlA nicht konsequent die Satz/Urteil-Unterscheidung der BS (gemäß § 2 der ElA) fortführt, wenn er das (KTP) einmal für den Satz,[112] ein anderes Mal für das Urteil definiert.[113] Heißt das, dass der Frege der GlA auch Wahrheitswerte für die Grammatik zulässt oder hat der Autor sich – fernab der Eindeutigkeit seiner BS – wieder einmal ›von der Ungenauigkeit der Sprache verleiten lassen‹?

Ich glaube, mit der bislang angeführten Entwicklungsgeschichte gezeigt zu haben, dass sich wesentliche Unterscheidungen und Ideen des Neuaristotelismus wie etwa (KTP) und (UP) bereits in der ersten Schrift Freges aufzeigen lassen. Man kann nun

---

[109] Vgl. Jens Lemanski, Hubert Martin Schüler: Arthur Schopenhauer on Naturalness in Logic.
[110] Die Zielsetzung zeigt sich in BS, S. 3 (§ 2): »Alles, was für eine richtige Schlussfolge nöthig ist, wird voll ausgedrückt; was aber nicht nöthig ist, wird meistens auch nicht angedeutet.«
[111] Vgl. GlA S. I, S. V.
[112] Vgl. GlA, S. X, S. 71 (§ 60), S. 73 (§ 62), S. 116 (§ 106); vgl. ferner Ulrike Kleemeier: Gottlob Frege. Kontext-Prinzip und Ontologie, S. 60.
[113] Vgl. GlA, S. 59 (§ 46).

2.1 Semantik – Kontextprinzip, Gebrauchstheorie und Repräsentationalismus

bestimmt dafür argumentieren, dass sich zwischen Freges GLA und Wittgensteins PU logisch-semantische Mischformen auftun, die Restbestände der neuaristotelischen (KTP)- und (UP)-Varianten konservieren, gleichzeitig aber auch verschiedene Ansätze von (KPP) und (BP) favorisieren. Da ich es hier in Kap. 2.1 allerdings eher als meine Aufgabe ansehe, zu zeigen, welche Rolle Schopenhauers große Logik bes. in Bezug auf die Diskussion um (GdB) und (KTP) beim späten Wittgenstein und bei inferentiell-pragmatischen Rationalisten zukommt, will ich hier abschließend nur wenige skizzenhafte Bemerkungen zu Russell, Whitehead und dem frühen Wittgenstein geben, die die Rolle und den Wandel der genannten semantischen Prinzipien in der Zeit vor der Abfassung der PU illustrieren.

Noch vor der in der Einleitung zu Kap. 2.1 genannten Variante von (KPP) in Freges späten Schriften findet sich 1905 in Bertrand Russells *On Denoting* (*Über das Kennzeichnen*) sowohl eine Anwendung von (KTP) als auch von (RdS), die von der Wortart abhängt. In Russells Theorie indefiniter Kennzeichen spielt x die Rolle der Variable, die mit den unbestimmten Quantoren $\forall, \neg\exists, \exists$ als Kennzeichnungen ganze Aussagen (»propositions«) wie etwa ›C(x)‹ ergeben:

> C (alles) bedeutet ›C (x) ist immer wahr‹;
> C (nichts) bedeutet ›»C (x) ist falsch« ist immer wahr‹;
> C (etwas) bedeutet ›Es ist falsch, daß »C (x) ist falsch« immer wahr ist.‹ […]
>
> Der Begriff ›C (x) ist immer wahr‹ wird hier als elementar und undefinierbar betrachtet; die andern sind durch ihn definiert. Von *alles, nichts* und *etwas* wird nicht angenommen, daß sie für sich genommen eine Bedeutung haben, sondern eine Bedeutung wird jeder Aussage zugeordnet, in der sie vorkommen. Das ist das Prinzip der Theorie des Kennzeichnens, die ich vertreten will: Kennzeichnungen haben für sich nie eine Bedeutung, aber jede Aussage, in deren verbalem Ausdruck sie vorkommen, hat eine Bedeutung.[114]

Welche Wahrheits-, Eliminations- und Identitätstheorie Russell hier voraussetzt, hat uns hier nicht zu interessieren. Vielmehr glaube ich, dass wir den Fokus auf die Kombination des (KTP) mit dem (RdS) legen sollten, die sich in diesem Absatz ausspricht. Das Zitat belegt nämlich, dass indefinite Kennzeichnungen im Allgemeinen bzw. Quantoren im Besonderen keine Bedeutung für sich und unabhängig von Urteilen besitzen (»nicht angenommen, daß sie für sich genommen eine Bedeutung haben [not assumed to have any meaning in isolation]«, »Kennzeichnungen haben für sich nie

---

[114] Bertrand Russell: Über das Kennzeichnen. In: Philosophische und politische Aufsätze. Hrsg. v. Ulrich Steinvorth. Stuttgart 1971, S. 3–22, hier: S. 5.

2 Die Logik und ihre geometrische Interpretation

eine Bedeutung [denoting phrases never have any meaning in themselves]«): Aussagen wie `ein Mensch` sind für sich bedeutungslos, aber besitzen eine Bedeutung im Kontext.

Da definite Ausdrücke – wenn sie nicht als Kollektivsingular missbraucht werden – und Eigennamen aber den Existenz- ($\exists$) auf den Einzigkeitsquantor ($\exists!$) reduzieren, referieren sie auf genau ein Objekt und geben somit kontextfrei durch die Referenz dem sprachlichen Ausdruck Bedeutung: `der Vater Karls II.` und `Karl II.` bedeuten etwas, auch wenn wir den Kontext nicht kennen.

(KTP) ist somit notwendig für indefinite Kennzeichnungen, während definite Kennzeichen aufgrund einer (RdS) kontextfrei bedeutsam sind. Obwohl diese Lesart des obigen Zitats in den letzten Jahren schon in einigen Interpretationen mitschwang,[115] lesen viele Interpreten dieses Zitat vor allem noch als Beleg einer erstmals von Peter Strawson behaupteten Kontextvergessenheit in der nachfregeschen Zeit.[116] Wilfrid Hodges sieht in dem angegeben Zitat sogar ein Beispiel für eine Erweiterung des traditionellen aristotelischen Kompositionalismus, wie er ihn an Ammonius und Ibn Sina beschreibt: Quantoren, Junktoren etc. besitzen nur Bedeutung, wenn sie zusammen mit anderen Ausdrücken zu einem Satz komponiert werden.

Obwohl man einwenden könnte, dass Hodges' Interpretation nur eine bottom-up-Formulierung meiner top-down-Interpretation ist, so zeigt seine Beschreibung doch gut den Unterschied zwischen dem traditionellen (KPP)-Aristotelismus und dem (KTP)-Neuaristotelismus des 19. Jahrhunderts: Für Trendelenburg und den frühen Frege gilt (KTP) uneingeschränkt, während Russell meiner Meinung nach mit seiner zweiteiligen Kennzeichnungstheorie wieder die traditionelle aristotelische Unterscheidung zwischen (Auto-)Kategoremata und Synkategoremata aufmacht.

Wie stark indefinite und definite Kennzeichnungen sich bezüglich ihrer semantischen Prinzipien unterscheiden, wird vor allem in der *Principia Mathematica* deutlich. In Kapitel III der Einleitung wird das (KTP) für indefinite Kennzeichnungen sogar mit einer (GdB) in Verbindung gebracht, und beide dann von der (RdS) für Eigennamen abgegrenzt:

> Mit einem »unvollständigen« Symbol meinen wir ein Symbol, von dem wir nicht voraussetzen, daß es für sich allein einen Sinn [meaning] habe, sondern daß es nur in gewissen Zusammenhängen [in certain contexts] definiert sei. In der gewöhnlichen Mathematik sind z.B. $\frac{d}{dx}$ und $\int_a^b$ unvollständige Symbole: es muss erst etwas ergänzt werden, bevor wir ein sinnvolles Gebilde haben. Solche Symbole

---

[115] Vgl. die m.E. überzeugendste Darstellung von Robin Hörnig: Eigennamen referieren – Referieren mit Eigennamen. Zur Kontextinvarianz der namentlichen Bezugnahme. Wiesbaden 2003, Kap. 2.
[116] Peter F. Strawson: Über Referenz. In: Eigennamen. Dokumentation einer Kontroverse. Hrsg. v. Ursula Wolf. Frankfurt a. M. 1985, S. 94–126.

2.1 Semantik – Kontextprinzip, Gebrauchstheorie und Repräsentationalismus

haben, was man eine »Gebrauchsdefinition« nennen kann. So definieren wir, wenn wir

$$\nabla^2 = \frac{\partial^2}{\partial x^2} + \frac{\partial^2}{\partial y^2} + \frac{\partial^2}{\partial z^2} \quad \text{Df}$$

setzen, den *Gebrauch* von ∇^2, während ∇^2 selbst ohne Sinn [meaning] bleibt. Das unterscheidet solche Symbole von dem, was wir (in einem verallgemeinerten Sinn) *Eigennamen* nennen können: »Sokrates« z.B. steht für einen bestimmten Menschen und hat darum für sich allein einen Sinn, ohne eines Zusammenhanges [context] zu bedürfen.[117]

Unvollständige Symbole erinnern insofern an Freges »unbeurtheilbare Inhalte«, als sie bestimmte Symbole wie ›Haus‹ oder › $\frac{d}{dx}$ ‹ als semantisch gehaltlos klassifizieren, sofern sie »für sich allein« sind und nicht »in gewissen Zusammenhängen«. Die Theorie, aber auch die Wortwahl scheinen eindeutig (KTP), (UP) und damit die §§ 1, 3 der ElA zu favorisieren: Nicht nur Ausdrücke wie ›Kontext‹, was auf (KTP) hinweist, sondern auch mereologische Metaphern wie › für sich allein [isolation]‹ und bes. ›unvollständig [incomplete]‹ weisen darauf hin, dass Russell und Whitehead bei ihrer Bewertung der Vollständigkeit von Ausdrücken vom Urteil ausgehen.[118] Wenn keine Urteile vorliegen, muss – wie bei Freges Hausbeispiel – erst etwas ergänzt werden, damit der Inhalt beurteilbar bzw. das Symbol vollständig wird.

Sind unvollständige Symbole und unbeurteilbare Inhalte aber in einen Kontext eingebunden worden, so erhalten sie Bedeutung: Aus dem Wort wird ein Begriff in einem Urteil, aus dem Symbol wird eine Größe in einer Formel. Dieser im Zitat beschriebene Prozess zeigt sogar eine Nähe zur (GdS), die vor allem durch Ausdrücke wie »Gebrauchsdefinition« (definition in use) suggeriert wird. Gebrauchsdefinitionen können als beispielhaftes Hilfsmittel verstanden werden, um die Bedeutung unvollständiger Symbole im Kontext zu eruieren:[119] Die im Zitat angegebenen Symbole, der Bruch, das Integral und der Operator sind für sich bedeutungslos, aber sie werden definiert im Gebrauch einer bestimmten Formel. Da auch indefinite Ausdrücke in der gewöhnlichen Sprache unvollständige Symbole sind, gilt auch für sie: »sie haben einen Sinn im Gebrauch, aber nicht für sich allein [they have a meaning in use, but not in isolation].«[120] Das oben angegebene Zitat zeigt aber, dass Eigennamen wie ›Sokrates‹ keinen Kontext benötigen, um Bedeutung zu besitzen, da sie auf ein bestimmtes Objekt referieren.

---

[117] Alfred North Whitehead, Bertrand Russell: Principia Mathematica. Vorwort und Einleitungen. Mit einem Beitrag von Kurt Gödel. Frankfurt a.M. 2008, S. 95.
[118] Siehe auch oben, Kap. 2.1.2.
[119] Vgl. Rudolf Carnap: Bedeutung und Notwendigkeit. Eine Studie zur Semantik und modalen Logik. Wien u.a. 1972, S. 183f.
[120] Alfred North Whitehead, Bertrand Russell: Principia Mathematica. Vorwort und Einleitungen, S. 97.

2 Die Logik und ihre geometrische Interpretation

Wie in *On Denoting* gibt es auch hier zwei Kennzeichnungsarten: (KTP) und eine Variante von (GdS) für unvollständige Symbole, (RdS) für Eigennamen. Aber selbst wenn man die Betonung im Zitat auf das ›ergänzt werden‹ legt, kann man keine kompositionale Interpretation bekommen, wie Hodges dies angedeutet hat. Die unvollständigen Symbole können zwar zusammengenommen komplexe semantische Moleküle bilden, aber sie sind selbst keine atomaren semantischen Einheiten. Da dies aber nur für unvollständige Symbole gilt, ist der radikale semantische Holismus des Neuaristotelismus relativiert worden.

Man kann die endgültige Trennung der frühen analytischen Philosophie vom Neuaristotelismus in Wittgensteins Tlp sehen. Wittgenstein spricht im gesamten Tlp nicht ein einziges Mal von Urteilen, sondern immer nur von Sätzen. (Die einzige Ausnahme ist das unten angegebene Zitat.) Selbst die Formulierung des Kontextprinzips, »Nur der Satz hat Sinn; nur im Zusammenhang des Satzes hat ein Name Bedeutung« (Tlp 3.3, ferner: 3.314), scheint dem Unterschied von Satz und Urteil in der ElA § 2 keinerlei Gewicht mehr zuzusprechen. Das wird bes. in Tlp 4.442 explizit bestätigt:

> Freges »Urteilstrich« »⊢« ist logisch ganz bedeutungslos; er zeigt bei Frege (und Russell) nur an, dass diese Autoren die so bezeichneten Sätze für wahr halten. »⊢« gehört daher ebensowenig zum Satzgefüge, wie etwa die Nummer des Satzes. Ein Satz kann unmöglich von sich selbst aussagen, dass er wahr ist.

Wittgenstein scheint hier zwei, wenn auch zusammenhängende Gründe gegen den Urteilsbegriff bzw. -strich vorzubringen: Zum einen ist ein Urteil nur die psychologistische Überhöhung eines Satzes (vgl. auch Tlp 4.063), insofern die »Autoren« – Frege würde sagen: die »Schreibenden« (BS § 2, s.o.) – ihre intentionalen Zustände, ihr eigenes ›Für-wahr-halten‹ dem Satz aufzwängen.[121] Zum anderen kann der Satz nach der russellschen Typentheorie (Tlp 3.332) nicht seine eigene Wahrheit aussagen, weil er dann immer nur mit sich selbst konvenieren würde, aber nicht mit einem »Bild der Wirklichkeit« (Tlp 4.06, ferner: 2.173, 2.21, 4.462).

An der Frage, ob die Satzpriorität und damit (KTP) oder das Bild der Wirklichkeit und somit (RdS) betont werden muss, scheiden sich die Interpretationsschulen: Nach ElA § 3 entstanden die Begriffe als isolierte Elemente bzw. deren Gehalt aus dem Urteil. Wenn Wittgenstein nun die Satz/Urteil-Differenz zugunsten des Satzes nivelliert, so muss nun der Begriff oder der beurteilbare Inhalt aus dem Satz abgeleitet werden. Das fordert zumindest das oben bereits erwähnte (KTP) in Tlp 3.3 etc. Folgt man der Deduktionslinie des Tlp, die von der Welt (Tlp 1.1) über das Bild (Tlp 2.1) zum Satz (Tlp 3.1) führt, so scheint das (KTP) in Gestalt der Satzpriorität – als Pendant zur Urteilspriorität von ElA § 3 – erfüllt zu sein. Betont man aber hingegen das

---

[121] Vgl. Giorgio Lando: Assertion and Affirmation in the Early Wittgenstein. In: Wittgenstein-Studien 2 (2011), S. 21–49, bes. S. 29ff.

2.1 Semantik – Kontextprinzip, Gebrauchstheorie und Repräsentationalismus

Pendant zur logischen Begriffslehre, das man bereits vor dem (KTP) in der Kritik der Namen (Tlp 3.141ff.) herauslesen kann und das dann in der Theorie der ›formalen Begriffe‹ mit der expliziten Auseinandersetzung mit der »alte[n] Logik« (Tlp 4.126) entwickelt wird, so relativiert sich auch die letzte Anknüpfung an EIA § 3.

Ich denke, dass das nun Skizzierte erkennen lässt, dass aus der Perspektive eines wenn auch nur im weitesten Sinne mit den EIA sozialisierten Logikers des 19. Jahrhunderts – wie bspw. des Frege der BS – es im Tlp so aussehen würde, als ob Wittgenstein bei seiner Nivellierung von Urteilen zugunsten von Sätzen auch die Urteilslogik in die Grammatik überführen würde. Damit wurde im Tlp zwar nicht die Schlusslogik, aber die Urteils- und Begriffslogik des Neuaristotelismus endgültig in eine Sprachphilosophie transformiert, und der Kontextualismus konnte somit zu einem Prinzip erhoben werden, das unabhängig von seiner aristotelischen Vorgeschichte nicht nur der Logik vorenthalten bleiben musste. Dadurch war es dann auch für den späten Wittgenstein noch möglich, das (KTP) des Tlp in das zu übertragen,[122] was später als ›Philosophie der normalen Sprache‹ bezeichnet wurde.

2.1.4 Die Schopenhauer/Wittgenstein-Thesen

Ich habe in den vorangegangenen Kapiteln (2.1.1–2.1.3) dargestellt, wie Robert Brandom versucht hat, an Hans Slugas These anzuknüpfen, der zufolge Frege das im frühen 19. Jahrhundert vergessene (KTP) und die (UP) von Kant übernommen habe. Allerdings erschien diese Kant/Frege-These aus mehrerlei Gründen problematisch, so dass ich keine Lanze für Brandoms Behauptung einer Kontextvergessenheit im 19. Jahrhundert brechen konnte. Vielmehr habe ich die historischen Referenzen von Sluga und Janssen ergänzt und versucht, eine historisch wahrscheinlichere Ursprungs- und Rezeptionsgeschichte des Kontextprinzips und der Urteilspriorität aufzeigen, die von Gruppe ausging, die Trendelenburg wenig später auf Aristoteles zurückübertragen hat und die dann als eine neuaristotelische Lehrmeinung des 19. Jahrhunderts von seinen Nachfolgern vertreten wurde. Frege, dessen GlA bislang in der Forschung als Gründungsurkunde des Kontextualismus galt, wird das mit der (UP) verbundene (KTP) höchstwahrscheinlich im Zuge des akademischen Neuaristotelismus des 19. Jahrhunderts rezipiert haben.

Ich habe in einer abschließenden Skizze gezeigt, dass Frege das (KTP) und die (UP) bereits vor den GlA, nämlich in der BS angewandt hat. Obwohl das (KTP) hier nur gebraucht, nicht aber reflektiert und erklärt wird, zeigt sich in der BS anhand mehrerer Kriterien eine größere Nähe zum Neuaristotelismus als dann in der GlA und in den Spätschriften. Dadurch dass Russell eine Trennung zwischen dem (KTP) für indefinite Aussagen und eine (RdS) sowie ein (KPP) für Eigennamen und definite

---

[122] Vgl. PU I § 49; für eine Zusammenstellung aller Textpassagen zum Kontextprinzip bei Wittgenstein vgl. Michael N. Forster: Wittgenstein on the Arbitrariness of Grammar. Princeton/N.J. 2004, S. 233, Anm. 12.

2 Die Logik und ihre geometrische Interpretation

Kennzeichen vollzog, relativierte er den neuaristotelischen Ansatz weiter, als Frege es bereits nach der BS getan hatte. Wittgensteins Tlp zeigt zuletzt nur noch Spuren der neuaristotelischen Position, die (KTP) und (UP) uneingeschränkt favorisiert.

Schopenhauer spielte in der in Kap. 2.1.1–2.1.3 untersuchten Geschichte keine Rolle. Das dürfte insofern nicht verwunderlich sein, als ich in Kap. 1 eine Systeminterpretation vorgelegt habe, die Schopenhauer als Repräsentationalisten schon weit von den vermeintlichen Kontextualisten seiner Zeit – gleich, ob man hier an Kant, Gruppe, Trendelenburg o.a. denkt – entfernt haben dürfte. Ähnlich wie Gruppe[123] wurde Schopenhauer in der Forschungsliteratur bis vor Kurzem nur mit einem der frühen analytischen Philosophen in Verbindung gebracht, nämlich mit Wittgenstein. Das ist vor allem dann nicht verwunderlich, wenn etwa Interpreten einen der repräsentationalistischen Aspekte Schopenhauers aufgreifen und diesen mit der Standardinterpretation des Tlp oder mit der Kritik am Repräsentationalismus in den PU in Verbindung bringen: Sowohl Schopenhauer als auch der frühe Wittgenstein erscheinen dann als einschlägige Vertreter einer (RdS).

Ich werde in den nun folgenden Kapiteln (2.1.3–2.1.6) Argumente vorbringen, die nahelegen, dass Schopenhauer einen Gegenbeweis gegen Brandoms These der Kontextvergessenheit im 19. Jahrhundert anführt. Außerdem werden Belege dafür vorgebracht werden, dass in Schopenhauers repräsentationalistischem System, das sich in selbstverständlicher Weise einer radikalisierten (RdS) bedienen sollte, auch das (KTP) und sogar eine Variante der (GdS) an prominenter Stelle zu finden sind. Dadurch wird sich der Eindruck erhärten, dass diese (GdS) dem späten Wittgenstein der PU näher steht als Russells und Whiteheads (GdS) in den *Principia Mathematica*. In diesem Kapitel möchte ich aber zunächst die Forschung darstellen, die sich mit dem Verhältnis von Schopenhauer und Wittgenstein beschäftigt.

Ich habe hier die eher neutralen Ausdrücke ›Verhältnis‹ und ›Verhältnisforschung‹ gewählt, da in der Schopenhauer-/Wittgensteinforschung nicht immer deutlich zwischen einer historisch ausgerichteten Einfluss- bzw. Rezeptions- und einer systematisch ausgerichteten Vergleichsforschung unterschieden wird. Die Tatsache, dass es überhaupt eine solche Verhältnisforschung gibt, wird zum einen dadurch motiviert, dass mehrere Freunde und Schüler Wittgensteins behauptet haben, dass dieser im Alter von sechzehn Jahren das erste Mal Schopenhauer studiert habe;[124] zum anderen wird die Verhältnisforschung dadurch legitimiert, dass der späte Wittgenstein Schopenhauers Einfluss auf sein Denken explizit zugegeben hat.[125]

---

[123] Siehe oben, Kap. 2.1.2.
[124] Die m.W. längste, wenn auch nicht vollständigste Zusammenfassung und Besprechung dieser Freundesaussagen findet sich in Allan S. Janik: Schopenhauer and the Early Wittgenstein. In: Ders.: Essays on Wittgenstein and Weininger. Amsterdam 1985, S. 26–48 [Orig.: Philosophical Studies 15 (1966), S. 76–95]. Aus keiner Aussage geht genau hervor, welche Werke Schopenhauers Wittgenstein rezipiert hat.
[125] Vgl. bspw. Ms. 154,15^v–16^r (= Ludwig Wittgenstein: Werkausgabe in 8 Bänden. Hrsg. v. R. Rhees. Frankfurt a. M. 1984, Bd. 8, S. 476): »Ich [sc. L. W.] glaube ich habe nie eine Gedankenbewegung *erfunden* sondern sie wurde mir immer von jemand anderem gegeben & ich habe sie nur sogleich leidenschaftlich

2.1 Semantik – Kontextprinzip, Gebrauchstheorie und Repräsentationalismus

Um zunächst einen groben Überblick und eine quantitative Orientierung über die Verhältnisforschung geben zu können, habe ich im Folgenden zwei Tabellen zusammengestellt. In Tabelle 1 ist in der Vorspalte die Forschungsliteratur (nach Jahreszahlen geordnet) angeführt und in der Kopfzeile sind die in der Forschung behandelten Hauptthemen zusammengefasst. Die Ziffern in den Tabellenfeldern geben die Seitenzahlen an, sofern eine bestimmte Studie sich ausführlicher mit einem entsprechenden Thema beschäftigt. In Tabelle 2 sind in der Vorspalte diejenigen Schriften Schopenhauers und in der Kopfzeile diejenigen Schriften Wittgensteins angeführt worden, die in der Forschungsliteratur (Tabellenfelder) maßgeblich besprochen werden. In beiden Tabellen konnten – z.T. auch qualitativ interessante – Marginalien, Nebenbemerkungen und kurze Kommentare zu einzelnen Themen nicht aufgenommen werden. Berücksichtigt wurden nur englische und deutsche Publikationen (ohne ›graue Literatur‹), die einen direkten Vergleich zwischen Schopenhauer und Wittgenstein anstreben. Die vollständigen Literaturangaben sind dem Literaturverzeichnis zu entnehmen.

Tabelle 1: Forschungsthemen

Themen / Literatur	Ästhetik	Ethik	Logik/Sprachphilosophie	Mathematik	Metaphysik/ Philosophie	Naturwissenschaft/ Naturalismus	Religion/Mystik	Solipsismus/ Erkenntnistheorie	Welt/ Repräsentationalismus	Wille/ Intentionalität	Zeit
1963 Gardiner	275-282						281		280	279	
1966 Janik (Repr. 1985)	43-46	41-47	35, 38	36, 38-39	26-31	36-37, 39	29-30, 41, 44-47	32-35, 45-47	32-35, 43	39-43, 45-47	
1969 Engel			287-299		299-302						
1973 Griffiths	97, 115	97, 104-116	101-102				99	98, 112	100-103	102-103	105-108 99-100
1975 Hacker (Repr. 1986)	97-99				93-96			81-82, 87-93		91	
1976 Griffiths			4-10, 12-15	6 9					5-9, 12-16	15-19	11-12
1978 Clegg	29-30, 42-44	29-30	29-30, 33-36, 41-43		32, 39		32-35, 43-46	30-36	40-44	40-43	

zu meinem Klärungswerk aufgegriffen. So haben mich Boltzmann, Hertz, Schopenhauer, Frege, Russell, Kraus, Loos, Weininger, Spengler, Sraffa beeinflußt.«

2 Die Logik und ihre geometrische Interpretation

Literatur \ Themen	Ästhetik	Ethik	Logik/Sprachphilosophie	Mathematik	Metaphysik/ Philosophie	Naturwissenschaft/ Naturalismus	Religion/Mystik	Solipsismus/ Erkenntnistheorie	Welt/ Repräsentatio-nnalismus	Wille/ Intentionalität	Zeit
1979 Goodman	437-447				439-440			440-441, 444-445	440	438, 443	445-447
1981 Worthington		481-489	482-483, 494-496		489-496		481, 487, 490-492, 494		482, 490-492	484	484, 486-489
1982 Janik			272-273, 275-278				276				
1983 Churchill	499	499	492-493, 497-499		491-500		497-499	490-492	491-500	491, 493-496	497, 499
1983 Magee (Repr. 2002)		319-320	321-322					322-324, 338	316, 322-324	311, 314-316	
1988 Clegg			83-100						82-84	90	
1989 Janaway		333-342	331-332				318-321	321-331	321-328	336-342	
1989 Lange		29	32-52, 53-88		1-31, 32-41, 109-110		10, 109-112	41, 53-54, 69-134	26-28, 32-52, 64-88, 104-106	7-9, 97-103	
1992 Janik			73-77		70-73	69-77					
1992 Weiner	84-88, 105	94-111	24-45	50	9-27	50-51	92, 94-98, 104-108	46-79	46-79	67-72	80-111
1995 Weimer		29-32	17-20, 43-45		27-29	26-27		18, 20-22, 35-42		23-32	
1999 Glock	437-441	437-443	435-437		427-435		441-443	443-449		449-455	
2002 Han	117-118	116-119						112-115		115-116	116-119
2003 Cakmak	124	121-124	118-119				119-120, 124		117-118	116-117	
2011 Millet		76-81			67-70			65-73	69-70, 73-76	73-79	78-79
2011 Tejedor		93-102			97-98			89-102		94-96	
2012 Schröder			368		371-372, 378-379		379-380		380	368-375	368-369	375-377

2.1 Semantik – Kontextprinzip, Gebrauchstheorie und Repräsentationalismus

Schopenhauer \ Wittgenstein	Tractatus/ Tagebücher 1914-16	PU	Blaues Buch	Philosophische Bemerkungen	Big Typoscript/ Philosophische Grammatik	Über Gewißheit
Welt als Wille und Vorstellung	Gardiner 1963, 275-282; Janik 1966, 26-47; Engel 1969, 287-301; Griffiths 1973, 96-116; Hacker 1975, 81-100; Clegg 1978, 29-46; Goodman 1979, 437-445; Worthington 1981, 481-496; Churchill 1983, 489-501; Clegg 1988, 82-94; Janaway 1989, 318-342; Magee 1989, 313-315; Lange 1989, 1-134; Weiner 1992, 9-111; Weimer 1995, 23, 32-33; Glock 1999, 427-452; Han 2002, 112-119; Cakmak 2003, 115-125; Millet 2011, 63-81; Tejedor 2011, 85-102; Schröder 2012, 367-375	Engel 1969, 287; 297; Clegg 1988, 94-100; Magee 1989, 313, 326; Lange 1989, 110-134; Janik 1992, 69-77; Weimer 1995, 13-25, 40-45; Glock 1999, 452-455; Schröder 2012, 375-380	Lange 1989, 123-134; Weimer 1995, 23-24	Lange 1989, 9, 96	Lange 1989, 96, 117-134; Schröder 2012, 373-375	Janik 1992, 69-77
Über die vierfache Wurzel	Griffiths 1976, 4-19; Janik 1982, 275	Janik 1992, 69-77		Engel 1969, 295-299		Janik 1992, 69-77
Parerga und Paralipomena	Magee 1989, 312-313			Goodman 1979, 445-447		
Nachlass	Weimer 1995, 23	Engel 1969, 287-294				

Tabelle 2: Werkvergleiche

Wie beide Tabellen belegen, ist der thematische und werkbezogene Forschungsumfang mittlerweile so groß, dass eine Besprechung und qualitativ-kritische Auswertung der einzelnen Thesen und Argumente hier noch nicht einmal ansatzweise erfolgen kann. Ich möchte an dieser Stelle daher nur einige Forschungsresultate und -probleme herausgreifen, die für die hier vorliegende Untersuchung von Bedeutung sind.

Zunächst kann man an Tabelle 2 ablesen, dass sich zwar die meisten Studien mit dem Verhältnis zwischen der WWV (bes. I) und dem Tlp beschäftigen, es aber bereits Forschungsbemühungen gibt, welche Schopenhauers Nachlass mit Wittgensteins Spätwerk kontrastieren. Gründe, warum sich die Forschung nicht ausschließlich auf das Verhältnis zwischen Schopenhauers Hauptwerk und Wittgensteins Tlp beschränkt, können herangezogen werden: Bryan Magee und bes. Hans-Johann Glock

2 Die Logik und ihre geometrische Interpretation

betonen mehrfach, dass Schopenhauers Einfluss auf Wittgenstein nach dem Tlp nicht abbreche und dass es auch wichtige Anspielungen beim späten Wittgenstein auf Schopenhauer gebe.[126]

Auch Garth Hallett hat eine Liste von über 20 Lemmata mit ca. 40 Schopenhauer-Anspielungen und -Parallelen in den PU indexiert,[127] und nach Meinung von Jerry Clegg ließe sich diese Liste sogar noch nahezu beliebig erweitern.[128] Eine der bekanntesten Anspielung wurde zuerst von Morris Engel aufgestellt und besagt, dass Wittgenstein den Begriff ›Familienähnlichkeit‹ von Schopenhauer entlehnt habe;[129] bekannt ist aber auch, dass Magee eine wittgensteinsche Entlehnung des schopenhauerschen Begriffs ›Lebensform‹ konstatierte;[130] ebenso stellte Janik differenziert die Ähnlichkeit zwischen dem Begriff des ›Abrichtens‹ bei beiden Autoren dar;[131] und Glock betonte, dass auch der Begriff ›metalogisch‹ schopenhauerschen Ursprungs sei und dass der späte Wittgenstein sich kritisch mit Schopenhauers Willens- und Intentionalitätskonzepten auseinandergesetzt habe.[132]

Severin Schroeder hat dagegen den Einfluss Schopenhauers auf Wittgensteins Spätwerk bes. anhand einer Untersuchung der Begriffe ›Lebensform‹ und ›Familienähnlichkeit‹ in Frage gestellt[133] und eher negative Aussagen des späten Wittgenstein über Schopenhauer als Beleg der Differenz zitiert, die allerdings Glock, Janik und Ernst Michael Lange in ihren Schriften mit positiven Äußerungen des späten Wittgenstein über Schopenhauer relativieren.[134] Bereits vor Schroeder hatte auch Linhe

---

[126] Vgl. Hans-Johann Glock: Schopenhauer and Wittgenstein. Representation as Language and Will. In: The Cambridge Companion to Schopenhauer. Hrsg. v. Christopher Janaway. Cambridge 1999, S. 422–458, hier: S. 423f., S. 426; Bryan Magee: The Philosophy of Schopenhauer. Oxford 1983, S. 311.

[127] Vgl. Gareth Hallett: A Companion to Wittgenstein's Philosophical Investigations. Ithaca 1977, S. 799. Eine ebenfalls lange, aber nicht zusammenhängende Liste aus Anspielungen kann man entnehmen aus David Pears: The False Prison. A Study of the Development of Wittgenstein's Philosophy. Bd. 1. Oxford 1987, bes. S. 166ff.

[128] Vgl. Jerry S. Clegg: Schopenhauer and Wittgenstein on Lonely Languages and Criterialess Claims. In: Schopenhauer. *New Essays in Honor of His 200th Birthday.* Hrsg. v. Eric v. Luft. Lewiston u. a. 1988, S. 82–100, hier: S. 94f.

[129] Vgl. S. Morris Engel: Schopenhauer's Impact on Wittgenstein. In: Journal of the History of Philosophy 7:3 (1969), S. 285–302, hier: S. 287, Fn. 8. [Repr.: Schopenhauer. His Philosophical Achievement. Hrsg. v. Michael Fox. Brighton 1980, S. 236–254]

[130] Vgl. Bryan Magee: The Philosophy of Schopenhauer, S. 326.

[131] Vgl. Allan S. Janik: Wie hat Schopenhauer Wittgenstein beeinflußt?. In: Schopenhauer-Jahrbuch 73 (1992), S. 69–78, hier: S. 72f.

[132] Vgl. Hans-Johann Glock: Schopenhauer and Wittgenstein, S. 456f., Fn. 15. Siehe auch oben, Kap. 1.3.

[133] Vgl. Severin Schroeder: Schopenhauer's Influence on Wittgenstein. In: A Companion to Schopenhauer. Hrsg. v. Bart Vandenabeele. Chichester u. a. 2012, S. 367–385, hier: S. 378. Schroeders Urteil dürfte aber nicht endgültig sein. So zieht er bspw. zu Recht Engels These in Frage, dass Wittgenstein den Begriff ›Lebensform‹ aus WWV I § 54 übernommen hat, da im Original nur »Form des Lebens« steht; Schroeder erwähnt allerdings nicht, dass »Lebensform« mind. einmal im Hauptwerk (WWV II, Kap. 25) auftaucht, wenn auch in einem nicht sehr einschlägigen Kontext.

[134] Vgl. Hans-Johann Glock: Schopenhauer and Wittgenstein, S. 424; Allan S. Janik: On Schopenhauer's Relationship to Wittgenstein. In: Zeit der Ernte. Studien zum Stand der Schopenhauer-Forschung. Hrsg. v. Wolfgang Schirrmacher. Stuttgart-Bad Cannstatt 1982, S. 271–279, hier: S. 275; ders.: Schopenhauer and the Early Wittgenstein, S. 31; ders.: Wie hat Schopenhauer Wittgenstein beeinflußt?, S. 76; Ernst Michael Lange: Wittgenstein und Schopenhauer. Logisch-philosophische Abhandlung und Kritik des Solipsismus. Cuxhaven 1989, S. 2.

2.1 Semantik – Kontextprinzip, Gebrauchstheorie und Repräsentationalismus

Han das Verhältnis der beiden Denker kritisch und Wolfgang Weimer sogar negativ bestimmt.[135]

Hinsichtlich des quineschen Problems der Übersetzbarkeit aus *Word and Object* bemerkt Weimer, dass Schopenhauer wohl den Standpunkt vertreten würde, »daß die Begriffe in allen Kulturen gleich, die Wörter hingegen verschieden seien – eine Auffassung, deren Fragwürdigkeit m. E. [sc. W. Weimer] sogleich auffällt«.[136] Weimers Hauptargument betont Schopenhauers sprachphilosophischen Repräsentationalismus und basiert vor allem auf der von uns in Kap. 1.3.1 angesprochenen (RdS) in WWV I, § 9 und WWV II, Kap. 6f.; im Vergleich zur (GdB) des späten Wittgenstein sei diese Sprachphilosophie naiv und daher defizitär. Weimer attestiert Schopenhauer somit insgesamt eine »Unzulänglichkeit seiner Sprachphilosophie«.[137] Damit hat er das ebenfalls oben in der Einleitung zu Kap. 1.3 besprochene Urteil von Eugenio Coseriu – der Fall Schopenhauer sei ein dunkles Kapitel in der deutschen Sprachphilosophie – sogar von der e(xternal)- auf die i(nternal)-language-theory ausgeweitet.[138]

Aus diesen Gründen bleibt nicht nur der Einfluss Schopenhauers auf den späten Wittgenstein, sondern natürlich auch ein Einfluss des einen auf den anderen in Bezug auf die Themenbereiche ›Logik‹ und ›Sprachphilosophie‹ kontrovers. Anzumerken ist dabei, dass die jüngst veröffentlichten Studien von Sascha Dümig und Daniel Schmicking zwar Schopenhauer als i-language-Linguisten im Sinne eines kognitiven Repräsentationalismus nach Jerry Fodor, Jerrold Katz oder Zenon Phylyshyn darstellen und damit gute Argumente gegen Coserius e-language-Interpretation vorbringen;[139] allerdings muss auch angemerkt werden, dass dieses Resultat nur wieder einem vermeintlichen Kontextualisten wie Weimer in die Hände spielt, der mentalistisch-funktionalistische (RdS)/(KPP)-Ansätze vor und nach Wittgensteins PU generell als mangelhaften Ansatz einer Normalsprachentheorie ansieht. Für Rationalisten bleibt Schopenhauers Repräsentationalismus schlicht naiv.

So kontrovers Schopenhauers Sprachphilosophie bes. im Verhältnis zum späten Wittgenstein bewertet wird, so bemerkenswert ist, dass bereits ein großer quantitativer Umfang von Engels Aufsatz ebenfalls in die beiden Problembereiche ›Logik/Sprachphilosophie‹ und ›Schopenhauer/später Wittgenstein‹ fällt. Die Wahl, diese beiden heute als Problembereiche ausgewiesenen Themenfelder zusammen zu untersuchen,

---

[135] Vgl. Linhe Han: Wittgenstein and Schopenhauer. In: Wittgenstein and the Future of Philosophy. A Reassessment after 50 Years / Wittgenstein und die Zukunft der Philosophie. Eine Neubewertung nach 50 Jahren. Hrsg. v. R. Halle, K. Puhl. Wien 2002, S. 112–121.
[136] Wolfgang Weimer: Ist eine Deutung der Welt als Wille und Vorstellung heute noch möglich? Schopenhauer nach der Sprachanalytischen Philosophie. In: Schopenhauer-Jahrbuch 76 (1995), S. 11–53, hier: S. 21. Dass Schopenhauer in diese Tradition der Sprachkritik steht, zeigt Dieter Birnbacher: Schopenhauer und die Tradition der Sprachkritik. In: Schopenhauer-Jahrbuch 99 (2018), S. 37–56.
[137] David Avraham Weiner: Genius and Talent. Schopenhauer's Influence on Wittgenstein's Early Philosophy. Rutherford 1992, S. 29. Die Begründung findet sich auf S. 19ff.
[138] Vgl. Noam Chomsky: Knowledge of Language. Its Nature, Origin, and Use. New York u.a. 1986, bes. S. 19–40.
[139] Sascha Dümig: Lebendiges Wort?, S. 161ff. Vgl. auch die ähnliche These von Daniel Schmicking: Zu Schopenhauers Theorie der Kognition bei Mensch und Tier – Betrachtungen im Lichte aktueller kognitionswissenschaftlicher Entwicklungen. In: 86. Schopenhauer Jahrbuch (2005), S. 149–176, hier: S. 154.

begründet Engel dadurch, dass Wittgenstein Interesse an logischen Themen gehabt habe und dass dieser daher den logischen Spuren von Schopenhauers Hauptwerk zu dessen Nachlass gefolgt sei. Ebenso wie Glock, Lange, Magee u.v.a glaubt daher auch Engel, Belege für mehrfache Schopenhauer-Lektüren Wittgensteins gefunden zu haben, die sich u.a. daran zeigen, dass sowohl Schopenhauer im Nachlass als auch Wittgenstein im Spätwerk (RdS) ablehnen müssen, um jeweils plausibel auf Begriffsverwirrungen in argumentativen (Normalsprachen-)Diskursen hinzuweisen.[140] Interessant ist zudem, dass auch Schroeder betont – und zwar vor der Nennung seiner Argumente, die gegen einen Einfluss Schopenhauers auf den späten Wittgenstein sprechen sollen –, dass Schopenhauer in WWV I, § 9 Varianten von (RdS) ablehnt, wodurch sich eine Parallele zum späten Wittgenstein ergebe.[141]

Während Engel und Schroeder – im Unterschied zu Weimer – Schopenhauers Sprachphilosophie nicht allein auf (RdS) reduzieren, betonen Hacker, Clegg und Churchill sogar, dass die Originalität des Verhältnisses der beiden Denker darin bestehe, dass Wittgenstein Schopenhauers ›Metaphysik‹ und ›Mystizismus‹ in eine Bedeutungstheorie umzuwandeln versucht habe.[142] Obwohl diese drei Ansätze im weitesten Sinne meiner These einer Gemeinsamkeit zwischen Schopenhauers und Wittgensteins Bedeutungstheorien nahekommen, scheitern Hacker und Clegg aus Churchills Sicht aufgrund zu starker inhaltlicher Einschränkungen und argumentativer Lücken. Da Churchill aber auch selbst die Bedeutungstheorie nur noch auf eine Theorie der Sprachgrenze (im Sinne von Tlp 5.6) reduziert, kann meiner Meinung nach keiner der drei Ansätze überzeugen.

Dennoch haben Hacker, Clegg und Churchill glaubhaft nahegelegt, dass es im Werk Schopenhauers interessante Aspekte für die wittgensteinschen Bedeutungstheorien gibt. Die Behauptung von Schroeder, Schopenhauer kenne das seit Locke bestehende Begründungsproblem sprachlicher Bedeutung überhaupt nicht,[143] erscheint somit in Anbetracht der Forschung Hackers, Cleggs und Churchills überholt zu sein.[144] Zudem wirkt Schroeders Behauptung insofern viel zu voreilig, als Schopenhauer sowohl in der großen Logik von 1820 als auch in der kleinen Logik von 1844 seine Begriffslehre explizit auf Buch III von Lockes *Essay Concerning Human*

---

[140] Vgl. S. Morris Engel: Schopenhauer's Impact on Wittgenstein, S. 290f., S. 295. Auch David Avraham Weiner: Genius and Talent, S. 32ff. sieht eine deutliche Ähnlichkeit zwischen den Sprachkritiken Schopenhauers und Wittgensteins.
[141] Vgl. Severin Schroeder: Schopenhauer's Influence on Wittgenstein, S. 378: »A more interesting point of contact is that Schopenhauer rejects the idea that understanding words is a process of translating them into mental images (WWR I § 9).«
[142] Vgl. Peter Michael Stephan Hacker: Insight and Illusion. Themes in the Philosophy of Wittgenstein. Überarb. Aufl. Oxford 1986, Kap. IV.2; Jerry S. Clegg: Schopenhauer and Wittgenstein on Lonely Languages and Criterialess Claims, bes. Kap. III; John Churchill: Wittgenstein's Adaption of Schopenhauer. In: The Southern Journal of Philosophy 21 (1983), S. 489–502.
[143] Vgl. Severin Schroeder: Schopenhauer's Influence on Wittgenstein, S. 379.
[144] Vgl. ebd., S. 379. – Zudem ist anzumerken, dass das Zitat aus WWV I, § 9, das Schroeder als Beleg für sein negatives Urteil abgibt, ein Zitat ist, von dem S. Morris Engel: Schopenhauer's Impact on Wittgenstein, S. 295f. meint, dass es Inspiration für eine Textstelle in Wittgensteins *Blauem Buch* gewesen sein dürfte.

2.1 Semantik – Kontextprinzip, Gebrauchstheorie und Repräsentationalismus

Understanding zurückführt, dessen Inhalt er laut Schroeder gar nicht gekannt haben soll.[145]

Janik geht in einem leider kaum rezipierten Aufsatz noch einen Schritt über Hacker, Clegg und Churchill hinaus und behauptet, »daß, trotz vieler Meinungsunterschiede bezüglich Details, Schopenhauers sprachimmanente Auffassung der Logik die Position Wittgensteins völlig vorwegnimmt«.[146] Diese generös anmutende These bleibt in ihrer Begründung aber auf das zentrale Thema Janiks beschränkt, nämlich dass unsere menschliche Denkweise in der Natur verhaftet ist bzw. eine Erweiterung der Natur darstellt – eine These, die an das Hauptargument von John McDowells *Mind and World* erinnert.[147] Damit rückt Schopenhauers vermeintlich naiver Repräsentationalismus in die Nähe einer inferentialistischen Position, die vor allem das Material des Begriffs in den Blick nimmt.

Diesen berühmt gewordenen ›Naturalismus der zweiten Natur‹ sieht Janik nicht nur als das zentrale Thema in Wittgensteins PU und *Über Gewißheit*, sondern eben auch in einer Passage aus Schopenhauers Dissertation (*Ueber die vierfache Wurzel des Satzes vom zureichenden Grunde*), in der dieser beschreibt, dass beim natürlichen Erlernen der Sprache jedes Kind intuitiv und spielerisch alle Regeln der Logik praktisch anzuwenden lernt, die die philosophische Logik nur mit großer Mühe theoretisch als Regeln formulieren kann.[148] Nach Janik treffen sich Wittgenstein und Schopenhauer somit bei der »Idee, daß die Logik des Denkens nicht aus Regeln, sondern aus einer angemessenen Anwendung des Ausdrucks besteht«.[149] Obwohl Janik hier die Anwendung des Ausdrucks und an anderer Stelle auch die Bedeutungstheorie kurz erwähnt, bleibt noch zu erforschen, ob Schopenhauers ›Naturalismus der zweiten Natur‹ auch (GdB) oder (KTP) mit einschließt. Bei Janik finden wir dafür zumindest, ähnlich wie bei Hacker, Clegg und Churchill, keinen befriedigenden Hinweis.

2.1.5 Schopenhauers Gebrauchstheorie der Bedeutung und das Kontextprinzip

Ich fasse die bisherigen Ergebnisse kurz zusammen. In dem ersten Teil von Kap. 2.1 wurde zunächst darauf hingewiesen, dass die derzeit herrschende Meinung zur Geschichte des Kontextualismus einen Einfluss Kants auf Frege billigt und damit Dummetts Votum einer allgemeinen Kontextamnesie vor Frege ablehnt. Streit

---

[145] Siehe oben, Kap. 1.3.3. Vgl. im Detail auch David E. Cartwright: Locke as Schopenhauer's (Kantian) Philosophical Ancestor. In: 84. Schopenhauer Jahrbuch (2003), S. 147–156.
[146] Allan S. Janik: Wie hat Schopenhauer Wittgenstein beeinflußt?, S. 73f.
[147] Vgl. bes. John McDowell: Geist und Welt. Übers. v. Thomas Blume, Holm Bräuer, Gregory Klass. Frankfurt a. M. 1998, S. 19 (Einl., § 8), S. 109ff. (IV, § 7).
[148] Unter Berufung auf andere Texte der beiden Autoren sieht auch David Avraham Weiner: Genius and Talent, S. 40ff. darin eine Ähnlichkeit zwischen Schopenhauer und Wittgenstein.
[149] Allan S. Janik: Wie hat Schopenhauer Wittgenstein beeinflußt?, S. 74.

herrscht allein darüber, ob es eine Kontextvergessenheit in der Zeit zwischen Kant und Frege gab (Brandom) oder ob man doch Spuren des (KTP) im 19. Jahrhundert finden kann (Sluga, Janssen). Ich habe dafür argumentiert, dass Gruppe eine entscheidende Rolle in dieser Geschichte einnimmt, da Trendelenburg seine Variante von (KTP) mit Brandis Kritik an der traditionellen (BP) zu einem neuaristotelischen Ansatz verband, den man dann in Freges BS wiederfindet. Anhand einiger Skizzen habe ich zudem versucht aufzuzeigen, dass Frege ab der GlA, Russell und Whitehead in den *Principia Mathematica* und Wittgenstein im Tlp den radikalen Ansatz des Neuaristotelismus abschwächen und Mischformen der semantischen Theorien und Prinzipien entwickeln, deren Beurteilung aber stark von der Interpretationsweise abhängen.

Obwohl Sluga und Janssen sich dafür ausgesprochen haben, dass es mit Schleiermacher mindestens einen Kontextualisten zwischen Kant und dem Neuaristotelismus gebe, sind weitere Autoren in dieser Epoche meines Wissens bislang nicht diskutiert worden. Zwar weist der Ansatz von Russell und Whitehead, wie oben mit Carnap angedeutet wurde, eine Nähe zu (GdB) auf, aber in der Forschung gelten allein Dewey und vor allem Wittgenstein als Begründer der (GdB). Obwohl Engel, Janik, Hacker, Clegg und Churchill Andeutungen darüber gemacht haben, dass Schopenhauer in der Geschichte der frühen analytischen Philosophie eine Rolle aufgrund seines möglichen Einflusses auf Wittgensteins Bedeutungstheorien, vielleicht sogar auf die (GdB) gespielt haben könnte, liegt bislang kein einschlägiges Argument vor, um Schopenhauer für die Diskussion zwischen Dummett, Brandom, Sluga, Janssen u.v.a. nennenswert zu machen.

Folglich gibt es einerseits Zweifel daran, dass Schopenhauer ein reiner Vertreter einer traditionellen (RdS) ist; andererseits wurde eine mögliche Vorwegnahme einer (GdB) von Schopenhauer höchstens angedeutet und die Frage, ob er eine Rolle in der von Sluga und Janssen untersuchten Geschichte des (KTP) spielt, wurde bislang gar nicht von der Verhältnisforschung untersucht; im Gegenteil hat man Schopenhauer sogar als Vertreter eines naiven Repräsentationalismus abzustempeln versucht: Allerdings sieht nur Weimer in Schopenhauer einen Vertreter von (RdS), und nur Schroeder glaubt, dass Schopenhauer das Bedeutungsproblem, das ihn entweder zu (GdB) oder (RdS) hätte führen können, gar nicht kannte. Ebenso glaubt Weimer, dass selbst bei semantischen Problemen wie bspw. das quinesche Übersetzungsproblem, Schopenhauer noch eine naive Variante von (RdS) vertreten würde. Folglich sei aus einer dem Inferentialismus nahestehenden Sicht Schopenhauers Repräsentationalismus naiv und defizitär. Nur Janiks These scheint ein Hoffnungsschimmer zu sein, Schopenhauer mit dem modernen Rationalismus zu versöhnen.

Das vorliegende Kapitel setzt es sich zum Ziel, die Behauptungen von Weimer und Schroeder anhand eines Schopenhauer-Zitats aus der großen Logik zu widerlegen. Damit werde ich gegen Dummetts These einer generellen Kontextamnesie und

2.1 Semantik – Kontextprinzip, Gebrauchstheorie und Repräsentationalismus

Brandoms Vorwurf einer partiellen Kontextvergessenheit im 19. Jahrhundert argumentieren. Darüber hinaus werde ich weitere Belege sowohl für Slugas und Janssens Geschichte des (KTP) als auch für die von Janik, Hacker u.a. angedeuteten Parallelen zwischen der (GdB) Wittgensteins und Schopenhauers anführen.

Das von mir als einschlägig angekündigte Zitat findet sich direkt am Anfang der Begriffslogik von WWV2. Der gesamte Kontext des Zitats ist von mir in Kap. 1.3.1 in der Themenliste der großen Logik als Nr. (1') angegeben worden. Im Kontext des Zitats beschäftigt sich Schopenhauer mit dem Erwerb von Begriffsbedeutung und von Sprachkompetenz, wodurch das Thema zunächst ganz allgemein als ein tertium comparationis zwischen ihm und Wittgenstein verstanden werden kann. Denn auf einer generellen Ebene zeigt sich in Schopenhauers Vorlesungen bereits eine systematische Parallele zu den Anfangspassagen der PU, in denen (GdB$_W$) und dann später auch (KTP$_W$) eng mit dem Thema des Spracherlernens verknüpft sind (Stichworte: »Abrichtung«, »hinweisendes Lehren der Wörter«, »Unterricht der Sprache« usw.). Auf einer spezifischeren Ebene zeigen sich aber leichte Unterschiede: Während Wittgenstein uns nämlich den Prozess des Spracherlernens bes. bei Kindern vor Augen führt (bes. ab § 5 der PU), kommt Schopenhauer auf die Frage, wie Wörter als simple Zeichenfolge zu semantisch aufgeladenen Begriffen werden, im Zuge der Betrachtung der Möglichkeit des Fremdsprachenlernens und des damit verbundenen Übersetzungsproblems. Schopenhauer diskutiert also genau das Thema, von dem Schroeder überzeugt ist, dass jener es nicht kannte, und von dem Weimer sogar meint, dass Schopenhauer es nur mit (RdS) hätte beantworten können. Das Schopenhauerzitat, von dem ich hingegen glaube, dass es eine Variante von (GdB) zusammen mit (KTP) beinhaltet, lautet im Kontext dieses Themas der Fremdsprachenaneignung nun:

> [5]Darum lernt man nicht den wahren Werth der Wörter einer [6]fremden Sprache durch das Lexikon, sondern erst *ex usu*, durch [7]Lesen bei Alten Sprachen und durch Sprechen, Aufenthalt im [8]Lande, bei neuen Sprachen: nämlich erst aus dem verschiednen [9]Zusammenhang[,] in dem man das Wort findet[,] abstrahirt man [10]sich dessen wahre Bedeutung, findet den Begriff aus, den das [11]Wort bezeichnet.[150]

Zur detaillierteren Besprechung des Zitats habe ich die Zeilennummern (= Z.) der zitierten Mockrauer/Deussen-Ausgabe von 1913 übernommen und in hochgestellten Ziffern der jeweiligen Zeile im Zitat vorangestellt. Meiner These zufolge beinhaltet das Zitat eine Variante von (GdB) sowie von (KTP): Die Variante von (GdB) findet sich in Z.5–8; die Variante von (KTP) findet sich in Z.8–11 und beginnt nach dem Doppelpunkt. Dieser Doppelpunkt zusammen mit dem nachfolgenden »nämlich« sind

---

[150] WWV2 I, S. 246.

insofern aufschlussreich, als sie anzeigen, dass (KTP$_S$) eine Begründung bzw. Rechtfertigung für (GdB$_S$) darstellt. Durch dieses Theorie-Begründungsgeflecht scheint Schopenhauer sogar differenzierter zwischen (GdB) und (KTP) zu unterscheiden, als es manche Wittgensteinianer tun, da ich in der Forschungsliteratur mehrfach auf eine Gleichstellung der einschlägigen (GdB$_W$)- und (KTP$_W$)-Sätze in PU §§ 43 und 49 gestoßen bin. Bislang habe ich aber nur über die grobe Struktur und über einen interessanten Aspekt des Schopenhauerzitats gesprochen. Was berechtigt mich nun eigentlich dazu, wirklich (GdB$_S$) und (KTP$_S$) aus diesem Zitat herauszulesen?

Ich komme zuerst auf (GdB$_S$) in Z.5–8 zu sprechen und ignoriere zunächst das »Darum« in Z.5 und somit auch den Zitatkontext. Die eigentliche These, also (GdB$_S$), lautet: »Den wahren Werth der Wörter einer fremden Sprache lernen wir erst ex usu.« Dass es hier eindeutig um den Gebrauch der »Sprache« geht, zeigt das »*ex usu*« an. Wie Schopenhauer sich den Gebrauch von Sprache beim Fremdsprachenerlernen genau vorstellt, lässt sich exakt konkretisieren: Bei alten Sprachen besteht der Gebrauch im passiven Lesen (Z.6f.); bei neuen Sprachen besteht er im aktiven Sprechen (Z.7f.).

Man könnte nun meinen, dass es etwas schwieriger sein dürfte zu belegen, warum es sich hier wirklich um eine semantische Theorie handelt und nicht einfach nur um bspw. die triviale Feststellung, dass Menschen Wörter gebrauchen oder dass der »Werth der Wörter« ein ästhetischer sei. Ich glaube aber, dass sich mindestens vier Argumente für eine semantische Theorie anführen lassen, wobei das letzte Argument das Zitat in den Kontext des gesamten Abschnitts stellt, der meiner Meinung nach in sich einen für das frühe 19. Jahrhundert revolutionären Ansatz birgt:

(1) Obwohl der Kontext des Zitats dies noch eindeutiger zeigt, reicht es meines Erachtens aus, darauf hinzuweisen, dass die Ausdrücke »wahren Werth der Wörter« in Z.5 und »wahre Bedeutung« in Z.10 gegenseitig salva veritate et significatione substituierbar sind.

(2) Die Verwendung der Wertmetapher anstelle des Bedeutungsbegriffs ist zudem in semantischen Theorien bis heute im deutschen Sprachraum gebräuchlich. Als Beleg lässt sich bspw. die Umschreibung des Kontextprinzips bei Lorenz Puntel anführen, nämlich dass »sprachliche Ausdrücke nur im Zusammenhang eines Satzes einen semantischen *Wert* haben«.[151]

(3) Ein dritter Beleg wird offensichtlich, wenn man das Originalmanuskript heranzieht, in dem Schopenhauer zunächst »Begriff« geschrieben, dann aber durchgestrichen und durch »wahren Werth« ersetzt hat.[152] Dazu muss allerdings an Kap. 1.3 erinnert werden, in dem dargelegt wurde, dass Schopenhauer streng zwischen Wort und Begriff unterscheidet: Begriffe haben Bedeutung,

---

[151] Vgl. Lorenz B. Puntel: Grundlagen einer Theorie der Wahrheit. Berlin u.a. 1990, S. 146 (Hervorh. v. mir, J.L.), ebenso S. 147 u.a. Ein gutes Beispiel ist ferner Tlp 3.313f.
[152] Vgl. SBB-IIIA, NL Schopenhauer, Fasz. 24, 102^{r}f.

2.1 Semantik – Kontextprinzip, Gebrauchstheorie und Repräsentationalismus

das Wort ist »das sinnliche Zeichen des Begriffs«, so wie die Ziffer das Zeichen der Zahl ist.[153] Die Korrektur im Manuskript zeigt also, dass der Ausdruck »wahre Werth der Wörter« ursprünglich den Begriff des Wortes meinte und somit dessen Semantik.

(4) Darüber hinaus kann man auch eine andere Interpretationsstrategie verfolgen und zeigen, dass Schopenhauer in Z.5f. sogar versucht, (GdB) von der Semantik von (RdS) abzugrenzen – eine These, die Weimers Behauptung vollständig widerlegen dürfte. Schopenhauer verneint nämlich eine Variante von (RdS) bes. durch die folgende hervorgehobene Phrase: »den wahren Werth der Wörter einer fremden Sprache lernen wir nicht durch das Lexikon«. Damit bezieht sich Schopenhauer auf den Kontext, in dem das einschlägige Zitat angeführt wurde. Diesen Zitatkontext werde ich im Folgenden genauer darstellen.

Schopenhauers Ausdruck »durch das Lexikon« verweist meiner Meinung nach auf eine Interlinearübersetzung, also eine Wort-für-Wort-Translation, bei der ein für den Übersetzer noch nicht semantisch beladenes Wort einer fremden Sprache durch einen bereits bedeutungsvollen Begriff der beherrschten Sprache repräsentiert wird. Eine derartige Übersetzung müsste eine rein lexikalische Semantik voraussetzen, die eine bijektive Funktion zwischen Quellen- und Zielsprache annimmt (*totale Äquivalenz*):[154] Jedes Wort einer Sprache entspricht in seiner Bedeutung einem Wort einer anderen Sprache. Das ist aber gerade eine zu naive semantische Sichtweise, die Schopenhauer nur für konkrete Begriffe wie ›Baum‹ und deren Übersetzungen ›arbor‹, ›tree‹ etc. gelten lässt. Denn beispielsweise gebe es Wörter in einer Sprache, die keine begriffliche Entsprechung in einer anderen Sprache besitzen (*Null-Äquivalenz*). Worte wie ›Chaos‹, ›Affekt‹, ›naive‹ wurden daher als Lehnwörter eingeführt. Am häufigsten verlangen Translationen aber eine surjektive Repräsentation zwischen den beiden Sprachen (*fakultative Äquivalenz*): »Darum«, so Schopenhauer, »wird im Lexikon das Wort der einen Sprache meistens durch mehrere Worte der andern erklärt«.[155]

Revolutionär an dieser These ist noch nicht einmal die Behauptung selbst, sondern Schopenhauers Erklärung und Konsequenz. Die Konsequenz wurde bereits oben an dem einschlägigen Zitat dargestellt: Aufgrund der Tatsache, dass es zwischen zwei Sprachen keine totale Äquivalenz gibt und somit Interlinearübersetzungen problematisch sind, vertritt Schopenhauer die Ansicht, dass man Sprachen am besten aus dem Gebrauch versteht, d.h. er vertritt (GdB). Die Erklärung für die fakultative Äquivalenz zweier Sprachen ist aber ebenso originell. Im Unterschied zu einem Großteil der nachfregeschen Philosophie und Linguistik erklärt Schopenhauer das semantische

---

[153] WWV2 I, S. 243. Man kann diese Unterscheidung auch mit ElA § 2 in Verbindung bringen.
[154] Vgl. zu dieser von Otto Kade eingeführten Äquivalenztypologie in der Übersetzungswissenschaft Holger Siever: Übersetzen und Interpretation. Die Herausbildung der Übersetzungswissenschaft als eigenständige wissenschaftliche Disziplin im deutschen Sprachraum von 1960 bis 2000. Frankfurt a.M. 2008, S. 52ff.
[155] WWV2 I, S. 245.

2 Die Logik und ihre geometrische Interpretation

Problem nämlich nicht an einer algebraischen Formalisierung, sondern an der geometrischen Logik.[156] Das heißt, er wendet die geometrische Anschauung an, um die fakultative Äquivalenz anhand der Schnittmenge zwischen Ausgangs- und Zielsprache zu illustrieren. Dass Begriffe unterschiedlicher Sprachen semantisch nie vollständig deckungsgleich (im Sinne der symbolischen Umfangslogik) sind, zeige z.B. das lateinische Wort ›honestum‹, dessen Bedeutungsumfang und Begriffssphäre

> nie konzentrisch getroffen [wird,] von der des Begriffs[,] den irgend ein Teutsches Wort bezeichnet, wie etwa Tugend, Ehrenvoll, anständig, ehrbar, geziehemd, rühmlich; sie treffen alle nicht koncentrisch: sondern so:

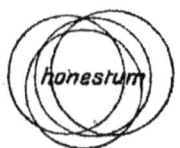

157

Das analytische Diagramm bzw. Euler-Diagramm zeigt hier die fakultative bzw. 1:4-Äquivalenz zwischen der Ausgangssprache und der Zielsprache an:[158] Der Bedeutungsumfang von vier Worten einer Ausgangssprache ist nötig, um die Bedeutung eines Wortes in der Zielsprache ›einzukreisen‹. Schopenhauer illustriert hier also mit dem Diagramm nur die fakultative Äquivalenz, die er auch favorisiert; er versinnlicht aber nicht die totale Äquivalenz, die er zwar anspricht, aber auch zugleich ablehnt (»nie konzentrisch getroffen«). Dass Schopenhauer es für unsinnig erachtet hat, eine 1:1-Äquivalenz zu illustrieren, in der zwei Kreise sich derart konzentrisch überlappen, dass nur noch ein Kreis zu sehen ist, wird schon an der ersten der fünf in Kap. 1.3.1 gezeigten Verbindungsformen deutlich.

So verführerisch es ist, hier ausschweifend das obige Zitat in ein Verhältnis mit Quines, Davidsons, Putnams oder Chomskys Diskussion des Übersetzungsproblems zu setzen, so möchte ich den Fokus lieber auf das Resultat legen, das in der zuvor angegebenen Kombination der (GdB) und des (KTP) besteht. Zunächst dürfte das Zitat verdeutlicht haben, dass Schopenhauer hier das lexikalische Lernen vollständig mit einer naiven Form der (RdS) identifiziert, die auf ein simples (KPP) hinausläuft: Könnte man den begrifflichen Inhalt eines Wortes aus einer Ausgangssprache 1:1 in eine Zielsprache übersetzen, dann könnte aus den so übersetzten Begriffen kompositional ein Urteil in einer Fremdsprache entstehen. Da eine derartige Interlinearversion

---

[156] Siehe unten, Kap. 2.2.1.
[157] Ebd.
[158] Man mag sich wundern, dass der Text im Unterschied zum Diagramm eine 1:6-Äquivalenz angibt. Jeder, der Schopenhauers krakelige Handschrift und besonders seine zittrigen Kreise im Original sieht, wird aber verstehen, dass jeder zusätzliche Kreis hier zur Unleserlichkeit geführt hätte.

2.1 Semantik – Kontextprinzip, Gebrauchstheorie und Repräsentationalismus

aber erfahrungsgemäß nicht funktioniert, muss der Übersetzer sprachliche Kompetenzen erwerben. Wie diese Kompetenzen erworben werden, beschreibt (GdB$_S$): Man versteht die Bedeutung eines Wortes durch seinen Gebrauch und nicht dadurch, dass man 1:1-Entsprechungen auswendig lernt oder im Lexikon nachschlägt.

Bevor ich auf das (KTP$_S$) zu sprechen komme, drängt sich noch die Frage auf, inwiefern Schopenhauers Kritik an der (RdS) beim Übersetzungsproblem und seine daraus gefolgerte (GdB) mit den anderen in Kap. 2.1 angesprochenen Gebrauchstheorien (Russell, Dewey, Wittgenstein etc.) übereinstimmt. Die Frage ist insofern heikel, als sie mich bei der Beantwortung zu einer allgemeinen Klassifikation der Gebrauchstheorien nötigt, die in jedem Fall diskussionswürdig sein wird. Dennoch glaube ich, dass es ratsam ist, sich auf bestimmte Formen von (GdB) und (KTP) festzulegen, um zu zeigen, dass Schopenhauer zu Beginn der großen Logik tatsächlich einer Semantik nahesteht, die auch moderne Sprachphilosophen vertreten.

Ich bleibe zunächst bei Wittgenstein und nehme einige Vergleichskriterien an die Hand, die Engel und Forster aufgestellt haben. Engel hebt bspw. aus PU 27f. die Uneindeutigkeit des hinweisenden Lehrens als Kritik an einer (RdS) hervor. Ein derartiges Problem kann man bestimmt auch in Schopenhauers Kritik einer naiven lexikalischen Semantik sehen, die eine totale Äquivalenz propagiert, obwohl immer nur eine fakultative Äquivalenz vorliegt. Engel hebt weiterhin § 39 der PU hervor, in dem anhand des Logatoms ›Nothung‹ diskutiert wird, ob Wörtern überhaupt immer etwas entsprechen müsse. Auch diesen Aspekt meine ich in Schopenhauers Hinweis zu sehen, dass Begriffe wie das griechische ›banausos‹ oder ›Chaos‹ eigentlich keine lexikalische Entsprechung in anderen Sprachen haben, also in diesen Fällen eine Null-Äquivalenz (1:0) vorliegt.

Forster stellt vier ganz andere Kriterien auf, an denen er Herders mit Wittgensteins (GdB) misst, und die man auf einen Vergleich mit Schopenhauer teilweise übertragen kann: (1) Holismus, (2) Regelfolgen, (3) Sozialität, (4) Psychologismus. Da (1) und (3) das Verhältnis von (KPP) und (KTP) betrifft, das weiter unten noch diskutiert werden soll, wird die Frage, inwiefern Schopenhauer diese Kriterien erfüllt, später beantwortet. (2) und (4) können zusammen anhand der folgenden Textstelle der großen Logik überprüft werden, die nahezu unmittelbar an das einschlägige Zitat anknüpft, das (GdB$_S$) und (KTP$_S$) enthält:

> Man muß also, bei Erlernung einer neuen Sprache, ganz neue Sphären von Begriffen in seinem Geiste abstechen: es müssen Begriffssphären in uns entstehn, wo noch keine waren: wir erlernen also nicht bloß Worte, sondern erwerben Begriffe.[159]

(2) Der Begriff der Regel oder eine Beschreibung des Regelfolgens findet sich im Kontext von Schopenhauers Zitat nicht. Wie das angeführte Zitat aber zeigt und wie

---
[159] WWV2 I, S. 246.

2 Die Logik und ihre geometrische Interpretation

in Kap. 1.2 und bes. 1.3 dargestellt wurde, sind für Schopenhauer sprachliche Kompetenzen nicht direkt begrifflich, sondern entweder nur indirekt und anschaulich mittels einer Umfangsmetaphorik (»Begriffssphären«) oder aber direkt mittels der anschaulichen Geometrie demonstrierbar, wodurch wohl für ihn sowohl wittgensteinsches Regelfolgen (im nicht-behavioristischen Sinn) als auch Gebrauchsdefinitionen im Sinne Russells und Whiteheads nicht zufriedenstellend sein würden. (4) Obwohl im gesamten Kontext der Übersetzungsproblematik mit (GdB$_S$) und (KTP$_S$) affektive oder perzeptive Eindrücke keine Rolle spielen, ist Schopenhauers Standpunkt nicht rein antipsychologistisch, da Spracherwerb bestimmte kognitive Fähigkeiten voraussetzt (bspw. »Begriffen in seinem Geiste abstechen«).

Alle diese Interpretationen, die vor allem an Forsters und Engels Vergleichskriterien entwickelt wurden, hängen aber von Lesarten Wittgensteins ab, die durchaus diskussionswürdig sind. Als sicher kann man hingegen annehmen, dass Weimers Behauptung, dass nach Schopenhauer »die Begriffe in allen Kulturen gleich, die Wörter hingegen verschieden seien«, als ebenso falsch gelten muss wie Schroeders Meinung, dass Schopenhauer Bedeutungsprobleme und -theorien überhaupt nicht kannte. Das Gegenteil ist sogar der Fall: Schopenhauer erklärt semantische Probleme in einer bis dato neuartigen Weise, nämlich mit Hilfe von Euler-Diagrammen.

Ich komme nun auf (KTP) in Z.8–11 zu sprechen. Die eigentliche These Schopenhauers, also (KTP$_S$), lautet: »erst aus dem verschiednen Zusammenhang, in dem man das Wort findet, abstrahirt man sich dessen wahre Bedeutung«. Dass hier eindeutig eine Variante des Kontextualismus beschrieben wird, zeigt vor allem der Ausdruck »Zusammenhang« an, mit dessen Hilfe man die »wahre Bedeutung« eines »Wortes« finden soll. Z.9 bietet aber keine explizite Antwort auf die Frage, welche Variante des Kontextualismus Schopenhauer genau intendiert. Mehrere Varianten können aber ausgeschlossen werden:[160]

(1) Dass es sich nicht um ein holistisches (KTP) im Sinne Quines, Davidsons oder ferner Sellars handelt, dem zufolge ein Satz nur im Zusammenhang mit einer Theorie oder mit einer Sprache bedeutungsvoll wird,[161] lässt sich eindeutig daran festmachen, dass Schopenhauer den Kontextualismus hier nur auf das Wort (Z.9) beschränkt.

(2) Nun könnte man aufgrund der im Zitat vorangehenden Wendung »Aufenthalt im Lande« (Z.7f.) vermuten, dass Schopenhauer einen rein situationsbezogenen Sprachzusammenhang in Form einer sozialen Feldforschung intendiert

---

[160] Ich folge bei der Darstellung der Varianten Lorenz B. Puntel: Grundlagen einer Theorie der Wahrheit, S. 156ff.
[161] Vgl. Willard Van Orman Quine: Zwei Dogmen des Empirismus. In: Ders: Von einem logischen Standpunkt. Neun logisch-philosophische Essays. Frankfurt a.M., Berlin, Wien 1979, S. 27–50; Wilfrid Sellars: Wahrheit und »Korrespondenz«. In: Gunnar Skirbekk (Hrsg.): Wahrheitstheorien. Eine Auswahl aus den Diskussionen über Wahrheit im 20. Jahrhundert. Frankfurt a.M. 1977, S. 300–336; Donald Davidson: Wahrheit und Bedeutung. In: Ders.: Wahrheit und Interpretation. Frankfurt a.M. 1986, S. 40–67. Wittgensteins Aussage in PU 43 wird gewöhnlich nicht holistisch aufgefasst, da es dort nicht um die Bedeutung eines Satzes, sondern um die Bedeutung eines Wortes in der Sprache geht.

2.1 Semantik – Kontextprinzip, Gebrauchstheorie und Repräsentationalismus

hat. Ein derartig behavioristisches (KTP), wie es manche Interpreten aus dem quineschen Gavagai-Beispiel herausinterpretiert haben, dürfte aber in Bezug auf Schopenhauer auf einer grammatikalischen Fehlinterpretation von Z.5–8 beruhen. Der Ausdruck »Aufenthalt im Lande« ist aufgrund der Kommasetzung recht eindeutig eine Apposition zu »Sprechen« (Z.7) und dient somit allein dazu, darauf aufmerksam zu machen, dass neue Sprachen (im Vergleich zu alten) kommunikativ mit Muttersprachlern gelernt werden können oder sogar sollten.

(KTP$_S$) ist somit, wie in der neuhegelschen Wittgensteininterpretation, immer als soziale Praxis zu verstehen, allerdings differenziert Schopenhauer stärker, als manche moderne Sprachphilosophen es tun:[162] Das Sprechen ist eine direkte soziale Praxis, die vor allem ein behavioristisches Moment (Aufenthalt im Land) mit einschließen kann. Das Lesen ist eine indirekte soziale Praxis, die einen behavioristischen Ansatz nahezu ausschließen muss.[163] Dennoch besitzt auch das Lesen beim Spracherwerb die soziale Komponente, dass es eine Kommunikationsform zwischen Autor und Interpret darstellt.

Nicht nur wegen des Ausschlusses des holistischen und des rein behavioristischen Ansatzes, sondern auch durch den Hinweis auf die Apposition erhärtet sich der Verdacht, dass Schopenhauer einen *sprachlogischen Kontextualismus* vertritt, da man (KTP$_S$) sinnvoll wie folgt präzisieren kann: »erst aus dem verschiednen Zusammenhang, in dem man das Wort *beim Lesen oder Sprechen* findet, abstrahirt man sich dessen wahre Bedeutung«.

Damit ist zwar im Unterschied zu Quine, Wittgenstein oder Frege der propositionale Zusammenhangsumfang (Theorie, Satz, Satzteil), in dem das Wort eingebettet sein muss, um seine Semantik eindeutig zu erschließen, nicht genau bestimmt – was man meiner Meinung nach als Mangel von (KTP$_S$) auslegen kann; dass aber hier ein größerer Zusammenhangsumfang auf eine kleinere semantische Einheit heruntergebrochen wird, bezeugt der Ausdruck »abstrahirt« (Z.9).[164] Da die nächsthöhere Einheit gemäß der in Kap. 1.3.3 besprochenen Struktur der großen Logik das Urteil ist, kann man aber davon ausgehen, dass der mit (KTP$_S$) verbundene Verstehensprozess eine (UP) impliziert: Aus Urteilen lässt sich die Bedeutung von Wörtern abstrahieren und so verstehen.

Es bleibt zuletzt anzumerken, dass Schopenhauer sich an dieser Stelle nicht gegen (BP) ausspricht; vielmehr – und das ist im 19. Jahrhundert nicht unüblich –[165] schränkt er (KTP) auf die Semantik und auf bestimmte Verstehensprozesse ein und verwendet (BP) zusammen mit (KPP) didaktisch für den Aufbau der Logik.[166] Wie am Anfang

---

[162] Ich stimme hier weitestgehend der Kritik von Michael Forster: Herder's Doctrine of Meaning as Use, S. 214ff. zu, hege aber Zweifel an seinem Crusoe-Gedankenexperiment.
[163] Allein Nachahmung eines Schreibstils kann als eine Form des Behaviorismus aufgefasst werden.
[164] Schopenhauers Beschreibung von (KTP) in Form eines Abstraktionsprozesses ist auch heute noch üblich, vgl. bspw. den einschlägigen Text von Donald Davidson: Truth and Meaning, bes. S. 308.
[165] Siehe oben, Kap. 2.1.2.
[166] Vgl. WWV2 I, S. 234ff.

von Kap. 2 skizziert wurde, stellen die meisten Kontextualisten und Kompositionalisten (KPP) und (KTP) als kontradiktorische Prinzipien gegenüber, da sie der Meinung sind, dass traditionelle Logiken und ihre modernen mentalistischen und mechanistischen Ableger mit (RdS) auf der Anschauungs-, Ideen- oder Begriffsebene anheben und diese semantische Theorie dann mittels (KPP) auf Urteile und Schlüsse übertragen. Dagegen dürfte Schopenhauer aber als ein Beispiel dafür gelten können, dass weder die semantischen Theorien, (GdB) und (RdS), noch deren Prinzipien, (KTP) und (KPP), notwendig in Gegensatz gebracht werden müssen. Vielmehr scheint es gute Gründe zu geben, sie subkonträr zu verstehen. Warum dies möglich ist, möchte ich im letzten Kapitel von 2.1 diskutieren.

2.1.6 Repräsentationalismus und Kontextualismus

Ich hoffe, in dem vorangegangenen Kapitel überzeugend dargelegt zu haben, dass Schopenhauer in seiner im Nachlass befindlichen großen Logik eine Gebrauchstheorie der Sprache (GdB) vertreten hat, die er mit einer Variante des Kontextprinzips (KTP) begründete. Ich glaube damit zum einen, Janiks generös anmutende These, Schopenhauers sprachimmanente Auffassung der Logik nehme die Position Wittgensteins völlig vorweg, zumindest ein Stück weit gestützt zu haben. Zum anderen glaube ich, zwei einschlägige Argumente gegen die von Schroeder und Weimer formulierte Kritiken an Schopenhauers Sprachphilosophie vorgebracht zu haben.

Am stärksten von beiden Kritikern hatte Weimer die »Unzulänglichkeit« der schopenhauerschen Sprachphilosophie hervorgehoben. Weimer hatte behauptet, dass es ein Problem der Übersetzung, wie man es bspw. bei Quine finde, bei Schopenhauer nicht gebe: Hätte Schopenhauer es diskutiert, so hätte er nur die (RdS) und ferner das (KPP) vertreten können. In Kap. 2.1.5 wurde dargelegt, dass Schopenhauer das Übersetzungsproblem kannte und genau entgegengesetzt zu Weimers Vermutung auch behandelte.

Schroeder hatte noch allgemeiner als Weimer die These vertreten, dass Schopenhauer keinen Sinn für das lockesche Problem der Semantik gehabt habe. Diese voreilige These übersieht zum einen, dass Schopenhauers Begriffslehre sich schon in den 1820er Jahren explizit an Locke orientiert hat und zum anderen dass semantische Theorien nicht notwendig von Locke abhängen müssen. Entgegen Dummetts Annahme einer allgemeinen Kontextamnesie vor Frege oder Brandoms abgeschwächter These einer Kontextvergessenheit zwischen Kant und Frege wurden von Sluga, Janssen und Forster zahlreiche Autoren genannt, die (GdB) oder (KTP) und ferner (UP) lange vor Frege und Kant oder auch zwischen Kant und Frege vertreten haben.

Unabhängig von Locke hätte Schopenhauers Semantik aber auch zahlreiche andere Einflüsse haben können: Bspw. Schleiermacher, bei dem Schopenhauer zwischen 1811 und 1813 studierte, oder einen der zahlreichen Autoren aus den von

2.1 Semantik – Kontextprinzip, Gebrauchstheorie und Repräsentationalismus

Forster genannten bibelhermeneutischen Kreisen. Vielleicht, das kann ich hier aber nur mutmaßen, wurden (GdB$_S$) und (KTP$_S$) auch von traditionellen indischen Logikern inspiriert, auf die Schopenhauer in seiner Philosophie der Logik verweist und die vor einigen Jahren das Interesse moderner Kontextualisten geweckt haben;[167] oder eben auch Aristoteles, auf dessen kontextuellen Ansatz ich in Kap. 2.1.2 aufmerksam gemacht habe.

Dass Schopenhauer dann auch einen Einfluss auf Wittgenstein, bes. auf (GdB$_W$) und (KTP$_W$) gehabt haben könnte, bleibt eine reine Mutmaßung.[168] Zwar sind sowohl das Nennungs- als auch das Zitierkriterium erfüllt, die überhaupt das Fundament für die Verhältnisforschung zwischen Schopenhauer und Wittgenstein bilden;[169] doch kann auch ich bei Weitem kein Argument als Hypothek aufnehmen, um damit den Kredit von der These einer notwendigen Abhängigkeit zwischen (GdB$_W$) und einem historischen Vorläufer zu sichern.[170] So ungeklärt die Frage bleiben muss, ob Schopenhauer Wittgenstein beeinflusst haben könnte, so ungelöst bleibt auch die Frage, ob ein Denker vor den 1810er oder -20er Jahren Schopenhauer beeinflusst hat.

Fest steht aber, dass Schopenhauers Semantik nicht nur eine weitere Lücke zwischen Kant und Frege schließt, sondern dass die große Logik auch mehrere Abweichungen zur bisher bekannten vorfregeschen Geschichte der Semantik aufzeigt: Schopenhauer erklärt die (GdB) mit dem (KTP), er entwickelt beide anhand der Diskussion des Übersetzungsproblems, er verwendet Formen der geometrischen Logik zur Erklärung, er diskutiert semantische Probleme noch vor den Neuaristotelikern in und anhand der Logik, und er integriert (GdB) und (KTP) in einen logischen Gesamtansatz, der explizit anhand der lockeschen Gegenbewegung, nämlich an (RdS) und (BP) entwickelt wurde.

Ich möchte das Kapitel 2.1 mit einigen recht freien Bemerkungen beschließen, die das Verhältnis von (GdB$_S$) und (RdS$_S$) betreffen und die bislang der herrschenden Meinung zufolge als entweder kontradiktorisch oder sogar konträr bewertet wurden. Ich hatte in Kap. 1 darauf aufmerksam gemacht, dass Schopenhauer eine bes. von Lockes empiristischer Abstraktionstheorie beeinflusste Begriffslogik vertritt, der zufolge Konkreta auf Anschauungen verweisen und Abstrakta nur mittels Abstraktion aus Konkreta gewonnen werden. Eine derartige Begriffslogik verwendet Schopenhauer vor allem auch zur Strukturierung seiner Systeme, WWV und WWV2, die der Zielsetzung des baconschen Repräsentationalismus unterliegen, die anschauliche Welt in Abstrakta abzuspiegeln.

---

[167] Vgl. WWV2 I, S. 357. Vgl. bspw. den Sammelband Roy W. Perrett (Hrsg.): Indian Philosophy: Logic and Philosophy of Language. New York 2001.
[168] Ich habe die Frage eines möglichen Einflusses Schopenhauers auf Wittgenstein intensiver in Jens Lemanski: Schopenhauers Gebrauchstheorie der Bedeutung und das Kontextprinzip. Eine Parallele zu Wittgensteins *Philosophischen Untersuchungen*. In: 97. Schopenhauer-Jahrbuch 2016, S. 171–196 diskutiert, bin aber zu demselben, hier nur angedeuteten Ergebnis gekommen.
[169] Siehe oben, Kap. 2.1.4.
[170] Ähnlich problematisch sehe ich auch Michael Forsters Andeutung eines Einflusses Herders auf Wittgenstein über Mauthner.

Eine derartige (RdS) wird heute gewöhnlich als naiver und konservativer Repräsentationalismus empfunden und einem eher progressiven Rationalismus entgegengestellt, der von (GdB) ausgeht, um damit die Rolle von Begriffen in Urteilen und Schlüssen zu bestimmen. Kap. 2.1 hat aber gezeigt, dass wir in Schopenhauers arglosem Repräsentationalismus eine (GdB) sowie ein (KTP) finden, die dem eigentlichen (RdS)-Anliegen zuwider laufen und insofern zu einer Aporie führen können.[171] Welche Rolle können also (GdB) und (KTP) in einem System der (RdS) spielen? Warum sollte eine (RdS) eine (GdB) beinhalten, wenn Bedeutungen doch auf den Entsprechungen zwischen Wörtern und Anschauungen beruhen?

Indem ich im Folgenden die systembezogenen und inhaltlichen Möglichkeiten und Grenzen sowie das Verhältnis von (GdB$_S$) und (RdS$_S$) herausstelle, möchte ich vor allem dafür eintreten, dass Schopenhauer keinen naiven oder kausalen Repräsentationalismus vertreten hat, wie man auf Grundlage von Kap. 1 meinen könnte. Um diese These zu stützen, werden vier Argumente angeführt, wobei sowohl die ersten als auch die letzten beiden Argumente eng miteinander verknüpft sind. Die Punkte (3) und (4) stellen aus meiner Sicht die beiden Hauptargumente dar, die es ermöglichen, einen Repräsentationalismus aufzubauen, ohne dabei rationale semantische Prinzipien zu vernachlässigen. Die Argumente (3) und (4) sollen vor allem in Kap. 3 weiter geltend gemacht werden; darüber hinaus leiten sie hier bereits zu Kap. 2.2 über:

(1) Die scheinbare Aporie zwischen (RdS) und (GdB) lässt sich dadurch entzerren, dass man zwischen Methode und Inhalt oder auch Form und Materie im schopenhauerschen Werk unterscheidet.[172] Erst durch eine derartige Unterscheidung sind auch die Unterschiede der Lesarten in der gegenwärtigen Schopenhauerforschung deutlich geworden:[173] Während die deskriptive Lesart des schopenhauerschen Systems sich vor allem auf Textstellen beruft, in denen Schopenhauer seine eigene Methode, seine Zielsetzungen und seine Resultate beschreibt, fokussiert die noch herrschende normative Lesart die Inhalte, die im Werk Schopenhauers besprochen werden. Wie in Kap. 1.3 am Beispiel der Logik gezeigt wurde, sind diese Inhalte aber einem Erkenntnisprozess unterworfen, der zum Teil sogar auf den Fortschritten der logischen Forschung in den Jahren beruht, in denen Schopenhauer sich mit diesem Systemteil beschäftigt hat. Wenn Schopenhauers Systeme, WWV oder WWV2, nun basierend auf einer (RdS) den Anspruch haben, alle realen und idealen Tatsachen der Welt abzubilden, d.i. die ›Welt als Wille‹ (Realismus) und die ›Welt als Vorstellung‹ (Idealismus), und wenn die Sprache sowie Sprachtheorien inkl. (RdS) und (GdB) unter derartige Tatsachen subsumiert werden, dann muss Schopenhauers WWV mit ihrer (RdS)-Methode

---

[171] Siehe oben, Kap. 1.1.4.
[172] Ähnlich erklären auch manche Wittgensteinforscher, wie es möglich ist, dass Wittgenstein im Tlp zum einen eine (RdS) vertritt (bspw. Tlp 2.1–2.225) und zum anderen sprachtheoretische Elemente wie (KTP) bespricht (Tlp 3.3, 3.314), die gewöhnlich nur mit (GdB) auftreten.
[173] Siehe oben, Kap. 1.1.3.

2.1 Semantik – Kontextprinzip, Gebrauchstheorie und Repräsentationalismus

auch Inhalte abbilden, die die Frage der Gültigkeit von (GdB) betreffen. Vereinfacht gesagt: Ein Repräsentationalist wie Schopenhauer kann eine (GdB) in seinem System als adäquate Position für einen Systembereich beschreiben, ohne diese als philosophische Methode anwenden zu müssen.

(2) Die Tatsache, dass (GdB) ein Inhalt des Systems ist, aber nicht die Methode beschreibt, die dieses System zustande bringt, lässt sich auf das subjektzentrierte Paradigma der (früh-)neuzeitlichen Philosophie zurückführen. Dieses Paradigma sieht nicht die Sprache als Zentrum philosophischen Denkens an, sondern eben das Subjekt oder das Bewusstsein. Dummetts Behauptung eines erst mit Frege einsetzenden Paradigmenwechsels – weg von der cartesianischen Erkenntnistheorie, hin zu einer logisch-mathematisch orientierten Sprachphilosophie –[174] verkennt aber das kuhnsche Resultat, dass Paradigmenwechsel nicht schlagartig stattfinden und dass sie von Krisen vorbereitet werden. Eine solche Krise kann man in den repräsentationalistischen und empiristischen Ansätzen Schopenhauers oder Gruppes – oder ferner auch Herders – sehen, die ihre Philosophie in kritischer Auseinandersetzung mit dem – ihrer Meinung nach – abstrakten Sprachgebrauch des Idealismus entwickeln, ohne dabei schon dem subjektzentristischen Standpunkt abzuschwören. Für Vertreter dieser Krisenzeit dürfte allgemein gelten, dass sie zwar semantisch modern wirkende Theorieelemente vertreten können, ohne ihnen aber ein methodisches oder auch inhaltliches Zentrum des Philosophierens zuzusprechen.

(3) Das Verhältnis zwischen (RdB$_S$) und (GdB$_S$) betrifft aber vor allem die Unterscheidung zwischen Sprachentstehung bzw. -entwicklung auf der einen und Sprachverwendung bzw. -erlernung auf der anderen Seite. Beide Seiten lassen sich auch mit dem Unterschied von Bedeutungs*erklärung* und Bedeutungs*verstehen* gleichsetzen. Schopenhauer erläutert nach der Diskussion des Übersetzungsproblems mögliche Szenarien der Begriffsentstehung, die wesentliche Verhältnisse der Begriffslogik klären. Der Begriff selbst bleibt eine reine Metapher, wenn man ihn nicht schematisch mit der Anschaulichkeit verbindet: ›Begriff‹, ›conceptus‹, ›termini‹, ›horoi‹ sind aus der Geometrie entnommene Ausdrücke, die auf dessen Umfang und Sphäre verweisen.[175] Schopenhauer stellt zunächst fest,

> daß jeder Begriff, als allgemeine, nicht besondre Vorstellung, dasjenige hat was man eine *Sphäre*, einen *Umfang* nennt: d. h. es können durch ihn mehrere andre, bestimmte Begriffe, oder wenigstens viele reale Objekte gedacht werden: die daher innerhalb seines Umfangs liegen: er *begreift* mehrere Dinge: dies ist ohne Zweifel der Ursprung des Namen[s] *Begriff*; der Name ist also treffend, er

---

[174] Vgl. Michael Dummett: Frege. Philosophy of Language. New York u.a. 1973, S. 665ff. Vgl. auch Richard Rorty: Der Spiegel der Natur.
[175] Vgl. WWV2 I, S. 257, S. 297. Siehe auch Kap. 2.2.2 u. 2.2.3.

2 Die Logik und ihre geometrische Interpretation

sagt so viel als Inbegriff: wir sagen z. B. »Lastthier« begreift alle Pferde, Kameele, Esel u.s.w. oder »Landmann« begreift mehr als bloß die Bauern. Darum heißt eine solche allgemeine Vorstellung *Begriff*, im Gegensatz der einzelnen Vorstellung, welche die Anschauung ist.[176]

Für Schopenhauer gibt es mindestens zwei Abstraktionsformen, die bei der ursprünglichen Begriffsbildung eingesetzt worden sein könnten und die er anhand von Beispielen mit analytischen Diagrammen reflektiert: Es könnten aus dem schon gebildeten Begriff (bspw. Vogel) alle »Bestimmungen und Unterschiede« bis auf eine bzw. eines (bspw. Tier) abstrahiert worden sein, so dass nur noch eine wesentliche Bestimmung übrig blieb (siehe Abb. 1). Alternativ könnten aber auch aus einer konkreten Anschauung (ein Baum) mehrere Bestimmungen entnommen worden sein (grün, blüthetragend), die miteinander Teilmengen gebildet, aber in der konkreten Anschauung eine gemeinsame Schnittmenge aufgewiesen haben (siehe Abb. 2).

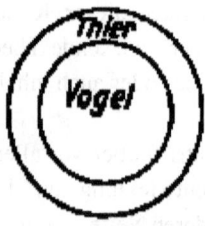 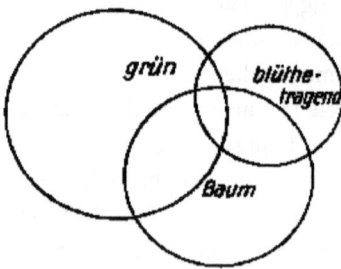

Abb. 1　　　　　　　　　　Abb. 2
WWV2 I, S. 258.　　　　　　WWV2 I, S. 257.

Greifen wir hier nur das letzte Verfahren bei der Begriffsbildung auf, da es dadurch von Interesse ist, dass das gegebene Beispiel sich bereits der Funktionsweise von Venn-Diagrammen mit drei Variablen annähert. Im Unterschied zu gewöhnlichen Venn-Diagrammen beschreibt Abb. 2 aber die semantische Begriffsbildung:[177] Um die Syntax des Beispiels zu klären, verwenden wir Venns Variablen in Abb. 3, die mit der schopenhauerschen Semantik in Abb. 2 korrespondieren, so dass x = Baum, y = grün, z = blüthetragend ist. Den Prozess der Abstraktion interpretieren wir als Negation und symbolisieren diese mit einem Überstrich. Aus den drei Begriffen und der Negation lassen sich nun neun unterschiedliche Kombinationen erzeugen, die mit den neun Segmenten in Abb. 3 (bzw. Abb. 2) übereinstimmen. Dabei bezeichnet bspw. xyz die Schnittfläche

---

[176] WWV2 I, S. 257.
[177] Vgl. John Venn: Symbolic Logic. 2. Aufl. London u.a. 1894, S. 115.

2.1 Semantik – Kontextprinzip, Gebrauchstheorie und Repräsentationalismus

aller drei Kreise, $\overline{x}yz$ die Fläche im z-Kreis, die nicht von x und y geschnitten wird, und $\overline{xyz}$ den gesamten Bereich außerhalb der drei Kreise.

Die konkrete Anschauung eines Objektes der Außenwelt, das die Eigenschaften besitzt, ein Baum zu sein, Büten zu tragen und grün zu sein, kann am besten mit xyz beschrieben werden. Nun wurden aber bspw. bei der Begriffsbildung, die schließlich zu dem Begriff blütetragend (z) führte, immer mehr semantisch besetzte Flächen von z, die Teilmengen mit x und y bildeten, weggelassen. Dadurch entstehen Abstraktionsschritte wie bspw. (1) zuerst xyz, (2) dann $\overline{x}yz$, (3) schließlich $x\overline{y}z$. Übrig bleibt zuletzt (4) der reine Begriff $\overline{xy}z$ = blütetragend. Zeichnet man diesen Verlauf von Abstraktionsschritten im Diagramm ein, erhält man das, was man heutzutage als einen gerichteten Graphen bezeichnen würde.

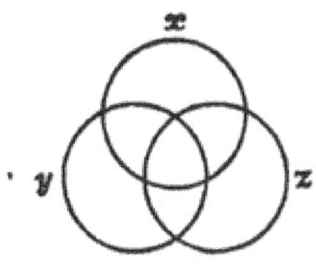

Abb. 3
John Venn: *Symbolic Logic*. 2 überarb. Aufl. London 1894, S. 115.

Schopenhauer hat damit eine für das 19. Jahrhundert wohl einzigartige Methode entwickelt, da sie die analytischen Diagramme der Urteils- und Schlusslogik auf die Semantik anwendet. So inspirierend diese Methode auch ist, so beiläufig wurde sie doch von Schopenhauer beschrieben. Ich bin daher insgesamt mit Schopenhauers Beispielen mit alltagssprachlichen Begriffen nicht sehr zufrieden und werde daher in Kap. 3.2.2 für die Heranziehung einer konkreteren Datenbasis bei der Untersuchung von semantischen Relationen plädieren. Allerdings zeigen die oben genannten Beispiele schon, dass das Verfahren zur Beschreibung von Semantiken mit Hilfe analytischer Diagramme viele Möglichkeiten eröffnet und Potentiale besitzt, die bislang in der Semantik und Didaktik meines Wissens noch nicht intensiv ausgearbeitet und eingesetzt wurden.[178]

Was sich an dem zweiten Verfahren aber vor allem zeigen lässt, ist, dass (RdS$_S$) und (GdB$_S$) keine widersprüchlichen Theorien sind: Bei einer Abbildtheorie, wie man sie in der WWV findet, wollen wir zwar konkrete Objekte wie einen grünen, blütetragenden Baum begrifflich erklären, gebrauchen aber zum Verständnis meistens Begriffe wie x, und müssen dann aus dem Gebrauch ihre

---

[178] In der Informatik haben in den letzten Jahren Forscher der Universität Brighton eine ähnliche Semantik entwickelt, die sich an Peirce-Diagrammen orientiert, vgl. bspw. Jim Burton, Gem Stapelton, Aidan Delaney, Jon Howse, Peter Chapman: Visualizing Concepts with Euler Diagrams. In: Diagrammatic Representation and Inference. Diagrams 2014. Lecture Notes in Computer Science, vol 8578. Hrsg. v. T. Dwyer, H. Purchase, A. Delaney. Berlin, Heidelberg 2014, S. 54–56. In der Translationswissenschaft wurde im späten 20. Jahrhundert eine ähnliche Methode anscheinend erfolgreich eingesetzt, allerdings auch nur unzureichend theoretisch ausgearbeitet, vgl. Ross Vander Meulen: Using Venn Diagrams to Represent Meaning. In: Die Unterrichtspraxis / Teaching German 23:1 (1990), S. 61–63.

konkret-impliziten Bedeutungen herausfinden (xyz). Analytische Diagramme repräsentieren somit Relationen, die wir in der Sprache gebrauchen.

Dieser Unterschied von (RdS$_S$) und (GdB$_S$) wird noch an einem anderen Beispiel deutlicher. Schopenhauer definiert, dass Anschauungen gewöhnlich ›klar‹ zu nennen sind, wenn sie nicht durch Sinnestrübungen etc. ›dunkel‹ erscheinen. Ein Begriff ist hingegen ›deutlich‹,

> wann man nicht nur ihn in seine Merkmale zerlegen, ihn analysiren, definiren kann; sondern wenn man auch diese Merkmale, falls sie wiederum Abstrakta sind, abermals analysiren kann und [so fort] bis herab auf die Konkreta, und sodann diesen entsprechende klare Anschauungen hat und sie damit belegen kann. [...] Verworren sind Begriffe wenn man ihre Sphäre nicht recht kennt, also nicht durch Angabe der sie schneidenden oder füllenden, oder umgebenden ande[rn] Begriffssphär[en], d. h. durch Definition, in ihre Merkmale zerlegen kann; folglich entweder wesentliche Merkmale wegläßt [oder] falsche oder unwesentliche hineinbringt.[179]

Auch wenn Begriffe repräsentationalistisch gebildet und zum Zweck der Repräsentation von Anschauungen verwendet werden können, so gibt es dennoch unterschiedliche Formen der Begriffsbildung und -verwendung, die die Eindeutigkeit der Abbildung von Bedeutungen zwischen Kommunikationspartnern aus unterschiedlichen Sozialisations- und Sprachgemeinschaften unterbinden. Somit können Sprachbildung und Sprachverwendung zwar einen repräsentationalistischen Ursprung und eine ebensolche kommunikative Zielsetzung besitzen, aber Spracherwerb und auch -verstehen verlangen immer den Kontext der Begriffe. Dieser Kontext der Begriffe kann in einem Urteil ausgedrückt werden, das allerdings ein Abbild mehrerer Begriffssphären darstellt.

(4) Schopenhauers Bezugnahme auf die Semantik in der Begriffslehre hat die für die Urteilslehre vorbereitende Funktion, eine mengentheoretische Flächensemantik einzuführen. Gerade an dem zuletzt in (3) wiedergegebenen Zitat werden die Begriffe ›schneidend‹, ›füllend‹ und ›umgebenden‹ eingeführt, die an den bislang in Kap. 2.1 angegebenen analytischen Kreisdiagrammen erklärt wurden. Diese und ähnliche Beschreibungen dienen Schopenhauer zur Verhältnisbestimmung, die zunächst zwischen der Verbindung oder Trennung (von Begriffssphären) unterscheidet und dann klären muss, inwiefern die Begriffsverhältnisse verbunden oder getrennt sind. Schopenhauers Kritik an der Annahme, Verstehensprozesse oder Übersetzungen könnten generell immer eineindeutig sein, ermöglicht es

---

[179] WWV2 I, S. 254f.

2.1 Semantik – Kontextprinzip, Gebrauchstheorie und Repräsentationalismus

ihm, die Verbindung und Trennung anhand des in Kap. 2.1.5 angegebenen ›honestum-Diagramms‹ zu illustrieren. Wörter der Zielsprache wie Tugend, ehrenvoll, anständig, ehrbar etc. besitzen eine semantische Schnittmenge, die annähernd mit dem Begriff der Quellsprache, nämlich honestum identisch ist. Gleichzeitig zeigt das Diagramm aber auch eine symmetrische Differenz für die Menge der für die Zielsprache angegebenen Wörter: Ohne allerdings das genaue Verhältnis der Zielsprachenwörter untereinander anzugeben – so genau ist Schopenhauers analytisches Diagramm nicht –, zeigt jedes der Wörter der Zielsprache doch eine Restmenge, die nicht mit dem Begriff der Quellsprache bedeutungsgleich ist. Damit hat Schopenhauer anhand der Semantik die wesentliche Funktion der logischen Diagramme eingeführt, um anhand der Verhältnisbestimmungen Urteile beschreiben zu können.

Bevor ich auf Schopenhauers Urteilslogik und eine darin befindliche Bezogenheit zur Analytizitätsdebatte zu sprechen komme, möchte ich abschließend erklären, warum alle vier genannten Argumente den Eindruck eines naiven Repräsentationalismus relativieren dürften, der sich womöglich in Kap. 1 durch meine Interpretation oder durch eines der hier entkräfteten Vorurteile von Weimer, Schroeder oder Coseriu beim Rezipienten eingestellt hatte.

Alle vier angeführten Argumente zeigen meines Erachtens, dass (GdB) keine konträre oder kontradiktorische Beziehung zu (RdS) einnehmen muss, sondern dass die beiden semantischen Theorien in einem rationalen Repräsentationalismus eine je eigene Position im Raum der Gründe einnehmen können: (GdB) ist als rationale Methode entscheidend für das Verstehen der Bedeutung von Worten, während (RdS) als repräsentationalistische Methode erklärt, wie es überhaupt dazu kommt, dass Wörter eine Bedeutung besitzen, die wir verstehen können. Das werde ich in Kap. 3.2.1 genauer explizieren und mich dann in Kap. 3.2.2 vor allem auf die geometrische Logik zur Erklärung bedeutungsvoller Ausdrücke stützen.

Ich will aber hier nicht zu weit vorgreifen und werfe daher einen letzten Blick auf die vier an Schopenhauers Text entwickelten Argumente und deren Bedeutung für die in Kap. 2.1 vorgestellten Sprachphilosophien: Während die Argumente (3) und (4) Gründe für das harmonische Zusammenbestehen beider sprachphilosophischer Ansätze aufgrund unterschiedlicher Verwendungsweisen und Funktionen repräsentieren, haben die Argumente (1) und (2) die Frage nach der Bewertung von Inhalten in einem breiteren Kontext aufgeworfen. Die Argumente (3) und (4) zeigen bereits ausblicksartig die Grundlegung der Begriffslogik für die in Kapitel 2.2 zu behandelnde Urteilslogik an. Argument (1) und (2) deuten hingegen den am Anfang dieser Schrift angekündigten Revisionismus an. Dieser Revisionismus betrifft zum einen die Inhalte der schopenhauerschen Philosophie auf der Grundlage einer systembezogenen Interpretation und zum anderen die neologizistische Neuinterpretation des vorfregeschen Paradigmas. Denn auch wenn das sprachphilosophische Paradigma mit Freges Ausarbeitung neuaristotelischer Methoden angehoben hat, so heißt das nicht, dass –

entgegen dem eingangs in Kap. 2.1 angeführten Programmsatz – die Philosophie auch mit Frege beginnt.

2.2 Analytizität – Analytische Urteile, Umfangsmetaphern und Logikdiagramme

Empiristische und repräsentationalistische Theorien, auch wenn sie Elemente einer progressiven oder rationalen Semantik aufweisen, unterliegen bekanntlich Dogmen. Prominent hat Willard Van Orman Quine zwei dieser Dogmen im Jahr 1951 entlarvt: Analytizität und Reduktionismus. Quine sieht sowohl die Unterscheidung zwischen analytischen Urteilen (aU) und synthetischen Urteilen (sU) als auch den Reduktionismus, der die immanente Logik von Aussagen auf anschauliche Erfahrungen zurückführt, als unbegründet an.

Beide Dogmen des Empirismus, so kann man schon aufgrund von Kap. 2.1 mutmaßen, hängen eng miteinander zusammen. Empiristen behaupten, dass die Klassifizierung der Urteile auf den begriffslogischen Verhältnissen basiert, die wiederum auf Anschauungen und den Verhältnissen dieser Anschauungen beruhen. Quine tut sich bei der Argumentation gegen die Dogmen des Empirismus bekanntlich schwer, da er nicht nur zunächst versucht, Analytizität und Reduktionismus als zwei unabhängig voneinander aufgestellte Dogmen zu kritisieren, sondern auch, weil er schon an Kants zentraler Definition von (aU) und (sU) aus explizit genannten Verständnisgründen scheitert.

Diesem Scheitern gingen in der vorquineschen Philosophiegeschichte viele Versuche des Verstehens voran. Zweifellos ist die Kritik an (aU) und (sU) nahezu so alt wie Kants Unterscheidung selbst: Bereits Zeitgenossen Kants wie Johann August Eberhard, Johann Gebhard Ehrenreich Maaß oder auch Aenesidemus-Schulze hatten entweder die strikte Trennung von (aU) und (sU) oder die Analytizität selbst in Frage gestellt.[1] Und auch in den ›Gründungsurkunden‹ der analytischen Philosophie findet sich diese Kritik wieder: Frege bemängelt in § 88 der GlA, dass selbst eine Veranschaulichung von (aU) durch ein »geometrisches Bild [...] nichts wesentlich Neues zum Vorschein« bringe.[2] Diese Kritik wurde bis in die 1950er Jahre immer wieder aufgegriffen und von Quine, Nelson Goodman und Clarence Irving Lewis fortgeführt,[3] so dass Morton G. White in einem Vortrag zwei Jahre vor Erscheinen von *Two Dogmas of Empiricism* von einer gegen den urteilslogischen Dualismus gerichteten Revolution sprechen konnte, die von den führenden formalen Logikern angezettelt worden sei.[4] Die Revolution gegen Kants unannehmbaren Dualismus richtete sich vor allem gegen die einschlägige Einleitungspassage aus der KrV:

---

[1] Vgl. Henry E. Allison: The Kant-Eberhard-Controversy. Baltimore u.a. 1973; James Van Cleve: Problems from Kant. Oxford u.a. 1999, bes. S. 18–21.
[2] GlA § 88.
[3] Vgl. den Überblick bei William H. Walsh: Reason and Experience. London 1947, S. 30–51.
[4] Vgl. Morton White: The Analytic and the Synthetic. An Untenable Dualism. In: Semantics and the Philosophy of Language. Hrsg. v. Leonard Linsky. Urbana 1952, S. 272–286.

2 Die Logik und ihre geometrische Interpretation

> In allen Urteilen, worinnen das Verhältnis eines Subjekts zum Prädikat gedacht wird, (wenn ich nur die bejahenden erwäge, denn auf die verneinenden ist nachher die Anwendung leicht,) ist dieses Verhältnis auf zweierlei Art möglich. Entweder das Prädikat *B* gehört zum Subjekt *A* als etwas, was *in* diesem Begriffe *A* (versteckterweise) *enthalten* ist; oder *B liegt* ganz *außer* dem Begriff *A*, ob es zwar mit demselben in Verknüpfung steht. Im ersten Fall nenne ich das Urteil analytisch, in dem andern synthetisch.[5]

Quine erklärt, sein Scheitern an diesem Zitat sei der kantischen Metaphorik geschuldet. Er sieht das sprachliche Problem vor allem darin begründet, dass in dem Zitat keine allgemeingültige Definition von (aU) und (sU) vorhanden sei, sondern eher eine Art Gebrauchsdefinition.[6] Um das aufgeworfene Dogma dennoch klarzustellen und zu entlarven, sucht er Zuflucht in einer Übersetzung und Reformulierung, die einen strengen Dualismus zwischen Bedeutungen und Tatsachen aufwirft, bei dem wahrscheinlich weder Empiristen noch Rationalisten wohl sein kann. Nach Quine zeige sich das Defizit von Kants Unterscheidung zwischen (aU) und (sU) an zwei Begründungen: Zum einen sei Kants Reduktion der Urteilslehre auf Urteile mit Subjekt-Prädikat-Strukturen unzureichend;[7] zum anderen bleibe Kants Gebrauchsdefinition aufgrund des umfangslogischen Vokabulars (hier: ›enthalten sein‹, ›außer(halb) liegend‹) unklar:

> Kant dachte die analytische Aussage als eine, die ihrem Subjekt nicht mehr zuschreibt als begrifflich schon in ihm *enthalten* ist [than is already conceptually contained in the subject]. Diese Formulierung hat zwei Nachteile [shortcomings]: sie beschränkt sich auf Aussagen von Subjekt-Prädikat-Form und sie *beruft sich auf einen Begriff des Enthaltenseins, der metaphorisch bleibt* [it appeals to a notion of containment which is left at a metaphorical level]. Kants Absicht, die aus seinem Gebrauch des Analytizitätsbegriffs besser deutlich wird als aus der Definition, kann folgendermaßen ausgedrückt [restated] werden: Eine Aussage ist analytisch, wenn sie aufgrund von Bedeutungen und unabhängig von Tatsachen wahr ist. Lassen Sie uns diese Linie weiter verfolgen und den hier vorausgesetzten Begriff der Bedeutung [concept of meaning] untersuchen.[8]

---

[5] AA III, S. 33 = KrV A6f., B10 (Hervorh. v. mir, J.L.).
[6] Siehe oben, Kap. 2.1.3.
[7] Vgl. dazu auch Rudolf Carnap: Die alte und die neue Logik. In: Erkenntnis 1 (1930/1931), S. 12–26, hier: S. 16ff.
[8] Willard Van Orman Quine: Zwei Dogmen des Empirismus, S. 27. (Hervorh. v. mir, J.L.).

2.2 Analytizität – Analytische Urteile, Umfangsmetaphern und Logikdiagramme

Quines Aufsatz *Two Dogmas of Empiricism* ist selbst zahlreich kritisiert worden. Dennoch ist die Kritik an der kantischen Metapher des Enthaltenseins (containment) bis heute sowohl in der nachquineschen Philosophie als auch in der Kantforschung aktuell.[9] Fragt man sich, warum für Quine die Metaphorik eine negative Konnotation besitzt, so findet man meines Wissens allein in Quines *A Postscript on Metaphor* einen Hinweis, der die Fundamente der Transzendentallogik einer Uneigentlichkeit bezichtigt. Quine hat in seiner kurzen Metapherntheorie eine mit der wissenschaftlichen Expansion einhergehende Verbegrifflichung der Fachsprache eingefordert. Max Black hat diese Form der Metapherntheorie später der Ersetzungs- oder Substituionstheorie (»substitution view of metaphor«) zugeordnet.[10] Für Quine heißt das, wenn Metaphern Übertragungen von Wörtern aus einem sinnlich-bildlichen Kontext in einen fachsprachlichen sind, dann soll im Zuge der Verwissenschaftlichung die ihnen inhärierende Bildlichkeit und Sinnlichkeit der trockenen Wörtlichkeit und Klarheit der Begriffe weichen.[11] Metaphern sollen in Begriffe übersetzt oder durch sie substituiert werden. Wie die letzten beiden Sätze des angeführten Zitats andeuten, kann man Quines Versuch einer Neuformulierung (›restatement‹) der Umfangsmetapher in einer Untersuchung des ›Begriffs der Bedeutung‹ finden.

Fraglich bleibt aber, ob Kants umfangslogisches Vokabular tatsächlich ›nur‹ metaphorisch gemeint war und vor allem, ob die genuine Bildlichkeit von Vokabeln wie ›enthalten sein‹, ›außer(halb) liegen‹, ferner ›beinhalten‹, ›umfangen‹ nicht eine starke Korrespondenz mit den in Kap. 1.3, 2.1.5 und 2.1.6 eingeführten Euler-Diagrammen aufweist. Ausgehend von Quine wurde diese Frage vor allem in vier unterschiedlichen Forschungsbereichen kontrovers diskutiert: (1) die Kantforschung, (2) die frühe kognitive Linguistik, die inter- und z.T. transdisziplinär arbeitenden Forschungsgemeinschaften (3) der sog. ›Diagrammatik‹ und (4) der sog. ›geometrischen Logik‹. Hier seien nur einige Meilensteine dieser Forschungsbereiche genannt, die vor allem den Weg zu dem hier in Kap. 2.2 anvisierten Ansatz aufzeigen sollen.

(1) Etwa vier Jahre nach der Veröffentlichung von *Two Dogmas of Empiricism* hat Stephen Körner die beiden wesentlichen Kritikpunkte Quines gegen Kant wiederholt und erklärt, dass die metaphorische Formulierung der (aU) nicht gravierend sei; man könne zwar nicht sagen, dass ein Subjekt sein Prädikat so enthalte wie etwa eine Schachtel eine andere, dennoch ließen sich (aU) nicht nur verbegrifflichen, sondern auch auf Relationssätze ausweiten:[12] »Ein Urteil ist analytisch, dann und nur dann,

---

[9] Siehe unten.
[10] Vgl. Max Black: Metaphor. In: Proceedings of the Aristotelian Society, New Series 55 (1954/55), S. 273–294, hier: S. 278ff.
[11] Willard Van Orman Quine: Metaphern – ein Postskriptum. In: Ders.: Theorien und Dinge. Frankfurt a.M. 1985, S. 227–229. Bereits die repräsentationalistische Kritik in Kap. 2.1.6, der zufolge Denken und Begriffe keine metaphorischen Eigenschaften wie »scharf« und »klar« aufweisen können, deutet bereits an, dass Quine sich mit stark von seinem Untersuchungsobjekt abweichenden Vorstellungen dem Empirismus nähert.
[12] Vgl. Stephen Körner: Kant. Baltimore/Maryland 1955, S. 22.

wenn seine Verneinung ein Widerspruch in sich wäre, oder, was auf dasselbe hinausläuft, wenn es logisch notwendig ist.«[13] Körners Definition von (aU) basiert vor allem auf § 2 von Kants *Prolegomena*.[14] Diese Definition greift Richard Robinson auf und argumentiert, dass (aU$_K$) und (sU$_K$) von Leibniz' Unterscheidung notwendiger und zufälliger Sätze inspiriert sei, die wiederum von Aristoteles abhinge.[15] Kants nachteilige Neuformulierung des leibnizschen Kontradiktionskriteriums in eine Metaphorik des Enthaltenseins beruhe wohl hauptsächlich auf dem Versuch zu zeigen, dass Mathematik synthetisch sei.[16]

Dass Analytizität nicht nur ein – wie Quine resümierte: unempiristisches und metaphysisches –[17] Dogma des logischen Empirismus sei,[18] sondern auch zu Kants Zeiten in der Tradition des Rationalismus und Empirismus stehe, wird heutzutage vor allem aus der Traditionsgeschichte erklärt:[19] 1958 hat Arthur Pap die von Robinson hinterlassene historische Lücke zwischen Aristoteles und Leibniz sowie Leibniz und Kant durch Belege (aU)-ähnlicher Kriterien bei Locke und Hume gefüllt, die bis heute von den meisten Forschern anerkannt werden.[20]

Paul Grice und Peter Strawson hatten schon 1956 behauptet, dass die Unterscheidung von (aU) und (sU) ihre Berechtigung in der Philosophie habe, dass aber vielmehr die Gründe für die Unterscheidung semantisch zirkulär und daher problematisch seien.[21] Nach *In Defense of a Dogma* von Grice und Strawson entwickelte sich die Debatte in verschiedene Richtungen: Während einerseits die Frage nach (aU) z.T. nur noch implizit anhand der Fragen nach Bedeutung und Übersetzbarkeit diskutiert wurden,[22] kritisierten andererseits Autoren wie Jerrold Katz, dass die intensionalen und holistischen Argumente von Quine und Davidson aufgrund ihrer Kritik an der intensionalen Unterscheidung von (aU) und (sU) selbst holistisch und damit zirkulär wären.[23] Die Alternative dazu sei ein kompositionaler Ansatz.

---

[13] Stephen Körner: Kant, S. 23. (Übers. von mir – J.L.)
[14] Vgl. AA IV, S. 267.6–15.
[15] Vgl. Richard Robinson: Necessary Propositions. In: Mind 67 (1958), S. 289–304, bes. S. 289–286. Vgl. auch Sybille Krämer: Tatsachenwahrheiten und Vernunftwahrheiten. In: Gottfried Wilhelm Leibniz: Monadologie. Hrsg. v. Hubertus Busche. Berlin 2009, S. 95–111, bes. S. 108f. Siehe auch unten, Kap. 2.3.1.
[16] Vgl. Richard Robinson: Necessary Propositions, S. 297f.
[17] Vgl. Willard Van Orman Quine: Zwei Dogmen des Empirismus, S. 34.
[18] Vgl. bspw. Alfred Ayer: Sprache, Wahrheit und Logik. Übers. v. Herbert Herring. Stuttgart 1970, S. 93–113 (Kap. 4); Cory Juhl, Eric Loomis: Analyticity. New York u.a. 2010.
[19] Vgl. bspw. Albert Newen, Joachim Horvath: Apriorität und Analytizität: Zwei Grundbegriffe der Philosophie und ihre Entwicklung – Eine Einleitung. In: Apriorität und Analytizität. Hrsg. v. Albert Newen, Joachim Horvath. Paderborn 2007, S. 9–33, hier: S. 10ff. Siehe auch unten, Kap. 2.3.1.
[20] Arthur Pap: Semantics and Necessary Truth. An Inquiry into the Foundations of Analytic Philosophy. New Haven 1958, Kap. 3 u. 4, insbes. S. 59ff. u. 69ff.
[21] Vgl. Herbert Paul Grice, Peter Frederick Strawson: Die Verteidigung eines Dogmas. In: Apriorität und Analytizität. Hrsg. v. Albert Newen, Joachim Horvath. Paderborn 2007, S. 103–116.
[22] Siehe oben, Kap. 2.1.
[23] Vgl. Jerrold J. Katz: Analyticity and Contradiction in Natural Language. In: The Structure of Language. Hrsg. v. Jerry A. Fodor, Jerrold J. Katz. Prentice-Hall 1964, S. 519–543; ders.: Some Remarks on Quine on Analyticity. In: The Journal of Philosophy 64:2 (1967), S. 36–52.

2.2 Analytizität – Analytische Urteile, Umfangsmetaphern und Logikdiagramme

Jonathan Bennett hatte diese Kritik an Quine und Davidson bereits vorbereitet; er hatte darüber hinaus kritisiert, dass Kants Definitionen von (aU) und (sU) psychologistische Annahmen voraussetzen:[24] Abhängig vom Sprecher können Urteile mal analytisch, mal synthetisch verwendet werden, ebenso wie man auch Tennisschläger mal rechts-, mal linkshändisch gebrauchen könne.[25] Diese Ansicht vertrat auch Arthur Pap, machte aber gleichzeitig darauf aufmerksam, dass es zahlreiche psychologistische Argumente in der traditionellen und analytischen Philosophie gebe, die jedoch kein Nachteil seien.[26] Auch Hilary Putnam kritisierte zum einen Quine, da er die Unterscheidung von (aU) und (sU) für gerechtfertigt, wenn auch für überzogen hielt; zum anderen kritisierte er auch Strawson und Grice dafür, dass sie die Haltbarkeit der Unterscheidung nicht durch eine genauere Definition von (aU) und (sU) gerechtfertigt hatten.[27]

Putnams Aufsatz zeigt sehr gut, dass die Debatte ihr ursprüngliches Referenzobjekt verloren hatte: Kant wird in dem Aufsatz nicht einmal genannt oder zitiert. Allein dies ist ein Beleg für Robert Hannas These, dass der Höhepunkt der Debatte um (aU) und (sU) zum Ende der 1950er Jahren erreicht worden war und die Diskussion zwischen den 1970er und -90er Jahren stark abnahm.[28] Reduziert auf die wesentlichen Kritiken der Debatte der 1950er Jahre lassen sich vier Punkte benennen (zwei weitere werde ich später ergänzen):

(aU) und (sU)

    (a) werden von Kant jeweils unterschiedlich definiert,

    (b) gelten nur für Urteile mit Subjekt-Prädikat-Form,

    (c) werden durch den metaphorischen Ausdruck ›Umfang‹ nicht logisch definiert,

    (d) sind nur psychologistische Annahmen.

Ich werde in diesem Kapitel dafür argumentieren, dass von diesen Kritikpunkten besonders (c) eine entscheidende Rolle für das Verständnis von (aU) und (sU) spielt. Das zeigt sich u.a. daran, dass vor allem (c) seit den 1980er Jahren in anderen Forschungsbereichen diskutiert wird, die zwar von Quines Kantkritik inspiriert wurden, aber sich nicht wesentlich darauf beziehen.

(2) Zwischen Anfang und Mitte der 1980er Jahre entzündete sich eine neue Debatte in der Linguistik, die vor allem von George Lakoff und Jerrold Katz geschürt wurde. Zunächst hatten Lakoff und Mark Johnson in ihrem Buch *Metaphors We Live By* die These vertreten, dass Denken sich in fast allen Sprachen in drei Leitmetaphern vollziehe: »Der Sprecher faßt seine Ideen (Objekte) in Worte (Gefäße [containers])

---

[24] Vgl. Jonathan Bennett: Analytic–Synthetic. In: Proceedings of the Aristotelian Society 59 (1958/59), S. 163–88; ders.: On Being Forced to a Conclusion. In: Aristotelian Society Supplementary Volume 35 (1961), S. 15–34.
[25] Vgl. Jonathan Bennett: Kant's Analytic. Cambridge 1966, S. 4ff., S. 53f.
[26] Vgl. Arthur Pap: Semantics and Necessary Truth, S. 30ff., S. 84ff., S. 394ff.
[27] Vgl. Hilary Putnam: The Analytic and the Synthetic. In: Minnesota Studies in the Philosophy of Science 3 (1962), S. 358–397.
[28] Robert Hanna: Kant and the Foundations of Analytic Philosophy. Oxford u.a. 2001, S. 123f.; Cory Juhl, Eric Loomis: Analyticity, S. 6ff.

2 Die Logik und ihre geometrische Interpretation

und sendet sie (in einer Röhre) zu einem Hörer, der die Ideen/Objekte den Worten/dem Gefäß entnimmt.«[29] Mitte der 1980er Jahre konkretisierte Lakoff, dass Kognitionen, aber auch Emotionen wesentlich in Metaphern beschrieben werden und dass zentrale Metaphern des Denkens und Fühlens wie u.a. ›Umfang‹ (innen/außen), ›Grenzen‹ (diesseits/jenseits), ›Vertikalität‹ (oben/unten) kinästhetische Bildschemata repräsentieren.[30] Die kognitiven Metaphern würden verwendet, um die Boolesche Logik zu beschreiben, die wiederum mit schematischen Darstellungen, nämlich Venn-Diagrammen, korrespondieren würde.[31]

Katz hatte in seinem Buch *Cogitations* den Versuch unternommen, Descartes' analytischen Satz »ego cogito, ego existo« in Frage zu stellen. Zu diesem Zweck unterschied er zwei Formen von Metaphern des Enthaltenseins, die beide auf Locke zurückgehen: 1. Enthaltensein im Satz (sentence-containment), sofern das Konsequens in dem Antezedens eines Konditionals enthalten sei, 2. Enthaltensein im Begriff (concept-containment), sofern das Prädikat im Subjekt enthalten sei. Besonders problematisch sei concept-containment, denn »Kants Ansatz des Umfangs ist informell [informal], höchst metaphorisch und ausdrucksschwach.«.[32]

Obwohl Katz mit seinen Locke-Zitaten stärkere Belege als Körner dafür bringt, dass Analytizität nicht auf die Subjekt-Objekt-Struktur beschränkt sei und dass Umfangsmetaphern auch in Relationssätzen sinnvoll seien, hat sich Lakoffs Ansatz insgesamt durchgesetzt.[33] Besonders in den 1990er Jahren wurden Lakoffs Thesen zwar kontrovers, aber immerhin produktiv in diversen Fachbereichen wie Psychologie, Linguistik, Semiotik, Kulturwissenschaft und Phänomenologie, Informatik und Logik diskutiert, die z.T. inter- und auch transdisziplinär arbeiten, aber z.T. eigene Forschungsmaßstäbe und -methoden ansetzen.[34] Bereits in Lakoffs kognitiver Semantik war nur noch eine marginale Auseinandersetzung mit Quines Metaphernkritik spürbar.[35]

Auch in den beiden interdisziplinären Forschungsgemeinschaften der (3) ›Diagrammatik‹ und der (4) sog. ›geometrischen Logik‹ sind ab den 1990er Jahren nur noch Spuren von Lakoffs und Katz' Auseinandersetzung um die Metapher des Enthaltenseins zu erkennen. Aufgrund der Interdisziplinarität weisen beide

---

[29] George Lakoff, Mark Johnson: Leben in Metaphern. Konstruktion und Gebrauch von Sprachbildern. 5. Aufl. Heidelberg 2007, S. 19.
[30] George Lakoff: Women, Fire, and Dangerous Things. What Categories Reveal About the Mind. Chicago 1987, S. 271ff.
[31] Ebd., S. 456ff.
[32] Jerrold J. Katz: Cogitations. A Study of the Cogito in Relation to the Philosophy of Logic and Language and a Study of Them in Relation to the Cogito. Oxford u.a. 1988, S. 55. (Übersetzung von mir – J.L.)
[33] Sentence-containment wird aber auch in der analytischen Philosophie bes. seit Dummetts *Justification of Deduction* diskutiert, siehe unten, Kap. 2.3.
[34] Beispielhaft im deutschen Sprachraum ist der Sammelband Diagrammatik und Philosophie. Akten des 1. Interdisziplinären Kolloquiums der Forschungsgruppe Philosophische Diagrammatik, 15./16.12.1988 an der FernUniversität/Gesamthochschule Hagen. Hrsg. v. Thomas Keutner, Petra Gehring. Amsterdam 1992.
[35] Vgl. George Lakoff: Women, Fire, and Dangerous Things, S. 208ff.

2.2 Analytizität – Analytische Urteile, Umfangsmetaphern und Logikdiagramme

Forschungsgemeinschaften, (3) und (4), sehr heterogene Methoden, Ziele und Standpunkte auf. Obwohl Wissenschaftler beider Fachbereiche heutzutage untereinander einen Austausch pflegen, zeigen sich doch deutliche Unterschiede im wissenschaftlichen Umgang und der Bewertung von Diagrammen.

Während der Fachbereich (3) ›Diagrammatik‹ bzw. ›Diagrammatology‹ in Anknüpfung an den sog. ›spatial turn‹ der späten 1980er Jahre die Funktion und Anwendungsweise von Diagrammen im Allgemeinen debattiert und stark von semiotischen, strukturalistischen und kulturwissenschaftlichen Ansätzen geprägt ist, ist die heutige (4) Forschung zur ›geometrischen Logik‹ oder zu ›logischen Diagrammen‹ aus der ›Neuen Mathematik‹, der ›Diagrammatic Reasoning‹-Bewegung der 1960er und 1970er Jahre hervorgegangen und stützt sich vor allem auf die in den 1990er Jahren veröffentlichten paradigmatischen Werke der Barwise-Schule, insbesondere Sun-Joo Shins *The Logical Status of Diagrams*.[36]

Die Unterschiede zwischen (3) und (4) sind aber nicht nur historischer, sondern vor allem systematischer Natur. Ich fasse sie verkürzt und überspitzt folgendermaßen zusammen:

(3) Der kulturwissenschaftliche Ansatz[37]
- interessiert sich vor allem für das Design von Diagrammen und die sprachliche Reflexion über Diagramme im Allgemeinen,
- trennt strikt zwischen Schrift und Diagramm und geht von dem logozentristischen Dogma aus, demzufolge Diagramme nur durch schriftliche Erklärung verständlich seien,
- geht von einem fachspezifischen Standpunkt eines Denkers oder einer Schule aus (bspw. Peirce, Cassirer, Serres), um damit das Wesen oder das Gemeinsame von Diagrammen zu erklären,
- verwendet Ausdrücke wie ›Logik‹ oder ›Epistemik‹ z.T. metaphorisch, nämlich so, als gebe es eine eigenständige ›Logik des Bildlichen‹ oder eine ›Epistemik des Diagrammatischen‹.

(4) Die geometrische Logik[38]
- interessiert sich vor allem für die Anwendung und Gültigkeit von spezifisch geometrischen Figuren in der Logik,
- geht davon aus, dass logische Diagramme durch ihren (kontextuellen) Gebrauch verstanden und durch Regeln definiert werden können,
- geht von einer bestimmten Logik aus (bzw. den ihr inhärenten Ausdrucksweisen, Regeln, Axiomen, Kalkülen o.ä.),

---

[36] Siehe unten, Kap. 2.3.
[37] Vgl. bspw. Martina Heßler, Dieter Mersch: Bildlogik oder Was heißt visuelles Denken?. In: Logik des Bildlichen. Zur Kritik der ikonischen Vernunft. Hrsg. v. Martina Heßler, Dieter Mersch. Bielefeld 2009, S. 8–62.
[38] Vgl. bspw. Jon Barwise, John Etchemendy: Heterogeneous Logic. In: Diagrammatic Reasoning. Cognitive and Computational Perspectives. Hrsg. v. J. Glasgow, N. Hari Narayanan, B. Chandrasekaran. Cambridge/Mass. 1995, S. 209–232, hier: S. 214.

- verwendet den Ausdruck ›Logik‹ nicht metaphorisch, sondern verwendet Grundlagen der Disziplin ›Logik‹, um damit die Funktion von Diagrammen zu erforschen.

Gewiss wird diese Unterscheidung nicht von jedem Forscher, der sich mit Diagrammen beschäftigt geteilt; aber diese Unterscheidung mag zu erkennen helfen, dass es in der Forschung unterschiedliche Interessen und Ziele gibt, um sich mit Logikdiagrammen zu beschäftigen.

Meines Wissens hat keine der beiden zuletzt genannten Forschungsgemeinschaften die genuine Kantkritik Quines und vor allem die Sinnhaftigkeit der Umfangsmetaphorik wieder in den Blick genommen. Dennoch gab es in den letzten Jahren einige (1) Kantforscher, die versucht haben, mehrere der oben genannten Forschungsbereiche zusammenzubringen.[39]

(1) In der Zeit, als die Forschungsgruppen der Bereiche (3) und (4) expandierten, wurde die Fragestellung der Geltung von (aU) und (sU) in der Kantforschung mit Hilfe der Modallogik neu aufgearbeitet. Mit Berufung auf Rudolf Carnap und Jaakko Hintikka[40] hatten Forscher seit etwa den 1980er Jahren verstärkt versucht, Kants Logik als extensional oder intensional zu bestimmen. Ich verstehe hier zunächst den Ausdruck ›extensional‹ als die Menge von Objekten und ›intensional‹ als die Menge von Eigenschaften. Im weitesten Sinne akzeptieren auch viele Kantforscher diese Definition, diskutieren aber zum einen, ob der Ausdruck ›Objekte‹ nur Begriffe oder auch Gegenstände konnotiert, und ersetzen zum anderen gerne den Ausdruck ›Menge‹ durch ›Extension‹, wodurch sich meiner Meinung nach Begriffsverwirrungen kaum vermeiden lassen.[41]

Aufgrund dieser durch die Modallogik angeregten Diskussion ergeben sich zwei weitere zu den vier oben genannten Kritikpunkten um (aU) und (sU). Beide Kritikpunkte lauten:

(aU) und (sU)
    (e) lassen sich nicht eindeutig extensional oder intensional bestimmen,
    (f) lassen sich nicht eindeutig objekt- oder begriffsbezogen bestimmen.

Die Modallogik stellt für Kantforscher insofern ein geeignetes Mittel zur Revision der Debatte aus den 1950er Jahren dar, als zum einen die Reformulierungen von (aU_K) und (sU_K) wie in § 2 der *Prolegomena* kontradiktorische Modaloperatoren wie ›notwendig‹ und ›nicht notwendig‹ beinhalten, zum anderen ihre Anwendung aber oftmals als problematisch gilt. Dennoch wiederholen Kantforscher wie Robert Hanna, James

---

[39] Im englischen Sprachraum würde man wohl den Begriff ›crossdisciplinarity‹ verwenden (Stephen H. Kellert: Borrowed Knowledge. Chaos Theory and the Challenge of Learning Across Disciplines. Chicago 2008). Eine elegante Übersetzung liegt dafür aber nicht auf der Hand.
[40] Rudolf Carnap: Bedeutung und Notwendigkeit, Kap. V; Jaakko Hintikka: On the Logic of Perception. In: Models for Modalities. Selected Essays IV. Hrsg. v. Jaakko Hintikka. Dordrecht u.a. 1969, S. 151–183.
[41] Vgl. Rico Hauswald: Umfangslogik und analytisches Urteil bei Kant, S. 284f., S. 287f.

2.2 Analytizität – Analytische Urteile, Umfangsmetaphern und Logikdiagramme

Van Cleve u.a., dass die Verwendung einer Metapher des Enthaltenseins kein hinreichendes Kriterium für die Bestimmung von Analytizität sei.[42] Jahrzehnte nach Robert Körners einschlägigem Text argumentiert aktuell Robert Hanna ähnlich, nämlich dass es Urteile gebe, die zwar laut dem Kontradiktionskriterium als (aU), nach der die Metapher des Enthaltenseins aber als (sU) einzustufen seien.[43] Rico Hauswald hat überzeugend gezeigt, dass Hanna bei dem Versuch, diese These zu stützen, mehrere exegetische Fehler unterlaufen sind.[44] Trotzdem bleibt die Metapher des Enthaltenseins auch im modallogischen Paradigma der Kantforschung der umstrittenste Punkt bei der Definition von (aU) und (sU).[45]

Ich hatte oben strikt definiert, dass ich unter ›extensional‹ die Menge von Objekten verstehe. Diese Ansicht ist allerdings mittlerweile umstritten. Aus der Debatte um die Gültigkeit einer modallogischen Interpretation von (aU) hat sich eine neue Debatte um die Bedeutung der Umfangsmetapher eingestellt, die vor allem die Frage (f) diskutiert, ob mit ›Umfang‹ bzw. ›Extension‹ entweder eine Menge von Objekten[46] oder von nicht-realen Entitäten wie Wahrheitswerten, Begriffen oder Ideen[47] oder sogar beides gemeint sei.[48] Zudem sei es umstritten – und hier tauchen auch wieder modallogische Argumente auf –, ob die umfangene Menge nur actualia oder nur possibilia oder beides enthalte.[49] Dass diese Fragen nicht unwichtig bei der Klärung von (aU) sind, wird vor allem anhand der Frage nach dem Status von Beispielurteilen mit möglichen Entitäten ohne konkrete Referenz deutlich: »Ein Dreiecke hat drei Ecken« o.ä.

Obwohl bereits Schulthess 1981, wenn auch eher nebensächlich, darauf hingewiesen hatte, dass Kant in seinen Vorlesungen selbst (aU) und (sU) anhand von analytischen bzw. Euler-Diagrammen illustriert hat, hat erst vor einigen Jahren Robert Lanier Anderson darauf aufmerksam gemacht, dass Kant bei seinen Metaphern des Umfangs und Enthaltenseins, bes. in Bezug auf die Definition von (aU) und (sU),

---

[42] Vgl. James Van Cleve: Problems from Kant, S. 18ff.
[43] Vgl. Robert Hanna: Kant and the Foundations of Analytic Philosophy, S. 123ff.
[44] Vgl. Rico Hauswald: Umfangslogik und analytisches Urteil bei Kant, S. 297ff.
[45] Vgl. R. Hauswald: Umfangslogik und analytisches Urteil bei Kant, S. 298.
[46] Diese Ansicht vertreten bspw. Peter Schulthess: Eine systematische und entwicklungsgeschichtliche Untersuchung zur theoretischen Philosophie Kants. Berlin u.a. 1981, S. 103ff.; Bernd Prien: Kants Logik der Begriffe. Die Begriffslehre der formalen und transzendentalen Logik Kants. Berlin u.a. 2006, S. 76, S. 83; John MacFarlane: Frege, Kant, and the Logic in Logicism. In: The Philosophical Review 111:1 (2002), S. 25–65, hier: S. 51.
[47] Diese Ansicht vertreten bspw. Rainer Stuhlmann-Laeisz: Eine Interpretation auf der Grundlage von Vorlesungen, veröffentlichten Werken und Nachlaß. Berlin u.a. 1976, S. 87f.; Lanier Anderson: It Adds up After All. Kant's Philosophy of Arithmetic in Light of the Traditional Logic. In: Philosophy and Phenomenological Research 69:3 (2004), S. 501–540, hier: S. 507ff.; ders.: Containment Analyticity and Kant's Problem of Synthetic Judgment. In: Graduate Faculty Philosophy Journal 25:2 (2004), S. 161–204, hier S. 186ff.; Clinton Tolley: Kant's Conception of Logic. Chicago (Diss.) 2007, S. 429ff.; Timothy Rosenkoetter: Are Kantian Analytic Judgments About Objects?. In: Recht und Frieden in der Philosophie Kants. Bd. 5. Hrsg. v. Valerio Rohden, Ricardo R. Terra, Guido A. Almeida und Margit Ruffing. Berlin u.a. 2008, S. 191–202, bes. S. 199.
[48] Diese Ansicht vertreten bspw. Robert Hanna: Kant and the Foundations of Analytic Philosophy, S. 130ff.; Huaping Lu-Adler: Kant's Conception of Logical Extension and Its Implications, S. 18.
[49] Vgl. ebd.

wahrscheinlich Euler-Diagramme im Sinn gehabt haben mochte.[50] Damit wäre Quines leichtfertige Klassifikation des Enthaltenseins-Ausdrucks als Metapher sowie die Bezichtigung einer ausgebliebenen Logisierung im Sinne dieser differenzierteren Beschreibung in der heutigen Logik allerdings problematisch.[51] Eine Interpretation von (aU$_K$) und (sU$_K$) als Ausdruck eines mengentheoretischen Schemas könnte die herumtappende und mehrfach in Stecken geratene Forschung wieder auf den sicheren Gang einer Wissenschaft bringen.

Ein erster intensiver Vergleich zwischen historischen Euler-Diagrammen und Umfangsschemata bei Kant findet man in einer Studie von Huaping Lu-Adler aus dem Jahr 2012, die durch Robert Lanier Anderson angeregt wurde.[52] So gewinnbringend dieser Ansatz meiner Meinung nach ist, so muss neben mehreren Detailproblemen[53] aber angemerkt werden, dass sich die Studie zum einen leider nur auf die drei historischen Ansätze Eulers, Lamberts und Leibniz' bezieht und zum anderen vor allem die Frage im Blick hat, welche Eigenschaften der umfangenen Menge zugeschrieben werden können (Objekte/Ideen, aktual/possible etc.). Lu-Adler kommt dabei zu dem Zwischenergebnis, dass sich in der Logik von Port-Royal, bei Wolff und bei Wolffschülern wie Martin Knutzen, Karl Daniel Reusch und Georg Friedrich Meier etc. kein sicheres Kriterium finde, worauf sich Begriffsumfänge genau beziehen, während es bei den geometrischen Figuren von Leibniz, Lambert und Euler klar sei, dass unendlich viele mögliche Objekte und Begriffe gemeint seien.[54] Wie bei den Wolffschülern würden aber auch Kants Diagramme und Zitate zu keinem eindeutigen Ergebnis führen; zudem könne man (aU) in Form einer geometrischen Logik – entsprechend dem Schema ›$\forall x$ bx → ax‹ – verstehen.[55]

Die Resultate der Studie hängen von vielen nacheinander eingeführten Interpretationsprämissen ab, die m.E. oftmals angreifbar sind. Dennoch scheint mir der Vergleich zwischen den drei geometrischen Logiken (Leibniz, Lambert, Euler) und Kant eine verdienstvolle Pionierleistung zu sein, die – auch wenn Lu-Adler darauf nicht explizit hinweist – eine ganze von Quine ausgehende Tradition der analytischen Philosophie in Frage stellt, die Kants ›Begriff des Enthaltenseins (notion of containment)‹ als Metapher und nicht als Fachbegriff der geometrischen Logik missverstanden haben dürfte: ›Umfang‹, ›enthalten sein‹, ›außer(halb) liegend‹ sind verbale Beschreibung logischer Schemata; sie verweisen auf Anschauungen, die sich nicht einfach substituieren, reformulieren, übersetzen oder logisieren lassen.

---

[50] Vgl. Robert Lanier Anderson: The Poverty of Conceptual Truth. Kant's Analytic/Synthetic Distinction and the Limits of Metaphysics. New York 2015, S. 100ff.; ders.: Containment Analyticity and Kant's Problem of Synthetic Judgment, S. 161–204.
[51] Vgl. zur Diskussion Peter Bernhard: Euler-Diagramme. Zur Morphologie einer Repräsentationsform in der Logik, Paderborn 2001, S. 63f. Das Thema wird in den folgenden Kapiteln mehrfach noch betrachtet.
[52] Huaping Lu-Adler: Kant's Conception of Logical Extension and Its Implications, Kap. 2.
[53] Einige Probleme werden in Kap. 2.2.5 besprochen.
[54] Huaping Lu-Adler: Kant's Conception of Logical Extension and Its Implications, Kap. 2.
[55] Ebd., Kap. 4.III. Gemeint ist das Diagramm bei AA IX, S. 108 (= I. Kant: Logik, S. 168), siehe dazu unten, Kap. 2.2.4.

2.2 Analytizität – Analytische Urteile, Umfangsmetaphern und Logikdiagramme

Trotz des Erkenntnisfortschritts durch Lu-Adlers Studie drängen sich dennoch viele Fragen auf: Erich Adickes hatte bspw. schon vor über 100 Jahren angemerkt, dass Kant in seinen Vorlesungen logische Diagramme zeichne, die nicht nur von Euler oder Lambert,[56] sondern wahrscheinlich vom *Nucleus Logicae Weisianae* (1712) abhängig seien.[57] Lu-Adler hat die in diesem Werk befindlichen Diagramme sowie ihre möglichen Vorläufer nicht in Betracht gezogen. Merkwürdig erscheint zudem, dass einer der ersten Kritiker von (aU) und (sU), nämlich der oben bereits erwähnte Maaß, selbst eine wichtige Rolle in der Historie logischer Diagramme spielt. Wenn Maaß doch über die Funktionsweise von vermeintlichen Umfangsmetaphern wusste, warum hat er sie dann kritisiert und nicht als solche ausgewiesen?

Ich werde im Folgenden an Lu-Adler und Robert Lanier Anderson anknüpfen und gegen Quine und viele seiner Nachfolger die These verteidigen, dass Kant und frühe Kant-Anhänger Euler-Diagramme bei der scheinbar metaphorischen Formulierung von (aU) und (sU) im Sinn gehabt haben. Zudem wird dafür argumentiert, dass Kant bei seiner Verwendung logischer Diagramme von mehr Quellen beeinflusst gewesen sein musste, als Lu-Adler und Adickes angenommen haben. Darüber hinaus ist auch eine Klärung der Frage vonnöten, welche Gründe den geometrischen Logiker Maaß dazu bewegt haben müssen, (aU) und (sU) als unzureichend zu degradieren. Im Anschluss werde ich aber dafür argumentieren, dass die einzige Logik im transzendentalphilosophischen Paradigma bis zum Ende der 1820er Jahre, in der (aU) und (sU) vollständig mit Euler-Diagrammen expliziert werden, die große Logik Schopenhauers ist.

Der letzte Punkt ist zentral. Obwohl ich davon überzeugt bin, dass die Forschungsfragen und -ergebnisse der hier dargestellten Kantforschung auch das Verständnis der schopenhauerschen Logik und umgekehrt befördern, so glaube ich nicht, dass die in Kap. 2.2 vorgelegten Interpretationen tiefgreifende Probleme und Fragen der Kantforschung lösen und beantworten werden. Dennoch besteht die berechtigte Hoffnung, mit den Ausführungen zu Kants und Schopenhauers Diagrammen und deren Beschreibungen einen Beitrag zu der Frage zu liefern, inwiefern sich (aU) und (sU) voneinander unterscheiden und wie wir beide aus ihrer Entstehungsgeschichte heraus besser verstehen können. Ich gehe schließlich davon aus, dass die meisten Forscher, die sich mit Analytizität beschäftigen, eher daran interessiert sind, was (aU) und (sU) bedeuten, welche Funktionen, Eigenschaften und vor allem Verwendungsmöglichkeiten ihnen zukommen können, und sie erst sekundär daran interessiert sind, ob diese an einem Helden wie Kant oder an einem Antihelden wie Schopenhauer erforscht werden.

Um die Verwendungsweise der logischen Diagramme darzustellen, die Kant und bes. Schopenhauer zu Erklärung von (aU) und (sU) benutzen, wird Kap. 2.2.2 und 2.2.3 die Entwicklungsgeschichte dieser Diagramme bis zum frühen Kantianismus

---

[56] Huaping Lu-Adler weist nicht darauf hin, dass es sehr unwahrscheinlich ist, dass Kant die erst im 20. Jahrhundert veröffentlichten Diagramme von Leibniz kannte.
[57] Siehe unten, Kap. 2.2.4.

grob skizzieren. Diese Entwicklungsgeschichte wird anhand weniger ausgewählter Zitate und Beispiele von sog. ›analytischen Diagrammen‹ der geometrischen Logik vorgestellt. Die Auswahl der geometrischen Logiker, die in Kap. 2.2.2 und 2.2.3 behandelt werden, wird in Kap. 2.2.1 im Zuge einer Aufarbeitung des Forschungsstandes zur geometrischen Logik bis ins 19. Jahrhundert gerechtfertigt. Ich möchte zudem darauf hinweisen, dass die in Kap. 2.2.2 und 2.2.3 dargestellte Entwicklungs- bzw. Ideengeschichte dieser Logikdiagramme durch das Kap. 2.3.4 ergänzt wird; in diesem habe ich eine nähere Betrachtung derjenigen Zitate historischer Untersuchungen vorgenommen, die die Funktionsweise der von ihnen verwendeten Diagramme reflektieren und bewerten.

Die Darstellungen in Kap. 2.2.1–2.2.3 bilden zunächst die Grundlage für die Argumentation in Kap. 2.2.4–2.2.6, werden aber auch in Kap. 2.3 noch mehrfach zu Rate gezogen. In Kap. 2.2.4 wird diskutiert, inwiefern Kant an seine historischen Vorläufer in der geometrischen Logik anknüpft und in welcher Hinsicht bes. die Definitionen von (aU) Bezug auf analytische Diagramme nehmen. In Kap. 2.2.5 und 2.2.6 werde ich dann darlegen, dass Schopenhauer in seiner großen Logik nicht nur Kants Unterscheidung von (aU) und (sU) aufnimmt, sondern insbesondere die Definition von (aU) an Euler-Diagrammen erklärt. Man könnte somit sagen, dass Kap. 2.2 dafür argumentiert, die genuine Definition der Analytizität nicht als leere Metapher abzutun, sondern als genaue Konstruktionsvorschrift für analytische Diagramme der geometrischen Logik.

2.2.1 Der Forschungsstand zur Entwicklungsgeschichte analytischer Diagramme

Bereits einflussreichen geometrischen Logikern des 19. Jahrhunderts wie John Venn oder Charles Sanders Peirce war bekannt, dass Leonhard Euler nicht der Erfinder der heute nach ihm benannten Diagramme war. Venn behauptete zwar, dass seine eigenen Diagramme, die alle semantischen Kombinationsmöglichkeiten zwischen Elementen einer Menge (oder Klasse) visualisieren, durch Euler inspiriert worden seien; aber er zeigt auch, dass Euler selbst in einer längeren Tradition von Logikern stand, die bereits ähnliche geometrische Figuren in der Logik verwendet hatten.[58] Auch Peirce, der mit seinen Existenzgraphen eine grundlegende Erweiterung der Euler-Diagramme vorgenommen hat, bemüht sich ebenfalls explizit um eine vollständige Vorgeschichte der eulerschen Diagramme.[59]

Gerade die historischen Studien von Venn und Peirce zeigen, mit wieviel Akribie selbst innovative und wegweisende Logiker des 19. Jahrhunderts sich schon mit ihren

---

[58] Siehe unten, Kap. 2.
[59] Vgl. bspw. Charles Sanders Peirce: Book II. Existential Graphs: In: Collected Papers of Charles Sanders Peirce. Bd. 4. The Simplest Mathematics. Hrsg. v. Charles Hartshorne, Paul Weiss. 5. Aufl. Cambridge/MA 1980 (Repr. 1933), S. 293–470 (4.347–4.584), hier: S. 298ff. (4.353ff.).

2.2 Analytizität – Analytische Urteile, Umfangsmetaphern und Logikdiagramme

vermeintlichen Vorgängern beschäftigt haben und wie selbst der energische Trieb zur historischen Vollständigkeit im vordigitalen Zeitalter an seine Grenzen stieß.[60] So hatten bspw. Venn und Peirce sich intensiv, wenn auch vergeblich, darum bemüht, Bücher zur geometrischen Logik wie bspw. den sagenhafte *Nucleus Logicae Weisianae* von 1712 zu bekommen. Obwohl sie ahnten, dass die Vorgeschichte der eulerschen Diagramme reicher war, als sie belegen konnten, scheiterte ihr Anspruch auf Vollständigkeit aufgrund der Unverfügbarkeit derjenigen Werke, deren Inhalt sie entweder nur aus zweiter oder dritter Hand oder gar nicht kannten, aber deren Titel und Inhaltsangaben ihnen für ihre Forschung vielversprechend erschienen.

Erstaunlich ist es allerdings, dass selbst im Zeitalter zunehmend digitaler Verfügbarkeit, also auch heute noch, viele Unklarheiten und Vorurteile außerhalb der speziellen logischen Fachliteratur bestehen: So findet man bspw. selbst im Bereich der Diagrammatik häufig noch Hinweise darauf, dass die Geschichte der sog. ›Euler-Diagramme‹ mit dem Jahr 1768, also mit Leonhard Eulers Veröffentlichung seiner Diagramme in den *Briefen an eine deutsche Prinzessin* (*Lettres à une Princesse d'Allemagne*) anfange; auch ist in zahlreichen aktuellen Mathematiklehrbüchern die Rede von Euler-Venn-Diagrammen, obwohl die meisten Euler-Diagramme schon syntaktisch gar keine Venn-Diagramme sein können. Dennoch haben Spezialisten aus einzelnen Fachbereichen zur geometrischen Logik und Diagrammatik seit John Venns einschlägigem Werk *Symbolic Logic* viele wertvolle Informationen zur Aufarbeitung der historischen Vorgeschichte und Systematik der Euler-Diagramme geliefert.

Leider wurden aber besonders bei den historischen Studien nicht immer die Ergebnisse und Resultate der eigenen Quellenrecherche mit Vorgängerstudien abgeglichen.[61] Im Folgenden sind nur diejenigen historischen Referenzwerke zur Vorgeschichte der Euler-Diagramme in deutscher, englischer und französischer Sprache in chronologischer Reihenfolge aufgelistet worden, die sich mit den geometrischen Logiken bis zur Zeit Kants und Schopenhauers beschäftigen:[62]

1. John Venn: *Symbolic Logic*. 2 überarb. Aufl. London 1894, bes. S. 504–527 (= chap. XX.II).[63]

---

[60] Damit ist natürlich nicht gesagt, dass es keine Grenzen im Zeitalter der digitalen Verfügbarkeit von Texten gibt, sondern nur, dass sich diese Grenzen stark verschoben haben.
[61] So gilt leider noch heute das Urteil von Christian Thiel: Die Quantität des Inhalts. Zu Leibnizens Erfassung des Intensionsbegriffs durch Kalküle und Diagramme. In: Die intensionale Logik bei Leibniz und in der Gegenwart. Hrsg. v. Albert Heinekamp, Franz Schupp. Wiesbaden 1979, S. 22: »Es ist bedauerlich, daß durch die Vernachlässigung der diagrammatischen Verfahren bei der Logikgeschichtsschreibung ein systematischer wie auch historischer Überblick heute noch fehlt [...].«
[62] Spezialuntersuchungen zu einzelnen historischen Autoren wurden nicht berücksichtigt, sind aber in der Darstellung der folgenden Kapitel berücksichtigt und ergänzt worden. Ausgespart wurden auch Untersuchungen, die nicht vorrangig historisch sind, aber die Geschichte analytischer Diagramme in wenigen Absätzen behandeln, bspw. Jesse H. Shera, Conrad H. Rawski: The Diagram is the Message. In: Journal of Typographic Research 2:2 (1968), S. 171–188, hier: S. 178f. (Hier werden allerdings Schopenhauers Diagramme besonders betont.)
[63] Dieses Kapitel ist eine überarbeitete Fassung von John Venn: On the Employment of Geometrical Diagrams for the Sensible Representation of Logical Propositions. In: *Proceedings of the Cambridge Philosophical Society* IV (Oct. 25, 1880 – May 23, 1883), S. 47–59.

2. Theodor Ziehen: *Lehrbuch der Logik auf positivistischer Grundlage mit Berücksichtigung der Geschichte der Logik*. Bonn 1920, bes. S. 227–236 (= § 54).
3. Martin Gardner: *Logic Machines and Diagrams*. New York, Toronto u.a. 1958.
4. Margaret E. Baron: A Note on the Historical Development of Logic Diagrams. Leibniz, Euler and Venn. In: *The Mathematical Gazette* 53:384 (May 1969), S. 113–125.
5. Ernest Coumet: Sur l'histoire des diagrammes logiques, ›figures géométriques‹. In: *Mathematiques et Sciences Humaines* 60 (1977), S. 31–62.
6. Peter Bernhard: *Euler-Diagramme. Zur Morphologie einer Repräsentationsform in der Logik*. Paderborn 2001, bes. S. 69–80 (s.a. Index).
7. Amirouche Moktefi, Sun-Joo Shin: A History of Logic Diagrams. In: *Logic. A History of its Central Concepts*. Hrsg. v. Dov M. Gabbay, John Woods. Oxford u.a. 2012, S. 611–682
8. Deborah Bennett: Origins of the Venn Diagram. In: M. Zack, E. Landry (Hg.): *Research in History and Philosophy of Mathematics: The CSHPM 2014 Annual Meeting in St. Catharines, Ontario*. Heidelberg u.a. 2015, S. 105–119.

Obwohl alle historischen Referenzwerke Gemeinsamkeiten in Hinblick auf ihr Begriffsschema und auf einige untersuchte Autoren aus der Geschichte der geometrischen Logik aufweisen, gibt es dennoch zahlreiche Unterschiede bezüglich der Taxonomie und der Geschichtsschreibung.

Ich nehme als Beispiel für die taxonomischen Differenzen die Begriffsschemata von Ziehen und Venn, auf deren Begriffsapparat ich z.T. schon in den vorangegangenen Kapiteln zurückgegriffen habe und die ich z.T. noch weiter differenzieren werde. Ziehen spricht bspw. 1920 als Überbegriff von einer ›mathematischen‹ oder ›symbolistischen Logik‹, die sich wieder in eine ›algebraische‹ und ›geometrische Logik‹ aufteile,[64] von der letztere Linien-, Dreiecke-, Würfel-, Sphären-, Kreisdiagramme umfasse. Derartig symbolische Logiken ahmen somit entweder die Algebra (oder auch Arithmetik) oder Geometrie nach. Das beistehende Baumdiagramm (Abb. 1) zeigt diese Unterteilung an.[65]

---

[64] Theodor Ziehen: Lehrbuch der Logik auf positivistischer Grundlage mit Berücksichtigung der Geschichte der Logik. Bonn 1920, S. 227ff., S. 409.
[65] Ziehen gibt für jede Art der geometrischen Logik ein Beispiel an (z. B. Liniendiagramme: Lambert). Da jeweils ein Beispiel angegeben wird, habe ich in Abb. 1 darauf verzichtet, diese Beispiele als Individuen darzustellen. Zur Interpretation von Baumdiagrammen siehe unten, Kap. 2.2.2.

2.2 Analytizität – Analytische Urteile, Umfangsmetaphern und Logikdiagramme

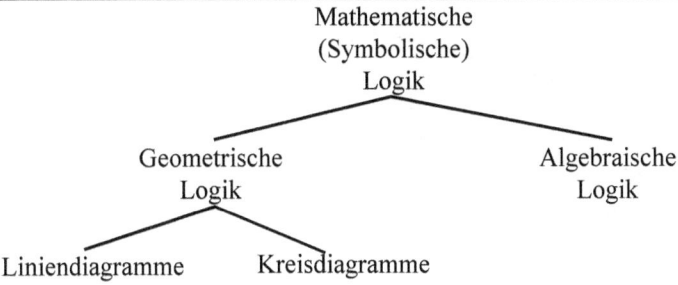

Abb. 1
Ziehens Taxonomie

Venn hatte bereits Jahr 1881 in seiner *Symbolic Logic* ein Kapitel ›Über die Verwendung von geometrischen Diagrammen zur sinnvollen Darstellung logischer Sätze‹ verfasst und darin von ›analytischen Diagrammen‹ gesprochen, d.h. Diagrammen, »welche direkt von Urteilen handeln und diese *analysieren*«.[66] In der zweiten Auflage der *Symbolic Logic* von 1894 greift Venn diese Definition wieder auf und spricht im selben Sinn von analytischen Diagrammen, »die dazu bestimmt sind, zwischen Subjekt und Prädikat und zwischen den verschiedenen Arten von Sätzen zu unterscheiden«.[67] Der Ausdruck ›analytisches Diagramm‹ umfasse laut Venn in der Regel Kreisdiagramme und auch andere geometrische Figuren (Quadrate, Dreiecke, Linien) mit ähnlichen logischen Funktionen; er umfasse aber nicht die in dem Ausdruck ›logisches Diagramm‹ enthaltenen arbores porphyrianae, pontes asinorum, quadrata formula oder auch manche Halbkreisdiagramme. Ein Auszug diese Einteilung wird durch den beistehenden Baum illustriert (Abb. 2).[68]

---

[66] John Venn: Symbolic Logic. 1. Aufl. London 1881, S. 421 (Übersetzung von mir – J.L.).
[67] John Venn: Symbolic Logic. 2. Aufl., S. 504, S. 506 (Übersetzung von mir – J.L.).
[68] Man sollte bei diesem Diagramm beachten, dass die links unten stehenden Entitäten (Vives-, Euler-, Lambert-Diagramm usw.) Individuen, die rechts unten stehenden hingegen Arten ausdrücken, deren Individuen nicht näher bestimmt sind. Die Individuen auf der linken Seite sind zudem nur Beispiele und nicht vollständig aufgeführt.

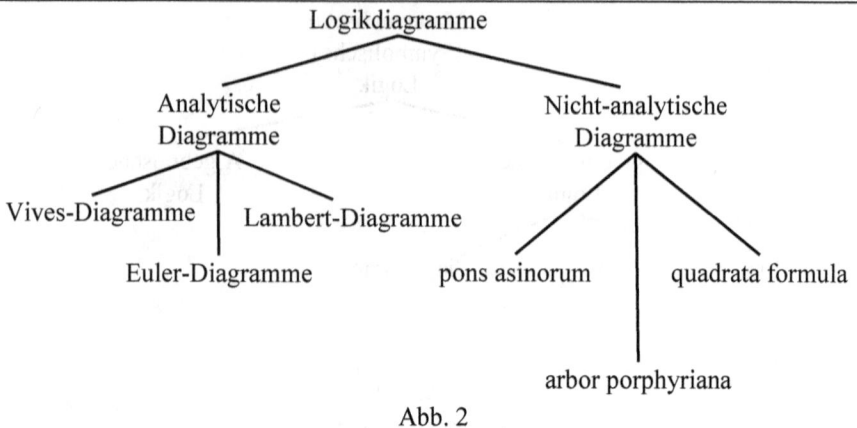

Abb. 2
Venns Taxonomie (Ausschnitt)

Wie man an den beiden Taxonomien feststellen kann, geht es Ziehen mehr um die Form des Diagramms, Venn mehr um die Funktion. Beide Taxonomien haben mehrere Vor- und Nachteile, und ich möchte hier nur ein paar problematische Punkte zur Verdeutlichung aufgreifen, die den Kontext betreffen: Bei Ziehens Taxonomie muss ansatzweise bekannt sein, ob ein bestimmtes Diagramm im Kontext einer bspw. mathematischen oder logischen Abhandlung steht, da man sonst fälschlicherweise bspw. eine typisch euklidische Figur wie in *Elementa* 3.11 schnell als logisches Kreisdiagramm oder eine geometrische Figur wie aus *Elementa* 5.1 als Liniendiagramm der geometrischen Logik klassifiziert. In Venns Taxonomie muss darüber hinaus nicht nur klar sein, ob es ein Diagramm der Logik ist, sondern auch wie dieses Diagramm genau funktioniert, um es überhaupt klassifizieren zu können.

In der heutigen Forschung hat sich keine der beiden Taxonomien vollständig durchgesetzt. Zwar tendieren die meisten Forscher eher zu einer funktionalen Taxonomie, aber eine einheitliche Redeweise hat sich bislang nicht etabliert. Auffällig ist dabei, dass die einst als Individuen aufgefassten Bezeichnungen wie ›Eulers Diagramme‹ oder ›Venns Diagramme‹ heute als Gattungs- oder Artenbegriffe verwendet werden: Heute sprechen Forscher von ›Euler-Diagrammen‹ oder ›Venn-Diagrammen‹ und spätestens seit den 1990er Jahren sind damit bestimmte formallogische Systeme mit einer eigenen Syntax und Semantik gemeint.[69] Zudem werden Ausdrücke wie beispielsweise ›Eulersches Diagramme‹ oder ›Euler-artiges Diagramme‹ verwendet, um Diagramme zu bezeichnen, die Euler-Diagrammen am nächsten stehen, aber nicht deren Syntax oder Semantik entsprechen.[70]

---

[69] Vgl. bspw. Eric M. Hammer: Logic and Visual Information. Stanford 1995.

[70] Vgl. bspw. Amirouche Moktefi, Sun-Joo Shin: A History of Logic Diagrams. In: Logic. A History of its Central Concepts. Hrsg. v. Dov M. Gabbay, John Woods. Oxford u.a. 2012, S. 611–682. Ich danke Amirouche Moktefi für zahlreiche und unschätzbare Hinweise im Zusammenhang mit der Geschichte der Logikdiagramme.

2.2 Analytizität – Analytische Urteile, Umfangsmetaphern und Logikdiagramme

Die feststehende Wendung ›Euler-Diagramme‹ hat sich m.W. erst ab den 1910er Jahren langsam etabliert, auch wenn geometrische Logiker (insbes. Anhänger Kants) bereits ab den 1790er Jahren immer wieder in Form eines Referenzpunktes von ›Eulers Diagrammen‹, ›eulerschen Diagramme‹, ›Diagrammen von Euler‹ sprachen.[71] Euler-Diagramme wurden bei Venn als ein Idealtypus analytischer Diagramme aufgefasst, von Ziehen als eine vorbildliche Form von Kreisdiagrammen innerhalb der geometrischen Logik. Sowohl für Venn als auch für Ziehen bilden Eulers Diagramme einen zentralen Bezugspunkt des Vergleichs, der es ermöglichen soll, Familienähnlichkeiten zwischen analytischen Diagrammen (Venn) oder Diagrammen geometrischer Logiker (Ziehen) zu diskutieren. Auch in Entwicklungsgeschichten der geometrischen Logik des 20. Jahrhunderts bleiben Euler-Diagramme nicht nur der historische, sondern auch der systematische Referenzpunkt für eine Vielzahl moderner Diagramme in der Logik, bspw. Venn-, Lewis-, Randolph-, KV-, Spider- oder auch *CL*-Diagramme.[72]

Unter der Bezeichnung ›Euler-Diagramm‹ kann man in einem sehr verallgemeinerten und systematischen Sinn geometrische Figuren verstehen, die entweder die Beziehung zwischen Mengen von Objekten, Begriffen, Klassen etc. (extensional) oder die Beziehung zwischen Mengen von Eigenschaften, Merkmalen etc. (intensional) visualisieren.[73] Obwohl die Bezeichnung ›Euler-Diagramm‹ zwar im systematischen Sinn überaus etabliert ist, verwende ich sie im Folgenden allein im historischen Sinn dann, wenn Autoren in der Nachfolge Eulers entweder explizit der Meinung sind oder aber Hinweise darauf geben, dass ihre Diagrammverwendung in der Logik derjenigen Eulers gleicht. Ansonsten verwende ich eher neutrale Begriffe wie ›logisches Diagramm‹, ›analytisches Diagramm‹, ›Kreisdiagramm‹ etc. im Sinne Ziehens oder Venns, da besonders im Bereich der geometrischen Logik und der Diagrammatik mehr spezifische Konnotationen mit ›Euler-Diagramm‹ verbunden sind, als im Folgenden besprochen werden können oder zu besprechen nötig sind.[74]

Ein heterogenes Bild liefern die oben genannten Referenzwerke nicht nur in Hinblick auf ihre Taxonomie, sondern auch in Hinblick auf die jeweils behandelten bzw. erwähnten historischen Logiker, die bis zu Kant und Schopenhauer geometrische Diagramme verwendet haben. Die im Folgenden aufgestellte Tafel zeigt zum einen (in

---

[71] Vgl. Jens Lemanski: Periods in the Use of Euler-Type Diagrams. In: Acta Baltica Historiae et Philosophiae Scientiarum 5:1 (2017), S. 50–69.
[72] Vgl. zur Entwicklungsgeschichte im 20. Jahrhundert Amirouche Moktefi, Sun-Joo Shin: A History of Logic Diagrams; Amirouche Moktefi, Francesco Bellucci, Ahti-Veikko Pietarinen: Continuity, Connectivity and Regularity in Spatial Diagrams for *N* Terms. In: Diagrams, Logic and Cognition. Hrsg. v. J. Burton, L. Choudhury. CEUR Workshop Proceedings 1132 (2013), S. 23–30; Jens Lemanski: Logic Diagrams, Sacred Geometry and Neural Networks. Logica Universalis 13 (2019), S. 495–513.
[73] Vgl. Catherine Legg: What is a Logical Diagram?. In: Visual Reasoning with Diagrams. Hrsg. v. Sun-Joo Shin, Amirouche Moktefi. Basel 2013, S. 1–18.
[74] Die Semantik von Ausdrücken wie ›Euler-Diagramm‹, ›analytisches Diagramm‹, ›Logikdiagramm‹ u.a. ist besonders bei historischen Studien überaus diffizil. Mir ist durch zahlreiche Debatten bewusst, dass mein hier gewähltes Begriffsschema nicht alle Leser zufrieden stellen wird, aber ich glaube, zumindest gute Gründe dafür anzuführen, warum ich mich für manche Ausdrücke entschieden habe und welche Begriffe mit ihnen verbunden sind.

2 Die Logik und ihre geometrische Interpretation

der Vorspalte) alle in den Referenzwerken genannten historischen Logiker mit den Daten ihrer einschlägigen Werke und zum anderen, in welchem Referenzwerk (Kopfzeile) jene behandelt werden. Das Zeichen ✓ im Tabellenfeld gibt an, dass das entsprechende Referenzwerk sich intensiver mit dem jeweiligen historischen Logiker beschäftigt und diesem eine positive Rolle in der geschichtlichen Entwicklung der Euler-Diagramme zuspricht; für eine negative Rolle wurde das Zeichen ✗ verwendet.[75] Die Klammern – (✓) bzw. (✗) – geben an, dass die betreffenden historischen Logiker nur nebensächlich im positiven bzw. negativen Sinn in dem jeweiligen Referenzwerk erwähnt werden.

Referenzwerke Personen/ Daten	1. Venn	2. Ziehen	3. Gardner	4. Baron	5. Coumet	6. Bernhard	7. Moktefi/Shin	8. Bennett
Aristoteles (~ 4. Jh. v.)	(✓)		✓	(✗)	(✓)	(✓)		
Porphyrius (~ 3. Jh. n.)			✓	✓			✓	
Ammonios (~ 5. Jh. n.)				(✓)				
J. Philoponos (~ 6. Jh. n.)		✓		(✓)		(✗)		
R. Lull (~1305)			✓	✓				(✓)
J.L. Vives (1551)	✓				(✓)	✓		(✓)
P. Tartaretus (1581)	(✓)							
J. Pacius (1584)						✓		
N. Reimers (1589)					✓	✓		
J.H. Alsted (1611)	✓			✓				
J.C. Sturm (1661)			✓		(✓)	✓		(✓)
A. Geulincx (1662)		✓						
R. Sanderson (1680)	(✓)							
C. Weise (1691)	✗	✓		✓	(✓)	✗		(✓)
G.W.F. Leibniz (~ 1690)			✓	✓	(✓)	✓	✓	✓
E. Weigel (1693)						(✓)		(✓)
J.C. Lange (1712)	(✓)		✓	✓	✓	(✓)		
G. Ploucquet (1759)	✓	✓		✓	(✓)	✓		
J.H. Lambert (1764)	✓		✓	✓	(✓)	✓	✓	(✓)
L. Euler (1768)	✓	✓	✓	✓	✓	✓	✓	✓

---

[75] Was genau mit ›positiver‹ und ›negativer Rolle‹ gemeint ist, muss den jeweiligen Referenzwerken entnommen werden. In der Regel ist mit ›positiver Rolle‹ die historische Vorwegnahme von Euler-Diagrammen gemeint oder eine systematische Ähnlichkeit mit ihnen. Bei der ›negativen Rolle‹ wird gegen derartige historische oder systematische Bezüge argumentiert.

2.2 Analytizität – Analytische Urteile, Umfangsmetaphern und Logikdiagramme

J.A.H. Ulrich (1792)	(✓)						
J.G.E. Maaß (1793)	✓	✓			✓		
I. Kant (1800)	✓			(✓)			
K.C.F. Krause (1803)	✓						
A. Schopenhauer (1818)		(✗)		(✓)			

Die Tafel verdeutlicht einerseits, dass alle Referenzwerke zusammengenommen ein wertvolles historisches Panorama mit bestimmten Schwerpunkten liefern. Andererseits veranschaulicht sie aber auch die heterogene Geschichtsschreibung zur geometrischen Logik bis Schopenhauer, die z.T. darauf beruht, dass Ergebnisse der jeweils vorangegangenen Studien nicht immer von den nachfolgenden Referenzwerken berücksichtigt oder kritisch nachgeprüft wurden.

Aufgrund der Unstimmigkeiten, die sich an der Tafel ablesen lassen, habe ich zunächst die Schriften der genannten historischen Akteure zusammengesucht, durchgesehen, die Urteile der Referenzwerke überprüft und die Ergebnisse im Folgenden skizziert. Fast alle historischen Bücher und auch Forschungsarbeiten konnte ich zudem in einem frei zugänglichen digitalen Repositorium zusammenstellen.[76]

Da das Repositorium eine schnelle Nachprüfbarkeit aller einschlägigen Diagramme erlaubt, sollen im Folgenden nur exemplarische Belege für die einzelnen geometrischen Logiken angeführt werden. Aufgrund der in diesem Kapitel befindlichen Tafel erlaube ich mir außerdem, die aufgeführten Referenzwerke in den folgenden Kapiteln nicht weiter zu nennen, da ich davon ausgehe, dass Forscher zu den jeweiligen Autoren, Epochen und geometrischen Logiken meinen nun folgenden historischen Überblick mit den jeweiligen Referenzwerken abgleichen werden bzw. diese bekannt sind. Ich verweise bes. in Kap. 2.2.2 und 2.2.3 somit nur dann auf Spezialuntersuchungen bzw. auf die jeweiligen Referenzwerke, sofern der Nachweis sich nicht durch die Tabelle in diesem Kapitel erschließt. In Kap. 2.2.2 werde ich zunächst einen Überblick über die verbreitetsten Logikdiagramme zwischen der Antike und der frühen Neuzeit geben und dabei diskutieren, inwiefern diese Diagramme analytisch im Sinne Venns oder als Bestandteil der geometrischen Logik im Sinne Ziehens angesehen werden können. In Kap. 2.2.3 werde ich dann drei Perioden von analytischen Diagrammen in der frühneuzeitlichen geometrischen Logik vorstellen und mit Schopenhauer enden.

2.2.2 Logikdiagramme von der Antike bis zur frühen Neuzeit

Um zu verstehen, in welcher Tradition sich Kant und seine Nachfolger wie etwa Schopenhauer eingereiht haben, als sie die Umfangsmetapher bei der Definition

---

[76] http://blog.fernuni-hagen.de/euler-venn-diagrams

2 Die Logik und ihre geometrische Interpretation

analytischer Diagramme benutzt haben, ist ein tiefer Blick in die Geschichte der Logik und deren verwandte Wissenschaften gewinnbringend. Dabei kann dieses und auch das nachfolgende Kapitel keinen Anspruch auf Vollständigkeit gewähren, aber zumindest einige der bekannten historischen Forschungserkenntnisse und auch Systematisierungen zusammentragen. Doch zunächst stellt sich die Frage, wie weit überhaupt der Blick in die Geschichte der Logik gehen muss.

Ob eine explizite bildbezogene Darstellung der Logik *more geometrico* bereits in der Antike eingesetzt hat, ist in der Forschung umstritten. Die Forschung ist sich zwar darüber einig, dass bislang keine antiken Logikpapyri mit geometrischen Diagrammen als gesicherte Textzeugen gefunden wurden; aber dennoch gibt es zahlreiche Interpreten, die versuchen, eine implizite Bildbezogenheit in antiken Texten zur Logik und Sprachphilosophie herauszuarbeiten. Bereits in der frühen Neuzeit haben zahlreiche geometrische Logiker auf eine Ähnlichkeit ihrer logischen Diagramme mit den geometrischen Anspielungen in den pythagoreischen, platonischen und aristotelischen Schriften hingewiesen.[77] In der nacheulerschen Logik hatte besonders Friedrich Ueberweg etliche Anspielungen auf logische Diagramme in Platons *Sophistes* und Aristoteles' *Ersten Analytiken* zusammengestellt.[78] Auch Pirmin Stekeler-Weithofer sieht bspw. in der Segeltuch-Analogie, die der platonische Parmenides gegenüber Sokrates vorbringt (Plat. Parm. 131b f.), einen Beleg dafür, dass Platon der Meinung gewesen sei, Begriffe verhielten sich in einem Urteil so wie Modelle geometrischer Flächenbeziehung.[79] Wie besonders Peter Bernhard anführt, gibt es auch viele moderne Interpreten, die eine Verwendung geometrischer Diagramme bei Aristoteles annehmen, da dieser explizit vom ›Schema‹ und von ›*Mittel*termen‹ spricht, umfangslogische Metaphern verwendet oder auch Analogien zwischen Logikern und Mathematikern herstellt (bspw. An. pr. 49b).[80] Dies wird von Marian Wesoły gestützt, der in der aristotelischen Terminologie Beschreibungen verlorener Diagramme sieht, die dann später in ähnlicher Form in der byzantinischen Tradition wieder auftauchen.[81] Marko Malink hat dafür argumentiert, dass sich alle gültigen Schlüsse der aristotelischen Logik wie ein eindimensionales Diagramm verwenden lassen, die Aristoxenos von Tarent zur Darstellung von Musikintervallen genutzt hat.[82]

---

[77] Siehe unten, Kap. 2.3.4.
[78] Vgl. Friedrich Ueberweg: System der Logik. 5. Aufl. Hrsg. v. J. B. Meyer. Bonn 1882, S. 144 (§ 54).
[79] Vgl. bspw. Pirmin Stekeler-Weithofer: Grundprobleme der Logik. Elemente einer Kritik der formalen Vernunft. Berlin u.a. 1986, S. 27–88.
[80] Vgl. Peter Bernhard: Euler-Diagramme, S. 69f.
[81] Vgl. Marian Wesoły: Ἀνάλυσις περι τα σχηματα. Restoring Aristotle's Lost Diagrams of the Syllogistic Figures. In: Peitho. Examina Antiqua 1:3 (2012), S. 83–114 mit weiteren Literaturangaben.
[82] Vgl. Marko Malink: Aristotle on Principles as Elements. In: Oxford Studies in Ancient Philosophy 53 (2017), S. 163–214. Ich danke Marko Malink auch für den Hinweis auf die folgenden Aufsätze, die sich mit Diagrammen in der antiken Logik beschäftigt, aber die hier nicht näher besprochen werden: Benedict Einarson: On Certain Mathematical Terms in Aristotle's Logic: Part II. In: The American Journal of Philology 57:2 (1936), S. 151–172; Lynn E. Rose: Aristotle's Syllogistic. Springfield 1968, S. 22–24, 133–137.

2.2 Analytizität – Analytische Urteile, Umfangsmetaphern und Logikdiagramme

Auch bei Theophrast von Eresos und später bei Alexander von Aphrodisias findet man bspw. jeweils in ihren Kommentaren zu Arist. an. pr. 43b36–39 (in APr.) die Rede von der Wahl des Diagramms und der Syllogismen (»ἐκλογὰς καὶ τὸ διάγραμμα ὅλον καὶ τοὺς συλλογισμούς«).[83] Noch deutlichere Hinweis auf logische Schemata und Diagramme findet man dann bei Augustinus: Er berichtet (Conf. IV 16), dass zu seiner Zeit Lehrer die aristotelische Kategorienschrift nicht nur durch mündliche Rede, sondern auch durch viele in den Staub gemalte Abbildungen einsehbar machten (»non loquentibus tantum, sed multa in pulvere depingentibus intellexisse«). Die Bemerkungen von Theophrast, Alexander und Augustinus lassen allerdings keine Rückschlüsse darauf zu, um welche Art von Zeichnungen es sich genau handelt.

Für das Frühmittelalter lassen sich drei Diagrammtypen belegen, die Venn als nicht-analytisch bezeichnet:[84] ›logischen Quadrate‹ (quadrata formula/ schema oppositionum),[85] ›Eselsbrücken‹ (pons asinorum)[86] oder auch ›Baumdiagramme‹ (arbor prophyriana/ scientia etc.). Aufgrund derartiger Belege argumentieren einige Logikhistoriker, dass diese grafischen Veranschaulichungen der Logik schon durch die Mittel- und Neuplatoniker wie (Ps.-)Apuleius, Ammonius, Philoponos oder Porphyrius eingeführt wurden.[87] Derartige Annahmen sind aber in mehrfacher Hinsicht problematisch, da die Bezugnahme moderner Historiker auf später angefertigte Abschriften, Inkunabeln oder Editionen nicht ausschließt, dass die genannten Figuren erst nachträglich den spätantiken Werken hinzugefügt worden sind.[88]

Dennoch lassen sich die drei genannten nicht-analytischen Diagrammtypen eindeutig zwischen dem neunten und dreizehnten Jahrhundert nachweisen. Ich greife dabei nur auf exemplarische Ergebnisse (1) für *Eselsbrücken* im byzantinisch-slawischen Kirchenraum, (2) für *Baumdiagramme* bei mitteleuropäischen Kommentaren und Glossen, (3) für das *logische Quadrat* auf archäologische Funde aus dem skandinavischen Raum zurück. (1) Die im elften Jahrhundert von Michael Psellos so

---

[83] Kevin L. Flannery: Ways into the Logic of Alexander of Aphrodisias. Leiden u.a. 1995 interpretiert diese Diagramme umfangslogisch (S. 136ff.) und verweist dabei auf eine aristotelische Tradition (S. 1ff., S. 41). Vgl. auch William Hamilton: Discussions on Philosophy and Literature, Education and University Reform. Chiefly from the Edinburgh Review; Corrected, Vindicated, Enlarges in Notes and Appendices. 2. erw. Aufl. London 1853, S. 670. Hamilton gibt zahlreiche Gründe an, warum man bezüglich der spätantiken Diagramme skeptisch sein sollte.
[84] Siehe oben, Kap. 2.2.1.
[85] Nach herrschender Meinung findet man Urteilsquadrate erstmals in der (Ps-)Apuleius von Madaura zugeschriebenen Schrift *Peri hermeneias*, vgl. Heinrich Schepers: Logisches Quadrat (Art.). In: HWPh, Bd. 7, S. 1733–1736. Aufgrund bekannter Zweifel an der Echtheit, Datierung und Überlieferungsgeschichte der Schrift ist die Zuschreibung aber problematisch.
[86] Vgl. Heinrich Schepers: Eselsbrücke (Art.). In: HWPh, Bd. 2, S. 743–745; Charles Leonhard Hamblin: An Improved Pons Asinorum?. In: Journal of the History of Philosophy 14:2 (1976), S. 131–136.
[87] Vgl. bspw. William Kneale, Martha Kneale: The Development of Logic. Verb. Aufl. Oxford u.a. 1971 (Repr.), S. 71f.
[88] Die Einschätzung wird u.a. gestützt von Heinrich Scholz: Abriß der Geschichte der Logik. 3. Aufl. Freiburg u.a. 1967, S. 43f., Anm. 25; Michael Krewet: Zum Wissenstransfer in Ammonios' Kommentierung des neunten Kapitels von Aristoteles' De Interpretatione. (Working Paper des SFB 980 Episteme in Bewegung). Berlin 2019, S. 50f., Anm. 161.

2 Die Logik und ihre geometrische Interpretation

bezeichneten logischen ›Diagramme‹ (διάγραμμα) und ›Schemata‹ (σχῆμα)[89] wurden zahlreich in den Schriften Gregor Palamas' und in Scholien seiner serbisch-kirchenslavischen Übersetzungen im Kloster Dečani nachgewiesen und enthalten unter anderem sogenannte Eselsbrücken.[90] (2) Die m.W. ältesten Baumdiagramme lassen sich in einer Glosse zur *Isagoge*, die ein Autor namens ›Jepa‹ im neunten oder zehnten Jahrhundert verfasst hat, und später in Boethius-Übersetzungen von Porphyrius' *Isagoge* des elften Jahrhunderts finden.[91] (3) Archäologische Belege für Zeichnungen im Logikunterricht finden sich bspw. aus dem dreizehnten Jahrhundert an den Turmwänden der gotländischen Kirche von Bro.[92] In der Bro-Kirche sind *logische Quadrate* erhalten geblieben und mit modernen Methoden von Archäologen rekonstruiert worden. Für diese drei Diagrammtypen greife ich jeweils ein Beispiel aus der mittelalterlichen Literatur auf, um einen historischen Beleg zu geben und die logische Funktion ansatzweise zu skizzieren.[93]

(1) Abb. 1 eigt eine halbmondförmige *Eselsbrücke*, die die Subjekt-Prädikat-Struktur der Urteile im Syllogismus abbildet: Von oben links nach oben rechts sind die drei Spitzen mit drei Begriffen besetzt (α = terminus maior, β = medius und Γ = minor); zwischen den drei Spitzen sind die jeweiligen Quantoren – hier π (gr: $\pi[\acute{\alpha}\nu\tau\omega\varsigma]$ = Alle; $\tau[\acute{\iota}\varsigma]$ = Einige; o[ὐ πᾶς] = Kein, bzw. lat.: O[mne]; Q[uoddam]; N[ullam]) – an drei geschwungenen Verbindungslinien gezeichnet, die

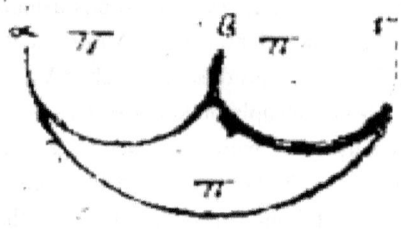

Abb. 1
Aristoteles: *Organon*, Bibliotheca Augusta, Katalog Nr. 4211, Cod. Guelf. 24 Gud. graec., fol. 32ʳ.

---

[89] Vgl. Katerina Ierodiakonou: Psellos' Paraphrasis on *De interpretatione*. In: Byzantine Philosophy and its Ancient Sources. Hrsg. v. Katerina Ierodiakonou. Oxford 2004, S. 157–183.
[90] Vgl. Ioannis Kakridis: Codex 88 des Klosters Dečani und seine griechischen Vorlagen. Ein Kapitel der serbisch-byzantinischen Literaturbeziehungen im 14. Jahrhundert. München u.a. 1988, bes. S. 150ff. – Zahlreiche Fotos der bei Kakridis besprochenen Diagramme finden sich in Slobodan Žunjić: Logički dijagrami u srpskim srednjovekovnim rukopisima. In: *Theoria* 54:4 (2011), S. 127–160.
[91] Vgl. Annemieke Rosalinde Verboon: Lines of Thought. Diagrammatic Representation and the Scientific Texts of the Arts Faculty, 1200–1500. S.l. 2010, bes. S. 35–57. Eine der Hauptthese des Kapitels teile ich allerdings nicht: Verboon behauptet, dass Baumdiagramme erst als solche bezeichnet werden können, wenn die Diagramme auch eine ikonische Ähnlichkeit mit einem Baum haben. Das sei erstmals bei Petrus Hispanus (Paris, BN, ms. lat. 16611) nachweisbar. Leider unterschlägt sie aber, dass fast alle Logikdiagramme (bspw. auch logische Quadrate) in diesem Manuskript baumähnlich gezeichnet sind.
[92] Vgl. Uaininn O'Meadhra: Medieval Logic Diagrams in Bro Church, Gotland, Sweden. In: Acta Archaeologica 83 (2012), S. 287–316 inkl. einer Datierung der frühesten Urteilsquadrate auf das neunte Jahrhundert.
[93] Die im Folgenden verwendeten Diagramme stammen aus zwei Handschriften, nämlich (1) ein mitteleuropäisches Manuskript des *Organons* aus dem zwölften Jahrhundert (Herzog August Bibliothek Wolfenbüttel Guelf. Gud. gr. 24) und (2) ein aus Terra d'Otranto stammendes Sammelmanuskript des späten dreizehnten Jahrhunderts mit Auszügen aus *De interpretatione* mit einem Kommentar von Psellos (Magdalen College, Gr. 15).

2.2 Analytizität – Analytische Urteile, Umfangsmetaphern und Logikdiagramme

wiederum die zwei gleich langen und oberhalb befindlichen Prämissen und die unterhalb befindliche sowie längere Konklusion abbilden (α_β = prop. maior; β_Γ = prop. minor; α_Γ = concl.). Somit kann man aus Abb. 1 ablesen: Alle α sind β, alle β sind Γ, also sind alle α auch Γ.

(2) Abb. 2 zeigt ein typisches *Baumdiagramm*, mit einem Begriff an der Spitze (G_0), der sich top-down jeweils dichotomisch über drei Grade (G_{-1}, G_{-2}, G_{-3}) differenziert. Abgesehen von dem höchsten Begriff (G_0) und evtl. einem niedrigsten Begriff kann jeder Begriff eines Grades (G_{-1}, G_{-2}, G_{-3}) sowohl als Subjekt/ Gattungsbegriff/ Obermenge (= O) in Relation zu den Begriffen unter ihm stehen als auch auch als Prädikat/ Artbegriff/ Untermenge (= U) in Relation zu den über ihm befindlichen Graden interpretiert werden. Da Baumdiagramme auch transitive Regeln wie ›Was von O gilt, gilt auch von U‹[94] illustrieren, lassen sich prädikatenlogische/ ontologische/ mengentheoretische Schlüsse ziehen,[95] wie bspw.: Alle G_{-1} sind G_0, alle G_{-2} sind G_{-1}, also alle G_{-2} sind G_0.[96]

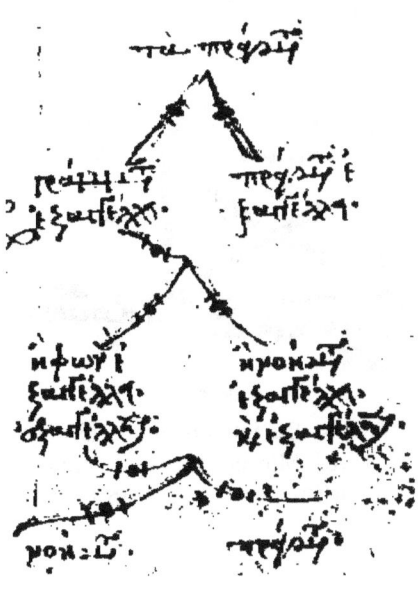

Abb. 2
Aristoteles: *De interpretatione*, mit einem Kommentar von Michael Psellus, Terra d'Otranto, 13.–15. Jh., Magdalen College, P. Magdalen Gr. 15, fol. 1^r.

---

[94] Quidquid de subiecto/genere/omni dicitur, etiam de praedicato/specie/quibusdam dicitur.
[95] Die Ausdrücke ›prädikatenlogisch/ ontologisch/ mengentheoretisch‹ beziehen sich hier auf die jeweilige $S/G/O$- bzw. $P/A/U$-Interpretation.
[96] Für eine ausführliche Interpretation und Anwendung von Baumdiagrammen vgl. bspw. John F. Sowa: Knowledge Representation, Kap. 1.1 und 2.

2 Die Logik und ihre geometrische Interpretation

(3) Abb. 3 zeigt ein *logisches Quadrat*, das durch die Linien die Relationen zwischen vier Relata wie etwa Symbole, Begriffe, Urteile etc. anzeigt, die an den jeweiligen Eckpunkten benannt werden. Gewöhnlich werden die kategorischen Urteile der assertorischen Syllogistik als Relata verwendet und in den Ecken abgebildet: A-Urteile links oben (Alle S sind P), E-Urteile rechts oben (Kein S ist P), I-Urteile links unten (Einige S sind P), O-Urteile rechts unten (Einige S sind nicht P). Dabei gelten die folgenden Relationen, die die Linien zwischen den vier Ecken anzeigen: Die obere horizontale Linie A^-E steht für Kontrarität, die diagonalen Linien, $A\backslash O$ und I/E, zeigen die Kontradiktion an, die vertikalen Linien $A|I$ und $E|O$ stehen für die Subalternation und die untere horizontale Linie I_O zeigt die Subkontrarität. Für diese Relationen gilt: Konträre Relata können nicht zugleich wahr sein, aber durchaus zugleich falsch. Bei der Subkonträrität können beide Relata nicht zugleich falsch sein, aber durchaus zugleich wahr. Bei der Subalternität bedingt das allgemeinere Relata das besondere. Kontradiktorisch ist eine Relation genau dann, wenn eines der beiden Relata wahr und das andere falsch ist.

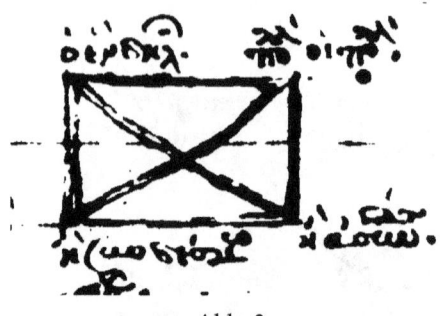

Abb. 3
Aristoteles: De interpretatione (Kommentar von Michael Psellos). Otranto 13. Jh., Magdalen College MS Gr 15, fol. 11^r.

Obwohl die drei Diagrammtypen die Subjekt-Prädikat-Struktur, den Umfang von Begriffen oder die Subordination abbilden und sie auch mit analytischen Diagrammen kombiniert oder zu diesen transformiert werden können, ist es fraglich, ob sie schon die vollständige Funktionsweise analytischer Diagramme besitzen, die Venn im Sinn hatte.[97] Ich möchte eine genauere Behandlung dieser Frage hier aussparen und Venn und Ziehen in ihren Einschätzungen folgen. Bevor ich auf die analytischen Diagramme der frühen Neuzeit zu sprechen komme, sollen zuvor mehrere mittelalterliche Kandidaten für analytische Diagramme in den Blick genommen werden. Insbesondere sind vier Thesen von Forschern diskussionswürdig, denenzufolge es im Mittelalter Diagramme gibt, die Venns Kriterium für Analytizität und Ziehens Kriterium für geometrische Logik erfüllen: (1) Gardners These zu Ramon Lulls kombinatorischen

---

[97] Venn sprach den bislang besprochenen Diagrammtypen nicht die Funktionsweise von analytischen Diagrammen zu (siehe oben, Kap. 2.2.1). Für die These, dass aber Baumdiagramme analytische Funktionen besitzen, argumentieren bspw. Margaret E. Baron: A Note on the Historical Development of Logic Diagrams. Leibniz, Euler and Venn und Lu-Adler: Kant's Conception of Logical Extension, Kap. 2.1; dafür, dass logische Quadrate analytische Funktionen besitzen, argumentieren Autoren im Bereich oppositionale Geometrie wie bspw. Alessio Moretti: Arrow-Hexagons. In: The Road to Universal Logic. FS for the 50th Birthday of Jean-Yves Béziau. Bd. 2. Hrsg. v. A. Koslow, A. Buchsbaum. Cham 2015, S. 417–489. Auch Eselsbrücken haben im 16. Jahrhundert eine derartige Komplexität entwickelt, dass auch hier Venns These genauer hinterfragt werden müsste, als es hier geschehen kann.

2.2 Analytizität – Analytische Urteile, Umfangsmetaphern und Logikdiagramme

Kreisen; (2) Framptons These zu borromäischen Ringen in den Calcidius-Texten; (3) Nolans These zu Afflighems Räderdiagramm; (4) Hodges These zu den Liniendiagrammen bei Abu'l-Barakāt al-Baghdādī.

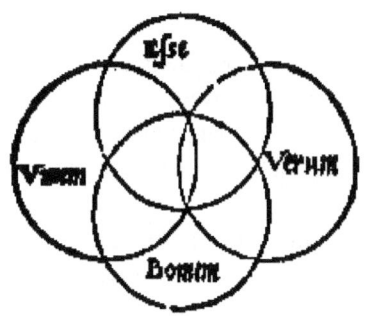

Abb. 4
Ps.-Lull: De Audito Kabbalistico seu Kabbala. In: *Raymundi Lulli Opera ea quae ad adinventam ab ipso artem universalem* [...], Argentinae 1598, S. 109.

(1) Gardner und – an ihn anschließend – Baron haben behauptet, dass ein Ramon Lull zugesprochenes Schema, das vier sich überschneidende Kreise mit den Begriffen des Einen, des Seins, des Wahren und des Guten (›Vnum‹, ›Esse‹, ›Verum‹, ›Bonum‹) zeigt (Abb. 4), die historisch erste Vorwegnahme ebener analytischer Diagramme darstellen würde. Dieses Schema hat Gardner auf einer tragbaren Sonnenuhr mit lullschen Motiven aus dem Jahr 1593 gefunden, und er bezieht sich zum Nachweis allein auf eine Studie von Ormonde Maddock Dalton.

Bei meiner Durchsicht der lullschen Manuskripte der sogenannten ›ersten Generation‹[98] habe ich zwar zahlreiche Diagramme mit kombinatorischen Kreisen,[99] viele Baumdiagramme[100] und auch Abbildungen entdeckt, die sich auch auf der entsprechenden Uhr befinden,[101] doch das von Gardner und Baron angeführte Schema oder auch nur ein Schema, das offensichtlich auf geometrisch ebene analytische Diagramme hindeuten würde, konnte ich nicht finden.

---

[98] Vgl. Albert Soler: Els manuscrits lul·lians de primera generació als inicis de la primera generacio. In: Estudis Romànics 32 (2010), S. 179–214.
[99] Vgl. Arras, Bibliothèque Municipale, Ms. 78, fol. 1ᵛ; Vatikanstadt, Bibliotheca Apostolica Vaticana, Ottob. lat. 832, fol. 3ᵛ–4ʳ; Vatikanstadt, Bibliotheca Apostolica. Ottob. lat. 2347, fol. 1ᵛ–2ʳ; Vatikanstadt, Bibliotheca Apostolica., Vat. lat. 3858, fol. 1ᵛ–2ʳ; Città del Vaticano, Bibliotheca Apostolica Vaticana, Vat. lat. 5112, fol. 3ᵛ–8ʳ; Mailand, Biblioteca Ambrosiana, I 121 Inf., fol. 1ʳ; Mailand, Biblioteca Ambrosiana, P 198 Sup., fol. 1ᵛ–2ʳ, fol. 137ᵛ–139ʳ; München, Bayerische Staatsbibliothek, Clm. 10496, fol. 1ᵛ, fol. 2ᵛ; München, Bayerische Staatsbibliothek, Clm. 10495, fol. 171ᵛ; München, Bayerische Staatsbibliothek, Clm. 18446, fol. 1ᵛ–2ʳ; Oxford, Bodleian Library, Canon. Misc. 141, fol. 69ʳ, fol. 70ᵛ–73ʳ; Paris, Bibliothèque Nationale, NL Petrus von Limoges, MS lat. 16113, fol. 51ᵛ–52ᵛ, fol. 61ʳ; Paris, Bibliothèque Nationale, MS lat. 16116, fol. 84ʳ; Sevilla, Biblioteca Capitular y Colombina, 5-6-35, fol. 1ᵛ, 1ʳ; Venedig, Biblioteca Nazionale Marciana, Lat.VI.200 (2757), fol. 2ᵛ–4ʳ, fol. 157ᵛ–160ʳ.
[100] Vgl. Bologna, Biblioteca Universitaria, Ms. 1732, fol. 2ʳ–4ʳ; Dún Mhuire, Killiney, Franciscan Library, B 95, fol. 1ʳ–11ʳ; Mailand, Biblioteca Ambrosiana, D 549 Inf, fol. 260ʳ, fol. 265ᵛ, fol. 304ᵇⁱˢ·ᵛ, fol. 318ʳ; Mailand, Biblioteca Ambrosiana, I 121 Inf., fol. 11ʳ; Padua, Biblioteca Capitolare, C 79, fol. 1ʳ; Paris, Bibliothèque Nationale, lat. 15385, fol. 1ʳ; Paris, Bibliothèque Nationale, NL Petrus von Limoges, lat. 16114, fol. 15ᵛ–17ʳ; Paris, Bibliothèque Nationale, lat. 16116, fol. 84ʳ; París, Bibliothèque Nationale, fr. 22933, fol. 61ʳ–64ʳ; Palma de Mallorca, Collegi de la Sapiència, Biblioteca Diocesana de Mallorca, F-129, fol. 1ᵛ, fol. 52ʳ–55ʳ; Palma de Mallorca, Collegi de la Sapiència, Biblioteca Diocesana de Mallorca, F-143, fol. 153ʳ, fol. 156ᵛ, fol. 160ʳ, fol. 180ʳ, fol. 188ʳ.
[101] Vgl. Paris, Bibliothèque Nationale, lat. 16115, fol. 84ᵛ.

2 Die Logik und ihre geometrische Interpretation

Zwar findet man eine dreidimensionale Darstellung aus Borromäischen Ringen[102] in einer pseudo-lullschen Schrift aus dem frühen sechzehnten Jahrhundert; doch die für Dalton, Gardner und Baron relevante zweidimensionale Darstellung aus Kreisen (Abb. 4) konnte ich erst in einer Neuauflage aus dem Jahr 1598 nachweisen.[103] Somit bleibt zwar Lulls Verdienst um die Kombinatorik unberührt, aber die durch Gardner und Baron kolportierte Behauptung, Lull sei ein Vorgänger analytischer Diagramme oder sogar Euler-Diagramme, ist angesichts der dünnen Beweislage meiner Ansicht nach nicht haltbar.[104] Wie sich im Folgenden zeigen wird, geht Abb. 4 wohl auf eine byzantinische Tradition zurück, die aber nicht viel mit analytischen Diagrammen zu tun hat.

Ob man generell Borromäische Ringe, die dem Mittelalter gut bekannt sind (bspw. Aug. Trin. IX.4.7), als Vorläufer analytischer Diagramme oder sogar Euler-Diagramme interpretieren sollte, kann hier nicht genauer diskutiert werden.[105] Fakt ist aber, dass derartige Diagramme schon vor Ps.-Lull, bspw. in Fassungen des *Liber Figurarum* aus dem frühen 13. Jahrhundert zu finden sind.[106]

Abb. 5
Calcidius: Übersetzung von Platons Timaios, Frankreich, 1. Hälfte des 12. Jh., Bodelain Lib. MS Digby 23, fol. 54ᵛ.

(2) Um eine direkte Verbindung zwischen dem Mittelalter und den analytischen Diagrammen Venns herzustellen, könnte es aber naheliegender sein, auf die These des Medizinhistorikers Michael Frampton einzugehen, der vor wenigen Jahren behauptet hat, es gebe eine Verbindung zwischen Venn-Diagrammen und einem naturphilosophischen Diagramm, das sich in einem Manuskript aus dem zwölften Jahrhundert mit einer Calcidius-Übersetzung des

---

[102] Vgl. Peter Cromwell, Elisabetta Beltrami, Marta Rampichini: The Borromean Rings. In: Mathematical Intelligencer 20:1 (1998), S. 53–62.
[103] Vgl. S.a. [evtl. Pietro Mainardi]: Opvscvlvm Raymvndinvum de avditv Kabbalistico Sive ad omnes scientias introdvctorivm. S.l., s.a. [1518], s.p. [ca. S. 90]; S.a.: De Audito Kabbalistico seu Kabbala. In: Raymundi Lulli Opera ea quae ad adinventam ab ipso artem universalem [...]. Argentinae 1598, S. 109.
[104] Zu einem ähnlichen Ergebnis sind zudem auch Lambert und Ploucquet in ihren in Kap. 2.2.3 genannten Texten gekommen.
[105] Zahlreiche ähnliche Diagramme sind abgebildet und besprochen in dem Sammelband von Alexander Patschovsky: Die Bildwelt der Diagramme Joachims von Fiore. Zur Medialität religiös-politischer Programme im Mittelalter. Ostfildern 2003 und bei Stephan Meier-Oeser: Die Präsenz des Vergessenen. Zur Rezeption der Philosophie des Nicolaus Cusanus vom 15. bis zum 18. Jahrhundert. Münster 1989. Auch die Bibliothek Werner Oechslin ist eine Schatztruhe dieser Diagrammkultur; auch wenn ich dem Stifter für die vielen Hinweise danke, denen ich dank einer von Petra Lohmann organisierten Tagung im Dezember 2016 in Einsiedeln nachgehen durfte, weisen alle von mir gesichteten Darstellungen doch nicht die Funktion analytischer Diagramme auf.
[106] Vgl. bspw. Corpus Christi College, Ms. 255A, fol. 7ᵛ.

2.2 Analytizität – Analytische Urteile, Umfangsmetaphern und Logikdiagramme

Timaios und dem *Rolandslied* befindet.[107] Dieses Diagramm (Abb. 5) zeigt einen kombinatorischen inneren Ring mit den Jahreszeiten sowie vier äußere unvollständige Ringe, die durch weitere (Viertel-)Ringe jeweils in drei Bereiche (Qualität, Element und Altersangabe) sowohl differenziert als auch miteinander verbunden werden. Obwohl Frampton zwar eine Analogie zu Venn behauptet, begründet er diese doch nicht, sondern deutet vielmehr auf eine Verwandtschaft mit Diagrammen hin, die den *terminus medius* in einem Syllogismus herausstellen sollen. Eine eindeutige umfangslogische Funktion von Diagrammen im Mittelalter konnten somit weder Frampton noch Gardner und Baron überzeugend nachweisen. Es sei zudem darauf hingewiesen, dass das von Frampton diskutierte Diagramm meiner Ansicht nach auf Illustrationen des sogenannten *Liber Rotarum* (Isidor von Sevilla: De naturum rerum) zurückgeht,[108] wodurch sich eine ganz neue Traditionsgeschichte auftut, und diese betrifft Diagramme der Kosmologie, nicht der Logik.

(3) Eine mittelalterliche Variante von Euler- oder Venn-Diagrammen wurde von Catherine Nolan in einer an sich plausiblen Weise vorgelegt.[109] Diese Diagramme finden sich in der Abhandlung *De musica cum tonario*, die um 1100 von John von Afflighem (Ioannis Cottonis) geschrieben wurde; sie verdeutlichen Unterschiede und Gemeinsamkeiten zwischen plagalen und authentischen Kadenzen (Abb. 6). Afflighems Diagramme wurden, wie besonders Anthony William Fairbank Edwards betont, sogar schon etwa 30 Jahre zuvor von Aribo

Abb. 6
John von Afflighem: *De musica cum tonario*, um 1100, StB Mainz, Hs II 375, fol. 9ᵛ.

Scholasticus (Archiepiscopus Moguntinus) in seinem Werk *De musica* vorweggenommen (siehe Abb. 7). Auch wenn die beiden Ringe in Abb. 7 schon die semantische Funktion von Flächen in Euler- bzw. Venn-Diagrammen nahelegen,[110] zeigen sie bei genauerer Betrachtung der Schnittstellen doch noch die Darstellung Borromäischer Ringe. Afflighems Darstellung in Abb. 7 ist zwar eine klare zweidimensionale Figur,

---

[107] Vgl. Michael Frampton: Embodiments of Will. Anatomical and Physiological Theories of Voluntary Animal Motion from Greek Antiquity to the Latin Middle Ages, 400 D.C.–A.D. 1300. Saarbrücken 2008, S. 307.
[108] Vgl. bspw. Zofingen, Stadtbibliothek, Pa 32, fol. 62ʳ.
[109] Vgl. Catherine Nolan: Music Theory and Mathematics. In: The Cambridge History of Western Music Theory. Hrsg. v. T. Christensen. Cambridge 2002, S. 272–304, hier: S. 282; Anthony William Fairbank Edwards: An Eleventh-Century Venn Diagram. In: BSHM Bulletin: Journal of the British Society for the History of Mathematics 21:2 (2006), S. 119–121.
[110] In Fig. 9 sehen wir drei Bereiche: 1. links, nämlich plagal *und nicht* authentisch (A, B, C, D), 2. die vesica piscis, nämlich plagal *und* authentisch (E, F, G, a) und 3. rechts, nämlich authentisch *und nicht* plagal (h, c, d).

die einen Umfang aus Kreisen und keine Verschlingung aus Ringen darstellt, allerdings spricht Afflighem im Text explizit von »rotae« und nicht von ›circuli‹ – nur Edwards übersetzt durchweg ›rotae‹ mit ›Kreise‹.

Dass in der Tradition musiktheoretischer Diagramme des Mittelalters nicht nur explizit ›Räder‹ genannt, sondern meistens auch eindeutig als solche gezeichnet wurden, zeigt die Studie von Anna Maria Busse Berger.[111] Berger verweist

Abb. 7
Aribo: Dialogus de Musica, vor 1100, Sibley Music Library, Rochester US-R MS Vault ML 96, fol 19ᵛ.

letztlich nicht auf eine logische Tradition dieser Diagramme, sondern mit Mary Carruthers mnemotechnischen Studien zum Mittelalter auf ein universales ›learning by rote‹.[112] Somit scheinen Afflighems Diagramme zwar dem Aussehen nach analytische Kreisdiagramme zu sein, der expliziten Beschreibung nach sind die zweidimensionalen Kreise aber vereinfacht dargestellte dreidimensionale (Borromäische) Räder. Um zu klären, inwiefern diese Diagramme in die Entwicklungsgeschichte analytischer Diagramme gehören könnten, sind meiner Meinung nach noch viele Untersuchungen zum historischen Kontext erforderlich.

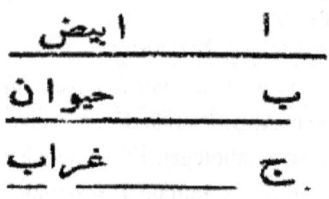

Abb. 8
Abu'l-Barakāt al-Baghdādī: al-Kitāb al-Muʿtabar. Hyderabad 1938, S. 139.

(4) Die überzeugendste These zu analytischen Diagrammen in der mittelalterlichen geometrischen Logik stammt von Wilfrid Hodges.[113] Er argumentiert, dass Liniendiagramme bereits von Abu'l-Barakāt al-Baghdādī im 12. Jahrhundert verwendet wurden. In seinem Werk *al-Kitāb al-Muʿtabar* werden etwa 25 Seiten der Syllogistik gewidmet, wobei Barakāts Logik stark von Aristoteles abweicht. Laut Hodges versucht Barakāt mit seinen Liniendiagrammen ohne Zuhilfenahme aristotelischer Beweismittel

---

[111] Vgl. Anna Maria Busse Berger: Medieval Music and the Art of Memory. Berkeley 2005, S. 105ff.
[112] Vgl. A. M. B. Berger: Medieval Music and the Art of Memory, S. 105ff.
[113] Vgl. Wilfrid Hodges: Two Early Arabic Applications of Model-Theoretic Consequence. In: Logica Universalis 12 (2018), S. 37–54; Ders.: Medieval Arabic Notions of Algorithm. Some Further Raw Evidence. In: Fields of Logic and Computation III. Hrsg. v. A. Blass, P. Cégielski, N. Dershowitz, M. Droste, B. Finkbeiner (Lecture Notes in Computer Science, vol 12180). Cham 2020, S. 133–146.

2.2 Analytizität – Analytische Urteile, Umfangsmetaphern und Logikdiagramme

wie Konversionen herauszufinden, wann wahre Prämissen auch zu einer wahren Konklusion führen. Barakāt verwendet dazu 86 Liniendiagramme, die zum einen an die Intervalldiagramme erinnern, die Malink zur Interpretation aristotelischer Metaphern verwendet hat; zum anderen besitzen sie aber auch eine Ähnlichkeit mit den Liniendiagrammen, die man ab dem 17. Jahrhundert bei Keckermann und anderen Autoren findet. Abb. 8 zeigt auf der obersten Linie den Begriff ›weiß‹, auf der mittleren ›Tier‹ und auf der untersten ›Krähe‹. Wie Hodges argumentiert, sind Barakāts Liniendiagramme in mehreren Editionen fehlerhaft übertragen worden und daher stark interpretationsbedürftig.[114] Unbekannt ist derzeit noch, aus welcher Zeit die ältesten derzeit noch verfügbaren Manuskripte stammen. Da die Forschung zu dieser Diagrammtradition erst in den Anfängen steht, belassen wir es dabei, dass es sich derzeit um einen der vielversprechensten Ansätze zu analytischen Logikdiagrammen im Mittelalter handelt, und nähern wir uns der frühen Neuzeit.

Ab dem späten fünfzehnten Jahrhundert findet man geometrische Diagramme, die – dank des Buchdrucks – auch eindeutig als integraler Bestandteil logischer Lehr- und Textbücher kenntlich sind: Zahlreiche unterschiedliche Logikdiagramme (Logisches Quadrat, Hexagon, pons asinorum, Baumdiagramm u.v.a.) wurden in Inkunablen und Druckausgaben zwischen dem späten fünfzehnten und dem frühen achtzehnten Jahrhundert verwendet. Dabei erkennt man, dass die verschiedenen Gelehrtenkulturen unterschiedliche Diagrammsysteme favorisieren: (1) Byzantinische Gelehrte und zum Teil Aristoteles-Editionen mit neuplatonischen oder arabischen Kommentaren verwenden zunehmend komplexe Formen von Eselsbrücken. (2) Logische Quadrate und deren Erweiterungen werden fast ausschließlich von Aristotelikern der römisch-katholischen Konfession verwendet. (3) Insbesondere Thomisten (meist Dominikaner) konzentrieren sich auf die Entwicklung von Baumdiagrammen, (4) Scotisten (meist Franziskaner) vor allem auf sogenannte Phoebifer-Axis Diagramme. Und wie ich in Kap. 2.2.3 zeigen werde, sind es Kritiker des Aristotelismus und besonders protestantische Logiker, die immer komplexere Formen von analytischen Diagrammen entwickeln, insbes. Linien- und Kreisdiagramme. Ich gebe im Folgenden eine paar ausgewählte Beispiele für die nicht-analytischen Traditionsstränge (1)-(4) und versuche den analytischen Traditionsstrang (Kap. 2.2.3) dann detaillierter in seiner chronologischen Entwicklung vorzustellen.

(1) In den Druckwerken byzantinischer Gelehrter und in Aristoteles-Ausgaben mit arabischen Kommentatoren tauchen die Eselsbrücken bereits prominent im späten fünfzehnten Jahrhundert auf, oftmals zusammen mit Baumdiagrammen und logischen Quadraten sowie deren Erweiterungen. Ein gutes Beispiel für ein frühes Dokument dieser Tradition ist eine 1489 in Venedig erschienene Ausgabe mit Texten von Aristoteles, Averroes und Pseudo-Aristoteles, in denen man neben vielen anderen Diagrammen auch Kombinationen der bereits besprochenen Diagrammtypen findet.

---

[114] Vgl. dazu besonders W. Hodges: A Correctness Proof for al-Barakāt's Logical Diagrams. In: The Review of Symbolic Logic (im Ersch.). Ich danke Wilfrid Hodges für die Übersendung seiner unveröffentlichten Manuskripte und für die Anmerkungen zu einer früheren Version dieses Abschnitts.

2 Die Logik und ihre geometrische Interpretation

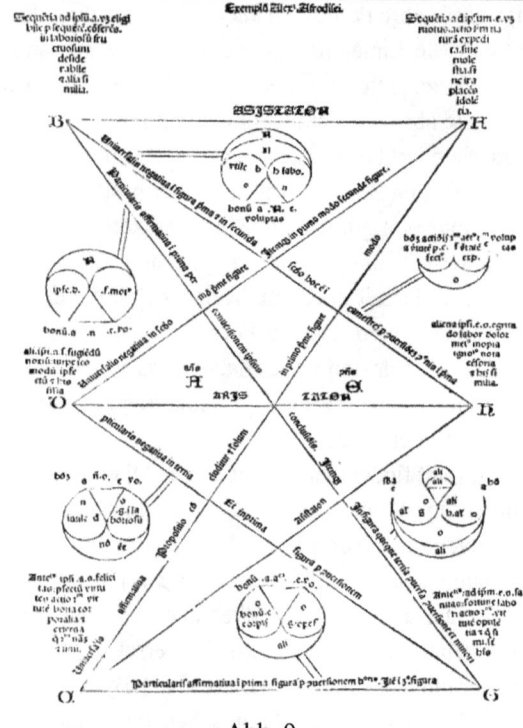

Abb. 9
Liber i priorum analecticorum, cap. 29. In: Omnia Aristotelis opera cum commento Averrois. Venetiis 1489.

Erweiterungen des logischen Quadrats zum logischen Pentagon oder Oktagon waren engeren Gelehrtenkreisen des vierzehnten Jahrhunderts durch Buridan oder Nikolaus von Oresme bekannt.[115] In Abb. 9 sieht man aber, wie in der Aristoteles Edition von 1489 die Gegensätze in einem Asystaton-Hexagon aber auch mit komplexen Darstellungen von Eselsbrücken unterstützt werden.[116] Prominent hat Jacques Lefèvre d'Étaples ab 1492 diese Eselsbrücken-Methode u.a. durch die Aristoteles-Edition von Ermolao Barbaro bekannt gemacht. So wie d'Étaples die Eselsbrückenmethode im französischen Raum bekannt gemacht hat, so haben Byzantinische Humanisten, wie Georgios Trapezuntios (*Dialectica*, 1509), Johannes Argyropulos (*Aristotelis Stagyrite Dialectica*, 1517) und Leo Magentinus (*Philoponi Commentaria*, 1536) sie für den italienischen Gelehrtenkreis des 16. Jahrhunderts tradiert. Prominentere Beispiele in dieser Rezeptionsgeschichte sind die Logiken, Kommentare und Editionen von Agostino Nifo (*Dialectica ludicra*, 1521), Giacomo Zabarella (*Tabulae logicae*, 1583), Giulio Pace (*Principis Organon*, 1584) und Giordano Bruno (*De progressu et lampade venatoria logicorum*, 1587).[117]

---

[115] Vgl. bspw. Stephen Read: John Buridan's Theory of Consequence and His Octagons of Opposition. In: Around and Beyond the Square of Opposition. Hrsg. v. Jean-Yves Béziau, Dale Jacquette. Basel 2012, S. 93–110; Lorenz Demey: Between Square and Hexagon in Oresme's *Livre du Ciel du Monde*. In: History and Phillosophy of Logic 41:1 (2020), S. 36–47.
[116] Zu einigen weiteren hier nicht genannten Werken dieser Tradition siehe auch Ivo Thomas: The Later History of the Pons Asinorum. In: Contributions to Methodology and Logic in Honour of J.M. Bochenski. Hrsg. v. Anna-Teresa Tymieniecka. Amsterdam 1965, S. 142–150.
[117] Genauere Informationen zu dieser Traditionslinie findet man bei Letizia Panizza: Learning the Syllogisms. Byzantine Visual Aids in Renaissance Italy – Ermolao Barbaro (1454–93) and others. In: Philosophy in the Sixteenth and Seventeenth Centuries. Conversations with Aristotle. Hrsg. v. Constance Blackwell, Sachiko Kusukawa. London, New York 1999, S. 22–48. Die Forschung zu diesem Diagrammtyp ist aber über einzelne Arbeiten bislang nicht hinausgekommen.

2.2 Analytizität – Analytische Urteile, Umfangsmetaphern und Logikdiagramme

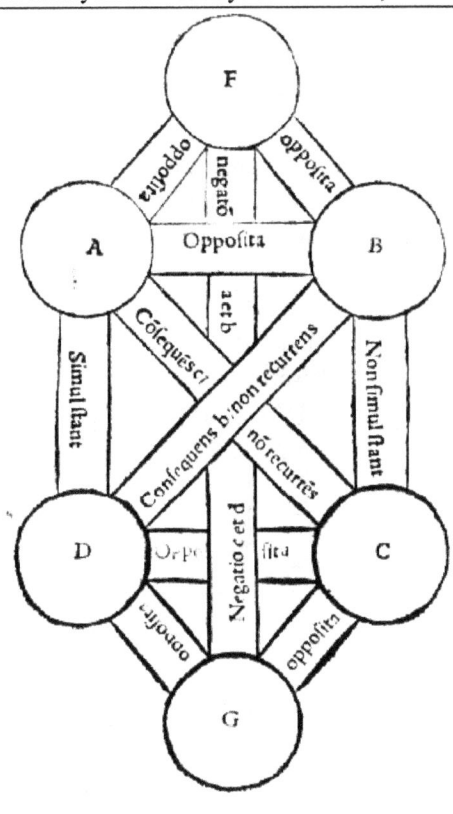

Abb. 10
Jacobus Faber Stapulensis: Libri logicorum, ad archetypos recogniti […]. Parisius 1503, fol. 142ʳ.

(2) Auch für die Traditionslinie, die sich auf das logische Quadrat und deren Erweiterungen bezieht, ist durch d'Étaples geprägt worden.[118] Der 1503 erschienene Aristoteles-Kommentar *Libri logicorum ad archetypos recogniti* von d'Étaples, in dem zahlreiche Diagrammtypen vereint und kombiniert wurden, bringt auch das erste logische Hexagon, das den modernen Erweitungen durch Robert Blanché und Augustin Sesmat ähnelt.[119] Hier werden zum einen Begriffe anstelle von Urteile in Relation gesetzt und zum anderen die im Quadrat konträren und subkonträren Ecken zu zwei weiteren Ecken verbunden:[120] So zeigt F in Abb. 10 die Relation ›Weder A noch B‹ ($\neg(A \vee B)$) und G die Negation von F an. Ähnliche Erweiterungen findet man dann im 16. und 17. Jahrhundert nur noch gelegentlich, bspw. in den Logiken von Fabio Glissenti (*In Priora Analytica Aristotelis*, 1594) oder Juan Caramuel y Lobkowitz (*Logica vocalis, scripta, mentalis, obliqua*, 1680).[121] Zwar findet man ab dem 17. Jahrhundert das logische Quadrat in fast jedem Logiklehrbuch eines katholischen Geistlichen, aber die mittelalterlichen und frühneuzeitlichen Erweiterungen werden erst durch August de Morgan und dann von Blanché und Sesmat wieder entdeckt.[122]

---

[118] William Hamilton: Lectures on Metaphysics and Logic. Bd. II, S. 420 behauptet sogar, es gebe keine Diagramme bei d'Étaples, revidiert aber sein Urteil in ders.: Discussions on Philosophy and Literature, Education and University Reform, S. 669ff.
[119] Vgl. z.B. Alessio Moretti: The Geometry of Logical Opposition. Neuchâtel 2009, Kap. 8.
[120] Vgl. Jacobus Faber Stapulensis: Libri logicorum, ad archetypos recogniti […]. Parisius 1503, fol. 27ʳ (zu Cat. 4b–5b), fol. 141ᵛ–142ʳ. Ich danke Werner Oechslin für seine Einblicke in die Vielfalt von d'Étaples' diagrammatischen Werken.
[121] Vgl. zu Caramuels Pentagon Wolfgang Lenzen: Caramuel's Pentagon of Opposition and his Vindication of the Principle Ex contradictorio quodlibet. In: History of Logic and its modern Interpretation. Hrsg. v. Ingolf Max, Jens Lemanski. London 2021 (im Ersch.).
[122] Vgl. Anna-Sophie Heinemann: ›Horrent with Mysterious Spiculæ‹. Augustus De Morgan's Logic Notation of 1850 as a 'Calculus of Opposite Relations'. In: History and Philosophy of Logic 39:1 (2018), S.

2 Die Logik und ihre geometrische Interpretation

(3) Baumdiagramme wurden in zahlreichen Variationen in der frühen Neuzeit gedruckt. Insbesondere in den Tabellenwerken des 16. und 17. Jahrhunderts dienten sie dazu, nahezu alle möglichen Gegenstandsbereiche begrifflich zu struktuieren. Neben den bekannten ramistischen Tafeln[123] sind in der Logik besonders zwei Typen von Baumdiagramme hervorzuheben: Zum einen Baumdiagramme, die bestimmte philosophische oder logische Theorien exemplifizieren wie etwa die *arbor purchotiana* in der cartesischen Schule, zum anderen Baumdiagramme in der thomistischen Tradition, die nicht nur die aristotelische Kategorie der Substanz, sondern auch die weiteren Kategorien mit Baumdiagrammen in Gattungen, Arten und Individuen unterteilten.[124] Bereits in der Hochscholastik wurden die letztgenannten Kategorienbäume verwendet,[125] dann im im frühen 16. Jahrhundert beispielsweise durch die Logiklehrbücher von Magnus Hundt (*Compendium totius logicae*, 1507), Johannes Murmellius (*In*

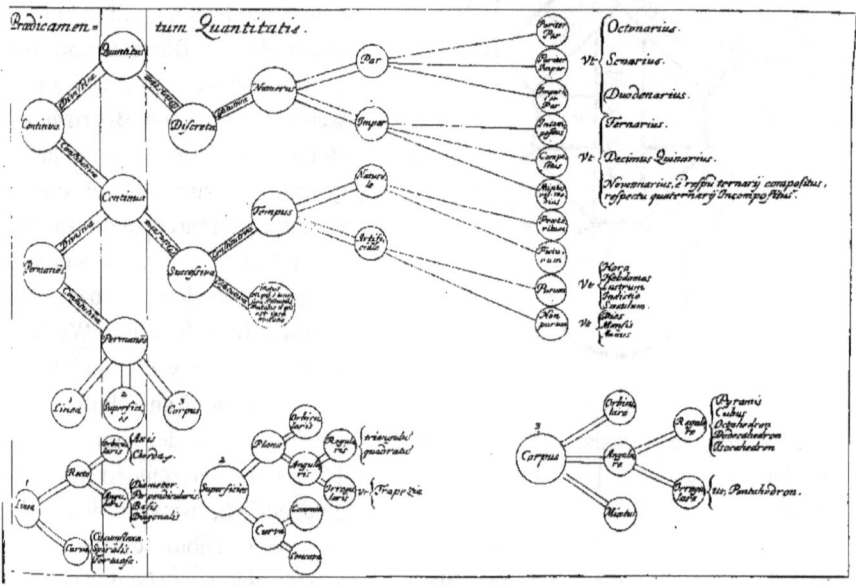

Abb. 11
Celestino Sfondrati: Cursus Philosophicus I. Logica Major. S. Galli 1696, fol. 361.

Aristotelis decem praedicamenta isagoge, 1513) oder Johannes Eck (*In summulas Petri Hispani extemporaria et succincta*, 1516) verbreitet. Schließlich wurden großangelegte Kategorienbäume besonders in den thomistischen Lehrbüchern verwendet.

29–52. Heinemann hat noch viele weitere diagrammatische Darstellungen von De Morgan gefunden, die bislang aber nicht veröffentlicht sind.
[123] Vgl. zu Baumdiagrammen im allgemeinen und inbesondere zu ramistischen Tafeln Steffen Siegel: Tabula. Figuren der Ordnung um 1600. Berlin 2009, bes. Kap. III.3.
[124] Vgl. bspw. Paul Richard Blum: Studies on Early Modern Aristotelianism. Leiden u.a. 2012, Kap. 15.
[125] Vgl. bspw. die ersten Seiten des oben bereits erwähnten Manuskripts von der Summula des Petrus Hispanus, Paris, BN, ms. lat. 16611.

2.2 Analytizität – Analytische Urteile, Umfangsmetaphern und Logikdiagramme

Eine besondere Expressivität besitzen zum Beispiel die Kategorienbäume von Celestino Sfondrati (*Logica*, 1696), der die 10 aristotelischen Kategorien verwendet, um alle Gegenstandsbereiche der Wissenschaft und des Alltagslebens mittels der Dihairesis zu entwickeln. In Abb. 11 sieht man einen dieser Kategorienbäume, der auf der linken Seite einen porphyrianischen Baum mit einem senecaischen Baumdiagramm auf der rechten Seite kombiniert.[126] Durch diese Kombination lassen sich aus der Kategorie der Quantität (oben links) die Bereiche der Arithmetik (oben rechts), der Zeit (mitte rechts), der ebenen (unten links) und der räumlichen euklidischen Geometrie (unten rechts) dividieren.

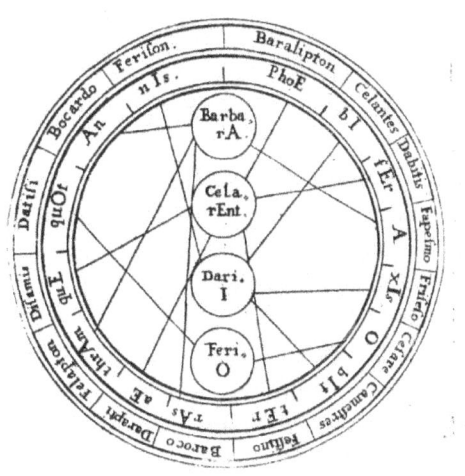

Abb. 12
Amand Hermann: Sol Triplex [...]. Sultzbaci [Sulzbach] 1676, S. 46.

(4) Im Humanismus und dann besonders im Barockscotismus entwickelte sich eine Methode, die Gültigkeit von Syllogismen apagogisch zu prüfen: Dazu nahm man hypothetisch das konträre oder kontradiktorische Urteil der Konklusion des zu prüfenden Syllogismus als Prämisse eines neuen Syllogismus an. Diese Prämisse des neuen Syllogismus wurde mit einer der beiden Prämisse des zu prüfenden Syllogismus ergänzt, so dass der neue Syllogismus nun einem der vier perfekten Modi entsprach (Barbara, Celarent, Darii, Ferio). War die Konklusion des neuen Syllogismus nun ein konträres oder kontradiktorisches Urteil zu der im Prüfverfahren nicht verwendeten zweiten Prämisse des zu prüfenden Syllogismus, so konnte dieser als gültig angesehen werden. Stand die neue Konklusion aber nicht im Widerspruch zu dem nicht-verwendeten Urteil des zu prüfenden Syllogismus, so galt dieser als ungültig.

Das Verfahren wurde unter Scotisten besonders geschätzt, da man in wenigen Schritten eine einheitliche Methode zur Überprüfung aller Syllogismen gefunden hatte. Um das Verfahren aber zumindest für alle als gültig bekannten Modi zu memorieren, entwickelte man zuerst Merksprüche wie bspw. »Phehifer axis obit terras aethramque quotannis« und später Diagramme, die diesen Merkspruch visualisierten. Kennt man nun die Reihenfolge der imperfekten Modi (Baraliption, Celantes, Dabitis

---

[126] Zur Unterscheidung von porphyrianischen und senecaischen Bäumen vgl. Jonathan Barnes: Commentary. In: Porphyry's Introduction, Translated with a Commentary. Oxford 2003, S. 21–312, hier: S. 108–112; Jaap Mansfeld: Heresiography in Context. Hippolytus' Elenchos as a Source for Greek Philosophy. Leiden u.a. 1992, S. 78–109.

usw.), so kann man der Reihe nach jeden Modus einem Vokal im Merkspruch zuordnen, wobei der Vokal auf die zu konstruierende Konklusion des perfekten Modus im apagogischen Beweis hindeutet: Zum Beispiel hilft »PhEbIfEr«, um zu wissen, dass die Gültigkeit von Baralipton mit CelarEnt, von Celantes mit DariI, von Dabitis mit CElarent apagogisch geprüft werden kann.[127] Um die recht komplexen Zuordnungsschritte nicht im Kopf machen zu müssen, wurden besonders ab Mitte des 17. Jahrhunderts in scotistischen Lehrbüchern des südöstlichen Raums Mitteleuropas Phoebifer-Axis Diagramme abgedruckt und auch von Schülern und Studenten in Lehrhefte abgezeichnet. Derartige Diagramme findet man unter anderem bei dem Jesuiten Melchior Cornäus in Würzburg (1657), bei dem Franziskaner Antonín Brouček in Prag (1663), dem Franziskaner Bernhard Sannig in Prag (1684) und dem Benediktiner Cölestin Pley in Salzburg (1693). Abb. 12 zeigt ein Phoebifer-Axis Diagramm, das 1676 in *Sol Triplex* des Olmützer Franziskaner Amand Hermann abgedruckt wurde.

Nach dem dreißigjährigen Krieg zeigten die Phoebifer Axis Diagramme zunächst die konfessionelle Zugehörigkeit in den Ländern der römisch-katholischen Kirche an, aber gleichzeitig auch die Differenz, die sich auf ganz anderen Ebenen zwischen Protestanten und Katholiken niederschlug: So war der Merkspruch Ausdruck eines verbitterten und konservativen Antikopernikanismus, der sich in der wörtlichen Übersetzung des Merkspruchs zeigt: »Die Sonnenachse umläuft jedes Jahr die Erde und den Aether«. Darüber hinaus war der Merkspruch das Produkt eines zwischen Katholiken und Protestanten stark umkämpften logischen Problems des späten 17. Jahrhunderts, nämlich der Frage, wie man die Syllogistik mit nur einer Methode beweisen kann: Während Katholiken den indirekten Beweis durch die Phoebifer Axis-Methode propagierten, entwickelten Protestanten immer komplexere Formen analytischer Diagramme in der geometrischen Logik für ein direktes Beweisverfahren.[128]

2.2.3 Analytische Diagramme der geometrischen Logik

Wie in Kap. 2.2.1 dargestellt wurde, hatte Venn analytische Diagramme als solche definiert, die Urteile und Begriffe analysieren können, und Ziehen hatte die geometrische Logik als eine bezeichnet, die die anschaulichen Figuren der Geometrie nachahmt. Auf der Suche nach analytischen Diagrammen der geometrischen Logik habe ich im vorangeganenen Kapitel 2.2.2 zunächst mehrere Thesen aufgeführt, die

---

[127] Beispielsweise bildet man die Kontradiktion der Konklusion von Baralipton für die erste Prämisse des neuen Syllogismus. Die erste Prämisse von Baralipton nimmt man dann als zweite Prämisse des neuen Syllogismus. Nun kann man die Konklusion des neuen Syllogismus bilden, der insgesamt Celarent entspricht. Die Konklusion von CelarEnt steht allerdings in Kontrarität mit der zweiten Prämisse von BarAlipton. Also muss Baralipton gültig sein.

[128] Eine genauere Beschreibung dieses Diagrammtyps habe ich 2019 auf dem *Inaugural Pan-American Symposium on the History of Logic* an der UCLA gegeben.

2.2 Analytizität – Analytische Urteile, Umfangsmetaphern und Logikdiagramme

darauf hinweisen, dass es in der antiken Logik bereits Logikdiagramme gegeben haben könnte. Für die mittelaltliche Logik wurden vier Thesen besprochen, wobei die Syllogistik von Barakāt al-Baghdādī aus dem 12. Jahrhundert denjenigen Liniendiagrammen am nächsten kamen, die Venn und Ziehen als Vorläufer der mit Euler beginnenden Tradition der analytischen Diagramme in der geometrischen Logik ansahen. Mit Beginn des Buchdrucks bildeten sich dann fünf diagrammatische Traditionen in der Logik heraus: (1) die byzantinische Tradition mit Eselsbrücken-Diagrammen im 16. Jahrhundert, (2) die römisch-katholische Tradition logischer Quadrate in der gesamten frühen Neuzeit, (3) die thomistische Tradition mit Kategorienbäume sowie (4) die scotistische Tradition mit Phoebifer-Axis Diagrammen im 17. Jahrhundert.

Ob diese Traditionslinien die Kriterien von Venn und Ziehen für analytische Diagramme der geometrischen Logik erfüllen, ist oftmals fraglich. In jedem Fall scheinen alle bislang genannten Diagramme uns keinen Hinweis darauf zu geben, was Kant im Sinn gehabt haben könnte, wenn er Metaphern des Umfangs und des Enthaltenseins zur Definition analytischer Urteile verwendet. Oder zumindest können die bislang genannten Diagrammtypen nicht die Kritik entkräften, die Quine und seine Vorgänger und Nachfolger an den Metaphern von Kants Definition geübt haben.

Im Folgenden werde ich dafür argumentieren, dass es noch eine weitere Traditionslinie gibt, die für die Entwicklung von analytischen Logikdiagrammen bis zum Kantianismus entscheidend ist: Die antiaristotelisch-protestantische Tradition mit analytischen Diagrammen, vor allem mit Linien oder Kreisen, die sich in drei Perioden zwischen dem frühen 16. und dem späten 19. Jahrhundert einteilen lässt. (1) Eine erste Periode ist auf das 16. Jahrhundert beschränkt; (2) nach dem dreißigjährigen Krieg entwickelt sich dann eine zweite Periode, die mit dem aufstrebenden Rationalismus zu Beginn des 18. Jahrhunderts in Vergessenheit gerät; (3) schließlich beginnt die heute noch bekannte Periode in der Mitte des 18. Jahrhunderts, die erst mit dem Niedergang des Rationalismus und dem Aufstieg des Kantianismus ab den 1790er Jahren an Einfluss gewinnt.

(1) Ab dem 16. Jahrhundert entwickelte sich der Traditionsstrang, der den analytischen Diagrammen der geometrischen Logik zugerechnet werden muss. Die Anfänge dieser Traditionslinie sind schwer zu fassen. Ein Rückgriff auf eine der im Mittelalter diskutierten Diagrammformen ist bislang nicht bekannt. Mehrfach ist angenommen worden, dass analytische Diagramme einem der oben genannten Werke entspringen: Der geometrischen Form nach ähnliche Diagramme finden wir zum Beispiel in den Werken Lulls, d'Étaples oder Brunos. Diese kommen den analytischen Kreis- oder Liniendiagrammen sehr nahe, besitzen aber doch keine direkt erkennbare analytische Funktion im Sinne Venns. Derartige Diagramme werden auch in Charles de Bouelles *De mathematica Rosa* (1509) weiter ausgearbeitet, aber ohne Bezug auf die Logik. Ein Indiz dafür, dass am Beginn des 16. Jahrhunderts analytische Diagramme schon in der Logik bekannt gewesen sein könnten, liefern auch manche Zitate. So heißt es beispielsweise im *Moriae encomium* des Erasmus von Rotterdam,

die Philosophen fühlten sich über den Pöbel erhaben, wenn sie ihre Dreiecke, Vierecke, Kreise und derartige mathematische Bilder übereinander legten (»triquetris, & tetragonis, circulis, atque huiusmodi picturis mathematicis aliis super alias inductis«).[129]

Doch die Auffindung der ersten frühneuzeitlichen Darstellung, die den Logikdiagrammen Eulers entspricht, ist durch diese Hinweise nicht möglich. John Venn hatte behauptet, die ersten analytischen Diagramme stammen von Juan Luis Vives; Charles S. Peirce hatte 1903 hingegen die These aufgestellt, dass diese Diagramme bereits auf Lorenzo Valla zurückgeführt worden seien. Peirces These ist allerdings rätselhaft, denn in keiner der von mir durchgesehenen frühen Ausgabe der Schriften Vallas (1499, 1509, 1531, 1540) konnte ich Hinweise auf Logikdiagramme finden. Auch lässt sich nicht ersehen, ob Peirce selbst diese Behauptung aufstellt oder ob er sie aus anderen Quellen zur Geschichte der Logik ungeprüft übernommen hat. Peirces Aussage bleibt somit nebulös.[130]

Die erste schematische Darstellung, die John Venn selbst als Vorläufer seiner und Eulers Diagramme interpretiert hatte, stammt aus dem Jahr 1531 von Juan Luis Vives.[131] Im Syllogismus-Kapitel des zweiten Buches von *De censura veri et falsi* beschreibt Vives zunächst den klassischen Syllogismus, dann den Unterschied zwischen dem *terminus maior* und *minor* und skizziert schließlich das aristotelische *dictum de omni* (*et nullo*) an folgendem Schluss:[132]

---

[129] Vgl. Erasmus Roterodamus: Moriae encomium. S.l.: s.n., s.a. [1511], fol. Fii^v. Es sei aber darauf hingewiesen, dass Zeitgenossen von Erasmus diese Textstelle nicht zwingend im Sinne der geometrischen Logik, sondern im Sinne widersprüchlicher Angaben der Scholastik interpretiert haben (vgl. bspw. die Übersetzung von Sebastian Franck: Das Theür vnd künstlich Büchlin Morie Encomion. S.l.: s.n., s.a. [ca. 1543], fol. 49^r).
[130] Ich danke Ahti Pietarinen für den Hinweis auf diese These. Die These findet sich u.a. in Houghton Library, MS 530, c.1902, und dieses Manuskript wird veröffentlicht als Kap. 30 in Charles Sanders Peirce: Logic of the Future. Peirce's Writings on Existential Graphs. Hrsg. v. Ahti Pietarinen. Berlin, Boston.
[131] Venn entnimmt diesen Hinweis aus Friedrich Albert Lange: Logische Studien. Ein Beitrag zur Neubegründung der formalen Logik und der Erkenntnistheorie. Iserlohn 1877, S. 10. Da bei Vives »statt der im Text genannten Dreiecke nur Winkel« zu finden sind, geht Lange von einer »typographische[n] Bequemlichkeit« aus und glaubt zudem, dass die Veranschaulichung kaum »eine Erfindung des scharfsinnigen Spaniers« sei, sondern eher eine Schultradition. Als Hinweis für weitere Forschungsarbeiten sei hier aber angemerkt, dass man zahlreiche logische Abbildungen und auch Winkeldarstellungen in der spanischen Ausgabe von Thomas Bradwardine: Preclarissimum mathematicarum opus [...]. S.l. [Valenica] 1503 findet, die für Vives' Lehrer Hieronymus Amiguetus angefertigt wurde. Den m.W. ersten Hinweis auf analytische Diagramme bei Vives findet man bei Ignatius Denzinger: Institutiones logicæ. Bd. II. Leodii 1824, S. 66.
[132] Vgl. Arist. Cat. III. 1b10–16, V. 3b4f.; An. pr., I. 24b26–30, IV. 25b39–26a2, 26a23–26, IX. 30a17–23, XIV. 32b38–33a38; Top. D. I, 121a25f.; Porph. eisag. VIII.2–3 (Aristoteles Stagaritae Peripateticorum: Principis Organon. Hrsg. v. Iulius Pacius. Morgia 1584.).

2.2 Analytizität – Analytische Urteile, Umfangsmetaphern und Logikdiagramme

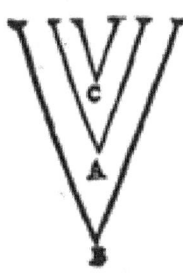
Wenn drei Dreiecke gemalt werden, von denen eines b das Größte sei und ein anderes a umfasst, ein drittes sei aber das Kleinste in a, welches c sei, so sagen wir, wenn alle b nun a sind und alle c sind b, [so] sind alle c [auch] a.

vt si tres trianguli pingantur, quorum vnus b sit maximus, & capiet alterum a, tertius sit minimus intra a, qui sit c: ita dicimus si omne b est a, & omne c est b, omne c est a. [133]

Das Zitat ist keinesfalls metaphorisch zu verstehen, da Vives explizit von Dreiecken (trianguli), nicht aber von Begriffen oder Aussagen spricht, die *umfasst* werden (capiet).[134] Dennoch dient der aufgezeigte Schluss nicht einer geometrischen Übung, sondern er soll logische Vergleiche (comparationes) illustrieren. Das ganze Zitat ist in einen Textabschnitt eingebettet, der eine Analogie zwischen der Logik und der Geometrie aufzeigen soll. Somit soll der direkte Schluss des *terminus minor* aus dem *maior* am Beispiel des Diagramms exemplifiziert werden.

Auf die eigenständige Schrift *Metamorphosis Logicae* von Nicolaus Reimarus Ursus aus dem Jahr 1589 hatte bereits Coumet hingewiesen. Reimers ist nicht nur als Kopernikus-Übersetzer, sondern auch als geometrischer Logiker von großer Bedeutung, da er erstmals ein Sphärendiagramm benutzt, um damit Schlüsse zu skizzieren und zu beweisen.[135] In der oben genannten Schrift führt er eine Tafel (deductionis tabulâ) ein, die ähnlich dem vertikalen Baumdiagramm nun horizontal Oberbegriffe nach dem platonischen Prinzip der διαίρεσις bzw. divisio in jeweils zwei Teilbegriffe unterteilt. Ähnlich wie in den berühmten Beispielen für Einteilungen von Seneca (Ad Luc. 58) oder Porphyrius (Eisag. I) wird der Oberbegriff ›Tier‹ (animal) in ›unverünftig wie Tiere‹ (irrationale, vt brutum) oder ›vernünftig wie Menschen‹ (rationale, vt Homo) zergliedert, und die zuletzt genannte Instanz wird wiederum in ›männlich oder Mann‹ (Mas seu vir) und ›weiblich oder Frau‹ (Fæmina seu mulier) distribuiert. Dieses Begriffsschema ermöglicht es Reimers nun, den *modus Barbara* – allquantifiziert mit O[mnia] – aufzustellen, wobei er sich der Metapher des Enthaltenseins bedient:

$$\textit{Animal} \begin{cases} \textit{Irrationale, vt brutum} \\ \textit{Rationale, vt Homo} \begin{cases} \textit{Mas seu vir,} \\ \textit{Fæmina seu Mulier.} \end{cases} \end{cases}$$

---

[133] Ioannes Ludovicus Vives: De censura veri et falsi. In: Ders.: De disciplinis Libri XX, Tertio tomo de artibus libri octo. Antverpia 1531, fol. 57ᵛ. Weitere Schemata in tom. III finden sich auf fol. 27ᵛ, fol. 37ʳ.
[134] Ein sich aufdrängender Vergleich zwischen Aristoteles, Vives und den frühneuzeitlichen Ausgaben von Euklids *Elementen* (bes. lib. V) wäre ein eigenes Forschungsthema und kann hier nicht geleistet werden.
[135] Nicolaus Raymarvs Vrsvs Dithmarsivs: Metamorphosis Logicae [...]. Argentorati 1589, S. 32.

> Alle Menschen sind Tiere (weil Mensch in Tier enthalten ist)
> Alle Frauen sind Menschen (weil Frau in Menschen enthalten ist)
> Also alle Frauen sind Tiere.
> O. Homo est Animal: (quia Homo inest Animali)
> O. Mulier est Homo: (quia et Mulier inest homini)
> O. Ergo Mulier est Animal.[136]

Auf die dargestellte Teilung beziehe sich nun der Sinn der logischen Ausdrücke des Enthalten- und des Nichtenthaltenseins (»illa Vocabula Logica, Inesse, &, non inesse«).[137] Reimers erklärt, dass der oben angegebene Schluss auf das »Prinzip durch die innere Einsicht« (Principium per intellectum internum) zurückzuführen sei, nämlich das *dictum de omni* (*et nullo*), das er abstrakt an einem Kreisdiagramm illustriert, das wiederum mittels des logischen Ausdrucks des Enthaltenseins die Gültigkeit des Schlusses beweise (»per Inesse Demonstremus«):[138]

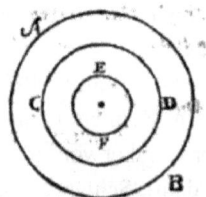

Es sei *EF* der innerste, *CD* der mittlere und *AB* der äußerste Kreis. Wenn daher der innerste *EF* im mittleren *CD* enthalten sei, und wiederum der mittlere in dem äußersten *AB*, dann wird auch der innerste *EF* in dem äußersten *AB* enthalten sein.

> Sit enim Circulus *EF*. intimus: *CD*. intermedius: *AB*. verò extremus. Cùm itaq[ue] intimus *EF*. sit comprahensus in intermedio *CD*. rusumquè intermedius in extreme *AB*. necessariò erit etiam intimus *EF*. contentus in Extremo *AB*.[139]

Mit diesem Beispiel sind somit alle grundlegenden Verwendungsweisen der Kreis- bzw. Sphärendiagramme in der geometrischen Logik angerissen worden: (1) Begriffe wie ›animal‹ besitzen eine Sphäre bzw. einen Umfang, in welcher bzw. welchem Unterbegriffe wie ›brutum‹, ›homo‹ und weiter vermittelte Unterbegriffe enthalten sind (comprahensus in). (2) Das Begriffsschema ermöglicht es, wahre Aussagen (wie bspw. ›Homo inest Animali‹) von falschen (wie bspw. ›Mulier inest Brutum‹) zu unterscheiden und zu erklären (›quia…‹), so dass (3) diese Urteile zusammengenommen einen Schluss ergeben können (›…Ergo Mulier est Animal‹). Reimers Diagramm erfüllt somit ebenso wie das von Vives die grundlegenden Funktionen analytischer

---

[136] Raymarvs: Metamorphosis Logicae, S. 31. (Übersetzung von mir – J.L.)
[137] Raymarvs: Metamorphosis Logicae, S. 30.
[138] Raymarvs: Metamorphosis Logicae, S. 31.
[139] Raymarvs: Metamorphosis Logicae, S. 33. (Übersetzung von mir – J.L.)

2.2 Analytizität – Analytische Urteile, Umfangsmetaphern und Logikdiagramme

Diagramme der geometrischen Logik gemäß der in Kap. 2.2.1 angegebenen Definition Venns und Ziehens.

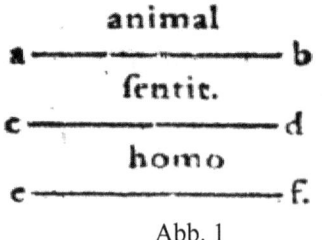
Abb. 1
Bartholomæus Keckermannus: *Systema Logicæ. Sompendiosa methodo* [...]. Hanoviae 1601, S. 92 (= III, I 3)

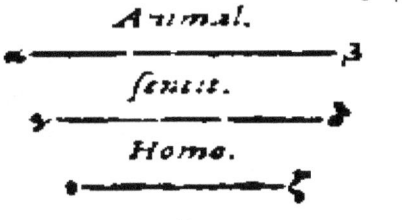
Abb. 2
Bartholomæus Keckermannus: *Systema Logicæ. Tribus Libris Adornatvm*, [...]. Hanoviae 1611, S. 426 (= III, I 6).

Analytische Diagramme in Form von Linien kann man vor dem 18. Jahrhundert bei Bartholomäus Keckermann finden: Während in der *Systema Logicae* von 1601 Begriffsumfänge bei der Begründung von Urteilen noch durch gleichlange Linien dargestellt wurden (Abb. 1), illustrieren spätere Ausgaben, wie bspw. die von 1611, dieselben Verhältnisse durch unterschiedlich lange Linien (Abb. 2). Keckermann erklärt, dass die erste der drei kanonischen Figuren evident sei, insbes. der modus Barbara, da er mit dem natürlichen Prinzip des *dictum de omni* (*et nullo*) zusammenfalle. Diese Natürlichkeit zeige der enthymemische Schluss in Abb. 1:

> Der Mensch ist ein Tier, weil er fühlt: Hier wird *Tier* durch die Linie *ab*, *Mensch* durch die Linie *ef*, *er fühlt* durch die Linie *cd* dargestellt.
> Homo est animal, quia sentit: hîc animal, est instar lineæ a, b, homo instar linæ e, f: sentit, instat linæ c, d.[140]

Johann Heinrich Alsted übernimmt 1614 die frühere schematische Fassung von Keckermann.[141] Obwohl Venn gegen Hamilton argumentierte, dass Alsteds Liniendiagramm noch kein analytisches sei, welches denjenigen Lamberts ähnle, sehe ich die besseren Argumente eher auf Seiten Hamiltons, da die Abb. 2 (und auch Abb. 1) das *dictum de omni* anhand des modus Barbara darstellen soll. Ob Keckermann und Alsted in einer Tradition von Liniendiagrammen stehen, zu der auch Barakāt gehört, bleibt fraglich.

Nach Keckermann und Alsted findet sich aber ein Bruch in der Geschichte analytischer Diagramme in der geometrischen Logik. Man kann sagen, dass Vives,

---

[140] Vgl. Bartholomæus Keckermannus: Systema Logicæ. Sompendiosa methodo [...]. Hanoviae 1601, S. 91 (= III, I 3).
[141] Vgl. Johanne-Henrico Alstedio: Logicæ Systema Harmonicum [...]. Herbornæ Nassoviorum 1614, S. 395 (= VII, IV 1).

Reimers, Keckermann und Alsted eine erste Periode in der Traditionslinie analytischer Diagramme bilden; und man kann darüber hinaus auch vermuten, dass sie sich mit ihrer Methode von der byzantinischen Tradition (Argyropulos, Trapezuntios, d'Étaples usw.) abheben wollten. Analytische Diagramme in Zentraleuropa enden erstaunlicherweise vor dem dreißigjährigen Krieg und werden erst danach von einer neuen Generation von Logikern verwendet.

(2) Von Ziehen und anderen Logikhistorikern[142] wird in dieser zweiten Periode von analytischen Diagrammen mehrfach Arnold Geulincx und dessen ›cubus logicus‹ genannt. In den Werken Geulincxs konnte ich sowohl längere logische Beschreibungen mit Umfangsmetaphern finden, die sich als analytische Diagramme darstellen lassen, als auch Zeichnungen, die für den derzeit schnell wachsenden Forschungsbereich mit dem Namen logische Geometrie oder oppositionalen Geometrie[143] von Interesse sein dürften; allerdings habe ich keine analytischen Diagramme gefunden.[144]

Nach dem dreißigjährigen Krieg bricht in Zentraleuropa aber eine bis ins frühe 18. Jahrhundert währende Periode an, in der man intensiv Logikdiagramme und insbesondere analytische Diagramme verwendet hat. Dabei bleiben fast alle Logiker den Diagrammen ihrer eigenen Schule treu und polemisieren zum Teil gegen diagrammatische Verfahren anderer Traditionslinien und insbesondere anderer Konfessionen. Die einzigen Logiker, die meines Wissens mehrere Diagrammtypen unterschiedlicher Schulen verwendeten, waren zum einen der Zisterziensermönch Caramuel am Anfang dieser Periode und der Pietist Johann Christian Lange am Ende der Periode.[145] Beide brechen allerdings auch mit zahlreichen anderen logischen Konventionen ihrer Zeit. In Caramuels explizit thomistischem Projekt einer *Logica Vocalis* klassifiziert er 1654 verschiedene Formen natürlich vorkommender Syllogismen und führt dabei auch die Rede von einem sympathetischen Syllogismus ein (De Syllogismo Sympathetico).[146] Die seit der neuplatonischen Naturphilosophie gebräuchliche Unterscheidung zwischen Sympathie und Antipathie könne man auch auf das Verhältnis der Urteile im Syllogismus übertragen und sehe dadurch die Ähnlichkeit zwischen dem *dictum de omni et nullo* und dem ersten euklidischen Axiom. Diese Ähnlichkeit sei der Ausgangspunkt, um Syllogismen mit Hilfe der aristotelischen Kategorie der Quantität zu

---

[142] Vgl. Gabriel Nuchelmans: Geulincx Containment Theory of Logic. Amsterdam 1988. Ein negatives Urteil fällt Carl Friedrich Bachmann: System der Logik. Ein Handbuch zum Selbststudium. Leipzig 1828, S. 148f.

[143] Vgl. bspw. Alessio Moretti: Arrow-Hexagons; Lorenz Demey: From Euler Diagrams in Schopenhauer to Aristotelian Diagrams in Logical Geometry.

[144] Eine genauere Untersuchung zu Diagrammen bei Geulincx findet sich in Kap 2 von Jens Lemanski: Calculus CL – From Baroque Logic to Artificial Intelligence. In: Logique et Analyse 249 (2020), S. 111–129.

[145] Bei Leibniz gibt es mehrere Beschreibungen, die an das logische Quadrat erinnern (bspw. das Titelblatt von *De Arte Combinatoria*). Großer führt diverse Diagrammtypen in seiner Logik auf, distanziert sich aber explizit von den scholastischen Methoden.

[146] Ioannes Caramuel: Theologia Rationalis, Sive In Auream Angelici Doctoris Svmmam [...] Praecursor Logicvs [...]. Francofurti [Frankfurt] 1654, S. 354, siehe ferner S. 235.

2.2 Analytizität – Analytische Urteile, Umfangsmetaphern und Logikdiagramme

verstehen und auf andere Kategorien wie zum Beispiel Wirken (actio) oder Wo (ubi) zu übertragen:

Linie AB ist kleiner als Linie CD:
Linie CD ist kleiner als Linie EF Quantität
Also ist die Linie AB kleiner als die Linie EF.
Reichtum anzueigen ist Wagemut.
Wagemut ist Ungehorsam.   Wirken
Daher ist Reichtum Ungehorsam.
Ich bin von Prag nach Wien gegangen.
Von Wien auch nach Linz,   lokale Bewegung, Wo
also bin ich von Prag auch nach Linz gegangen.

Linea AB est minor, quàm linea CD:
Atqui linea CD est minor, quàm linea EF: Quantitas
Ergo linea AB est minor, quàm linea EF.
Divitiae pepererunt audaciam
Audacia inobedientiam.   Actio
Ergo tandem divitiae inobedientiam.
Ivi Pragâ Viennam:
Vienna verò Linzium: motus localis, Ubi
Ergo Pragâ ivi Linzium.[147]

Ob derartige Figuren tatsächlich als Logikdiagramme verstanden werden müssen, ist gewiss streitbar. Man kann schließlich auch argumentieren, dass hier nicht die Logik die Geometrie nachahmt (Ziehen's Definition), sondern Analogien zwischen Geometrie und Logik gezogen werden. Wie auch immer, dieses Beispiel zeigt die Analogie, die mehrere Logiker der frühen Neuzeit zwischen Geometrie und Logik gesehen haben, und die die vielfältigen Bedeutungen des Begriffs ›geometrische Logik‹ auszeichnen. Es kann zudem angenommen werden, dass derartige Parallelen zwischen Logik und Geometrie Euler zu seinen Diagrammen motiviert haben: In § 14 von Jakob Bernoullis *Parallelismus Ratiocinii Logici et Algebraici* aus dem Jahr 1685 findet man dieselbe Analogie zwischen dem *dictum de omni et nullo* und dem ersten euklidischen Axiom. wie bei Caramuel[148] Bernoulli übersetzt die Proportionalität, die die beiden fundamentalen Prinzipien ausdrücken, aber in eine algebraische Schreibweise. Dass Euler mit diesen Thesen bereits als Student bestens vertraut war, belegen die Dissertationen, die 1722 für die vakante Logikprofessur in Basel eingereicht wurden. In diesen Dissertationen, bei denen Euler Respondent war, wurde Bernoullis Ansatz intensiv besprochen.

---

[147] Vgl. I. Caramuel: Theologia Rationalis, S. 354.
[148] Jakob Bernoulli: Parallelismus ratiocinii logici et algebraici. Basileae 1685, S. 4.

2 Die Logik und ihre geometrische Interpretation

In der Periode vor Euler sind vor allem die Diagramme, die man in dem sog. Weigel- und Weise-Kreis zwischen den 1660er und 1710er Jahren findet, von großer Relevanz für die geometrische Logik.[149] Ich gehe zuerst auf Sturm und Leibniz, die beiden Schülern Erhard Weigels, ein. Johann Christoph Sturm verwendet in dem Traktat *Novi Modi Syllogizandi* aus dem Jahr 1661 nicht nur fünf Diagramme (»diagrammate«) zur Illustration neuer logischer Schlüsse, sondern auch erstmals die Kreisschemata ohne Bezug auf das *dictum de omni* (*et nullo*) oder den damit korrespondierenden modus Barbara. Als Beispiel sei hier Sturms erstes geometrisches Diagramm angeführt, bei dem aus einer universalen Affirmation in der *propositio maior* und einer universalen Negation im *minor* eine partikuläre Affirmation mit einem unbestimmten Subjekt gefolgert werden soll:

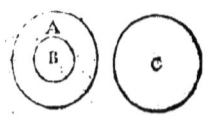 Wenn alle *B A* sind und kein *C B* ist, dann folgt formal und mit Notwendigkeit, dass einige nicht-*C A* sind.

Si omne *B* est *A*, & nullum *C* est *B*, sequitur formaliter & ἐξ ἀναγ´κης [sic] haec: Quodam non-*C* est *A*.[150]

Auch der Weigel-Schüler Gottfried Wilhelm Leibniz kannte Sturms Arbeit[151] und hatte schon früh kombinatorische und logische Diagramme verwendet.[152] Aber erst um ca. 1690 entstand eine – erst 1903 von Louis Couturat veröffentlichte – Reihe von Fragmenten, in denen sowohl Linien- und

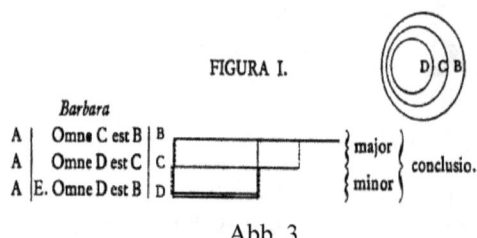

Abb. 3

G. W. Leibniz: De formæ logicæ per linearum ductus. In: *Opuscules et fragments inédits de Leibniz. Extraits des manuscrits de la Bibliothegue royale de Hanovre*. Hrsg. v. Louis Couturat. Paris 1903, S. 292–321, hier: S. 294.

---

[149] Für eine genauere Untersuchung dieser Diagramme siehe Jens Lemanski: Logic Diagrams in the Weise and Weigel Circles. In: History and Philosophy of Logic 39:1 (2018), S. 3–28.
[150] Vgl. Johann Christopherus Sturmius: Universalia Euclidea [...]. Accedunt ejusdem XII. Novi Syllogizandi Modi in propositionibus absolutis, cum XX. aliis in exclusivis, eâdem methodo Geometricâ demonstrates. Hagæ-Comitis 1661, S. 84, Abb. S. 86.
[151] Vgl. Stefan Kratochwil: Johann Christoph Sturm und Gottfried Wilhelm Leibniz. In: Johann Christoph Sturm (1635 – 1703). Hrsg. v. Hans Gaab, Pierre Leich, Günter Löffladt. Frankfurt a.M. 2004, S. 104–119, bes. S. 107f.
[152] Zu den kombinatorischen Diagrammen bei Leibniz und deren Tradition vgl. Hubertus Busche: Leibniz' Weg ins perspektivische Universum. Eine Harmonie im Zeitalter der Berechnung. Hamburg 1997, S. 135ff. Das in der Forschung als das früheste geltende Kreisdiagramm von Leibniz, das als analytisches Diagramm interpretiert werden kann, findet sich auf Blatt N. 493$_2$ in Gottfried Wilhelm Leibniz: Sämtliche Schriften und Briefe. Hrsg. v. Preußische/Deutsche/Göttinger/Berlin-Brandenburgische Akademie der Wissenschaften. Darmstadt u.a. 1923ff., Bd. VI 4 A, S. 2773. (Ich danke Hubertus Busche für diesen Hinweis.)

2.2 Analytizität – Analytische Urteile, Umfangsmetaphern und Logikdiagramme

Kreisdiagramme als auch arithmetische Darstellungen der Logik kulminierten, um den aristotelischen Syllogismus zu perfektionieren. So stellt bspw. Leibniz direkt zu Beginn von *De formæ logicæ comprobatione per linearum ductus* (Abb. 3) eine schematische Darstellung der traditionellen vier kategorischen Urteile auf (*A, E, I, O*) und illustriert dann den modus Barbara am *dictum de omni* (*et nullo*). Und auch in den berühmten *Generales Inquisitiones* werden Liniendiagramme zur Darstellung intensionaler und extensionaler Begriffsrelationen verwendet.[153]

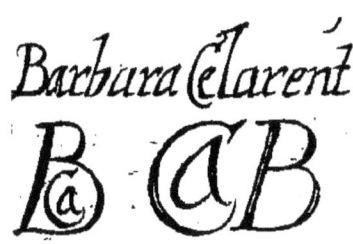

Abb. 4
Erhardus VVeigelus: *Philosophia Mathematica. Archimetria.* Jenæ 1693, I S. 122, II S. 105, Anhang.

Mehrfach ist in der Forschung diskutiert worden, ob die Schemata bei Sturm und Leibniz von ihrem Lehrer Weigel beeinflusst worden seien. Während beispielsweise Bernhard diese Hypothese für ungesichert erachtet, hat Maarten Bullynck aufgrund einer geometrisch-logischen Analogie des *dictum de omni et nullo* im Frühwerk Weigels jüngst für eine Beeinflussung argumentiert.[154] Bekannt ist einigen Forschern, dass man 1693 explizit umfangslogische Illustrationen im Anhang von Weigels *Philosophia Mathematica* findet. Wie in Abb. 4 am Beispiel des modus Barbara (Alle C sind B, alle a sind C, also alle a sind B) und Celarent (Kein C ist B, alle a sind C, also kein a ist C) gezeigt wird, hat Weigel die termini minor, maior und medius in unterschiedlichen Modi der Syllogistik durch die in- und auseinandergesetzten Initiale *A*, *B* und *C* visualisiert. Weigel hatte diese Methode schon 1669 in seiner *Idea Matheseos universae* besprochen und seinen analytischen Diagrammen den Namen »Logometrum« bzw. »Schluß-Maaß« gegeben.[155] Seiner Auskunft nach habe er das Logometrum um das Jahr 1660 erfunden, das dann sein Schüler Sturm (»Sturmium meum«)[156] nach seiner Anleitung (»à me compendium«) bei den Belgiern bekannt gemacht habe. Insofern beanspruchte Weigel der Erfinder des Logometrums zu sein, das nicht nur an Kreisen oder Initialen, sondern auch an Linien illustriert werden könne.[157] Tatsächlich findet man in Weigels *De definitione Diagrammatica* von 1658 eine derartige Idee skizziert.[158]

Bereits John Venn hatte zu Recht festgestellt, dass die bis heute häufig in der Literatur zu findende Behauptung, Christian Weises Logiken – die *Doctrina Logica* von

---

[153] Vgl. ebd., S. 772ff.
[154] Vgl. bspw. Maarten Bullynck: Erhard Weigel's Contributions to the Formation of Symbolic Logic. In: History and Philosophy of Logic 34 (2013), S. 25–34.
[155] Für eine genauere Beschreibung der weigelschen Methode siehe unten, Kap. 2.3.4.
[156] Erhardus VVeigelus: Idea Matheseos universæ cum speciminibus Inventionum Mathematicarum. Jenae 1669, S. 46f. (= VIII, § 18).
[157] E. VVeigelus: Idea Matheseos universæ, S. 46.
[158] Erhardus Weigelus: Analysis Aristotelica ex Euclide restituta. Jena 1658, S. 60ff.

2 Die Logik und ihre geometrische Interpretation

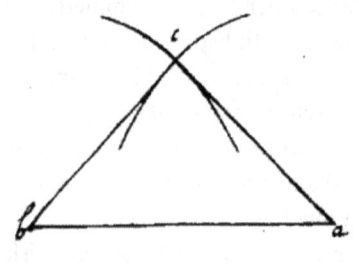

Abb. 5
Samuelus Grosserus: *Pharus Intellectus, sive Logica Electiva*. Lipsiae 1697, Beiblatt zwischen S. 110 u. 111.

1686, *Nucleus Logicæ* von 1691 und *Curieuse Fragen über die Logica* von 1696 – enthielten logische Diagramme, falsch sei. Dennoch geht aus den Schriften der Schüler Weises hervor, dass Weise in seinem Logikunterricht in Zittau zahlreiche analytische Diagramme verwendet hat, um damit den Inhalt seiner Lehrbücher zu erklären. Einige Schüler haben diese Techniken dann in ihren eigenen Büchern publiziert.

Samuel Grosser, ein Schüler Weises, hat 1697 zwei dem Inhalt nach ähnliche Werke über Logik veröffentlicht, *Pharus Intellectus, sive Logica Electiva* und *Gründliche Anweisung zur Logica*. Neben mehreren Dreiecksdiagrammen findet man auch eine Art analytisches Diagramm im dritten Kapitel der *Gründlichen Anweisung* bzw. als Einlage auch im *Pharus Intellectus* findet. Ähnlich wie Caramuel und Bernoulli erklärt Grosser an diesem Diagramm (Abb. 5), dass das Verhältnis von Subjekt und Prädikat ein »Gleichnuß in der Mathesi« habe. Das begründet er dadurch, dass man an zwei mit dem Zirkel gezogenen Halbkreisen, die die Begriffsumfänge verdeutlichen sollen, zeigen kann, »in welchem Puncte die beyden Extrema gedachter Linie zusamen kommen«.[159] Innovativ ist vor allem, dass die semantische Funktion der Schnittfläche ($A \wedge B$) auf den Schnittpunkt reduziert wird, wodurch die analytischen Diagramme durch Halbkreise angedeutet werden können, die zudem auch der ersten euklidischen Figur in den *Elementa* entsprechen. Eine ähnliche Reduktion habe ich erst im 19. Jahrhundert wieder bei Krause und Lindner und dann im 20. Jahrhundert bei Peirce, McCulloch und Randolph gefunden.[160]

---

[159] Samuel Großer: Gründliche Anweisung zur Logica [...]. Budißin, Görlitz 1697, S. 117–118. Grosserus: Pharus Intellectus, S. 208f.
[160] Vgl. Karl Christian Friedrich Krause: Lehre vom Erkennen und von der Erkenntnis; Gustav Adolph Lidner: Lehrbuch der formalen Logik. 2. erw. Aufl. Wien 1867; Warren Sturgis McCulloch: Maschinen, die denken und wollen. In: Ders.: Verkörperungen des Geistes. Übers. v. Anita Ehlers. Wien, New York 2000, S. 81–92; John F. Randolph: Cross-Examining Propositional Calculus and Set Operations. In: The American Mathematical Monthly 72 (1965), S. 117–127. Siehe auch unten, Kap. 2.3 und meine Interpretation in Kap. 3.1.3.

2.2 Analytizität – Analytische Urteile, Umfangsmetaphern und Logikdiagramme

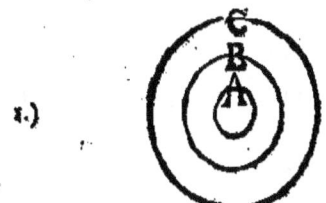

Abb. 6
Iohannes Christianus Langius: *Nvclevs Logicae Weisianae.* [...] *illustrates* [...] *per varias schematicas* [...] *ad ocularem evidentiam deducta* [...]. *Editus antehac Avctore Christiano Weisio.* Gissae-Hassorum 1712, S. 250.

Ein Meilenstein der geometrischen Logik stellen die *Additamenta* zum *Nvclevs Logicae Weisianae* von 1712 dar, die der Weise-Schüler Johann Christian Lange angefertigt hat und die auf ca. 700 Seiten zahlreiche Logikdiagramme enthalten. Lange bekundet als erster Logiker in der bislang vorgestellten Tradition ein Interesse an historischen Vorläufern: Er erklärt explizit, dass er mit seinen dreiecksförmigen Eselsbrücken (»Schema Triangvlare«, »Schematibus semi-circvlaribvs«) an Autoren wie Georgios Trapezuntios, Johann Heinrich Schellenbauer, Jakob Martini oder auch Samuel Grosser anknüpfe und seine »*Kreise* und *Sphären*« (*Circulos* aut *Sphæras*) von Sturm übernommen habe.[161] Zudem seien eine Vielzahl der Diagramme, die Lange in seinen *Additamenta* bespricht, von Weigel bekannt gemacht worden.[162] Lange selbst hatte mittels regulärer Schlüsse – beginnend mit dem modus Barbara (Abb. 6) – nicht nur grundlegende Klassen und Stufen von Begriffsrelationen, sondern auch logische und methodische Sonderfälle wie Konditionale, Enthymeme, Sorites und Induktionen an analytischen Diagrammen dargestellt. Zudem verwendet er analytische Diagramme, um über die traditionelle Syllogistik hinauszugehen.[163]

---

[161] Vgl. Iohannes Christianus Langius: Nvclevs Logicae Weisianae. [...] illustrates [...] per varias schematicas [...] ad ocularem evidentiam deducta [...]. Editus antehac Avctore Christiano Weisio. Gissae-Hassorum 1712, bes. S. 248, ferner: S. 160, S. 205, S. 398ff., S. 603, vgl. auch Jacobus Martini: Institutionum Logicarum Libri VII. Wittebergae 1610, S. 359ff., S. 432, S. 491ff. (Eselsbrücken), S. 472 (»circuli probatio«); Jo[annes] Henricus Schellenbauerus: Compendium logices. Stuttgardiae 1715, S. 163ff. [die in der Literatur häufig erwähnten Ausg. von 1682 u. 1704 sind nicht auffindbar, dafür aber eine Ausg. von 1702 mit ähnlichen Diagrammen]; Samuelus Grosserus: Pharus Intellectus, sive Logica Electiva. Lipsiae 1697, Beiblätter nach S. 110, S. 132.
[162] Vgl. I. C. Langius: Nvclevs Logicae Weisianae, 1712, S. 707, S. 757, S. 827 und S. 28–29 (Dissertationis Apologeticae).
[163] Vgl. Jens Lemanski: Euler-type Diagrams and the Quantification of the Predicate. In: Journal of Philosophical Logic 49 (2020), S. 401–416.

2 Die Logik und ihre geometrische Interpretation

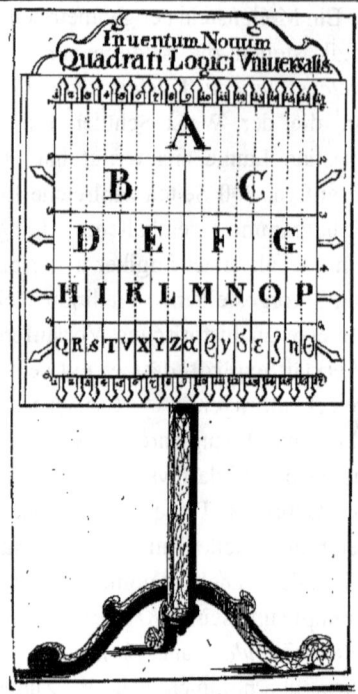

Abb. 7
Iohannes Christianus Langius: *Inuentum Nouum Quadrati Logici Vniversalis*. Gissae Hassorum [Gießen] 1714.

Venn hatte darauf hingewiesen, dass die zahlreichen ›quadrati‹ bzw. ›cvbi logici‹ in Langes *Inuentum Nouum Quadrati Logici Vniversalis* von 1714 nur eine ebene geometrische Flächendarstellung von Baumdiagrammen seien:[164] A teilt sich in B und C; B in D und E usw. Dies ist aber eine fundamentale Fehleinschätzung, die in der englischsprachigen Literatur des 19. Jahrhunderts mehrfach von deutschen Autoren des 18. Jahrhunderts übernommen wurde. Lange bezeichnet den in Abb. 7 zu sehenden Entwurf aber als Universalschema (›schematis universalis‹),[165] das die Vorzüge seiner Linien- und Kreisdiagramme aus dem *Nvclevs* mit den logischen Quadraten kombinieren soll. Inspiriert von Leibniz und John Napier, war es sein Ziel, das Diagramm als Plan einer Logikmaschine (»machina«, »apparatus«) zu verwenden.[166] Die in Abb. 7 dargestellten Pflöcke und Stäbe (»Clauis vel Bacillis«) zeigen vertikal eine vollständige Subordination/Inklusion/Implikation (z.B. Alle B sind einige A), horizontal eine vollständige Exklusion (z.B. Kein D ist irgendein E) und transversal eine partielle oder vollständige Exklusion (z.B. Einige B ist nicht einige E) mit numerisch quantifizierten Termen an.[167] Laut Lange lässt sich damit nicht nur das *dictum de omni* (bspw. in der Form des modus Barbara: Alle B ist einige A, alle D ist einige B, also alle D ist einige A), sondern die gesamte Logik an nur einem Diagramm erklären, da dieses über 30 Interpretationsfunktionen aufweise.[168]

---

[164] Venns Urteil stehen allerdings Aussagen von Baron und Johann Heinrich Lambert: Anlage zur Architectonic, oder Theorie des Einfachen und des Ersten in der philosophischen und mathematischen Erkenntniß. 2 Bde. Riga 1771, hier: Bd. 1, S. XIII, S. XXI, S. 128 entgegen, die dort analytische Diagramme vermuten. In der ebenfalls dort diskutierten Schrift Johann Andreas Segners, *Specimen Logicae vniversaliter* (1740), habe ich keine analytischen Diagramme finden können.
[165] Vgl. I. C. Langius: Nvclevs Logicae Weisianae, S. 830.
[166] Vgl. Iohannes Christianus Langius: Inuentum Nouum Quadrati Logici Vniversalis. Gissae Hassorvm [Gießen] 1714, S. 66ff.
[167] Zu Langes numerisch exakten Syllogistik vgl. Jens Lemanski: Extended Syllogistics in Calculus *CL*. In: Journal of Applied Logics 8:2 (2021), S. 557–577.
[168] Vgl. I. C. Langius: Inuentum Nouum Quadrati Logici Vniversalis, S. 151.

2.2 Analytizität – Analytische Urteile, Umfangsmetaphern und Logikdiagramme

Lange schickte Leibniz den Entwurf dieser Maschine und trug gleichzeitig die Idee vor, eine wissenschaftliche Revisionsakademie (Societas recognoscentium) in Gießen zu errichten. Leibniz schrieb Lange noch kurz vor seinem Tod, dass er tief beeindruckt von dem Buch sei. Lange hatte den Plan verfolgt, eine universale Logik (»logica universalis«) zu kreieren. Leibniz sah aber in Langes Maschine noch mehr: Für ihn war es eine echte universale Algebra (»Algebra universalis«)[169], also ein Schritt zur Vollendung des Logizismus. Alle Rechenoperationen sollten auf logische Funktionen heruntergebrochen werden, die dann durch Langes Maschine kalkuliert werden könnten. Leibniz griff Langes Idee auf und versuchte sie fortzuführen. Gleichzeitig unterstützte er ihn bei dem Akademie-Plan.

Doch Leibniz' Tod machte alle Pläne zunichte. Sowohl Langes Entwurf der Maschine als auch der Plan für eine Akademie in Gießen gerieten bald in Vergessenheit. Vormals Professor für Logik und Metaphysik in Gießen, wurde Lange 1716 Superintendent in Idstein und widmete sich von da an fast ausschließlich der Theologie. Für die folgenden Generationen an Logikern waren Langes Entwürfe unverständlich, wenn nicht sogar lächerlich. Lambert und Ploucquet verstanden Langes Ideen nicht mehr ad hoc, und August de Morgan beschäftigte sich schon gar nicht mehr mit dem Inhalt, sondern machte sich nur noch über Langes barocken Sprachstil lustig.[170]

Heutzutage ist bekannt, dass Langes Maschine tatsächlich als ein diagrammatisches Kalkül in der formalen Logik verwendet werden kann.[171] Da es Langes Idee war, die kognitiven Fähigkeiten des Menschen maschinell zu imitieren und so Ontologie und Logik zusammenzubringen, besitzt Langes diagrammatischer Entwurf einer Logikmaschine nicht nur enormes Potential für den Fachbereich Künstliche Intelligenz, sondern wird auch als künstliche Intelligenz *avant le lettre* verstanden.[172] Damit stellen Langes Schriften aus den 1710er Jahren den Höhepunkt, aber auch den Schlussstrich in der Geschichte analytischer Diagramme vor Euler dar. Im Unterschied zu seinen Vorgängern versucht er nicht, gegen bestimmte Diagrammtypen zu polemisieren, sondern ihre Funktionsweisen zu harmonisieren.

Mit Langes *Inventum* endet die zweite Periode analytischer Logikdiagramme in der frühen Neuzeit. So wie es in der Zeit des dreißigjährigen Krieges einen Bruch

---

[169] Vgl. [Johann Christian Lange:] Ausführliche Vorstellung von einer neuen und gemein-ersprießlichen zu beßtem Behuf und Auffnahm Aller wahren und rechtschaffenen Gelehrtheit gereichenden Anstalt […]. Idstein: Lyce, 1720, S. 209f.

[170] Eine ausführliche Darstellung zur Weise-Schule findet man in Jens Lemanski: Logikdiagramme und Logikmaschinen aus der Zittauer Schule um Christian Weise. In: Neues Lausitzische Magazin 141:1 (2019), S. 39–57.

[171] Vgl. die modernen Interpretationen und Anwendungen bspw. in Jens Lemanski, Ludger Jansen: Calculus CL as a Formal System. In: Diagrammatic Representation and Inference. Diagrams 2020. Lecture Notes in Computer Science, vol 12169. Hrsg. v. A.-V. Pietarinen, P. Chapman, L. Bosveld-de Smet, V. Giardino, J. Corter, S. Linker. Cham 2020, S. 445–460; Jens Lemanski: Calculus CL as Ontology Editor and Inference Engine. In: Diagrammatic Representation and Inference. 10th International Conference, Diagrams 2018, Edinburgh, UK, June 18–22, 2018, Proceedings. Hrsg. v. P. Chapman, G. Stapleton, A. Moktefi, S. Perez-Kriz & F. Bellucci. Cham 2018, S. 752–756; Jens Lemanski: Extended Syllogistics in Calculus CL.

[172] Vgl. Henry Prade, Pierre Marquis, Odile Papini: Elements for a History of Artificial Intelligence. In: Guided Tour of Artificial Intelligence Research. Bd. 1: Knowledge Representation, Reasoning and Learning. Heidelberg u.a. 2020, S. 1–45.

2 Die Logik und ihre geometrische Interpretation

zwischen der ersten und der zweiten Periode von Autoren gibt, die analytische Diagramme benutzten, so gibt es auch einen Bruch zwischen der zweiten und dritten Periode. Die zweite Periode wird durch die Weigel- und Weise-Schule dominiert. Und ähnlich wie die Vertreter analytischer Diagramme der ersten Periode sich von der byzantinischen Tradition mit den Eselsbrücken-Diagrammen absetzten, so polemisierten einige der Vertreter der zweiten Periode besonders gegen die Phoebifer Axis-Diagramme ihrer Zeitgenossen.

Die Wahl des jeweiligen Logikdiagramms wird nach dem dreißigjährigen Krieges zum Ausdruck der Konfessionszugehörigkeit: Katholische Logiker verwenden das logische Quadrat, Baumdiagramme (Thomisten) oder Phoebifer Axis-Diagramme (Scotisten); protestantische Logiker benutzen hingegen analytische Diagramme. Das erscheint zunächst kurios, aber unabhängig von dieser auffälligen Koinzidenz, die ich hier der zweiten Periode analytischer Diagramme attestiere, sehen andere Forscher eine Fortsetzung dieser Traditionen noch bis weit ins 20. Jahrhundert hinein gegeben.[173] Mit Langes *Inventum* endet aber diese Rivalität in Mitteleuropa und wieder einmal geraten Logikdiagramme in Vergessenheit.

Das liegt daran, dass sich in der ersten Hälfte des 18. Jahrhundert eine neue einflussreiche Traditionsrichtung in Mitteleuropa ausbreitet: Die rationalistische Logik, die von den wenigen damals bekannten Schriften Leibniz und besonders von Christian Wolff geprägt wurde, und die von dem Ideal ausging, gar keine Diagramme oder geometrischen Formen mehr in der Logik zu verwenden. An die Stelle des diagrammatischen Denkens trat das Ideal des reinen Begriffs, wodurch die Logik als Voraussetzung des mathematischen Beweises hervorgehoben wurde.[174] Man kann in dieser von Leibniz und Wolff geprägten Schule die Geburtsstunde des modernen Logizismus sehen. Zudem scheint die metaphysisch-logische Konzentration auf angeborene, ewige Wahrheiten und Begriffe auch die Verwendung sensualistischer Mittel wie etwa Diagramme zu unterdrücken.

(3) Erst Ende der 1750er Jahre tauchten Diagramme wieder prominent in der Geschichte der Logik auf und eröffneten eine dritte Periode analytischer Logikdiagramm in der frühen Neuzeit.[175] In diesen Jahren entbrannte ein – angesichts der heute bekannten Logikgeschichte anachronistisch wirkender – Streit zwischen Johann Heinrich Lambert und Gottfried Ploucquet um die Urheberschaft analytischer Logikdiagramme und deren Funktion als logischen Kalkül.[176] Fest steht, dass Ploucquet

---

[173] Vgl. Dany Jaspers, Peter A. M. Seuren: The Square of Opposition in Catholic Hands. A Chapter in the History of 20th-century Logic. In: Logique et Analyse 59 (2016), S. 1–35. (Ich danke Dany Jaspers für diesen und einige andere Hinweise zu diesem Thema.)
[174] Vgl. Wilhelm Risse: Die Logik der Neuzeit. 2 Bde. Stuttgart-Bad Cannstatt 1964/1970, Bd. 2, S. 259ff.
[175] Zwischen 1715 und 1760 sind Diagramme in Schriften zur Logik so selten, dass bspw. ein Dreiecksdiagramm wie in Hermann Samuel Reimarus: Vernunftlehre, als eine Anweisung zum richtigen Gebrauche der Vernunft […]. Hamburg 1756, S. 196 (= § 136) bereits bemerkenswert erscheint.
[176] Einige Abbildungen von Diagrammen der frühen Neuzeit findet man auch bei Wilhelm Risse: *Die Logik der Neuzeit*, Bd. 1, S. 221 (Urteilsquadrate), S. 225 u. S. 542 (Eselsbrücken); Bd. 2, S. 90f. (Geulincx), S. 128 (Baumdiagramme), S. 145 (Weigel), S. 168 (Sturm), S. 202 (Leibniz), S. 280f. (Ploucquet), S. 286–289 (Euler), S. 562–564 (Lange), S. 656f. (Reimarus).

2.2 Analytizität – Analytische Urteile, Umfangsmetaphern und Logikdiagramme

1759 in seiner *Fvndamenta Philosophiæ Speculativæ* drei ineinander geschachtelte Quadrate einzeichnet, um folgenden intensionalen Schluss zu demonstrieren:

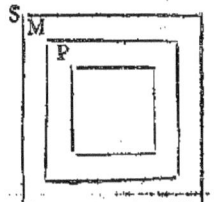

Durch die Intuition liegt offen vor Augen, dass P das Prädikat von allen M, & M das Prädikat von allen S ist. Aber das Prädikat des Prädikats ist das Prädikat des Subjekts. P ist daher das Prädikat von allen S, so dass anschaulich wird: Alle S ist P.

Ex intuitione patet, P esse prædicatum omnis M, & M esse prædicatum omnis S. Sed prædicatum prædicati est prædicatum Subjecti. P itaque est prædicatum omnis S, id quod ita exprimitur: Omne S est P.[177]

Bemerkenswert an diesem Zitat ist zunächst die im zweiten Satz befindliche und für das 18. Jahrhundert typische Wiederaufnahme eines zwischen dem Neuplatonismus und der Spätscholastik entstandenen Lemmas, das als Regula de quocunque bekannt ist und das ich als eine intensionale Variante des aristotelischen *dictum de omni* betrachte.[178] Die drei ineinander geschachtelten Quadrate zeigen, dass das Urteil der Konklusion Alle S ist P identisch ist mit dem Urteil P ist in allen S (»P esse in omni S, seu, quod idem est, omne S esse P«).

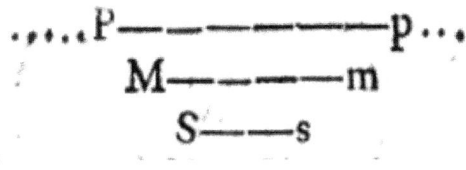

Abb. 8
J. H. Lambert: Neues Organon. 2 Bde. Leipzig 1764, Bd. 1, S. 124 (= § 201)

Johann Heinrich Lambert hatte 1762 in der Bürgerbibliothek der Züricher Wasserkirche eine »alte scholastische Logik, oder [...] ein Commentarius über die Logik des Aristoteles« mit logischen »Figuren in Holzschnitten« gefunden, die »viele Begriffe und Verhältnisse« illustrierten.[179] Dass er noch sechs Jahre später einen Brief mit der Bitte nach Zürich schickt, das Buch noch einmal inspizieren zu dürfen, darf als Indiz dafür genommen werden, dass die 1764 in der Schrift *Neues Organon* entwickelten logischen Linien- und Punktdiagramme durch diese »scholastische Logik« angeregt wurden. Für Lambert war die Ausarbeitung einer derartig anschaulichen

---

[177] Gottfredus Ploucquet: Fvndamenta Philosophiæ Speculativæ. Tübingae 1759, S. 25 (= § 71).
[178] Bspw. findet man eine stark überspitzte scholastische Variante dieser Phrase in [Ps.-]Joslenus Suessionensis: De generibus et speciebus. In: Ouvrages inédits d'Abélard. Hrsg. v. Victor Cousin. Paris 1836, S. 520: »Si enim aliquid prædicatur de aliquo et aliud subiciatur subiecto, subiectum subiecti subicitur prædicato prædicati.« Ploucquets Zitat geht wahrscheinlich auf Leibniz' *De casibus perplexis* II, XXI zurück (»prædicatum prædicati est prædicatum subjecti«).
[179] Johann Heinrich Lambert an Johann Jakob Steinbrüchel, 14.4.1768. In: Johann Heinrich Lamberts deutscher gelehrter Briefwechsel. Hrsg. v. Johann III. Bernoulli. 2 Bde. Berlin s.a. [1782], Bd. 1, S. 403–408.

Logik vor allem eine didaktische Verbesserung gegenüber arithmetischen und rein algebraischen Kalkülen.[180] Im *Neuen Organon* wird die »Ausdehnung« eines Abstractums mittels einer gezeichneten Linie dargestellt, deren Länge die Anzahl aller Individua illustriert, welche auch mit Punkten dargestellt werden, wenn sie keine Ausdehnung anzeigen sollen oder ihre Anzahl unbestimmt ist. Das nebenstehende Diagramm (Abb. 8) ermöglicht daher eine Erklärung von Schlüssen, die vom *dictum de omni* (*et nullo*) abhängen, wie bspw.: Alle M sind P, alle S sind M, also alle S sind P.[181]

Lambert hatte im Januar 1765 in einem Zeitungsartikel eine eher Ploucquets Methode favorisierende *Abhandlung über die Mathematik* von Georg Jonathan von Holland zumindest dafür gelobt, dass sie versuche, die »Epoquen von solchen Rechnungsarten festzusetzen, damit man, wenn sie einmal zu ihrer wahren Vollkommenheit und Brauchbarkeit kommen, sich über ihre Erfindung nicht so bitter zanke, wie es bey dem *Differential-calculo* geschehen«.[182] Lambert versicherte, dass er seine geometrische Methode mindestens ein Jahr vor Abfassung des *Neuen Organon* entwickelt habe – scheinbar ging er davon aus, dass Ploucquets Methode erst 1763/64 entstanden ist.

Natürlich ließ Ploucquet es sich nicht nehmen, auf seine bereits angesprochene Schrift aus den 1750er Jahren zu verweisen: Es sei ihm, so Ploucquet, »nicht undienlich [...], dem Verlangen des Herrn Prof. Lambert ein Genüge zu thun, und die Epoquen dieser Rechnungsart fest zu sezen«. Schon 1758 kam ihm die Idee, »Schlüsse zu zeichnen, und in Figuren vorzustellen«.[183] Aus historischer Sicht ist es bemerkenswert, dass Ploucquet sich zudem gegen die historische Zuschreibung von Heinrich Wilhelm Clemm wehrte,[184] seine Logik habe Ähnlichkeit mit der *characteristica universalis* Ramon Lulls, Richard Suiseths oder Gottfried Leibniz'.[185] Lambert konnte in all diesen historischen Zurechtweisungen Ploucquets nur noch eine »umständlichere Erzählung« sehen und schwenkte schnell zur inhaltlichen Kritik über.[186]

---

[180] Für eine genauere Beschreibung der lambertschen Methode siehe unten, Kap. 2.3.4.
[181] J. H. Lambert: Neues Organon oder Gedanken über die Erforschung und Bezeichnung des Wahren und dessen Unterscheidung vom Irrthum und Schein. 2 Bde. Leipzig 1764, hier: Bd. 1, S. 109–125 (= §§ 173–202).
[182] Vgl. J. H. Lambert: Neue Zeitung von gelehrten Sachen 1765:1 (3. Januar). In: Sammlung der Schriften, welche den logischen Calcul Herrn Prof. Ploucquets betreffen, mit neuen Zusäzen. Hrsg. v. August Friedrich Bôk. Frankfurt, Leipzig 1766, S. 152.
[183] Gottfried Ploucquet: Untersuchung und Abänderung der logikalischen Constructionen des Hrn. Prof. Lambert. In: Bôk (Hrsg.): Sammlung der Schriften, S. 157–202, hier: S. 157. Für eine genauere Beschreibung der ploucquetschen Methode siehe unten, Kap. 2.3.4.
[184] Henricus Gvilielmus Clemmius: Novae amoenitates literariae. Fascicvlvs Qvartvs. Stvtgardiae 1764, S. 549–556, hier: S. 554.
[185] G. Ploucquet: Untersuchung und Abänderung der logikalischen Constructionen des Hrn. Prof. Lambert. In: Bôk (Hrsg.): Sammlung der Schriften, S. 157–160.
[186] Vgl. J. H. Lambert: Neue Zeitungen von gelehrten Sachen. 1765:58 (22. Juli). In: Bôk (Hrsg.): Sammlung der Schriften, S. 207–215, hier: S. 207.

2.2 Analytizität – Analytische Urteile, Umfangsmetaphern und Logikdiagramme

Als eine Bestätigung des alten Sprichworts »duobus litigantibus tertius gaudet« kann man es ansehen, dass ausgerechnet Leonhard Euler zum Namenspatron der umfangslogischen Diagramme in der geometrischen Logik erklärt wurde[187] und dass von allen bislang genannten diagrammatischen Logiken es seine war, die in den 1990er Jahren erstmals zum diagrammatischen Kalkül ausgearbeitet wurde.[188] Euler hatte seine berühmten Kreisdiagramme fast zeitgleich mit Ploucquet und Lambert, nämlich zwischen 1760 und 1762, entwickelt; allerdings hatte er sie erst 1768 in Band 2 seiner *Lettres à une princesse d'Allemagne sur divers sujets de physique et de philosophie* veröffentlicht. Im Unterschied zu Lambert und Ploucquet waren Eulers analytische Diagramme nicht mit der logizistischen Idee verbunden, einen logischen Kalkül aufzubauen. Das ist nicht verwunderlich, denn schließlich war Euler als scharfer Kritik der rationalistischen Philosophie bekannt, insbes. der Leibniz-Wolffschen Schule. Euler ging es vielmehr darum, mit analytischen Diagrammen die Gültigkeit von Syllogismen zu prüfen.[189]

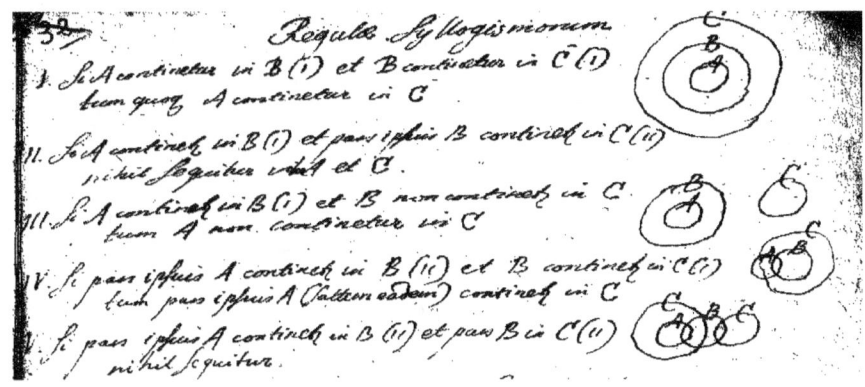

Abb. 9
Leonhard Euler: Theses Logicae (Manuskript, ca. 1740). Санкт-Петербургский филиал Архива ПФА РАН Ф. 136. Оп. 1. № 134, S. 32.

Wie man an den weitaus früher entstandenen Manuskripten Eulers sehen kann, gibt es aber nicht *die* ›Euler-Diagramme‹, sondern auch analytische Diagramme, die man als Vorarbeit zu den *Lettres* verstehen kann. Vladimir Ivanovich Kobzar, der meines Wissens zum ersten Mal diese Euler-Diagrammen des Nachlasses publiziert hat, argumentiert, dass die Diagramme in den späten 1730er Jahren in St. Petersburg zu Unterrichtszwecken entstanden seien, da zu dieser Zeit in Zentraleuropa logische

---

[187] Siehe oben, Kap. 2.2.1.
[188] Vgl. Eric M. Hammer: Logic and Visual Information, S. 69–83; Eric M. Hammer, Sun-Joo Shin: Euler's Visual Logic. In: History and Philosophy of Logic 19:1 (1998), S. 1–29. Shin hatte kurz zuvor einen korrekten und vollständigen Kalkül für Venn-(bzw. Peirce-)Diagramme entwickelt, siehe unten, Kap. 2.3.
[189] Vgl. Peter Bernhard: Euler-Diagramme, S. 45ff.

2 Die Logik und ihre geometrische Interpretation

Diagramme verrufen gewesen seien.[190] Da die Euler-Diagramme außerhalb des russischen Sprachraums nicht bekannt sind, habe ich mir erlaubt, in Abb. 9 einen längeren Ausschnitt eines Fragments mit dem Titel *Regulae Syllogismorum* abzubilden, das fünf von elf syllogistischen Regeln anzeigt. Die erste Regel der Manuskriptseite zeigt den modus Barbara in der Metaphorik des Enthaltenseins nach dem *dictum de omni* (*et nullo*): Wenn A in B enthalten ist und B in C enthalten ist, dann ist auch A in C enthalten. (»Si A continetur in B (I) et B continetur in C (I) tum quoq[ue] A continetur in C.«)[191]

In den berühmten *Lettres* wollte Euler – nach lockescher Manier – den Unterschied zwischen den Individuen bzw. Eigennamen als Konkreta und den davon abstrahierten Abstrakta erklären, um dann eine Urteilslogik aufzubauen, die die Relation von Subjekt und Prädikat anhand von kreisförmigen analytischen Diagrammen (»figures rondes«) vorstellt.[192]

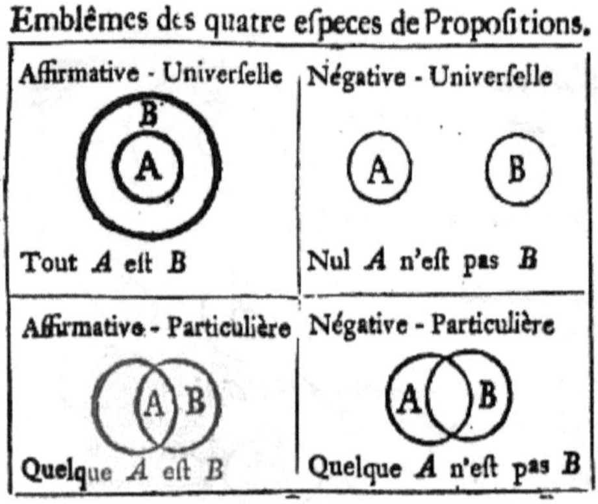

Abb. 10
Leonhard Euler: Lettres à une princesse d'Allemagne sur divers sujets de physique & de philosophie. 2 Bde. Saint Petersbourg 1768, hier: Bd. 2, S. 101 (= L. CIII).

Abb. 11
L. Euler: Lettres. Bd. 2, S. 101 (= L. CIII).

Euler beginnt damit, die traditionellen vier kategorischen Urteilstypen (A, E, I, O) anhand einer Kreuzklassifikation von Quantität und Qualität darzustellen (Abb. 10). Mit

---

[190] Zur Datierung vgl. Владимир Иванович Кобзарь: Элементарная логика Л. Эйлера. In: Логико-философские студии [Logiko-filosofskie studii] 3 (2005), S. 130–152, hier: S. 134. Eine ausführlichere Besprechung mit Abbildung der einschlägigen Manuskripte bietet ders.: Гносеология и логика Л. Эйлера в »Письмах к немецкой принцессе о разных физических и философских материях«. In: Логико-философские студии [Logiko-filosofskie studii] 8 (2010), S. 98–120.

[191] Ich danke vor allem Larissa Tonojan für die Anfertigung der Kopien des Manuskripts und weise daraufhin, dass alle Rechte an den Manuskripten bei der Russischen Akademie der Wissenschaften und Prof. Kobzar liegen. Mein tiefer Dank gilt den vielen russischen Kollegen, die meine Forschung unterstützt haben, insbes. Ivan Mikirtumov und Yuri Chernoskutov.

[192] Leonhard Euler: Lettres à une princesse d'Allemagne sur divers sujets de physique & de philosophie. 2 Bde. Saint Petersbourg 1768, hier: Bd. 2, S. 96–101 (= L. CIIf.). Für eine genauere Beschreibung der eulerschen Methode siehe unten, Kap. 2.3.4.

2.2 Analytizität – Analytische Urteile, Umfangsmetaphern und Logikdiagramme

Hilfe der Kreisdiagramme lassen sich dann Bedingungen illustrieren wie `Wenn C ganz im Begriff A enthalten ist, und auch A auch ganz in B`. Das Antezedens berechtigt dann zu einem Schluss (Abb. 11) nach der Art des modus Barbara: »Alle A sind B: Nun sind alle C, A: Folglich sind alle C, B.«[193] Der heute als bloße Metapher abgetane Ausdruck des Enthaltenseins wird hier zum Fundament der gesamten Logik. Wie Euler explizit angibt, beruht seine Logik auf den Prinzipien des Enthaltensein, die mit dem *dictum de omni et nullo* korrespondieren:

> Der Grund aller dieser Schlußarten liegt in zwey Grundsätzen von der Natur des *Enthaltenden* und des *Enthaltnen*.
> I. Alles, was in dem *Enthaltnen* ist, findet sich auch in dem *Enthaltenden*, und
> II. Alles, was außer dem *Enthaltenden* ist, ist auch außer dem *Enthaltnen*.[194]

Eulers Logik und Metaphysik wurden im deutschsprachigen Raum zunächst wenig zur Kenntnis genommen und sogar von Leibnizianern intensiv bekämpft.[195] Auch die Diagamme Ploucquets und Lamberts wurden in den 1770er und -80er nicht weiter ausgearbeitet.[196] Bereits der Versuch, einen Kalkül zu entwickeln, der nur auf die Logik beschränkt wäre, galt als gescheitert – gleich, ob der Kalkül auf einem algebraischen oder geometrischen Zeichensystem beruhte. Der logizistische Traum, einen universalen Kalkül zu statuieren, der weit mehr als nur die Berechnung der Logik leiste, war in weite Ferne gerückt. Bereits 1766 fasste August Friedrich Bök das Urteil seiner Zeitgenossen wie folgt zusammen:

> Eine Erfindung dieser Art, welche ein reeller Calcul heissen könnte, und womit sich die unersättliche Wißbegierde Leibnizens viele Jahre ohne Erfolg beschäftigte, scheint nicht in die Sphäre der Sterblichen zu gehören, und wird vermutlich mit der Erfindung des Steins der Weisen, mit der Quadratur des Zirkels, und mit der Zusammensezung einer ewigen Maschine einerley Schiksal haben.[197]

Erst mit dem um das Jahr 1790 entfachten Streit zwischen Leibnizianern und Kantianern wurden die Logikdiagramme von Lambert, Ploucquet und Euler wieder zur

---

[193] Euler: Lettres, Bd. 2, S. 104 (= L. CIII): »Si la notion C est contenuë tout entiere dans la notion A, elle sera aussi contenuë toute entiere dans l'espace B«). »Tout A est B: Or Tout C est A: Donc Tout C est B.« (Dt. Übersetzung nach der 1. Aufl. 1768, Bd. 2, S. 95)
[194] Euler: Lettres, Bd. 2, S. 118 (= L. CIV). »Le fondement de toutes ces formes se réduit à ces deux principes sur la nature du contenant & du contenu.« (Dt. Übersetzung nach der 1. Aufl. 1768, Bd. 2, S. 106).
[195] Die in diesem Kapitel noch folgenden Thesen wurden ausführlicher in dem Artikel Jens Lemanski: Periods in the Use of Euler-Type Diagrams behandelt.
[196] Bereits selten ist eine genauere Erklärung der Diagramme Lamberts wie etwa bei Johann Carl Christoph Ferber: Vernunftlehre. Helmstädt, Magdeburg: Hechtel, 1770, S. 429ff.
[197] Bök: Vorrede. In: Ders. (Hrsg.): Sammlung der Schriften, [s.p.]. Siehe auch unten, Kap. 2.3.

2 Die Logik und ihre geometrische Interpretation

Kenntnis genommen.[198] Man kann sagen, dass es der Verdienst der intuitionsaffinen Philosophie Kants war, die einer dritten Periode analytischer Logikdiagramme bis zur Krise der Anschauung um das Jahr 1880 überhaupt Kontinuität verlieh. Vereinfacht gesagt: Ohne Kant und die Kantianer der ersten Generation würden wir heute analytische Diagramme nicht als Euler-Diagramme bezeichnen. Hätte sich der leibnizwolffsche Rationalismus durchgesetzt, hätten Logiker des 19. Jahrhunderts wahrscheinlich genauso wenig Ahnung von den Logikdiagrammen aus der Zeit Eulers gehabt wie sie von den Logikdiagrammen der ersten und zweiten Periode Ahnung hatten. Im Streit zwischen Kantianer und Leibnizianer, also um das Jahr 1790, standen im Zentrum der Kontroverse die Fragen, welche Rolle Diagramme für die Erkenntnis und Wissenschaft besitzten und welche analytischen Diagramme verwendet werden sollten.

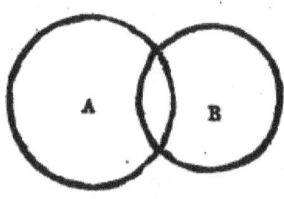

Abb. 12
Johann Gottfried Kiesewetter: Grundriß einer reinen allgemeinen Logik nach kantischen Grundsätzen [...]. Frankfurt 1793, S. 125.

Eher neutral griffen Gotthelf Samuel Steinbart und Johann August Heinrich Ulrich die Liniendiagramme von Lambert um das Jahr 1790 wieder auf.[199] Dass Lambert aber in diesen Jahren sowohl von Leibnizianern als auch Kantianern vereinnahmt wurde, zeigt sich an mehreren Beispielen: Kantianer wie Johann Gottfried Kiesewetter und Georg Samuel Albert Mellin bemühten sich darum, Eulers mit Lamberts Diagrammen in Einklang zu bringen; Leibnizianer wie Wilhelm Ludwig Gottlob von Eberstein und Johann Gebhardt Ehrenreich Maaß wollten hingegen den Kant-Kritiker Ploucquet mit Lambert harmonisieren. Als Beispiel stelle ich im Folgenden nur jeweils ein Diagramm von Kiesewetter und Maaß vor.

1793 hat Kiesewetter in seinem *Grundriß einer reinen allgemeinen Logik* zwei Kreisdiagramme verwendet, um damit Konversionsregeln zu verdeutlichen. In Abb. 12 benutzt Kiesewetter die Kreisdiagramme, um eine einfache Umkehrung bejahender Urteile zu kennzeichnen: »wenn einige *A B* sind, so sind auch einige *B A*.«[200]

---

[198] Vgl. zu diesem Streit auch unten, Kap. 2.3.1.
[199] Vgl. Gotthelf Samuel Steinbart: Gemeinnützige Anleitung des Verstandes zum regelmäßigen Selbstdenken. 2. Aufl. Züllichau 1787, S. 14ff.; Ioannes Avgvstvs Henricvs Vlrich: Institvtiones logicae et metaphysicae. Scholae svae scripsit perpetva Kantianae disciplinae ratione habita. Ienae 1792, S. 171.
[200] Johann Gottfried Kiesewetter: Grundriß einer reinen allgemeinen Logik nach kantischen Grundsätzen [...]. Frankfurt 1793, S. 126.

2.2 Analytizität – Analytische Urteile, Umfangsmetaphern und Logikdiagramme

In Maaß' 1793 veröffentlichtem *Grundriß der Logik* findet sich eine Semiotik, in der das Zeichen in Form geometrischer Dreiecke dargestellt wird, um damit sowohl die Diskussion über Begriffsextensionen und -subordinationen als auch die Heuristik von Konklusionen aus bestehenden Prämissen zu vereinfachen.[201] Als Beispiel dafür seien hier seine beiden zuerst angeführten Logikdiagramme dargestellt (Abb. 13), an denen diskutiert wird, ob die »Sphäre eines Begriffes« bis zu α, κ oder μ reiche.[202] Die Verwendung der Dreiecke bei Maaß ist keine zufällige Wahl, und die Entscheidung für Dreiecke erklärt – neben den oben zu Beginn von Kap. 2.2 von Henry E. Allison genannten Gründen – auch, warum Maaß (aU) und (sU) bei Kant in Frage stellt: Die allein für sich unbrauchbaren Extensionsmetaphern, welche bei Euler und dann auch bei Kant vor allem durch zweidimensionale Kreis- oder Vierecksdiagramme dargestellt werden, seien vage, da sie mit den viel vollkommeneren Subordinationsmetaphern bei Lambert konkurrieren, die durch Linien dargestellt werden.[203] Maaß legt daher in seinen Dreiecksdiagrammen den Fokus auf die subordinierenden Seiten, die zusammengenommen aber auch eine extensionale Fläche darstellen.

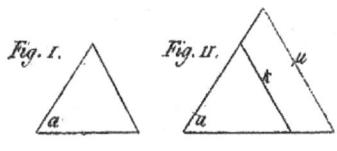

Abb. 13
Johann Gebhard Ehrenreich Maaß: Grundriß der Logik, zum Gebrauche bei Vorlesungen. Halle 1793, Beiblatt S. III.

Ab dem frühen 19. Jahrhundert dominierten die Kantianer in der Logik und damit auch Eulers analytische Diagramme der geometrischen Logik sowie die Metapher des Umfangs und Enthaltenseins. Alle anderen Traditionslinien der geometrischen Logik gerieten mehr und mehr in Vergessenheit, nur der hegelsche Rationalismus übernahm die Diagrammfeindlichkeit der Leibniz-Wolffschen Schule.[204] Im deutschsprachigen Raum wurden Eulers Diagramme in den einflussreichsten Logiken zwischen Kant und Schopenhauer verwendet: Krause veröffentlichte 1803 seinen *Grundriss der historischen Logik*, Wilhelm Traugott Krug 1806 seine *Logik oder Denklehre*, Jakob Friedrich Fries 1811 sein *System der Logik*. Alle enthielten analytische Diagramme im Sinne Eulers und Kants. Auch im englischsprachigen Raum sieht man den Einfluss von Kants und seiner Schule bspw. sehr gut an Thomas Wirgmans Logikartikel in der *Enyclopædia Londinensis*, in dem er versucht, große Teile des kantischen Systems mit Hilfe von Logikdiagrammen darzustellen (wie bspw. Abb. 14).

---

[201] Für eine genauere Beschreibung der maaßschen Methode siehe unten, Kap. 2.3.4.
[202] Johann Gebhard Ehrenreich Maaß: Grundriß der Logik, zum Gebrauche bei Vorlesungen. Halle 1793, S. 294 (= § 365).
[203] Ebd., S. IXff. (Vorrede).
[204] Vgl. Valentin Pluder: The Limits of the Square. Hegel's Opposition to Diagrams in its Historical Context. In: The Exoteric Square of Opposition. Hrsg. v. Jean-Yves Beziau und Ioannis Vandoulakis. Basel 2021.

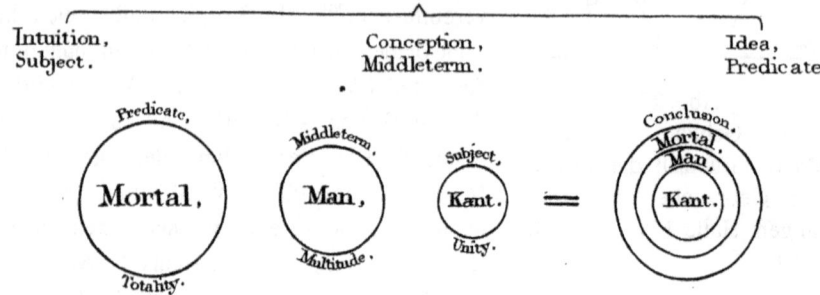

Abb. 14

Thomas Wirgman: Logic (Art.). In: *Enyclopædia Londinensis*, Bd. XIII. London 1815, S. 1–51, hier: S. 25 (plate III).

2.2.4 Kants »Notion of Containment«

In den vorangegangenen Kapiteln wurde dargelegt, dass man bereits in der Antike Indizien dafür finden kann, viele technische Ausdrücke der Logik als Beschreibungen von geometrischen Relationen zu verstehen. Erst im Mittelalter wurden diese Relationen nicht nur beschrieben, sondern auch durch Diagramme der geometrischen Logik zunehmend visualisiert (Kap. 2.2.2). Spätestens in der frühen Neuzeit entwickelten sich zunehmend differenzierte Logikdiagramme, die analytische Eigenschaften im Sinne Venns besaßen (Kap. 2.2.1) und zugleich auch die technischen Ausdrücke des Umfangs und des Enthaltenseins visualisierten (Kap. 2.2.3), die im frühen 20. Jahrhundert als unverständliche Metaphern abgetan wurden (Einl. v. Kap. 2.2).

Kant spielt in den historischen Referenzwerken zu den logischen Diagrammen gewöhnlich nur eine marginale Rolle. Sehr verhalten verweisen mehrere Historiker auf die sog. *Jäsche-Logik*, deren Publikation genau auf das Jahr 1800 fällt. Die zurückhaltende Nennung dürfte darauf beruhen, dass Kant zum einen seine Logik-Vorlesungen nicht selbst, sondern durch Gottlob Benjamin Jäsche hat ausarbeiten lassen, und zum anderen darauf, dass darin nur vereinzelt logische Diagramme auftauchen. Wie ich in Kap. 2.2.3 gezeigt habe, sind analytische Diagramme der geometrischen Logik, insbes. Euler-Diagramme, die auf dem Prinzip des Enthaltenseins fußen, aber erst durch Kant und seine Anhänger populär geworden. Wenn also Ernst Schröder 1890 schreibt, dass seit Euler Logikdiagramme in allen Werken zur Logik

2.2 Analytizität – Analytische Urteile, Umfangsmetaphern und Logikdiagramme

benutzt oder wenigstens auf sie Bezug genommen worden sei,[205] dann muss man verbessern, dass Eulers Logikdiagramme wohl erst durch den Kantianismus Einzug in die Logiktextbücher des 19. Jahrhunderts gefunden haben.

Die in der *Jäsche-Logik* enthaltene Urteilslogik wird in gewohnter kantischer Manier durch die sog. ›Urteilstafel‹ (»Logische Formen der Urtheile«) strukturiert. Das heißt, Kant[206] unterteilt die Urteilslogik in die vier Hauptmomente: Quantität, Qualität, Relation und Modalität (§ 20). In Anm. 5 von § 21 kombiniert er bezüglich der Quantität der Urteile das geometrische Bild einer Sphäre mit dem Bild eines Quadrats, um besondere Urteile darstellen zu können:

> Von den besondern Urtheilen ist zu merken, daß, wenn sie durch die Vernunft sollen können eingesehen werden und also eine rationale, nicht bloß intellectuale (abstrahirte) Form haben: so muß das Subject ein weiterer Begriff (conceptus latior) als das Prädicat sein. Es sei das Prädicat jederzeit = ○, das Subject □, so ist

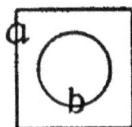

> ein besonderes Urtheil, denn einiges unter *a* Gehörige ist *b*, einiges nicht *b*, das folgt aus der Vernunft. Aber es sei

> so kann zum wenigsten alles *a* unter *b* enthalten sein, wenn es kleiner ist, aber nicht wenn es größer ist, also ist es nur zufälliger Weise particular.[207]

Nach der Darstellung der Qualität (§ 22) erläutert Kant ab § 23 die Relation der Urteile und skizziert anhand eines »Schemas« die begrifflichen »Sphären«, um den ›eigentümlichen Charakter der disjunktiven Urteile‹ zu veranschaulichen. Genau genommen zeigt der § 29 zwei Schemata, da Kant die disjunktiven Urteile mit den kategorischen kontrastiert, wobei er eine Variante des modus Barbara im Wortlaut des *dictum de omni et nullo* anführt, das er auch in den §§ 14 und 63 diskutiert:

---

[205] Vgl. Ernst Schröder: Vorlesungen über die Algebra der Logik (Exakte Logik). Bd. 1, Leipzig 1890, S. 155.
[206] Zur Vereinfachung spreche ich im Folgenden bei den Logikmitschriften Kants von Kant als Autor.
[207] AA IX, S. 103.14–22 (= Immanuel Kant: Logik. Ein Handbuch zu Vorlesungen. Hrsg. v. G. B. Jäsche, Königsberg 1800, S. 149f.).

2 Die Logik und ihre geometrische Interpretation

Daß in den disjunctiven Urtheilen nicht die Sphäre des eingetheilten Begriffs, als *enthalten* in der Sphäre der Eintheilungen, sondern das, was *unter* dem eingetheilten Begriffe *enthalten* ist, als *enthalten unter* einem der Glieder der Eintheilung, betrachtet werde, mag folgendes *Schema* der Vergleichung zwischen kategorischen und disjunctiven Urtheilen anschaulicher machen.

In kategorischen Urtheilen ist x, was unter b enthalten ist, auch unter a:

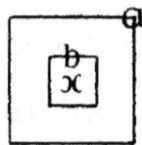

In disjunktiven ist x, was unter a enthalten ist, entweder unter b oder c etc. enthalten:

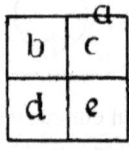

208

Die beiden oben gemutmaßten Gründe für die verhaltene Auseinandersetzung der Logikhistoriker mit den Schemata aus der *Jäsche-Logik* sind meiner Meinung nach gegenstandslos. Zum einen findet man in Kants mit Papier durchschossener Ausgabe zu Georg Friedrich Meiers *Auszüge aus der Vernunftlehre*, die Kant seinen Logikvorlesungen ab 1765 zu Grunde gelegt hat, mehrere und zudem sehr unterschiedliche Schemata und Diagramme, wie ich im Folgenden belegen werde. Zum anderen korrespondieren diese Notizen und Reflexionen Kants zum Teil stark mit dem Text und den Schemata in der *Jäsche-Logik*, da Jäsche bei der Erstellung der dann veröffentlichten Logik Kants eigene Manuskripte und Notizen kompiliert hat.[209] So entspricht bspw. die oben angeführte Anm. 5 zu § 21 (*Jäsche-Logik*) sehr genau Kants eigenem Kommentar zu Meiers § 292; und auch der zitierte Absatz aus § 29 ist textlich und besonders schematisch nahe an Kants Kommentar zu den §§ 307ff. von Meiers *Auszüge aus der Vernunftlehre*.

---

[208] AA IX, S. 108.1–8 (= I. Kant: Logik, S. 168); Hervorh. v. mir, J.L. Das erste Diagramm veranschaulicht das zu Beginn von Kap. 2.2 angesprochene Schema $\forall x\ bx \to ax$.
[209] Vgl. AA IX, S. 3f. (= I. Kant: Logik, S. V–VIII).

2.2 Analytizität – Analytische Urteile, Umfangsmetaphern und Logikdiagramme

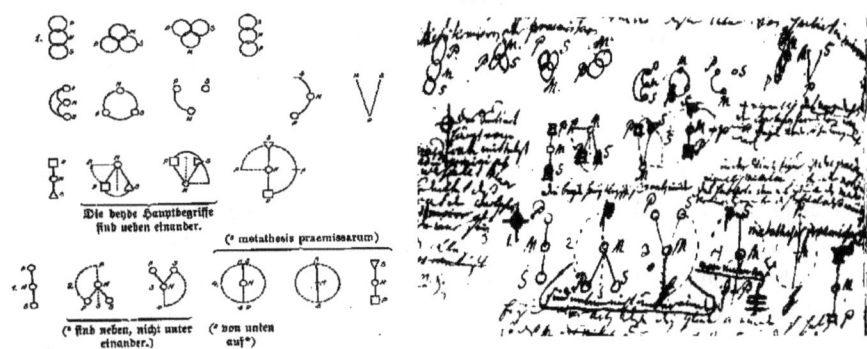

Abb. 1 (a)
Immanuel Kant: Handschriftlicher Nachlaß, Logik. AA XVI, S. 726 (= Nr. 3235)

Abb. 1 (b)
Immanuel Kant: Vorlesungen über Logik. In: G. F. Meier: Auszüge aus der Vernunftlehre. TÜR, Mscr 92, S. 95.

Zusätzlich zu der *Jäsche-Logik* enthält der von Erich Adickes herausgegebene Band XVI der Akademie-Ausgabe Kants (mit den Notizen zu Meier) noch mindestens sieben weitere Reflexionen mit Diagrammen bzw. Schemata: Nr. 3063, 3215, 3216, 3229, 3235, 3236, 3239–3240.[210] Adickes hatte in seinem Kommentar zu Nr. 3215 darauf hingewiesen, dass die dort befindlichen Kreisdiagramme Kants evtl. von Euler übernommen sein könnten.[211] Peter Schulthess hat Adickes Vermutung durch die These dahingehend verallgemeinert, dass Kants Diagramme von Euler beeinflusst sein dürften, da zum einen Kant in der sog. *Logik Philippi* selbst auf Eulers Diagramme hinweist und zum anderen die Diagramme in den Logikreflexionen erst nach der Veröffentlichung von Eulers Briefen um 1768 auftreten.[212] Historisch gesehen spricht also nichts dagegen, Kants analytische Diagramme als ›Euler-Diagramme‹ zu bezeichnen. Von der Zeitangabe selbst hängt zudem nicht viel ab, obwohl man anmerken kann, dass nach Adickes' Datierung einige der sieben genannten Reflexionen mit Diagrammen evtl. schon vor 1768 entstanden sind.

Dass von der Zeitangabe nicht viel abhängt, lässt sich wie folgt erklären. Nicht die Datierung, sondern die Zeichnungen selbst zeigen, dass Kant von logischen Schemata mehr wusste, als in Eulers Briefen (und auch in den von Kobzar publizierten Manuskripten) enthalten war. Besonders die Reflexion Nr. 3235 zeigt viele unterschiedliche Diagramme (mit S = Subjekt, M = Medius, P = Prädikat) in vielen Varianten, von denen mehrere Borromäische Ringe oder Halbkreis- und Dreiecksformen bilden (bes. zweite Zeile von Abb. 1 (a)) – also diejenigen Schemata, die in Kap. 2.2.2 und 2.2.3

---

[210] Ich danke Margit Ruffing für den Hinweis auf die Originalmanuskripte in Tartu.
[211] Adickes verweist dabei auf die folgenden Sätze Kants: »Je mehr die Begriffe aus der Vernunfft sind, desto mehr enthalten sie unter sich, desto weniger aber in sich. Euler hat das durch Figuren sinnlich zu machen gesucht.« (AA XXIV.1, S. 454)
[212] Vgl. Peter Schulthess: Relation und Funktion, S. 101, Anm. 28.

2 Die Logik und ihre geometrische Interpretation

bereits im Mittelalter und in der frühen Neuzeit nachgewiesen wurden. Da derartige Diagramme bei Euler aber weder in den *Lettres* noch in den Manuskripten vorkommen, können diese nicht Kants einzige Informationsquelle zu logischen Diagrammen gewesen sein.

Dies ist der Grund, weshalb Adickes in seinen Kommentaren (zu Nr. 3215 und 3235) neben Euler auch noch Langes *Additamenta* zum *Nucleus* als Vergleichsmöglichkeit herangezogen hat, obwohl er keinen Hinweis darauf gefunden habe, dass Kant diese Ausgabe kannte. Allerdings findet man auch die Mehrzahl der in Abb. 1 zu sehenden Schemata weder bei Euler noch bei Lange (bspw. Zeile 3 und 4 von Abb. 1(a)).[213] Die Vergleiche von Adickes, Lu-Adler und ferner Anderson oder auch Schulthess greifen folglich zu kurz, wenn sie Kants Diagramme nur mit Euler oder mit ein bis zwei weiteren geometrischen Logikern aus der frühen Neuzeit vergleichen. Obwohl die in Kap. 2.2.2 und 2.2.3 skizzierte Geschichte logischer Schemata bestimmt unvollständig ist, ist es überaus unwahrscheinlich, dass Kant seine Kenntnis der geometrischen Logik nur aus einer einzigen Quelle entnommen haben könnte, da man besonders in den Mitschriften zu Meier sehr viele unterschiedliche Diagramme mit unterschiedlichen Funktionen findet, die selbst weitreichende Kompendien zur geometrischen Logik – wie Langes Zusätze zum *Nucleus* – nicht alle abdecken können.

Das Fehlen einer ›Quelle Q‹ für die verschiedenen Diagramme berechtigt aber meines Erachtens nicht zu dem Umkehrschluss, dass Kant alle Diagramme selbstständig entwickelt habe. Denn es wäre doch ein sehr großer Zufall, wenn Kant ohne Wissen von ihrer Historie genau diejenigen kontraintuitiven Dreiecks-, Kreis- und Liniendiagramme konstruiert und mit denselben Funktionen versehen hätte, wie sie auch vereinzelt in vielen unterschiedlichen Werken des Mittelalters und in der frühen Neuzeit zu finden sind. Da auch hier kein abschließender Nachweis erbracht werden kann, woher Kant die vielen logischen Diagramme kannte, ist es naheliegend, sich zunächst dem Urteil von Gardner, Baron und vielen anderen Historikern anzuschließen, dass besonders die analytischen Diagramme und Eselsbrücken mündlich durch den Logikunterricht an höheren Schulen über die Jahrhunderte tradiert wurden. Kants Randschriften zu Meiers Logik sind selbst ein Beleg dieser These.

Eine besondere Berücksichtigung der bislang erwähnten geometrischen Formen müssen aber die kreis- und quadratförmigen Flächendiagramme erfahren, da sie in der analytischen Tradition stehen. Ich habe zu Beginn von Kap. 2.2 die These vertreten, dass die umfangslogischen Ausdrücke (hier: ›enthalten sein‹, ›außer(halb) liegend‹), die Kant bei der Definition von (aU) und (sU) verwendet, kein »Nachteil (shortcoming)« ist, wie Quine behauptet hat und wie in der Kantforschung seit Langem

---

[213] Die ungewöhnlichen Diagramme in den unteren beiden Reihen von Abb. 1 erinnern ansatzweise an die Diagramme in Heinrich Ernst Seebach: Introductio in iuris et politices utrium per viam logices. Wittebergae 1697, Pars III.

2.2 Analytizität – Analytische Urteile, Umfangsmetaphern und Logikdiagramme

diskutiert wird. Vielmehr habe ich im Anschluss an Anderson und Lu-Adler zu verstehen gegeben, dass diese umfangslogischen Ausdrücke eine aus der logischen Tradition erwachsene Bildlichkeit implizieren, die heutzutage unter dem Stichwort ›Euler-Diagramme‹ oder allgemeiner ›analytische Diagramme‹ diskutiert wird.

Kant selbst hat an einer Stelle seines Handexemplars zu Meiers *Auszüge aus der Vernunftlehre* explizit die Bildlichkeit dargestellt, die den (aU) und (sU) zugrunde liegt. Diese Darstellung befindet sich in der Reflexion Nr. 3216 und kommentiert zusammen mit den Reflexionen 3214–3219, denen Adickes eine Abhängigkeit von Euler-Diagrammen attestiert hat, den § 363 der meierschen Logik. Dieser Hinweis auf § 363 von Meier ist keinesfalls unnütz, sondern zeigt überhaupt erst deutlich, in welcher Tradition Kants analytische Diagramme in diesen Reflexionen stehen: Meier führt in § 362 zunächst den Satz des Widerspruchs ein und begründet damit in § 363 das *dictum de omni et nullo*. Wie Vives, Reimers, Keckermann, Alsted, Leibniz, Ploucquet, Lambert und auch Euler selbst verwendet Kant analytische Diagramme, um das *dictum de omni et nullo* zu kommentieren, darzustellen und zu bewerten.

Aufgrund verschiedener Aspekte erscheint Kants Bewertung des *dictum de omni et nullo* sowohl progressiv und problematisch als auch konservativ und traditionsbewusst. Der *Jäsche-Logik* (§ 63) und vielen weiteren Logikmitschriften der Schüler Kants kann man entnehmen, dass Kant progressiv das *dictum de omni* (*et nullo*) aus dem obersten Prinzip *nota notae est nota rei ipsius* (*et repugnans notae, repugnat rei ipsi*) – d.h., was dem Merkmal einer Sache zukommt, das kommt auch der Sache selbst zu usw. – ableiten wollte.[214] Schon allein an der Syntax ist leicht ersichtlich, dass das *nota notae*-Prinzip, das Kant bereits 1762 in *Die Falsche Spitzfindigkeit der vier syllogistischen Figuren* publik gemacht hatte, eine – evtl. an Meier (§ 115–123) angepasste – Paraphrase des bereits oben in Kap. 2.2.3 bei Ploucquet zitierten neuplatonisch-scholastischen Lemmas *praedicatum praedicati est praedicatum subjecti* ist.[215]

Einerseits ist nun die Abhängigkeit des *dictum de omni* vom *nota notae*-Prinzip problematisch, da Varianten des Prinzips und das Diktum in ihrer ideengeschichtlichen Verwendung von den Neuplatonisten bis Kant meistens synonym gebraucht wurden (siehe Ploucquet) und zudem Kant sogar selbst, bspw. in Reflexion Nr. 3218, das *dictum de omni* (*et nullo*) mit dem *nota notae* übersetzt. Andererseits zeigt aber die Erklärung des Diktums bzw. Prinzips durch die vermeintlichen ›Euler-Diagramme‹, dass Kant die Diagramme an dieser Stelle weder gewählt hat, weil sie durch Euler in Mode gekommen sind, noch weil sie, wie bspw. bei Sturm,[216] irgendwelche problematischen Schlüsse demonstrieren können. Somit liegt eine Zweischneidigkeit

---

[214] Vgl. Peter Schulthess: Relation und Funktion, S. 43.
[215] Vgl. dazu auch die ausführliche Erklärung anhand eines Dreieckdiagramms bei Wilhelm Traugott Krug: Logik oder Denklehre (System der theoretischen Philosophie I). Königsberg 1806, S. 306ff. (= § 79).
[216] Siehe oben, Kap. 2.2.3.

2 Die Logik und ihre geometrische Interpretation

von Konservatismus und Progression vor: Kants Logikdiagramme knüpfen nicht nur an eine Tradition an – sie führen diese auch bewusst fort.[217]

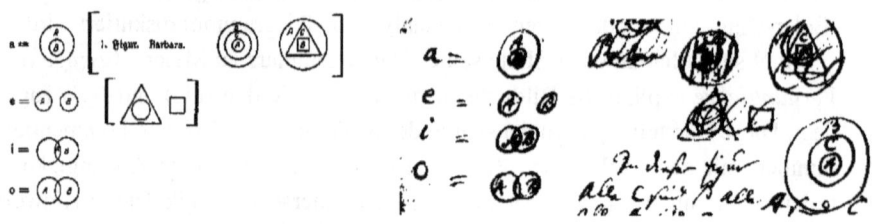

Abb. 2 (a)
Immanuel Kant: Handschriftlicher Nachlaß, Logik. AA XVI, S. 715 (= Nr. 3215).

Abb. 2 (b)
Immanuel Kant: Vorlesungen über Logik. In: G. F. Meier: Auszüge aus der Vernunftlehre. TÜR, Mscr 92, S. 94.

Zur Begründung dieser These ziehe ich nun die Diagramme und somit die Bildlichkeit der kantischen Metaphern des Enthaltenseins hinzu, wie man sie in Kants Kommentaren zu Meiers *Auszüge aus der Vernunftlehre* § 363, besonders in Reflexion Nr. 3216, findet. In Reflexion Nr. 3214 gibt Kant zunächst ein Beispiel für das Diktum bzw. das Prinzip an; in Reflexion Nr. 3215 findet man dann die eulerschen Diagramme für die kategorischen Urteile (siehe Abb. 2) sowie die Darstellung dreier modi (Barbara, Bamalip, Darii) anhand zweier grafischer Kombinationen der vier Urteilstypen.[218]

In Reflexion Nr. 3216 werden schließlich (aU$_K$) und (sU$_K$) an analytischen Diagrammen verdeutlicht:

> Das logische Verhältnis aller ~~Urt~~ Begriffe ist, daß der eine unter der sphaera notionis des ~~Subjects~~ andern enhalten sey: . Das metaphysische Verhältnis besteht darin, ob der eine mit dem andern synthetisch oder analytisch verbunden sey:

---

[217] Bereits Georg Samuel Albert Mellin: Figur, logische (Art.). In: Ders.: Encyclopädisches Wörterbuch der kritischen Philosophie, Bd. 2:2. Jena, Leipzig 1799, S. 581–611 verbindet Kants *nota notae*-Prinzip als oberste Regel aller Vernunftschlüsse mit dem *dictum de omni* (*et nullo*) und leitet daraus die lambertschen Dicta ab, die er an Linien- und Kreisdiagrammen illustriert.
[218] Auf mehrere Schwierigkeiten bei der Deutung dieser Diagramme im Vergleich zu Euler hat bereits Adickes hingewiesen: Man vergleiche z.B. die A-Urteile in Abb. 2(a) mit Abb. 4(a).

2.2 Analytizität – Analytische Urteile, Umfangsmetaphern und Logikdiagramme

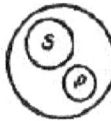

synthetisch   analytisch

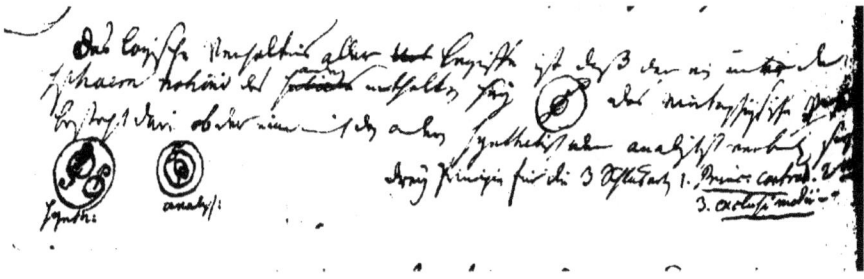

Abb. 3
Immanuel Kant: Vorlesungen über Logik. In: G. F. Meier: Auszüge aus der Vernunftlehre. TÜR, Mscr 92, S. 94.

Das Zitat Kants und die damit korrespondierende Abb. 3 dürften genauso viele Antworten geben, wie sie neue Fragen aufwerfen. Ich möchte an dieser Stelle den angesprochenen Unterschied zwischen dem ›logischen‹ und dem ›metaphysischen Verhältnis‹[219] ebenso wenig diskutieren wie die sich aufdrängende Frage, ob die Illustration des ›logischen Verhältnisses‹ vollständig mit dem Euler-Diagramm für kategorische *A*-Urteile von Reflexion Nr. 3215 und mit Eulers eigenem Diagramm für affirmativ universale Urteile (›Tout A est B‹) übereinstimmt.[220] Auch die naheliegende Vermutung über die Funktion von Reflexion Nr. 3216 in den Kommentaren zu Meiers *Auszüge aus der Vernunftlehre* § 363 – nämlich, dass Kant die Unterscheidung zwischen (aU) und (sU) hier einschiebt, um den Status des *nota notae*-Satzes selbst zu klären – soll hier nicht behandelt werden.

Festhalten möchte ich aber, dass die die Analytizität und Synthetizität darstellenden Schemata, also die beiden ›metaphysischen Verhältnisse‹, zwar auf Euler-Diagrammen basieren, selbst aber keine Euler-Diagramme sind. Die eulersche Basis dieser Diagramme besteht vor allem darin, dass Kant zum einen für (aU) auf das ineinander geschachtelte Kreisverhältnis für kategorische *A*-Urteile (Reflexion Nr. 3215) bzw. auf Eulers ›Affirmative – Universelle‹-Urteile und zum anderen für (sU)

---

[219] Vgl. dazu aber Schulthess: Relation und Funktion, S. 118–121. Schulthess deutet das ›logische Verhältnis‹ von *P* (größerer Kreis) und *S* (kleinerer Kreis) extensional, das metaphysische Verhältnis von *S* (größerer Kreis) und *P* (kleinerer Kreis) bei analytischen Urteilen intensional. Auch wenn man die Interpretation von Peter Bernhard: Euler-Diagramme, S. 42f., S. 55–69 hinzuzieht, korrespondiert nur Kants ›logisches Verhältnis‹ mit den extensionalen Euler-Diagrammen.
[220] Siehe oben, Kap. 2.2.3.

2 Die Logik und ihre geometrische Interpretation

zwei sich nicht schneidende Kreise für kategorische *E*-Urteile bzw. Eulers ›Negative – Universelle‹-Urteile zurückgreift.[221] Darüber hinaus entsteht der Unterschied zwischen Kants Schemata und Eulers Diagrammen durch den jeweils äußeren Kreis, da dieser bei Kant keine klar zugewiesene Funktion in Form einer Variablen, einer Konstanten o.ä. besitzt. Da alle Diagrammelemente in Eulers *Lettres à une princesse* aber eine derart klare Funktion besitzen – bspw. *A*, *B* als Variable, ein Stern ✳ für die Indikation einer bestimmten Region im Diagramm usw. –, so können die letzten beiden Diagramme im angegebenen Zitat keine Euler-Diagramme im strengen Sinn sein. Man kann sich diese beiden wesentlichen Unterschiede zwischen Kants und Eulers Diagrammen auch dadurch klarmachen, dass man sie als logisches Quadrat interpretiert und gegenüberstellt (Abb. 4).[222]

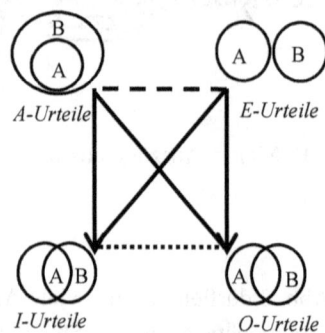 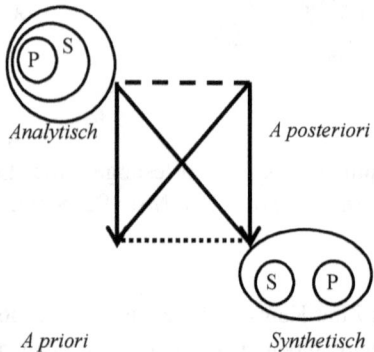

Abb. 4 (a)
Logisches Quadrat der Euler-Diagramme für kategorische Urteile

Abb. 4 (b)
Logisches Quadrat der Kant-Diagramme für (aU) und (sU)

Dass Kant hier überhaupt Urteile behandelt und dass ›synthetisch‹ und ›analytisch‹ Urteile meint, wird nicht nur durch den Kontext (Meier) deutlich, sondern auch durch die Tatsache, dass wir es in dem Zitat mit dem »Verhältnis« zweier Begriffe zu tun haben. Da Kant in dem zweiten Satz des Zitats den Unterschied zwischen (aU) und (sU) an der Art festmacht, wie die Begriffe miteinander verbunden sind, so vermute ich, dass mit dem jeweils äußeren Kreis die Verbindung (Kopula) bzw. das Urteil selbst dargestellt wird. Wenn die beiden inneren Kreise die Begriffe darstellen und *S* und *P* jeweils für ›Subjekt‹ und ›Prädikat‹ stehen, dann sind Subjekt und Prädikat im (sU_K) nur durch die Kopula verbunden, wohingegen im (aU_K) die Verbindung von Subjekt und Prädikat bereits vollständig durch das Subjekt gegeben zu sein scheint, da das Prädikat schon im Subjekt ›enthalten‹ ist. Anders gesagt kann im (sU_K) Subjekt

---

[221] Siehe oben, Kap. 2.2.3.
[222] Zur Funktion des logischen Quadrats siehe oben, Kap. 2.2.2. Zur Interpretation von Abb. 4(b) vgl. Jean-Yves Béziau: The Power of the Hexagon. In: Logica Universalis 6 (2012), 1–43, hier: S. 27f.; Peter McLaughlin, Oliver Schlaudt: Kant's Antinomies of Pure Reason and the ›Hexagon of Predicate Negation‹, S. 60f.

2.2 Analytizität – Analytische Urteile, Umfangsmetaphern und Logikdiagramme

und Prädikat – aufgrund ihrer räumlichen Differenz (›Négative – Universelle‹) – nur die Kopula verbinden, während im (aU_K) die Kopula entweder das Prädikat ersetzen kann, da das Prädikat schon das Subjekt impliziert, oder nur als Hilfsmittel fungieren kann, um das enthaltene Prädikat explizit zu machen.[223]

Da nun die beiden besprochenen Schemata bildlich das illustrieren, was die eingangs in Kap. 2.2 angeführten Definitionen der (aU_K) und (sU_K) aus der KrV begrifflich darstellen, kann man die Ausdrücke ›enthalten in‹ und ›außer(halb) liegen‹ weder als metaphorische »Nachteile (shortcomings)« (Quine) noch als Uneigentlichkeit verstehen, die einer Verbegrifflichung bedürfen. Denn ›enthalten in‹ und ›außer(halb) liegen‹ gehört in der KrV zu demjenigen Fachvokabular, das das verbalisiert, was Kant in Reflexion Nr. 3216 nur bildlich exemplifiziert hat. Was in der KrV allein ›metaphorisch‹ angedeutet zu sein scheint, wird in Reflexion Nr. 3216 als ausschließende Alternativen visuell wahrnehmbar schematisiert: In (aU_K) ist das Prädikat vollständig im Subjekt enthalten (und liegt nicht außerhalb des Subjekts); in (sU_K) liegt das Prädikat außerhalb des Subjekts (und ist nicht im Subjekt enthalten).

Man könnte nun darüber debattieren, ob die Ausdrücke, die Kant bei der Definition von (aU) und (sU) in der KrV verwendet und die Quine unter dem »Begriff des Enthaltenseins (notion of containment)« subsumiert, tatsächlich eine metaphorische Bedeutung haben.[224] Sicherlich würde ein Urteil davon abhängen, was man selbst wieder als Metapher definiert und welcher Metapherntheorie man sich bedient. Und natürlich könnte man in der KrV das Fehlen einer derartigen Bildlichkeit wie in Reflexion Nr. 3216 als ein Argument dafür verwenden, dass die Ausdrücke ›enthalten in‹ und ›außer(halb) liegen‹ metaphorisch bleiben, obwohl sie schematisch gemeint sind.

Selbstverständlich drängt sich auch die Frage auf, was von beiden das Abbild ist: Ist die (aU)/(sU)-Metaphorik in der KrV eine Verbalisierung anschaulicher Verhältnisse oder sind analytische Diagramme, wie man sie in Reflexion Nr. 3216 findet, nur eine Visualisierung der bereits im logischen Begriffsschema beheimateten Übertragungen? Kant diskutiert diese Frage meines Wissens nicht, obwohl man sie natürlich mit Rückgriff auf einzelne Theorieelemente des Transzendentalismus (bspw. Schematismus, Idee einer transzendentalen Logik usw.) beantworten könnte. Wie ein rationaler Repräsentationalismus diesen Fragen nach der Erklärung von Anschauungen und Begriffen bzw. Welt und Logik begegnen sollte, werde ich aber erst in Kap. 3 zum Thema machen. Solange sollte uns der in diesem Kapitel gegebene und noch zu diskutierende Anhaltspunkt genügen, wie man das Verhältnis zu verstehen hat.

Wenn man nämlich nun bedenkt, dass der Logikunterricht wohl spätestens seit der Zeit des Augustinus diejenigen Bilder und Anschauungen lebendig gehalten hat, die

---

[223] Das ist der Sinn der scholastischen Merksätze: Omne subjectum est praedicatum sui. Quod in subjecto implicite est, in praedicato est explicite.
[224] Bspw. plädiert Peter Bernhard: Euler-Diagramme, Kap. 4.2.1 unter Rückgriff auf viele Studien zur logischen Diagrammatik dafür, dass zwischen dem umfangslogischen Vokabular und den Euler-Diagrammen weniger eine negativ konnotierte Metaphorik als vielmehr eine gleichwertige Isomorphie vorliegt.

eine verbale Entsprechung in Ausdrücken wie ›enthalten in‹ und ›außer(halb) liegen‹ finden, kann man sich dann nicht zu Recht die Frage stellen, ob tatsächlich auch Kant und seine Zeitgenossen es so empfunden haben wie Quine, dass der Begriff des Enthaltenseins metaphorisch bleibt (»that the notion of containment is left at a metaphorical level«)? Ist nicht auch derjenige, der Ausdrücke wie ›Verknüpfung‹, ›hinzutun‹, ›Zergliederung‹, ›zerfällen‹, ›in etw. denken‹, ›herausziehen‹ u.v.a. – also die Ausdrücke, die Kant bei weiteren Definitionen von (aU) und (sU) gebraucht – den entsprechenden logischen Diagrammen zuzuordnen weiß, in einer Art Interpretationsvorteil gegenüber demjenigen, der diese Ausdrücke nur als solche Metaphern versteht, die reformuliert und übersetzt werden müssen?

2.2.5 Schopenhauers geometrische Urteilslehre

Ich habe seit Beginn von Kap. 2.2 gegen Quine und entgegen der Ansicht vieler anderer Philosophen argumentiert, dass die mit Umfangsmetaphern versehenen Definitionen von (aU) und (sU) in der kantischen und nachkantischen Philosophie nicht defizitär sind und keiner Reformulierung bedürfen. Vielmehr, so lautet meine These, entsprechen Kants Definitionen und verbale Beschreibungen von (aU) und (sU) einer visuellen und geometrischen Logik, die er allerdings nur in den Mitschriften zu Meier expliziert hat. Mit dieser These habe ich versucht, den neuen Forschungsansatz von Anderson und Lu-Adler fortzuführen, die Kants Definitionen von (aU) und (sU) mit geometrischen Logiken interpretiert haben.

Wie man an Kants Logikmitschrift zu Meier allerdings sehen kann, greifen die bisherigen Vergleiche zwischen der kantisch-geometrischen Logik und einzelnen geometrischen Logiken der frühen Neuzeit zu kurz. Das liegt daran, dass Kant viele verschiedene logische Diagramme verwendet hat, die nicht alle allein auf Euler, Lambert oder Lange zurückführbar sind. Aus diesem Grund wurde mit Hilfe der Forschungsergebnisse zur Entwicklungsgeschichte der geometrischen Logik (Kap. 2.2.1) versucht, einen Überblick über die Vielfalt der geometrischen Logiken bis zum Beginn des 19. Jahrhunderts aufzuzeigen (Kap. 2.2.2 u. 2.2.3).

Wie zu Beginn von Kap. 2.2 angekündigt, war es für mich allerdings nicht entscheidend, die exegetischen Probleme der Kantforschung zu lösen, sondern Quines Problematisierung des Enthaltenseins- und Umfangsbegriffs bei der Definition von (aU) und ferner (sU) zu relativieren. Mir ging es weniger um ein Verständnis Kants als vielmehr um ein Verständnis von (aU) und (sU) selbst. Mit dem Nachweis, dass schon Kant versucht hat, diese Definitionen geometrisch-anschaulich darzustellen, scheint Quines Forderung einer Reformulierung der Definitionen ins Leere zu laufen. Der Hinweis an Quine und an die analytische Philosophie der 1950er und -60er Jahre,

2.2 Analytizität – Analytische Urteile, Umfangsmetaphern und Logikdiagramme

dass (aU) und (sU) keiner Reformulierung bedürfen, sondern nur im Kontext der geometrischen Logik interpretiert werden müssen, erscheint aber aus mehreren Gründen ebenfalls problematisch.

Wie bes. die Studie von Lu-Adler gezeigt hat, bleiben viele Interpretationsschwierigkeiten bei einem Vergleich zwischen Kant und bestimmten geometrischen Logikern des 18. Jahrhunderts bestehen: Die Interpretationen beruhen auf Vergleichen Kants mit Autoren, bei denen nicht immer nachvollziehbar ist, inwiefern er sie genau rezipiert hat oder haben könnte; oder die Interpretation beruht auf nachgelassenen Textfragmenten, die oft nicht eindeutig interpretierbar scheinen; oder die Interpretation scheint zunächst von keinem geometrischen Logiker in der Nachfolge Kants gestützt worden zu sein. Es scheint sogar das Gegenteil der Fall zu sein: Maaß wird beispielsweise zu den geometrischen Logikern gezählt *und* er ist ein Kritiker der Definitionen von (aU) und (sU).

Wie gesagt, geht es mir hier nicht um eine verbesserte Kantexegese, sondern um die Frage nach der Interpretierbarkeit von (aU) und (sU) im Kontext der geometrischen Logik. Zu diesem Zweck scheint mir besonders die zuletzt genannte Interpretationsschwierigkeit von Interesse zu sein: Hat zur Zeit Kants ein anderer geometrischer Logiker (aU) und (sU) im Sinne der von Lu-Adler u.a. vorgebrachten These interpretiert? Oder widersprechen die nachkantischen geometrischen Logiker dem neuen Forschungsansatz der Kantforschung? Ich habe oben gegen Ende von Kap. 2.2.3 bereits einen Grund angegeben, warum beispielsweise Maaß keinen Beitrag zum Verständnis von (aU) und (sU) erbringen konnte: Er war nicht nur Kritiker der Unterscheidung von (aU) und (sU),[225] sondern auch Kritiker der eulerschen Kreisdiagramme.

Untersucht man die nicht sehr üppige Geschichte der geometrischen Logik im deutschen Sprachraum am Beginn des 19. Jahrhunderts – also vor allem die erste Generation nach Kants Tod –, so fällt bald auf, dass die Kombination einer kantischen und einer eulerschen Logik überaus selten ist. Denn über die geometrischen Logiken in den fünfzig Jahren nach Erscheinen der KrV lässt sich nur Folgendes sagen: Ulrich und Maaß verwenden eher lambertsche als eulersche Diagramme; Krause und Fries verwenden meines Wissens nicht die Unterscheidung zwischen (aU) und (sU) in der Logik,[226] ebenso wenig der Kantkritiker Bachmann;[227] und die Kant-Anhänger Kiesewetter oder Krug verwenden logische Diagramme fast ausschließlich zur Erklärung von Konversionsregeln.[228] Der meines Wissens erste Logiker, der sich sowohl als Kantianer gesehen hat – auch wenn es deutliche Unterschiede zwischen beiden gibt –

---

[225] Siehe auch unten, Kap. 2.3.1.
[226] Vgl. Karl Christian Friedrich Krause: Grundriss der historischen Logik für Vorlesungen. Jena u.a. 1803; Jakob Friedrich Fries: System der Logik. Ein Handbuch für Lehrer und zum Selbstgebrauch. Heidelberg 1811, S. 215ff.
[227] Vgl. Carl Friedrich Bachmann: System der Logik.
[228] Zu Kiesewetter siehe oben, Kap. 2.2.3; Wilhelm Traugott Krug: Denklehre oder Logik (System der theoretischen Philosophie. Teil 1). Königsberg 1806, S. 45, S. 311, S. 397–407. Der Kantianer Mellin bezieht sich in seinerm Logikartikel im *Encyclopädischen Wörterbuch der kritischen Philosophie* nur auf Kants *Falsche Spitzfindigkeit*.

2 Die Logik und ihre geometrische Interpretation

als auch eulersche Diagramme in allen Teilen seiner Logik ausgiebig verwendet hat,[229] ist Schopenhauer. Und meinem derzeitigen Kenntnisstand nach beschäftigen sich auch viele der nachfolgenden geometrischen Logiker im deutschsprachigen Raum des 19. Jahrhunderts nicht derart intensiv mit (aU) und (sU), wie Schopenhauer es getan hat.[230]

Es ist allerdings erstaunlich, dass Schopenhauer von späteren Logikhistorikern des 20. Jahrhunderts entweder fast vollständig ignoriert oder aber sogar zusammen mit Hegel als Gegner der geometrischen Logik dargestellt wurde.[231] Wie man bereits in Kap. 2.1.4 sehen konnte, haben selbst Sprachphilosophen, analytische Philosophen und Logiker bislang kaum Notiz von Schopenhauers großer Logik genommen. Im 19. Jahrhundert gab es allein in Ignaz Denzingers *Institutiones Logicæ* einige nennenswerte Bemerkungen zu und Übernahmen von Diagrammen aus der kleinen Logik »Schoppenhauers« (sic!).[232] Um die Wende zum 20. Jahrhundert findet man vereinzelte Spuren Schopenhauers in den Logiken von Alexius Meinong und Alois Höfler.[233] Insbesondere Alf Nymann hat 1922 Schopenhauers Rolle in der Entwicklung von Logikdiagrammen nach Kant betont.[234] Allen genannten Autoren ist aber gemeinsam, dass sie nur über die Logica Minor Schopenhauers berichtet haben. Wie in Kap. 1.3 dargestellt, hat vor der Mitte der 2010er Jahre wohl allein Albert Menne ein großes Potential in Schopenhauers Logica Magna erahnt.

Aber wie sah es mit Schopenhauers eigenen Logikkenntnissen aus? Wie Kant war Schopenhauer vor allem mit der Geschichte der Logik der ihm vorausgehenden hundert Jahre vertraut und durch diese logisch sozialisiert worden.[235] So hatte er mehrfach Bemühungen angestellt, seinen Lesern und Studenten die Vorgeschichte der von ihm verwendeten Diagramme zu präsentieren. Dabei weichen die überlieferten Notizen zur Geschichte der Euler-Diagramme bei Schopenhauer voneinander ab. In der kleinen Logik der WWV I von 1819 schreibt Schopenhauer:

> Die Darstellung jener Sphären durch räumliche Figuren ist ein überaus glücklicher Gedanke. Zuerst hat ihn wohl *Gottfried Plouquet* [sic] gehabt, der Quadrate dazu nahm; *Lambert*, wiewohl nach ihm,

---

[229] Siehe oben, Kap. 1.
[230] Zwischen den 1820er und 1880er Jahren gab es noch zahlreiche Logiken im deutschsprachigen Raum, die räumliche logische Diagramme verwendeten (siehe die in Kap. 2.2.1 genannte Datenbank). Aber nur eine weist, wie ich am Ende von Kap. 2.2.6 anführen werde, eine skizzenhafte Auseinandersetzung mit (aU) und (sU) in Form von Diagrammen auf, die Schopenhauers Interpretation stützt.
[231] Siehe oben, Kap. 2.2.1 und bes. Theodor Ziehen: Lehrbuch der Logik, S. 229.
[232] Ignaz Denzinger: Institutiones Logicæ, Bd. II, S. 55, S. 245 u. Tab. II.
[233] Vgl. Alois Höfler, Alexius Meinong: Logik. Prag, Wien, Leipzig 1890; Alois Höfler: Logik. 2. sehr vermehrte Aufl. Wien, Leipzig 1922.
[234] Vgl. Alf Nyman: Rumsanalogierna inom Logiken. En Undersökning av den Logiska Evidensens Natur och Hjälpkällor. Lund, Leipzig 1926, Kap. 5.
[235] Vgl. Anna-Sophie Heinemann: Schopenhauer and the Equational Form of Predication. In: Language, Logic, and Mathematics in Schopenhauer. Hrsg. v. Jens Lemanski. Basel 2020, S. 165–181; Valentin Pluder: Schopenhauer's Logic in its Historical Context.

2.2 Analytizität – Analytische Urteile, Umfangsmetaphern und Logikdiagramme

bediente sich noch bloßer Linien, die er unter einander stellte: *Euler* führte es zuerst mit Kreisen vollständig aus.[236]

Auch in der großen Logik, die Schopenhauer nur etwa zwei Jahre nach der Veröffentlichung seines Hauptwerks fertiggestellt hat, findet man dieselbe Chronologie zu den Euler-Diagrammen, allerdings ohne Nennung Lamberts. Das könnte daran gelegen haben, dass Schopenhauer die Studenten nicht durch die Nennung eindimensionaler Diagramme verwirren wollte, hat er doch zu dieser Zeit klar zweidimensionale Flächendiagramme favorisiert.[237] Interessant ist allerdings ein späterer Zusatz zur großen Logik, der nach dem Jahr 1828 hinzugefügt worden sein muss[238] und in dem Schopenhauer nicht nur Liniendiagramme exemplifiziert, sondern auch die Chronologie der Entwicklungsgeschichte verkehrt:

Lambert (neues Organon [Leipzig 1764]) war der erste der die Begriffsverhältnisse anschaulich darstellte und zwar durch Linien:

Plouquet [sic] (Untersuchung und Abänderung der logikalischen Konstruktion[en] des Prof. Lambert, nebst Anmerkungen v. Plouquet [sic] 1765) führte Quadrate zur Zeichnung der Begriffssphären ein: – Euler bediente sich statt deren der Kreise (Lettres à une princesse d'Allemagne 1770, Vol. 2. p 106) (nach Bachmanns Logik p 144).[239]

Der zitierte Zusatz zur großen Logik ist in mehrfacher Hinsicht merkwürdig: Zunächst ist festzuhalten, dass Bachmann an der angegebenen Stelle gar keine Chronologie logischer Diagramme aufstellt, sondern unterschiedliche Diagrammsysteme bewertet. Noch merkwürdiger ist jedoch, dass der Kantkritiker Bachmann sogar die Schrift von Ploucquet aus dem Jahr 1761 erwähnt, die der Kant-Anhänger Schopenhauer hier wohl bewusst unterschlägt. Da Schopenhauer in späteren Jahren eher Linien- als Kreisdiagramme befürwortet hat,[240] kann man diesen Zusatz, der ja nach 1828 eingefügt worden sein muss, entweder als erstes Dokument seines veränderten logischen Systems ansehen[241] oder als Bekenntnis zur Traditionsgeschichte kantischer Logikdiagramme, in der Ploucquet gewöhnlich keine Erwähnung findet. Merkwürdig ist

---

[236] WWV I (1819), S. 63.
[237] Siehe oben, Kap. 1.3.
[238] Schopenhauer verweist in dem Zitat auf Bachmanns *System der Logik*, das 1828 erschienen ist.
[239] WWV2 I, S. 270.
[240] Siehe oben, Kap. 1.3.3.
[241] Siehe oben, Kap. 1.3.1.

allerdings auch noch, dass Schopenhauer sich hier überhaupt auf Bachmann beruft, da er die genannten Schriften selbst gut kannte.

Bereits vor der Niederschrift seiner Dissertation (*Ueber die vierfache Wurzel des Satzes vom zureichenden Grunde*) hatte Schopenhauer sich mit vielen logischen Schriften bes. aus dem 18. Jahrhundert vertraut gemacht: Er kannte um 1813 neben den großen wegweisenden Logiken (Aristoteles, Ramus, Kant) sowohl die wolffsche Logikschule (Wolff, Reimarus, Platner), die nachkantischen Logiken (Jakob, Schulze) als auch algebraische Logiken (Leibniz, Maimon, Hoffbauer).[242] Wenn Schopenhauer allerdings im Anschluss an das oben angegebene Zitat aus der kleinen Logik der WWV I schreibt, dass der »Schematismus der Begriffe […] schon in mehreren Lehrbüchern ziemlich gut ausgeführt« sei,[243] so ist dies doch eine Übertreibung. Da nämlich Lambert, Euler und Ploucquet bereits genannt wurden bis zum Jahr 1819, bleiben als geometrische Logiker, die der frühe Schopenhauer nachweislich kannte, nur noch Maaß und Kiesewetter über.[244]

Da es bei Schopenhauer – ähnlich wie bei Kant – keinen Hinweis darauf gibt, ob bzw. mit welchen noch früheren geometrischen Logiken mit analytischen Diagrammen er vertraut gewesen sein könnte (Lange, Sturm, Weigel, Reimers, Keckermann, Vives etc.) und Leibniz' Logikdiagramme erst im frühen 20. Jahrhundert publiziert wurden, kann man seinen logischen Ansatz zunächst als eine Kombination aus Kants Systematik und Eulers Schemata verstehen.[245] (Erst in Kap. 2.3 wird sich zeigen, dass die große Logik auch stark von Aristoteles und der scholastischen Logik beeinflusst ist.) Interessant ist aber zunächst, dass Schopenhauer (aU) und (sU) als logische Urteilsformen im Sinne der KrV einführt, bevor er die Schemata Eulers verwendet. Wie in Kap. 1.3.2 u. 1.3.3 besprochen, führt Schopenhauer die Unterscheidung von (aU) und (sU) schon in T1, Cap. 2 seiner Vorlesungen ein. Damit greift Schopenhauer der Logik bewusst vor, um seinen Zuhörern nicht zuzumuten, bis zu den Vorlesungen über die Urteilslehre mit vollkommen undefinierten Ausdrücken konfrontiert zu werden.

Zunächst definiert Schopenhauer (aU) und (sU) anhand ihrer gemeinsamen sprachlichen Bestandteile (Subjekt, Prädikat, Kopula) und anhand ihrer etymologischen Funktion (Analysis/Synthesis):

---

[242] Vgl. HN I, S. 55–67. Vgl. auch Anna-Sophie Heinemann: Schopenhauer and the Equational Form of Predication.

[243] WWV I (1819), S. 65. – Siehe zum Kontext des Zitats auch oben, Kap. 1.3.3.

[244] Krug wird zwar einige Male in Schopenhauers Gesamtwerk (meistens polemisch) genannt, jedoch wird nicht speziell auf die Logik Bezug genommen. Aufgrund einiger Satzkookkurrenzen liegt die Vermutung nahe, dass Schopenhauer auch Mellin kannte. Die These kann aber hier nicht genauer untersucht werden.

[245] M.W. gingen Logiker zwischen den 1760er und 1820er Jahren davon aus, dass die Geschichte der geometrischen Logik mit Euler, Lambert und Ploucquet begann, obwohl Lambert selbst in späteren Jahren auf den *Nucleus Logicae Weisianae* hinweis (Anlage zur Architectonic, Bd. 1, S. 128, ferner: S. XIII, S. XXI). Allgemein bekannt wurde dieser Hinweis aber erst 1836 durch Drobisch (vgl. dazu Friedrich Ueberweg: System der Logik und Geschichte der logischen Lehren. [1. Aufl.] Bonn 1857, S. 225). Vor Drobisch gab es aber den ersten Hinweis auf Vives und damit auf voreulersche Diagramme schon bei Ignaz Denzinger: Institutiones Logicae. Bd. 2, sect. 2. Leodii 1824, S. 66f.

2.2 Analytizität – Analytische Urteile, Umfangsmetaphern und Logikdiagramme

> Man unterscheidet im Urtheil, d. i. in der Aussage, Subjekt und Prädikat d. i. dasjenige von dem ausgesagt wird und dasjenige was von ihm ausgesagt wird. Beides Begriffe. Sodann die *copula*. Nun ist die Aussage entweder bloße Zergliederung (Analysis) oder Hinzusetzung (Synthesis); welches davon abhängt ob das Ausgesagte (Prädikat) schon im Subjekt der Aussage mit gedacht war, oder erst in Folge der Aussage hinzugedacht werden soll. Im ersten Fall ist das Urtheil analytisch, im zweiten synthetisch. Alle Definitionen sind analytische Urtheile
>
> Z.B. Gold ist gelb ⎫
>   "   " schwer ⎬ analytisch
>   "   " duktil ⎭
> Gold ist ein chemisch einfacher Stoff: synthetisch[246]

Schopenhauer knüpft hier besonders an Kants § 2 der *Prolegomena* an, in dem sowohl die vermeintlich mereologischen Metaphern ›Zergliederung‹ und ›Hinzusetzung‹ als auch das Goldbeispiel angeführt werden. Dass die herangezogenen Beispiele problematisch sein können, weiß auch Schopenhauer; ich werde diese Problematik in Kap. 2.2.6 aufgreifen und sie hier zunächst ignorieren, um allein die Unterscheidung zwischen (aU) und (sU) zu untersuchen. Diese Unterscheidung wird nicht durch vermeintlich umfangslogische Metaphern bestimmt, sondern durch Denkakte, die mit den mereologischen Metaphern konvenieren: Bei (sU) wird etwas ›hinzugedacht‹, bei (aU) etwas ›mitgedacht‹.

Die Kantforschung unterscheidet nun zwischen mehreren Kriterien für (aU):[247]
(1) *Umfangslogisch:* Wenn das Subjekt (1a) im Prädikat enthalten oder (1b) mit ihm umfangsgleich ist;
(2) *Explikationslogisch:* Wenn ein im Subjekt impliziertes Prädikat expliziert wird;
(3) *Wahrheitslogisch:* Wenn die Wahrheit des Urteils mit Hilfe des Satzes vom Widerspruch bestimmt werden kann.

In T1, Cap. 2 spart Schopenhauer das Kriterium (1) vollständig aus – wahrscheinlich, weil er zu diesem Zeitpunkt seiner Vorlesungen noch nicht die umfangsschematischen Darstellungen der Euler-Kreise eingeführt hat. Das explikationslogische Kriterium (2) finden wir aber kurz im Anschluss an das oben angeführte Zitat. Dort heißt es:

---

[246] WWV2 I, S. 123.
[247] Vgl. Rico Hauswald: Umfangslogik und analytisches Urteil bei Kant, S. 291.

> Inzwischen ist soviel gewiß daß in jedem Urtheil die Kenntniß vom Subjektbegriff entweder bloß verdeutlicht wird, durch Auseinandersetzung *explicite* des *implicite* darin gedachten, oder erweitert: d[em]nach ist es analytisch oder synthetisch.[248]

Das Zitat ordne ich Kriterium (2) zu, obwohl es mehr ausdrückt als nur ein Erweiterungskriterium. Die Ausdrücke ›explizit‹, ›implizit‹, ›verdeutlichen‹, ›erweitern‹ weisen auf die heute noch gängige Unterscheidung zwischen ampliativen und explikativen Urteilen hin; dennoch nähert sich das Zitat durch die ebenfalls topologischen Metaphern ›explizit‹, ›implizit‹ und – in diesem Fall noch deutlicher – durch das lokale Pronominaladverb »darin« dem Kriterium (1). Allerdings kann man das Zitat mit Betonung auf den Denkakt (»durch Auseinandersetzung explicite des implicite darin *gedachten*«) auch mit den oben genannten mereologischen Metaphern in Verbindung bringen: Implizierte Bestandteile eines Urteils werden ›mitgedacht‹, erweiterte Bestandteile eines Urteils werden ›hinzugedacht‹.[249]

Auch Kriterium (3) wird in T1, Cap. 2 nur sehr kurz von Schopenhauer genannt. Erst in der großen Logik greift Schopenhauer den Satz vom Widerspruch im Zusammenhang mit den vier Denkgesetzen[250] auf und handelt ihn historisch in Anknüpfung an Aristoteles und Wolff ab (»$A = -A = 0$«).[251] In T1, Cap. 2 bemerkt Schopenhauer im Zusammenhang mit (aU) allerdings nur:

> Man braucht bei solchem Urtheil [sc. »Ein Körper nimmt einen Raum ein.«] nur nach dem Satz vom Widerspruch das Prädikat aus dem Subjekt zu entwickeln ohne Erfahrung zu Hülfe zu nehmen.[252]

Für den Rest von T1, Cap. 2 thematisiert Schopenhauer größtenteils nur die Gültigkeit einzelner Beispiele für (aU) und (sU) und diskutiert ausführlich deren Beziehung zur logischen (a priori) und erfahrungsabhängigen Erkenntnis (a posteriori). Bemerkenswert an T1, Cap. 2 ist vor allem, dass Schopenhauer das Kriterium (1) aus der Umfangslogik nicht verwendet – er zieht es erst nach der Abhandlung der schematisch dargestellten Begriffslogik hinzu. Geht man davon aus, dass das eine bewusste Strategie ist, so kann man vorsichtig daraus interpretieren, dass Schopenhauer vermeintlich umfangsmetaphorische Ausdrücke ohne Verwendung der korrespondierenden Schemata als unverständlich angesehen hat oder dass er die umfangslogische Darstellung sogar – im Unterschied zu vielen analytischen Philosophen der 1950er und -60er Jahre – als höherwertiger angesehen hat als die Kriterien (2) und (3).

---

[248] WWV2 I, S. 124.
[249] Siehe auch unten, Kap. 2.2.6.
[250] Siehe oben, Kap. 1.3.3.
[251] WWV2 I, S. 262f.; Vgl. auch Anna-Sophie Heinemann: Schopenhauer and the Equational Form of Predication.
[252] WWV2 I, S. 124.

2.2 Analytizität – Analytische Urteile, Umfangsmetaphern und Logikdiagramme

Fakt ist auf jeden Fall, dass Schopenhauer auf die Unterscheidung von (aU) und (sU) in der großen Logik zu sprechen kommt und dort explizit wieder an T1, Cap. 2 anknüpft:

> Den Unterschied zwischen synthetischen und analytischen Urtheilen haben wir schon oben auseinandergesetzt [...]. Das Urtheilen besteht in dem Erkennen der gänzlichen oder theilweisen Identität zweier oder mehrerer Begriffe, oder auch ihrer gänzlichen Verschiedenheit. Nämlich das Denken im engern Sinn, oder das Urtheilen besteht darin, daß wir Begriffe vergleichen und finden daß wir indem wir den einen denken, auch den andern ganz oder zum Theil mitdenken: »Eisen ist hart«: Dies ist nun entweder so daß mit dem ersten Begriff (Subjekt) der andre nothwendig mitgedacht werden muß; so ist das Urtheil analytisch: »ein Triangel hat drei Seiten; Gold gelb;« oder es ist so daß der zweite Begriff mit dem ersten nur mitgedacht werden kann, aber jener auch ohne diesen gedacht werden kann: Triangel ist sphärisch: Gold ist fließend: dann ist es synthetisch: und die Verbindung bedarf eines anderweitigen Grundes. Können aber beide schlechterdings nicht zusammen gedacht werden, so ist es widersprechend. »Gold ist imponderabel.«[253]

Schopenhauer rekapituliert bei dieser Wiederaufnahme des Themas alle in der Kantforschung genannten Kriterien, spart aber immer noch an vermeintlichen Umfangsmetaphern. Kriterium (2) und (3) werden im Unterschied zu T1, Cap. 2 recht undifferenziert zusammengefasst: Bei (aU) wird das Prädikat »nothwendig mitgedacht«; bei (sU) ist es so, dass das Prädikat »nur mitgedacht werden kann«. Betont man bei dieser Unterscheidung die Form des Mitdenkens, so nähert man sich Kriterium (2); betont man hingegen die Modalität (notwendig, kann), so nähert man sich Kriterium (3). Dieses Kriterium, das den Satz vom Widerspruch voraussetzt, wird zudem auch in den letzten beiden Sätzen des Zitats noch einmal aufgegriffen. Kriterium (1) wird in dem Zitat weiterhin ohne größere Hilfe von Umfangsmetaphern verwendet und über den Identitätsbegriff definiert: »teilweise Identität« oder »zum Teil mitdenken« findet bei (sU) statt; »gänzliche Identität« oder »ganz mitdenken« findet bei (aU) statt.

Im Anschluss an das Zitat, das vor allem dem Zweck dient, an die Kriterien für die Unterscheidung von (aU) und (sU) aus T1, Cap. 2 zu erinnern, kündigt Schopenhauer nun eine Bestimmung der möglichen Verhältnisse zwischen Begriffen in Urteilen an. Bei dieser Untersuchung werden zudem die vier Eigenschaften von Urteilen, nämlich ›Quantität‹, ›Qualität‹, ›Relation‹ und ›Modalität‹, entwickelt, und da

---

[253] WWV2 I, S. 268f.

die Quantität grundsätzlich bei Urteilen immer mitgedacht werde, sei es »außerordentlich leicht«, wenn man sich »einer anschaulichen Darstellung« bediene, wie man sie eben bei Euler und Ploucquet finde.[254] Bevor Schopenhauer seine bereits in Kap. 1.3.3 skizzierte Typologie der Begriffsverhältnisse in Urteilen aus der WWV I (Kap. 1.3.1) aufgreift und mit negativen Urteilen ergänzt,[255] diskutiert er zunächst, »was eigentlich durch diese bildliche Darstellung der Begriffssphären und ihrer Verhältnisse ausgedrückt wird«.[256]

Dieser Abschnitt, der die Funktion analytischer Diagramme bzw. Euler-Diagrammen in Urteilen bespricht, ist m.E. für die Diskussionen interessant, die von der analytischen Philosophie der 1950er Jahre ausging und bis heute vor allem in der Kantforschung fortgeführt wird. Schopenhauer exemplifiziert in diesem Abschnitt nämlich ausführlich die vermeintliche Umfangsmetaphorik anhand der Funktionsweise von Euler-Diagrammen, und zwar an dem konkreten Beispiel »Gold ist gelb«, das er in Anlehnung an Kant als ein Beispiel für (aU) heranzieht:

> Ich sagte, im Urtheilen vergleichen wir Begriffe, um zu finden ob im einen der andre ganz oder zum Theil mitgedacht wird oder nicht. Z. B. »Gold ist gelb«: d. h. im Begriff *Gold* denke ich den *Gelb* allemal mit; aber nicht umgekehrt im *Gelb* allemal den *Gold*; sondern nur bisweilen: alles Gold ist Gelb; aber nur einiges Gelbe ist Gold. Daher nun sagen wir: der *Gelb* ist der weitere: das *Gold* liegt ganz in ihm, füllt ihn aber nicht ganz aus: denn es bleibt noch viel Gelb übrig, das nicht Gold ist; aber kein Gold, das nicht gelb ist: darum stellen wir das Verhältniß dieser zwei Begriffe so dar:

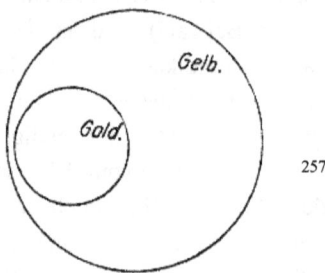

[257]

Schopenhauer verwendet hier eindeutig umfangslogische Ausdrücke wie ›weiterer Begriff‹, ›in etwas liegen‹, ›ausfüllen‹ etc., die eine »durchgängige Analogie« zu dem angeführten Kreisschema besitzen sollen.[258] Im Vergleich zu Kant ist an dieser Darstellung eines (aU) meines Ermessens zunächst vorteilhaft, dass Schopenhauer die

---
[254] Siehe oben, Kap. 2.2.3.
[255] Siehe oben, Kap. 1.3.
[256] WWV2 I, S. 270.
[257] Ebd.
[258] WWV2 I, S. 269.

2.2 Analytizität – Analytische Urteile, Umfangsmetaphern und Logikdiagramme

umfangslogischen Ausdrücke weitestgehend nur in Verbindung mit den entsprechenden Diagrammen und Schemata gebraucht, dass er deutlicher an eulersche Diagramme anknüpft, da er die Kopula nicht noch durch einen Kreis symbolisiert (wie bspw. Kant)[259] und dass das Diagramm aufgrund der daran anschließenden Erklärungen ziemlich klar extensional zu deuten ist.

Woran erkennt man aber, dass Schopenhauer das Diagramm extensional deutet? Die Frage drängt sich dadurch auf, dass das Diagramm nicht eindeutig beschriftet ist: Das Adjektiv `gelb` im Diagramm kann entweder für die Menge der Eigenschaft `gelb-sein` (intensional) oder für die Menge der Objekte, die `gelb` sind (extensional), stehen. Die im Zitat gebrauchte Redewendung »denn es bleibt noch viel Gelb übrig, das nicht Gold ist« deutet m.E. schon auf eine extensionale Interpretation des Diagramms hin, da man hier salva congruitate für ›bleibt noch viel gelb übrig‹ auch ›bleiben noch viele gelbe Objekte übrig‹, aber nicht ›bleiben noch viele gelbe Eigenschaften übrig‹ substituieren kann. Schopenhauer stützt diese Lesart im Anschluss an das Zitat zweimal explizit:

> Die verhältnißmäßige Größe der Sphären bezieht sich also nicht auf die Größe des Inhalts der Begriffe, sondern auf die Größe des Umfangs: nicht der Begriff, in welchem wir das meiste (die meisten Eigenschaften) denken, hat die weitere Sphäre, also nicht der gedankenreichste Begriff; sondern der durch den wir die meisten Dinge denken: also der welcher eine Eigenschaft sehr vieler Dinge ist. […] die relative Größe der Sphären bezieht sich aber auf den Umfang, nicht auf den Inhalt.[260]

Dass Inhalt hier im Sinne der Intension, Umfang im Sinne der Extension gemeint ist, wird von Schopenhauer im Kontext dieses Zitats erklärt. Man könnte, so meint er, dadurch verwirrt werden, dass man die Sphäre des Begriffs intensional interpretiert:

I. `Gold` ist ein weiterer Begriff als `Gelb`, wenn man die beinhalteten Eigenschaften bestimmt:
   i. Bei `Gold` denkt man an »Schwere, Schmelzbarkeit, Dehnbarkeit, Duktilität, Schweißbarkeit, Dichte, konventionellen Werth, Unzerstörbarkeit durch Rost, Glanz, Auflösbarkeit ganz allein in Salpeter-Salz-Säure u.s.w.«.[261]
   ii. Bei `Gelb` denkt man hingegen nur an die Farbe.
II. `Gelb` ist ein weiterer Begriff als ›Gold‹, wenn man die umfassten Objekte bestimmt:

---

[259] Siehe oben, Kap. 2.2.4.
[260] WWV2 I, S. 271.
[261] Ebd.

2 Die Logik und ihre geometrische Interpretation

    i.   Bei Gold denkt man an viele Dinge, die aber immer gelb sein müssen.

    ii.   Bei Gelb denkt man an alle Dinge aus (i), aber zusätzlich noch an »Messing, Tomback, Ocker, gelbes Blei-Erz, Gummi-Gutta, gelbe Blumen, gelbe Stoffe, Kanarienvögel, Topase, Bernstein u.dgl.m.«.[262]

Schopenhauer ist sich somit bewusst, dass man seine analytischen Diagramme sowohl für intensionale (I) als auch für extensionale Darstellungen (II) verwenden kann, aber dass jeweils – entsprechend der Reziprozitätsregel –[263] die begriffliche Zuordnung der relativen Sphären vertauscht sein müsste.[264] Wie die zuvor angeführten Zitate zeigen, sollen die Diagramme umfangs- und nicht inhaltslogisch verstanden werden. Schopenhauer plädiert somit dafür, (aU) und (sU) rein extensional im Sinne von Lesart (II) zu interpretieren. Während die Kantforschung – wie man besonders gut an dem Aufsatz von Rico Hauswald sieht – kaum zu einer Antwort auf die Kritiken der analytischen Philosophie vordringt, da man sich bereits bei der Frage, ob Kants Logik extensional, intensional o.a. interpretiert werden muss, uneins ist, so hat man bei Schopenhauer zumindest eine Interpretationsempfehlung von Seiten des Autors.[265]

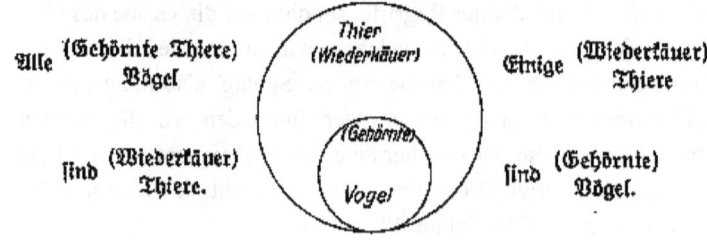

Abb. 1
WWV2 I, S. 273.

Auch die in der Kantforschung stark umstrittene Frage, ob (aU) objekt- oder begriffsbezogen interpretiert werden muss, ist immerhin für Schopenhauers große Logik eindeutig geklärt. Schopenhauer beantwortet diese Streitfrage an einer in der Urteilslogik seiner Vorlesungen befindlichen Textstelle, an der er auch eine Theorie singulärer Terme (Eigennamen, Kennzeichnungen) zurückweist, wie sie bspw. der spätere Frege und dann Russell, Whitehead und der frühe Wittgenstein als Ausgangspunkt für eine Unterscheidung von Autokategoremata und Synkategoremata eingeführt hatten.[266]

---

[262] Ebd.
[263] Siehe oben, Kap. 1.3.1, u. unten, Kap. 3.2.2.
[264] Vgl. dazu auch die ausführliche Erklärung bei Peter Bernhard: Euler-Diagramme, Kap. 4.1.
[265] Dass Schopenhauer eine extensionale Interpretation einzelner Fallbeispiele leider nicht immer gelingt (siehe bspw. Kap. 2.2.6), tut allerdings der Theorie keinen Abbruch.
[266] Siehe oben, Kap. 2.1.3–2.1.5.

2.2 Analytizität – Analytische Urteile, Umfangsmetaphern und Logikdiagramme

Schopenhauer klärt die Streitfrage des Status der Logik zwischen Objekt- oder Begriffsbezogenheit und Auto- und Synkategoremata mit Hinweis auf die repräsentationalistische und nominalistische Tradition seiner Begriffslehre.[267] Selbst Kennzeichnungen wie »Diese[r] Katheder« oder Eigennamen wie »Sokrates« seien nur Vorstellungen einer Vorstellung, also Abstraktionen aus der Sinnlichkeit.[268] Daher sei es verfehlt, bei einem Begriff eine direkte Referenz auf ein Objekt zu vermuten und somit einen Einzigkeitsquantor oder einen Kennzeichnungsoperator einführen zu wollen.[269] Das Urteilen bestehe der Quantität nach immer nur aus Mengen größer als eins (allgemein, besonders), die mit der Qualität (positiv, negativ) zu drei Quantoren kombiniert werden (positiv: Einige, Alle; negativ: Kein).

Schopenhauer verdeutlicht den Gebrauch der drei Quantoren besonders an der Diagrammform, die er auch für analytische Urteile verwendet hat (siehe Abb. 1). Dabei ist besonders bemerkenswert, dass Schopenhauer in Übereinstimmung mit Hamilton, Prantl oder Venn[270] und vielen modernen geometrischen Logikern[271] zeigt, dass Diagramme eine größere Expressivität besitzen können als verbale Urteile: Während (aU) wie »Alle Vögel sind Thiere« sich ausschließlich in einem Diagramm wie Abb. 1 korrekt darstellen lässt, so kann ein Diagramm wie Abb. 1 mehr leisten, indem dieses nicht nur (aU) mit dem Allquantor (»Alle…«), sondern auch Urteile mit dem Existenz- (»Einige…«) und dem Negationsquantor (»Nichts…«) darstellen kann.

Es sei zudem angemerkt, dass Schopenhauer in Abb. 1 mit dem Negationsquantor sogar noch eine Beschreibungsmöglichkeit mehr sieht als bspw. Hamilton oder Venn. Im Unterschied zu ihnen quantifiziert Schopenhauer das Prädikat nicht explizit. Da aber alle drei Urteile zusammen ein Diagramm beschreiben, ergeben sich folgende Kontraktionen:

$$\left.\begin{array}{l}\text{Alle } V \text{ sind } T.\\ \text{Einige } T \text{ sind } V.\end{array}\right\} \text{Alle } V \text{ sind einige } T.$$

Nichts, was kein T ist, ist ein V.
Alle nicht-T sind einige nicht-V.

---

[267] Siehe unten, Kap. 1.2.3., Kap. 1.3.1 (Fischers Nominalismus-These).
[268] Siehe oben, Kap. 1.3.
[269] Eine diagrammatische Syllogistik mit kardinalen (z.B. »Genau n x…«) oder intersektiven Quantoren (z.B. »Alle x außer …«), wie man sie meines Wissens in der geometrischen Logik im deutschsprachigen Raum erstmals bei Carl Friedrich Bachmann: System der Logik, S. 175 findet, würde Schopenhauer wohl aus sprachphilosophischen Gründen ablehnen.
[270] Vgl. William Hamilton: Lectures on Metaphysics and Logic. Bd. IV, S. 255–317; Carl Prantl: Ueber die mathematisierende Logik. In: Sitzungsberichte der Bayerischen Akademie der Wissenschaften, Philosophisch-Philologische und Historische Classe 4 (1886), S. 497–515, hier: S. 507f.; John Venn: Symbolic Logic, bes. Kap. 1, Kap. 5.
[271] Vgl. Jon Barwise, John Etchemendy: Visual Information and Valid Reasoning. In: Logical Reasoning with Diagrams. Hrsg. v. Gerard Allwein, Jon Barwise. New York u.a. 1996, S. 3–27, hier: 23f.; Jill H. Larkin, Herbert A. Simon: Why a Diagram is (Sometimes) Worth Ten Thousand Words. In: Cognitive Science 11:1 (1987), S. 65–100; Atsushi Shimojima: On the Efficacy of Representation (PhD thesis). Indiana 1996.

Warum Schopenhauer zwar eine Art Negationsquantor verwendet, den Einzigkeitsquantor aber ablehnen würde, wird aus folgendem Zitat deutlich:

> Allein ich behaupte dagegen, daß das Urtheilen ausschließlich eine Operation des Denkens ist, nicht des Anschauens, und sich daher ausschließlich im Gebiet der abstrakten Begriffe hält, nicht der einzelnen Dinge, und daß endlich ein Begriff allemal allgemein ist, selbst wann es nur ein einziges Ding giebt das dadurch gedacht wird, nur *eine* Anschauung die ihm Gehalt giebt, ein Beleg desselben ist. Mein Begriff von diesem Katheder, ist nie diese[s] Katheder selbst: er bleibt ein Abstraktum, ein *universale*. Der Begriff geht nie aufs Einzelne, auf die Anschauung herab und im Urtheil: »Sokrates ist ein Philosoph« ließ[en] sich sehr wohl mehr[ere] an Gestalt, Größe und ande[rn] Eigenschaften verschied[ene] Menschen denken, die doch dem Begrif Sokrates entsprächen.[272]

Das Zitat beantwortet Fragen, die bislang in der Kantforschung unbeantwortet bleiben mussten, da dort die Textgrundlage nicht eindeutig erscheint: Schopenhauers Extensionslogik bezieht sich – wie Kantforscher in der Nachfolge Robert Hannas sagen würden – auf eine »notional comprehension« (ideebezogener Umfang) und nicht auf eine »objectual comprehension« (objektbezogener Umfang). Bei Kant ist diese Zuordnung nicht abschließend geklärt. Für Schopenhauer ist der in der geometrischen Logik dargestellte Begriffsumfang kein Objektumfang. Er weist zwar darauf hin, dass es eine »durchgängige Analogie« zwischen den Begriffssphären in der Urteilslogik und den Lagen und Flächen in der Geometrie gebe,[273] und auch dass manche Begriffe derart konkret wirken würden, dass man sie fast für Objekte halten könne; dennoch, so Schopenhauer, bleibt ein Begriff ein Abstraktum:

> Also, nicht weil ein Begrif von mehreren Objekten abstrahirt ist, hat er Allgemeinheit; sondern umgekehrt, weil Allgemeinheit (d. h. Abwesenheit der Bestimmung ins Einzelne die nur die Anschauung hat) dem Begriff als abstrakter Vorstellung der Vernunft wesentlich ist, können viele verschiedene Dinge durch einen Begriff gedacht werden.[274]

Schopenhauers strikte Fokussierung auf den begrifflichen Umfang (notional comprehension) schließt somit eine zweiteilige Sprachphilosophie, wie man sie bei Frege ab

---

[272] WWV2 I, S. 276f.
[273] WWV2 I, S. 269.
[274] WWV2 I, S. 256.

2.2 Analytizität – Analytische Urteile, Umfangsmetaphern und Logikdiagramme

der GIA, bei Russell und Whitehead in den *Principia Mathematica* und in Wittgensteins Tlp findet, aus.[275] Ähnlich dem radikalen Ansatz des in den 1820er und besonders -30er Jahren aufkommenden Neuaristotelismus schreibt Schopenhauer in der Logik Einzigkeitsquantoren keine referentielle Rolle zu, die von kontextuellen Rollen der Quantoren abgesondert ist (Fischers Nominalismus-These).[276] Vielmehr bleibt die Quantität auf besondere und allgemeine Urteile beschränkt. D.h. Schopenhauer tilgt die kantische Kategorie der Einheit aus der Quantität, so wie er auch die unendlichen Urteile als »blindes Fenster bei Kant« aus dem Moment der Qualität streicht.[277] Ich werde in Kap. 2.3.4 zeigen, dass Schopenhauer mit dieser Vorgehensweise besonders an Euler anschließt, und ich werde in Kap. 3.2 darlegen, dass auch der rationale Repräsentationalismus im Bereich der sozialen Abstraktionstheorie daran anschließt.

2.2.6 Extensionalitäts- und Kontextprinzip

Ich hatte zu Beginn des Kap. 2.2 zwei Kritikpunkte Quines an (aU) genannt: Die Umfangsmetapher und die Subjekt-Prädikat-Relation. Aus dieser Kritik gingen vor allem in der Kantforschung der 1950er Jahre fünf Diskussionspunkte hervor:
(aU) und (sU)
    (a) werden unterschiedlich definiert,
    (b) gelten nur für Urteile mit Subjekt-Prädikat-Form,
    (c) werden durch den metaphorischen Ausdruck ›Enthaltensein‹ nicht logisch definiert,
    (d) sind nur psychologistische Annahmen.
Von den genannten Punkten korrespondieren bes. (b) und (c) mit der Kritik der analytischen Philosophen in der Nachfolge Quines und bes. (b) mit der Diskussion in der kognitiven Linguistik und Kulturwissenschaft. Anhand einer modallogischen Kantinterpretation habe ich zu Beginn von Kap. 2.2 noch weitere Kritikpunkte ergänzt:
(aU) und (sU)
    (e) lassen sich nicht eindeutig extensional oder intensional bestimmen,
    (f) lassen sich nicht eindeutig objekt- oder begriffsbezogen bestimmen.
Ich glaube, dass ich mehrere dieser Punkte zwar nicht für Kant, aber zumindest für Schopenhauers große Logik entkräften konnte. Der zentrale Punkt (c) konnte durch den in Kap. 2.2.1, 2.2.2 und 2.2.3 aufgezeigten historischen Kontext zurückgewiesen werden: ›Umfang‹ und ›Enthaltensein‹ sind keine leeren Metaphern, die einer Übersetzung oder Reformulierung bedürfen, sondern Beschreibungen eines Schemas oder – moderner gesprochen – Beschreibungen eines analytischen Diagramms der geometrischen Logik.

---

[275] Siehe oben, Kap. 2.1.
[276] Siehe oben, Kap. 1.3.1.
[277] WWV2 I, S. 274.

2 Die Logik und ihre geometrische Interpretation

Ich glaube auch, dass ich zumindest für Schopenhauers Logik zeigen konnte, dass es zwar im Sinne von (a) unterschiedliche Definitionen von (aU) und (sU) gibt, dass aber die mit (c) korrespondierende Umfangslogik die entscheidende Definition darstellt.[278] Auch die aktuell in der Kantforschung diskutierten Probleme (e) und (f) wurden von Schopenhauer explizit für seine Logik beantwortet: (e) Die Umfangslogik soll extensional interpretiert werden und (f) der Umfang bezieht sich nicht auf Mengen von Objekten, sondern allein auf Bedeutungs- bzw. Begriffsmengen, die eine Analogie zu Objekten aufweisen.

Schopenhauers Logik bleibt uns allerdings bislang noch Antworten auf zwei Punkte schuldig, nämlich auf (b) die Frage nach der Beschränkung auf die Subjekt-Prädikat-Form und auf (d) die Frage, ob (aU) und (sU) psychologistisch interpretiert werden müssen oder können.

Der Punkt (b) wird meistens so interpretiert, dass (aU) problematisch sind, da sie nur auf einfache Urteile (Atomsätze) und nicht auf komplexe, mit Junktoren zusammengesetzte Urteile (Molekularsätze) bezogen werden können.[279] Der Punkt (d) wird meist so verstanden, dass (aU) problematisch sind, da diese auf psychologistische Denkakte reduziert werden, die sich nicht logisch beschreiben lassen.[280] Stichpunktartig zusammengefasst könnte man sagen, dass (aU) bei (b) auf das aussagenlogische Extensionalitätsprinzip, bei (d) auf Quines Kritik am Reduktionsdogma sowie auf seine Theorie der ontologischen Relativität direkt oder indirekt Bezug nehmen. Ich werde im Folgenden zuerst (b) und dann (d) diskutieren.

(b) Die These, dass (aU) nur auf atomare Sätze mit Subjekt-Prädikat-Form beschränkt seien, nicht aber auf Molekularsätze, zu denen Atomarsätze miteinander verbunden werden, ist von mehreren Autoren relativiert oder als Scheinproblem dargestellt worden. In den letzten Jahren hat meines Wissens allein Ian Proops versucht, (aU) auf affirmative kategorische Sätze zu beschränken.[281] Dagegen hat beispielsweise Robert Hanna und nach ihm Robert Larnier Anderson darauf hingewiesen, dass kategoriale Atomarsätze bei Kant die Grundlage für die Bildung von Molekularsätzen darstellen und daher (aU) nicht auf jene beschränkt seien.[282] Wenn ein kategorialer Atomsatz nun als (aU) bewertet werden kann, so gebe es keinen Grund, diesen nicht auch in Molekularsätze zu integrieren oder ihn als Molekularsatz zu formulieren. Hanna nimmt als Beispiel für (aU) zunächst das kategorische Urteil »Sokrates ist ein Mensch«.

---

[278] Dies bestätigen für Kant bspw. auch Willem R. de Jong: Kant's Analytic Judgments and the Traditional Theory of Concepts. In: Journal of the History of Philosophy 33:4 (1995), S. 613–641; Ian Proops: Kant's Conception of Analytic Judgment. In: Philosophy and Phenomenological Research 70:3 (2005), S. 588–612; R. Lanier Anderson: The Poverty of Conceptual Truth, S. 16f.
[279] Vgl. bspw. Cory Juhl, Eric Loomis: Analyticity, bes. Kap. 1.
[280] Vgl. bspw. Robert Hanna: Kant and the Foundations of Analytic Philosophy, bes. Kap. 3.
[281] Vgl. Ian Proops: Kant's Conception of Analytic Judgment. Für die ältere Forschung ist besonders einschlägig Konrad Marc-Wogau: Kants Lehre vom analytischen Urteil. In: Theoria 17 (1951), S. 140–157.
[282] Robert Hanna: Kant and the Foundation, S. 61f., S. 140; Lanier Anderson: The Poverty of Conceptual Truth, S. 20f.

2.2 Analytizität – Analytische Urteile, Umfangsmetaphern und Logikdiagramme

Deutlicher wird das Beispiel, wenn man es als Konditional darstellt, bei dem Antezedens und Konsequens identisch sind: Wenn Sokrates ein Mensch ist, dann ist Sokrates ein Mensch. Dieses Beispiel ist kein kategorisches, sondern ein hypothetisches Urteil, und obwohl es auch einer Subjekt-Prädikat-Form unterliegt (im Antezedens und Konsequens), erweitert es das atomare Antezedens durch ein ebenfalls atomares Konsequens. Auch Pap führt als Beispiel eines (aU)-Konditionals binäre symmetrische Relationen an, wie bspw.: Wenn X mit Y verwandt ist, dann ist Y mit X verwandt.[283] Zudem seien auch negative Aussagen wie Kein Dreieck hat vier Seiten (aU).

Zu Hannas Beispiel lässt sich noch hinzufügen, dass sich Konditionale aufgrund der Junktorenäquivalenz auch auf Disjunktionen zurückführen lassen, wodurch auch Urteile wie Sokrates ist ein Mensch oder es ist nicht der Fall, dass Sokrates kein Mensch ist Kandidaten für (aU) sein könnten. Wie ich aber noch diskutieren werde, hängt bei diesen Beispielen viel von dem jeweiligen Begriffsschema und auch von der Interpretation und Verwendungsweise der Quantoren, Junktoren usw. ab.

Dass Schopenhauer (aU) nicht auf affirmative kategorische Urteile beschränkt hätte, lässt sich durch mehrere Argumente bezeugen. Zunächst stimmt Schopenhauer mit Kant darin überein, dass er kategorische Urteile als Ausgangspunkt von Relationen ansieht. Nach der Darstellung der grundlegenden Urteilsformen[284] schreibt Schopenhauer:

> Genau genommen haben Urtheile auch keine andern Eigenschaften, Bestimmungen, als die angegebenen Qualität und Quantität: denn das Urtheil ist das Vergleichen zweier Begriffe: und das wäre, seiner Form nach (vom Inhalt, dem Stoff abgesehn), hiemit erschöpft. Nun aber sondert man diese einfachen, aussagenden Urtheile ab, und sieht sie nur als eine Art von Urtheilen an: Nämlich den *Kategorischen* Urtheilen ordnet man die *hypothetischen* und *disjunktiven* bei: und begreift diese Verschiedenheit unter den Titel der *Relation*. Man sagt also, wie ein Urtheil, der Quantität, und Qualität nach, verschieden seyn kann; so kann es auch der Relation nach auf dreierlei Weisen bestimmt seyn, kategorisch, hypothetisch, disjunktiv. Eigentlich aber sind alle Urtheile als solche Kategorische und es giebt keine andern einfachen Urtheile: denn die hypothetischen und disjunktiven sind schon Zusammensetzungen zweier oder mehrer Urtheile.[285]

---

[283] Arthur Pap: Semantics and Necessary Truth, S. 27.
[284] Siehe oben, Kap. 1.3.3.
[285] WWV2 I, S. 278.

Schopenhauer sieht also ebenso wie Kant die kategorischen Urteile als die Grundlage der Relationslogik, die – wie er im Anschluss an das Zitat schreibt – nicht durch die Quantität und Qualität der Begriffe, sondern durch die Junktoren verbunden werden. Im Sinne der kantischen Urteilstafel bespricht er somit als sechste grundlegende Verhältnismöglichkeit von Begriffen die disjunktiven und die hypothetischen Urteile, die sich dadurch auszeichnen, dass sie eine Begriffssphäre aufweisen, die in zwei oder mehrere andere Sphären geteilt wird. Dabei wird bald ersichtlich, dass sowohl (wahre) hypothetische als auch disjunktive Urteile durch Eulersche Diagramme dargestellt werden, die wiederum (aU) dargestellt hat. Schopenhauer ist somit einer der ersten von vielen Logikern im deutschsprachigen Raum des 19. Jahrhunderts, die Eulersche Diagramme nicht nur für die aristotelische Logik verwenden, die man als Fragment der Prädikatenlogik interpretieren kann, sondern auch für stoische Logik, die man als Fragment der Aussagenlogik ansehen kann.

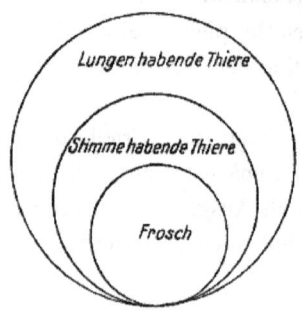

Abb. 1
WWV2 I, S. 281.

Meines Ermessens sieht man die Tatsache, dass Molekularsätze (aU) enthalten können, am besten an dem Diagramm für hypothetische Relationen (Abb. 1). Schopenhauers Beispielurteil zu diesem Diagramm lautet: »Wenn alle stimmbegabt[en] Thiere Lungen haben; so haben auch die Frösche Lungen.« Zunächst deutet er mehrfach im Kontext an, dass man hier zwar mit einem Bein in der Urteils-, mit dem anderen aber bereits in der Schlusslehre stehe. Das verwundert insofern nicht, als man Schopenhauers Beispielurteil als einen enthymemischen modus Barbara interpretieren kann, der auf die propositio minor verzichtet.

Schopenhauer sagt nicht, dass dieses Urteil bzw. dieses Diagramm ein Beispiel für (aU) ist. Substituieren wir aber in dem Diagramm wie folgt: Frosch – Gold, Stimmehabende Tiere – Gelb, Lungenhabende Tiere – Farbe, dann wird die Verwandtschaft zwischen dem hypothetischen Konditional (Wenn Gelb farbig ist, dann ist auch Gold farbig) und den (aU) deutlich: Das Konditional besteht aus zwei expliziten (aU), nämlich dem Antezedens und dem Konsequens, und einem impliziten (aU), nämlich Gold ist gelb. Das Diagramm zeigt die Verwandtschaft der hypothetischen Relationen mit den (aU) besser auf als das Urteil selbst, da es der Form nach zwei ineinanderliegenden Gold-Gelb-Diagrammen oder zwei Euler-Diagrammen für *A*-Urteile oder auch zwei kombinierten Diagrammen des zweiten Begriffsverhältnisses der Schopenhauerschen Urteilslehre entspricht.[286]

---

[286] Zu dem Gold-Gelb-Diagramm siehe oben, Kap. 2.2.5. Zu dem zweiten Begriffsverhältnisdiagramm der Schopenhauerschen Urteilslehre siehe oben, Kap. 1.3.1; Für Euler-Diagramme für *A*-Urteile siehe oben,

2.2 Analytizität – Analytische Urteile, Umfangsmetaphern und Logikdiagramme

Sollte ich nicht schwerwiegendere Kritikpunkte übersehen haben, so dürfte das Problematische an meiner bisherigen Argumentation in (b) gewesen sein, dass ich bei Schopenhauers Ansatz (aU) in hypothetischen Relationen vor allem durch einen enthymemischen modus Barbara gerechtfertigt habe; Kritiker könnten nun einwenden, dass der modus Barbara nur durch die in ihm befindlichen (aU) gerechtfertigt werden kann. Schopenhauer hat dieses Problem erkannt und bietet dafür einen Ausweg in seiner Beweistheorie, auf die Kap. 2.3 genauer eingehen wird.

(d) (aU) erscheinen für viele Philosophen problematisch, wenn sie von Denkakten des Urteilenden und nicht von dem Verhältnis der verbundenen Begriffe selbst abhängen. Bereits Maaß hatte kritisiert, dass Begriffsschemata subjektiv, personenbezogen und daher immer unterschiedlich seien. Bis heute gilt diese Auffassung als ein Kritikpunkt an der Unterscheidung zwischen (aU) und (sU); denn was für den einen (aU) sei, sei für einen anderen Urteilenden eventuell (sU). Ich hatte als ein Beispiel bereits Bennetts Tennisschlägeranalogie am Anfang von Kap. 2.2 angegeben. Diese Relativität hänge nun, so Maaß, Bennett und viele andere, entweder von der Umfangsmetapher oder von dem Hintergrundwissen der Beurteilenden ab: Ist für Person *A* ein Begriff weiter als für Person *B*, so kann es sein, dass *A* etwas für (aU) betrachtet, was *B* für (sU) ansieht. Aber auch das Hintergrundwissen kann dabei eine Rolle spielen: Weiß Person *A* weniger über Begriffsbeziehungen als Person *B*, so ist es denkbar, dass *A* ein Urteil für erkenntniserweiternd (ampliativ) erachtet, während *B* es nur als erkenntniserläuternd (explikativ) ansieht. In Bezug auf Kants einschlägige Definition der (aU) und (sU) in der KrV schreibt Maaß:

> Was heißt es aber über den Begriff des Subjekts hinausgehen? Was will dieser bildliche Ausdruck sagen? Wenn demnach der transcendentale Idealismus einen wesentlichen, nicht blos einen relativen Unterschied zwischen den analytischen und synthetischen Urtheilen angiebt; wenn nicht das nämliche Urtheil bald analytisch bald synthetisch [...]; so muß man eine allgemein gültige Regel festsetzen, wonach sich jedesmal entscheiden läßt: ob das Prädikat *B* in dem Subjekte *A* liege, oder nicht? ob es durch Identität gedacht werde oder nicht? ob also das Urtheil blos erläuternd, oder ob es erweiternd sey?[287]

Henry E. Allison hat einen Teil dieses Zitats populär gemacht, und in den folgenden Jahrzehnten haben diverse Autoren Maaß' Einwand nah an Quines These der ontologischen Relativität herangeführt.[288] Dass Quines ontologische Relativität eng mit der

---

Kap. 2.2.3. Alle diese Diagramme haben dieselbe Form, bei der ein Kreis vollständig in einem anderen enthalten ist.
[287] J.G.E. Maaß: Ueber den höchsten Grundsatz der synthetischen Urtheile; in Beziehung auf die Theorie von der mathematischen Gewißheit. In: Philosophisches Magazin 2 (1789), S. 186–231.
[288] Vgl. bspw. Cory Juhl, Eric Loomis: Analyticity, bes. Kap. 4. Allison übersetzt nur einen Teil des oben angegebenen Zitats, vgl. Henry E. Allison: The Kant-Eberhard-Controversy, S. 43.

Psychologismus-These nach Maaß verwandt ist, lässt sich besonders an einigen Beispielen zeigen, deren Problematik Hans Rott ausführlich dargestellt hat: Kant führt in Prol. § 2 als Beispiel für (aU) das Urteil `Gold ist ein gelbes Metall` an, da wir uns nicht nur bei dem Begriff des Goldes immer schon das Prädikat `gelbes Metall-sein` hinzudenken sollen, sondern da jenes in diesem wirklich vorhanden sei; dagegen würden Locke, Leibniz, Hilary Putnam oder Wolfgang Stegmüller dieses Urteil für (sU) halten, weil Gold eigentlich keine Farbe habe bzw. weil es weiß sei.[289]

In Kap. 2.2.5 wurde bereits darauf hingewiesen, dass Schopenhauer sich dieser Problematik bewusst war: Ich hatte dort ein Zitat angeführt, in dem Schopenhauer auf Denkakte wie das Mitdenken und Hinzudenken rekurriert, die jedoch davon abhängen, ob ein Begriff wirklich in einem anderen enthalten sei oder nicht. Woher weiß man aber, ob ein Begriff wirklich in einem anderen enthalten sei oder nicht? Gibt es dafür eine Regel, wie Maaß fordert, oder hängt das Enthaltensein oder Nichtenthaltensein von dem Begriffsschema und der Psyche des Urteilenden ab?

Dass Schopenhauer sich mit diesen Fragen beschäftigt hat und die Problematik kannte, zeigt ein Zitat, das er noch in T1 C2 gibt, und zwar kurz nach dem von mir in Kap. 2.2.5 zitierten Beispiel für (aU):

> Vieles dabei [sc. bei den Beispielen für (aU) und (sU)] ist offenbar subjektiv-relativ weil es darauf ankommt wie viel[e] Prädikat[e] dem Hörer vom Subjektbegriff schon bekannt sind und was er demgemäß beim Subjekt denkt: daher dem einen das Urtheil
> »Gold ist 19 Mal so schwer als Wasser«
> synthetisch, dem Chemiker aber analytisch s[e]yn kann, weil dies zu den Merkmalen gehört die er als dem Golde wesentlich denkt. Inzwischen ist soviel gewiß daß in jedem Urtheil die Kenntniß vom Subjektbegriff entweder bloß verdeutlicht wird, durch Auseinandersetzung explicite des implicite darin gedachten, oder erweitert: demnach ist es [entweder] analytisch oder synthetisch [...].[290]

Schopenhauer greift in dem Zitat Maaß' Kritikpunkte an der Unterscheidung von (aU) und (sU) auf: Was für den einen (aU) ist, kann für andere eventuell (sU) sein. Wie bei Maaß hängt dies vom Kenntnisstand des Subjekts ab und von dem damit verbundenen Begriffsschema.

Dass es eine semantische Relativität und keine feststehenden Begriffsschemata gibt, stellt aber für Schopenhauer kein Problem dar und nötigt ihn auch nicht, die Unterscheidung von (aU) und (sU) aufzugeben. Vielmehr kommt ihm sowohl sein Nominalismus als auch seine Begriffslehre bei diesem scheinbaren Problem zu Hilfe.

---

[289] Vgl. Hans Rott: Vom Fließen theoretischer Begriffe. Begriffliches Wissen und theoretischer Wandel. In: Kant-Studien 95:1 (2004), S. 29–51.
[290] WWV2 I, S. 124. Das Zitat deutet mit dem Merkmalsbegriff eine intensionale Lesart an.

2.2 Analytizität – Analytische Urteile, Umfangsmetaphern und Logikdiagramme

Schopenhauer sagt bspw.: »Ist nun das Verhältniß zweier Begriffe einmal bekannt; so kann ich jeden derselben durch den andern näher bestimmen [...].«[291] Diese Bestimmung erfolgt mit Hilfe der Euler-Diagramme und ist selbst der Akt des Urteilens. Urteilen heißt, laut Schopenhauer, das Verhältnis gegebener Begriffe zueinander zu erkennen und anzugeben.[292]

Aber woran erkennt man oder wie versteht man nun das Verhältnis zweier Begriffe? Hier scheint Schopenhauer zwei Möglichkeiten im Blick zu haben. Einerseits kann ein Urteil eine Abbildung der anschaulichen Erkenntnis sein. Denn sobald jemand anhand einer Beobachtung das Verhältnis zweier Tatsachen neu bestimmt, kann dieses Verhältnis in einem Urteil bzw. in dem entsprechenden Diagramm ausgedrückt werden. So kommt es, dass man überhaupt zu neuer Erkenntnis findet oder dass man anhand eines konkreten Urteils über die empirische Welt fragt, ob es (aU) oder (sU) diskutiert. Andererseits werden grundsätzliche Begriffsschemata bzw. die Verhältnisse zwischen Begriffen schon immer beim Spracherwerb erlernt. Die ontologische Relativität kann also auch ein Produkt einer linguistischen Relativität sein: Man muss beim Spracherwerb »ganz neue Sphären von Begriffen in seinem Geiste abstechen«, und es kann sogar sein, dass »Begriffssphären in uns entstehen, wo noch keine waren«.[293] Und das schließt auch das Erlernen einer Fachsprache mit ein, wie bspw. die des Chemikers.

Schopenhauers Theorie scheint auf diese beiden Alternativen beschränkt zu sein, zumindest habe ich derzeit nicht mehr Texthinweise, die eine Antwort auf das Problem der subjektiv-relativen Einschätzung von (aU) und (sU) geben. Dennoch kann man beide Aspekte zu einer zirkulären Theorie verbinden: Menschen erlernen beim Spracherwerb mit Hilfe der Gebrauchstheorie und des Kontextprinzips Begriffssphären und verstehen so, in welchem Verhältnis die Begriffe zueinander stehen können.[294] Diese lassen sich anhand Eulerscher Diagramme darstellen. Die Sprache wird dann als das geeignete Mittel verwendet, um sich mit anderen über die anschauliche Welt zu verständigen. Da Menschen aber Entdeckungen in der anschaulichen Welt machen, die nicht mit ihren oder mit den Begriffssphären und Begriffsverhältnissen der anderen übereinstimmen, revidieren sie die Begriffsschemata fortlaufend und diskutieren diese mit anderen. Wird die Revision des Begriffsschemas akzeptiert, so wird sie besonders durch den Spracherwerb (Gebrauchstheorie, Kontextprinzip) tradiert. Auch Schopenhauers Ansichten zu (aU) und (sU) stützen somit den sozialen Aspekt der in Kap. 2.1 dargelegten Sprachtheorie.

Diesen Prozess der Diskussion und Überredung beschreibt Schopenhauer in seiner Dialektik genauer.[295] Da die Frage nach (aU) und (sU) aber keine dialektische Frage ist, wird sie nur anhand von – wenn auch subjektiv-relativen – Beispielen in der Logik

---

[291] Vgl. WWV2 I, S. 273.
[292] Vgl. WWV2 I, S. 260.
[293] WWV2 I, S. 246. Siehe oben, Kap. 2.1.6.
[294] Siehe oben, Kap. 2.1.5–2.1.6.
[295] Vgl. Jens Lemanski: Logik und Eristische Dialektik. In: Schopenhauer-Handbuch. Leben – Werk – Wirkung. Hrsg. v. Daniel Schubbe, Matthias Koßler. 2. Aufl. Weimar *[im Erscheinen]*.

diskutiert. Damit dies geschehen kann, trennt Schopenhauer bes. die logische von der empirischen Wahrheit und spricht (aU) und (sU) nur eine logische Wahrheit zu.[296] Das in einem (aU) ausgedrückte Verhältnis eines Subjekts zum Prädikat könne auch eine »materiale Wahrheit« besitzen, doch dies bleibt unentschieden. (aU) und (sU) hängen somit nicht direkt von der anschaulichen, empirischen oder materialen Welt ab, sondern von der Definition des Urteilenden: Wenn ich definiere, dass die Begriffssphäre Gold im Begriffsumfang von Gelb enthalten ist, bin ich dazu verpflichtet, Urteile wie Alles Gold ist gelb als analytisch und nicht als synthetisch anzuerkennen. Wenn ich – trotz des Wortunterschiedes – definiere, dass die Begriffssphäre von Abendstern deckungsgleich ist mit der des Begriffs Morgenstern,[297] so bin ich ebenfalls dazu verpflichtet, das Urteil Der Abendstern ist der Morgenstern als analytisch anzuerkennen.

Ob und inwiefern ich gerechtfertigt bin, diese Definitionen zu behaupten, ist für Schopenhauer keine Frage der Logik, sondern der empirischen Wissenschaften, des allgemeinen Sprachgebrauchs sowie der Dialektik. Obwohl sich die Frage, was (aU) und (sU) sind, an Beispielen erklären lässt, ist die eigentliche Form der Erläuterung eine anschauliche Darstellung mittels eines analytischen Diagramms der geometrischen Logik. Dieses erklärt, warum es keine Notwendigkeit gibt, das Umfangsvokabular wie ›enthalten sein‹, ›außer(halb) liegend‹, ferner ›hinzudenken‹ etc. als revisionsbedürftige Metaphorik zu reformulieren und zu verbegrifflichen – so wie Quine behauptet hatte. Anderson und Lu-Adler haben richtig bemerkt, dass nicht die Reformulierung oder Übersetzung, sondern die Schemaergänzung der richtige Weg zum Verständnis von (aU) und (sU) ist. Das Umfangsvokabular ist nicht defizitär, sondern es bedarf der Schemata, um sein Potential zu verstehen. Meines Wissens wurden – ähnlich wie bei Schopenhauer – (aU) auch in den 1830er Jahren von Moritz-Wilhelm Drobisch definiert und mit Hilfe von Kreisdiagrammen dargestellt.[298] Aber diese Diagramme kannten Quine und seine Anhänger ebenso wenig wie die analytischen Diagramme von Euler, Kant oder Schopenhauer.

---

[296] Vgl. WWV2 I, S. 264ff.
[297] Schopenhauer gibt für Synonymizität bekanntlich kein Diagramm an, obwohl sie die erste grundlegende Verhältnismöglichkeit von Begriffen in Urteilen ist, siehe oben Kap. 1.3.1 und ferner Kap. 1.3.3.
[298] Vgl. Moritz Wilhelm Drobisch: Neue Darstellung der Logik nach ihren einfachsten Verhältnissen. Nebst einem logisch=mathematischen Anhange. Leipzig 1836, S. 36ff.

2.3 Beweis – Elementargeometrie, Syllogistik und anschauliche Beweistheorie

Die Beweistheorie gilt heute als Königsdisziplin der mathematischen Logik. In ihr werden »die Beweise als solche zum Gegenstand [der] Untersuchung« gemacht oder – anders gesagt – »sie handelt von dem Operieren mit den Beweisen selbst«.[1] Ursprüngliches Ziel war es, nach Vorbild des Logikkalküls, eine »strenge Formalisierung der ganzen mathematischen Theorie einschließlich ihrer Beweise« durchzuführen.[2] Auch wenn zum einen schnell die Grenzen dieser Zielsetzung und zum anderen die Unnatürlichkeit des Verfahrens erkannt wurden, wurden die Problemlösungen der Beweistheorie als wegweisend und die Untersuchung »des Schließens, wie sie in Wirklichkeit bei mathematischen Beweisen geübt wird«, als gewinnbringend anerkannt.[3]

Die enge Beziehung zwischen Mathematik und Logik, die sich gerade in der Beweistheorie zeigt, wird meistens als ein Erzeugnis der Moderne angesehen, obwohl man Vorformen der Beweistheorie bereits in der euklidischen Geometrie und in der antiken Logik festmachen kann.[4] Auch der logische Kalkül ist keine Erfindung der Neuzeit, sondern wird häufig bis zu den Oxford Calculatores zurückgeführt.[5] Im Anschluss an die als *quaestio de certitudine mathematicarum* bezeichnete Debatte,[6] die die spätscholastische Konkordanzfrage bezüglich der Demonstrationslehre in der aristotelischen Logik und der euklidischen Geometrie fortführte, festigte sich der durch Hobbes' *Computatio sive logica* (*De Corpore* I, insbes. 1.2) prominent gewordene Gedanke einer Berechenbarkeit des Denkens und Schließens anhand eines Kalküls.[7]

---

[1] David Hilbert: Neubegründung der Mathematik. Erste Mitteilung. In: Abhandlungen aus dem Mathematischen Seminar der Universität Hamburg 1 (1922), S. 157–177, hier: S. 169.
[2] David Hilbert: Neubegründung der Mathematik, S. 165.
[3] Gerhard Gentzen: Untersuchungen über das logische Schließen I. In: Mathematische Zeitschrift 39:2 (1934), S. 176–210, hier: S. 176.
[4] Vgl. bspw. Albert G. Dragalin: Proof Theory (Art.). In: Encyclopaedia of Mathematics. Hrsg. v. M. Hazewinkel. Intern. Ed. in 6 Vols. Dordrecht 1995, Bd. 4, S. 596–599, hier: S. 597: »Die Ursprünge der Beweistheorie lassen sich bis in die Antike zurückverfolgen (die deduktive Methode des Schlussfolgerns in der Elementargeometrie, die aristotelische Syllogistik usw.)« (Meine Übers. – J.L.). Vgl. auch Dag Prawitz: The Philosophical Position of Proof Theory. In: Contemporary Philosophy Scandinavia. Hrsg. v. R. E. Olson, A. M. Paul. London 1972, S. 123–134, hier: S. 124; Jan von Plato: The Development of Proof Theory. In; The Stanford Encyclopedia of Philosophy (Winter 2018 Edition). Hrsg. v. Edward N. Zalta, URL = <https://plato.stanford.edu/archives/win2018/entries/proof-theory-development/>.
[5] Vgl. bspw. Carl B. Boyer: The History of Calculus and Its Conceptual Development (The Concepts of the Calculus). New York 1949.
[6] Vgl. Paolo Mancosu: Aristotelian Logic and Euclidean Mathematics. Seventeenth-Century Developments of the Quaestio de Certitudine Mathematicarum. In: Studies in History and Philosophy of Science Part A 23:2 (1992), S. 241–265; Massimo Mugnai: Denken und Rechnen. Über die Beziehung von Logik und Mathematik in der frühen Neuzeit. In: Neuzeitliches Denken. FS für Hans Poser zum 65. Geburtstag. Hrsg. v. Günter Abel, Hans-Jürgen Engfer, Christoph Hubig. Berlin 2002, S. 85–101.
[7] Vgl. Kuno Lorenz: Kalkül (Art.). In: HWPh, Bd. 4, S. 672–681; P. A. Verburg: Hobbes' Calculus of Words. In: Statistical Methods in Linguistics 6 (1970), S. 60–65; Maarten Bullynck: Erhard Weigel's Contributions to the Formation of Symbolic Logic.

2 Die Logik und ihre geometrische Interpretation

Mit der Zeit des heranbrechenden Grundlagenstreits der Mathematik setzten sich Kalküle mit algebraischer Notation durch. Auf die Tatsache, dass Kalküle, Entscheidungsverfahren und formale Beweise nicht auf die algebraische Form beschränkt, sondern auch arithmetisch oder geometrisch verfasst sein können, haben in unterschiedlichen Epochen immer wieder historisch interessierte Logiker hingewiesen.[8] Wie in Kap. 2.2.2 und 2.2.3 gezeigt wurde, hatten Leibniz, Lange, Ploucquet und Lambert nicht nur die hobbsche Idee eines logischen Kalküls aufgegriffen, sondern diesen auch durch geometrische Formen zu verwirklichen gesucht. Zwar hatte Frege eine zweidimensionale Notation verwendet, die sogar an die diagrammatischen Logiken von Krause oder Schopenhauer erinnert,[9] aber mit dem Einsetzen der Russell-Whitehead-Hilbert-Logik endete das Interesse an geometrischen Logiken, und algebraische Notationen setzten sich durch. Bald wurde das logizistische oder formalistische Ideal eines Kalküls nicht mehr mit geometrischen Formen in Verbindung gebracht. Logikdiagramme galten höchstens noch als heuristisches Mittel, das formalen Systemen der Logik eher abträglich war.

Logikdiagramme spielten eine unscheinbare, aber auch nicht ganz unwichtige Rolle am Ende des 19. und in der ersten Hälfte des 20. Jahrhunderts.[10] John Venn fiel auf, dass Eulers Diagramme für die beiden partikulären Urteile auf ein und derselben geometrischen Form beruhten, und entwickelte daher eine Methode, auch die universalen Urteile durch dieses primäre Diagramm darzustellen: Bei einem primären Diagramm mit zwei Begriffen ergeben sich vier Bereiche, die wahlweise entweder durch Schattierung verneint oder durch Punktierung bejaht werden konnten. Damit ließ sich nicht nur die klassische Syllogistik, sondern auch die algebraische Logik George Booles und William Stanley Jevons darstellen.

In der Peirce-Schule gelang es, die Ausdrucksstärke von Venn-Diagrammen auf eine ×-Notation zu reduzieren und dadurch in eine komplexe Tabellen-Form zu überführen. Diese Ideen wurden ab den 1940er Jahren in der Neurophysiologie, in der Elektrotechnik und später in der Künstlichen Intelligenz aufgegriffen und weiterentwickelt.[11] Trotz der in diesen Bereichen verwendeten Logikdiagramme setzten sich in den folgenden Jahren und Jahrzehnten weiterhin algebraische Notationen durch. Wie McCulloch und Randolph zeigten,[12] konnten Logikdiagramme Wahrheitstafeln

---

[8] Siehe oben, Kap. 2.2.2 und 2.2.3. Vgl. bspw. auch Iohannes Christianus Langius: Nvclevs Logicae Weisianae, bes. S. 248, S. 756–758; Mauritius Guilielmus Drobisch: De calculo logico. Lipsae, s.a [1827], S. 3–6 (= Preamonenda); Volker Peckhaus: Logik, mathesis universalis und allgemeine Wissenschaft, bes. Kap. 3.
[9] Siehe oben, Kap. 1.3.1 mit der dort angegebenen Literatur.
[10] Die in den folgenden Abschnitten skizzierte Entwicklung wird ausführlich beschrieben in Jens Lemanski: Logic Diagrams, Sacred Geometry and Neural Networks.
[11] Einschlägig für die Neurophysiologie und KI ist Walter H. Pitts, Warren S. McCulloch: A Logical Calculus of the Ideas Immanent in Nervous Activity. In: The Bulletin of Mathematical Biophysics 5:4 (1943), S. 115–133. Grundlegend für die Elektrotechnik ist Edward W. Veitch: A Chart Method for Simplifying Truth Function. In: Association for Computing Machinery, Pittsburgh, May 2, 3, 1952. Pittsburgh: ACM, 1952, S. 127–133.
[12] Vgl. Warren S. McCulloch: Verkörperungen des Geistes. Übers. v. Anita Ehlers. Wien 2000, S. 20ff., S. 82ff.; John F. Randolph: Cross-Examining Propositional Calculus and Set Operations.

2.3 Beweis – Elementargeometrie, Syllogistik und anschauliche Beweistheorie

ersetzen und sogar verbessern, aber das Ideal eines logischen Kalküls blieb im Bewusstsein vieler Logiker bis Ende des 20. Jahrhunderts eng mit der linearen algebraischen Notation verbunden.

Erst Sun-Joo Shins paradigmatisches Werk *The Logical Status of Diagrams* machte 1994 damit ein Ende, dass Diagramme als »second-class citizens« in der Logik des 20. Jahrhunderts angesehen wurden. Ihr Ziel war es, das lange Misstrauen gegenüber Diagrammen in der Logik und Mathematik zu beenden und zu zeigen, dass diese ebenso ein formales System bilden können wie lineare algebraische Notationen. Methodisch zeigte sie, dass für jedes Repräsentationssystem eine syntaktische und semantische Dimension definiert werden kann. Inspiriert von Peirce entwickelte sie genaue syntaktische Regeln für die Manipulation von Diagrammen, definierte, was ein wohlgeformtes Diagramm sei, und bewies schließlich die Korrektheit und Vollständigkeit zweier Systeme, die auf Venn-Diagrammen basierten.

Obwohl die Erforschung von Logikdiagrammen bereits in der Barwise-Schule (Visual Inference Laboratory in Bloomington/Indiana) eine längere Tradition hatte, gelang erst Shin große internationale Aufmerksamkeit mit ihren Venn-Kalkülen. Bereits bis Ende der 1990er Jahre wurden mehrere Diagrammsysteme entworfen, die nicht nur auf Venn-, sondern auch auf Euler-Diagrammen oder existential graphs (Peirce) basierten. Ab der Jahrtausendwende entwickelten sich zahlreiche Forschungsstandpunkte, in denen Logikdiagramme in der Informatik, Philosophie, Linguistik und Psychologie untersucht wurden. Bis heute sind vor allem Brighton, Cambridge, Tallinn, Calcuta, Tokio und Mexiko-Stadt als Hochburgen dieser Forschung zu nennen. Und insbesondere in der Künstlichen Intelligenz erhofft man sich große Fortschritte durch die Erforschung von Diagrammen, da ihre Beschaffenheit natürliche Intuition und künstliche Berechenbarkeit vereinen.

Wenn ich davon spreche, dass erst mit Shin wieder ein breites Interesse geometrischen Logikkalkülen einsetzt, so weist das auf Volker Peckhaus' These hin, die moderne Logik sei eine Geschichte unbewusster Wiederentdeckungen.[13] Denn ebenso wie der Versuch, Kalküle mit geometrischen Figuren aufzustellen, sind Peirces, McCullochs und Randolphs reduktionistische Notationen in der Geschichte der neuzeitlichen geometrischen Logik immer wieder neu erfunden bzw. aus vorhergegangenen Kreisdiagrammen abgeleitet worden.[14] Die These der unbewussten Wiederentdeckungen der geometrischen Logik kann unter anderem erklären, warum Quine und viele seiner Zeitgenossen die in Kap. 2.2 besprochene Definition analytischer Urteile nicht mit analytischen Diagrammen der geometrischen Logik und Eulers Prinzipien in Verbindung gebracht haben: Es scheint immer wieder Phasen in der Geschichte der Logik und Mathematik gegeben zu haben, in der Diagramme und visuell-

---

[13] Vgl. Volker Peckhaus: Logik, mathesis universalis und allgemeine Wissenschaft, bes. S. 2, S. 222ff.
[14] Bspw. bei Samuel Grosser (siehe oben, Kap. 2.2.3), ebenso auch in Karl Christian Friedrich Krause: Die Lehre vom Erkennen und von der Erkenntnis als erste Einleitung in die Wissenschaft, und bei Gustav Adolf Lindner: Lehrbuch der formalen Logik.

geometrische Figuren und Formen abgelehnt und ihre Verwendungsweise vergessen wurden.

Diese Periodisierung der geometrischen Logik ist nicht meine Erfindung: Hans Hahn und Klaus Volkert haben den Ausdruck ›Krise der Anschauung‹ geprägt, der ein anschauungsskeptisches Paradigma bezeichnet, das mit der Entdeckung und Popularisierung der sog. Weierstraßschen Monstern um 1880 beginnt und sich in den Naturwissenschaften mit der unanschaulichen Teilchenphysik und der kontraintuitiven Quantenmechanik fortsetzt.[15] Peter Bernhard und Catherine Legg haben mit diesem Bildskeptizismus auch erklärt, warum die Euler- oder allgemein analytischen und logischen Diagramme erst seit dem Ende der 1940er Jahre langsam und seit den 1990er Jahren zunehmend wieder in den Fokus der Forschung gerückt sind.[16] Dies deckt sich mit den Beobachtungen von Amirouche Moktefi, Sun-Joo Shin und George Englebretsen, dass es zwischen den 1760er und den 1880er Jahren ein goldenes Zeitalter logischer Diagramme gegeben habe.[17] Und ich glaube, in Kap. 2.2.2 und 2.2.3 gezeigt zu haben, dass es ebenso goldene Zeitalter analytischer Logikdiagramme ungefähr zwischen den Jahren 1530 und 1615 sowie zwischen 1660 und 1715 gab – eine These, die sich u.a. mit Kobzars Behauptung deckt, Euler sei in den 1730er Jahren u.a. darum nach St. Petersburg gegangen, weil in Zentraleuropa Diagramme zu dieser Zeit tabuisiert waren.[18]

Die Geschichte logischer Diagramme in den letzten Jahrhunderten scheint sich folglich mit einem Konjunkturzyklus beschreiben zu lassen: Mit der angeblichen ›Erfindung‹ oder Popularisierung analytischer Logikdiagramme durch Vives (ca. 1530er Jahre), Weigel (ca. 1660er Jahre), Euler (ca. 1760er Jahre) und Shin (ca. 1990er Jahre) setzen die jeweiligen Aufschwungphasen ein, die dann jeweils aus bestimmten Gründen um 1615, 1715 und 1880 enden. Die abzuleistende Beweishypothek, die mit der dogmatischen Behauptung eines solchen Konjunkturzyklus einhergeht, ist aber kaum zu bewältigen. Schnell können hier auch Namen wie Reimarus, Peirce, Caroll, McCulloch oder Randolph eingeworfen werden, die nicht gut in diese Periodisierungen eingefügt werden können. Dennoch verlangt die regelmäßige Neu- bzw. Wiederentdeckung logischer Diagramme und die Vergessenheit ihrer einstigen Verwendungsweise in der Geschichte der Logik nach Gründen. Warum hat man in der Wissenschaftsgeschichte immer wieder auf geometrische Formen zurückgegriffen, obwohl algebraische und arithmetische Notationen und Kalküle über viele Jahrzehnte dominant waren?

---

[15] Vgl. Hans Hahn: Die Krise der Anschauung. In: Ders.: Krise und Neuaufbau in den exakten Wissenschaften. Fünf Wiener Vorträge. Wien 1933, S. 41–64; Klaus Thomas Volkelt: Die Krise der Anschauung. Eine Studie zu formalen und heuristischen Verfahren in der Mathematik seit 1850. Göttingen 1986.
[16] Vgl. Catherine Legg: What is a Logical Diagram?; Peter Bernhard: Euler-Diagramme, S. 11–17.
[17] Vgl. Amirouche Moktefi, Sun-Joo Shin: A History of Logic Diagrams; George Englebretsen: Figuring it Out. Logic Diagrams. In Cooperation with José Martin Castro-Manzano and José Roberto Pacheco-Montes. Berlin, Boston 2020, Kap. 2.2.
[18] Vgl. bes. meine Artikel *Logic Diagrams in the Weise and Weigel Circles* und *Periods in the Use of Euler-Type Diagrams*. Zu Kobzars These siehe oben, Kap. 2.2.3.

2.3 Beweis – Elementargeometrie, Syllogistik und anschauliche Beweistheorie

Wahrscheinlich ist eine historisch und systematisch annähernd befriedigende Beantwortung dieser Frage ein Lebensprojekt. Untersucht man aber nur Aussagen über die Diagrammverwendung im gegenwärtigen Paradigma – also nach der Wiederentdeckung logischer Diagramme im 20. Jahrhundert –, so findet man mehrere wiederkehrende Argumente für die Diagrammverwendung: McCulloch bspw. erklärt, dass seine reduktionistischen Euler- bzw. Venn-Diagramme ein Hilfsmittel und ein Werkzeug seien, mit dem jeder schneller und einfacher Wahrheitswerte ermitteln und überprüfen könne als mit wittgensteinschen Tabellen.[19] Die Feststellung, dass Diagramme ein Hilfsmittel und ein Werkzeug seien, mit dem man schneller, einfacher und sicherer operieren könne, ist wahrscheinlich das Hauptargument für die Verwendung der geometrischen Logik im 20. und 21. Jahrhundert.[20] Untersuchungen seit den 1990er Jahren argumentieren für den didaktischen Vorteil, den logische Diagramme im Philosophie-, Informatik-, Mathematikunterricht und vielen anderen Fächern besitzen.[21] Auch aus diesem Grund ist Visual Learning heutzutage ein eigenständiger Forschungsbereich im Spannungsfeld der Bildungswissenschaften und der Psychologie.[22]

Vertreter der heute wohl einflussreichsten analytischen Diagrammtypen in der Logik (Venn-I, Venn-II, existential graphs, concept diagrams, spider diagrams, GDS) betonen, dass Diagramme nicht nur logische Prozesse vereinfachen und beschleunigen würden, sondern dass ihnen auch eine besondere Rolle in der Beweistheorie zukommt: Während Diagrammen im sog. ›pen and paper‹-Zeitalter der Logik bereits eine entscheidende Rolle in der Beweistheorie zukam, diese aber größtenteils nur als passiv-faktische Illustration auftraten,[23] sind heutige analytische Diagrammtypen häufig vollständig autonom in der Logik und Beweistheorie:[24] Euler-Diagramme und

---

[19] Vgl. W. S. McCulloch: Verkörperungen des Geistes, S. 21f.,
[20] Vgl. bspw. Jill H. Larkin, Herbert A. Simon: Why a Diagram is (Sometimes) Worth Ten Thousand Words; Atsushi Shimojima: On the Efficacy of Representation; Sun-Joo Shin: The Logical Status of Diagrams. Cambridge/Mass. 1994.
[21] Vgl. R. Cox, K. Stenning, J. Oberlander: Graphical Effects in Learning Logic. Reasoning, Representation and Individual Differences. In: Proceedings of the 16th Annual Conference of the Cognitive Science Society, August 13–16, 1994, Cognitive Science Program, Georgia Institute of Technology. Hrsg. v. A. Ram, K. Eiselt. Hillsdale/ N.J. 1994, S. 188–198. Vgl. darüber hinaus auch die zahlreichen Aufsätze zu logischen Diagrammen in der Zeitschrift *Teaching Philosophy*, bspw. Robert L. Armstrong, Lawrence W. Howe: A Euler Test for Syllogisms. In: Teaching Philosophy 13 (1990), S. 39–46; Morgan Forbes: Peirce's Existential Graphs. A Practical Alternative to Truth Tables for Critical Thinkers. In: Teaching Philosophy 20 (1997), S. 387–400; Marvin J. Croy: Problem Solving, Working Backwards, and Graphic Proof Representation. In: Teaching Philosophy 23 (2000), S. 169–187.
[22] Informationen zu diesem Thema bietet z.B. das Budapest Visual Learning Lab.
[23] Vgl. Matej Urbas, Mateja Jamnik: Heterogeneous Proofs. Spider Diagrams Meet Higher-Order Provers. In: Interactive Theorem Proving 6898: Second International Conference, ITP 2011, Proceedings. Berlin u.a. 2011, S. 376–382.
[24] Vgl. ebd.; Mateja Jamnik, Alan Bundy, Ian Green: On Automating Diagrammatic Proofs of Arithmetic Arguments. In: Journal of Logic, Language, and Information 8:3 (1999), S. 297–321; Daniel Winterstein, Alan Bundy, Corin Gurr: Dr. Doodle. A Diagrammatic Theorem Prover. In: International Joint Conference on Automated Reasoning (2004), S. 331–335; Judith Masthoff, Jean Flower, Andrew Fish, Jane Southern: Automated Theorem Proving in Euler Diagram Systems. In: Journal of Automated Reasoning 39:4 (2007), S. 431–470; Ryo Takemura: Proof Theory for Reasoning with Euler Diagrams. A Logic Translation and Normalization. In: Studia Logica 101:1 (2013), S. 157–191.

andere analytische Diagramme können als Kommunikationsmedium – sogar in der Mensch-Maschinen-Kommunikation –, als nachträgliche Überprüfung logischer Schlüsse sowie für Entscheidungsverfahren und als aktiv-dynamisches Konstruktionsverfahren des Schließens und Beweisens eingesetzt werden.[25] In der metaphorischen Ausdrucksweise von Danielle Macbeth lautet das: Wir argumentieren heute nicht allein *mit* Diagrammen, sondern auch *in* Diagrammen.[26]

Aus dem Genannten lassen sich zwei Hauptgründe für die Verwendung analytischer Diagramme in den heutigen Wissenschaften entnehmen:[27] (A) Analytische Diagramme sind ein didaktisches Hilfswerkzeug, mit dem man schneller und einfacher logische Operationen durchführen kann. (B) Analytische Diagramme werden gleichwertig mit algebraischen und arithmetischen Notationen eingesetzt oder scheinen (in Zukunft) gleichwertig einsetzbar zu sein. Argument (A) ist ein eher schwaches didaktisches Argument, das quantifizierbare Vorteile wie Schnelligkeit, Leichtigkeit oder Einfachheit gegenüber anderen Notationen anzeigt; Argument (B) ist hingegen ein starkes Argument, das in unterschiedlichen Bereichen auf die qualitative Gleichwertigkeit zu anderen Notationen in der Logik aufmerksam macht. Bei der Lektüre der zuvor als Belege aufgeführten Studien drängt sich aber insgesamt immer der Eindruck auf, dass beide Argumente vor allem als Rechtfertigung für die Verwendung analytischer oder allgemein logischer Diagramme im Unterschied zu arithmetischen und algebraischen Notationen angeführt werden.

Dass geometrische Figuren und Diagramme nicht nur in der Logik, sondern generell rechtfertigungsbedürftig erscheinen, dürfte daran liegen, dass Mathematikhistoriker vielfach einen Konjunkturzyklus für die Geometrie aufgestellt haben, der erst später auf die geometrische Logik übertragen wurde. Hans Hahn und Klaus Volkert haben ihre These von einer *Krise der Anschauung* schließlich primär auf die Mathematik und ferner auf die Physik bezogen: Die Periode zwischen dem Ende des 19. und der Mitte des 20. Jahrhunderts, die als ›Krise der Anschauung‹ bezeichnet wird, setzte zwar mit der Rezeption weierstrassscher Funktionen ein, wurde aber durch die Erschütterung der Elementargeometrie durch nicht-euklidische Geometrien vorbereitet. Die These von Mark Greaves, dass die Entscheidung, (logische oder geometrische) Diagramme und Figuren zu verwenden, von weltanschaulichen oder – etwas neutraler gesprochen – metaphysischen Hintergrundbedingungen des möglichen Verwenders abhängt, scheint daher der pragmatischen Erklärung der Wissenschaftsphilosophen zu widersprechen, die in gewissen Paradigmen der Wissenschaftsgeschichte pragmatische Grenzen der Diagrammverwendung festgemacht haben.[28] Wie mich Ioannis Vandoulakis aufmerksam gemacht hat, kann man

---

[25] Vgl. auch zur Entwicklung Peter Bernhard: Euler-Diagramme, S. 11ff.
[26] Vgl. Danielle Macbeth: Realizing Reason. A Narrative of Truth and Knowing. Oxford 2014, Kap. 2.
[27] Vgl. auch Amirouche Moktefi: Diagrams as Scientific Instruments. In: Visual, Virtual, Veridical. Hrsg. v. Andras Benedek, Agnes Veszelszki. Frankfurt a.M. 2017, S. 81–89.
[28] Vgl. Mark Greaves: The Philosophical Status of Diagrams. Stanford 2002.

2.3 Beweis – Elementargeometrie, Syllogistik und anschauliche Beweistheorie

aber noch viele andere Probleme in der Mathematik um 1900 anführen, in der Intuition und Beweisbarkeit im Missverhältnis stehen, zum Beispiel der vier-Farben-Satz, der jordansche Kurvensatz oder die Peano-Kurve.

Als ein weiteres derartiges paradigmatisches Beispiel für eine Konkurrenz zwischen anschaulichen geometrischen Diagrammen und den arithmetisch-algebraischen Notationen wurde von vielen Mathematikhistorikern des 20. Jahrhunderts die griechische Mathematik selbst herangezogen. In Anknüpfung an Hieronymus Georg Zeuthen hatte Oskar Becker darauf hingewiesen, dass Euklid und seine Nachfolger allgemein eine figürliche Konstruktion zur Demonstration mathematischer Gebilde verlangen würden.[29] Árpád Szabó hatte bspw. die vieldiskutierte These vorgebracht, dass Euklid in seinen *Elementa* zwar den Sensualismus der babylonisch-ägyptischen Mathematik fortführe, aber der systematisch-deduktive Aufbau nur einen zeitbedingten Einfluss des rationalistischen und anti-empiristischen Eleatismus zeige.[30] Wilbur Richard Knorr hatte trotz aller Kritik an Szabós These erklärt, dass Diagramme in der griechischen Geometrie charakteristisch seien, aber der Beweis im Prinzip verbal und unanschaulich verlaufe.[31]

Im Anschluss an die Diskussion um Szabó hatte Sabetei Unguru viele vorhergehende Mathematikhistoriker dahingehend kritisiert, dass, wenn sie Euklids Diagramme nur als algebraische Notation lesen würden, sie ihn mit modernen Mitteln interpretieren würden: »no diagrams, no geometrical way of thinking.«[32] In der Philosophie haben jüngst Pirmin Stekeler-Weithofer und Danielle Macbeth – wenn auch mit z.T. sich gegenseitig ausschließenden Argumentationsverläufen – ebenfalls nachzuweisen versucht, dass Diagramme in der euklidischen Elementargeometrie eine entscheidende Rolle spielen würden und dass die axiomatische Methode in der griechischen Mathematik überbewertet worden sei.[33] Die eher philologisch orientierte Euklidforschung hat hingegen einen minutiöseren Weg eingeschlagen: Ivor-Grattan Guiness wies in den 1990er Jahren behutsam darauf hin, dass einige Diagramme eine entscheidende Rolle im Beweis spielen würden, man aber bislang wenig von den Diagrammen bei Euklid wüsste.[34] Die Forschung zu Euklids *Elementa* konzentriert sich

---

[29] Vgl. Oskar Becker: Grundlagen der Mathematik in geschichtlicher Entwicklung. 2. Aufl. Freiburg u.a. 1964, S. 90ff.
[30] Vgl. Árpád Szabó: Anfänge der griechischen Mathematik. Wien 1969, Teil III; ders.: Die Philosophie der Eleaten und der Aufbau von Euklids Elementen. In: Philosophia 1 (1971), S. 194–228.
[31] Vgl. Wilbur Richard Knorr. On the Early History of Axiomatics. The Interaction of Mathematics and Philosophy in Greek Antiquity. In: Theory Change, Ancient Axiomatics, and Galileo's Methodology. Proceedings of the 1978 Pisa Conference on the History and Philosophy of Science. Bd. 1. Hrsg. v. Jaakko Hintikka, D. Gruender, Evandro Agazzi. London u.a. 1982, S. 145–187.
[32] Sabetai Unguru: On the Need to Rewrite the History of Greek Mathematics. In: Archive for History of Exact Sciences 15 (1976), S. 67–114, hier: S. 76.
[33] Vgl. Pirmin Stekeler-Weithofer: Formen der Anschauung. Eine Philosophie der Mathematik. Berlin u.a. 2008; Danielle Macbeth: Realizing Reason.
[34] Vgl. Ivor Grattan-Guiness: Numbers, Magnitudes, Ratios, and Proportions in Euclid's Elements. How Did He Handle Them?. In: Historia Matematica 23 (1996), S. 355–375.

2 Die Logik und ihre geometrische Interpretation

daher aktuell vor allem auf die Diagrammgeschichte und konstatiert, dass viele einschlägige Euklid-Ausgaben (bspw. Heiberg) weder untereinander noch mit den überlieferten Manuskripten übereinstimmen.[35]

So unterschiedlich die Diagramme in den Euklid-Ausgaben über die Jahrhunderte sind, so unterschiedlich sind auch die Meinungen über die Figuren und Diagramme sowie über die Verbindung zwischen der aristotelischen Logik und der euklidischen Geometrie, bes. in Bezug auf den Begriff ›demonstratio‹ (Beweis). Die oben an einigen ihrer Hauptakteuren skizzierte Debatte in der Philosophie- und Mathematikgeschichte des 20. Jahrhunderts zeigt aber bereits eine ähnliche Rechtfertigungssituation von Diagrammen in der Geometrie wie sie zuvor in der heutigen geometrischen Logik festgehalten wurde: Nicht die verbale Form des Argumentierens und Beweisens, sondern die anschauliche Form wird innerhalb der Debatten begründet und verteidigt. Soweit ich dies anhand von Stichproben beurteilen kann, findet sich dieser Rechtfertigungszwang in allen Epochen.

Wird die Rechtfertigung geometrischer Diagramme nicht akzeptiert, wie bspw. in den Studien der Aristoteles-Forscher Knorr, McKirahan und Golin, so nähern sich Interpreten der These, dass die euklidische Geometrie mit der aristotelischen Logik und Wissenschaftstheorie starke Ähnlichkeiten aufweise:[36] McKirahan deutet bspw. einen Einfluss vor-euklidischer Geometrie auf die aristotelische Logik an, und einen Einfluss der aristotelischen Wissenschaftstheorie auf die euklidische Geometrie. Die Analogie zwischen Beweisbausteinen bei Aristoteles und Euklid (Axiome/Prinzipien, Definitionen, Postulate) führt damit zu einer Entbehrlichkeit der Diagramme in Logik und Geometrie.

Der Mathematikhistoriker Orna Harari hat wohl unbewusst auf eine alte empiristisch-skeptische Frage hingewiesen, die sich aber bei rationalistischen, anti-sensualistischen oder anti-repräsentationalistischen Positionen aufdrängt: Wenn die diskursiven Beweistheorien von Euklid und Aristoteles nun eng miteinander verwandt sind, und wenn Diagramme nun keine notwendige Rolle in der Geometrie und Logik spielen, wie lassen sich dann die für den Beweis benötigten deduktiven Schlüsse rechtfertigen?[37] Dass die Frage treffend und durchaus berechtigt ist, lässt sich an der empiristisch-repräsentationalistischen Tradition zeigen, die diese Frage als skeptisches Argument in vielen unterschiedlichen Epochen aufgeworfen hat.

Empiristen und Skeptiker wie Sextus Empiricus, Francis Bacon und John Locke hatten die Letztbegründungsfunktion der aristotelischen und stoischen Logik angegriffen, da die reduktiven Beweisverfahren entweder nie oder willkürlich oder in

---

[35] Vgl. bspw. den Sammelband von Karine Chemla: The History of Mathematical Proof in Ancient Tradition. Cambridge 2012.

[36] Vgl. Richard D. McKirahan Jr.: Principles and Proofs. Aristotle's Theory of Demonstrative Science. Princeton 1992; Owen Goldin: Explaining an Eclipse. Aristotle's Posterior Analytics 2.1–10. Ann Arbor 1996.

[37] Vgl. Orna Harari: John Philoponus and the Conformity of Mathematical Proofs to Aristotelian Demonstrations. In: The History of Mathematical Proof in Ancient Tradition. Hrsg. v. Karine Chemla. Cambridge 2012, S. 206–228.

2.3 Beweis – Elementargeometrie, Syllogistik und anschauliche Beweistheorie

einem Zirkel enden würden. Empiristen und Skeptiker zweifelten daher an der Gültigkeit der Beweistheorien deduktiver Logiken und somit an der Funktionsfähigkeit und Überzeugungskraft deduktiver Argumente selbst. Als Konsequenz forderten sie, den Hoheitsanspruch der rein deduktiven Logik aufzugeben oder die ins Wanken geratene Syllogistik durch eine induktive Logik zu stabilisieren.[38]

Sextus Empiricus hatte vor allem gegen die stoische Aussagenlogik argumentiert, dass die fünf beweisbedürftigen Schlüsse des Chrysipp zwar durch die Reduktion auf das *dictum de si et aut* bewiesen werden sollen,[39] der Beweis des *dictum de si et aut* aber letztlich in einer der Tropen münde (unendl. Regress, Dogma, Zirkel etc.).[40] Francis Bacon setzte anstelle des aristotelischen *dictum de omni et nullo* seine *inductio vera*, da die universelle Gültigkeit des aristotelischen Beweisaxioms nur dogmatisch behauptet sei und Axiome immer eine Induktion voraussetzen würden.[41] John Locke vertrat die Meinung, dass sich die Gültigkeit des Syllogismus zwar denen, die ihn beherrschten, faktisch aufdränge, aber Syllogismen selbst nicht erklären können, warum Syllogismen verständlich seien.[42]

In der Moderne sind diese Argumente besonders durch John Stuart Mill, Lewis Carroll und Nelson Goodman wieder bekannt geworden und werden manchmal unter dem Titel ›Paradox der Inferenz‹ abgehandelt.[43] John Stuart Mill zog aus Bacons Kritik das Resultat, das *dictum de omni et nullo* sei kein Axiom, sondern nur eine Definition, und die Gültigkeit aller deduktiven Schlüsse sei daher nur geborgt.[44] Lewis Carroll zeigte anhand einer Diskussion über die euklidische Formulierung des zenonischen Paradoxons, wie man bei einem deduktiven Argument, obwohl dessen Prämissen als wahr akzeptiert werden, dennoch in einen infiniten Begründungsregress, statt zu einer gültigen Konklusion gelangen kann.[45] Anknüpfend an Mill argumentierte Goodman, dass es keinen Vorrang der Deduktion gegenüber der Induktion gebe, da auch die deduktive Beweistheorie in einen Zirkel oder in einen infiniten Regress ende.[46]

Wenn Empiristen und Skeptiker von Sextus bis Goodman recht haben, dass die dicta (Beweisaxiome) der aristotelischen und der stoischen Logik problematisch sind

---

[38] Die letzte Strategie kann man bekanntlich mit Verweis auf Arist. Eth. Nic. IV.3 1139b rechtfertigen. Siehe zum Verhältnis von Induktion und Deduktion auch Jens Lemanski: Summa und System.
[39] Vgl. dazu Jonathan Barnes: Truth, etc. Six Lectures on Ancient Logic. Oxford 2007, Kap. 5. Barnes argumentiert, dass es zwar keine direkten Textzeugen gibt, die eine Beweistheorie mittels Reduktion beweisbedürftiger Schlüsse auf das *dictum de si et aut* belegen, dass eine derartige Beweistheorie in der stoischen Logik aber besonders aufgrund von Sextus' Beschreibungen naheliege.
[40] Vgl. Sextus Empiricus: PH II 156ff.
[41] Vgl. Francis Bacon: Distributio Operis; Novum Organum I 13ff., I 54, I 127; Advancement of Learning XIV (= Of Judgment); De dignitate et augmentis scientiarum II 3.
[42] Vgl. John Locke: An Essay Concerning Human Understanding 4, XVII § 4.
[43] Eine Übersicht zum Dilemma oder Paradox der Inferenz gibt Catarina Dutilh Novaes: Surprises in Logic. In: Logica Yearbook 2009. Hrsg. v. Michal Peliš. London 2010, S. 47–63.
[44] Vgl. John Stuart Mill: System der deductiven und inductiven Logik. Übers. v. J. Schiel. 2. Aufl. in 2 Tle. Braunschweig 1862, bes. S. 199–218 (= II 2).
[45] Vgl. Lewis Carroll: What the Tortoise Said to Achilles. In: Mind 4:14 (1895), S. 278–280.
[46] Vgl. Nelson Goodman: Das neue Rätsel der Induktion. In: Ders.: Tatsache, Fiktion, Voraussage. Frankfurt a.M. 1975, S. 81–106.

– man kann das Argument auch einfach auf Axiome und Ableitungsregeln moderner Kalküle übertragen –, dann ist auch die euklidische Geometrie problematisch, sofern sie rein deduktiv-axiomatisch ist. Das Problem der Rechtfertigung deduktiver Argumente wird bis heute besonders im Umkreis des Rationalismus erörtert und hat eine Vielzahl weiterer Diskussionsherde entfacht.

Michael Dummett hat mehrfach zu diesem Thema Stellung bezogen. Einschlägig ist bspw. sein Aufsatz *On the Justification of Deduction*, den man als Ausweg aus zwei semantischen Extrempositionen verstehen kann:[47] Deduktive Beweise dürfen weder als eine Überredung verstanden werden, bei der aus zwei akzeptierten Prämissen eine semantische Veränderung durch die Konklusion folgt (wie Wittgenstein meinen würde), noch darf die Konklusion nur eine starre, nicht-erkenntniserweiternde Explikation der in den Prämissen bereits vorhandenen Semantik sein (wie Mill und Goodman kritisiert hätten). Dennoch gebe es einen Vorteil der Deduktion gegenüber der Induktion: Da wir immer schon von der Gültigkeit der Deduktion überzeugt seien, benötigten wir für sie nur eine Explikation; aber da wir immer von der Ungültigkeit der Induktion ausgingen, wäre für ihre Explikation zunächst eine Überredung vonnöten, um sie als gültig anzuerkennen.

Dummetts Ansatz ist in vielerlei Hinsicht kritisiert worden: Fraglich ist beispielsweise seine Reduktion der Logik und Argumentationstheorie auf die Unterscheidung ›Induktion/Deduktion‹.[48] Diskussionswürdig ist ebenfalls, ob die Einführungs- und Eliminationsregeln inferentialistischer Kalküle sich selbst begründen können oder ob sie nicht letztendlich doch auf semantisch willkürlichen Definitionen und Regeln beruhen, die beliebig festgesetzt und verändert werden können (Priors tonk-Argument).[49] Fraglich ist bspw. auch, ob Dummett nicht selbst einen Fehlschluss begeht, wenn er auf Mills und Goodmans Skepsis gegenüber deduktiven Argumenten mit der Prämisse kontert, dass wir schon immer von deduktiven Argumenten überzeugt seien.[50]

Die bisher in Kap. 2.3 aufgestellte Einleitung läuft also auf die sehr allgemeine Frage hinaus, die sowohl die Geometrie als auch die Logik betrifft: Wie lassen sich Beweistheorien rechtfertigen? Ich werde in Kap. 2.3 dafür argumentieren, dass sich

---

[47] Vgl. Michael Dummett: The Justification of Deduction. In: Ders.: Truth and Other Enigmas. Duckworth 1978, S. 290–318.
[48] Vgl. bspw. George Bowles: The Deductive/Inductive Distinction. In: Informal Logic 16:3 (1994), S. 159–184.
[49] Vgl. bspw. Ebba Gullberg, Sten Lindström: Semantics and the Justification of Deductive Inference. In: Hommage à Wlodek. Philosophical Papers Dedicated to Wlodek Rabinowicz. Hrsg. v. T. Rønnow-Rasmussen, B. Petersson, J. Josefsson, D. Egonsson. S.l. 2007. (www.fil.lu.se/hommageawlodek); Jaroslav Peregrin: Inferentialism, S. 3–6. Siehe auch unten, Kap. 3.
[50] Vgl. bspw. Susan Haack: The Justification of Deduction. In: Mind 85:337 (1976), S. 112–119. Wie Sascha Bloch, Martin Pleitz, Markus Pohlmann, Jakob Wrobel: Deviant Rules. On Susan Haack's ›The Justification of Deduction‹. In: Susan Haack. Reintegrating Philosophy. Hrsg. v. Julia F. Göhner, Eva-Maria Jung. Cham u.a. 2016, S. 85–113 gezeigt haben, ist die Debatte in den 2000er Jahren durch Paul Boghossian, Crispin Wright und Neil Tennant fortgeführt worden. Auch die Kripke-Schülerin Romina Padro versucht aktuell das Argument in einer bestimmten Variante unter dem Namen ›adoption problem‹ zu popularisieren.

2.3 Beweis – Elementargeometrie, Syllogistik und anschauliche Beweistheorie

Schopenhauer einerseits in die Geschichte des skeptisch-empiristischen Traditionsarguments einreihen lässt. Andererseits beruft er sich aber auf transzendentale Argumente aus Kants Theorie der reinen Anschauung, um die Gleichwertigkeit – wenn nicht sogar Überlegenheit – der visuellen Beweistheorie im Unterschied zur rein diskursiven zu rechtfertigen (Kap. 2.3.5). Damit verfällt Schopenhauer nicht wie viele andere Empiristen und Skeptiker in eine scheinbar ausweglose Alternative zwischen induktiver und deduktiver Begründungs- und Beweisstrategien.

Schopenhauer versucht vielmehr, eine vermittelnde Position zwischen der anschauungsbezogenen Transzendentalphilosophie und dem logizistischen Rationalismus des späten 18. und frühen 19. Jahrhunderts zu etablieren (Kap. 2.3.1). Er setzt sich für die Plausibilität der Annahme ein, dass sich Beweisprobleme in der Logik und Geometrie zwar nur durch die Referenz auf Figuren und Diagramme lösen lassen, diese aber nicht empirisch, sondern selbst apriorische Formen des Denkens seien. Die Anschauung wird dadurch zur Bedingung der Möglichkeit einer Geometrie more syllogismorum überhaupt (Kap. 2.3.6).

Schopenhauers Kritik an der nichtanschaulichen Geometrie und deren deduktiv-systematischer Interpretation (Kap. 2.3.2) ist vielen Mathematikern bis heute bekannt. Die Bewertungen in ihrer Rezeption entsprechen dabei dem oben angedeuteten Konjunkturzyklus: Während Schopenhauers visuelle Beweistheorie der Geometrie im goldenen Zeitalter logischer Diagramme positiv bewertet wurde, sind es gerade Anhänger und Schüler von Weierstraß, die seine Philosophie der Mathematik ab den 1880er Jahren in Verruf gebracht haben und die dann erst wieder mit der proof-without-words-Bewegung der 1970er Jahre zunehmend an Interesse gewann (Kap. 2.3.3).

Kap. 2.3.1–2.3.3 wird den historischen Kontext (2.3.1) der schopenhauerschen Beweistheorie in der Geometrie (2.3.2) und deren Rezeption (2.3.3) vorstellen. In Kap. 2.3.4–2.3.6 werde ich diese Ansichten zur Geometrie mit den Bewertungen der geometrischen Logik konfrontieren, die Schopenhauers Vorgänger (2.3.4) und er selbst (2.3.5) zum Ausdruck gebracht haben. Dabei stellt sich zuletzt heraus, dass Schopenhauer eine vermittelnde Position zwischen einem Repräsentationalismus und einem Rationalismus vertritt, in dem er das empiristisch-skeptische Traditionsargument benutzt, um damit Beweise und die darauf fußende Theorie in der Geometrie und Logik zu rechtfertigen (Kap. 2.3.6). (Leser, die sich mehr für die Systematik als für die historischen Details dieser Argumente interessieren, sollten in Kap. 2.3.2 weiterlesen und Kap. 2.3.1 für Detailfragen heranziehen.)

2.3.1 Geometria more syllogismorum? Der Streit der Leibnizianer und Kantianer

In den wissenschaftsgeschichtlichen Entwicklungen bis 1800 finden sich bereits Tendenzen, die als Vorboten der im späten 19. Jahrhundert einsetzenden Epoche gedeutet werden können, die ich in der Einleitung zu Kap. 2.3 mit Verweis auf Volkert und Hahn als *Krise der Anschauung* bezeichnet habe: Die Entfaltung der reinen Analysis in der zweiten Hälfte des 18. Jahrhunderts führte zu einer stetigen Ablehnung visueller Demonstrationsmethoden und hin zu einer stärkeren Formalisierung der Geometrie. Berühmt bspw. ist Lagranges Erklärung, in seiner *Mécanique analytique* von 1788 werde man keine anschaulichen Figuren finden, da die algebraischen Methoden, die er verwende, weder der Konstruktionen noch der geometrischen oder mechanischen Überlegungen bedürfen.[51] Auch Gaspard Monge hatte in seiner darstellenden Geometrie von 1798 gezeigt, dass zwar die figürlichste Darstellung der Geometrie die einfachste und eleganteste sei; aber wie in der Analysis könne man weitere Folgerungen nur mit Hilfe der algebraischen Gleichungen der Geometrie vornehmen.[52]

Besonders Hans Niels Jahnke hat darauf hingewiesen, dass es dennoch eine deutliche Figurenbezogenheit in der Philosophie der Mathematik des frühen 19. Jahrhunderts gab, die im Gegensatz zu einer Krise der Anschauung in der Geometrie und Physik zu stehen scheint.[53] Diese Figurenbezogenheit sei vor allem durch den kantischen Konstruktionsbegriff befördert worden, den Jahnke insbesondere anhand der Rezeptionsgeschichte bei Schelling, Fichte und Herbart darstellt. Diese Rezeptionsgeschichte des kantischen Konstruktionsbegriffs kann durch viele weitere Studien ergänzt werden.[54]

Ab dem Jahr 1787 erschienen eine Reihe von Büchern und Aufsätzen, die August Wilhelm Rehberg als »Streit über die Leibnizische und Kantsche Philosophie« bezeichnet hat.[55] Obwohl ich mich in diesem Kapitel vor allem auf diesen Streit konzentrieren werde, wird sich auch in den folgenden Kapiteln zeigen, dass diese Diskussion nur ein Ausschnitt aus einem Streit ist, der nahezu die gesamte Wissenschaftsgeschichte der Neuzeit durchzieht. Rehberg hat allerdings herausgestellt, dass das Charakteristische des Streits zwischen Kantianern und Leibnizianern

---

[51] Vgl. M. de La Grange: Méchanique analytique. Paris 1788, S. vj.
[52] Vgl. Gaspard Monge: Géométrie descriptive. Lecons données aux écoles normales, l'an 3 de la République. Paris 1798, S. 15f. Einschlägige Beispiele findet man in Michel Chasles: Geschichte der Geometrie. Hauptsächlich mit Bezug auf die neueren Methoden. Übers. v. L. A. Sohncke. Halle 1839, S. 192ff.
[53] Vgl. Hans Niels Jahnke: Mathematik und Bildung in der Humboldtschen Reform. Göttingen 1990.
[54] Vgl. bspw. Helga Ende: Der Konstruktionsbegriff im Umkreis des deutschen Idealismus. Meisenheim am Glan 1973 (auch zu Schopenhauer); Jürgen Weber: Begriff und Konstruktion. Rezeptionsanalytische Untersuchungen zu Kant und Schelling. Diss. Göttingen 1995.
[55] August Wilhelm Rehberg: Beantwortung von Herrn Eberhards Duplik, meine Rezension des philosophischen Magazins in der A.L.Z. 1789. No. 10 und 90 betreffend, im 2ten Bande 4tes Stück No. X seines philosophischen Magazins. In: Neues Deutsches Museum 4 (1791), S. 299–305, hier: S. 300.

2.3 Beweis – Elementargeometrie, Syllogistik und anschauliche Beweistheorie

auf der Frage nach »dem Unterschiede unter synthetischen und analytischen Urtheilen, und auf dem Grunde der mathematischen Evidenz« beruhe.[56]

Während ich den ersten Kritikpunkt bereits in Kap. 2.2 anhand von Eberhard und Maaß diskutiert habe, möchte ich hier in Kap. 2.3.1 näher auf den zweiten Kritikpunkt eingehen, da die damit verbundene Diskussion eine wesentliche Motivation für Schopenhauers Ausarbeitung einer eigenen geometrische Position war, die ich in Kap. 2.3.2 vorstellen werde. Die wortführenden Leibnizianer, die in den späten 1780er und frühen -90er Jahren Kants Aussagen zur Geometrie wesentlich kritisiert haben, waren zunächst Tiedemann, Stattler, Bornträger, Feder, Weißhaupt und Eberhard. Besonders Eberhard hat im Laufe des Streits nicht nur weitere Anhänger gewonnen, sondern auch einen maßgeblichen Einfluss auf die Philosophie der Geometrie im deutschsprachigen Raum dieser Jahre ausgeübt.

Meines Wissens ist der gesamte Streit, insbesondere die Frage nach der mathematischen Evidenz noch nicht vollständig aufgearbeitet worden.[57] Eine derartige Aufarbeitung wäre aber auch ein mühsames und eher fruchtloses Projekt, da die Literatur nahezu unüberschaubar ist und – wie sich in diesem Kapitel zeigen wird – die Argumente durch häufige Reformulierungen immer verstrickter und verworrener werden. Ich werde mich im Folgenden daher besonders auf eine ausgewählte Darstellung der Angriffe und Verteidigungen der kantischen Behauptungen beschränken, dass die Geometrie die einzige Wissenschaft sei, die ihre Wahrheiten anschaulich demonstrieren könne (KrV A 734) und dass geometrische Sätze synthetisch seien (Prol. § 2, c). Insgesamt steht damit die Frage nach der Ähnlichkeit von Logik und Geometrie im Zentrum der darzustellenden Diskussion, von der ich in Kap. 2.3.2 die wesentlichen Hauptargumente noch einmal systematisch geordnet vorstellen werde.

Einer der ersten Kritiker der kantischen Behauptung, dass geometrische Urteile synthetisch seien, war Dietrich Tiedemann, der 1784 in einem Aufsatz für einen semantischen Innatismus argumentierte. Geometrische Axiome wie ›Zwischen zwei Punkten ist die gerade Linie am kürzesten‹ seien analytischer Natur, denn »[w]enn zwischen zween Begriffen irgend ein Verhältnis bestimmt wird, so liegt der Grund dazu (das *fundamentum relationis* sagten die Scholastiker,) schon in den Begriffen selbst«.[58] Man wisse somit allein aus der uns eingegebenen Semantik der Begriffe, dass die Axiome der Geometrie wahr seien, und würde man über die Natur der Axiome in Streit verfallen, so helfe auch kein Verweis auf die Anschauung, da diese schließlich subjektiv sei.[59]

Der Leibnizianer Johann Georg Heinrich Feder übernahm 1787 Tiedemanns Kritik und radikalisierte dessen semantischen Innatismus. Er bezweifelt Kants These,

---

[56] A. W. Rehberg: Beantwortung, S. 300.
[57] Einige Meilensteine der Frage nach der Evidenz der Mathematik gibt Darius Koriako: Kants Philosophie der Mathematik. Grundlagen – Voraussetzungen – Probleme. Hamburg 1999, § 24.
[58] Dietrich Tiedemann: Ueber die Natur der Metaphysik. Zur Prüfung von Hrn Professor Kants Grundsätzen. In: Hessische Beiträge zur Gelehrsamkeit und Kunst 1 (1785), S. 113–130, S. 233–248, S. 464–474, hier: S. 116.
[59] Dietrich Tiedemann: Ueber die Natur der Metaphysik, S. 116.

2 Die Logik und ihre geometrische Interpretation

dass die Philosophie sich an der Beweistheorie der Geometrie orientieren könne, da die Philosophie es mit »unvollständig erkannte[n] wirkliche[n] Dinge[n]« zu tun habe.[60] Die Geometrie sei hingegen »immer eine Folge aus der Einfachkeit« und nehme ihre vollständige Deutlichkeit und Bestimmtheit aus ihren Grundbegriffen. Selbst Blindgeborene, so Feder, würden die Geometrie beherrschen können, da sie nur eine Zergliederung ihrer Grundbegriffe sei und eine sinnliche Überprüfung ihrer Resultate ihr nichts an Gewissheit und Evidenz hinzusetzen könne.[61]

Auch Johann Christian Friedrich Bornträger griff 1788 in Anlehnung an Jacobi und Mendelssohn die Unterscheidung zwischen analytischen und synthetischen Urteilen an und erklärte, dass synthetische Urteile notwendig falsch seien, da man nichts in einem Urteil mittels der Kopula verbinden könne, was nicht notwendig schon im Begriff enthalten sei.[62] Bei einer Prüfung des Axioms, dass zwischen zwei Punkten die gerade Linie die kürzeste sei, müsse im Begriff ›zwischen zwei Punkten‹ schon die Eigenschaft enthalten sein, dass die kürzeste Verbindung die gerade Linie sei.[63] Geometrische Urteile sind folglich analytisch im Sinne der leibnizschen Formel *praedicatum inest subjecto*.

Benedikt Stattler erklärte in seinem *Anti-Kant*, dass Kant zufolge Beweise immer sowohl apodiktisch als auch intuitiv sein müssen, da zum einen Schlüsse aus reinen Begriffen nur faktisch und zum anderen nicht-anschauliche Schlüsse nie evident seien.[64] Insofern sei die Mathematik und insbes. die Geometrie das Vorbild der kantischen Beweistheorie. Stattler argumentierte hingegen, dass die Geometrie nur ein Beweisen aus reinen Begriffen sei und »die Mathematik durch die Construktion ihrer Begriffe in einer empirischen Anschauung um kein Haar mehr leiste« als die Philosophie.[65] Stattler wiederholte dieses Argument in vielen Variationen und nahm als Beleg das Beispiel, dass die Mathematik die unendliche Teilbarkeit nicht anschaulich, sondern nur diskursiv zeigen könne.[66] Daher sei es gewiss, dass beide, Geometrie und Philosophie, rein diskursiv beweisen würden:

> Die Philosophie hat also [...] eben so sicher und fest gegründete Demonstrationen, als die Mathematik; und nur eigentlich die Geometrie hat durch die ihr immer in den meisten ihrer Sätze (doch auch in vielen nicht) zu dienste stehenden sinnlichen Entwürfe, oder empirische Constructionen nicht mehr

---

[60] Johann Georg Heinrich Feder: Ueber Raum und Caussalität, zur Prüfung der Kantischen Philosophie. Göttingen 1787, S. 44f.
[61] J.G. Feder: Ueber Raum und Caussalität, S. 58.
[62] Vgl. J. C. F. Bornträger: Ueber das Daseyn Gottes in Beziehung auf Kantische und Mendelssohnsche Philosophie. Hannover 1788, S. 25f. Derartige Kritikpunkte zeigen m.E., wie sinnvoll es ist, die verschiedenen Darstellungsweisen des Begriffs ›Enthaltensein‹ zu illustrieren, siehe oben, Kap. 2.2ff.
[63] Vgl. J. C. F. Bornträger: Ueber das Daseyn Gottes, S. 30ff.
[64] Vgl. Benedikt Stattler: Anti-Kant. Bd. 2. München 1788, S. 289f.
[65] Vgl. Benedikt Stattler: Anti-Kant. Bd. 2, S. 290.
[66] Vgl. Benedikt Stattler: Anti-Kant. Bd. 2, S. 291.

2.3 Beweis – Elementargeometrie, Syllogistik und anschauliche Beweistheorie

Vollständigkeit oder Gewißheit, sondern nur lebhaftere Anschauung des hinreichenden Grundes ihrer demonstrierten Sätze.[67]

Die anschauliche Demonstration in Form von Diagrammen in der Geometrie sei somit nur ein Beiwerk und die Demonstration erfolge über den Satz vom zureichenden Grunde: Der Beweis erfolge anhand der angeborenen Begriffe (ideae innatae) so, dass man »die Enthaltenheit des Prädikats des Schlusses in dem Subjekte desselben in bejahenden, oder den Widerspruch in verneinenden Schlüssen deutlich einsehe«.[68]

Auch Adam Weißhaupt hatte 1788 in seinem Buch *Ueber die Kantischen Anschauungen und Erscheinungen* den Sonderstatus einer visuellen Beweistheorie in der Geometrie in Frage gestellt und begegnete der kantischen Theorie, die die diskursive Philosophie an die visuelle Geometrie annähern wollte, mit einer *reductio ad absurdum*: Wenn nach der transzendentalen Ästhetik Raum und Zeit nur subjektive Eigenschaften seien, so Weißhaupt, und wenn die Geometrie einen objektiven Beweisgrund verlange, so könne doch kaum verständlich sein, wie räumliche Figuren in der Geometrie eine objektive und allgemeingültige Funktion einnehmen sollen. Nach Kant setze die Geometrie somit schon einen objektiven Raum für ihre Beweistheorie voraus, während die Philosophie erst noch die Existenz einer Außenwelt zu beweisen suche.[69]

Eberhard führte diese Kritikpunkte fort und gründete ein *Philosophisches Magazin*, um die Vorzüge der leibnizschen Vernunftkritik gegenüber der kantischen herauszustellen. Die Hauptartikel, die im Kontext des Kant-Eberhard-Streites erschienen, sind von Hans Vahinger auf fünf Seiten zusammengestellt worden, und Allison hat eine Chronologie der wesentlichen Ereignisse erstellt.[70] Da der Eberhard-Streit am längsten währte und Eberhard vor allem namhafte Mathematiker auf seine Seite zog, hat er wohl am nachdrücklichsten das Bild der Geometrie in diesen Jahren geprägt. Auch hier konzentriere ich mich nur auf zentrale Texte und Argumente bezüglich der oben angegebenen Themen.

Eberhard erklärte in seiner Schrift *Ueber die logische Wahrheit* den Anspruch und das Ziel von Leibniz' Logizismus:

so hielt Leibniz zur Vervollkommnung der Metaphysik nichts weiter nöthig, als an der Befestigung der ersten Grundsätze der menschlichen Erkenntniß zu arbeiten, indem er über ihre transscendentale Gültigkeit oder ihre logische Wahrheit vollkommen ruhig war. Er [sc. Leibniz] schloß so: die Grundsätze des Widerspruchs und des zureichenden Grundes haben transscendentale Gültigkeit, folglich müssen alle Wahrheiten, die darauf gebauet sind, sie auch

---

[67] Benedikt Stattler: Anti-Kant. Bd. 2, S. 292.
[68] Benedikt Stattler: Anti-Kant. Bd. 2, S. 298.
[69] Vgl. Adam Weißhaupt: Ueber die Kantischen Anschauungen und Erscheinungen. Nürnberg 1788, S. 245ff.
[70] Vgl. Hans Vaihinger: Kommentar zur Kritik der reinen Vernunft. Hrsg. v. Raymund Schmidt. 2. Aufl. Stuttgart 1922, Bd. 1, S. 535–540; Henry E. Allison: The Kant-Eberhard Controversy, S. 1–15.

haben, es kömmt bloß darauf an, daß sie unter einander und mit ihren ersten Gründen nach den Regeln der Syllogistik verbunden sind.[71]

Kant habe diese logizistische Beweistheorie aber mit seiner Forderung nach empirischer Verifikation (im Sinne einer *adaequatio intellectus et rei*) ins Wanken bringen wollen, obwohl doch Vernunftwahrheiten eindeutig außerhalb der Sinne liegen würden. Eberhard hält aber an dem Primat und an der Autonomie der logischen Wahrheit fest. Mit Hilfe rein logischer Wahrheiten würden Mathematiker ihre ganze Wissenschaft aufbauen. Dies sehe man bspw. an der Untersuchung der Kegelschnitte bei Apollonius und seinen Auslegern.[72]

1789 erhob Eberhard in seinem Aufsatz *Ueber die apodiktische Gewißheit* den Anspruch, »die Theologie der Leibnizischen Vernunftkritik in ihr gehöriges Licht zu setzen«.[73] Kant habe die metaphysischen Urteile über Gott, Freiheit und Unsterblichkeit als leere analytische Urteile deklassiert, da sie sich angeblich – im Unterschied zu den synthetischen Urteilen a priori der Mathematik – weder begrifflich demonstrieren noch anschaulich beweisen ließen.[74] Eberhards Umgang mit der kantischen Terminologie erscheint an vielen Stellen des Aufsatzes konfus, dennoch ist seine Strategie deutlich erkennbar: Er will zeigen, dass mathematische Sätze nie durch die Anschauung verifiziert und bewiesen werden können und dass somit der Unterschied zwischen Urteilen der Metaphysik und Urteilen der Mathematik nivelliert werden kann. Durch die Einebnung des Unterschieds zwischen Metaphysik und Mathematik falle letztlich auch Kants These einer Unüberprüfbarkeit metaphysischer Urteile.

Eberhard argumentiert mit Rückgriff auf einige seiner Vorarbeiten, dass das »Bildliche in dem Begriffe des Raumes unmöglich könne der zureichende Grund der absoluten Nothwendigkeit der Wahrheit der geometrischen Grundsätze seyn«.[75] Geometrie könne rein aus Begriffen und Definitionen entwickelt werden und geometrische Figuren seien nur Hilfsmittel des Verstandes, um sich die Begriffe zu verdeutlichen. Denn es sei nun mal der Fall,

> daß wir uns die gröbsten Zeichnungen aus freyer Hand erlauben, ohne zu fürchten, daß der Gewisheit eines geometrischen Satzes, den wir darin darstellen wollen, das geringste abgehe. Denn diese Figuren sollen nur zu Zeichen gewisser Begriffe dienen, in denen der Verstand eine gewisse Eigenschaft erkennt.

---

[71] Vgl. Johann August Eberhard: Ueber die logische Wahrheit oder die transscendentale Gültigkeit der menschlichen Erkenntniß. In: Philosophisches Magazin 1:2 (1788), S. 150–175, hier S. 150f.
[72] Vgl. J. A. Eberhard: Ueber die logische Wahrheit, S. 158f.
[73] Vgl. J. A. Eberhard: Ueber die apodiktische Gewisheit. In: Philosophisches Magazin 2:2 (1789), S. 129–186, hier: S. 129.
[74] Vgl. J. A. Eberhard: Ueber die apodiktische Gewisheit, S. 131ff.
[75] Vgl. auch J. A. Eberhard: Von den Begriffen des Raums und der Zeit in Beziehung auf die Gewißheit der menschlichen Erkenntniß. In: Philosophisches Magazin 2:1 (1789), S. 53–92, hier: S. 82ff.

2.3 Beweis – Elementargeometrie, Syllogistik und anschauliche Beweistheorie

> Keine wirkliche Linie, wir mögen sie zeichnen oder blos durch die Einbildungskraft vorstellen, ist eine vollkommne Linie, d. i. eine bloße Länge ohne Breite, so wie keine gerade Linie eine völlig gerade, wenigstens wissen wir es nicht gewiß.[76]

Das Zitat belegt, dass für Eberhard Beweisbarkeit und Gewissheit von Urteilen nie von der Erfahrung oder von der Anschauung abhängen. Die ungenauen Figuren der Geometrie belegen, dass diese nur didaktische Hilfsmittel sind, aber nichts zur Beweistheorie beitragen. Um seinen Angriff auf die visuelle Beweistheorie Kants zu stützen und für einen reinen diskursiven Beweis weitere Argumente zu finden, hatte Eberhard in seinem *Philosophischen Magazin* mehrere Aufsätze von Leibnizianern und Wolffianern aufgenommen.

Maaß zeigte sich in seinem dort 1789 veröffentlichten Aufsatz zwar nicht in Übereinstimmung mit Eberhard, konnte im weitesten Sinne aber doch zur Gesamtargumentation des Magazins beitragen. Zunächst kritisierte Maaß einen ähnlichen Umfangsbegriff in der Geometrie und Begriffslogik; darüber hinaus erhob er Zweifel an der Universalität eines geometrischen Kalküls im Sinne von Leibniz, Ploucquet und Lambert.[77] Leibnizianisch erscheint allerdings sein Fazit, dass die Philosophie und Geometrie jeweils beim Beweisen wörtlich vorgingen, indem sie den Satz vom Widerspruch und der Identität verwenden würden; allerdings unterscheiden sie sich darin, dass die Logik Beweisprinzipien durch das *dictum de omni et nullo* begründe, die Geometrie hingegen durch ein »dictum de partibus et toto«.[78]

Rehberg und Reinhold verteidigten daraufhin Kants Ansichten in der *Allgemeinen Literatur-Zeitung* gegen Eberhard. Kant selbst unterfütterte in Briefen an seine Anhänger diese Verteidigungen mit weiteren Argumenten: An Reinhold schrieb er bspw. am 12. Mai 1789, dass Eberhard sich bei dem Beweis geometrischer Sätze zu Unrecht auf das *principium rationis* berufe. Kant hatte dabei Eberhards Aufsatz *Ueber die Unterscheidung der Urtheile in analytische und synthetische* im Sinn, obwohl man das angesprochene Argument ebenso gut aus Stattlers *Anti-Kant* und anderen Texten hätte herauslesen können. Kant kritisierte zunächst, dass das *principium rationis* zum einen kein Grundsatz sein könne, da es aus dem *principium contradictionis* ableitbar sei, und dass zum anderen das *principium rationis* keinen Unterschied zwischen analytischen und synthetischen Urteilen mache.

Kant griff zudem einen weiteren Punkt wieder auf, den bereits Christian August Crusius viele Jahrzehnte zuvor in seiner Leibniz-Kritik vorgebracht und den Kant prominent an mehreren Stellen seines Werks aufgenommen hatte, nämlich die Differenz von Ideal- und Realgrund:[79]

---

[76] J. A. Eberhard: Ueber die apodiktische Gewisheit, S. 161.
[77] Vgl. Johann Gebhard Maaß: Ueber den Unterschied der Philosophie und der Mathematik, in Rücksicht auf ihre Gewisheit. In: Philosophisches Magazin 2:2 (1789), S. 316–341. Siehe auch oben, Kap. 2.2.
[78] J. G. Maaß: Ueber den Unterschied der Philosophie und der Mathematik, S. 337–339.
[79] Vgl. bspw. Heinz Eidam: Dasein und Bestimmung. Kants Grund-Problem. Berlin 2000, bes. S. 43ff., S. 188ff.

> Neben bey merke ich nur an (um in der Folge auf Eberhards Verfahren besser aufmerken zu können) daß der Realgrund wiederum zwiefach sey, entweder der formale (der Anschauung der Obiecte) wie z. B. die Seiten des Triangels den Grund der Winkel enthalten, oder der Materiale (der Existenz der Dinge) welcher letztere macht, daß das, was ihn enthält, Ursache genannt wird. Denn es ist sehr gewöhnlich, daß die Taschenspieler der Metaphysik, ehe man sich versieht, die Volte machen und vom logischen Grundsatze des z. Gr. zum transsc. der Caussalität überspringen und den letzteren als im erstern schon enthalten annehmen. Das nihil est sine ratione, welches eben so viel sagt, als alles existirt nur als Folge, ist an sich absurd: oder sie wissen diese Deutung zu übergehen.[80]

Reinhold hat dieses Zitat aus Kants Brief, wie damals üblich, unter seinem Namen fast wortgetreu in der *Allgemeinen Literatur-Zeitung* abdrucken lassen.[81] Verblüffend ist an diesem Zitat besonders, dass Kant bzw. Reinhold sich des Seiten-Winkel-Arguments bedient, das ebenso Crusius benutzt hatte, um den Unterschied der Real- und Idealgründe zu erläutern: »Z.E. die drey Seiten in einem Triangel und ihr Verhältniß gegen einander machen einen Realgrund [sc. ein Grund, der auf die Sache selbst geht] von der Grösse seiner Winkel aus [...].«[82] Mit Hilfe dieser Unterscheidung von Crusius argumentiert Kant bzw. Reinhold gegen die Taschenspieler der Metaphysik, die unberechtigt zwischen dem Ideal- und dem Realgrund changieren.

Darüber hinaus verteidigte Johann Schultz in Band 1 der *Prüfung der Kantischen Critik der reinen Vernunft* verstärkt die Ansicht, dass die Geometrie aus synthetischen Urteilen a priori bestehe. Schultzes Schriften sind von Seiten der Kantianer meines Ermessens am interessantesten, da Schultz selbst Mathematiker war und dadurch mit einer Vielzahl von konkreten Argumenten aufwarten konnte. Besonders herausstechend argumentiert Schultz beispielsweise gegen Feders These einer Analytizität geometrischer Begriffe und Urteile, indem er bei Euklid eine unlogische Begriffsverwendung sieht:

> Der unsterbliche Euclides suchte sie [sc. die Grundbegriffe der Geometrie] zwar zu definiren. Aber ein auffallender Beweis, wie sehr dieser strenge Geometer es fühlte, daß diese Definitionen uns keine Vorstellung von den erklärten Dingen verschaffen können, ist schon dieses, daß er von ihnen eine doppelte Definition gab. Zuerst erklärt er den Punct durch das, was keine Theile hat, die

---

[80] AA XI, S. 36 (Briefwechsel 1789). Auch die Kritik Kants am *principium rationis* dürfte durch Crusius beeinflusst sein.
[81] S.a. [Reinhold]: Philosophisches Magazin. Hrsg. v. J. A. Eberhard. Drittes und Viertes Stück. Fortsetzung (Rez.). In: Allgemeinen Literatur-Zeitung 175, 12ten Junius (1789:2), Sp. 585–592, hier: Sp. 588f.
[82] Vgl. Christian August Crusius: Entwurf der nothwendigen Vernunft=Wahrheiten, wiefern sie den zufälligen entgegen gesetzet werden. 3. verm. Aufl. Leipzig 1766, S. 57 (§ 35).

2.3 Beweis – Elementargeometrie, Syllogistik und anschauliche Beweistheorie

Linie durch eine Länge ohne Breite, die Fläche durch das, was bloß eine Länge und Breite, und den Körper durch das, was eine Länge, Breite und Dicke hat. Nachher aber erklärt er noch einmal die Fläche durch die Grenze des Körpers, die Linie durch die Grenze der Fläche, und den Punct durch die Grenze der Linie. Allein wenn wir nicht bereits die Vorstellung von Puncten, Linien, Flächen und dem körperlichen Raum hätten; so würden wir sie durch alle jene doppelten Definitionen wol nie erlangen. Die erste Classe derselben ist sogar unlogisch.[83]

Schultz gibt mehrere Beispiele, warum die einzelnen Definitionen bei Euklid unlogisch, d.h. im Detail zirkulär, widersprüchlich oder auch unvollständig seien. Interessant ist dabei, dass er den Begriffen und Definitionen Euklids die genau entgegengesetzte Semantik und einen vollkommen anderen Begründungsstatus zu Eberhards Interpretation zuspricht: Während Eberhard argumentierte, dass die Figuren ungenau seien, weil sie die Definitionen Euklids nie genau erfüllen können, verweist Schultz darauf, dass die Definitionen unlogisch seien, weil sie nicht den Eigenschaften anschaulicher Figuren entsprechen würden. Hier drängt sich somit wieder die bereits in Kap. 2.2.4 angesprochene Frage nach der Priorität im Verhältnis von Anschauung und Begriff, Welt und Logik auf.

Darüber hinaus diskutiert Schultz in Band 1 seines Werks über viele Seiten hinweg auch den synthetischen Charakter der euklidischen Axiome, Definitionen und Postulate. Besonders mit Rückgriff auf die Axiome bringt er Gründe gegen den semantischen Innatismus vor: »In allen diesen Sätzen aber ist das Prädicat gar nicht im Begriffe des Subjects enthalten.«[84] Dies sehe man an dem Argument von Bornträger, da das Subjekt ›zwischen zwei Punkten‹ zwar Linien enthalte, aber eben nicht allein die gerade Linie, sondern ebenso auch eine krumme.[85] Insofern sei Bornträgers Argument nicht zwingend.

Schultz nimmt es im Laufe seiner *Prüfung* mit vielen der bereits hier vorgebrachten Argumenten der Leibnizianer auf und diskutiert sie anhand von zahlreichen Beispielen, die hier nicht weiter besprochen werden sollen. Die einzelnen Beispiele sind scharfsinnig, wenn auch nicht immer unproblematisch. All diese Teilargumente stützen aber letztendlich nur das Fazit von Schultz, nämlich dass die Geometrie »kein Product irgend eines Begriffs, sondern eine unmittelbare Vorstellung« sei.[86]

Dass der Streit zwischen Kantianern und Leibnizianern historisch gesehen eine weit über Kant hinausgehende Geschichte hatte, zeigt die bereits 1784 erschienene Schrift zum Parallelenaxiom von Schultz. Schultz erklärte darin, dass historische Ansätze einer rationalistischen, d.h. rein aus der Semantik von Begriffen aufgebauten Geometrie bei Ramus, Wolff, Segner u.a. unzulänglich seien, da der Mathematiker

---

[83] Johann Schultz: Prüfung der Kantischen Critik der reinen Vernunft, Band 1. Königsberg 1789, S. 55.
[84] J. Schultz: Prüfung, S. 65.
[85] Vgl. J. Schultz: Prüfung, S. 70.
[86] J. Schultz: Prüfung, S. 58.

2 Die Logik und ihre geometrische Interpretation

»nicht discursive, sondern intuitive Erkenntniß verlangt«.[87] Bei Euklid selbst (El. XI.1) finde man bspw. – wenn man nur auf den rein diskursiven Beweis sehe – eine petitio principii, die Clavius und andere Ausleger erkannt hätten. Clavius' Umformulierung more syllogismi sei aber selbst wieder nur eine petitio principii, weshalb in letzter Konsequenz allein die Anschauung helfe.[88] Eine Bestätigung seiner Ansicht, dass diskursive Beweise unzulänglich seien, sieht Schultz in der bereits 1763 von Abraham Gotthelf Kästner verfassten Lobrede auf Georg Simon Klügels berühmte Dissertation. In dieser heißt es, dass erst die Ausarbeitung der mit Leibniz untergegangenen Topologie (geometria situs) den Beweis des Parallelenpostulats erbringen werde.[89] Wie sich noch zeigen wird, wussten viele der zeitgenössischen Leibnizianer besser als Schultz, dass die geometria situs von Leibniz in einer Tradition diskursiver Beweise stand und daher ein überaus problematisches Beispiel war.[90]

Auch Kant hatte gegen Eberhard schließlich im Jahr 1790 eine Schrift *Ueber eine Entdeckung, nach der alle neue Critik der reinen Vernunft durch eine ältere entbehrlich gemacht werden soll* publiziert. Kant unterstellte Eberhard darin eine geometrische Unkenntnis, welche man an seinem Beispiel des Apollonius sehen könne. Eberhard sah sich zwar daraufhin zu einigen historischen Berichtigungen gezwungen, ließ aber nicht von dem Argument selbst ab.[91] Das Apollonius-Beispiel war von Eberhard ebenso schlecht gewählt wie das soeben angeführte Kästner-Zitat von Schultz. Im Anschluss an die Debatte um das Apollonius-Beispiel führte Eberhard keine Beispiele mehr aus der Geometriegeschichte an. Dies übernahm ab 1790 nämlich vor allem Kästner, der neben seinem Schüler Klügel ein angesehener Mathematiker war und mehrere Untersuchungen in Eberhards *Magazin* publizierte. Gegen Schultzes Interpretation positionierte Kästner sich damit eindeutig auf der Seite der Leibnizianer. Eberhards und Schultzes Beispiele sind somit ein deutlicher Beweis, wie übereifrig und auch unerwartet die Diskussion in den 1790er Jahren verlief.

---

[87] Johann Schultz: Entdeckte Theorie der Parallelen nebst einer Untersuchung über den Ursprung ihrer bisherigen Schwierigkeit. Königsberg 1784, S. 30. Vgl. auch AA XIV, S. 37.
[88] Vgl. Johann Schultz: Entdeckte Theorie der Parallelen, S. 125; Johann Schultz: Prüfung der Kantischen Critik der reinen Vernunft. Bd. 1, S. 70.
[89] Vgl. J. Schultz: Prüfung, S. 31. Schultz zitiert hier »Habituros nos aliquando, veram eam cuius admoto geometriae lumine spectra dissipasti demonstrationem, vix speraverim nisi diligentius exculta doctrina situs, cuius analysis cum Leibnitio interiit.« Kant scheint diese Ansicht zu teilen, vgl. AA XIV, S. 33ff., insbes. S. 37.
[90] Vgl. Vincenzo de Risi: Leibniz on the Parallel Postulate and the Foundations of Geometry. The Unpublished Manuscripts. Cham u.a. 2016, bes. Kap. 3.1, Kap. 5.2 u. 5.3. Ich empfehle Risis Ausführungen zur Traditionsgeschichte bis Leibniz und zur Rezeptionsgeschichte im Anschluss an Schultz als ergänzende Lektüre zu meiner Darstellung im Haupttext.
[91] Vgl. AA VIII, S. 191ff.; J. A. Eberhard: Berichtigungen einer Stelle in dem phil. Mag. B. I. St. 2. S. 159. mit Beziehung auf H. Prof. Kants Schrift über eine Entdeck. […]. In: Philosophisches Magazin 3:2 (1790), S. 205–211. Vgl. dazu auch Gregor Büchel: Geometrie und Philosophie. Zum Verhältnis beider Vernunftwissenschaften im Fortgang von der Kritik der reinen Vernunft zum Opus postumum. Berlin u.a. 1987, S. 85ff.

2.3 Beweis – Elementargeometrie, Syllogistik und anschauliche Beweistheorie

Kästner führt in der Schrift *Was heißt, in Euklids Geometrie möglich?* an, dass allein die Postulate beweislose Erklärungen darüber enthalten, was möglich sei, während der Rest der euklidischen Geometrie beweise, was möglich sei.[92] Der ganze Aufsatz, wie auch alle anderen von Kästner im *Philosophischen Magazin* publizierten Aufsätze, enthält keine Diagramme. Vielmehr erklärt Kästner im Sinne Eberhards, dass die Diagramme in der Geometrie immer nur als didaktisches Hilfsmittel verwendet worden seien, da sie allein exemplarische Beispiele idealtypisch gemeinter Figuren seien:

> Euklids Aufgaben haben nicht eigentlich die Absicht, derentwegen handwerksmäßige Feldmesser geometrische Aufgaben lernen, zu zeichnen, sinnliche Bilder der geometrischen Begriffe so genau zu machen, daß ihre Striche dem Auge ohne Breite und Dicke, ihre Tüpfelchen ohne Ausdehnung zu seyn scheinen. Der Sand, der alten Geometern *pulvis eruditus*, gestattete wohl keine so feinen Züge. Aber in ihn ließen sich Gestalten graben, die, so grob sie auch waren, dem Verstande in seinen Schlüssen zu Hülfe kamen. Diese Figuren leisteten allemal den Dienst die Möglichkeit einzusehn. Und das ist die Absicht der euklidischen Aufgaben, für den Verstand, den sogenannten praktischen Nutzen unbeschadet.[93]

Belege dafür sieht Kästner vor allem bei Aristoteles. Allerdings geht er einen Schritt weiter und erklärt, dass auch in der Geometrie empirische oder generell visuell-figürliche Demonstrationen problematisch sein können. Beweisen, so Kästner in Übereinstimmung mit Maaß, müsse man durch den Satz des Widerspruchs. Allerdings zeige sich ein Widerspruch nicht immer bei der Verwendung euklidischer Werkzeuge, wie man bei der Quadratenkonstruktion mit Zirkeln oder auch in Klügels berühmter Kritik der Beweise des Parallelenpostulats sehe. Die Anschauung zeigte somit nicht alle Widersprüche auf, was für die auf Widersprüche begründete Beweistheorie problematisch sei.

Dies führt Kästner zu einer radikalen Ablehnung der kantischen These, die Geometrie lasse sich anschaulich – gleich ob a priori oder empirisch – beweisen. Beweise erfolgen unabhängig von der anschaulichen Figur, die nur eine didaktische Hilfestellung sei. Das gelte sogar für den Satz des Pythagoras (Eukl. Elem. prop. I.47), dessen Allgemeingültigkeit durch den vorangegangenen Satz gerechtfertigt werde (prop. I.46): »Den Gebrauch behielte er [sc. der Satz des Pythagoras] noch, wenn Bleistifte, Tusche, und Reißfedern nicht in der Welt wären, wenn nie andre Quadrate gezeichnet wären, als mit einem Stabe in Sand.«[94]

---

[92] Vgl. Abraham Gotthelf Kästner: Was heißt, in Euklids Geometrie möglich?. In: Philosophisches Magazin 2:4 (1790), S. 391–402, hier: S. 391f.
[93] A. G. Kästner: Was heißt, in Euklids Geometrie möglich?, S. 393.
[94] A. G. Kästner: Was heißt, in Euklids Geometrie möglich?, S. 398.

2 Die Logik und ihre geometrische Interpretation

In dem Aufsatz *Ueber den mathematischen Begriff des Raums* zeigt Kästner schließlich, dass seine Position nicht nur eine kritische Auseinandersetzung mit Kants Anschauungsbeweisen ist, sondern an mehrere Debatten der Philosophie der Geometrie des 18. Jahrhunderts anschließt, bspw. an das Molyneux-Problem oder an die Debatte zwischen Hoheisel, Rüdiger und Körber, die darüber handelt, ob geometrische Sätze *solo oculorum usu* bewiesen werden können.[95]

In dem Aufsatz *Ueber die geometrischen Axiome* spitzt Kästner die Debatte um die Anschaulichkeit der Geometrie anhand der Frage nach der Gültigkeit euklidischer Axiome zu: Während Empiristen wie Locke die euklidischen Axiome durch Induktion aus der Anschauung begründen würden – eine Methode, die man bei Christian August Hausen sehen könne und an die Jakob Bernoulli angeknüpft habe –, seien für ihn im Anschluss an Leibniz und Wolff Axiome selbstgewisse Sätze. Diese Meinung stützt Kästner durch eine radikale Variante des semantischer Innatismus, der die Analytizität im Sinne eines *pradicatum inest subjecto* begründet: Diese Axiome bestehen einfach aus ›klaren‹ Begriffen wie Linie, Punkte u.a., die ähnlich den Autokategoremata eine exakte Bedeutung hätten. Die Beispiele, die Kästner im Laufe des Aufsatzes für derart ›klare‹ Begriffe in Urteilen anführt, sind alles bekannte analytische Urteile.[96]

Auch in seiner einschlägigen *Geschichte der Mathematik* zeigt Kästner, dass es keine zwingende Tradition in der Mathematik gab, die die Geometrie auf Zeichnungen verpflichte oder sie von der logischen Rechtfertigung ihrer Sätze entbände. Beispiele dafür fand Kästner zum einen in mehreren historischen Geometrien, die keine Diagramme aufweisen, wie bei Boethius, und zum anderen in Geometrien aus der Zeit der *quaestio de certitudine mathematicarum*, die »Figuren ohne Buchstaben« gebrauchen, wie etwa die Geometrie von Scheubel.[97] In beiden angegebenen Fällen sei der diskursive Beweis autonom, die visuelle Figur dagegen bei dem letzten Beispiel nur eine didaktische Hilfestellung.[98]

Kästner gab zudem einen Abriss über die Tradition, welche die Geometrie *more syllogismis* darstelle, und berichtete, dass diese Tradition von Petrus Ramus und Conrad Dasypodius ausging und über den Weigel-Kreis (namentlich Sturm) bei Leibniz

---

[95] Vgl. Abraham Gotthelf Kästner: Ueber den mathematischen Begriff des Raums. In: Philosophisches Magazin 2:4 (1790), S. 403–429, hier: S. 405ff. Meines Wissens gibt es keine aktuelle Aufarbeitung dieser Debatte. Körber selbst diskutiert aber zahlreiche Argumente seiner Vorgänger und Kontrahenten, vgl. dazu Christian Albrecht Körber: Archimedes defensus. Das ist Gründlicher Beweiß Daß das Theorema Archimedis Von der Verhältniß der Kugel zum Cylinder, So beyde einerley Höhe und Grund-Fläche haben, nicht solo oculorum usu, wie einige meynen, könne erfunden werden. [...]. Halle 1731. Vgl. auch J. A. Eberhard: Ueber die apodiktische Gewisheit, S. 162ff., der auch noch Moses Mendelssohns *Abhandlung über die Evidenz in metaphysischen Wissenschaften* als einen Vorläufer in der Streitfrage der 1790er Jahre anführt.
[96] Vgl. A. G. Kästner: Ueber den mathematischen Begriff des Raums.
[97] Abraham Gotthelf Kaestner: Geschichte der Mathematik seit der Wiederherstellung der Wissenschaften bis an das Ende des achtzehnten Jahrhunderts. Bd. 1. Arithmetik, Algebra, Elementargeometrie, Trigonometrie, Praktische Geometrie bis zum Ende des sechzehnten Jahrhunderts. Göttingen 1796, S. 266ff., S. 287f. Gemeint ist Johann Scheybel: Das sibend/ acht vnd neunt buch/ des hochberümbten Mathematici Euclidis Megarensis [...]. S.l. [Augsburg] 1555.
[98] Vgl. Abraham Gotthelf Kästner: Geschichte der Mathematik. Bd. 1, S. 647.

2.3 Beweis – Elementargeometrie, Syllogistik und anschauliche Beweistheorie

und Wolff fortgesetzt wurde.[99] Dass es in den 1790er Jahren im Kreis um Kästner ein starkes Interesse an dieser Tradition gab, belegt u.a. der Traktat über Dasypodius von Johann Georg Ludolph Blumhof, zu dem Kästner ein Vorwort schrieb.[100] Sowohl Kästners als auch Blumhofs Abhandlungen über die Geschichte der Euklid-Interpretationen, die stärker logisch aufgebaut waren als das Original, belegen, dass viele der Mathematiker der Leibniz-Wolffschen Schule eine Krise der Anschauung in der Geometrie bewusst herbeiführen wollten.

Man wird Vaihingers Urteil Glauben schenken dürfen, dass Kant die »Beteiligung der angesehensten Mathematiker jener Zeit an dem antikantischen Magazin [...] sehr unangenehm« gewesen sein muss.[101] Denkt man an das oben von Schultz affirmativ wiedergegebene Zitat Kästners, so kann man sogar davon ausgehen, dass weder Kant noch Schultz damit gerechnet haben, dass Kästner seine Befürwortung einer geometria situs auch als rein diskursives Unterfangen angesehen hat. Kästners Leibnizianismus in Bezug auf eine nicht-anschauliche Geometrie muss somit für Kant und Schultz eine Enttäuschung gewesen sein.

Kants Position gegen die Leibnizianer wurde aber weiterhin vor allem von ihm selbst sowie von Schultz verteidigt.[102] Haupteinwand aller Kantianer war in der ersten Hälfte der 1790er Jahre, dass die Leibnizianer die KrV fehlinterpretiert hätten und zudem undeutliche Begriffe wie den des Bildlichen verwenden würden.[103] Schultz schrieb in seiner maßgeblich von Kant vorgegebenen Rezension in der *Allgemeinen Literatur-Zeitung* im September 1790:

> warum zeigt Hr. *E.* die Richtigkeit dieser wichtigen Behauptung nicht wenigstens an einem *einzigen geometrischen* Satze, da er doch sonst mit Beyspielen aus der Geometrie so freygebig ist? Dieses lag ihm ohnehin schlechterdings ob, da die Kritik sich ausdrücklich erklärt hat, daß sie sich für widerlegt halten wolle, so bald man z. B. nur den einzigen Satz: in jedem Dreyecke sind zwey Seiten zusammen größer, als die dritte, aus der bloßen *Definition* des Dreyecks, d. i. aus den Begriffen der ebenen Figur, der Seite und der Zahl drey zu demonstrieren im Stande sey.[104]

---

[99] Vgl. A. G. Kästner: Geschichte der Mathematik. Bd. 1, S. 332–345. Zur Tradition einer Geometrie more syllogismis vgl. Maria Rosa Massa Esteve: The Symbolic Treatment of Euclid's Elements in Hérigone's Cursus Mathematicus (1634, 1637, 1642). In: Philosophical Aspects of Symbolic Reasoning in Early Modern Mathematics. Hrsg. v. Albrecht Heeffer, Maarten Van Dyck. London 2010, S. 165–191.
[100] Vgl. Johann Georg Ludolph Blumhof, Abraham Gotthelf Kästner: Vom alten Mathematiker Conrad Dasypodius: Ein literarischer Versuch [...]. Göttingen 1796.
[101] Vgl. Hans Vaihinger: Kommentar zur Kritik der reinen Vernunft. Bd. 1, S. 538.
[102] Vgl. Wilhelm Dilthey: Kants Aufsatz über Kästner und sein Antheil an einer Recension von Johann Schnitz in der Jenaer Literatur-Zeitung. In: Archiv für Geschichte der Philosophie 3:2 (1890), S. 275–281.
[103] Vgl. bspw. Kants Kritik an Eberhards Bildbegriff in AA XX, S. 392, S. 416.
[104] S.a. [Johannes Schultz]: Philosophisches Magazin. Hrsg. v. Johann August Eberhard [Rez.]. In: Literatur-Zeitung, Nr. 283 (26. Sept. 1790), S. 801f. Die Rezension beruht in Teilen auf Kants Entwurf (AA XX, S. 385–423).

Auch Rehberg, der meiner Meinung nur schwer eindeutig den Kantianern oder Leibnizianern zugeordnet werden kann, führte zunächst zwei Kritikpunkte gegen Eberhard an: Zum einen glaube er, dass Eberhard keinen rein diskursiven Beweis in der Geometrie vorbringen könne, ohne in einen infiniten Regress zu geraten.[105] Zum anderen beruhe Eberhards gesamte Argumentation auf dem Satz vom zureichenden Grunde, der aber nicht bewiesen werden könne, ohne dabei in eine *petitio principii* zu verfallen.[106]

Bereits im Januar 1791 hieß es in einer Rezension in der *Oberdeutschen, allgemeinen Litteraturzeitung*, dass der Streit zwischen Eberhard und Kant den Punkt des abnehmenden Interesses erreicht habe, so dass der Rezensent aufgrund der »Wiederholungen des schon lange Gesagten« nur noch einzelne Punkte, aber nicht mehr jeden Aufsatz wiederholen könne.[107] Obwohl Kant und Eberhard sich selbst aus den geometrischen Streitigkeiten zurückgezogen hatten, rückten andere Kontrahenten vor. So ging bspw. der Wolffianer Johann Christoph Schwab auf die Herausforderung von Schultz und Rehberg ein, ein Beispiel für einen geometrischen Beweis nur *more syllogismorum* zu formulieren.

In seinem Aufsatz *Ueber die geometrischen Beweise* von 1791 versucht Schwab einen solchen rein diskursiven Beweis anhand von prop. I.20 der *Elementa* zu führen.[108] Wie Rehberg in seinem darauf reagierenden Aufsatz *Ueber die Natur der geometrischen Evidenz* kritisiert, sei es aber von Schwab nicht sehr geschickt gewesen, dass er »auch seine Erklärung mit dem durch eine Figur erläuterten Theoreme« anfängt.[109] Tatsächlich habe ich in allen bislang von mir angeführten Schriften in der Diskussion um das Jahr 1790 nur eine geometrische Figur gefunden, nämlich ausgerechnet in Schwabs Aufsatz, der die Möglichkeit eines rein begrifflichen Beweises aufzeigen sollte.

Rehbergs eigene Position in dem Aufsatz *Ueber die Natur der geometrischen Evidenz* tendierte stellenweise allerdings stärker zum Leibnizianismus als zum Kantianismus. Rehberg deutet zunächst an, dass der Begriff des Dreiecks zwar stumpf-, spitz- und rechtwinkelige Unterarten umfasse, aber deshalb könne man doch nicht beim Beweis gemäß dem dictum de omni et nullo oder Subsumsionsgesetz vom Begriff des Dreiecks auf alle Unterarten schließen. Der Beweis müsse für jede Figur einzeln geführt werden:

---

[105] Vgl. A. W. Rehberg: Beantwortung von Herrn Eberhards Duplik, S. 302f.
[106] Vgl. A. W. Rehberg: Beantwortung von Herrn Eberhards Duplik, S. 304f.
[107] Vmg.: Philosophisches Magazin, [...] Dritten Bandes zweytes und drittes Stück [Rez.]. In: Oberdeutsche, allgemeine Litteraturzeitung IX, 21sten Jäner 1791, Sp. 129–136, hier: Sp. 129.
[108] Vgl. zum Beweis Judson Webb: Immanuel Kant and the Greater Glory of Geometry. In: Naturalistic Epistemology. A Symposium of Two Decades. Hrsg. v. D. Nails, A. Shimony. Dordrecht u.a. 1987, S. 17–70. Zum Diskussionsverlauf im Anschluss an den Beweis vgl. Darius Koriako: Kants Philosophie der Mathematik: Grundlagen – Voraussetzungen – Probleme, S. 321ff.
[109] August Wilhelm Rehberg: Ueber die Natur der geometrischen Beweise. In: Philosophisches Magazin 4:4 (1792), S. 447–461, hier: S. 449.

2.3 Beweis – Elementargeometrie, Syllogistik und anschauliche Beweistheorie

Die Figur kann dazu dienen, Begriffe deutlich zu machen, und dem Verstande zu Hülfe zu kommen, indem sie die Producte desselben in einem Beyspiele vor die Sinnen bringt, allein schlechterdings nothwendig kann eine solche Versinnlichung nie seyn, wenn es anders ein reines Verfahren des Verstandes bleiben soll. Es ist aber nicht genug, daß die Sinne selbst keinen directen Antheil an der Demonstration haben, es muß auch die Einbildungskraft nicht ihre Stelle vertreten. Die Gegenstände der einzelnen Begriffe, welche in dem Satze vorkommen, als Linie, Winkel u.s.w., werden also wol den Sinnen oder der Einbildungskraft dargestellt werden müssen, denn es sind Begriffe von sinnlichen Gegenständen, aber es muß der Beweis des Satzes, der aus Begriffen geführt werden soll, nicht von der Art seyn, daß er nur an der zusammengesetzten (construirten) Figur geführt werden kann, sondern er muß blos in einer Entwicklung der Merkmale jener Begriffe bestehen. Es sind daher auch die Hülfsmittel, durch welche der Euklidische Beweis geführt wird, die Verlängerung der Linien u.s.w. in einem Beweise, der blos aus Begriffen, das ist, mit dem Verstande geführt wird, gar nicht zulässig. Ich will hiemit nicht sagen, daß die Geometrie nicht vermittelst solcher Beweise gelehrt werden solle, (vielmehr behaupte ich, daß es ihr eigenthümlich sey, nur durch solche Beweise gelehrt werden zu können,) aber in einem Beweise, durch welchen gezeigt werden soll, daß es möglich sey, einen geometrischen Satz blos aus Begriffen zu demonstriren, muß nichts gebraucht werden, als Begriffe.[110]

Ich habe das Zitat in voller Länge angeführt, da meines Erachtens nicht eindeutig interpretiert werden kann, ob es Rehbergs eigene Meinung wiedergibt oder ob es Schwab nur erklären soll, was man (bes. Leibnizianer) unter einem Beweis aus Begriffen versteht. Für die erste Interpretation sprechen die assertorischen Propositionen (»Ich will hiermit nicht sagen, dass…«; »vielmehr behaupte ich, dass…«), für die zweite Interpretation spricht der Zitatkontext, da Rehberg nur das negative Ziel verfolgt, Schwabs Beweis als unzureichend im Sinne des diskursiven Beweises darzustellen. Gleich welcher Position man nun die Argumente zuschreibt, bleibt doch vor allem ihr Aussagegehalt von Interesse: Diagramme sind ein visuell-didaktisches Hilfsmittel (»Figur kann dazu dienen«, »nothwendig kann eine solche Versinnlichung nie seyn« usw.), um Begriffe deutlich zu machen und Beweise zu führen; aber weder die empirische Anschauung noch die Einbildungskraft sind in einem Beweis notwendig, sondern allein die Analyse der immer schon semantisch präfigurierten Begriffe (der Beweis »muß blos in einer Entwicklung der Merkmale jener Begriffe bestehen«).

Schwab reagierte auf diese Kritik zunächst mit Dafürhaltungen der Induktion und des Subsumptionsgesetzes: Was in einer Art des Dreiecks gelte, das gelte für das Dreieck überhaupt und was vom Dreieck überhaupt gelte, gelte für jede Art des Dreiecks. Damit sei Rehbergs ganze Kritik schon entkräftet:

---

[110] A. W. Rehberg: Ueber die Natur der geometrischen Beweise, S. 450.

> Ich hätte daher auch [sc. in dem Aufsatz *Ueber die geometrischen Beweise*] die Figur auf dem Papier entbehren und die ganze Demonstration im Kopfe machen können, wenn es nicht zu meiner und des Lesers Bequemlichkeit dienlicher gewesen wäre, ein sinnliches Schema vor Augen zu haben. Aber ich wiederholt es: nicht das Dreyeck, das der Geometer vor Augen hat, sondern das Dreieck überhaupt ist es, wovon er seinen Satz beweißt: und das könnte er auch allenfalls ohne Verzeichnung der Figur, mit bloßen Worten thun.[111]

Meines Wissens hat Rehberg auf diese Abwehr Schwabs nicht mehr reagiert. Man kann dies wohl als eine weise Entscheidung bezeichnen, denn so wie Rehbergs antieberhardsche Position eher leibnizianisch als kantisch klang, so kann man auch viele Aussagen in dem Aufsatz des Leibnizianers Schwab als ungewollte ›Kantianismen‹ verstehen, bspw. er hätte die Figur nicht auf dem Papier, sondern auch im Kopfe machen können.[112] Die Rehberg-Schwab-Diskussion dürfte wohl ein Beleg für meine oben angeführte These sein, dass der Streit zwischen Kantianern und Leibnizianern im Laufe der Diskussion immer verstrickter und verworrener wurde.

Schultz argumentierte 1792 im zweiten Band seiner *Prüfung der Kantischen Critik der Reinen Vernunft* allerdings weiterhin und besonders gegen Schwab, aber auch vorsichtig gegen Kästner. In dieser Schrift stechen meiner Meinung nach vor allem zwei Argumente heraus. Das erste Argument ist vor allem gegen Schwab gerichtet: Schwabs Beweis mag zwar in seiner algebraisierten Form nachvollziehbar sein, als Konsequenz führe der Beweis aber in der Anschauung zu einem »geometrische[n] Undinge«, nämlich zu »Kreislinien von mehr als 360 Grad« und dies widerspreche zudem dem Corollarium von Euklids Elem. prop. I.15.[113] Schultz' erstes Argument zeigt also, dass es rein diskursive Beweisführungen gibt, die letztendlich zu Resultaten führen, die keine Entsprechung mehr mit der Wirklichkeit aufweisen oder sogar aufweisen können. Daher werden Schwabs Formalisierungen von Schultz aufgrund ihrer Unanschaulichkeit verworfen, sie werden zu einem »*Monster*, ein krankhafter Fall, aber kein Gegenbeispiel« zur visuellen Beweistheorie des Kantianismus.[114]

Das zweite Argument, das heraussticht, besagt, dass ein rein diskursiver Beweis, der unabhängig von der Anschauung geführt würde, die für die analytischen Urteile notwendige Semantik untergrabe. Gegen Kästner und gegen Schwab bringt Schultz jeweils ein ähnliches Argument vor:

---

[111] Johann Christoph Schwab: Einige Bemerkungen über vorstehenden Aufsatz. In: Philosophisches Magazin 4:4 (1792), S. 461–469, hier: S. 462f.
[112] Leibnizianer würden Schwab wohl zu Gute halten, dass er ›Demonstration‹ im ersten Satz des angegebenen Zitats nicht anschaulich, sondern rein diskursiv gemeint habe.
[113] Johann Schultz: Prüfung der Kantischen Critik der Reinen Vernunft. Bd. 2. Königsberg 1792, S. 123.
[114] Vgl. Imre Lakatos: Beweise und Widerlegungen. Die Logik mathematischer Entdeckungen. Hrsg. v. John Worrall, Elie Zahar. Braunschweig u.a. 1979, S. 9.

2.3 Beweis – Elementargeometrie, Syllogistik und anschauliche Beweistheorie

> An solchen zwey einzelnen sich schneidenden geometrischen geraden Linien schaut der Geometer allerdings die allgemeine Wahrheit des Axioms, daß jedes Paar gerade Linien sich schlechterdings nur in einem Puncte schneiden können, sinnlich an, und bloß von dieser Anschauung hängt auch seine unmittelbare Gewißheit ab, daß das Prädicat dem Subjecte nothwendig zugehöre […].[115]
>
> Wären daher die geometrischen Demonstrationen ohne Construction der Begriffe möglich; so müßte es möglich seyn, ein demonstrirtes System der Geometrie zu liefern, ohne zu wissen, was die Worte in den Definitionen und Sätzen bedeuten, ja ob sie überhaupt etwas Reales anzeigen oder nicht, d. i. eine Geometrie, die lauter formale, aber keine reale Wahrheit lehrte, sondern ein bloßes logisches Gedankenspiel wäre, ungefähr von der Art, wie sich Hr. Maimon eine imaginirt […].[116]

Schultz argumentiert, dass geometrische Definitionen nur dadurch verständlich seien, dass man sich deren Grundbegriffe (Linie, Körper etc.) anschaulich vorstellen könne. Man sieht an Schultzes Ausführungen bereits sehr gut, wie die von mir in Kap. 2.1 und 2.2 behandelten Themen der Semantik und Analytizität in der Beweistheorie kulminieren:[117] Erst die Anschauung gewährleiste eine Semantik geometrischer Begriffe, und die Semantik der Begriffe verbürge das für analytische Urteile so entscheidende praedicatum inest subjecto-Prinzip der Leibnizianer. Leugne man aber diese Anschaulichkeit der Begriffe, wie es bspw. der semantische Innatismus oder Kästners radikalisierte Autokategoremata-Semantik tun, so leugne man auch die Relationen der Begriffe selbst, die für die Bildung analytischer Urteile entscheidend seien, auf die zuletzt rein diskursive Beweise aufbauen würden.

Die Sätze der Identität und des Widerspruchs können, so erklärt Schultz an einzelnen euklidischen Sätzen, nicht ohne Bezugnahme auf die Sinne oder auf die Einbildungskraft erklären, warum und inwiefern ein Prädikat notwendig in einem Subjekt enthalten sei.[118] Damit setzt er der innatistischen Semantik der Leibnizianer, bei der die Bedeutungen den Begriffen präfiguriert inhärieren, eine repräsentationalistische Semantik entgegen, bei der die Bedeutung der Begriffe – in diesem Fall: direkt und nicht indirekt – aus der Anschauung entnommen wird. Und dem möglichen Gegenargument der Sinnestäuschung entgegnet Schultz mit Verweis auf die Einbildungskraft und auf die nicht-empirische Apriorität des Raumes, die die Unmittelbarkeit anschaulicher Formen legitimiert.

Schwab verteidigte dann Ende 1792 seinen rein diskursiven Beweis im *Philosophischen Archiv* – Eberhards Nachfolgezeitschrift des *Philosophischen Magazins* – gegen Schultz. Der direkt gegen Schultz gerichtete Aufsatz gab allerdings nichts mehr

---

[115] Johann Schultz: Prüfung der Kantischen Critik der Reinen Vernunft. Bd. 2, S. 48.
[116] Johann Schultz: Prüfung der Kantischen Critik der Reinen Vernunft. Bd. 2, S. 131.
[117] Siehe unten, Kap. 2.3.6.
[118] Vgl. Johann Schultz: Prüfung der Kantischen Critik der Reinen Vernunft. Bd. 2, S. 126, S. 128.

zur Sache bei, sondern verfolgte allein die Strategie, zu zeigen, dass Schultz ihn falsch verstanden und zitiert habe, wodurch Schwab angeblich noch überzeugter von seinem Beweis geworden sei als er es zuvor bereits schon war. Zudem habe Schultz sich selbst nicht verstanden und gebe eigentlich zu, was er zu kritisieren beabsichtige.[119]

Schwabs Ansatz schien aber auch Leibnizianer nicht überzeugen zu können. Das sieht man zum Beispiel daran, dass auch Maaß noch einige Zeit später Versuche unternahm, einen rein diskursiven Beweis zu formulieren. Ein gelungenes Beispiel für einen derartigen Beweis *more syllogismi* in der Geometrie sah Maaß in den Kommentaren zu Euklid und Johannes von Sacrobosco, die von Clavius stammen. Zwar geht Maaß in seinem Artikel auf Karstens und Borns Argumente betreffend des zur Diskussion stehenden Urteils ein;[120] dass aber Schultz in seiner Schrift zu den Parallellinien Clavius gerade als ein Beispiel dafür genommen hat, dass rein diskursive Beweise in eine petitio principii fallen, diskutiert Maaß nicht.[121]

Ich glaube man sieht an dem Ausschnitt aus der Diskussion der späten 1780er und frühen 1790er Jahre schon einerseits die Vielzahl der Teilargumente, aber andererseits auch die Eingeschränktheit und Problematizität der wesentlichen Hauptargumente, die ich in Kap. 2.3.2 noch einmal rekapitulieren werde. Meine Stichproben in Texten der folgenden Jahre haben mir den Eindruck vermittelt, dass ein qualitativ neues Hauptargument erst in der von Hans Vaihinger so bezeichneten zweiten Phase der Kant-Auseinandersetzungen vorgebracht worden ist. Selbst wenn ich einige – für andere Interpreten vielleicht sogar wichtige – Teilargumente aus der Debatte übersehen habe, so glaube ich, dass die nun folgenden Kapitel diesen Mangel beheben können. Denn bes. in Kap. 2.3.3 wird sich zeigen, dass der Streit zwischen den Leibnizianern und Kantianern wiederum nur ein Ausschnitt aus einer viel länger andauernden Debatte ist, in der regelmäßig ähnliche Argumente an anderen paradigmatischen Theorien und Problemen in der Philosophie der Mathematik auftauchen.

2.3.2 Taschenspielerstreiche, Mausefallen und stelzenbeinige Beweise

Hans Vaihingers Periodisierung zufolge endet die erste Phase der Kant-Auseinandersetzungen mit dem Eberhard-Kant-Streit und die zweite Phase beginnt mit Herbart und Schopenhauer.[122] Meiner Meinung nach hat Schopenhauer tatsächlich einen

---

[119] Vgl. Johann Christoph Schwab: Einige Bemerkungen über den zweyten Theil der Schulzischen Prüfung der Kantischen Vernunftkritik. – (Königsberg, 1792. bey Nicolovius.). In: Philosophisches Archiv 1:3 (1792), S. 1–21.
[120] Vgl. Johann Gebhard Maaß: Neue Bestätigung des Satzes: daß die Geometrie aus Begriffen beweise. In: Philosophisches Archiv 1:3 (1792), S. 96–99.
[121] Siehe oben.
[122] Vgl. Hans Vaihinger: Kommentar zu Kants Kritik der reinen Vernunft. Bd. 1, S. 540.

2.3 Beweis – Elementargeometrie, Syllogistik und anschauliche Beweistheorie

neuen, wenn auch verspäteten Beitrag zu dem Streit zwischen Leibnizianern und Kantianern geleistet, indem er beiden Seiten ein Stück weit entgegengekommen ist und eine Art Harmonieargument formuliert hat.

Um die Position Schopenhauers besser benennen zu können, sollen zunächst die Hauptargumente der beiden zerstrittenen Gruppen rekapituliert werden, die in Kap. 2.3.1 vorgestellt wurden. Daran anschließend werde ich in Kap. 2.3.2 meine Lesart des schopenhauerschen Beitrags zum Streit der ersten Phase der Kant-Auseinandersetzungen vorstellen, und ich versuche dabei diese durch ihre Ähnlichkeit mit den Hauptargumenten der Leibnizianer (L) und Kantianer (K) zu präzisieren. In Kap. 2.3.3 wird meine Lesart der schopenhauerschen Philosophie der Mathematik, die sich vor allem aus dem historischen Kontext ergibt, mit den eher systematischen Ansichten ihrer bisherigen Interpreten ergänzt. In Kap. 2.3.4–2.3.6 wird sich schließlich zeigen, dass viele der in dem vorliegenden Kapitel herausgearbeiteten Argumente von der Philosophie der Geometrie auf die geometrische Logik übertragen werden können.

Ich fasse zunächst die Hauptargumente der Leibnizianer nach Kap. 2.3.1 stichpunktartig zusammen und gebe ihre Hauptvertreter in Klammern an, sofern das Argument nicht ein Allgemeinplatz ist. Die Hauptargumente der Leibnizianer bilden meiner Meinung nach folgende Struktur: Die Gesamtargumentation wird durch (L1) ein positives Logizismus-Argument, das auf einer damals populären Interpretation der leibnizschen Vernunftlehre beruht, und durch (L2) ein negatives Didaktik-Argument motiviert, das gegen die kantische Beweistheorie gerichtet ist und von (L3) einem weiteren Argument gestützt wird, das ich einfachheitshalber mit dem Schlagwort ›pulvis eruditus‹ bezeichne:

(L1) Logizismus-Argument:
- (L1.1) Logische Grundsätze:
  - (L1.1.1) Die leibnizschen Prinzipien des zureichenden Grundes, des Widerspruchs, der Identität haben transzendentale Gültigkeit und sind daher die Basis für die logische Deduktion und die Beweistheorie. (Eberhard, Maaß, Kästner)
  - (L1.1.2) Die logischen Grundsätze sind sicherer als die subjektive transzendentale Ästhetik. (Tiedemann, Weißhaupt)
- (L1.2) Semantischer Innatismus:
  - (L1.2.1) Geometrische Begriffe bilden analytische Urteile, da den Begriffen die Entscheidung darüber inhäriert, ob das Prädikat notwendig im Subjekt enthalten ist oder nicht. (Tiedemann, Feder, Bornträger)
  - (L1.2.2) Geometrische Begriffe sind Autokategoremata, da ihre Bedeutung und damit ihre Beziehung im Urteil klar sind. (Stattler, Kästner)

2 Die Logik und ihre geometrische Interpretation

(L2) Didaktik-Argument:

    (L2.1) Geometrische Figuren sind nur Hilfsmittel des Verstandes. (Eberhard, Kästner, Rehberg)

    (L2.2) Figuren dienen nur der lebhafteren Anschauung. (Bornträger)

(L3) Pulvis eruditus-Stützung:

    (L3.1) Figuren sind nur unvollkommene Zeichen gewisser Begriffe, da bspw. die empirische Linie immer breit sei, Euklids definierte Linie hingegen nicht. (Eberhard)

    (L3.2) Die Darstellungsweise bei den alten Geometern im *pulvis eruditus* gestattete keine so feinen Züge wie Euklids Definitionen verlangen. (Kästner)

    (L3.3) Empirische Figuren sind nur ein Abbild der entsprechenden Figur überhaupt (Schwab)

Da die positiven Hauptargumente der Kantianer auf Kants eigenen Schriften beruhen, werde ich diese hier nicht stichpunktartig zusammenfassen müssen. Ich führe daher im Folgenden nur die wesentlichen Argumente *gegen* die Leibnizianer an und benenne wie oben die Hauptvertreter in Klammern. Dabei lassen sich meiner Meinung drei negative Hauptargumente vorbringen: Die Kritikpunkte in (K1) lassen sich als *Antilogizismus-Argument* zusammenfassen, da sie sich direkt gegen (L1.1) richten; die Kritikpunkte in (K2) können als *Skeptizismus-Argument* benannt werden, da sie die Meinung ausdrücken, dass entweder rein diskursive Beweise oder der Logizismus selbst in eine der pyrrhonischen Tropen führe; (K3) bezeichne ich einfachheitshalber als *Monstersperren-Argument*, da die angeführten Kritikpunkte die Meinung ausdrücken, dass Gleichungen oder Funktionen, die keiner Anschauung entsprechen (sog. Monster) keine beweisbaren Objekte sind und somit einer visuellen Beweistheorie nicht widersprechen.

(K1) Antilogizismus-Argument:

    (K1.1) Das principium rationis kann kein Grundsatz sein, da es aus dem principium contradictionis ableitbar ist. (Kant, Rehberg)

    (K1.2) Leibnizianer wechseln willkürlich zwischen Ideal- und Realgrund. (Kant, Reinhold)

    (K1.3) Euklidische Definitionen sind unlogisch, weil sie nicht den Eigenschaften anschaulicher Figuren entsprechen. (Schultz)

(K2) Skeptizismus-Argument:

    (K2.1) Rein diskursive Beweise enden in einer petitio principii. (Schultz)

    (K2.2) Rein diskursive Beweise enden in einem infiniten Regress. (Rehberg)

    (K2.3) Der Beweis des Satzes vom zureichenden Grund endet in einer petitio principii. (Rehberg)

2.3 Beweis – Elementargeometrie, Syllogistik und anschauliche Beweistheorie

(K3) Monstersperren-Argument:
    (K3.1) Nicht mit der Anschauung korrespondierende Begriffe und Urteile sind bedeutungslos. (Kant, Schultz)
    (K3.2) Algebraisierte Beweise ohne visuelle Demonstration werden zu geometrischen Undingen, krankhaften Fällen. (Schultz)

Ich glaube, dass diese Punkte die wesentlichen Argumente darstellen, die man in der nach Vaihinger eingeteilten ersten Phase der Kant-Auseinandersetzungen findet, welche mit dem Eberhard-Kant-Streit endet. Gewiss kann man über Vaihingers Periodisierung streiten; dass aber noch Schopenhauers Frühschriften, die laut Vaihinger zusammen mit Herbarts Werken in die zweite Phase der Kant-Auseinandersetzungen fallen, eine Übergangsform darstellen, ergibt sich aus folgendem Grund: Wenn Schopenhauer 1813 in seiner Dissertation *Ueber die vierfache Wurzel des Satzes vom zureichenden Grunde* das für die Leibnizianer so wichtige *principium rationis* mit Kants Vermögenslehre interpretiert, so kann man diesen Ansatz als Versuch verstehen, die verhärteten Positionen des Streites zwischen den Leibnizianern und den Kantianern mittels einer genaueren Differenzierung zu harmonisieren. Im Unterschied zu den in Kap. 2.3.1 vorgestellten verworrenen Positionen von Rehberg und Schwab, bei denen die Schulzugehörigkeit aufgrund unglücklicher Formulierungen verschwimmt, scheint Schopenhauer genau zu wissen, was er macht, wenn er versucht, mit dem leibnizschen Prinzip die kantische Beweistheorie in der Geometrie zu stützen. Einerseits versucht er in dem Streit der ersten Phase zu vermitteln, andererseits bemüht er sich, einen eigenen Standpunkt jenseits der schwer vermittelbaren Positionen zu finden.

Schopenhauer hält sich in *Ueber die vierfache Wurzel des Satzes vom zureichenden Grunde* anfangs an die wolffsche These, dass chronologisch zuerst bei Leibniz eine Unterscheidung zwischen ratio cognoscendi (Grund/Folge) und causa efficiens (Ursache/Wirkung) erfolgt sei, die alle vorangegangenen Philosophen übersehen hätten.[123] Daran anschließend argumentiert Schopenhauer aber, dass sowohl die nachleibnizschen (Wolff, Baumgarten, Lambert u.a.) als auch nachkantischen Philosophen (Hofbauer, Maaß, Kiesewetter u.a.) die Differenzierung von Leibniz nicht ausreichend fortgeführt hätten.[124]

Die Unzulänglichkeiten, die Schopenhauer in allen bisherigen Differenzierungen vor und besonders nach Leibniz sieht, erklärt er einschlägig an einem geometrischen Beispiel, das sofort Argumente aus dem Streit zwischen Leibnizianern und Kantianern erkennen lässt:

---

[123] Vgl. G (1813), S. 9–14 (§§ 6–9).
[124] Vgl. G (1813), S. 14–20 (§§ 10–13).

> Wenn ich frage: Warum sind in diesem Triangel die drei Seiten gleich? So ist die Antwort: weil die drei Winkel gleich sind. Ist nun die Gleichheit der Winkel Ursach der Gleichheit der Seiten? Nein, denn hier ist von keiner Veränderung, also von keiner Wirkung die eine Ursach haben müßte, die Rede. – Ist sie bloß Erkenntnißgrund? Nein, denn die Gleichheit der Winkel ist nicht bloß Bestätigung der Gleichheit der Seiten, nicht bloß Grund eines Urtheils: aus bloßen Begriffen ist ja gar nicht einzusehn, wie, weil die Winkel gleich sind, auch die Seiten gleich seyn müssen: denn im Begriff von Gleichheit der Winkel liegt nicht der von Gleichheit der Seiten: es ist hier keine Verbindung zwischen Begriffen oder Urtheilen, sondern zwischen Seiten und Winkeln[.][125]

Schopenhauer verneint, dass die im Zitat aufgeworfene Frage als Frage nach einer causa efficiens aufgefasst werden müsse, da sie keine Veränderung impliziere. Er zeigt aber sogleich, dass die Frage auch nicht als Frage nach der ratio cognoscendi aufgefasst werden kann: Denn obwohl der Begriff des Winkels eine zentrale Rolle in der Beantwortung der Frage nach dem Begriff der Gleichheit der Seiten in einem Dreieck spielen kann, scheint es keine mittels Umfangsausdrücken (»im Begriff ... liegt nicht...«) entscheidbare Übereinstimmung bzw. keine signifikanten Schnittflächen zwischen den Begriffen der Frage und der Antwort zu geben. Kurz und stark vereinfacht gesagt: `Winkel` ist nicht in `Seite` enthalten oder v.v.

Das von Schopenhauer aufgeworfene Problem, das die Unzulänglichkeiten der bisherigen Debatte aufzeigen soll, liefert zunächst nur den Hinweis, dass Schopenhauer den semantischen Innatismus der Leibnizianer (L1.2) nicht teilt. Nach der Behandlung eines weiteren Problems, das das Motiv von Handlungen thematisiert, resümiert Schopenhauer, dass »nicht alle Fälle, in denen der Satz vom zureichenden Grund Anwendung findet, sich zurückführen lassen auf Grund und Folge und Ursach und Wirkung«.[126] Motiviert durch das Gesetz der Spezifikation und der Homogenität bemüht sich Schopenhauer daher einerseits darum, die leibnizsche Differenzierung weiter auszubauen, andererseits aber nicht eine unüberschaubare Menge von Einzelfällen dem principium rationis zuzuschreiben.

Das Ergebnis ist bekannt: Schopenhauer erweitert die leibnizsche Unterscheidung in ratio cognoscendi und causa efficiens mit zwei weiteren »Bedeutungen« bzw. »Gestaltungen« des Satzes vom zureichenden Grund, wovon – gemäß den beiden oben angedeuteten Problembeispielen – einer sich auf Sinnlichkeit, der andere sich auf den Willen beziehen wird. Nach induktiver Beweisführung erklärt Schopenhauer, dass die vierfache Wurzel schließlich mit den vier an Kant angelehnten Erkenntnisvermögen korrespondiere: »In unserem Verstande liegt der Satz vom Grunde des Werdens als Gesetz der Kausalität; in unserer Vernunft, dem Vermögen der Schlüsse, der Satz vom

---

[125] G (1813), S. 21 (§ 14).
[126] G (1813), S. 25 (§ 15).

2.3 Beweis – Elementargeometrie, Syllogistik und anschauliche Beweistheorie

zureichenden Grunde des Erkennens; in unserer reinen Sinnlichkeit der Satz vom Grunde des Seyns; und endlich den Willen leitet das Gesetz der Motivation.«[127]

Ich habe oben behauptet, dass man Schopenhauers Ausdifferenzierung des Satzes vom Grund in vier Bedeutungen (gemäß den vier Vermögenstypen) als Versuch einer Harmonisierung der verhärteten Positionen innerhalb des Streites zwischen Leibnizianern und Kantianern verstehen könnte. Dieses Harmoniaargument ist historisch gesehen problematisch, da, wie in Kap. 2.3.1 dargestellt, bereits der Leibniz-Gegner Crusius aus dem Winkel-Seiten-Problem auf eine Differenzierung der principium rationis schloss, und zwar derart, dass ebenfalls geometrische Sätze durch den Existentialgrund erklärt wurden. Kant und Reinhold hatten das Argument von Crusius aufgegriffen und 1789 publik gemacht.[128] Schopenhauer selbst hatte diese und andere Parallelen zwischen seinen und Crusius' Werken bemerkt und noch in seiner frühen Schaffenszeit dokumentiert.[129] Die Parallelen zwischen Crusius und Schopenhauer sind derart erstaunlich, so dass vor allem im späten 19. Jahrhundert vielfach diskutiert wurde, ob sie wirklich auf einem Zufall beruhen können.

Trotz der Parallelen zwischen Schopenhauer und dem Leibniz-Gegnern Crusius, Kant und Reinhold glaube ich, dass man das Harmoniaargument retten kann, wenn man sich vergegenwärtigt, dass Schopenhauer zwar die Logik in den Bereich der Vernunft als Satz vom zureichenden Grunde des Erkennens integriert, aber diese von der Geometrie trennt, die durch den Satz vom Grunde des Seyns in den Bereich der reinen Sinnlichkeit fällt. Den Argumenten der Leibnizianer (L1.1.1) kommt Schopenhauer dadurch entgegen, dass er das principium rationis als »Grundlage aller Wissenschaft« anerkennt,[130] was Kant und die Kantianer übersehen hätten; den Argumenten der Kantianer (K3.1) kommt er aber dadurch entgegen, dass er die Bedeutung und die Gültigkeit geometrischer Sätze nicht durch die Logik, sondern durch die apriorischen Anschauungsformen des inneren Sinns erklären und beweisen will. Man kann letztlich das Harmoniaargument auch so verstehen, als ob ein zu Ende gedachter Leibnizianismus notwendig zu einem verbesserten Kantianismus führen müsste.

Die Geometrie spielt nicht nur in dem oben angeführten Problembeispiel, sondern auch in der gesamten Schrift eine tragende Rolle. Schopenhauers Hauptargument lautet nämlich, dass Leibnizianer zwar die Geometrie zu Recht mit Hilfe des principium rationis analysieren, sie aber eine Art Prinzipienfehler begehen (K1.2), wenn sie die Geometrie allein mit dem Satz vom zureichenden Grunde des Erkennens und nicht vielmehr mit dem Satz vom Grunde des Seins analysieren. Der Ausdruck ›Prinzipienfehler‹ ist diskussionswürdig: Einerseits ist er aus Schopenhauers Sicht zutreffend, da viele Geometer bei der Beweisführung mittels principium rationis für die Anschauung fälschlicherweise eine Logik in Anspruch nehmen; andererseits handelt es sich aber

---

[127] G (1813), S. 134 (§ 51).
[128] Siehe oben, Kap. 2.3.1.
[129] Vgl. HN III, S. 297 (152). Vgl. auch Katsutoshi Kawamura: Eine Wurzel der Vierfachen Wurzel des Satzes vom zureichenden Grund Schopenhauers. Schopenhauer und Crusius. In: Schopenhauers Wissenschaftstheorie. Der »Satz vom Grund«. Hrsg. v. Dieter Birnbacher. Würzburg 2015, S. 59–74.
[130] G (1813), S. 7 (§ 4).

genau genommen nicht um einen Fehler, sondern nur um eine Verwechselung, die dann zu unbefriedigenden Resultaten führt. Schopenhauer spricht sich somit keinesfalls grundsätzlich gegen die Argumente der Leibnizianer (L1.1.1) aus, sondern proklamiert nur ein verbessertes Ergebnis der Argumente, wenn diese nach der kantischen Vermögenslehre differenziert werden und die Differenzierung eingehalten wird (K1.2).

Den Geometern, die sich bei der Beweisführung auf die Logik anstatt auf die Anschauung stützen, wirft Schopenhauer vor, dass Deduktionen in der Geometrie zwar erklären können, dass etwas sei, nicht aber warum es so sei. Dieses Argument, das Schopenhauer gegen eine reine geometria more syllogismorum vorbringt, erinnert stark an das in der Einleitung zu Kap. 2.3 vorgestellte Argument Lockes gegen die syllogistische Logik selbst: Der rein logische Beweis führe meistens zwar zur Einsicht in die Faktizität, selten aber zur Einsicht in die Genese. Für Schopenhauer kann das ›Wissen dass‹ des logischen Beweises nur durch die Bezugnahme auf die apriorische Anschauung des äußeren Sinns in ein ›Wissen um‹ überführt werden.

Damit schließt er die Möglichkeit von Beweisen more syllogismorum in der Geometrie nicht vollständig aus – denn es »versteht sich von selbst, daß die Einsicht in einen solchen Seynsgrund Erkenntnißgrund seyn kann« –,[131] aber der diskursive Erkenntnisgrund wird als defizitär im Vergleich zum visuellen Seinsgrund kritisiert. Auch dieses Argument kann als Vermittlungsversuch im Streit der ersten Phase der Kant-Auseinandersetzungen gedeutet werden, da es den leibnizschen Logizismus (L1.1.1) nicht vollständig ablehnt und sogar die radikale kantische Position gegen unanschauliche Ableitungen (K2.1, K2.2, K3.2) ausschließt. Dennoch wird deutlich, dass Schopenhauer der Anschaulichkeit eine viel höhere Bedeutung beimisst als es Leibnizianer tun, die die geometrischen Figuren nur als didaktisches Instrument verstehen (L2), das dem logischen Beweis nie entsprechen kann (L3):

> Auf die Anschauung beruft man also in der Geometrie sich eigentlich nur bei den Axiomen. Alle übrigen Lehrsätze werden demonstrirt, d. h. man giebt einen Erkenntnißgrund des Lehrsatzes an, welcher Jeden zwingt denselben als wahr anzunehmen: also man giebt einen logischen Grund des Urtheils, nicht den metaphysischen. [...] Dieser aber, welcher der Grund des Seyns und nicht des Erkennens ist, leuchtet nie ein als mittelst der Anschauung. Daher kommt es, daß man nach einer geometrischen Demonstration zwar die Ueberzeugung hat, daß der demonstrirte Satz wahr sei, keineswegs aber weiß, warum was er behauptet so ist, wie es ist: d. h. man hat den Seynsgrund nicht, sondern gewöhnlich ist vielmehr erst jetzt ein Verlangen nach diesem entstanden. Denn

---

[131] G (1813), S. 93 (§ 37). Siehe dazu auch oben, Kap. 2.3.6.

2.3 Beweis – Elementargeometrie, Syllogistik und anschauliche Beweistheorie

der Beweis durch Aufweisung des Erkenntnißgrundes wirkt bloß Ueberführung (*convictio*), nicht Einsicht (*cognitio*): er wäre deswegen vielleicht richtiger *elenchus* als *demonstratio* zu nennen.[132]

Schopenhauer tendiert zu Beginn des zitierten Paragraphen weniger zu Eberhards (L3.1) als vielmehr zu Schultz' (K1.3) Euklid-Interpretation, wenn er davon spricht, dass die Axiome sich an der Anschauung zu orientieren haben und nicht umgekehrt. Aber er nähert sich auch den leibnizschen Argumenten (L1), da die Ableitungen aus den Axiomen deduktiv demonstriert werden. Schließlich rückt Schopenhauer wieder den Argumenten der Kantianer nahe (K3.1), ohne aber den Logizismus der Leibnizianer ganz aufzugeben: Ergänzend zur reinen Logik, mit deren Hilfe man zwar wisse, *dass* ein Beweis gültig sei, müsse man aber die Anschaulichkeit hinzuziehen, um zu erfahren, *warum* der Beweis gültig sei.[133] Derartige Beweise seien somit eher eine Übertragung der Anschauung in die Logik (elenchus im Sinne von Soph. el. 168a17ff.) als eine – im etymologischen Sinn verstandene – demonstratio.

Schopenhauer greift als Beleg für seine These, dass die visuelle Demonstration dem rein diskursiven Beweis vorzuziehen sei, zwei Sätze aus Euklids *Elementen* heraus. Sowohl in dem bereits oben angesprochenen Problembeispiel, das die Verdoppelung der zweifachen leibnizschen Wurzel des principium rationis motivierte, als auch in der Wiederaufnahme des Arguments in § 37 hatte Schopenhauer sich dafür ausgesprochen, dass Winkel und Seite keine intuitiv erkennbare semantische Überschneidung besäßen. In § 40 versucht Schopenhauer nun zunächst zu zeigen, dass bei dem apagogischen Beweis von Elem. prop. I.6 (für △ABG gilt, wenn ∠ABG = ∠AGB, dann auch AB = AG) »bloß auf Induktion gegründete Ueberzeugung gegeben wird«, aber schon bei einer grob angegebenen Figur (Abb. 1) die Gültigkeit »in die Augen fällt«.[134]

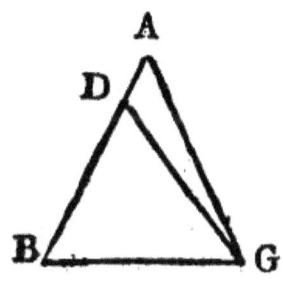

Abb. 1
G (1813), S. 101 (§ 40).

Des Weiteren diskutiert Schopenhauer die Weitläufigkeit des diskursiven Beweises von Elem. I.16 im Unterschied zur Anschauung und resümiert:

> Durch alles dieses habe ich keineswegs eine neue Methode mathematischer Demonstrationen vorschlagen, auch eben so wenig meinen Beweis an die Stelle des Euklidischen setzen wollen, als wohin er seiner ganzen Natur nach

---

[132] G (1813), S. 98 (§ 40).
[133] Man ist an dieser Stelle verführt, weiter mit Unterscheidungen wie ›demonstratio quod‹/ ›demonstratio propter quid‹ oder ›knowing that‹/ ›knowing how‹ u.a. zu arbeiten; da diese Traditionsbegriffe aber keinen verbindlichen historischen Bezugspunkt (bes. bei Schopenhauer) besitzen und daher manche ungewollte Konnotation mit sich führen, gebe ich mich diesen Versuchungen nicht weiter hin.
[134] G (1813), S. 101 (§ 40).

> [...] nicht paßt: sondern ich habe nur zeigen wollen was Seynsgrund sei und wie er sich vom Erkenntnißgrunde unterscheide, indem dieser bloß *convictio* wirkt, welche etwas ganz andres ist als Einsicht in den Seynsgrund. Daß man aber in der Geometrie nur strebt *convictio* zu wirken, welche, wie gesagt, einen unangenehmen Eindruck macht, nicht aber Einsicht in den Grund des Seyns, die, wie jede Einsicht, befriedigt und erfreut; dies möchte nebst anderm ein Grund seyn, warum manche sonst vortreffliche Köpfe Abneigung gegen die Mathematik haben.[135]

Auch wenn diese Worte den Paragraphen zur euklidischen Geometrie in Schopenhauers Dissertation abschließen, bilden sie doch nur den Anfang einer längeren Auseinandersetzung, die in § 15 der WWV I fortgesetzt und radikalisiert wird. Schopenhauer fordert dort eine Reduktion der geometrischen Logik auf die Anschauung, wohingegen viele euklidische Geometer eine Reduktion der geometrischen Anschauung auf die Logik verlangen würden. Schopenhauer greift in § 15 der WWV I als Beispiel wieder prop. I.6 auf und fasst zusammen, dass Euklid keine Einsicht in das Wesen des Dreiecks gegeben habe, sondern nur einen »mühseligen, logisch, gemäß dem Satz des Widerspruchs geführten Beweis«.[136] Man erfahre mit Hilfe des Satzes vom Widerspruch, dass die in prop. I.6 aufgestellte Behauptung so sei, wie sie ist, aber nicht warum sie so ist, wie sie ist.

> Man hat daher fast die unbehagliche Empfindung, wie nach einem Taschenspielerstreich, und in der That sind einem solchen die meisten Eukleidischen Beweise auffallend ähnlich. Fast immer kommt die Wahrheit durch die Hinterthür herein, indem sie sich per accidens aus irgend einem Nebenumstand ergibt. Oft schließt ein apagogischer Beweis alle Thüren, eine nach der andern, zu, und läßt nur die eine offen, in die man nun bloß deswegen hinein muß. Oft werden, wie im Pythagorischen Lehrsatze, Linien gezogen, ohne daß man weiß warum: hinterher zeigt sich, daß es Schlingen waren, die sich unerwartet zuziehn und den Assensus des Lernenden gefangen nehmen, der nun verwundert zugeben muß, was ihm seinem innern Zusammenhang nach völlig unbegreiflich bleibt [...].[137]

Wie Kant und Reinhold verwendet auch Schopenhauer die Taschenspieleranalogie,[138] um die Verwechselungen zwischen der logischen und der anschaulichen Beweisbasis zu kennzeichnen (K1.2). Im Unterschied zu Kant und Reinhold appliziert Schopenhauer die Taschenspielerei aber nicht auf die Metaphysiker (bes. Eberhard), sondern

---

[135] G (1813), S. 104 (§ 40).
[136] WWV I (1819), S. 104 (§ 15).
[137] WWV I (1819), S. 104.
[138] Siehe oben, Kap. 2.3.1: »Taschenspieler der Metaphysik« (AA XI, S. 36).

2.3 Beweis – Elementargeometrie, Syllogistik und anschauliche Beweistheorie

auf Euklid selbst: Meistens werden Beweise verwendet, bei denen Euklid von der Unmöglichkeit aller Alternativen auf die Faktizität des einzig übrig bleibenden Satzes schließt, ohne aber dessen eigene Plausibilität damit geprüft zu haben.[139] Man weiß dadurch mit Hilfe des modus tollendo ponens, dass der übrig bleibende Satz wahr sein muss, weil alle Alternativen falsch sind; man weiß aber nicht, warum er wahr ist, d.h. man weiß nichts von dem Satz selbst.

Das Zitat zeigt zudem, dass Schopenhauer im Unterschied zu vielen Argumenten der Kantianer nicht den Logizismus Euklids bestreitet und auf die Anschaulichkeit setzt; Schopenhauer akzeptiert vielmehr die Diskursivität der euklidischen Elementargeometrie, versucht aber ihre Probleme und Grenzen innerhalb der Beweistheorie aufzuzeigen. Vor allem führt er Euklids Logizismus auf einen historischen Einfluss des eleatischen Rationalismus zurück, der zwischen dem Angeschauten (phainomena) und dem Gedachten (noumena) unterschied und jenes als täuschend und unsicher im Unterschied zu diesem herabsetzte.[140]

Erst mit Kants transzendentaler Ästhetik habe sich gezeigt, dass die auf die Geometrie Einfluss nehmenden Rationalisten sich unberechtigt des Sinnestäuschungsarguments (L1.1.2) zur Rechtfertigung des Rationalismus bedient hätten, da die Sicherheit der visuellen Geometrie nicht aus der empirischen Figur abgelernt, sondern a priori vorgestellt und durch Konstruktion hervorgebracht sei;[141] dagegen sei »Eukleides logische Behandlungsart der Mathematik eine unnütze Vorsicht, eine Krücke für gesunde Beine«.[142]

Mit dem zuletzt angeführten Zitat findet 1819, in der WWV I, erstmals eine Vereinseitigung des ursprünglichen Harmoniearguments von 1813 statt, da Schopenhauer mit der Kritik an dem eleatisch-euklidischen Rationalismus auch den leibnizschen Logizismus abwertet: Schopenhauers Kritik, dass die logische Beweisführung nur unnützes Beiwerk sei, scheint die Umkehrung von Eberhards Argument zu sein, dass anschauliche Figuren nur unvollkommene Hilfszeichen eindeutiger Begriffe und Urteile seien (L3.1).

Gegen die Kritik der Leibnizianer (L1.1.2, L2 u. bes. L3), dass der mit den geometrischen Figuren präsupponierte Sensualismus und Repräsentationalismus unsicher sei, bezieht Schopenhauer nun direkt Stellung. Mit Rückgriff auf Kant versucht er zu zeigen, dass sein Veto gegen die rein diskursive Beweisführung nicht notwendig zu einer unvollkommenen empirischen Anschauung verpflichtet, da geometrische Formen nicht der Erfahrung entspringen oder durch empirische Zeichnungen vermittelt werden müssen. Vielmehr seien sie apriorische Formen des Gemüts selbst. Daher sind

---

[139] Tatsächlich findet man diese Beweismethode bspw. im ersten Buch der *Elementa* bei den Sätzen 6, 7, 14, 19, 25, 27, 29, 39, 40. Schopenhauer scheint meiner Meinung nach bei der Bezeichnung ›apagogischer Beweis‹ weniger an Arist. An. pr. I 6, 28b21f.; I 23, 41a23ff. als vielmehr an eine eliminative Induktion zu denken, die nicht mittels Deduktion überprüft wird (vgl. dazu Jens Lemanski: Summa und System).
[140] WWV I (1819), S. 105ff.
[141] WWV I (1819), S. 105ff.
[142] WWV I (1819), S. 107.

die geometrischen Figuren zwar repräsentationalistisch, aber sie repräsentieren nicht notwendig die Empirie:

> Erst jetzt [sc. in der Zeit nach Kant] können wir mit Sicherheit behaupten, daß, was bei der Anschauung einer Figur sich uns als nothwendig ankündigt, nicht aus der auf dem Papier vielleicht sehr mangelhaft gezeichneten Figur kommt, auch nicht aus dem abstrakten Begriff, den wir dabei denken, sondern unmittelbar aus der uns a priori bewußten Form aller Erkenntniß: diese ist überall der Satz vom Grunde: hier ist sie, als Form der Anschauung, d.i. Raum, Satz vom Grunde des Seyns: dessen Evidenz und Gültigkeit aber ist ebenso groß und unmittelbar, wie die vom Satze des Erkenntnißgrundes, d.i. die logische Gewißheit.[143]

Auffällig ist an diesem Zitat, dass Schopenhauer mit den Leibnizianern darin übereinstimmt, dass gezeichnete Figuren mangelhaft seien (L3). Er entkräftet aber im Sinne der transzendentalen Ästhetik Kants das Argument, dass geometrische Figuren überhaupt real gezeichnet werden müssen. Vielmehr sei die geometrische Figur Ausdruck der apriorischen Raumvorstellung und daher zunächst nur eine rein internalisierte Figur.

Wie in der Dissertation betont Schopenhauer in dem angegebenen Zitat auch, dass der Erkenntnisgrund in der Geometrie nur zum *Wissen dass*, nicht zum *Wissen warum* führe. Aber auch hier verschärft Schopenhauer diesen Aspekt im Unterschied zu seinen Ansichten um 1813: Das Wissen um die reine Faktizität sei schließlich kein wissenschaftliches Wissen, setzt er hinzu.[144] Als Beispiel für diesen Unterschied deutet Schopenhauer die Tatsache an, dass das Wissen um die Faktizität der Quecksilbersäule in der torricellianischen Röhre nur eine unzureichende Meinung sei, wenn man nicht die Rechtfertigung ergänzen könne, dass die Höhe der Säule durch den Luftdruck und nicht durch den horror vacui bestimmt wird – ein Beispiel, das Kant für eine gerechtfertigte und am anschaulichen Experiment verifizierte Meinung mehrfach herangezogen hat.[145]

Schopenhauer hat das horror-vacui-Beispiel wohl angeführt, um zu zeigen, welche Konsequenzen ein rein faktisches Wissen haben kann: Es verringert nicht die Einführung falscher Erklärungshypothesen (bspw. in der Strömungsmechanik), die dann im schlimmsten Fall in anderen Disziplinen angewandt werden und dort den Fortschritt behindern (bspw. Pumpentechnik). Und auch bei Euklid finde man vielfach geometrische Beweise, die nur auf das faktische Wissen abzielten, aber in vielen weiteren

---

[143] WWV I (1819), S. 107.
[144] Zu Schopenhauers Definition von Wissen und wissenschaftlichen Wissen vgl. Jens Lemanski: Wissen, Wissenschaft, Wissenschaftslehre. In: Philosophie als Wissenschaft. Hrsg. v. Nora Schleich u. a. Hildesheim 2021 *[im Ersch.]*.
[145] Vgl. Jens Lemanski: Galilei, Torricelli, Stahl.

2.3 Beweis – Elementargeometrie, Syllogistik und anschauliche Beweistheorie

Disziplinen angewandt werden (Optik, Astronomie, Mechanik etc.). Eines von mehreren Beispielen für ein rein faktisches Wissen der Elementargeometrie sieht Schopenhauer in Euklids Elem. prop. I.47 – ein Beispiel, das zuvor auch bei Kästner zur Diskussion stand:[146]

> Ebenso lehrt der Pythagorische Lehrsatz uns eine *qualitas occulta* des rechtwinklichten Dreiecks kennen: des Eukleides stelzbeiniger, ja, hinterlistiger Beweis verläßt uns beim Warum, und beistehende, schon bekannte, einfache Figur giebt auf einen Blick weit mehr, als jener Beweis, Einsicht in die Sache und innere feste Ueberzeugung von jener Nothwendigkeit und von der Abhängigkeit jener Eigenschaft vom rechten Winkel:

> Auch bei ungleichen Katheten muß es sich zu einer solchen anschaulichen Ueberzeugung bringen lassen, wie überhaupt bei jeder möglichen geometrischen Wahrheit, schon deshalb, weil ihre Auffindung allemal von einer solchen angeschauten Nothwendigkeit ausging und der Beweis erst hinterher hinzu ersonnen ward: man bedarf also nur einer Analyse des Gedankenganges bei der ersten Auffindung einer geometrischen Wahrheit, um ihre Nothwendigkeit anschaulich zu erkennen.[147]

Schopenhauer argumentiert hier nicht gegen Kästner, der die Rechtfertigung des pythagoreischen Lehrsatzes aus dem Beweis von Elem. prop. I.46 aufgebaut hat. Vielmehr erklärt Schopenhauer, dass der Beweis für die Gültigkeit des Satzes zwar von Euklid erbracht werde, aber bei der Faktizität stehen bleibe. Warum das von Euklid Erbrachte als »stelz[en]beinig« bezeichnet wird, lässt sich durch das zuvor zitierte Gleichnis deuten, das ich als Vereinseitigung des Harmoniearguments bezeichnet habe: Logische Beweise in der Geometrie sind für Schopenhauer um 1819 eine unnötige Krücke.

---

[146] Siehe oben, Kap. 2.3.1.
[147] WWV I (1819), S. 108.

2 Die Logik und ihre geometrische Interpretation

Somit führt er gegen derartige Beweistheorien an: Die Anschauung ohne weitere Erklärung reiche hin, um zu verstehen, warum im rechtwinkligen Dreieck das Quadrat über der dem rechten Winkel gegenüberliegenden Seite gleich den Quadraten über den Seiten zusammen sei, die ihn einschließen. Die Figur bzw. das Diagramm ist somit die Rechtfertigung selbst. Schopenhauer verstand seine oben im Zitat vorgebrachte Figur als einen rein anschaulichen Beweis, der »Einblick« in das Wesen des Dreiecks erlauben würde. Der Grund wird somit durch das Sosein der Anschauung gegeben, und keine rein logische Deduktion kann dieser Begründung entsprechen.

Dass Schopenhauer mit der Forderung nach Anschaulichkeit nicht mit wenigen Kantianern wie Reinhold oder Schultz alleine stand (K3), versuchte er 1819 mit Verweis auf die Schriften von Bernhard Friedrich Thibaut und Ferdinand Schweins zu belegen.[148] Der Kästner-Schüler Thibaut hatte erklärt, dass das allgemeine Postulat der Geometrie die »ursprüngliche Vorstellung (Anschauung) des Raums« sei.[149] Aus den Punkten entwickele sich die Linie, aus den Linien die Fläche und aus der Fläche schließlich der körperliche Raum. Dieser Kompositionalismus ergebe die Elementargeometrie, die die Grundlage für alle weiteren geometrischen Operationen sei, so dass die Geometrie »jedesmal ihren Gegenstand selbst vermöge der Einbildungskraft erzeuge, wobey sie nur als Hülfsmittel eine sinnliche Anschauung derselben gestattet«.[150]

Während Thibaut dezent aus der Anschauung heraus die Punkte zu Linien und die Linien zu Flächen und Körpern komponierte, ging der Heidelberger Mathematiker und Philosoph Schweins polemisch gegen Euklid und den Rationalismus seiner Nachfolger vor. Schweins erklärte, er habe sein »System der Geometrie« nur durch ein einziges ›Axiom‹ gefunden, nämlich durch die Sehkraft bzw. durch das Postulat, die »Gegenstände nicht anders aufzutragen, als sie sich darstellen«.[151] Darüber hinaus replizierte Schweins vor allem in der Vorrede seiner *Mathematik für den ersten wissenschaftlichen Unterricht* den Rezensenten seiner vorangegangenen Werke. An diesen kritischen Ausführungen lässt sich erkennen, dass der in Kap. 2.3.1 beschriebene Streit sich auch im frühen 19. Jahrhundert fortgesetzt hatte, wenn auch mit verminderter Bezugnahme auf Kant und Leibniz.

Schopenhauer reihte sich in der ersten Aufl. der WWV I in die Schultradition von Thibaut und Schweins ein, obwohl er durchaus einräumte, dass er bei Thibaut noch »eine viel entschiedenere und durchgängige Substituierung der anschaulichen Evidenz an die Stelle der logischen Beweisführung wünsche« und dass die Methode

---

[148] In der zweiten Aufl. der WWV wird der Absatz über Thibaut und Schweins ersatzlos gestrichen, in der dritten Aufl. findet sich ein Verweis auf Kosack (siehe unten, Kap. 2.2.3). Zu Thibaut und Schweins vgl. Moritz Cantor: Ferdinand Schweins und Otto Hesse. In: Heidelberger Professoren aus dem 19. Jahrhundert 2 (1903), S. 221–242.
[149] Bernhard Friedrich Thibaut: Grundriß der reinen Mathematik zum Gebrauch bey academischen Vorlesungen. Göttingen 1809, S. 161.
[150] Ebd., S. 164.
[151] Ferdinand Schweins: Mathematik für den ersten wissenschaftlichen Unterricht systematisch entworfen. 2 Bde. Darmstadt und Gießen 1810, Bd. 1, S. 11 (Vorrede).

2.3 Beweis – Elementargeometrie, Syllogistik und anschauliche Beweistheorie

Schweins nicht konsequent genug sei.[152] Die Einreihung in diese Schultradition ist nicht verwunderlich: Zu Schopenhauers Zeiten war Schweins *Mathematik* ein übliches Lehrbuch an Gymnasien,[153] und bei Thibaut hatte Schopenhauer 1809/10 in Göttingen Mathematik studiert.[154]

Obwohl man diese Ausführungen aus der ersten Auflage der WWV I als Hinweis auf eine Schultradition sehen kann, strich Schopenhauer sie in der zweiten Auflage heraus und gab in der dritten Auflage zu verstehen, selbst Schulgründer einer auf anschaulichen Prinzipien aufbauenden Geometrie gewesen zu sein.[155] Wie stark sich Schopenhauers Philosophie der Geometrie aber im Laufe der Jahre veränderte, zeigt sich nicht allein an der Frage nach der Schulzugehörigkeit oder im Vergleich zwischen dem Harmonieargument von *Ueber die vierfache Wurzel des Satzes vom zureichenden Grunde* (1813) und der eher antirationalistischen Tendenz der WWV I (1819), sondern auch an dem veränderten Tonfall, der sich in den späteren Jahren bemerkbar machte – wie dies leider überall in seinen Werken der Fall war.

Was in der ersten Auflage der WWV I noch als »Taschenspielerstreich« bezeichnet wurde, erhält in den späteren Auflagen von *Ueber die vierfache Wurzel des Satzes vom zureichenden Grunde* ab 1847 einen für die Mathematikgeschichte einschlägigen Namen. In der überarbeiteten Dissertationsschrift von 1847 bündelt Schopenhauer nämlich alle anschaulichen Beweise aus seinen Werken und erklärt anhand des soeben angeführten Diagramms, dass dieses und dessen »bloßer Anblick, ohne alles Gerede, von der Wahrheit des Pythagoreischen Lehrsatzes zwanzig Mal mehr Ueberzeugung giebt, als der Euklidische Mausefallenbeweis«.[156] Aus dem ursprünglichen Argument von 1813, das die zerstrittenen Leibnizianer und Kantianer harmonisieren sollte, wurde 1819 eine antirationalistische Vereinseitigung, als Schopenhauer den stelzenbeinigen Taschenspielertrick Euklids als unnötige Hilfestellung deklassierte; diesen Taschenspielertrick bezeichnete er 1847 sogar als ›Mausefallenbeweis‹, da man in der Faktizität geschlagen und gefangen ist, ohne dass man den eigentlich erwünschten Grund erlangt hätte.

Einen noch strengeren Tonfall zeigt das Kap. 13 der WWV II (1844). Dort handelt Schopenhauer auf wenigen Seiten dogmatisch eine ganze Reihe von Argumenten und Positionen zur Geometrie ab, die hier nur stichpunktartig zusammengestellt werden:[157] Die euklidische Geometrie sei eine Parodie ihrer selbst geworden, da jedes Jahr Mathematiker versuchten, das Parallellinienaxiom logisch zu beweisen, obwohl es intuitiv vollkommen klar sei; belustigend sei daher die nutzlose logische Beweisführung im Unterschied zur anschaulichen; man müsse vielmehr das achte euklidische

---

[152] WWV I (1819), S. 109.
[153] Zudem hatte Schopenhauer indirekten Kontakt zu Schweins, der Schopenhauers Versuch eines Wechsels zur Universität Heidelberg unterstützte. (Vgl. Ernst Anton Lewald an Schopenhauer 4. Nov. 1819. In: SW, Bd. XIV, S. 263. (= Br. 240 [142]))
[154] Vgl. Schopenhauer: Sämtliche Werke. Hrsg. v. Paul Deussen u.a. München 1911–1941, Bd. VI, S. 631 (Lebenslauf v. 31.12.1819).
[155] Siehe unten, Kap. 2.3.3.
[156] G (1847), S. 132.
[157] Vgl. WWV II (1844), S. 129–131.

Axiom angreifen, weil das ›Sichdecken‹ entweder eine bloße Tautologie sei oder empirisch-materiell zu verstehen sei, da es eine Beweglichkeit voraussetze; die platonische Ideenlehre zeige sich am besten im Verhältnis zwischen den apriorischen Formen der Geometrie und deren Abbildung in der Empirie; wie auch William Hamilton betone, habe die Mathematik auch keinen weiteren, außer diesen rein mittelbaren Nutzen und sei daher auch kein geeignetes Bildungsmittel.[158]

2.3.3 Rezeption und Bewertung der schopenhauerschen Philosophie der Geometrie

Ich habe im vorangegangenen Kapitel Schopenhauers Philosophie der Geometrie genauer untersucht. Ebenenso wie in der Logik stellte sich auch in diesem Bereich eine veränderte Lehre in Schopenhauers Schriften heraus, die besonders in der Ausdrucksweise immer schärfer und in den Ansichten immer radikaler wurde. Hatte Schopenhauer in der ersten Auflage seiner Dissertation noch ein Harmonieargument angestrengt, um den Aufgabenbereich des logisch orientierten Leibnizianismus und des anschauungsorientierten Kantianismus zu versöhnen, so radikalisierte Schopenhauer im Laufe seiner Schaffenszeit immer weiter: Liest man einzelne Passagen der später publizierten Philosophie der Geometrie Schopenhauers unabhängig von ihrem historischen und systematischen Kontext, so erscheinen sie als radikalisierte Position der kantischen Philosophie der Geometrie, die auf Anschauung fokussiert ist.

Bis heute taucht besonders Schopenhauers Beweis des pythagoreischen Lehrsatzes zusammen mit dem Ausdruck ›Mausefallenbeweis‹ in regelmäßigen Abständen in Mathematiklehrbüchern und in Spezialabhandlungen des mathematischen Fachbereichs auf. Dennoch bleibt eine systematische Beurteilung der schopenhauerschen Philosophie der Mathematik und generell eine auf die Anschauung fokussierte Beweistheorie in der Geometrie ein heikles Unterfangen, nicht nur für Philosophen, sondern auch für Mathematiker. Man sieht dies besonders an denjenigen Spezialabhandlungen, die sich in den letzten zweihundert Jahren intensiver mit Schopenhauers Philosophie der Geometrie auseinandergesetzt haben.

Ich werde im Folgenden diese Rezeptionsgeschichte chronologisch anhand derjenigen Schriften aus dem deutschen, englischen, französischen und italienischen Sprachraum darstellen, die sich entweder quantitativ über mehrere Seiten mit Schopenhauers Philosophie der Geometrie beschäftigt haben oder die eine qualitativ derart einschlägige Meinung vorgebracht haben, dass sie in der Rezeptionsgeschichte selbst eine wichtige Rolle gespielt hat. Am Ende dieses Kapitels werden die besprochenen Schriften systematisch zusammengestellt.

---

[158] Vgl. Marco Segala: Schopenhauer and the Mathematical Intuition as the Foundation of Geometry. In: Language, Logic, and Mathematics in Schopenhauer. Hrsg. v. Jens Lemanski. Cham 2020, S. 261–285.

2.3 Beweis – Elementargeometrie, Syllogistik und anschauliche Beweistheorie

Bei dieser Darstellung wird sich zeigen, dass die Bewertungen der schopenhauerschen Geometrie in der Rezeptionsgeschichte dem in der Einleitung von Kap. 2.3 angedeuteten Konjunkturzyklus der visuellen Geometrie und geometrischen Logik folgen: Während die Beurteilungen in den Jahren zwischen 1820 und 1880 durchaus positiv ausfallen, setzt ab den 1880er Jahren eine nahezu schlagartig negative und abschätzige Bewertung ein, die besonders durch Weierstraß-Schüler und -Anhänger vorangetrieben wird. Erst um das Jahr 1950 wird dann die Tabuisierung der schopenhauerschen Philosophie der Geometrie langsam relativiert und dadurch die Bahn für ein dann ab den 1990er Jahren erneutes, positives Interesse an Schopenhauers Philosophie der Geometrie geebnet.

Die wohl erste ernstzunehmende Rezeption der schopenhauerschen Ansichten zur Geometrie erschien 1822 in Adolph Diesterwegs mathematikpädagogischem *Leitfaden für den ersten Unterricht in der Formen-Größen- und räumlichen Verbindungslehre*. Diesterweg sah die Geometrie als »intensiveres Bildungsmittel« an, da »sie die Anschauung und den Begriff mit einander verbindet«.[159] Die Sätze der Geometrie erhielten zwar einerseits aus der »Anschauung selbst ihre Gewißheit, Untrüglichkeit und Evidenz«, andererseits seien sie aber nicht an der empirischen Figur, sondern an den Produkten der eigenen Einbildungskraft zu üben.[160] Viele Geometer hätten daher die »Beifügung vieler Figuren für unnützen Ballast angesehen«, während Diesterweg gerade zur anschaulichen Selbstauffindung anregen wollte.[161] Aus den genannten Gründen eigne sich die Originallektüre Euklids allerdings weniger als Einstieg in die Elementargeometrie.

Als universales Bildungsmittel, so Diesterweg, vermittle die Geometrie an den Schulen und Hochschulen auch einen Basisunterricht in Logik. Seit Platon gebe es zahlreiche Autoren, die Logik mittels konkreter Geometrie gelehrt oder die die Geometrie auf logische Regeln zurückgeführt hätten. Diesterweg führt eine nicht uninteressante Liste mit Texten von Geometern und Philosophen an, von denen ich in der Einleitung zu Kap. 2.3 bereits einige Autoren genannt habe, viele aber im frühen 19. Jahrhundert publiziert haben: Christian Wolff, Iakob Harris, Maaß, Johann Andreas Christian Michelsen, Moritz Adolph von Winterfeld, Friedrich Johann Christian Schmeißer, Johann Gottlob Erdmann Föhlisch, Christian Heinrich Haenle und Johann Joseph Dilschneider.

Schopenhauer sei, so Diesterweg, aktuell der einzige Philosoph, der diesen Logizismus nicht teile, da Logik Schopenhauers Meinung nach intuitiv verstanden werde und daher unnötig sei – ein, wie bes. in Kap. 1.3 gezeigtes, typisches Missverständnis, das allein auf der kontextfreien Interpretation weniger Sätze der WWV I beruht. Von dem Mainstream der logikaffinen Geometer weichen, laut Diesterweg, zudem auch Schweins und Johann Friedrich Schaffer ab, da dieser die Genese, jener das Produkt

---

[159] F.A.W. Diesterweg: Leitfaden für den ersten Unterricht in der Formen-Größen- und räumlichen Verbindungslehre oder Vorübungen zur Geometrie für Schulen. Elberfeld 1822, S. 2.
[160] F.A.W. Diesterweg: Leitfaden für den ersten Unterricht, S. 4f.
[161] F.A.W. Diesterweg: Leitfaden für den ersten Unterricht, S. 6.

der figürlichen Anschauung hervorhebe. Eine Ausnahmeerscheinung stelle auch Schopenhauer dar:

> Es möchte gut seyn, gegenwärtig den mathematisch-philosophischen Streit zu schlichten, den neuerdings Wagner und Schopenhauer gegen die Euclidischen Mathematiker angeregt haben. Die genannten Herrn verlangen in der Raumlehre intuitive Anschauung, intuitive Erkenntniß, die auf logischen Regeln ruhende discursive Erkenntniß in Begriffen verpönend. In dem ersten Theile dieser Forderung haben sie unbedingt recht, und die Mathematiker verstehen sie nicht, welche das bestreiten wollen.[162]

Diesterweg bezieht sich hier wie an anderen Stellen auf Schopenhauers WWV I sowie auf Johann Jakob Wagners *Mathematische Philosophie*. Dass Wagner und Schopenhauer die anschauliche Erkenntnis hoch ansetzen, lässt sich schnell nachweisen. Inwiefern Diesterweg aber Recht hat mit seiner zweiten Teilbehauptung, Schopenhauer und Wagner würden auch die diskursive Erkenntnis verpönen, ist schwer zu entscheiden. Man kann wohl sagen, dass er Schopenhauer nicht die Vermittlungsposition der frühen Dissertationsschrift zuspricht, sondern ihn mit der veränderten, eher antirationalistischen Lehre der WWV identifiziert.[163] Ob Diesterweg aber Wagners komplexes Werk in den wenigen Worten richtig eingefangen hat, möchte ich hier nicht kommentieren; man kann zumindest an Diesterwegs Urteilsfähigkeit Zweifel anmelden, wenn er einerseits Schopenhauer und Wagner lobt, andererseits aber Friedrich Buchwald im ähnlichen Kontext aufgrund seiner mathematischen Unkenntnisse stark tadelt – ›Friedrich Buchwald‹ war schließlich eines von Wagners Pseudonymen.[164]

Diesterweg selbst hat schließlich ein an Schopenhauer angelehntes Argument zu formulieren versucht, das eine Vermittlung zwischen den visuellen Geometern (Schopenhauer, Wagner, Schweins u.a.) auf der einen Seite und den logischen Geometern (Wolff, Maaß, Dilschneider u.a.) auf der anderen Seite herbeiführen soll: »Mathematische Erkenntnisse beruhen auf Anschauung etc. und Begriffen zugleich; durch die vereinigte Wirkung des Anschauungs- und Reflexionsvermögens entsteht, die Mathematik als Wissenschaft, und man erfährt nicht nur, *daß* etwas sey, sondern auch *warum* es so sey.«[165]

Gute 20 Jahre nach Diesterwegs Abhandlung erfuhr Schopenhauers Geometrie ihre intensivste Epoche positiver Rezeption und Fortführung. 1847 erschien von dem Sozialpädagogen und Sprachwissenschaftler Karl Mager *Die Encyklopädie, oder das System des Wissens*, in der Schopenhauers Ansichten zu Euklid aufgenommen und

---

[162] F.A.W. Diesterweg: Leitfaden für den ersten Unterricht, S. 8.
[163] Siehe oben, Kap. 2.3.1.
[164] Vgl. F.A.W. Diesterweg: Leitfaden für den ersten Unterricht, S. 15, S. 51, Anm.
[165] F.A.W. Diesterweg: Leitfaden für den ersten Unterricht, S. 9.

2.3 Beweis – Elementargeometrie, Syllogistik und anschauliche Beweistheorie

dargestellt wurden.[166] Im April 1852 publizierte Karl Rudolf Kosack die Programmschrift *Beiträge zu einer systematischen Entwickelung der Geometrie aus der Anschauung*, die explizit eine ebene Geometrie nach schopenhauerschen Grundätzen beinhalte und zur öffentlichen Prüfung vorgelegt wurde. Kosack erklärte, Euklids Geometrie sei kein natürliches, sondern ein stark künstliches Produkt, das bei der Arbitrarität der Beweise und der Zusammenhanglosigkeit der einzelnen Sätze mit den Axiomen nur auf Überredung statt auf Überzeugung abziele.[167] Aus diesem Grund sei es erforderlich, alle geometrischen Sätze auf die Anschauung der produktiven Einbildungskraft zurückzuführen, so wie Schopenhauer es im Anschluss an Kant gelehrt habe.[168]

Kosacks Programmschrift ist kein reiner Schopenhauerianismus, sondern eine Aufnahme der schopenhauerschen Beweistheorie motiviert durch einen in den 1850er Jahren erneut aufkommenden Kantianismus in der Geometrie.[169] So weist Kosack bspw. auf eine Programmschrift Friedrich Schmeißers hin, in der die rationalistischen Elemente der euklidischen Geometrie als eine durchgängige Textkorruptele dargestellt und viele logizistische Ansätze seit Petrus Ramus verworfen wurden.[170] Auch Leopold Karl Schultz von Straßnitzki, Karl Snell, Karl Christian Friedrich Krause und andere hätten dies erkannt und bereits gute anschauungsbezogene Geometrien entworfen. Schopenhauer, so Kosack, habe allerdings unwiderleglich den Logizismus beseitigt und das kantische Programm der Geometrie vollendet.[171]

Obwohl Kosacks Arbeit nur einen ersten Teil zur Planimetrie enthielt und somit unvollendet blieb,[172] reagierten Schopenhauer und sein sich erst in diesen Jahren gebildeter Schüler- bzw. Anhängerkreis fast ausschließlich emphatisch auf diese Programmschrift.[173] Schopenhauer, der schon die Hinweise auf Thibaut und Schweins in der zweiten Auflage der WWV I gestrichen hatte, nahm den Hinweis auf Kosacks Ausarbeitung seines Ansatzes in der dritten Auflage des Hauptwerks auf.[174] Julius Frauenstädt schrieb 1852 in den *Blättern für literarische Unterhaltung*, die Nordhäuser Schüler seien die ersten, die wieder ohne Krücken Geometrie erlernen und den pythagoreischen Lehrsatz wie einst die alten Griechen erfassen könnten.[175] Ähnlich

---

[166] Vgl. Karl Wilhelm Eduard Mager: Die Encyklopädie, oder das System des Wissens. Teil II. Zürich 1847, S. 9–14. Vgl. dazu Ulrich von Beckerath: Eine Anerkennung der mathematischen Ansichten Schopenhauers aus dem Jahr 1847. In: Schopenhauer Jahrbuch 24 (1937), S. 158–161.
[167] Vgl. C. R. Kosack: Beiträge zu einer systematischen Entwickelung der Geometrie aus der Anschauung. In: Zu der öffentlichen Prüfung sämmtlicher Klassen des Gymnasiums zu Nordhausen […]. Nordhausen 1852, S. 1–31, hier: S. 3.
[168] Vgl. C. R. Kosack: Beiträge, S. 5ff.
[169] Vgl. C. R. Kosack: Beiträge, S. 5.
[170] Vgl. Friedrich Schmeißer: Kritische Betrachtung einiger Grundlehren der Geometrie, wie sie meistens in Lehrbüchern vorkommen. Frankfurt a. O. 1851.
[171] Vgl. C. R. Kosack: Beiträge, S. 6.
[172] Vgl. C. R. Kosack: Beiträge, S. 11–31.
[173] Zur Schopenhauer-Schule vgl. Fabio Ciracì, Domenico Fazio, Matthias Koßler (Hrsg.): Schopenhauer und die Schopenhauer-Schule. Würzburg 2009.
[174] Vgl. WWV I (1859), S. 87 (= § 15).
[175] Vgl. Julius Frauenstädt: Eine beachtenswerthe Erscheinung in der Mathematik. In: Blätter für literarische Unterhaltung 1852, Nr. 35 (28. August 1852), S. 836.

positiv sprach sich auch der spätere Frankfurter und Darmstädter Mathematikprofessor Johann Carl Becker 1857 für Kosacks und Schopenhauers Ansatz aus.[176] Nur Julius Bahnsen war nicht von Kosack überzeugt und argumentierte dagegen, dass Schopenhauer eigentlich die mathematische Erkenntnis insgesamt geringschätze, da man in Kap. 13 der WWV II eine vor allem auf William Hamiltons *Ueber den Werth und Unwerth der Mathematik* von 1836 beruhende Kritik am Nutzen mathematischer Erkenntnis finde.[177]

Die daraufhin zwischen Bahnsen, Kosack u.v.a. entstandene Debatte wurde Jahre später in einem Kapitel von Beckers *Abhandlungen aus dem Grenzgebiete der Mathematik und Philosophie* zusammengefasst.[178] Laut Becker führten Schopenhauer und ferner Herbart die kantischen Ideen zur Geometrie fort, die auch von Schweins, Snell, Oskar Schlömilch und dem Trendelenburgianer Bernhard Becker vertreten wurden. Im Unterschied zu Diesterweg meint Becker, dass Schopenhauer den verbalen Beweis zwar anerkenne, diesen aber vom anschaulichen Beweis abhängig sehe. Schopenhauer habe dies mit wenig Geschick an konkreten Beispielen gezeigt, jedoch habe erst Kosack dieses Programm erfolgreich ausgearbeitet.[179] Er selbst habe es dann damals noch weiter ausgestaltet, veröffentlicht und seither unterrichtet.[180]

Viel Berücksichtigung fand nach 1877 Benno Erdmanns zwiespältiges Urteil über Schopenhauer in seinem Werk *Die Axiome der Geometrie*: Erdmann, der scheinbar nur Kap. 13 des der WWV II kannte, kritisierte, dass Schopenhauer eine »bizarre« und »gekünstelt einseitige Ausbildung der kantischen Theorie« genossen habe.[181] Schopenhauer habe damals in einer anschauungsorientierten Tradition der Geometrie mit Carl Friedrich Gauß, Herbart etc. gestanden; doch auch sein späterer Ruhm habe nicht die Sucht verhindern können, alles anschaulich begründen zu wollen. Seine Einwände gegen das elfte wie gegen das achte Axiom der euklidischen Geometrie zeugten allerdings von »Scharfsinn« und seien bis heute aktuell.[182]

Das Interesse an der Aktualität der schopenhauerschen Philosophie der Geometrie schlug sich vor allem Mitte der 1880er Jahre nieder. Anfang Oktober 1884 tagte die mathematische Sektion der deutschen Philologen und Schulmänner in Dessau. Der Eislebener Gymnasialdirektor und Leibnizforscher Carl Immanuel Gerhardt verwendete in seinem Vortrag über die pädagogischen Schulreformen im Fach Geometrie

---

[176] Vgl. J. C. Becker: Über Begründung und systematische Entwickelung der geometrischen Wahrheiten. In: Schulzeitung für die Herzogtümer Schleswig-Holstein und Lauenburg Nr. 14, 15 vom 2. und 9. Januar 1853.
[177] Vgl. Julius Bahnsen: Der Bildungswerth der Mathematik. In: Schulzeitung für die Herzogtümer Schleswig-Holstein und Lauenburg, Nr. 21, 25, 26 vom 21 Feb., 21 und 28 Mar. 1857. Vgl. zu Schopenhauer und Hamilton Marco Segala: Schopenhauer and the Mathematical Intuition as the Foundation of Geometry.
[178] Vgl. J.C. Becker: Abhandlungen aus dem Grenzgebiete der Mathematik und Philosophie. Zürich 1870, Kap. IV.
[179] J.C. Becker: Abhandlungen, S. 49.
[180] Vgl. J.C. Becker: Abhandlungen, S. 51.
[181] Vgl. Benno Erdmann: Die Axiome der Geometrie. Eine philosophische Untersuchung der Riemann-Helmholtz'schen Raumtheorie. Leipzig 1877, S. 29, S. 172.
[182] B. Erdmann: Die Axiome der Geometrie, S. 65f.

2.3 Beweis – Elementargeometrie, Syllogistik und anschauliche Beweistheorie

den »wenig geschmackvollen Namen ›Mausefallenbeweise‹«, wisse aber nicht, von wem dieser Name herrühre.[183] Der Kieler Oberlehrer Rudolf von Fischer-Benzon berichtete im Anschluss, dass der Ausdruck von Schopenhauer stamme und mit der Deckungsmethode im Zusammenhang stehe. In einer Anmerkung zu diesem Tagungsbericht in Heft 1 der *Zeitschrift für mathematischen und naturwissenschaftlichen Unterricht* kommentierte der Redakteur, Volkmar Hoffmann, dass auch der damals sehr bekannte Johann Carl Becker den »Spottnamen ›Mausefallenbeweise‹« verwendet habe, dieser auf Schopenhauer zurückgehe und nicht bloß auf die »Deckung« geometrischer Formen angewandt worden sei. Man werde sich in Zukunft mit dem Thema genauer beschäftigen.[184]

Der Tagungsbericht ist in zweifacher Hinsicht bemerkenswert: Zum einen zeigt er, dass der schopenhauersche Ausdruck ›Mausefallenbeweis‹ in den 1880er Jahren ein bekanntes Schlagwort war, das oftmals ohne Bezug auf seinen Urheber benutzt wurde; zum anderen entzündete sich an der wohl eher nebensächlichen Bemerkung Gerhardts eine intensive Aufarbeitung des Themas mit mehreren Beteiligten in Heft 3 und 4 der Zeitschrift. Hoffmann erklärt zunächst, dass er den in Frage stehenden Ausdruck bei seiner Durchsicht der WWV nicht gefunden, er aber mehrere Passagen (zum pythagoreischen Lehrsatz, zum stelzenbeinigen Beweis u.a.) entdeckt habe, die dem »berüchtigte[n] Bonmot« sachlich entsprechen würden.[185] Hoffmann betont zudem, dass ihm die Lektüre Schopenhauers eine vortreffliche Stütze gewesen wäre, hätte er sie schon zuvor, bei der Abfassung seiner eigenen Schriften gekannt.

Hoffmann fügt hinzu, dass ihn nach Drucklegung seines jetzigen Artikels noch drei Zusendungen erreicht hätten, in denen der Ausdruck ›Mausefallenbeweis‹ nachgewiesen werden konnte. Besonders hervorzuheben sind die Ausführungen Carl Gusserows, der erklärt, dass Schopenhauer hinsichtlich des Satzes des Pythagoras eine »allgemein giltige Art des Beweises aus der Anschauung giebt, der Art, dass das Hypotenusenquadrat in Teile zerlegt wird, aus dem die Kathetenquadrate zusammengesetzt werden können«;[186] und die Allgemeingültigkeit dieses Beweises habe er auch in seiner Stereometrie demonstriert.[187] Hoffmann merkt dazu an, dass dieser Beweis

---

[183] Friedrich Buchbinder: Verhandlung der Sektionen für mathematischen und naturwissenschaftlichen Unterricht auf der diesjährigen Versammlung deutscher Philologen und Schulmänner. Vom 1.–4. Oktober 1884 in Dessau. In: Zeitschrift für mathematischen und naturwissenschaftlichen Unterricht 16:1 (1885), S. 66–76, hier: S. 69.
[184] F. Buchbinder: Verhandlung der Sektionen, S. 69.
[185] Volkmar Hoffmann: Schopenhauer, der Philosoph, über die Euklidische Methode und die ›Mausefallenbeweise‹. In: Zeitschrift für mathematischen und naturwissenschaftlichen Unterricht 16:3 (1885), S. 105–107, hier: S. 105.
[186] V. Hoffmann: Schopenhauer, S. 107 (Zitat des Leserbriefes).
[187] Vgl. Volkmar Hoffmann: Hebung eines Missverständnisses. In: Zeitschrift für mathematischen und naturwissenschaftlichen Unterricht 16:4 (1885), S. 263–264 (Zitat des Leserbriefes). Vgl. dazu Carl Gusserow: Leitfaden für den Unterricht in der Stereometrie mit den Elementen der Projektionslehre. Berlin 1885, S. 94–96.

auch bei Carl Ludwig Albrecht Kunze, Schlömilch »und in vielen andern Lehrbüchern« vorkomme – alle von Hoffmann genannten Beweise sind aber zu einem späteren Zeitpunkt als diejenigen Schopenhauers publiziert worden.[188]

Erst der Aufsatz des Naumburger Realgymnasiallehrers Hermann Märtens kann als Ende der positiven Rezeptionsepoche der schopenhauerschen Geometrie angesehen werden. Schopenhauers Beweis des pythagoreischen Lehrsatzes, so Märtens, beschränke sich nur auf das gleichschenklig rechtwinklige Dreieck:

> Für diesen Fall ist die Figur allerdings recht einfach, aber ohne alle Zerlegung gelangt man auch in diesem Falle nicht zu der Wahrheit des Satzes. Man muss das Hypotenusenquadrat in 4 Dreiecke zerlegen, die Cathetenquadrate in je 2 Dreiecke und nachweisen, dass die Bestandteile des Hypotenusenquadrats gleich denen der Kathetenquadrate sind.[189]

Schopenhauer habe somit nur einen Spezialfall des Lehrsatzes bewiesen, nicht aber den ganzen Beweis erbracht. Zudem hätten Cantor u.a. gezeigt, so ergänzt Hoffmann, dass es einen ähnlichen, aber vollständigen Beweis schon im 12. Jahrhundert von dem indischen Mathematiker Bhaskara II. gegeben habe.

Über Märtens' Abhandlung hinaus finden sich in dem Heft noch mehrere Auseinandersetzungen mit Schopenhauer, die aber insgesamt keinen wirklichen Erkenntnisfortschritt bieten. Alle Aufsätzen drücken allerdings entweder euphorische Befürwortung, skeptische Ablehnung oder Vorsicht gegenüber Schopenhauers Thesen aus: Während bspw. Hoffmann einen kurzen Bericht über die schon von Bahnsen vertretene These Schopenhauers gibt, dass ein Kalkül kein Verstehen impliziere,[190] liefert Friedrich Pietzker eine ausführliche Rezension von Kosacks Buch mit besonderer Berücksichtigung der darin befindlichen Schopenhauer-Anspielungen.[191] Märtens liefert von allen Beiträgen die negativste Rezeption Schopenhauers.

1891 legte Heinrich Leonhard, ein Schüler von Carl Weierstraß, eine Dissertation vor, die sich explizit, allerdings stark negativ mit Schopenhauer und dem euklidischen Beweisverfahren beschäftigt. Leonhard eröffnet seine Dissertation mit der These, dass von Schopenhauer ein Angriff auf die euklidische Elementargeometrie von »so schwer wiegender Bedeutung gemacht worden [sei], dass er, wenn seine Berechtigung zugestanden werden müsste, ein vernichtender zu nennen wäre«.[192] Schopenhauers

---

[188] V. Hoffmann: Schopenhauer, der Philosoph, über die Euklidische Methode und die ›Mausefallenbeweise‹, S. 107.
[189] Hermann Märtens: Schopenhauer über den ›Mausefallenbeweis‹. In: Zeitschrift für mathematischen und naturwissenschaftlichen Unterricht 16:4 (1885), S. 181–186, hier: S. 183.
[190] Vgl. Volkmar Hoffmann: Schopenhauer, der Philosoph, über den Wert des Calcüls. In: Zeitschrift für mathematischen und naturwissenschaftlichen Unterricht 16:4 (1885), S. 186.
[191] Vgl. Friedrich Pietzker: Ein Jünger Schopenhauers in der Geometrie. In: Zeitschrift für mathematischen und naturwissenschaftlichen Unterricht 16:4 (1885), S. 187–190.
[192] Heinrich Leonhard: Beitrag zur Kritik der Schopenhauer'schen Erkenntnistheorie, insbesondere in ihrer Anwendung auf das Euklidsche Beweisverfahren. Bonn 1891, S. 1.

2.3 Beweis – Elementargeometrie, Syllogistik und anschauliche Beweistheorie

Angriff gleiche nicht den Einwänden der analytischen oder projektiven Geometrie, da diese u.a. auch auf die Elementargeometrie aufbauen könnten.

Leonhard berichtet, dass vor allem Kosack und Becker Schopenhauers geometrischen Ansatz akzeptiert und ausgearbeitet hätten und diese Theorien durch Hoffmanns Zeitschrift im deutschsprachigen Raum bekannt geworden seien. Leonhards zentrales Thema ist der Satz vom Grund: Nach seiner Erklärung, dass Schopenhauer ein eigenständiger Denker sei, der weit über Kant hinausgehe, referiert er die einschlägigen Passagen Schopenhauers über den Satz vom Grund aus der zweiten Auflage der Dissertationsschrift ohne Rücksicht auf den historischen Problemkontext der frühen schopenhauerschen Schriften. Er kommt zu dem Ergebnis, Schopenhauer habe den Satz vom Grund ungerechtfertigt differenziert und es gebe an sich nur den logischen Erkenntnisgrund.[193] Schopenhauer unterliege somit einem Grundirrtum bezüglich seiner geometrischen Ausführungen.

Leonhard bringt zahlreiche Thesen gegen Schopenhauer vor und versucht, Widersprüche und Unstimmigkeiten in Schopenhauers Theorie aufzudecken. Die zentralen Argumente betreffen zum einen die Beweistheorie selbst und zum anderen die Trennung von Logik und Anschauung. ›Einen Beweis erbringen‹, so Leonhard, bedeute letztendlich nicht mehr als zu sagen, dass ein Satz allgemeingültig sei, und dies müsse vor allem logisch-deduktiv überprüft werden.[194] Beweise erfolgen dabei in der Regel mittels des Satzes vom Widerspruch. Schopenhauer argumentiere hingegen fast ausschließlich mit psychologistischen Argumenten, die subjektive ›Gefühle‹ von Wahrheit und Allgemeingültigkeit suggerieren.[195]

Auch die Trennung von Logik und Anschauung sei irreführend, wie man an den geometrischen Beispielen von Schopenhauer, Kosack und Becker sehen könne: Alle anschaulichen Beweise seien »infolge häufiger Übung und wegen der in diesem Falle vorliegenden Einfachheit und Durchsichtigkeit fast unbewusst erfolgende Zurückführung des Satzes auf die (begriffliche) Definition«.[196] Die visuelle Methode setze somit immer schon die logisch-diskursive voraus; Schopenhauer und seine Anhänger versuchen allerdings, dies durch »Unklarheit des Ausdrucks und Unvollständigkeit der Durchführung zu verdunkeln«.[197]

Leonhards Angriff auf Schopenhauers visuelle Beweisführung galt lange Zeit als überzeugend. Schlüter akzeptierte 1900 in *Schopenhauers Philosophie in Briefen* Leonhards Argumente und zitierte darüber hinaus einen pessimistischen Brief des späten

---

[193] Vgl. H. Leonhard: Beitrag, S. 45, S. 50.
[194] Vgl. H. Leonhard: Beitrag, S. 51ff.
[195] Zur Rolle des Gefühls vgl. Laura Follesa: From Necessary Truths to Feelings: The Foundations of Mathematics in Leibniz and Schopenhauer. In: Language, Logic, and Mathematics in Schopenhauer. Hrsg. v. Jens Lemanski. Cham 2020, S. 315–326.
[196] H. Leonhard: Beitrag, S. 64.
[197] H. Leonhard: Beitrag, S. 65.

Schopenhauer an Becker, in dem jener seine eigene und Beckers geometrische Beweise als problematisch und keinesfalls als allgemeingültig eingestuft hatte.[198]

1904 wiederholte der Weierstraß-Anhänger Alfred Pringsheim in einem Aufsatz die wesentlichen Argumente von Märtens und Leonhard, ohne beide aber namentlich zu nennen, und berichtete aufgrund einschlägiger Textpassagen, dass Schopenhauer ebenso wie William Hamilton ein Feind der Mathematik sei.[199] Pringsheims Ton gegenüber Schopenhauer schwingt dabei zwischen belustigt, erzürnt und allgemein geringschätzend.

Dennoch – oder vielleicht gerade deshalb – kann Pringsheims Aufsatz als Meilenstein in der Rezeptionsgeschichte der schopenhauerschen Geometrie um 1900 angesehen werden. Kewe hat 1907 keinen Einspruch gegen Leonhard oder Pringsheim erhoben, sondern nur dafür plädiert, Schopenhauers Thesen auf die Didaktik der Elementargeometrie einzuschränken.[200] In der Verschriftlichung der Geometrie-Vorlesungen von Felix Klein findet man mit Verweis auf Pringsheims Aufsatz eine Charakterisierung Schopenhauers als einen künstlerischen Charakter, der eine eigene anschauliche Beweistheorie erfinden wollte, da er keine Mathematik verstand.[201] Zwar referiert Klein Schopenhauers Beispiele auf mehreren Seiten, kommt aber zu keinem positiven Urteil, und zwar aus mehreren bereits bei Märtens und Leonhard genannten Gründen. Aufgrund seines Bezuges auf Hamilton wurden Pringsheims Aufsatz und Kleins Darstellung der schopenhauerschen Geometrie besonders im englischsprachigen Raum stark rezipiert.[202]

Erst 1909 legt Oscar Janzen eine gemäßigtere Schrift zu Schopenhauers Logik und Mathematik im *Archiv für Geschichte der Philosophie* vor. Janzens Schrift zu charakterisieren oder zusammenzufassen, ist schwierig: Einerseits weist sie eine Vielzahl origineller Ideen und Thesen auf, die aber andererseits eine systematische Kernaussage vermissen lassen. Zudem wird in dem Aufsatz häufig nicht deutlich, ob Janzen gerade seine Meinung, eine fremde Meinung oder eine Kritik an Schopenhauer referiert. Man kann aber festhalten, dass Janzen zwischen Bewunderung und Ablehnung der schopenhauerschen Thesen schwankt. Dabei bringt er mehrfach Verbesserungsvorschläge, aber auch Kritik vor.

---

[198] Vgl. Schlüter: Schopenhauers Philosophie in seinen Briefen, S. 13ff. Vgl. dazu auch Jason M. Costanzo: Schopenhauer on Intuition and Proof in Mathematics. In: Language, Logic, and Mathematics in Schopenhauer. Hrsg. v. Jens Lemanski. Cham 2020, S. 287–305, bes. S. 299.
[199] Vgl. Alfred Pringsheim: Über Wert und angeblichen Unwert der Mathematik. In: Jahresbericht der Deutschen Mathematiker-Vereinigung 13 (1904), S. 357–382. Der Titel von Pringsheims Aufsatz ist eine Anspielung auf eine Übersetzung eines Hamilton-Textes, den Schopenhauer in WWV II (1844), S. 131 zitiert.
[200] Vgl. Adolf Kewe: Schopenhauer als Logiker, S. 73ff.
[201] Vgl. Felix Klein: Elementarmathematik vom höheren Standpunkte aus. Bd. II: Geometrie. Ausgearbeitet v. E. Hellinger. Berlin 1909, S. 257.
[202] Vgl. Florian Cajori: A Review of Three Famous Attacks upon the Study of Mathematics as a Training of the Mind. In: Popular Science 80:22 (1912), S. 360–372. Die Schrift bringt nichts wesentlich Neues im Vergleich zu Pringsheim und Klein.

2.3 Beweis – Elementargeometrie, Syllogistik und anschauliche Beweistheorie

Hervorzuheben ist vor allem, dass Janzen im Unterschied zu Leonhard und Pringsheim meiner in Kap. 1.1.4 mit Lovejoy gemachten Forderung entgegenkommt, die Schriften Schopenhauers separat und in ihrer Entwicklung zu kontrastieren: Janzen kommt zu dem Ergebnis, dass Schopenhauers frühe Schriften die Intention besitzen, Euklids Beweistheorie zu verbessern, während die späteren Schriften gegen Euklid gerichtet seien und Schopenhauer die Absicht hege, eine eigene Beweistheorie zu begründen.[203]

Zwei zentrale Themen von Janzens Aufsatz betreffen die Semantik und die Anschaulichkeit geometrischer Sätze: Er argumentiert zunächst, Schopenhauer müsse in seiner Dissertationsschrift – ohne es explizit zu sagen – die elementargeometrischen Grundbegriffe (Punkt, Gerade, Ebene, Raum) aus der Anschauung entnehmen, wenn er Euklids Axiome und Postulate anerkenne.[204] Janzen versucht daraufhin, Schopenhauers – wie er meint – rein repräsentationalistische Semantik zu verbessern,[205] um den Satz vom Grund des Seins zu verwerfen, da die Anschauung nur Bedeutung, nicht aber Rechtfertigung liefere.[206]

In der ersten Hälfte des 20. Jahrhunderts findet sich eine positive, wenn auch größtenteils eher stillschweigende Schopenhauerrezeption bei den Intuitionisten, vor allem bei L.E.J. Brouwer. Die intuitionistische Rezeptionsgeschichte Schopenhauers kann insofern als ›stillschweigend‹ bezeichnet werden, als Schopenhauer von Brouwer erst Ende der 1920er Jahre öffentlich als Vorläufer des Intuitionismus erwähnt wird.[207] Dennoch finden sich bereits in Brouwers Frühwerk, das die Basis für den Intuitionismus in der Mathematik und Logik darstellt, Thesen – wie bspw. die Kritik an der universellen Gültigkeit logischer Prinzipien (insbes. des tertium non datur) sowie die Forderung einer Anschauungsbezogenheit in der Beweistheorie –, die oftmals als Einfluss eines Schopenhauerianismus dargestellt wurden.[208] Die intensive Erforschung des Einflusses Schopenhauers auf Brouwer und auf Intuitionisten wie Hermann Weyl, Arend Heyting, Oscar Becker u.a. befindet sich derzeit aber erst in den Kinderschuhen.[209]

Etwa sechzig Jahre nach den vernichtenden Urteilen des Weierstraß-Schülers Leonhard sowie von Märtens, Pringsheim, Klein u.a. legte 1947 der Topologe Kurt Reidemeister einen Artikel über die *Anschauung als Erkenntnisquelle* in der *Zeitschrift für philosophische Forschung* vor: Es sei erstaunlich, schreibt er, dass die

---

[203] Vgl. Oscar Janzen: Schopenhauers Auffassung des Verhältnisses der mathematischen Begründung zur logischen. In: Archiv für Geschichte der Philosophie 22 (1909), S. 342–364, hier: S. 348.
[204] Vgl. Oscar Janzen: Schopenhauers Auffassung, S. 351.
[205] Vgl. Oscar Janzen: Schopenhauers Auffassung, S. 355.
[206] Vgl. Oscar Janzen: Schopenhauers Auffassung, S. 363.
[207] Vgl. bspw. L. E. J. Brouwer: Die Struktur des Kontinuums. In: Ders.: Collected Works. Bd. 1. Philosophy and Foundations of Mathematics. Hrsg. v. A. Heyting. Amsterdam u.a 1975, S. 429–440.
[208] Vgl. bspw. Mark Van Atten, Göran Sundholm: L.E.J. Brouwer's ›Unreliability of the Logical Principles‹. A New Translation, with an Introduction. In: History and Philosophy of Logic 38:1 (2017), S. 24–47.
[209] Vgl. die größtenteils systematisch-religionsphilosophische Pionierarbeit von Teun Koetsier: Arthur Schopenhauer and L.E.J. Brouwer. A Comparison. In: Mathematics and the Divine. A Historical Study. Hrsg. v. L. Bergmans, T. Koetsier. Amsterdam u.a. 2005, S. 571–595.

2 Die Logik und ihre geometrische Interpretation

geometrische Forschung, obwohl eine anschauliche Interpretation immer wieder behauptet werde, dennoch keinen gesicherten Stand über die Erkenntnisleistung der Anschauung besitze.[210] Vielmehr gebe es sogenannte ›strenge Mathematiker‹ wie David Hilbert oder Louis Hjelmslev, die alles auf logische Beweisführung gründen wollen, obwohl die Metamathematik angeblich die Anschauung als sicherste Erkenntnisquelle ansehe.[211]

Da es folglich an Material und gesicherten Resultaten in der Mathematik fehle, greift Reidemeister auf Zenon, Platon, Dürer, Kant und Schopenhauer zurück. Als Beispiel nimmt Reidemeister Schopenhauers anschaulichen Beweis für den Satz des Pythagoras und erklärt:

> Worin liegt hier [sc. in Schopenhauers Beweis] das überzeugend Anschauliche, das kaum geleugnet werden kann? Mir scheint darin, daß man an dieser Figur sehr rasch den Beweis ablesen kann: Die Figur ist eine vorzügliche »Charakteristik« des Beweises [...], d.h. ein Symbol, mit welchem sich die Struktur des Beweises genau abbildet. So wird verständlich, wie uns die Anschauung komplizierte Zusammenhänge übersichtlich macht. Das Schopenhauersche Bild des Pythagoreischen Satzes und seines Beweises ist einer exakten Verdeutlichung zugänglich, es ist eine in anschaulicher Weise zerlegte Fläche, zwischen deren Stücken anschauliche Relationen bestehen.[212]

Die Isomorphie zwischen Anschauung und Logik, die Reidemeister in Schopenhauers Beweisen sieht, verbindet er mit Lulls, Leibniz' und vor allem mit Lamberts und Ploucquets charakteristisch-anschaulichen Logikkalkülen: Der moderne Formalismus des angeblich strengen Beweisens hänge entwicklungsgeschichtlich von dem anschaulich Gegebenen ab.[213]

Wenige Jahre nach Reidemeisters Aufsatz findet man auch dezente Auseinandersetzungen mit Teilen der schopenhauerschen Geometrie in der französischen Wissenschaftstheorie und der amerikanischen analytischen Philosophie. 1953 veröffentlichte François Rostand eine wohlwollende Interpretation der mathematischen Demonstrationsmethode bei Schopenhauer. Rostand vergleicht Schopenhauers Ansatz zunächst mit Descartes, Malebranche, der Logik von Port-Royal, Pascal u.a. und kommt zu dem Ergebnis, dass man auch in der französischen Tradition der frühneuzeitlichen Philosophie und Mathematik einen Unterschied zwischen Seinsgrund (la raison intuitive) und Erkenntnisgrund (la raison deductive) finde, dieser aber nie so

---

[210] Vgl. Kurt Reidemeister: Anschauung als Erkenntnisquelle. In: Zeitschrift für philosophische Forschung 1 (1946), S. 197–210, hier: S. 197.
[211] Vgl. K. Reidemeister: Anschauung als Erkenntnisquelle, S. 198.
[212] K. Reidemeister: Anschauung als Erkenntnisquelle, S. 206.
[213] Vgl. K. Reidemeister: Anschauung als Erkenntnisquelle, S. 208.

2.3 Beweis – Elementargeometrie, Syllogistik und anschauliche Beweistheorie

scharf gewesen sei wie bei Schopenhauer.[214] Allein Locke, Hume und Euler würden eine ähnliche Wertschätzung der intuitiven Erkenntnis zeigen, wie man sie später bei Schopenhauer finde.[215]

Ferner diskutiert Rostand anhand moderner Autoren (bspw. Gaston Bachelard, Georges Bouligand, André Ombredane) die Frage, ob die Intuition eine geeignete Methode der Mitteilung oder ein psychologistischer Fehltritt in der Wissenschaftsgeschichte ist. Dass Schopenhauer dem kantischen und nicht dem leibnizschen Paradigma der Mathematik verhaftet blieb, sei darauf zurückzuführen, dass er in späteren Jahren die Entwicklung zur nicht-euklidischen Geometrie von Bernhard Riemann und Nikolai Iwanowitsch Lobatschewski in den Jahren 1854 und 1855 nicht mehr ausreichend rezipieren konnte, da diese erst durch Helmholtz popularisiert wurde – eine These, die stark an Benno Erdmanns *Axiome der Geometrie* erinnert, ohne dass auf diese allerdings Bezug genommen wird.[216]

Um das Jahr 1955 nahm Max Black Schopenhauers Ausdruck des Mausefallenbeweises als Idealbeispiel für das, was er eine Vergleichstheorie der Metapher (»comparison view of metaphor«) nannte. Blacks Ziel war es, anhand der vermeintlich geometrischen Metapher Schopenhauers deutlich zu machen, dass die Vergleichstheorie kein Spezialfall der Ersetzungstheorie (»substitution view of metaphor«) war – eine Theorie, die ich bereits anhand von Quines Kritik des Enthaltensein-Ausdrucks zu Beginn von Kap. 2.2 ins Spiel gebracht habe. »Als Schopenhauer einen geometrischen Beweis eine Mausefalle nannte, sagte er nach einer solchen Auffassung (wenn auch nicht explizit): ›Ein geometrischer Beweis ist wie eine Mausefalle, denn beide bieten eine trügerische Belohnung, locken ihre Opfer nach und nach an, führen zu einer unangenehmen Überraschung usw.‹«[217]

Donald Davidson nahm im Jahr 1978 Anstoß an Blacks Schopenhauer-Interpretation. Er argumentierte gegen Black (und ebenso gegen Goodman), dass dessen drei im quasi-Zitat angegebenen Paraphrasen (1. bieten..., 2. locken..., 3. führen...) weder in der Metapher noch in dem elliptischen Vergleich gegeben seien. In sensu stricto erfahre man bei Schopenhauer nur, dass der Beweis einer Mausefalle ähnle; nehme man aber den Ausdruck sensu allegorico – und zwar so wie Black –, so erfahre man nicht, worin der Unterschied zwischen einer Metapher und einem Vergleich bestehe.[218] Aufgrund der Diskussion zwischen Black und Davidson taucht bis heute die angebliche Metapher ›Mausefallenbeweis‹ immer wieder in Metapherntheorien analytischer Provenienz auf. Worin allerdings der Erkenntnisfortschritt dieser Diskussion für die einzelnen vermeintlichen Metaphern besteht, ist fraglich.

Auch Rudolf Carnap verwies in mehreren Schriften auf Schopenhauers Mausefallenbeweise. Bereits in seinen frühen Schriften einschließlich dem *Logischen Aufbau*

---

[214] Vgl. François Rostand: Schopenhauer et les démonstrations mathématiques. In: Revue d'histoire des sciences et de leurs applications 6:3 (1953), S. 202–230, hier: S. 204f., S. 228.
[215] Vgl. François Rostand: Schopenhauer, S. 207ff.
[216] Vgl. François Rostand: Schopenhauer, S. 229, ferner S. 216.
[217] Vgl. Max Black: Metaphor, S. 283. (Übers. v. mir – J. L.)
[218] Vgl. Donald Davidson: What Metaphors Mean. In: Critical Inquiry 5:1 (1978), S. 31–47, hier: S. 39f.

der Welt hatte Carnap mehrere Positionen vertreten, die in der Forschung als kantisch oder neukantianisch identifiziert wurden, im Wesen aber nicht selten sogar schopenhauerisch anmuten. Eine explizite Nennung Schopenhauers findet sich zuerst in einem Aufsatz Carnaps in den Kant-Studien des Jahres 1925, in dem Carnap über die Erfassung der Außenwelt schreibt, genauer *Über die Abhängigkeit der Eigenschaften des Raumes von denen der Zeit*. Um diese im Titel angegebene These zu stützen, verwendet Carnap die symbolisch-algebraische Logik und wirft am Ende die Frage auf, ob diese Herangehensweise nicht derjenige ähnle, die Schopenhauer vom »Euklidischen Mausefallenbeweis« gehabt habe, d.h. die »formalistische Untersuchung« an die Stelle der »unmittelbare[n] Annäherung« zu setzen.[219] Ganz im schopenhauerschen Sinn argumentiert Carnap aber, dass seine These selbstverständlich in der anschaulichen Welt gründe, aber zur wissenschaftlichen Repräsentation in die abstrakte Logik übersetzt werden müsse.

1966 griff Carnap Schopenhauers Mausefallenbeweis in einer Nebenbemerkung wieder auf, um die Priorität der Anschauung gegenüber dem logischen Beweis besonders in der Didaktik und Heuristik zu betonen: Schopenhauers Beispiel des euklidischen Mausefallenbeweises zeige, wie jemand, der von einem Mathematiker in ein Labyrinth geführt worden, irgendwann den Ausgang finde, aber dann nicht wisse, wie er dahingekommen sei. Von Schopenhauer könne man daher lernen, dass nicht die Gültigkeit des Beweises, sondern die schrittweise Begründung seiner Gültigkeit von Wichtigkeit sei.[220]

Reidemeisters vorsichtiger Versuch, im deutschsprachigen Raum die Anschauungsbezogenheit der schopenhauerschen Geometrie für aktuelle Fragen nutzbar zu machen, wurde meines Wissens erst 1988 von Knut Radbruch, Professor für Mathematik und ihre Didaktik an der TU Kaiserslautern, wieder aufgegriffen und fortgeführt.[221] Radbruch betont, dass Schopenhauer der Mathematik bereits in seiner Dissertation und seinem Hauptwerk einen hohen Stellenwert zugesprochen habe, dass aber vor allem seine unbekannten Berliner Vorlesungen detaillierte Ausführungen zur Geometrie enthalten.[222] Man dürfe bei der Rezeption allerdings nicht vergessen, dass die sechzehn Jahrzehnte, die den Rezipienten von den Berliner Vorlesungen trennen, mehrfache Paradigmenwechsel in der Mathematik herbeigeführt hätten; dennoch

---

[219] Rudolf Carnap: Über die Abhängigkeit der Eigenschaften des Raumes von denen der Zeit. In: Kant-Studien 30 (1925), S. 331–345, hier: S. 343.
[220] Vgl. Rudolf Carnap: Einführung in die Philosophie der Naturwissenschaft. Hrsg. v. Martin Gardner, übers. v. Walter Hoering. München 1969, S. 116. (Die Originalschrift erschien 1966.)
[221] Radbruch hat in den Folgejahren weitere Aufsätze zu Schopenhauer geschrieben, die aber weniger informativ sind als der im Folgenden besprochene Aufsatz.
[222] Ich werde in Kap. 2.3.6 auf einige Thesen der schopenhauerschen Philosophie der Geometrie zu sprechen kommen, die sich nur in den Berliner Vorlesungen finden. Allerdings sind die meisten und einschlägigsten Ausführungen zur Geometrie der Berliner Vorlesungen bereits aus G (1813) und WWV I (1819) bekannt, siehe oben, Kap. 2.3.2.

2.3 Beweis – Elementargeometrie, Syllogistik und anschauliche Beweistheorie

zeige sich bei der Interpretation, »daß gewisse Fragestellungen, Einsichten und Perspektiven Schopenhauers zur Mathematik von erstaunlicher Aktualität sind«.[223]

Radbruch sieht den im Titel seines Aufsatzes angekündigten Optimismus vor allem in Schopenhauers Glauben, man müsse alle elementargeometrischen Beweise auf eine einfache Anschauung zurückführen können. Radbruch hält hingegen fest, dass Schopenhauers und auch Kants Ideal der Anschaulichkeit nur im Paradigma klassischer griechischer Geometrie verwirklicht werden könne, während die damals (zu Schopenhauers Zeiten) erst im Aufbruch befindliche newtonsche und leibnizsche Mathematik später deutlich die »Grenzen der Anschauung« gezeigt hätten.[224]

Dennoch vertritt Radbruch mit mehreren zitierten Autoren die Ansicht, dass die Mathematiker seit dem Grundlagenstreit in zwei verschiedenen Welten leben würden: Einerseits würde man heutzutage daran glauben müssen, dass mathematische Sätze intuitionistisch seien und sich anschaulich machen lassen, andererseits weicht man aber in Zweifelsfällen sofort auf einen Formalismus zurück. Daher sei Schopenhauers Anschauungsaffinität zwar gewiss zu radikal – ebenso wie die seines Zeitgenossen Gauß –, aber sie komme grundsätzlich noch dem heutigen Wunsch nach Korrelation und Isomorphie zwischen Anschauung und Logik in der Mathematik entgegen.[225]

Abschließend bemerkt Radbruch, dass Schopenhauers Optimismus sich auch auf die Beweistheorie erstrecke. Wenn mit Schopenhauer die Hoffnung beflügelt werde, dass nicht der logische Beweis, sondern die Anschauung unmittelbare Evidenz in der Mathematik stiften könne, dann komme der Mathematik eine Sonderstellung im Bereich der Wissenschaften zu, da sie die einzige sei, die aufgrund ihrer Anschauungsbezogenheit auf die Logik verzichten könne:

> Bei diesem direkten Zugang zu den Wahrheiten der Mathematik wären dann deduktive Beweise zur Sicherung der Wahrheit nicht erforderlich. Schopenhauer hat es nicht explizit ausgesprochen, doch ist seinen Ausführungen zweifelsfrei zu entnehmen: diese Möglichkeit, im Prinzip auf Beweise verzichten zu können und vollends mit intuitiver Anschauung die Wahrheit abzurufen, ist allein in der Mathematik gegeben. [...] Es ist in Schopenhauers Texten kein Hinweis zu finden, woraus er seinen Optimismus über einen anschaulichen Zugriff der gesamten Mathematik schöpfte.[226]

So erkenntnisreich die Aufsätze von Reidemeister und Radbruch sind, so zeigen sie doch, dass ein Großteil der Debatte um Schopenhauers Geometrie aus dem 19. Jahrhundert nicht mehr bekannt ist und ihre Ergebnisse und Argumentationsverläufe im

---

[223] Vgl. Knut Radbruch: Anschauung und Beweis in der Mathematik. Skeptische Anmerkungen zum Optimisten Schopenhauer. In: Schopenhauer-Jahrbuch 69 (1988), S. 199–226, hier: S. 199.
[224] K. Radbruch: Anschauung und Beweis, S. 121.
[225] Vgl. K. Radbruch: Anschauung und Beweis, S. 123.
[226] K. Radbruch: Anschauung und Beweis, S. 125.

2 Die Logik und ihre geometrische Interpretation

Forschungsbetrieb vergessen wurden. So bespricht Radbruch bspw. nicht Schopenhauers Selbstkritik aus dem oben von mir als ›pessimistisch‹ bezeichneten Brief, den Schlüter populär gemacht hatte; und auch Reidemeister geht nicht darauf ein, dass Schopenhauers geometrische Figur nur auf einen Spezialfall des pythagoreischen Lehrsatzes zutrifft.

1996 beschäftigte sich der Bayreuther Professor für Mathematik und Mathematikdidaktik Peter Baptist in einem Aufsatz mit der Frage, ob der Satz des Pythagoras tatsächlich eine qualitas occulta aufweise. Baptist argumentiert, Schopenhauer habe wirklich einen entscheidenden Punkt getroffen, denn im »Unterschied beispielsweise zur Schnitteigenschaft der Mittelsenkrechten eines Dreiecks bleibt in diesem Fall [sc. der Aussage des Satzes des Pythagoras] die Aussage zunächst unsichtbar, sie ist wirklich eine ›qualitas occulta‹«.[227] Baptist konzentriert sich in seinem Aufsatz vor allem auf Schopenhauers Kritik an der Hilfslinienkonstruktion: Zwar sei bei Axiomen deutlich, inwieweit sie anschaulich verstanden werden müssten, aber die traditionelle Elementargeometrie verzichte auf die Normativität der Anschaulichkeit bei den Lehrsätzen. Diese werden willkürlich bewiesen, da nicht erklärt werden kann, warum – wie im Fall des pythagoreischen Satzes – gerade diese und nicht andere Hilfslinien herangezogen würden.[228] Insofern habe Schopenhauer nicht Unrecht, wenn er die Linien als Schlingen bezeichne und wenn er fordere, den Erkenntnisgrund auf den Seinsgrund zurückzuführen. Zudem stehe Schopenhauer mit seiner Kritik an Beweistheorien mit Hilfslinienkonstruktionen nicht allein, da auch Einstein diese Problematizität am Standardbeweis des Satzes des Menelaos exemplifiziere. Schopenhauer wie Einstein kritisieren somit bei Hilfslinienkonstruktionen den fehlenden Zusammenhang zwischen der Beweisstrategie und dem entsprechenden Lehrsatz.[229] Wie Radbruch sieht Baptist in Schopenhauers Feststellung, seine Figur des Beweises beziehe sich nur auf den Spezialfall gleichschenklig rechtwinkliger Dreiecke, den Optimismus ausgedrückt, dass sich eine Figur für alle Fälle finden lasse. Baptist führt weiter aus, dass Schopenhauer einen festen Grund für seinen Optimismus hätte haben können, hätte er sich nur noch sorgfältiger in der Literatur umgeschaut. Alexis-Claude Clairaut hatte 1741 einen heuristisch-genetischen Ansatz vertreten, der vom anschaulichen Spezialfall auf den Allgemeinfall schließt. Allerdings sei Clairauts Ansatz durch die unbegründete Kritik Voltaires unbekannt geblieben, so dass erst 1873 Henry Perigal einen vollständigen anschaulichen Beweis ohne Worte für den Satz des Pythagoras geliefert habe. Damit stünden Clairaut, Schopenhauer und Perigal in der Tradition von Thabit ibn Qurra, der den ersten der bis 1940 knapp 400 bekannten rein anschaulichen Beweise für den Satz des Pythagoras vorgebracht habe.[230]

---

[227] Peter Baptist: Der Satz des Pythagoras – eine qualitas occulta? In: Der Mathematikunterricht 42:3 (1996), S. 22–30, hier: S. 22.
[228] P. Baptist: Der Satz des Pythagoras, S. 23f.
[229] P. Baptist: Der Satz des Pythagoras, S. 25.
[230] P. Baptist: Der Satz des Pythagoras, S. 29.

2.3 Beweis – Elementargeometrie, Syllogistik und anschauliche Beweistheorie

In den 1990er Jahren veröffentlichte Jean-Yves Béziau mehrere Studien zur Logik und Mathematik bei Schopenhauer, die nicht nur durch sein persönliches Interesse an Schopenhauers Philosophie motiviert, sondern auch durch seine Schulzugehörigkeit begünstigt wurden: Heinrich Scholz hat die Diskussion zwischen Wolff und Crusius neu aufgeworfen, ob das Prinzip des zureichenden Grundes überhaupt formalisierbar, ableitbar und damit überhaupt ein Denkgesetz sei.[231] Newton Da Costa hatte die These der Unformalisierbarkeit und Unableitbarkeit des Satzes vom zureichenden Grund durch seinen Modalkalkül C_n mit Formaliserungen wie $\forall p \; \exists q \; \neg(q \rightarrow p) \wedge \Box(p \rightarrow q)$ oder $\forall p \; (p \rightarrow \exists q \; (q \rightarrow \neg(p \rightarrow q) \wedge (q \rightarrow p)))$ widerlegt.[232] Als Schüler Da Coastas wertete Béziau die Formalisierung seines Lehrers ähnlich wie die Vermittlung und Rehabilitierung des Satzes vom zureichenden Grund durch Schopenhauer im 19. Jahrhundert.[233]

Béziau ging aber weiter und interpretierte, Schopenhauer habe die zu Beginn von Kap. 2.3 angesprochene These Árpad Szabós antizipiert. Auch die vielfach in der Literatur wiederholte Interpretation, Schopenhauer habe die Thesen Brouwers vorweggenommen, dürfe nicht überbewertet werden, da Schopenhauer nur eine der vier Wurzeln des Satzes vom zureichenden Grund als intuitionistisch bezeichne und einen Erkenntnisgrund in der Geometrie nicht vollständig ablehne.[234] Es zeige sich allerdings eine Verbindung zwischen Schopenhauer und Wittgenstein bezüglich der Diagramme, auf die ich bereits oben, in Kap. 2.1.4 hingewiesen habe. Dass Anschaulichkeit und nicht allein Logik sich als Basis der Mathematik bewährt, habe sich im 20. Jahrhundert an der Entwicklung der Zermelo-Fraenkel-Mengenlehre gezeigt.[235] Zudem könne man Schopenhauer als Vorläufer der Forschungsrichtung ›universal logic‹ ansehen, da beide das Interesse an logisch-philosophischer Grundlagenforschung, Anschauungsbezogenheit und logischer Prinzipiendifferenzierung teilen würden.[236]

Als Wiederholung einer längst dagewesenen Diskussion kann man auch die Aufsätze und die daraus hervorgegangenen Reaktionen ansehen, die 2003 in den *Mitteilungen der Deutschen Mathematiker-Vereinigung* publiziert wurden. Auch hier war die von Alfred Schreiber benutzte Bezeichnung ›Mausefallenbeweis‹ Anlass für eine über mehrere Hefte sich erstreckende Diskussion, und zwar in ähnlich nebensächlicher Weise wie Gerhardts Bemerkung in der *Zeitschrift für mathematischen und naturwissenschaftlichen Unterricht* der 1880er Jahre.

---

[231] Vgl. Heinrich Scholz: Geschichte der Logik. Berlin 1931, S. 59.
[232] Vgl. Newton da Costa: Logiques classiques et non classiques. Essai sur les fondements de la logique. Paris 1997, S. 107.
[233] Vgl. Jean-Yves Béziau: O princípio de razão suficiente e a lógica segundo Arthur Schopenhauer. In: Século XIX. O Nascimento da Ciência Contemporânea. Hrsg. v. F.R.R. Évora. Campinas 1992, S. 35–39; ders.: On the Formalization of the Principium Rationis Sufficientis. In: Bulletin of the Section of Logic 22:1 (1993), S. 2–3.
[234] Vgl. Jean-Yves Béziau: La Critique Schopenhaurienne de l'Usage de la Logique en Mathématiques. In: O Que Nos Faz Pensar 7 (1993), S. 81–88, hier: S. 85.
[235] Vgl. J.-Y. Béziau: La Critique, S. 87f.
[236] Vgl. J.-Y. Béziau: Metalogic, Schopenhauer and Universal Logic.

2 Die Logik und ihre geometrische Interpretation

Nennenswert an dieser Diskussion ist vor allem, dass Schreiber nach vielen Jahrzehnten wieder darauf aufmerksam gemacht hat, dass sich Schopenhauers Beweis nur auf gleichschenkelige Dreiecke bezieht.[237] Gewinnbringend oder zumindest diskussionswürdig ist zudem Schreibers Feststellung, dass man Schopenhauer in den Kontext der sogenannten »Proofs-without-Words-Bewegung« stellen müsse,[238] die sich seit den 1970er Jahren aus der Proofs-without-Words-Kolumne des *Mathematics Magazine* der Mathematical Association of America formiert habe.[239] Insgesamt zeigt die gesamte Debatte, die sich vor allem in Leserbriefen fortsetzte, keine Kenntnis von vorangegangenen Forschungsständen.

2008 publizierte Jason M. Costanzo eine Darstellung der schopenhauerschen Philosophie der Geometrie, die implizit auch auf die Rationalismus-These von Szabó anspielt, da seiner Meinung nach die griechische Geometrie erst mit Euklid eine Wende zur synthetischen Mathematik genommen habe. Costanzo ist zudem überzeugt, dass Schopenhauers Forderung nach einer analytischen Geometrie und seine Ablehnung der synthetischen Geometrie Euklids vom Sprachgebrauch auf Pappus zurückgehe.[240]

Dale Jacquette verfasste 2012 einen Beitrag zu Schopenhauers Logik und Mathematik, in dem er erklärt, Schopenhauer sei kein vergleichbarer Logiker oder Mathematiker wie Platon, Descartes, Leibniz u.v.a. Dennoch behauptet Jacquette, Schopenhauers Logik und Mathematik sei »an sich interessant«; leider findet man keine Begründung für dieses Urteil.[241] Jacquette spekuliert viel darüber, was Schopenhauer alles hätte an mathematischen Kenntnissen im Studium erwerben können; dabei vergisst er allerdings anzugeben, dass Schopenhauer bspw. bei Thibaut studiert hat, was er genau an geometrischen Schriften gelesen und was Schopenhauer nachweislich alles über Elementargeometrie wusste.

In seinem Logik-Kapitel stützt sich Jacquette allein auf die von mir oben in Kap. 1.3.3 sogenannten ›Beschwichtigungsargumente‹, die, wenn man sie kontextfrei interpretiert, natürlich so aussehen, als ob Schopenhauer kein tieferes Verständnis und Interesse an Logik gehabt hätte. Dass man Euler-Diagramme, eine Unterscheidung von Logik und Dialektik und eine ansatzweise eigenständige Beweistheorie bei Schopenhauer entdecken kann, davon findet man in Jacquettes Überblicksdarstellung kein

---

[237] Vgl. Alfred Schreiber: Vorsicht, Mausefalle!. In: Mitteilungen der DMV 11:1 (2003), S. 58–59, hier S. 58 (dazu Briefe an die Herausgeber von Roger Böttcher u. Martin Lowsky, jeweils 2003). Einen Hinweis auf diesen Aspekt des schopenhauerschen Beweises findet man allerdings auch in Martin Gardner: Sixth Book of Mathematical Games from Scientific American. New York 1975, S. 153f.
[238] Alfred Schreiber: Vorsicht, Mausefalle!, S. 58.
[239] Vgl. Tim Doyle, Lauren Kutler, Robin Miller, Albert Schueller: Proofs Without Words and Beyond – A Brief History of Proofs Without Words. In: Convergence 11 (August 2014).
[240] Vgl. Jason M. Costanzo: The Euclidean Mousetrap. Schopenhauer's Criticism of the Synthetic Method in Geometry. In: Journal of Idealistic Studies 38:3 (2008), S. 209–220.
[241] Vgl. Dale Jacquette: Schopenhauer's Philosophy of Logic and Mathematics. In: A Companion to Schopenhauer. Hrsg. v. Bart Vandenabeele. Hoboken 2012, S. 41–59, hier: S. 43.

2.3 Beweis – Elementargeometrie, Syllogistik und anschauliche Beweistheorie

Wort.[242] Vielmehr versucht er in seinem Geometrie-Kapitel, eine Verknüpfung zwischen der Ideenlehre des Buchs III der WWV I und den geometrischen Figuren in Buch I herzustellen, gibt aber selbst zu verstehen, dass dieser Vergleich irgendwie schief ist.[243]

2014 hat Francesco Saverio Tortoriello in einem Aufsatz über Schopenhauers Geometriedidaktik seine langjährigen Lehrerfahrungen an einer höheren Schule in der Provinz Avellino festgehalten und versucht, jene mit Schopenhauers Philosophie zu verdeutlichen. Er stimme mit Schopenhauer überein, dass die didaktische Basis der Elementargeometrie die Anschauung sei, da die logische Abstraktion erst nach und nach erlernt werden könne.[244] Schopenhauer habe diese Ansicht seiner Zeit auch mit den pädagogischen Ansätzen Herbarts und Trendelenburgs geteilt,[245] und in der Moderne werde diese noch in Piagets geometrischer Entwicklungstheorie und in Van Hieles Theorie der fünf Denkebenen vertreten.[246] Insofern bleibe Schopenhauer aus pädagogischer Sicht ein durchaus aktueller Denker.[247]

Der im Jahre 2020 veröffentlichte Sammelband *Language, Logic, and Mathematics* greift viele der hier vereinzelt besprochenen Thesen wieder auf und könnte als Initialangebot für die Forschung gesehen werden, um Schopenhauers Thesen nicht nur vereinzelt und immer wieder von neuem zu diskutieren, sondern die Argumente systematisch, im Kontext und gezielt aufzuarbeiten.[248]

Eine Zusammenfassung dieser etwa zweihundertjährigen Rezeptionsgeschichte der schopenhauerschen Philosophie der Mathematik erscheint ebenso problematisch wie eine ansatzweise ›objektive‹ Bewertung derselben. Vielmehr sieht man an der Rezeptionsgeschichte selbst, wie abhängig die jeweiligen Beurteilungen und Bewertungen von (1) der Auswahl der schopenhauerschen Texte und der Gewichtung der darin enthaltenen Aussagen, (2) der Disziplin- und Schulzugehörigkeit des Forschers und (3) des wissenschaftlichen Paradigmas sind, in dem die Interpretation vorgenommen wird. Ich möchte nur dies anhand einer kurzen und auf die Kernaussagen fokussierten Zusammenfassung belegen. Eher positive Bewertungen der schopenhauerschen Philosophie der Geometrie werden mit (a), ausgewogene und neutrale Bewertungen mit (b) und negative Urteile mit (c) klassifiziert:

(1) (a) Vor allem Kosack, Becker, Radbruch, Baptist und Béziau beziehen sich auf positive Textstellen zur Mathematik aus dem Frühwerk Schopenhauers, in denen Schopenhauer eine verbesserte oder eigene Elementargeometrie liefert. (b) Klein, Erdmann, Hoffmann und Leonhard beziehen sich ebenso auf Aspekte des Frühwerks, diskutieren aber auch negative Bewertungen der

---

[242] Vgl. D. Jacquette: Schopenhauer's Philosophy of Logic and Mathematics, S. 46ff.
[243] Vgl. D. Jacquette: Schopenhauer's Philosophy of Logic and Mathematics, S. 52f.
[244] Francesco Saverio Tortoriello: Schopenhauer e la didattica della matematica. In: Archimede: Rivista per gli insegnanti e i cultori di matematiche pure e applicate 2 (2014), S. 86–91, hier: S. 86, S. 90f.
[245] Vgl. F. S. Tortoriello: Schopenhauer, S. 90
[246] Vgl. F. S. Tortoriello: Schopenhauer, S. 89.
[247] Vgl. F. S. Tortoriello: Schopenhauer, S. 86.
[248] Eine Zusammenfassung der Ergebnisse findet man in Dieter Birnbacher: Language, Logic, and Mathematics (Rezension). In: Schopenhauer-Jahrbuch 101 (2020), S. 249–257.

2 Die Logik und ihre geometrische Interpretation

Mathematik aus WWV II (1844). (c) Bahnsen und Pringsheim konzentrieren sich vor allem auf die wenigen mathematikkritischen Aussagen aus WWV II (1844), wodurch der Eindruck entsteht, Schopenhauer habe keinen positiven Beitrag zur Philosophie der Geometrie geleistet.

(2) (a) Diesterweg, Kosack, Becker, Hoffmann, Brouwer, Carnap, Reidemeister, Baptist, Béziau und Tortoriello stellen heraus, von Schopenhauer mehr oder weniger stark positiv beeinflusst worden zu sein oder aktuelle Forschungsfragen mit ihm behandeln zu können: Kosack, Becker, Brouwer, Reidemeister vor allem aufgrund ihrer Nähe zu einer intuitionistischen Mathematik; Béziau hauptsächlich aufgrund Schopenhauers Nähe zur universalen Logik; Diesterweg, Baptist und Tortoriello insbesondere aus reformpädagogischen Gründen; Carnap verweist auf Schopenhauer als Ermahnung, dass Logik ohne Empirie sinnlos ist. (b) Eine Abwägung der Vor- und Nachteile in der schopenhauerschen Philosophie der Geometrie kann man sowohl bei Erdmann, Janzen, Radbruch und Schreiber als auch in den Darstellungen der namentlich hier nicht genannten Autoren, die keine explizite Bewertung vorgenommen haben, finden. (c) Abgelehnt wird Schopenhauers Geometrie vor allem von Weierstraß-Anhängern wie Leonard, Pringsheim und Klein, aber auch von Leibnizianern wie Gebhardt.

(3) (a) Während die positive Rezeption der schopenhauerschen Geometrie ihren Höhepunkt in den 1850er Jahren mit Kosack und Becker hatte, (c) setzte eine negative Interpretationswelle mit der *Krise der Anschauung* ab etwa 1880 mit Märtens und Leonhard ein; diese steigerte sich zu einer vernichtenden Kritik durch Pringsheim und Klein um das Jahr 1900. (a) Ausgenommen davon ist allein die mit Brouwer einsetzende intuitionistische Bewegung, deren spezifischer Bezug auf Schopenhauer aber noch nicht genau genug erforscht wurde. (b) Um das Jahr 1950 finden sich mit Reidemeister und Rostand erste vorsichtige Annäherungen an Schopenhauers Philosophie der Geometrie; (a) diese Tendenz hat sich ab den 1990er Jahren mit Radbruch, Baptist und vor allem Béziau verstärkt, ohne dass man aber dadurch schon berechtigt von einer Renaissance der schopenhauerschen Philosophie der Mathematik o.ä. sprechen könnte.

Ich glaube, dass der Interpretationsspielraum überstrapaziert werden müsste, wenn man versuchen wollte, eine Fortsetzung der Argumente von (L) und (K) aus dem Kap. 2.3.2 auf die aktuellen Autoren abzubilden, die besonders unter (2) genannt wurden. Dennoch kann man wohl die Meinung vertreten, dass man sowohl an der Kontinuität einzelner Argumentationsstränge als auch an der regelmäßigen Wiederentdeckung der einzelnen an Schopenhauer diskutierten Themen sehen kann, dass dessen Philosophie der Geometrie nicht nur wissenschaftsgeschichtlich, sondern auch systematisch noch heute von Interesse sein kann.

2.3 Beweis – Elementargeometrie, Syllogistik und anschauliche Beweistheorie

Dieses Interesse wird wohl unter anderem dadurch begünstigt, dass sich nicht einmal ansatzweise ein bis heute bewehrter Konsens über die Beurteilung der mathematischen Lehre Schopenhauers herausgebildet hat. Verständlich dürfte zwar sein, dass eine wortgetreue Nachfolge Schopenhauers wie bei Kosack oder Becker im gegenwärtigen Paradigma nicht mehr möglich erscheint. Dass dies aber als Argument in dem über viele Jahrhunderte währenden Streit zwischen einer visuellen und einer diskursiven Beweistheorie zugunsten der diskursiven angesehen werden kann, ist damit noch nicht entschieden. Undeutlich bzw. strittig bleibt nämlich, inwiefern Schopenhauers Forderung eines ›picture proof‹ zumindest tendenziell in eine richtige Richtung geht. Dass die Frage nach den Grenzen und Möglichkeiten einer auf Anschauung basierenden Beweistheorie nicht nur wissenschaftsgeschichtlich, sondern auch (wissenschafts-)philosophisch und mathematisch relevant ist, haben mehrere aktuelle, zu Beginn von Kap. 2.3 aufgezeigte Positionen illustriert (bspw. Stapelton, Macbeth, Stekeler-Weithofer).

Ich werde in Kap. 2.3.4–2.3.6 dafür argumentieren, dass Schopenhauer in den Berliner Vorlesungen ein mit seiner Philosophie der Geometrie in Verbindung stehendes Argument vorgebracht hat, das als ebenso starker Angriff auf den Rationalismus in der Logik angesehen werden kann, wie es die Argumente des Rationalismus gegen eine nicht-logizistische Beweistheorie in der Geometrie waren. Es mag in den letzten Jahren immer wieder darüber diskutiert worden sein, wie Schopenhauer eine visuelle Beweistheorie in der Geometrie verteidigt hat; die Frage aber, warum er die Gegenposition, nämlich eine rein diskursive Beweistheorie in der Logik und Geometrie, für problematisch erachtet hat, ist meines Wissens bis heute unberücksichtigt geblieben.

2.3.4 Bewertungen der geometrischen Logik von Reimers bis Maaß

Schopenhauers Interesse für Logik, Geometrie und die Verbindung zwischen beiden Bereichen ist kein Sonderfall in der Wissenschaftsgeschichte der Neuzeit. Geht man die Liste der Autoren zur geometrischen Logik durch, die ich in Kap. 2.2.2 und 2.2.3 vorgestellt habe, so findet man, dass die meisten dort genannten sich sowohl mit Logik als auch mit Geometrie oder geometrieaffinen Wissenschaften (Astronomie, Mechanik, Architektur, Optik u.a.) beschäftigt haben.

Wie meine Ausführungen in Kap. 2.3.2 und 2.3.3 gezeigt haben, sind die Einstellungen zu der Frage, in welchem Verhältnis Logik und Geometrie zueinander stehen, sehr unterschiedlich. Lässt man sowohl Extrem- als auch Vermittlungspositionen außer Acht, so kann man die bislang dargestellte Geschichte in zwei Gruppen zusammenfassen: Während die eine Gruppe versucht hat, die eher rationalistischen und logizistischen Tendenzen Euklids zu betonen und die Geometrie auf die Logik zurückzuführen, hat die andere Gruppe eher den visuellen Aspekt der Geometrie betont und die Anschaulichkeit geometrischer Sätze zu stärken versucht. Die Einstellung zur Geometrie schlägt sich auch in der Bewertung geometrischer Figuren und logischer Diagramme nieder. Vereinfacht und anhand extremerer Positionen überspitzt gesagt: Für Rationalisten sind geometrische Diagramme höchstens didaktische Hilfsmittel, während die Mitglieder der anderen Gruppe einen Beweis geometrischer Sätze allein auf der Grundlage eines empirisch vorhandenen oder imaginierten Diagramms akzeptieren.

Wenn es nun viele Autoren in der Wissenschaftsgeschichte gab, die sich sowohl mit Geometrie als auch mit geometrischer Logik beschäftigt haben, und wenn Geometer sich gewöhnlich zwischen einer rationalistischen und einer anschauungsbezogenen Interpretation ihrer Disziplin entscheiden müssen, dann stellt sich die Frage, welche Einstellung geometrische Logiker in der Regel zu dieser Entscheidungsfrage besitzen und vor allem, welchen Stellenwert sie geometrischen Diagrammen in der Logik zukommen lassen.

Wie schwierig eine rein interpretative Beantwortung dieser Frage ist, lässt sich beispielsweise mit Blick auf Teile der Leibnizforschung verdeutlichen: Wie in Kap. 2.3.1 dargestellt, vertreten im 18. Jahrhundert besonders leibnizianische Geometer die rationalistischen Thesen (L1), logische Prinzipien bilden die Basis für die logische Deduktion und die Beweistheorie, und (L2), geometrische Diagramme seien nur eine didaktische Krücke, um eine rein logische Geometrie zu erlernen. (L1) und (L2) werden schließlich durch die Stützung (L3) begründet, die besagt, dass Diagramme und Figuren der Semantik geometrischer Begriffe und Urteile nicht gerecht werden können. Mit Hinweis auf die leibniz-wolffsche Schule kann man wohl eine Rechtfertigung beanspruchen, wenn man behauptet, dass auch Leibniz selbst anschauungsbezogene Beweisverfahren geringgeschätzt haben muss.[249] Im Widerspruch dazu und damit allgemein problematisch erscheinen meiner Meinung nach Interpretationsansätze, die versuchen, das leibnizsche Autarkiekriterium von der Arithmetik und Zahlentheorie auf die geometrische Logik zu übertragen, um damit eine Erklärung zu geben, warum Leibniz Logikdiagramme verwendet hat und dass er Liniendiagramme besser bewertet haben muss als logische Kreisdiagramme.[250]

Um derartigen Interpretationsproblemen und meinen damit verbundenen Bedenken vorzubeugen, habe ich mich dazu entschieden, die in Kap. 2.2.3 dargestellten Texte der geometrischen Logiker daraufhin zu untersuchen, ob und inwiefern ihre Autoren selbst über die Anwendung geometrischer Diagramme nachdenken. Da selbstverständlich nicht alle geometrischen Logiker ihr Tun reflektieren und bewerten, beschränkt sich die im Folgenden stattfindende Untersuchung auf die Aussagen von Reimers, Weigel, Ploucquet, Lambert, Euler und Maaß sowie deren Analyse.

---

[249] Ein klassischer Beleg dafür, dass (L2) und (L3) in den leibnizschen Schriften vertreten wird, findet sich in *Nouveaux Essais* IV 1, § 9.
[250] Die zuletzt genannten Thesen vertreten bspw. Francesco Bellucci, Amirouche Moktefi, Ahti-Veikko Pietarinen: Diagrammatic Autarchy. Linear Diagrams in the 17th and 18th Centuries. In: Diagrams, Logic and Cognition. Hrsg. v. J. Burton, L. Choudhury. CEUR Workshop Proceedings 1132 (2013), S. 23–30.

2.3 Beweis – Elementargeometrie, Syllogistik und anschauliche Beweistheorie

In Kap. 2.2.1–2.2.3 habe ich mehrere Gründe für die Thesen vorgebracht, dass es einerseits zwar sinnvoll ist, sich die Vorgeschichte analytischer Diagramme in der Antike und im Mittelalter zu vergegenwärtigen, aber dass man andererseits gut daran tut, erst mit Vives und Reimers die eigentliche Geschichte analytischer Diagramme beginnen zu lassen. Zwei zentrale Gründe lassen sich hier noch einmal kurz zusammenfassen: Die ersten nachweislich durch einen Schriftsteller autorisierten Diagramme, die zur Darstellung der Logik verwendet wurden, findet man bei Vives; da dieser die in Kap. 2.2.3 besprochenen Dreiecksdiagramme aber in selbstverständlicher Weise und ohne große Erklärung heranzieht, kann man mutmaßen, dass er seine für uns herausragende geschichtliche Stellung selbst nicht wahrgenommen hat, weil analytische Diagramme zu seiner Zeit bereits etabliert waren.

Aufgrund dieser Selbstverständlichkeit (bei Vives) finden wir auch erst bei Reimers eine erste, wenn auch noch sehr verhaltene Reflexion, die einen vorsichtigen Rückschluss auf seine Bewertung logischer Diagramme zulässt. Nachdem Reimers in seinen *Metamorphosis Logicae* mehrere Beispiele für Syllogismen angeführt hatte, kommt er auf die Frage zu sprechen, was denn die Ursache der Syllogismen sei (»De caussa [!] syllogismi«).[251] In seiner Antwort betont er, dass die Ableitung vom In- bzw. Enthaltensein eines Ganzen in einem anderen Ganzen abhänge, was man auch als ›dictum de omni et nullo‹ bezeichne (»id quod Philosophi τὸ ὅλον ἐν τῷ ἑτέρῳ ὅλῳ, id est, Totum in Toto (vulgo inesse, item Dici de omni et Dici de nullo)«).[252]

Wie in Kap. 2.3 angegeben, orientiert sich Reimers im Folgenden an dem logischen Vokabular des Enthaltenseins und Nichtenthaltenseins (»Vocabula Logica, Inesse, &, non inesse«), das Ursache oder Grund (»caussa ac ratio«) der Notwendigkeit der Syllogismen sei. Dies demonstriert er zunächst an affirmativen Syllogismen, die auf dem Ausdruck des Enthaltenseins sowie auf dem dictum de omni aufbauen; dann untersucht er negative Syllogismen, die sich das Nichtenthaltensein sowie das dictum de nullo zunutze machen. Beide Arten von Syllogismen werden jeweils eigenständig in einem Kapitel abgehandelt. Diese Kapitel sind ähnlich aufgebaut: Sie besitzen jeweils ein Unterkapitel zum Prinzip der inneren Einsicht (»Principium per intellectum internum«), in dem die Ausdrucksweise an einem oder mehreren Diagrammen illustriert wird, und dann ein Unterkapitel, das die Erfahrung durch den äußeren Sinn (»Experimentum per sensum externum«) abhandelt. Beide Unterkapitel bieten ein idealistisches und eine realistisches Kriterium für syllogistische Beweise.[253]

Das jeweils zweite Unterkapitel deutet an, warum Reimers nicht nur von Grund (ratio), sondern auch von Ursache (caussa) der Syllogismen spricht: Mag die Begründung sprachlicher Natur sein, so ist der Beweis derselben doch die evidente Erfahrung aus der Anschauung (»dilucidum atque perspicuum Experimentum [...] ex inspectione«).[254] Denn bspw. der affirmative Syllogismus beruhe auf derselben Struktur des

---

[251] Nicolaus Raymarvs Vrsvs Dithmarsivs: Metamorphosis Logicae, S. 29.
[252] N. Reimarus Ursus: Metamorphosis Logicae, S. 29.
[253] Vgl. N. Reimarus Ursus: Metamorphosis Logicae, S. 2.
[254] N. Reimarus Ursus: Metamorphosis Logicae, S. 32.

Enthaltenseins wie man sie in der Natur finde: Das Eidotter ist im Eiweiß enthalten und das Eiweiß wiederum in der Eierschale, so dass auch das Eidotter in der Eierschale enthalten ist (»in eo namque intimus vi tell us inest intermedio albumini: ipsumque albumen inest extrema putamini: Ergo et ipse vitellus necessario inerit putamini, intimum puta extrema«).[255] Für den negativen Syllogismus konstruiert Reimers ein ähnliches Beispiel mit der Pupille des rechten Auges, die nicht im linken Auge enthalten ist.[256]

Im Anschluss an diese Unterkapitel reflektiert Reimers jeweils die Bedeutung des Enthaltenseins und Nichtenthaltenseins für die Beweisführung des Syllogismus, und am Ende der Reflexion zu den negativen Syllogismen gibt Reimers ein Gesamtfazit. In diesem betont er, dass jegliche Beweisführung auf dem dictum de omni et nullo bzw. auf der Bedeutung des Enthalten- und Nichtenthaltenseins beruhe. Alle Beweise werden durch die soeben vorgebrachten Beweise mittels des Enthalten- und Nichtenthaltenseins konstruiert. Zu Recht sei dies bereits von Aristoteles angezeigt worden, der in diesem Zusammenhang vom »Weshalb der Mathematiker« sprach (»Ideoque recte a summo Philosopho dictum est τὸ δί ὅτι τῶν μαθηματικῶν«).[257] Damit schlägt Reimers die Brücke zwischen Eulers logischen Prinzipien des Enthaltenseins und dem aristotelischen dictum de omni et nullo.[258]

Wie ich bereits darlegte, ist die Reflexion auf den Wert der Diagramme hier noch sehr verhalten. Reimers erklärt in den Unterkapiteln, in denen er die Diagramme verwendet, nicht, warum er dies tut. Dennoch kann man bereits aus dem bislang Dargestellten herauslesen, dass seiner Meinung nach Diagramme das natürliche Prinzip des durch die Sinne grundgelegten (Nicht-)Enthaltenseins illustrieren (ebenso wie das Ei- und das Pupillenbeispiel), auf das sich der syllogistische Beweis letztendlich beziehen muss, wenn er nicht in einen unendlichen Regress immer wieder begründungsbedürftiger Prinzipien geraten will. Reimers sagt dies zumindest explizit, nachdem er das erste Diagramm zum Beweis positiver Syllogismen verwendet hat:

Siquidem ipsa principia [sc. inesse et non-inesse], cum omnibus sana ratione praeditis hominibus per se aeque nota sint, nunquam Demonstrantur per alia principia (sic enim ipsa principia non essent principia, et Demonstratio in infinitum vagaretur) sed per sensus [...].[259]	Da dies ja die Prinzipien selbst sind [sc. das Enthaltensein und Nichtenthaltensein], die allen Menschen mit gesundem Verstand durch sich selbst gleich bekannt sind, werden sie niemals durch andere Prinzipien bewiesen (denn dann wären die Prinzipien nicht selbst Prinzipien und der Beweis würde ins

---

[255] N. Reimarus Ursus: Metamorphosis Logicae, S. 32.
[256] Vgl. N. Reimarus Ursus: Metamorphosis Logicae, S. 36.
[257] N. Reimarus Ursus: Metamorphosis Logicae, S. 37.
[258] Siehe oben, Kap. 2.2.2.
[259] N. Reimarus Ursus: Metamorphosis Logicae, S. 32.

2.3 Beweis – Elementargeometrie, Syllogistik und anschauliche Beweistheorie

Unendliche fortschreiten), sondern durch die Sinne [...].

Reimers deutet hier bereits das skeptisch-empiristische Argument an, das ich zu Beginn des Kap. 2.3 anhand von Sextus, Bacon, Locke, Mill u.a. verdeutlicht habe: Würde man grundlegende logische Prinzipien wie das des (Nicht-)Enthaltenseins wieder auf andere logische Prinzipien zurückführen, würde man in einen endlosen Regress geraten. Die genannten Prinzipien seien aber durch sich selbst gleich bekannt (per se aeque nota sint), so dass es nicht nötig sei, sie weiter logisch zu rechtfertigen. Im Gegenteil, sie werden durch die Sinne direkt einsichtig (Demonstrantur ... per sensus), wie Reimers wiederum aus realistischer Sicht an dem Eier- und dem Pupillenbeispiel verdeutlicht.

Reimers reflektiert nur im Titel seiner Schrift explizit diese anschauliche Methode: Seine Metamorphose der Logik habe es sich zur Aufgabe gesetzt, alles Unnötige seiner Vorgänger wegzulassen und stattdessen eine Demonstration der notwendigen Syllogismen zu etablieren, die »solide, am evidentesten und augenfällig« ist (»Cum solida, evidentissima, atque oculari demonstratione Syllogismorum necessario concludentium«).[260] Diese Demonstration sei, wie das Motto der Schrift nahelegt, das »Weshalb der Mathematiker« (»Aristoteles post. Anal. 1. cap. 7. τὸ δί ὅτι τῶν μαθηματικῶν«), das er später auch bei den Diagrammen anführt.[261] Damit wird nicht allein implizit durch den Kontext, in dem die Diagramme verwendet werden, sondern auch explizit durch den Autor darauf verwiesen, dass die verwendete Methode aufgrund ihrer Anschaulichkeit eine sichere, klarere und somit verbesserte Form der Logik im Vergleich zur herkömmlichen Beweistheorie sei.

Ähnlich wie Reimers orientiert sich auch Weigel an dem logischen Vokabular bei der Reflexion seiner Diagramme. Obwohl er die analytischen Diagramme, die er selbst ›Logometrum‹ nannte, erst 1693 publizierte, geht aus Berichten von Sturm und Leibniz hervor, dass er diese bereits in den frühen 1660er Jahren entweder in seinem Unterricht oder in persönlichen Unterhaltungen seinen Schülern gelehrt hat.[262] Im Jahr 1669 berichtete Weigel in seinem Buch *Idea Matheseos universae* über seine Erfindung des Logometrums und erklärte dabei den Zweck und den Wert dieser Erfindung um Längen ausführlicher als Reimers:

§ 17. Factum hinc est, ut veteres Mathematici quantorum abstractam rationem non abstracte, nec, ut directa methodus exigit, catholicis propositionibus, &	§ 17. Und von hier aus erklärt sich, dass die alten Mathematiker das abstrakte Verhältnis der quantitativen Größen nicht auf abstrakte Weise und auch

---
[260] N. Reimarus Ursus: Metamorphosis Logicae, Titelblatt.
[261] N. Reimarus Ursus: Metamorphosis Logicae, Titelblatt. Reimers bezieht sich hier wohl auf Anal. post. 79a3.
[262] Vgl. bspw. G.W. Leibniz: Essais de théodicée sur la bonté de Dieu, la liberté de l'homme et l'origine du mal. Amsterdam 1714, Tom. I, S. 390f. (= § 212).

quae sunt kath auto; sed quasi concrete tantum, indirecta methodo, per lineas & figuras, *tanquam per clariorem speciem doctrinae gratia tradiderint*, quod ex Euclidis libro tum secundo, tum quinto, nemo non agnoscit.

§ 18. Data mihi hinc est occasio cogitandi, *annon ad alia quaedam generaliora facilius tradenda* similiter adhiberi possint lineae vel figurae: Et illico vim earum in ipsis logicis Syllagisationibus alioquin abstractissmis expertus sum.[263]

nicht, wie es die direkte Methode erfordert, in allgemeingültigen und durch sich selbst gewissen Sätzen lehrten, sondern bloß auf eine gleichsam konkrete Weise, nach einer indirekten Methode, nämlich durch Linien und Figuren, gleichsam *um einer klareren Form der Lehre willen*; dieses Verfahren wird von jedem anerkannt, im Einklang mit dem zweiten und auch fünften Buch von Euklids Elementen.

§ 18. Von daher ist mir die günstige Gelegenheit zuteil geworden, darüber nachzudenken, *ob sich zum Zwecke einer leichteren Darlegung* gewisser anderer allgemeinerer Zusammenhänge nicht in ähnlicher Weise Linien oder Figuren heranziehen lassen; und sofort habe ich deren Kraft gerade bei denjenigen Syllogisierungen geprüft, die anderenfalls sehr abstrakt sind.

Weigel beschreibt in dem Übergang von § 17 zu § 18 des Zitats die Anwendung der anschaulichen Geometrie auf die Logik. Bemerkenswert ist, dass Weigel in § 17 eine scheinbar klar anschauungsbezogene Position vertritt, die aus seiner Interpretation der anti-rationalistischen Geometer der Antike erwachsen ist. Die alten Mathematiker hätten schließlich keine abstrakte und direkte Methode verwendet, die aus Axiomen folgert, sondern eine konkrete und indirekte Methode angewandt, die sich anschaulicher Linien und Figuren bediene. Wie bei Reimers, sieht man also auch bei Weigel eine Interpretation der Logik aus dem Geiste der Mathematik.

Die Anspielung auf die alten Mathematiker sowie auf Euklids zweites und fünftes Buch der *Elemente* bleibt für mich rätselhaft, und auch der Kontext liefert meiner Meinung nach nicht mehr Informationen: Der Hinweis auf das fünfte Buch deutet auf Eudoxos hin; Weigels oftmals wiederholtes Bekenntnis zu Pythagoras verweist hingegen auf noch ältere Geometer. Warum ausgerechnet das zweite und fünfte Buch der *Elemente* in Einklang mit der zuvor genannten anschauungsbezogenen Position stehen soll, bleibt mir ein Rätsel.

Wer auch immer die alten Mathematiker waren, die Weigel im Blick hatte, sie haben doch eine konkrete und indirekte Geometrie verwendet, da sie auf eine klarere

---

[263] Erhardus VVeigelus: Idea Matheseos universæ, S. 46. [Hervorhebungen von mir – J.L.]

2.3 Beweis – Elementargeometrie, Syllogistik und anschauliche Beweistheorie

Form der Lehre abzielten (tanquam per clariorem speciem doctrinae gratia tradiderint). Wie in § 18 beschrieben, hat Weigel versucht – angeregt durch die alten Geometer –, die konkrete und indirekte Form der Lehre mittels Linien und Figuren auf andere Teilgebiete außerhalb der Geometrie anzuwenden, um dort ebenfalls den Zweck einer leichteren Überlieferung zu erreichen (annon ad alia quaedam generaliora facilius tradenda). Diese Absicht habe sich besonders bei der an sich sehr abstrakten Lehre der Syllogismen ausgezahlt. Und Weigel gibt auch eine längere Erklärung (anknüpfend an das zuvor angeführte Zitat), warum die konkret-visuelle Methode auf die Logik angewandt werden könne:

Cum enim coincidentiam & distantiam linearum figurarumve cum Identitate & diversitate Metaphysica similitudinem arctissimam habere deprehenderim, adeó quidem ut Identitas speciem Coincidentae (nempe praedicativam) & diversitas distantiae speciem simile, prae se ferre videatur, in quo utroque vis ac potestas universiae Syllogisationis juxta *dictum de omni & nullo* sita est; agnovi tandem, non gratis Aristotelem in Syllogismis tradendis usum esse vocibus Geomtrarum, (πέρας, σύνδεσμος, σχῆμα) sed omnes Syllogismorum modos per schemata figurasque geometricas *multo facilius discerni*, quam per *Barbara, Celarent*, multoque *succinctius demonstrari* (vulgo reduci) posse, quam per τò *Phoebifer axis obit terras athramque quotannis*:

adeó quidem ut, vera sit an falsa syllogisandi forma per nudam coincidentiam vel discoincidentiam sive distantiam figuralem ipsarum saltem literarum initialium cujusque termini (non enim opus est ut sint circuli vel Triangula) *veluti palpando statim deprehendere liceat*, [...].[264]

Da ich nämlich gefunden habe, dass die Koinzidenz & die Distanz der Linien oder Figuren die stärkste Ähnlichkeit mit der metaphysischen Identität & Diversität hat, [und] zwar so sehr, dass die Identität die Gestalt des Zusammenfallens (nämlich von Subjekt und Prädikat) und die Diversität entsprechend die Gestalt des Abstands vor sich herzutreiben scheint; in den beiden Zuordnungen besteht, eng zusammen mit dem *dictum de omni et nullo,* die Kraft und Fähigkeit des gesamten Schlussverfahrens.

Ich habe schließlich erkannt, dass Aristoteles nicht umsonst in den überlieferten Syllogismen die Fachausdrücke der Geometer benutzt hat (Grenze, Verbindung, Schema), aber auch dass alle Modi der Syllogismen durch die geometrischen Schemata und Figuren *viel einfacher* als durch *Barbara, Celarent gelernt und viel kürzer demonstriert* (bzw. reduziert) werden können als durch das *Phoebifer axis obit terras aethramque quotannis:*

und zwar so sehr – mag es sich um eine korrekte oder falsche Form des Schlussverfahrens handeln –, dass es

---

[264] Erhard VVeigelus: Idea Matheseos universæ, II S. 46.

hierdurch möglich wird, sie [sc. die erwähnten Modi der Syllogismen] durch das bloße Zusammenfallen oder Nichtzusammenfallen, d.h. durch den figürlichen Abstand zumindest der Anfangsbuchstaben selbst und ihrer Grenze (es ist nämlich nicht nötig, dass es sich um Kreise oder Dreiecke handelt), *wie im Handumdrehen augenblicklich herauszufinden* [...].

Weigel spricht zu Beginn des Zitats von einer Analogie (similitudinem arctissimam) zwischen der Geometrie und der logischen Metaphysik: So wie bspw. Kreise sich überschneiden oder nicht überschneiden können, so können auch Subjekt und Prädikat im Urteil eine Identität oder Diversität aufweisen. Aufgrund dieser Analogie ist es möglich, Urteile durch Diagramme darzustellen, und zwar so, dass die logische Identität durch die diagrammatische Schnittfläche, die logische Diversität durch die Differenz in Diagrammen abgebildet wird. Die Analogie zwischen den geometrischen Diagrammen und der metaphysischen Logik der Begriffe werde durch das *dictum de omni et nullo* verbürgt, das Logik und Geometrie miteinander verbinde.

Eine Erklärung, warum das *dictum de omni et nullo* geometrisches und logisches Denken miteinander verbinde, findet sich im folgenden Absatz des Zitats: Aristoteles, auf den unsere abendländische Geschichte der Philosophie zurückgehe, habe von den Geometern das Fachvokabular übernommen und zentral zur Erklärung seiner deduktiv-logischen Schlusslehre verwendet. Akzeptiere man aristotelische Ausdrücke wie Grenze, Verbindung, Schema, Figuren u.a. nicht als Hintergrundmetaphorik, sondern übersetze man sie zurück in die Anschauung, so stelle sich ein Vorteil gegenüber der scholastischen Mnemotechnik ein: Diagramme lassen sich auf diese Weise leichter und viel einfacher lernen als durch die scholastischen Kunstwörter (Barbara, Celarent,...), und die Gültigkeit von Schlüssen kann schneller bewiesen werden als mit scholastischen apagogischen Beweisen (Phoebifer axis...). Beide Aspekte, die Einfachheit und die Schnelligkeit, fasst Weigel im letzten Satz des Zitats mit den metaphorischen Wendungen ›im Handumdrehen‹ und ›im Augenblick‹ zusammen.

Der letzte Absatz des Zitats weist bereits auf Weigels einzigartige Erfindung hin, das sogenannte Logometrum: Zum Beweis bedarf es noch nicht einmal geometrischer Figuren, die mit Variablen oder Konstanten versehen werden, sondern die Variablen oder Konstanten können selbst so geschrieben werden, dass sie einander schneiden oder nicht schneiden. Ähnlich wie bei planimetrischen Diagrammen kommt es dabei, wie Weigel selbst andeutet, auf die gezogene Grenze der Figuren an.

Weigels logischer Ansatz zeigt sich somit stark inspiriert von der in § 17 dargestellten anschauungsbezogenen Position der Geometrie. Die Anschaulichkeit der

2.3 Beweis – Elementargeometrie, Syllogistik und anschauliche Beweistheorie

Geometrie bewirkt die Erfindung einer logischen Form, die benutzt werden kann, um an Aristoteles anzuknüpfen, und die die Scholastik überwinden soll. Die durch das Logometrum selbst dargestellte Form führt schließlich zu einem Verschwimmen zwischen dem visuellen und diskursiven Denken, da die Variablen oder Konstanten selbst als Bilder und geometrische Formen fungieren können.

Ein weiteres Beispiel für die Bewertung geometrischer Diagramme in der Logik findet man im sogenannten goldenen Zeitalter logischer Diagramme. In dem bereits in Kap. 2.2.3 besprochenen Streit zwischen Lambert und Ploucquet um die Erfindung eines Kalküls *more geometrico* hat Georg Jonathan von Holland in seiner *Abhandlung über die Mathematik, die allgemeine Zeichenkunst und die Verschiedenheit der Rechnungsarten* klar Position für Ploucquet bezogen: Ploucquet habe nicht nur als erster einen Kalkül aufgestellt, sondern auch eine verbesserte algebraische Variante benutzt, da Lambert bei seinen Liniendiagrammen Subordination mit Extension verwechselt habe – das Argument hatte bekanntlich Maaß ähnlich aufgegriffen.[265]

Lambert hat es sich allerdings nicht nehmen lassen, Hollands Kritik an seinem Kalkül ins Positive zu wenden und mehrere Aspekte aus dem Werk als Vorzüge seiner diagrammatischen Methode darzustellen:

> Des Herrn [Georg Jonathan von] Hollands Abhandlung [*Über die Mathematik*, 1764] habe ich hierauf, und mit vielem Vergnügen durchgelesen. [...] Besonders vergnügte mich die auf der 28sten Seite befindliche kurze Anmerkung, welche ungefähr sagen will: man könne nur in der Geometrie zu einer völligen Gewisheit gelangen, aber es sey dieselbe der allgemeinen Sage nach den meisten Menschen zu schwer, und unter den Wissenschaften die schwerste; und hieraus könne man den Schluß machen, wie sehr man sich den andern Wissenschaften mit dem Schein der Wahrheit und leeren Worten begnüge. In der That sieht man dieses besonders an solchen Metaphysikern, welche die Geometrie nach den Begriffen ihrer Metaphysik einrichten wollen. Man hat da noch *Mittel, die Ungereimtheiten zu entdecken, weil die Geometrie die Fehlschlüsse bald verräth*.[266]

Lambert spielt in diesem Zitat auf mehrere Aspekte aus Hollands Werk an, die er positiv als eigene Vorzüge darstellt. Auf S. 27f. hatte Holland tatsächlich erklärt, dass die Messkunst am sichersten sei, da ihre Formen aus der idealistischen Welt selbst hervorgebracht worden seien, aber dass sie auch als die schwerste aller Wissenschaften gelte. Dies sei ein Hinweis darauf, dass man sich woanders nur »mit dem Schein

---

[265] Vgl. Georg Jonathan Holland: *Abhandlung über die Mathematik, die allgemeine Zeichenkunst und die Verschiedenheit der Rechnungsarten. Nebst einem Anhang, worinnen die von Hrn. Prof. Ploucquet erfundene logikalische Rechnung gegen die Leipziger neue Zeitungen erläutert und mit Hrn. Prof. Lamberts Methode verglichen wird.* Tübingen 1764, S. 67. Zu Maaß siehe oben, Kap. 2.2.3 u. ferner Kap. 2.2.5f.
[266] J. H. Lambert: Neue Zeitung von gelehrten Sachen 1765:1 (3. Januar). In: August Friedrich Bök (Hrsg.): Sammlung der Schriften, S. 149–156, hier: S. 150. (Hervorhebungen von mir – J.L.)

2 Die Logik und ihre geometrische Interpretation

der Wahrheit und leeren Worten zu begnügen pflege«.[267] Im Unterschied zu Lambert benutzt Holland diese Ausführungen aber eher, um die Vorzüge einer allgemeinen Charakteristik aufzuzeigen, als deren historisches Ende er Ploucquets algebraischen Kalkül sieht.

Die Vorzüge, die Holland an Ploucquets algebraischen Kalkül ausmacht, münzt Lambert aber auf seine geometrische Methode um und legt Holland das quasi-Zitat über die Metaphysiker in den Mund, das in der *Abhandlung über die Mathematik* ganz allgemein auf alle Wissenschaften bezogen war, die nicht mathematische Gewissheit beanspruchen können. Holland zufolge sei es Ploucquet gelungen, dem »Verstand durch eine leichte Berechnung, in welcher er seine Fehler mit einem einzigen Blick übersehen kann, zu leiten«.[268] Ähnlich liest sich zuletzt auch der abschließende Satz des oben angegebenen Lambert-Zitats: Die Geometrie sei ein Mittel in der Logik, Fehlschlüsse sichtbar zu machen.

Ploucquet reagierte auf Lambert, indem er seine Erfindung genauer datierte und die von Holland herausgearbeiteten Vorzüge auf sein Kalkül anwandte:

Im Jahr 1758 kame ich auf den Gedanken die Schlüsse zu zeichnen, und in Figuren vorzustellen, um dieselbe auf eine anschauende Erkenntniß dergestalten zu bringen, daß der *ganze Schluß mit einem Blik*, ohne an Folgen zu gedenken, *übersehen*, mithin *aller Zweifel wider die Untrüglichkeit der Schlüsse gänzlich aufgehoben werde*. Wenn z. Ex. alles M ein P. und alles S ein M ist: so ist, wenn man das Prädikat in einem bejahenden Saz als einen Theil von dem Begrif des Subjekts betrachtet, das P in M und das M in S enthalten. Folglich kann die Construction diese seyn:

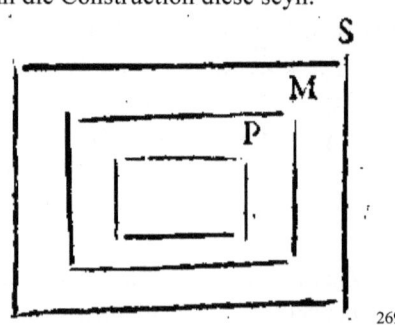

[269]

Alle drei Zitate (Holland, Lambert, Ploucquet) ähneln sich darin, dass sie die analytischen Diagramme als ein Mittel ansehen, um Schlüsse einfacher darzustellen,

---

[267] Georg Jonathan Holland: Abhandlung über die Mathematik, S. 28.
[268] G. J. Holland: Abhandlung über die Mathematik, S. 65.
[269] Gottfried Ploucquet: Untersuchung und Abänderung der logikalischen Constructionen des Hrn. Prof. Lambert. In: Bŏk (Hrsg.): *Sammlung der Schriften*, S. 157–202, hier: S. 157. (Hervorhebungen von mir – J.L.)

2.3 Beweis – Elementargeometrie, Syllogistik und anschauliche Beweistheorie

Fehlschlüsse leichter zu vermeiden oder schneller zu erkennen. Zwar kann man Lamberts Kritik an den Fehlschlüssen der Metaphysiker als Kritik eines Sensualisten, Empiristen oder Repräsentationalisten lesen, doch scheinen alle drei genannten Autoren weniger als bspw. Weigel oder Schopenhauer durch eine bestimmte Einstellung zur Geometrie motiviert worden zu sein. Hinweise darauf, dass die geometrische Logik eine gewisse scholastische oder rein diskursive Technik verdrängen würde, habe ich in den Schriften Hollands, Lamberts und Ploucquets nicht finden können.

Euler war hingegen eindeutig Sensualist und Anti-Rationalist. Die Abhandlungen gegen den Idealismus, gegen das metaphysische Monadensystem und auch über die räumliche Ausdehnung im zweiten Band seiner *Lettres à une princesse d'Allemagne* zeigen dies an derart vielen Stellen, dass ich hier keine einzelnen Beispiele herausgreifen möchte.[270] Auch bezüglich seiner Sprachphilosophie und Logik knüpft Euler zunächst an die empiristische Begriffstradition an: Ideen und Begriffe werden aus sinnlichen Impressionen abstrahiert und bilden die Grundlage aller Urteile und Schlüsse.[271] Euler baut somit seine Logik sensualistisch und kompositionalistisch auf: Jeder Mensch nimmt Gegenstände durch die Sinne wahr, abstrahiert Eigenschaften von ihnen und bildet daraus eigenständige Ideen und Begriffe.

In der Abstraktionstheorie zeigen sich nur wenige Unterschiede zu Schopenhauers Sprachtheorie: Bei Euler scheint es stellenweise so zu sein, dass jedes menschliche Individuum diesen Abstraktionsprozess von den Sinnen zu den Begriffen durchläuft, obwohl Euler explizit mehrere Argumente gegen eine Privatsprache anführt.[272] Zumindest in Schopenhauers großer Logik erfolgt die Abstraktion eher im Gattungsprozess, so dass jedes Individuum einer neuen Generation die durch den Gattungsprozess entstandene Sprache kontextuell und aus dem Gebrauch erlernt und versteht.[273] Besonders im Vergleich zum naiven Repräsentationalismus wird deutlich, wodurch sich Schopenhauers und Eulers semantischer Repräsentationalismus abgrenzen: Während die naive Abstraktionstheorie eine Intimität und Privatheit zwischen der anschaulichen Welt und dem abstrahierenden Individuum voraussetzt, verlegt der nichtnaive Repräsentationalismus diese Privatsprache in eine nicht mehr reflektierbare Vorzeit, die den Beginn einer phylogenetischen Natur-, und damit auch sozialen Kulturgeschichte der Sprachentwicklung markiert.[274] Euler teilt auch Schopenhauers Nominalismus in Hinblick auf die Bedeutung von Eigennamen: Mag der Name ›Alexander der Große‹ bislang nur einem Individuum zukommen, so gibt es dennoch

---

[270] Vgl. dazu Eberhard Knobloch: Leonhard Euler als Theoretiker. In: Mathesis & Graphe. Leonhard Euler und die Entfaltung der Wissensysteme. Hrsg. v. Wladimir Velminski, Horst Bredekamp. Berlin: Akademie, 2010, S. 19–36.
[271] Vgl. Leonhard Euler: Lettres à une princesse d'Allemagne, Bd. 2, S. 86ff. (= L. C). = Leonhard Euler: Briefe, Bd. 2, S. 78ff. (Br. 100).
[272] Vgl. Leonhard Euler: Lettres à une princesse d'Allemagne, Bd. 2, S. 90f. (= L. CI). = Leonhard Euler: Briefe, Bd. 2, S. 83f. (Br. 101).
[273] Siehe oben, Kap. 2.1.5.
[274] Siehe unten, Kap. 3.

unzählige ›Alexanders‹, denen ebenso die Eigenschaft ›groß sein zu können‹ zukommen kann.²⁷⁵

Eulers Nominalismus ist der Ausgangspunkt, um kategorische Urteile mit Quantoren wie Alle, Einige, Kein, Einige ... nicht zu bilden. Alle grundlegenden Arten von Urteilen können somit mit Kreisdiagrammen dargestellt werden und haben laut Euler eine stark vereinfachende Funktion:

Ces figures rondes, ou plûtôt ces espaces (car il n'importe quelle figure nous leur donnions), *sont très propres à nous faciliter nos réflexions sur cette matière,* & à nous découvrir tous les mysteres dont on se vante dans la Logique, & qu'on y démontre avec bien de la peine, pendant que par le moïen de ces signes *tout saute d'abord aux yeux.* On emploie donc des espaces formés à plaisir, pour représenter chaque notion générale, & on marque le sujet d'une proposition par un espace contenant *A,* & le prédicat par un autre espace qui contient *B.* La nature de la proposition même porte toujours, ou que l'espace *A* se trouve tout entier dans l'espace *B,* ou qu'il ne s'y trouve qu'en partie, ou qu'une partie au moins est hors de l'espace *B,* ou ensin que l'espace *A* tout entier est hors de *B.*²⁷⁶	Diese Zirkel (oder was wir sonst für Figuren dazu nehmen wollen; denn das ist gleichgültig) *sind sehr geschickt, unsre Betrachtungen über diese Materie zu erleichtern* und uns alle die Geheimnisse zu entdecken, womit man sich in der Logik rühmet. Man beweiset sie dort mit vieler Mühe, da sie hingegen durch den Gebrauch dieser Zeichen *von selbst in die Augen fallen.* Jeder allgemeine Begriff kann durch eine solche Figur vorgestellt werden; das Subjekt eines Satzes bezeichnet man durch einen Raum, der *A* enthält, das Prädikat desselben durch einen Raum, der *B* in sich schließt. Die Natur des Satzes selbst bringt es mit sich, ob der Raum *A* ganz in den Raum von *B* fallen oder nur zum Theil darinn fallen soll; ob wenigstens ein Theil außer dem Raum von *B* liegen oder auch das ganze *A* sich außer *B* befinden soll.²⁷⁷

Obwohl Euler für seine logischen Kreisdiagramme bekannt ist und bis heute häufig gerade die Form des Diagramms als zentrales Kriterium herangezogen wird, um zu entscheiden, ob ein Diagramm ein sogenanntes Euler-Diagramm ist oder nicht, legt Euler – dem ersten Satz des Zitats zufolge – kein besonderes Gewicht auf die diagrammatische Form. Entscheidend ist vielmehr, dass die Diagramme eine Erleichterung sind, um Urteile darzustellen. Während man in der gewöhnlichen Logik Urteile mit viel Mühe beweist (démontre avec bien de la peine), werden diese mittels

---

²⁷⁵ Vgl. Leonhard Euler: Lettres à une princesse d'Allemagne, Bd. 2, S. 91f. (= L. CI). = Leonhard Euler: Briefe, Bd. 2, S. 83f. (Br. 101).
²⁷⁶ Leonhard Euler: Lettres à une princesse d'Allemagne. Bd. 2, S. 96–101 (= L. CIIf.). (Hervorhebungen von mir – J.L.)
²⁷⁷ Leonhard Euler: Briefe. Bd. 2, S. 91f. (Br. 103). (Hervorhebungen von mir – J.L.)

2.3 Beweis – Elementargeometrie, Syllogistik und anschauliche Beweistheorie

der Diagramme intuitiv erfasst, so dass – metaphorisch ausgedrückt – ihre Gültigkeit in die Augen fällt (saute aux yeux) – ein Ausdruck, der an Reimers erinnert. Eulers analytische Diagramme bilden somit eine Hilfestellung, um Beweistechniken in der Logik zu vereinfachen.

Wie diese Vereinfachung realisiert wird, erläutert Euler im zweiten Teil des angeführten Zitats: Subjekt und Prädikat werden jeweils durch einen Raum bzw. durch einen Kreis und dessen Flächeninhalt dargestellt. Warum dies überhaupt möglich ist, erklärt Euler leider nur mit einer schwer zu interpretierenden Metapher: Die Natur des Satzes (la nature de la proposition) bringe es mit sich, die Beziehung zwischen Subjekt und Prädikat durch Überdeckung, partielle Überschneidung usw. dargestellt werden könne. Man kann durch diese Erklärung – wenn auch vorsichtiger als bspw. bei Weigel – auch bei Euler auf ein Analogieargument schließen, das eine Ähnlichkeit zwischen der Logik des Urteils und der geometrischen Flächenrelation von Diagrammen beschreibt.

Bevor ich auf Maaß zu sprechen komme, möchte ich noch eine rätselhafte Textstelle aus Eulers Schlusslehre anführen, in der die logische Beweistheorie mit der Geometrie kontrastiert wird. Euler hatte in Brief 105 (vor der rätselhaften Textstelle) ausgeführt, dass es nur neunzehn gültige Schlussarten gebe, auf die alle gültigen Syllogismen zurückführbar sein müssen. Einen gültigen Schluss erkennt man daran, dass eine wahre Konklusion notwendig aus den beiden wahren Prämissen folge. Man konstruiere zunächst alle möglichen analytischen Diagramme für die beiden wahren Prämissen – in der Regel ist es nur ein Diagramm – und schaue dann, ob auch die Konklusion immer durch alle Diagramme dargestellt werde. Ist dies der Fall, ist der Schluss gültig; ist es nicht der Fall, ist der Schluss ungültig.

Als Beispiel für eine ungültige Schlussart führt Euler folgendes Beispiel an:

(U1) Einige (*A*) Gelehrte sind (*B*) geizig.

(U2) Nun ist kein (*B*) Geiziger (*C*) tugendhaft.

(U3) Folglich sind einige (*C*) Tugendhafte keine (*A*) Gelehrte.

Prämisse (U1) werde entsprechend den vier Urteilstypen von Fig. 10 in Kap. 2.2.3 durch eines der folgenden Diagramme ($\mathcal{D}$1) oder ($\mathcal{D}$1*) dargestellt:

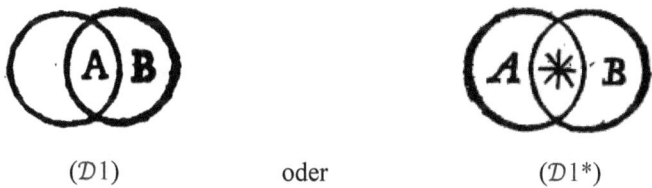

($\mathcal{D}$1)　　　　oder　　　　($\mathcal{D}$1*)

Anstelle des versetzten Buchstabens ($\mathcal{D}$1) verwendet Euler bei partikularen Urteilen auch einen Stern (*), um komplexe Diagramme übersichtlicher und eindeutiger darzustellen. Wir nennen das Diagramm, in dem ein Stern anstelle des versetzten Buchstabens verwendet wird, ($\mathcal{D}$1*).

Prämisse (U2) werde nun entsprechend den vier Urteilstypen von Fig. 10 in Kap. 2.2.3 durch folgendes Diagramm (*D*2) dargestellt:

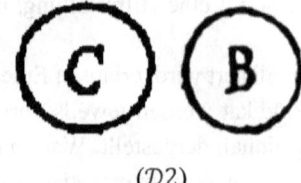

(*D*2)

Nun werden (*D*1*) und (*D*2) miteinander zu komplexen Diagrammen (*D*3) kombiniert. Da die relative Lage von *C* und *A* nicht eindeutig aus (*D*1*) und (*D*2) hervorgeht, müssen alle Kombinationsmöglichkeiten angegeben werden, die die Kreisrelationen von (*D*1*) und (*D*2) erfüllen. Dies sind:

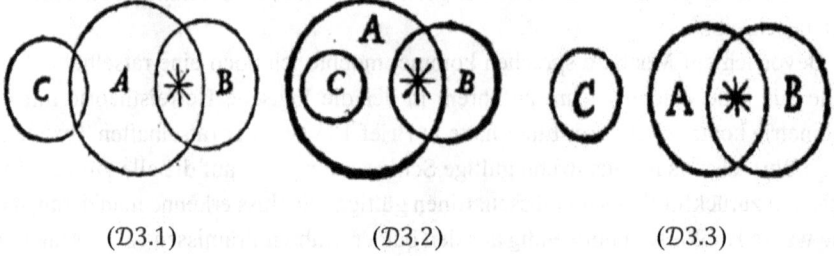

(*D*3.1) (*D*3.2) (*D*3.3)

Nun muss überprüft werden, ob man *die Konklusion (U3)* aus allen komplexen Diagrammen, also (*D*3.1), (*D*3.2) und (*D*3.3), ablesen kann. Man schaut also nun nur noch auf die Relation der Kreise *C* und *A* in (*D*3.1), (*D*3.2) und (*D*3.3). Zeigt nur ein Diagramm für die Relation von *C* und *A* ein konträres oder kontradiktorisches Urteil zu (U3) entsprechend Abb. 4(a) in Kap. 2.2.4 an, so folgt die Konklusion nicht notwendig aus den Prämissen und die Inferenz ist ungültig.

In dem von Euler gegebenen Beispiel ist die Relation von *C* und *A* in (*D*3.2) kontradiktorisch zu dem erwarteten Diagramm für (U3), wie Abb. 1 anzeigt. Anders gesagt, zeigt (*D*3.2) das Urteil `Alle C sind A`, obwohl es nach (U3) `Einige C sind kein A` lauten sollte.

2.3 Beweis – Elementargeometrie, Syllogistik und anschauliche Beweistheorie

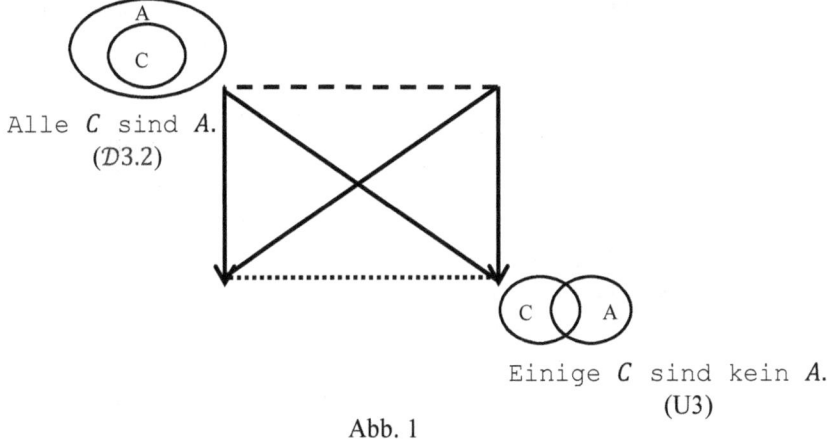

Abb. 1

Insgesamt glaubt Euler mit dieser Methode ein direktes, d.h. nicht-apagogisches Beweisverfahren eingeführt zu haben, das über die Gültigkeit und Ungültigkeit von Syllogismen entscheidet.[278]

Obwohl (U1) und (U2) wahr seien, leuchte die Falschheit des Schlusssatzes (U3) ein und falle hier direkt in die Augen (»la fausetté de la conclusion saute aux yieux«).[279] Euler verdeutlicht weiterhin, dass die neunzehn gültigen Schlussweisen verbürgen, dass der Schlusssatz dann wahr ist, wenn es auch die Prämissen sind. An diese Aussage knüpft Euler nun das meiner Meinung nach rätselhafte Zitat an:

D'ou V.A. comprend, *comment de quelques verités connües on arrive à des verités nouvelles*, & que tous les raisonnemens, par lesquels on démontre tant de verités dans la Geómetrie se laissent réduire des syllogismes formels.[280]	Hieraus begreifen Ew. H. *wie man von einigen bekannten Wahrheiten auf neue Wahrheiten kömmt*, und wie alle Schlüsse, womit man in der Geometrie so viele Wahrheiten beweist, sich müssen auf förmliche Syllogismen können zurückbringen lassen.[281]

Das Zitat ist insofern rätselhaft, als man den zweiten Teilsatz in zwei ganz unterschiedliche Richtungen auslegen kann, je nachdem wie man ›syllogismes formels‹ interpretiert: Sind mit den förmlichen Syllogismen nur die neunzehn Syllogismen gemeint, die in den gültigen Schlussformen von zwei wahren Prämissen und einer wahren Konklusion geschrieben sind, so kann man Eulers Hinweis als eine Wende

---

[278] Eine ausführliche Erklärung eines Beweisverfahrens mittels Euler-Diagrammen gibt Peter Bernhard: Euler-Diagramme, S. 45–53 (= Kap. 3.2.2).
[279] Leonhard Euler: Lettres à une princesse d'Allemagne, Bd. 2, S. 125 (= L. CV).
[280] Leonhard Euler: Lettres à une princesse d'Allemagne, Bd. 2, S. 125f. (= L. CV).
[281] Leonhard Euler: Briefe, Bd. 2, S. 113 (Br. 105).

zum Logizismus und Rationalismus interpretieren: Geometrie wäre dann, wie die Ramisten und Leibnizianer meinen, zurückführbar auf unanschauliche Syllogismen. Interpretiert man aber den Teilsatz so, dass ›syllogismes formels‹ auf die rein diagrammatische Form hinweist, dann kann man Euler so verstehen, dass auch die logischen Sätze der Geometrie ebenso anschaulich zu verstehen sind wie die Figuren und Diagramme, die sie repräsentieren: Geometrie wäre dann, wie Schopenhauer und ferner Weigel oder auch manche Kantianer meinen, eine rein anschauliche Wissenschaft. Für beide Auslegungsweisen kann man zahlreiche gute Gründe anführen, auf die ich hier aber verzichten möchte. Mir ist es bereits ein Rätsel, warum Euler hier überhaupt das Thema Geometrie aufgreift, da dieses in seinen *Lettres* ansonsten keine Rolle spielt.

Ich komme nun zu Maaß, dessen Einstellung zur Geometrie bereits eindeutig in Kap. 2.3.1 bestimmt worden ist. Im Unterschied zu Euler ist für Maaß die Form der analytischen Diagramme nicht beliebig. Er favorisiert Dreiecksdiagramme, die er in seinem *Grundriß der Logik* verwendet – ein Werk, das in vier Auflagen zwischen 1793 und 1823 erschienen ist. Der *Grundriß der Logik* ist in drei Teile unterteilt: (1) reine Logik, (2) angewandte Logik und (3) praktische Logik. In der Einleitung des *Grundrißes* erklärt Maaß, dass die reine und die praktische Logik systematisch komplementär verfasst seien. Damit stehen beide im Gegensatz zur angewandten Logik, die auf empirischen Prinzipien beruht, die aus der Psychologie übernommen wurden. In einem Abschnitt, der große Teile der Einleitung füllt, vergleicht Maaß seine analytischen Dreiecksdiagramme mit denjenigen seiner Vorgänger und kritisiert dabei vor allem Euler und Lambert:

> Vorzüglich erwarte ich hier [sc. in der angewandten Logik] das Urtheil der Kenner über die neue Art, die Verhältnisse der Begriffe, die Urtheile und Schlüsse durch Zeichnungen anschaulich darzustellen (§. 365–381.). Bekanntlich haben Euler und Lambert das nämliche versucht. Die Eulerische Erfindung ist nicht brauchbar; die Lambertsche ist zwar viel vollkommener, allein noch immer fehlt den Zeichen, deren sich Lambert bediente, die vollständige Analogie mit dem Bezeichneten.[282]

Maaß' Kritik an Lambert ähnelt derjenigen Hollands, die ich weiter oben bereits angeführt habe. Maaß zufolge versuche Lambert, zwei Metaphern in einem Diagramm zu veranschaulichen, aber beide Metaphern schließen sich gegenseitig aus: (1) ein Begriff ›fällt unter‹ einen anderen und (2) Begriffe haben eine ›Ausdehnung‹. Nur wenn beide Metaphern in einem Diagramm dargestellt werden könnten, wäre eine perfekte Analogie zwischen dem Zeichen und dem Bezeichneten vorhanden. Während Holland allerdings die Subsumtions- zugunsten der Extensionsmetaphorik verwirft und daher Lambert favorisiert, versucht Maaß Lamberts Diagramme dadurch

---

[282] J. G. E. Maaß: Grundriß der Logik, S. IXf.

2.3 Beweis – Elementargeometrie, Syllogistik und anschauliche Beweistheorie

zu verbessern, dass er beide in einer Diagrammform zu vereinigen sucht – ein ähnliches Projekt findet man auch in Langes *Inventum*.[283]

Obwohl die lambertschen Diagramme dieser Analogie weitaus näher kommen als die eulerschen, seien auch jene dadurch defizitär, dass sie nicht beide Metaphern gleichberechtigt veranschaulichen. Das Hauptargument, das Maaß gegen Lambert anführt, betrifft die Tatsache, dass bei Lambert Linien die Extension im Diagramm anzeigen sollen, nämlich bspw. dass *A* und *B* identisch sind; allerdings seien die Linien untereinandergeschrieben, so dass sie de facto anzeigen, dass *A* und *B* gerade nicht identisch, sondern getrennt voneinander sind. Erst Dreiecksdiagramme können beides anzeigen, da sie die Subordination durch die Linien und die Extension durch die Fläche, die die Linien begrenzen, darstellen können. Die Fläche verbindet somit auch die ansonsten räumlich getrennt voneinander erscheinenden Linien.

In seiner angewandten Logik kommt Maaß auf die Beurteilung und Bewertung analytischer Diagramme zurück. In § 364 erklärt er, dass eine vollständige Analogie zwischen dem Zeichen und dem Bezeichneten genau dann erreicht sei, wenn all das, was auf ein Zeichen angewandt werde, auch auf das Bezeichnete zutreffe. Nach dieser Definition reflektiert er besonders die Vorteile und den Wert der Zeichen und gibt ein Beispiel für eine vollständige Analogie zwischen dem Zeichen und dem Bezeichneten mit Hilfe einer Beschreibung analytischer Diagramme:

> Ein solches Zeichen stellt uns das Bezeichnete gleichsam vor Augen, und *befördert* also ungemein die *Deutlichkeit und Evidenz* der Erkenntnis von dem letzeren: [...] Inzwischen hat doch das Zeichen, außer dem angeführten Nutzen, auch noch den, daß es die *Erfindung neuer Wahrheiten erleichtert*, indem es uns das Bezeichnete in allen seinen Verhåltnissen gleichsam *mit einem Blicke übersehen* låßt.[284]

Auch an diesem Zitat lässt sich ablesen, dass für Maaß analytische Diagramme eine Hilfestellung sind, um die Deutlichkeit und Evidenz zu befördern. Besonders die Tatsache, dass mittels Diagramme das Bezeichnete in einem Blick übersehen werden kann, erinnert an die Metaphorik Weigels, Ploucquets und Eulers. Auch Maaß' Einsicht, analytische Diagramme würden die Erfindungen neuer Wahrheiten erleichtern, ruft den ersten Teilsatz des oben angeführten (rätselhaften) Euler-Zitates in Erinnerung. Diese Aussage, dass aus bekannten wahren Prämissen eine neue ampliative Konklusion erzeugt werde, ist allerdings nicht selbstverständlich, wenn man an Mills Kritik des Syllogismus denkt, derzufolge die deduzierten Konklusionen gültiger Syllogismen nie mehr enthalten können als das, was bereits in den wahren Prämissen angelegt war.[285]

---

[283] Siehe oben, Kap. 2.2.3.
[284] J. G. E. Maaß: Grundriß der Logik, S. 245. (Hervorhebungen von mir – J.L.)
[285] Vgl. John Stuart Mill: A System of Logic, Ratiocinative and Inductive, S. 122ff. Siehe dazu die Einleitung zu Kap. 2.3.

2.3.5 Logica more geometrico versus geometria more syllogismorum

Ich habe in Kap. 2.3.1 anhand des Streits zwischen Leibnizianern und Kantianern die unterschiedliche Bewertung von Figuren und Diagrammen in der Geometrie im späten 18. Jahrhundert aufgezeigt: Während Leibnizianer in dieser Zeit den Wert geometrischer Diagramme geringschätzten und versuchten, eine rein logische geometria more syllogismorum zu verfechten, sahen Kantianer geometrische Diagramme als veritablen Teil der mathematischen Disziplin. Im Laufe der Kap. 2.3.2 und 2.3.3 hat sich zudem gezeigt, dass dieser Streit kein historischer Sonderfall war, der allein die Diskussion der *quaestio de certitudine mathematicarum* wieder aufgegriffen hat, sondern dass sich die Diskussion über den Wert der Anschauung in Beweisen durch die Geschichte der – zumindest neuzeitlichen – Mathematik und Philosophie der Mathematik gezogen hat und bis heute aktuell ist. Rückblickend scheint somit der Streit der Leibnizianer und Kantianer lediglich eine Episode in dem neuzeitlichen Streit zwischen Logizisten und Repräsentationalisten zu sein, die sich zudem nur auf die Frage nach der Anschauung in der Geometrie bezog.

Diskussionswürdig erscheint auch Schopenhauers Meinung innerhalb dieses Streites. Obwohl Schopenhauer vor allem antirationalistische Argumente und Positionen aufgreift, die von Crusius ausgehend im Kantianismus latent vertreten wurden, versucht er, diese doch mit dem rationalistischen Prinzip des zureichenden Grundes zu harmonisieren. Auch wenn Schopenhauer dieses Harmonieargument nie aufgegeben hat, werden im Laufe seiner Schaffenszeit – mich überzeugt hier Oscar Janzens These von einer veränderten Lehre – die Angriffe gegen eine nichtanschauliche und vor allem gegen eine logisch begründete Geometrie stärker.

In der Geschichte mag man zwar Geometrien ohne Diagramme finden, aber es ist mir nicht bekannt, dass es auch Geometrien nur mit Diagrammen und ohne algebraische oder allgemein sprachliche Zeichen gab.[286] Während Rationalisten schnell zu der Extremposition tendieren, Anschauungen aus der Logik und Geometrie ganz zu streichen, um vermeintlich streng verbal vorzugehen, habe ich keinen Autor gefunden, der bis zum 20. Jahrhundert eine nonverbale Geometrie oder Logik zu entwerfen versucht hat. Meines Wissens hat auch Schopenhauer nie für eine rein anschauliche Geometrie oder auch Logik plädiert. Diagramme beweisen geometrische oder logische Urteile, aber sie ersetzen damit nicht die Urteile, die sie beweisen sollen. Erst im späten 20. und vor allem 21. Jahrhundert hat man sich für rein nonverbale Geometrien oder Logiken interessiert und angefangen, deren Möglichkeiten ernsthaft zu erforschen.

Aber welche Rolle spielen dann Anschauungen in der Geometrie und Logik? Wenn selbst Hardliner wie Schopenhauer davon ausgehen, dass Visualisierungen Verbalisierungen nicht ersetzen können, welches Argument spricht dann wirklich für

---

[286] Die Euklid-Edition von Oliver Byrne (London 1847) kommt einem visuellen Ansatz höchstens nahe.

2.3 Beweis – Elementargeometrie, Syllogistik und anschauliche Beweistheorie

die Rettung und den Erhalt der Anschauungen in der Geometrie und Logik? In Kap. 2.3.4 habe ich mehrere Argumente bis zum frühen 19. Jahrhundert aufgeführt, die Philosophen und Mathematiker für anschauungsbezogene Ansätze in der Logik vorgebracht haben. Fast alle Argumente lassen sich zunächst in zwei Klassen einteilen, (1) schwächere didaktische Argumente und (2) stärkere beweistheoretische Momente.

(1) Zu den schwächeren didaktischen Argumenten lassen sich folgende Aussagen zusammenfassen: Analytische Diagramme

- *sind solide, am evidentesten und augenfällig* (Reimers)
- *sind zum Zwecke einer leichteren Darlegung* (Weigel)
- *lassen sich viel einfacher als durch Barbara, Celarent lernen* (Weigel)
- *finden die Syllogismen wie im Handumdrehen augenblicklich heraus* (Weigel)
- *ermöglichen es, den ganzen Schluss mit einem Blick zu übersehen* (Ploucquet)
- *sind sehr geschickt, unsre Betrachtungen über diese Materie zu erleichtern* (Euler)
- *fallen von selbst in die Augen* (Euler)
- *befördern die Deutlichkeit und Evidenz* (Maaß)
- *werden mit einem Blicke übersehen* (Maaß)

Ich habe diese Zitate als didaktische Argumente klassifiziert, da sie darin übereinstimmen, dass sie auf die Leichtigkeit, Schnelligkeit und Einfachheit des diagrammatischen Denkens hinweisen: Mit Diagrammen kann man leichter, schneller oder einfacher lehren oder lernen als mit anderen Mitteln. Als Vergleichsobjekt wird meistens die klassische aristotelische Syllogistik, die scholastische Mnemotechnik oder die jeweils zeitgenössische Schullogik herangezogen.

Ich habe die Zitate von (1) als schwächere Argumente bezeichnet, da sie meiner Meinung nach ein Problem verdeutlichen: Sie entsprechen in etwa den Formulierungen, die ich in Kap. 2.3.2 unter den Punkt (L2) zusammengefasst habe und die von Rationalisten und Logizisten verwendet wurden, um damit die Anschauungsbezogenheit in der Geometrie zu schwächen. Anschauliches Denken scheint somit von Autoren um das 18. Jahrhundert herum unterschiedlich bewertet worden zu sein: In der Logik sind Leichtigkeit, Schnelligkeit und Einfachheit ein überaus vorteilhaftes Hilfsmittel, während sie in der Geometrie als unwesentliches Hilfsmittel wahrgenommen werden, das den rationalen Kern der Geometrie eher verdeckt (L3).

(2) Zu den stärkeren beweistheoretischen Argumenten lassen sich folgende Aussagen zusammenfassen: Analytische Diagramme

- *können Syllogismen viel kürzer demonstrieren (bzw. reduzieren)* (Weigel)
- *sind Mittel, die Ungereimtheiten zu entdecken, weil die Geometrie die Fehlschlüsse bald verrät* (Lambert)

2 Die Logik und ihre geometrische Interpretation

- *heben allen Zweifel wider die Untrüglichkeit der Schlüsse gänzlich auf* (Ploucquet)
- *zeigen, wie man von einigen bekannten Wahrheiten auf neue Wahrheiten kommt* (Euler)
- *erleichtern die Erfindung neuer Wahrheiten* (Maaß)

Die Zitate von (2) verdeutlichen allesamt ein Problem: Alle angeführten starken Argumente, die die namhaften Logiker für die Verwendung der Diagramme angeführt haben, sind (a) im Wesentlichen entweder nur Verstärkungen der schwachen didaktischen Argumente oder (b) benennen keine Vorteile, die nur Diagramme besitzen. Ich gehe zur Verdeutlichung dieser Problematik die Zitate von (2) der Reihe nach im Folgenden durch.

Die Zitate von Weigel und Lambert sind (a) stärker ausgedrückte didaktische Argumente, die auf die Beweistheorie angewandt werden: Das Weigel-Zitat ist ein didaktisches Argument, da es den Aspekt der Einfachheit (*viel kürzer*) in einer diagrammorientierten Beweistheorie herausstellt; das Lambert-Zitat ist ein didaktisches Argument, da es die Schnelligkeit (*bald*) einer anschaulichen Beweistheorie betont.

Die Zitate von Ploucquet, Euler und Maaß sind (b) Argumente, die nicht allein auf Diagramme zutreffen: Auch rein verbale Syllogismen oder formalisierte Schlüsse können den Zweifel gegen die Untrüglichkeit der Schlüsse aufheben (Ploucquet), können zeigen, wie man von einigen bekannten Wahrheiten auf neue Wahrheiten kommt (Euler) und können die Erfindung neuer Wahrheiten erleichtern (Maaß) – man denke hier bspw. an die Diskussion um Dummett, die ich in der Einleitung zu Kap. 2.3 skizziert habe.

Selbstverständlich kann ich nicht garantieren, alle Argumente für den Gebrauch von Diagrammen in der Logik bis zum 19. Jahrhundert gefunden zu haben. Auch Reimers stärkere Argumente habe ich ausgespart, da er bei seiner Prinzipienlehre (Inesse, &, non-inesse) nicht explizit von Diagrammen spricht. Aber selbst wenn die in Kap. 2.3.4 aufgeführten Zitate nur eine repräsentative Auswahl an Reflexionen über analytische Diagramme sind, so ist das Resultat dieser Auswahl ernüchternd, da es scheinbar keine wirklich starken Argumente für die Verwendung von Diagrammen in der Logik gibt: Selbst im sogenannten ›goldenen Zeitalter der Logikdiagramme‹ lassen sich starke Argumente für eine anschauliche Beweistheorie auf didaktische Argumente zurückführen, die insofern als schwach klassifiziert werden müssen, als sie in der Geometrie von Logizisten gerade als Gegenargument für eine anschauliche Beweistheorie verwendet worden sind.

Ich habe zudem in den vorgestellten geometrischen Logiken nicht viele Aussagen über die Geometrie finden können: nur das rätselhafte Zitat Eulers sowie die Bemerkung Weigels, dass Diagramme in der Geometrie *um einer klareren Form der Lehre willen* gelehrt wurden, und zuletzt Reimers aristotelisches Zitat, das darauf anspielt, dass Diagramme das Warum der Mathematiker seien. Von geometrischen Logikern scheint es somit keine starken Argumente für die Verwendung von Diagrammen in

2.3 Beweis – Elementargeometrie, Syllogistik und anschauliche Beweistheorie

der Geometrie zu geben. Wenn zudem Diagrammen keine eigenständige logische Funktion zukam, die nicht auch von rein verbalen Syllogismen oder einer Formalisierung erfüllt werden konnte, dann dürfte dies auch ihre Position in der Geometrie geschwächt haben. Kurz und vereinfacht gesagt: Scheitert eine logica more geometrico (bzw. solo oculorum usu), dann stärkt dies eine geometria more syllogismorum. Eine rationalistische Argumentationsweise kann daher etwa wie folgt beschrieben werden: Wenn Geometrie sich nie rein anschaulich vermitteln lässt, dann benötigt sie ein Mindestmaß an eigenständigen logischen Funktionen. Diagramme haben keine eigenständige logische Funktion. Daher sind Diagramme nicht geeignet, Geometrie zu vermitteln.

Ich möchte im Folgenden dafür argumentieren, dass sich das erste starke Argument eines geometrischen Logikers in Schopenhauers Berliner Vorlesungen findet. Sein Argument scheint die rationalistische Begründungweise auf den Kopf zu stellen: Eine rein diskursive geometria more syllogismorum ist solange problematisch, solange die Logik nicht anschaulich more geometrico bewiesen wird. Lassen sich Syllogismen anschaulich mittels einer Beweistheorie more geometrico beweisen, dann muss auch die Geometrie anschaulich beweisbar sein.[287]

Die in Frage gestellte Disziplin ist für Schopenhauer somit nicht die Geometrie, sondern die Logik: Wenn Logizisten die Geometrie aus der Logik beweisen wollen, müssen sie seiner Meinung nach erst erklären, wie sich die Logik beweisen lässt. Schopenhauer baut sein repräsentationalistisches Argument gegen die logizistische Beweistheorie aber zunächst anders auf. Bei der Beantwortung der Frage, warum er überhaupt ein anschauliches Verfahren in seiner Logik favorisiert, greift er zunächst einige schwache didaktische Argumente wieder auf, die bereits Weigel, Ploucquet, Euler u.a. vor ihm verwendet hatten. Darüber hinaus verbindet er das schwache didaktische Argument mit einem beweistheoretischen, das insofern tatsächlich als stark bezeichnet werden kann, als es sich explizit gegen deduktive Beweisverfahren in der Logik ausspricht und sich für eine Analogie zwischen diskursivem Schließen und visueller Raumwahrnehmung stark macht. Das einschlägige Zitat lautet:

> [9]Besonders werden diese anschaulichen Schemata [sc. die analytischen Diagramme] [10]uns die Erkenntniß der Regeln der Syllogistik sehr erleichtern, [11]und uns der Beweise der Regeln überheben: nämlich Aristoteles [12]gab für jede syllogistische Regel immer einen Beweis, was [13]eigentlich überflüssig, sogar der Strenge nach unmöglich ist; [14]denn der Beweis selbst ist ein Schluß und setzt folglich die Regeln [15]voraus: man kann eigentlich diese Regeln nur deutlich machen [16]und dann sieht die Vernunft ihre Nothwendigkeit sogleich

---

[287] Man mag meine Verwendung des Wortes ›Theorie‹ als unangemessen empfunden haben (siehe oben, Kap. 2.1), aber es dürfte spätestens hier deutlich werden, dass der Ausdruck ›Theorie‹ im Kontext der vorgetragenen Thesen gerade seine ursprüngliche Bedeutung zurückerhält, die er im 20. Jahrhundert immer mehr verloren hat.

ein, ¹⁷weil sie selbst der Ausdruck der Form der Vernunft, d.h. des ¹⁸Denkens sind.

Was Aristoteles durch seine Beweise leistete, ¹⁹das werden uns die anschaulichen Schemata viel besser, und viel ²⁰leichter leisten: denn, da sie eine ganz genaue Analogie zum ²¹Umfang der Begriffe haben; so lassen sie uns die Verhältnisse der ²²Begriffe zu einander auf die leichteste Weise einsehn, nämlich ²³anschaulich, und wir werden so die Nothwendigkeiten, welche aus ²⁴diesen Verhältnissen entspringen, zur leichtesten Faßlichkeit ²⁵bringen.

Die Aristotelischen Beweise hat man schon längst aus ²⁶der Logik weggelassen; aber man hat ihnen die Verdeutlichung ²⁷durch anschauliche Schemata noch nicht so durchgängig substituirt, ²⁸wie ich es thun werde.[288]

Wie in Kap. 2.1.5 habe ich auch hier zur detaillierteren Besprechung des Zitats die Zeilennummern (= Z.) der zitierten Mockrauer/Deussen-Ausgabe von 1913 übernommen und in hochgestellten Ziffern der jeweiligen Zeile im Zitat vorangestellt. Das Zitat stellt meines Wissens ein Novum in der Geschichte analytischer Diagramme dar. Dass Schopenhauer die Bedeutung seines Unternehmens ansatzweise bemerkt hat,[289] zeigt sich nicht allein in dem letzten Absatz des Zitats (Z.25–28), sondern auch in der Tatsache, dass er mehrere Argumente davon in anderen Variationen mehrfach in seiner großen Logik wiederholt hat.[290]

Zwar greift das Zitat zum einen (A) auch schwache Argumente auf, wie sie in der Geschichte analytischer Diagramme ähnlich zu finden sind; es benennt aber auch zum anderen (B) das erste tatsächlich als stark zu klassifizierende Argument, da dieses (a) weder nur eine Verstärkung der schwachen didaktischen Argumente ist (b) noch einen Aspekt benennt, der auch durch eine rein diskursive Logik oder einen Formalismus erfüllt werden könnte. Ich gehe zunächst auf (A) die schwachen Argumente ein, bevor ich (B) die starken untersuche.

(A) Schopenhauer greift zunächst auf ein scheinbar schwaches didaktisches Argument zurück, das ähnlich wie bei Weigel, Ploucquet, Euler u.a. betont, dass Diagramme mit Leichtigkeit die Komplexität der Logik vermindern: (A1) Analytische Diagramme werden die Erkenntnis der Regeln der Syllogistik sehr erleichtern (Z.9f.). Im zweiten Absatz des Zitats scheint Schopenhauer dieses schwache didaktische Argument mehrfach zu wiederholen: (A2) Die anschaulichen Schemata werden das viel leichter leisten, was Aristoteles durch seine Beweise ausgeführt habe (Z.19f.). (A3) Man könne die Begriffsrelationen auf die leichteste Weise einsehen (Z.22f.), (A4) und man könne so die aus den Begriffsrelationen entspringenden Notwendigkeiten zur leichtesten Fasslichkeit bringen (Z.23–25).

---

[288] WWV2 I, S. 272. [Absätze von mir – J.L.]
[289] Ich werde auf Schopenhauers Leistung für die geometrische Logik in Kap. 2.3.6 noch genauer zu sprechen kommen.
[290] Vgl. vor allem WWV2 I, S. 357.

2.3 Beweis – Elementargeometrie, Syllogistik und anschauliche Beweistheorie

Dass es sich bei (A1) bis (A4) um schwache Argumente handelt, deutet der jeweils verwendete Begriff der Leichtigkeit an, der auch bei vielen Vorgängern Schopenhauers zu finden war.[291] Fraglich ist allerdings, was genau erleichtert werden soll. Hier werden zunächst scheinbar unterschiedliche Bereiche definiert: Regeln (A1), Beweise (A2), Begriffsrelationen (A3) und deren Notwendigkeiten (A4). Ich möchte mich im Folgenden besonders auf (A1) und (A2) konzentrieren, da diese hauptsächlich die Beweistheorie betreffen; (A3) und (A4) werde ich erst in Kap. 2.3.6 wieder aufgreifen, in dem ich dafür plädiere, dass sie die Semantik ansprechen.

In (A1) sticht der Begriff der Regel heraus, der nur im ersten Absatz des Zitats – dafür aber inflationär (Z.10, 11, 12, 14, 15) – gebraucht wird und der vielleicht nicht zwingend nur als didaktische Kompetenz gedeutet werden muss, da er ein zentraler Begriff der aristotelischen Syllogistik ist. Problematisch ist allerdings, dass Schopenhauer im Anschluss an das Zitat die aristotelische Logik fast durchgehend mit der scholastischen Mnemotechnik interpretiert, die auch bis heute die Auslegung der aristotelischen Syllogistik prägt. Was Schopenhauer mit dem Regelbegriff im Blick hat, den er auf Aristoteles appliziert, wird im Folgenden vor allem aus zwei Unterkapiteln der Schlusslehre der Berliner Vorlesungen deutlich, die die Titel tragen: *Allgemeine Regeln für die Schlüsse aller Figuren* und *Besondre Regeln*.[292]

Die *Allgemeinen Regeln für die Schlüsse aller Figuren* entnimmt Schopenhauer aus Arist. An. pr. I.7, 29a19–29b28 sowie An. pr. I.23ff., 40b17ff. So lautet z.B. die erste allgemeine Regel, die Schopenhauer anführt: »1) Der Schluß muß drei termini oder Begriffe haben; weder mehr noch weniger.«[293] Die allgemeine Regel 1) bezieht sich auf den Beweis, den Aristoteles in An. pr. I.25, 41b36ff. gibt. Die *Besondren Regeln*, die sich auf die drei Figuren beziehen, entnimmt Schopenhauer größtenteils aus Arist. An. pr. I.4–7, 25b26–29b28 oder der scholastischen Interpretation. So lautet etwa die besondere Regel für die erste Figur: »a) Die propositio major sei universal. b) Die propositio minor sei bejahend. Sit minor affirmans nec sit maior specialis.«[294] Die besondere Regel für die erste Figur bezieht sich auf die Beweise, die Aristoteles in An. pr. I.4, 25b26ff. gibt.

Insgesamt gibt Schopenhauer neun Regeln an, die man größtenteils aus dem aristotelischen Text entnehmen kann und die den üblichen acht aus der Schultradition folgen. Schopenhauer schließt nur eine gesonderte allgemeine Modalitätsregel (nach An. pr. I.12 32a8–12) aus und teilt dafür die gewöhnlich aus An. pr. I.24, bes. 41b27–31 entnommene Folgerungsregel in zwei allgemeine Regeln 4) und 5) auf.[295] Dass Schopenhauer auf eine gesonderte allgemeine Modalitätsregel (bspw. ›Bezüglich der Modalität muss eine Prämisse der Konklusion ähnlich sein‹) verzichtet, liegt – wie in Kap. 1.3.3 besprochen – daran, dass Schopenhauer die problematischen Urteile der

---

[291] Siehe oben.
[292] WWV2 I, S. 324f.
[293] WWV2 I, S. 324.
[294] WWV2 I, S. 325.
[295] Als Vergleich empfiehlt sich bspw. Leonhard Rabus: Lehrbuch der Logik in neuer Darstellung, S. 83ff. oder Friedrich Ueberweg: System der Logik, 5. Aufl., S. 347ff.

2 Die Logik und ihre geometrische Interpretation

Modalsyllogistik eigens abhandelt und sich zunächst nur auf die assertorische Syllogistik bezieht.

Bevor Schopenhauer die an Aristoteles angelehnten Regellisten aufstellt, entwickelt und erklärt er sie aber in einer längeren Untersuchung einzeln mit Hilfe der scholastischen Annahme, dass es vier Figuren gebe und nicht nur drei – wie dann in seiner Liste der besonderen Regeln behauptet wird.[296] Aus der Kombination der vier grundlegenden Urteilsmöglichkeiten (An. pr. I.2, 25a1ff.: allgemein/besonders; bejahend/verneinend) und den damit verbundenen allgemeinen Regeln für vier Figuren entspringen insgesamt vierundsechzig Modi mit jeweils drei Urteilen ($4^3 = 64$), von denen aber nur neunzehn gültig seien.[297] Erst am Ende dieser längeren Untersuchung kommt Schopenhauer zu dem Resultat, dass die vierte Figur nur »die gerade Umkehrung der ersten« sei und nur eine einzige Regel habe, die zudem in einem semantischen Konflikt mit der Regel der ersten Figur stehe;[298] daher gibt Schopenhauer die vierte Figur auf und stellt dann die an Aristoteles orientierte Liste mit den besonderen Regeln für nur drei Figuren auf.

In der längeren Abhandlung verwendet Schopenhauer für die Bezeichnung und Erklärung der neunzehn gültigen Modi bei vier Figuren die scholastische Mnemotechnik, die den grundlegenden Urteilsmöglichkeiten einzelne Vokale[299] und den Konversionsregeln Konsonanten zuordnet;[300] dadurch erhält jeder Syllogismus einen eigenen Namen, nämlich B*a*r*ba*r*a*, C*e*l*a*r*e*nt usw. Anhand dieser Vorgehensweise lässt sich feststellen, dass für Schopenhauer in diesem längeren Abschnitt die aristotelische und die scholastische Logik deckungsgleich sein müssen, allerdings mit dem Unterschied, dass jene Beweistheorie eher die Regeln, diese eher die daraus entspringenden einzelnen Modi fokussiert.

Das scholastische mnemotechnische Verfahren ist bei Schopenhauer selbst, aber auch in vielen aktuellen Werken ausreichend beschrieben worden,[301] so dass ich es hier bei den gegebenen Ausführungen belassen werde. Schopenhauer hat die scholastische Mnemotechnik unterschiedlich bewertet: Zum einen hat er sie im Vergleich zur aristotelischen Regellogik als wesentliche Verbesserung bezeichnet, anderseits hat

---

[296] Vgl. WWV2 I, S. 299–324.
[297] Vgl. WWV2 I, S. 305f.
[298] WWV2 I, S. 321. Vgl. auch S. 330.
[299] Schopenhauer führt bspw. den Merkspruch von Gottsched an: »Das A bejahet allgemein: / Das E, das sagt zu Allem Nein. / Das I sagt Ja, doch nicht zu allen: / So läßt auch O das Nein erschallen.« (WWV2 I, S. 287)
[300] Vgl. WWV2 I, S. 284–293. (S = conversio *s*implex; P = conversio *p*er accidens; M = *m*utare; C = per contradictionem)
[301] Vgl. bspw. Peter Bernhard: Euler-Diagramme, Kap. 2; Neil Tennant: Aristotle's Syllogistic and Core Logic. In: History and Philosophy of Logic 35:2 (2014), S. 120–147; John Corcoran: Aristotle's Natural Deduction System. In: Ancient Logic and Its Modern Interpretations. Proceedings of the Buffalo Symposium on Modernist Interpretations of Ancient Logic. 21. and 22. April, 1972. Hrsg. v. J. Corcoran. Dordrecht 1974, S. 85–131.

2.3 Beweis – Elementargeometrie, Syllogistik und anschauliche Beweistheorie

er aber auch ihre Umständlichkeit angemahnt und hat sie als Interpretation der ursprünglichen Beweistheorie angesehen.[302] Wohl aus den letztgenannten Gründen und aufgrund der Tatsache, dass er die erst in der Zeit nach Aristoteles eingeführte vierte Figur ablehnt, ist er wohl mehrfach zu den aristotelischen Regelbeweisen zurückgekehrt.[303]

Dennoch verwendet Schopenhauer die scholastische Mnemotechnik im Anschluss an das Zitat zur Erklärung der einzelnen Modi, die er zusätzlich mit seinen analytischen Diagrammen darstellt. Die Schwierigkeit des oben angeführten Zitats und des Ausdrucks ›Regeln‹ resultiert somit vor allem aus der Tatsache, dass er sich in dem Zitat allein auf die aristotelische Vorgehensweise bezieht, diese in der von mir genannten ›längeren Abhandlung‹ aber immer schon mit der scholastischen Mnemotechnik erklärt. Nach scholastischer Beweistheorie hätte er somit (A1) und (A2) auch wie folgt formulieren können:

Besonders werden diese anschaulichen Schemata (oder die analytischen Diagramme) uns die Erkenntniß der syllogistischen Modi sehr erleichtern, und uns der Beweise dieser Modi überheben: nämlich man gab für jeden syllogistischen Modus immer einen Beweis, was eigentlich überflüssig, sogar der Strenge nach unmöglich ist; denn der Beweis selbst ist ein Schluß und setzt folglich die Gültigkeit des verwendeten Modus voraus …. Was die Scholastik mit ihren Kunstworten leistete, das werden uns die anschaulichen Schemata viel besser, und viel leichter leisten ….

Schopenhauer scheint aber einen guten Grund gehabt zu haben, auf eine derartige scholastische Terminologie in dem ursprünglichen Zitat zu verzichten und sich stattdessen auf Aristoteles' Regeln zu beziehen. Schopenhauer wird die scholastische Mnemotechnik in der längeren Abhandlung zunächst als einen didaktischen Vorteil empfunden haben, um die eigentlichen Regelbeweise bei Aristoteles leichter einführen und benennen zu können. So wie aber die scholastische Mnemotechnik nur eine didaktische Verbesserung der aristotelischen Regelbeweise ist, so sind auch die analytischen Diagramme eine didaktische Verbesserung im Vergleich zur scholastischen Mnemotechnik. Anders gesagt: Dass sich Schopenhauer in dem angeführten Zitat direkt auf Aristoteles bezieht, liegt wohl in seinem Glauben begründet, den Umweg über die scholastischen Kunstausdrücke nicht mehr zu bedürfen. Schopenhauers schwache Argumente (A1–A4) besagen also: Analytische Diagramme werden aus didaktischen Gründen (Leichtigkeit) zum eigentlichen Interpretationsinstrument des aristotelischen Textes.

(B) Das tatsächliche Novum in dem angegebenen Zitat betrifft allerdings die darin befindlichen starken Argumente für analytische Diagramme in der Schlusslogik.

---

[302] Vgl. WWV2 I, S. 305f.
[303] Vgl. WWV2 I, S. 319–324, S. 327–330.

Schopenhauer betont explizit, dass die anschaulichen Schemata bzw. analytischen Diagramme (B1) »uns der Beweise der Regeln überheben« (Z.11) und (B2) »viel besser« seien (Z.19) als die aristotelische Beweistheorie. Damit geht Schopenhauer wesentlich über seine schwachen Argumente (A1–A4) hinaus, da er analytische Diagramme nicht nur als eigentliches Interpretationsinstrument des aristotelischen Textes ansieht, sondern auch dafür plädiert, dass anschauliche Schemata besser seien als die aristotelische Beweistheorie.

Schopenhauer behauptet aber nicht, dass analytische Diagramme die aristotelische Schlusslogik vollständig ersetzen, sondern nur dass sie die rein regelgeleitete oder mnemotechnische Beweistheorie entbehrlich machen. Das ist ein entscheidender Unterschied zu heutigen Ansätzen rein anschaulicher Diagrammlogiken im Sinne Shins:[304] Syllogismen werden nach Schopenhauer immer noch diskursiv und verbal vermittelt, sollen aber anschaulich bewiesen werden.

Seine Integration einer visuellen Beweistheorie in eine verbale Schlusslogik muss somit weder auf die Darstellung der aristotelischen Regeln noch auf die Bezugnahme scholastischer Kunstausdrücke für Syllogismen verzichten, da die Diskursivität der Sprache und die darin enthaltenen Schlüsse nicht in Frage steht. Allein die Beweistheorie, die die Gültigkeit dieser Schlüsse rechtfertigt, soll anschaulich verfasst werden. Damit verlieren allerdings einzelne Bestandteile der aristotelischen und scholastischen Schlusslogik ihre Bedeutung. Ich komme zuerst auf den Bedeutungsverlust der scholastischen Mnemotechnik zu sprechen und dann auf den Bedeutungsverlust in der aristotelischen Schlusslogik.

Für die scholastische Logik zeigt sich der Bedeutungsverlust vor allem bei der Namensgebung der jeweiligen Modi, die aus bedeutungstragenden Vokalen und Konsonanten zusammengesetzt wurden: Ob ein Urteil eines Schlusses allgemein oder partikulär, bejahend oder verneinend ist (Vokalbedeutung), wird in einem Diagramm dadurch ersichtlich, dass sich die Flächen, welche die Begriffe repräsentieren, vollständig oder teilweise überdecken oder nicht überdecken. Ohne die Urteile eines unvollkommenen Schlusses so umzuwandeln, dass sie durch einen vollkommenen Schluss als gültig bewiesen werden (Konsonantenbedeutung), wird nun direkt ersichtlich, ob alle durch die drei Urteile ausgedrückten Begriffsrelationen eines Syllogismus sich in einem Diagramm abbilden lassen – oder eben nicht.

Darüber hinaus zeigen die Diagramme, wie in Kap. 1.3.3 beschrieben, auch die Unterschiede der jeweiligen Figuren und damit der besonderen Regeln. In der längeren Untersuchung, in der Schopenhauer noch die scholastische Mnemotechnik zur Bezeichnung der neunzehn gültigen Modi heranzieht, versucht er mit Hilfe der analytischen Diagramme darzulegen, dass einerseits Kant Unrecht hat, wenn er die vier Figuren auf eine zurückführen will, andererseits aber auch die Schullogik Unrecht hat, wenn sie die drei aristotelischen Figuren durch eine vierte erweitern will: Denn die mit Hilfe der analytischen Diagramme dargestellten Schlüsse der drei Figuren zeigen

---

[304] Siehe oben, Kap. 2.3 (Einleitung).

2.3 Beweis – Elementargeometrie, Syllogistik und anschauliche Beweistheorie

jeweils ein eigenes Erscheinungsbild des Medius[305] und damit eine eigene besondere Regel und Funktion an: 1. Figur: Entscheidungsgrund, 2. Figur: Unterscheidungsgrund, 3. Figur: Ausscheidungsgrund.[306] Die vierte Figur zeigt kein eigenes Erscheinungsbild des Medius, wodurch Schopenhauer auch seine These stützt, dass ihre Regel nur eine Verkehrung der ersten Figur und damit keine eigenständige sei. Als Konsequenz verwirft Schopenhauer, wie oben beschrieben, die vierte Figur und stellt damit eine Liste mit nur drei besonderen Regeln auf. Im Anschluss an diese Liste nimmt er in seiner Schlusslogik keinen Gebrauch mehr von der scholastischen Mnemotechnik.[307]

Es zeigt sich darüber hinaus auch ein Bedeutungsverlust, wenn man einen Vergleich zwischen Schopenhauers visueller und Aristoteles' regelgeleiteter Beweistechnik zieht: Ein Großteil der allgemeinen Regeln muss nicht mehr bedacht werden, da bei der diagrammatischen Abbildung eines Schlusses eine Befolgung oder ein Verstoß der Regeln direkt sichtbar wird. Ich nehme als Beispiel zwei oben bereits genannte Regeln: Ob bspw. ein Schluss genau drei termini hat (Allgemeine Regel 1), wird durch die Anzahl der die Begriffe abbildenden Kreise im Diagramm deutlich; dass bspw. ein Verstoß gegen die besondere Regel für die erste Figur, nämlich dass die propositio major universal sei, eine gültige Darstellung der Prämissen ermöglicht, aber dann nicht die Konklusion darstellt, zeigt Schopenhauer an dem Diagramm (s. Abb. 1) für den Syllogismus: Einige Fische fliegen. Alle Forellen sind Fische. Alle Forellen fliegen.

Ich habe oben behauptet, dass die mit (B) klassifizierenden Argumente dadurch zu starken Argumenten werden, dass sie weder (a) nur im Wesentlichen eine Verstärkung der schwachen didaktischen Argumente sind noch (b) einen Aspekt benennen, der auch durch eine rein diskursive Logik erfüllt werden könnte. Aber gerade das eben vorgebrachte Argument eines Bedeutungsverlustes deutet darauf hin, dass (a) Schopenhauers analytische Diagramme zwar eine Erleichterung oder

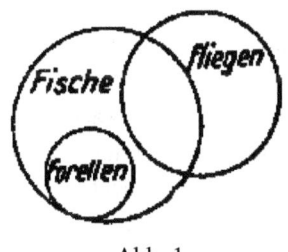

Abb. 1
WWV2 I, S. 298.

Vereinfachung sind, ihre Funktion aber (b) im Grunde auch durch die aristotelisch-scholastische Beweistheorie erfüllt werden könnte. Was macht Schopenhauers (B)-Argumente somit zu starken Argumenten, abgesehen von der explizierten Tatsache, dass sie die klassischen Beweistheorien entbehrlich machen (B1) und besser sind

---

[305] Vgl. WWV2 I, S. 329.
[306] Siehe auch oben, Kap. 1.3.3. Man kann wohl eine gewisse Ähnlichkeit zwischen Schopenhauers Metaphorik der drei Funktionen (1. Handhabe, 2. Scheidewand und 3. Anzeiger) und Zekls anschaulicher Beschreibung des Über-den-Weg-Laufens der Prämissen sehen (1. Stafette, 2. Ausschwärmen, 3. Sternwanderung), vgl. Hans Günter Zekl: Einleitung. In: Aristoteles: Erste Analytik. Zweite Analytik. (Organon Bd. 3/4). Hamburg 1998, S. IX–CXXI, hier: XXII.
[307] Auffällig ist allerdings, dass Schopenhauer sein Urteil aus der längeren Abhandlung nicht mehr revidiert, dass sich neunzehn gültige Fälle aus der Kombination der vier grundlegenden Urteilsmöglichkeiten und den damit verbundenen allgemeinen Regeln für vier Figuren ergeben.

2 Die Logik und ihre geometrische Interpretation

(B2)? Kurz gefragt: Warum sind Schopenhauers analytische Diagramme besser als diskursive Beweistechniken?

Schopenhauer gibt in dem oben angeführten Zitat zwei Argumente für den Vorzug analytischer Diagramme gegenüber diskursiven Beweistechniken. Das erste Argument ist ein negatives, das zweite ein positives. Ich werde zuerst das negativ starke Argument (nsA) behandeln und darauf aufbauend auf das positiv starke Argument (psA) zu sprechen kommen.

(nsA) Ich hatte zu Beginn des Kap. 2.3.5 behauptet, Schopenhauer argumentiere vor allem dafür, dass eine rein diskursive geometria more syllogismorum solange problematisch sei, bis die Logik anschaulich more geometrico bewiesen werde. Schopenhauers Ansatzpunkt für dieses Argument ist eine Problematisierung der rein diskursiven Logik. Bei dieser Problematisierung greift er das bereits zu Beginn des Kap. 2.3 (und ferner in Kap. 2.3.4) angeführte empiristische und skeptische Traditionsargument von Sextus, Bacon, Reimers und Locke auf, das nach ihm auch Mill, Carroll, Goodman u.a. diskutiert haben: Die Syllogistik kann keine Beweistheorie liefern, in der Syllogismen durch Syllogismen bewiesen werden, da eine derartige Beweistheorie immer in eine der klassischen Tropen führe. Als problematisch wurde dabei vor allem die Axiomatisierung der deduktiven Logiken angesehen, da reduktive Beweisverfahren der einzelnen syllogistischen und aussagenlogischen Modi immer auf einen oder mehrere Grundsätze wie dem *dictum de omni et nullo* oder dem *dictum de si et aut* führten. Skeptiker und Empiristen verwarfen daher entweder die deduktive Logik ganz (Sextus, Locke) oder setzten ihr ganz oder teilweise eine induktive Logik entgegen (Bacon, Mill und ferner Arist. Eth. Nic. IV.3).

Schopenhauer knüpft an diese Kritik der reduktiven Beweisführung an, indem er vorsichtig ein schwaches Argument radikal verstärkt: Aristoteles gebe für jede syllogistische Regel immer einen Beweis, was eigentlich überflüssig sei (Z.11–13), so das schwache Argument. Dieses radikalisiert er aber insofern, als er die Unmöglichkeit eines solchen Beweisverfahrens anprangert: Der Strenge nach sei dieses reduktive Beweisverfahren unmöglich, denn der Beweis selbst sei ein Schluss und setze folglich die Regeln voraus (Z.13–15). Überträgt man auch dieses Argument wieder in die Schulsprache, so wird es noch deutlicher: Ein reduktives Beweisverfahren ist unmöglich, denn der Beweis besteht aus einem Modus und setzt folglich einen Modus voraus.

Schopenhauer reflektiert diese Aussage nicht noch einmal in abstracto, aber ich denke, man kann dieses Argument als Vorwurf eines klassischen Beweisfehlers ansehen: Die gesamte Beweistheorie selbst beruhe auf einem Beweisfehler, nämlich auf einer petitio principii. Wie Aristoteles erklärt (An. pr. II 16, 64b34ff.), liegt dieser Beweisfehler dann vor, wenn etwas Beweisbedürftiges durch etwas Beweisbedürftiges erklärt werde und nicht durch etwas, was keines Beweises bedürfe (bspw. Axiome). Schopenhauers Argument kann man meiner Meinung nach wie folgt verstehen: Wenn Schlüsse nun in der aristotelisch-scholastischen Logik bewiesen

2.3 Beweis – Elementargeometrie, Syllogistik und anschauliche Beweistheorie

werden, so scheinen sie beweisbedürftig zu sein. Wenn dies stimmt und Schlüsse beweisbedürftig sind, dann wird etwas Beweisbedürftiges durch etwas Beweisbedürftiges bewiesen, was eigentlich hätte durch etwas bewiesen werden müssen, was keines Beweises bedarf. Schlüsse müssen somit durch etwas bewiesen werden, was nicht selbst ein Schluss ist oder einen Schluss impliziert.

Schopenhauer scheint zwei Axiomtypen im Sinn zu haben: 1) Entweder die Axiome repräsentieren die Anschauung, dann bedürfen sie selbst keines Beweises und alles, was aus ihnen folgt, ist – genau gesprochen – kein Beweis, sondern Demonstration;[308] 2) oder aber die Axiome entsprechen nicht den Anschauungen, dann müssen sie aber gerechtfertigt werden. In jedem Fall sollten sie nur in denjenigen Wissenschaften verwendet werden, in denen man keinen Zugriff auf das hat, was keines Beweises bedürftig ist. Daher charakterisiert Schopenhauer Axiome und Grundsätze, aus denen Beweise folgen, auch als einen »Nothbehelf«, der dort verwendet wird, »wo uns die unmittelbare Erkenntniß durch Anschauung nicht zugänglich ist«.[309] Damit können bspw. formale Systeme gemeint sein, die sich nicht mehr auf Anschauungen zurückführen lassen. Wie in Kap. 1.2 gezeigt wurde, hat Schopenhauers Philosophie allerdings einen Zugriff auf die Anschauung als unmittelbare Quelle der Erkenntnis und braucht daher nicht auf einen solchen Notbehelf zurückgreifen. Zudem unterliegt für Schopenhauer jede Philosophie, die diese unmittelbare Erkenntnis leugnet, der selbstauferlegten Beschränkung eines fingierten Idealismus.

Aber für die Philosophie können Axiome und Grundsätze auch aus einem zweiten Grund nicht in Frage kommen: Die Philosophie, so Schopenhauer, muss diejenige Wissenschaft sein, in der jeder Satz ein Problem sein darf. Das ist gerade die differentia specifica der Philosophie zu allen anderen Wissenschaften, insbesondere zu denjenigen, die axiomatisch aufgebaut sind.[310] Das ist insofern von Bedeutung, da sonst die Grenzen zwischen der Philosophie und denjenigen Wissenschaften verschwimmen würden, mit denen sie sich denselben oder zumindest einen ähnlichen Gegenstandsbereich der Untersuchung zu teilen scheint, z.B. die Anschauung, die Natur, die Welt o.ä. Der Philosophie aber, schreibt Schopenhauer, »ist von vorn herein alles gleich unbekannt und fremd, sie beruht auf gar keinen Voraussetzungen«.[311] Philosophie ist die Wissenschaft, in der alles ein Problem sein darf. Erst durch diese Charakterisierung können die Fragen, die in allen anderen Wissenschaften unbefragt bleiben, und die Probleme, die in allen anderen Wissenschaften unproblematisch erscheinen, zum Bestandteil der philosophischen Untersuchung werden.

Die axiomatische Methode des Logizismus mag daher als streng mathematische oder vielleicht auch als streng naturwissenschaftliche Vorgehensweise angesehen werden. Den philosophischen Ansprüchen kann sie aber nicht genügen, da sie immer schon Voraussetzungen und methodischen Idealen folgt. Aus philosophischer Sicht

---

[308] WWV2 I, S. 131f.
[309] WWV2 I, S. 549.
[310] Vgl. dazu Jens Lemanski: Wissen, Wissenschaft, Wissenschaftslehre.
[311] WWV2 I, S. 549.

2 Die Logik und ihre geometrische Interpretation

ist dies problematisch: Repräsentieren die Axiome nicht die Anschauung, so werden sie entweder dogmatisch aufgestellt, unterliegen der oben dargestellten petitio principii oder sie werden durch immer weitere Axiome, Prinzipien oder Fundamente gestützt, die aber selbst wieder beweisbedürftig sind.[312] Dieses Begründungsproblem des Logizismus, das die Kantianer bereits in der Elementargeometrie aufgezeigt hatten, überträgt Schopenhauer auf die aristotelische Syllogistik – eine Logik, die bis zu ihrer Wiederbelebung und Weiterentwicklung in Bereichen wie der Generalized Quantifier Theory, Montague Grammatik, Numerical Term Logic, Natural Logic u.a. vor allem von Logizisten nur als simplifiziertes Fragment der Prädikatenlogik angesehen wurde, aber deren Fundamente doch nicht so einfach begründet werden können.

Diese skeptisch-empiristische Argumentation Schopenhauers kann wohl als ein (nsA) angesehen werden, da es (a) weder eine Verstärkung eines schwachen didaktischen Arguments ist (b) noch einen Aspekt benennt, der auch durch die diskursiv-deduktive Schlusslogik selbst gelöst werden kann. Schopenhauers Lösung des Problems lässt sich aber kurz zusammenfassen: Analytische Diagramme leisten etwas, was diskursive Schlüsse allein nicht leisten können. Schopenhauer kritisiert damit nicht nur wie Sextus oder Locke die aristotelisch-scholastische Syllogistik und setzt ihr auch nicht wie Bacon oder Mill eine induktive Logik entgegen, sondern er sucht eine neue Begründungsbasis in der Beweistheorie mittels analytischer Diagramme. Das (nsA) der Skeptiker und Empiristen wird somit zum Auftakt, um ein (psA) einzuleiten, das auf der Tradition von Euler, Lambert und Ploucquet aufbaut.

(psA) In dem oben angeführten Zitat erklärt Schopenhauer, dass es nur einen Weg gebe, die Regeln und Modi der Syllogistik zu beweisen, nämlich indem man sie ›deutlich mache‹ (Z.15), wodurch sie ›eingesehen werden können‹ (Z.16). Die Komposita des Deutlichmachens und des Einsehenkönnens bleiben im ersten Absatz des Zitats noch unbestimmt, allein der oben bereits erwähnte Zitatkontext – nämlich Schopenhauers Rechtfertigung des Gebrauchs der Diagramme in der Schlusslogik – deutet bereits darauf hin, was er unter den Ausdrücken verstanden wissen will: Die anschaulichen Schemata bzw. analytischen Diagramme seien es, die an die Stelle der traditionellen Beweistheorie gesetzt werden müssen. Auch die visuellen Grundworte des Deutens und Sehens in den Komposita ›deutlich machen‹ und ›eingesehen werden können‹ weisen schon auf die Visualisierung der Schlüsse mittels analytischer Diagramme hin.

Schopenhauer erklärt ferner, dass mit Hilfe dieser analytischen Diagramme die Vernunft die Notwendigkeit der Regeln und Syllogismen sogleich einsehe, weil die Regeln selbst der Ausdruck der Form der Vernunft, d.h. des Denkens sind (Z.16–18). Mit dem damit vorgebrachten Selbstanschauungsargument knüpft er an die Diskussion aus der Geometrie an, die ich in Kap. 2.3.1–2.3.3 vorgestellt habe: Analytische

---

[312] Nicht uninteressant ist die Frage, die aber eine eigenständige Untersuchung verlangen würde, inwieweit Schopenhauers Kritik an axiomatischen Systemen mit intuitionistischen Ansätzen übereinstimmt und sich von diesen unterscheidet.

2.3 Beweis – Elementargeometrie, Syllogistik und anschauliche Beweistheorie

Diagramme und geometrische Figuren sind keine empirischen Objekte oder Abstraktionen empirischer Objekte, sondern Formen des – kantisch gesprochen – äußeren Sinns. Schopenhauer hatte aber an zahlreichen Stellen seiner Dissertationsschrift sowie in WWV I und WWV2 betont, dass der äußere Sinn eine Eigenschaft des Gemüts ist und dass die dadurch vorgestellten räumlichen Gegenstände oder Erscheinungen und deren bestimmte oder jederzeit bestimmbare Gestalt, Größe und Verhältnis ein Produkt der menschlichen Einbildungskraft sind.

Ebenso wie in seiner Geometrie argumentiert Schopenhauer also auch in der Logik nicht für eine empirische Verifikation des diskursiv-deduktiven Schließens, sondern er bedient sich eines transzendentalen Arguments: Als rein apriorische Formen unserer Anschauungen sind die analytischen Diagramme die Bedingung der Möglichkeit, die Regeln und Modi logischen Denkens deutlich zu machen und einzusehen. Damit erkennt das diskursive Denken die Notwendigkeit seiner Regeln und Modi in der Form ihres eigenen visuellen Ausdrucks, und der Beweis eines deduktiven Schlusses erfolgt in der Einsicht seiner Möglichkeit.

Ich glaube, dass vor allem Schopenhauers (psA) der These Einhalt gebieten kann, dass Diagrammen keine eigenständige logische Funktion zukommt. Entgegen der rationalistischen Denkfigur, bei der aus dem Scheitern einer anschaulichen logica more geometrico ein Beleg für eine diskursive geometria more syllogismorum genommen wird, legt Schopenhauer mit seiner visuellen Beweistheorie den Grundstein für seine später in der WWV2 explizierte anschauungsbezogene Geometrie. Schopenhauers (nsA) wird zu einem Argument dafür, dass eine rein diskursive geometria more syllogismorum problematisch sein muss, da die Syllogistik selbst eine anschauliche Basis benötigt. Wenn sich Syllogismen aber anschaulich mittels einer visuellen Beweistheorie begründen, dann dürfte auch nichts dagegen sprechen, dass man die Syllogismen, die man in der Geometrie verwendet, selbst wieder auf eine anschauliche Basis setzt.

2.3.6 Eine ganz genaue Analogie zum Umfang der Begriffe

Ich habe im vorangegangenen Kapitel Schopenhauers Argumente dafür vorgetragen, dass logische Erkenntnisgründe zuletzt auf visuellen Seinsgründen beruhen. Ein starkes Argument gegen den Logizismus besagte, dass deduktive Schlüsse auf etwas beruhen müssen, das selbst keines Beweises mehr bedarf, und dass Axiome diese Rolle nur dann einnehmen sollten, wenn sie entweder selbst die Anschauung repräsentieren oder keine andere Instanz mehr zur Verfügung steht. Eine grundsätzliche Axiomatisierung erschien daher für mehrere Bereiche der Philosophie der Mathematik sinnvoll, aber als Anwendung auf die gesamte Philosophie unbrauchbar. Eine Ausweitung des Logizismus auf alle in Kap. 1 angegebenen Themenbereiche hieße nichts weniger, als den Raum der Gründe zu beschränken, während man den Raum der Begriffe beständig erweitern würde. Für die gesamte Philosophie kann das kein gangbarer Weg sein.

Schopenhauer hatte aufgrund dieses negativen Arguments ein positives entwickelt und behauptet, dass der Seinsgrund der Logik ein anschaulicher sei. Analytische Diagramme, wie er sie in der Tradition von Euler, Ploucquet u.a. benutzte, seien Ausdruck des Denkens selbst, da das Denken logische Schlüsse hervorbringe und diese selbst mittels der apriorischen Formen der Anschauung verifiziere. Das Selbstanschauungsargument, dem zufolge das Denken seine eigene Logik als apriorische Formen betrachtet, weist zwar faktisch darauf hin, dass es ein Beweisverfahren in der Logik gibt, das zuletzt auf einem Grund beruht, der selbst nicht bewiesen werden kann; aber es ist kein Argument, das erklärt, warum man Anschauungsformen als Begründungsbasis logischer Schlüsse ansehen kann. Schopenhauer selbst hat seit 1813 dieses Problem in der Beweistheorie der Geometrie und Logik festgemacht und es mehrfach explizit als Problem eingestanden und formuliert.

Das Problem tritt in der Dissertationsschrift zum ersten Mal an der Stelle auf, in der Schopenhauer sich genötigt fühlt, die Vierfachheit der Wurzel des Satzes vom Grund zu rechtfertigen. Schopenhauer erklärt, Kant habe derartige Rechtfertigungen wie bei seinen Kategorien durch eine Deduktion a priori gelöst. Aber: »Allein ich gestehe, daß ich die Möglichkeit einer Deduktion a priori der vier Klassen von Vorstellungen, welche uns allein gegeben sind, nicht einsehe.«[313] Es möge zwar einfach sein, derartige Deduktionen vorzugaukeln, allerdings wolle er seine Einteilung in die vier Klassen des Satzes vom Grund auf Induktion beruhen lassen, die keines anderen Beweises fähig sei, »als der Aufforderung, irgend ein Objekt zu finden, das unter keine der vier aufgestellten Klaffen gehörte, oder zwei von diesen als nur eine ausmachend darzustellen«.[314] Im Anschluss an diese Methodenreflexion erklärt er zwar auch, dass die »Einsicht in einen [...] Seynsgrund auch Erkenntnißgrund seyn kann«, aber warum dies der Fall sein kann, erklärt er nicht.[315]

In der WWV I und der WWV2 bespricht Schopenhauer das Problem zwischen diskursiven und visuellen Begründungsstrukturen genauer. Im Kontext der beiden bereits in Kap. 2.2.5 angegeben Zitat aus der WWV I und der WWV2, in dem Schopenhauer seine Kenntnisse über die Geschichte analytischer Diagramme (Euler, Ploucquet, Lambert) anführt, gibt er folgendes Geständnis ab, das je nach Fassung leicht variiert:

WWV (1819), § 9	WWV2
Worauf diese so genaue Analogie zwischen den Verhältnissen der	Nämlich zwischen den möglichen Verhältnissen, die Begriffe zu einander haben können, und den Lagen in

---
[313] G (1813), S. 23 (= § 17).
[314] G (1813), S. 24 (= § 17).
[315] G (1813), S. 93 (= § 37).

2.3 Beweis – Elementargeometrie, Syllogistik und anschauliche Beweistheorie

Begriffe und denen räumlicher Figuren zuletzt beruhe, weiß ich nicht anzugeben. Es ist inzwischen für die Logik ein sehr günstiger Umstand, daß alle Verhältnisse der Begriffe sich sogar ihrer Möglichkeit nach, d.h. a priori, durch solche Figuren anschaulich darstellen lassen [...].[316]

welchen man Kreise zusammenstellen kann ist eine ganz genaue und schlechthin durchgängige Analogie. Dies ist für die Betrachtung die wir jetzt vorhaben ein überaus glücklicher Umstand; worauf jedoch derselbe zuletzt beruht, weiß ich nicht näher anzugeben.[317]

Dieses vor etwa zweihundert Jahren publizierte Geständnis ist in der Rezeptionsgeschichte der schopenhauerschen Philosophie meines Wissens nur einmal in einem 1949 verfassten Aufsatz aufgegriffen worden, der aber ein Beispiel für das anschauungsskeptische Paradigma ist, da er leider mangelhafte Kenntnisse von der Geschichte und der systematischen Funktion analytischer Diagramme bezeugt.[318] Dennoch ist der Verfasser berechtigt, die Eigenartigkeit der Textstelle zu betonen, die darin besteht, dass der sonst nicht unbedingt bescheidene Schopenhauer bei der Frage nach der Begründung der angegebenen Analogie seine Unwissenheit einräumt. Im Folgenden soll die These verteidigt werden, dass Schopenhauer eine durchaus befriedigende Antwort auf das genannte Problem gegeben hat, ohne aber die damit verbundene Leistung seiner Beantwortung erkannt oder zumindest betont zu haben.[319]

Die genannte »genaue Analogie« (WWV) bzw. »ganz genaue und schlechthin durchgängige Analogie« (WWV2), die Schopenhauer zwischen den Begriffen auf der einen und den »räumlichen Figuren« (WWV) bzw. »den Lagen[,] in welchen man Kreise zusammenstellen kann« (WWV2), sieht, wird nämlich noch einmal in der großen Logik besprochen: Ich hatte in Kap. 2.3.5 erklärt, dass ich die schwachen Argumente (A3) und (A4) dort aussparen wollte; jetzt aber, in dem vorliegenden Kapitel, möchte ich auf sie zurückkommen, da sie einen Aspekt betonen, der nicht oder nicht nur mit der in Kap. 2.3.5 behandelten Beweistheorie in Verbindung steht: (A3) besagt, dass man mit anschaulichen Schemata die Begriffsrelationen auf die leichteste Weise einsehen könne, und (A4) gilt der Tatsache, dass analytische Diagramme die aus den Begriffsrelationen entspringenden Notwendigkeiten zur leichtesten Fasslichkeit bringen.

---

[316] WWV I (1819), S. 63.
[317] WWV2 I, S. 269.
[318] Vgl. Gerhard Klamp: Vom Symbolgebrauch geometrischer Figuren in der Logik. In: Schopenhauer-Jahrbuch 33 (1949/-50), S. 39–65.
[319] Vielmehr hat er, wie dem letzten Absatz des in Kap. 2.3.5 angegebenen Zitats zu entnehmen ist, seine Pionierleistung in der durchgängigen Verwendung analytischer Diagramme in der Schlusslogik gesehen, die aber im Vergleich zu den in Kap. 2.2.2 und 2.2.3 aufgeführten Autoren (insbes. Weigel, Leibniz und Lange) relativiert werden muss.

2 Die Logik und ihre geometrische Interpretation

Beide Argumente befinden sich in einem Satz innerhalb des zweiten Absatzes des in Kap. 2.3.5 angeführten Zitats (Z.21–25) und werden schon allein aufgrund ihrer gemeinsamen Stellung im Text kaum als bedeutungsgleiche Aussagen gemeint sein, obwohl beide Argumente sowohl auf die Leichtigkeit als auch auf die Begriffsrelationen hinweisen. In (A3) werden allerdings nur die Begriffsrelationen betont, während in (A4) die aus den Begriffsrelationen entspringenden Notwendigkeiten hervorgehoben werden. Die beiden schwachen Argumente werden zudem durch eine vorangegangene Stützung (St) bekräftigt: »da sie [sc. die anschaulichen Schemata] eine ganz genaue Analogie zum Umfang der Begriffe haben« (Z.20f.).

Es mag ein Zufall sein, dass Schopenhauer im zweiten Absatz des in Rede stehenden Zitats die Abfolge 1. (St), 2. (A3), 3. (A4) gewählt hat; allerdings entsprechen alle drei Punkte in ihrer Abfolge genau seinem kompositionalistischen Aufbau der Logik, wie ich ihn in den Kap. 2.1, 2.2 und 2.3 dargestellt habe: 1. Begriff (ganz genaue Analogie zum anschaulichen Schema), 2. Urteil (Verhältnisse der Begriffe zueinander), 3. Schluss (Notwendigkeiten, welche aus diesen Verhältnissen entspringen). Nimmt man die Abfolge ernst, lässt sich daraus ein Hinweis entnehmen, worauf die ganz genaue und schlechthin durchgängige Analogie beruhen kann.

Schopenhauer hatte in der Begriffslogik erklärt, dass es das sensualistische Wesen des Begriffs sei, Dinge zu begreifen: Bei der ursprünglichen Begriffsbildung seien von den Dingen in einem (nicht-individuell zu verstehenden) Abstraktionsprozess Bestimmungen abgesondert worden, denen man dann eigene Wörter zugeordnet habe (Kap. 2.1.5, 2.2.6). Individuen erlernen diese Begriffe, indem sie diese in den verschiedenen Kontexten gebrauchen, in welchen sie das Wort gefunden haben. Erst durch diesen kontextuellen Gebrauch abstrahieren sie die wahre Bedeutung des Worts und finden so den Begriff, den das Wort bezeichnet (Kap. 2.1.5).

Die Gebrauchskompetenz ermöglicht es, dass Sprecher Relationen der Begriffe in Urteilen explizieren, die dann wiederum von anderen oder anhand eines neu erscheinenden Gegenstandbezugs revidiert werden können (Kap. 2.1.6, 2.2.6). Können Sprecher gute Gründe dafür angeben, warum die Sphäre oder der Bedeutungsumfang eines Begriffs notwendig oder immer in der eines anderen enthalten ist, so handelt es sich um sogenannte analytische Urteile; können sie es nicht, sind die Urteile synthetisch (Kap. 2.2.5).

Werden Begriffe mehrfach in Relation zu Urteilen zusammengesetzt, so entstehen daraus Schlüsse, deren Gültigkeit anhand der sich teilweise oder vollständig überdeckenden oder nicht-überdeckenden Sphären bewiesen werden kann (Kap. 2.3.5). Die Beweiskraft analytischer Diagramme beruht darauf, dass die logischen Begriffe mittels Sphären und die geometrischen Begriffe mittels ihrer eigens definierten Semantik a priori vorgestellt und damit eingesehen werden können (Kap. 2.3.2, 2.3.5, 2.3.6).

Bevor ich auf den letzten Aspekt, der eine Beziehung zwischen dem Begriff und dem geometrischen Diagramm andeutet, noch einmal zu sprechen komme, möchte ich mit Hilfe des zweiten Absatzes des in Kap. 2.3.5 angeführten Zitats eine mögliche

2.3 Beweis – Elementargeometrie, Syllogistik und anschauliche Beweistheorie

Antwort auf die in der Dissertationsschrift, in WWV I und WWV2 aufgeworfene Frage geben, worauf die Analogie zwischen dem diskursiven und visuellen Denken bzw. den logischen Erkenntnisgründen und den visuellen Seinsgründen beruht. Die Antwort könnte bspw. lauten: Begriffe sind ursprünglich Abbildungen von Anschauungen, die durch den kontextuellen Gebrauch erlernt werden, in Relation zueinander analytische oder synthetische Urteile bilden, aber auch neue Erkenntnisse durch Schlüsse mit mehrfachen Begriffsrelationen hervorbringen können.

Ich möchte abschließend in diesem Kapitel noch eine These aus Schopenhauers Berliner Vorlesungen aufgreifen, die die oben angedeutete Semantik geometrischer Begriffe betrifft und die meines Ermessens eine Trennung von Begriffen in Synkategoremata und Autokategoremata aufmacht. Schopenhauer hatte diese Trennung zwar in der großen Logik – vor allem bezüglich Eigennamen – verworfen (Kap. 2.1.3, 2.2.5), er greift sie aber in seiner Raumlehre wieder auf, da geometrische Begriffe keine Analogie zu »Lagen[,] in welchen man Kreise zusammenstellen kann«, oder »räumlichen Figuren« aufweisen, sondern selbst Ausdruck apriorischer Formen des äußeren Sinns sind. Damit greift Schopenhauer ein Argument auf, das Crusius, Kant, Schultz und auch viele andere Geometer und Philosophen nach Schopenhauer angedeutet haben (Kap. 2.3.1, 2.3.3).

Wie in Kap. 2.3.2 und 2.3.5 berichtet, hatte Schopenhauer erklärt, dass sich in der rationalistischen Geometrie nur die Axiome auf die Anschauung berufen können, der Rest in diesem Fall aber bewiesen werde. Wie es aber zu der Anschaulichkeit der Axiome kommt, erklärt Schopenhauer meines Wissens derart ausführlich nur in den Berliner Vorlesungen. Der Raum, so erläutert Schopenhauer, sei der einzige Begriff, auf den auch die Kategorie der Einheit bzw. der Einzigkeitsquantor anwendbar sei,[320] da jener nicht aus der Erfahrung abstrahiert wurde, sondern auf einer einzelnen Anschauung beruhe und alle sogenannten Räume nur Teile eines einzigen wären, der damit überhaupt die Bedingung der Möglichkeit von Erfahrung sei.[321] Auch geometrische Begriffe bezögen sich augenblicklich auf eine von der Erfahrung unabhängige Anschauung, obwohl die empirische Anschauung diese jederzeit müsse begleiten können:[322]

> [...] [G]eometrische Begriffe, werden ohne Erfahrung willkürlich gebildet, dann in einer Anschauung (die beliebig durch materielle Mittel für die Sinne unterstützt werden kann oder nicht) vollzogen, welche nun aber viel mehr Eigenschaften liefert als der Begriff enthielt, welche Eigenschaften jedoch eben so gewiß und von der Erfahrung unabhängig sind als der beliebig und willkürlich gefaßte Begriff. – Der geometrische Begriff ist die bloße Anleitung oder Regel zu einer (in der Phantasie) zu vollziehenden Anschauung: ist diese ihm gemäß vollzogen; so steht sie da, so objektiv wie irgend ein in der Erfahrung

---
[320] Siehe oben, Kap. 2.1.3, 2.2.5.
[321] Vgl. WWV2 I, S. 128f.
[322] Vgl. WWV2 I, S. 131f.

gegebenes Objekt, mit vielen wesentlichen Eigenschaften, die er nicht expreß angab und die sich doch nicht mehr vermindern oder vermehren, sondern bloß entdecken und auffinden lassen. Dennoch ist er kein bloßes Gedankending: denn alle wirklichen Dinge die in räumlicher Beziehung ihm entsprechen stellen auch alle mit ihm gesetzten Eigenschaften dar.[323]

Inwiefern geometrische Begriffe eine bloße Anleitung oder Regel sind, erklärt Schopenhauer an zahlreichen Beispielen. So nimmt er bspw. Urteile wie `Ein Viereck könne höchstens drei stumpfe oder spitze Winkel haben, aber vier rechte` und erklärt, dass deren Wahrheit und Gewissheit nicht aus der Tatsache resultiere, dass die jeweiligen Begriffe der Winkeleigenschaften im Begriff des Vierecks enthalten seien, sondern dass man augenblicklich die Regeln des Urteils in der Phantasie und Einbildungskraft befolgt und dadurch einsieht, ob man alle begrifflichen Regeln mit einem Diagramm bzw. einer Figur demonstrieren könne: Eine Figur kann zwar die Eigenschaft haben, als Viereck bezeichnet zu werden und vier rechte Winkel zu besitzen, aber es lasse sich nicht die Regel befolgen, in einer Anschauung eine Figur zu bilden, die man ›Viereck‹ nennt oder nennen kann und die gleichzeitig auch vier spitze Winkel aufweist.

Es drängt sich nun wohl der Verdacht auf, dass geometrische Begriffe Eigenschaften besitzen, von denen ich in Kap. 2.1 behauptet habe, dass man diese in Schopenhauers Semantik nicht finde: Sie ähneln Autokategoremata, wie ich sie in den Kennzeichnungstheorien von Frege, Russell und Whitehead gefunden habe, und sie nötigen den Begriffsverwender zu einer Art des Regelfolgens, die an Wittgensteins Merkmal der Gebrauchstheorien der Bedeutung erinnert, wie in Kap. 2.1.5 herausgearbeitet wurde. Dennoch muss man bezüglich eines solchen Verdachtes vorsichtig sein.

Die Nähe zu den Autokategoremata erklärt sich dadurch, dass geometrische Begriffe ihre Semantik selbst hervorbringen und dass diese nicht aus empirisch entnommenen Anschauungen oder bereits vorhandenen Bedeutungen abgezogen wird. Als Autokategoremata nötigen die geometrischen Begriffe den Begriffsverwender dazu, die Bedeutung des geometrischen Begriffs in eine Anschauung umzusetzen. Beide Eigenschaften geometrischer Begriffe zeigen damit aber weniger eine Verwandtschaft als vielmehr wesentliche Unterschiede zu den Theorien der nachfregeschen Sprachphilosophie auf: Schopenhauers Autokategoremata sind keine Eigennamen, und Schopenhauers Regelfolgen besitzt kein sprachliches Zentrum.

Die Demonstrations- oder Beweistheorie, die Schopenhauer in der Geometrie anbietet, kommt zwar die Ähnlichkeit mit der Logik zu, auf einen einzigen Seinsgrund zu referieren, unterscheidet sich aber dadurch von der Logik, als die Begriffe der Geometrie als Regeln und Aufforderungen verstanden werden können, während die

---

[323] WWV2 I, S. 132.

2.3 Beweis – Elementargeometrie, Syllogistik und anschauliche Beweistheorie

logischen Begriffe erst ihre Metaphorik und Analogie zu den apriorischen Anschauungen rechtfertigen müssen. Ein Urteil darüber, ob die oben angeführte Erklärung für die Analogie zwischen dem diskursiven und visuellen Denken bzw. den logischen Erkenntnisgründen und den visuellen Seinsgründen eine überzeugende Interpretation aus dem zweiten Absatz des in Kap. 2.3.5 angeführten Zitats ist, kann ich natürlich nur dem Rezipienten überlassen. Entscheidend erscheint mir aber das daraus gezogene Resultat, dass Schopenhauer eine derartige Erklärung für die Geometrie nicht benötigt, da es seiner Meinung nach zwar leichter und besser sei, wenn man in der logischen Beweistheorie und Semantik die Erkenntnisgründe auf die Seinsgründe zurückführe; jedoch müssten die geometrischen Begriffe von den Seinsgründen auf die Erkenntnisgründe erst übertragen werden. Die visuelle Geometrie ist somit aus semantischen Gründen letztlich doch das Vorbild für eine logica more geometrico.

3 Logik und Welt

Ich habe im Vorwort zu dieser Schrift erklärt, dass es mein Ziel ist, für eine Variante eines rationalen bzw. nichtnaiven Repräsentationalismus zu argumentieren, der in der Lage ist, die These zu vertreten, dass der Raum der Gründe größer sein muss als der Raum der Begriffe. Diese These stellt das Fundament dar, um eine Revision der herrschenden Meinung in Gang zu bringen, die sich mit der Beziehung von Welt und Sprache, von Metaphysik und Logik beschäftigt. In den Kapiteln 1 und 2 wurden gute Gründe dafür vorgebracht, dass es ein vorschnelles Urteil ist, jeden Repräsentationalismus nur allein deshalb als naiv abzutun, weil sein Untersuchungsgegenstand nicht auf die Semantik von Begriffen, Urteilen und Schlüssen beschränkt bleibt. Dennoch bin ich der Meinung, besonders in Kap. 2 gezeigt zu haben, dass die Semantik eine entscheidende Rolle spielt, um beurteilen zu können, ob ein Repräsentationalismus naiv genannt werden muss oder nicht.

Das Entscheidungskriterium, ob ein Repräsentationalismus *naiv* ist oder nicht, wird meistens von rationalistischen Semantiken festgelegt.[1] Die Naivität des Repräsentationalismus zeichnet sich durch die kausaltheoretischen Annahmen aus, dass zum einen das unschuldige Auge die Welt in einer repräsentativen Logik eingefangen hat, und zum anderen dass die Logik die Welt dann repräsentiert, wenn die kausale Übertragung von dieser in jene eine merkliche Ähnlichkeit zwischen beiden hervorgebracht hat. Aus logizistisch-inferentialistischer Sicht gibt es aber nur eine Übersetzung zwischen der Welt und der Logik, und diese beiden Bereiche sind nur vermeintlich voneinander getrennt.

Da die Welt selbst logisch verfasst sei oder sich nur aus der Logik verstehen lasse, geht der naive Repräsentationalismus von einem logisch verhafteten Auge und von der Annahme einer fakultativen Äquivalenz zwischen zwei Sprachen aus, von denen die erste scheinbar exogen und die andere endogen sei oder – intensionallogischer formuliert – die erste externalistische und die zweite internalistische Attribute erhalten soll.[2] Es gilt als naiver oder unerklärter Erklärungsversuch, schlichtweg zu behaupten, dass die Bezeichnung Spinne ein Abbild des Objekts ist, das mit dem Ausdruck Spinne oder einem mit ihm vollständig substituierbaren Ausdruck bezeichnet wird. Die Naivität dieser Behauptung beruht aus rationalistischer Sicht darauf, dass mit der Behauptung eines Unterschieds weder gute Gründe für die Differenz zwischen einem externalistischen und einem internalistischen Vokabular noch für eine fakultative Äquivalenz zwischen der Bezeichnung und dem Bezeichneten gegeben wurden oder

---

[1] Vgl. Jaroslav Peregrin: Inferentialism, Kap. 1.1, 2.4.
[2] Vgl. A.J. Ayer: Foundations of Empirical Knowledge. London 1940.

3 Logik und Welt

auch gegeben werden können.[3] Der Repräsentationalismus ist folglich dann naiv, wenn er eine Abbildungstheorie begründen will, die bereits eine semantische Abbildungstheorie voraussetzt, welche darüber hinaus auch noch problematisch ist. Die Logik eines solchen Repräsentationalismus gibt somit vor, nicht vorrangig rational zu sein.

Ich habe in Kap. 1 und 2 dafür argumentiert, dass sich mindestens eine historische Variante des Repräsentationalismus darstellen lässt, die insofern nicht als naiv abgetan werden kann, als deren Theorie der Abbildung einer Logik unterliegt, die auf einer nicht-repräsentationalistischen Semantik aufgebaut ist. Es mag somit Forschungsprogramme geben, die das Ziel haben, die gesamte Welt in möglichst wenigen abstrakten Begriffen abzuspiegeln, ohne dass dabei die Bedeutung der Begriffe nur durch eine problematische Referenz auf die Objekte, die sie bezeichnen sollen, erklärt wird. Eine derartige Semantik hat gegenüber naiven Repräsentationalismen den Vorteil, weder eine fakultative Äquivalenz zwischen zwei Sprachen behaupten noch die Differenz zwischen externalistischen und internalistischen Attributen aufgeben zu müssen.

Ich werde in Kap. 3 zeigen, dass ein derartiger Repräsentationalismus sich nicht nur gegenüber Naivitätsvorwürfen wehren, sondern auch einen Begründungsbeitrag für diejenigen Programme leisten kann, die ihren Untersuchungsgegenstand allein auf die Logik beschränken und die Welt höchstens als etwas auffassen, was nur aus der Logik heraus begriffen werden kann. Wie in Kap. 2.3 diskutiert, neigen allerdings derartige logizistische Programme dazu, entweder in einen infiniten Regress von Metatheorien oder in einen Zirkel von Regeln und Axiomen oder in einen Dogmatismus ontologischer Behauptungen zu verfallen. Kap. 3.1 wird aufzeigen, dass die interne Kritik der inferentialistischen Programme des modernen Rationalismus diese Tendenz bestätigt und dass die aus der Kritik hervorgehende beste Alternative die Festlegung auf einen Grundsatz der Logik zu sein scheint (Kap. 3.1.3). Kap. 3.2 wird auf der Basis dieser Kritik einen Ausweg aus dem Begründungsproblem inferentialistischer Programme in Form eines nichtnaiven Repräsentationalismus anbieten. Dieses Kapitel wird zeigen, dass der Inferentialismus und der rationale Repräsentationalismus auf demselben Grundsatz aufbauen; allerdings betont der nichtnaive Repräsentationalismus, dass der Grundsatz über seine rationale Festlegung im Raum der Begriffe hinaus angelegt ist.

Kap. 3.1 liefert eine Gegenüberstellung derjenigen inferentialistischen Programme, die vorgeben, gute Gründe dafür zu haben, die Frage, in welchem Verhältnis sich Logik und Welt zueinander befinden, einseitig zu beantworten. Die Kritik des inferentialistischen Rationalismus an mehr oder weniger empiristischen und kausaltheoretischen Programmen wird zeigen, dass Begriffe wie `Logik` und `Welt` je nach Sichtweise unterschiedliche Bedeutungsumfänge mit sich bringen: Während aus Sicht

---

[3] Vgl. Wilfrid Sellars: Der Empirismus und die Philosophie des Geistes. Übers. u. hrsg. v. Thomas Blume. Paderborn 1999, § 9.

des Rationalismus naive empiristische Programme daran scheitern, dass es keine vollständige Überschneidung zwischen dem logischen Raum und dem weltlichen Raum gibt, so dass dieser auch als Grund für Behauptungen in jenem herangezogen werden kann, argumentieren sie selbst dafür, dass die Welt immer schon logisch durchdrungen sei und der logische Raum deckungsgleich ist mit dem Raum der Gründe oder – besser gesagt – diesen exakt überdeckt.

Es werden in Kap. 3.2 Argumente dafür vorgebracht, dass *der Raum der Gründe sich weiter erstreckt als der Raum der Begriffe* oder, um im Bild der Sprache zu bleiben, dass der Bedeutungsumfang des Begriffs Raum der Gründe weiter ist als die Bedeutungssphäre des Ausdrucks Raum der Begriffe. Im Unterschied zu Inferentialisten gehe ich somit davon aus, dass das Bild der Überdeckung beider Räume ebenso unzutreffend ist wie die kausaltheoretische Vorstellung von Empiristen, die vom Rationalismus als naiv abgetan wird, da dieser behauptet, dass es nur eine teilweise Überdeckung beider Räume gebe. In Anlehnung an den Inferentialismus glaube ich zwar, dass unser primärer Zugang zum Raum der Gründe über den logischen Raum der Begriffe erfolgen kann; aber im Unterschied zu ihnen, verweise ich darauf, dass in diesem bereits Indikatoren vorhanden sind, die auf einen viel weiteren Raum hinweisen, der den Namen Raum der Gründe trägt.

Ich werde dafür eintreten, dass diese Indikatoren Repräsentationalisten dazu veranlassen können, die Behauptung ernst zu nehmen, dass der logische Begriffsraum bereits Übertragungen aus dem Raum der Gründe enthält. Diese Fremdkörper im logischen Raum können zwar eine begriffliche Rolle in Urteilen spielen, sie sind aber nur vordergründig begrifflicher Natur; das wird dann ersichtlich, wenn man gewissermaßen über ihre Erscheinung hinweg, aus dem logischen Raum hinaus in eine viel weitere Welt der Gründe schaut.

Um die Ernsthaftigkeit dieser Behauptung zu fundamentieren, wird in Kap. 3.2.1 die nicht nur für den Inferentialismus, sondern auch für den nichtnaiven Repräsentationalismus verbindliche Gebrauchstheorie der Bedeutung durch eine Abstraktionstheorie ergänzt. Inferentialisten, so wird das Kap. 3.1 zeigen, lehnen die individuell-subjektive Abstraktionstheorie zusammen mit kausal- und sogenannten transzendenztheoretischen Erklärungen ab und versuchen schließlich, die dadurch fehlende Referenz aus der Logik herzuleiten. Die Abstraktionstheorie, die in Kap. 3.2 favorisiert wird, ist allerdings nicht individuell konzipiert. Ich vertrete vielmehr eine Form der Abstraktionstheorie, wie sie ansatzweise auch aus Kap. 2.1 und 2.2 herausgelesen werden kann und die der sogenannten intersubjektiven, kollektiven oder »anthropologischen Theorie des Begriffs« zugeordnet werden kann.[4]

Dadurch, dass die individuelle Abstraktionstheorie durch eine intersubjektive und soziale Variante ersetzt wird, eröffnet sich ein Weg, um einige problematische ontologische Aussagen der Inferentialisten zu umgehen, die mit einer Theorie der

---

[4] Vgl. Hans Blumenberg: Theorie der Unbegrifflichkeit. Frankfurt a. M. 2007.

3 Logik und Welt

Konkretion, der Eigennamen und definiten Kennzeichnungen verbunden sind. Die hier vorgeschlagene intersubjektive und kollektive Semantik unterscheidet nicht zwischen singulären und generellen Termini, sondern sie unterscheidet den Abstraktionsgrad von Begriffen. Wie sich das in Kap. 3.1 etablierte Kriterium einer sich an der Vernunft orientierenden Natürlichkeit erfüllen lässt, wird in Kap. 3.2.2 gezeigt.

In Kap. 3.2.3 möchte ich schließlich unter Zuhilfenahme der kollektiven Abstraktionstheorie der Bedeutung eine Unterscheidung zwischen Übersetzungen und Übertragungen vornehmen, die in kontextueller Hinsicht die Unterscheidung des Abstraktionsgrads und der Ausdrucksstärke von Begriffen betrifft. Meiner Meinung nach kann man die These verantworten, dass bestimmte Übertragungen aus dem Raum der Gründe zwar eine begriffliche Rolle einnehmen, ihr Abstraktionsgrad aber derart konkret ist, dass sie sich nicht übersetzen lassen, ohne dass ihre Ausdrucksstärke darunter leidet. Schließlich entspricht es meinem Standpunkt, dass wir in dem in Kap. 3.1.3 aufgezeigten Grundsatz, der die inferentialistischen Programme begründet, derartige Übertragungen vorfinden. Im Unterschied zum Inferentialismus und Logizismus plädiere ich aber nicht dafür, diese im Grundsatz vorgefundenen Übertragungen zu übersetzen oder zu ignorieren, sondern sie als Basis der Systematik und Historie der geometrischen Logik anzusehen, so wie sie in Kap. 2 vorgestellt wurde. Durch die Annahme dieser Übertragungen im Grundsatz erweitert sich nicht nur der Raum der Gründe über die Grenzen des Raums der Begriffe, sondern sie erweitert auch den Inferentialismus um eine Begründung, die Grundlage für die geometrische Logik ist, welche wiederum die Rationalität und Nichtnaivität des Repräsentationalismus verbürgt.

3.1 Inferentialismen

Inferentialistische Programme definieren sich durch die ihnen gemeinsame Abschwörung des alten Aberglaubens, es gebe unmittelbare und nicht-inferentiell verfasste Gegebenheiten, die als Grund von Erkenntnis fungieren.[1] Der Grund wird im Zusammenhang mit dieser Position entweder als Begründung und Rechtfertigung einzelner Behauptungen und Meinungen oder als letzte Berufungsinstanz von Erkenntnis überhaupt verstanden. Dabei spielt es zunächst keine Rolle, ob mit dieser Begründung durch oder mit der Berufung auf einen Grund wissenschaftliche oder alltägliche Erkenntnisse gemeint sind; vielmehr sind Begründungen und Berufungen eine die Wissensproduktion oder -erhaltung immer einbeziehende Tätigkeit. Damit wird eine weitere Grundposition hervorgehoben, die alle Inferentialisten teilen: Selbst wenn die Rede von unmittelbaren Gegebenheiten in einem bestimmten Kontext sinnvoll wäre,

---

[1] Vgl. Wilfrid Sellars: Der Empirismus und die Philosophie des Geistes, §§ 3, 5.

3 Logik und Welt

würden Begründungsleistungen nicht mit diesen unmittelbaren, sondern immer mit konzeptuell gegliederten Tatsachen erbracht. Tatsachen sind insofern schon immer begrifflich stark in Inferenzen eingegliedert, da es mit Sprechakten des Begründens unvereinbar wäre, könnten Gegebenheiten selbst eine Rolle im Spiel des Gebens und Verlangens von Gründen einnehmen.

Inferentiellen Programmen ist es wesentlich zu betonen, dass sprachliche Zusammenhänge durch *konzeptuelle Inhalte, durch propositionale Rollen und durch inferentielle Regeln* gestiftet und gegliedert werden. Begriffe, Urteile und Schlüsse bilden einen Spielraum, in dem Gründe und Rechtfertigungen öffentlich ausgetauscht werden können, sie werden gebilligt oder verworfen. Damit ist auch die Möglichkeit gegeben, dass Zusammenhänge nicht nur Genealogien aufweisen, die sich von einem beliebigen Rezipienten bis zu einem originären Sprecher zurückverfolgen lassen, sondern dass sie auch Traditionen entstehen lassen können, die sich in ganzen Sprachgemeinschaften als kulturelle Phänomene bemerkbar machen.[2] Infolgedessen definieren sich Sprachgemeinschaften durch eine grundlegende Anzahl von Begriffen, Urteilen und Schlüssen, die sie entweder billigen oder verwerfen.

Das öffentliche Spiel des Begründens und Rechtfertigens stellt einen einzigen zusammenhängenden Raum dar, der von Sprechern zunächst durch denjenigen begrifflichen Gehalt gefüllt wird, der in Urteilen vorgebracht und gebilligt wird. Der Gebrauch dieser Begriffe in Urteilen und die Rolle von Urteilen in Inferenzen wird weiterhin durch ebensolche grundlegenden Regeln festgelegt, die im Zusammenhang darüber entscheiden, wie begründungs- und rechtfertigungsbedürftig sowohl die gebrauchten Begriffe als auch die mit ihnen geäußerten Urteile sind. In der Regel werden Urteile, die aus anderen gebilligten Urteilen zusammenhängend gefolgert werden, wiederum eher gebilligt als solche, die unzusammenhängend vorgebracht wurden. Die Forderung nach Zusammenhang, Lückenlosigkeit und Ungeteiltheit ist somit eine wesentliche Auszeichnung des Inferentialismus und eine weitere Grundposition. Die Absetzung des alten Aberglaubens, es gäbe unmittelbare und nicht-inferentielle Gegebenheiten, wird dabei nicht als Lücke aufgefasst, da nicht reine, sondern konzeptuell gegliederte Tatsachen in Inferenzen den Zusammenhang im öffentlichen Spielraum konstituieren, in dem Gründe und Rechtfertigungen ausgetauscht werden. Die Abschwörung des alten Aberglaubens von unmittelbaren Gegebenheiten ist gleichzeitig ein Bekenntnis zu einem konzeptuellen, propositionalen und inferentiellen Zusammenhang im logischen Raum. Im Zusammenhang mit Begründungsleistungen ist das das Bekenntnis zu einer Privilegierung eines Raums der Begriffe, und darüber hinaus ist die Abschwörung des Glaubens an nichtbegrifflich Gegebenes ein wesentliches Merkmal des Rationalismus.

Der Inferentialismus begründet sich in seiner modernen Gestalt in drei wesentlichen Programmen, die selbst wiederum in verschiedene Standpunkte eingeteilt werden und sich von anderen abgrenzen. Seine eigene Begründung erfolgt durch die

---

[2] Vgl. John McDowell: Geist und Welt, Kap. VI.7; VI.8.

3.1 Inferentialismen

Privilegierung der jeweiligen Zusammenhänge im Raum der Begriffe, der als deckungsgleich mit dem Raum der Gründe gilt oder diesen überdeckt: Der erste Inferentialismus sieht die Basis seines Programms im Begriff, der aus dem Raum der Gründe *gebildet* wird und dergestalt im Urteil und Schluss gebraucht werden kann; das zweite Programm betont, dass aus der Materialität der Urteile sowohl die Richtigkeit der Inferenzen als auch die auf den Raum der Gründe verweisenden Fächer von Begriffen *entwickelt* werden; der letzte Inferentialismus argumentiert, dass die Basis des Begriffs und die Materialität des Urteils aus der Form des Schlusses *abgeleitet* werden, so dass es einer grundsätzlichen Regel bedarf, um die Rolle der Urteile und den Gebrauch der Begriffe zu bestimmen.

Die Kritik dieser Formen des Rationalismus erfolgt aus sich selbst, da die Inferentialismen ihre Begründungen ebenso nach dem Gebrauch, der Rolle und der Regel ihrer Programme prüfen, wie sie auch die kausal-, transzendenz- und abstraktionstheoretischen Standpunkte in Frage stellen, von denen sie sich abgrenzen. Die Geschichte dieser Kritik ist die Geschichte ihrer eigenen Bildung, Entwicklung und Ableitung von einer konzeptuellen Basis, durch eine propositionale Materialität und zu einer allgemein gebilligten inferentiellen Regel. Für die These, dass eine Übertragungsleistung die Basis und das Material dieser Regel darstellt, wird in Kap. 3.2 argumentiert.

3.1.1 Basisinferentialismus

Durch das Bekenntnis zur Ungeteiltheit, zum Zusammenhang und zur Lückenlosigkeit erscheinen Brüche für das *inferentielle Programm* überaus problematisch. Wird der öffentliche Spielraum um unbegriffliche Gegebenheiten erweitert, läuft die Praxis des Begründens und Rechtfertigens Gefahr, durchbrochen zu werden. Gegebenheiten verlangen Rechtfertigungen durch sprachliche Zusammenhänge, erst dadurch treten sie in den öffentlichen Raum der Gründe. Im Gegenzug werden Gegebenheiten, wenn diese selbst keine begrifflichen Inhalte besitzen sollen und damit auch keinen inferentiellen Regeln unterliegen können, als Brüche oder Lücken sowohl im logischen als auch im genealogischen Zusammenhang aufgefasst: Ihnen kann die Eigenschaft zukommen, weder eindeutig gebilligt noch verworfen zu werden, da ihr begrifflicher Gehalt, der über ihren öffentlichen Zusammenhang entscheidet, gerade die Eigenschaft ist, die sie vermissen lassen. Wird der begriffliche Gehalt vermisst, so führt dies auch zu genealogischen und schließlich traditionellen Lücken, weil sich öffentlich geforderte Begründungen und Rechtfertigungen in Sprachgemeinschaften nicht mehr inferentiell zurückverfolgen lassen.

Als ein *Beispiel* für eine derartige Lücke kann das Bild dienen, das in Form einer geometrischen Figur eine solche unbegriffliche Gegebenheit in einem Rechtfertigungskontext darstellt: Ein Sprecher verlangt im öffentlichen Raum einen Beweis für die Wahrheit eines geometrischen Satzes, woraufhin ihm eine geometrische Figur in den Sand gemalt wird. Er billigt dies als Beweis und ist nunmehr der Überzeugung, dass der geometrische Satz bewiesenermaßen wahr sei. Viele Jahre später wird er selbst aufgefordert, einen Beweis für seine Überzeugung zu erbringen, ohne dass er aber im Stande ist, die Figur zu reproduzieren. Er kann nur auf etwas referieren, was ihm gegeben wurde, ohne rechtfertigen zu können, dass dieses ihm Gegebene auch einen begrifflichen Gehalt hat, der ihn dazu befähigt, seinen Grund in einem Urteil zu entwickeln und den Schluss zusammenhängend so zu begründen, dass der in Frage stehende Satz für bewiesen gilt.[3]

Man kann sich ähnliche *Situationen* vorstellen, in denen Begründungslücken nicht durch das Unvermögen desjenigen entstehen, der in der Beweisnot ist, sondern die auf der Veränderung, Erweiterung oder dem Verschwinden eines derart Gegebenen beruhen – vielleicht auch, weil das scheinbar Gegebene nie oder nur in einer Phantasie existiert hat oder auch weil es Beziehungen zwischen dem Gegebenen und dem Begrifflichen gibt, die sich nicht immer aufrecht erhalten lassen. Entscheidend ist, dass aus der beschriebenen Situation oder aus ähnlichen zunächst zwei Standpunkte hervorgehen, die man als *Standpunkt der Entschuldigung* und als *Standpunkt der Überzeugung* bezeichnen kann.[4]

Beide Standpunkte beruhen im Grunde auf einer *Verwechselung*: Der Standpunkt der Entschuldigung geht davon aus, eine gerechtfertigte Überzeugung von einer Gegebenheit zu besitzen, die mit dem Gehalt, der in Inferenzen eine Rolle spielt, ebenbürtig ist. Der Standpunkt der Überzeugung geht davon aus, dass das Gegebene nur eine Entschuldigung für das bietet, was eigentlich eine Rechtfertigung verlangt. Für den ersten Standpunkt gilt, dass eine Überzeugung, die nicht öffentlich gerechtfertigt werden kann, eine Entschuldigung gegenüber denjenigen verlangt, die in solchen Gegebenheiten Begründungslücken erkennen. Der zweite Standpunkt gelangt dann aber zu der Überzeugung, dass eine öffentliche Entschuldigung auf Gegebenheiten verweist, die sich nicht rechtfertigen lassen.

Der *Standpunkt der Überzeugung* wird durch den Erweis gestützt, dass sich Begriffliches in der Erfahrung nicht erkennen lassen würde, wenn diese nicht auch im Begrifflichen präsent wäre. Entschuldigungen erscheinen für diesen Standpunkt genau dann vorzuliegen, wenn das Begriffliche entweder *durch ein Gegebenes selbst* oder durch den Bezug des *Begrifflichen auf das Gegebene* entlastet werden soll. In beiden Fällen wird dem Begrifflichen die Verantwortung entzogen, indem es sich entweder vollständig oder teilweise auf etwas beruft, von dem es selbst vorgibt, es nicht zu begreifen, oder das es tatsächlich nicht begreift.

Das Begriffliche wird zwar in beiden Fällen von der Verantwortung der Begründung entlastet, nimmt sich aber nur im *ersten Fall* die vollständige Freiheit der Behauptung, indem es die Begründung dem Gegebenen auflastet. Wenn es der Gegebenheit die Pflicht der Begründung auferlegt und sich selbst alle Freiheiten der Behauptung nimmt, dann kann es auch seine Entschuldigung zu einer Behauptung

---

[3] Vgl. Wilfrid Sellars: Der Empirismus und die Philosophie des Geistes, § 37.
[4] Vgl. John McDowell: Geist und Welt, Kap. I.3, II.2, III.4.

3.1 Inferentialismen

ummünzen, da auch dieser wie jeder andere öffentlich eingeforderte Grund nicht bei ihm, sondern in der Gegebenheit liegt. Liegt das Konzept dieser *Transzendenztheorie* so, dass es den Raum des Begriffs als außerhalb des Raums der Gründe erscheinen lässt, so sieht der Inferentialismus darin den Standpunkt eines ›*metaphysischen Realismus*‹; ist das Begriffliche nur ein Schatten des Grundes, kann diese Position sogar als ›*repräsentationaler Realismus*‹ bezeichnet werden.

Der *zweite Fall* aber, in dem das Begriffliche auf das Gegebene Bezug nimmt und es als seine eigene Kontrollinstanz indiziert, ist ein Ausdruck des mit der vollständigen Freiheit einhergehenden Kontrollverlusts und damit ein Ausdruck der Sorge. Vom Standpunkt dieser Sorge aus ist die Freiheit des Realismus zu groß und die Verführung, Behauptungen aufzustellen, die nicht begründet werden müssen, erscheint als eine Behauptung der Entschuldigung selbst. Das Begriffliche erkennt aber, dass es derartige Entschuldigungen allerdings selten behaupten muss, wenn es das Gegebene nur zum Korrektiv instanziiert und ein öffentliches Tribunal darüber entscheiden lässt, inwiefern die Behauptung Gültigkeit beanspruchen kann, derzufolge es eine kausale Beziehung zwischen dem Gegebenen und der Behauptung gegeben hat, die zu einer Entsprechung geführt hat. Die Behauptung seltener Entschuldigungen kann schließlich als Freiheit der Behauptung selbst verstanden werden: Wenn der kausale Bezug zwischen einer Behauptung und dem Gegebenen öffentlich nicht gebilligt wird, dann kann der Missgriff in Form der ursprünglichen Behauptung nur durch eine neue Behauptung entschuldigt werden. Das Begriffliche steht folglich vor einer aktiven und einer passiven Gerichtsbarkeit: der der Öffentlichkeit und der der Erfahrung. Werden neue Behauptungen stillschweigend eingeführt oder wird dafür argumentiert, nicht erklären zu müssen, wie Behauptungen zustande kommen, erhält diese *Kausalitätstheorie* den unverdienten Namen ›*kritischer Rationalismus*‹; ergeben sich die Behauptungen aus dem Zusammenhang von Aussagen, die durch die öffentliche Gerichtsbarkeit gebilligt wurden, wird dieser Standpunkt nach Vorgabe der inferentialistischen Ausdrucksweise ›*semantischer Holismus*‹ genannt.

Überzeugend können die beiden Standpunkte *nicht* sein, die das Gegebene als Kontrollinstanz einsetzen. Der *semantische Holismus* bietet aber zunächst eine Erklärung, wie es überhaupt zu dem Dualismus zwischen einer Behauptung und einer Gegebenheit kommen kann. Die aktive Gerichtsbarkeit ist es, die darüber befindet, ob die Beziehung zwischen dem Begrifflichen und seiner unmittelbaren Kontrollinstanz statthaft ist. Da die unmittelbare Kontrollinstanz gerade passiv ist, ist es die aktive öffentliche Gerichtsbarkeit, die dem Begrifflichen die neue Behauptung auferlegt, sofern sie die Beziehung zwischen der vorhergehenden Behauptung und der mit ihr abgeglichenen Kontrollinstanz für ungültig erklärt. Diese aktive öffentliche Gerichtsbarkeit wird somit von der passiven unmittelbaren Kontrollinstanz scharf abgegrenzt und `Sprache` oder auch `wissenschaftliche Sprache` genannt. Der Kontext der wissenschaftlichen Sprache legt dem Begrifflichen folglich neue Behauptungen zur Überprüfung auf.

3 Logik und Welt

Den *Standpunkt der Überzeugung* nimmt der *semantische Holismus* nicht ein, da er sowohl im Dienst der Entschuldigung gegenüber der Öffentlichkeit steht als auch mit einer unnötigen doppelten Gerichtsbarkeit konfrontiert ist. Besonders der zweite Punkt wird zum eigentlichen Problem erhoben, da eine Kontrollinstanz, die rein passiv ist, ihre Aufgabe verfehlt, wenn sie nicht mit einer aktiven verbrüdert wird. Denn eigentlich war es die Aufgabe des Gegebenen, die Tätigkeit des freien Behauptens zu kontrollieren. Nun zeigt sich aber an der Tatsache selbst, dass dieses passiv Gegebene immer eine aktive Kontrollinstanz durch die wissenschaftliche Sprache benötigt (welche zum einen Behauptungen vorgibt und zum anderen über die Gültigkeit des Verhältnisses zwischen diesen und dem Gegebenen entscheidet), so dass es von der Verantwortung der Begründung ebenso entlastet ist wie der Standpunkt der Entschuldigung. Der Standpunkt der Überzeugung sieht schließlich ein, dass Entlastungen und Kontrollen zwar Vorteile bieten, aber dennoch Entschuldigungen bleiben, die nicht mit Begründungen und Rechtfertigungen verwechselt werden dürfen.[5]

Eine *dritte Theorie bzw. fünfte Position*, die der ersten bzw. den ersten beiden nahe steht, ergibt sich durch die Umkehrung der Beziehung zwischen dem Begrifflichen und dem Gegebenen. Die unmittelbar unbegrifflichen Gegebenheiten werden als innere private Denkakte angenommen und begrifflich derart besetzt, dass eine deutliche Nähe und Intimität zwischen dem Gegebenen und dem Begriff zum Ausdruck gebracht wird. Diese Denkakte bilden in ihrer Doppelrolle als Begriff und als Gegebenes dann die Grundlage für eine ganze Sprache, da von ihnen immer weitere Abstraktionsgrade von der anschaulichen Welt vollzogen werden, bis man den Bedeutungsumfang weniger Begriffe erreicht hat, die nahezu alle anderen Bedeutungsfelder derjenigen Begriffe mit abbilden, von denen jene wenigen abstrahiert wurden. Sprache bedeutet dann, eine intime Beziehung mit dem Gegebenen eingegangen zu sein, so dass die Reflexion darüber nur im Bereich des Privaten, in der Beziehung selbst, verständlich bleibt.

Aber auch dieser Bezug zwischen dem Begrifflichen und dem Gegebenen ist *nicht der Standpunkt der Überzeugung*, weil die Rechtfertigung über die Abstraktion von der Welt und damit über die Bedeutung der Begriffe selbst wieder nur ein Verweis auf die Gegebenheit ist, nämlich auf die inneren privaten Denkakte oder auf innere private Grundbegriffe oder deren Abstrakta. Was die Intimität mit dem Gegebenen bedeutet, lässt sich nicht öffentlich nachvollziehen. Die Öffentlichkeit verliert infolge dieses Abstraktionsprozesses an Gewicht, so dass zuletzt höchstens das Private zur Kontrollinstanz werden könnte. Vorausgesetzt, es ist überhaupt die Möglichkeit gegeben, sinnvoll von einer privaten Kontrollinstanz zu reden, so zeigt sich die Nähe der dritten Theorie bzw. fünften Auffassung zur zweiten bzw. dritten und vierten – nur dass sich die Rollen und Möglichkeiten der Kontrollinstanzen so verschoben haben, wie sich auch die Beziehung zwischen dem Begrifflichen und dem Gegebenen

---

[5] Vgl. John McDowell: Geist und Welt, Nachwort I, 3f.

3.1 Inferentialismen

verschoben hat. Eine öffentliche Sprachgemeinschaft, deren Tradition und genealogischer Zusammenhang Behauptungen vorgibt und die über die Beziehung zwischen Behauptungen und Gegebenheiten entscheidet, ist nämlich durch eine Abstraktionstheorie ausgeschlossen, in der die Bedeutung der Worte aus einer Intimität hervorgeht, deren Erinnerung in einem privaten Schatz der Sprache beherbergt bleibt. Für die Überzeugung muss Sprache aber nicht nur die Abwesenheit von Dingen, sondern auch von Gedanken verbürgen.[6]

Der letzte Standpunkt, die *Theorie der Abstraktion*, vereinigt schließlich die Enttäuschung und die Einseitigkeit der Kontrolle in sich. Die Enttäuschung über die ausbleibenden öffentlichen Rechtfertigungen beruht auf der Intimität zwischen dem Begrifflichen und der Gegebenheit im Denkakt. Die Kontrolle beruht wiederum auf dieser Intimität, die keine weitere Instanz zwischen den beiden Partnern duldet. Dem Begrifflichen reicht zur Kontrolle allein die Gegebenheit; dadurch verliert es aber selbst den Anspruch einer öffentlichen Kontrolle und Gerichtsbarkeit, da es alle Aufforderungen, Behauptungen und Gründe zu geben oder zu nehmen, enttäuschen muss. Auf dieser Enttäuschung gründet sich die öffentliche Überzeugung, dass das Verhältnis zwischen dem Gegebenen und dem Begrifflichen im Denkakt auf diesem Standpunkt weder intim noch privat war, sondern eine an die Öffentlichkeit getragene Entzweiung widerspiegelt, bei der es zu keiner Übereinkunft kommen kann.

Der Inferentialismus ist durch diese Enttäuschungen zu der Überzeugung gelangt, dass sich Begriffliches in der Erfahrung nur dann erkennen lässt, wenn es dieses dort auch hineingelegt hat. Die Grundtheorien, die der Inferentialismus bestimmt und aus denen er seinen eigenen Standpunkt der Überzeugung definiert, lassen sich anhand der Sphären der Ausdrücke Raum des Begriffs und Raum der Gründe in einem anschaulichen Schema der Eigenschaften unterscheiden:

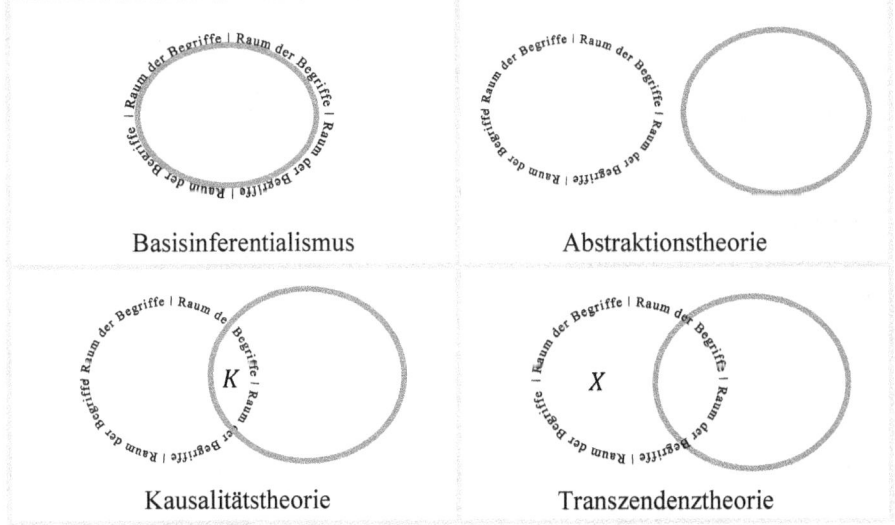

---

[6] Vgl. Wilfrid Sellars: Der Empirismus und die Philosophie des Geistes, § 38.

Nach der Definition des Inferentialismus zeichnet sich die *Transzendenztheorie* dadurch aus, dass sie die Sphäre des Raums der Begriffe als partiell getrennt vom Raum der Gründe ansieht. Da einige Konzepte wie der Gegenstand an sich (= X) nur als eine Vorstellungsart erscheinen, sind sie für den Inferentialismus nicht begründet. Diese Theorie versinnbildlicht folglich den Verlust jeglicher Kontrolle und kann nie zusammen mit dem Inferentialismus Wahrheit beanspruchen. Die Sicht des Inferentialismus auf die *Kausalitätstheorie* ist, dass die Sphäre des Raums der Gründe nur partiell identisch ist mit der Sphäre des Raums des Begriffs, und zwar nur genau dann, wenn Gründe, die diese Überschneidung auszeichnen, kausaler Natur sind. Der Inferentialismus sieht in der Form der Kausalitätstheorie zwar einen Teil seiner eigenen Wahrheit, drängt aber die Kausalität (= K) vollständig zur Rationalität, um damit das unkontrollierte Einwirkung der Welt zu zähmen. Viel unkontrollierter und regelloser erscheint ihm allerdings die *Abstraktionstheorie*, in der die Sphäre des Raums des Begriffs vollständig getrennt vom Raum der Gründe ist. Dieser Abstraktionismus bezichtigt die Kausalitätstheorie einer falschen räumlichen Auffassung, da die Beziehung zwischen dem Raum der Begriffe und dem Raum der Gründe nur eine erinnerte sei, aber keine faktisch gegebene sein könne. Zwischen den Sphären der beiden Ausdrücke, Raum der Begriffe und Raum der Gründe, sieht der Inferentialismus in der Abstraktionstheorie folglich auch nicht die geringste Überschneidung. Folgerichtig nimmt der Inferentialismus den gegensätzlichen Standpunkt zur Abstraktionstheorie ein, da sich in ihm die Sphären des Raums der Begriffe und des Raums der Gründe vollständig überdecken.

Dadurch dass der Inferentialismus seine Überzeugung durch Abgrenzung derjenigen Theorien gewinnt, die eine Enttäuschung bewirkt oder einen Kontrollverlust erlitten haben, nennt sich die hier skizzierte Theorie ›*Basisinferentialismus*‹. Die für ihn deckungsgleichen Räume der Begriffe und der Gründe bilden die Grundlage und Basis für die *Materialität der Urteile* und für die *Regelmäßigkeit der Inferenzen*.

Tauscht man das anschauliche Schema der Eigenschaften, durch das sich der Basisinferentialismus bestimmt hat, durch ein Diagramm semantischer Bereiche, so lautet seine Überzeugung, dass es nur einen Raum der Gründe und der Begriffe gibt (3), es aber keinen Raum gibt, der weder Gründe noch Begriffe aufweist (1). Auch gibt es keinen alleinigen Raum der Begriffe (2) noch einen Raum, in dem nur Gründe gelten (4).

3.1 Inferentialismen

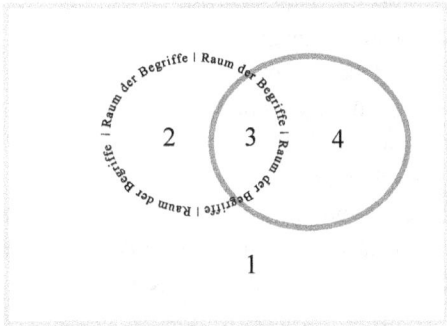

Der Basisinferentialismus sieht in der *Abstraktionstheorie* einen Standpunkt, demzufolge der Raum der Begriffe (2) durch die Negation des Raums der Gründe und durch die Negation des Zusammenbestehens beider Räume konstituiert wird. Die *Kausalitätstheorie* fokussiert ebenso wie der Basisinferentialismus den Bereich (3) und erklärt, dass dieser Bereich eine Verbindung des Raums der Gründe mit dem Raum der Begriffe ist. Im Unterschied zum Basisinferentialismus erkennt die Kausalitätstheorie aber nicht, dass diese Verbindung eine logische Konjunktion ist, sondern führt vielmehr den ungerechtfertigten und problematischen Begriff der Kausalität als Verbindungsfunktion ein. Die *Transzendenztheorie* missachtet hingegen diese Konjunktion und macht entweder nur den Raum der Gründe (4) oder keinen Raum geltend (1), indem sie in jedem Fall das gemeinsame Bestehen beider Räume und jeweils einen der beiden noch in Frage stehenden Räume zu einem bloßen Schein herabsetzt.

Der Basisinferentialismus ist durch die Befragung der Standpunkte dieser drei Theorien zu der Überzeugung gelangt, dass diese mit ihrer Rede von dem Gegebenen nur Entschuldigungen bieten, wo eigentlich Rechtfertigungen verlangt werden. Für alle anderen Theorien ist der Basisinferentialismus eine Enttäuschung, da er – wie in der beispielhaften Forderung, eine bestimmte geometrische Figur zu reproduzieren – ihre Überzeugungen von einer unmittelbaren Gegebenheit in Frage stellt. Beide Standpunkte beruhen somit auf einer Verwechselung, die erklärt, warum die Transzendenz-, Abstraktions- und Kausalitätstheorie die Sichtweise des Basisinferentialismus auf das anschauliche Schema der Eigenschaften nicht teilen oder warum sie ihre Position und die ihrer Nachbarn an einem ganz anderen Ort des Überblicks festmachen würden.

Da die Abstraktionstheorie im Raum der Begriffe ein genaues Abbild des Raums der Gründe sieht, nur dass jener eine gröbere Struktur beinhaltet als dieser, würde sie sich selbst im *anschaulichen Schema der Eigenschaften* an die Stelle des Basisinferentialismus setzen. Der Transzendenztheorie könnte man unterstellen, dass sie selbst das Schema vertritt, das der Basisinferentialismus der Abstraktionstheorie zugedacht hat, da in diesem Schema die Sphäre des Raums der Gründe die Autonomie aufweist, die Transzendenztheorien als die eigentliche Bedeutung des Gegebenen anzusehen. Der metaphysische Realismus betont zwar einerseits, dass es der Sinn der Sphären beider Räume sei, eine Entsprechung anzuzeigen, so dass das, was in einem erfolgt, auch dem anderen zugedacht werde; andererseits betont er aber auch, dass diese Entsprechung nicht auf einer Überschneidung der Begriffssphären beruht, so dass die Bedeutung der beiden Ausdrücke vollkommen verschieden bleibt. Der repräsentationale Realismus vertritt zwar ebenfalls die Auffassung, dass die beiden Räume in ihrer Bedeutung jeweils selbstständig sind, nimmt aber in der Regel Bezug auf die Erklärung der Abstraktionstheorie, um diese Selbstständigkeit begründen zu können. Aus diesem Grund gilt er dem Basisinferentialismus einerseits als verwissenschaftlichter Standpunkt der Transzendenztheorie, andererseits aber als Untertan der Abstraktionstheorie.

Allein für die Kausalitätstheorie scheint der Basisinferentialismus ein insofern angemessenes Bild gezeichnet zu haben, als er selbst nicht an der Beziehung zwischen den beiden Räumen interessiert ist, sondern nur an der Frage, inwiefern eine größere öffentliche Gesamtheit seine Kausalerklärungen einzelner Elemente aus beiden Räumen für angemessen erachtet oder nicht. Die beiden genannten Formen der Kausalitätstheorie erklären aber ihre Abhängigkeit von dem Bild, das der Basisinferentialismus von sich selbst zeichnet: Der semantische Holismus gewinnt die Bedeutung der Kausalerklärungen durch deren Einbettung in ein Geflecht bedeutsamer Aussagen, das sich wiederum in Abhängigkeit von einer bestimmten öffentlich gebilligten Gesamterklärung der Natur eingestellt hat. Der kritische Rationalismus geht hingegen davon aus, dass man von einem Geflecht bedeutsamer Aussagen erst dann sprechen kann, wenn einzelne Kausalerklärungen irgendwann zu einer öffentlich gebilligten Gesamterklärung der Natur zusammengewachsen sind.

Für sich selbst nimmt der Basisinferentialismus in Anspruch, eine vollständige Bedeutungsüberschneidung oder Deckungsgleichheit zwischen dem Raum der Gründe und dem Raum der Begriffe erklären zu können, wodurch er sich von den drei Konkurrenztheorien absondert. Während die Kausalitäts-, Abstraktions- und Transzendenztheorie einen Dualismus zwischen dem Raum der Begriffe und dem Raum des Gegebenen akzeptieren, glaubt der Basisinferentialismus, eine ungeteilte Theorie des Begreifens und Begründens aufgezeigt zu haben. Der Basisinferentialismus ist sich selbst darüber im Klaren, dass die vorgeführten Theorien in ihrer modernen Fassung oftmals selbst einen Anspruch auf Einheitlichkeit und Ungeteiltheit proklamieren. Diese Ungeteiltheit ist aber höchstens das Resultat des Bildes, das der Basisinferentialismus diesen Theorien anlastet. Wollen diese Theorien einen Anspruch auf Einheit erheben, so haben sie keine andere Möglichkeit, als von dem dualistischen Bild auszugehen, dieses selbst als Problem anzusehen, um dann entweder den Umfang einer der beiden Sphären so weit auszudehnen, dass der Umfang der anderen Sphäre von der ersten begriffen wird, oder die Sphären über ihren intensionalen Gehalt zu synchronisieren und zu überlagern.[7] Der begriffliche Inhalt, der sich in der Bedeutungssphäre von einem der beiden für sie eigentlich grundverschiedenen

---

[7] Vgl. John McDowell: Geist und Welt, Kap. V.3.

3.1 Inferentialismen

Räume befindet, wird somit nach dem Vorbild der genau entgegengesetzten so gedeutet, dass entweder beide Sphären einen sehr ähnlichen begrifflichen Inhalt aufweisen oder dass eine Sphäre die andere begreift.

Der Basisinferentialismus geht mit der Strategie der grundlegenden dualistischen Theorien sowohl *konstruktiv als auch therapeutisch* um: Konstruktiv sind für ihn die Gründe, durch die er seinen eigenen Standpunkt gewinnt, und dass er sich selbst durch die grundlegenden Theorien definiert, die er zu therapieren beabsichtigt. Therapeutisch ist sein Ansatz insofern, als er eine Konstruktion zwischen dem Raum der Begriffe und dem Raum der Gründe vornehmen kann, die nicht von einem Dualismus der Bedeutungssphären ausgehen muss, sondern die sich aus den Negationsbeziehungen zu den grundlegenden Theorien ergibt. Infolgedessen ist die Konstruktion des Basisinferentialismus das Ergebnis der Therapie eines Syndroms grundlegender Theorien.

Die nach Ausschluss der übrigen Theoriegebilde noch einzig übrig bleibende Konstruktion, die als grundlegend bezeichnet werden kann, bietet dem Basisinferentialismus die Möglichkeit, auf einen immer schon vermittelten, weil *deckungsgleichen oder überdeckenden Dualismus* zu verweisen. Wenn der Basisinferentialismus für sich selbst in Anspruch nimmt, die exakte Deckung zwischen den Bedeutungssphären der beiden Räume erklären zu können, dann geschieht dies unter Berufung auf ein kollektives Element seiner Theorie: denn beide Räume sollen als natürliche Gegebenheiten im Wesen des Menschen zusammenkommen. Hier spielt der Inferentialismus die *Doppeldeutigkeit des Grundes* aus: Zum einen gründet auf der nichtbegrifflichen Natur sowohl das humane als auch das animalische Wesen. Zum anderen wird diese Natur aber dadurch begründet, dass sich das Humane aus dem Animalischen bildet, so dass das erste als reine Natur und das andere als eine quasi-Natur, als eine anerzogene oder kultivierte Natur erscheint. Natürlichkeit wird damit zum entscheidenen Kriterium des Basisinferentialismus.[8]

Die durch die Naturenbegriffe vermittelten Intensionen der beiden Raumausdrücke ermöglichen es dem Basisinferentialismus, dem Sinn nach einen Dualismus zu behaupten, der Bedeutung nach aber auf eine Ungeteiltheit zu verweisen: Die zwei Bedeutungssphären, die in allen anderen Theorien als grundsätzlich geteilt angesehen werden, sind allein im Basisinferentialismus als ungeteilt, deckungsgleich oder überdeckend dargestellt. Für ihn mag es zwar noch sinnvoll erscheinen, von zwei Begriffssphären zu sprechen, aber letztlich überdecken sich beide derart, dass sie die Grundform einer ungeteilten Theorie ermöglichen. Der rein natürliche Raum der Gründe wird verständlich, indem er begrifflich ausgedrückt und zu einem Raum der Begriffe umgearbeitet wird.

Die Ungeteiltheit der Bedeutungssphären des natürlichen Raums der Gründe und des kultivierten Raums der Begriffe wird mittels eines zeitlichen Prozesses der Abbildung und Synchronisation beschrieben. Die reine Natur wird durch eine anerzogene

---
[8] Vgl. Allan S. Janik: Wie hat Schopenhauer Wittgenstein beeinflußt?.

oder kultivierte Natur im Laufe der Zeit umbesetzt. Dieser Lauf der Zeit ist der Lebenslauf derjenigen zur kultivierten Natur sich entwickelnden Ungeteiltheit, die ihren Lauf der Zeit nicht mehr nur mit den Funktionen ihrer reinen Natur organisiert, sondern ihn mit begrifflicher Arbeit füllt.[9] Der Raum der Gründe wird so mit dem Raum der Begriffe erfüllt, oder im Raum der Gründe bildet sich genau überdeckend der Raum der Begriffe. Die Arbeit dieser Ungeteiltheit nennt der Basisinferentialismus die *Bildung*, und sie besteht in der Reflexion auf die vollständige begriffliche Füllung des Raums der Gründe in Abgrenzung zur Abstraktions-, Kausalitäts- und Transzendenztheorie, in der diese Arbeit nie vollständig geleistet wird oder geleistet werden soll.

Der letzte Aspekt ist entscheidend, um zu verstehen, was der Basisinferentialismus unter Bildung versteht. Bildung ist nicht der Aspekt einer Weltsicht, die unabhängig von anderen konkurrierenden Sichtweisen auf die Welt erfolgen würde. Die Welt, die der Basisinferentialismus als Ansicht bietet, ist gleichzeitig ein therapeutisches Absehen von den Theoriegebilden auf die Welt selbst. Seine Konstruktion ist, nach Absehen des alten Aberglaubens, zu dem sich die übrigen Theoriegebilde bekannt hatten, die einzig noch übrig bleibende. Der Prozess des Ansehens, Absehens und Ausschließens wird infolgedessen zur Umwelt und zur Weltsicht des Basisinferentialismus. Dieser Prozess ist einerseits eine zeitliche Trennung von der reinen Natur, da der Lauf der Zeit in der Auseinandersetzung mit den bestehenden Theorien der Welt erfolgt, andererseits ist er aber auch eine räumliche Trennung von ihr, da der Inferentialismus seine ungeteilte Weltsicht im begrifflichen Ansehen, Absehen und Ausschließen derjenigen geteilten Bedeutungssphären gewinnt, die er selbst dadurch verliert.

3.1.2 Materialinferentialismus

Der Materialinferentialismus sieht im *Basisinferentialismus nur eine weiter ausgedehnte Form der Kausalitätstheorie.*[10] Hatte der Basisinferentialismus die Kausalitätstheorie dafür kritisiert, dass diese eine partielle Verbindung des Raums der Gründe mit dem Raum der Begriffe in den Blick nimmt und damit eine unkontrollierte Einwirkung der Welt in den logischen Raum zulässt, so bemängelt der Materialinferentialismus nun am Basisinferentialismus, dass dieser die partielle Verbindung nur ausweiten würde und so die Wahrnehmungserfahrung vollständig an die Stelle der Rationalität trete. Kausalität gerät dann in Konfusion mit dem Begriff des Rationalen,

---

[9] Vgl. John McDowell: Geist und Welt, Kap. VI.4.
[10] Vgl. Robert Brandom: Non-Inferential Knowledge, Perceptual Experience, and Secondary Qualities. Placing McDowell's Empiricism. In: Reading McDowell. On Mind and World. Hrsg. v. Nicholas H. Smith. New York 2002, S. 92–105; Richard Rorty: Wahrheit und Fortschritt. Übers. v. Joachim Schulte. Frankfurt a. M. 2000, Kap. 6 u. 7.

3.1 Inferentialismen

wenn der Raum der Gründe nicht anders verstanden werden kann als in seiner Kultivierung, d.h. in einer kunstvollen Umarbeitung zu einem Raum der Begriffe.[11]

Die Natürlichkeit im Basisinferentialismus droht somit zum Kult zu werden, denn der neuen Gestalt des Inferentialismus ist die Bildung nur die Beförderung größerer Allgemeinheit. Bildung erstarrt im schlimmsten Fall zu einer Wahrnehmungserfahrung, zu einem Äußerlichen, einem Schematismus, der als Altar im Chor der Göttin der Weisheit zur Schau gestellt wird. Dem Materialinferentialismus ist die Bildung daher keine Prozession, die vom Raum der Gründe in den Raum der Begriffe schreitet, sondern nur das Erkennen dessen, was uns bereits bekannt ist und was in jedem Urteil, das wir aussprechen, über die Lippen geht.

Für den Materialinferentialismus besagt die Kausalitätstheorie zunächst, dass nur das über begrifflichen Inhalt verfügen kann, was auch im Raum der Gründe beheimatet ist. Die jedem Inferentialismus eigene Behauptung, dass Reflexionen voraussetzen, über begrifflichen Inhalt zu verfügen, verleitet den Basisinferentialismus zu einer kausaltheoretischen Ausdehnung dieser Behauptung, so dass auch die Reflexion auf die Beheimatung im Raum der Gründe zu der Verfügbarkeit begrifflichen Inhalts führt. Für den Materialinferentialismus ist dies die kultische Basis der Kausalitätstheorie.

Die Tatsache aber, dass es *keine Teilung mehr zwischen dem Raum der Gründe und dem Raum der Begriffe* gibt oder dass die Gegebenheit nichts anderes als die Begrifflichkeit ist, wird vom Materialinferentialismus als ein Kontrollverlust ausgelegt: Seiner Meinung nach kämpft der Basisinferentialismus mit dem Problem, dass der Raum der Gründe vollständig durch den Raum der Begriffe überlagert wird und es gar keinen Unterschied mehr gibt, ob die Rolle begrifflichen Inhalts zu dem führt, was andere Illusionen nennen und daher verwerfen, oder zu dem führt, was man für gut oder verlässlich erachtet und daher allgemein billigt.

Gleich aber, welcher Fall vorliegt, für den Materialinferentialismus bleibt das *Urteilen* die entscheidende Basis, damit begrifflicher Inhalt überhaupt entwickelt werden und dann eine Rolle in Inferenzen spielen kann. Während der Basisinferentialismus die Begriffe passiv ins Spiel bringen will, erklärt der Materialinferentialismus, dass begriffliche Fähigkeiten Veranlagungen sind, die aktiv hervorgebracht werden, nämlich dann, wenn ein Urteil eine Rolle in einer Inferenz spielt. Diese Urteile sind für den Materialinferentialismus im Grunde so basal, wie es die Begriffe für den Basisinferentialismus waren. Ein wesentlicher Unterschied zwischen beiden Inferentialismen ist allerdings, dass sich für den Basisinferentialismus begrifflicher Inhalt im Raum der Gründe bildet, während sich für den Materialinferentialismus der Raum der Gründe zusammen mit seinem begrifflichen Gehalt erst aus dem Denk- und Sprechakt des Urteilens entwickelt, und dieses Urteilen spielt die entscheidende Rolle in Inferenzen.[12] Der Begriff, der einst die Basis des Inferentialismus war, wird nun erst aus Urteilen entwickelt, deren Korrektheit nicht durch ein formales, sondern immer durch ein *materiales Prinzip* bestimmt wird.

---

[11] Vgl. Robert Brandom: Begründen und Begreifen, I.4.
[12] Vgl. Michael Dummett: Frege, 1973, Kap. 10.

3 Logik und Welt

Dieser letzte Punkt ist ein weiteres entscheidendes Abgrenzungsmerkmal zwischen den beiden bislang angeführten Formen des Inferentialismus. Der Materialinferentialismus sieht die Gegebenheit nicht nur in der Unmittelbarkeit von Tatsachen, die mit Zeigegesten und Kennzeichnungen erschlossen oder die mit inneren Denkakten gleichgesetzt werden, zu denen man einen privilegierten Zugang haben könnte; sondern er gibt im Unterschied zum Basisinferentialismus auch vor, sich darüber bewusst zu sein, dass auch der Raum des Begriffs dann eine Form der Gegebenheit annehmen kann, wenn er nicht durch den öffentlichen Prozess des Urteilens konstruiert wurde. Der Raum des Begriffs wird dann zu einer Form der Gegebenheit, wenn sein Inhalt in einer rein bezeichnenden Relation zu seinem Träger steht. *Begriffe* innerhalb eines solchen Raumes stellen *Gegebenes* dar, *Urteile* sind Zusammensetzungen von Begriffen und bilden *Gegebenheiten* ab.

Allerdings wäre es für den Materialinferentialismus eine verworrene Vorstellung von der Beziehung zwischen den Räumen des Begriffs und der Gründe, wenn eine Vorstellung zugelassen würde, derzufolge dem begrifflichen Inhalt eine Rolle in *konditionierten, abgerichteten oder allgemein gebildeten Reaktionen* zugesprochen wird. Gibt eine Maschine auf das Geräusch des Niesens eines Menschen in verlässlicher Weise eine Art Beobachtungsbericht wie Erkältung! oder Dieser Mensch ist erkältet, so sind diese Aussagen doch nur als Worte und Sätze, aber nicht als Begriffe und Urteile zu verstehen. Für den Materialinferentialismus gilt dies auch für alle simplen Reflex-Agenten, also auch in Umkehrung des Reiz-Reaktions-Schemas: Wird auf die Aussage Erkältung! oder Gesundheit! hin in verlässlicher Weise ein Taschentuch gezückt, muss diese Reaktion noch nicht als Funktion und Produkt des Begriffs aufgefasst werden.

Erst dann, wenn Reaktionen in derartige Zusammenhänge so eingebunden werden, dass sich ein Kontext ergibt, in dem ein Sprecher entweder für sein Urteil zur Verantwortung gezogen werden kann oder in dem es möglich ist, dass andere die Verantwortung für dieses Urteil übernehmen, können Wörter als Begriffe und Sätze als Urteile klassifiziert werden. Verantwortung zu übernehmen bedeutet, vom Urteil auf die Absicht eines Sprechers zurückschließen zu können, die dieser mit dem Urteil entwickeln wollte. Automatisierte und unverantwortete Ausdrücke bleiben Worte und Sätze, die keine Absichten erkennen lassen. Obwohl diesen Ausdrücken eine Programmierung, Abrichtung, Konditionierung und Bildung zugrunde liegt, zeigen sie doch keine verwickelten Absichten auf, die in einem Urteil verantwortet werden. Mit der Übernahme und Abgabe ausgedrückter Verantwortungen sorgt der Materialinferentialismus dafür, dass begrifflicher Inhalt in einer Sprachgemeinschaft tradiert werden kann. Der begriffliche Inhalt ist in der Sprachgemeinschaft veranlagt. *Dies ist aber nur die Seite des Sprechaktes von Urteilen.*

Für den Materialinferentialismus stellt das Urteilen die Grundlage des Begriffs dar, weil es einerseits die *Form* ist, in der begrifflicher Inhalt in Prämissen oder Konklusionen eine Rolle spielen kann und weil andererseits Prämissen und Konklusionen

3.1 Inferentialismen

einen *Inhalt* ausdrücken, der von Sprechern gebilligt oder verworfen werden kann. Die Verantwortung fällt auf den Sprecher zurück oder wird von Rezipienten übernommen. Im ersten Fall billigt der Rezipient das Urteil eines Sprechers nicht und verlangt den begrifflichen Inhalt im Raum der Gründe zu kennzeichnen. Der Rezipient verlangt eine Erklärung über die Festlegung des begrifflichen Inhalts im Raum der Gründe. Im zweiten Fall billigt der Rezipient das Urteil des Sprechers und nimmt den begrifflichen Inhalt in den Raum der Gründe mit auf.

Urteile haben folglich durch den *Sprechakt* eine progressive und eine regressive Funktion. Einerseits geben Sprecher mit einem Urteil Rezipienten die Möglichkeit, sich im eigenen Argumentieren zu diesem Urteil anerkennend oder ablehnend zu verhalten; und andererseits können sie durch die Äußerung selbst verpflichtet werden, dieses zu begründen. In beiden Fällen ist ein Urteil im Sprachspiel des Gebens und Verlangens von Gründen eine Art Zug, der Rezipienten auch selbst zu einem Urteil über diesen Zug oder über den Sprecher oder dessen Absichten veranlassen kann.[13]

Der begriffliche Gehalt ist dem Materialinferentialismus aber auch die Folgerung eines *Denkakts*, eine Art potentieller Sprechakt. Dies ist die *andere Seite* beim Urteilen, und dieser Standpunkt sorgt dafür, dass der begriffliche Inhalt bzw. die Materialität festgelegt wird. Während Sprechakte entwickelte Denkakte sind, sollen Denkakte verwickelte Sprechakte sein. Verwickelungen zeigen sich auf zwei Arten: zum einen als in Sprechakte umgesetzte Denkakte, zum anderen als Denkakte, die in Sprechakten veranlagt oder verwickelt sind und nicht entwickelt wurden. Während Denkakte in verwickelter Weise den gesamten Raum des Begriffs füllen, stellen Sprechakte nur eine begrenzte Auswahl aus diesem dar, verweisen aber stets auf den deckungsgleichen Raum der Gründe. Der begrenzten Anzahl an Sprechakten steht folglich immer eine scheinbar unbegrenzte Anzahl von Denkakten gegenüber.

Da *Sprechakte* wie Sokrates ist sterblich in kommunikativen Situationen *eine Begrenzung anzeigen*, weil sich nie alle Denkakte gleichzeitig entwickeln lassen oder weil die damit verwickelten Denkakte wie Sokrates ist ein Mensch, Menschen sind rationale Lebewesen, rationale Lebewesen sind Lebewesen etc. nicht immer eine zwingende Rolle in Kommunikationssituationen spielen, bleiben die mit Sprechakten verbundenen Denkakte veranlagt, verwickelt oder nur potentiell. Sprechakte wie Sokrates ist sterblich können als begrenzt und Denkakte wie Sokrates ist ein Mensch als nicht zwingend angesehen werden, wenn Sokrates ist sterblich bspw. ein Argument einleitet, das über Sokrates' Hinrichtung handelt und das nicht zum Thema hat, ob es auch Lebewesen gibt, die unsterblich sind oder ähnliches. Denkakte aber, die Sokrates' Menschsein oder die Relation des Menschen zu anderen Lebewesen betreffen, werden möglicherweise erst dann zu Sprechakten entwickelt,

---

[13] Vgl. Michael Dummett: What is a theory of meaning? (II). In: Truth and Meaning. Hrsg. v. G. Evans, J. McDowell. Oxford 1976, S. 34–93.

wenn von dem Sprecher Begründungen und Rechtfertigungen seiner Sprechakte verlangt werden: Bevor du weiter über Sokrates' Hinrichtung sprichst, erkläre doch: Warum ist Sokrates sterblich?

Für den Materialinferentialismus ist der Raum der Gründe etwas, was sich dann konstituiert, wenn der Inhalt des Raums des Begriffs in Frage gestellt wird. Mit dem Basisinferentialismus teilt er die Meinung, dass der Raum der Gründe und der Raum der Begriffe deckungsgleich sind oder dieser jenen überdeckt. Aber dennoch trennt beide Inferentialismen die Erklärung dieser Deckungsgleichheit und die Erklärung, inwiefern beide überdeckend sind: Erklärt der Basisinferentialismus, dass der Raum der Begriffe aus dem Raum der Gründe gebildet wird, so erklärt der Materialinferentialismus, dass die Materialität und der Inhalt des Raums der Begriffe erst dann deckungsgleich und überdeckend entwickelt werden, wenn der Raum der Gründe in Frage steht, also wenn das Begriffliche auseinandergelegt werden soll. Wie der Basisinferentialismus auf *Bildung* setzt, so verlässt sich der Materialinferentialismus auf *Entwicklung*.

Entwicklungen sind aber nicht nur die Folge des Verlangens nach Gründen, sondern sie sind auch und gerade im Geben von Gründen offensichtlich. Das sind die beiden genannten Standpunkte des Urteilens. Legt ein Sprecher sich in einem Sprechakt auf ein bestimmtes Urteil fest, entwickelt er dieses aus einer scheinbar unbegrenzten Fülle von Denkakten. Die bestimmte Entwicklung des Sprechaktes ist infolgedessen eine Aktualisierung der scheinbar unbegrenzten Anzahl von Denkakten. In dieser Entwicklung spielt der Sprechakt eine doppelte Rolle. Er ist nämlich nicht nur als Sprechakt eine öffentliche Gegebenheit im Spiel des Gebens von und Verlangens nach Gründen, sondern er ist auch ein bestimmter entwickelter Denkakt, der mit der scheinbar unbegrenzten Anzahl von Denkakten, die nicht entwickelt wurden, weiterhin im Zusammenhang steht.

Dieser Zusammenhang mit allen anderen verwickelten Denkakten *gliedert* dabei den begrifflichen Inhalt des entwickelten Sprechaktes: Der begriffliche Gehalt des Urteils Sokrates ist ein Mensch wird dadurch festgelegt, dass das Urteil nicht nur ein entwickelter Sprechakt ist, sondern dass es auch mit den verwickelten Denkakten Menschen sind rationale Lebewesen, Sokrates ist ein rationales Lebewesen usw. im Zusammenhang steht; oder das Urteil Sokrates ist ein Mensch ist als Sprechakt aus dem Zusammenhang entwickelt worden, den es gemeinsam mit den verwickelten Denkakten Menschen sind rationale Lebewesen, Sokrates ist ein rationales Lebewesen usw. gegliedert hat.

Die Vielzahl der verwickelten Denkakte legt durch die Gliederung den begrifflichen Gehalt eines entwickelten Sprechaktes fest: Was die Bedeutung des Urteils ist, demzufolge Sokrates ein Mensch ist, wird durch die Vielzahl der Denkakte bestimmt, die Sokrates als *Inhalt der Begriffssphäre* des Menschen und die den Menschen als Inhalt des Begriffs des rationalen Lebewesens bestimmen. Der begriffliche Inhalt der

3.1 Inferentialismen

Urteile, die in Sprechakte entwickelt werden, wird infolgedessen durch die bedeutsame Gliederung der Denkakte festgelegt.

Selbst Inferenzen, die als Sprechakt nicht vollständig entwickelt sind, können *im Gemüt* als Denkakt doch als vollständig wahrgenommen werden und überzeugend sein. Eine Begründung, warum Sokrates sterblich sei, ergibt sich bereits aus der Entwicklung des Sprechaktes `Sokrates ist ein Mensch`: Denn mit den beiden Urteilen `Sokrates ist sterblich` und `Sokrates ist ein Mensch` ist bereits ein Zusammenhang des begrifflichen Inhalts des Sterblichseins und des Menschseins geliefert worden; oder beide Urteile gliedern den begrifflichen Gehalt von ›Sokrates‹ derart, dass bei der Entwicklung einer Inferenz mit beiden Urteilen als Sprechakt ein Urteil als verwickelter Denkakt im Gemüt entsteht, der das Menschsein auf das Sterblichsein festlegt. Eine Gliederung des begrifflichen Inhalts aus Sterblichsein, Menschsein und Sokratessein kann somit aus nur zwei Urteilen erfolgen, die damit eine vollständige Inferenz bilden können.[14]

Aufgrund der Gliederung des begrifflichen Inhalts, der durch entwickelte oder verwickelte Denkakte erfolgt, erklärt der Inferentialismus den Inhalt und die *Materie des Urteils* für entscheidender als die Form.[15] Der Form nach, so dieser Inferentialismus, werde der begriffliche Inhalt in einem Urteil bereits durch seinen Zusammenhang mit einem weiteren materialen Urteil in einer Inferenz bestimmt. Wenn man eines Wintermorgens beim Erwachen das trockene Knirschen von Reifen hört und dadurch zu dem Urteil veranlasst wird, dass es geschneit hat, so war im Gemüt ein materiales Urteil als verwickelter Denkakt veranlagt. Die reine Form der Inferenz trage somit wenig zur begrifflichen Bestimmung bei, sondern zeige höchstens, welche entscheidende Rolle der begriffliche Inhalt in verwickelten Denkakten spiele, wenn er zusammen mit anderen Urteilen als Sprechakt entwickelt werde.

Besonders die Form des `Wenn ..., dann` sei aufschlussreich, weil mit dieser logischen Zusammensetzung die verwickelten Denkakte in reflektierter Weise entwickelt werden können, oder weil man Sprechakte entwickeln kann, die erklären, warum ein Denkakt richtig ist: `Wenn etwas ein Mensch ist, dann ist es sterblich. Sokrates ist ein Mensch. Also ist Sokrates sterblich.` Zudem können sie beim Verlangen von Gründen inferentiell zur Klärung beitragen, indem sie Alternativen aufzeigen: `Wenn etwas kein Mensch ist, dann....` Zuletzt geben sie die Möglichkeit, Folgerungen im Fall gebilligter Inferenzen durchzuspielen: `Wenn Sokrates sterblich ist, dann...`

Die Möglichkeit, ein Urteil wie `Menschen sind sterblich` im Gemüt als Denkakt in einem aus zwei Urteilen bestehenden Sprechakt ergänzen zu können, berechtigt aber nicht zu der basisinferentialistischen Annahme, auch *begrifflichen Inhalt*

---

[14] Vgl. Wilfrid Sellars: Inference and Meaning, Kap. I; ders.: Is there a Synthetic a Priori?. In: Philosophy of Science 20 (1953), S. 121–138 (WA in: Science, Perception and Reality), § 8f.
[15] Vgl. Robert Brandom: Inference, Expression, and Induction. In: Philosophical Studies 54 (1988), S. 257–285.

3 Logik und Welt

im Gemüt vervollständigen zu können.[16] Sprechakte wie Erkältung! oder Gesundheit! sind keine unvollständigen Urteile, sondern höchstens unvollständige Sätze – eher noch autonome diskursive Praktiken –, da in ihnen kein begrifflicher Inhalt über die verwickelten Denkakte gegliedert werden kann. Auch wenn auf derartige Sprechakte Handlungen folgen, die sich mit Urteilen wie Die Maschine gibt dem Menschen ein Taschentuch beschreiben lassen, bildet das Urteil zusammen mit dem unvollständigen Satz keine Inferenz, aus der eine Gliederung von Erkältung oder Gesundheit als begrifflicher Inhalt erkennbar wäre. Fragmentarische Sätze bilden keine Urteile, aber nur Urteile bestimmen im Zusammenhang mit anderen den begrifflichen Inhalt derselben. Inferenzen mögen nur zwei Urteile benötigen, aber sie müssen zwei voneinander zu unterscheidende Zusammenhänge zwischen drei Begriffen entwickeln. Folglich könne man nie über nur einen einzigen Begriff verfügen, sondern man müsse mindestens über drei, wenn nicht sogar über eine noch größere Zahl verfügen.[17]

Nach der Definition des Inferentialismus bestehen unvollständige Sätze aus einem Wort oder einer verbalen Phrase; und diese wird dann zum Begriff, wenn sie in einem Zusammenhang mit einem weiteren Wort steht und so ein Urteil entwickelt wird, das wiederum im Zusammenhang mit einem weiteren verwickelten oder entwickelten Urteil den begrifflichen Inhalt beider Urteile gliedert und strukturiert. In der grundlegenden Form des Urteils wird dem begrifflichen Inhalt eine bestimmte Rolle zugewiesen. Der Zusammenhang, der den begrifflichen Gehalt zwischen zwei Wörtern bestimmt, trennt die beiden Inhalte voneinander, sowohl ihrer Form als auch ihres Materials nach. In der grundlegenden Form des Urteils zerfällt die eine Seite zu einem Gegebenen oder zu einer Gegebenheit, das in begrifflicher Form erscheint, während die andere Seite eine Bestimmung des Gegebenen oder der Gegebenheit ist.

Das begrifflich Gegebene und seine Bestimmung im Zusammenhang eines Urteils lassen sich mit Hilfe von Fächern unterscheiden, entsprechend der Rolle, die der begriffliche Gehalt im Zusammenhang des Urteils einnehmen und spielen kann. Der Materialinferentialismus teilt diese *Rollenfächer* zunächst grundlegend nach der Stellung des begrifflichen Inhalts im Zusammenhang eines Urteils. Gegebenes lässt sich mit Gegebenem gleichen begrifflichen Gehalts wechselseitig übersetzen, während die Bestimmungen meistenteils nur einseitig ersetzt werden können: In »Sokrates ist ein Lebewesen« ist Sokrates das Gegebene, das sich wechselseitig beispielsweise mit Der Schüler von Diotima übersetzen lässt; die Bestimmung ist ein Mensch lässt sich durch ist ein Lebewesen ersetzen, aber ist ein Lebewesen nicht zwingend in allen Kontexten mit ist ein Mensch.

---

[16] Vgl. Robert B. Brandom: Between Saying and Doing. Towards an Analytic Pragmatism. Oxford 2008. Kap. 2.3.
[17] Richard Rorty: Der Spiegel der Natur, Kap. IV.3.

3.1 Inferentialismen

Durch die gegenseitige Austauschbarkeit bilden Sokrates und der Schüler von Diotima ein Rollenfach für Urteile. Die einzelnen Teile oder der spezifische begriffliche Inhalt des Raums der Begriffe kann somit von allen Inhabern eines Rollenfachs besetzt werden. Dies weist insbesondere auf die wichtige Funktion hin, welche das Gegebene in der Zusammensetzung einnimmt: Obwohl die Bestimmung das Gegebene im Urteil näher erklärt, erklärt dieses Gegebene dasjenige näher, was es in der Zusammensetzung entwickelt. Da sich Gegebenes oder Gegebenheiten im Urteil nach Rollenfächern einteilen lassen, die von verschiedenen Inhabern besetzt oder in denen verschiedene Formen mit- und durcheinander übersetzt werden können, gibt es *nicht eine Form* oder einen Inhaber aller Fächer, sondern entsprechend der Summe der Fächer eine *große Anzahl von Gegebenen* im Urteil.[18]

Die Einteilung in Fächer besagt aber nicht nur, dass es mehr gibt als ein Gegebenes, sondern auch dass es weniger als eine große Anzahl von Gegebenheiten oder Gegebenem ist, die im Urteil eine Rolle spielt. Gegebenes unterscheidet sich dabei zwar danach, ob es beispielsweise ein Eigenname wie Sokrates oder eine definite Kennzeichnung wie der Schüler von Diotima ist; aber in ihrer Rolle, als Getrenntes im Zusammenhang eines Urteils auf Einzelnes zu verweisen, bilden sie die *Gemeinsamkeit des Faches*.

Die Rede von Gegebenheiten oder Gegebenem im Urteil versteht der Materialinferentialismus nicht als Übertragung. *Das Gegebene ist nichts, was von außerhalb des Raums der Begriffe herkommen soll*, sondern etwas, das im Raum der Begriffe in Abgrenzung zu seinen Bestimmungen in Zusammenhang gebracht wird. Es ist selbst ein Begriff, spielt in einem Rollenfach mit dem Gegenstand an sich oder mit dem Absoluten eine Rolle, oder das Gegebene und die Gegebenheit erscheinen in begrifflicher Form. Damit bleibt für den Materialinferentialismus die Ungeteiltheit des Raums der Begriffe und des Raums der Gründe gewährleistet, obwohl jener nicht aus diesem gebildet wird, sondern dieser sich durch jenen entwickelt. Gegebenes ist in dieser Entwicklung immer nur eine Übersetzung innerhalb des Raums der Begriffe, und dort, wo Übersetzungen stattfinden können, die bestimmte Rollen in Urteilen übernehmen, lassen sich Fächer beschreiben.

Bezogen auf den Raum der Gründe und damit auf die Frage, woher dieser Zusammenhang kommt und wie behauptet werden kann, dass beispielsweise das Menschsein durch das Lebewesensein, aber nicht umgekehrt ersetzt werden kann, fährt der Materialinferentialismus eine für den Basisinferentialismus unbefriedigende Doppelstrategie: Genetisch erklärt er, dass die Materialität, auf die er sich bei allen Inferenzen beruft, durch eine geringe Anzahl von Urteilen bestimmt wird, die die Sprachgemeinschaft als richtig festgelegt hat und die als Denkakte für jeden Sprecher dieser Gemeinschaft verbindlich sind. Aus diesen Festlegungen leitet er nach dem Prinzip der Materialität alle weiteren Urteile ab, die dann als Sprechakte entwickelt

---

[18] Vgl. Robert Brandom: Expressive Vernunft, Kap. 6.IV; Gilbert Ryle: Categories. In: Ders.: Collected Papers Vol II. Collected Essays 1929–1968. 2. Aufl. London, New York: Routledge, 2009, S. 178–194; Ders.: Philosophical Arguments. In: Ebd., S. 203–222.

werden. Auf die Frage nach der Abstammung, also wie die Sprachgemeinschaft die Richtigkeit der geringen Anzahl an festgelegten Urteilen begründet, findet der Basisinferentialismus keine Antwort. Daher greift der Materialinferentialismus bei der Nötigung zur Beantwortung solch *ultimativer Warum-Fragen* auf eine systematische Erklärung zurück: Warum überhaupt Gegebenes oder Gegebenheiten im Urteil da seien und nicht vielmehr nicht, erkläre sich dadurch, dass logische Zusammenhänge uns die Hilfe anbieten, das zu erklären, was wir tun und warum wir dieses tun, wenn und in welcher Form wir Denkakte in Sprechakten entwickeln.[19]

Für den Basisinferentialismus zeigt sich an dieser teleologischen Erklärung, die ihm eine Art Minimalontologie offeriert, das Begründungsproblem des gesamten Materialinferentialismus. Seiner Meinung nach fällt der Materialinferentialismus dann in den Standpunkt der *Kausalitätstheorie* zurück, wenn er entweder die Materialität der Urteile durch Referenzen mit Hilfe einer dogmatisch abgeleiteten Minimalontologie erklären will oder wenn er die Materialität der Urteile durch die Materialität anderer Urteile festlegt. Im ersten Fall schwankt der Materialinferentialismus zwischen den Standpunkten des *kritischen Rationalismus* und des *repräsentationalen Realismus*, im zweiten Fall nähert er sich der kausalen Theorie des *semantischen Holismus*.

Für den Basisinferentialismus gilt, dass im Fall einer behaupteten Materialität der Urteile der Inferentialismus *erklären muss*, woher die Materialität seiner Urteile stammt, ohne dabei auf ein schlicht Gegebenes oder Vorgegebenes zu referieren und ohne in eine Zirkularität oder unendliche Folgerung zu verfallen, die nur immer andere oder immer neue Übersetzungsleistungen im Raum der Begriffe anbietet. Aus Sicht des Basisinferentialismus schafft es der Materialinferentialismus aber nicht, diesen beiden Hörnern des Dilemmas zu entkommen. Ihm droht dasselbe Schicksal wie dem Logizismus.[20]

Aus der Sicht des Basisinferentialismus stellt der Materialinferentialismus dann eine Variante des Standpunkts des *kritischen Rationalismus* dar, wenn er nicht erklären kann, wie sich die Materialität seiner Urteile begründet, sondern stattdessen die Materialität aus dem Prozess des Urteilens ableitet. Hatten andere Kausaltheorien das Urteilen als Ausdruck einer Beziehung zwischen einem Sprecher und einem Objekt angesehen – eine Beziehung, die als wahr oder falsch bezeichnet werden kann –, so ersetzt der kritische Rationalismus des Materialinferentialismus die Wahrheit und Falschheit durch die Billigung und Verwerfung von Urteilen. Wie Sprecher aber überhaupt dazu kommen, Urteile aufzustellen oder warum es überhaupt Urteile geben kann, die nicht verworfen werden, bleibt dem Basisinferentialismus ein Rätsel.

Eine Alternative zum kritischen Rationalismus sieht der Basisinferentialismus in der Spielart des *repräsentationalen Realismus*, auf den der Materialinferentialismus mehrfach Bezug nimmt. Die Rede von einem stets im Urteil befindlichen Gegebenem

---

[19] Vgl. Robert Brandom: Expressive Vernunft 2.I; 6.VII; John MacFarlane: Frege, Kant, and the Logic in Logicism, Kap. 3.
[20] Siehe unten, Kap. 2.3.

oder von einem Subjekt, das sich jeweils von einer Bestimmung oder einem Prädikat unterscheidet, ist ihm ein Schatten einer *Transzendenztheorie*, die entweder zwischen dem Absoluten und dessen Erscheinungen oder zwischen den Substanzen und deren Akzidenzien differenziert. Für den Basisinferentialismus scheint es fraglich zu sein, warum der begriffliche Inhalt, den der Materialinferentialismus auf ein subjektives Fach beschränkt, nicht auch in Fächer übersetzt werden kann, mit denen man prädikative Rollen belegt. Der begriffliche Inhalt des Begriffs ›Lebewesen‹ kann schließlich nur dadurch in der oben besprochenen Inferenz gegliedert werden, dass er in einem der beiden Sprechakte eine substantielle Rolle und in einem anderen eine akzidentielle Rolle spielt.

Einen Ausweg aus der Dogmatik des kritischen Rationalismus und der des repräsentationalen Realismus scheint für den Materialinferentialismus zunächst der semantische Holismus zu bieten. Aber auch hier sieht der Basisinferentialismus weitere Gefahren: Denn für den Materialinferentialismus wird ein Wort oder eine Wortphrase dann zum begrifflichen Inhalt, wenn es in materiale Urteile eingebaut wird; und materiale Urteile beruhen nicht auf der formalen Gültigkeit von Inferenzen, sondern auf dem begrifflichen Inhalt ihrer Urteile. Materiale Inferenzen sind die Bedingung des Begriffs, und der Begriff ist die Bedingung für die materiale Inferenz; oder der begriffliche Inhalt wird zur Voraussetzung der Schlusslogik und die inferentielle Begründung zur Voraussetzung der Begriffslogik. Die Urteilslogik, der eigentlich eine privilegierte Rolle in der Sprache zugedacht war, bleibt in der Beziehung zwischen den semantischen und begründenden Instanzen des Materialinferentialismus außen vor. Da es nun keine wirklichen Zwischenglieder zwischen der Begriffslogik und der Schlusslogik gibt, bleibt der Materialinferentialismus in dieser Zwickmühle des gegenseitigen Bedingens und Voraussetzens gefangen.

3.1.3 Formalinferentialismus

Die beiden vorangegangenen Inferentialismen beziehen aber nicht nur gegeneinander Position, sondern beide werden auch von einem Formalinferentialismus kritisiert, da sie es sich erlauben, die Gültigkeit und Richtigkeit zusammenhängender Urteile von der Basis der Begriffe oder von dem Material der Urteile abhängig zu machen, ohne dabei der Form der Begründung eine entscheidende Rolle zuzusprechen. Besonders dem Materialinferentialismus unterläuft der Fehler, gewisse materiale Inferenzen aufgrund ihres bereits bestimmten begrifflichen Inhalts gegenüber formalen Inferenzen zu privilegieren. Dabei ist allerdings zu bedenken, dass die Gliederung des begrifflichen Inhalts seiner materialen Inferenzen bereits formale Prinzipien voraussetzt. Auch materiale Prinzipien der Referenz oder Transformationsregeln entwickeln immer ein technisches Vokabular oder zeigen den Gebrauch derselben in verwickelter Weise auf.

3 Logik und Welt

Der begriffliche Inhalt in einer Inferenz setzt schon einen objektiv gegebenen logischen Zusammenhang voraus, der wiederum durch grundsätzliche Zusammenhänge bestimmt wird:[21] Wer die Inferenz `Sokrates ist ein Mensch, also ist er sterblich` behauptet, legt sich auf die Bedeutung einer logischen Zusammenhangsvokabel fest, die besagt, dass `Sokrates ist ein Mensch` *gehaltschwächer* ist als `Sokrates ist sterblich`. Spricht man die Inferenz ›`Sokrates ist ein Mensch`‹ ist gehaltschwächer als ›`Sokrates ist sterblich`‹, daher ist ›`Sokrates ist sterblich`‹ gehaltstärker als ›`Sokrates ist ein Mensch`‹ aus, legt man sich auf eine Konversionsregel fest, die den begrifflichen Gehalt der binären Relationsbegriffe ›gehaltstärker‹ und ›gehaltschwächer‹ über die *logischen Vokabeln* der Symmetrie und Negation bestimmt.

Während die beiden vorangegangenen Inferentialismen besonders den Inhalt des Raums der Begriffe in den Blick genommen und diesen als deckungsgleich oder überdeckend mit einem dahinterliegenden Raum der Gründe mittels Bildung oder Entwicklung in Verbindung gebracht haben, erklärt der Formalinferentialismus die Form als die wesentliche Hinsicht auf den Raum der Gründe. Erst die Form des Raums der Gründe gibt ihm Anlass, von einem Inhalt des Raums der Begriffe zu sprechen.

Für den Formalinferentialismus unterliegen der Basis- und der Materialinferentialismus der Versuchung, mittels Bildung oder Entwicklung den *Raum der Begriffe aus dem Raum der Gründe* entstehen zu lassen. Für den Basisinferentialismus bildet sich der Raum der Begriffe wie eine zweite Natur aus dem Raum der Gründe und für den Materialinferentialismus entwickelt sich der Raum der Gründe dann, wenn bestimmte Inhalte des Raums der Begriffe, die bereits veranlagt sind, in Frage stehen. In beiden Fällen wird der Raum der Gründe nur überdeckt vom Raum der Begriffe, so dass seine Rolle nur eine einseitige ist, die ihm im Spiel des Gebens und Verlangens von Gründen zukommt. Für den Formalinferentialismus ist die Rolle des Raums der Gründe aber keine, die schon immer gegeben oder jetzt und hier verlangt werden kann; vielmehr ist sie nur derart ungeteilt vom Raum der Begriffe zu denken, dass dieser von der Form des Raums der Gründe überdeckt wird und nicht umgekehrt. Während beim Materialinferentialismus der Inhalt des Raums der Begriffe seine Zusammensetzung bestimmte, erklärt der Formalinferentialismus erst durch die begründete Form der Zusammensetzung den Inhalt des Raums der Begriffe. Begrifflicher Inhalt ist somit das Ergebnis, das man aus der Form der Zusammensetzung ablesen kann.

Die Frage, ob diese Form der Zusammensetzung aus dem Raum der Gründe in den Raum der Begriffe übertragen wird oder ob beide Räume derart deckungsgleich gedacht werden müssen, dass die Zusammensetzung im einen auch die

---

[21] Rudolf Carnap: Logische Syntax der Sprache, §§ 10 und 49.

3.1 Inferentialismen

Zusammensetzung im anderen ist, beantwortet der Formalinferentialismus durch Hinweis auf ein beiden Räumen eigenes Fach von Zusammensetzungen. Seiner Behauptung nach gibt es ein besonderes Fach von Verbindungen und Zusammensetzungen, und diese Zusammensetzungen werden *logische Wahrheiten* genannt. Diese logischen Zusammensetzungen sind in beiden Räumen als derart grundsätzlich zu denken, dass sie für alle anderen Inhalte im Raum der Begriffe einen Grundsatz darstellen.

Ein *Grundsatz* ist eine Verbindung, die unabhängig vom Kontext aller anderen Zusammensetzungen für gültig oder wahr erklärt werden muss. Der Kontext, das heißt jede andere Zusammensetzung im Zusammenhang mit dem Grundsatz, erklärt diesen genauer, aber das Wesen des Grundsatzes besteht darin, unabhängig vom Kontext begründet und verstanden zu werden. Die Erklärung aus dem Kontext erfolgt dabei durch Rückgriff auf den ihn stützenden Raum der Gründe. Der Bezug des Grundsatzes im Raum der Begriffe auf die Erklärung im Raum der Gründe heißt Wahrheit oder Gültigkeit. Die Erklärung verdeutlicht, warum der Grundsatz eine grundlegende Verbindung zwischen dem Raum der Begriffe und dem Raum der Gründe darstellt. Die Form des Grundsatzes im Raum der Begriffe ist die Form der reinen Wahrheit oder Gültigkeit im Raum der Gründe.

Für den Formalinferentialismus besteht diese Form unabhängig von ihrer Erklärung, da auch er die Beziehung zwischen dem Raum der Begriffe und dem Raum der Gründe mit den Ausdrücken der Deckungsgleichheit und Überdeckung beschreibt. Erst die Erklärung zeigt aber, dass diese Deckungsgleichheit für den Grundsatz Bestand hat; und die Form, die er grundsätzlich im Raum der Begriffe einnimmt, gibt er vollständig an alle Zusammensetzungen im Raum der Begriffe weiter. Das heißt, *vom Grundsatz ausgehend* ist der Raum der Begriffe in seiner Zusammensetzung zum einen an sich widerspruchsfrei, da es keinen Begriff gibt, der nicht über den Grundsatz mit anderen Begriffen zusammengesetzt ist; und zum anderen ist er vollständig deckungsgleich mit dem Raum der Gründe, da durch die widerspruchsfreie Zusammensetzung auch eine wahrhafte Erklärung aller Zusammensetzungen geliefert werden kann.

Die Idee, von einem Grundsatz auszugehen, teilt der Formalinferentialismus mit dem Logizismus. Der veranlagte und verwickelte Inhalt, auf den sich der Materialinferentialismus konzentriert hat, ist dem Logizismus und dem Formalinferentialismus nur etwas Zweitrangiges und Zweideutiges. Der begriffliche Inhalt mag nämlich in seinen verschiedenen Formen etwas ausdrücken, was auf die möglichen Folgerungen keinen Einfluss hat, und er mag Täuschungen unterliegen, zu welcher der Gebrauch Veranlassung gibt. Die Einheitlichkeit, auf die der Formalinferentialismus pocht, wird hingegen durch eine Zweiwertigkeit gestiftet, nämlich durch die Form selbst. Sie soll benutzt werden, um aus ihrem Zwang selbst befreit zu werden.

Mit eindeutiger Form erhoffen sich Logizismus und Formalinferentialismus grundsätzliche Zusammensetzung aller Wissenschaften bis hin zur vollkommenen Einheitlichkeit. Die grundsätzliche Form wird zum Hilfsmittel, um zum Beispiel die

3 Logik und Welt

Sätze der Zahlen zu erschließen.[22] Von den Sätzen der Bewegung und der Natur bis hin zum gesprochenen Wort der Alltagssprache verbürgt die grundsätzliche Form Eindeutigkeit und Einheitlichkeit, die die Basis- und Materialinferentialismen vermissen ließen. Hatten Basis- und Materialinferentialismus noch die Vielheit der sprachlichen Äußerungen im Gemüt, so sehen der Formalinferentialismus und der Logizismus darin nur die Relikte des alten Aberglaubens an eine Welt jenseits beweisbarer Größen. Gegen diese zur Transzendenztheorie herabgesunkenen Gestalten, die nicht von der reinen Inferenz durchdrungen sind, gehen der Formalinferentialismus und Logizismus mit Strenge und Einheitlichkeit der grundsätzliche Form vor.

Wie grundsätzliche Zusammensetzungen aussehen, lässt sich auf eine Form bringen, wenn man im Raum der Begriffe ☐ zwei Wörter herausnimmt, Ⓐ und Ⓑ, die aufgrund ihrer in Wahrheit und Falschheit ausgedrückten Beziehung zum deckungsgleichen und überdeckenden Raum der Gründe zu Begriffen werden:

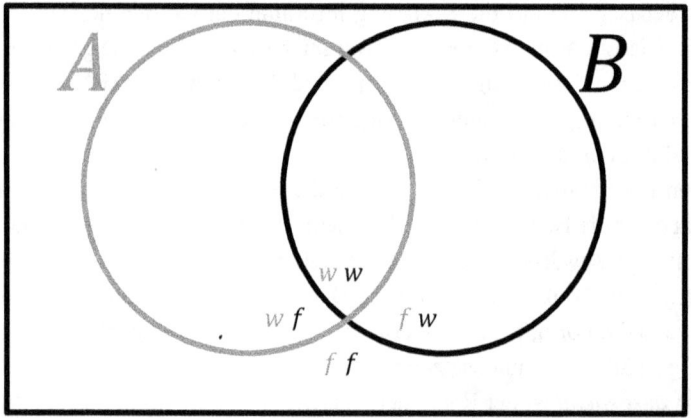

Da der Inferentialismus nicht durch anschauliche Begründungen den Eindruck erwecken möchte, dass der Raum der Gründe doch größer sein könnte als der Raum der Begriffe, so drückt er die grundsätzlichen Zusammensetzungen durch Formen aus, die die Anschaulichkeit auf den unteren Schnittpunkt der Schnittfläche beider Begriffe reduzieren. Durch Indikatoren • lassen sich aus den reduzierten Anschauungen Zusammensetzungen darstellen, die sowohl die eindeutige Form (Raum der Gründe) als auch den jeweiligen begrifflichen Inhalt (Raum der Begriffe) darstellen. Solche sind z.B. A als ✗; B als ✗; A und B als ✗; A, aber nicht B als ✗; weder A noch B als ✗ usw. Ein Satz, der immer wahr wäre, wird mit ✖ bezeichnet.[23]

Einerseits sind grundsätzliche Zusammensetzungen Ausdruck starker oder schwacher elementarer Denkakte eines Sprechers, wie etwa das Fürwahr-, das

---

[22] Vgl. bspw. Peter Andrews: An Introduction to Mathematical Logic and Type Theory. To Truth through Proof. Dordrecht; Boston 2002, Kap. 6.
[23] Diese Notation ist von der mit Grosser anfangenden, über Krause und Lindner gehenden und bei Peirce, McCulloch sowie Randolph ausgearbeiteten Tradition inspiriert, auf die mehrfach in Kap. 2.2 und 2.3 hingewiesen wurde. Der Unterschied zu McCulloch und Randolph zeigt sich in den komplexeren Formen.

3.1 Inferentialismen

Fürfalschhalten, das Zögern, das Zweifeln, das Entscheiden(-wollen) usw.[24] Andererseits sind sie aber in ihrer Relation zum Grundsatz vollständig unabhängig vom Sprecher, und der an ihnen vollzogene Sprechakt des Wahren und Falschen nur ein leeres Spiel der Kombinationen. In diesen grundsätzlichen Zusammensetzungen finden sich gewöhnliche Sätze, die mittels Regeln mit dem Grundsatz in Beziehung gesetzt werden. So kann beispielsweise die Regel der Umformung ins Spiel gebracht werden, dass `Wenn A, dann B` dasselbe bedeutet wie `nicht-A oder B`. Sei → nun das Zeichen für `Wenn ... dann`, ¬ das Zeichen für `nicht`, ∨ das Zeichen für `oder` und = das Zeichen der Identität, so könnte mit Hilfe der oben angezeigten Regel der folgende Grundsatz als ein Satz gerechtfertigt werden, der immer wahr sei:[25]

$$A \rightarrow (B \rightarrow A) = \neg A \rightarrow (\neg B \vee A)$$
$$= \neg \cancel{X} \vee (\neg \cancel{X} \vee \cancel{X}) = \cancel{X} \vee (\cancel{X} \vee \cancel{X}) = \cancel{X} \vee \cancel{X} = \cancel{X}.$$

Da sich aber die grundsätzlichen Zusammensetzungen durch dieselben Formen ersetzen lassen, droht die Befreiung vom Zwang und die erhoffte Eindeutigkeit durch die Benutzung und den Gebrauch überdeckt zu werden. Das sieht man an einer weiteren grundsätzlichen Zusammensetzung wie bspw:

$$(\neg A \rightarrow \neg B) \rightarrow (B \rightarrow A) = \neg(A \vee \neg B) \vee (\neg B \vee A) =$$
$$\neg(\cancel{X} \vee \neg \cancel{X}) \vee (\cancel{X} \vee \cancel{X}) = (\neg \cancel{X} \vee \cancel{X}) \vee \cancel{X} = (\cancel{X} \vee \cancel{X}) \vee \cancel{X} = \cancel{X} \vee \cancel{X} = \cancel{X} \cancel{X} \cancel{X} =$$
$$\cancel{X}.$$

Für einen Inferentialismus, der auf der einen Seite den Materialinferentialismus in eine formale Gestalt überführen will, auf der anderen Seite aber grundsätzliche Zusammensetzungen jeweils als eine andere Form des Gegebenen ansieht, die nur dem Standpunkt der Kausalitätstheorie zu eigen sein darf, sind diese Grundsätze künstlich. Oder, anders gesagt, an den Grundsätzen *spaltet sich der Formalinferentialismus* in einen künstlichen, sofern er die Übertragungen zwischen dem Raum der Gründe und dem Raum der Begriffe als Wahrheit akzeptiert, und in einen natürlichen, sofern derartige Übertragungen als ein unnötiger Rückfall in die Kausalitätstheorie angesehen werden.

Der Grundsatz stellt für den *natürlichen Formalinferentialismus* nur eine künstliche Übertragung aus dem Raum der Gründe in den Raum der Begriffe dar und wird ihm damit zu einem Rückfall in die Theorie der Kausalität: So wie die Kausalitätstheorie ihre Erklärung des Raums der Gründe aus einem Grundsatz des Raums der Begriffe ableitet, so leitet auch der künstliche Formalinferentialismus die gesamte inhaltliche Zusammensetzung des Raums der Begriffe aus einer grundsätzlichen Zusammensetzung ab, die er als Verbindung zwischen beiden Räumen ansieht. Wahrheit wird dem natürlichen Formalinferentialismus schließlich eine Chiffre für Kausalität und Geteiltheit; und diese Chiffre nimmt dort eine Begründungsfunktion ein, wo eigentlich nur Rationalität und Ungeteiltheit sein sollten.

---

[24] Vgl. Bertrand Russell: An Inquiry into Meaning and Truth. 5. Aufl. London 1956, Kap. IV u. V.
[25] Vgl. Jan Łukasiewicz, Alfred Tarski: Investigations into the Sentential Calculus. In: Jan Łukasiewicz: Selected Works. Hrsg. v. L. Borkowski. Amsterdam u.a. 1970, S. 131–152.

3 Logik und Welt

Der natürliche Formalinferentialismus erklärt zudem, dass es im Spiel des Gebens und Verlangens von Gründen eigentlich nie der Fall sei, dass Sprecher von einer grundsätzlichen Gegebenheit im Raum der Begriffe ausgehen würden. Der Formalinferentialismus habe sich durch seine Beschränkung auf grundsätzliche Zusammensetzungen weit vom natürlichen Gebrauch begrifflichen Inhalts entfernt. Natürlicher sei es, auf grundsätzliche Zusammensetzungen im Raum der Begriffe zu verzichten und alle Zusammensetzungen als *regelgeleitet oder als selbstgesetzt* zu betrachten. Dabei sind die regelgeleiteten Zusammensetzungen bereits Bestandteile, auf die der künstliche Formalinferentialismus gar nicht verzichten kann, um überhaupt zwischen gehaltsstärkeren und -schwächeren Aussagen unterscheiden zu können. Gilt zum Beispiel die Regel, dass 𝕏 gefolgert werden kann, wenn 𝕏 und ¬𝕏 ∨ 𝕏 gesetzt sind, so kann erst aus dem Grundsatz ¬𝕏 ∨ (¬𝕏 ∨ 𝕏) und der Voraussetzung 𝕏 auch ¬𝕏 ∨ 𝕏 gefolgert werden.

Da der natürliche Formalinferentialismus erkannt hat, dass auch dem künstlichen Formalinferentialismus diese Regeln eigen sind, so gehen sie in einen Kampf, der über Grundsatz und Regeln entscheiden soll. Während der künstliche Formalinferentialismus die Regel angreift und seine Grundsätze zur Einheit zwingt, lässt der natürliche Formalinferentialismus den Grundsatz außer Acht und entwickelt eine Vielheit der Regeln. In diesem Ringen um die Anzahl der grundsätzlichen Zusammensetzungen erkennt der künstliche Formalinferentialismus seine Chance darin, die Natürlichkeit des Sprachgebrauches zu beugen, um mit der künstlichen Wiederholung des und nicht die Einheit der Grundsätze zu erzwingen und die Vielzahl der Regeln abzuwehren. Für den natürlichen Formalinferentialismus ist dies aber eine kurzsichtige Stratgie, deren Erfolg nur an die enge Welt der beweisbaren Größen gebunden ist und die schon auf dem breiten Feld der Natürlichkeit undenkbar wäre.

Damit teilt der natürliche Formalinferentialismus den Hang zur Natürlichkeit mit dem Basis- und Materialinferentialismus. Die Zusammensetzung einzelner Inhalte im Raum der Begriffe ist für den natürlichen Formalinferentialismus eine Selbstsetzung in Form einer Annahme oder einer Forderung. Erscheint in dieser Selbstsetzung eine Annahmeformel oder Forderung, die dem Grundsatz des künstlichen Formalinferentialismus entspricht, so ist dies nicht einer grundsätzlichen Zusammensetzung im Raum der Begriffe geschuldet, sondern allein dem Gefühl der Natürlichkeit beim Beweisen mit bestimmten Größen.[26] Die Forderungen und Annahmen des natürlichen Formalinferentialismus sind etwa:

(1) Soll A und B bewiesen werden, so muss A und so muss B bewiesen werden:

$$\frac{𝕏 \qquad 𝕏}{𝕏 \wedge 𝕏}$$

---

[26] Cf. Gerhard Gentzen: Investigation into Logical Deduction, II § 4.

3.1 Inferentialismen

(2) Soll A oder B bewiesen werden, so muss A bewiesen werden oder B:

$$\frac{A}{A \vee B} \quad \text{oder} \quad \frac{B}{A \vee B}$$

(3) Soll Wenn A, dann B bewiesen werden, so muss B bewiesen werden unter der Annahme von A:

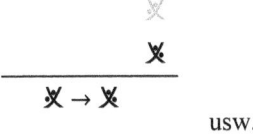

$$\frac{\overset{[A]}{B}}{A \to B} \quad \text{usw.}$$

Der Übergang von der Bedingung zum Bedingten bzw. die Erfüllung des Konsequens wird vom Formalinferentialismus als Selbstsetzung beschrieben. Jeder, der weiß, dass ein Beweis von *A* und ein Beweis von *B* auch ein Beweis von A und B ist, kennt die Bedeutung der Zusammensetzung mit und durch den Gebrauch von (1). Jeder, der weiß, dass ein Beweis von *A* auch ein Beweis von A oder B ist, kennt die Bedeutung der Zusammensetzung mit oder durch den Gebrauch von (2). Jeder, der weiß, dass ein Beweis von *B* unter Annahme von *A* auch ein Beweis von Wenn A, dann B ist, kennt die Bedeutung der Zusammensetzung mit Wenn ..., dann ... durch den Gebrauch von (3) usw. Die Bedeutung von und, oder, wenn..., dann usw. ist somit das Wissen ihres inferentiellen Gebrauchs und kein Ausdruck eines Denkaktes. Anders gesagt, die Bedeutung von Selbstsetzungen kann allein aus der Rolle entnommen werden, die sie im Kontext der Inferenzen (1), (2), (3) usw. spielen.

Darüber hinaus eröffnet die Selbstsetzung dem natürlichen Formalinferentialismus die Möglichkeit einer *Entgegensetzung* der Form. Eingeführte Zusammensetzungen können in entgegengesetzter Form wieder in ihre Bestandteile aufgelöst werden. Damit behauptet der natürliche Formalinferentialismus, dass die Negation derjenigen Realität, die er selbst in seiner Forderung des Begründens zusammengesetzt hat, durch das Prinzip der Entgegensetzung legitimiert wird. Der Raum der Begriffe wird somit zu einer Realität zusammengesetzt, die nur solange besteht, wie die Negation sie nicht selbst wieder aufhebt:

(1*) Wenn A und B bewiesen ist, dann kann *A* bewiesen werden und es kann auch *B* bewiesen werden.

$$\frac{A \wedge B}{A \quad B}$$

(2*) Ist A oder B bewiesen, so kann auch *A* bewiesen werden oder *B* kann bewiesen werden.

$$\frac{A \vee B}{A} \quad \text{oder} \quad \frac{A \vee B}{B} \quad \text{usw.}$$

Wie es dem ersten Formalinferentialismus eigen ist, so sieht dieser in dem Spiel des Sichsetzens und Entgegensetzens überall künstliche Formen, die er mit neuen Formen belegt und ihnen Rollen zuweist, die der natürliche Inferentialismus nicht anerkennt. So sieht der künstliche Formalinferentialismus *zum einen* keinen Unterschied zwischen dem gesollten Beweis und seiner behaupteten Wahrheit. Für ihn tut der natürliche Formalinferentialismus so, als gebe es nur einen Raum der Begriffe *und der Gründe*, während man an den Unterscheidungen zwischen Annahme und Beweis, eigentlichen und uneigentlichen Beweisen usw. überall die Divergenz der beiden sich überdeckenden Räume voraussetzt.

Zum anderen sieht der künstliche Formalinferentialismus keinen Grund gegeben, warum man der Zusammensetzung nicht eine andere Rolle zusprechen soll als der Entgegensetzung oder warum Zusammensetzungen oder Entgegensetzungen immer nur eine Rolle spielen sollen.[27] Wenn zwei Bestandteile des Raums der Begriffe mittels einer Selbstsetzung in einer Weise zusammengesetzt werden, dann ist es doch immerhin möglich, mit der Zusammensetzung eine neue Art der Entgegensetzung zu behaupten. Wenn aber zwei Bestandteile des Raums der Begriffe mittels einer Selbstsetzung zusammengesetzt werden, so muss damit nicht ausgeschlossen werden, dass sie ein anderes Mal mit derselben Selbstsetzung *anders zusammengesetzt* werden. Diese Künstlichkeit des natürlichen Formalinferentialismus verläuft sich in derartigen Fällen in einem willkürlichen Spiel des Behauptens und Widersprechens oder in einem willkürlichen Spiel des Behauptens in mehrfacher Art und Weise.

Bereits in der Verwendung des `oder` in (2) wird eine Willkür sichtbar, die als Einfallstor in die Festung der Natürlichkeit genutzt werden könnte: Soll `A oder B` bewiesen werden, so zeigt sich die Willkür in der Frage, was passiert, wenn *A* und *B* entweder dasselbe bezeichnen oder nicht dasselbe bezeichen oder wenn zwischen `oder` und `entweder ... oder` nicht unterschieden wurde. Der natürliche Formalinferentialismus wendet gegen diese vier Unterscheidungen ein, dass der künstliche Formalinferentialismus seine auf der problematischen Wahrheitsbeziehung basierende Interpretation von Urteilen bereits auf (2) angewandt habe, während es natürlicher sei, die Bedeutung der Beweisforderung durch den Gebrauch der logischen Zusammensetzung zu interpretieren, aus der die Beweisforderung von `A oder B` bestehe. Der Gebrauch der logischen Zusammensetzung kann daher von Fall zu Fall unterschieden werden. Aus diesem Grund habe der künstliche Formalinferentialismus nicht vier Unterscheidungen von einer Beweisforderung gegeben, sondern jeweils zwei Unterscheidungen von zwei Beweisforderungen, `oder` und `entweder ... oder`. Der künstliche Formalinferentialismus habe das formalinferentielle Zeichen für das natürliche `oder` in geteilter Weise interpretiert, während es ungeteilt verwendet werden müsse. Aber dadurch sei das zweite Argument des natürlichen

---

[27] Vgl. Arthur Prior: The Runabout Inference-Ticket. In: Analysis 21:2 (1960), S. 38–39.

Formalinferentialismus ein direkter Verstoß gegen das *Prinzip der Ungeteiltheit*, das dem Inferentialismus eigen ist.[28]

Habe man diese Verwirrung durch die Analyse des Kontexts des Beweises entlarvt, so könne man anhand der Verwendung von `oder` in den ersten beiden Alternativen und `entweder ... oder` in den letzten beiden Alternativen erkennen, dass beide Zusammensetzungen sich entweder auf geteilten oder auf ungeteilten begrifflichen Inhalt beziehen könnten. Damit würde die Verwendung von Zusammensetzungen im Kontext eines inferentiellen Beweises Rückschlüsse auf den begrifflichen Inhalt erlauben.

Der künstliche Formalinferentialismus wehrt beide Argumente des natürlichen Formalinferentialismus ab und konstruiert aus seiner Ablehnung ein *drittes Argument*. Der natürliche Formalinferentialismus habe seine Argumente gegen die Arbitrarität des Beweises nur dadurch hervorbringen können, dass er zur Unterscheidung der zwei mal zwei Alternativen der Zusammensetzung `oder` den Verlauf der Wahrheit herangezogen habe. Da er selbst scheinbar natürliche Zusammensetzungen wie `oder` nicht durch das Wort unterscheiden kann, benötige er eine ihm uneigentliche Semantik, die den Begriff der jeweiligen Zusammensetzung für ihn klärt. Der natürliche Formalinferentialismus habe somit nur gegen den künstlichen Formalinferentialismus argumentieren können, weil er in dem Argument gegen die Willkür eine Unterscheidung in der Natürlichkeit vorausgesetzt hat, die er selbst nicht erklären kann. Gemeinsam mit dem Material- und Basisinferentialismus generalisiert der künstliche Formalinferentialismus schließlich, dass die Inferenzen, die den Kontext der Bedeutung liefern, nur deshalb gebraucht werden können, *weil entweder der Verlauf der Inferenzen bereits einen Grund besitzt oder weil dieser Verlauf unbewusst auf eine Materie im Urteilen zurückgreifen kann.*

Im *ersten Fall* gibt es mehrere Gründe, warum die Bedeutungen der Sichsetzungen schon als gegebene Basis angesehen werden können: Der Formalinferentialismus, der behauptet, natürlich zu sein, da er sein Beweisverfahren an der wirklichen oder realen Praxis des Schließens abgelesen haben will, bedient sich aus Sicht des Basisinferentialismus einer kausaltheoretischen Argumentation. Dieser argumentiert nämlich, dass es einen Formalinferentialismus gebe, der künstlich sei, da er eine zu starke Trennung zwischen den sich eigentlich überdeckenden Räumen der Begriffe und der Gründe mittels des Wahrheitsbegriffs fordere. Er selbst gewinnt aber seine natürliche Eigenschaft ebenfalls durch eine Beobachtung: Er beobachtet, dass Sprecher nicht dem künstlichen Formalinferentialismus folgen, sondern eine *Beweistechnik entwickeln, die er als natürliche Gegebenheit deklariert.* Der Grund ist hier das Dialogische. Der Raum der Begriffe wird somit zu einer Repräsentation einer traditionellen Begründungspraxis, von der nicht ausgeschlossen werden kann, dass sie sich

---

[28] Vgl. Nuel D. Belnap: Tonk, Plonk and Plink. In: Analysis 22:6 (1962), S. 130–134.

3 Logik und Welt

dadurch etabliert hat, dass ihre Sprecher sie auf der Basis des künstlichen Wahrheitsbezugs favorisiert haben.[29] Sollte sich diese Tradition nicht auf einem künstlichen Wahrheitsbezug gründen, ist es letztendlich keine falsche Spitzfindigkeit, wenn man die Möglichkeit in Erwägung zieht, dass das, was der Formalinferentialismus als natürliche Gegebenheit im Raum der Begriffe repräsentiert, eine schon immer uneigentliche Begründungsleistung war, die einst anerzogen und dann immer als scheinbare Eigentlichkeit tradiert wurde.[30]

Im *zweiten Fall* kann die Bedeutung nicht aus dem Kontext oder aus dem Gebrauch abstrahiert werden, weil der Gebrauch unreflektiert erfolgt. Auch in diesem Fall ergeben sich zwei Möglichkeiten, die der künstliche Formalinferentialismus als Argument dafür ansieht, dass der natürliche Formalinferentialismus niemals voraussetzungslos ist. Zum einen lässt sich ein Dualismus zwischen dem Kontext und der Bedeutung des begrifflichen Gehalts dann nicht erklären, wenn das Wort zwar regelmäßig und daher scheinbar verlässlich gebraucht wird, der Gebrauch aber nur anerzogen und nicht reflektiert wird. Ein Urteil über die Verlässlichkeit, mit der ein Wort in bestimmten Kontexten gebraucht wird, kann nur über die Erklärung und Rechtfertigung von Regelmäßigkeiten sichergestellt werden. Zum anderen kann ein Dualismus zwischen dem Kontext und der Bedeutung des begrifflichen Gehalts nur dann erklärt werden, wenn auch eine Erklärung und Rechtfertigung von Regelmäßigkeiten geliefert wird, die allerdings auf der reinen Form eines Grundsatzes beruhen.

Der künstliche Formalinferentialismus zieht aus beiden Problemfällen den Schluss, dass die verbale Zusammensetzung begrifflichen Inhalts selbst Inhalt des Raums der Begriffe ist und sich dadurch, nach der eigenen Feststellung des künstlichen Formalinferentialismus, mit der Erklärung im Raum der Gründe deckt.[31] Da für den künstlichen Formalinferentialismus diese Erklärung den Ausdruck ›Wahrheit‹ trägt, sollen Zusammensetzungen sich nicht in der Willkür, sondern in Wahrheitserklärungen der zusammengesetzten begrifflichen Inhalte verlaufen. Ist dann mittels eines *Verlaufs der Wahrheit* erklärt, in welcher Beziehung Zusammensetzungen im Raum der Begriffe mit dem Raum der Gründe stehen, so lassen sich seiner Meinung nach nicht nur die ursprünglichen inhaltlichen Begriffe definieren, sondern auch diejenigen Begriffe, die Zusammensetzungen und Entgegensetzungen bestimmen.

Für den natürlichen Formalinferentialismus zeigen sich mit dem Rückgriff auf den korrespondierenden und kompositionellen Wahrheitsbegriff aber weitere Anlehnungen an Kausalitätstheorien, die der Inferentialismus gehofft hatte, längst beseitigt zu haben. Sein Ideal, den Raum der Gründe soweit durch den Raum der Begriffe zu überdecken, dass nur noch dieser im Vordergrund steht, untersagt ihm, diese Erklärung zu akzeptieren; die Erklärung wird als künstliche Beschränkung verworfen. Der Verdacht, einer Willkür zwischen der Einführung und der Beseitigung bzw. seiner

---

[29] Vgl. J. T. Stevenson: Roundabout the Runabout Inference-Ticket. In: Analysis 21:6 (1961), S. 124–128.
[30] Vgl. Jaroslav Peregrin: Inferentialism. Why Rules Matter, Kap. 10.
[31] Vgl. J. T. Stevenson: Roundabout the Runabout Inference-Ticket.

3.1 Inferentialismen

Realität und deren Negation aufgesessen zu haben, kann dadurch ausgeräumt werden, dass ein *Prinzip der Harmonie* eingeführt wird, das selbst allerdings nicht Bestandteil der durch es regulierten Beweistheorie wird.[32]

Dieses Prinzip der Harmonie ist wie das Prinzip der Ungeteiltheit eine Revision des zweiten Arguments, das der künstliche gegen den natürlichen Formalinferentialismus vorgebracht hatte. Der künstliche Formalinferentialismus hatte nicht nur eine Willkür der Zusammensetzungen gesehen, die dem geforderten Beweis von A oder B unterlag, sondern auch eine Willkür in der Trennung von Selbstsetzung und Entgegensetzung erkannt. Zu diesem Zweck konstruierte er unter der Verwendung des Prinzips der Ungeteiltheit eine Selbstsetzung, die zu der folgenden Entgegensetzung führen sollte:

$$\text{Wenn } \text{✗} \quad\quad\quad\quad \text{✗ ✗ ✗}$$
$$\text{✗ ✗ ✗} \quad , \text{dann} \quad\quad \text{✗.}$$

Der natürliche Formalinferentialismus antwortet auf die Konstruktion einer derartigen Willkür mit einem Prinzip der Harmonie, das zwar selbst kein Bestandteil eines durch es regulierten Beweises ist, aber der Natürlichkeit des Schließens nahe steht. Inferentielle Beweise sind für ihn darauf festgelegt, nur das aus einer Entgegensetzung herauszunehmen, was auch zuvor in die Selbstsetzung hineingelegt wurde. Diese Forderung der Harmonie, die die Realität der Selbstsetzung und die Negation der Entgegensetzung limitiert, ist einerseits der Fortschritt gegenüber der Unverhältnismäßigkeit der scheinbar endlosen Anzahl von verwickelten Denkakten im Vergleich zu den wenigen real entwickelten Sprechakten im Materialinferentialismus, andererseits ist sie aber der Rückschritt in der Argumentation gegen den künstlichen Formalinferentialismus.

Der künstliche Formalinferentialismus erkennt nämlich in der Harmonieforderung ein weiteres uneigentliches Prinzip des natürlichen Formalinferentialismus, da es selbst nicht Teil des inferentiellen Beweisverfahrens ist, das es begründet. Die Natürlichkeit, die als Gegenprogramm zum künstlichen Formalinferentialismus aus der Gegebenheit des natürlichen Schließens abgelesen wurde, begründet sich im Versuch, immer nur durch Verweis auf die abgelesene Natürlichkeit einen eigentlichen Formalinferentialismus aus den abgelesenen Formen heraus zu entwickeln: »Wie begründet es sich, dass das abgelesene oder so gebraucht wird? – Es begründet sich durch seine Natürlichkeit. – Wie begründet es sich, dass das Prinzip der Ungeteiltheit und Harmonie die Selbstsetzung und Entgegensetzung des begrifflichen Inhalts reguliert? – Weil es natürlich ist, dass in Entgegensetzungen nicht mehr entwickelt wird, als was in ihrer Selbstsetzung verwickelt vorliegt.« Für den künstlichen Formalinferentialismus ist auch die Rede vom Kontext und vom Gebrauch nur eine uneigentliche und übertragene Redeweise von der vorgeblichen Natürlichkeit eines Formalinferentialismus, der in seiner Grundlegung immer wieder auf künstliche Begründungen zurückgreift.

---

[32] Vgl. Michael Dummett: The Logical Basis of Metaphysics. Cambridge/Mass. 1993, Kap. 11.

3 Logik und Welt

In dieser beständigen Auseinandersetzung erringen beide Formen des Formalinferentialismus ihre Siege auf unterschiedlichen Feldern: Der künstliche Formalinferentialismus pocht auf die Anwendbarkeit seiner künstlichen Systeme wie der natürliche Formalinferentialismus sein System der natürlichen Anwendung lobt. Doch beiden ist die Anerkennung im je eigenen Terrain nicht genug. Mit neidischem Blick auf die Transzendenztheorie teilen beide das Vorhaben, Künstlichkeit und Natürlichkeit zu harmonisieren. Will der erste Formalinferentialismus seine technischen Siege auf eine künstliche Natürlichkeit übertragen, so erkennt der zweite Formalinferentialismus im Gemüt die Idee einer natürlich wirkenden Künstlichkeit.

Aufgrund der vielen unlösbaren Schwierigkeiten, die sich im Vorfeld der erwünschten Harmonisierung zeigen, kehrt der angegriffene Inferentialismus aber schließlich zu derjenigen Form zurück, von der er einst ausgegangen war: Er sieht in seinem *organischen Ursprung* die begriffliche Basis, die Materialität des Urteils und die Form des Schlusses gegeben. Dieser Ursprung ist weder selbstgesetzt noch zusammengesetzt, sondern ein natürlich Gegebenes, an dem er sein ungeteiltes Bedürfnis der Form wiedererkennt. Dieses Wiedererkennen ruft die Überzeugung hervor, dass die Konstruktion der Einheit nicht das einzige und nicht einmal das wichtigste Ziel des Formalinferentialismus und Logizismus ist.[33]

Da der Inferentialismus in seiner Entwicklung gelernt hat, die syllogistische Form in viele Richtungen zu erweitern, tritt sie bald mit den vom künstlichen Formalinferentialismus favorisierten Formen in Konkurrenz.[34] Der Inferentialismus sieht in der Syllogistik eine stärkere Natürlichkeit als in anderen Formen der Logik, weil sie den Gegebenheiten sprachlicher Traditionen in natürlicherer Weise folgt,[35] da diese natürliche Folge eine bessere Form der Darstellung natürlicher Gegebenheiten ist als die der künstlichen Sprachen[36] und weil sie eine allen künstlichen Systemen unterliegende Form des Schließens liefert.[37]

Der letzte Punkt eröffnet aber einen weiteren Kampfplatz zwischen dem künstlichen und dem natürlichen Formalinferentialismus. Auf dem Feld der Syllogistik versucht der künstliche Formalinferentialismus seinen Kontrahenten mit seinen eigenen Waffen zu schlagen: Er behauptet, dass auch die Begründung der Syllogistik nicht durch sich selbst gelingt, sondern dass sie eine Grundlegung in einer ihr unterliegenden Form benötigt, die den Selbstsetzungen und und wenn..., dann... entspricht: Im Wenn..., sind die beiden Prämissen durch und verbunden, so dass dann... die

---

[33] Andrzej Mostowski: On a Generalization of Quantifiers. In: Fundamenta Mathematicae 44:2 (1957), S. 12–36.
[34] Vgl. Robert van Rooij: Extending Syllogistic Reasoning. In: Logic, Language and Meaning. Hrsg. v. M. Aloni, H. Bastiaanse, T. de Jager, K. Schulz. Berlin, Heidelberg 2010, S. 124–132; Larry Moss: Completeness Theorems for Syllogistic Fragments. In: Logics for Linguistic Structures. Hrsg. v. F. Hamm, S. Kepser. Berlin: de Gruyter 2008, S. 143–175.
[35] Vgl. Michael Wolff: Abhandlung über die Prinzipien der Logik. Frankfurt a.M. 2004, Teil II.
[36] Vgl. Jon Barwise, Robin Cooper: Generalized Quantifiers and Natural Language. In: Linguistics and Philosophy 4:2 (1981), S. 159–219; Fred Sommers: The Logic of Natural Language. Oxford 1982.
[37] Vgl. John Corcoran: Aristotle's Natural Deduction System.

3.1 Inferentialismen

Konklusion anzeigt.[38] Der Beweis der Gültigkeit der Syllogistik, die Grundlegung, muss durch die beiden Selbstsetzungen (1) und (3) erfolgen, die der natürliche Formalinferentialismus aus den Gegebenheiten natürlichen Schließens herausgelesen hat. Sind diese Selbstsetzungen die Grundlegung für die Gültigkeit der Syllogismen, so sind sie keine Selbstsetzungen, sondern eben Grundsätze. Da diese Grundsätze aber nicht aus der Syllogistik stammen, sondern aus den Selbstsetzungen des natürlichen Formalinferentialismus, so sind sie übertragene und uneigentliche Bestandteile in der Syllogistik.

Der natürliche Formalinferentialismus erkennt in dieser Strategie aber eine weitere Künstlichkeit. Für ihn ist die Syllogistik keine Wissenschaft, die auf Grundsätzen aufgebaut ist, sondern die Grundlegung aller Wissenschaften selbst, welche mit Grundsätzen aufgebaut sind. Aus diesem Grund bedarf sie nicht derjenigen Grundsätze, die der natürliche Formalinferentialismus zuvor in den natürlichen Gegebenheiten des Schließens abgelesen hat und die der künstliche Formalinferentialismus auf sie als Grundlegung anzuwenden versucht hat. Vielmehr beruht die Syllogistik auf eigentlichen Selbstsetzungen und nicht auf Grundsätzen. Dabei erkennt der natürliche Formalinferentialismus das Problem des künstlichen Formalinferentialismus als Anspruch an die Grundlegung der Syllogistik durchaus an: Müssen Syllogismen bewiesen werden und sollen sie nicht auf übertragenen und uneigentlichen Grundsätzen beruhen, so muss in der Syllogistik die eigentliche Grundlegung erfolgen.

Um diesem Anspruch gerecht zu werden, unterscheidet der natürliche Formalinferentialismus zwischen zwei Formen von Selbstsetzungen: *eigentliche und uneigentliche*.[39] Uneigentliche Selbstsetzungen der Syllogismen werden durch eigentliche begründet. Eigentliche Selbstsetzungen der Syllogismen *zeigen*, dass die Konklusion aus den Prämissen folgt; sie machen dies *deutlich*, ohne dass noch etwas Weiteres, wie etwa ein ihr uneigentlicher Grundsatz, vonnöten wäre.[40] Uneigentliche Selbstsetzungen zeichnen sich dadurch aus, dass sie nicht zeigen können, dass die Konklusion aus den Prämissen folgt. Vielmehr müssen sie in eigentliche Syllogismen übersetzt werden und in der Übersetzung eine Lückenlosigkeit und einen alles verbindenden *Faden* zwischen den ihr uneigentlichen Formen und den eigentlichen Formen der Selbstsetzungen in Syllogismen aufzeigen.

Die eigentliche Form der Selbstsetzungen in Syllogismen und ihre Unterscheidung von den uneigentlichen Formen stiftet schließlich die Harmonie zwischen beiden Formen des Formalinferentialismus. Für den natürlichen Formalinferentialismus ist die von ihm getroffene Unterscheidung eine Unterscheidung zwischen eigentlichen und uneigentlichen Selbstsetzungen, während sie für den künstlichen Formalinferentialismus deckungsgleich ist mit seiner Trennung zwischen den grundsätzlichen

---

[38] Vgl. Jan Łukasiewicz: Aristotle's Syllogistic from the Standpoint of Modern Formal Logic. 2. Aufl. Oxford 1957, Kap. 2.
[39] Vgl. Michael Dummett: Logical Basis of Metaphysics.
[40] Vgl. Timothy J. Smiley: What is a Syllogism?. In: Journal of Philosophical Logic 2 (1973), S. 136–154.

3 Logik und Welt

Zusammensetzungen und den daraus abgeleiteten inhaltlichen Zusammensetzungen im Raum der Begriffe. Eigentliche Selbstsetzungen und grundsätzliche Zusammensetzungen haben gemeinsam, dass sich ihre Gültigkeit zeigt. Für die einen zeigt sie sich im Natürlichen, im Verhältnis der Selbstsetzung zu ihrem Gebrauch in der Sprache; für die anderen zeigt sie sich im Künstlichen, im Verhältnis der Zusammensetzung zu ihrer begründeten Wahrheit.

Die unschuldige Nachfrage, wie sich die Gültigkeit dieser Verhältnisse begründet, bringt eine dritte Form des Formalinferentialismus vor, die ihren Standpunkt zwischen der Natürlichkeit und der Künstlichkeit offen lässt. Diese dritte Form versteht sich als unabhängig vom künstlichen und natürlichen Formalinferentialismus, da sie keine Stellung dazu nimmt, welche der beiden Unterscheidungen für sie verbindlich ist, entweder die zwischen den grundsätzlichen und den daraus abgeleiteten inhaltlichen Zusammensetzungen oder die zwischen den eigentlichen und den uneigentlichen Selbstsetzungen. Ihr ist es allerdings wichtig, dass zum einen die unschuldige Nachfrage des Formalinferentialismus beantwortet wird und dass die unschuldige Nachfrage sich nicht nur an die natürliche, sondern auch an die künstliche Interpretation der Syllogistik richtet: Nicht nur die eigentlichen Selbstsetzungen, die der natürliche Formalinferentialismus in der Syllogistik sieht, müssen begründet werden, sondern auch die uneigentlichen Grundsätze mit und, wenn..., dann usw., die der künstliche Formalinferentialismus an die Syllogistik heranträgt. Die Erklärung für die Gültigkeit der eigentlichen Selbstsetzungen, die der natürliche Formalinferentialismus in der Syllogistik als grundsätzlich erachtet, ist ihm das *dictum de omni et nullo*, und die Begründung für die Gültigkeit der grundsätzlichen Zusammensetzungen, die der künstliche Formalinferentialismus in der Syllogistik als eigentlich ansieht, wäre ihm ein *dictum de aut et si*. Ob aber dieses *dictum de aut et si* zu den Ursprüngen des Formalinferentialismus gehört, ist nur über den Umweg des Urteils nachweisbar. Da der Formalinferentialismus also davon ausgehen muss, es als etwas Uneigentliches an die Grundsätze des künstlichen Formalinferentialismus herangetragen zu haben und dass es allein nach dem Vorbild des *dictum de omni et nullo* konstruiert wurde, steht und fällt seine Begründung des Formalinferentialismus mit der Erklärung des *dictum de omni et nullo*.[41]

---

[41] Vgl. Jonathan Barnes: Truth, etc. Six Lectures on Ancient Logic, Kap. 5.

3.1 Inferentialismen

Wenn die dritte Form des Formalinferentialismus die unschuldige Nachfrage nach der Begründung eigentlicher Selbstsetzungen und grundsätzlicher Zusammensetzungen ernst nimmt, dann kann die Nachfrage, wie sich das *dictum de omni et nullo* begründet, nicht als naiv abgetan werden. Eine Antwort auf diese nichtnaive Frage hat der Inferentialismus nicht geliefert und wird es auch nicht können. Dass er diese Begründung seiner eigenen Tätigkeit nicht leisten kann, liegt daran, dass er immer von der ihm uneigentlichen Prämisse ausgeht, derzufolge die Sphäre des Begriffs Raum der Gründe nicht weiter gehen dürfe als die Sphäre des Begriffs Raum der Begriffe.

3.2 Rationaler Repräsentationalismus

Ich will mit der in Kap. 3.1 angeführten Dialektik nicht aufzeigen, dass entweder alle inferentialistischen Programme zusammen oder alle, außer einem einzigen, falsch sind, sondern darlegen, dass das Bild, das Inferentialisten uns präsentieren, selbst schon darauf hinweist, dass es nur ein Ausschnitt eines viel größeren ist. Darauf deutet zumindest die Tatsache hin, dass alle Inferentialismen – oder genereller gesagt: alle logizistischen Programme – immer an einer entscheidenden Stelle in Begründungsprobleme geraten, die die Basis ihrer eigenen Theorien betreffen. Der Inferentialismus hat durchaus seine Vorzüge, und diese sollte man ihm nicht absprechen; aber obwohl sein Bauwerk bereits sehr prachtvoll erscheint, zeigt sein Bildausschnitt nicht, ob sich darunter auch tatsächlich ein massives Fundament befindet. Die Uneinigkeit, die inferentialistische Programme bezüglich der Frage aufzeigen, ob das Fundament aus Begriffen, Urteilen oder Schlüssen besteht und wie diese sich zum Grund verhalten, ist ein Hinweis darauf, dass es nicht die Bauelemente des Inferentialismus sind, die in Frage stehen, sondern allein seine grundlegende Struktur. Der Inferentialismus steht auf tönernen Füßen.

Mir geht es folglich nicht darum, den Rationalismus durch einen Repräsentationalismus zu ersetzen, sondern aufzuzeigen, dass der Inferentialismus und Logizismus einerseits *sich unnötige Beschränkungen auferlegen* und andererseits *uns unerreichbare Erweiterungen zumuten*. Diese Probleme können allerdings umgangen werden, indem man den Inferentialismus mit Hilfe eines rationalen Repräsentationalismus entlastet. Die Beschränkungen des Inferentialismus betreffen die Ausmaße des Raums der Gründe, der sich nicht über den Raum des Begrifflichen erstrecken soll, und seine Erweiterungen betreffen Folgerungen, die weit außerhalb des begrifflichen Inhalts seiner Prämissen liegen und die daraus resultieren, dass die Welt nicht mit, sondern aus der Logik konstruiert wird.

Es ist allerdings festzuhalten, dass die Beschränkungen selbst auferlegt wurden und nicht durch äußeren Zwang entstanden sind. Natürlich haben Inferentialisten den Weg zu ihrer Theorie so beschrieben, als sei er der einzige Ausweg aus Antinomien, Aporien und Dilemmata, die die Entwicklungen des neuzeitlichen Denkens über die Beziehung zwischen der Logik und der Welt mit sich gebracht hätten – ein Ausweg aus den unerklärten Erklärungsversuchen des neuzeitlichen Repräsentationalismus; aber im Endeffekt beruht dieser scheinbare Ausweg auf der Achtlosigkeit gegenüber den Gegebenheiten, die schon längst in dem Raum eingebürgert wurden, der nach Meinung der Inferentialisten genuin frei von Gegebenheiten sein soll, sowie auf der Verwechselung von semantischen Theorien des Verstehens und des Erklärens.[1]

---

[1] Vgl. auch Jens Lemanski: Concept Diagrams and the Context Principle. In: Language, Logic, and Language in Schopenhauer. Hrsg. v. Jens Lemanski. Cham 2020, S. 47–73.

3.2 Rationaler Repräsentationalismus

Was ich vorschlage, ist *weder eine Variante einer überschwänglichen Metaphysik noch die bodenständige Form eines Physikalismus*. Auf der einen Seite weise ich die Standpunkte zurück, die der Basisinferentialismus und darauf aufbauend auch die anderen Inferentialismen zu Recht kritisieren, da ich ebenfalls eine zu strikte Trennung zwischen dem Raum der Gründe und dem Raum der Begriffe für problematisch erachte. Auf der anderen Seite kritisiert der hier vorgeschlagene rationale Repräsentationalismus aber auch die Deckungsgleichheit und Überdeckung, die der Inferentialismus zwischen dem Raum der Gründe und dem Raum der Begriffe mit allen argumentativen Mitteln durchzusetzen versucht.

Der hier vorgeschlagene Repräsentationalismus macht geltend, dass wir im Raum der Begriffe schon immer wesentliche Bestandteile aus dem Raum der Gründe integriert haben, so dass dieser Raum der Gründe sich nicht mit dem Raum der Begriffe deckt. Man könnte ebenso gut bekräftigen, dass es im Raum der Begriffe Inhalte gibt, die diesem nicht eigentlich zukommen, aber die dennoch eine grundlegende Basis für alle inferentialistischen Programme bilden können. Dass der hier vorgeschlagene Repräsentationalismus nichtnaiv und rational ist, bedeutet, dass er bei semantischen Fragen *der Inferenz den Vorrang vor der Referenz gewährt*. Er behauptet aber gleichzeitig, dass sich philosophische oder allgemein wissenschaftliche Fragen nicht allein aus der Semantik erklären lassen. Im Gegenteil, es sollen Gründe dafür vorgebracht werden, dass die Grundlegung von Inferenzen auf Repräsentationen beruht und dass Inferentialismen bislang zwei erfolglose Strategien verfolgt haben, mit diesen umzugehen: Entweder hat man diese ignoriert oder versucht, sie in einen reinen begrifflichen Inhalt zu übersetzen. Diese Strategie wurde bereits in Kap. 2.2 besprochen, jene in Kap. 2.3.

Wenn ich die Behauptung verteidigen will, dass die Grundlegung von Inferenzen auf Repräsentationen beruht, ohne dabei in eine überschwängliche Metaphysik oder in einen bodenständigen Physikalismus zurückzufallen, so kann mir dies nur dadurch gelingen, dass ich zum einen die Priorität der Inferenz vor der Referenz bis zu einem gewissen Grad mit den Inferentialisten teile, mir aber zum anderen *nicht die unnötige Beschränkung auferlege*, derzufolge die Welt nur aus der Logik verständlich wird. Denn innerhalb dieser *Begrenztheit* scheint es *unerreichbar* zu sein, den Begriff der Logik so zu erweitern, dass er auf all das angewandt wird, was wir gewöhnlich als Welt bezeichnen. Indem ich die *unnötige Beschränkung* einer Priorität der Inferenz vor der Referenz ab demjenigen Grad nicht mehr teile, ab dem Inferentialisten eine Ontologie aus der Logik und Semantik ableiten, mute ich dem nichtnaiven Repräsentationalismus auch nicht die unerreichbare Erweiterung zu, dort Sein herbeizuzaubern, wo eigentlich nur Sprache vorhanden ist. Mit dem Basisinferentialismus teilt der Repräsentationalismus, wie in Kap. 1 gezeigt wurde, zwar die Einstellung, dass Sprache ein Teil der Natur ist; aber der nichtnaive Repräsentationalismus hat gute Gründe dafür, die Natur nicht nur als einen Teil unserer Sprache anzusehen.

Wie bereits zu Beginn von Kap. 3 betont wurde, gelingt eine Verteidigung der Behauptung, dass die Grundlegung von Inferenzen auf Repräsentationen begründet ist, durch den *einen einzigen Gedanken*, der besagt, dass die begriffliche Verfasstheit unserer Grundlegung der inferentiellen Beweistheorie bereits auf uneigentlichen Übertragungen beruht. Diese Übertragungen stellen auf der einen Seite für den Rationalismus ein Problem dar, das er mit Übersetzungen zu nivellieren oder zu assimilieren sucht; auf der anderen Seite bilden sie aber die Grundlage für die Repräsentationalismen, die in der Geschichte der Logik immer wieder dadurch auffällig geworden sind, dass sie die geometrische Anschaulichkeit herangezogen haben. Der Nachweis dieser Uneigentlichkeit im rationalistischen Vokabular berechtigt mich zu der Annahme, dass der Raum der Gründe größer ist als der Raum der Begriffe, ohne bei der Behauptung dieser Annahme aus dem Raum der Begriffe, der für Inferentialisten den Raum der Gründe überdeckt, hinausgehen zu müssen. Aufgrund dieser begrifflichen Verfasstheit des nichtnaiven Repräsentationalismus bleibt es mir erspart, mich auf einen nur bodenständigen und begriffsfernen Physikalismus oder auf eine überschwängliche und rein begriffliche Metaphysik zu berufen. Vielmehr zeigen sich schon im Begriff Übertragungen, die über die begriffliche Begründung hinausgehen.

Ein Nachweis dieser Erweiterung des Raums der Gründe über den Raum des Begriffs hinaus verlangt, dass wir die Begründungsprobleme des Rationalismus dadurch in den Griff bekommen, dass wir das Verhältnis von Welt und Logik anders denken als bisher. Die unerreichbaren Erweiterungen, die sich der Rationalismus auferlegt hat, beruhen auf dem Bedürfnis, doch etwas über das Gebiet zu sagen, das man bislang Empiristen, Naturwissenschaftlern und Metaphysikern überlassen hat – nämlich das Gebiet, das doch jenseits des sich überdeckenden Gebiets des Raums des Begriffs und des Raums der Gründe liegt. Sieht man die Welt aber als etwas an, das nicht in der Form einer Ableitung aus der Logik frei entlassen wird, sondern das bereits mit der Logik verbunden ist, so eröffnet diese Anschauung den Zugang zu einem Repräsentationalismus, der weder als überschwänglich noch als physikalistisch gelten muss, der weder als Transzendental- noch als Kausalitätstheorie auftritt.

Mit meiner Behauptung eines erweiterten Raums der Gründe und einer damit verbundenen Erklärung von Begründungsproblemen des Rationalismus gehen aber andere Thesen einher, die man unterschiedlich auffassen kann: Sie bilden einerseits einen Weg hin zur Erklärung des einen Gedankens der Übertragung, der in Kap. 3.2.3 entwickelt wird, aber sie sind andererseits auch schon das Resultat, das der Gewohnheit geschuldet ist, diese Übertragungen selbst in einem logischen Kontext zu verstehen. Damit diese Übertragung überhaupt zustande kommen und bis heute eine derartige Präsenz in unserer Logik aufweisen konnte, bedurfte es der historischen Entwicklung eines abstraktiven Sprachprozesses. Dieser abstraktive Sprachprozess liefert die Erklärung, warum wir überhaupt im Raum der Begriffe Inhalte finden, die wir anhand der Materialität in unseren Urteilen und anhand der Regelhaftigkeit in unseren Schlüssen verstehen können. In Kap. 3.2.1 wird dafür argumentiert, dass wir die vom Basisinferentialismus als unkontrolliert abgefertigte abstraktive Sprachphilosophie

3.2 Rationaler Repräsentationalismus

nicht vollständig durch eine kontextuelle Theorie ersetzen, sondern sie als Komplement einer gebrauchstheoretischen Semantik verstehen sollten. Der Basisinferentialismus ist zwar durchaus berechtigt, eine Abstraktionstheorie zu kritisieren, die rein privativ auf innere Denkakte aufgebaut ist und eine intime Beziehung zwischen dem Begriff und dem Gegebenen postuliert; aber mein Vorschlag, eine Abstraktionstheorie als Komplement zu einer Kontexttheorie zu etablieren, geht gleichzeitig mit der Forderung einher, diese Intimität und Privation aufzugeben und dafür die Abstraktionstheorie zu sozialisieren. Eine derart kollektive Abstraktionstheorie stellt die Grundlage dar, um auf der einen Seite eine entwicklungstheoretische Basis von Urteilen zu rechtfertigen, wie sie der Materialinferentialismus fordert, und um auf der anderen Seite ein individualisiertes Kontextprinzip erfolgreich für den derartigen Verstehensprozess zu etablieren, wie er von fast allen Inferentialismen gefordert wird. Da ich darüber hinaus der Meinung bin, dass ein nichtnaiver Repräsentationalismus sich nicht mit unerreichbaren Erweiterungen belasten sollte, die daraus entstehen, dass man Gegebenheiten aus der Inferenz ableitet, werde ich zudem gegen ontologische Festlegungen auf der Basis der Semantik argumentieren und mich stattdessen für ein Prinzip der semantischen Verpflichtung als Korrektiv aussprechen, das auf der Basis der geometrischen Logik entwickelt wird. Sein ist nichts anderes als die logische Repräsentation einer anschaulichen Relation.

In Kap. 3.2.2 wird versucht, die Tragweite dieser geometrischen Logik im Bereich der begrifflichen Repräsentation anhand von Matsuda-Matrizen zu testen. Ausgangspunkt ist dafür die bereits in Kap. 2 verteidigte These, dass das logische Vokabular eine Affinität zu grundsätzlichen Übertragungen besitzt. Die somit in die Logik übertragene Anschaulichkeit soll mit der Abstraktionstheorie verbunden werden, die das Herzstück des Neologizismus ist. Dabei schlägt aber die Abstraktionstheorie des rationalen Repräsentationalismus einerseits die Anschaulichkeit als Ausgangspunkt begrifflicher Modelle vor und beschränkt andererseits den Zielpunkt dieser Modelle nicht nur auf den Zahlbegriff, sondern erweitert ihn auf alle Begriffe.

In Kap. 3.2.3 soll schließlich das Verhältnis von Übersetzungen und Übertragungen auseinandergelegt und für die Eigentlichkeit von weltlichen Übertragungen im logischen Vokabular argumentiert werden. In meinen Augen berechtigen uns diese Übertragungen überhaupt erst dazu, das in Kap. 3.2.1 und 3.2.2 aufgezeigte Modell der geometrischen Logik abstraktionstheoretisch zu erklären und kontextuell zu verstehen. Wie zu Beginn von Kap. 3 erklärt wurde, ist die Indikation grundlegender logischer Übertragungen im inferentiellen Vokabular als eine Analogie zu dem in Kap. 3.1.3 aufgezeigten Grundsatz zu verstehen: Die Grundlage, durch welche die alte und die neue Logik immer wieder zu Begründungsforderungen genötigt wird, kann dadurch verständlich werden, dass man ihre weltlichen Anteile – also die Begriffe, die einen viel weiteren Raum der Gründe indizieren – erklärt und sie sowohl als Ausgang der Probleme inferentieller als auch als Eingang repräsentationalistischer

Logiken anerkennt. So wie die Welt nur auf Grundlage der Logik zum *Verstehen* gelangt, so kann die Grundlage der Logik nur dadurch *erklärt* werden, dass man ihre weltlichen Übertragungen als eigentliche Bestandteile ansieht.

3.2.1 Abstraktion und Sein

Wie sich in Kap. 3.1.1 herausgestellt hat, gewinnt der Inferentialismus seine Basistheorie durch Abgrenzung von anderen Standpunkten, insbesondere von dem ihm entgegengesetzten Standpunkt der Abstraktionstheorie. Befürwortung und Ablehnung der Abstraktionstheorie sind zudem die wesentlichen Unterscheidungsmerkmale der beiden gegenwärtig dominanten rationalistischen Positionen, nämlich Neologizismus und Inferentialismus. Aus Sicht des Inferentialismus gibt es in der Abstraktionstheorie nicht die geringste Überschneidung zwischen den Sphären der beiden Ausdrücke ›Raum der Begriffe‹ und ›Raum der Gründe‹. Damit ist für ihn die Abstraktionstheorie eine unkontrolliertere und regellosere Variante der Kausalitätstheorie, da in jener die Beziehung zwischen dem Raum der Begriffe und dem Raum der Gründe nur eine im Individuum erinnerte sei, aber keine faktisch gegebene sein könne.

Man kann sagen, dass die *Abschwörung von der klassischen Abstraktionstheorie* an der Basis des Inferentialismus überhaupt die Motivation war, das inferentialistische Gebäude durch verschiedene Formen und Standpunkte auszuschmücken. Das ultimative Problem, mit dem Inferentialisten sich seit dieser Fundierung der Basis konfrontiert sahen, betraf die Frage, warum es überhaupt Bedeutung (in dieser Fülle) gab und nicht vielmehr nicht. Selbst wenn Inferentialisten darauf eine akzeptable Antwort geben konnten, gerieten sie in das nächste Problem. Sie sahen sich genötigt, eine Antwort auf die Frage zu finden, wie der Inferentialismus sich selbst begründet, wenn Bedeutung und Sein nur aus den inferentialistischen Grundlagen selbst gefolgert werden dürfen.

Ich werde in diesem Kapitel – und in viel konkreterer Weise daran anschließend auch im nächsten Kapitel 3.2.2 – für eine Abstraktionstheorie werben, die als Komplement zu den typischen inferentialistischen Semantiken wie dem Kontextualismus, der Gebrauchstheorie und der Wahrheitstheorie der Bedeutung auftritt. Ich setze mich dabei für eine Abstraktionstheorie ein, die einen Mittelweg aufzeigt, um weder in einen naiven Repräsentationalismus zurückzufallen noch in die Begründungsprobleme des Neologizismus und Inferentialismus hineinzugeraten. Dieser Mittelweg soll uns davor bewahren, dass wir uns zum einen die *unnötigen Beschränkungen der Logik* auferlegen, aufgrund derer dann die Welt unerreichbar erscheint; zum anderen behütet er uns davor, in eine *überschwängliche Metaphysik* hineinzugeraten, in der Sätze uns den Eindruck vermitteln, die Welt sei immer schon etwas, das über die Logik hinausgehen müsse.

3.2 Rationaler Repräsentationalismus

Bevor ich dafür plädiere, die Abstraktionstheorie sozialer aufzufassen, als dies bislang der Fall war, werde ich zunächst zwei Problemfelder rekapitulieren, die bereits ausführlicher in Kap. 3.1 besprochen wurden. Beide Problemfelder sind der Beweggrund, um einen *kollektiven Abstraktionismus als Komplement zu einem individualisierten Kontextualismus* zu etablieren: Das eine Problemfeld des Inferentialismus sehe ich in der *Festlegung auf Bedeutung*, die ohne Rückgriff auf die Welt gewonnen werden soll. Das andere Problemfeld besteht meiner Meinung nach in der *Festlegung auf Seiendes*, das nur durch Rückgriff auf die Logik gewonnen werden soll.

Das *erste Feld* soll durch eine Sage illustriert werden, die die Konsequenzen von Theorien aufzeigen soll, die entweder Ausdrücke wie ›Abstraktion von der Welt‹ aus ihrem Wortschatz gestrichen oder die an deren Stelle Ausdrücke wie ›Konkretion aus der Logik‹ gesetzt haben. Daraus ergibt sich das zweite Problemfeld, das Festlegungen auf das Sein anhand von Theorien der Eigennamen, der definiten Kennzeichnungen oder der Kopula ›ist‹ vornimmt. Entgegen diesen Ableitungen wird hier die These vertreten, dass Sein nur der repräsentationalistische Ausdruck einer anschaulichen Relation ist. Ich werde mich im Folgenden für eine Abstraktionstheorie der Bedeutung aussprechen, die nicht als *Konkurrent, sondern als Komplement* an die Seite eines individualisierten Kontextualismus tritt. Erst durch eine kollektive, soziale und anthropologische Auffassung, in der Sprache nicht als bloße Entwicklung und Folge eigener Begriffe, sondern als *Lebensform*, d.h. als Vorstellung der Entwicklung eines wirklichen, lebendigen Gemeinwesens, verstanden wird, weist die Abstraktionstheorie dem Kontextualismus seine individuelle Rolle des *Verstehens* zu und nimmt selbst die allgemeine Rolle des *Erklärens* ein. Durch diese sozialhistorische Auffassung löst die Abstraktionstheorie das *Problem der Abstammung*, das den Inferentialismus zur Ausbildung verschiedener Theorien gedrängt hat, die sich selbst vorgeworfen haben, keine vollständige Erklärung geben zu können.

Natürlich ist es möglich, so wie es viele Inferentialismen versuchen, Abstraktionstheorien ganz aus der eigenen Semantik zu streichen;[2] aber dann ist es nicht verwunderlich, wenn einfachen lexikalischen Definitionen plötzlich eine okkulte Qualität anhängt. Die Bezugnahme auf derartig okkulte Qualitäten haben zumindest der Basis- und der künstliche Formalinferentialismus besonders am Materialinferentialismus kritisiert: Wie kommt es denn, dass Begriffe wie Wal und Säugetier *sinnvoll* in einem Urteil wie Der Wal ist ein Säugetier oder Alle Wale sind Säugetiere gebraucht werden können, ohne dass dabei der Verdacht einer Tautologie oder eines Widerspruchs erregt wird? Selbstverständlich wäre es unsinnig, wenn man jedem Menschen aufbürden wollte, dass er aus der Anschauung eines bestimmten Objekts durch irgendwelche unerklärlichen Prozesse den Begriff Wal abstrahieren müsse. Schlimmer noch wäre es, wenn man sich selbst eine erklärende Antwort auf die Frage aufbürden wollte, wie jeder Mensch in einem Kulturkreis es

---

[2] Vgl. Peter Geach: Mental Acts. Their Content and their Objects. London 1957, Kap. 6–10.

3 Logik und Welt

schafft, an einem Objekt immer dasselbe Wort festzumachen, dem auch immer derselbe Begriff unterliegt.

Die Erklärung für solche Abstraktionstheorien, die Rationalisten wie angebliche Empiristen aufgestellt haben, verweist auf eine Art Inhärenz des Wortes und des Begriffs in oder an den Objekten. ›Abstraktion‹ spielt in solchen fachsprachlichen Erklärungsversuchen die Rolle einer grundständigen Übertragung für Prozesse der Entwendung und des Entzugs, die noch anschaulicher anhand von *Etikettierungsallegorien* beschrieben werden können: Den Dingen haften Zettel, Namenstäfelchen, Schilder etc. an, und diese kann jeder einzelne den Dingen abnehmen und sie in einem Sammelregister abheften, das dann den Namen ›Sprachvermögen‹, ›Sprachgedächtnis‹ etc. bekommt.[3] Derartige Erklärungen von solchen Abstraktionstheorien sind nicht unbefriedigend. Sie sind Erklärungsmomente in einer Theorie, deren Relevanz sich darin zeigt, dass man Begriffen unterschiedliche akzeptable Rollen in Urteilen zusprechen bzw. dass man sie in bestimmte Fächer einsortieren kann. Schließlich sind wir mit Urteilen wie Alle Säugetiere sind Wale in der Regel nicht einverstanden. Und noch drastischer zeigt sich dies in Urteilen, die von Sprechern als analytisch klassifiziert werden.

Gleich ob wir nun mit dem Fachterminus ›Abstraktion‹ oder mit den anschaulichen Etikettierungsprozessen arbeiten, es bleibt unbestritten, dass solche Theorien eine Erklärung liefern sollen, warum Begriffe unterschiedlich verwendet werden und wie es zu der Unterschiedlichkeit von Begriffen kommt, die in unseren Urteilen eine Rolle spielen.

Dieses *Problem der Abstammung* von Begriffen geht mit der Frage nach der *Ausdrucksstärke von Urteilen* einher. Während der Inferentialismus zu Recht das Verstehen von Begriffen aus dem Gebrauch beschreibt, scheint bei der Erklärung, wie es zu dem unterschiedlichen Gebrauch der unterschiedlichen Begriffe kommt, ein Problem vorzuliegen. Der Ausdruck ›Gebrauch‹ führt in der Semantik zunächst keine aktive Konnotation mit sich, sondern bezeichnet eine Art Zustandsbeschreibung von Sprachgemeinschaften: Die Bedeutung eines Ausdrucks sei ihr etablierter Gebrauch.[4] In einem zweiten Schritt beschränkt man die Rede von einem etablierten Gebrauch auf Begriffe, die eine Rolle im Urteil spielen, und lässt Urteile selbst außen vor. Denn ob ein Urteil verständlich und sinnvoll ist, ist etwas, das nicht mit Hilfe der Aussage entschieden wird, dass genau dieses Urteil bereits etabliert ist.

Auch Inferentialisten können sich nicht entziehen, neben möglichen Wahrheitszuschreibungen die Ausdrucksstärke von Urteilen durch die *Gesetze der Rückläufigkeit der Regeln und der Zusammensetzung des begrifflichen Inhalts* zu erklären.[5] Ausdrucksstärke zeichnet sich dadurch aus, dass zum einen formal eine

---

[3] Vgl. Wilfrid Sellars: Der Empirismus und die Philosophie des Geistes, § 26.
[4] Vgl. Peter Geach: Mental Acts, Kap. 5.
[5] Vgl. Gottlob Frege: Gedankengefüge. In: Logische Untersuchungen. Hrsg. v. Günther Patzig, 4. Aufl. Göttingen 1993, S. 72.

3.2 Rationaler Repräsentationalismus

Konstruktionsregel rekursiv auf einzelne Bestandteile des Urteils angewandt werden kann und dass zum anderen material mit einer endlichen Anzahl von Begriffen eine scheinbar unendliche Anzahl von Varianten zu komponieren möglich ist. Man schreibt aber Urteilen auch zu, material zu sein, wenn die Begriffe in ihnen in ihrer etablierten Weise gebraucht werden. Wie stellt sich aber der etablierte Gebrauch ein, wenn er nicht aus der individuellen Abstraktion stammt?

Wie in Kap. 3.1 gezeigt, kann man die Entwicklung der unterschiedlichen Inferentialismen als Erklärungsversuche des Rationalismus ansehen, den Ausdruck ›Abstraktion von der Welt‹ aus seinem Vokabular ganz zu streichen oder den Ausdruck durch eine ›Konkretion aus der Logik‹ zu ersetzen. Während der naive Repräsentationalismus mittels individueller Abstraktion aus den einzelnen Gegebenheiten immer weitere Bedeutungssphären bildete, neigt der Rationalismus dazu, aus einer gegebenen und sehr weiten Bedeutungssphäre so weit zu konkretisieren, dass er schließlich den Begriff sogar auf das einzelne Gegebene erweitert. Das bedeutet, dass man auf Abstraktionstheorien verzichten kann und dennoch deren *Leistungen in Anspruch nimmt*, indem man die *Erklärungsrichtung umkehrt*. Man verwendet die Logik nicht als eine unterliegende Theorie zur Erklärung der Repräsentation, sondern man entwickelt die Repräsentation aus einer bereits vollständig vorliegenden Logik oder einer logisch-sprachlichen Veranlagung.

Die Unterschiede in unserem Begriffsschema kann man dann so erklären, dass man nicht bei der unmittelbaren Gegebenheit von Tatsachen anhebt, sondern die Unterschiede aus der Sprache entwickelt, die derart vermittelt ist, dass sie Mitgliedern innerhalb der Sprachgemeinschaft schon wieder als unmittelbare Natürlichkeit und Gegebenheit erscheint. Der Basisinferentialismus spricht von den schon immer bedeutungsvollen Begriffen, der Materialinferentialismus von einigen durch die Sprachgemeinschaft festgelegten materialen Urteilen und der Formalinferentialismus von notwendig festgelegten logischen Ausdrücken. Um damit eine vollständige Erklärung der Unterschiede in unserem Begriffsschema geben zu können, abstrahiert man nicht, sondern man konkretisiert; man nimmt das Gegebene nicht auf, sondern entnimmt es der Logik. Allein, frage ich mich, was hat man nun gewonnen, außer eine problematische Erklärungsrichtung durch eine andere ersetzt zu haben? Ich vermute sogar, dass die von der Logik ausgehende Erklärungsrichtung nur schwer die Frage beantworten kann, wie es überhaupt jemals zu einem so differenzierten Begriffsschema kommen konnte, dass man mit ihm in der Lage war, sich über die Konsistenz, Kohärenz und Konstanz von Begriffsschemata zu unterhalten.

Ich will zur Verdeutlichung dieser Problematik eine Geschichte erzählen, der man wohl im besten Fall den Status einer *philosophischen Sage* zusprechen kann. Dass ich vorab den Wahrheitsgehalt dieser Erzählung derart herunterspiele, mag wohl weniger an der Geschichte, als vielmehr an den Umständen liegen, wie sie mir zu Ohren gekommen ist. Zu einer Zeit nämlich, als ich noch nicht lange an der Universität eingeschrieben war und in der ich kaum Bekanntschaft mit den dort Lehrenden gemacht hatte, besuchte ich im bereits angebrochenen Studienhalbjahr auf einen Rat hin

3 Logik und Welt

eine Vorlesung, in der nur eine geringe Zahl Studierender hohen Semesters saßen. Unbekannt mit den zugrundeliegenden Schriften und unbelesen im Thema nahm ich zunächst nur eine Episode aus der Vorlesung mit, die ich damals bereits als überaus merkwürdig empfand, aber mir heute in Bezug auf das angesprochene Problem so passend erscheint, dass ich meine, sie hier nach bester Erinnerung wiedergeben zu müssen. Es erlaubte sich nämlich am Ende einer Vorlesungsstunde eine Studentin die *Frage* zu stellen, ob denn eine *holistische Erklärung*, die den Ursprung der Sprache nicht stückweise und atomisch, sondern in allen ihren Teilen als Ganzes und als gleich Entstandenes ansieht, heute noch haltbar sei und was für und gegen sie sprechen würde. Sie formulierte die Frage etwas anders, nämlich warum wir nie einen einzigen Begriff haben können, ohne bereits über eine große Anzahl von Begriffen zu verfügen. Obwohl diese Fragen nicht direkt beantwortet wurden, begann der Vortragende die Sitzung in der nächsten Woche mit einem Bericht, der erkennbar auf die Fragen vom Ende der letzten Sitzung Bezug nahm.

Der Vortragende war selbst in einem Ansehen vor seinen Zuhörern, dass er es sich erlauben konnte, sich, wie er selbst zu verstehen gab, auf eine nur wahrscheinliche Rede über dieses Thema zu beschränken. Als wahrscheinlich sei sie bereits dadurch zu charakterisieren, dass er sie selbst vor vielen Jahrzehnten von einer amerikanischen Ethnologin erzählt bekommen habe und über eine Forschungsreise im Südwestpazifik handle, die einer ihrer alten Kollegen unternommen habe. Dieser alte Kollege, ein angesehener, wenn auch nicht unbedingt berühmter Naturforscher mit philosophischem Interesse, habe über mehrere Jahre bei einem Volk gelebt, das von der Zivilisation abgeschieden auf einer schmalen Landzunge eine vom Regenwald umgebene Anhöhe bewohnte und dort eine eigenartige Sprache kultiviert habe.

Der Vortragende erklärte, dass er sich zwar in den folgenden Jahren das Gespräch mit der amerikanischen Ethnologin mehrfach in Erinnerung gerufen habe und die Einzelheiten in einer kontinuierlichen und ununterbrochenen Bewegung des Denkens durchgegangen sei, er sich aber besonders an Details über Personen, Orte und Zeiten nicht mehr genau erinnern könne, weshalb er selbst einige Einzelheiten bei der folgenden Darstellung ergänzen würde. Er erklärte – da er selbst von der Geschichte des Naturforschers fasziniert war –, der amerikanischen Ethnologin einige Jahre nach dem Gespräch einen Brief mit der Bitte um weitere Details geschrieben zu haben, der aber unbeantwortet blieb. Wie er später erfuhr, war sie bereits kurze Zeit nach ihrem Zusammentreffen verstorben. Auch seine Recherchen dazu, wer genau der Naturforscher war, von dem sie berichtete, oder wie das Volk hieß, von dem er ihr berichtet hatte, blieben erfolglos. Wie bereits gesagt, gebe ich diese Sage nur wieder, damit sie nicht ganz in Vergessenheit gerät und weil sie wohl die Problematik vor Augen führt, mit der holistische Sprachentwicklungstheorien zu kämpfen haben.

Die Protagonisten dieser Sage wurden von dem Vortragenden Abstraktisten genannt und sind ein Volk, das eine Sprache spricht, die sie öffentlich miteinander teilen und die wir insofern nicht als das Ergebnis einer intimen Beziehung des Begriffs mit

3.2 Rationaler Repräsentationalismus

dem Gegebenen bezeichnen würden. Die Eigenschaft dieser Sprache ist es allerdings, dass sie nicht konkret und referentiell ist, d.h. ihre Bestandteile sind keine Lexeme, von denen wir uns in irgendeiner Art und Weise vorstellen könnten, auf welches Objekt oder auf welche Menge von Objekten und Ereignissen sie sich beziehen. Man könnte sagen, ihre ›Gavagais‹ haben noch nicht einmal ein wiederkehrendes Hasenerlebnis zur Bedingung.

Die Sprache der Abstrakisten ist – ich gebe es hier so wieder, wie es wohl einst der Naturforscher berichtet haben soll – nur eine Reflexion über *abstrakte Ideen im Bewusstsein, über die Idee der Idee*, über Sprache selbst und über das Wesen der Sprache, ohne dass man so etwas wie Welt oder etwas Weltliches in ihr finden könnte. Der Ausdruck ›so etwas wie Welt‹ muss dabei nicht spezifiziert werden, da mit dem Ausdruck auch ein ›mehr oder weniger an Welt‹ ausgeschlossen ist. Die Sprache besteht vielmehr aus gattungsgleichen Ausdrücken, die von dem Naturforscher als überaus abstrakt charakterisiert wurden, sowie aus den grundlegenden Junktoren der Urteilslogik in ihren rhetorischen Variationen. Die Vorgänge im Leben der Abstrakisten sind unmittelbar koordiniert und reguliert, und gerade deshalb bedarf ihre Sprache keines Bezugs mehr auf irgendeine Körperlichkeit oder Weltlichkeit. Die Welt und ihre Objekte spielen in ihrem Leben folglich keine Rolle.

Der Naturforscher stieß auf diesen Stamm, als er eines Morgens durch Zufall beobachtete, wie ein große Gruppe von Ureinwohnern einen steinigen und recht steilen Fußpfad im Regenwald hinauf zu einer windigen Anhöhe stiegen, vollbepackt mit Tongefäßen voll purpurner Gewänder, quellfrischem Wasser und süßer Speisen. Oben angekommen, luden sie ihr Gepäck ab und verwendeten es, um den dort lebenden Abstrakisten zu dienen, indem sie sie kleideten, wuschen und fütterten. Als die Schatten wuchsen, da die Sonne sich neigte, nahmen sie die Überreste, der am Tag verbrauchten Lebensmittel und trugen sie den Pfad wieder herab, den sie am Morgen hinaufgekommen waren. Die ganze Zeit über sprach niemand ein Wort, weder die Abstrakisten noch die Diener derselben. Erst als die Diener wieder unten in ihren Grotten am Fuße des Felsens angekommen waren, begannen die Mitglieder der beiden Stämme im Tal wie auf der Höhe jeweils untereinander zu reden: Doch während die einen in ihrer Rede nur darum besorgt waren, wie die Erledigungen des nächsten Tages zu organisieren seien, reflektierten die anderen nur, inwiefern den Ideen, die sie einst und auch zuletzt besprochen hatten, Wahrheit und Wirklichkeit zukomme.

Natürlich wusste der Naturforscher zunächst nichts über den Inhalt dieser Gespräche und auch nichts über die strikte Rollenverteilung zwischen den beiden Stämmen. Er beobachtete das beschriebene Geschehen über einen langen Zeitraum und kam dabei nach und nach sowohl in Kontakt mit den Abstrakisten als auch mit den Dienern. Beide Stämme waren ihm wohlgesinnt, und da er sich besonders dafür interessierte, warum die Abstrakisten von ihren Dienern so bereitwillig verpflegt wurden und welche Rolle den unselbständigen Abstrakisten bei dieser Symbiose zukam, beschloss er irgendwann, bei ihnen auf der Anhöhe zu leben und ihre Sprache zu lernen.

3 Logik und Welt

Wie er berichtete, besitzen die sogenannten Abstrakisten *zwei große gesellschaftliche Probleme*, von denen das erste das zweite bedingt: *Zum einen* werden viele Aussagen der angeblichen Abstrakisten als wenig informativ und uninteressant wahrgenommen. Das liegt daran, dass Abstrakisten zu der Tendenz neigen sollen, in Redeweisen zu verfallen, die der Naturforscher mit dem Wort *tautologisch* beschrieben haben soll. Die Erklärung, die er dafür gab, galt ihm in gewisser Weise als trivial: Wenn alle Begriffe der universalistischen Sprache denselben Bedeutungsumfang aufweisen, da sie gattungsgleich abstrakt sind, dann ist die Wahrscheinlichkeit, dass diese Begriffsumfänge im begrenzten logischen Raum denselben Ort einnehmen, höher als in Sprachen, in denen Begriffe sich nicht nur durch den Ort, sondern auch durch den eingenommenen Umfang im logischen Raum unterscheiden. *Zum anderen* gibt es aufgrund dieser Tendenz zur Tautologisierung eine verrufene Sekte unter den Abstrakisten, die dieses Problem offensichtlich erkannt hat und auf eine Konkretisierung der Sprache bzw. auf eine Konkretisierung einer gewissen Anzahl von Begriffen dieser Sprache drängt. Sie drängen oder fordern – wie auch immer Forderungen in ihrer Sprache klingen mögen –, Begriffsumfänge einzuschränken, indem man zum Gegenstand der Sprache Gegenstände des alltäglichen Lebens macht oder indem man nicht mehr nur die Sprache und ihr Wesen als Gegenstände der Sprache gelten lässt. Sie argumentieren, dass dies ohne Probleme möglich sei, mit dem Argument, dass Abstrakisten sowieso über eine scheinbar unbegrenzte Anzahl von Worten verfügen würden, die nur das Problem hätten, dass viele von ihnen dasselbe bedeuten. Die verrufene Sekte schimpft sich selbst *Konkretisten* und ist überhaupt dafür verantwortlich, dass alle, die nicht ihrer Sekte angehören oder Diener sind, Abstrakisten genannt werden.

Der Naturforscher berichtete, dass Abstrakisten und Konkretisten ihm den Eindruck vermittelten, ihre Sprache sei schon immer in der gegenwärtigen Form dagewesen, während die Diener gar kein Verständnis für Fragen nach einem Ursprung und der Entwicklung ihrer Sprache aufzeigten. Beide Stämme schienen für ihn kein wirklich historisches Bewusstsein ihrer Sprache ausgebildet zu haben. Vielleicht, so räumte der Sprachforscher ein, waren aber auch seine Fähigkeiten in beiden Sprachen zu begrenzt, um die richtigen Worte für derartige Fragen zu finden.

Er habe aber im Laufe der Zeit, in der er vor allem bei den Abstrakisten gelebt habe, mehrere Hypothesen aufgestellt, um die sonderbare Symbiose zwischen den Abstrakisten und ihren Dienern zu verstehen. Am plausibelsten erschien ihm, dass die Abstrakisten in ihre vorteilhafte Situation durch ihren Wohnort gelangt sind, da sie auf ihrer Anhöhe bei *Überschwemmungen und Hochwasser* mit dem Leben davonkommen, während ein Großteil ihrer Diener vom Meer fortgerissen werde oder in den wasserdurchspülten Höhlen ertrinke. Der vollständig am Leben bleibende Stamm, der die Anhöhe und trocken gelegene Gegenden bewohnt, werde somit von den im Tal Lebenden als die vom Schicksal Begünstigten verehrt. Die Überschwemmungen führten einerseits dazu, dass die im Tal lebenden Diener nie eine so abstrakte und reiche

3.2 Rationaler Repräsentationalismus

Sprache wie die Abstrakisten entwickeln konnten, da sie im Alltag stets nur mit den konkreten Besorgungen und in der Ausnahme nur mit dem Kampf auf Leben und Tod beschäftigt waren; andererseits müssen die Abstrakisten im Laufe der Zeit die konkrete Sprache verlernt haben, da ihnen alles von den Dienern abgenommen wurde und sie selbst in den Zeiten der Überschwemmung von den ihnen dargebrachten Vorräten leben konnten. Sie schienen zu versuchen, den Verlust an begrifflicher Konkretion dadurch zu kompensieren, dass sie eine große Anzahl von Wortvariationen eingeführt haben.

Die Tatsache, dass beide Stämme nie miteinander und auch bei gegenseitigem Kontakt nicht untereinander kommunizierten, erklärte sich der Naturforscher durch zwei naheliegende Gründe: Zum einen schien es ihm, dass weder die Abstrakisten von ihrer windigen Anhöhe in die Höhlen noch die Diener aus ihren mit unversiegenden Quellen durchströmenden Grotten hinauf auf die schroffen Felsspitzen des Berges ziehen wollten, so dass sie sich beide mit ihrem jeweiligen Wohnort und auch mit ihrer jeweiligen Rolle zufrieden gaben und ihr harmonisches Zusammenleben nicht durch Kommunikationsversuche gefährden wollten. Zum anderen dürften derartige Kommunikationsversuche ohnehin zum Scheitern verurteilt gewesen sein, da der Naturforscher zwar eine grammatikalische und phonetische Ähnlichkeit zwischen beiden Sprachen bemerkte, aber das Verstehen des Abstrakistischen nicht viel zum Verständnis der Dienersprache beitrug. Denn während dem Naturforscher jedes Urteil der Abstrakisten nach einiger Zeit bekannt vorkam, erschien ihm jeder Begriff in der Sprache der Diener wie ein neuer Name, den er noch nie zuvor gehört hatte.

Wie das Bedürfnis der Konkretisten zustande kam, neue oder längst vergessene Begriffe wieder in die Sprache der Abstrakisten einzuführen, um die Ausdrucksstärke ihrer Sprache zu beleben, konnte sich der Naturforscher nur sehr schwer erklären. Natürlich empfand er es am einfachsten zu sagen, dass sich einige Abstrakisten, durch Neugierde bewegt, von der Höhe der inneren Kontemplation ihrer Sprache abgewandt haben und am Abend in die Niederungen herabgestiegen sind, wo sie ihre Diener beim Feuerschein in den Höhlen belauscht und so von der Eigenartigkeit ihrer Sprache erfahren haben. Aber wie sollten Abstrakisten sich zu einem derart koordinierten Vorhaben verabredet haben? Oder wie sollte, wenn nur einer von ihnen durch Zufall oder sogar unfreiwillig die Worte der Diener gehört haben mochte, davon den anderen in verständlicher Weise berichtet haben, so dass diese ihm dann später gefolgt sind und schließlich sogar eine Sekte gebildet haben? Und wie hätte ein Abstrakist oder auch eine Gruppe von Abstrakisten überhaupt verstehen können, dass die Sprache ihrer Diener konkreter sei als ihre eigene Sprache? Der Naturforscher kam aufgrund dieser ihm unbeantwortbaren Fragen zu dem Schluss, dass einige der Abstrakisten mit Hilfe der Reflexion über die Sprache selbst zu dem Resultat gekommen seien, dass es dieser an Ausdrucksstärke mangele und man daher notwendige Erweiterungen vornehmen müsse.

Konkretisten seien aus mehreren Gründen unter den sogenannten Abstrakisten verrufen: Die meisten Abstrakisten würden nicht verstehen, warum ihre Sprache eine

3 Logik und Welt

höhere Aussagekraft erhalten soll, da ihnen nie aufgefallen sei, dass es ihrer Sprache an etwas fehle. Während die meisten sogenannten Abstrakisten also gar nicht an den Vorschlägen der Konkretisten interessiert seien, gebe es einige wenige Abstrakisten, die die Situation genau umgekehrt bewerten: Eigentlich seien die sogenannten Abstrakisten die wahren Konkretisten, und die Sekte der sogenannten Konkretisten sei in Wirklichkeit nur eine Sekte der Abstrakisten. Der Grund für die unterschiedliche Bewertung liege darin, dass die scheinbar immer schon verwendeten Begriffe derart zusammengewachsen seien, dass sie den gesamten logischen Raum abdecken würden, während die vermeintlichen Konkretisten eine große Anzahl an Bedeutungsbestandteilen der wenigen allgemeinen Begriffe abziehen wollen, um dadurch eine große Anzahl besonderer Begriffe mit wenigen Bedeutungsbestandteilen zu etablieren.

Stell dir nur einmal vor, so habe die amerikanische Ethnologin damals zu dem Vortragenden gesagt, wie mein alter Kollege auf das soeben beschriebene Völkchen getroffen sein mag. Natürlich nahm er zunächst eine gewaltige Sprachdifferenz wahr. Die Tatsache, dass Abstrakisten nicht an seinen Zeigegesten interessiert waren, die er in Zusammenhang mit seiner eigenen Sprache verwendet hatte, nötigte ihn bald, ihre Sprache zu erlernen, ohne dabei seine eigene anwenden zu können. Wie er selbst berichtete, habe er keine Bildtheorie der Sprache beim Erlernen des Abstrakistischen anwenden können, sondern eher unbewusst beim Erlernen des Abstrakistischen Sprachpraktiken eingesetzt, die man als kontextuell, gebrauchstheoretisch oder vielleicht auch wahrheitssemantisch bezeichnen könnte. Verstanden hat er schließlich ihre Sprache im Kontext der von ihnen behandelten Themen sehr gut, doch unerklärlich erschien es ihm zu sein, wie man die Ausdrucksstärke einer Sprache auf diese abstrakte Form beschränken konnte.

Nach einigen Jahren hatte der Naturforscher schließlich die Sprache der Abstrakisten gelernt und herausgefunden, dass es eben jene besagte Sekte der Konkretisten gibt, die seiner Meinung nach Recht damit hätten, die Ausdrucksstärke des Abstrakistischen zu kritisieren. Schließlich wusste auch er im Vergleich, dass seine Muttersprache dem Abstrakistischen an Ausdrucksstärke überlegen ist, obwohl die beiden miteinander verglichenen Sprachen in derselben Weise auf die *Prinzipien der Rückläufigkeit der Regeln und der Zusammensetzung des begrifflichen Inhalts* Bezug nahmen. Allerdings konnte er die beiden gesellschaftlichen Probleme gut nachvollziehen. Schwerer zu entscheiden sei allerdings der Streit über die rechtmäßige Benennung der einzelnen Gruppen und Sekten als Abstrakisten oder Konkretisten. Wie er neugierigen Mitgliedern des Völkchens immer wieder versuchte beschwichtigend mitzuteilen, sei es aus Sicht seiner Muttersprache so, dass die Mitglieder der Sekte der Konkretisten ein Recht darauf hätten, alle anderen als Abstrakisten zu bezeichnen. Nachdem er aber Abstrakistisch gelernt hatte, könne er auch diejenige Gruppe verstehen, die Abstrakistisch als sehr konkret ansehen. Auf die Nachfrage, wie er als Muttersprachler einer angeblich sowohl konkreten als auch abstrakten Sprache die Anstrengungen der Sekte verstehe, das Abstrakistische konkreter zu machen,

3.2 Rationaler Repräsentationalismus

antwortete er immer lächelnd mit den Worten, »Alle werden sich irgendwann auf halbem Weg treffen, die einen die Anhöhe hinauf-, die anderen herabsteigend« – eine Antwort, die wahrscheinlich aufgrund von Übersetzungsschwierigkeiten für Abstrakisten unbefriedigend geblieben ist. Da ihm weder die Abstrakisten, Konkretisten noch die Diener erklären konnten, inwiefern seine Hypothesen zutreffend waren, die er über den Ursprung und die Entwicklung ihres merkwürdigen Zusammenlebens machen konnte, verließ er die schmale Landzunge wieder und reiste auf dem Weg über Friedrich-Wilhelmshafen, wo er der amerikanischen Ethnologin begegnete, in die Heimat zurück. So berichtete es mir und den anderen Zuhörern damals zumindest der Vortragende.

Inwiefern die Erzählung den Wahrheitsgehalt einer Sage übersteigt oder ob es nur ein erfundenes Gedankenexperiment war, mag ich nicht beurteilen. Aber selbst wenn ich nur einer Sage auf den Leim gegangen sein sollte, so glaube ich doch, dass die Geschichte das Verständnis für Probleme schärfen kann, die dann auftreten, wenn man eine holistische Theorie der Sprachgenese an die Stelle einer atomistischen setzen will. Die Erklärung der Abstammung von Bedeutungen, die Sprachtheorien in den Blick nehmen, muss zumindest nicht an das Verstehen der entsprechenden Sprachen gekoppelt sein. Die Geschichte schärft in meinen Augen zudem die kritische Frage ›Wie können verschiedene Elemente eines Urteils ein Ganzes bilden?‹, indem sie *Fragen* wie ›Wie kommen wir zu unserer Gliederung des Begrifflichen?‹ und ›Wie kommt es, dass die Ausdrucksstärke des Abstrakistischen begrenzt erscheint, obwohl die zentralen Prinzipien der Rückläufigkeit der Regeln und der Zusammensetzung des begrifflichen Inhalts erfüllt sind?‹ erweitert. Auch wenn wir, wie diese Sage nahelegt, unser Verständnis von Sprache vom Kopf auf die Füße stellen, kehren wir damit nur unsere Probleme um, aber wir lösen sie nicht.

Anders als bei der grundlegenden Unterscheidung zwischen der Sprache der Abstrakisten und der Sprache der Konkretisten, sehe ich aber im Rationalismus eine noch stärkere Unterscheidung. Wie in Kap. 2.1 gezeigt wurde, etablierte sich etwa zu der Zeit, als die individuelle Abstraktionstheorie in Verruf geriet, das Dogma einer *Unterscheidung* zwischen Eigennamen und definiten Kennzeichnungen auf der einen Seite und den abstrakteren Begriffen auf der anderen Seite. Mit dieser Unterscheidung ist es Inferentialisten, die von Ausdrücken wie ›Abstraktion von der Welt‹ keinen Gebrauch machen wollen, möglich, eine graduelle Unterscheidung und begriffliche Gliederung in ihren Substitutions- und Ersetzungstests vorzunehmen, die eine von beiden Seiten viel näher an das Einzelne und Gegebene rückt als die andere.

Mein Plädoyer besteht darin, nicht die Abstraktionstheorie zu verbannen, sondern dem besonderen Fach mit den Namen ›definite Kennzeichnungen‹ und ›Eigennamen‹ in unserer normalsprachlichen Semantik und Logik nicht eine unverhältnismäßige Bedeutsamkeit zuzusprechen, da dieses Fach psychologische und ontologische Annahmen in sich birgt, die nicht in den Begriffen innerhalb dieses Faches enthalten sind oder sein sollen. Damit argumentiere ich *gegen die zweite Strategie des Inferentialismus*, graduelle Unterschiede des begrifflichen Inhalts festzulegen, ohne dabei auf eine Abstraktionstheorie zurückgreifen zu müssen. Auch wenn sogenannten Eigennamen und definiten Kennzeichnungen eine grammatikalisch oder formallogisch eigene Funktion zukommen kann – die Möglichkeit bestreite ich nicht –, glaube ich dennoch, dass wir bei der Lösung normalsprachlicher Probleme besser damit beraten sind, den graduellen Unterschied von Begriffen über einen individuellen Kontextualismus zu verstehen und diesen mittels einer neuen Form der Abstraktionstheorie zu erklären.

Ich will mit meinem Plädoyer nicht behaupten, dass es keine einzelnen Objekte oder keine Objektmengen gibt oder keine Lebewesen gibt, die von sich selbst in Eigenschaften der Einheit und Ungeteiltheit sprechen. Aber Individualität, Personalität und Persistenz sind in meinen Augen Themen der Metaphysik und sollten es auch bleiben. Wir können über diese Dinge repräsentativ reden, aber wir finden sie weder als Bedingungen der Möglichkeit noch als Präsuppositionen sinnvoller semantischer Aussagen vor. Ich glaube, damit den neuralgischen Punkt getroffen zu haben, der den nichtnaiven Repräsentationalismus von vielen anderen Formen des Repräsentationalismus unterscheidet. In Bezug auf die Kritik der Kennzeichnungstheorie nähert sich der rationale Repräsentationalismus dem Basisinferentialismus, und in Bezug auf die Befürwortung einer rein kontextuellen Semantik nähert er sich dem Materialinferentialismus, ohne aber dessen Rückfall in eine Theorie existentieller Verpflichtungen teilen zu wollen.[6] Die Vorliebe für die Abstraktionstheorie teilt er schließlich aber nur mit dem Neologizismus.

Auch wenn ich mehrere kritische Argumentationsfiguren aufgreife, die in der Debatte um Eigennamen, Kennzeichnungen und deren existentielle Verpflichtung bekannt sind, ziehe ich dennoch eine andere und viel schärfere Konklusion: Indem ich als Komplement eines individuellen Kontextualismus (für den Verstehensprozess) eine sogenannte ›anthropologische Theorie des Begriffs‹ (für den Erklärungsprozess) einsetze, kann ich auf gängige Theorieelemente der philosophischen Semantik verzichten, von denen ich glaube, dass sie uns bislang nur in Schwierigkeiten gebracht haben und denen wir aus diesem Grund besser aus dem Weg gehen sollten. Die Frage, wie wir ohne Eigennamen, definite Kennzeichnungen und existentielle Festlegungen über Einzelnes reden können, beantworte ich aber hier zunächst mit einem Hinweis, wie wir es nicht machen sollten. Meiner Meinung ergibt sich die Referenz auf einzelne Objekte durch die Schnittmenge von Begriffssphären in Urteilen, zu denen uns die geometrische Begriffslogik berechtigt, die ich aber erst in Kap. 3.2.2 genauer skizzieren werde. Wie bereits angemerkt wurde, kommt dies meinem Dafürhalten zugute, demzufolge wir zunächst manche Sprachverkürzungen, wie etwa der Ausdruck ›Sein‹, als Übertragungen von anschaulichen Beziehungen verstehen sollten, denen wir erst im Verlauf ihrer Gebrauchsgeschichte eine eigenständige begriffliche Rolle zugewiesen haben.

Die Rede von Einzelnem entsteht nicht dadurch – wie uns die zweite Strategie des Inferentialismus weismachen will –, dass wir das grammatikalische Subjekt als etwas

---

[6] Vgl. John McDowell: Geist und Welt, V.6; Robert Brandom: Expressive Vernunft, Kap. 6.

3.2 Rationaler Repräsentationalismus

Gegebenes oder als eine Substanz auffassen, der wir Bestimmungen, Eigenschaften und Prädikate zusprechen. Existenzbehauptungen lassen sich auch nicht durch Prädikatisierungen umgehen, da sie erst dann erfolgen, wenn wir uns durch die Verwendung von Ausdrücken wie Pegasus, Sherlock Holmes oder sogar Juwiwallera dazu verpflichten, dass diese eine semantisch sinnvolle Rolle im Urteil spielen können – und zwar, indem wir ihnen eine extensionale Relation zu anderen bedeutungsvollen Begriffen zuschreiben. Sogar Logatome haben eine Begriffssphäre, obwohl sie gewiss auf keine Menge von Gegebenheiten referieren, wie etwa das paradox anmutende `Blithyri hat keine Bedeutung` oder das antinomische `Blithyri hat dann und nur dann eine Bedeutung, wenn Blithyri keine Bedeutung hat`.

Ich nehme damit keine existentiale oder ontologische Hypothek auf – in der Art, dass es in »meiner Ontologie« einen Ort für Blithyris gibt oder geben müsste –, sondern ich gehe damit eine *semantische Verpflichtung* ein, dass es verkürzte Urteile gibt, wie bspw. `Blithyri ist ein Logatom` oder `Der Satz hat ein Logatom als Subjekt`, von denen ich behaupten kann, mindestens eine anschauliche Interpretation geben zu können, die die Beziehung zwischen dem grammatikalischen Subjekt und dem Prädikat klärt. Während besonders Formalinferentialisten der Meinung sind, dass die Sprachverkürzung derartiger Urteile darin besteht, dass die in ihm enthaltenen Existenz- und Eigenschafts- und vielleicht sogar noch Einzigkeitsbedingungen nur verwickelt vorliegen, glaube ich, dass wir auf der falschen Fährte sind, wenn wir überhaupt nach so etwas wie ontologischen und substanzmetaphysischen Bedingungen von Sätzen suchen. Worauf wir uns verpflichten, sind nicht Existenzen, Eigenschaften und mögliche Individuen, sondern Relationen, die zwischen dem Subjekt und dem Prädikat eines Urteils bestehen und die sich anschaulich darstellen lassen. Verwickelt liegt in den genannten Urteilen nur vor, dass bspw. `Blithyri` in `Logatom` enthalten ist. Die Übersetzung derartiger Relationen in Sprechweisen, denen zufolge es einige oder ein etwas oder kein etwas gibt, das Blithyri ist und das die Eigenschaft hat, ein Logatom zu sein, verleitet uns im schlimmsten Fall zu der irrigen Annahme, dass die Welt etwas ist, das sich in verwickelter Weise nur in unserer Logik finden lässt – ohne dass wir aber eine Erklärung in dieser Annahme vorfinden, wie sie dort überhaupt hineingekommen ist.

Ich vermute, dass dies deutlicher wird, wenn man Übertragungen wie ›Blithyri‹ ist in ›Logatom‹ enthalten als Beispiel wählt – aber darauf werde ich erst später zu sprechen kommen. Wichtiger scheint es mir derzeit zu sein, dass sich durch die Übersetzung der übertragenen Rede von ›ontologische Festlegung‹ in ›semantische Festlegung‹ auch Urteile als bedeutungsvoll verstehen lassen, die scheinbar nur aus Logatomen bestehen: `Gostak ist wie Blithyri`. Ich glaube, dass mein letztes Beispiel allein aus dem Kontext heraus verdeutlicht hat, welche Rollen `Gostak` in einem Urteil spielen kann. Weder habe ich dabei auf ein Objekt referiert, das ich `Gostak` nenne, noch eine lexikalische Definition oder eine

3 Logik und Welt

Ideengeschichte von Gostak angegeben, noch Regeln für `Gostaks` aufgestellt, angewandt etc. Aus dem Wissen, dass `Blithyri` in dem Ausdruck `Logatom` enthalten ist und dass Gostak wie Blithyri ist, dürfte die anschauliche Relation der Begriffssphären von `Gostak` und `Logatom` verständlich sein – und im weiteren Kontext dürfte auch verständlich sein, was ›Bedeutung-haben‹ und ›keine-Bedeutung-haben‹ bedeutet.

Ich glaube zudem, dass gerade Logatome uns verdeutlichen, wie wir mit Universalien und mit Namen umzugehen haben – nämlich nicht anders als mit allen anderen Begriffen. Wenn ich sage `Sokrates war ein Arzt`, nehme ich nicht die Verpflichtung auf mich, zu sagen, dass es etwas gibt und dass es nur eins gibt, das Sokrates und das ein Arzt war etc., sondern ich nehme die *Verpflichtung auf mich, dass der Satz bedeutungsvoll ist*, weil ich erklären können muss, in welcher grundlegenden Relation die Begriffe `Sokrates` und `Arzt` zueinander stehen. Spätestens hier beginnt die soziale Dimension, die der rationale Repräsentationalismus mit vielen Arten des Rationalismus teilt. Es mag sein, dass ich ein genaues Referenzobjekt im Sinn gehabt habe, als ich das Urteil ausgesprochen und damit die Sinnhaftigkeit des Urteils behauptet habe, aber diese Intention ist Teil einer repräsentationalen Untersuchung, die wir besser der Erkenntnistheorie oder der Philosophie des Geistes oder vielleicht sogar besser ganz anderen Disziplinen überlassen sollten. Das Urteil `Sokrates war ein Arzt` verweist auf eine Begriffssphäre von `Sokrates`, die im extensionalen Bedeutungsumfang des Begriffs `Arzt` enthalten ist. Und wenn wir den in Kap. 2.3 angeführten Argumenten der Rationalisten Glauben schenken dürfen, erlaubt es unsere geometrische Darstellungsweise ohnehin nicht, zwischen Punkten und Sphären derart zu unterscheiden, dass wir jenen Individuen und diesen Allgemeinbegriffe zuschreiben, da beide immer eine Extension aufweisen.

Wendet man aber ein, dass es bspw. sinnvoller gewesen wäre, zu behaupten, `Sokrates war ein Philosoph` oder `Sokrates war in Athen`, d.h. wenn verlangt wird, die Referenz des Urteils zu konkretisieren, dann werde ich *weitere Bedeutungssphären angeben* müssen, die die Menge der in Frage kommenden Referenzmöglichkeiten von `dem Sokrates` und `ist-Arzt` erklären. Ich könnte konkretisieren und sagen `der, der Kinderarzt war` oder `der, der 1983 südamerikanischer Fußballer des Jahres war`. Es mag sein, dass sich mit diesen Erklärungen die meisten zufrieden geben. Eine *vollständige Erklärung wird man aber nie geben können*, da Begriffe letztlich, so konkret sie erscheinen mögen, immer Abstraktionen von der Welt sind, die sie beschreiben und deren Bedeutung wir nur im Kontext verstehen können, indem wir die Relationen zwischen den verwendeten Begriffen klären. Diese Erklärung ist letztlich aber eine, die Gründe im Raum der Begriffe einführt, die selbst nicht im wörtlichen Sinn begrifflich sind. Dies soll später in Kap. 3.2.3 verdeutlicht werden.

3.2 Rationaler Repräsentationalismus

Wir würden es uns wohl zu einfach machen, wenn wir von der Logik, die Philosophen zur Referenz auf Substanzen bei sogenannten Eigennamen und definiten Kennzeichen nötigt, auf eine strikt extensionale Logik übergehen würden. Zwar scheinen Mengen von Objekten sich schon einfacher handhaben zu lassen als Mengen von Eigenschaften, aber dennoch glaube ich, dass wir damit wieder unserem nichtnaiv-repräsentationalistischen Prinzip widersprechen würden, das besagt, dass Begriffe, so konkret sie auch scheinen mögen, *niemals eine faktische Äquivalenz* zu einem einzigen konkreten Objekt besitzen. ›Mengen von Bedeutungen‹ klingt zwar zunächst ziemlich vage, wird selbst aber dann anschaulich, wenn wir uns bspw. vorstellen, dass `1983-südamerikanischer-Fußballer-des-Jahres` in `südamerikanischer-Fußballer-des-Jahres` und dies wiederum in `Fußballer-des-Jahres` etc. enthalten ist, und natürlich ist `1983-südamerikanischer-Fußballer-des-Jahres` in `1983-Fußballer-des-Jahres` und wohl in so etwas wie `Fußballer-im-Jahr-1983` enthalten usw. Ich verwende hier natürlich vage Ausdrücke wie ›wohl in so etwas wie enthalten‹, da ich Inferentialisten insofern voll zustimme, als ich diese Relationen ebenfalls für nicht festgeschrieben erachte; vielmehr ist unser Bedürfnis, Festlegungen von anderen Personen und Sprachgemeinschaften zu eruieren, ein wesentlicher Grund dafür, warum wir überhaupt kommunizieren. Und wir tun dies so lange, bis wir Mengen haben, die selbst keine Objekte sind, aber mit denen sich Objekte aus der Anschauung so weit beschreiben lassen, dass uns die sprachliche Repräsentation *zufriedenstellt*.

Den letzten Ausdruck möchte ich noch einmal betonen: Der rationale Repräsentationalismus sollte die Meinung des Materialinferentialismus teilen, dass Urteile als Spiel des Gebens und Verlangens von Gründen verstanden werden können. Insofern gibt es Urteile, die wir billigen, wenn die Begründungen uns zufriedenstellen. Mit dem Basisinferentialismus teile ich aber nicht nur die Skepsis gegenüber klassischen Repräsentationstheorien, sondern behaupte verstärkt, dass es keine definiten Kennzeichnungen gibt. Das berühmte Problem des King of France war nicht, dass er gestern kahlköpfig und heute tot ist, sondern dass man sich zur definiten Beschreibung des Menschen oder zur Beschreibung des Objektes besonders in intensionalen Logiken mit Einzigkeitsbehauptungen die induktive Last auferlegt hat, alle Beziehungen des referierten Begriffs zu allen anderen möglichen Begriffen beurteilen zu müssen. Sogenannte definite Kennzeichnungstheorien (in Logiken mit Einzigkeitsbehauptungen) mögen zur Spezifikation in der Mensch-Maschinen- oder Maschinen-Maschinen-Kommunikation durchaus sinnvoll sein – einen Nutzen habe ich nie in Frage gestellt –, aber sie scheint mir nicht geeignet zu sein, um die menschliche Logik oder natürliche Sprache nachhaltig zu erklären.

Darüber hinaus sind definite Kennzeichnungen *niemals so definit*, wie sie uns erscheinen mögen. Beispiele findet man dafür zahlreich in der Literatur, obwohl man nur selten die Konsequenz findet, diese problematische Begriffskategorie aufzugeben oder sie so zu behandeln, wie man alle anderen Begriffe auch behandelt. Mit `der` `höchste Berg der Erde` mag man den Mount Everest meinen, wenn man über den `Meeresspiegel` o.ä. definiert, aber man kann anderen Definitionen nach auch den Mauna Kea oder den Chimborazo meinen, und vielleicht hätten Pythagoreer noch ganz andere Kandidaten im Angebot. Im traditionellen Rationalismus behandelt man definite Kennzeichen wie analytische Urteile, bei denen man ein Prädikat angibt, das nur einem einzigen Subjekt zukommen kann. `Ist der Entdecker Amerikas` ist das Prädikat, das notwendig in `Christopher Kolumbus` enthalten ist – es sei denn, man meint vielleicht doch Leif Eriksson oder sogar Bjarni Herjúlfsson. Und natürlich kann man darüber diskutieren, ob es eine wahre Geschichte oder eine Satire ist, wenn man behauptet, der erste Mann auf dem Mond habe im zweiten Jahrhundert nach Christus gelebt.

Meine Beispiele mögen als Argumente aufgefasst werden, die für Theorien der Eigennamen und Kennzeichnungen stehen, die als Bündeltheorie bekannt sind. Im Unterschied zu derartigen Theorien geht es mir aber nicht darum, mit einem Bündel von Kennzeichnungen einen Eigennamen zu beschreiben, sondern vollständig auf sogenannte singuläre Termini zu verzichten, um stattdessen eine allgemeine Theorie der Begriffe zu etablieren, die sich dann durch die geometrische Logik darstellen lässt oder die bereits durch Relationen, die wir in unseren Anschauungen vorfinden, vorgegeben ist. Meine Beispiele sollen somit zum einen zeigen, dass definite Kennzeichnungen nicht so definit sind, wie sie es vorgeben zu sein, und dass zum anderen ›Eigennamen‹ nicht notwendig einem einzigen Objekt zu eigen sind.

Meine Strategie ist, weder Eigennamen auf die gleiche Art zu interpretieren wie Kennzeichnungen noch Eigennamen durch Kennzeichnungen zu ersetzen, sondern grundsätzlich *abzulehnen, dass es in der normalsprachlichen Logik ein besonderes Fach mit dem Namen ›Eigenname‹ geben sollte bzw. überhaupt geben muss.* Ich glaube, dass die Abschwörung des alten Aberglaubens an Eigennamen der erste Schritt ist, um der unnötigen Beschränkung zu entgehen, derzufolge wir nicht die Welt, sondern allein die Logik untersuchen müssen, und auch um die unerreichbare Erweiterung zu vermeiden, derzufolge die Welt etwas ist, das aus der Logik abgeleitet werden muss. Inferentialisten und moderne Kausaltheoretiker haben in singulären Termen die Absicht definiert, sich auf genau ein Objekt zu beziehen. Manche unter ihnen, die, ähnlich wie ich, skeptisch gegenüber der Rede von Intentionen in der Semantik sind, haben derartige Reden als pittoreske Vorstellung abgetan, da diese schließlich nur an grammatikalische Besonderheiten erinnern sollen, die singuläre Termini im Kontext von Urteilen aufweisen.

Dass sogenannte singuläre Termini auf der grammatikalischen Ebene Besonderheiten aufweisen, kann ich nicht leugnen; allerdings glaube ich, dass auch viele andere Wörter sich grammatikalisch auffällig verhalten und dass singuläre Terme viele ihrer Besonderheiten auch mit Wörtern teilen, die wir nicht mit der merkwürdigen Eigenschaft kennzeichnen, eine singuläre Rolle zu besetzen. Ich werde darauf gleich genauer eingehen. Darüber hinaus glaube ich aber auch, in Kap. 2.1 mehrere Gründe

3.2 Rationaler Repräsentationalismus

aufgezeigt zu haben, die eine deutlichere Trennung der Logik von der Grammatik legitimieren. Mögen sogenannte singuläre Termini eine besondere Form in der Grammatik aufweisen, so ist damit doch nicht bewiesen, dass wir ihnen auch in der Logik eine besondere Funktion zuweisen sollten.

Ich möchte die semantische Funktionsweise aber an einem Beispiel genauer diskutieren und dabei schon auf das Modell hinweisen, das ich als Ausgang der in Kap. 3.2.3 beschriebenen Übertragung und als Hinweg zu den in Kap. 3.2.2 beschriebenen Anwendungsbeispielen sehe. Semantische Gebrauchstheorien hatten bekanntlich mal eine methodische Vorliebe dafür, sich Prozesse des Spracherwerbs bei Kindern anzusehen. Beobachtet man, wie *Kinder mit Namen* umgehen, verdeutlicht sich das gerade vorgestellte Beispiel noch mehr. Stellen wir uns vor, Linn ist zwei Jahre alt und hat einen Onkel Namens Werner. Werner ist fast vierzig Jahre älter und wohnt in Stuttgart. Linn wohnt nicht in Stuttgart und kennt nur eine Person, die den Namen `Werner` trägt. Für Linn ist `Werner` das, was man gewöhnlich ein Individuum mit einem Eigennamen nennt, und `ist der in Stuttgart lebende Onkel` ist eine Art (definite) Kennzeichnung. Mit drei Jahren kommt Linn in den Kindergarten und lernt dort einen gleichaltrigen Jungen namens Werner kennen. In diesem kurzen Gedankenexperiment haben wir nun schon mehrere zufriedenstellende Kennzeichnungen erfahren, um damit die einzelnen Personen auseinanderhalten zu können. Beispielsweise kann ich Linn (1) dadurch zufriedenstellend kennzeichnen, dass ich sie in Relation zu der Menge der Bedeutungen `drei Jahre alt` (2), `in Stuttgart wohnen` (3), `dreijährigen Werner kennen` (4), `fast vierzig Jahre älteren Werner kennen` (5), `Linn heißen` (6) setze:

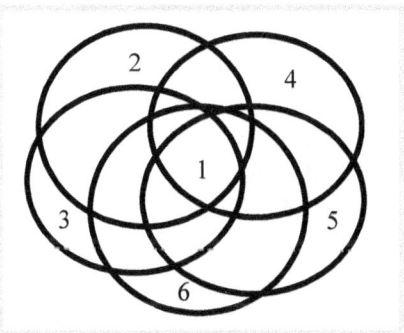

Selbstverständlich ist dieses Diagramm einer anschaulichen Semantik nicht ganz frei von Problemen, da es nicht nur die Funktion des Diagramms, sondern auch die Interpretation des Gedankenexperiments zu rechtfertigen hat. Gehen wir aber hier erstmal davon aus, dass wir das Diagramm aus den in Kap. 2 beschriebenen Logiken intuitiv verstehen, ohne dass wir bislang genauen Regeln für die Interpretation gegeben haben. Rechtfertigt das zuvor gegebene Gedankenexperiment tatsächlich die Gleichförmigkeit der Schnittmenge zwischen den Begriffssphären (2), (3), (4), (5) und (6)? Warum wurde bspw. kein Begriff wie `mit zwei Jahren nur einen Richard kennen` o.ä. ins Bild eingefügt?

Man kann gewiss darüber streiten, wie adäquat dieses Diagramm das Gedankenexperiment wiedergibt. Dennoch glaube ich, dass uns diese oder ähnliche anschauliche Semantiken davor bewahren können, (6) mit (1) zu vertauschen, so wie ich es einem Großteil der heute herrschenden Kennzeichnungstheorien vorwerfe. Diese Bewahrung vor Verwechselung geschieht dadurch, dass ich (1) keinen eigenen Begriff zuschreibe, da ich eine zufriedenstellende Kennzeichnung von Einheiten und Ungeteiltheiten – also das, was zuvor Eigennamen leisten sollten – als Ergebnis einer Relation von Begriffen in möglichen Urteilen ansehe: (1) kennzeichnet Linn nicht als ontologische Substanz oder als meine psychologische Intention, sondern als Relation bedeutungsvoller Begriffe in möglichen Urteilen. Und diese möglichen Urteile sind diejenigen, die in dem Gedankenexperiment faktisch gegeben wurden, sich aber unterschiedlich rekombinieren lassen. (1) – d.h. die Linn, die ich nicht als einen gekennzeichneten Namen verstehe, denn das ist (7) – ist eine zufriedenstellende Kennzeichnung, aber keine Darstellung einer Ungeteiltheit, einer Einheit oder gar eine veranschaulichte Einzigkeitsbehauptung.

Zufriedenstellende Kennzeichnungen nenne ich solche, bei denen aus der Relation von Begriffen eine oder mehrere Repräsentationen hervorgehen, die im Kontext der Kennzeichnung als zufriedenstellend gedeutet wird. Zufriedenstellende Kennzeichnungen sind somit niemals definit, da Repräsentanten, d.h. Personen oder Gegenstände, immer mehr Kennzeichnungen zukommen, als wir zur definiten Beschreibung anzugeben fähig sind und als wir angeben müssen, um zu einer zufriedenstellenden Beschreibung zu gelangen. Der erste Punkt besagt, dass wir wissen, dass wir für die Beschreibung der psychischen und physischen Welt mehr Kennzeichnungen haben, als wir in der Lage sind anzugeben.[7] Der zweite Punkt besagt, dass Menschen sich zu pragmatischen Wesen erziehen, die sich mit einer endlichen, d.h. sehr begrenzten Anzahl von Kennzeichnungen zufrieden geben. Auf diese Tatsachen weist im Prinzip schon der Materialinferentialismus mit seiner Unterscheidung der scheinbar unendlichen Anzahl von Denkakten und der endlichen Anzahl von Sprechakten hin.

Man kann sich diese Unterscheidung auch an einfachen Beispielen vorstellen: Die oben angegebenen Kennzeichnungen (2)–(7) treffen vielleicht nicht nur auf eine Person namens `Linn` zu. Vielleicht gibt es eine Linn in Bremen und eine Linn in München, auf die (2)–(7) zutrifft. Und vielleicht gibt es sogar zwei Linns in Bremen, auf die alle Kennzeichnungen zutreffen usw. Man kann sich bei solchen Überlegungen schnell in einer Unendlichkeit modaler Argumente verlaufen. Dennoch geben wir uns bei Identitätsnachweisen schon mit einer endlichen Menge von Kennzeichnungen zufrieden. Und wir wissen bspw. auch, inwiefern unser Diagramm auf genau eine

---

[7] Vgl. Michał Dobrzański: Begriff und Methode bei Arthur Schopenhauer, Kap. 7.2.

3.2 Rationaler Repräsentationalismus

Person im Diskursuniversum des Gedankenexperiments zutrifft oder auch dass es sinnvoll ist, diesen Repräsentanten zunächst durch (7) zu kennzeichnen, da die alternativen Personen schon in Relation mit dem Repräsentanten durch (5) und (6) stehen.

Ich möchte an dieser Stelle wieder auf den Inhalt des Gedankenexperiments zurückkommen, da ich glaube, dass uns schon die bisherige Reflexion auf die Geschichte einen Schlüssel an die Hand gegeben hat, der uns erklärt, warum Linn durch ihre Begegnung mit dem dreijährigen Werner eine ähnliche Semantik entwickelt, wie diejenige, die ich gerade vorgeschlagen habe, um Linn zu beschreiben. Dadurch dass Linn mit drei Jahren lernt, dass es zwei Repräsentanten für einen Namen gibt, lernt sie eine Strategie, die es ihr ermöglicht, die Zweideutigkeit des Namens im Urteil zu kompensieren: Sie schließt Kennzeichnungen aus dem Kontext aus, indem sie mit Wahrscheinlichkeit Relationen bewertet.

Diese Strategie ist nahezu trivial. Aussagen wie `Werner fährt von der Arbeit nach Hause` schreibt sie ihrem Onkel zu, sofern sie weiß, dass alle Kindergartenkinder nicht arbeiten gehen. `Werner fährt von Stuttgart aus zu dir` schreibt sie ihrem Onkel zu, sofern sie weiß, dass der dreijährige Werner sich nicht in Stuttgart aufhält. Namen werden als zufriedenstellende Kennzeichnungen gelten, sofern der Kontext relationaler Begriffe Mehrdeutigkeiten mit einer gewissen Wahrscheinlichkeit ausschließt. Natürlich kann es sein, dass der dreijährige Werner mit seinen Eltern in Stuttgart war; aber wir wissen in der Regel auch, wie viele zusätzliche Kennzeichnungen wir in einer Aussage angeben müssen, um davon auszugehen, dass unser Gesprächspartner diese Aussage zufriedenstellend interpretieren kann.

Meine These, dass Namen keinen Sonderstatus im Raum der Begriffe besitzen, ist insofern ein Kennzeichen eines rationalen Repräsentationalismus, als sie besagt, dass Begriffe kontextgebunden sind und dass dies für alle Begriffe und somit auch für Namen gelten muss. Die Tatsache, dass man Namen einen derart außergewöhnlichen Status zugeschrieben hat und dass die hier vertretene These bislang nicht bekannt ist, liegt meines Ermessens an der problematischen Darstellungsweise formalistischer Semantiken und Logiken. So simpel unser Diagramm war, so komplex wirken Formalisierungen des anfangs beschriebenen Gedankenexperiments. Diese nötigen uns nicht nur zu einer unübersichtlichen linearen Darstellung, sondern auch zu problematischen intensionalen Darstellungen sowie zu einer ontologisch interpretierbaren Quantifizierung oder sogar zu einer höherstufigen Prädikatisierung.

Selbstverständlich kann man sagen, dass man Ausdrücke wie (2), also `drei Jahre alt`, als Eigenschaft auffassen sollte. Aber in einer Erklärung der Funktionsweise des Diagramms würde sich die Frage, wem wir diese Eigenschaft zusprechen müssten, als heikel herausstellen. Das klassische Bild geht von einem Substanzsubjekt aus, dem man die Eigenschaft wie `ist drei Jahre alt` oder `drei Jahre alt seiend` zuspricht. Nach meinem hier favorisierten Bild ergibt es aber keinen Sinn von Eigenschaften zu sprechen, da das, was ich gerade Substanzsubjekt genannt habe, in der Sprache nicht vorkommt: Die Rede von Substanzsubjekten ist eine Übersetzungsmöglichkeit von der übertragenen Redeweise über anschauliche Relationen mittels des verkürzten Ausdrucks des Seins. Die Vorstellung einer derartigen Instanz namens Substanzsubjekt entsteht erst aus der zufriedenstellenden Kennzeichnung einer bestimmten Relation von Eigenschaften.

In Kap. 3.2.2 werde ich eine genauere Untersuchung der hier nur intuitiv verwendeten Logikdiagramme anstreben, in der Hoffnung, das die geometrische Logik uns irgendwann vor einigen sprachlichen Problemen bewahrt, die die algebraische Logik uns einst aufgebürdet hat. Die bislang angedeutete Strategie geht auf jeden Fall dahin, den radikalen Unterschied zwischen den Eigennamen und den abstrakten Begriffen in eine differenzierte Theorie von Abstraktionsstufen zu überführen. Dabei soll auch deutlich werden, dass die Relationen, die man in der Semantik zwischen Begriffen anhand der geometrischen Logik darstellt, eine starke Entsprechung zu den Relationen besitzen, die wir in der anschaulichen Welt finden.

Ich habe in dem oben diskutierten Beispiel auf zwei wesentliche Elemente des nichtnaiven Repräsentationalismus zurückgegriffen: Zum einen auf die geometrische Logik als das zentrale Organ des Repräsentationalismus und auf den Kontextualismus als die zentrale Methode einer nichtnaiven Theorie des Verstehens, die nicht in eine überschwängliche Metaphysik oder in einen bodenständigen Physikalismus zurückfallen will. Würde man an dieser Stelle aber stehen bleiben, hätte man nur das Organ des Inferentialismus durch eine repräsentationalistische Logik ersetzt. Darüber hinaus hätte man sich mit der Kritik an der Theorie der Konkretion, der Eigennamen und der definiten Kennzeichnungen zusätzliche Probleme aufgehalst, da man sich noch weiter von einer Lösung des Problems der Abstammung entfernt hätte, als es der Inferentialismus getan hat. Wie kommt es denn, dass wir Begriffen, die der Inferentialismus mit Hilfe des Kontextualismus in unterschiedliche Rollenfächer einordnen kann und die der nichtnaive Repräsentationalismus mit Hilfe des Kontextualismus und der Anschaulichkeit als Bedeutungssphären versteht, einen unterschiedlichen Gehalt zuschreiben können? Die ultimative Warum-Frage des nichtnaiven Repräsentationalismus scheint also zu sein: Warum gibt es überhaupt Begriffe und nicht nur leere Worte?

Der Inferentialismus hat diese Fragen jeweils durch Rückgriff auf eine intensionale Logik zu beantworten versucht: Er hat dem Begriff die Eigenschaft des nichtbegrifflichen Grundes, dem Subjekt die Bestimmung der Substanz und dem Junktor die Funktion des grundsätzlichen Zusammenhangs zugeschrieben. Der explizite Versuch einer Beantwortung der ultimativen Warum-Frage ergab sich nur im Materialinferentialismus, der vom Basisinferentialismus mit dem Argument kritisiert wurde, dass er in seiner Logik Ziel und Absicht voraussetze und dass er keinen Schritt hätte zur Erklärung tun können, wenn er nicht Ziel und Absicht der Logik unterschieben würde. Da der Materialinferentialismus seine Ontologie aus der logisch-grammatikalischen Unterscheidung von Gegebenheit und Bestimmung gewonnen hat,

3.2 Rationaler Repräsentationalismus

bei der Subjekte und Individuen – besonders einhergehend mit der Verwendung von Eigennamen und definiten Kennzeichnungen – eine entscheidende Rolle gespielt haben, beschränkte er die ultimative Warum-Frage auf den sogenannten singulären Begriff.

Ich glaube, dass die Verlegenheit des Inferentialismus in Anbetracht ultimativer Begründungsfragen darin besteht, dass er auf der einen Seite mit guten Gründen die individuelle Rede von einer ›Abstraktion von der Welt‹ ablehnt, aber auf der anderen Seite keine hinreichende Rechtfertigung für die Rede von einer ›Konkretion aus der Logik‹ vorbringen kann. Ich glaube aber, dass dieses Problem dadurch gelöst werden kann, dass man die Rede von der ›Abstraktion von der Welt‹ aus der Individuation befreit und sie somit in eine soziale Theorie des Begriffs einbettet. Dass dies bislang als eine recht unvorstellbare Lösung angesehen wurde, mag daran liegen, dass eine kollektive Abstraktionstheorie zwar faktisch auf das Resultat eines Prozesses verweisen, aber die entscheidende Epoche der sprachgeschichtlichen Entwicklung nicht genetisch begleiten kann. Die für Abstraktionsprozesse entscheidende Epoche der sprachlichen Entwicklung ist für uns eine unbegriffliche Zeit der Stille, des Schweigens und der Vergessenheit.

Aufgrund dieser scheinbaren Unbegrifflichkeit des Ansatzes hat man semantische Abstraktionstheorien als Beschreibung eines individualgeschichtlichen Prozesses angesehen, der zu absurden Erklärungsansätzen führte. Denn, wie ich oben bereits erwähnt habe, man verfällt leicht in diffuse Rechtfertigungsstrategien, wenn man erklären wollte, wie jedes Individuum aus der Anschauung bestimmter Objekte denselben Begriff abstrahieren kann oder wie es möglich ist, dass jeder Mensch in einem Kulturkreis an einem Objekt immer dasselbe Wort festmacht, dem er auch immer denselben Begriff zuordnet.

In meinen Augen ist der Basisinferentialismus einer kollektiven Abstraktionstheorie am nächsten gekommen, da er die Sprache als Teil unserer Naturgeschichte begriffen hat. Allerdings hat er im Unterschied zum Materialinferentialismus die Sprache nicht intersubjektiv, sondern individuell und die Geschichte nicht als Prozess, sondern als Resultat aufgefasst. Und im Unterschied zum Formalinferentialismus hat er sich nicht für die Regeln und Gesetze interessiert, sondern für das Produkt der Naturgeschichte und für die Befähigung zur Hervorbringung dieses Produkts. Die Folge davon war, dass der Basisinferentialismus die Naturgeschichte der Sprache nicht als Entwicklung und als Prozess der Regeln, sondern als Bildung und als Produkt eines Prozesses aufgefasst hat. Damit wurde die Sprachentwicklung zu einer eher flüchtigen Epoche des Individuums, an deren Ende sich als bedeutungsvolles Produkt jeweils der Begriff oder die begriffliche Fähigkeit in Geist und Welt des Sprechers hervortat.

Wenn ich die Behauptung des Basisinferentialismus teile, dass wir das Befehlen, Fragen, Erzählen und Philosophieren als Teil unserer eigenen Naturgeschichte verstehen sollen, dann tue ich dies aus der Sicht des Material- und Formalinferentialismus. Das bedeutet, dass ich mich mehr für die gattungs- als für die individualgeschichtliche

3 Logik und Welt

Seite der Sprache interessiere und dass ich in dieser die Regeln der allgemeinen Entwicklung für entscheidender erachte als das Produkt der individuellen Bildung. Auch wenn uns kein Ton der Erzählungen aus der Frühe der begriffenen Welt des Menschen überliefert ist, so bietet doch die Regelmäßigkeit dieser allgemein-intersubjektiven Naturgeschichte einen Zugang zur Erklärung der Abstammung begrifflicher Gehalte.

Wie entscheidend dieses Problem der Abstammung ist, zeigt der Mythos der Abstrakisten dann, wenn man die Argumente akzeptiert, die eine Erklärung des Abstammungsproblems durch Ersetzungs- und Substitutionstests u.ä. problematisieren, nämlich aufgrund der damit verbundenen Konkretions-, Eigennamen- und Kennzeichnungstheorien. Begriffe müssen schließlich etwas bedeuten, aber die Bedeutung wurde nicht aus dem Begriff entwickelt. Vielmehr zeigt der Mythos der Abstrakisten, dass die Ausdrucksstärke einer Sprache und Logik nicht allein durch die Gesetze der Rückläufigkeit der Regeln und der Zusammensetzung des begrifflichen Inhalts erklärt werden kann. Die Bestimmung des begrifflichen Gehalts musste ursprünglich in Relation zur Welt erfolgen und die graduelle Stärke des Ausdrucks ergibt sich dann, wenn Begriffe unterschiedliche Relationen einnehmen können bzw. der begriffliche Gehalt nicht nur durch eine einzige Form der Bedeutungssphäre festgesetzt ist – schließlich ist es angemessener von einem logischen Raum der Begriffe, als von einem Raum des Begriffs zu reden.[8]

Für eine Lösung des Abstammungsproblems reicht kein Hinweis auf die Faktizität, dass ein Begriff in seinem Bedeutungsumfang mehrere andere Begriffe in sich begreift, oder eine Bestimmung darüber, welcher Begriff welche Begriffe in sich begreift; vielmehr bedarf es zur Lösung des Abstammungsproblems einer Theorie, die erklärt, wie es dazu kommt, dass dies alles der Fall ist. Eine kollektive Abstraktionstheorie geht davon aus, dass es bestimmte Gesetzmäßigkeiten gibt, die die Abstammung des Gehalts von Begriffen erklären können, und dass die Philosophie im Unterschied zu den vielen anderen Theorien und Disziplinen im Bereich der Sprachentstehung und -entwicklung einen privilegierten Zugang zu diesen bestimmten Gesetzen besitzt.

Obwohl sich Theorien der Sprachentstehung und -entwicklung aus zahlreichen Disziplinen wie der Verhaltensforschung, Evolutions- und Entwicklungsbiologie, Archäologie, Linguistik, Psychologie und allgemein den Neurowissenschaften zusammensetzt und unterschiedliches Material wie moderne Pidgin- und Kreolensprachen, emergente Zeichensprachen, Tierverhalten, individueller Spracherwerb, menschliche Artefakte, fossile Funde oder neuronale bildgebende Verfahren auswertet,[9] hat die *Philosophie doch einen privilegierten Zugang* zu bestimmten Fragen des Wortgebrauchs und der Begriffsentwicklung. Das liegt daran, dass die historischen Dokumente der kollektiven Abstraktionstheorie die Geschichte der Philosophie selbst

---

[8] Vgl. Martin A. Nowak, David C. Krakauer: The Evolution of Language. In: Proceedings of the National Academy of Sciences 96:14 (1999, Juli 6), S. 8028–8033.
[9] Vgl. Rudolf Botha: Language Evolution. The Windows Approach. Cambridge 2016.

3.2 Rationaler Repräsentationalismus

sind, in der die konkreten Begriffe des Alltags sowie des Mythos über Generationen hinweg von ihrer Anschaulichkeit befreit wurden und zudem in ihrem semantischen Umfang immer wieder individuell in Frage gestellt werden können. Philosophie, wenn sie nicht Dogmatismus sein will, ist schließlich diejenige wissenschaftliche Disziplin, in der jeder Begriff, jedes Urteil und jeder Schluss zum Problem erhoben werden darf.

Selbstverständlich zeigt das Material der kollektiven Abstraktionstheorie *keinen kontinuierlichen Fortschritt vom Konkreten zum Abstrakten* auf, sondern wird immer wieder durch Paradigmen der Konkretion korrigiert und damit reguliert, und zwar zugunsten des Erhalts ihrer eigenen Ausdrucksfähigkeit. Dennoch – und hier bezeugt die kollektive Abstraktionstheorie die herrschende Meinung der anderen Disziplinen der modernen Sprachentstehungs- und -entwicklungstheorie –[10] ist diese Ausdrucksfähigkeit nicht das konkretisierte Produkt eines ursprünglich abstrakten Bedeutungsholismus, sondern das Resultat einer Entwicklung, die mit konkreten Begriffen und grundlegendem Gehalt angehoben hat.

Dass die Philosophie immer über diesen konkreten Anfang hinaus drängt, liegt an der ihr innewohnenden überschwänglichen Erkenntnis, dass das Abstrakte mehr über das Konkrete und Anschauliche erklären kann, als dieses selbst zu verstehen gibt.[11] Allein die Bodenständigkeit der Philosophie, das Abstrakte auch auf das Konkrete anwenden zu können, wird zu einer regulativen Idee ihrer selbst. In dieser Spannung zwischen dem konkreten Anfang und dem abstrakten Ende halten Kräfte wie die überschwängliche Metaphysik und die bodenständige Form des Physikalismus die Philosophie in einem Gleichgewicht des Inhalts, aber drängen sie zur Zunahme an Ausdrucksstärke.

Dass Begriffe von Anschauungen abstammen – auch wenn selbst die konkretesten Begriffe niemals mit Anschauungen selbst verwechselt werden dürfen –, lässt sich nicht genetisch rechtfertigen. Das liegt daran, dass der ursprüngliche Abstraktionsprozess oder die Stellvertretung der Anschauung durch Begriffe in eine Epoche der menschlichen Entwicklung fällt, in der sich und durch die sich die Sprachgemeinschaften erst konstituieren und wodurch diese Epoche damit selbstverständlich nicht begrifflich reflektiert werden kann: Die *Taufsituation,* d.h. die ursprüngliche Konstruktion des Begriffs oder die in dieser Epoche stattfindende Übertragung einer Anschauung in ein Wort, ist etwas, was der Begriff immer nur reflexiv und als Nachkonstruktion begreifen kann. Eine kollektive Abstraktionstheorie kann schon dadurch nicht eine kausale Erklärung liefern, dass bei der ursprünglichen Taufsituation nicht die begriffliche Fähigkeit vorhanden war, um ein faktisches Wissen zu generieren, das die Voraussetzung für ein erklärendes Wissen bildet. Aber man kann faktisch darauf zurückschließen, dass es eine Epoche gegeben haben muss, in der die Begriffsbedeutung so anschaulich war, dass erst durch wiederholte Anwendung von

---

[10] Vgl. M. A. Nowak, J. B. Plotkin, V. A. Jansen: The Evolution of Syntactic Communication. In: Nature 404:6777 (20. März 2000), S. 495–498.
[11] Vgl. Michał Dobrzański: Begriff und Methode bei Arthur Schopenhauer, Kap. 7.3.

3 Logik und Welt

Abstraktionsschritten Bedeutungsunterschiede möglich wurden. Diese wiederholten Abstraktionen, die später als *Regelmäßigkeiten und Gesetzmäßigkeiten* erkannt wurden, waren die Voraussetzung, damit es schließlich zu der Ausdrucksstärke von Sprache gekommen ist, die sich bis heute erhalten hat und die sich dadurch weiterentwickelt, dass wir sie in der individuellen Bildung von einer zur nächsten Generation tradieren.

Die Übertragung von der weltlichen Unbegrifflichkeit zum logischen Begriff ist zunächst derart anschaulich, dass sie *nicht reflexiv begleitet* werden kann. Schließlich mag für diese Epoche eine psychologische und vielleicht sogar ontologische Rede von Eigennamen und definiten Kennzeichnungen oder allgemein singulären Termini insofern zutreffend sein, als in dieser Urzeit nur eine individuelle Abstraktionstheorie vorgeherrscht haben kann, da eine Sprachgemeinschaft sich erst in der Folge durch die Tradition konstituierte. Wollte jemand diesen Anfang erklären und sagen, wie in ihm die Sprache entstand, so müsste er zu diesem Anfang zurückgehen und in begleitender Erklärung vor dem Entstehen der Sprache noch einmal selbst von Anfang an beginnen. Da dies aber nur in der bereits bestehenden Sprache eine gewinnbringende Erklärung sein kann, liegt diese Vergangenheit für die Philosophie im Dunkeln verborgen.

Der Beginn der Sprachentwicklung und der ursprünglichen Sprachentstehung, an dem viele der oben genannten Disziplinen interessiert sind, ist aber *keine entscheidende Epoche für die kollektive Abstraktionstheorie*. Denn gewöhnlich imaginieren Abstraktionstheorien nur die intime Beziehung des begriffsfähigen Individuums zu seiner Anschauung, wodurch sie sich von sogenannten ›kollektiven‹ oder ›anthropologischen‹ Theorien ausschließen, oder sie spekulieren über eine Sprachgemeinschaft, die sich in der Tradition von konkreten Bedeutungen bildet, wodurch sie von den Abstraktionstheorien exkludiert werden. Wie bereits ausführlich in Kap. 3.1 dargelegt wurde, war es die Strategie der modernen Sprachphilosophien das Problem der semantischen Abstammung oder die Frage nach der Erklärung von Bedeutung in ein Problem des sprachlichen Verstehens oder in eine Frage nach dem semantischen Verständnis zu überführen. Damit wurde aber die Logik in derartiger Weise *unnötig beschränkt*, so dass ihre *Erweiterung* mit weltlichen Bestandteilen nahezu *unerreichbar erschien*. Einen Ausgang aus dieser fatalen Situation liefert aber das Material der kollektiven Abstraktionstheorie.

Die Geschichte der Philosophie ist eine Dokumentation der Ausdrucksstärke des Begriffs und eine Reihe von Denkmälern seiner Entwicklung. Die kollektive Abstraktionstheorie beansprucht keinen Zugang zu einer Epoche, die sie genetisch nicht begleiten kann, sondern zieht innerhalb des dokumentierten Materials aus der Abstammung und Genese der kollektiven Abstraktion *Rückschlüsse auf deren Gesetzmäßigkeiten*. Das Prinzip der Abstammung lässt sich somit in jeder Epoche oder sogar über viele Epochen festmachen, sofern diese Epochen eine Dokumentation

3.2 Rationaler Repräsentationalismus

der abstrahierenden und regulativen Entwicklung des Begriffs aufweisen. In Abstraktion von der individuellen Anschauung wird der Begriff über viele Epochen zur Institution des kollektiven Gedächtnisses, aber auch zur Institution, über die und mit der Individuen streiten.

Wie in Kap. 1.1.3 aufgezeigt wurde, reicht es nicht aus, die abstrahierende und regulative Entwicklung des Begriffs an einem Dokument oder an mehreren Dokumenten eines Individuums zu verfolgen. Veränderungen, die ein Individuum in einem oder auch mehreren Dokumenten an der Bedeutungssphäre eines Begriffs vornimmt, werden von der Sprachgemeinschaft nicht als Regel- oder Gesetzmäßigkeit, sondern als Ausdruck der Inkonsistenz und des Widerspruchs aufgefasst, sofern diese Veränderung nicht selbst zum semantischen Denkmal in der Tradition des Begriffs geworden ist oder es werden kann. Erst in der Abfolge von derartigen Denkmälern und Meilensteinen, die über mehrere Generationen dokumentiert wurden, werden die Regel- und Gesetzmäßigkeiten der Abstraktion (und auch der Regulation) deutlich und mit diesen auch das Prinzip der Abstammung begrifflichen Gehalts.

Die Dokumente zeigen zunächst, dass die Abstammung begrifflichen Inhalts auf einem Abstraktionsprozess beruht, der allerdings im weiteren geschichtlichen Verlauf seines wörtlichen Gebrauchs immer wieder durch Konkretionen zum Zweck des Erhalts der Ausdrucksstärke eines Begriffsschemas reguliert wird. In erstaunlicher Weise zeigen sie aber auch, dass die Gesetzmäßigkeiten der Abstraktion dieselben sind wie die Prinzipien, die für die Ausdrucksstärke von Urteilen verantwortlich sind, nämlich Rückläufigkeit und Zusammensetzung bzw. *Rekursivität und Kompositionalität*.[12] Der Umfang eines Begriffs ergibt sich dadurch, dass Abstraktionen, wie die ursprüngliche Abstraktion des Begriffs von der anschaulichen Welt, mehrfach auf ihn angewandt werden können und dass die Bedeutung eines Begriffs die Zusammensetzung aller Abstraktionsprozesse ist, die nach der ursprünglichen Abstraktion des Begriffs von der anschaulichen Welt rekursiv auf ihn angewandt wurden.

Wenn, wie der Inferentialismus uns lehrt, unsere Sprachfähigkeit ein Teil unserer Naturgeschichte ist, und wenn wir davon ausgehen, dass andere Arten wie Fledermäuse oder Katzen ähnliche herausragende Fähigkeiten im Laufe ihrer *Naturgeschichte* erworben haben, die sich von anderen Arten nicht einfach nachempfinden lassen, dann dürfen wir unsere Sprachfähigkeit nicht anders behandeln als die Echoortung oder die Nachtsichtfähigkeit, und das bedeutet zunächst nur, ihr *Gesetzmäßigkeiten* zuzuschreiben. Derartige Gesetzmäßigkeiten zeigen sich aber nicht nur in der Entstehungsperiode dieser Fähigkeiten, sondern setzen sich gerade bei der Sprache und Begriffsfähigkeit im Laufe ihrer Gesamtentwicklung beständig fort. Der Begriff hat dabei die Eigenschaft, in Worten und Zeichen Spuren dieser Gesetzmäßigkeiten aufzuzeichnen und sie in Dokumenten über Generationen zu tradieren.

---

[12] Vgl. Kenny Smith, Simon Kirby: Compositionality and Linguistic Evolution. In: Handbook of Compositionality. In: Oxford Handbook of Compositionality. Hrsg. v. Wolfram Hinzen, Edouard Machery, Markus Werning. Oxford 2012, S. 493–509.

Gleich welche Dokumente man heranzieht, ihre Denkmäler zeigen die Gesetzmäßigkeiten der Abstraktion auf, wie sie schon immer in der Entwicklungsgeschichte des Begriffs vorgekommen sein müssen. *Jede Begriffssphäre verhält sich zu der ihr historisch vorangegangenen Sphäre des Begriffs* in einer Art und Weise, die mit den Gesetzmäßigkeiten der Abstraktion oder auch der sie regulierenden Konkretion beschrieben werden kann. Dabei gilt, dass in der Regulation kein Begriff stärker konkretisiert werden kann, als es in der wohl entscheidenden Epoche der Sprachentstehung der Fall war. Zudem ist es nicht möglich, einen Begriff in einem Kontext noch weiter auszudehnen als derart, dass keine Spuren der Anschauung mehr in ihm vorhanden sind und keine Relation mehr zu Begriffen besteht, deren Beziehung zur Anschauung erklärt werden kann.

Hinzu kommen allerdings zwei weitere Gesetzmäßigkeiten, die beide schon zuvor angedeutet wurden und die in Kap. 3.2.3 noch ausführlicher besprochen werden sollen, nämlich das Gesetz der *Übertragung und das der Übersetzung*. Vereinfacht gesagt bedeutet das Gesetz der Übertragung, dass es einen qualitativen Unterschied bei der ursprünglichen Abstraktion des Begriffs von der anschaulichen Welt gibt, während das Gesetz der Übersetzung nur besagt, dass es eine quantitativ genau bestimmbare Menge von Übersetzungen eines Begriffs gibt, und zwar entsprechend der kompositionellen Bedeutung der Abstraktion. Übertragung und Übersetzung sind insofern aber schon bekannt, als Inferentialisten verneinen, dass es überhaupt Übertragungen gibt, während sie anstelle von Übersetzungen von substituierbaren Begriffen in Rollenfächern sprechen.

Da nach dem Prinzip der Abstammung der begriffliche Gehalt auf einer ursprünglichen Übertragung aus der Anschauung beruht, zeichnet der Gehalt die Form der Anschauung nach und wird somit entweder entsprechend des Rekursionsgrades vergrößert oder er schneidet sich mit anderen Begriffen entsprechend der Kompositionalität. Wie sich der begriffliche Gehalt anschaulich nachzeichnen lässt, gibt die Semantik der geometrischen Logik vor, wie besonders in Kap. 2.1.5f. und 2.2.5f. demonstriert wurde. In diesen Kapiteln wurden Abstraktionsprozesse an einzelnen Fallbeispielen vorgestellt, allerdings nicht auf Grundlage einer Materialauswertung im Sinne der hier skizzierten kollektiven Abstraktionstheorie. Ein erster Schritt, um die hier genannten Regularitäten an einem Modell zu präzisieren und mit der kollektiven Abstraktionstheorie zu verbinden, erfolgt in Kap. 3.2.2.

3.2.2 Anschauung und Begriff

Ich habe im vorangegangenen Kapitel ein Plädoyer für eine Abstraktionstheorie der Sprache gehalten, die sich auf der Grundlage von historischem Material mit abstrahierenden und regulativen Begriffsprozessen nicht individuell-subjektiv, sondern kollektiv-intersubjektiv beschäftigen soll. Mit Hilfe dieser Abstraktionstheorie der

3.2 Rationaler Repräsentationalismus

Bedeutung habe ich versucht, der Lösung des Problems der Abstammung einen Schritt näher zu kommen; dieses Problem hatte der Inferentialismus entweder durch Zuhilfenahme von Theorien der Konkretion und der singulären Termini zu lösen versucht oder durch Überführung in eine Theorie des kontextuellen Verstehens zu umgehen beabsichtigt. Mein Ziel, eine kollektive Abstraktionstheorie der Bedeutung zu etablieren, beruht auf der Problematik, dass Eigennamen und definite Kennzeichnungen selbst auf Voraussetzungen beruhen, die zum einen dem Begriff selbst nicht inhärieren und die zum anderen Sprecher auf bestimmte logische Modelle festlegen, die der Übertragung des Begriffs nicht gerecht werden.

Meine Ansicht, die ich im vorangegangenen Kapitel angedeutet und bereits anhand einer repräsentationalistischen Theorie in Kap. 2 entwickelt habe, beruht auf der Auffassung, dass sich Logik anschaulich, nämlich in Form geometrischer Figuren bzw. analytischer Diagramme darstellen lässt. Dass ich eine derartig repräsentationalistische Auffassung der Logik favorisiere, liegt nicht daran, dass ich so etwas wie ein Gegenmodell zum Rationalismus zu etablieren suche, sondern hat ihren Grund in der Überzeugung, dass uns die inferentialistische Logik und Sprachphilosophie in der Praxis eine Analyse moderner Probleme insofern verstellt, als viele sprachliche Probleme dadurch entstehen, dass unser Vokabular eine Affinität zu grundsätzlichen Übertragungen aufweist, die der geometrischen und repräsentationalistischen Logik entgegenkommen.

Am Ende von Kap. 2 wurden zudem mehrere Argumente formuliert, die eine weitere Auseinandersetzung mit einer der beiden Schulen des modernen Rationalismus unnötig erscheinen ließen. Gegen den Logizismus und Neologizismus wurde eingewandt, dass deduktive Schlüsse selbst rechtfertigungsbedürftig seien und daher die Zurückführung elementarer mathematischer Aussagen auf die Logik keine gangbare Methode darstellen würden, wenn die Logik selbst begründungsbedürftig erscheint. Zu Beginn von Kap. 3 hatte ich daher eine weitere Kritik des Logizismus als unnötig angekündigt. In Kap. 3.1 und 3.2.1 hat sich aber ein Theorieelement immer wieder aufgedrängt, das für den Neologizismus wesentlich ist. Damit ist die Abstraktionstheorie gemeint, die das Herzstück des Neologizismus darstellt, und dieser versteht sich aufgrund dieses Theorieelements sogar als Abstraktionismus. So wesentlich aber die Abstraktionstheorie für den Neologizismus ist, so problematisch ist sie auch für ihn. Zahlreiche Abstraktionsprinzipien wurden in den vergangenen Jahrzehnten formuliert, ohne dass eines von diesen Prinzipien als zielführend erachtet werden konnte.[13]

Wie eine geometrische Logik des rationalen Repräsentationalismus aufgebaut sein könnte, soll im Folgenden anhand eines Modells für die Begriffslogik vorgestellt werden. Diese als Beispiel angeführte Begriffslogik des nichtnaiven Repräsentationalismus teilt mit dem Neologizismus die Vorliebe für die Abstraktionstheorie und mit dem Inferentialismus das Ziel der Kollektivität. Diese Abstraktionstheorie übernimmt vom Neologizismus die wesentliche Unterscheidung

---

[13] Vgl. Paolo Mancosu: Abstraction and Infinity. Oxford 2016, Kap. 4.

3 Logik und Welt

in eine objektive und eine begriffliche Abstraktion.[14] Wie im Folgenden aber auch schnell deutlich werden dürfte, unterscheidet sich die Abstraktionstheorie des rationalen Repräsentationalismus in zahlreichen Punkten auch von der des Neologizismus. Das beruht darauf, dass die Abstraktionstheorie des rationalen Repräsentationalismus als Ausgangspunkt ein Modell der anschaulichen Vorstellung konstruiert und als Zielpunkt nicht auf den Zahlbegriff beschränkt ist, sondern den Begriff allgemein fokussiert.

Als Modell der anschaulichen Vorstellung bieten sich Matsuda-Diagramme oder -Matrizen an, die auf der sogenannten Regel 30 basieren.[15] Regel 30 wurde in den 1980er Jahren von Stephen Wolfram entdeckt, und zeichnet sich dadurch aus, chaotische Strukturen mit wiederkehrenden Mustern zu erzeugen.[16] Daher bieten diese Diagramme bzw. Matrizen ein geeignetes Modell für die scheinbar unendliche Fülle von Sinnesdaten, die auch durch wiederkehrende Muster, die wir beispielsweise als Objekte erkennen, strukturiert werden. Matsuda hat erkannt, dass es eine Interpretation von Regel 30 gibt, die mit den drei Prinzipien der anschaulichen Vorstellung konform gehen, wie sie in Kapitel 1.2.3 dargestellt wurden: Raum, Zeit und Kausalität. Die folgenden Matrizen zeigen die Zeitzustände Z vertikal ($Z = \{I, II, III, \ldots\}$), die Raumzustände R horizontal ($R = \{a, b, c, \ldots\}$) und die Kausalität durch das weiter unten noch zu erklärende Regelprinzip an. Hier wird aber erstmal die Darstellung von Zeit und Raum mit Hilfe einer $Z \times R$-Matrix fokussiert, die 48 Elemente enthält:

$$Z \times R \text{ matrix} = \begin{matrix} \ldots & Ia & Ib & Ic & Id & Ie & If & Ig & Ih & \ldots \\ \ldots & IIa & IIb & IIc & IId & IIe & IIf & IIg & IIh & \ldots \\ \ldots & IIIa & IIIb & IIIc & IIId & IIIe & IIIf & IIIg & IIIh & \ldots \\ \ldots & IVa & IVb & IVc & IVd & IVe & IVf & IVg & IVh & \ldots \\ \ldots & Va & Vb & Vc & Vd & Ve & Vf & Vg & Vh & \ldots \\ \ldots & VIa & VIb & VIc & VId & VIe & VIf & VIg & VIh & \ldots \end{matrix}$$

Um die bislang nur mit Positionsbestimmungen bezeichnete Z×R-Matrix mit Inhalt und ›Materie‹ zu füllen, verwende ich eine Bitstring Semantik, die auf einem binären Code $\{1, 0\}$ beruht.[17] Dadurch erhält zunächst jede Position in allen Spalten R_{a-h} der ersten Zeile Z_I ein Bit. Die Kausalität wird durch eine logische Formel ausgedrückt, durch welche erklärt wird, wie ein Raumzustand im nächsten Zeitzustand besetzt wird. Um den Bit einer bestimmten Position in einer Zeile zu bestimmen, muss ein Tripel von Raumzuständen – ich nenne sie x, y, z – in der über der entsprechenden

---

[14] Vgl. Kit Fine: The Limits of Abstraction. Oxford 2002.
[15] Vgl. Katsunori Matsuda: Spinoza's Redundancy and Schopenhauer's Concision. An Attempt to Compare Their Metaphysical Systems Using Diagrams. In: Schopenhauer-Jahrbuch 97 (2016), S. 117–131.
[16] Stephen Wolfram: The Mathematica Book. 5. Aufl. Champaign, Ill., London 2003, Kap. 3.8.6.
[17] Zur Bitstring Semantik siehe Fabien Schang, Jens Lemanski: A Bitstring Semantics for Calculus CL. In: The Exoteric Square of Opposition. Hrsg. v. Jean-Yves Beziau, Ioannis Vandoulakis. Basel (i.E.)

3.2 Rationaler Repräsentationalismus

Position liegenden Reihe abgelesen werden, wobei y sich vertikal direkt über den abzulesenden Bit befindet. Das zu bestimmende Element nenne ich Q-Bit; so gilt nach den Regeln der Booleschen Algebra folgende Formel:

Q-Bit = 1, gdw x XOR $(y$ OR $z)$ = 1

Gehen wir zum Beispiel von einer Ausgangssituation Z_I mit acht Raumzuständen, R_{a-h}. aus. Jedes dieser acht Element von Z_I wird nun mit folgenden Bits besetzt: $Ia = 0, Ib = 0, Ic = 1, Id = 1, Ie = 0, If = 0, Ig = 0, Ih = 0$. Wir erhalten somit den Bitstring 00110000. Um nun Q-Bit = IIb kausal zu bestimmen, lesen wir $x = Ia, y = Ib$ und $z = Ic$ ab. Das heißt, IIb ist genau dann = 1, wenn entweder Ia oder aber Ib oder $Ic = 1$ sind. Ist aber weder Ia noch Ib oder $Ic = 1$, so ist der Q-Bit $IIb = 0$. Nach den Regeln der Booleschen Algebra lesen wir für Ia, Ib, Ic $(0$ XOR $(0$ OR $1)) = 1$, und daher ist auch $IIb = 1$. Mit dieser Methode lässt sich nun jede Position in der Matrix bestimmen. (Sind x oder y nicht in der Matrix ablesbar, bspw. bei den Spalten a oder h, wird für x bzw. y automatisch eine 0 gesetzt.). Erweitern wir nun das Beispiel so, dass wir wieder auf eine 8 × 6 Matrix kommen, die wiederum nur ein Ausschnitt aus einer viel größeren sein soll. Nehmen wir an, dass Z_1 = ... 00110000 ... ist, so ergibt sich folgende Matrix nach Regel 30:

$$Z \times R \text{ matrix} = \begin{matrix} \ldots & 0 & 0 & 1 & 1 & 0 & 0 & 0 & 0 & \ldots \\ \ldots & 0 & 1 & 1 & 0 & 1 & 0 & 0 & 0 & \ldots \\ \ldots & 1 & 1 & 0 & 0 & 1 & 1 & 0 & 0 & \ldots \\ \ldots & 1 & 0 & 1 & 1 & 1 & 0 & 1 & 0 & \ldots \\ \ldots & 1 & 0 & 1 & 0 & 0 & 1 & 1 & 1 & \ldots \\ \ldots & 1 & 0 & 1 & 1 & 1 & 1 & 0 & 0 & \ldots \end{matrix}$$

Die Matrix lässt sich beliebig erweitern und sie bietet dadurch ein Modell, das die Komplexität der anschaulichen Vorstellung abbildet, dass die drei Vermögen des Verstandes, d.i. Raum, Zeit und Kausalität durch R, Z und Regel 30 dargestellt werden. Für Matsuda bilden eine oder mehrere vertikale Reihen an Bitstrings Objekte ab, die von einem Subjekt wahrgenommen werden. Da es bei Matsuda-Matrizen aber keinen zwingenden Grund gibt, Objekte zum einen auf ganze vertikale Reihen auszudehnen, zum anderen auf nur eine vertikale Reihe zu beschränken, gehen wir hier zu Wolframs Erkenntnis zurück, derzufolge es trotz des chaotischen Verhaltens von Regel 30 doch immer wiederkehrende Strukturen gibt (Dreiecke, L-Formen usw.), die sich über mehrere Reihen und Zeilen erstrecken.

Gehen wir nun davon aus, dass Objekte in unseren Matsuda-Matrizen in der Regel eine Ausdehnung über mehrere R-Reihen und Z-Spalten besitzen können. Ich stelle mir nun vor, dass ich bestimmte Sinnesdaten der anschaulichen Vorstellung als ein bestimmtes Objekt zu erkennen gelernt habe. Dieses Objekt kennzeichnen wir als O^I, und die folgende Bitmatrix ist ein Modell für O^I:

3 Logik und Welt

$$O^I = \begin{matrix} 1 & 0 & 1 \\ 0 & 0 & 1 \\ 1 & 1 & 1 \\ 1 & 0 & 0 \end{matrix}$$

Gehen wir nun davon aus, dass die Matrix M^I ein Modell ist, das meine gesamten aktualen Sinnesdaten beschreibt, die sich in der Größe und den Bits nicht von der oben angegebenen $Z \times R$ Matrix unterscheidet. Da M^I diese Sinnesdaten in Raum, Zeit und Kausalität vorstellt und ich derzeit nicht mehr Daten habe als M^I, so könnte ich veranlasst sein zu sagen, dass dies die ganze Welt als meine Vorstellung ist. Wir gehen aber im Folgenden davon aus, dass diese Sinnesdaten auch von anderen erfasst und verarbeitet werden können und wir somit ein allgemeines Modell von Sinnesdaten haben, das wir weiterhin M^I nennen wollen. Vergleichen wir nun unsere Bitmatrix O^I mit den Sinnesdaten aus M^I, so erkennen wir schnell, dass O^I tatsächlich auch in M^I enthalten ist, nämlich in $IIc, IId, IIe, III c, IIId, IIIe, IVc, IVd, IVe, Vc, Vd, Ve$. Um dies besser in unserem Modell identifizieren zu können, behandeln wir die Bitmatrix M^I wie ein Diagramm und kennzeichnen die Bitmatrix O^I mit einer geometrischen Form. Aufgrund der Form der Matrix bietet sich ein Polygon an, in diesem Fall ein Quadrat. Wir nehmen vorläufig an, dass auch M^I eine Grenze hat und zeichnen daher auch um alle aktualen Sinnesdaten ein Quadrat. Das Ergebnis ist das folgende Diagramm $\mathcal{D}1$, das *die* oder *eine* Welt der Vorstellung beschreibt:

$$M^I = \begin{matrix} \dots & 0 & 0 & 1 & 1 & 0 & 0 & 0 & 0 & \dots \\ \dots & 0 & 1 & 1 & 0 & 1 & 0 & 0 & 0 & \dots \\ \dots & 1 & 1 & 0 & 0 & 1 & 1 & 0 & 0 & \dots \\ \dots & 1 & 0 & 1 & 1 & 1 & 0 & 1 & 0 & \dots \\ \dots & 1 & 0 & 1 & 0 & 0 & 1 & 1 & 1 & \dots \\ \dots & 1 & 0 & 1 & 1 & 1 & 1 & 0 & 0 & \dots \end{matrix}$$

$\mathcal{D}1$

$\mathcal{D}1$ zeigt uns nun ein Modell der Sinnesdaten unserer anschaulichen Vorstellung M^I, in dem ein Objekt O^I, das durch das innere Quadrat dargestellt wird, erkannt wird. Dabei ergeben sich zwei Bestimmungsmöglichkeiten: Das Objekt unserer anschaulichen Vorstellung O^I kann durch eine Bitmatrix bestimmt werden oder O^I mit Hilfe eines Polygons von allen anderen Objekten abgegrenzt werden. Wir sind von der ersten Variante ausgegangen, aber die noch folgende Abstraktionstheorie dürfte deutlich

3.2 Rationaler Repräsentationalismus

machen, dass auch der andere Ausgangspunkt denkbar gewesen wäre. Entscheidend ist, dass wir beides, also Bitmatrix und geometrische Figur, zwar gedanklich voneinander trennen können, es aber doch als Einheit in unserer anschaulichen Vorstellung auffassen. Im Modell bedeutet dies: Die Struktur der Bitmatrix hat bereits die geometrische Figur, die durch das Quadrat expliziert wird, und das Quadrat hat eine Form, die symmetrisch durch eine Bitmatrix gefüllt werden kann. Nehmen wir an, dass $\mathcal{D}1$ ein Modell unserer Sinnesdaten ist, dann können wir das innen liegende Quadrat der dadurch begriffenen Bitmatrix als Grenze eines Objektes verstehen.[18]

Ich habe am Anfang des Kapitels erwähnt, dass der rationale Repräsentationalismus mit dem Neologizismus die Unterteilung der Abstraktionstheorie in zwei Abstraktionsarten teilt: die objektive und die begriffliche Abstraktion. Da Objekte Bestandteil der anschaulichen Vorstellung sind und diese in der Bitmatrix M^I ein Modell findet, ergibt sich der erste Abstraktionsschritt durch die Abstraktion der Bitmatrix. Die Abstraktion von den Objekten erfolgt im Modell durch die Abstraktion von M^I. Nach der objektiven Abstraktion bleibt das Diagramm $\mathcal{D}2$, in dem keine Sinnesdaten und keine Objekte mehr repräsentiert werden, sondern nur noch die Grenzen, die auf diese Objekte referieren.

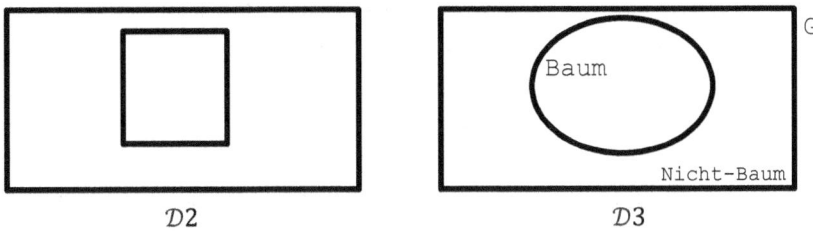

$\mathcal{D}2$ $\mathcal{D}3$

Wir gehen nun davon aus, dass das Objekt O^I von der Vernunft oder der begrifflichen Vorstellung mit dem Wort Baum bezeichnet wird. Das Wort Baum ist dann ein Begriff, wenn es, wie in Kap. 2.1.6 beschrieben, eine Begrenzung besitzt: Die Vernunft begreift die durch den Verstand definierte Bitmatrix von O^I und bezeichnet diese mit dem Wort Baum. $\mathcal{D}2$ ist nun nicht mehr ein Modell der anschaulichen Vorstellung, in dem die Grenzen des Objekts bezeichnet werden, sondern nach der Abstraktion von den Sinnesdaten, also von Raum, Zeit und Kausalität, ein Modell der begrifflichen Vorstellung.

Um dies im Diagramm kenntlich zu machen, sollten wir definieren, dass ein Objekt mit Polygonen, ein Begriff aber mit geschlossenen Kurven oder Sphären dargestellt wird. Die objektive Abstraktion von $\mathcal{D}1$ führt daher zu $\mathcal{D}3$. In $\mathcal{D}3$ sind nun die Begriffe durch die Wörter gekennzeichnet. $\mathcal{D}2$ dient uns nur noch als Hilfsdiagramm, das den Abstraktionsschritt zwischen $\mathcal{D}1$ und $\mathcal{D}3$ kenntlich macht. Den

---

[18] Es ist für unser Modell wohl nicht wichtig, ob wir Objekt und Grenze als natürlich oder künstlich auffassen (vgl. dazu Barry Smith: Räumliche Entitäten: Örter, Löcher, Grenzen. In: Biomedizinische Ontologie. Wissen strukturieren für den Informatik-Einsatz. Hrsg. v. Ludger Jansen, Barry Smith. Zürich 2008, S. 113–126).

gesamten Abstraktionsschritt von $\mathcal{D}1$ zu $\mathcal{D}3$ können wir als *Umcodierung* auffassen, die eine qualitative und quantitative Differenz zwischen beiden Diagrammen erzeugt: Im Unterschied zu $\mathcal{D}3$ repräsentiert $\mathcal{D}1$ qualitativ andere Informationen (nämlich über Objekte und nicht über Begriffe) und quantitativ andere Informationen (nämlich eine große Anzahl an Bits, im Unterschied zu einer kleinen Anzahl an Begriffen).[19]

Auffällig an $\mathcal{D}3$ ist wahrscheinlich die Tatsache, dass das äußere Quadrat von $\mathcal{D}2$ nicht in eine Sphäre übertragen wurde. Das beruht auf der Tatsache, dass die unendlich große Menge an möglichen Sinnesdaten im Modell M^I (gekennzeichnet durch die Auslassungspunkte in $\mathcal{D}1$) überhaupt begrifflich erfasst werden kann. Da aber auch unsere vorläufige Annahme, dass M^I eine Grenze besitzt, fraglich ist, bleibt weiterhin unentschieden, ob das äußere Quadrat ein Objekt oder einen Begriff bezeichnet. Wir definieren daher, dass das äußere Quadrat eines jeden Diagramms $\mathcal{D}$ zunächst nur die durch G bezeichnete Grenze von $\mathcal{D}$ angibt.

Der Abstraktionsschritt von $\mathcal{D}1$ zu $\mathcal{D}3$ zeigt auch an, dass die Begriffssphäre, die durch das Wort Baum in $\mathcal{D}3$ bezeichnet wird, ein *concretum* darstellt. Laut Kap. 1.3 war ein *concretum* ein unmittelbar aus der anschaulichen Vorstellungen abgezogener Begriff. Da jeder begrenzte und bestimmte Begriff eine Sphäre aufweist, besitzt auch der konkrete Begriff Baum eine solche Sphäre, die wir uns durch einen Kreis vorstellen und die wir mit dem Wort Baum in $\mathcal{D}3$ benennen. Da wir durch unsere in $\mathcal{D}1$ repräsentierte Anschauung Kriterien gefunden haben, die uns erlauben, zu sagen, was zum Objekt des Baumes gehört und was nicht, können wir in $\mathcal{D}3$ zum einen auf Baum, zum anderen auch auf nicht-Baum referieren. Da aber der anschauliche Bereich in $\mathcal{D}1$ außerhalb der Bitmatrix für Baum ins Unendliche geht (wie die Auslassungspunkte anzeigen), bleibt auch die Bezeichnung nicht-Baum unbestimmt und wird somit in $\mathcal{D}3$ nicht mit einer Sphäre abgegrenzt, sondern liegt nur außerhalb der einzig bislang bekannten Begriffssphäre, die den Begriff Baum anzeigt.[20]

Gehen wir noch einmal einen Schritt zurück und nehmen wir an, dass wir in der anschaulichen Vorstellung ein weiteres Objekt O^{II} identifizieren. Wir bestimmen O^{II} mit Hilfe der folgenden Bitmatrix:

$$O^{II} = \begin{matrix} 0 & 0 \\ 0 & 1 \\ 1 & 1 \\ 1 & 0 \end{matrix}$$

Gleichen wir dieses Objekt mit unseren aktualen Sinnesdaten ab, so erkennen wir, dass O^{II} außerhalb von O^I liegt, aber dennoch ein Bestandteil von M^I ist. O^{II} befindet sich in der Matrix von M^I an den Positionen $Ia, Ib, IIa, IIb, IIIa, IIIb, IVa, IVb$. Wir stellen uns nun wieder ein Quadrat um die bezeichneten Positionen von O^{II} vor, das

---

[19] Vgl. Michał Dobrzański: Begriff und Methode bei Arthur Schopenhauer, Kap. 6.
[20] Diagrammatische Konventionen für unendliche Begriffe wurden von Johann Christoph Sturm eingeführt, siehe oben, Kap. 2.2.3.

3.2 Rationaler Repräsentationalismus

keine Schnittmenge mit dem Quadrat von O^I aufweist. Nach dem objektiven Abstraktionsschritt bleibt ein Diagramm übrig, das eine ähnliche Relation der geometrischen Figuren aufweist wie $D3$. Wir nennen dieses Diagramm daher $D3^*$ und führen beide Diagramme, $D3$ und $D3^*$ in $D4$ zusammen. Das vom Verstand identifizierte Objekt O^I wird nun mit dem Wort Tisch belegt und von der Vernunft als deutlich definierter Begriff klassifiziert.

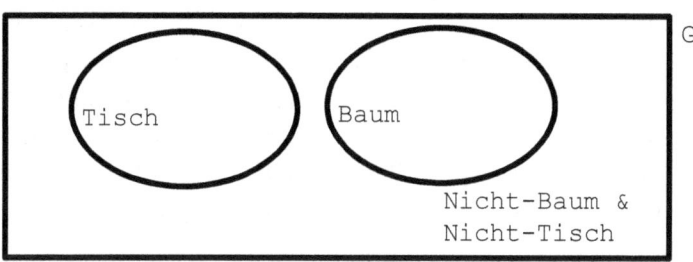

D4

$D4$ ist nun ein Modell der begrifflichen Vorstellung, in dem Tisch in dem Bereich Nicht-Baum und Baum in den Bereich Nicht-Tisch fällt. Außerhalb beider Sphären für Baum und Tisch befindet sich der Bereich Nicht-Baum & Nicht-Tisch.

Gehen wir aber noch ein weiteres Mal auf die anschauliche Vorstellung zurück, auf unser Modell M^I, und nehmen wir noch ein weiteres Objekt O^{III} an, das mit der folgenden Bitmatrix bestimmt wird:

$$O^{III} = \begin{matrix} 0 & 0 & 1 & 1 \\ 0 & 1 & 1 & 0 \\ 1 & 1 & 0 & 0 \end{matrix}$$

Auch O^{III} ist ein Objekt unserer aktualen Sinnesdaten und wir erkennen in M^I, dass O^{III} sich teilweise mit O^I, teilweise aber auch mit O^{II} schneidet: O^{III} teilt sich mit O^I die Positionen $IIc, IId, IIIc, IIId$ und mit O^{II} die Positionen $Ia, Ib, IIa, IIb, IIIa, IIIb$. Abstrahieren wir wieder von der Objektivität und schauen wir uns zunächst nur das Verhältnis von O^{III} zu einem der beiden anderen Objekte an, so ergeben sich die folgenden Diagramme $D5$ und $D6$.

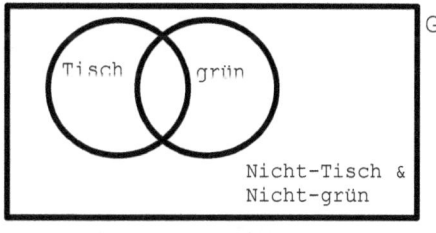
D5

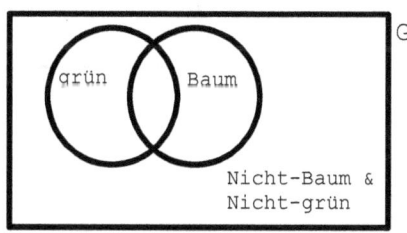
D6

3 Logik und Welt

Wie in $D5$ und $D6$ zu sehen ist, nehmen wir an, dass das Objekt O^{III} von der Vernunft mit dem Wort grün begriffen wurde. Mit diesen Diagrammen gehen aber zwei vermeintliche Probleme einher: Zum einen zeigen $D5$ und $D6$ mit dem Begriff grün nicht mehr nur Substantive, sondern auch Adjektive an. Zum anderen scheinen $D4$, $D5$ und $D6$ von ihrer Form nicht mehr einfach auf $D1$ rückübertragbar zu sein, so wie bspw. $D3$ über $D2$ auf $D1$. Das erste Problem lässt sich beispielsweise dadurch lösen, dass man deutlich zwischen Matrizen bzw. Diagrammen für Objekte und Diagrammen von Begriffen unterscheidet. Diagramme mit Sphären bezeichnen Begriffe, die in unterschiedlicher Weise auf Objekte referieren, nämlich bspw. auf Objekte ohne explizite Eigenschaften (Substantive) oder auf Eigenschaften ohne explizite Objekte (Adjektive). Eine andere Lösung des Problems wäre eine Art Substantivierung der Adjektive, beispielsweise so, dass grün die abgekürzte Sprechweise von grünes Objekt ist oder für Etwas-Grünes steht.

Das zweite Problem besteht darin, dass die Lage der Kreise nicht der Lage der Quadrate zu entsprechen scheint. Das muss aber auch nicht der Fall sein, denn wichtig an Kreis- oder Sphärendiagrammen ist, dass sie die Relation zwischen den Kreisen auch der Relation der Bitmatrix-Quadrate entspricht. In $D5$ und $D6$ sehen wir eine partielle Überschneidung, die der partiellen Überschneidung der Bitstring-Matrizen von O^{III} und O^{II} zum einen und von O^{III} und O^{I} zum anderen entspricht.[21] Um dies genauer analysieren zu können, ist es aber zunächst wichtig, Syntax und Semantik von Begriffsdiagrammen voneinander zu trennen.[22]

Um die jeweiligen Bestandteile des Diagramms präziser darstellen zu können, soll die Syntax der Diagramme von der Semantik getrennt werden und den Begriffen in $D5$ und $D6$ Variablen zugeschrieben werden. Das Resultat ist das Diagramm $D7$, das dieselbe diagrammatische Form besitzt wie $D5$ und $D6$:

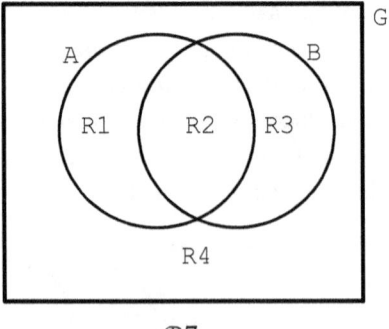

$D7$

---

[21] Die Relationen der teilweisen oder vollständigen Überschneidung oder Differenz von diagrammatischen Elementen wurde erstmals von Weigel eingeführt, siehe oben, Kap. 2.2.3 u. 2.3.5.
[22] Vgl. Sun-Joo Shin: The Logical Status of Diagrams.

3.2 Rationaler Repräsentationalismus

$D7$ zeigt in G zwei Kreise (A, B), die zusammen vier Flächen ergeben, die als Regionen (R) bezeichnet werden können: {R1}, {R2}, {R3}, {R4}. Daraus ergeben sich mehrere Beschreibungsmöglichkeiten für Regionen oder Verbände in $D7$:[23]

(Syn1) Für die Region {R1} gilt, dass sie die begriffliche Abstraktion Bs von A darstellt, $A \setminus B$.
(Syn2) Für die Region {R2} gilt, dass sie die Schnittmenge von A und B darstellt, $A \cap B$.
(Syn3) Für die Region {R3} gilt, dass sie die begriffliche Abstraktion der As von B darstellt, $B \setminus A$.
(Syn4) Für den Verband von Regionen {R1, R2, R3} gilt, dass sie die Vereinigung von A und B darstellt, $A \cup B$.
(Syn5) Für die Region {R4} gilt, dass sie die begriffliche Abstraktion des G von A und B darstellt, $G \setminus (A \cup B)$.

Wir sehen, dass Syn1–5 auch Beschreibungsmöglichkeiten von $D5$ und $D6$ sind, da diese Diagramme dieselben Regionen oder Verbände von Regionen aufweisen:

Syntax	**Region**	**Semantik** $D5$	**Semantik** $D6$
Syn1	{R1}	*Tisch* $\setminus$ *grün*	*grün* $\setminus$ *Baum*
Syn2	{R2}	*Tisch* $\cap$ *grün*	*grün* $\cap$ *Baum*
Syn3	{R3}	*grün* $\setminus$ *Tisch*	*Baum* $\setminus$ *grün*
Syn4	{R1, R2, R3}	*Tisch* $\cup$ *grün*	*grün* $\cup$ *Baum*
Syn5	{R4}	$G \setminus (\text{\textit{Tisch}} \cup \text{\textit{grün}})$	$G \setminus (\text{\textit{grün}} \cup \text{\textit{Baum}})$

Gehen wir aber noch einmal zu den Matrizen bzw. Diagrammen für Objekte zurück und nehmen wir an, dass wir O^I immer noch begrifflich als Tisch und O^{II} immer noch begrifflich als Baum bezeichnen würden, auch wenn sich der Teil der Bitmatrix, den O^I und O^{II} mit O^{III} gemeinsam hat, ändern würde. Wir nehmen beispielsweise an, dass in manchen Fällen O^{III} mit einer bestimmten Bitmatrix O^{IV} ersetzt werden kann, die zum Zweck begrifflicher Unterscheidung als braun bezeichnet wird. Tritt O^{IV} an die Stelle von O^{III}, so bezeichnen wir zwar das Objekt O^{Ia}, aber nennen es weiterhin Tisch.

Sind wir mit dieser Erweiterung unseres Modells zufrieden, so können wir nun einen deutlichen Unterschied zwischen den Objekt- und den Begriffsdiagrammen einführen: Erkennen wir in der anschaulichen Vorstellung ein Objekt, bei dem sich bestimmte Elemente verändern können, so ist in der begrifflichen Vorstellung die Relation zwischen Objekt und Element durch ein Diagramm nach der Syntax von $D7$

---

[23] Ich übernehme hier die mengentheoretische Notation von Lorenz Demey: From Euler Diagrams in Schopenhauer to Aristotelian Diagrams in Logical Geometry, Sekt. 3.2, und teile auch seine Einschätzung, dass die hier besprochenen Diagrammarten keine Mengendiagramme sind.

3 Logik und Welt

zu zeichnen. {R2} in $\mathcal{D}5$ zeigt das konkrete Objekt O^I an; {R1} in $\mathcal{D}5$ zeigt an, dass es in $\mathcal{D}1$ noch ähnliche Objekt wie O^I, die aber nicht mit O^{III} zusammenfallen, bspw. O^{Ia}; und {R3} in $\mathcal{D}5$ zeigt an, dass es in $\mathcal{D}1$ noch Objekte wie O^{III} gibt, die mit ganzen anderen Objekten als O^I in Verbindung stehen, bspw. das durch {R2} in $\mathcal{D}6$ bezeichnete Objekt, das mit O^{II} in $\mathcal{D}1$ korrespondiert.

Der Unterschied zwischen den Objektmatrizen und den Begriffsdiagrammen sollte dadurch etwas deutlicher geworden sein. Nach der objektiven Abstraktion zeigen Diagramme zwar noch dieselben Verhältnisse an, aber sie sind allgemeiner, sie lassen sich auf eine Vielzahl von Objekten in $\mathcal{D}1$ anwenden. Wie wir aber in Kapitel 2.2 gesehen haben, gibt es noch andere begriffliche Regelmäßigkeiten, die durch die geometrische Logik ausgedrückt werden sollten. Die folgenden Regelmäßigkeiten, die bereits in Kap. 3.2.1 angekündigt wurden, stehen in einem konträren Verhältnis zueinander:

(R-Kont) Tritt in einem Objektdiagramm ein Objekt O^1 *manchmal* gemeinsam mit einem anderen Objekt O^2 auf, *manchmal* aber *nicht*, so entspricht O^I dem Begriff A und O^{II} dem Begriff B im Begriffsdiagramm $\mathcal{D}7$.

(R-Notw) Tritt in einem Objektdiagramm ein Objekt O^1 *immer* gemeinsam mit einem anderen Objekt O^2 auf, so entspricht O^I dem Begriff A und O^{II} dem Begriff B im Begriffsdiagramm $\mathcal{D}8$.[24]

(R-Unm) Tritt in einem Objektdiagramm ein Objekt O^1 *niemals* gemeinsam mit einem anderen Objekt O^2 auf, so entspricht O^I dem Begriff A und O^{II} dem Begriff B im Begriffsdiagramm $\mathcal{D}9$.

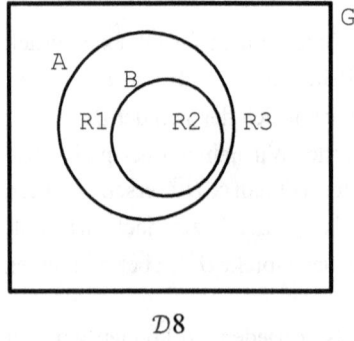
$\mathcal{D}8$

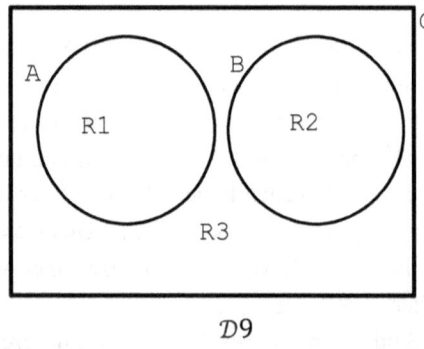
$\mathcal{D}9$

Bei diesen Regeln muss natürlich berücksichtigt werden, dass die Anwendung der abstrakten Regeln auf den konkreten Einzelfall immer ein Streitpunkt zwischen Begriffsbenutzern sein kann: $\mathcal{D}4$ mag beispielsweise ein getreues Abbild der konkret

---

[24] Siehe zur Interpretation von $\mathcal{D}8$ Kap. 2.2.4f.

3.2 Rationaler Repräsentationalismus

bestimmten Bitmatrix der begrifflichen Vorstellung von $\mathcal{D}1$ sein. Es kann aber durchaus sein, dass es Begriffsverwender gibt, die einen anderen Ausschnitt von $\mathcal{D}1$ kennen (bspw. Bereiche, die nur durch die Auslassungspunkte angedeutet werden) und dort eine Überschneidung von O^I und O^{II} festgestellt haben und daher $\mathcal{D}4$ nicht als Diagramm für die allgemeinen Begriffe Tisch und Baum gelten lassen. Denkbar ist auch, wie wir in Kap. 2.2.5f. gesehen haben, dass ein Begriffsverwender $\mathcal{D}8$ nicht als Diagramm für die Begriffe Gold (= A) und Gelb (= B) gelten lässt, sondern dafür argumentiert, dass das Verhältnis dieser beiden Begriffe $\mathcal{D}7$ entspricht. Wie auch immer, die hier vorgeschlagenen Diagramme sind nicht mehr, aber wohl auch nicht weniger als ein Mittel der Klärung und des Verstehens: Sie können als ein Mittel der Klärung von Begriffsrelationen, der Klärung sprachphilosophischer Ansätze oder auch als Mittel der Klärung der Relation von Welt und Sprache anhand konkreter Modelle angesehen werden.

Ergänzt man die oben genannten Regeln noch durch zwei weitere Regeln, die sich aus den Subordinationsverhältnissen von R-Kont ergeben, nämlich

(R-Mgl) Tritt in einem Objektdiagramm ein Objekt O^1 *manchmal* gemeinsam mit einem anderen Objekt O^2 auf, so kann ein Begriff A einem Begriff B entsprechen.

(R-NNotw.) Tritt in einem Objektdiagramm ein Objekt O^1 *manchmal nicht* gemeinsam mit einem anderen Objekt O^2 auf, so muss ein Begriff A einem Begriff B nicht entsprechen.

Die entsprechenden Verhältnisse von A und B sind in Abb. 1 zu erkennen, in dem auch die Oppositionsverhältnisse eingezeichnet sind, die einem logischen, genauer gesagt modalen Pentagon entsprechen.

3 Logik und Welt

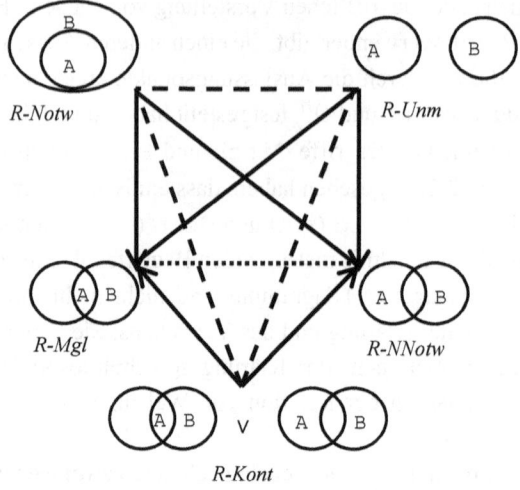

Abb. 1
Logisches Pentagon

Bevor aber in Kapitel 3.2.3 darüber reflektiert wird, wie sich das Verhältnis von Welt und Logik denken lässt, bleibt noch die bereits angesprochene begriffliche Abstraktion in den Blick zu nehmen, die die kollektive Abstraktionstheorie mit der des Neologizismus teilt. Die begriffliche Abstraktion wurde bereits in Syn1, Syn3 und Syn5 angesprochen. Im Folgenden werden wir uns weniger auf Modelle beziehen, um die die Relation zwischen der anschaulichen und der begrifflichen Vorstellung zu verstehen, sondern nur auf bestimmte Verhältnisse innerhalb der begrifflichen Vorstellung zur Erklärung der Abstammung. Zum Verständnis dieser Begriffsrelationen müssen kontextuelle oder gebrauchstheoretische Aspekte, die in Kap. 2.1 thematisiert wurden, vorausgesetzt werden. Wir sehen zunächst an Syn1, Syn3 und Syn5, dass diese Beschreibungsmöglichkeiten nicht mehr eine Relation zwischen $D1$ und $D5$ oder $D6$ ausdrücken, sondern dass sie allein die Verhältnisse innerhalb von $D7$ klären. Genauer gesagt, werden Regionen oftmals dadurch bestimmt, dass bestimmte Teile des Diagramms abgezogen werden. Begriffe werden somit nicht nur durch Kreise oder Sphären bezeichnet, sondern auch bestimmte Teile innerhalb und außerhalb bestimmter Kreise, nämlich die Regionen und die Verbände von Regionen erhalten Bedeutung.

In Kap. 1.3.1 wurde herausgearbeitet, dass diejenigen Begriffe *concreta* genannt werden können, die direkt aus einer objektiven Abstraktion entsprungen sind, während *abstracta* diejenigen Begriffe sind, die nicht direkt von der Anschauung, sondern von anderen Begriffen abgezogen werden. Nehmen wir $D7$ als Beispiel und schauen wir, wie sich einzelne Begriffe als *concreta* oder *abstracta* bestimmen lassen.

3.2 Rationaler Repräsentationalismus

Es sei ein *concreta* eine Region oder ein Verband von Regionen in $\mathcal{D}7$, {R1} ∨ {R2} ∨ {R1, R2} ∨ ..., so gilt: Da {R1} = $A \setminus B$, ist {R1} keine objektive Abstraktion, sondern eine Abstraktion des Begriffs A von B und somit ein *abstracta*. Dasselbe lässt sich auf {R3} übertragen. Da {R1, R2} = $(A \setminus B) \cup (A \cap B)$, ist der Abstraktionsschritt von {R1} schon vorausgesetzt. Dasselbe lässt sich auf {R2, R3}, {R1, R2, R3}, {R1, R3} übertragen. Wenn nun alle Regionen mit {R1} oder {R3} begriffliche Abstraktionen voraussetzen, so muss {R2} ein *concreta* sein, d.h. $A \cap B$.

Wie wir aber bereits sehen konnten, ist die Zweiteilung in *abstracta* und *concreta* zu ungenau. Schließlich sehen wir in {R4}, dass wir hier mehrere begriffliche Abstraktionsschritte haben, nämlich die Abstraktion von A und B oder die Abstraktion von dem Verband der Regionen {R1, R2, R3} und der sich wie folgt immer weiter explizieren lässt: $G \setminus (A \cup B) = G \setminus ((A \setminus B) \cup (B \setminus A) \cup (A \cap B)) = (G \setminus (A \setminus B)) \cap (G \setminus (B \setminus A)) \cap (G \setminus (A \cap B))$. Um den Funktionsbegriff der *abstracta* genauer zu bestimmen, setzen wir also einen Grad hinzu, der durch die Anzahl der Abstraktionsschritte bestimmt wird: G0-Begriff, G1-Begriff, G2-Begriff, ..., Gn-Begriff. Für jeden begrifflichen Abstraktionsschritt (\) erhöht sich nun der jeweilige Abstraktionsgrad.

Zum Beispiel weist in $\mathcal{D}7$ {R2} = $A \cap B$ keinen Abstraktionsschritt auf und ist somit ein *concreta* oder G0-Begriff. {R1} und {R3} weisen jeweils einen Abstraktionsschritt auf, nämlich $A \setminus B$ und $B \setminus A$ und sind daher G1-Begriffe. Wie an dem explizierten Ausdruck für {R4} oben zu sehen war, gibt es hier drei Abstraktionsschritte, daher sprechen wir hier von einem G3-Begriff. (Ob ein noch sinnvoller G2-Begriff wie $(A \setminus B) \cup (B \setminus A)$ sprachphilosophisch relevant ist, soll hier nicht näher diskutiert werden.)

Zuletzt soll nicht unerwähnt bleiben, dass sich der Abstraktiongrad auch im Diagramm selbst ablesen lässt. Wir haben am Beispiel von $\mathcal{D}7$ gesehen, dass der abstrakteste Begriff derjenige war, der die meisten begrifflichen Abstraktionsschritte (\) aufwies. Der konkreteste Begriff war hingegen derjenige, der keine Abstraktionsschritte, sondern nur eine Schnittmenge (∩) anzeigte. Wir verallgemeinern den letzten Punkt und stellen die Hypothese auf, dass der Begriff mit dem höchsten Konkretionsgrad derjenige ist, der die meisten Schnittmengen aller *abstracta*, die von ihm abgezogen wurden, aufweist.

Ich werde im Folgenden zeigen, wie man den Abstraktionsgrad an komplexeren Diagrammen bestimmen kann und vereinige dazu mehrere bereits bekannte Diagramme. Nehmen wir zunächst an, dass wir in unserem Modell der anschaulichen Vorstellung M^I drei Objekte finden, die durch die drei Quadrate in $\mathcal{D}10$ gekennzeichnet sind.

3 Logik und Welt

$$M^I = \begin{matrix} \cdots \\ \cdots \\ \cdots \\ \cdots \\ \cdots \\ \cdots \end{matrix} \begin{matrix} 0 & 0 & 1 & 1 & 0 & 0 & 0 & 0 \\ 0 & 1 & 1 & 0 & 1 & 0 & 0 & 0 \\ 1 & 1 & 0 & 0 & 1 & 1 & 0 & 0 \\ 1 & 0 & 1 & 1 & 1 & 0 & 1 & 0 \\ 1 & 0 & 1 & 0 & 0 & 1 & 1 & 1 \\ 1 & 0 & 1 & 1 & 1 & 1 & 0 & 0 \end{matrix} \begin{matrix} \cdots \\ \cdots \\ \cdots \\ \cdots \\ \cdots \\ \cdots \end{matrix}$$

$\mathcal{D}10$

Durch Vergleiche mit anderen hier nicht näher gekennzeichneten Bereichen von $\mathcal{D}10$ finden wir beispielsweise heraus, dass keines der drei Objekt immer mit einem der anderen in Zusammenhang auftritt. Damit ist (R-Notw) bereits ausgeschlossen und (R-Unm) ist für die drei Objekte bereits durch $\mathcal{D}10$ widerlegt. Somit ist (R-Kont) die passende Regel, um das Verhältnis der drei Objekte von $\mathcal{D}10$ in das Begriffsdiagramm $\mathcal{D}11$ mit drei Begriffen A, B, C zu übersetzen. Da bei (R-Kont) die Position der Wörter eigentlich eine relevante diagrammatische Rolle spielt, wie man in Abb. 1 sieht, werde ich zur Vereinfachung A, B, C außerhalb der Kreise setzen.

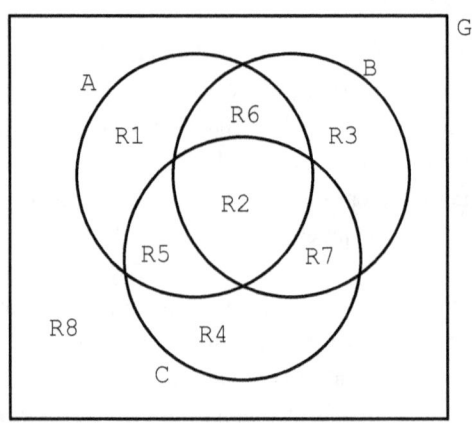

$\mathcal{D}11$

Die drei Begriffe von $\mathcal{D}11$ bilden nun 8 Regionen: {R1}: $A \setminus (B \cup C)$; {R2}: $(A \cap B \cap C)$; {R3}: $B \setminus (A \cup C)$; {R4}: $C \setminus (A \cup B)$; {R5}: $(A \cap C) \setminus B$; {R6}: $(A \cap B) \setminus C$; {R7}: $(B \cap C) \setminus A$; {R8}: $U \setminus (A \cup B \cup C)$.

Wir übernehmen nun die Semantik von Abb. 2 aus Kap. 2.1.6, so dass A den Begriff Baum, B den Begriff grün und C den Begriff blütetragend bezeichnet. {R5} steht beispielsweise für all diejenigen Objekte, auf die die Begriffe grün, blütetragend, aber nicht Baum zutreffen. {R6} bezeichnet hingegen diejenigen Objekte, auf die die Begriffen Baum, und grün, aber nicht blütetragend zutreffen. Entsprechend unserer gerade getätigten Annahme sind *concreta* oder G0-Begriffe

3.2 Rationaler Repräsentationalismus

diejenigen, die keine oder möglichst wenig Abstraktionen, dafür aber die meisten Schnittmengen aufweisen. Im Fall von $\mathcal{D}11$ erkennt man an den 8 dargestellten Regionen, dass {R2}, ein *concreta* ist, da der Begriff viele Schnittmengen ($A \cap B \cap C$) und keine begriffliche Abstraktion, sondern nur die objektive Abstraktion aufweist.

Man kann den Grad der Abstraktion eines Begriffs in einem Diagramm wie $\mathcal{D}11$ daran ablesen, wie viele konvexe und nicht-konvexe Begrenzungen er aufweist.[25] Zerlegt man $\mathcal{D}11$ in einzelne Regionen, wie in $\mathcal{D}12$, so zeigen sich insgesamt vier unterschiedliche diagrammatische Formen von Regionen, die Abstraktionsgrade anzeigen. Diese Grade lassen sich durch die Anzahl der nicht-konvexen Begrenzungen bestimmen. Um die Anzahl der konvexen oder nicht-konvexen Begrenzungen anzugeben, können Liniensegmente zur Hilfe verwendet werden, die die äußersten Punkte der diagrammatischen Form miteinander verbinden: Liegen alle Punkte des Liniensegments innerhalb der diagrammatischen Form (und schneiden keine andere benachbarte Region), so handelt es sich um eine konvexe Begrenzung. Liegt mindestens ein Punkt des Liniensegments außerhalb der diagrammatischen Form (und schneidet somit eine andere benachbarte Region), so handelt es sich um eine nicht-konvexe Begrenzung. Die *Abstraktionsgrade* (G) sind:

(**G0**) G0 bezeichnet gar keinen Begriff, sondern die anschauliche Vorstellung, wie sie bspw. in $\mathcal{D}10$ als Modell dargestellt wurde.

(**G1**) {R2} ist ein *concretum* oder G1-Begriff, da er nur konvexe Begrenzungen hat, die in $\mathcal{D}13$ grau eingezeichnet sind;

(**G2**) {R5}, {R6} und {R7} weisen zwei konvexe und eine nicht-konvexe Begrenzung auf, die in $\mathcal{D}14$ mit zwei grauen und einer schwarzen Linie gekennzeichnet sind. Diese Regionen sind somit *abstracta* 1. Stufen oder G2-Begriffe; d.h. sie weisen eine begriffliche Abstraktion von {R2} auf; aber sie sind konkreter als Regionen höherer Stufen;

(**G3**) {R1}, {R3} und {R4} weisen eine konvexe und zwei nicht-konvexe Begrenzungen auf sind somit *abstracta* 2. Stufe oder G3-Begriffe; d.h. sie sind begriffliche Abstraktion von meheren Begriffen niederer Stufen. Die zwei nicht-konvexen Begrenzungen sind in $\mathcal{D}15$ schwarz eingezeichnet.

(**G4**) Wie man in $\mathcal{D}16$ sieht, weist {R8} in Relation zu allen anderen Begriffen eine eigenartige Struktur auf, die ihn als das abstrakteste Element von $\mathcal{D}12$ auszeichnet: {R8} wird äußerlich nicht durch eine Sphäre begrenzt, sondern nur innerlich von allen anderen Begriffssphären von $\mathcal{D}12$, also {R1-7}. Bereits durch diese diagrammatische Festsetzung wird {R8} der begriffliche Charakter abgesprochen. Durch das Fehlen der begrenzenden Sphäre ist nicht klar, wo die äußersten Punkte der diagrammatischen Form liegen, außer dass sie außerhalb von {R1-7} sind. Nehmen wir aber an, {R8} sei ein Begriff, der in

---

[25] Ich vermeide hier den Ausdruck der konvexen Menge absichtlich, da es sich um Begriffsdiagramme und nicht um Mengendiagramme handelt. Die Idee ist unverkennbar von Peter Gärdenfors Ansatz entlehnt, unterscheidet sich aber in der Anwendung und Funktion deutlich von conceptual spaces.

Relation mit allen anderen Begriffen {R1-7} stünde, so würde, wie 𝒟16 an zwei Beispielen zeigt, jedes Liniensegment eine nicht-konvexe Begrenzung von {R8} anzeigen. In diesem Fall sprechen wir von G4-Begriffen.

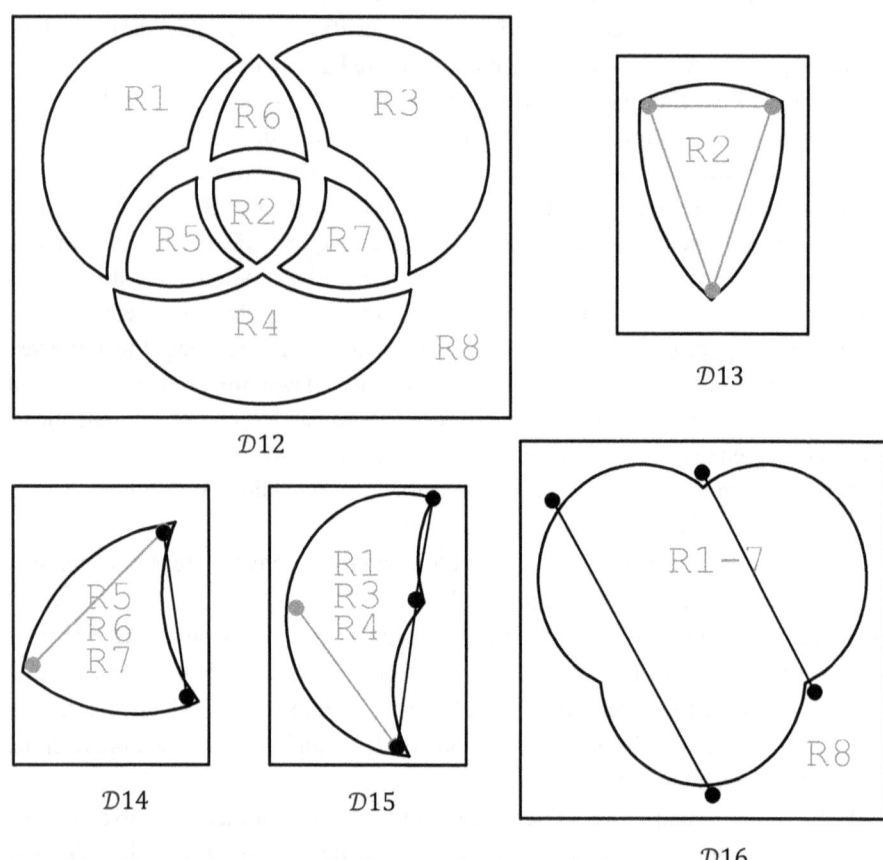

𝒟12 𝒟13 𝒟14 𝒟15 𝒟16

Analytische Diagramme für Begriffe sind keine Objektdiagramme und auch keine Mengendiagramme, die beispielsweise die Menge an Objekten bezeichnen. Dennoch lässt sich an den Abstraktionsgraden auch ein Grad der Intension und Extension ablesen, der durch das Reziprozitätsgesetz (s. Kap. 1.3.1) festlegt wird. Das Reziprozitätsgesetz sagte: Je höher der Extensionsgrad B_{Ext}, desto geringer der Intensionsgrad B_{Int} eines Begriffs. Da wir hier nur an einem Modell arbeiten, das von Matsuda-Matrizen ausgegangen ist, zeigt der Grad nicht die tatsächliche Menge der Objekte oder Eigenschaften an, sondern nur die Relation zwischen B_{Ext} und B_{Int}. Dieser Grad lässt sich in eine *Reziprozitätsfunktion* übertragen:

Wenn B_{Ext} durch eine natürliche Zahl x einer Folge von 0 bis n ($[0, n] := \{x \in \mathbb{N}_0 | \ 0 \leq x \leq n\}$) beschrieben werden kann, dann gilt $f(x) = n - x$

3.2 Rationaler Repräsentationalismus

für B_{Int}. Wenn nun die Anzahl der Begriffsstufen G bekannt ist, dann kann für n eine geeignete Größe mit folgender Formel angegeben werden: $n = G - 1$.

Übernehmen wir noch einnmal die Syntax des Diagramms $\mathcal{D}11$ mit der Semantik von Abb. 2 aus Kap. 2.1.6 und versuchen wir die bislang genannten Ergebnisse mit der kollektiven Abstraktionstheorie in Verbindung zu bringen, für die in Kap. 3.2.1 argumentiert wurde. Unterscheidet man zwischen objektiver und begrifflicher Abstraktion, so kann man sagen, dass der Schritt von $\mathcal{D}10$ zu $\mathcal{D}11$ eine objektive Abstraktion ist. Gehen wir nun auch davon aus, dass zunächst keine Differenzierung zwischen den bestimmten Graden des Begriffs stattgefunden haben kann und dass begriffliche Differenzierungen erst im Laufe eines kollektiven Prozesses von Abstraktionen entstanden sind, um mit den sprachlichen Verfeinerungen die Expressivität der Sprache zu erhöhen. Die begriffliche Abstraktion erfolgt also am konkreten Begriff und weist diesem bestimmte Eigenschaften zu, die auch auf andere Begriffe und zuletzt auch auch andere Objekte angewandt werden können. Erst nach diesem Prozess der Differenzierung lässt sich eine Zuordnung in mehrere *Abstraktionsschritte* (A) vornehmen, die wir hier wieder an unserem Beispiel verdeutlichen:

(**A1**) Objektive Abstraktion: G0-Begriffe zu G1-Begriffe;
(**A2**) Begriffliche Abstraktion: G1-Begriffe zu G2-Begriffe;
(**A3**) Begriffliche Abstraktion: G2-Begriffe zu G3-Begriffe;
(**A4**) Begriffliche Abstraktion: G3-Begriffe zu G4-Begriffe.

Für den Fall D11 kann man diese Abstraktionsschritte in einem Graphen darstellen. Dieser Graph würde genauso viele Knoten umfassen, wie er Regionen aufweist. Ein solcher Graph ist $\mathcal{D}17$, der 12 Kanten aufweist, da aufgrund von A4 von jedem G2 Bereich, d.h. {R1}, {R3} und {R4}, jeweils ein Abstraktionsschritt zu G3 erfolgt. Da man nun nicht davon ausgehen kann, dass in einem begrifflichen Abstraktionsschritt alle Begriffe eines Begriffsgrad gleichzeitig abstrahiert wurden, muss die diagrammatische Erklärung von $\mathcal{D}17$ in ein kausales Szenario überführt werden. Wie in Kap. 3.2.1 erklärt, wird damit aber nur die nicht-kausale Erklärung auf ein kausal-hypothetisches Szenario übertragen. Vorstellbar ist beispielsweise eine von {R2} ausgehende Abstammung der Begriffe {R7}, {R3} und {R8} anhand der Reihenfolge der Abstraktionsschritte A2, A3, A4. Dieses hypothetisch-kausale Szenario zeigt $\mathcal{D}18$.

3 Logik und Welt

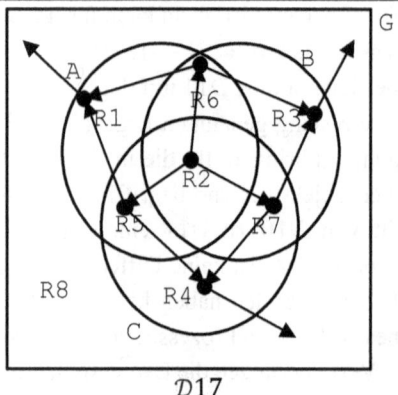

D17

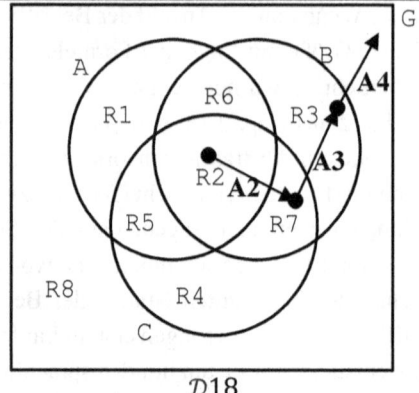

D18

Das hypothetisch-kausale Szenario von D18 soll nun mit der kollektiven Abstraktionstheorie in Verbindung gebracht werden, wie in Kap. 3.2.1 angekündigt wurde. Zu diesem Zweck lassen sich nun die Abstraktionsschritte in ein stark vereinfaches dialogisches Szenario mit mehreren Interaktionsmomenten überführen. Dieses Szenario ist insofern stark vereinfacht, als die bisherige Theorie nur mit Begriffen und Anschauungen, nicht mit Urteilen operiert. Darüber hinaus wird der generationsübergreifende kollektive Dialog auf einen einfachen Dialog mir zwei Parteien heruntergebrochen. Dabei soll ein Begriff mit einer Anschauung abgeglichen werden, so dass eine Partei durch einen Abstraktionsschritt einen begrifflichen Vorschlag macht und eine andere Partei nach den oben angegebenen Regelmäßigkeiten, d.h. (R-Notw.), (R-Mgl.), (R-Kont.) usw., den Begriff mit der indiviudellen anschaulichen Vorstellung abgleicht und darauf reagiert.

P1 und P2 zeigen die Parteien an, die Interaktionsmomente entwickeln, die verbal oder nicht verbal sein können. Interaktionsmomente (I) umfassen Schlüsse, Urteile, Begriffe, verbale Zeichen, Gesten, usw., deren Bedeutung kontextuell erfasst wird. Stellen wir uns nun das vereinfachte hypothetische Interaktionszenario für D18 wie folgt vor:

P1: I_1 Nennst du das gesuchte Objekt grün, Baum und blütetragend?
P2: I_2 Ich nenne es nicht Baum.
P1: I_3 Dann entweder grün und blüthetragend oder gar nicht grün?
P2: I_4 Nein, gar nicht blütetragend.
P1: I_5 Nennst du es dann grün?
P2: I_6 Nein, auch nicht grün.
P1: I_7 Dann nennst du es weder grün noch Baum noch blütetragend.

Wir können uns vorstellen, dass der Dialog nach I_7 abbricht oder in eine andere Richtung weitergeht, da P1 an dieser Stelle das erhalten hat, was wir nach Kap. 3.2.1 eine

3.2 Rationaler Repräsentationalismus

zufriedenstellende Kennzeichnung bezeichnet haben. Die zufriedenstellende Kennzeichnung ergibt sich durch die erschöpfenden Antworten von P2 auf die in I_1 angebotenen Begriffe.

Wir können dieses Szenario noch einmal verdeutlichen, in dem wir Dialog- bzw. Interaktionsdiagramme aus dem Bereich Ludics verwenden. Diese bieten sich an, da sie zum einen mit der historischen Quelle konformgehen, die auch ich in Kap. 1 und 2 zum Ausgangspunkt genommen habe und weil sie eine Affinität zu der bislang in Kap. 3 verwendeten Terminologie haben.[26] Da Interaktionsmomente in der Regel Sprechakte sind, werden diese Interaktionsdiagrammen wie in $D19$ mit einem Kreis dargestellt. Die Rezeption eines Sprechaktes von einer weiteren Diaglogpartei ist ein Denkakt, auf den ein erwiedernder Sprechakt erwartet wird. Diese Denkakte werden im Diagramm als Interaktionsmoment ohne Kreis dargestellt. Pfeile im Diagramm zeigen zum einen den Kommunikationsweg zwischen Sprech- und Denkakten der Parteien an, zum anderen aber auch Begründungsrelationen. Entscheidungsmomente, bei der Interaktionsmomente in Form von mehreren Angeboten (hier in Form der Alternativfrage I_3) für Denkakte einer Partei gemacht werden, werden durch Linien dargestellt.

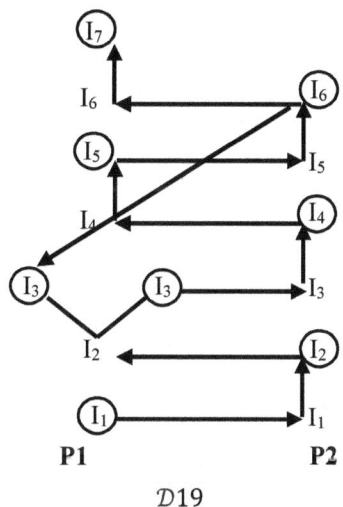

$D19$

Dieses hypothetische Interaktionsszenario ist stark vereinfacht, aber es stellt eine Möglichkeit dar, die in Kap. 3.2.1 genannten Quellen für die kollektive Abstraktionstheorie mit ihren Interaktionsmomenten zu analysieren. Die Vereinfachung besteht aber auch darin, dass nur die abstrahierende Entwicklung des Begriffs dargestellt

---

[26] Myriam Quatrini: Une relecture ludique des stratagèmes de Schopenhauer. In: Influxus (2013), Nr. 65; Christophe Fouqueré, Myriam Quatrini: Ludics and Natural Language. First Approaches. In: Logical Aspects of Computational Linguistics. LACL 2012. Hrsg. v. D. Béchet, A. Dikovsky. Berlin, Heidelberg 2012, S. 21–44.

wurde und keine regulativen Entwicklungen, bspw. dadurch dass P2 einen G2-Begriff wieder auf einen G1-Begriff zurückführt.

Dass hier aber bei den Abstraktionsschritten oder bei abstrahierende Entwicklung des Begriffs Regelmäßigkeiten festzumachen sind, wie in Kap. 3.2.1 angekündigt wurde, lässt sich bspw. am Reziprozitätsverhältnis für $\mathcal{D}17$ demonstrieren: Da $G = 4$, ist $n = 3$. Daher gilt nach der oben angegebenen *Reziprozitätsfunktion* für G1-Begriffe $B_{Int} = 3$ und $B_{Ext} = 0$, ..., für G4-Begriff $B_{Int} = 0$ und $B_{Ext} = 3$. Das untenstehende Kartesische Koordinatensystem veranschaulicht somit die Relation zwischen dem Grad der Intension und dem Grad der Extension für Diagramme wie $\mathcal{D}11$. Ist dabei bekannt, dass Regionen wie {R2} durch die meisten der möglichen Eigenschaften beschrieben werden, so lässt sich für B_{Int} der höchste Wert, bspw. als $y = 3$ angeben, mit dem dann über die Gleichung $x = y - 2$ der Wert für B_{Ext} errechnet werden kann. Dass {R2} in einem Diagramm wie $\mathcal{D}11$ den höchsten B_{Int} besitzt, lässt sich bspw. an der hohen Anzahl der Schnittmengen der Eigenschaften $(A \cap B \cap C)$ oder an $\mathcal{D}13$ erkennen. Die Tatsache, dass {R2} nun einen $B_{Ext} = 0$ besitzt, bedeutet nicht, dass {R2} keine Menge an Objekten bezeichnet, sondern dass mit einem Begriff wie {R2} weniger Objekte bezeichnet werden können als mit Begriffen höherer Abstraktionsgrade, bspw. G2-, G3-, G4-Begriffe.

Reziprozitätsfunktion für $\mathcal{D}17$

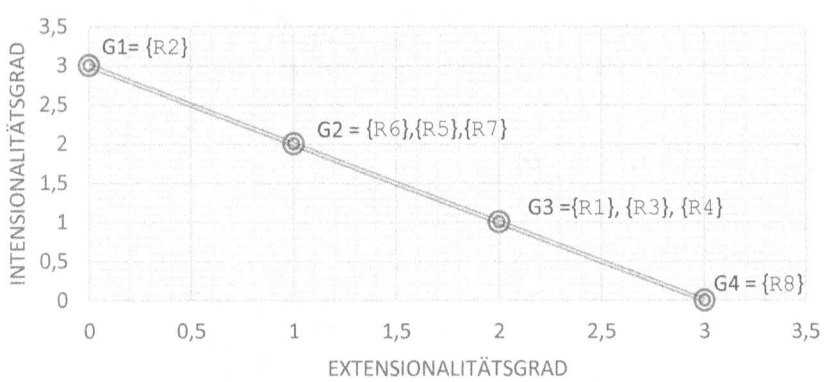

Begriffe mit einem hohen Grad an begrifflichen Abstraktionen, wie bspw. {R8} bzw. I_7, referieren auf sehr viele Bereiche der anschaulichen Vorstellung, besitzen aber gar keine Beschränkungen der begrifflichen Vorstellung mehr. {R8} in $\mathcal{D}11$ referiert auf alles, was kein Baum ist, grün ist oder Blüten trägt. Damit hat dieser sogenannte unendliche Begriff zwar in Relation zu den anderen Begriffen in $\mathcal{D}11$ den höchsten B_{Ext}, aber den geringsten B_{Int}.

Im Kontext eines großangelegten Begriffssystems, das man als *eine* Philosophie bezeichnen könnte, treten Begriffe mit einem hohen Grad an begrifflicher Abstraktion

3.2 Rationaler Repräsentationalismus

gerade dann inflationär auf, wenn jene in Hinblick auf *concreta* deflationär ausgerichtet sind. Große Objektbereiche lassen sich *erklären*, aber begrifflich bieten sie wenig zum *Verstehen*. Wir können bspw. sagen, dass I_2, I_4, I_6 von P2 Erklärungen für I_1 sind, aber wir können auch sagen, dass P1 durch I_7 bzw. {R8} nicht genau verstanden hat, was P2 im Sinn hat. Genau genommen handelt es sich sogar bei diesen abstraktesten Begriffen gar nicht um Begriffe, sondern um Wörter, die nur ein negatives Verhältnis zu allen konkreten Begriffen aufweisen. Da ihr Abstraktionsschritt – im Fall von $\mathcal{D}11$ ist es A4 – nach den anderen Abstraktionsschritten folgt, sind sie im kollektiven Prozess der Sprachabstraktion erst sehr spät aufgetreten.

Ich glaube, dass man an den Ausführungen in diesem Kapitel erkennen kann, auf welche Weise analytische Diagramme oder eine geometrische Logik des rationalen Repräsentationalismus eine nicht-kausale Erklärung für das Problem der Abstammung liefern kann und dadurch die in Kap. 2 vorgestellte Theorie des Verstehens ergänzt.[27] Viele Bereiche – bspw. die Bereiche des Urteils und des Schlusses – sind dabei noch unerforscht geblieben, und viele hier angeführte Ausführungen lassen sich noch weiter präzisieren. Darüber hinaus sind die hier vorgelegten Ideen nur an einem Modell entstanden, nämlich an R30, und nicht an konkreten Anschauungsdaten. Auch die Diagrammform lief in diesem Kapitel nur auf eine derjenigen Formen hinaus, die in Kap. 2.1.6 angegeben wurde. Dabei hat Kapitel 1.3 mehrere weitere Formen angezeigt, die in eine geometrische Logik aufgenommen werden können. Ich möchte dies nur an einem weiteren Beispiel verdeutlichen.

Man könnte sich beispielsweise vorstellen, wie jemand seine Sinnesdaten – so wie wir oben am Modell mit Matsuda-Matrizen – derart begrifflich partitioniert hat, dass er dabei immer höhere Abstraktionsstufen erreicht hat. Sieht man dabei von den vielen Stufen der *concreta* und unteren *abstracta* ab und nur noch auf die allgemeinsten Begriffe, dann könnte vielleicht ein Diagramm übrigbleiben, das wie $\mathcal{D}20$ aussehen könnte. Für ein derartiges Diagramm dürften doch wohl andere Regeln gelten als die oben genannten für $\mathcal{D}11$. Beispielsweise könnte man seine Syntax so verstehen, dass jeder abgetrennte Bereich, nennen wir ihn Bx, in $\mathcal{D}20$ jeden anderen gleichgroßen oder größeren Bereich By ausschließt, sofern Bx nicht in By enthalten ist. Durch diesen Ausschluss könnten Regionen gebildet werden. Beispielsweise wäre dann {R1} die Region für die gilt, dass $A \setminus B$ und $A \setminus (B \cup C)$ und $A \setminus (B \cup C \cup D)$ usw. zutrifft. Könnten nun aber auch gleichgroße Regionen sich nicht nur ausschließen, sondern auch vereinigen, so könnten wir eine Region wie {R2} = $(A \cup B)$ bilden, für die gilt $(A \cup B) \setminus C$. Sei $(A \cup B \cup C)$ = {R3}, so gilt auch $(A \cup B \cup C) \setminus D$. Da aber {R4}

---

[27] Ich möchte an dieser Stelle darauf hinweisen, dass ich einige der in diesem Kapitel vorgestellten Thesen zusammen mit Michał Dobrzański erarbeitet habe. Einige hier genannten Punkte wurden bereits in den folgenden Aufsätzen etwas genauer diskutiert: Jens Lemanski, Michał Dobrzański: Reism, Concretism and Schopenhauer; Michał Dobrzański, Jens Lemanski: Schopenhauer Diagrams for Conceptual Analysis. In: Diagrammatic Representation and Inference. Diagrams 2020. Lecture Notes in Computer Science, vol. 12169. Hrsg. v. Ahti Veikko Pietarinen, P. Chapman, Leonie Bosveld-de Smet, Valeria Giardino, James Corter & Sven Linker. Cham (2020), pp. 281–288.

= (A ∪ B ∪ C ∪ D) keine gleichgroße oder größere Fläche in $\mathcal{D}20$ findet, so gilt nur {R4} = E.[28]

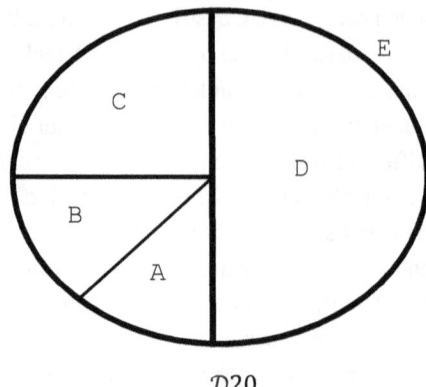

$\mathcal{D}20$

Stellen wir uns nun aber vor, jemand würde eine Semantik für diese Syntax entwickeln, so dass {R1} z.B. `Kausalität` und {R2} `Verstand` und {R3} `Vorstellung` heißt, so wären wir vielleicht geneigt, zuzugeben, dass ein passender Ausdruck für {R4} `Welt` lauten könnte, da dieser Begriff alles Seiende in sich schließt und es nichts gibt, dass dieser Begriff ausschließen würde. Nimmt man aber nun, wie oben wie oben in $\mathcal{D}11$, an, dass die Kreisfläche nicht alles bezeichnet und dass es eine Region {R5} gibt, die außerhalb des Diagramms liegt, dann müsste man doch auch diese Region durch einen Begriff bezeichnen können. Dieser Begriff {R5} wäre sicherlich ein relativer, für den nur gilt: kein D und kein $(A \cup B \cup C)$, also kein E. Denen aber, denen {R4} nichts anderen ist als `das Seiende`, denen ist nach gänzlicher Aufhebung von $(A \cup B \cup C \cup D)$ dieser Begriff – `Nichts`.

3.2.3 Übersetzung und Übertragung

Von Kap. 3.2.1 an habe ich auf Grundlage des in Kap. 1 und 2 erarbeiteten Repräsentationalismus begonnen, für eine Theorie der Rationalität zu argumentieren, die den Raum der Gründe weiter fasst als den Raum der Begriffe. Dabei ging es mir nicht nur darum, wie man anhand von Kap. 2.2.2 vermuten könnte, die Anschauung im Unterschied zum Begriff aufzuwerten, sondern auch darum zwei wesentliche Aspekte des Rationalismus und des Repräsentationalismus miteinander zu versöhnen: Zum einen die Abstraktionstheorie und zum anderen die Kollektivität.

Ich habe mich dafür ausgesprochen, eine auf der Anschauung basierende Abstraktionstheorie der Bedeutung an die Stelle einer Theorie singulärer Termini zu setzen.

---

[28] Sehr viel genauere Untersuchungen zu diesen Partitionsdiagrammen findet man in Lorenz Demey: From Euler Diagrams in Schopenhauer to Aristotelian Diagrams in Logical Geometry, Sekt. 3.2; Jens Lemanski, Lorenz Demey: Schopenhauer's Partition Diagrams and Logical Geometry.

3.2 Rationaler Repräsentationalismus

Um den Argumenten des Basisinferentialismus gerecht zu werden, wurde die Kritik an dem Privatsprachenproblem von der individuellen Abstraktionstheorie auf eine kollektive Theorie übertragen, mit dem Ziel, die *Abstraktionstheorie* zu *anthropologisieren*. Die Frage, von was die unterschiedlichen Bedeutungen der Begriffe abstammen bzw. warum die Begriffssphären so unterschiedlich sind, konnte schließlich zugunsten einer ursprünglichen Anschauung mit einem rekursiv-kompositionellen Prozess der Abstraktion beantwortet werden. Dieser Prozess der begrifflichen Abstraktion und Differenzierung schlägt sich somit nicht im Sprachgebrauch des Individuums nieder, sondern nur im Nachvollzug in einer über viele Generationen verbal kooperierenden Sprachgemeinschaft – also die Entwicklung eines wirklichen, lebendigen Wesens. Als einschlägiges Dokumentationsmaterial dieses Prozesses wurde die *Geschichte der Philosophie* vorgestellt, da ihr Wesen im Prozess der konzeptuellen und propositionalen Adaption und Rekombination besteht, in dem begriffliche Abstraktionen über viele Generationen hinweg erfolgen, aber auch durch Konkretions- oder Reifikationsprozesse reguliert werden.

In Kap. 3.2 wurde die Methode der semantischen Analyse mit Hilfe analytischer Diagramme an bestimmten Modellen demonstriert. Im Unterschied zum Inferentialismus, der eine starke Differenz zwischen dem Konkreten und dem Abstrakten in Kauf nimmt, habe ich den Einsatz einer *geometrischen Logik* empfohlen, die nur semantische, aber keine ontologischen Festlegungen nachzeichnet: Sein ist etwas, das als Ausdruck von anschaulichen Relationen eine prominente Rolle in der Sprache einnimmt. Begriffe werden als extensionaler Umfang von Bedeutungen in Relationen zu anderen Begriffen *verstanden*, und diese Bedeutungsrelationen bzw. die Unterschiede der dargestellten Begriffssphären lassen sich als Resultat einer Abstraktion aus der Anschauung *erklären*, die in einem intersubjektiv-generationsübergreifenden Prozess stets fortgeführt und reguliert wurde. Die Erklärung dieser kollektiven Abstraktionsschritte dient als Grundlage des kontextuellen Verstehens.

Ich habe mit diesen Argumenten, die zusammengenommen die theoretische Grundlage einer Theorie des rationalen Repräsentationalismus bilden, nicht beabsichtigt, dem Inferentialismus entgegenzutreten, sondern sein Bild von der Welt und Logik zu erweitern. Ich glaube, dass diese Erweiterung in mehrfacher Hinsicht hilfreich und notwendig ist: Denn dadurch, dass wir die unnötige Beschränkung des inferentialistischen Bildes der Welt und Logik aufgeben, können wir unser Verständnis vom Raum der Gründe derart erweitern, dass uns Antworten auf das in Kap. 3.1 aufgezeigte *Begründungsproblem*, das in Kap. 2.2 vorgestellte *Übersetzungsproblem* und das in Kap. 2.3 und 3.2.1 angedeutete Problem der ursprünglichen anschaulichen Bezogenheit leichter fallen.

Ich möchte zunächst auf das letzte Problem zu sprechen kommen, das ich bislang nur angedeutet habe; aber es ist ein Problem, von dem ich glaube, dass es in einem Bild, das uns die Philosophie präsentiert, nicht übermalt sein darf, wenn es zusammen

3 Logik und Welt

mit den Gemälden anderer Wissenschaften in einem einzigen Ausstellungsraum harmonieren soll. Dass nämlich das rationalistische Bild einer vollständigen Überdeckung und Deckungsgleichheit vom Raum der Begriffe und Raum der Gründe erweiterungsbedürftig ist, legen nicht nur rein philosophische Probleme, die in der Philosophie des Geistes gegenwärtig immer lauter werden,[29] sondern auch experimentelle Studien aus der Psychologie, Ethologie und evolutionären Anthropologie nahe. Seit mehreren Jahrzehnten wurde anhand zahlreicher Experimente dokumentiert, dass Primaten, domestizierte und auch wilde Tierarten transitive Inferenzen nicht allein erlernen können, sondern auch eine scheinbar natürliche Veranlagung für diese Inferenzen besitzen.[30] Da den untersuchten Arten keine Fähigkeit zur Ausbildung abstrakten begrifflichen Gehalts zugesprochen wurde, sondern nur das, was in der Philosophie des Geistes ›nichtbegriffliche mentale Gehalte‹ oder was in der Zoosemiotik unter ›unidirektionale Kommunikation‹ subsumiert wird, hat man darüber spekuliert, ob es nicht so etwas wie »inferentielle Fähigkeiten ohne Logik« geben müsse.[31]

Die psychologische Theorie, die eine Familienähnlichkeit mit dem hier vertretenen Repräsentationalismus aufweist, besagt, dass die nichtbegriffliche mentale inferentielle Fähigkeit keine geheimnisvolle Apriorität darstellt oder so etwas wie eine Logik ohne Logik ist, sondern auf dem Vergleichen räumlicher Anschauungen beruht:[32] In einer der kollektiven Abstraktionstheorie verwandten Ausdrucksweise beschreiben diese Studien, wie ein Objekt für ein bestimmtes Versuchstier optisch aufleuchtet und eine Intelligenzhandlung unter der Bedingung so mit ihm vollzogen werden kann, dass es dieses Objekt in Relation zu anderen setzt. Diese Theorie wird durch eine Reihe von Studien gestützt, die zeigen, dass die einfachste und somit grundlegende Art transitiver Inferenzen räumliche Relationen darstellen:[33] D.h. Inferenzen mit Relationen wie ›höher/niedriger‹ oder ›enthält/enthalten sein‹ sind leichter und einfacher als Inferenzen mit Relationen wie ›heller/dunkler‹ oder ›schneller/langsamer‹.

Man kann diese experimentellen Ergebnisse als empirische Indizien dafür ansehen, dass es eine engere Verwandtschaft von Repräsentation und Rationalität gibt als

---

[29] Vgl. José Luis Bermúdez: Animal Reasoning and Proto-Logic. In: Rational Animals? Hrsg. v. Susan Hurley, Matthew Nudds. Oxford 2006, S. 127–137; Elisabeth Camp: A Language of Baboon Thought?. In: The Philosophy of Animal Minds. Hrsg. v. Robert W. Lurz. Cambridge 2009, S. 108–128.

[30] Vgl. Brandan O. McGonigle, Margaret Chalmers: Are Monkeys Logical?. In: Nature 267 (1977), S. 694–696; Douglas Gillan: Reasoning in the Chimpanzee: II. Transitive Inference. In: Journal of Experimental Psychology: Animal Behavior Processes 7:2 (1981), S. 150–164; Hank Davies: Transitive Inference in Rats (Rattus norvegicus). In: Journal of Comparative Psychology 106:4 (1992), S. 342–349.

[31] Vgl. P. N. Johnson-Laird: Reasoning without Logic. In: Reasoning and Discourse Processes. Hrsg. v. T. Myers, K. Brown, B. McGonigle. London 1986, S. 13–50.

[32] Vgl. C. B. De Soto, M. London, S. Handel: Social Reasoning and Spatial Paralogic. In: Journal of Personality and Social Psychology 2 (1965), S. 513–521.

[33] Vgl. P. Shaver, L. Pierson, S. Lang: Converging Evidence for the Functional Significance of Imagery in Problem Solving. In: Cognition 3 (1975), S. 359–375. Ich gebe hier nur den klassischen Text der Imagery Debate an und verweise auf die in Kap. 2.3 angegebenen aktuellen Studien.

3.2 Rationaler Repräsentationalismus

Rationalisten gewöhnlich einräumen wollen.[34] Dies bedeutet natürlich nicht, dass wir Logik und Rationalität als spezifische Differenz fallen lassen müssen, die unsere Art im Unterschied zu anderen Lebewesen bestimmt; aber es sollte uns dazu sensibilisieren aufzupassen, was genau wir mit Ausdrücken wie ›Denken‹, ›Rationalität‹ und ›Logik‹ meinen. Es scheint so, als würden wir die Anwendung grundlegender aussagen- und quantorenlogischer Schlussweisen, die wir mit anschaulichen Relationen wie ›Enthaltensein‹ und ›Ausschließen‹ beschreiben, nicht nur mit unseren Artgenossen teilen, sondern auch mit anderen Lebewesen.[35]

Im Unterschied zu anderen Lebewesen, die zu ähnlichen Inferenzen befähigt sind, haben wir allerdings die Möglichkeit, die angewandten Formen der Rationalität repräsentational zu begründen: Z.B. indem wir den Raum der Gründe als einen Raum der Begriffe ausgeben oder indem wir die Formen des Raums der Gründe nachzeichnen. In beiden Fällen wenden wir nicht nur unsere inferentielle Veranlagung an, sondern setzen etwas hinzu, was klassische Philosophen mit den Ausdrücken ›Reflexion‹ und ›Besonnenheit‹ beschrieben haben und womit eine Fähigkeit gemeint ist, die uns von anderen rational agierenden Lebewesen unterscheidet.

Die Tatsache, dass ich mich mehr für die rationale Verwandtschaft zwischen uns und anderen Lebewesen interessiere als für das Trennende, beruht darauf, dass ich in dieser engen Verbindung die Lösungen des Übersetzungs- und Begründungsproblems des Inferentialismus sehe. Das Problem der Grundlegung der inferentiellen Programme rührt meiner Ansicht nach daher, dass diese sich immer nur auf sich selbst beschränken und daher bei Erklärungs- und Beweisverfahren bislang nie über dogmatische, zirkuläre oder regressive Begründungen hinausgekommen sind. Vielmehr wurden sogar Übersetzungsstrategien aufgeboten, um anschauliche Relationen und erweiternde Übertragungen in die Beschränkung hineinzuholen. Ich werde in diesem abschließenden Kapitel dafür argumentieren, dass Übertragungen im logischen Vokabular häufig keine alltäglichen oder mythischen Restbestände sind, die es in eine reinere Form der Logik zu übersetzen gilt, sondern dass sie auch *Grundbestände der Sprache* sein können, deren Funktion dadurch verständlich wird, dass man sich, bspw. mittels geometrischer Formen, ihre Anschaulichkeit zunutze macht – also sich auf das besinnt, was andere Lebewesen nur in unreflektierter und unbesonnener Weise für grundlegende rationale Prozesse in Anspruch nehmen.

Wenn die Anschaulichkeit einen Nutzen für die Logik besitzt, dann mag das daran liegen, dass die Logik von dieser Anschaulichkeit oft unbemerkt Gebrauch gemacht hat. Im Folgenden geht es somit um die Feststellung, dass die anschaulich-geometrische Logik nicht durch eine rein begriffliche und vollkommen abstrakte Logik erklärt werden muss, sondern dass vielmehr die abstrakten Formen der Logik durch eine geometrische Logik erklärt werden können. Denn der *eine Gedanke*, den ich in diesem

---

[34] Zweifel an mehreren Studien kann man selbstverständlich in Bezug auf einzelne Differenzierungen anmelden (bspw.: Welche transitiven Modi sind gemeint? Soll die Konklusion nur gültig gefolgert oder auch reflektiert werden? Muss die Konklusion verbal gefolgert werden? usw.).
[35] Vgl. Elisabeth Camp: A Language of Baboon Thought?.

3 Logik und Welt

Kapitel den in Kap. 2.3.4 herausgearbeiteten Übertragungen hinzusetze, lautet, dass sich schon in dem Grundsatz, auf den sich die inferentialistischen Logiken als Grundlage geeinigt haben, *grundständige Übertragungen* finden lassen, die dem Rollenfach des Enthaltenseins zugeordnet werden können. Daher lassen sich diese Übertragungen des Enthaltenseins zum einen nicht sinnvoll in eine nichtübertragene Sprache übersetzen, ohne dass dabei das logische Vokabular seine Ausdrucksstärke einbüßt; zum anderen erklären die Übertragungen die in Kap. 2 ausführlich behandelte Motivation vieler Interpreten, die Logik in die Nähe der Anschaulichkeit der Geometrie zu rücken; und zuletzt zeigen sie, dass unsere logischen Reflexionen nicht dem Saltationismus der Inferentialisten entgegenkommen, sondern nur einen höheren Grad des anschaulichen Denkens bezeugen, das sich eben in der Naturgeschichte mancher Lebewesen unterschiedlich stark durchgesetzt und ausgebildet hat.

Der Unterschied zwischen der Übersetzung und der Übertragung lässt sich zunächst erklären, *ohne ihre anthropologischen Rollen* in den Blick zu nehmen. Die *Übersetzung* ist eine Relation, die nicht zwischen dem Raum der Gründe und dem Raum der Begriffe, sondern nur innerhalb des Raums der Begriffe erfolgt, und zwar so, dass Wörter, die die Rolle begrifflicher Inhalte innerhalb dieses Raums spielen, durch andere Wörter *umbesetzt* werden und somit die Stelle der ersten annehmen. Die *Übertragung* ist im Allgemeinen eine einseitige Relation, die zwischen dem Raum der Gründe und dem Raum der Begriffe besteht (ohne dass zwischen beiden eine partielle oder vollständige Identität vorausgesetzt werden muss), und zwar so, dass Gründe derart *umgesetzt* werden, dass sie die Rollen begrifflicher Inhalte spielen können. Übersetzungen und Übertragungen sind in jedem Fall ein durch Sprecher vorgeschlagener und ein in Sprachgemeinschaften verwirklichter Wechsel, entweder von Wörtern oder von Gründen.

Sollen begriffliche Rollen *umbesetzt* werden, so *teilen* die Wörter den Inhalt des Raums der Begriffe *neu auf*. Umbesetzungen definieren oder interpretieren somit den Raum der Begriffe in einer anderen Art und Weise als zuvor: Erfolgt die Aufteilung durch eine Erklärung oder Rechtfertigung, so kann der Raum der Begriffe als neu definiert gelten; zeigt sich die Aufteilung mit Hilfe der Auslegung im Kontext, muss der Raum der Begriffe von Rezipienten neu interpretiert werden. Wird, wie häufig in Fachsprachen, nur ein kleiner Teil innerhalb des Raums der Begriffe neu definiert oder interpretiert, dann werden sogenannte Fächer, also begriffliche Teilräume erzeugt, in denen übersetzte Wörter *stehende Rollen* begrifflichen Inhalts spielen sollen. Wird der gesamte Raum der Begriffe neu definiert oder interpretiert, wie bspw. bei Textübersetzungen, so soll möglichst die Fächeraufteilung bestehen bleiben, und zwar derart, dass die übersetzten Worte die stehenden Rollen umbesetzen. Erfolgt die Übersetzung so, dass der begriffliche Inhalt stehender Rollen vollständig umbesetzt werden kann, spricht man von fakultativer Äquivalenz. Lässt sich der begriffliche Inhalt gar nicht übersetzen, spricht man von Null-Äquivalenz.

3.2 Rationaler Repräsentationalismus

Sollen Gründe zu begrifflichen Inhalten *umgesetzt* werden, so müssen sie Rollen einnehmen, die zuvor nicht besetzt waren. Definitionen und Interpretationen von Umsetzungen sind problematisch: Zum einen können Sprecher keine Erklärung von Übertragungen geben, ohne dabei auf Übersetzungen zurückzugreifen und ohne dann so zu tun, als seien Umsetzungen nichts anderes als Umbesetzungen. Zum anderen können Rezipienten die Auslegung im Kontext nie vollständig deuten, da Übertragungen immer aus ihrem ursprünglichen Zusammenhang im Raum der Gründe umgesetzt wurden. Im Unterschied zu Übersetzungen können Übertragungen immer nur einen kleinen Teil innerhalb des Raums der Begriffe ausmachen, und die Tatsache, dass sie Rollen begrifflicher Inhalte spielen können, bedeutet nicht, dass sie auch tatsächlich begrifflichen Inhalts sind. ›*Eine Rolle spielen*‹ heißt schließlich, jemanden glauben machen, man sei jemand oder etwas, ohne es dadurch notwendig sein zu müssen.

Wenn *Übertragungen* die Rolle begrifflichen Inhalts spielen, machen sie uns im Idealfall glauben, dass sie Fächer sind und wir es mit einer *Fachsprache* zu tun haben, bei der ein kleiner Teil innerhalb des Raums der Begriffe neu definiert oder interpretiert wird. Wir glauben dann, dass die Übertragung ein fester Bestandteil im Raum des Begriffs ist und eine *stehende Rolle* begrifflichen Inhalts spielt. In diesem Glauben können Übertragungen wie Übersetzungen gehandhabt werden: Stört man sich an einem konkreten Wort, so wird dieses durch eines umbesetzt, das dem begrifflichen Inhalt ›klarer‹ und deutlicher entsprechen soll oder sich besser in den abstrakten Kontext der Fachsprache eingliedert. Gelingt die Umbesetzung, dann kann das Wort, das im Kontext der immer abstrakteren Fachsprache eine Zeit lang erhalten geblieben ist, zum *Restbestand* konkreter Begriffe gezählt werden. Gelingt diese Umbesetzung allerdings nicht, da keine Äquivalenz hervortritt, bei der die Übersetzung dem begrifflichen Inhalt deutlicher entspricht als zuvor oder sich überhaupt kein begrifflicher Inhalt aus dem abstrakten Kontext ergibt oder sogar eine Übertragung immer nur durch eine andere übersetzt wird, so hat das Wort nur die Rolle begrifflichen Inhalts gespielt. In diesem Fall kann man das Wort so interpretieren, als ob es eine *grundständige* Übertragung darstellt, die innerhalb des Raums der Begriffe und abgelöst vom Raum der Gründe nur auf diesen verweist.

Ich schlage allerdings vor, auch das Verhältnis von Übertragung und Übersetzung in *anthropologischer* und in intersubjektiver Weise zu fassen. Übertragungen sind *nicht kausaler*, sondern rationaler Struktur. Die Anschauung mag sich förmlich aufgezwungen haben, aber zuletzt war es die Leistung des Sprechers, dass er die Anschauung in Worte gefasst und in den logischen Raum des Begriffs gestellt hat. Es ist insofern verfehlt zu behaupten, dass die Übertragung kausaler Natur sei, denn auch wenn es plausibel erscheinen mag, dass der Begriff der Anschauung nachgeordnet ist, so gab es doch weder einen Anstoß noch eine notwendige Verbindung, die sich zwischen Anschauung und Begriff hätte beobachten lassen. Das haben bereits

3 Logik und Welt

inferentialistische Basisprogramme richtig erkannt, allerdings haben sie geleugnet, dass es auch einen rationalen grenzüberschreitenden Einfluss geben könnte.[36]

Ursprünglich müssen es zunächst immer *individuelle Sprecher* gewesen sein, die die Anschauung in den Raum des Begrifflichen übertragen haben. Sie haben den Raum des Begriffs geöffnet und die Anschauung förmlich zum Eintreten eingeladen. Die Sprachgemeinschaft hat sich im Laufe der Zeit an diese Anschauungen *gewöhnt* und einen Großteil von ihnen entweder durch Abstraktion von der ursprünglichen Anschauung im logischen Raum *adaptiert* oder aufgrund ihrer Widerstandsfähigkeit gegen Abstraktionsprozesse irgendwann *selektiert*. Durch die Gewohnheit und durch die Rekursion von Abstraktionsprozessen nahmen die Übertragungen bald eine begriffliche Rolle ein, in der keinerlei Beziehung mehr zur Anschauung benötigt wurde. Während Übertragungen auch in Relation zur Anschauung stehen, ist die Bedeutung von Begriffen allein durch den Abstraktionsgrad bestimmt, der sie in Relation zu anderen Begriffen im Urteil zum Ausdruck bringt.

Da vor allem durch die Rekursion von Abstraktionsprozessen die Bedeutungssphäre des Begriffs bestimmt wird, ist für die kontextuelle Bestimmung von Begriffen in Urteilen nicht mehr die ursprüngliche Anschauung entscheidend, sondern das Verhältnis, das Begriffe in Relation zu anderen Begriffen einnehmen. Wir behaupten in unseren Denk- und Sprechakten schließlich, dass der Begriff Lebewesen mehr (gleichschrittige) Abstraktionsprozesse durchlaufen hat als der Begriff Sokrates und dass Lebewesen somit einen größeren Teil des Raums der Begriffe einnimmt als der Begriff Sokrates, wenn wir Urteile fällen wie etwa Sokrates ist in Lebewesen enthalten oder unbestimmter Sokrates ist ein Lebewesen. Umgekehrt ist mit diesen Urteilen auch keine Anschauung eines Objekts erforderlich, da sich der Abstraktionsgrad von Sokrates dadurch bestimmt, dass er in dem Begriff Lebewesen enthalten ist und somit geringere Abstraktionsprozesse aufweist.

Inferentialisten haben natürlich Recht, wenn sie uns zu verstehen geben, dass wir begriffliche Relationen durch den Gebrauch der Sprache *verstehen* lernen; aber der Prozess, Bedeutungssphären zu verstehen, ist nicht die *Erklärung*, wie es überhaupt zu der Vielzahl von Begriffen kommt, die wir in einem Urteil mit Hilfe von Worten in Relation setzen können. Begriffsumfänge, die wir verstehen und auf die wir im Gebrauch selbst Einfluss nehmen, wurden über viele Generationen tradiert, wurden weiter von der Anschauung weg abstrahiert oder wurden zur Anschauung hin reguliert. *Übertragungen* können in Urteilen allerdings eine *andere Rolle* spielen als Begriffe wie Sokrates oder Lebewesen.

Die Tatsache, dass Übertragungen im Urteil eine andere Rolle spielen können als Begriffe, es aber nicht müssen, beruht auf der *Unterscheidung*, die den Übertragungen

---

[36] Vgl. John McDowell: Geist und Welt, Kap. II.5.

3.2 Rationaler Repräsentationalismus

selbst zukommt. Sie können rest- oder grundständig sein, je nachdem, ob der begriffliche Inhalt in einem Urteil nur durch eine Übertragung umbesetzt wurde oder ob die Übertragung zwar die Rolle begrifflichen Inhalts spielt, aber nicht in andere Begriffe übersetzt werden kann. Ich interessiere mich hier vor allem für die *grundständigen Übertragungen*. Ich behaupte ferner, dass es solche grundständigen Übertragungen in der Logik gibt und dass Umbesetzungen an ihnen gescheitert sind, da ihre Ausdrucksstärke darin beruht, über den Raum der Begriffe hinauszugehen.

Übertragungen jeglicher Art sind im Urteil dadurch auffällig, dass sie entweder Relationen der Abstraktionsgrade aufweisen, die nicht zur Gliederung der Begriffe passen, oder aber eine begriffliche Gliederung durch die Relation im Urteil anbieten, die dem Verstehen der Begriffssphären nicht entspricht. Mit Rückgriff auf die Standardanalyse des Wissens könnte man vielleicht sogar sagen, dass Urteile mit Übertragungen Relationen sind, von denen ein Sprecher überzeugt sein oder eine Rechtfertigung anbieten oder auch wissen kann, dass sie im Sinne einer begrifflichen Gliederung nicht wahr sein können. Wenn man bspw. behauptet, dass die großen Enthüllungen der Quantenmechanik in der Entdeckung von Unstetigkeiten im Buch der Natur lagen, dann wird das unbehagliche Gefühl dadurch begünstigt, dass mit der Behauptung zum einen eine merkwürdige Überdeckung der Begriffsumfänge von ›Natur‹ und ›Buch‹ zum Ausdruck gebracht wird und dass zum anderen diese Behauptung impliziert, dass auch die Formulierung ›Enthüllungen der Quantenmechanik‹ umfangsidentisch ist mit den Entdeckungen von Unstetigkeiten, die sich in diesem Buch befinden.

Man kann gewiss den Ausdruck der Übertragung, wenn man ihn begrifflich versteht, weiter fassen, als ich es hier tue. Wie gesagt, ich konzentriere mich vor allem auf die Doppelrolle der grundständigen Übertragungen, um damit die Bedeutung eines einzigen Gedankens für die Entwicklung der Anschaulichkeit in der Logik zur Geltung zu bringen. Entscheidend ist aber, dass diese Übertragungen, die nicht nur eine begriffliche Rolle spielen, sondern auch unbegriffliche Gründe evozieren, Material- und Formalinferentialisten Schwierigkeiten bereiten. Bestimmte Behauptungen mit Übertragungen werden nämlich als Ordnungswidrigkeit und als Fremdkörper im Urteil wahrgenommen, die es *zu ersetzen gilt*, da sie die begriffliche Gliederung, die aus den materialen Urteilen in Inferenzen und die aus den Regeln des logischen Vokabulars erfolgen soll, in Unordnung bringen. Die Ersetzung und Substitution ist dadurch ein Mittel, um die geforderte ›Klarheit‹ des Ausdrucks und die ›Strenge‹ des Denkens wiederherzustellen.

Dass es dem Raum der Gründe, dem Raum des Begrifflichen, dem Begriff, dem Urteil und dem Schluss, der Verwicklung, Entwicklung, der Bildung und den vielen anderen Ausdrücken des Inferentialismus noch nicht so ergangen ist wie vielen anderen restständigen Übertragungen, zeichnet entweder ihre immer noch willkommene Ausdrucksstärke aus oder weist darauf hin, dass man sich an sie in ihrer begrifflichen Rolle gewöhnt hat. Macht man Inferentialisten auf derartige Fremdkörper im Urteil aufmerksam, verfolgen sie im Allgemeinen eine kausaltheoretische Strategie, um die

Verwendung von Übertragungen zu rechtfertigen: Sie spielen auf die Gewohnheit oder sogar auf ein *Gewohnheitsrecht* an, das es ihnen erlauben soll, Übertragungen als reine Begriffe zu behandeln, obwohl sie damit gerade ihre Ausdrucksstärke beschränken. Sie geben damit zu verstehen, dass es reicht, Übertragungen auf ihre begriffliche Rolle zu beschränken, ihnen aus dem Kontext eine zum Teil ungewisse Bedeutungssphäre zuzuschreiben und von der Anschaulichkeit, die sie evozieren könnten, abzusehen. Gerade die Betonung einer Doppelrolle von Übertragungen in Form von Verbalsubstantiven mit stehenden Rollen im Fachvokabular wird häufig als etymologischer Fehlschluss abgetan.

Die *Ausdrucksstärke*, die wir Übertragungen zuschreiben, beruht auf einer Funktion, die wir allen Begriffen und allen Zeichen zuschreiben: Sie machen Abwesendes anwesend, und sie machen Handlungen über Entfernungen möglich.[37] Auch Sprechakte des Begründens werden durch Zeichen ermöglicht. Da ein Grund, der der Anschauung bedarf, sich nicht auf etwas erstrecken kann, was von dieser Anschauung entfernt ist, außer insofern die Anschauung das, was entfernt ist, durch eine Vermittlung erreicht, so bedarf auch der abwesende Grund einer *Vermittlung durch Zeichen*. Die Ausdrucksstärke von Übertragungen zeichnet sich dadurch aus, dass die Abwesenheit anschaulicher Gründe in begrifflichen Kontexten ermöglicht wird, in denen die Anschauung selbst keine oder höchstens eine nur sehr begrenzte Rolle spielen kann.

Die Argumentationsstrategie, durch Betonung der Gewohnheit die Begrifflichkeit der Übertragung hervorzuheben und sie wie alle Übersetzungen zu behandeln, muss man zu einem gewissen Teil als legitim ansehen, da ansonsten schon die Aussage, man behandele Übertragungen als reine Begriffe, tautologisch anmutet; allerdings verleitet diese Strategie viel wahrscheinlicher dazu, den *Raum der Begriffe als einen hermetisch geschlossenen Raum* anzusehen und so zu tun, als hätte es niemals einen Rückgriff auf die Anschauung gegeben und als hätte man nie das Bedürfnis gehabt, die Sprache durch die in Worten begriffene Anschauung zu bereichern.

Wer Übertragungen aber nur von ihrer begrifflichen Seite betrachtet, der wird aus dem Inneren der Logik niemals herauskommen und versperrt sich die Anschauung auf den viel weiteren Raum der Gründe. Das ist die unnötige Beschränkung, die zugleich Erweiterungen einfordert, die unerreichbar erscheinen. Man gleicht jemandem, der eingeschlossen in einem Raum umhergeht, vergeblich einen Ausgang sucht und einstweilen die Wände beschreibt, weil er glaubt, diese seien schon selbst die Grenzen der Welt. Die Metapher der Übertragung ist es aber, die uns den *Schlüssel zur Anschauung* gibt. In der Übertragung ist uns die Sprache und die Logik in zwei ganz verschiedenen Weisen gegeben: einmal als Begriff unter Begriffen, so dass die Übertragung die Rolle des begrifflichen Inhalts im Urteil spielen kann und eine Extension aufweist, die höchstens in ihrem Abstraktionsgrad eine Relation zu einer Anschauung liefert, die aber längst vergessen ist und keine Funktion für die Bedeutung und das

---

[37] Vgl. Michał Dobrzański: Begriff und Methode bei Arthur Schopenhauer, Kap. 7.5.

3.2 Rationaler Repräsentationalismus

Verstehen dieser Übertragung besitzt; sodann aber auch auf eine ganz andere Weise, nämlich als ein unter den Begriffen befindlicher Grund, der keine Extension aufweist und direkt die Vorstellung einer Anschauung evoziert.

Ich habe in Kap. 2 mit einer bestimmten Interpretationsrichtung der Transzendentalphilosophie gezeigt, dass Ersetzungsstrategien fehlgehen, da sich die *unbehaglichen Übertragungen immer wieder aufdrängen*, so dass es in regelmäßigen Abständen in der Logikgeschichte zu Wiederentdeckungen von Begründungsleistungen mit Hilfe der anschaulichen Geometrie kommt. Das liegt daran, dass Übertragungen eine Ausdrucksstärke bei Begründungen besitzen, die den vertrauten logischen Begriffen fehlt, wenn man sie nur auf den Raum beschränkt, in dem sie eine eingeschränkte Rolle spielen sollen. Die Aufdringlichkeit und Ausdrucksstärke von Übertragungen verweisen schließlich auf die Grundständigkeit, die sie überhaupt zu unbehaglichen Übertragungen haben werden lassen. Übertragungen drängen sich auf, weil sie Gründe ausdrücken, auf die der Begriff, wenn er nicht selbst als Übertragung verstanden wird, nicht zugreifen soll. Der Begriff in seiner unübertragenen Form soll gerade diese Beschränktheit erfahren, nicht anschaulich und nicht nichtbegrifflich zu sein, damit er aus sich selbst heraus definiert werden kann. Dass sich nun unbehagliche Übertragungen aufdrängen, liegt folglich an der gesollten Beschränktheit des Ausdrucks Begriff.

Dass die Übertragung mehr leistet als das Spielen einer begrifflichen Rolle, die sich in vielerlei Hinsicht übersetzen lässt, und dass sie als grundständiges Relikt, als Einfall aus dem Raum der Gründe verstanden werden muss, verdeutlicht die in Kap. 2.2 aufgezeigte Ausdrucksweise von ›etwas sei notwendig der Fall‹ oder ›etwas sei nicht notwendig der Fall‹, die auf eine Semantik zurückgeht, die in Kap. 2.1 abgehandelt wurde, und sich bis auf die Grundlegung der Beweistheorie erstreckt, die in Kap. 2.3 angezeigt wurde. Die Geschichte dieser logischen Semantik ist ein Zeichen dafür, dass der Streit um die Grundlage des modernen Logizismus nicht in der Frage nach der Priorität des Begriffs, Urteils oder Schlusses entschieden wird und dass die Begründung des Logizismus nicht in unproblematischer Weise aus ihm selbst geleistet werden kann. Die Geschichte der Logik zeigt, dass der Rationalismus und Logizismus Übertragungen enthalten, die Schwierigkeiten bereiten, wenn man ihnen nur mit Übersetzungen begegnet; denn vielmehr entspricht es ihrem Wesen, über den Raum des Begriffs hinaus auf Gegebenheiten im Raum der Gründe zu verweisen. Solche grundständigen Übertragungen evozieren Anschauungen; oder Anschauungen wird es durch Übertragungen ermöglicht, eine Rolle im Raum der Begriffe zu besetzen.

Wie sich aus Anschauungen Reflexionen über Methoden entwickelt haben und bis heute in allen wissenschaftlichen Methodenreflexionen erhalten geblieben sind, habe ich in *Summa und System* anhand von bottom-up- und top-down-Übertragungen aufzuzeigen versucht. Dass es auch grundständige Übertragungen im Rationalismus gibt, hat sich in Kap. 3.1 am deutlichsten in der Erklärung desjenigen Kalküls des natürlichen Schließens dargetan, der für den Inferentialismus die Eigentlichkeit und den

3 Logik und Welt

Grundsatz des rationalen Denkens darstellt. Dieser Grundsatz zeigt an seinen Übertragungen des Enthaltenseins und des Begreifens, dass Anschauung und Begriff vermittelt sind, dass die Welt schon ein Teil der Logik ist oder auch dass der Raum der Gründe, auf den verwiesen werden soll, größer ist als der Raum der Begriffe:

τὸ δὲ ἐν ὅλῳ εἶναι ἕτερον ἑτέρῳ καὶ τὸ κατὰ παντὸς κατηγορεῖσθαι θατέρου θάτερον ταὐτόν ἐστιν. λέγομεν δὲ τὸ κατὰ παντὸς κατηγορεῖσθαι ὅταν μηδὲν ᾖ *λαβεῖν* καθ᾽ οὗ θάτερον οὐ λεχθήσεται· καὶ τὸ κατὰ μηδενὸς ὡσαύτως. (An. pr. 24b25–30, Hervorh. v. mir – J.L.)

Anhang

Literaturverzeichnis

Die meisten historischen Texte mit Logikdiagrammen sind im digitalen Repositorium gesammelt:
History of Euler-Venn-Diagrams
<https://www.zotero.org/groups/history_of_euler-venn-diagrams/>.

Allison, Henry E.: *The Kant-Eberhard-Controversy*. Baltimore u.a. 1973.
Alstedio, Johanne-Henrico: *Logicæ Systema Harmonicum* [...]. Herbornæ Nassoviorum 1614.
Anderson, R[obert] Lanier: Containment Analyticity and Kant's Problem of Synthetic Judgment. In: *Graduate Faculty Philosophy Journal* 25:2 (2004), S. 161–204.
Anderson, R. Lanier: It Adds up After All. Kant's Philosophy of Arithmetic in Light of the Traditional Logic. In: *Philosophy and Phenomenological Research* 69:3 (2004), S. 501–540.
Anderson, R[obert] Lanier: *The Poverty of Conceptual Truth. Kant's Analytic/Synthetic Distinction and the Limits of Metaphysics*. New York 2015.
Andrews, Peter: *An Introduction to Mathematical Logic and Type Theory. To Truth throught Proof.* 2. Aufl. Dordrecht; Boston 2002,
Angelelli, Ignacio: Critical Remarks on Michael Dummett's Frege and Other Philosophers. In: *Modern Logic* 3 (1993), S. 387–400.
Aristoteles Stagaritae Peripateticorum: *Principis Organon*. Hrsg. v. Iulius Pacius. Morgia 1584.
Armstrong, Robert L. & Howe, Lawrence W.: A Euler Test for Syllogisms. In: *Teaching Philosophy* 13 (1990), S. 39–46.
Atten, Mark Van & Sundholm, Göran: L.E.J. Brouwer's ›Unreliability of the Logical Principles‹. A New Translation, with an Introduction. In: *History and Philosophy of Logic* 38:1 (2017), S. 24–47.
Atwell, John: *Schopenhauer on the Character of the World. The Metaphysics of Will*. Berkeley 1995.
Ayer, A[lfred] J[ules]: *Foundations of Empirical Knowledge*. London 1940.
Ayer, Alfred Jules: *Sprache, Wahrheit und Logik*. Übers. v. Herbert Herring. Stuttgart 1970.
Bachmann, Carl F.: *Ueber Hegel's System und die Notwendigkeit einer nochmaligen Umgestaltung der Philosophie*. Leipzig 1833.

Bachmann, Carl Friedrich: *System der Logik. Ein Handbuch zum Selbststudium*. Leipzig 1928.

[Bacon, Francis:] *Francisci De Verulamio Summi Angliae Cancellarii Instauratio magna*. Londini 1620.

Bacon, Francis: *Of the Proficience and Aduancement of Learning Diuine and Humane*. London 1605.

Bahnsen, Julius: Der Bildungswerth der Mathematik. In: *Schulzeitung für die Herzogtümer Schleswig-Holstein und Lauenburg*, 21, 25, 26 (21 Feb., 21 and 28 Mar. 1857).

Baptist, Peter: Der Satz des Pythagoras – eine qualitas occulta? In: *Der Mathematikunterricht* 42:3 (1996), S. 22–30.

Barnes, Jonathan: Commentary. In: *Porphyry's Introduction, Translated with a Commentary*. Oxford 2003, S. 21–312.

Barnes, Jonathan: *Truth, etc. Six Lectures on Ancient Logic*. Oxford 2007.

Baron, Margaret E.: A Note on the Historical Development of Logic Diagrams. Leibniz, Euler and Venn. In: *The Mathematical Gazette* 53:384 (May 1969), S. 113–125.

Barwise, Jon & Etchemendy, John: Heterogeneous Logic. In: *Diagrammatic Reasoning. Cognitive and Computational Perspectives*. Hrsg. v. J. Glasgow, N. Hari Narayanan, B. Chandrasekaran. Cambridge/Mass. 1995, S. 209–232.

Barwise, Jon & Etchemendy, John: Visual Information and Valid Reasoning. In: *Logical Reasoning with Diagrams*. Hrsg. v. Gerard Allwein, Jon Barwise. New York u.a. 1996, S. 3–27.

Becker, J[ohann] C[arl]: *Abhandlungen aus dem Grenzgebiete der Mathematik und Philosophie*. Zürich 1870.

Becker, J[ohann] C[arl]: Über Begründung und systematische Entwickelung der geometrischen Wahrheiten. In: *Schulzeitung für die Herzogtümer Schleswig-Holstein und Lauenburg* Nr. 14, 15 vom 2. und 9. Januar 1853, Nr. 14, 15 vom 2. und 9. Januar 1853.

Becker, Oskar: *Grundlagen der Mathematik in geschichtlicher Entwicklung*. 2. Aufl. Freiburg u.a. 1964.

Becker, Oskar: Zur Logik der Modalitäten. In: *Jahrbuch für Philosophie und phänomenologische Forschung* XI (1930), S. 497–548.

Beckerath, Ulrich von: Eine Anerkennung der mathematischen Ansichten Schopenhauers aus dem Jahr 1847. In: *Schopenhauer-Jahrbuch* 24 (1937), S. 158–161.

Beiser, Frederick C.: *Weltschmerz. Pessimism in German Philosophy, 1860–1900*. Oxford 2016.

Bellucci, Francesco & Moktefi, Amirouche/ Pietarinen, Ahti-Veikko: Diagrammatic Autarchy. Linear Diagrams in the 17th and 18th Centuries. In: *Diagrams, Logic and Cognition*. Hrsg. v. J. Burton, L. Choudhury. CEUR Workshop Proceedings 1132 (2013), S. 23–30.

Belnap, Nuel D.: Tonk, Plonk and Plink. In: *Analysis* 22:6 (1962), S. 130–134.
Bennett, Jonathan: Analytic–Synthetic. In: *Proceedings of the Aristotelian Society* 59 (1958-9), S. 163–88.
Bennett, Jonathan: *Kant's Analytic.* Cambridge 1966.
Bennett, Jonathan: On Being Forced to a Conclusion. In: *Aristotelian Society Supplementary Volume* 35 (1961), S. 15–34.
Berg, Robert Jan: *Objektiver Idealismus und Voluntarismus in der Metaphysik Schellings und Schopenhauers.* Würzburg 2003.
Berger, Anna Maria Busse: *Medieval Music and the Art of Memory.* Berkeley 2005.
Bermúdez, José Luis: Animal Reasoning and Proto-Logic. In: *Rational Animals?* Hrsg. v. Susan Hurley, Matthew Nudds. Oxford 2006, S. 127–137.
Bernhard, Peter: *Euler-Diagramme. Zur Morphologie einer Repräsentationsform in der Logik.* Paderborn 2001.
Bernoulli, Jakob: *Parallelismus ratiocinii logici et algebraici.* Basileae 1685.
Béziau, Jean-Yves: La Critique Schopenhaurienne de l'Usage de la Logique en Mathématiques. In: *O Que Nos Faz Pensar* 7 (1993), S. 81–88.
Béziau, Jean-Yves: Metalogic, Schopenhauer and Universal Logic. In: *Language, Logic, and Mathematics in Schopenhauer.* Hrsg. v. Jens Lemanski. Cham 2020, S. 207–257.
Béziau, Jean-Yves: O princípio de razão suficiente e a lógica segundo Arthur Schopenhauer. In: *Século XIX. O Nascimento da Ciência Contemporânea.* Hrsg. v. F.R.R. Évora. Campinas 1992, S. 35–39.
Béziau, Jean-Yves: O suicídio segundo Arthur Schopenhauer. In: *Discurso* 28 (1997), S. 127–143.
Béziau, Jean-Yves: On the Formalization of the Principium Rationis Sufficientis. In: *Bulletin of the Section of Logic* 22:1 (1993), S. 2–3.
Béziau, Jean-Yves: The Power of the Hexagon. In: *Logica Universalis* 6 (2012), 1–43.
Birnbacher, Dieter: Language, Logic, and Mathematics (Rezension). In: *Schopenhauer-Jahrbuch* 101 (2020), S. 249–257.
Birnbacher, Dieter: Schopenhauer und die Tradition der Sprachkritik. In: *Schopenhauer-Jahrbuch* 99 (2018), S. 37–56.
Black, Max: Metaphor. In: *Proceedings of the Aristotelian Society, New Series* 55 (1954/55), S. 273–294.
Bloch, Ernst: *Leipziger Vorlesungen zur Geschichte der Philosophie* (1950–1956). Bd. 4. Frankfurt a. M. 1985.
Bloch, Sascha & Pleitz, Martin & Pohlmann, Markus & Wrobel, Jakob: Deviant Rules. On Susan Haack's ›The Justification of Deduction‹. In: *Susan Haack. Reintegrating Philosophy.* Hrsg. v. Julia F. Göhner, Eva-Maria Jung. Cham u.a. 2016, S. 85–113.
Blum, Paul Richard: *Studies on Early Modern Aristotelianism.* Leiden u.a. 2012.
Blumenberg, Hans: *Die Lesbarkeit der Welt.* Frankfurt a. M. 1986.

Blumenberg, Hans: *Theorie der Unbegrifflichkeit*. Frankfurt a. M. 2007.

Blumhof, Johann Georg Ludolph & Kästner, Abraham Gotthelf: *Vom alten Mathematiker Conrad Dasypodius: Ein literarischer Versuch* [...]. Göttingen 1796.

Bŏk, August Friedrich (Hrsg.): *Sammlung der Schriften, welche den logischen Calcul Herrn Prof. Ploucquets betreffen, mit neuen Zusåzen*. Frankfurt, Leipzig 1766.

Booms, Martin: *Aporie und Subjekt. Die erkenntnistheoretische Entfaltungslogik der Philosophie Schopenhauers*. Würzburg 2003.

Bornträger, J[ohann] C. F.: *Ueber das Daseyn Gottes in Beziehung auf Kantische und Mendelssohnsche Philosophie*. Hannover 1788.

Botha, Rudolf: *Language Evolution. The Windows Approach*. Cambridge 2016.

Bowles, George: The Deductive/Inductive Distinction. In: *Informal Logic* 16:3 (1994), S. 159–184.

Boyer, Carl B.: *The History of Calculus and Its Conceptual Development (The Concepts of the Calculus)*. New York 1949.

Bradwardine, Thomas: *Preclarissimum mathematicarum opus* [...]. S.l. [Valenica] 1503.

Brandis, Christian A.: Über die Reihenfolge der Bücher des Aristotelischen Organons und ihre Griechischen Ausleger, nebst Beiträgen zur Geschichte des Textes jener Bücher des Aristoteles und ihre Ausgaben. In: *Abhandlungen der Königlichen Akademie der Wissenschaften zu Berlin. Aus dem Jahre 1833*. Berlin 1835.

Brandom, Robert: *Begründen und Begreifen. Eine Einführung in den Inferentialismus*. Übers. v. Eva Gilmer. Frankfurt a.M. 2001.

Brandom, Robert: *Between Saying and Doing. Towards an Analytic Pragmatism*. Oxford 2008.

Brandom, Robert: *Expressive Vernunft. Begründung, Repräsentation und diskursive Festlegung*. Übers. v. Eva Gilmer, Hermann Vetter. Frankfurt a. M. 2000.

Brandom, Robert: Inference, Expression, and Induction. In: *Philosophical Studies* 54 (1988), S. 257–285.

Brandom, Robert: Non-Inferential Knowledge, Perceptual Experience, and Secondary Qualities. Placing McDowell's Empiricism. In: *Reading McDowell. On Mind and World*. Hrsg. v. Nicholas H. Smith. New York 2002, S. 92–105.

Brandom, Robert: *Tales of the Mighty Dead. Historical Essays in the Metaphysics of Intentionality*. Cambridge/Mass 2002.

Brandt, Reinhard: *Die Urteilstafel. Kritik der reinen Vernunft A 67–76; B 92–101*. Hamburg 1991.

Bronzo, Silver: Bentham's Contextualism and Its Relation to Analytic Philosophy. In: *Journal for the History of Analytic Philosophy* 2:8 (2014), S. 1–41.

Brouwer, L[uitzen] E[gbertus] J[an]: Die Struktur des Kontinuums. In: Ders.: *Collected Works. Bd. 1. Philosophy and Foundations of Mathematics*. Hrsg. v. A Heyting. Amsterdam u.a. 1975, S. 429–440.

Buchbinder, [Friedrich]: Verhandlung der Sektionen für mathematischen und naturwissenschaftlichen Unterricht auf der diesjährigen Versammlung deutscher Philologen und Schulmänner, Vom 1.–4. Oktober 1884 in Dessau. In: *Zeitschrift für mathematischen und naturwissenschaftlichen Unterricht* 16:1 (1885), S. 66–76.

Büchel, Gregor: *Geometrie und Philosophie. zum Verhältnis beider Vernunftwissenschaften im Fortgang von der Kritik der reinen Vernunft zum Opus postumum.* Berlin u.a. 1987.

Bullynck, Maarten: Erhard Weigel's Contributions to the Formation of Symbolic Logic. In: *History and Philosophy of Logic* 34 (2013), S. 25–34.

Burge, Tyler: *Truth, Thought, Reason. Essays on Frege.* Oxford 2005.

Burton, Jim & Stapelton, Gem & Delaney, Aidan & Howse, Jon & Chapman, Peter: Visualizing Concepts with Euler Diagrams. In: *Diagrammatic Representation and Inference. Diagrams 2014.* Lecture Notes in Computer Science, vol 8578. Hrsg. v. T. Dwyer, H. Purchase, A. Delaney. Berlin, Heidelberg 2014, S. 54–56.

Busche, Hubertus: *Leibniz' Weg ins perspektivische Universum. Eine Harmonie im Zeitalter der Berechnung.* Hamburg 1997.

Cajori, Florian: A Review of Three Famous Attacks upon the Study of Mathematics as a Training of the Mind. In: *Popular Science* 80:22 (1912), S. 360–372.

Cakmak, Cengiz: Schopenhauer & Wittgenstein. The Unsayable. In: *Philosophical Inquiry* 25:1/2 (2003), S. 115–124.

Camp, Elisabeth: A Language of Baboon Thought?. In: *The Philosophy of Animal Minds.* Hrsg. v. Robert W. Lurz. Cambridge 2009, S. 108–128.

Canfield, John V.: Wittgenstein versus Quine. The Passage into Language. In: *Wittgenstein and Quine.* Hrsg. v. Hans-Johann Glock, Robert L. Arrington. London 1996, S. 116–144.

Cantor, Moritz: Ferdinand Schweins und Otto Hesse. In: *Heidelberger Professoren aus dem 19. Jahrhundert* 2 (1903), S. 221–242.

Caramuel Lobkowitz, Juan: *Logica vocalis, mentalis et obliqua.* [Vigevano: s.n., 1680.]

Caramuel, Ioannes: *Theologia Rationalis, Sive In Auream Angelici Doctoris Svmmam* […] *Praecursor Logicvs* […]. Francofurti [Frankfurt] 1654.

Carboncini, Sonia/Finster, Reinhard: Das Begriffspaar Kanon-Organon. In: *Archiv für Begriffsgeschichte* 26 (1982), S. 25–59.

Carnap, Rudolf: *Bedeutung und Notwendigkeit. Eine Studie zur Semantik und modalen Logik.* Wien u.a. 1972.

Carnap, Rudolf: Die alte und die neue Logik. In: *Erkenntnis* 1 (1930/1931), S. 12–26.

Carnap, Rudolf: *Einführung in die Philosophie der Naturwissenschaft.* Hrsg. v. Martin Gardner, übers. v. Walter Hoering. München 1969.

Carnap, Rudolf: *Logische Syntax der Sprache.* Wien 1934.

Carnap, Rudolf: Über die Abhängigkeit der Eigenschaften des Raumes von denen der Zeit. In: *Kant-Studien* 30 (1925), S. 331–345.

Carroll, Lewis: What the Tortoise Said to Achilles. In: *Mind* 4:14 (1895), S. 278–280.
Carruthers, Mary: *The Book of Memory. A Study of Memory in Medieval Culture.* 2. Aufl. Cambridge 2008.
Cartwright, David E.: Locke as Schopenhauer's (Kantian) Philosophical Ancestor. In: *Schopenhauer-Jahrbuch* 84 (2003), S. 147–156.
Carus, David G.: *Die Gründung des Willensbegriffs. Die Klärung des Willens als rationales Strebevermögen in einer Kritik an Schopenhauer und die Ergründung des Willens in einer Auseinandersetzung mit Aristoteles.* Wiesbaden 2016.
Centrone, Stefania: Der Reziprozitätskanon in den Beyträgen und in der Wissenschaftslehre. In: *Zeitschrift für philosophische Forschung* 64:3 (2010), S. 310–330.
Chalmers, Margaret & McGonigle & Brandan O.: Are Monkeys Logical?. In: *Nature* 267 (1977), S. 694–696.
Chasles, Michel: *Geschichte der Geometrie. Hauptsächlich mit Bezug auf die neueren Methoden.* Übers. v. L. A. Sohncke. Halle 1839.
Chemla, Karine: *The History of Mathematical Proof in Ancient Tradition.* Cambridge 2012.
Chomsky, Noam: *Knowledge of Language. Its Nature, Origin, and Use.* New York u.a. 1986.
Churchill, John: Wittgenstein's Adaption of Schopenhauer. In: *The Southern Journal of Philosophy* 21 (1983), S. 489–502.
Ciracì, Fabio & Fazio, Domenico/ Koßler, Matthias (Hrsg.): *Schopenhauer und die Schopenhauer-Schule.* Würzburg 2009.
Clegg, Jerry S.: Logical Mysticism and the Cultural Setting of Wittgenstein's Tractatus. In: *Schopenhauer-Jahrbuch* 59 (1978), 29–47 [Übers.: Der logische Mystizismus und der kulturelle Hintergrund von Wittgensteins »Tractatus«. In: *Schopenhauer.* Hrsg. v. J. Salaquarda. Darmstadt 1985, 190–218].
Clegg, Jerry S.: Schopenhauer and Wittgenstein on Lonely Languages and Criterialess Claims. In: *Schopenhauer. New Essays in Honor of His 200th Birthday.* Hrsg. v. Eric v. Luft. Lewiston u. a. 1988, S. 82–100.
Clemmius, Henr[icus] Gvil[ielmus]: *Novae amoenitates literariae. Fascicvlvs Qvartvs.* Stvtgardiae 1764.
Cleve, James Van: *Problems from Kant.* Oxford u.a. 1999.
Condoravdi, Cleo & Lauer, Sven: Anankastic conditionals are just conditionals. In: *Semantics & Pragmatics* 9:8 (2016), S. 1–60.
Corcoran, John: Aristotle's Natural Deduction System. In: *Ancient Logic and Its Modern Interpretations. Proceedings of the Buffalo Symposium on Modernist Interpretations of Ancient Logic. 21. and 22. April, 1972.* Hrsg. v. J. Corcoran. Dordrecht 1974, S. 85–131.

Coseriu, Eugenio: Der Fall Schopenhauer. Ein dunkles Kapitel in der deutschen Sprachphilosophie. In: *Integrale Linguistik. FS für Helmut Gipper*. Hrsg. v. Edeltraut Bülow, Peter Schmitter. Amsterdam 1979, S. 13–19.

Costa, Newton da: *Logiques classiques et non classiques. Essai sur les fondements de la logique*. Paris 1997.

Costanzo, Jason M.: The Euclidean Mousetrap. Schopenhauer's Criticism of the Synthetic Method in Geometry. In: *Journal of Idealistic Studies* 38:3 (2008), S. 209–220.

Coumet, E[rnest]: Sur l'histoire des diagrammes logiques, ›figures géométriques‹. In: *Mathematiques et Sciences Humaines* 60 (1977), S. 31–62.

Cox, R. & Stenning, K. & Oberlander, J.: Graphical Effects in Learning Logic. Reasoning, Representation and Individual Differences. In: *Proceedings of the 16th Annual Conference of the Cognitive Science Society, August 13–16, 1994, Cognitive Science Program, Georgia Institute of Technology*. Hrsg. v. A. Ram, K. Eiselt. Hillsdale/ N.J. 1994, S. 188–198.

Cromwell, Peter & Beltrami, Elisabetta & Rampichini, Marta: The Borromean Rings. In: *Mathematical Intelligencer* 20:1 (1998), S. 53–62.

Croy, Marvin J.: Problem Solving, Working Backwards, and Graphic Proof Representation. In: *Teaching Philosophy* 23 (2000), S. 169–187.

Crusius, Christian August: *Entwurf der nothwendigen Vernunft=Wahrheiten, wiefern sie den zufälligen entgegen gesetzt werden*. 3. verm. Aufl. Leipzig 1766.

Davidson, Donald: Zitieren. In: Ders.: *Wahrheit und Interpretation*. Frankfurt a.M. 1986, S. 123–140

Davidson, Donald: Wahrheit und Bedeutung. In: Ders.: *Wahrheit und Interpretation*. Frankfurt a.M. 1986, S. 40–67

Davidson, Donald: What Metaphors Mean. In: *Critical Inquiry* 5:1 (1978), S. 31–47.

Davies, Hank: Transitive Inference in Rats (Rattus norvegicus). In: *Journal of Comparative Psychology* 106:4 (1992), S. 342–349.

de Jong, Willem R.: Kant's Analytic Judgments and the Traditional Theory of Concepts. In: *Journal of the History of Philosophy* 33:4 (1995), S. 613–641.

De Soto, C. B.; London, M.; Handel, S.: Social Reasoning and Spatial Paralogic. In: *Journal of Personality and Social Psychology* 2 (1965), S. 513–521.

Demey, Lorenz: Between Square and Hexagon in Oresme's *Livre du Ciel et du Monde*. In: *History and Phillosophy of Logic* 41:1 (2020), S. 36–47.

Demey, Lorenz: From Euler Diagrams in Schopenhauer to Aristotelian Diagrams in Logical Geometry. In: *Language, Logic, and Mathematics in Schopenhauer*. Hrsg. v. Jens Lemanski. Cham 2020, S. 181–205.

Denzinger, Ignatius: *Institutiones logicæ*. Bd. II. Leodii 1824.

Deussen, Paul: *Allgemeine Geschichte der Philosophie mit besonderer Berücksichtigung der Religionen. Bd. II/3: Die neuere Philosophie von Descartes bis Schopenhauer*. Leipzig 1917.

Dierksmeier, Claus: *Der absolute Grund des Rechts. Karl Christian Friedrich Krause in Auseinandersetzung mit Fichte und Schelling.* Stuttgart-Bad Cannstatt 2003.

Diesterweg, F[riedrich] A[dolph] W[ilhelm]: *Leitfaden für den ersten Unterricht in der Formen-Größen- und räumlichen Verbindungslehre oder Vorübungen zur Geometrie für Schulen.* Elberfeld 1822.

Dilthey, Wilhelm: Kants Aufsatz über Kästner und sein Antheil an einer Recension von Johann Schnitz in der Jenaer Literatur-Zeitung. In: *Archiv für Geschichte der Philosophie* 3:2 (1890), S. 275–281.

Dobrzański, Michał: *Begriff und Methode bei Arthur Schopenhauer.* Würzburg 2017.

Dobrzański, Michał & Jens Lemanski: Schopenhauer Diagrams for Conceptual Analysis. In: *Diagrammatic Representation and Inference. Diagrams 2020. Lecture Notes in Computer Science, vol. 12169.* Hrsg. v. Ahti Veikko Pietarinen, P. Chapman, Leonie Bosveld-de Smet, Valeria Giardino, James Corter & Sven Linker. Cham (2020), S. 281–288.

Doyle, Tim & Kutler, Lauren & Miller, Robin & Schueller, Albert: Proofs Without Words and Beyond – A Brief History of Proofs Without Words. In: *Convergence* 11 (August 2014).

Dragalin, Albert G.: Proof Theory (Art.). In: *Encyclopaedia of Mathematics.* Hrsg. v. M. Hazewinkel. Intern. Ausg. in 6 Bde. Dordrecht 1995, Bd. 4, S. 596–599.

Drobisch, Mauritius Guilielmus: *De calculo logico.* Lipsae, s.a [1827].

Drobisch, Moritz Wilhelm: *Neue Darstellung der Logik nach ihren einfachsten Verhältnissen. Nebst einem logisch=mathematischen Anhange.* Leipzig 1836.

Dümig, Sascha: Lebendiges Wort? Schopenhauers und Goethes Anschauungen von Sprache im Vergleich. In: *Schopenhauer und Goethe. Biographische und philosophische Perspektiven.* Hrsg. v. Daniel Schubbe, Søren R. Fauth. Hamburg 2016, S. 150–183.

Dümig, Sascha: The World as Will and I-Language. Schopenhauer's Philosophy as Precursor of Cognitive Sciences. In: *Language, Logic, and Mathematics in Schopenhauer.* Hrsg. v. Jens Lemanski. Cham 2020, S. 85–95.

Dummett, Michael: *Frege. Philosophy of Language.* New York u.a. 1973.

Dummett, Michael: Frege. *Philosophy of Mathematics.* Cambridge/Mass 1991.

Dummett, Michael: *The Interpretation of Frege's Philosophy.* Cambridge/Mass 1980.

Dummett, Michael: The Justification of Deduction. In: Ders.: *Truth and Other Enigmas.* Duckworth 1978, S. 290–318.

Dummett, Michael: *The Logical Basis of Metaphysics.* Cambridge/Mass. 1993.

Dummett, Michael: What is a theory of meaning? (II). In: *Truth and Meaning.* Hrsg. v. G. Evans, J. McDowell. Oxford 1976, S. 34–93.

Dutilh Novaes, Catarina: Surprises in Logic. In: Logica Yearbook 2009. Hrsg. v. Michal Peliš. London 2010, S. 47–63.

Eberhard, Johann August: Berichtigungen einer Stelle in dem phil. Mag. B. I. St. 2. S. 159. mit Beziehung auf H. Prof. Kants Schrift über eine Entdeck. [...]. In: *Philosophisches Magazin* 3:2 (1790), S. 205–211.

Eberhard, Johann August: Ueber die apodiktische Gewisheit. In: *Philosophisches Magazin* 2:2 (1789), S. 129–186.

Eberhard, Johann August: Von den Begriffen des Raums und der Zeit in Beziehung auf die Gewißheit der menschlichen Erkenntniß. In: *Philosophisches Magazin* 2:1 (1789), S. 53–92.

Eberhard, Johann August: Ueber die logische Wahrheit oder die transscendentale Gültigkeit der menschlichen Erkenntniß. In: *Philosophisches Magazin* 1:2 (1788), S. 150–175.

Edwards, A[nthony] W[illiam] F[airbank]: An Eleventh-Century Venn Diagram. In: *BSHM Bulletin: Journal of the British Society for the History of Mathematics* 21:2 (2006), S. 119–121.

Eidam, Heinz: *Dasein und Bestimmung. Kants Grund-Problem.* Berlin 2000.

Einarson, Benedict: On Certain Mathematical Terms in Aristotle's Logic: Part II. In: *The American Journal of Philology* 57:2 (1936), S. 151–172.

Ende, Helga: *Der Konstruktionsbegriff im Umkreis des deutschen Idealismus.* Meisenheim am Glan 1973.

Engel, S. Morris: Schopenhauer's Impact on Wittgenstein. In: *Journal of the History of Philosophy* 7:3 (1969), S. 285–302 [Repr.: *Schopenhauer. His Philosophical Achievement.* Hrsg. v. Michael Fox. Brighton 1980, S. 236–254].

Englebretsen, George: *Figuring it Out. Logic Diagrams. In Cooperation with José Martin Castro-Manzano and José Roberto Pacheco-Montes.* Berlin, Boston 2020.

Erasmus Roterodamus: *Moriae encomium.* S.l., s.a. [1511].

Erdmann, Benno: *Die Axiome der Geometrie. Eine philosophische Untersuchung der Riemann-Helmholtz'schen Raumtheorie.* Leipzig 1877.

Esteve, Maria Rosa Massa: The Symbolic Treatment of Euclid's Elements in Hérigone's Cursus Mathematicus (1634, 1637, 1642). In: *Philosophical Aspects of Symbolic Reasoning in Early Modern Mathematics.* Hrsg. v. Albrecht Heeffer, Maarten Van Dyck. London 2010, S. 165–191.

Euler, Leonard: *Briefe an eine deutsche Prinzessin über verschiedene Gegenstände aus der Physik und Philosophie.* 2 Bde. Leipzig 1769.

Euler, Leonard: *Lettres à une princesse d'Allemagne sur divers sujets de physique & de philosophie.* 2 Bde. Saint Petersbourg 1768.

Feder, Johann Georg Heinrich: *Ueber Raum und Caussalität, zur Prüfung der Kantischen Philosophie.* Göttingen 1787.

Ferber, Johann Carl Christoph: *Vernunftlehre.* Helmstädt, Magdeburg: Hechtel, 1770.

Fichte, Johann Gottlieb: *Die Grundzüge des gegenwärtigen Zeitalters in Vorlesungen, gehalten zu Berlin, im Jahre 1804–5.* Berlin 1806.

Fine, Kit: *The Limits of Abstraction.* Oxford 2002.

Fischer, Kuno: *Schopenhauers Leben, Werke und Lehre.* (Geschichte der neuern Philosophie IX) 3. Aufl. Heidelberg 1908.

Flannery, Kevin L.: *Ways into the Logic of Alexander of Aphrodisias.* Leiden u.a. 1995.

Fodor, Jerry A. & LePore, Ernest: *The Compositionality Papers.* Oxford 2002.

Follesa, Laura: From Necessary Truths to Feelings: The Foundations of Mathematics in Leibniz and Schopenhauer. In: *Language, Logic, and Mathematics in Schopenhauer.* Hrsg. v. Jens Lemanski. Cham 2020, S. 315–326.

Forbes, Morgan: Peirce's Existential Graphs. A Practical Alternative to Truth Tables for Critical Thinkers. In: *Teaching Philosophy* 20 (1997), S. 387–400.

Forster, Michael N.: Herder's Doctrine of Meaning as Use. In: *Linguistic Content: New Essays on the History of Philosophy of Language.* Hrsg. v. Margaret Cameron, Robert J. Stainton. Oxford 2015, S. 201–222.

Forster, Michael N.: *Wittgenstein on the Arbitrariness of Grammar.* Princeton/N.J 2004.

Fouqueré, Christophe & Quatrini, Myriam: Ludics and Natural Language. First Approaches. In: *Logical Aspects of Computational Linguistics. LACL 2012.* Hrsg. v. D. Béchet, A. Dikovsky. Berlin, Heidelberg 2012, S. 21–44.

Frampton, Michael: *Embodiments of Will. Anatomical and Physiological Theories of Voluntary Animal Motion from Greek Antiquity to the Latin Middle Ages, 400 B.C.–A.D. 1300.* Saarbrücken 2008.

Franck, Sebastian: *Das Theür vnd künstlich Büchlin Morie Encomion.* S.l.: s.n., s.a. [ca. 1543].

Frauenstädt, Julius: Eine beachtenswerthe Erscheinung in der Mathematik. In: *Blätter für literarische Unterhaltung* 1852, Nr. 35 (28. August 1852), S. 836.

Frege, Gottlob: *Nachgelassene Schriften und wissenschaftlicher Briefwechsel.* Hrsg. v. Friedrich Kaulbach. 2 Bde, 2. rev. Aufl. Hamburg 1976ff.

Frege, Gottlob: *Briefwechsel mit D. Hilbert, E. Husserl, B. Russell sowie ausgewählte Einzelbriefe Freges.* Hrsg. v. Gottfried Gabriel, Friedrich Kambartel, Christian Thiel. Hamburg 1980.

Frege, Gottlob: *Logische Untersuchungen.* Hrsg. v. Patzig, 4. Aufl. Göttingen 1993.

Fries, Jakob Friedrich: Brief an Jacobi 10.12.1807. In: *Hegel in Berichten seiner Zeitgenossen.* Hrsg. v. Günther Nicolin. Hamburg 1970.

Fries, Jakob Friedrich: *Die Geschichte der Philosophie dargestellt nach den Fortschritten ihrer wissenschaftlichen Entwicklung.* Bd. 1. Halle 1837.

Fries, Jakob Friedrich: *System der Logik. Ein Handbuch für Lehrer und zum Selbstgebrauch.* Heidelberg 1811.

Gabriel, Gottfried: Vorwort. In: Hermann Lotze: *Logik III. Vom Erkennen (Methodologie).* Hrsg. v. Gottfried Gabriel. Hamburg 1989.

Gabriel, Gottfried: Windelband und die Diskussion um die Kantischen Urteilsformen. In: *Kant im Neukantianismus. Fortschritt oder Rückschritt?*. Hrsg. v. Marion Heinz, Christian Krijnen. Würzburg 2007, S. 91–109.

Gardner, Martin: *Logic Machines and Diagrams*. New York, Toronto u.a. 1958.

Gardner, Martin: *Sixth Book of Mathematical Games from Scientific American*. New York 1975.

Garewicz, Jan: Erkennen und Erleben. Ein Beitrag zu Schopenhauers Erlösungslehre. In: 70. *Schopenhauer-Jahrbuch* (1989), S. 75–83.

Geach, Peter: *Mental Acts. Their Content and their Objects*. London 1957.

Gentzen, Gerhard: Untersuchungen über das logische Schließen I. In: *Mathematische Zeitschrift* 39:2 (1934), S. 176–210.

Gillan, Douglas: Reasoning in the Chimpanzee: II. Transitive Inference. In: *Journal of Experimental Psychology: Animal Behavior Processes* 7:2 (1981), S. 150–164.

Glock, Hans-Johann: Schopenhauer and Wittgenstein. Representation as Language and Will. In: *The Cambridge Companion to Schopenhauer*. Hrsg. v. Christopher Janaway. Cambridge 1999, S. 422–458.

Göcke, Benedikt Paul: Karl Christian Friedrich Krause Einfluss auf Arthur Schopenhauers »Die Welt als Wille und Vorstellung«. In: *Archiv für Begriffsgeschichte* 103:1 (2021), S. 148–168.

Göcke, Benedikt Paul: *The Panentheism of Karl Christian Friedrich Krause (1781–1832). From Transcendental Philosophy to Metaphysics*. Berlin 2018.

Goldin, Owen: *Explaining an Eclipse. Aristotle's Posterior Analytics 2.1–10*. Ann Arbor 1996.

Goodman, Nelson: Das neue Rätsel der Induktion. In: Ders.: *Tatsache, Fiktion, Voraussage*. Frankfurt a.M. 1975, S. 81–106.

Goodman, Russell: Schopenhauer and Wittgenstein on Ethics. In: *The Journal of the History of Philosophy* (1979), S. 437–447.

Gottsched, Johann Chr[istoph]: *Erste Gründe der gesammten Weltweisheit: darinn alle philosophische Wissenschaften in ihrer natürlichen Verknüpfung abgehandelt werden, zum Gebrauche academischer Lectionen*. 2. Aufl. Leipzig 1735.

Goy, Ina: *Architektonik oder die Kunst der Systeme*. Paderborn 2007.

Grattan-Guiness, Ivor: Numbers, Magnitudes, Ratios, and Proportions in Euclid's Elements: How Did He Handle Them?. In: *Historia Matematica* 23 (1996), S. 355–375.

Greaves, Mark: *The Philosophical Status of Diagrams*. Stanford 2002.

Grice, Herbert Paul & Strawson, Peter Frederick: Die Verteidigung eines Dogmas. In: *Apriorität und Analytizität*. Hrsg. v. Albert Newen, Joachim Horvath. Paderborn 2007, S. 103–116.

Griffiths, A. Phillips: Wittgenstein, Schopenhauer, and Ethics. In: *Royal Institute of Philosophy Lectures* 7 (1973), S. 96–116 [Repr.: *Understanding Wittgenstein*. Hrsg. v. G. Vesey. Ithaca 1974, 96–116].

Griffiths, A. Phillips: Wittgenstein and the Four-Fold Root of the Principle of Suffucient Reason. In: *Aristotelian Society Supplementary Volume* 50:1-2 (1976), S. 1–20.
Großer, Samuel: *Gründliche Anweisung zur Logica* [...]. Budißin, Görlitz 1697.
Grosserus, Samuel: *Pharus Intellectus, sive Logica Electiva*. Lipsiae 1697.
Gruppe, Otto Friedrich: *Wendepunkt der Philosophie im neunzehnten Jahrhundert*. Berlin 1834.
Gullberg, Ebba & Lindström, Sten: Semantics and the Justification of Deductive Inference. In: *Hommage à Wlodek. Philosophical Papers Dedicated to Wlodek Rabinowicz*. Hrsg. v. T. Rønnow-Rasmussen, B. Petersson, J. Josefsson, D. Egonsson. S.l. 2007. (www.fil.lu.se/hommageawlodek).
Gusserow, Carl: *Leitfaden für den Unterricht in der Stereometrie mit den Elementen der Projektionslehre*. Berlin 1885.
Haack, Susan: The Justification of Deduction. In: *Mind* 85:337 (1976), S. 112–119.
Hacker, P[eter] M[ichael] S[tephan]: *Insight and Illusion. Themes in the Philosophy of Wittgenstein*. Überarb. Aufl. Oxford 1986.
Hacker, Peter M[ichael] S[tephan]: The Rise of Twentieth Century Analytic Philosophy. In: *Ratio* 9:3 (1996), S. 243–268.
Hahn, Hans: Die Krise der Anschauung. In: Ders.: *Krise und Neuaufbau in den exakten Wissenschaften. Fünf Wiener Vorträge*. Wien 1933, S. 41–64.
Hallett, Gareth: *Companion to Wittgenstein's Philosophical Investigations*. Ithaca 1977.
Hamblin, C[harles] L[eonhard]: An Improved Pons Asinorum?. In: *Journal of the History of Philosophy* 14:2 (1976), S. 131–136.
Hamilton, William: *Discussions on Philosophy and Literature, Education and University Reform. Chiefly from the Edinburgh Review; Corrected, Vindicated, Enlarges in Notes and Appendices*. 2. erw. Aufl. London 1853.
Hamilton, William: *Lectures on Metaphysics and Logic*. Hrsg. v. H. L. Mansel, J. Veitch. 4 Bde. London 1860.
Hammer, Eric M.: *Logic and Visual Information*. Stanford: CSLI, 1995.
Hammer, Eric M. & Shin, Sun-Joo: Euler's Visual Logic. In: History and Philosophy of Logic 19:1 (1998), S. 1–29.
Han, Linhe: Wittgenstein and Schopenhauer. In: *Wittgenstein and the Future of Philosophy. A Reassessment after 50 Years / Wittgenstein und die Zukunft der Philosophie. Eine Neubewertung nach 50 Jahren*. Hrsg. v. R. Halle, K. Puhl. Wien 2002, S. 112–121.
Hanna, Robert: *Kant and the Foundations of Analytic Philosophy*. Oxford u.a. 2001.
Harari, Orna: John Philoponus and the Conformity of Mathematical Proofs to Aristotelian Demonstrations. In: *The History of Mathematical Proof in Ancient Tradition*. Hrsg. v. Karine Chemla. Cambridge 2012, S. 206–228.

Hartmann, Eduard von: *Phänomenologie des sittlichen Bewusstseins. Prolegomena zu jeder künftigen Ethik.* Berlin 1879.

Hasse, Heinrich: [Rezension zu:] Schopenhauer, Arthur. Handschriftlicher Nachlass: »Philosophische Vorlesungen.« Arthur Schopenhauers sämtliche Werke, hrsg. v. Paul Deussen. München 1913. Bd. IX und X. In: *Kant-Studien* 19 (1914), S. 270–272.

Hasse, Heinrich: *Schopenhauers Erkenntnislehre als System einer Gemeinschaft des Rationalen und Irrationalen. Ein historisch-kritischer Versuch.* Leipzig 1913.

Hauswald, Rico: Umfangslogik und analytisches Urteil bei Kant. In: *Kant-Studien* 101:3 (2010), S. 283–308.

Heinemann, Anna-Sophie: ›Horrent with Mysterious Spiculæ‹. Augustus De Morgan's Logic Notation of 1850 as a 'Calculus of Opposite Relations'. In: *History and Philosophy of Logic* 39:1 (2018), S. 29–52.

Heinemann, Anna-Sophie: Schopenhauer and the Equational Form of Predication. In: *Language, Logic, and Mathematics in Schopenhauer.* Hrsg. v. Jens Lemanski. Cham 2020, S. 165–181.

Hennigfeld, Jochem: Metaphysik und Anthropologie des Willens. Methodische Anmerkungen zur Freiheitsschrift und zur *Welt als Wille und Vorstellung.* In: *Die Ethik Arthur Schopenhauers im Ausgang vom Deutschen Idealismus (Fichte/Schelling).* Hrsg. v. Lore Hühn. Würzburg 2006, S. 459–472.

Heßler, Martina & Mersch, Dieter: Bildlogik oder Was heißt visuelles Denken?. In: *Logik des Bildlichen. Zur Kritik der ikonischen Vernunft.* Hrsg. v. Martina Heßler, Dieter Mersch. Bielefeld 2009, S. 8–62.

Hilbert, David: Neubegründung der Mathematik. Erste Mitteilung. In: *Abhandlungen aus dem Mathematischen Seminar der Universität Hamburg* 1 (1922), S. 157–177.

Hilbert, David & Ackermann, Wilhelm: Grundzüge der theoretischen Logik. 4. Aufl. Berlin u.a. 1959.

Hintikka, Jaakko: On the Logic of Perception. In: *Models for Modalities. Selected Essays IV.* Hrsg. v. Jaakko Hintikka. Dordrecht u.a. 1969, S. 151–183.

Hodges, Wilfrid: A Correctness Proof for al-Barakāt's Logical Diagrams. In: *The Review of Symbolic Logic* (im Ersch.)

Hodges, Wilfrid: Formalizing the Relationship between Meaning and Syntax. In: *The Oxford Handbook of Compositionality.* Hrsg. v. Markus Werning, Wolfram Hinzen, Edouard Machery. Oxford 2012, S. 245–261.

Hodges, Wilfrid: Medieval Arabic Notions of Algorithm. Some Further Raw Evidence. In: *Fields of Logic and Computation III.* Hrsg. v. A. Blass, P. Cégielski, N. Dershowitz, M. Droste, B. Finkbeiner (Lecture Notes in Computer Science, vol 12180). Cham 2020, S. 133–146.

Hodges, Wilfrid: Remarks on Compositionality. In: *Dependence Logic: Theory and Applications.* Hrsg. v. Samson Abramsky, Juha Kontinen, Jouko Väänänen, Heribert Vollmer. Cham 2016, S. 99–107.

Hodges, Wilfrid: Two Early Arabic Applications of Model-Theoretic Consequence. In: *Logica Universalis* 12 (2018), 37–54.

Höffding, Harald: *Geschichte der neueren Philosophie. Eine Darstellung der Geschichte der Philosophie von dem Ende der Renaissance bis zum Schlusse des 19. Jahrhunderts. Bd. II.* Leipzig 1896.

Höfler, Alois & Meinong, Alexius: *Logik.* Prag, Wien, Leipzig 1890.

Höfler, Alois: *Logik.* 2., sehr vermehrte Aufl. Wien, Leipzig 1922.

Hoffmann, Volkmar: Hebung eines Missverständnisses. In: *Zeitschrift für mathematischen und naturwissenschaftlichen Unterricht* 16:4 (1885), S. 263–264.

Hoffmann, Volkmar: Schopenhauer, der Philosoph, über den Wert des Calcüls. In: *Zeitschrift für mathematischen und naturwissenschaftlichen Unterricht* 16:4 (1885), S. 186.

Hoffmann, Volkmar: Schopenhauer, der Philosoph, über die Euklidische Methode und die ›Mausefallenbeweise‹. In: *Zeitschrift für mathematischen und naturwissenschaftlichen Unterricht* 16:3 (1885), S. 105–107.

Holland, Georg Jonathan: *Abhandlung über die Mathematik, die allgemeine Zeichenkunst und die Verschiedenheit der Rechnungsarten. Nebst einem Anhang, worinnen die von Hrn. Prof. Ploucquet erfundene logikalische Rechnung gegen die Leipziger neue Zeitungen erläutert und mit Hrn. Prof. Lamberts Methode verglichen wird.* Tübingen 1764.

Hörnig, Robin: *Eigennamen referieren – Referieren mit Eigennamen. Zur Kontextinvarianz der namentlichen Bezugnahme.* Wiesbaden 2003.

Hösle, Vittorio: Zum Verhältnis von Metaphysik des Lebendigen und allgemeiner Metaphysik. Betrachtungen in kritischem Anschluss an Schopenhauer. In: *Metaphysik. Herausforderungen und Möglichkeiten.* Hrsg. v. Vittorio Hösle. Stuttgart-Bad Cannstatt 2002, S. 59–97.

Hübscher, Arthur: *Denker gegen den Strom. Schopenhauer: Gestern – Heute – Morgen.* Bonn 1973.

Hübscher, Arthur: *Schopenhauer. Biographie eines Weltbildes.* Stuttgart 1952.

Ierodiakonou, Katerina: Psellos' Paraphrasis on De interpretation. In: *Byzantine Philosophy and its Ancient Sources.* Hrsg. v. Katerina Ierodiakonou. Oxford 2004, S. 157–183.

Ingenkamp, Heinz G.: Plutarch und das Leben der Heiligen. In: *Valori letterari delle opere di Plutarco.* Hrsg. v. Aurelio Pérez Jiménez, Frances Bonner Titchener. Málaga 2005, S. 225–242.

Jacobi, Friedrich H.: *Über die Lehre des Spinoza in Briefen an den Herrn Moses Mendelssohn.* Hamburg 2000.

Jacquette, Dale: Schopenhauer's Philosophy of Logic and Mathematics. In: *A Companion to Schopenhauer.* Hrsg. v. Bart Vandenabeele. Hoboken 2012, S. 41–59.

Jahnke, Hans Niels: *Mathematik und Bildung in der Humboldtschen Reform.* Göttingen 1990.

Jamnik, Mateja & Bundy, Alan & Green, Ian: On Automating Diagrammatic Proofs of Arithmetic Arguments. In: *Journal of Logic, Language, and Information* 8:3 (1999), S. 297–321.

Janaway, Christopher: Introduction. In: *The Cambridge Companion to Schopenhauer.* Hrsg. v. Christopher Janaway, Cambridge 1999, S. 1–17.

Janaway, Christopher: *Self and World in Schopenhauer's Philosophy.* Clarendon 1989.

Janik, Allan S.: Schopenhauer and the Early Wittgenstein. In: Ders.: *Essays on Wittgenstein and Weininger.* Amsterdam 1985, S. 26–48 [Orig.: Philosophical Studies 15 (1966), 76–95].

Janik, Allan S.: On Schopenhauer's Relationship to Wittgenstein. In: *Zeit der Ernte. Studien zum Stand der Schopenhauer-Forschung.* Hrsg. v. Wolfgang Schirrmacher. Stuttgart-Bad Cannstatt 1982, S. 271–279.

Janik, Allan S.: Wie hat Schopenhauer Wittgenstein beeinflußt?. In: *Schopenhauer-Jahrbuch* 73 (1992), S. 69–78.

Janssen, Theo M. V.: Compositionality. Its Historic Context. In: *The Oxford Handbook of Compositionality.* Hrsg. v. Markus Werning, Wolfram Hinzen, Edouard Machery. Oxford 2012, S. 19–46.

Janssen, Theo M. V.: Frege, Contextuality and Compositionality. In: *Journal of Logic, Language, and Information* 10 (2001), S. 115–136.

Janzen, Oscar: Schopenhauers. Auffassung des Verhältnisses der mathematischen Begründung zur logischen. In: *Archiv für Geschichte der Philosophie* 22 (1909), S. 342–364.

Jenson, Otto: *Die Ursache der Widersprüche im Schopenhauerschen System.* Rostock 1906.

Jong, Willem R. de: Kant's Analytic Judgments and the Traditional Theory of Concepts. In: *Journal of the History of Philosophy* 33:4 (1995), S. 613–641.

Johnson-Laird, P. N.: Reasoning without Logic. In: *Reasoning and Discourse Processes.* Hrsg. v. T. Myers, K. Brown, B. McGonigle. London 1986, S. 13–50.

[Ps.-]Joslenus Suessionensis: De generibus et speciebus. In: *Ouvrages inédits d'Abélard.* Hrsg. v. Victor Cousin. Paris 1836.

Juhl, Cory & Loomis, Eric: *Analyticity.* New York u.a. 2010.

Kaestner, Abraham Gotthelf: *Geschichte der Mathematik seit der Wiederherstellung der Wissenschaften bis an das Ende des achtzehnten Jahrhunderts. Bd. 1. Arithmetik, Algebra, Elementargeometrie, Trigonometrie, Praktische Geometrie bis zum Ende des sechzehnten Jahrhunderts.* Göttingen 1796.

Kästner, Abraham Gotthelf: Ueber den mathematischen Begriff des Raums. In: *Philosophisches Magazin* 2:4 (1790), S. 403–429.

Kästner, Abraham Gotthelf: Was heißt, in Euklids Geometrie möglich?. In: *Philosophisches Magazin* 2:4 (1790), S. 391–402.

Kakridis, Ioannis: *Codex 88 des Klosters Dečani und seine griechischen Vorlagen. Ein Kapitel der serbisch-byzantinischen Literaturbeziehungen im 14. Jahrhundert*. München u.a. 1988.

Kant, Immanuel: *Logik. Ein Handbuch zu Vorlesungen*. Hrsg. v. G. B. Jäsche. Königsberg 1800.

Katz, Jerrold J.: Analyticity and Contradiction in Natural Language. In: *The Structure of Language*. Hrsg. v. Jerry A. Fodor, Jerrold J. Katz. Prentice-Hall 1964, S. 519–543.

Katz, Jerrold J.: *Cogitations. A Study of the Cogito in Relation to the Philosophy of Logic and Language and a Study of Them in Relation to the Cogito*. Oxford u.a. 1988.

Katz, Jerrold J.: Some Remarks on Quine on Analyticity. In: *The Journal of Philosophy* 64:2 (1967), S. 36–52.

Kautsky, Karl: Arthur Schopenhauer (Schluß). In: *Die neue Zeit. Revue des geistigen und öffentlichen Lebens* 6:3 (1888), S. 97–109.

Kawamura, Katsutoshi: Eine Wurzel der Vierfachen Wurzel des Satzes vom zureichenden Grund Schopenhauers. Schopenhauer und Crusius. In: *Schopenhauers Wissenschaftstheorie. Der »Satz vom Grund«*. Hrsg. v. Dieter Birnbacher. Würzburg 2015, S. 59–74.

Keckermannus, Bartholomæus: *Systema Logicæ. Sompendiosa methodo* [...]. Hanoviae 1601.

Keckermannus, Bartholomæus: *Systema Logicæ. Tribus Libris Adornatvm* [...]. Hanoviae 1611.

Kellert, Stephen H.: *Borrowed Knowledge. Chaos Theory and the Challenge of Learning Across Disciplines*. Chicago 2008.

Keutner, Thomas & Gehring, Petra (Hrsg*.): Diagrammatik und Philosophie. 1. Interdisziplinäres Kolloquiums der Forschungsgruppe Philosophische Diagrammatik, 15./16.12.1988 an der FernUniversität/ Gesamthochschule Hagen*. Amsterdam 1992.

Kewe, Adolf: *Schopenhauer als Logiker*. Bonn 1907.

Kienzler, Wolfgang: *Begriff und Gegenstand. Eine historische und systematische Studie zur Entwicklung von Gottlob Freges Denken*. Frankfurt a. M. 2009.

Kiesewetter, Johann Gottfried: *Grundriß einer reinen allgemeinen Logik nach kantischen Grundsätzen* [...]. Frankfurt 1793.

Klamp, Gerhard: Das Streitgespräch zwischen Becker und Schopenhauer. In: *Schopenhauer-Jahrbuch* 39 (1958), S. 38–75.

Klamp, Gerhard: Die Architektonik im Gesamtwerk Schopenhauers. In: *Schopenhauer-Jahrbuch* 41 (1960), 82–98.

Klamp, Gerhard: Vom Symbolgebrauch geometrischer Figuren in der Logik. In: *Schopenhauer-Jahrbuch* 33 (1949/-50), S. 39–65.

Klamp, Gerhard: Zur Zeit- und Wirkungsgeschichte Schopenhauers. In: *Schopenhauer-Jahrbuch* 40 (1959), S. 1–23.

Kleemeier, Ulrike: *Gottlob Frege. Kontext-Prinzip und Ontologie.* Freiburg i. Br. 1997.

Kleemeier, Ulrike & Weidemann, Christian: *Brandom and Frege.* In: Robert Brandom. Analytic Pragmatist. Hrsg. v. Bernd Prien, David P. Schweikard. Heusenstamm 2008, S. 115–125.

Klein, Felix: *Elementarmathematik vom höheren Standpunkte aus. Bd. II: Geometrie.* Ausgearbeitet v. E. Hellinger. Berlin 1909.

Kneale, William/Kneale, Martha: *The Development of Logic.* Verb. Aufl. Oxford u.a. 1971 (Repr.).

Knobloch, Eberhard: Leonhard Euler als Theoretiker. In: Mathesis & Graphe. Leonhard Euler und die Entfaltung der Wissensysteme. Hrsg. v. Wladimir Velminski, Horst Bredekamp. Berlin 2010, S. 19–36.

Knorr, Wilbur Richard: On the Early History of Axiomatics. The Interaction of Mathematics and Philosophy in Greek Antiquity. In: *Theory Change, Ancient Axiomatics, and Galileo's Methodology. Proceedings of the 1978 Pisa Conference on the History and Philosophy of Science. Bd. 1.* Hrsg. v. Jaakko Hintikka, D. Gruender, Evandro Agazzi. London u.a. 1982, S. 145–187.

Кобзарь, Владимир Иванович: Элементарная логика Л. Эйлера. In: *Логико-философские штудии* [*Logiko-filosofskie studii*] 3 (2005), S. 130–152.

Кобзарь, Владимир Иванович: Гносеология и логика Л. Эйлера в »Письмах к немецкой принцессе о разных физических и философских материях«. In: *Логико-философские штудии* [*Logiko-filosofskie studii*] 8 (2010), S. 98–120.

Koetsier, Teun: Arthur Schopenhauer and L.E.J. Brouwer. A Comparison. In: *Mathematics and the Divine. A Historical Study.* Hrsg. v. L. Bergmans, T. Koetsier. Amsterdam u.a. 2005, S. 571–595.

Köhnke, Klaus Christian: *Entstehung und Aufstieg des Neukantianismus. Die deutsche Universitätsphilosophie zwischen Idealismus und Positivismus.* Frankfurt a. M. 1986.

Körber, C[hristian] A[lbrecht]: *Archimedes defensus. Das ist Gründlicher Beweiß Daß das Theorema Archimedis Von der Verhältniß der Kugel zum Cylinder, So beyde einerley Höhe und Grund-Fläche haben, nicht solo oculorum usu, wie einige meynen, könne erfunden werden.* […]. Halle 1731.

Koriako, Darius: *Kants Philosophie der Mathematik. Grundlagen – Voraussetzungen Probleme.* Hamburg 1999.

Körner, Stephen: *Kant.* Baltimore/Maryland 1955.

Kosack, C[arl] R[udolf]: Beiträge zu einer systematischen Entwickelung der Geometrie aus der Anschauung. In: *Zu der öffentlichen Prüfung sämmtlicher Klassen des Gymnasiums zu Nordhausen* […]. Nordhausen 1852, S. 1–31.

Koßler, Matthias: Die eine Anschauung – der eine Gedanke. Zur Systemfrage bei Fichte und Schopenhauer. In: *Die Ethik Arthur Schopenhauers im Ausgang vom*

Deutschen Idealismus (Fichte/Schelling). Hrsg. v. Lore Hühn. Würzburg 2006, S. 349–364.

Koßler, Matthias: *Empirische Ethik und christliche Moral. Zur Differenz einer areligiösen und einer religiösen Grundlegung der Ethik am Beispiel der Gegenüberstellung Schopenhauers mit Augustinus, der Scholastik und Luther.* Würzburg 1999.

Koßler, Matthias: Schopenhauer als Philosoph des Übergangs. In: *Nietzsche und Schopenhauer. Rezeptionsphänomene der Wendezeiten.* Hrsg. v. Marta Kopij, Wojciech Kunicki. Leipzig 2006, S. 365–379.

Krämer, Sybille: Tatsachenwahrheiten und Vernunftwahrheiten. In: *Gottfried Wilhelm Leibniz: Monadologie.* Hrsg. v. Hubertus Busche. Berlin 2009, S. 95–111.

Kratochwil, Stefan: Johann Christoph Sturm und Gottfried Wilhelm Leibniz. In: *Johann Christoph Sturm (1635 – 1703)*. Hrsg. v. Hans Gaab, Pierre Leich, Günter Löffladt. Frankfurt a.M. 2004, S. 104–119.

Krause, Karl Christian F[riedrich]: *Die Lehre vom Erkennen und von der Erkenntniss, als erste Einleitung in die Wissenschaft.* Hrsg. v. Hermann Karl von Leonhardi. Göttingen 1835.

Krause, Karl Christian Friedrich: *Grundriss der historischen Logik für Vorlesungen.* Jena u.a. 1803.

Kreiser, Lothar: *Gottlob Frege. Leben – Werk – Zeit.* Hamburg 2004.

Krewet, Michael: *Zum Wissenstransfer in Ammonios' Kommentierung des neunten Kapitels von Aristoteles'* De Interpretatione. (Working Paper des SFB 980 Episteme in Bewegung). Berlin 2019.

Krug, Wilhelm Traugott: *Briefe über den neuesten Idealismus. Eine Fortsetzung der Briefe über die Wissenschaftslehre.* Leipzig 1801.

Krug, Wilhelm Traugott: *Logik oder Denklehre (System der theoretischen Philosophie I).* Königsberg 1806.

Krüger, Lorenz: Wollte Kant die Vollständigkeit seiner Urteilstafel beweisen?. In: *Kant-Studien* 59:4 (1968), S. 333–356.

Künne, Wolfgang: *Die philosophische Logik Gottlob Freges. Ein Kommentar.* Frankfurt a. M. 2010.

La Grange, M. de: *Méchanique analytique.* Paris 1788.

Lakatos, Imre: *Beweise und Widerlegungen. Die Logik mathematischer Entdeckungen.* Hrsg. v. John Worrall, Elie Zahar. Braunschweig u.a. 1979.

Lakoff, George & Johnson, Mark: *Leben in Metaphern. Konstruktion und Gebrauch von Sprachbildern.* 5. Aufl. Heidelberg 2007.

Lakoff, George: *Women, Fire, and Dangerous Things. What Categories Reveal About the Mind.* Chicago 1987.

Lambert, Johann Heinrich: *Anlage zur Architectonic, oder Theorie des Einfachen und des Ersten in der philosophischen und mathematischen Erkenntniß.* 2 Bde. Riga 1771.

Lambert, Johann Heinrich: *Joh[ann] Heinrich Lamberts deutscher gelehrter Briefwechsel.* Hrsg. v. Joh[ann II.] Bernoulli. Berlin s.a. [1782].

Lambert, J[ohann] H[einrich]: *Neues Organon oder Gedanken über die Erforschung und Bezeichnung des Wahren und dessen Unterscheidung vom Irrthum und Schein.* 2 Bde. Leipzig 1764.

Lando, Giorgio: Assertion and Affirmation in the Early Wittgenstein. In: *Wittgenstein-Studien* 2 (2011), S. 21–49.

Lange, Ernst Michael: *Wittgenstein und Schopenhauer. Logisch-philosophische Abhandlung und Kritik des Solipsismus.* Cuxhaven 1989.

Lange, Friedrich Albert: *Logische Studien. Ein Beitrag zur Neubegründung der formalen Logik und der Erkenntnistheorie.* Iserlohn 1877.

[Lange, Johann Christian:] Ausführliche Vorstellung von einer neuen und gemeinersprießlichen zu beßtem Behuf und Auffnahm Aller wahren und rechtschaffenen Gelehrtheit gereichenden Anstalt […]. Idstein: Lyce, 1720.

Langius, Iohannes Christianus: *Inuentum Nouum Quadrati Logici Vniversalis.* Gissae-Hassorum 1714.

Langius, Iohannes Christianus: *Nvclevs Logicae Weisianae.* […] *illustrates* […] *per varias schematicas* […] *ad ocularem evidentiam deducta* […]. Editus antehac Avctore Christiano Weisio. Gissae-Hassorum 1712.

Larkin, Jill H./ Simon, Herbert A.: *Why a Diagram is (Sometimes) Worth Ten Thousand Words.* In: Cognitive Science 11:1 (1987), S. 65–100.

Legg, Catherine: What is a Logical Diagram?. In: *Visual Reasoning with Diagrams.* Hrsg. v. Sun-Joo Shin, Amirouche Moktefi. Basel 2013, S. 1–18.

Lehmann, Rudolf: *Schopenhauer. Ein Beitrag zur Psychologie der Metaphysik.* Berlin 1894.

Leibniz, Gottfried Wilhelm: *Essais de théodicée sur la bonté de Dieu, la liberté de l'homme et l'origine du mal.* Amsterdam 1714.

Leibniz, Gottfried Wilhelm: De formæ logicæ per linearum ductus. In: Ders.: *Opuscules et fragments inédits de Leibniz. Extraits des manuscrits de la Bibliothegue royale de Hanovre.* Hrsg. v. Louis Couturat. Paris 1903, S. 292–321.

Leibniz, Gottfried Wilhelm: *Sämtliche Schriften und Briefe.* Hrsg. v. der Preußischen/ Deutschen/ Göttinger/ Berlin-Brandenburgischen Akademie der Wissenschaften. Darmstadt u.a. 1923ff.

Lemanski, Jens & Alogas, Konstantin: The Function of Decadence and Ascendance in Analytic Philosophy. In: *Decadence in Literature and Intellectual Debate since 1945.* Hrsg. v. Diemo Landgraf. New York 2014, S. 49–65.

Lemanski, Jens & Demey, Lorenz: Schopenhauer's Partition Diagrams and Logical Geometry. In: *Diagrammatic Representation and Inference. Proceedings of the 12th International Conference on the Theory and Application of Diagrams, September 28 – 30 2021.* Hrsg. v. A. Basu, G. Stapleton, S. Linker, C. Legg, E. Manalo, P. Viana. Cham 2021, S. 149–165.

Lemanski, Jens & Dobrzański, Michał: Reism, Concretism and Schopenhauer Diagrams. In: Studia Humana 9:3/4 (2020), 104–119 (WA in: Judgments and Truth. Essays in Honour of Jan Woleński. (Tributes, Bd. 43). Hrsg. v. Andrew Schumann. London 2020, S. 105–131).

Lemanski, Jens & Jansen, Ludger: Calculus *CL* as a Formal System. In: A.-V. Pietarinen, P. Chapman, L. Bosveld-de Smet, V. Giardino, J. Corter, S. Linker (Hrsg.): *Diagrammatic Representation and Inference. Diagrams 2020*. Lecture Notes in Computer Science, vol 12169. Cham 2020, S. 445–460.

Lemanski, Jens & Moktefi, Amirouche: Making Sense of Schopenhauer's Diagram of Good and Evil. In: Francesco Bellucci, Peter Chapman, Gem Stapleton, Amirouche Moktefi, Sarah Perez-Kriz: *Diagrammatic Representation and Inference. 10th International Conference, Diagrams 2018, Edinburgh, UK, June 18-22, 2018, Proceedings*. Cham 2018, S. 721–724.

Lemanski, Jens: Calculus *CL* – From Baroque Logic to Artificial Intelligence. In: *Logique et Analyse* 249 (2020), S. 111–129.

Lemanski, Jens: Calculus *CL* as Ontology Editor and Inference Engine. In: P. Chapman, G. Stapleton, A. Moktefi, S. Perez-Kriz & F. Bellucci (Hrsg.): *Diagrammatic Representation and Inference 10th International Conference, Diagrams 2018, Edinburgh, UK, June 18–22, 2018, Proceedings*. Cham 2018, S. 752–756.

Lemanski, Jens: Concept Diagrams and the Context Principle. In: *Language, Logic, and Language in Schopenhauer*. Hrsg. v. Jens Lemanski. Cham 2020, S. 47–73.

Lemanski, Jens: ›Cur potius aliquid quam nihil‹ von der Frühgeschichte bis zur Hochscholastik. In: *Warum ist überhaupt etwas und nicht nichts? Wandel und Variationen einer Frage*. Hrsg. v. Daniel Schubbe, Jens Lemanski, Rico Hauswald. Hamburg 2013, S. 23–65.

Lemanski, Jens: *Christentum im Atheismus. Spuren der mystischen Imitatio Christi-Lehre in der Ethik Schopenhauers*. 2 Bde. London 2009, 2011.

Lemanski, Jens: Christentum und Mystik. In: *Schopenhauer-Handbuch. Leben – Werk – Wirkung*. Hrsg. v. Daniel Schubbe, Matthias Koßler. Weimar 2014, S. 201–207.

Lemanski, Jens: Die ›Evolutionstheorien‹ Goethes und Schopenhauers. Eine kritische Aufarbeitung des wissenschaftsgeschichtlichen Forschungsstandes. In: *Schopenhauer und Goethe. Biographische und philosophische Perspektiven*. Hrsg. v. Daniel Schubbe, Søren R. Fauth. Hamburg 2016, S. 247–295.

Lemanski, Jens: Die Königin der Revolution. Zur Rettung und Erhaltung der Kopernikanischen Wende. In: *Kant-Studien* 103:4 (2012), S. 448–471.

Lemanski, Jens: Die neuaristotelischen Ursprünge des Kontextprinzips und die Fortführung in der fregeschen Begriffsschrift. In: *Zeitschrift für philosophische Forschung* 67:4 (2013), S. 566–587.

Lemanski, Jens: Die Rationalität des Mystischen. In: *Schopenhauer-Jahrbuch* 91 (2010), S. 93–120.

Lemanski, Jens: Euler-type Diagrams and the Quantification of the Predicate. In: *Journal of Philosophical Logic* 49 (2020), S. 401–416.

Lemanski, Jens: Extended Syllogistics in Calculus CL. In: *Journal of Applied Logics* 8:2 (2021), S. 557–577.

Lemanski, Jens: Galilei, Torricelli, Stahl – Zur Wissenschaftsgeschichte der Physik in der B-Vorrede zu Kants *Kritik der reinen Vernunft*. In: *Kant-Studien* 107:3 (2016), S. 451–484.

Lemanski, Jens: Geometrie. In: *Schopenhauer-Handbuch. Leben – Werk – Wirkung.* Hrsg. v. Daniel Schubbe, Matthias Koßler. 2. Aufl. Weimar, Stuttgart 2018, S. 331–335.

Lemanski, Jens: Logic Diagrams, Sacred Geometry and Neural Networks. In: *Logica Universalis* 13 (2019), S. 495–513.

Lemanski, Jens: Logic Diagrams in the Weise and Weigel Circles. In: *History and Philosophy of Logic* 39:1 (2018), S. 3–28.

Lemanski, Jens: Logik und Eristische Dialektik. In: *Schopenhauer-Handbuch. Leben – Werk – Wirkung.* Hrsg. v. Daniel Schubbe, Matthias Koßler. 2. Aufl. Weimar, Stuttgart 2018, S. 160–169.

Lemanski, Jens: Means or End? On the Valuation of Logic Diagrams. In: *Логико-философские штудии* [*Logiko-filosofskie studii*] 14:2 (2017), S. 98–122.

Lemanski, Jens: Periods in the Use of Euler-Type Diagrams. In: *Acta Baltica Historiae et Philosophiae Scientiarum* 5:1 (2017), S. 50–69.

Lemanski, Jens: Philosophia in bivio – Über die Bedeutung des Fragmentenstreits für die Ausdifferenzierung von Rationalismus und Irrationalismus. In: *Georg Lukács. Kritiker der unreinen Vernunft.* Hrsg. v. Britta Caspers, Christoph J. Bauer. Duisburg 2009, S. 85–107.

Lemanski, Jens: Schopenhauer's World: The System of The World as Will and Presentation I. In: *Schopenhaueriana. Revista española de estudios sobre Schopenhauer* 2 (2017), S. 297–315.

Lemanski, Jens: Schopenhauers Gebrauchstheorie der Bedeutung und das Kontextprinzip. Eine Parallele zu Wittgensteins Philosophischen Untersuchungen. In: *Schopenhauer-Jahrbuch* 97 (2016), S. 171–196.

Lemanski, Jens: Schopenhauers hagioethischer Konsequentialismus im System der Welt als Wille und Vorstellung. In: 93. *Schopenhauer-Jahrbuch* (2012), S. 485–503.

Lemanski, Jens: *Summa und System. Historie und Systematik vollendeter bottom-up- und top down Theorien.* Münster 2013.

Lemanski, Jens: The Denial of the Will-to-Live in Schopenhauer's World and his Association of Buddhist and Christian Saints. In: *Understanding Schopenhauer through the Prism of Indian Culture. Philosophy, Religion and Sanskrit Literature.* Hrsg. v. Arati Barua, Michael Gerhard, Matthias Koßler. Berlin 2013, S. 149–187.

Lemanski, Jens: Vom Alles zum Nichts oder die Überwindung des dogmatischen Spinozismus in der Ethik Schopenhauers. In: *Schopenhauer-Jahrbuch* 90 (2009), S. 19–44.

Lemanski, Jens: Wissen, Wissenschaft, Wissenschaftslehre. In: *Philosophie als Wissenschaft*. Hrsg. v. Nora Schleich u. a. Hildesheim 2021 *[im Ersch.]*.

Lenzen, Wolfgang: Caramuel's Pentagon of Opposition and his Vindication of the Principle Ex contradictorio quodlibet. In: *History of Logic and its modern Interpretation*. Hrsg. v. Ingolf Max, Jens Lemanski. London 2022 (im Ersch.)

Leonhard, Heinrich: *Beitrag zur Kritik der Schopenhauer'schen Erkenntnistheorie, insbesondere in ihrer Anwendung auf das Euklidsche Beweisverfahren*. Bonn 1891.

Levi, Salomon: *Das Verhältnis der ›Vorlesungen‹ Schopenhauers‹ hrsg. von P. Deussen Bd IX u. X› zu der ›Welt als Wille und Vorstellung‹*. Gießen 1922.

Lidner, Gustav Adolph: *Lehrbuch der formalen Logik*. 2. erw. Aufl. Wien 1867.

Locke, John: *An Essay Concerning Human Understanding*. London 1690.

Longuenesse, Béatrice: *Kant and the Capacity to Judge. Sensibility and Discursivity in the Transcendental Analytic of the Critique of Pure Reason*. Princeton 2001.

Lovejoy, Arthur O.: Schopenhauer as an Evolutionist. In: *The Monist* 21:2 (1911), S. 195–222.

Lu-Adler, Huaping: *Kant's Conception of Logical Extension and Its Implications*. California 2012.

Łukasiewicz, Jan & Tarski, Alfred: Investigations into the Sentential Calculus. In: Jan Łukasiewicz: *Selected Works*. Hrsg. v. L. Borkowski. Amsterdam u.a. 1970, S. 131–152.

Łukasiewicz, Jan: *Aristotle's Syllogistic from the Standpoint of Modern Formal Logic*. 2. Aufl. Oxford 1957.

Lyons, John: *Semantik*. 2 Bde. München 1983.

Maaß, Johann Gebhard Ehrenreich: *Grundriß der Logik, zum Gebrauche bei Vorlesungen*. Halle 1793.

Maaß, Johann Gebhard: Neue Bestätigung des Satzes: daß die Geometrie aus Begriffen beweise. In: *Philosophisches Archiv* 1:3 (1792), S. 96–99.

Maaß, J[ohann] G[ebhard] E[hrenreich]: Ueber den höchsten Grundsatz der synthetischen Urtheile; in Beziehung auf die Theorie von der mathematischen Gewisheit. In: *Philosophisches Magazin* 2 (1789), S. 186–231.

Maaß, Johann Gebhard: Ueber den Unterschied der Philosophie und der Mathematik, in Rücksicht auf ihre Gewisheit. In: *Philosophisches Magazin* 2:2 (1789), S. 316–341.

Macbeth, Danielle: *Frege's Logic*. Cambridge 2009.

Macbeth, Danielle: *Realizing Reason. A Narrative of Truth and Knowing*. Oxford 2014.

MacFarlane, John: Frege, Kant, and the Logic in Logicism. In: *The Philosophical Review* 111:1 (2002), S. 25–65.
Magee, Bryan: *The Philosophy of Schopenhauer*. Oxford 1983.
Mager, [Karl Wilhelm E.]: *Die Encyklopädie, oder das System des Wissens. Teil II.* Zürich 1847.
Malink, Marko: Aristotle on Principles as Elements. In: *Oxford Studies in Ancient Philosophy* 53 (2017), 163–214.
Malter, Rudolf: *Arthur Schopenhauer. Transzendentalphilosophie und Metaphysik des Willens.* Stuttgart-Bad Cannstatt 1991.
Malter, Rudolf: *Der eine Gedanke. Hinführung zur Philosophie Arthur Schopenhauers.* Darmstadt 2010.
Malter, Rudolf: Schopenhauer und die Biologie. Metaphysik der Lebenskraft auf empirischer Grundlage. In: *Berichte Zur Wissenschaftsgeschichte* 6 (1983), S. 41–58.
Mancosu, Paolo: *Abstraction and Infinity*. Oxford 2016.
Mancosu, Paolo: Aristotelian Logic and Euclidean Mathematics. Seventeenth-Century Developments of the Quaestio de Certitudine Mathematicarum. In: *Studies in History and Philosophy of Science Part A* 23:2 (1992), S. 241–265.
Mansfeld, Jaap: *Heresiography in Context. Hippolytus' Elenchos as a Source for Greek Philosophy*. Leiden u.a. 1992.
Marc-Wogau, Konrad: Kants Lehre vom analytischen Urteil. In: *Theoria* 17 (1951), S. 140–157.
Margolius, Hans: System und Aphorismus. In: *Schopenhauer-Jahrbuch* 41 (1960), S. 117–124.
Märtens, [Hermann]: Schopenhauer über den ›Mausefallenbeweis‹. In: *Zeitschrift für mathematischen und naturwissenschaftlichen Unterricht* 16:4 (1885), S. 181–186.
Martini, Jacobus: *Institutionum Logicarum Libri VII*. Wittebergae 1610.
Masthoff, Judith & Flower, Jean & Fish, Andrew & Southern, Jane: Automated Theorem Proving in Euler Diagram Systems. In: *Journal of Automated Reasoning* 39:4 (2007), S. 431–470.
Matsuda, Katsunori: Spinoza's Redundancy and Schopenhauer's Concision. An Attempt to Compare Their Metaphysical Systems Using Diagrams. In: *Schopenhauer-Jahrbuch* 97 (2016), S. 117–131.
Max, Ingolf: Wittgensteins Philosophieren zwischen Kodex und Strategie. Logik, Schach und Farbausdrücke. In: *Realism – Relativism – Constructivism. Proceedings of the 38th International Wittgenstein Symposium in Kirchberg*. Hrsg. v. Christian Kanzian, Sebastian Kletzl, Josef Mitterer, Katharina Neges. Berlin, New York 2017, S. 409–424.
McCulloch, Warren S.: *Verkörperungen des Geistes*. Übers. v. Anita Ehlers. Wien, New York 2000.
McDowell, John: *Geist und Welt*. Übers. v. Thomas Blume, Holm Bräuer, Gregory Klass. Frankfurt a. M. 1998.

McKirahan Jr., Richard D.: *Principles and Proofs. Aristotle's Theory of Demonstrative Science*. Princeton 1992.

McLaughlin, Peter & Schlaudt, Oliver: Kant's Antinomies of Pure Reason and the ›Hexagon of Predicate Negation‹. In: *Logica Universalis* 14 (2020), S. 51–67.

Meier, Georg F.: *Auszug aus der Vernunftlehre*. Halle 1752.

Meier-Oeser, Stephan: *Die Präsenz des Vergessens. Zur Rezeption der Philosophie des Nicolaus Cusanus vom 15. bis zum 18. Jahrhundert*. Münster 1989.

Meulen, Ross Vander: Using Venn Diagrams to Represent Meaning. In: *Die Unterrichtspraxis / Teaching German* 23:1 (1990), 61–63.

Mellin, Georg Samuel Albert: *Encyclopädisches Wörterbuch der kritischen Philosophie*, Bd. 2:2. Jena, Leipzig 1799.

Menne, Albert: Arthur Schopenhauer. In: *Klassiker des philosophischen Denkens. Bd. 2*. Hrsg. v. Norbert Hoerster. 7. Aufl. München 2003, S. 194–230.

Mill, John Stuart: *System der deductiven und inductiven Logik*. Übers. v. J. Schiel. 2. Aufl. in 2 Tle. Braunschweig 1862.

Millet, Julián Marrades: Subject, World and Value (Some Hypotheses on the Influence of Schopenhauer in the Early Wittgenstein). In: *Doubt, Ethics and Religion. Wittgenstein and the Counter-Enlightenment*. Hrsg. v. L. Perissinotto, V. Sanfélix. Heusenstamm 2011, S. 63–83.

Misch, Georg: *Geschichte der Autobiographie. Bd. 4, 2. Hälfte: Von der Renaissance bis zu den autobiographischen Hauptwerken des 18. und 19. Jahrhunderts*. Frankfurt a. M. 1969.

Moktefi, Amirouche & Bellucci, Francesco & Pietarinen, Ahti-Veikko: Continuity, Connectivity and Regularity in Spatial Diagrams for *N* Terms. In: *Diagrams, Logic and Cognition*. Hrsg. v. J. Burton, L. Choudhury. CEUR Workshop Proceedings 1132 (2013), S. 23–30.

Moktefi, Amirouche & Shin, Sun-Joo: A History of Logic Diagrams. In: *Logic. A History of its Central Concepts*. Hrsg. v. Dov M. Gabbay, John Woods. Oxford u.a. 2012, S. 611–682.

Moktefi, Amirouche: Diagrams as Scientific Instruments. In: *Visual, Virtual, Veridical*. Hrsg. v. Andras Benedek, Agnes Veszelszki. Frankfurt a.M. 2017, S. 81–89.

Moktefi, Amirouche: Schopenhauer's Eulerian Diagrams. In: *Language, Logic, and Mathematics in Schopenhauer*. Hrsg. v. Jens Lemanski. Cham 2020, S. 111–129.

Monge, Gaspard: *Géométrie descriptive. Lecons données aux écoles normales, l'an 3 de la République*. Paris 1798.

Moretti, Alessio: Arrow-Hexagons. In: *The Road to Universal Logic. FS for the 50th Birthday of Jean-Yves Béziau. Bd. 2*. Hrsg. v. A. Koslow, A. Buchsbaum. Cham 2015, S. 417–489.

Moretti, Alessio: *The Geometry of Logical Opposition*. Neuchâtel 2009.

Moss, Larry: Completeness Theorems for Syllogistic Fragments. In: *Logics for Linguistic Structures*. Hrsg. v. F. Hamm, S. Kepser. Berlin 2008, S. 143–175.

Mostowski, Andrzej: On a Generalization of Quantifiers. In: *Fundamenta Mathematicae* 44:2 (1957), S. 12–36.

Mugnai, Massimo: Denken und Rechnen. Über die Beziehung von Logik und Mathematik in der frühen Neuzeit. In: *Neuzeitliches Denken. FS für Hans Poser zum 65. Geburtstag.* Hrsg. v. Günter Abel, Hans-Jürgen Engfer, Christoph Hubig. Berlin 2002, S. 85–101.

Mühlethaler, Jacob: *Die Mystik bei Schopenhauer.* Berlin 1910.

Natterer, Paul: *Systematischer Kommentar zur Kritik der reinen Vernunft. Interdisziplinäre Bilanz der Kantforschung seit 1945.* Berlin 2003.

Neidert, Rudolf: *Die Rechtsphilosophie Schopenhauers und ihr Schweigen zum Widerstandsrecht.* Tübingen 1966.

Newen, Albert & Horvath, Joachim: Apriorität und Analytizität: Zwei Grundbegriffe der Philosophie und ihre Entwicklung – Eine Einleitung. In: *Apriorität und Analytizität.* Hrsg. v. Albert Newen, Joachim Horvath. Paderborn 2007, S. 9–33.

Nietzsche, Friedrich: Der Fall Wagner. In: *Kritische Gesamtausgabe, Abt. 6/Bd. 3.* Hrsg. v. Giorgio Colli, Mazzino Montinari. Berlin u.a. 1969, S. 1–48.

Nolan, Catherine: Music Theory and Mathematics. In: *The Cambridge History of Western Music Theory.* Hrsg. v. T. Christensen. Cambridge 2002, S. 272–304.

Nowak M[artin] A. & Plotkin J. B. & Jansen V. A.: The Evolution of Syntactic Communication. In: *Nature* 404:6777 (20. März 2000), S. 495–498.

Nowak, Martin A.; Krakauer, David C.: The Evolution of Language. In: *Proceedings of the National Academy of Sciences* 96:14 (1999, Juli 6), S. 8028–8033.

Nuchelmans, Gabriel: *Geulincx Containment Theory of Logic.* Amsterdam 1988.

Nyman, Alf: *Rumsanalogierna inom Logiken. En Undersökning av den Logiska Evidensens Natur och Hjälpkällor.* Lund, Leipzig 1926.

O'Meadhra, Uaininn: Medieval Logic Diagrams in Bro Church, Gotland, Sweden. In: *Acta Archaeologica* 83 (2012), S. 287–316.

Panizza, Letizia: Learning the Syllogisms. Byzantine Visual Aids in Renaissance Italy – Ermolao Barbaro (1454–93) and others. In: *Philosophy in the Sixteenth and Seventeenth Centuries. Conversations with Aristotle.* Hrsg. v. Constance Blackwell, Sachiko Kusukawa. London, New York 1999, S. 22–48.

Pap, Arthur: *Semantics and Necessary Truth. An Inquiry into the Foundations of Analytic Philosophy.* New Haven 1958, S. 59–62.

Patschovsky, Alexander: *Die Bildwelt der Diagramme Joachims von Fiore. Zur Medialität religiös-politischer Programme im Mittelalter.* Ostfildern 2003.

Pears, David: *The False Prison. A Study of the Development of Wittgenstein's Philosophy.* Bd. 1. Oxford 1987.

Peckhaus, Volker: *Logik, mathesis universalis und allgemeine Wissenschaft. Leibniz und die Wiederentdeckung der formalen Logik im 19. Jahrhundert.* Berlin 1997.

Peirce, Charles Sanders: Book II. Existential Graphs: In: Collected Papers of Charles Sanders Peirce. Bd. 4. The Simplest Mathematics. Hrsg. v. Charles Hartshorne, Paul Weiss. 5. Aufl. Cambridge/MA 1980 (Repr. 1933), S. 293–470.

Peirce, Charles Sanders: Logic of the Future. Peirce's Writings on Existential Graphs. Hrsg. v. Ahti Pietarinen. Berlin, Boston *[im Erscheinen]*.

Peregrin, Jaroslav: *Inferentialism. Why Rules Matter*. New York 2014.

Perrett, Roy W. (Hrsg.): *Indian Philosophy: Logic and Philosophy of Language*. New York 2001.

Pringsheim, Alfred: Über Wert und angeblichen Unwert der Mathematik. In: *Jahresbericht der Deutschen Mathematiker-Vereinigung* 13 (1904), S. 357–382.

Pietzker, [Friedrich]: Ein Jünger Schopenhauers in der Geometrie. In: *Zeitschrift für mathematischen und naturwissenschaftlichen Unterricht* 16:4 (1885), S. 187–190.

Pitts, Walter H. & McCulloch, Warren S.: A Logical Calculus of the Ideas Immanent in Nervous Activity. In: *The Bulletin of Mathematical Biophysics* 5:4 (1943), S. 115–133.

Ploucquet, Gottfredus: *Fvndamenta Philosophiæ Speculativæ*. Tübingae 1759.

Pluder, Valentin: »Skitze einer Geschichte der Lehre vom Idealen und Realen«. In: *Schopenhauer-Handbuch. Leben – Werk – Wirkung*. Hrsg. v. Daniel Schubbe, Matthias Koßler. Weimar 2014, S. 124–129.

Pluder, Valentin: Schopenhauer's Logic in its Historical Context. In: *Language, Logic, and Mathematics in Schopenhauer*. Hrsg. v. Jens Lemanski. Cham 2020, S. 129–145.

Pluder, Valentin: The Limits of the Square. Hegel's Opposition to Diagrams in its Historical Context. In: *The Exoteric Square of Opposition*. Hrsg. v. Jean-Yves Beziau, Ioannis Vandoulakis. Cham [im Ersch.]

Pollok, Konstantin: *Kant's Theory of Normativity. Exploring the Space of Reason*. Cambridge 2017.

Prantl, Carl: *Geschichte der Logik im Abendlande*. Bd. 1. Leipzig 1855.

Prantl, Carl: Ueber die mathematisierende Logik. In: *Sitzungsberichte der Bayerischen Akademie der Wissenschaften, Philosophisch-Philologische und Historische Classe* 4 (1886), S. 497–515.

Prawitz, Dag: The Philosophical Position of Proof Theory. In: *Contemporary Philosophy Scandinavia*. Hrsg. v. R. E. Olson, A. M. Paul. Baltimore, London 1972, S. 123–134.

Prien, Bernd: *Kants Logik der Begriffe. Die Begriffslehre der formalen und transzendentalen Logik Kants*. Berlin u.a. 2006.

Prior, Arthur: The Runabout Inference-Ticket. In: *Analysis* 21:2 (1960), S. 38–39.

Proops, Ian: Kant's Conception of Analytic Judgment. In: *Philosophy and Phenomenological Research* 70:3 (2005), S. 588–612.

Puntel, Lorenz B.: *Grundlagen einer Theorie der Wahrheit*. Berlin u.a. 1990.

Putnam, Hilary: The Analytic and the Synthetic. In: *Minnesota Studies in the Philosophy of Science* 3 (1962), S. 358–397.

Quatrini, Myriam: Une relecture ludique des stratagèmes de Schopenhauer. In: *Influxus* (2013), Nr. 65.

Literaturverzeichnis

Quine, Willard Van Orman: Das Problem der Bedeutung in der Linguistik. In: Ders.: *Von einem logischen Standpunkt. Neun logisch-philosophische Essays*. Übers. v. Peter Bosch. Frankfurt a.m. u.a., 1979, S. 51–66.

Quine, Willard Van Orman: Der Begriff des Gebrauchs und sein bedeutungstheoretischer Stellenwert. In: Ders.: *Theorien und Dinge*. Frankfurt a. M. 1991, S. 61–74.

Quine, Willard Van Orman: *Grundzüge der Logik*. Übers. v. Dirk Siefkes. Frankfurt a. M. 1969

Quine, Willard Van Orman: Metaphern – ein Postskriptum. In: Ders.: *Theorien und Dinge*. Frankfurt a.M. 1985, S. 227–229.

Quine, Willard Van Orman: Naturalisierte Erkenntnistheorie. In: Ders.: *Ontologische Relativität und andere Schriften*. Frankfurt a. M. 2003, S. 85–106.

Quine, Willard Van Orman: Ontologische Relativität. In: Ders.: *Ontologische Relativität und andere Schriften*. Frankfurt a. M. 2003, S. 43–84.

Quine, Willard Van Orman: *Fünf Marksteine des Empirismus*. In: Ders.: Theorien und Dinge, Frankfurt a. M. 1985, S. 89–95.

Quine, Willard Van Orman: Zwei Dogmen des Empirismus. In: Ders: *Von einem logischen Standpunkt. Neun logisch-philosophische Essays*. Mit einem Nachwort von Peter Bosch. Frankfurt a. M., Berlin, Wien 1979, S. 27–50.

Rabus, Leonhard: *Logik und Metaphysik. Band 1: Erkenntnislehre, Geschichte der Logik, System der Logik, nebst einer chronologisch gehaltenen Uebersicht über die logische Literatur und einem alphabetischen Sachregister*. Erlangen 1868.

Radbruch, Knut: Anschauung und Beweis in der Mathematik. Skeptische Anmerkungen zum Optimisten Schopenhauer. In: *Schopenhauer-Jahrbuch* 69 (1988), S. 199–226.

Randolph, John F.: Cross-Examining Propositional Calculus and Set Operations. In: *The American Mathematical Monthly* 72 (1965), S. 117–127.

Raymarus Vrsvs Dithmarsivs, Nicolaus: *Metamorphosis Logicae* […]. Argentorati 1589.

Read, Stephen: John Buridan's Theory of Consequence and His Octagons of Opposition. In: *Around and Beyond the Square of Opposition*. Hrsg. v. Jean-Yves Béziau, Dale Jacquette. Basel 2012, S. 93–110.

Reed, Delbert: *The Origins of Analytic Philosophy. Kant and Frege*. London 2007.

Rehberg, A[ugust] W[ilhelm]: Beantwortung von Herrn Eberhards Duplik, meine Rezension des philosophischen Magazins in der A.L.Z. 1789. No. 10 und 90 betreffend, im 2ten Bande 4tes Stück No. X seines philosophischen Magazins. In: *Neues Deutsches Museum* 4 (1791), S. 299–305.

Rehberg, August Wilhelm: Ueber die Natur der geometrischen Beweise. In: *Philosophisches Magazin* 4:4 (1792), S. 447–461.

Reich, Klaus: *Die Vollständigkeit der Kantischen Urteilstafel*. Berlin 1948.

Reidemeister, Kurt: Anschauung als Erkenntnisquelle. In: *Zeitschrift für philosophische Forschung* 1 (1946), S. 197–210.

Reimarus, H[ermann] S[amuel]: *Vernunftlehre, als eine Anweisung zum richtigen Gebrauche der Vernunft* [...]. Hamburg 1756.

Risi, Vincenzo de: *Leibniz on the Parallel Postulate and the Foundations of Geometry. The Unpublished Manuscripts.* Cham u.a. 2016.

Risse, Wilhelm: *Die Logik der Neuzeit.* 2 Bde. Stuttgart-Bad Cannstatt 1964/1970.

Ritschl, Otto: *System und systematische Methode in der Geschichte des wissenschaftlichen Sprachgebrauchs und der philosophischen Methodologie.* Bonn 1906.

Robinson, Richard: Necessary Propositions. In: *Mind* 67 (1958), S. 289–304.

Rooij, Robert van: Extending Syllogistic Reasoning. In: *Logic, Language and Meaning.* Hrsg. v. M. Aloni, H. Bastiaanse, T. de Jager, K. Schulz. Berlin, Heidelberg 2010, S. 124–132.

Rorty, Richard: *Der Spiegel der Natur. Eine Kritik der Philosophie.* Frankfurt a.M. 1987.

Rorty, Richard: *Wahrheit und Fortschritt.* Übers. v. Joachim Schulte. Frankfurt a. M. 2000.

Rose, Lynn E.: *Aristotle's Syllogistic.* Springfield 1968.

Rosenkoetter, Timothy: Are Kantian Analytic Judgments About Objects?. In: *Recht und Frieden in der Philosophie Kants. Bd. 5.* Hrsg. v. Valerio Rohden, Ricardo R. Terra, Guido A. Almeida, Margit Ruffing. Berlin u.a. 2008, S. 191–202

Rosenkranz, Johann Carl Friedrich: Zur Charakteristik Schopenhauer's. In: *Deutsche Wochenschrift* [von Karl Goedeke] 22 (1854), S. 673–684.

Rosenzweig, Franz: *Stern der Erlösung.* Frankfurt a. M. 1921.

Rostand, François: Schopenhauer et les démonstrations mathématiques. In: *Revue d'histoire des sciences et de leurs applications* 6:3 (1953), S. 202–230.

Rott, Hans: Vom Fließen theoretischer Begriffe. Begriffliches Wissen und theoretischer Wandel. In: *Kant-Studien* 95:1 (2004), S. 29–51.

Ruffing, Margit: Die 1, 2, 3/4-Konstellation bei Schopenhauer. In: *Die Macht des Vierten. Über eine Ordnung der europäischen Kultur.* Hrsg. v. Reinhard Brandt. Hamburg 2014, S. 329–347.

Russell, Bertrand: An Inquiry into Meaning and Truth. 5. Aufl. London 1956.

Russell, Bertrand: Über das Kennzeichnen. In: Philosophische und politische Aufsätze. Hrsg. v. Ulrich Steinvorth. Stuttgart 1971, S. 3–22

Ryle, Gilbert: Categories. In: Ders.: *Collected Papers Vol II. Collected Essays 1929–1968.* 2. Aufl. London, New York 2009, S. 178–194.

Ryle, Gilbert: Philosophical Arguments. In: In: Ders.: *Collected Papers Vol II. Collected Essays 1929–1968.* 2. Aufl. London, New York 2009, S. 203–222.

S.a.: De Audito Kabbalistico seu Kabbala. In: *Raymundi Lulli Opera ea quae ad adinventam ab ipso artem universalem* [...]. Argentinae 1598.

S.a. [evtl. Pietro Bruno]: *Opvscvlvm Raymvndinvum de avditv Kabbalistico Sive ad omnes scientias introdvctorivm.* S.l., s.a. [1518], s.p. [ca. S. 90].

Literaturverzeichnis

S.a. [Reinhold]: Philosophisches Magazin, hrsg. v. J.A. Eberhard. Drittes und Viertes Stück. Fortsetzung (Rez.). In: *Allgemeinen Literatur-Zeitung* 175, (12ten Junius 1789:2), Sp. 585–592.

S.a. [Johannes Schultz]: Philosophisches Magazin herausgegeben von Johann August Eberhard [Rez.]. In: *Literatur-Zeitung*, Nr. 283 (26. Sept. 1790), S. 801–802.

Sæbø, Kjell Johan: *Notwendige Bedingungen im Deutschen. Zur Semantik modalisierter Sätze. Arbeitspapiere des Sonderforschungsbereiches 99, Nr. 108.* Konstanz 1985.

Santozki, Ulrike: *Die Bedeutung antiker Theorien für die Genese und Systematik von Kants Philosophie. Eine Analyse der drei Kritiken.* Berlin 2006.

Sauter-Ackermann, Gisela: *Erlösung durch Erkenntnis? Studien zu einem Grundproblem der Philosophie Schopenhauers.* Cuxhaven 1994.

Savigny, Eike von: *Die Philosophie der normalen Sprache. Eine kritische Einführung in die »ordinary language philosophy«.* 2. völlig neu bearbeitete Ausg. Frankfurt a. M. 1974.

Schang, Fabien/ Lemanski, Jens: A Bitstring Semantics for Calculus CL. In: *The Exoteric Square of Opposition.* Hrsg. v. Jean-Yves Beziau, Ioannis Vandoulakis. Cham (i.E.).

Schellenbauerus, Jo[annes] Henricus: *Compendium logices.* Stuttgardiae 1715.

Schelling, Friedrich Wilhelm Joseph von: Zur Geschichte der neueren Philosophie. (Aus dem handschriftlichen Nachlaß). In: Ders.: *Sämmtliche Werke, Bd. 1/10.* Hrsg. v. K. W. A. Schelling. Stuttgart u.a. 1861, S. 1–201.

Schepers, Heinrich: Eselsbrücke (Art.). In: *HWPh,* Bd. 2, S. 743–745.

Schepers, Heinrich: Logisches Quadrat (Art.). In: *HWPh,* Bd. 7, S. 1733–1736.

Scheybel, Johann: *Das sibend/ acht vnd neunt buch/ des hochberümbten Mathematici Euclidis Megarensis* [sic!] […]. S.l. [Augsburg] 1555.

Schleiermacher, Friedrich: *Kurze Darstellung des theologischen Studiums zum Behuf einleitender Vorlesungen.* Berlin 1811.

Schleiermacher, Friedrich: Schriften aus der Berliner Zeit, 1800–1802. In: *Kritische Gesamtausgabe.* Hrsg. v. Hans-Joachim Birkner u. a. Berlin u. a. 1988.

Schleiermacher, Friedrich: Rezension. In: *Jenaische Allgemeine Literatur-Zeitung* 1 (1804), Bd. 2, Nr. 96–97, Sp. 137–151.

Schlüter, Robert: *Schopenhauers Philosophie in seinen Briefen.* Leipzig 1900.

Schmeißer, Friedrich: *Kritische Betrachtung einiger Grundlehren der Geometrie, wie sie meistens in Lehrbüchern vorkommen.* Frankfurt a. O. 1851.

Schmicking, Daniel: Zu Schopenhauers Theorie der Kognition bei Mensch und Tier – Betrachtungen im Lichte aktueller kognitionswissenschaftlicher Entwicklungen. In: *Schopenhauer-Jahrbuch* 86 (2005), S. 149–176.

Schmidt, Alfred: *Die Wahrheit im Gewande der Lüge. Schopenhauers Religionsphilosophie.* München 1986.

Scholz, Heinrich: *Abriß der Geschichte der Logik.* 3. Aufl. Freiburg u.a. 1967.

Scholz, Heinrich: *Geschichte der Logik.* Berlin 1931.

Schreiber, Alfred: Vorsicht, Mausefalle!. In: *Mitteilungen der DMV* 11:1 (2003), S. 58–59.

Schröder, Ernst: *Vorlesungen über die Algebra der Logik (Exakte Logik).* Bd. 1, Leipzig 1890.

Schroeder, Severin: Schopenhauer's Influence on Wittgenstein. In: *A Companion to Schopenhauer.* Hrsg. v. Bart Vandenabeele. Chichester u. a. 2012, S. 367–385.

Schubbe, Daniel: Formen der (Er-)kenntnis. Ein morphologischer Blick auf Schopenhauer. In: *Der Besen, mit dem die Hexe fliegt. Wissenschaft und Therapeutik des Unbewussten. Bd. 1: Psychologie als Wissenschaft der Komplementarität.* Hrsg. v. Günter Gödde, Michael B. Buchholz. Gießen 2012, S. 359–385.

Schubbe, Daniel & Lemanski, Jens: Konzeptionelle Probleme und Interpretationsansätze der Welt als Wille und Vorstellung. In: *Schopenhauer-Handbuch.* Hrsg. v. Daniel Schubbe, Matthias Koßler. Stuttgart 2014, S. 36–44.

Schubbe, Daniel: *Philosophie des Zwischen. Hermeneutik und Aporetik bei Schopenhauer.* Würzburg 2010.

Schubbe, Daniel: »…welches unser ganzes Wesen in Anspruch nimmt« – Zur Neubesinnung philosophischen Denkens bei Jaspers und Schopenhauer. In: *Schopenhauer-Jahrbuch* 89 (2008), S. 19-40.

Schüler, Hubert Martin & Lemanski, Jens: Arthur Schopenhauer on Naturalness in Logic. In: Language, Logic, and Mathematics in Schopenhauer. Hrsg. v. Jens Lemanski. Cham 2020, S. 145–165.

Schulthess, Peter: *Relation und Funktion. Eine systematische und entwicklungsgeschichtliche Untersuchung zur theoretischen Philosophie Kants.* Berlin, New York 1981.

Schultz, Johann: *Entdeckte Theorie der Parallelen nebst einer Untersuchung über den Ursprung ihrer bisherigen Schwierigkeit.* Königsberg 1784.

Schultz, Johann: *Prüfung der Kantischen Critik der reinen Vernunft.* 2 Bde. Königsberg 1789/ 1792.

Schumann, Gunnar: A Comment on Lemanski's ›Concept Diagrams and the Context Principle‹. In: *Language, Logic, and Mathematics in Schopenhauer.* Hrsg. v. Jens Lemanski. Cham 2020, S. 73–85.

Schwab, Johann Christoph: Einige Bemerkungen über den zweyten Theil der Schulzischen Prüfung der Kantischen Vernunftkritik. – (Königsberg, 1792. bey Nicolovius.). In: *Philosophisches Archiv* 1:3 (1792), S. 1–21.

Schwab, Johann Christoph: Einige Bemerkungen über vorstehenden Aufsatz. In: *Philosophisches Magazin* 4:4 (1792), S. 461–469.

Schweins, Ferdinand: *Mathematik für den ersten wissenschaftlichen Unterricht systematisch entworfen.* 2 Bde. Darmstadt, Gießen 1810.

Seebach, Heinrich Ernst: *Introductio in iuris et politices utrium per viam logices.* Wittebergae 1697.

Segala, Marco: Schopenhauer and the Mathematical Intuition as the Foundation of Geometry. In: *Language, Logic, and Mathematics in Schopenhauer*. Hrsg. v. Jens Lemanski. Cham 2020, S. 261–285.

Seifert, Arno: *Logik zwischen Scholastik und Humanismus. Das Kommentarwerk Johann Ecks*. München 1978.

Sellars, Wilfrid: *Wilfrid Sellars: Der Empirismus und die Philosophie des Geistes*. Übers. u. hrsg. v. Thomas Blume. Paderborn 1999.

Sellars, Wilfrid: Is there a Synthetic a Priori?. In: *Philosophy of Science* 20 (1953), S. 121–138 (WA in: *Science, Perception and Reality*. Atascadero 1991, S. 298–321).

Sellars, Wilfrid: Sensibility and Understanding. In: Ders.: *Science and Metaphysics: Variation on Kantian Themes*. London 1968, S. 1–31.

Sellars, Wilfrid: Wahrheit und »Korrespondenz«. In: Gunnar Skirbekk (Hrsg.): *Wahrheitstheorien. Eine Auswahl aus den Diskussionen über Wahrheit im 20. Jahrhundert*. Frankfurt a.M. 1977, S. 300–336.

Seydel, Rudolf: *Schopenhauers philosophisches System*. Leipzig 1857.

Sfondrati, Celestino: *Cursus Philosophicus I. Logica Major*. S. Galli 1696.

Shapshay, Sandra: Schopenhauer's Aesthetics (Art.). In: *The Stanford Encyclopedia of Philosophy (Summer 2018 Edition)*. Hrsg. v. Edward N. Zalta, URL = https://plato.stanford.edu/archives/sum2018/entries/schopenhauer-aesthetics/

Shaver, P. & Pierson, L. & Lang, S.: Converging Evidence for the Functional Significance of Imagery in Problem Solving. In: *Cognition* 3 (1975), S. 359–375.

Shera, Jesse H. & Rawski, Conrad H.: The Diagram is the Message. In: *Journal of Typographic Research* 2:2, (1968), S. 171–188.

Shimojima, Atsushi: *On the Efficacy of Representation* (PhD thesis). Indiana 1996.

Shin, Sun-Joo: *The Logical Status of Diagrams*. Cambridge/ Mass. 1994.

Siegel, Steffen: *Tabula. Figuren der Ordnung um 1600*. Berlin 2009.

Siever, Holger: *Übersetzen und Interpretation. Die Herausbildung der Übersetzungswissenschaft als eigenständige wissenschaftliche Disziplin im deutschen Sprachraum von 1960 bis 2000*. Frankfurt a.M. 2008.

Sloman, Steven A. & Fernbach, Philip M. & Ewing, Scott: A Causal Model of Intentionality Judgment. In: *Mind & Language* 27:2 (2012), S. 154–180.

Sluga, Hans Dietrich: Frege and the Rise of the Analytic Philosophy. In: *Inquiry* 18 (1975), S. 471–498.

Sluga, Hans Dietrich: *Gottlob Frege. The Arguments of the Philosopher*. London 1980.

Smiley, T[imothy] J.: What is a Syllogism?. In: *Journal of Philosophical Logic* 2 (1973), S. 136–154.

Smith, Barry: Räumliche Entitäten: Örter, Löcher, Grenzen. In: *Biomedizinische Ontologie. Wissen strukturieren für den Informatik-Einsatz*. Hrsg. v. Ludger Jansen u. Barry Smith. Zürich 2008, S. 113–126.

Smith, Kenny; Kirby, Simon: Compositionality and Linguistic Evolution. In: Handbook of Compositionality. In: *Oxford Handbook of Compositionality*. Hrsg. v. W. Hinzen, E. Machery, M. Werning. Oxford 2012, S. 493–509.

Soler, Albert: Els manuscrits lul·lians de primera generació als inicis de la primera generacio. In: *Estudis Romànics* 32 (2010), S. 179–214.

Sommers, Fred: *The Logic of Natural Language*. Oxford 1982.

Sowa, John F.: *Knowledge Representation. Logical, Philosophical, and Computational Foundations*. Pacific Grove/ Calif. 1999.

Spierling, Volker: *Arthur Schopenhauer. Philosophie als Kunst und Erkenntnis*. Frankfurt a.M. 1994.

Spierling, Volker: *Schopenhauers transzendentalidealistisches Selbstmißverständnis. Prolegomena zu einer vergessenen Dialektik*. Diss. München 1977.

Spierling, Volker: Zur Neuausgabe. In: Arthur Schopenhauer: *Theorie des gesammten Vorstellens, Denkens und Erkennens. Philosophische Vorlesungen Teil I. Aus dem handschriftlichen Nachlaß*. Hrsg. v. Volker Spierling. München u.a. 1986, S. 11–14.

Spinoza, Baruch de: *Tractatus Theologico-Politicus. Continens Dissertationes aliquot, Quibus ostenditur Libertatem Philosophandi non tantum salva Pietate, & Reipublicæ Pace posse concedi: sed eandem nisi cum Pace Reipublicæ, ipsaque Pietate tolli non posse*. Hamburgi [i.e. Amsterdam] 1670.

Stapulensis, Jacobus Faber: *Libri logicorum, ad archetypos recogniti* [...]. Parisius 1503.

Stattler, Benedikt: *Anti-Kant*. Bd. 2. München 1788.

Steinbart, Gotthelf Samuel: *Gemeinnützige Anleitung des Verstandes zum regelmäßigen Selbstdenken*. 2. Aufl. Züllichau 1787.

Stekeler-Weithofer, Pirmin: *Formen der Anschauung. Eine Philosophie der Mathematik*. Berlin u.a. 2008

Stekeler-Weithofer, Pirmin: *Grundprobleme der Logik. Elemente einer Kritik der formalen Vernunft*. Berlin u.a. 1986.

Steppi, Christian R.: *Der Mensch im Denken Arthur Schopenhauers. Eine Anatomie der fundamentalen Aspekte philosophischer Anthropologie in des Denkers Konzeption als kritische und systematische Würdigung*. Frankfurt a. M. u.a. 1987.

Stevenson, J. T.: Roundabout the Runabout Inference-Ticket. In: *Analysis* 21:6 (1961), S. 124–128.

Strawson, Peter F.: Über Referenz. In: *Eigennamen. Dokumentation einer Kontroverse*. Hrsg. v. Ursula Wolf. Frankfurt a. M. 1985, S. 94–126.

Strub, Christian: *Weltzusammenhänge. Kettenkonzepte in der europäischen Philosophie*. Würzburg 2011.

Stuhlmann-Laeisz, Rainer: *Eine Interpretation auf der Grundlage von Vorlesungen, veröffentlichten Werken und Nachlaß*. Berlin u.a. 1976.

Sturmius, Joh[ann] Christopherus: *Universalia Euclidea* [...]. *Accedunt ejusdem XII. Novi Syllogizandi Modi in propositionibus absolutis, cum XX. aliis in exclusivis, eâdem methodo Geometricâ demonstrates.* Hagæ-Comitis 1661.

Suessionensis, Joslenus: De generibus et speciebus. In: *Ouvrages inédits d'Abélard.* Hrsg. v. Victor Cousin. Paris 1836.

Swinbourne, Alfred: *Picture Logic. Or, The Grave Made Gay; An Attempt to Popularise the Science of Reasoning by the Combination of Humorous Pictures with Examples of Reasoning Taken from Daily Life.* 2. Aufl. London 1875.

Szabó, Árpád: *Anfänge der griechischen Mathematik.* Wien 1969.

Szabó, Árpád: Die Philosophie der Eleaten und der Aufbau von Euklids Elementen. In: *Philosophia* 1 (1971), S. 194–228.

Takemura, Ryo: Proof Theory for Reasoning with Euler Diagrams. A Logic Translation and Normalization. In: *Studia Logica* 101:1 (2013), S. 157–191.

Tejedor, Chon: The Ethical Dimension of the Tractatus. In: *Doubt, Ethics and Religion. Wittgenstein and the Counter-Enlightenment.* Hrsg. v. L. Perissinotto, V. Sanfélix. Heusenstamm 2011, S. 85–103.

Tennant, Neil: Aristotle's Syllogistic and Core Logic. In: *History and Philosophy of Logic* 35:2 (2014), S. 120–147.

Thibaut, Bernhard Friedrich: *Grundriß der reinen Mathematik zum Gebrauch bey academischen Vorlesungen.* Göttingen 1809.

Thiel, Christian: Das Verhältnis von Syntax und Semantik bei Frege. In: *Philosophie und Logik. Frege-Kolloquien, Jena, 1989/1991.* Hrsg. v. Werner Stelzner. Berlin 1993, S. 3–16.

Thiel, Christian: Die Quantität des Inhalts. Zu Leibnizens Erfassung des Intensionsbegriffs durch Kalküle und Diagramme. In: *Die intensionale Logik bei Leibniz und in der Gegenwart.* Hrsg. Albert Heinekamp, Franz Schupp. Wiesbaden 1979.

Thiel, Christian: *Sinn und Bedeutung in der Logik Gottlob Freges.* Meisenheim a.G. 1965.

Thomas, Ivo: The Later History of the Pons Asinorum. In: *Contributions to Logic and Methodology. In Honor of J. M. Bochenski.* Hrsg. v. Anna-Teresa Tymieniecka. Amsterdam 1965, S. 142–151.

Tiedemann, Dietrich: Ueber die Natur der Metaphysik. Zur Prüfung von Hrn Professor Kants Grundsätzen. In: *Hessische Beiträge zur Gelehrsamkeit und Kunst* 1 (1785), S. 113–130, S. 233–248, S. 464–474.

Tolley, Clinton: *Kant's Conception of Logic.* Chicago (Diss.) 2007.

Tonelli, Giorgio: Die Voraussetzungen zur Kantischen Urteilstafel der Logik des 18. Jahrhunderts. In: *Kritik und Metaphysik. Studien. Heinz Heimsoeth zum achtzigsten Geburtstag.* Hrsg. v. Friedrich Kaulbach, Joachim Ritter. Berlin 1966, S. 134–158.

Tortoriello, Francesco Saverio: Schopenhauer e la didattica della matematica. In: *Archimede: Rivista per gli insegnanti e i cultori di matematiche pure e applicate* 2 (2014), S. 86–91.

Trapezvntius, Gregorius: *De re dialectica* [...]. Colonia 1538.

Tremblay, Frédérick: *La rationalité d'un point de vue logique. Entre dialogique et inférentialisme, étude comparative de Lorenzen et Brandom.* Nancy 2008.

Trendelenburg, Friedrich Adolf: *Elementa Logices Aristotelicae. In usum scholarium. Ex Aristotele excerpsit convertit illustravit.* Berlin 1836.

Trendelenburg, Friedrich Adolf: *Erläuterungen zu den Elementen der aristotelischen Logik. Zunächst für den Unterricht in Gymnasien.* Berlin 1842.

Trendelenburg, Friedrich Adolf: *Geschichte der Kategorienlehre. Zwei Abhandlungen.* Berlin 1846.

Trendelenburg, Friedrich Adolf: *Logische Untersuchungen.* 2 Bde, 2. erg. Aufl. Leipzig 1862.

Ueberweg, Friedrich: *System der Logik und Geschichte der logischen Lehren.* [1. Aufl.] Bonn 1857.

Ueberweg, Friedrich: *System der Logik.* 5. Aufl. Hrsg. v. J. B. Meyer. Bonn 1882.

Vlrich, Io[annes] Avg[vstvs] Henr[icus]: *Institvtiones logicae et metaphysicae. Scholae svae scripsit perpetva Kantianae disciplinae ratione habita.* Ienae 1792.

Unguru, Sabetai: On the Need to Rewrite the History of Greek Mathematics. In: *Archive for History of Exact Sciences* 15 (1976), S. 67–114.

Urbas, Matej & Jamnik, Mateja: Heterogeneous Proofs. Spider Diagrams Meet Higher-Order Provers. In: *Interactive Theorem Proving 6898: Second International Conference, ITP 2011, Proceedings.* Berlin u.a. 2011, S. 376–382.

Vaihinger, H[ans]: *Kommentar zur Kritik der reinen Vernunft.* Hrsg. v. Raymund Schmidt. 2. Aufl. Stuttgart 1922.

van Inwagen, Peter & Sullivan, Meghan: Metaphysics (Art.). In: *The Stanford Encyclopedia of Philosophy* (Spring 2016 Edition). Hrsg. v. Edward N. Zalta. URL = http://plato.stanford.edu/archives/spr2016/entries/metaphysics/

Vanheeswijck, Guido: Otto Friedrich Gruppe. The Linguistic Turn and the End of Metaphysics. In: *1830–1848. The End of Metaphysics as a Transformation of Culture.* Hrsg. v. Herbert de Vriese, Geert Van Eekert, Guido Vanheeswijck, Koenraad Verrycken. Louvain 2003, S. 261–310.

Venn, John: On the Employment of Geometrical Diagrams for the Sensible Representation of Logical Propositions. In: *Proceedings of the Cambridge Philosophical Society* IV (Oct. 25, 1880 – May 23, 1883), S. 47–59.

Venn, John: *Symbolic Logic.* 1. Aufl. London 1881.

Venn, John: *Symbolic Logic.* 2. Aufl. London u.a. 1894.

Verboon, Annemieke Rosalinde: *Lines of Thought. Diagrammatic Representation and the Scientific Texts of the Arts Faculty, 1200–1500.* S.l. 2010. http://hdl.handle.net/1887/16029

Verburg, P. A.: Hobbes' Calculus of Words. In: *Statistical Methods in Linguistics* 6 (1970), S. 60–65.

Vives, Ioannes Ludovicus: De censura veri et falsi. In: Ders.: *De disciplinis Libri XX, Tertio tomo de artibus libri octo*. Antverpia 1531.

Vmg.: Philosophisches Magazin, [...] Dritten Bandes zweytes und drittes Stück [Rez.]. In: *Oberdeutsche, allgemeine Litteraturzeitung* IX (21sten Jäner 1791), Sp. 129–136.

Volkelt, Klaus Thomas: *Die Krise der Anschauung. Eine Studie zu formalen und heuristischen Verfahren in der Mathematik seit 1850*. Göttingen 1986.

von Plato, Jan: The Development of Proof Theory. In: *The Stanford Encyclopedia of Philosophy (Winter 2018 Edition)*. Hrsg. v. Edward N. Zalta, URL = <https://plato.stanford.edu/archives/win2018/entries/proof-theory-development/>.

Wallace, John: Only in the Context of a Sentence do Words have any Meaning. In: *Midwest Studies in Philosophy* 2 (1977), S. 144–164.

Walsh, William H.: *Reason and Experience*. London 1947.

Webb, Judson: Immanuel Kant and the Greater Glory of Geometry. In: *Naturalistic Epistemology. A Symposium of Two Decades*. Hrsg. v. D. Nails, A. Shimony. Dordrecht u.a. 1987, S. 17–70.

Weber, Jürgen: *Begriff und Konstruktion. Rezeptionsanalytische Untersuchungen zu Kant und Schelling*. Diss. Göttingen 1995.

Weigelt, Georg: *Zur Geschichte der neueren Philosophie. Populäre Vorträge*. Hamburg 1855.

Weigelus, Erhardus: *Analysis Aristotelica ex Euclide restituta*. Jena 1658.

VVeigelus, Erhardus: *Idea Matheseos universæ cum speciminibus Inventionum Mathematicarum*. Jenae 1669.

VVeigelus, Erhardus: *Philosophia Mathematica*. Jenæ 1693.

Weimer, Wolfgang: Ist eine Deutung der Welt als Wille und Vorstellung heute noch möglich? Schopenhauer nach der Sprachanalytischen Philosophie. In: *Schopenhauer-Jahrbuch* 76 (1995), S. 11–53.

Weiner, David Avraham: *Genius and Talent. Schopenhauer's Influence on Wittgenstein's Early Philosophy*. Rutherford 1992.

Weiner, Joan: *Frege in Perspective*. Ithaca 2008.

Weißhaupt, Adam: *Ueber die Kantischen Anschauungen und Erscheinungen*. Nürnberg 1788.

Welsen, Peter: *Schopenhauers Theorie des Subjekts. Ihre transzendentalphilosophischen, anthropologischen und naturmetaphysischen Grundlagen*. Würzburg 1995.

Wesoły, Marian: Αναλυσις περι τα σχηματα. Restoring Aristotle's Lost Diagrams of the Syllogistic Figures. In: *Peitho. Examina Antiqua* 1:3 (2012), S. 83–114.

White, Morton: The Analytic and the Synthetic. An Untenable Dualism. In: *Semantics and the Philosophy of Language*. Hrsg. v. Leonard Linsky. Urbana 1952, S. 272–286.

Whitehead, Alfred North & Russell, Bertrand: *Principia Mathematica. Vorwort und Einleitungen. Mit einem Beitrag von Kurt Gödel*. Frankfurt a.M. 2008.

Whitehead, Alfred North & Russell, Bertrand: *Principia Mathematica*, Bd. I. 2. Aufl. Cambridge 1927.

Winterstein, Daniel & Bundy, Alan & Gurr, Corin: Dr. Doodle. A Diagrammatic Theorem Prover. In: *International Joint Conference on Automated Reasoning* (2004), S. 331–335

Wirgman, Thomas: Logic (Art.). In: *Enyclopædia Londinensis*, Bd. XIII. London 1815, S. 1–51.

Wittgenstein, Ludwig: *Werkausgabe in 8 Bänden*. Hrsg. v. R. Rhees. Frankfurt a. M. 1984.

Wolff, Michael: *Abhandlung über die Prinzipien der Logik*. Frankfurt a.M. 2004.

Wolff, Michael: *Die Vollständigkeit der kantischen Urteilstafel. Mit einem Essay über Freges Begriffsschrift*. Frankfurt a.M. 1995.

Wolfram, Stephen: *The Mathematica Book*. 5. Aufl. Champaign, Ill., London 2003.

Worthington, B. A.: Ethics and the Limits of Language in Wittgenstein's ›Tractatus‹. In: *Journal of the History of Philosophy* 19 (1981), S. 481–496.

Wright, Georg H. v.: *Norm and Action. A Logical Enquiry*. London 1963.

Xhignesse, Michel-Antoine: Schopenhauer's Perceptive Invective. In: *Language, Logic, and Mathematics in Schopenhauer*. Hrsg. v. Jens Lemanski. Basel 2020, S. 95–107.

Young, Julian: *Willing and Unwilling. A Study in the Philosophy of Arthur Schopenhauer*. Dordrecht 1987.

Zekl, Hans Günter: Einleitung. In: Aristoteles: *Erste Analytik. Zweite Analytik. (Organon Bd. 3/4)*. Hamburg 1998, S. IX–CXXI.

Ziehen, Theodor: *Lehrbuch der Logik auf positivistischer Grundlage mit Berücksichtigung der Geschichte der Logik*. Bonn 1920.

Zint, Hans: Das Religiöse bei Schopenhauer. In: 17. *Jahrbuch der Schopenhauer-Gesellschaft* (1930), S. 3–76.

Žunjić, Slobodan: Logički dijagrami u srpskim srednjovekovnim rukopisima. In: *Theoria* 54:4 (2011), S. 127–160.

Siglenverzeichnis

Abkürzungen der griechischen und lateinischen Autoren und Werke orientieren sich an: Der Neue Pauly. Enzyklopädie der Antike. 12 Bde. Hrsg. v. Hubert Cancik u. a. Stuttgart u. a. 1996, Bd. 1, S. XXXIX–XLVII und Henry George Liddell/ Robert Scott: A Greek-English Lexicon. Durchges. u. erw. v. Henry Stuart Jones u. a. 9. Aufl. Oxford 1996, S. XVI–XXXVIII. *Griechische Quellen werden zitiert nach der Bibliographie des* Thesaurus Linguae Graecae Canon of Greek Authors and Works. Hrsg. v. Luci Berkowitz. New York u. a. 1986. *Lateinische Texte werden zitiert nach der Bibliographie des* Thesaurus linguae Latinae. Index. 5. Aufl. Leipzig 1990.

AA	Immanuel Kant: Gesammelte Schriften (Akademie-Ausgabe). Hrsg. v. d. Preußischen/Deutschen/Göttinger/Berlin-Brandenburgischen Akademie der Wissenschaften. Berlin 1900ff.
BS	Gottlob Frege: Begriffsschrift und andere Aufsätze, 2. Aufl. Hildesheim 2007 (Repr. d. Ausg. Halle 1879).
ElA	Friderich[us] Adolph[us] Trendelenburg: Elementa Logices Aristotelicae. In usum scholarum. Ex Aristotele excerpsit convertit illustravit. Berolini 1836.
G (1813)	Arthur Schopenhauer: Ueber die vierfache Wurzel des Satzes vom zureichenden Grunde. Eine philosophische Abhandlung. Rudolfstadt 1813.
G (1847)	Arthur Schopenhauer: Ueber die vierfache Wurzel des Satzes vom zureichenden Grunde. Eine philosophische Abhandlung. 2., sehr verb. und betr. verm. Aufl. Frankfurt a.M. 1847.
GlA	Gottlob Frege: Grundlagen der Arithmetik. Eine logisch mathematische Untersuchung über den Begriff der Zahl. Breslau 1884.
HN	Arthur Schopenhauer: Der Handschriftlicher Nachlaß. Hrsg. v. Arthur Hübscher. 5 Bde in 6. Frankfurt a.M. 1966ff.
HWPh	Historisches Wörterbuch der Philosophie. Hrsg. v. Joachim Ritter, Karlfried Gründer u. a. Basel 1971ff.
KrV	Immanuel Kant: Kritik der reinen Vernunft. In: AA III.
N (1836)	Arthur Schopenhauer: Ueber den Willen in der Natur, eine Erörterung der Bestätigungen, welche die Philosophie des Verfassers durch die empirischen Wissenschaften erhalten hat. Frankfurt a. M. 1836.
PP I (1851)	Arthur Schopenhauer: Parerga und Paralipomena, kleine philosophische Schriften. Bd. 1. Berlin 1851.
PP II (1851)	Arthur Schopenhauer: Parerga und Paralipomena, kleine philosophische Schriften. Bd. 2. Berlin 1851.

PU	Ludwig Wittgenstein: Philosophische Untersuchungen. In: Werkausgabe in 8 Bänden. Hrsg. v. R. Rhees. Frankfurt a. M. 1984, Bd. 1.
SW	Arthur Schopenhauer: Sämtliche Werke. 16 Bde. Hrsg. v. Paul Deussen u. a. München 1911–1941.
Tlp	Ludwig Wittgenstein: Tractatus logico-philosophicus. In: Werkausgabe in 8 Bänden. Hrsg. v. R. Rhees. Frankfurt a. M. 1984, Bd. 1.
WWV I (1819)	Arthur Schopenhauer: Die Welt als Wille und Vorstellung. Vier Bücher, nebst einem Anhange, der die Kritik der kantischen Philosophie enthält. Leipzig 1819
WWV I (1844)	Arthur Schopenhauer: Die Welt als Wille und Vorstellung. 2., durchg. verb. u. sehr verm. Aufl. Bd. 1: Vier Bücher, nebst einem Anhange, der die Kritik der kantischen Philosophie enthält. Leipzig 1844.
WWV I (1859)	Arthur Schopenhauer: Die Welt als Wille und Vorstellung. Dritte, verb. und betr. verm. Aufl. Bd. 1: Vier Bücher, nebst einem Anhange, der die Kritik der kantischen Philosophie enthält. Leipzig 1859.
WWV II (1844)	Arthur Schopenhauer: Die Welt als Wille und Vorstellung. 2., durchg. verb. u. sehr verm. Aufl. Bd. 2, welcher die Ergänzungen zu den vier Büchern des ersten Bandes enthält. Leipzig 1844.
WWV II (1859)	Arthur Schopenhauer: Die Welt als Wille und Vorstellung. Dritte, verb. und betr. verm. Aufl. Bd. 2, welcher die Ergänzungen zu den vier Büchern des ersten Bandes enthält. Leipzig 1859.
WWV2	Arthur Schopenhauer: *Philosophische Vorlesungen*. Hrsg. v. F. Mockrauer. In: Ders.: Sämtliche Werke. Hrsg. v. Paul Deussen. Bd. 9 (= I), Bd. 10 (= II). München 1913.

Abkürzungsverzeichnis

A(1-4)	schwaches Argument (1-4)	Kap. 2.3.5, 2.3.6
(aL)	affirmative Lesart	Kap. 1.1
(aU)	analytisches Urteil	Kap. 2.2
(aU_K)	Kants (aU)	Kap. 2.2
B(1-2)	starkes Argument (1-2)	Kap. 2.3.5, 2.3.6
B (I-IV)	Buch (I-IV) der WWV	Kap. 1.1, 1.2
(BP)	Begriffspriorität	Kap. 2.1
($\mathcal{D}$[+Ziffer])	Diagramm	Kap. 2.3, 3.2
G	Abstraktionsgrad	Kap. 3.2.2
(GDB)	Gebrauchstheorie/-these der Bedeutung	Kap. 2.1
(GDB_S)	Schopenhauers (GDB)	Kap. 2.1
(GDB_W)	Wittgensteins (GDB)	Kap. 2.1
(K1-3)	Argument der Kantianer	Kap. 2.3
(KTP)	Kontextprinzip	Kap. 2.1
(KTP_F)	Freges (KTP)	Kap. 2.1
(KTP_S)	Schopenhauers (KTP)	Kap. 2.1
(KTP_W)	Wittgensteins (KTP)	Kap. 2.1
(KPP)	Kompositionalitätsprinzip	Kap. 2.1
(KPP_F)	Freges (KPP)	Kap. 2.1
(KPP_W)	Wittgensteins (KPP)	Kap. 2.1
(L1-3)	Argument der Leibnizianer	Kap. 2.3
M	Matrix	Kap. 3.2.2
(psA)	negativ starkes Argument	Kap. 2.3.5
(nL)	negative Lesart	Kap. 1.1
O	Objekt	Kap. 3.2.2
(psA)	positiv starkes Argument	Kap. 2.3.5
R	Raum	Kap. 3.2.2
R	Region	Kap. 3.2.2
(RDS)	Repräsentationstheorie der Sprache	Kap. 2.1
(RDS_S)	Schopenhauers (RDS)	Kap. 2.1
(RDS_W)	Wittgensteins (RDS)	Kap. 2.1
(St)	Stützung	Kap. 2.3.6
(sU)	synthetisches Urteil	Kap. 2.2
(sU_K)	Kants (sU)	Kap. 2.2
Syn	Syntax	Kap. 3.2.2
T1-4	Teil 1-4 der WWV2	Kap. 1.3, 2.2.5
(U[+Ziffer])	Urteil	Kap. 2.3.5
(UP)	Urteilspriorität	Kap. 2.1
Z	Zeit	Kap. 2.3.6
Z.[+Ziffer]	Zeile	Kap. 2.1.5, 2.3.5